제2판

최신 자동차공학

이 창 식 저

東 明 社

최신 자동차공학 제2판

초판 발행 2004년 3월 5일
제2판 발행 2006년 3월 8일
제2판 5쇄 발행 2015년 2월 13일

지은이 0 창식
펴낸이 초 국주
펴낸곳 동명사
출판등록 1950년 11월 1일(제1-76호)
주소 (우 413-756) 경기도 파주시 회동길 50(문발동)
전화 031-955-7200(대표)~2, 7203(편집부), 7204(물류)
팩스 031-955-7205
전자우편 webmaster@dmsbook.com
홈페이지 www.dmsbook.com

東明社

ISBN 973-89-411-0947-1 93550
값 37,000원

머 리 말

우리 인류는 예로부터 먼 곳을 보다 빠르게 가고 싶어하고 우리가 필요로 하는 물자를 손쉽게 다른 곳으로 이동시키고자 하는 욕구를 가지고 살아왔다. 이러한 인류의 욕구는 오늘날과 같은 자동차문명을 꽃피우게 하였다.

자동차는 날로 발전하는 공업 부문에서의 수요량의 증대뿐만 아니라 우리의 모든 일상 생활에서 필수불가결한 교통 수단의 일익을 맡게 되었고, 생활 수준이 높아갈수록 그 수요도 더욱 증가하고 있다. 이러한 자동차의 급격한 수요 증가는 자동차로부터 배출되는 오염물질과 교통사고 등과 같은 여러 가지 사회적인 문제점을 발생하기도 한다. 이와 같은 산업활동과 우리의 일상생활과 밀접한 관계를 가지고 있음에도 불구하고 자동차공학에 대한 체계적인 이해와 지식을 가지고 있는 전문가는 의외로 매우 적은 편이다.

이러한 관점에서 이 책은 대학의 공학도, 자동차 공학 및 자동차 관련 산업에 종사하면서 자동차의 구조 및 공학적인 이론을 공부하고자 하는 분들을 위하여 그 학습에 지침이 되도록 집필하였다.

필자는 1972년에 이미 자동차공학을 집필하여 독자 제현에게 소개한 바 있으나 그동안 자동차 공업의 발전과 학문의 발전은 너무 급속도로 발전하여 오늘날 그 내용은 거의 모두가 폐기되어야 할 만큼 크게 발전하였다. 따라서 이 책은 최근에 생산되는 자동차의 공학적 이론과 자동차의 구조, 자동차 설계, 자동차의 전자제어 시스템에 주안을 두어 집필하였다. 또한 화석연료의 고갈에 대비하는 각종 신에너지 자동차의 구조와 이론을 다루어 미래의 자동차에 관한 지식을 얻을 수 있도록 하였다.

이러한 내용을 총 20개 대단원으로 나누어 집필하였다. 이 책을 교재로 사용할 경우에는 강의내용과 진도에 알맞게 내용을 취사선택하여 학습할 수 있도록 편성하였다.

이 책을 통하여 자동차 공학을 공부하고자 하는 분, 자동차 분야에서 종사하는 많은 분들이 필요한 여러 가지 지식을 습득하고, 이것을 토대로 하여 자동차공학을 이해하고 자동차 산업발전에 기여할 수 있는 유용한 도서가 되기를 기대하는 바이다.

끝으로 이 책의 출간을 맡아 주신 동명사 사장님과 편집부 제위의 노고에 대하여 깊이 감사드리는 바이다.

2006년 2월

저자 이 창 식

차 례

제1장 자동차의 개요

제2장 기관의 작동 원리

제3장 기관의 성능

제4장 기관의 각부 구조

제5장 기관의 윤활 장치

제6장 냉각 장치

제7장 연료 장치

제8장 가솔린 분사 장치

제9장 흡기 및 배기 장치와 배출 가스 정화 장치

제10장 디젤 기관

제11장 전기 장치

제12장 동력 전달 장치

제13장 현가 장치

제14장 조향 장치 및 휠 얼라인먼트

제15장 제동 장치

제16장 주행 장치

제17장 프레임과 차체

제18장 냉·난방 장치

제19장 대체 연료 자동차

제20장 자동차 기관의 동력 사이클

1 자동차의 개요

1.1 자동차의 정의

자동차(自動車; automobile, motor vehicle, motor car)는 자체 내의 원동기를 이용하여 레일(rail) 또는 케이블(cable)에 의하지 아니하고 노면(路面)상을 자유로 주행하는 차량(車輛)을 말한다. 따라서 원동기를 갖추었다고 하더라도 레일이나 케이블에 의하여 이동되는 것은 자동차라고 할 수 없다.

실제 보기를 들어 보면 기차나 전차는 원동기를 구비하고 있으나 레일 위를 운전하게 되므로 자동차가 아니고, 케이블에 의하여 운전되는 트롤리 버스(trolley bus)는 전동기를 지니고 이것을 원동기로 하여 움직이지만 케이블을 이용하여 이동되므로 자동차라고 할 수 없다.

원동기(原動機; prime mover)라 함은 자연의 에너지를 기계적 에너지, 즉 동력으로 변화시키는 기계를 말한다. 동력원이 되는 에너지에는 석탄, 석유, 수력, 풍력, 태양 에너지 등이 있으며 원동기를 대별하면 증기 기관, 내연 기관, 수차, 풍차 등이 있다. 특히 열에너지(heat energy)로부터 동력을 얻는 기계를 열기관(heat engine)이라고 한다.

열기관 가운데서 연료를 공기와 혼합하여 실린더 내에서 폭발적으로 연소시켜 피스톤의 왕복 운동으로 바꾸는 기계 또는 기관 내부에서 연료연소시켜 그 연소 열에너지로 동력을 얻는 기계를 내연 기관(內燃機關; internal combustion engine)이라 한다.

자동차용 원동기로서 가장 많이 쓰이고 있는 것은 가솔린 기관(gasoline engine)과 디젤 기관(diesel engine)이 대표적이며, 전기 에너지를 이용하는 전기 자동차(electric vehicle), 대체 연료를 이용하는 자동차(alternative vehicle), 태양 에너지를 이용하는 태양 에너지 자동차(solar energy vehicle) 등이 있다.

1.2 자동차의 발달

예로부터 인류는 먼 곳을 보다 빠르고, 안전하게 가고 싶어하고, 한 곳에서 다른 곳으로 물자를 쉽게 운반하고자 하는 욕망을 가지고 살아왔다. 이러한 인간의 욕구는 오늘날과 같은 자동차 공업의 발달을 가져오게 되었다.

1765년 영국 사람 제임스 와트(James Watt)가 증기 기관을 발명하고 이 원동기를 이용하여 생산 능률을 높이게 되었고 마침내는 유럽을 중심으로 산업 혁명(産業革命)이 일어나게 되었다.

그후 프랑스 사람 퀴뇨(Nicolas Joseph Cugnot)는 1769년 세계 최초로 증기를 이용한 3륜차(2 실린더, 50 L, 3.5～3.9 km/h)를 제작하였다. 이 차는 그림 **1·1**에서 보는 바와 같이 보일러에서 발생한 증기로서 피스톤을 작동시켜 앞바퀴를 움직이도록 하였고 속도는 3.5～3.9 km/h로 주행하였다. 18세기 말경 영국의 르누아르(J. Etienne Lenoir)가 처음으로 왕복식 가스 기관을 발명하였고, 그후 1876년 독일의 오토(Nicolaus Otto)가 석탄 가스식 4 사이클 내연기관을 발명하였다. 1883년 독일의 다임러(Gottlieb Daimler)는 기화기(氣化器)를 발명하였고, 1885년 오토 기관을 개량하여 가솔린 기관의 시험 제작에 성공하여 이것을 마차 모양의 차체에 탑재한 자동차로서의 요건을 갖춘 4륜 가솔린 자동차 제1호(1 실린더, 0.46 L, 0.81 kW, 18 km/h)를 탄생시켰다.

한편 독일의 벤츠(Karl Benz)는 독자적으로 가솔린을 연료로 하는 기관을 발명하고 1885년 1.1마력 기관을 탑재한 3륜 자동차(1 실린더, 0.99 L, 0.65 kW, 15 km/h)를 제작하였다. 그후 1893년 독일의 디젤(Rudolph Diesel)은 중유나 경유를 연료로 하는 압축착화식 기관의 특허를 받아 1894년 디젤 기관을 실용화하였다.

1893년 미국의 헨리 포드(Henry Ford)는 포드 생산방식이라 불리는 벨트 컨베이어의 흐름작용에 의한 조립방식을 개발하여 자동차의 대량 생산이 시작되었다. 이 방식에 의하여 조립 및 자동차 생산 가격의 획기적인 절감 효과를 가져오게 되었다.

그림 **1·2**는 Daimler에 의하여 만들어진 차이고, 그림 **1·3**은 Benz에 의하여 제작된 자동차이다.

그림 1·1 1769년에 Cugnot에 의하여 발명된 증기자동차

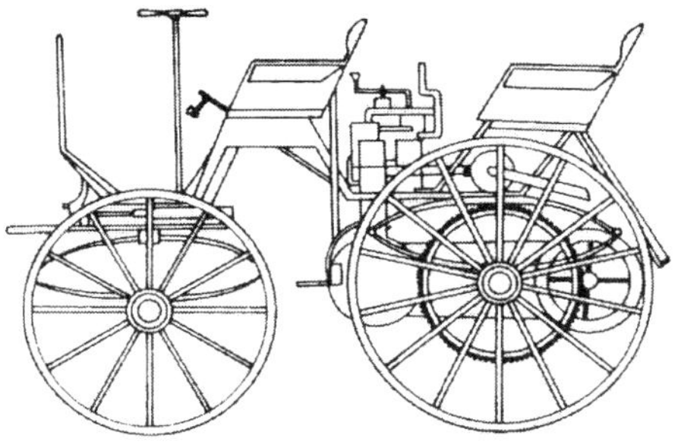

그림 1·2 Daimler에 의하여 만들어진 가솔린 자동차

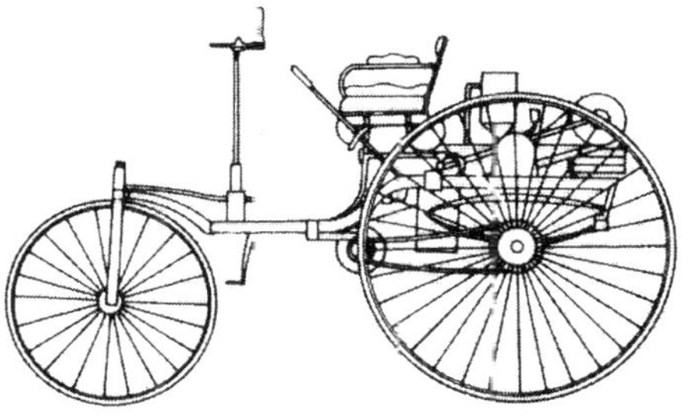

그림 1·3 Benz에 의하여 만들어진 가솔린 자동차

이와 같이 유럽에서 탄생한 자동차는 미국에서 개발·개량기를 거쳐서 많은 발전을 가져왔고 그후 일본, 우리나라를 비롯한 주요 자동차 생산국에 도입되어 오늘날과 같은 자동차로 발전하게 되었다.

우리나라에 처음으로 자동차가 들어온 것은 1903년 고종 황제의 어차(御車)가 도입된 것이 처음이었다. 1960년대에 경제 개발 계획과 자동차 공업 육성책에 따른 자동차 생산 및 설계 기술의 발달은 오늘날 우리나라를 세계 여러 나라에 자동차를 수출하는 자동차 공업국으로 발전하게 하였다.

1.3 자동차의 종류

자동차의 종류에는 여러 가지가 있으나, 일반적으로 자동차의 구조 및 용도에 따라 다음과 같이 여러 가지로 분류할 수 있다.

1.3.1 원동기의 종류에 따른 분류

자동차에 사용되는 원동기와 연료에 따라서 다음과 같이 분류할 수 있다.

〔1〕 내연 기관 자동차

내연 기관 자동차는 원동기로서 내연 기관(內燃機關)을 사용하는 것으로서 실린더 내로 공급된 공기와 연료의 혼합기를 폭발적으로 연소시켜 이 열에너지 의하여 동력을 얻는다.

내연 기관을 다른 기관과 비교하면 출력당 중량이 적고, 구조가 견고하며 취급이 용이하여 자동차용 기관으로 널리 사용된다.

자동차에 사용되는 내연 기관으로는 가솔린 기관, 디젤 기관, 가스 기관 등이 주로 사용된다.

① 가솔린 자동차　가솔린 자동차는 가솔린을 연료로 하여 동력을 얻는 기관을 원동기

로 사용하는 자동차이다. 이 기관은 가솔린과 공기를 혼합하여 압축된 혼합기에 전기적으로 점화시켜 동력을 발생시키게 된다.

② 디젤 자동차 디젤 자동차는 경유를 연료로 하여 동력을 얻는 기관을 원동기로 사용하는 자동차를 말한다. 이 기관은 실린더 내로 흡입된 공기를 고압으로 압축하고, 여기에 연료를 분사시켜 압축된 공기의 압축열에 의하여 자연 착화시켜 동력을 얻는다.

③ 가스 자동차 가스 자동차는 가스(gas)를 연료로 하여 얻은 동력을 이용하여 움직이는 자동차로서 액화 석유 가스(liquefied petroleum gas, LPG)를 사용하는 액화 가스(LPG) 자동차와 천연 가스(natural gas)를 사용하는 천연 가스 자동차가 있다. 이들은 모두 가스 용기를 설치하고 가스를 고압으로 압축하여 이것을 특수 감압 밸브를 통하여 감압된 가스를 연료로 사용하는 자동차이다. 이 밖에도 압축 천연 가스(CNG), 수소 가스, DME(diemethyl ether) 등을 이용하는 자동차가 있다.

④ 가스 터빈 자동차 가스 터빈 자동차는 고온 고압의 연소 가스를 터빈 내에서 팽창시켜 회전력을 얻는 가스 터빈(gas turbine)을 원동기로 사용하는 자동차이다.

〔2〕 전기 자동차

전기 자동차는 직류 전원인 대형 전지를 설치하고 이것을 전원으로 하여 전동기를 회전시켜 그 회전력으로 주행하는 자동차이다. 전기 자동차는 내연 기관의 발명보다 약 20년 전인 1839년 영국의 안데르손(R. Anderson)에 의하여 발명된 후 많은 연구가 이루어져 왔다. 전기 자동차에 사용되는 전지에는 여러 가지 종류가 있으나 에너지 밀도가 큰 전지의 개발이 가장 중요한 과제로 되고 있다.

그림 1·4 전기 자동차

1.3.2 기관의 위치에 따른 분류

자동차의 원동기인 기관의 위치(engine position)에 따라 분류하면 다음과 같다.

〔1〕 앞기관(前機關) 자동차(front engine car)

자동차의 앞쪽에 기관이 위치하며 앞바퀴〔전륜(前輪); front wheel〕, 또는 뒷바퀴〔후륜(後輪); rear wheel〕 구동에 의하여 주행한다. 승용차는 앞바퀴 구동(또는 전륜구동), 화물차는 뒷바퀴 구동식(또는 후륜 구동 방식)이 많이 사용된다. 그림 1·5(a), (b)는 각각 앞기관 바퀴구동(전기관 전륜구동)과 앞기관 뒷바퀴 구동(전기관 후륜 구동)을 표시한 것이다.

〔2〕 뒷기관(後機關) 자동차(rear engine car)

자동차의 뒤쪽에 기관이 배치되고 보통 뒷바퀴를 구동한다. 그림 1·5는 뒷기관 자동차를 나타낸 것으로서, 뒷바퀴에 의하여 구동된다.

〔3〕 차실 바닥밑 기관 자동차(under floor engine car)

차실 바닥밑에 기관을 배치시킨 것으로서, 차실 바닥의 이용 면적을 넓혀 수용인원을 증가시킬 수 있는 장점이 있어서 주로 버스에 사용된다. 차실 바닥에 들어가는 기관은 납작한 모양이 아니면 바닥의 높이가 높아져서 비합리적이므로 실린더가 대향(對向)하는 횡형(橫形) 기관이 유리하다.

1.3.3 바퀴의 구동 방법에 따른 분류

자동차를 바퀴의 구동 방법에 따라서 분류하면 다음과 같다.

〔1〕 앞기관 앞바퀴 구동차

앞기관 앞바퀴 구동차(front engine front wheel drive car)는 그림 1·5(a)와 같이 기관의 회전력을 앞바퀴에 전하는 형식으로 대개 앞쪽에 기관이 위치하고, 앞바퀴가 구동 및 조향작용을 겸하므로 이 부분의 구조가 복잡해진다. 그러나 앞기관 앞바퀴 구동인 경우에는 주행시 선회성능은 좋으나, 비탈길을 올라갈 때의 성능은 뒷바퀴 구동일 때보다 나쁘다.

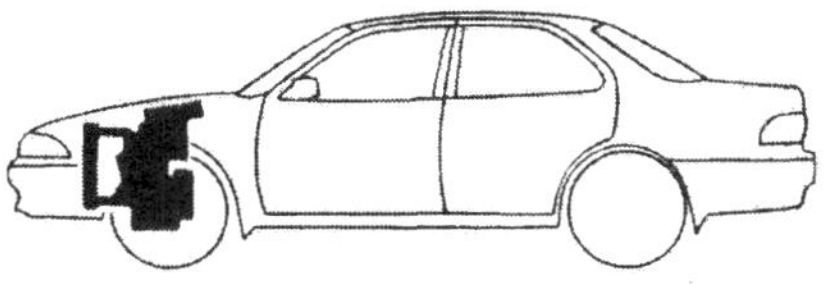

(a) 앞기관 앞바퀴 구동식

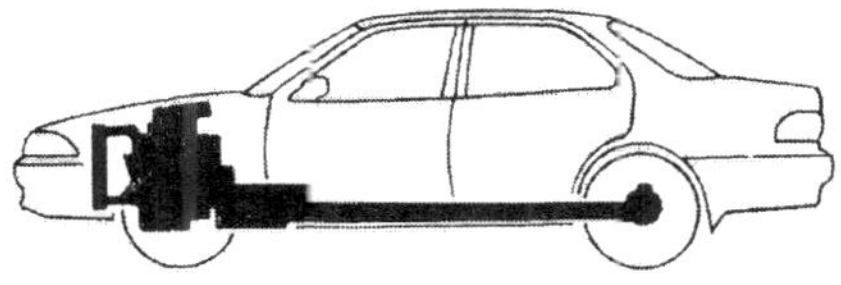

(b) 앞기관 뒷바퀴 구동식

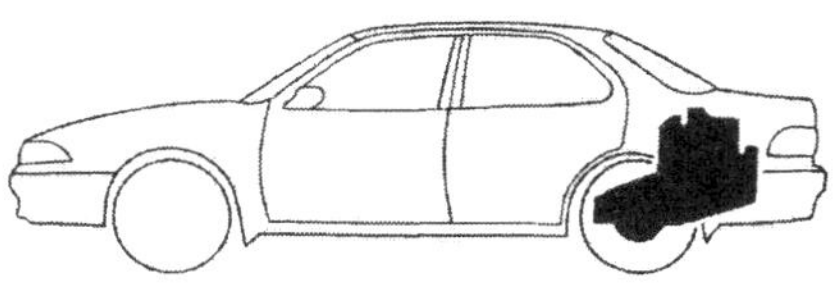

(c) 뒷기관 뒷바퀴 구동식

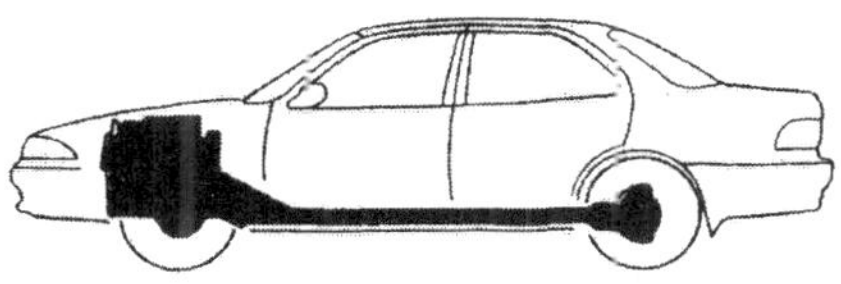

(d) 온바퀴(전륜) 구동식

그림 1·5 바퀴의 구동 방법에 따른 분류

〔2〕 앞기관 뒷바퀴 구동차

앞기관 뒷바퀴 구동차(front engine rear wheel drive car)는 기관의 회전력을 뒷바퀴(後輪)에 전하여 뒷바퀴를 구동시켜 자동차를 주행하는 형식으로서, 기관의 위치는 앞쪽이나 뒤쪽 또는 차실 바닥밑에 배치된다. 그림 1·5(b)는 뒷바퀴 구동 자동차를 표시한 것이다.

〔3〕 뒷기관 뒷바퀴 구동차

뒷기관 뒷바퀴 구동차(rear engine rear wheel drive)는 그림 1·5(c)와 같이 기관이 뒤에 있고 뒷바퀴를 구동하는 방식이다.

〔4〕 온바퀴 구동차

온바퀴 구동차(all wheel drive car)는 자동차의 추진력을 도로의 상태에 알맞게 조절하기 위하여 앞·뒷바퀴 모두(全輪)를 구동할 수 있도록 설계된 자동차로서, 보통의 경우는 전후 차축 중 하나만 구동하고 필요할 때에만 모두 구동한다. 이 차는 험한 길을 달려야 하는 자동차 및 작업용 차에서 사용된다. 그림 1·5(d)는 4륜 구동차를 나타낸 것이다.

〔5〕 6륜 구동차

6륜 구동차(six wheel drive car)는 6륜 중 뒷바퀴만 구동하는 경우가 많고 필요할 때에만 앞바퀴를 구동하고, 보통 운전 상태에서는 앞바퀴를 구동하지 않고 운전한다.

1.3.4 운전실의 형식에 따른 분류

운전실의 형식에 따른 분류는 주로 버스와 화물 자동차 등에 해당되는 것으로서 다음과 같이 분류할 수 있다.

〔1〕 보닛형(bonnet type)

앞기관 자동차에서 보닛이 운전실과 분리되어 앞쪽으로 나와 있는 형식을 말한다. 이 형식은 운전자의 시야가 좁아져서 거의 사용되지 않는다.

〔2〕 캡오버형(cab over type)

앞기관 자동차에서 운전실이 기관의 상부에 자리잡고 있으며 기관이 차실 안에 들어와 있는 형식이다. 버스의 경우에는 운전석이 기관 위 옆쪽에 위치하므로, 차실의 이용 면적과 운

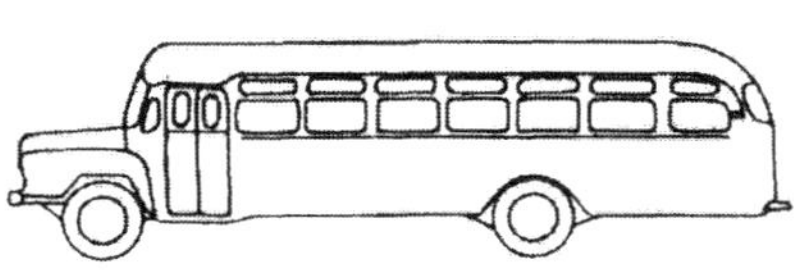

(a) 보닛형

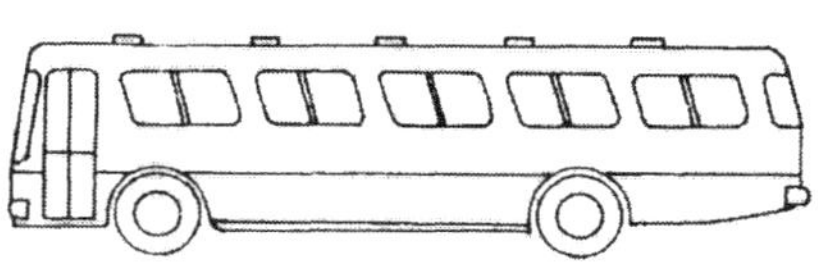

(b) 캡오버형

그림 1·6 보닛형과 캡오버형

전자의 시야가 넓어진다. 화물 자동차의 경우에는 짐칸(적재함)의 길이가 커지게 된다.

〔3〕 세미캡오버형(semi-cab over type)

이 형식은 기관의 앞쪽 반은 보닛형과 같이 앞쪽으로 나와 있고 나머지 반은 차체, 즉 운전실 속에 들어와 있는 형식으로서 요즈음은 거의 사용되지 않는다.

〔4〕 틸트-캡형(tilt-cab type)

이 형식은 화물 자동차에 많이 사용되는데, 기관의 수리 또는 정비를 요할 때에는 운전실을 앞으로 넘길 수 있는 형식으로 그 구조상 캡오버형의 것이 많다.

1.3.5 바퀴의 수에 따른 분류

자동차의 바퀴의 수에 따라 분류하면 다음과 같다.

〔1〕 2륜차

2륜차(two wheeler)는 모터 사이클 또는 오토바이(motor cycle), 스쿠터(scooter) 등과 같이 2개의 바퀴로 주행하는 자동차이다. 이들은 둘 다 소형의 가솔린 기관을 가지며 출력이 5~30 PS 정도이고, 그 구조상 배기 소음(exhaust sound)이 크다.

오토바이는 보통 4륜차와 비슷한 크기의 지름을 가진 바퀴를 사용하고, 스쿠터는 소형의 바퀴를 사용한다.

스쿠터는 모터 스쿠터의 약자이며 노면의 상태가 좋은 곳이나 시가지의 주행에 알맞다.

2륜차는 그 구조상 2륜으로 주행하여야 하며, 또한 전체의 중량을 지지해야 하므로 정적(靜的)으로 불안정하나 반대로 주행시에는 동적(動的) 안정을 갖는다. 2륜차는 4륜차와 달리 주행할 때 바퀴의 유동성과 경쾌성을 가진다.

〔2〕 3륜차

3륜차(three wheeler)는 3개의 차륜으로 주행하는 자동차로서, 앞쪽에 1륜, 뒤쪽에 2륜을 가지는 경우와 앞쪽에 2륜, 뒤쪽에 1륜을 가지는 경우가 있으나 요즈음은 거의 사용되지 않는다.

〔3〕 4륜차

4륜차(four wheeler)는 그림 **1·7**과 같이 4개의 바퀴를 가지며 앞차축과 뒤차축에 각각 2개의 바퀴를 좌우에 배치한 것이다. 보통 4륜 화물 자동차에서 짐칸의 적재량이 큰 것일 때에는 2개의 바퀴를 겹쳐서 좌우 바퀴의 하중의 지지를 강화한 복륜(複輪)이 사용되는 경우가 많다. 이 경우는 뒤차축에 크기와 용도가 같은 2개의 바퀴를 겹쳐서 끼우는데, 이것은 짐칸에 화물을 적재량대로 가득 실었을 때 뒤차축에 작용하는 하중이 커지는 점을 고려한 것

그림 1 · 7 4륜차

이다.

〔4〕 6륜차

6륜차(six wheeler)는 그림 **1 · 8**과 같이 앞차축 1개, 뒤차축 2개를 가지며 차축의 좌우에 각각 1개의 바퀴를 가지는 자동차이다. 따라서 6륜차는 3개의 차축을 가진다. 이것은 화물 적재량이 큰 화물 그림 **1 · 9**는 8륜차의 예이다.

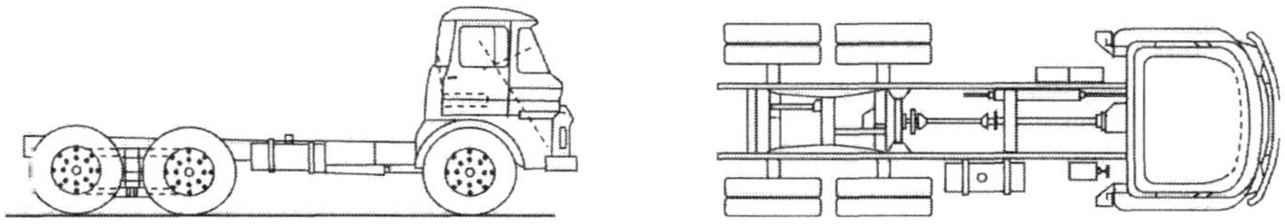

그림 1 · 8 6륜차

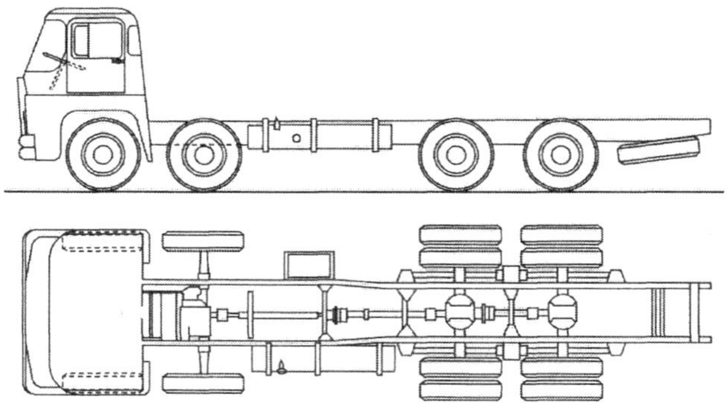

그림 1 · 9 8륜차

1.3.6 용도에 따른 분류

자동차는 사용 목적에 따라 구조 및 형식이 각각 다르다. 따라서 사용 목적에 따라 분류하면 다음과 같다.

〔1〕 승용차

보통 3~8인의 좌석을 가지는 자동차로서 개인 승용차를 말하며 차체의 형식에 따라 상자형(closed car)과 포장형(open car)으로 나누어 생각할 수 있다.

(1) 상자형

상자형은 고정된 영구 지붕을 가지며 도어(door)를 갖추고 있는 형식이다. 차체의 지붕모양에 따라 승용차는 다음과 같이 분류한다.

① 세단(sedan) 4~6인이 탈 수 있는 앞, 뒤의 시트를 가지는 승용차로서 2도어, 4도어 세단이 있다〔그림 1 · 10 (a), (b)〕.

② 리프트백(liftback) 승용차 차실의 뒷부분을 확장하여 짐칸을 만든 것으로서 짐칸의 문이 해치 방식(hatch type)으로 열리는 구조의 승용차이다〔그림 1 · 10 (c), (d)〕.

③ 리무진(limousine) 앞, 뒤 2열의 좌석이 있는 4~9인승의 승용차로서 운전석과 후부좌석 사이에 칸막이를 설치한 차이다〔그림 1 · 11 (a)〕.

④ 쿠페(coupe) 운전자를 주체로 하는 자가용으로 1열의 주좌석을 갖는 2도어형 승용차이다〔그림 1 · 11 (b)〕.

⑤ 스테이션 왜건(station wagon) 승용차의 지붕을 직선적으로 길게 뒤쪽으로 연장하고 짐칸을 뒤에 만든 것으로서 뒤의 문이 상방으로 열리는 구조로서 사람은 9인까지 탈 수 있

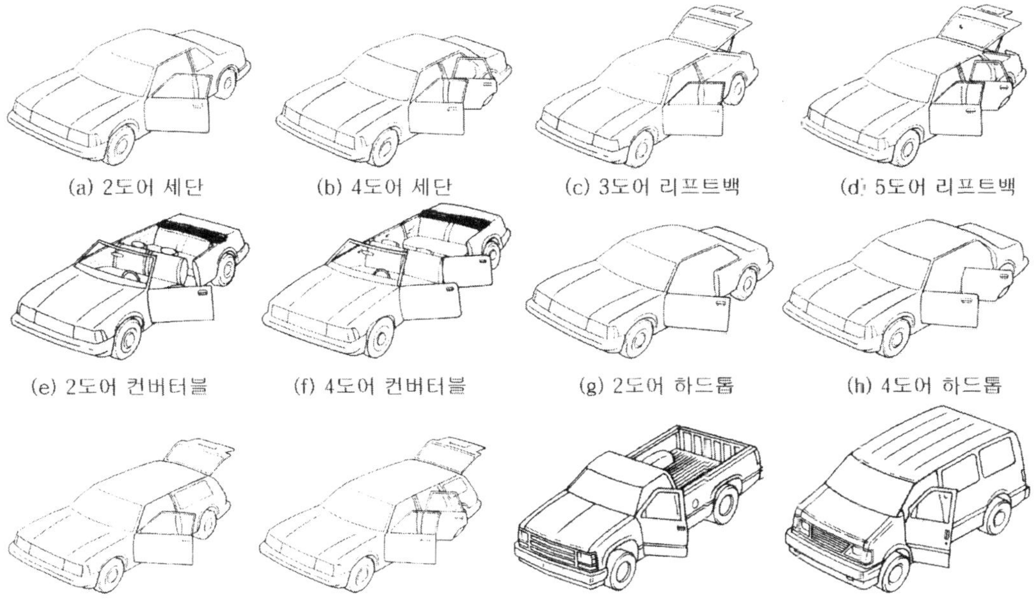

(a) 2도어 세단 (b) 4도어 세단 (c) 3도어 리프트백 (d) 5도어 리프트백
(e) 2도어 컨버터블 (f) 4도어 컨버터블 (g) 2도어 하드톱 (h) 4도어 하드톱
(i) 2도어 스테이션 왜건 (j) 4도어 스테이션 왜건 (k) 픽업 트럭 (l) 미니밴

그림 1 · 10 승용차의 차체 형식

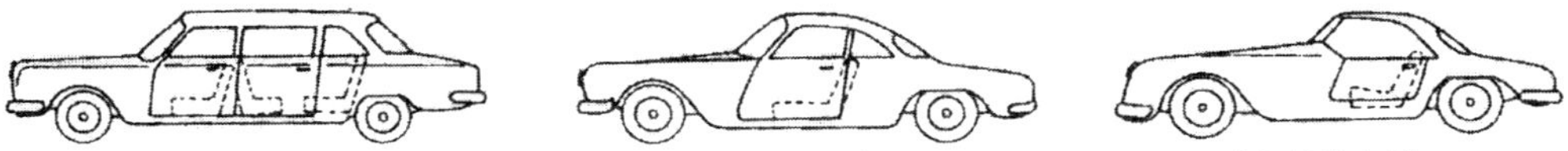

그림 1·11 승용차의 차체 형식

다〔그림 1·10 (i), (j)〕.

(2) 포장형

포장형은 상자형과 같이 고정된 지붕이 없는 개방형 차체를 가지며, 도어의 크기도 고정된 지붕이 없는 관계로 상자형의 1/2 정도이거나 차에 따라 그 구조가 조금씩 다르다. 이 형식은 간이한 방수 포장제 지붕과 투명한 셀룰로이드(celluloid) 또는 합성수지로 만든 창이 달린 조립식 포장을 갖추고 있어 필요에 따라 이것을 설치할 수 있는 형식이다.

① **컨버티블**(convertible) 도어가 없거나 도어 사이의 기둥이 없으며 비닐로 만든 지붕을 접어 넣을 수 있으며 뒷유리를 설치하거나 설치하지 않는 방식이다〔그림 1·10 (e), (f)〕.

② **하드톱**(hardtop) 앞, 뒤의 시트를 가지며 도어가 없거나 도어의 기둥(pillar)이 없는 승용차를 말하며 본래는 합성 수지제 또는 금속제 탈착이 가능한 지붕이 없는 승용차이다〔그림 1·10 (g), (h)〕.

③ **로드스타**(roadstar) 1열의 좌석을 갖춘 오픈 2도어차로서 주로 스포츠차로 사용된다〔그림 1·11 (c)〕.

〔2〕 버 스

버스는 많은 승객을 수용하기 위한 자동차로서, 이에 알맞도록 좌석 및 차실 내에 공간이 많도록 되어 있다.

① **구조에 따른 분류** 버스는 구조에 따라 1층 버스와 2층 버스로 구분할 수 있다.

1층 버스(single decker bus)는 가장 보편적인 버스로서 버스의 대부분은 이것에 속한다. 한편 2층 버스(double decker bus)는 도시 교통에서 수용 능력을 증대시키기 위한 수단으로 2층으로 만든 것으로서 도로상의 전선(電線) 및 기타 장애물이 없어야 한다.

② **용도에 따른 분류** 용도에 따라 분류하면 시가지용 버스, 관광버스, 고속버스, 소형버스로 나눌 수 있다.

시가지용 버스는 시가지의 노선에 따라 운행되는 버스로서 출입구, 좌석 및 내부 구조가 여객 운송에 편리하도록 만들고 있다.

관광버스는 도시, 고적, 관광지 등을 운행 또는 관광용의 버스로서 차내 구조가 관광에 알맞도록 되어 있다.

고속버스는 주로 고속 운행을 목적으로 하는 버스로서 대도시와 지방, 도시와 도시 사이의 고속운행에 사용된다.

소형버스는 보통 마이크로 버스라고 불리는 소형의 버스를 말한다.

〔3〕 화물 자동차

화물 자동차는 주로 화물을 운반하기에 적당하도록 제작한 자동차로서 짐칸의 구조 및 형태에 따라 다음과 같이 분류할 수 있다.

① **보통형**(conventional type)　화물 자동차 중 가장 보편적인 형식으로서 그림 1·12와 같이 짐칸의 양 측면과 뒷면에 화물 지지판(gate)을 돌쩌귀에 의하여 바깥쪽으로 열 수 있도록 되어 있는 3면 개방식과 뒷면 지지판만 열 수 있는 1면 개방식 등이 있다.

② **평탄형**(flat type)　평탄형은 그림 1·13과 같이 보통형 짐칸의 화물 지지판을 없애고 짐칸 바닥만 있는 것으로서, 무거운 짐 또는 특수한 물품의 수송에 적당하다.

③ **스테이크형**(stake type)　스테이크형은 화물의 중량이 가볍고 부피가 클 때의 수송에 적합한 형으로서, 짐칸의 좌우 옆 지지판 및 뒤쪽 지지판을 세로방향의 기둥과 함께 세워서 마치 나무 울타리와 같은 모양을 하고 있는 자동차이다.

④ **포장형**(canopy type)　포장형은 습기를 피해야 할 화물이거나 사람을 수송할 때 사용되며 보통형의 짐칸에 강철제 프레임을 세우고 그 위에 포장을 치도록 되어 있는 형식이다.

⑤ **패널형**(panel type)　그림 1·14와 같이 짐칸의 구조가 상자형이며 그 속에 화물을 싣고, 보통 짐칸 뒷면에 문을 가지며 짐칸에 창은 설치되어 있지 않다. 화물은 운반도중 비, 바람 또는 바깥 공기의 직접 접촉을 피할 때 사용되며 특히 상품 및 우편물 등의 배달에 사용된다.

그림 1·12 보통형 화물 자동차

그림 1·13 평탄형 화물 자동차

그림 1·14 패널형 화물 자동차

그림 1·15 밴형 자동차

그림 1 · 16 덤프형 자동차

그림 1 · 17 픽업형 자동차

⑥ **밴형**(vane type) 밴형은 그림 **1 · 15**와 같이 짐칸이 상자형으로 되어 있고, 운전석 뒤에 한 줄의 좌석과 창을 가지며 운전실과 화물실이 일체로 되어 있다.

⑦ **덤프형**(dump type) 덤프형은 그림 **1 · 16**과 같이 모래, 자갈, 흙, 벽돌 등을 수송하기에 적합한 자동차로서 필요한 장소에 짐칸을 경사시켜 화물을 내리도록 되어 있다. 짐칸은 뒤로 뜨는 옆으로 기울이며, 이 때는 기관의 오일 펌프를 작동시켜 덤프 잭을 유압으로 작동시킨다.

⑧ **승용 화물 겸용차**(pickup type) 보통 세단형 승용차 뒤쪽을 연장하여 작은 짐칸을 만든 것으로서, 상품의 배달, 운반 등에 많이 사용되며, 짐칸의 화물을 보호하기 위하여 포장을 쳐서 사용할 수 있다. 그림 **1 · 17**은 픽업형의 한 예이다.

〔4〕 탱크 자동차

석유, 가솔린 등의 연료나 화학 약품 등의 액체를 수송할 수 있는 탱크를 설치한 자동차를 말한다.

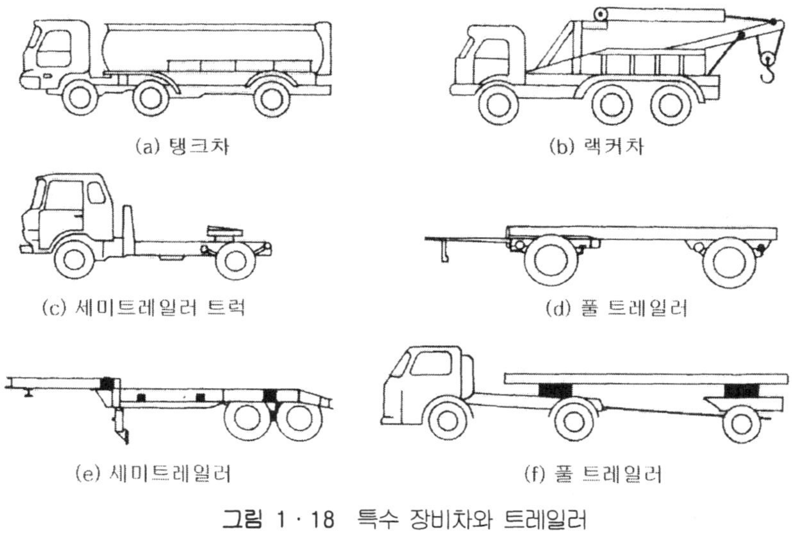

그림 1 · 18 특수 장비차와 트레일러

〔5〕 소방차

소방용 자동차는 자동차 기관의 동력을 사용하여 소화 장비, 고가 사다리의 작동, 방화수를 펌프 구동에 의하여 압송시켜 소화 작업에 알맞도록 설계된 소화 설비를 갖추고 있는 자동차이다.

〔6〕 기타 자동차

그 밖에 제설용(除雪用) 자동차, 수륙 양용 자동차, 건설용 자동차 등이 있으며 콘크리트 믹서, 기중기 차, 트레일러, 또는 농업용 및 특수 목적에 알맞도록 설계된 자동차 등이 있다(그림 1·18 참조).

1.4 자동차의 기본 구조

자동차는 종류, 용도, 형식에 따라 그 구성 요소는 다르나, 그 기본 요소는 일반적으로 동일하다. 모든 자동차는 보통 그 구조상 그림 1·19에 나타낸 것과 같이 섀시(chassis)와 보디(車體; body)의 2대 요소로 구성된다.

섀시라 함은, 자동차의 기초가 되는 주요부로서 동력 발생 장치, 조향 장치, 현가 장치, 주행 장치, 제동 장치, 부속 장치로 구성되며, 자동차의 보디를 제외한 나머지 전부를 말한다.

보디라 함은, 사람을 수용하기 위하여 섀시 위에 설치되는 부분으로서, 승용차에서는 승객 및 운전사의 좌석이 있는 부분과 자동차의 외형을 이루는 부분이고, 화물 자동차에서는 운전실과 화물을 적재하는 부분을 말한다.

1.4.1 섀시의 구성

자동차를 구성하는 기초가 되는 주요부로서, 자동차의 보디를 제외한 나머지 전부의 구성 장치를 말한다.

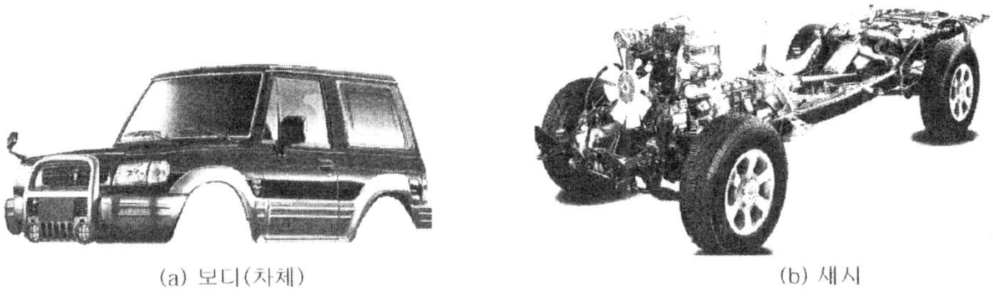

(a) 보디(차체) (b) 섀시

그림 1·19 섀시와 보디

〔1〕 동력 발생 장치 또는 기관

자동차를 구동하는 데 필요한 동력을 발생시키는 부분으로서, 기관(engine)과 기관을 보조하는 보조 장치로 구성된다.

(1) 기관 본체

자동차를 움직이는 데 필요한 동력을 발생시키는 기관의 실린더 블록과 실린더 헤드로 구성되는 주요부이다.

(2) 기관의 여러 가지 장치

기관 본체에서 열에너지를 기계적 에너지로 바꾸는 데 필요한 여러 가지 보조 장치를 말한다.

① **연료 장치**(fuel system) 연료 탱크에 저장된 연료를 연소하기에 알맞는 상태로 만들어 기관에 공급하는 장치이다.

② **점화 장치**(ignition system) 기관 실린더 내에 흡입되어 압축된 혼합기를 점화시켜 주는 장치이다.

③ **냉각 장치**(cooling system) 기관 실린더 내에서 압축된 혼합기의 폭발 연소에 따른 기관의 과열을 방지하고, 작동에 알맞는 온도를 유지시키는 장치이다.

④ **시동 장치**(starting system) 기관을 시동시키는 데 필요한 장치로서, 시동 전동기와 시동 회로에 의하여 작동된다.

⑤ **발전 장치**(generating system) 기관에서 발생된 동력의 일부를 전기 에너지로 바꾸어 자동차의 전기 부품에 필요한 전기 에너지를 공급하는 장치로서 충전 장치라고도 한다.

⑥ **배기 장치**(exhaust system) 기관 내에서 폭발된 연소 가스의 압력과 온도를 저하시켜 대기온도 및 압력과 거의 같은 상태로 배출시키는 것이다.

⑦ **윤활 장치**(lubricating system) 기관 각부의 마찰면에 윤활유를 공급하여 기관의 마멸 방지, 피스톤과 실린더의 밀봉작용 등의 윤활작용을 하는 장치이다.

〔2〕 동력 전달 장치

기관으로부터 발생된 동력을 주행 상태에 알맞게 조절하여 구동차륜으로 전달하는 장치를 총칭하여 동력 전달 장치라고 한다. 그림 1·20은 앞바퀴 구동차의 동력 전달 장치의 구조를 표시한 것이다.

뒷바퀴 구동차의 경우 기관으로부터 동력이 전달되는 순서는 다음과 같다.

① **클러치**(clutch) 기관에서 발생된 동력을 변속기에 전달하거나 또는 차단하는 역할을 하며 보통 클러치 페달(clutch pedal)에 의하여 작동된다.

② **변속기**(transmission) 기관으로부터 클러치를 거쳐 전달된 동력을 자동차가 주행하는 도로의 상태, 하중의 무게, 또는 운전 상태에 알맞는 속도와 회전력으로 바꾸어 주는 장치를 말한다. 변속 레버에 의하여 작동되며 최근에는 자동 변속기가 많이 사용되고 있다.

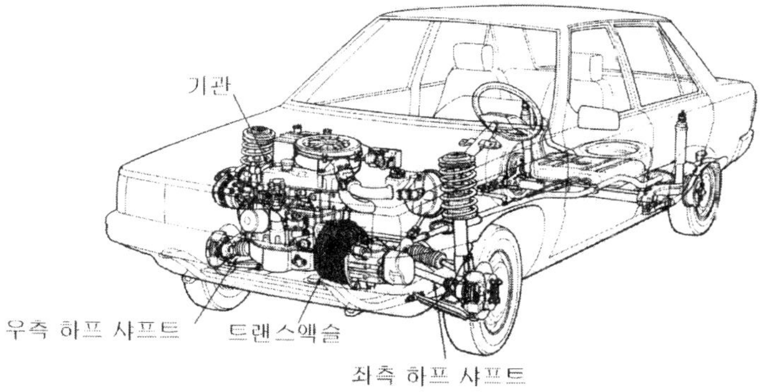

그림 1 · 20 동력 전달 장치(앞바퀴 구동식)

③ **추진축**(propeller shaft) 변속기 주축의 회전력을 받아 최종 감속 장치로 전달하는 축으로서, 변속기 및 최종 감속 장치와 유니버설 조인트(universal joint)로 연결되어 있다.

④ **최종 감속 장치**(final reduction gear) 추진축으로부터 전달된 동력을 최종적으로 감속시킴과 아울러 추진축의 회전 방향과 직각 방향으로 후차륜을 구동하는 장치이다.

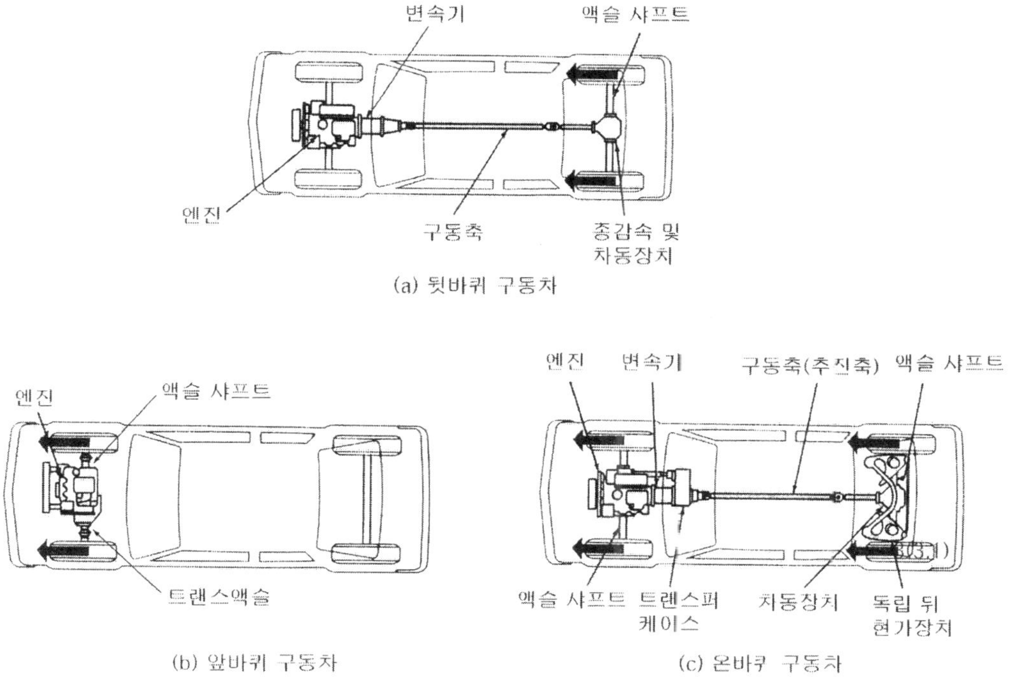

그림 1 · 21 동력 전달 경로

한편 앞바퀴 구동차의 경우 동력 전달 경로는 다음과 같다〔그림 1·21 (b)〕.

(a) 클러치(clutch)

(b) 변속기(transmission)

(c) 종감속 장치(final drive gear)

(d) 차동 장치〔(a), (b), (c)를 포함하여 트랜스액슬(transaxle)이라 한다.〕

(e) 등속 조인트(constant velocity joint)

(f) 구동축(drive axle)

(g) 등속 조인트

(h) 앞바퀴

〔3〕 조향 장치

조향 장치(steering system)는 자동차의 진행 방향을 자유로 선택할 수 있게 환향시키는 모든 기구를 말한다.

조향 장치는 조향휠(steering wheel), 조향휠 축, 조향 기어(steering gear), 조향 링크 기구, 조향 바퀴로 구성된다.

〔4〕 현가 장치

현가 장치(懸架裝置; suspension system)는 자동차의 차축을 프레임 또는 보디에 설치하는 장치로서 차축과 프레임 사이에 설치되어 노면으로부터 전달되는 충격 및 진동을 흡수·완화시키는 역할을 한다. 이 장치는 또한 자동차의 안정성을 결정하는 매우 중요한 요소의 하나이다.

〔5〕 주행 장치

주행 장치(走行裝置)는 감속 장치 및 차동 장치로부터 전달된 동력을 후차축과 차륜에 전하여 자동차를 주행시키는 장치로서 다음 각 부분으로 구성된다.

① **프레임(frame)** 자동차를 구성하는 뼈대로서 보디와 섀시의 중추인 2개의 사이드 멤버(側材; side member)와 여러 개의 크로스 멤버(橫材; cross member)로 구성되는 경우가 많다.

② **전차축(front axle)** 전차륜을 부착시킨 축으로서 일반적으로 전차축은 구동되지 않는 경우와 구동되는 경우가 있다.

③ **후차축(rear axle)** 후차륜을 부착시킨 축으로서, 후차축이 구동되는 경우와 구동되지 않는 경우가 있다.

④ **휠(wheel)** 자동차의 바퀴를 말하며, 후차축에 전하여진 동력은 휠을 회전시켜 주행하게 된다.

〔6〕 제동 장치

자동차를 정지시키거나 속도를 감속 또는 주차할 때 필요한 제동 장치(brake system)를 말한다. 브레이크 장치는 상용 브레이크인 풋 브레이크(foot brake)와 주차 브레이크(parking brake)인 핸드 브레이크로 구성된다.

풋 브레이크는 유압을 이용하는 유압식 브레이크와 배력식 브레이크가 있다.

〔7〕 부속 장치

자동차의 안전한 주행을 위하여 필요한 조명장치, 경음기, 각종 계기류 및 후사경, 냉・난방장치 등의 부속 장치를 포함한다.

익힘문제

1. 자동차를 정의하고 구성 요소에 대하여 설명하라.
2. 다음 용어를 정의하라.
   (1) 내연 기관
   (2) 섀시
   (3) 보디
   (4) 4륜차
   (5) 6륜차
3. 자동차를 다음과 같은 관점에서 분류하고 설명하라.
   (1) 원동기의 종류
   (2) 기관의 위치
   (3) 구동 방법
   (4) 운전실의 형식
   (5) 바퀴의 수
4. 자동차의 동력 전달 경로를 기관 위치에 따라 어떻게 다른지 알아보라.
5. 자동차의 발달 과정을 설명하라.
6. 다음 장치를 간단히 설명하라.
   (1) 시동 장치
   (2) 충전 장치
   (3) 점화 장치

(4) 윤활 장치

7. 자연의 에너지를 기계적 에너지로 변환하는 기계에는 어떤 것들이 있는가?

8. 보닛의 운전실과 분리되어 앞쪽으로 나와 있는 형식을 무엇이라고 하는가?

9. 섀시를 구성하는 주요 장치에 대하여 설명하라.

10. 추진축으로부터 전달된 동력을 최종적으로 감속시키는 것은?

11. 자동차 수송의 특징에 대하여 설명하라.

2 기관의 작동 원리

2.1 자동차 기관의 개요

자동차가 노면 위를 주행하려면 기관에서 발생한 동력을 바퀴에 전달하여야 한다. 이와 같이 동력을 발생시키는 기계를 기관(機關) 또는 엔진(engine)이라고 하며, 특히 연료를 연소시키거나 또는 다른 어떤 열원에 의하여 받은 열에너지(heat energy)를 기계적 에너지(mechanical energy)로 변화시켜 동력을 발생시키는 원동기를 총칭하여 열기관(熱機關; heat engine)이라고 한다.

여기서 열원(熱源; heat source)이라 함은 열을 공급하는 물체로서, 물, 공기, 증기, 연소가스 등이 모두 열원이 될 수 있다.

열기관은 내연 기관(內燃機關)과 외연 기관(外燃機關)으로 크게 나눌 수 있으며 자동차에 쓰이는 원동기는 주로 내연 기관이 많이 사용된다.

2.1.1 내연 기관

내연 기관(內燃機關; internal combustion engine)은 기관 본체 내에서 연료를 연소시켜서 얻은 열에너지를 직접 기계적인 일로 바꾸는 기관을 말한다. 내연 기관은 다음과 같이 분류할 수 있다.

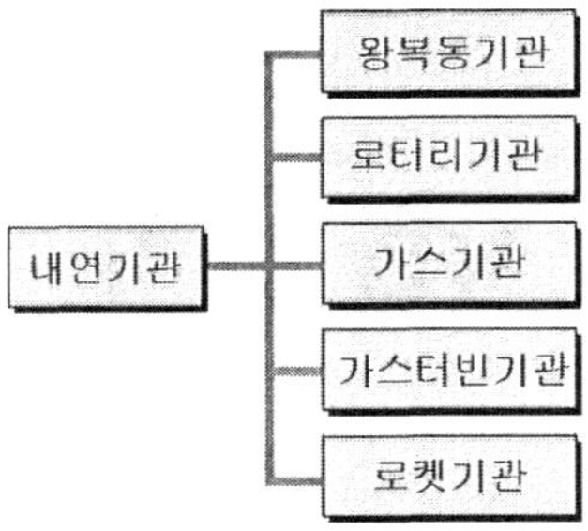

자동차용 기관으로 사용되는 것으로는 왕복동 기관, 로터리 기관, 가스 터빈 등이 사용되고 있으나, 가장 많이 사용되는 것은 왕복동 기관이다.

〔1〕 왕복동 기관

왕복동 기관(往復動機關; reciprocating engine)은 피스톤이 실린더 내를 왕복 운동하는 기관으로서 피스톤을 가지고 있으므로 피스톤 기관(piston engine)이라고도 한다. 피스톤 기관은 연료나 점화 방식에 따라 분류하면 다음과 같이 나눌 수 있다.

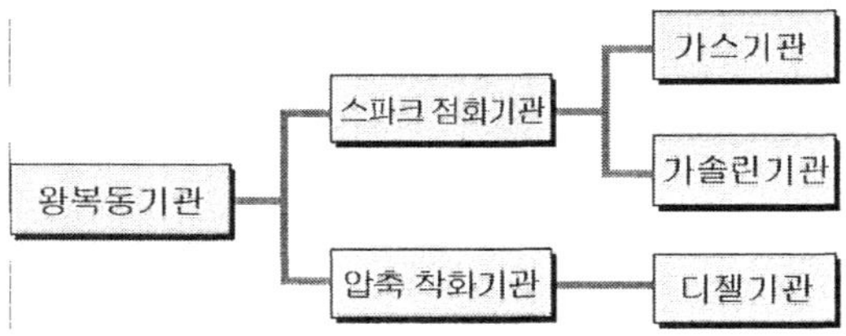

(1) 스파크 점화 기관

스파크 점화 기관(spark ignition engine)은 실린더 내로 연료와 공기의 혼합기를 흡입하고 이것을 압축한 다음 전기 불꽃(electric spark)에 의하여 점화하는 기관이다. 스파크 점화 기관은 사용하는 연료에 따라 다음과 같이 분류된다.

① 가솔린 기관　가솔린 기관(gasoline engine)은 가솔린을 연료로 사용하는 기관으로서 구조가 간단하고, 고출력을 얻을 수 있으므로 현재 자동차용 기관으로 가장 널리 사용된다. 그림 2·1은 자동차용 가솔린 기관의 구조를 나타낸 것이다.

그림 2·2는 직접 분사식 가솔린 기관(gasoline direct injection, GDI)의 단면을 나타낸 것이다.

② 가스 기관　가스 기관(gas engine)은 액화 석유 가스(liquefied petroleum gas, LPG)가 연료로 사용되는 기관으로서 주로 택시 등에 많이 사용된다.

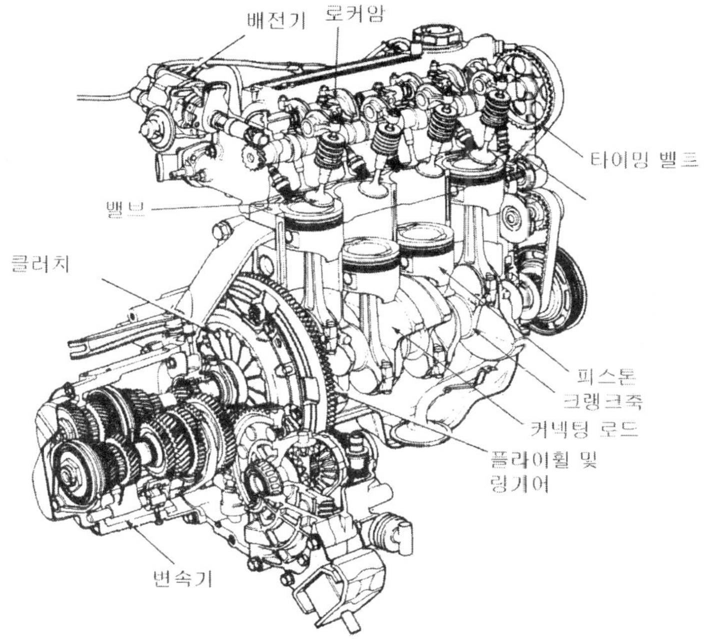

그림 2·1 가솔린 기관의 구조(앞바퀴 구동식)

(2) 압축 착화 기관

압축 착화 기관(壓縮着火機關; compression ignition engine)은 실린더 내로 공기를 흡입·압축하여 고온·고압이 되게 한 다음 연료를 분사시켜 자연 착화시키는 기관이다.

디젤(R. Diesel)에 의하여 발명되어 디젤 기관(Diesel engine)이라고도 한다.

그림 2·3은 버스에 사용되는 디젤 기관을 나타낸 것이다

그림 2·2 가솔린 기관

그림 2·3 버스용 디젤 기관

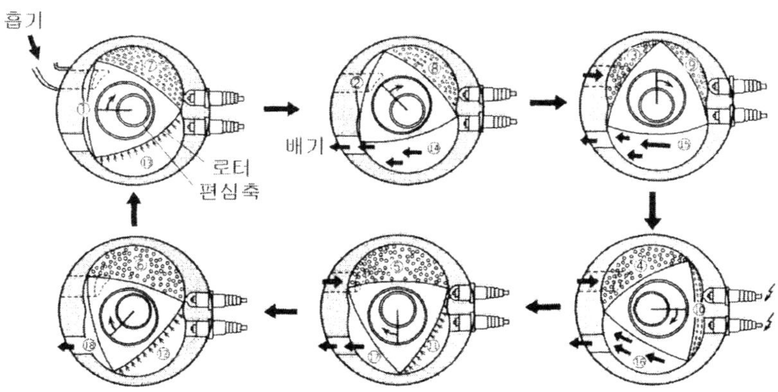

그림 2 · 4 로터리 기관

〔2〕 로터리 기관

로터리 기관(rotary engine)은 그림 2 · 4와 같이 피스톤 대신에 로터 하우징(housing) 내의 로터(rotor)의 회전을 직접 출력축의 회전으로 바꾸어 동력을 발생하는 기관으로서 왕복 운동 부분이 없으므로 구조가 간단한 특징이 있다.

2.1.2 외연 기관

외연 기관(外燃機關; external combustion engine)은 내연 기관과 반대로 연료의 연소가 기관 밖에서 이루어지며, 연료의 연소 열에너지가 간접적으로 기계적인 일로 변환하여 동력을 얻는 기관이다. 예를 들면 석유를 연소시켜 보일러 내의 물을 증기로 만들고 이 증기의 힘으로 피스톤이나 터빈을 작동시켜 동력을 얻는 기관으로서 증기를 만드는 보일러가 필요하다.

외연기관은 증기 기관(steam engine)과 증기 터빈(steam turbine)이 있으며, 자동차용 원동기로는 사용되지 않는다.

2.2 기관의 구성

2.2.1 가솔린 기관의 개요

가솔린 기관은 앞에서 설명한 바와 같이 연료로서 가솔린을 사용하는 기관이다. 지금 실린더 속에 가솔린과 공기를 적당히 혼합하고, 이 혼합기를 압축하여 점화시키면 급격한 연소와 함께 높은 압력이 생기게 되는데, 이것이 곧 가솔린 기관의 기본 원리를 말해 주는 것이다. 여기서 실린더(cylinder) 내의 혼합기를 압축하는 역할을 하는 것은 피스톤(piston)이다.

가솔린 기관은 실린더 내로 연료와 공기의 혼합기를 흡입하여 압축하고, 이 압축된 혼합기에 전기불꽃으로 점화시키면 이 혼합 가스는 갑자기 폭발적 연소가 이루어지게 된다. 이 때 고온 고압의 연소 가스는 피스톤에 작용하여 커넥팅 로드(connecting rod)를 거쳐 크랭크축(crankshaft)의 회전 동력으로 바꾸어 준다. 혼합기는 기화기 또는 흡기 포트에 설치된 연료 인젝터에 의하여 분사되어 실린더 내로 공급된다. 최근에는 디젤 기관과 같이 공기를 흡입한 다음 연료를 실린더 내에 직접 분사하는 가솔린 직접 분사식 기관이 개발되어 실용화되고 있다.

기관은 실린더 내에서 혼합기의 폭발 연소에 의하여 기관은 폭발열에 의하여 가열되므로, 기관을 냉각시키기 위하여 기관 둘레에 물 재킷(water jacket)을 설치하여 냉각수를 순환시킨다.

기관이 작동되는 동안 기관의 주요 마찰부에 윤활유를 공급하여 기관 작동을 원활하게 한다. 기관에 흡입되는 연료는 기화기를 거쳐서 적당한 혼합기가 이루어지거나 연료 분사 인젝터로부터 흡기 포트에 가솔린을 분사하여 기화시키고 이 때 생기는 혼합기는 기관으로 흡입되어 점화 플러그의 전기 스파크에 의하여 폭발 연소하게 된다. 연소 가스는 배기 장치를 통하여 기관 바깥쪽으로 배기된다.

기관의 주요 장치를 열거하면 다음과 같다.

① **기관 본체** 기관 본체는 실린더, 피스톤, 밸브, 커넥팅 로드, 크랭크축, 플라이휠 등 기관의 근본을 이루는 주요부를 말한다.

② **연료 장치**(fuel system) 기관의 연료인 가솔린을 공기와 적당히 혼합하여 실린더 내로 보내는 장치로서, 액체 상태의 가솔린을 공기와 혼합하여 혼합기를 만드는 기화기 또는 연료분사 인젝터와 연료 탱크로부터 기화기까지 연료를 보내는 연료 펌프 등이 여기에 속한다.

③ **윤활 장치**(lubricating system) 기관 각부에 윤활유를 보내어 기관의 운동부분의 마찰에 따른 발열, 마멸 등을 방지하도록 윤활작용을 하는 장치로서 윤활유, 오일 펌프(oil pump), 오일 필터(oil filter) 등으로 구성된다.

④ **냉각 장치**(cooling system) 기관 실린더 혼합기가 폭발하면 매우 높은 열이 발생하므로 이것을 냉각시켜 기관의 과열을 방지하는 장치로서 냉각수, 라디에이터, 물 재킷, 냉각팬, 물 펌프 등으로 구성되어 있다.

⑤ **흡기 및 배기 장치** 혼합기를 실린더 내로 흡입하는 장치와 연소 가스를 배출시키는 장치로서 흡입 매니폴드, 공기 청정기 및 배기 매니폴드, 소음기 등으로 구성된다.

⑥ **시동 장치**(始動裝置; starting system) 기관을 시동시키기 위하여 필요한 장치로서, 시동 전동기(starting motor)와 축전지(battery) 및 시동회로로 구성된다.

⑦ **발전 장치**(generating system) 기관에서 발생한 동력의 일부를 전기 에너지로 바꾸

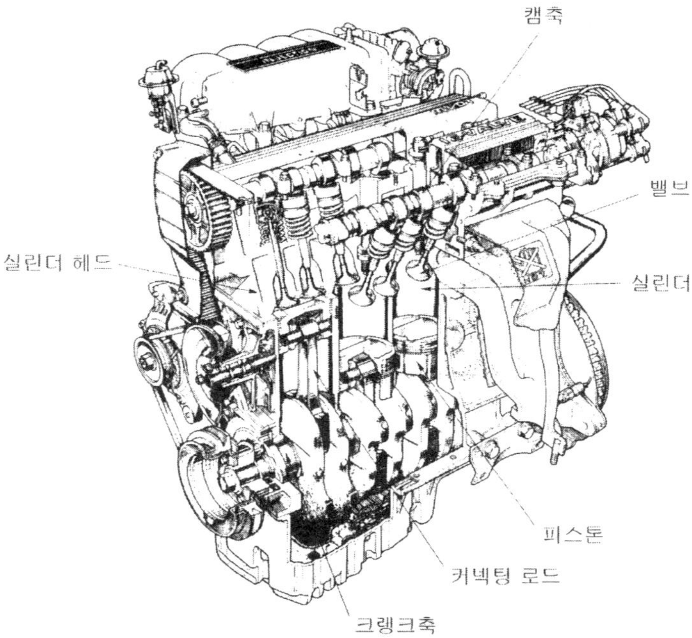

그림 2·5 가솔린 기관의 구조

어 자동차 전장품인 시동전동기, 점화 플러그 또는 전등 등에 필요한 전기 에너지를 공급하는 장치로서 축전지와 발전기로 구성된다. 그림 2·5는 가솔린 기관 구조를 나타낸 것이다.

2.2.2 기관 본체의 구조

기관 본체는 기관 작동의 근본이 되는 주요부로서 실린더, 피스톤, 크랭크축, 크랭크케이스, 플라이휠 등으로 구성된다.

① **실린더**(cylinder) 실린더는 연료와 공기의 혼합 가스가 폭발로부터 얻은 연소 열에너지를 기계적 에너지로 변화시켜 동력을 발생시키는 근본이 되는 원통이다.

② **피스톤**(piston) 피스톤은 연료와 공기의 혼합 가스의 폭발력을 받아서 실린더 내를 상하 운동하는 주요부로서 피스톤의 왕복 운동은 커넥팅 로드를 거쳐 크랭크축의 회전 운동으로 바뀌게 된다.

③ **커넥팅 로드**(connecting rod) 커넥팅 로드는 피스톤과 크랭크축을 연결하는 막대로서, 피스톤이 받는 연소가스의 폭발력을 크랭크축에 전달하는 일을 한다.

④ **크랭크축**(crankshaft) 기관의 중심축이 되는 축으로서, 커넥팅 로드를 거쳐 전달된 피스톤의 왕복 운동을 회전 운동으로 변환하여 동력을 발생시키는 축이다.

⑤ **크랭크케이스**(crankcase) 기관 실린더를 지지하고, 기관을 프레임에 고정시키는 부

분으로 크랭크축을 지지하는 베어링부와 오일팬이 성형되어 있다.

⑥ 플라이휠(flywheel) 크랭크축의 끝에 설치된 주철제 무거운 바퀴로서, 실린더 내에서 혼합기가 폭발시 전달된 크랭크축의 회전력을 일시 흡수하여 저장하였다가 피스톤이 다음 폭발을 할 때까지 크랭크축의 회전을 원활하게 하는 일을 한다.

2.3 기관의 사이클

가솔린 기관은 실린더 내에 가솔린과 공기를 적당한 혼합비로 혼합하여 흡입하고, 이것을 압축한 다음 점화 플러그에 의하여 전기 불꽃으로 점화시키면 압축된 혼합기는 급격히 연소하게 된다. 이 때 급격한 연소, 즉 폭발에 의하여 팽창된 연소가스는 고온 고압으로부터 발생한 큰 힘으로 피스톤을 강하게 내려 밀게 된다.

이 때 피스톤은 하향 운동을 하면서 크랭크축의 회전 운동으로 바꾸어 기관의 동력을 얻게 된다. 여기서 폭발된 연소 가스는 피스톤의 상승 운동에 의하여 실린더 밖으로 배출되고, 새로운 혼합기가 다시 실린더 내로 흡입되어 한 사이클을 마치게 된다.

이상에서 살펴본 바와 같이 기관의 동력을 얻기 위하여 연료와 공기의 혼합기를 실린더 내로 흡입하여 압축하고, 압축된 혼합기에 점화시켜 크랭크축의 동력으로 변화시키고, 연소가스를 배출시킬 때까지의 실린더 내의 주기적인 변화를 기관의 사이클(cycle)이라고 한다.

기관이 작동하는 동안 피스톤은 실린더 내를 왕복운동을 하게 되는데 이 때 피스톤이 실린더 내 최상단의 위치에 왔을 때 이 점을 상사점(上死點; top dead center) TDC라고 하고, 최하단에 왔을 때를 하사점(下死點; bottom dead center) BDC라고 하며, 하사점에서 상사점까지의 거리를 행정(行程; stroke)이라고 한다. 즉, 피스톤이 실린더 내를 왕복운동할 때 크

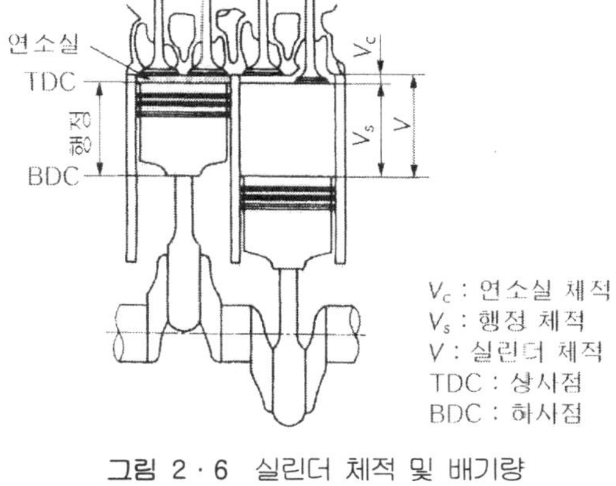

그림 2·6 실린더 체적 및 배기량

랭크축 회전에 의하여 운동의 방향을 바꾸는 점을 사점(死點; dead center)이라 하고, 피스톤이 상승하여 하향 운동으로 변하는 점을 상사점, 피스톤이 하강하였다가 다시 상승 운동으로 바꾸는 점은 하사점이 된다.

따라서, 지금 피스톤이 상사점에서 하사점까지 또는 하사점에서 상사점까지 이동하였다면 이것이 바로 1행정이 된다. 다시 말하면, 기관이 1회 폭발력을 얻으려면 다음의 네 가지 작용을 하여야 하는데 이러한 작용이 1 사이클이고, 기관이 계속적인 동력을 얻기 위하여서는 이러한 순환 작용을 되풀이하여야 한다.

① 흡입 행정(吸入行程; intake stroke)

② 압축 행정(壓縮行程; compression stroke)

③ 폭발 행정(爆發行程; expansion stroke, combustion stroke)

④ 배기 행정(排氣行程; exhaust stroke)

혼합기의 흡입, 압축, 폭발, 배기의 1 사이클을 피스톤이 실린더 내를 2회 왕복 운동, 즉 4행정하는 동안 마치는 기관을 4행정 사이클 기관 또는 4 사이클 기관(four stroke cycle engine)이라고 하고, 피스톤이 1회 왕복 운동, 즉 2행정하는 동안에 1 사이클을 마치는 기관을 2행정 사이클 기관 또는 2 사이클 기관(two stroke cycle engine)이라고 한다.

2.3.1 4행정 사이클 기관의 작용

4행정 사이클 기관(4 stroke cycle engine)은 4 사이클 기관이라고도 하는데, 이것은 혼합가스를 흡입, 압축, 폭발, 배기의 네 가지 작용을 피스톤이 4행정하는 사이에 끝마치는 기관이다. 4행정 사이클 기관은 대체로 피스톤의 1행정에 하나의 작용이 이루어진다.

그림 2·7에서 보는 바와 같이 4행정 기관의 작용을 요약하면 다음과 같다.

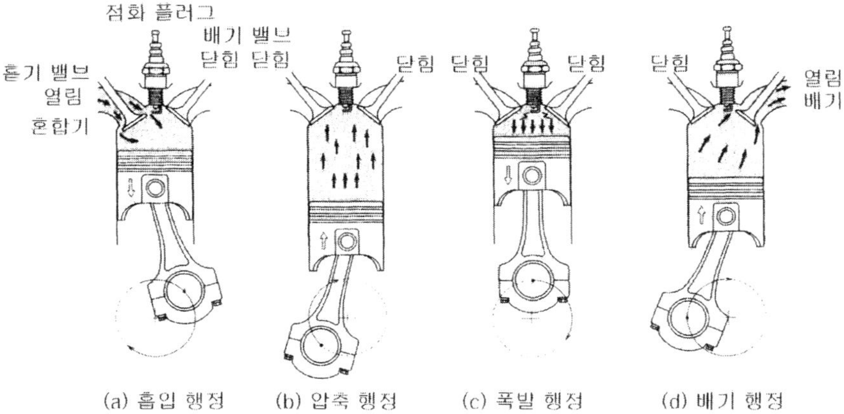

그림 2·7 4 행정 사이클 기관의 작동

[1] 흡입 행정

흡입 행정(suction stroke, intake stroke)은 혼합기를 실린더 속으로 흡입하는 행정으로 제1행정이라고도 한다.

그림 2·7 (a)에서와 같이 피스톤이 상사점에서 하사점으로 내려갈 때 피스톤과 실린더 벽 사이에는 혼합기 및 가스의 누설이 없으므로, 실린더 내는 부분적 진공이 생기게 된다. 이 때 흡입밸브(intake valve)가 열려서 혼합기가 실린더 내로 흡입된다. 이와 같이 피스톤이 상사점에서 하사점까지 하향 행정하면서 혼합기를 흡입하므로 **흡입 행정**(吸入行程)이라고 한다.

[2] 압축 행정

압축 행정(compression stroke)은 흡입 행정을 마친 피스톤은 하사점으로부터 상사점으로 상승하기 시작하는데 이 때 흡기 밸브와 배기 밸브는 모두 닫혀 있으므로 실린더 내의 혼합기는 압축된다. 이와 같이 하사점에서 상사점까기 혼합기를 압축하는 행정을 **압축 행정** 또는 제2행정이라고 한다. 그림 2·7 (b)는 압축 행정을 표시한 것으로서, 이 행정을 마치면 크랭크축은 360° 회전, 즉 1회전하고 피스톤은 2 행정을 마친 것이 된다.

이 때 혼합기는 압축될수록 폭발력이 증가되어 피스톤에 작용하는 힘은 커진다. 보통 가솔린 기관에서 압축 행정이 끝나서 압축된 체적은 최초 혼합기를 흡입하였을 때 체적의 1/6～1/10 정도로 압축되고, 디젤 기관에서는 1/16～1/20 정도로 압축된다.

[3] 폭발 행정

폭발 행정(expansion stroke)은 압축 행정에 의해서 압축된 혼합기에 점화 플러그에 의하여 점화하여 폭발되면 혼합기는 갑자기 급격한 압력상승을 일으키므로 피스톤은 혼합기의 폭발압력에 의하여 아래로 내려 밀어가면서 폭발 행정을 하게 된다.

이와 같이 압축된 혼합기가 폭발하여 팽창하는 행정을 폭발 행정 또는 제3행정이라고 한다. 또한 혼합기는 폭발에 의해 급격히 연소하면서 팽창하므로 **팽창 행정** 또는 **연소 행정**이라고도 한다. 따라서 이 행정에서 기관의 작동에 필요한 동력을 발생시키므로 **동력 행정**(動力行程, power stroke)이라고 하기도 한다. 그림 2·7 (c)는 폭발 행정을 표시한 것이다.

[4] 배기 행정

배기 행정(exhaust stroke)은 폭발 행정에 의하여 하사점에 도달된 피스톤은 다시 상승을 시작하면서 연소 가스를 실린더 밖으로 배출시킨다. 이것을 **배기 행정** 또는 제4행정이 된다. 이 때 배기 밸브는 열려 있다. 이렇게 하여 배기 행정을 마치면 피스톤은 다시 흡입 행정을 시작하게 된다. 따라서 배기 행정을 마쳤을 때 크랭크축은 2회전하게 된다.

2.3.2 2행정 사이클 기관의 작용

2행정 사이클 기관(two stroke cycle engine)은 2 사이클 기관이라고도 부른다. 4행정 사이클 기관은 피스톤이 4행정, 즉 크랭크축이 2회전하는 동안에 1 사이클을 끝마치는 데 대하여, 2행정 사이클 기관은 크랭크축이 1회전, 즉 2행정을 하는 사이에 1 사이클을 마치게 된다. 따라서 2행정 사이클 기관은 그 구조상 그림 2·8과 같이 흡입 밸브와 배기 밸브가 없고, 실린더 벽에 흡기 포트(흡기공), 배기 포트(배기공) 및 소기공이 설치되어 있다.

〔1〕 소기

피스톤이 하강하면 소기(掃氣) 포트(scavenge port)가 열려서 크랭크실 내에 예압되어 있는 혼합기가 실린더 속에 남아 있는 연소 가스를 밀어내면서 흡입된다〔그림 2·8 (a)〕.

〔2〕 압축

피스톤이 상승하면서 소기 포트, 배기 포트의 순으로 닫히고 혼합기의 압축이 이루어진다. 이와 동시에 피스톤 하부의 크랭크실 내가 부분 진공이 되어 리드 밸브(1방향 밸브)가 열리면서 혼합기가 흡기 포트(intake port)를 통하여 크랭크실로 흡입된다〔그림 2·8 (b)〕.

〔3〕 연소

피스톤에 의하여 압축된 혼합기에 점화 플러그를 점화시키면 압축된 연료-공기 혼합기는 폭발적으로 연소하면서 피스톤을 내려 민다. 이 때 피스톤이 하강하면서 크랭크실 내로 흡입된 혼합기를 예압(豫壓)하게 된다〔그림 2·8 (c)〕.

〔4〕 배기

피스톤이 내려오면 배기 포트(exhaust port)가 열리면서 연소 가스가 배출된다.

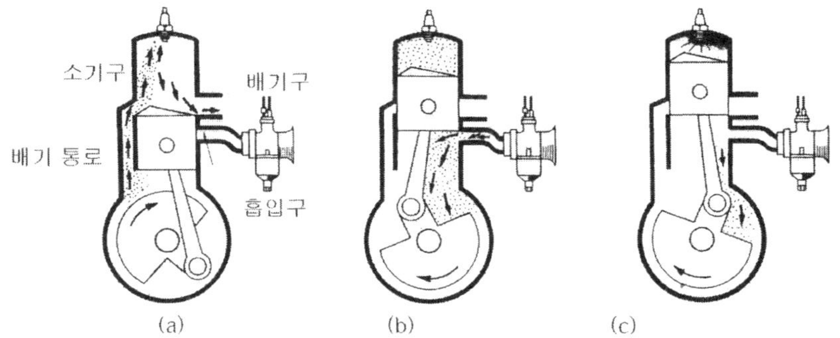

그림 2·8 2행정 사이클 기관의 작동

2.3.3 2행정 사이클 기관과 4행정 사이클 기관의 비교

4행정 사이클 기관과 2행정 사이클 기관의 장점과 단점을 비교하면 다음과 같다.

〔1〕 4행정 사이클 기관

(1) 장점

① 흡기 및 배기가 완전하므로 혼합기의 체적 효율이 높다. 따라서 평균 유효 압력이 높다.

② 2행정 사이클 기관에 비하여 혼합기의 흡입 손실이 적고, 연료 소비율이 적다.

③ 각 행정이 완전하므로 폭발 행정 중 손실이 없고, 저속 운전을 원활히 할 수 있다.

④ 기관 구조가 합리적이므로 각 행정의 작용이 원활하게 실린더를 과열시키는 일이 적다.

(2) 단점

① 폭발횟수가 2행정 사이클 기관보다 적으므로, 실린더 수가 적을 때는 원활한 운전이 어렵다.

② 밸브 기구가 복잡하고 부품수가 많으므로, 기계적 소음이 크다.

〔2〕 2행정 사이클 기관

(1) 장점

① 실린더 지름, 행정 및 피스톤 속도가 동일한 조건하에서 소기 효율을 고려하지 않는다면 2행정 사이클 기관은 4행정 사이클 기관의 2배의 출력을 낼 수 있다. 그러나 실제로는 각 행정의 손실이 많으므로 소기 효율 및 기계 효율 등의 영향으로 1.5~1.6배의 출력을 가진다.

② 동일 조건하에서 폭발횟수가 2배이므로 회전력이 4행정 사이클 기관보다 균일하다.

③ 밸브기구가 없거나 있어도 간단하고 부품수가 적으므로 기계적 소음이 적다.

④ 크랭크케이스 압축식인 경우 제작비가 적게 든다.

(2) 단점

① 연소 가스를 배기하고 새로운 혼합기를 흡입하는 시간이 4행정 사이클 기관보다 짧으므로 실제 유효 행정이 적어진다.

② 기관 구조상 흡기 포트와 배기 포트가 함께 열려 있는 기간이 길기 때문에 새로운 혼합기의 흡입손실이 많아진다. 따라서 평균 유효 압력이 저하되고, 연료 소비율이 증가된다.

③ 배기 포트가 실린더 벽 중앙에 있어서 실린더가 과열되어 열적 변형을 일으키기 쉽다.

이상의 비교에서 살펴본 바와 같이 2행정 사이클 기관은 4행정 사이클 기관과 그 기관의 크기 작동상태가 동일하다면, 4행정 사이클 기관의 2배의 출력을 발생시킬 수 있으나, 실제로는 여러 가지 효율 및 손실로 인하여 이것보다는 적어진다.

익힘문제

1. 스파크 점화 기관과 압축 착화 기관을 실제 보기를 들어 설명하라.
2. 내연 기관과 외연 기관의 차이점을 설명하라.
3. 가솔린 기관의 주요 장치를 들고 설명하라.
4. 2행정 사이클 기관과 4행정 사이클 기관의 작동 원리를 설명하고 각각의 장단점을 비교 설명하라.
5. 다음 용어를 설명하라.
   (1) 소기
   (2) 사점
   (3) 행정
   (4) 상사점
   (5) 하사점
   (6) 사이클
6. 왕복동 기관을 분류하고 설명하라.
7. 로터리 기관의 구조와 작동 원리, 특징을 설명하라.
8. 소기와 배기는 어떻게 다른지 구분하여 설명하라.
9. 기관 본체를 구성하는 주요부에 대하여 설명하라.

3 기관의 성능

3.1 기관 성능의 기초 사항

3.1.1 배기량

기관의 성능은 실린더의 크기, 즉 피스톤 배기량에 크게 좌우된다. 기관의 **배기량**(排氣量; piston displacement)은 피스톤이 하사점에서 상사점까지 이동될 때 배제되는 체적으로서 피스톤 배제체적 또는 **행정 체적**이라고 한다. 피스톤 배기량이 많다는 것은 실린더 내로 흡입되는 흡기량이 많아지므로 실린더 내 폭발압력이 커지고 기관에서 발생되는 출력이 증가하게 된다.

기관의 총 배기량은 실린더 1개당 배기량에다 실린더 수를 곱한 값이 된다. 배기량의 단위는 m^3, cm^3, cc, l로 표시된다.

지금 실린더의 지름(bore)을 D cm, 상사점에서 하사점까지의 거리, 즉 행정을 S cm, 실린더 수를 Z라고 하면 피스톤 총 배기량(cm^3)은 다음 식으로 계산된다.

단기통의 경우

$$V=\frac{\pi}{4}D^2S \tag{3·1}$$

다기통의 경우

$$V=\frac{\pi}{4}D^2SZ \tag{3·2}$$

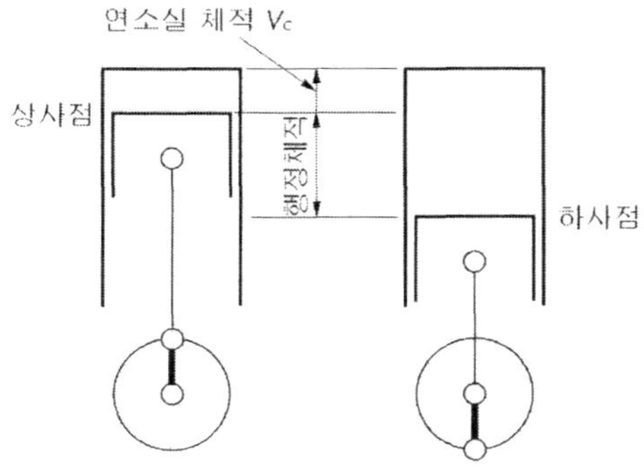

그림 3 · 1 실린더 체적과 행정 체적

보기 3.1 6실린더 기관에서 지름이 75 mm이고, 행정이 85 mm인 기관의 총 배기량을 구하라.

풀이 $$V = \frac{\pi}{4} D^2 SZ = \frac{\pi}{4} \times 7.5^2 \times 8.5 \times 6 = 2251.969 \text{ cm}^3$$

또는

$$V = 2251.969 \text{ cc}$$

가 된다.

보기 3.2 실린더 지름 90 mm, 행정이 80 mm인 4행정 사이클 가솔린 기관이 있다. 연소실 체적이 70 cm^{3}일 때 총 배기량을 구하라. 단, 실린더 수는 4이다.

풀이 식 (3 · 2)에 의하여

$$V = \frac{\pi}{4} D^2 SZ = \frac{\pi}{4} \times 9^2 \times 8 \times 4 = 2034.72 \text{ cm}^3$$

3.1.2 압축비

압축비는 실린더 내로 흡입된 혼합기 또는 공기가 연소하기 전에 어느 정도 압축되는가를 나타내는 지표가 된다. 압축비(壓縮比; compression ratio)는 피스톤이 상사점에 도달하였을 때 실린더 체적과 피스톤이 상사점에 달하였을 때의 실린더 체적과의 비로서 표시된다.

지금 피스톤이 상사점에 달하였을 때의 실린더 내 체적을 연소실 체적(燃燒室体積) 또는 극간 체적(隙間体積; clearance volume) V_c라 하고, 피스톤이 하사점에 도달하였을 때의 체적을 실린더 체적(cylinder volume) V라고 한다. 여기서 실린더 체적은 피스톤 행정 체적과 연소실 체적을 합한 것이 된다.

연소실 체적을 V_c, 행정 체적 V_s, 압축비를 r라고 하면

$$압축비 = \frac{연소실\ 체적 + 행정\ 체적}{연소실\ 체적}$$

$$r = \frac{V_c + V_s}{V_c} \qquad (3 \cdot 3)$$

로 표시된다.

기관의 압축비를 높이면 압축행정 끝의 폭발 압력이 높아져서 기관의 회전력이 증가되어 큰 출력을 얻을 수 있다.

실린더 내에 있는 혼합기는 압축될수록 온도 상승에 의한 연료 입자의 기화·증발 및 공기와의 혼합이 좋아지므로 점화가 용이하고, 급격한 연소가 이루어져 큰 동력을 얻을 수 있다. 따라서 열효율이 높아지고 연료 소비가 경제적이며, 실린더 내 카본 생성이 적고, 윤활유가 희석되지 않는다. 그러므로 압축비가 높아지면 기관의 치수나 중량을 크게 변경시키지 않고, 출력을 증가시킬 수 있으며 연료의 소비를 적게 할 수 있어서 기관 성능은 향상된다. 그러나 압축비를 너무 높이면 노크(knock) 현상이 일어나 기관의 출력이 저하되기 쉬우므로 그 제한을 받는다. 보통 가솔린 기관의 압축비는 7～10 정도이고 디젤 기관에서 13～20 정도이다.

3.1.3 실린더 내의 압력 변화

연료-공기의 혼합기가 기관 내에서 연소되어 사이클을 마칠 때까지의 기관의 압력과 체적과의 상태 변화, 기관의 성능 및 작동 상태를 파악하는 데 중요한 역할을 하는 것이 지압계 또는 지압기(指壓計, 指壓器; engine indicator)이다. 지압계는 기관 내의 피스톤의 운동 상태에 따라 실린더 내의 압력과 체적의 상태 변화를 표시하는 기관의 지압 선도(指壓線圖; indicator diagram)를 얻는 데 사용된다.

그림 3·2는 가솔린 기관에서 연료를 흡입하여 압축하고, 폭발에 의하여 동력을 얻은 다음 배기할 때까지의 압력 및 체적의 변화를 나타낸 지압 선도이다. 지압 선도의 세로 축은 압력(P), 가로축은 체적(V)으로 잡는다. 따라서 지압 선도는 간단히 P-V 선도(P-V diagram)라고도 한다.

그림에서 0에서 1까지는 피스톤이 상사점에서 하사점으로 이동하면서 하사점까지 연료와 공기의 혼합기를 흡입하는 행정인데, 이 때의 압력은 P_1이 된다. 다음에 피스톤이 하사점으로부터 상사점으로 이동하기 시작하여 압축 행정을 하면 실린더 내의 혼합기는 압축되어 체적은 점차 감소되고, 압력은 상태 1에서 2로 상승된다. 따라서 압축 행정 끝에서의 압력은 P_2가 되고, 이 때 점화 플러그에 의해서 점화되어 폭발하면 압력은 상태 2에서 3까지 일정

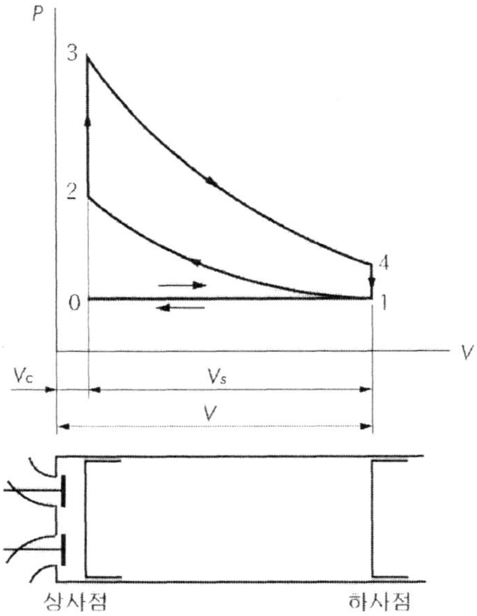

그림 3 · 2 4행정 사이클 기관의 $P-V$ 선도

체적하에서 급격히 상승한다.

여기서 P_3는 최고 폭발 압력을 표시한다. 상태 3으로부터 폭발 가스의 팽창이 시작되어 피스톤은 연소 가스의 압력에 의하여 하사점으로 이동하면 실린더 체적이 증가되어 압력은 그림과 같이 저하된다.

따라서 피스톤은 하사점에 도달하면 압력은 P_4가 되고, 이 때 배기 밸브가 열리어 압력은 4에서 1로 저하하며, 피스톤은 다시 상사점을 향하여 왼쪽으로 이동하여 한 사이클의 작동을 끝마친다. 여기에서 면적 12341은 기관이 1 사이클 동안에 한 일, 즉 동력이 된다.

3.1.4 평균 유효 압력

평균 유효 압력은 실린더 내 가스의 평균 압력, 즉 그림 **3 · 3**의 지압 선도에서 표시된 바와 같이 12341과 같은 면적을 가진 직사각형 02a4a1을 작도하였을 때 압력 P_m을 평균 유효 압력(mean effective pressure)이라고 한다. 이것은 실제 기관에서 압력 변화는 1, 2, 3, 4와 같으나 평균 압력 P_m으로 작동하여 같은 일을 하였다면 면적 12341은 면적 02a4a1과 같게 된다.

3.1.5 실린더 내에서의 팽창일

어떤 물체에 외력을 가하여 처음의 위치에서 그 위치를 변화시켰다면 이 때의 한 일은 외력(kg)과 변위(m)의 곱으로 표시된다.

지금 어떤 물체에 힘 F N을 가하여 거리 S m만큼 이동시켰다면, 이 때의 한 일 W는

$$W = FS \ (\mathrm{N\,m})$$

이것을 토대로 하여 기관 내에서 혼합기가 폭발할 때 피스톤이 가스의 팽창으로 인하여 이동하는 거리인 행정을 알면 기관 팽창 행정에서 하는 일량을 구할 수 있다.

피스톤 헤드 상면에 작용하는 팽창 가스의 압력을 P kPa라 하고, 피스톤의 단면적을 A m^2라 하면 피스톤 헤드에 가해지는 힘 $F = PA$ N이다. 따라서 기관의 팽창에 의하여 하는 일 W Nm은 폭발력 F와 행정 S와의 곱으로 계산할 수 있다.

$$W = F \times S = PAS = PV$$

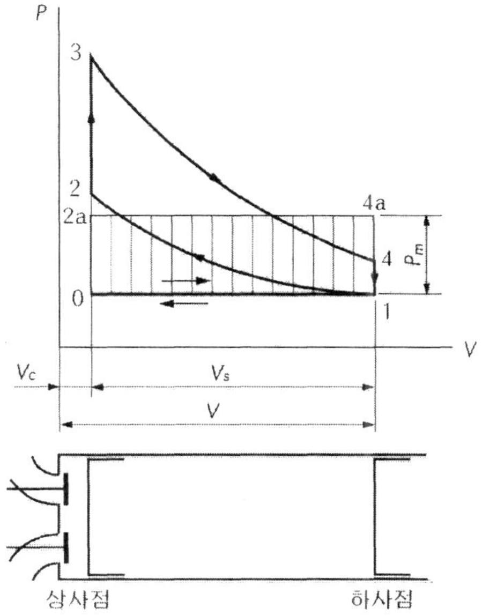

그림 3 · 3 평균 유효 압력

3.2 기관의 동력 계산

3.2.1 기관의 동력

동력(power)이란 일정한 시간에 한 일, 즉 단위 시간에 한 일로 표시된다. 일반적으로 동력의 단위는 kW 또는 마력(horse power)이 사용되고 있다.

지금 실린더 내의 압력은 각 행정마다 다르나 전 행정에 해당하는 압력의 평균값을 구하여 평균 유효 압력 P_m(Pa)이라고 하면 폭발력 F N는

$$F = P_m A$$

가 된다. 여기서 A는 피스톤의 면적 m^2이다. 그러므로 크랭크축이 1회전할 때의 한 일 W Nm은 폭발력 F N, 행정을 S m라고 하면

$$W = FS = P_m AS$$

가 된다.

기관이 운전될 때 기관의 회전 속도를 n rpm이라 하면 이 기관이 1분 동안 한 팽창일 W는 다음과 같이 계산된다.

$$W = FSn = P_m ASn \text{ Nm/min}$$

이 식을 1초 동안 한 일로 표시하면

$$W = \frac{P_m ASn}{60}$$

기관의 출력 N (kW)는 다음 식으로 구한다.

$$N = \frac{P_m ASnZa}{60 \times 1000} \tag{3・4}$$

여기서 $a = \frac{1}{2}$ (4행정 사이클 기관), $a = 1$(2행정 사이클 기관)이다.

3.2.2 도시 출력 또는 도시 마력

위에서 설명한 바와 같이 기관의 동력은 실린더 내에서 연료가 연소하여 피스톤에 가해지는 동력을 도시 출력 또는 도시 마력(圖示馬力; indicate horse power) N_i라 하고, 크랭크축에 발생되는 동력을 축출력(軸出力; break output) 또는 제동 출력, 제동 마력(制動馬力; brake horse power) N_e라 한다. 다시 말하면 도시 출력은 실린더 내에서 발생되는 동력이다. 식 (3・4)에 표시된 기관의 출력이 바로 도시 출력이 된다.

지금 실린더의 지름 D m 행정을 S m, 실린더 수 Z, 평균 유효 압력을 P_m Pa, 기관의 회전 속도를 n rpm이라고 하면, 도시 출력(kW)은 다음과 같이 구할 수 있다.

〔1〕 4행정 사이클 기관의 경우

4행정 사이클 기관의 크랭크축이 2회전하는 동안 1 사이클을 마치므로 실제 동력을 발생

시키는 횟수는 1회이므로 회전 속도의 $a=1/2$배 하여야 한다. 따라서 도시 출력 N_i kW는

$$N_i=\frac{P_{mi}ASnZa}{60\times1000}=\frac{P_{mi}\frac{\pi}{4}D^2SnZa}{60\times1000} \tag{3·5}$$

가 된다.

〔2〕 2행정 사이클 기관의 경우

2행정 사이클 기관의 크랭크축 매 회전마다 1 사이클을 완료하므로 2행정 사이클 기관의 N_i kW는 다음과 같이 계산된다.

$$N_i=\frac{P_{mi}ASnZ}{60\times1000}=\frac{P_{mi}\frac{\pi}{4}D^2SnZ}{60\times1000} \tag{3·6}$$

3.2.3 제동 출력 또는 제동 마력

제동 출력은 크랭크축으로부터 실제 발생되는 출력으로서, 도시 출력에서 기계적 손실 마력을 뺀 것으로 축출력 또는 축마력(軸馬力; shaft horse power)이라고도 한다. 여기서 마찰마력(摩擦馬力; friction horse power) N_f, 그리고 도시 출력을 N_i라고 하면

제동 출력 = 도시 출력 − 마찰 마력

$$N_e=N_i-N_f \tag{3·7}$$

따라서 제동 출력은 도시 출력에 기계 효율 η_m을 곱한 값이 된다.

제동 마력 =기계 효율×도시 마력

$$N_e=\eta_m\cdot N_i \tag{3·8}$$

따라서 기계 효율은

$$\eta_m=\frac{N_e}{N_i} \tag{3·9}$$

로 표시된다.

한편 도시 평균 유효 압력 P_{mi}로부터 기계 손실에 상당하는 마찰 평균 유효 압력 P_{mf}를 뺀 값을 제동 평균 유효 압력 P_{me}라 한다. 따라서 기계 효율은

$$\eta_m=\frac{P_{me}}{P_{mi}} \tag{3·10}$$

로 표시된다.

3.2.4 토 크

기관의 성능은 기관의 출력과 함께 최대 토크(maximum torque)로도 표시된다. 간단한 보기를 들어보면, 그림 3·4와 같이 스패너로 볼트를 죌 때 볼트에 걸리는 토크는 볼트에 작용하는 힘 F와 볼트 중심에서 스패너를 잡고 돌리는 손의 중심까지의 거리 R의 곱으로 표시된다. 이 때 토크의 크기는 스패너에 가해지는 힘이 같다고 하더라도 스패너의 손잡이가 길면 토크는 커진다.

자동차 기관에서 발생되는 토크는 피스톤을 미는 혼합 가스의 폭발력과 크랭크축의 크랭크 암의 길이에 의하여 결정된다.

기관에서 실린더와 피스톤의 크기는 일정하므로 폭발 압력과 크랭크 암의 어느 한쪽이 커지면 기관 토크는 증가된다.

기관에서 발생되는 토크는 바퀴에 전달하여 자동차를 주행시키는 데 필요한 회전력이 되므로 토크가 크다는 것은 자동차의 성능이 우수함을 의미한다. 지금 크랭크 암의 길이를 R(m), 크랭크 암에 가해지는 힘을 F(N)이라고 하면, 크랭크축에 발생되는 토크 T(Nm)는

$$T = FR$$

여기서 토크와 출력과의 관계를 구하여 보기로 한다. 크랭크축의 1분간 회전속도를 n(rpm)이라고 하면, 그 때 한 일 W Nm/min은

$$W = 2\pi FRn$$

이것을 축출력(kW)으로 나타내면

$$\text{기관의 출력 } N_e = \frac{2\pi RnF}{60 \times 1000} \qquad (3 \cdot 11)$$

여기서 토크는 $T = FR$이므로 식 (3·11)의 N_e kW는 다음과 같이 표시된다.

$$N_e = \frac{2\pi Tn}{60 \times 1000} \qquad (3 \cdot 12)$$

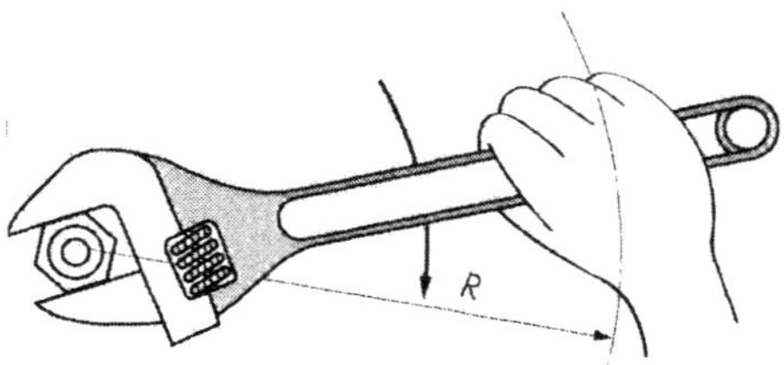

그림 3·4 토 크

로 표시된다.

식 (3・11), (3・12)는 기관 토크와 기관 출력과의 관계를 표시한 것이다. 이 식에서 기관 토크는 기관의 마력이 일정할 때 기관 회전속도에 반비례함을 알 수 있다. 크랭크축의 회전 속도가 증가되면 기관 토크는 적어지고, 크랭크축 회전 속도가 감소되면 토크는 증가된다.

3.3 기관의 여러 가지 효율

3.3.1 체적 효율과 충전 효율

체적 효율(體積效率; volumetric efficiency)이란 실린더 배기량, 즉 행정 체적에 대한 실제 흡입 행정 중 실린더 내로 흡입되는 혼합기량의 비를 말한다. 극히 이상적인 기관일 때를 생각하면 흡입되는 연료 공기 혼합기량은 행정 체적과 같은 양이 흡입된다고 생각되나, 실제 기관에서는 혼합기가 실린더 내로 들어올 때까지는 공기 청정기, 인젝터, 흡입 매니폴드 등의 저항을 받으므로 이상적인 흡입이 이루어지기 어렵다. 그리고 새로운 공기 또는 혼합기는 배기가스와 혼합되고 실린더 벽으로부터 열을 받으므로 온도가 상승되어 그 밀도가 적어지므로 실린더 내로 흡입되는 혼합기량은 이상적인 기관보다 적어진다.

대기압 및 대기 온도하에서 체적 효율을 η_v는 다음과 같이 표시된다.

$$\eta_v = \frac{\text{실제 흡입되는 혼합기 질량}}{\text{행정 체적(배기량)에 해당하는 공기 질량}} \times 100\%$$

$$= \frac{\rho_a V_a}{\rho_a V_s} \qquad (3 \cdot 13\,\text{a})$$

여기서 V_s : 행정 체적(m^3)

V_a : 새로운 공기 체적(m^3)

ρ_a : 흡입 상태에서의 공기 밀도(kg/m^3)

최근 기관의 체계적 효율은 80~90% 정도이고, 과급기를 가지는 경우에는 100% 이상 흡기 능력을 갖는다. 그리고 충전 효율(充塡效率; charging efficiency)이란 실제 혼합기 질량과 표준 상태(압력 760 mmHg, 온도 20℃, 습도 60%)에서 흡입되는 혼합기 질량과의 비를 말한다.

$$\eta_c = \frac{\text{실제 흡입되는 혼합기 질량}}{\text{표준 상태에서 행정 체적을 차지하는 혼합기 질량}} \times 100\%$$

$$= \frac{\rho_a' V_a}{\rho_o V_s} \qquad (3 \cdot 13\,\text{b})$$

여기서 ρ_a' : 건조 공기의 밀도(kg/m^3)

ρ_o : 표준 상태에서의 밀도(kg/m^3)

V_a : 새로운 공기의 체적(m^3)

V_s : 행정 체적(m^3)

3.3.2 열효율

자동차용 기관에서 도시출 력으로부터 얻어지는 열효율을 도시 열효율(圖示熱效率; indicated thermal efficiency)이라 하고, 기관에서 실제로 얻어지는 제동 출력으로부터 구한 열효율을 제동 열효율(制動熱效率; brake thermal efficiency)이라 한다.

지금 도시 열효율을 η_i, 제동 열효율을 η_e라 하면 다음 관계가 성립된다.

$$\eta_i = \frac{N_i \times 3600}{B_i H_l} \times 100\% \tag{3·14}$$

$$\eta_e = \frac{N_e \times 3600}{B_e H_l} \times 100\% \tag{3·15}$$

가 된다.

여기서 N_i : 도시 출력(kW)

B_i : 도시 연료 소비량(kg/h)

H_l : 연료의 저발열량(kJ/kg)

N_e : 제동 출력(kW)

B_e : 제동 연료 소비량(kg/h)

3.3.3 연료 소비율

기관의 연료 소비율(燃料消費率; fuel consumption rate)은 기관의 출력 1 kW당 1시간 동안 소비되는 연료의 양을 말한다. 도시 연료 소비량을 B_i kg/h, 제동 연료 소비량을 B_e(kg/h), 도시 출력을 N_i(kW), 제동 출력을 N_e kW라 하면 도시 연료 소비율 b_i g/kWh와 제동 연료 소비율 b_e g/kWh는 다음 식으로 표시된다.

$$b_i = \frac{B_i \times 1000}{N_i} \text{ g/kWh} \tag{3·16}$$

$$b_e = \frac{B_e \times 1000}{N_e} \text{ g/kWh} \tag{3·17}$$

3.3.4 기계 효율

기계 효율(mechanical efficiency)은 기관의 크랭크축에서 실지 발생되는 동력인 제동 출력과 실린더 내 연소 가스가 피스톤에 대하여 단위 시간당 하는 일인 도시 출력과의 비율을 말한다.

$$\text{기계 효율}(\eta_m) = \frac{\text{제동 출력}(N_e)}{\text{도시 출력}(N_i)} = \frac{\text{유효일}(W_e)}{\text{도시일}(W_i)}$$

여기서 W_e는 크랭크축에서 하는 유효일, W_i는 실린더 내에서 연료의 연소에 의하여 얻는 도시일이다.

유효일 W_e는 도시일 W_i와 마찰일 W_f의 차로 표시된다.

$$W_e = W_i - W_f$$

한편 기계 효율 η_m을 연료 소비율로 표시하면

$$\eta_m = \frac{b_i}{b_e} \tag{3 · 18}$$

가 되고, 도시 열효율 η_i와 제동 열효율의 비로 표시하면

$$\eta_m = \frac{\eta_e}{\eta_i} \tag{3 · 19}$$

가 된다.

기계 효율 η_m을 도시 평균 유효 압력 P_{mi}와 제동 평균 유효 압력 P_{me}의 비로 나타내면 다음과 같다.

$$\eta_m = \frac{P_{me}}{P_{mi}} \tag{3 · 20}$$

이들 식을 종합하면 다음 관계가 성립한다.

$$\eta_m = \frac{N_e}{N_i} = \frac{P_{me}}{P_{mi}} = \frac{\eta_e}{\eta_i} = \frac{b_i}{b_e} \tag{3 · 21}$$

보기 3.3 4사이클 가솔린 기관에서 주요 제원 및 작동 조건이 다음과 같을 때 도시 출력, 축출력, 제동 열효율, 축토크를 구하라.

실린더 지름(mm) : 85

행정(mm) : 80

회전 속도(rpm) : 5000

기계 효율(%) : 85

실린더의 수 : 4

도시 평균 유효 압력(kPa) : 1000

연료 소비율(g/kWh) : 270

연료의 저발열량(kJ/kg) : 43,000

풀이 (1) 도시 출력 N_i

$$N_i = \frac{P_{mi} V_s Zna}{60}, \ \left(V_s = \frac{\pi}{4} D^2 S, \ a = \frac{1}{2} \right)$$

$$= \frac{1000 \times \frac{\pi}{4} \times 0.085^2 \times 0.08 \times 4 \times 5000 \times \frac{1}{2}}{60} = 75.622 \text{ kW}$$

(2) 축출력

$$N_e = \eta_m N_i = 0.85 \times 75.622 = 64.278 \text{ kW}$$

(3) 제동 평균 유효 압력 P_{me}

$$P_{me} = \eta_m P_{mi} = 0.85 \times 1000 = 850 \text{ kPa}$$

(4) 축토크 T

$$T = \frac{60 N_e}{2\pi n} = \frac{60 \times 64.278}{2\pi \times 5000} = 0.1228 \text{ kN}$$

(5) 제동 열효율 η_e

$$\eta_e = \frac{N_e \times 3600}{B_e H_l} = \frac{64.278 \times 3600}{(270 \times 64.278/1000) \times 43000} = 0.3100, \ 31.0\%$$

3.3.5 기관의 열평형(열정산)과 열효율

기관으로 공급된 연료는 실린더 내에서 연소되어 일부는 유효한 일로 변환되고, 일부는 냉각, 배기손실 및 기계적인 손실로 되어 소비된다. 이와 같이 공급된 연료가 연소되어 소비되는 열량의 배분을 계산한 것을 열평형 또는 열정산(heat balance)이라고 한다.

열효율이란 열정산에 의하여 배분된 열량 중 유효일로 변환된 열량과 기관으로 공급된 연료의 발열량과의 비율을 백분율로 나타낸 것이다.

표 3·1 자동차용 기관의 열정산의 보기

열손실 및 유효일	가솔린 기관	디젤 기관
냉각 손실(%)	25~30	30~31
배기 손실(%)	30~35	29~34
복사 손실(%)	1~5	2~5
기계 손실(%)	5~10	5~7
유효일 (%)	25~28	30~34
공급된 연료의 발열량(%)	100	100

3.4 기관 성능 곡선과 속도 선도

3.4.1 기관의 성능 곡선

기관의 성능은 축출력, 축토크, 회전 속도, 연료 소비율 등으로 표시된다. 기관의 출력, 회전력, 연료 소비량, 기계 효율, 열효율, 평균 유효 압력 등은 그 회전 속도에 따라 변화한다. 이와 같이 기관 성능을 표시하는 이들 요소가 회전속도의 변화에 따라 변화하는 양을 곡선으로 표시한 것을 기관의 성능 곡선(engine performance curve)이라 한다.

기관의 정확한 성능을 알려면 이들 여러 가지 사항을 모두 종합하여 판단하여야 하나, 보통 기관에서 가장 중요한 요소인 축출력, 토크(회전력) 및 연료 소비량을 보아서 결정하는 것이 일반적인 방법이다. 따라서 기관의 회전 속도, 즉 회전수의 변화에 따라 기관의 축출력, 회전력, 연료 소비량의 변화를 표시한 것이 그림 3·5의 성능 곡선이다.

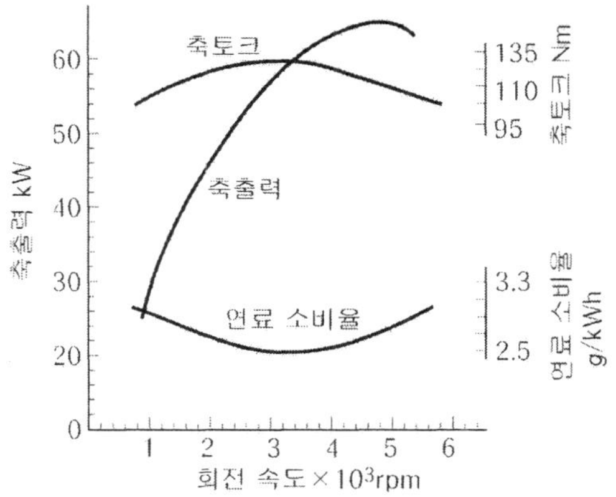

그림 3·5 자동차용 기관의 성능 곡선

3.4.2 성능 곡선의 특성

그림 3·5에서 표시된 자동차용 가솔린 기관의 성능 곡선의 형태를 살펴보면 다음과 같은 특징이 있다.

(a) 축출력은 회전 속도의 증가에 따라 거의 직선적으로 증가하다가 어떤 회전 속도에서 최대치가 된 다음 이를 경계로 축출력은 저하한다. 이 최대 축출력을 나타낼 때의 회전속도를 최대 축출력 회전 속도라 한다.

(b) 기관의 축토크는 기관 회전 속도의 증가에 따라 큰 변화는 일어나지 않으나 중간 속도에서 최대가 된다. 그러나 최대 토크를 지나서 회전 속도가 증가하면 저하된다.

(c) 연료 소비율도 회전 속도의 변화에 따라 크게 변화하지는 않으나 중간 속도에서 가장 적은 양을 나타내는데, 이것은 이 때 열효율이 가장 높고 연료의 소비가 적어서 가장 경제적인 운전을 할 수 있는 영역이 된다.

이들의 관계를 종합해 볼 때 기관의 운전 상태를 가장 알맞게 유지할 수 있는 회전 속도를 기관의 표준 회전 속도라 한다. 이것은 축출력이 최대가 되고, 연료의 소비량이 최소가 될 때의 중간 회전 속도를 말한다. 그러므로 토크는 표준 회전 속도보다 낮은 회전 속도일 때 최대값이 되고, 이 표준 회전 속도보다 증가되면 오히려 감소한다.

3.5 자동차의 주요 제원

자동차의 치수나 성능 등을 개략적으로 나타낸 것을 자동차의 제원(諸元)이라 하고 제원을 나타낸 표를 제원표(諸元表)라 한다.

3.5.1 치수에 관한 제원

〔1〕 전장

자동차(수평 바닥면에 정지되어 있는 자동차)의 앞쪽 끝으로부터 뒤쪽 끝까지의 거리를 전장(全長; overall length)이라 한다.

〔2〕 전폭

자동차의 가로폭의 가장 넓은 부분의 바닥면과의 수평폭을 전폭(全幅; overall width)이라 한다. 단, 백 미러류는 전폭에 포함되지 않는다.

〔3〕 전고

바퀴의 접지면으로부터 자동차의 가장 높은 부분까지의 높이를 전고(全高; overall height)라 한다. 단, 폴 안테나는 내린 상태이고, 2륜차의 경우는 백미러는 포함되지 않는다.

〔4〕 휠 베이스

앞차축 중심과 뒤차축 중심과의 수평거리를 휠 베이스〔wheel base 또는 축거(軸距)〕라 한다. 3축의 경우에는 앞차축과 중간축 사이의 거리를 제1휠베이스 또는 제1축거, 중간축과 뒤차축 사이의 거리를 베이스 또는 제2축거라 한다.

〔5〕 트레드

왼쪽 타이어(tire)의 중심과 오른쪽 타이어의 중심과의 수평폭을 트레드〔윤거(輪距); tread〕라 한다. 복륜의 경우에는 복륜 타이어의 중심으로부터 수평폭으로 한다.

〔6〕 최저 지상고

바퀴의 접지부 이외의 부분으로 차체의 가장 낮은 부분의 바닥면으로부터의 높이를 최저 지상고(最低地上高; minimum road clearance)라 한다. 2륜차의 경우는 타이어를 제외한 가장 낮은 부분의 바닥면으로부터의 높이를 말한다.

〔7〕 앞 오버행

자동차의 앞차축 중심으로부터 범퍼 등의 부속품을 포함하는 가장 앞쪽까지의 수평거리

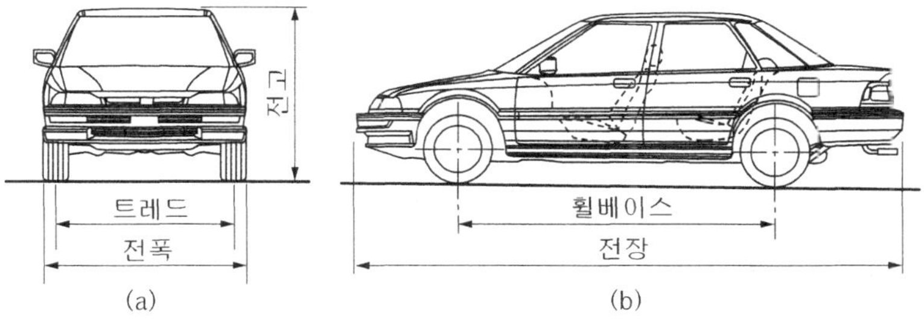

그림 3·6 자동차의 주요 제원

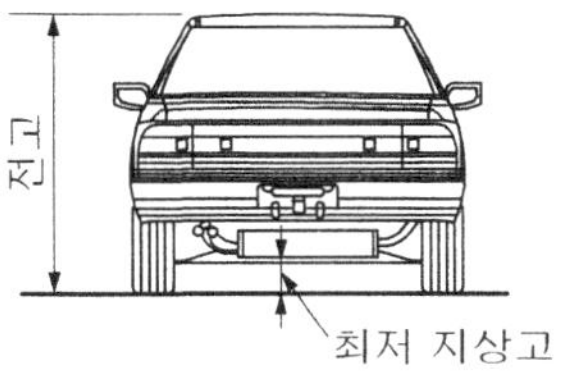

그림 3·7 최저 지상고

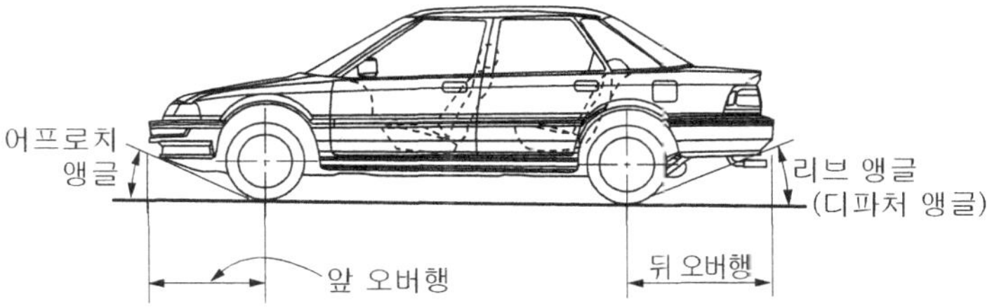

그림 3·8 오버행과 앵글

를 앞 오버행(front overhang)이라 하고, 앞 범퍼를 제외한 보디의 가장 앞쪽까지의 수평거리를 앞 보디 오버행(front body overhang)이라 한다.

〔8〕 뒤 오버행

가장 후차축 중심으로부터 부속물을 포함하는 자동차의 가장 뒤쪽까지의 수평 거리를 뒤 오버행(rear overhang)이라 하고, 뒤 범퍼를 제외한 보디의 가장 뒤쪽까지의 수평 거리를 뒤 보디 오버행(rear body overhang)이라 한다.

〔9〕 어프로치 앵글과 리브 앵글

수평 바닥면의 앞바퀴의 접지점 중심과 차량 앞쪽 끝부분의 아랫변을 연결하는 선이 이루는 각도를 어프로치 앵글(approach angle)이라 한다. 같은 요령으로 뒤쪽 끝부분 아랫면과 뒷바퀴 접지점 중심과 연결한 선이 이루는 각도를 리브 앵글(leave angle)이라 한다.

〔10〕 중심(重心)의 높이

접지 바닥면으로부터 자동차의 무게 중심점(重心點) G까지의 높이를 말한다.

〔11〕 최대 안정 경사각

공차(空車)상태의 자동차를 기울인 경우 접지 차륜과 반대쪽 바퀴가 바닥면을 이탈할 때 바닥면과 수평면이 이루는 각도를 안정 경사각(安定傾斜角)이라 한다. 트레드가 크고, 중심 높이가 낮을수록 안정 경사각 β는 커진다.

안정 경사각 β는 다음 식으로 계산한다.

$$\tan^{-1}\beta = \frac{B}{H} \qquad (3 \cdot 22)$$

여기서 B : 안정폭(중심점 G로부터 노면에 수직으로 내린점 A와 경사시에 지점으로 되는 점 C까지의 거리(cm)

H : 중심(重心) 높이(cm)

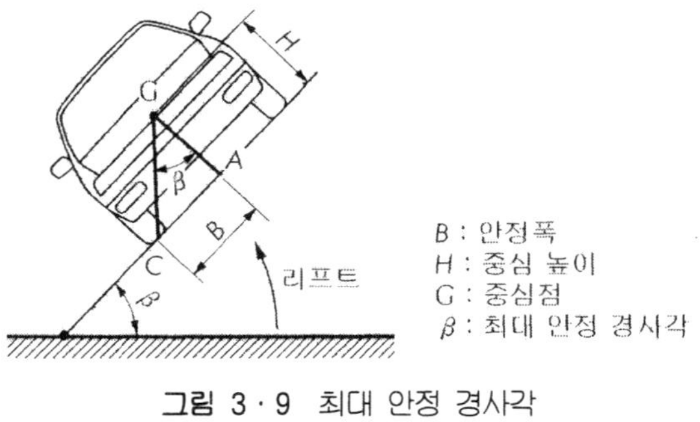

그림 3·9 최대 안정 경사각

3.5.2 중량에 관한 제원

〔1〕 차량 중량

자동차의 공차 상태에서의 차량 중량(empty vehicle weight)을 말한다. 단, 운행에 필요한 연료, 윤활유, 냉각수 등을 가득 채운 상태로서 특히 지정이 없으면 예비 타이어, 공구, 예비 부품 등은 제외한다.

〔2〕 축중, 윤하중

앞차축 및 뒤차축에 각각 걸리는 하중을 축중(軸重)이라 하고, 축중 중에서 오른쪽 바퀴, 왼쪽 바퀴에 걸리는 중량을 윤하중(輪荷重)이라 한다.

〔3〕 최대 적재량

법규상 허용된 최대 적재량(maximum pay load)으로서 자동차의 검사증에 기재되어 있는 중량을 말한다.

〔4〕 차량 총중량

최대 적재량 상태(공차상태에서 승차 정원 및 최대 적재량을 균등하게 적재한 상태)에서 자동차의 중량을 차량 총중량(車輛總重量; gross vehicle weight)을 말한다. 이 때 승차 정원 중량을 2명으로 환산한다. 이 때 승차 정원 중량을 대인은 1명 55 kg, 13세 미만의 소아(小兒)는 3인을 정원 중량 2명으로 환산한다.

이상의 관계를 종합하면 차량 중량 W 및 차량 총중량 W_{VGW}는 다음 식으로 표시된다.

$$W = W_f + W_r$$
$$W_{VGW} = W + W_{\max} + W_P \qquad (3 \cdot 23)$$

여기서 W_f : 공차시의 앞차축 중량

W_r : 공차시의 뒤차축 중량

$W_{\max}$: 최대 적재량

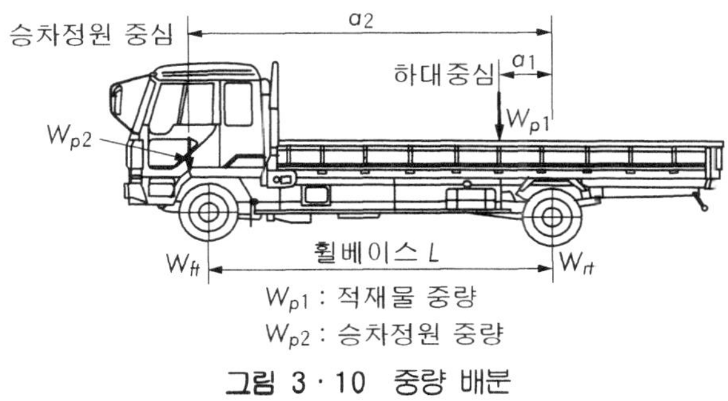

그림 3 · 10 중량 배분

W_P : 승차 정원 중량

차량 중량이나 차량 총중량이 앞차축과 뒤차축에 걸리는 중량으로 나누어질 경우 이를 중량 배분(重量配分)이라 하고 다음 식으로 구한다.

적재 상태에서 앞차축과 뒤차축에 걸리는 중량을 각각 W_{ft}, W_{rt}, 그리고 a_1, a_2, a_3…… 를 적재물 또는 승차 정원 중심으로부터 후차축까지의 수평 거리, 휠 베이스를 L이라 하면

$$\left.\begin{aligned} W_{GVW} &= W_f + W_r + W_{P1} + W_{P2} + \cdots\cdots + W_{Pn} \\ W_{ft} &= W_f + \frac{W_{P_1}a_1 + W_{P_2}a_2 + \cdots\cdots + W_{P_n}a_n}{L} \\ W_{rt} &= W_{GVW} - W_f \end{aligned}\right\} \quad (3 \cdot 24)$$

가 된다. 여기서 W_P는 적재물 또는 승차정원의 중량이다.

〔5〕 하대(荷臺)의 오프세트

트럭 하대에 화물을 적재한 경우 짐이 하대 전체에 균등하게 걸리지만 계산상 하대 중심에 걸리는 것으로 생각한다. 이 때 뒤차축 중심으로부터 하대 중심까지의 거리를 하대 오프세트라고 한다.

3.5.3 성능에 관한 제원

〔1〕 최고 속도

최대 적재 상태에서 자동차가 수평으로 평탄한 노면에서 낼 수 있는 최고 속도를 말한다.

〔2〕 연료 소비량

자동차가 어느 주행 거리 사이에 또는 어느 시간 내에 소비하는 연료의 양을 말한다.

〔3〕 최소 회전 반경

자동차가 조향 휠을 최대로 돌려서 서행할 때 가장 바깥쪽을 구르는 타이어가 그리는 반지름을 말한다. 이 밖에도 기관의 최고 출력, 등판 능력(登坂能力) 등이 있다.

3.6 자동차의 주행 저항

자동차의 주행 저항(走行抵抗)은 주행 성능에 많은 영향을 미친다. 자동차가 도로상을 주행할 때 자동차의 주행에 대하여 저항하는 힘을 주행 저항(running resistance)이라고 한다.

자동차가 받는 주행 저항과 자동차 구동륜의 회전에 따른 회전력과를 비교할 때 바퀴의

구동력이 회전시 주행 저항보다 크므로 자동차는 주어진 속도로 주행할 수 있는 것이며, 만일 이와 반대로 구동력이 주행 저항보다 적을 때를 생각하면, 자동차는 항상 동일 지점에서 더 이상 앞으로 주행할 수 없을 것이다. 이와 같이 자동차의 주행은 주행 저항 크기에 따라 크게 좌우된다.

주행 저항은 도로상을 직선 주행할 때 자동차가 받는 저항으로서 전동 저항(轉動抵抗), 공기 저항(空氣抵抗), 가속 저항(加速抵抗)이 있고, 여기에 첨가하여 자동차가 경사진 도로상을 주행할 때 등판 저항(登板抵抗) 또는 구배 저항(句配抵抗)을 갖는다.

3.6.1 전동 저항

바퀴가 노면상을 회전할 때 생기는 저항을 전동 저항(rolling resistance)이라고 한다. 이 저항은 타이어와 노면과의 사이에 생기는 마찰력에 의한 저항을 말하며 이는 노면의 상태와 자동차의 중량에 비례하여 변화한다. 노면의 상태에 따라 실험적으로 구하여진 전동 저항 계수 μ_r와 자동차 중량 W와의 관계는 다음 식으로 표시된다.

$$R_r = \mu_r W \tag{3 · 25}$$

일반적으로 전동 저항은 자동차의 중량과 노면의 상태, 오도, 볼록면에 의하여 타이어 및 새시의 현가 장치에 가해지는 충격에 영향을 받으나, 충격저항은 속도 증가에 의하여 무시될 수 있는 작은 값이므로 무시하는 경우가 보통이다. 따라서 자동차의 전동 저항은 자동차의 중량에 비례하고, 속도에는 관계되지 않는 것으로 간주된다.

다음 표 3 · 2는 자동차의 전동 저항 계수를 여러 가지 도로 조건에 대하여 나타낸 것이다.

표 3 · 2 자동차의 전동 저항 계수 μ_r의 값

노면의 상태	μ_r	노면의 상태	μ_r
레일(rail)	0.00447	손질이 잘된 돌이 많은 도로	0.033
가장 양호한 아스팔트 포장 도로	0.0067	손질이 잘 안된 돌이 많은 도로	0.08
보통의 아스팔트 포장 도로	0.0098	롤러로 다진 자갈 도로	0.0254
저질의 아스팔트 포장 도로	0.0129	견고하게 건조된 점토	0.0445
잘된 콘크리트 포장 도로	0.009	모래땅	0.250
마멸된 콘크리트 포장 도로	0.012	작은 입자의 둥근돌	0.0268
저질의 콘크리트 포장 도로	0.020	중간 입자의 둥근돌	0.0580
목재 포장 도로	0.0134	큰 입자의 둥근돌	0.107
화강암 포장 도로	0.0156	모래 또는 석회질의 자연 노면	0.165
건조한 점토질의 자연 노면	0.25	새로 깔은 자갈 도로	0.125

3.6.2 공기 저항

자동차가 노면상을 주행할 때 자동차의 주행 방향의 운동에 저항하는 공기에 의하여 그 진행을 방해하게 되는데, 이것을 **공기 저항**(空氣抵抗; air resistance)이라 한다.

자동차가 진행할 때 많은 공기량이 부딪치면, 큰 저항이 생기게 되고 이러한 공기 저항은 자동차가 노면의 마찰이나 자동차 뒷부분에 생기는 와류에 의한 저항의 크기에 따라 변화한다.

〔1〕 공기 저항 구성 요소

① **형상 및 압력 저항**　　차체 형상에 의한 저항 외에 압력 저항은 앞쪽에 걸리는 압력과 차체 뒤쪽에 생기는 부압과의 압력차에 의한 저항을 말한다.

② **표면 저항**　　차체 표면을 흐르는 공기와 표면과의 마찰 저항을 말한다.

③ **마찰 저항**　　기관 냉각 라디에이터 그릴, 라디에이터 통과 기류 및 차체 환기 저항, 유도 저항에 의한 마찰로 기인한 저항을 말한다.

④ **유도 저항**　　자동차가 고속 주행하면 비행기와 같이 차체를 들어올리려는 양력이 작용하여 저항이 된다.

〔2〕 공기 저항의 계산

지금 공기의 밀도를 ρ kg/m^3, 자동차 앞면 투영 면적 A m^2, 자동차에 대한 상대 속도 V_a m/s라 하면 공기 저항을 R_a N은

$$R_a = \frac{\rho}{2} C A V_a^2 \qquad (3 \cdot 26)$$

가 되고, 여기서 C는 차체의 **공기 저항 계수**(空氣抵抗係數; coefficient of air resistance)이다. 공기에 대한 자동차의 상대 속도는 공기가 정지하고 있는 경우에는 차의 속도와 같으므로 식 (3・26)은 다음과 같이 표시된다.

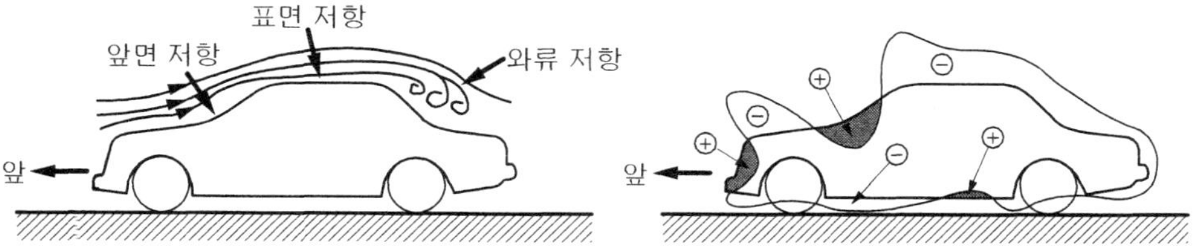

(a) 공기 저항　　　(b) 차체 표면의 면압 분포

그림 3・11 공기 저항과 차체 면압 분포

표 3·3 공기 저항 계수 C의 값

차체의 형상	공기 저항 계수 C
승용차	0.3~0.5
버 스	0.5~0.8
트 럭	0.4~0.6
2륜차	0.6~0.9

$$R_a = \frac{\rho}{2} CAV^2 \tag{3·27}$$

여기서 V는 자동차의 속도 m/s이다. 공기 저항 계수 C는 자동차 차체의 형상에 따라 다르나 대략 표 3·3과 같다.

차체 표면의 압력은 그림 3·11 (b)와 같이 정압 부분과 부압 부분이 있다. 정압 부분은 라디에이터나 통기구 부근의 공기 입구부에서 발생하며 부압은 보닛 앞부분, 차체 지붕, 후부 등에 발생한다.

3.6.3 등판 저항

등판 저항은 자동차가 경사진 노면을 올라갈 때 중력에 의하여 자등차의 진행에 대한 저항이 생기게 되는데, 이와 같은 저항을 등판 저항(登坂抵抗) 또는 구배 저항(句配抵抗; gradient resistance 또는 hill climbing resistance)이라 한다. 자동차의 저항은 자동차의 중량과 노면의 경사도에 비례하므로 자동차의 중량을 W, 경사각을 θ, 등판 저항 계수를 ν, 구배 저항을 R_c라고 하면, 다음 식으로 표시된다.

$$R_c = W' = W \sin\theta$$

경사는 $\sin\theta$로 표시하는 것보다 $\tan\theta$로 표시하는 것이 편리하다.

θ가 작을 때에는 $\sin\alpha \fallingdotseq \tan\theta$로 생각하여도 실용상 문제가 없으므로 구배 저항은

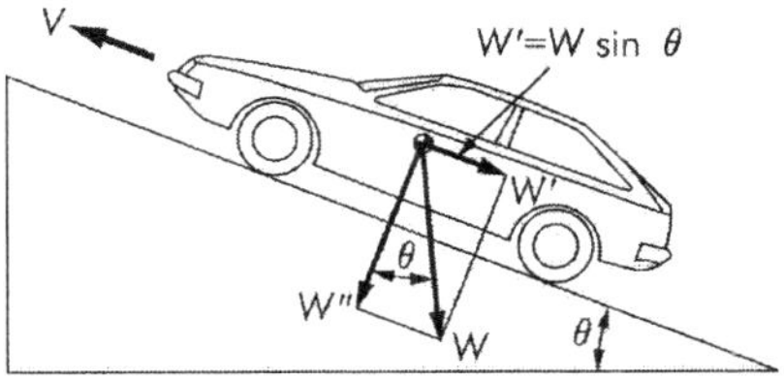

그림 3·12 등판 저항

$$R_c \fallingdotseq W \tan\theta \tag{3·28}$$

로도 표시한다.

3.6.4 가속 저항(관성 저항)

자동차가 일정한 속도로 주행하다가 그 속도를 가속하였을 때 자동차는 먼저 달리는 속도를 그대로 유지하려는 일종의 관성이 저항으로 작용한다. 이것을 가속 저항(加速抵抗, acceleration resistance)이라 한다. 여기서 관성이란 운동하고 있는 물체에 외력을 가하였을 때 그 운동의 속도를 그대로 유지하려는 성질을 말한다.

관성은 자동차의 중량과 속도가 증가될수록 어떤 운전 속도로부터 다른 속도로 변환될 때 큰 저항이 생겨서 희망하는 속도에 달할 때까지의 시간이 길어진다.

지금 자동차의 중량 W (N), 회전 부분의 관성 상당 중량 W_c (N), 자동차의 가속도 α (m/s^2), 중력 가속도 9.8 (m/s^2)이라 하면, 가속 저항 R_{ac} (N)는 다음 식으로 표시된다.

$$R_{ac} = (W + W_c)\frac{\alpha}{g} = (1+\delta)\frac{W}{g}\alpha \tag{3·29}$$

여기서 W_c는 자동차의 동력 전달 계통을 구성하는 회전 부분인 기관, 변속기, 추진축, 감속기 및 뒷바퀴에 전해지는 관성(가속) 저항의 합을 말하며, δ는 회전 부분 상당 질량 계수 $\left(\delta = \frac{W_c}{W}\right)$이고 이 값의 실험값은 대략 다음과 같다.

트럭(화물 자동차)	$\delta = 0.07$
승용차인 경우	$\delta = 0.05$

그리고 가속도 α의 실험값은 다음과 같다.

승용차	$\alpha = 0.1$ m/s^2
버스	$\alpha = 0.36$ m/s^2
트럭	$\alpha = 0.32$ m/s^2

가속 저항을 적게 하려면 자동차의 구동륜까지 동력이 전달되는 동안 관성에 의한 구동 지연 시간을 가급적 적게 하여 요구되는 속도에 도달하도록 하여야 한다. 그러므로 자동차의 전 중량 및 자동차의 운동 부분을 가볍게 설계하면 관성 저항이 적어져서 효과적이다.

3.6.5 전주행 저항과 주행 동력

자동차가 도로상을 임의의 속도로 주행할 경우 자동차가 받는 전주행 저항(全走行抵抗) R (N)는 R_r, 공기 저항 R_a, 저항 R_c, 가속 저항 R_{ac}의 합으로 표시된다.

$$R = R_r + R_a + R_c + R_{ac}$$
$$= \mu W + \frac{\rho}{2} CAV^2 + W\sin\theta + (1+\delta)\frac{W}{g}\alpha \qquad (3 \cdot 30)$$

여기서 평탄한 도로를 주행할 때에는 $R_c = 0$이 되고, 일정 속도로 주행한다면 $R_{ac} = 0$이므로 이 식은 자동차의 주행 상태, 주행 조건에 따라 알맞은 조건을 적용하여 계산하여야 한다.

일정한 속도로 주행하고 있는 자동차에는 전동 저항, 공기 저항, 등판 저항이 작용하는데, 이들을 모두 합한 것을 자동차의 **전주행 저항**(total running resistance)이라고 한다.

일정한 속도로 주행하는 자동차의 전주행 저항을 R N이라고 하면

전주행 저항 = 전동 저항 + 공기 저항 + 등판 저항

$$R = R_r + R_a + R_c \qquad (3 \cdot 31)$$

이와 같이 주행 저항 R N에 이겨서 자동차를 진행시키는 힘을 **구동력(驅動力)** 또는 **추진력(推進力)**이라 하고, 이 추진력을 얻는 데 필요한 기관의 동력을 **주행 동력**이라 한다.

자동차의 구동륜의 반지름을 r m라고 하면, 노면에 작용하는 구동력 F N는

$$F = \frac{T_w}{r} \qquad (3 \cdot 32)$$

이다. 구동륜의 작용 토크를 T_w Nm, 구동륜의 반지름을 r m라 하면 구동력은 총감속비 i를 거쳐서 구동륜에 전달되므로 기계 효율(동력 전달 효율)을 η_m이라 하면 T_w Nm는

$$T_w = Ti\eta_m \qquad (3 \cdot 33)$$

이 된다. 따라서 F(N)는

$$F = \frac{i\eta_m T}{r} \qquad (3 \cdot 34)$$

즉, 구동력 F는 기관의 토크 T에 비례한다. 따라서 $F = R$이므로

$$\frac{Ti\eta_m}{r} = W\left[\mu_r + \sin\theta + (1+\delta)\frac{\alpha}{g}\right] + \frac{\rho}{2} CAV^2 \qquad (3 \cdot 35)$$

가 된다.

실제 자동차가 주행을 계속하기 위해서는 $F > R$이어야 한다. 여기서 $(F - R)$은 구동력과 주행저항의 차로서 **여유 구동력**(excess force)이라고 한다. 여유 구동력이 큰 자동차일수록 가속성이 좋다.

그림 **3 · 13**과 같이 자동차의 구동력, 속도, 주행 저항 등과 같이 주행에 관한 성능을 선도로 나타낸 것을 주행 성능 곡선이라고 한다. 그림 **3 · 13**에서 차가 50 km/h의 속도로 평탄

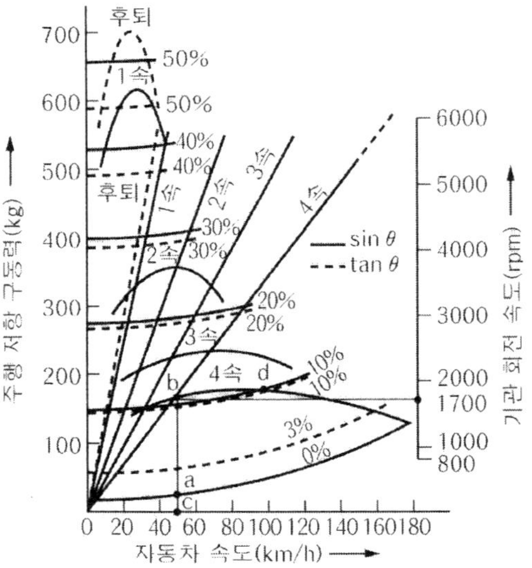

그림 3 · 13 주행 성능 곡선도

로를 주행(도로의 기울기 0%)하는 경우를 생각한다. 이 때 주행 저항은 가로축의 50 km/h로부터 세운 수직선과 주행 저항 곡선(0%)과의 만나는 점 a를 구하면 된다. 이 때 $\overline{ca}$는 주행 저항, 그러나 제4속일 때의 구동력은 50 km/h로부터 수직선과 제4속의 구동력 곡선과의 만나는 점 b이므로 주행 저항보다 큰 값이 된다. 따라서 이 때의 구동력은 $\overline{cb}$이므로 구동력점 b로부터 주행 저항 a를 빼면 여유 구동력($\overline{ab}$)이 된다.

여유 구동력이 클수록 가속성이 양호하고 등판 능력도 좋아진다. 그림에서 여유 구동력은 10%의 기울기인 도로에서 50 km/h로 달린다면 이 차의 제4속의 구동력은 10%의 주행 저항보다 크므로 제4속으로도 주행할 수 있음을 알 수 있다. 그러나 이 상태로부터 가속하여도 여유 구동력이 작으므로 큰 가속도는 기대할 수 없다. 또한 자동차의 속도가 증가하면 주행 저항도 증가하므로 점차 여유 구동력은 감소하여 약 90 km/h에서는 구동력과 주행 저항이 같아진다(점 d). 따라서 이 속도 이상으로는 주행할 수 없다. 같은 조건에서 3속으로 달리면 가속은 4속보다 우수하여 양호한 자동차의 속도도 110 km/h임을 알 수 있다. 4속의 경우 가로축의 50 km/h와 제4속의 속도 그래프의 교점에서 세로축에 대하여 수평선을 그어 교점을 구하면 엔진 회전 속도는 약 1700 rpm이고, 제3속의 경우에는 약 2300 rpm이다.

그림에서 구배 0%인 평탄로에서 최고 속도는 180 km/h이다.

3.6.6 전주행 속도와 기관의 회전 속도

차의 속도와 기관 회전속도와의 관계는 전감속비와 타이어의 크기와 관계된다.

$$V=\frac{2\pi r\times 60n}{i_m i_f\times 1000}=0.377\frac{rn}{i_m i_f} \quad (3\cdot 36)$$

$$n=2.6525\frac{i_m i_f V}{r} \quad (3\cdot 37)$$

여기서 V : 차의 속도 km/h

i_m : 각 변속 기어비

i_f : 종감속비

r : 각 구동륜 타이어의 유효 반지름 m

n : 회전 속도(기관), rpm

익힘문제

1. 6 실린더 기관에서 지름이 85 mm이고, 행정은 88 mm일 경우 이 기관의 총 배기량을 구하라.
2. 실린더 지름 80 mm, 행정이 80 mm인 4행정 사이클 가솔린 기관이 있다. 연소실 체적이 74 cm^3일 때 총 배기량을 구하라. 단, 실린더 수는 4이다.
3. 실린더 지름 76 mm, 행정이 78 mm인 2행정 사이클 가솔린 기관에서 연소실 체적이 68 cm^3일 때 총 배기량을 구하라. 단, 실린더 수는 4이다.
4. 기관 성능 곡선을 그리고 설명하라.
5. 다음 사항을 설명하라.
   (1) 압축비
   (2) 제동 출력
   (3) 도시 출력
   (4) 평균 유효 압력
   (5) 기계 효율
   (6) 축토크
6. 자동차 치수에 관한 다음 사항에 대하여 설명하라.
   (1) 전장
   (2) 전폭
   (3) 휠 베이스
   (4) 트레드

(5) 최저 지상고

(6) 앞 오버행

(7) 뒤오버행

(8) 어프로치 앵글과 리브 앵글

(9) 중심(重心)

7. 자동차가 도로상을 주행할 때 발생하는 주행 저항(running resistance)에 대하여 설명하라.

8. 자동차를 진행시키는 구동력(驅動力) 또는 추진력(推進力)에 대하여 설명하고 수식으로 나타내라.

9. 다음 사항에 대하여 설명하라.

(1) 전동 저항

(2) 공기 저항

(3) 등판 저항

(4) 가속 저항

10. 최대 적재량 상태란 어떤 상태를 말하는가?

11. 기관의 기계 효율 η_m을 구하는 식을 쓰고 설명하라.

12. 도시 열효율을 η_i, 연료의 저발열량 H_l(kJ/kg), 도시 연료 소비량 B_i(kg/h), N_i는 도시 출력 kW라 하면 이들 사이에는 어떤 관계가 있는가?

13. 체적 효율과 충전 효율은 어떻게 다른가?

14. 차량 총중량은 어떤 상태의 중량을 말하는가?

4 기관의 각부 구조

4.1 기관의 형식

기관은 사용되는 연료, 냉각 방법, 밸브 및 실린더의 배열에 따라 여러 가지로 분류할 수 있다. 사용되는 연료에 따른 가장 보편적인 형태는 가솔린 기관과 디젤 기관으로 분류된다. 기관의 냉각 방법에 따라 공랭식 기관과 수냉식 기관으로 나누어지고, 기관 실린더의 배열에 따라 직렬 V형, 수평 대향형, 방사형 등이 있고, 밸브의 배결에 따라 L형, I형, F형, T형 등으로도 분류된다.

4.1.1 사용되는 연료에 따른 분류

기관에 사용되는 연료에 따라 분류하면 여러 가지로 나눌 수 있으나, 가장 널리 사용되는 것은 가솔린 기관과 디젤 기관이다.

〔1〕 가솔린 기관(gasoline engine)

가솔린을 연료로 하여 공기와 혼합한 혼합기를 실린더로 흡입하여 압축한 다음 점화 플러그에 의하여 점화시켜서 동력을 얻거나 연료를 흡기 포트 또는 실린더 내에 직접 분사하여 연소시켜 동력을 얻는 기관이다.

〔2〕 디젤 기관(diesel engine)

연료로 경유를 사용하며, 공기만을 실린더 내로 흡입하여 고온 고압으로 압축한 다음 연료를 분사시켜 동력을 얻는 기관으로서, 압축 착화 기관(壓縮着火機關; compression ignition engine) 또는 자연 착화 기관이라 한다.

〔3〕 가스 기관(gas engine)

연료로 가스를 사용하는 기관으로 LP가스, 천연가스 등을 사용하는 기관 등이 있다.

4.1.2 기관의 냉각 방법에 따른 분류

실린더 내 혼합기의 폭발에 따라 기관의 과열을 방지하고, 알맞는 작동 온도를 유지시키기 위하여 냉각장치가 필요하다. 냉각 방법(type of cooling)에는 공랭식(空冷式)과 수냉식(水冷式)이 있다.

〔1〕 공랭식 기관(air cooled engine)

실린더 주위에 다수의 냉각핀(cooling fin)을 만들어 전열 면적을 크게 하고, 여기에 공기가 접촉되어 냉각되는 기관으로 경자동차 등에서 일부 쓰이고 있다. 이것은 라디에이터, 기관의 물 재킷, 냉각수 및 물 펌프 등의 냉각 장치가 없고, 단지 냉각 핀(cooling fin)에 의하여 냉각되는 기관이다.

〔2〕 수냉식 기관(water cooled engine)

수냉식 기관은 기관 실린더 헤드 및 실린더 블록에 위치한 물 재킷에 냉각수를 순환시켜 기관을 냉각시키는 기관으로서 라디에이터, 냉각 팬, 물 펌프 등의 냉각 장치가 필요하다.

4.1.3 실린더 배열에 따른 분류

기관의 실린더 배열(arrangement of cylinders)에 따라 다음과 같이 분류되며, 수냉식 기관의 실린더 배열은 보통 직렬형 또는 V형 기관이 사용되며, 공랭식 기관에서는 V형, 방사형 또는 수평 대향형이 쓰이고 있다.

〔1〕 직렬형 기관(in-line type engine)

직립형 또는 직렬형이라고 불리는 이 기관 형식은 가장 보편적인 기관형의 하나로서 실린

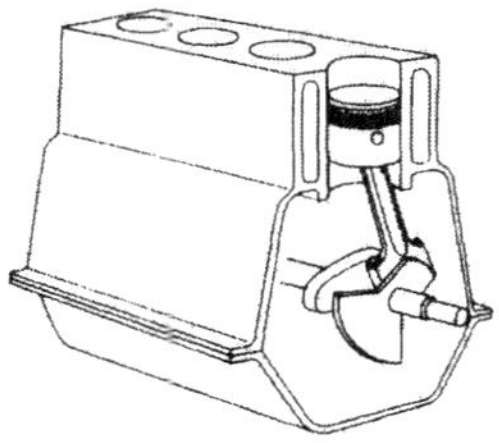

(a) 직렬형

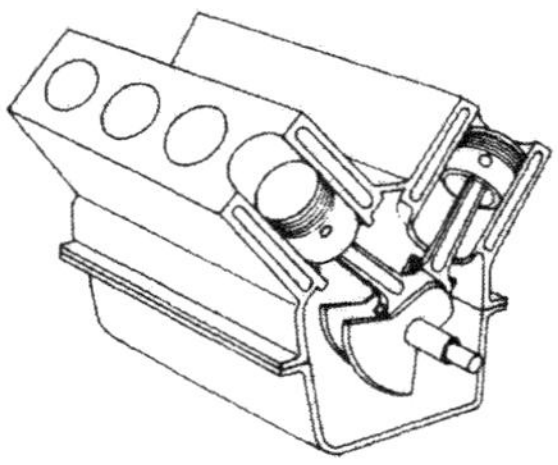

(b) V형

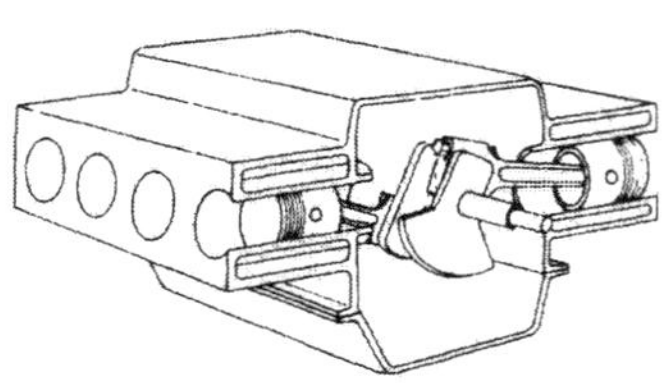

(c) 수평 대향형

그림 4 · 1 기관의 배열

더를 크랭크축 방향으로 일렬로 배치한 기관으로 4~6기통 기관에 널리 쓰이며, 8기통 기관도 이 형식의 것이 있다. 이것은 기통수가 많아질수록 기관의 전체 길이가 길어지는 결점이 있다.

〔2〕 V형 기관(V-type engine)

V형 기관은 크랭크축 위로 실린더를 두 줄로 크랭크핀 1개에 2개의 실린더를 연결한 기관으로서, 이 형식의 기관은 전체 길이를 비교적 짧게 할 수 있다. 6기통 이상의 다 실린더 기관에서 사용된다.

보통 8 실린더 V형 기관의 양 실린더 사이의 각도는 90°, 12 실린더에서는 75°, 60° 또는 45°의 각도를 가진다.

〔3〕 수평 대향형 기관(horizontal opposed engine)

수평 대향형 기관은 크랭크축을 중심으로 하여 실린더를 수평으로 서로 대향하도록 배열한 기관으로서 4 또는 6 실린더 기관의 일부에 사용된다.

수평 대향형은 기관은 높이를 낮출 수 있어서 기관의 위치가 낮아지므로 좌석의 넓이를 크게 할 수 있는 장점이 있다.

〔4〕 방사형 기관(放射形機關; radial engine)

1개의 크랭크축을 중심으로 하여 실린더를 방사형으로 배열한 기관으로서 자동차용 기관으로는 사용되지 않으며, 공랭식이 많고, 기관 앞면 면적이 넓어지는 결점이 있다.

〔5〕 수평형 기관(水平形 機關)

직렬형 기관을 옆으로 눕힌 것과 같은 것으로서 대형 버스 등에서 차실 바닥 아래에 설치가 편리하다.

4.1.4 밸브의 설치 위치에 따른 분류

밸브의 설치 위치(arrangements of valve and valve trains)에 따른 분류에는 기관의 흡입 밸브 및 배기 밸브가 실린더 블록 또는 실린더 헤드의 어느 쪽에 위치하는가에 따라서 기관이 분류된다. 가장 일반적인 밸브의 설치 위치에 따르면 L형, I형이 있고, F형 및 T형이 사용되기도 한다. 여기서 I, L, T 및 F형의 머리 글자는 그림 **4 · 2**와 같이 연소실과 밸브의 배열의 형상을 상징한 것이다.

〔1〕 I헤드형 기관(I-head type engine)

I헤드형 기관은 밸브가 실린더 헤드에 설치되어 있기 때문에 오버헤드 밸브 기관(over head valve engine)이라 한다. I 헤드형은 밸브의 작동은 하나의 캠축과 태핏 및 푸시로드와

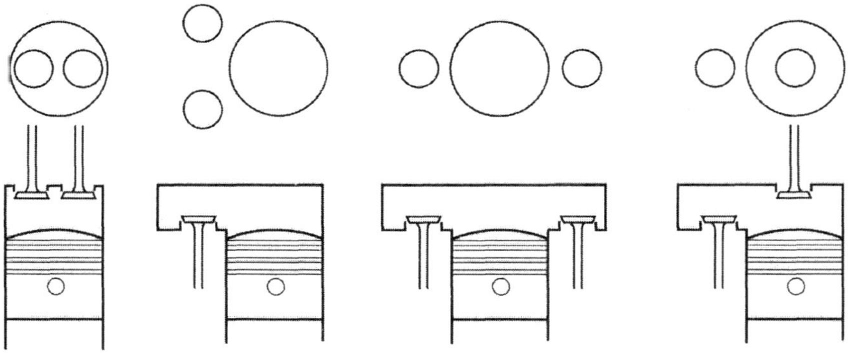

그림 4 · 2 밸브 배열

로커 암에 의하여 이루어진다.

밸브 기구에는 캠축이 실린더 위에 설치된 **오버헤드 캠**(overhead cam)식 밸브 기구가 많이 사용된다. 이것은 자동차가 고속화함에 따라 밸브의 고속 개폐를 가능하게 하여 흡입 및 연소 효율을 좋게 하여 기관 출력 또는 기관 성능을 향상시키도록 한 것으로 OHC(overhead cam)로 표시한다. OHC 기관은 이러한 이유 때문에 캠축과 밸브 사이에 밸브 기구인 푸시로드와 태핏을 설치하지 않고, 밸브를 캠이 직접 구동시켜 주므로 고속에서 유리한 기관이다.

OHC 기관은 크랭크축으로부터 멀리 떨어져 있는 캠축의 구동을 체인이나 벨트에 의하여 전동하므로 고속에서 밸브의 추종성(追從性)이 좋아진다. 이러한 장점을 감안하여 흡기 및 배기밸브를 각각 작동시키는 OHC를 2개 설치한 것을 DOHC(double over head cam)식 기관이라 한다.

〔2〕 L헤드형 기관(L-head engine)

L헤드형 기관은 흡입 및 배기의 양 밸브가 실린더 블록 측면에 위치하며, 밸브 작동 기구도 이들 양 밸브 아래로 있고, 하나의 캠축에 의하여 작동된다. 밸브의 작동 기구가 간단하고 소음이 작은 장점이 있으나 밸브의 고속 추종성이 나쁘므로 요즈음은 거의 사용되지 않는다.

〔3〕 F헤드형 기관(F-head type engine)

F헤드형 기관은 흡입 밸브는 실린더 헤드에 설치되어 있고, 배기 밸브는 실린더 블록에 설치되어 있는 기관이다. 밸브의 배열은 L형과 I형의 밸브 기구가 조합된 기관으로서, 실린더 헤드에 설치된 밸브는 I헤드형 밸브 기구와 같이 캠축, 태핏, 푸시로드와 로커 암에 의하여 작동되며, 실린더 블록에 설치된 밸브는 L헤드형 밸브 기구의 캠축과 태핏에 의하여 직접 구동되도록 되어 있다.

〔4〕 T헤드형 기관(T-head type engine)

T헤드형 기관은 L형과 같이 흡입 밸브 및 배기 밸브가 실린더 블록에 설치되어 있으며, 밸브가 실린더의 좌우에 배치되는 기관을 말한다.

이 형식은 연소실 면적이 넓어져서 열효율이 저하되기 쉽고, 밸브 기구의 구조도 캠축을 2개가 필요하게 되므로, 밸브 작동 기구가 복잡해지는 결점이 있다.

4.2 실린더

4.2.1 실린더의 작용

실린더(cylinder)는 그 속에 피스톤이 왕복 운동하면서 연료와 공기의 혼합기를 흡입하고 압축하여 점화 폭발시키는 기관의 중추가 되는 원통으로서, 혼합 가스의 폭발에 의한 열에너지를 기계적 에너지로 변화시키는 부분이다. 따라서, 실린더는 왕복 직선 운동을 하는 피스톤의 안내 부분이며 기관의 작동 사이클을 실현시키는 기관의 중심이 되는 중요 부분이다.

4.2.2 실린더의 구조

실린더는 그림 4·3과 같이 실린더 블록에 있는 원통으로서 그 상부에는 실린더 헤드가 볼트로 조립되며, 실린더 상부와 실린더 헤드 사이의 공간은 연소실을 형성한다. 실린더는 혼합기의 연소에 의하여 온도가 상승하므로, 이것을 냉각하기 위하여 수냉식 기관에서는 물 재킷을 실린더 둘레에 마련하고, 공랭식 기관에서는 실린더 바깥 둘레에 냉각 핀(cooling fin)을 마련한다.

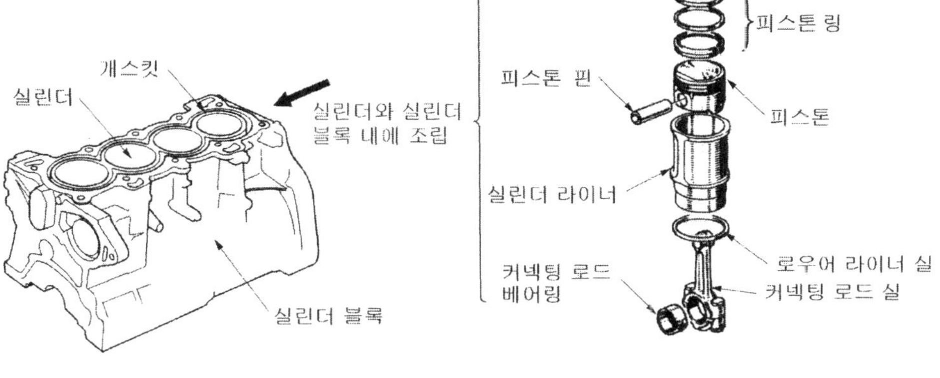

그림 4·3 기관의 실린더 블록

동력 발생의 중추인 실린더는 피스톤이 끼워져 기밀이 유지되어야 하므로 내면을 정밀하게 보링(boring)한 후 호닝(honing) 가공한다.

실린더의 재질은 폭발열 및 높은 압력에 견딜 수 있도록 높은 기계적 강도를 가져야 하며, 열의 방출이 좋아야 한다. 많이 쓰여지는 재료로는 니켈-크롬 주철이며, 실린더 내면을 정밀 가공하고 크롬 도금을 하여 마멸을 최소한다.

4.2.3 실린더 블록

실린더 블록(cylinder block)은 기관의 골격이 되는 주요부로서, 기관 부속 장치의 대부분이 실린더 블록에 부착된다. 실린더 블록은 실린더 부분, 밸브 장치 부분, 물 재킷 부분, 부속 장치 부착 부분으로 구성되며, 재료로는 니켈-크롬 주철이다. 기관 중량을 가볍게 하고 방열 효과를 증가시키도록 하기 위하여 알루미늄 합금(Al-alloy)이 사용되고 있다. 실린더 블록 상부에는 실린더 헤드가 조립되며, 실린더 블록 하부에는 오일 팬이 조립된다.

실린더 블록의 실린더 부분은 피스톤의 왕복 직선 운동에 의하여 동력을 발생시키는 부분이고, 밸브 장치 부분은 실린더 블록에 밸브의 개폐에 필요한 태핏, 밸브 스프링, 밸브 스템(valve stem), 밸브 등이 수용되는 부분을 말한다.

물 재킷은 기관의 과열을 방지하기 위하여 냉각수를 실린더 둘레에 순환시켜서 기관을 냉각시키는 냉각수의 통로를 형성하는 부분이다. 그리고 크랭크케이스 내부에는 크랭크축과 캠축을 조립하고, 이들의 회전 운동을 지지하는 베어링부가 있다.

그 밖에 부속 장치의 수용 부분으로서 오일 펌프, 연료 펌프, 시동 전동기, 발전기 등이 설치될 부착면이 있고, 앞면에는 캠축과 크랭크축이 연결된 타이밍 기어의 덮개인 타이밍 기어 커버를 조립하고, 뒷면에는 플라이휠이 위치할 자리가 크랭크케이스 뒤쪽에 주조되어 있다.

4.2.4 실린더 수

4행정 사이클 기관에서는 크랭크축 2회전에 1회의 폭발이 일어나 동력을 발생시키고, 다른 3개의 행정은 이 동력을 이용할 뿐 동력을 발생시키지 않는다. 따라서, 폭발 행정에서 피스톤에 가해지는 압력 때문에 기관에 진동이 생긴다.

기관 출력을 크게 하기 위해서는 실린더의 치수가 크게 해야 하므로, 이에 따른 그 진동도 또한 커지게 된다. 따라서 기관 출력을 증가시키기 위해서는 실린더 수를 많게 하면, 단 실린더 기관에서 실린더 치수를 크게 하여 출력을 크게 하는 것보다 기관 전체의 출력 발생시의 토크 변동이 적어지므로 기관 진동을 적게 할 수 있다.

실린더 수는 보통 짝수의 실린더를 가지며, 3 실린더를 가진 경우도 있으나 5, 7, 9 실린더를 가지는 기관은 거의 제작되지 않는다.

실린더 수가 많아질수록 출력이 커지며 동력 발생시의 기관 토크 변동(torque fluctuation)이 적고 기관의 작동시 평형이 좋아져서 기관 작동이 원활해진다. 따라서 플라이휠이 적어지며 기관 출력당 중량을 가볍게 할 수 있다.

1 실린더 기관의 경우에는 동력 행정(動力行程; power stroke)에서 최대가 되었다가 배기, 흡입, 압축 기간 중에는 토크 발생 없이 크랭크축 회전만을 유지하게 된다. 이와 같이 기관이 회전 운동을 지속하기 위하여는 동력 행정 중에 발생한 토크(동력)를 플라이휠에 저장하였던 에너지가 동력 행정 이외의 행정에 주어져야 한다. 그러나 4 실린더 기관의 경우를 살펴보면 기관이 1 사이클을 하는 동안 4회의 토크 발생이 수반되므로 평균 토크는 최대 토크보다 조금 낮은 정도로 되며 기관의 평형 및 토크 분포는 1 실린더 기관의 경우에 비하여 비교적 균일한 분포를 보이게 된다.

이와 같이 1 실린더 기관에서 동력 행정에서만 동력을 발생하고 나머지 행정에서는 동력을 소비하게 되지만 4 실린더 기관에서는 각 실린더마다 1회의 동력 발생이 있으므로 기관의 토크는 1 실린더 방식에 비하여 균일하게 된다. 그러므로 실린더 수가 많아질수록 토크 변동이 작아져서 기관의 운전상태는 원활해진다.

현재 많이 사용되고 있는 자동차용 기관은 4, 6, 8 실린더이며, 2륜 자동차의 경우에는 1~2 실린더 기관이 사용된다.

4.2.5 실린더 라이너

실린더는 혼합기의 폭발에 의한 폭발열과 피스톤의 왕복 운동에 따른 마찰 및 마찰열로 인하여 고온이 되어 기관을 오래 사용하면 마멸량이 많아진다. 그러므로 피스톤이 왕복 직선운동하는 실린더 부분에 두께 2 mm 내외의 실린더 라이너를 끼우는 경우가 많다. 실린더 라이너(cylinder liner)는 실린더 슬리브(cylinder sleeve)라고도 하며, 습식 라이너(wet liner)와 건식 라이너(dry liner) 두 가지가 있다.

〔1〕 건식 라이너

실린더 내벽이 냉각수와 접촉하지 않는 라이너를 말한다. 건식 라이너는 그림 **4 · 4** (b)와 같이 실린더 속에 끼워지므로 냉각수와 접촉되지 않는다.

〔2〕 습식 라이너

실린더 내 원통부에 끼워지며 라이너 바깥 둘레는 직접 냉각수가 접촉하여 물 재킷을 형성한다.

습식 라이너는 냉각수와 직접 접촉하여 열의 변형이 적어지므로 디젤 기관에서 많이 사용되고 있다. 그림 **4 · 4** (c)는 습식 라이너와 물 재킷을 표시한 것이다.

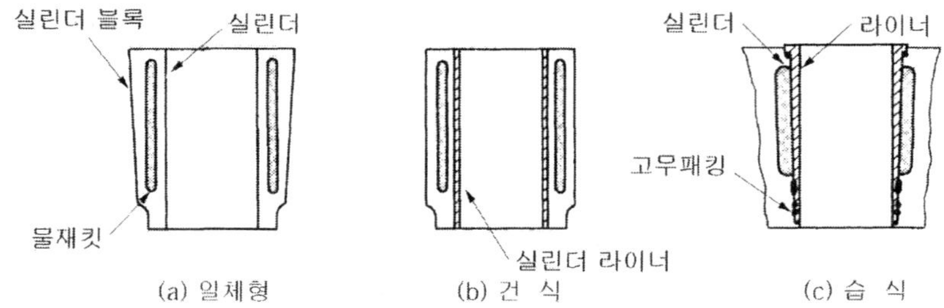

그림 4·4 습식 라이너와 물 재킷

〔3〕 라이너의 두께

실린더 라이너의 두께는 건식일 때와 습식일 때가 다소 다르나, 보통 건식 라이너의 두께는 2~4 mm이고, 습식 라이너는 6~10 mm 정도이다.

〔4〕 실린더 라이너의 착탈법

실린더 라이너를 실린더에 끼울 때와 라이너를 실린더로부터 뽑아낼 때에는 실린더 라이너 탈착 공구를 사용한다. 실린더 라이너를 끼울 때에는 처음에는 해머로 가볍게 두드려 넣고 게이지가 달린 유압 프레스를 사용하여 눌러 끼운다.

습식 라이너를 끼울 때에는 고무로 된 링(ring)을 끼워 냉각수가 라이너와 물 재킷 사이에서 누설되는 것을 방지한다.

라이너의 플랜지 부분이 실린더 윗면에서 약간 돌출되어 있는 것은 실린더 헤드가 조립될 때 개스킷과의 밀착효과를 크게 하여 실린더 내의 혼합기의 압축 압력과 냉각수의 누설을 막아주는 데 더욱 좋은 효과를 가진다. 그러나 이 개스킷의 플랜지의 두께가 너무 크면 개스킷의 압축 누설과, 냉각수의 누설이 생길 우려가 크므로, 플랜지 두께의 치수는 0.06~0.15 mm 정도 실린더의 평면으로부터 돌출부를 가진다. 각 실린더 간의 플랜지 돌출부와 오차는 0.05 mm를 넘지 않는 것이 좋다.

4.2.6 실린더 헤드

실린더 헤드(cylinder head)는 실린더 블록의 상부에 개스킷을 끼우고, 실린더 헤드 볼트에 의하여 조립되며 실린더의 덮개 역할을 한다. 실린더 헤드는 실린더와 함께 연소실(燃燒室; combustion chamber)을 형성한다.

실린더 헤드는 기관의 형식에 따라 흡입 및 배기 밸브, 점화 플러그, 매니폴드, 헤드 볼트 등이 끼워지므로 그 구조는 대단히 복잡하다.

실린더 헤드는 기관의 연소실을 형성하므로 실린더 내 혼합기의 폭발열에 의하여 고온이 되기 때문에 그 재질은 열에 강하고, 팽창이 적은 재질이어야 하며, 실린더와 함께 니켈-크롬 주철 또는 알루미늄 합금이 사용된다. 공랭식 기관에서는 알루미늄 합금 주물이 사용된다. 실린더 헤드 내부에는 실린더 블록의 실린더 바깥 둘레와 연결된 물 재킷과 연결된 냉각수 통로 및 물 재킷이 있어서 연소실과 혼합기의 폭발열로 가열된 밸브와 점화 플러그 등을 냉각시킨다. 실린더 헤드의 전체 높이의 최소값은 구조상 일정하지 않으나 일반적으로

$$H_k = (1.0 \sim 1.2)D$$

이다.

여기서 H_k는 실린더 헤드의 높이고, D는 실린더 안지름이다.

연소실 벽의 두께는

$$t_c = 0.75P_{me} \pm 1.5 \text{ mm}$$

여기서 t_c는 연소실 벽의 두께, P_{me}는 평균 유효 압력(kg/cm^2)이다.

4.2.7 물 재킷

기관 내의 혼합기의 연소에 의하여 발생된 열에 의한 과열을 방지하고 기관의 온도를 일정하게 유지하기 위하여 실린더 둘레와 실린더 헤드의 바깥 둘레에 냉각수를 순환시키는 부분을 물 재킷(water jacket)이라 한다.

기관의 냉각 방법에는 수냉식과 공랭식으로 나누어지는데, 물 재킷은 수냉식 기관에 만들어져 있으며 공랭식 기관에서는 물 재킷이 없고 실린더 둘레에 냉각 핀(방열 핀)을 설치하고, 이것에 의하여 기관을 냉각시킨다.

수냉식 기관에서 냉각수는 펌프에 의하여 물 재킷으로 강제 순환되며, 냉각수 온도는 수온 조절기에 의하여 일정 온도로 유지된다.

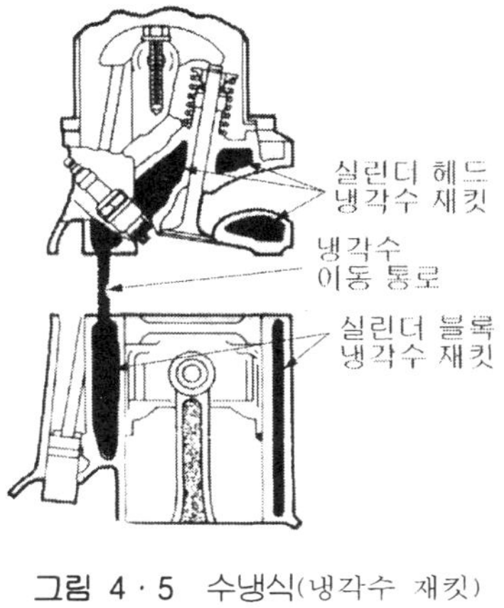

그림 4·5 수냉식(냉각수 재킷)

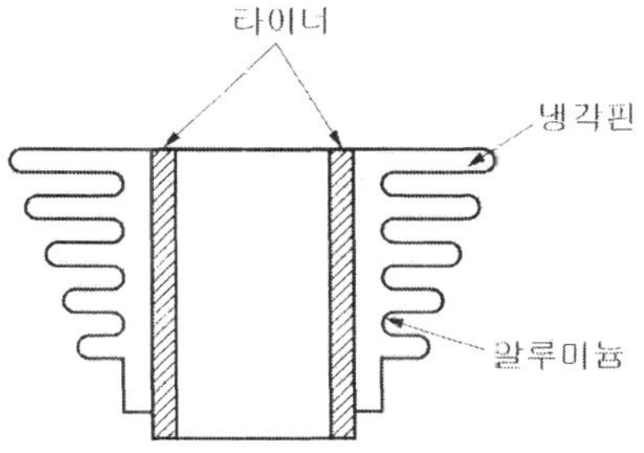

그림 4·6 공랭식 기관

보통 수냉식이 많이 쓰이고, 일부 자동차 및 소형 경자동차에서는 공랭식이 사용된다.

물 재킷은 실린더 둘레의 것과 실린더 헤드의 것이 하나의 연결된 냉각수 통로를 형성하여 냉각수가 순환된다.

실린더 면과 실린더 헤드 사이에는 개스킷이 끼워져 냉각수 및 압축 압력의 누설을 방지한다. 물 재킷 부분 두께의 강도는 수압시험에서 4.0～4.5 bar 정도의 압력에 견딜 수 있어야 한다.

물 재킷은 그 내부에 스케일 또는 기타 불순물이 퇴적하면 물의 순환을 저해하여 냉각수의 순환이 원활하지 못하게 되어 실린더의 과열을 일으키기 쉽다. 물 재킷은 라디에이터 상하에 연결된 물 파이프와 고무 호스를 통하여 냉각수 순환 회로를 형성한다.

4.2.8 개스킷

실린더 상부 평면과 실린더 헤드 사이에서의 압축 가스와 냉각수의 누설을 방지하기 위하여 사용되는 패킹(packing)을 실린더 헤드 개스킷(cylinder head gasket)이라 한다.

개스킷의 형상은 그림 4 · 7과 같이 실린더의 형상, 실린더 헤드 볼트, 물 재킷의 형상에 따라서 결정된다. 이것은 특히 고온 고압에 견딜 수 있어야 하며, 얇은 구리판 또는 석면을 포함한 얇은 구리판 등이 널리 쓰인다. 두께는 약 2 mm 정도가 많고, 1.8 mm 또는 1.2 mm의 것도 있다.

개스킷이 실린더와 실린더 헤드 사이에 끼워졌을 때의 두께는 압축되어 약 0.9～1.0 mm 정도이다. 기관을 분해하면 개스킷을 새 것과 교환하며, 부득이 그대로 사용하려면 개스킷 표면의 파손 또는 손상이 있는가 세밀히 조사하여야 하고, 흠이 있으면 교환하여야 한다.

4.2.9 실린더의 점검 및 정비

실린더는 혼합 가스의 폭발 압력에 견딜 수 있는 충분한 강도를 가진 실린더 벽의 두께를

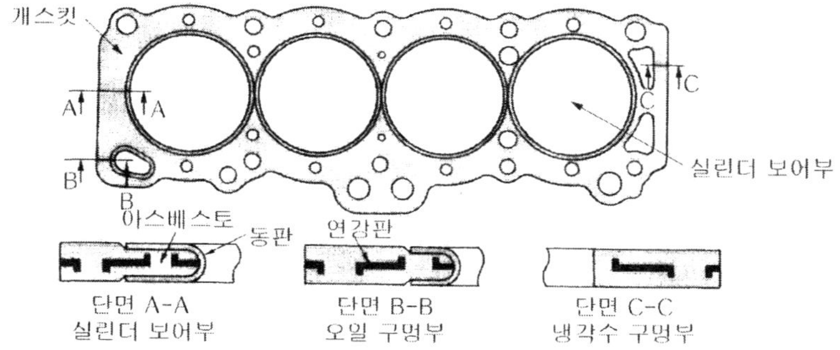

그림 4 · 7 개스킷

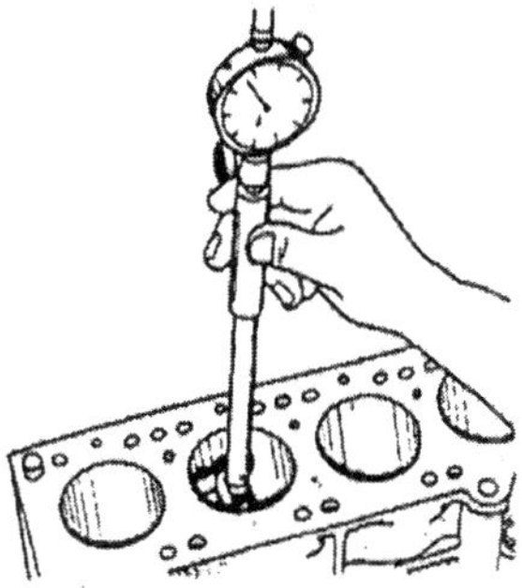

그림 4·8 실린더 지름의 측정

필요로 한다.

실린더 속에는 피스톤이 고속 왕복 운동하므로 실린더가 마멸된다. 이 마멸이 커지면 피스톤과 실린더 벽 사이의 간극이 커져서 압축 가스가 누설되므로 압축이 충분히 이루어지지 않는다. 따라서 폭발된 가스가 누설되어 기관 출력이 저하되기 마련이다. 그러므로 기관의 실린더 또는 실린더 라이너가 규정 한도 이상 마멸되면 보링을 하거나 새로운 라이너를 끼워 사용한다.

기관의 마멸량의 규정 한도는 기관의 종류에 따라 다르나, 일반적으로 실린더의 지름이 70 mm 이내의 기관에서는 0.15 mm, 70 mm 이상의 기관에서는 0.2 mm 이상 마멸되면 보링을 하여 오버사이즈로 수정한다. 실린더 마멸량의 측정은 그림 4·8과 같이 실린더 게이지로 실린더의 상부, 중부, 하부, 3개소를 크랭크축 및 방향 크랭크축 직각 방향으로 모두 6회 측정하여 측정치의 최대 치수와 최소 치수의 차로서 마멸량을 계산한다. 실린더의 마멸은 상부가 가장 많고, 하부가 가장 적은 것이 보통이다.

실린더 안지름이 수정 허용값을 넘을 경우에는 새로운 라이너를 압입하여야 하고, 기관에 따라 라이너가 규정 한도 이상 마멸되었을 때에는 라이너를 뽑아내고, 새르운 라이너를 프레스를 이용하여 압입한다.

4.2.10 실린더 헤드의 분해와 조립

실린더 헤드는 다수의 실린더 헤드 볼트로 결합되어 있으므로 분해할 때는 그림 4·9의 번호순으로(중앙에서 바깥쪽으로) 분해한다. 실린더 헤드를 조립할 때는 블트를 끼우고 그림 4·9에 표시한 분해 순서와 반대로 차례로 원을 그리는 형태의 순서에 따라서 죈다. 처음에는 전부 복스 렌치로서 조금씩 순서대로 죄고 난 다음 최종적으로 토크 렌치(torque wrench)로서 규정 토크로 완전히 체결한다. 토크는 기관에 따라 다르그로 반드시 기관에 따라 정하여진 토크로 죄어야 한다.

기관의 실린더 헤드 볼트를 한 번 고르게 죈 다음 시운전하여 다시 한번 규정대로 죄는 것이 좋다. 이것은, 특히 새로운 개스킷을 사용한 경우에는 개스킷이 압축되기 때문에 더욱 필요하다.

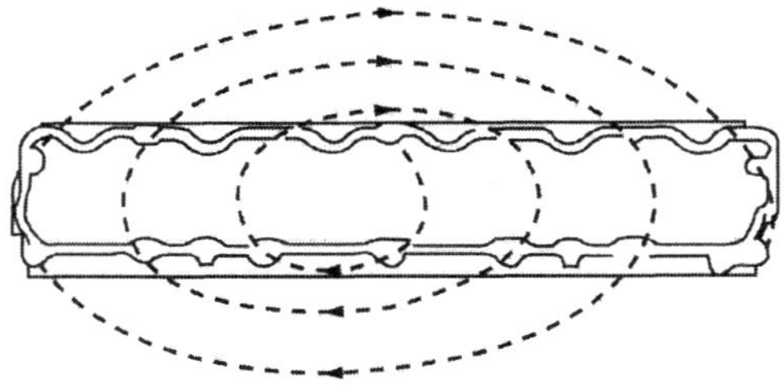

그림 4·9 실린더 헤드 볼트 분해 순서

4.3 크랭크케이스

4.3.1 크랭크케이스의 구조

크랭크케이스(crankcase)는 기관의 회전축인 크랭크축을 지지하고, 보호하며 오일 펌프, 오일 스트레이너(oil strainer) 등이 수용되고, 그 하부에는 윤활유 받이인 오일 팬(oil pan)이 위치한다.

상부 크랭크케이스는 그 내부에 크랭크축과 크랭크 메인 저널, 베어링, 캠축 등이 들어 있고, 오일 펌프 및 펌프축이 지지된다. 하부 크랭크케이스는 윤활유 받이의 기능을 갖는다. 오일 팬은 오일의 누설을 방지하기 위하여 개스킷을 끼우고 조립한다.

오일 팬의 윤활유를 담는 부분의 일부는 깊게 되어 있어 그 중간에는 격리판이 설치되어 있다. 오일 팬은 강판 또는 알루미늄 합금판을 프레스 가공하여 만들며 상부 크랭크케이스는 실린더 블록과 일체로 만든다.

오일 팬의 격리판은 자동차가 급경사진 도로나 불규칙한 노면상을 주행할 때, 급정차할 경우와 같은 운전 상태에서 윤활유가 출렁거려도 윤활유량을 항상 일정하게 유지하여 오일 펌프가 기관 각부에 윤활유를 계속 압송시킬 수 있도록 하기 위해서 설치된 것이다. 오일 팬의 격리판이 설치되지 않는다면 기관 작동 중 운전 상태에 따라 윤활유가 한쪽으로 기울어지거나 출렁거림 등으로 인하여 윤활유 압송이 끊어질 수 있으므로, 기관의 윤활이 불충분하여 여러 가지 장해를 가져오게 되기 쉽다. 그리고 또한 오일 팬에는 드레인 플러그(drain plug)가 있어 윤활유를 교환할 때에 배출시키는 데 사용된다.

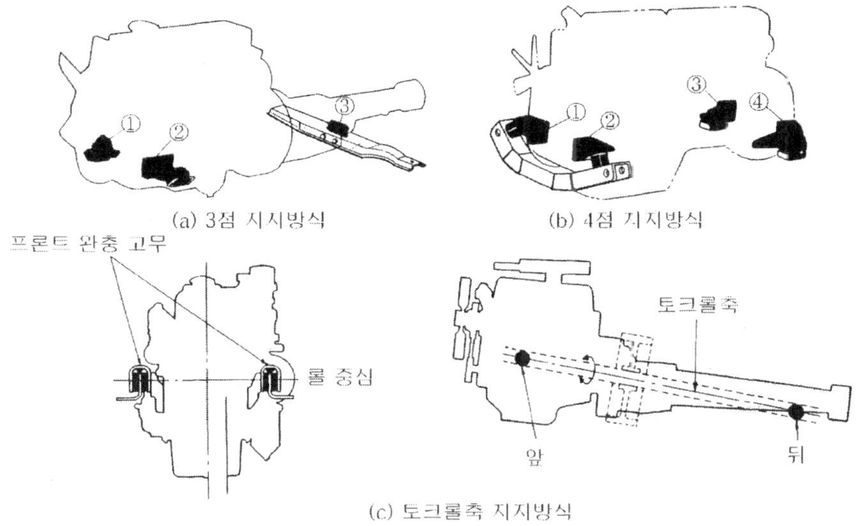

그림 4 · 10 기관의 지지 방식

4.4 기관의 지지법

기관을 프레임에 지지하는 방법(engine mounting)에는 그림 **4 · 10**과 같이 3점 지지, 4점 지지 및 토크롤축 지지법으로 나눌 수 있다.

3점 지지법은 크랭크케이스 상부에 있는 브래킷으로 기관을 프레임에 고정하는 방법으로서 기관의 앞쪽에 2점, 뒤쪽에 1점을 지지하는 방법이다.

4점 지지법은 기관 전체를 4개의 브래킷으로 프레임에 고정하는 방법으로서, 크랭크케이스 상부 앞쪽에 있는 2개의 브래킷과 뒤쪽에 있는 2개의 브래킷에 의하여 지지된다.

토크롤축 지지법은 앞지지부를 기관의 중심(重心)과 뒷지지부를 연결하는 직선상의 중심(中心)부근에 두고 지지하는 방식으로 3점 또는 4점 지지보다 기관 중심(中心)에 가깝게 되고 높은 위치를 지지하게 된다. 이상에서와 같이 기관을 지지하는 부분에는 기관의 진동과 충격을 막기 위하여 일반적으로 완충 고무를 사용한다.

4.5 피스톤

4.5.1 피스톤의 작용

피스톤(piston)은 실린더 내를 왕복 직선 운동하며 혼합기의 폭발 압력을 받아 동력을 커

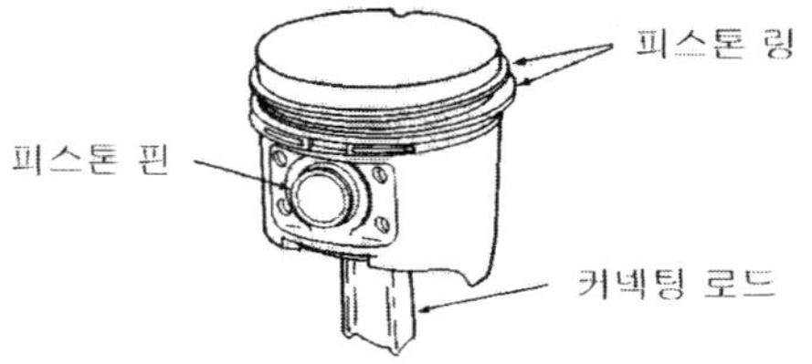

그림 4 · 11 피스톤 어셈블리

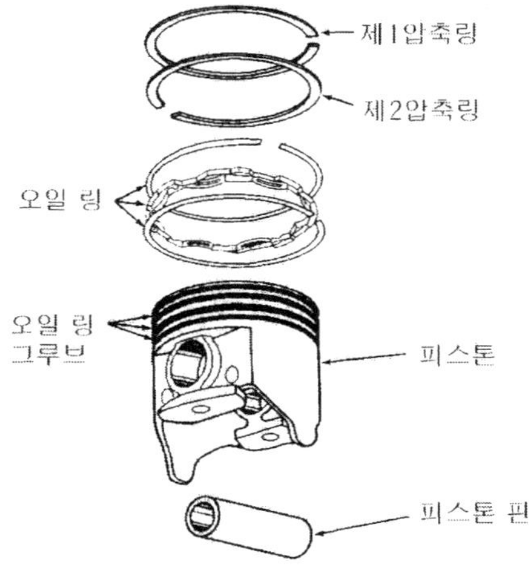

그림 4 · 12 피스톤과 피스톤 핀

넥팅 로드(connecting rod)에 전한다. 피스톤이 실린더 내를 왕복 운동하기 때문에 흡입, 압축, 폭발, 배기의 각 행정이 이루어지고, 피스톤 링(piston ring)에 의하여 피스톤과 실린더 벽 사이의 기밀을 유지한다.

피스톤은 기관 내부에서 이루어지는 사이클을 기계적으로 실현시키는 중요 부분이며, 혼합기의 폭발에 의한 팽창 가스를 동력으로 전환시키는 중요한 요소가 된다.

그림 4 · 11은 피스톤과 피스톤 링 어셈블리를 나타낸 것이고, 그림 4 · 12는 피스톤과 링의 분해도이다.

4.5.2 피스톤의 구조

피스톤은 실린더 내에서 왕복 운동을 하면서 실린더와 함께 연소실을 형성하며 윗부분이 막히고, 아랫부분이 개방된 원통형으로 피스톤 헤드부, 피스톤 링 부분, 피스톤 핀 보스(piston pin boss)부, 스커트(skirt) 부분으로 나눌 수 있다.

피스톤 헤드 부분은 실린더 내 혼합기의 폭발열을 직접 받는 중요부이다. 링 부분은 피스톤이 실린더 내 왕복 운동할 때 혼합기의 누설을 막아 밀봉 작용(密封作用)을 하는 압축 링과 실린더 벽의 윤활과 윤활유가 연소실 내로 올라가는 것을 막아주며, 윤활유를 제어하는 오일 링이 끼워지는 부분이다. 그림 4 · 13은 피스톤의 구조와 주요부 치수를 나타낸 것이다.

피스톤 링 부분은 링이 끼워지는 링 홈(ring groove)과 링과 링 사이의 랜드(land)로 이루어져 있다. 피스톤 보스 부분은 피스톤 중앙에 피스톤 핀(piston pin)이 끼워지는 부분으로서 보스에는 피스톤 핀 베어링이 끼워진다. 그리고 피스톤 스커트(piston skirt) 부분은 피스톤 핀 구멍(pin hole)의 아랫부분을 말한다.

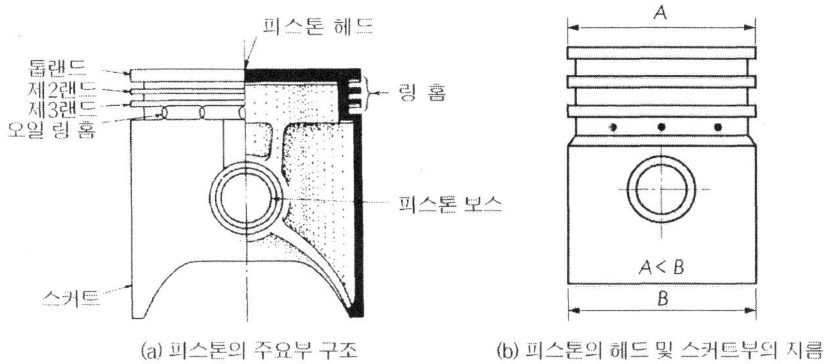

(a) 피스톤의 주요부 구조 (b) 피스톤의 헤드 및 스커트부의 지름

그림 4 · 13 피스톤의 구조와 주요 치수

피스톤은 직접 폭발 가스에 의하여 작동되므로, 특히 헤드부의 지름 A는 스커트부의 지름 B보다 작게 설계되어 있다. 피스톤은 열에 의하여 팽창되므로, 이것을 고려한 만큼 피스톤의 바깥지름을 실린더 안지름보다 작게 제작하고, 피스톤 링에 의하여 기밀이 이루어지도록 한다. 이와 같이 열에 의한 팽창을 고려하여 피스톤과 실린더 사이의 일정한 간극을 두는데 이것을 **피스톤 간극**(piston clearance)이라고 한다.

피스톤 간극은 자동차의 기관에 따라 다르나, 일반적으로 기관 피스톤 재질 및 실린더 재질에 따라 조금씩 다르다.

또한 고압축비 기관에서는 흡배기 밸브의 피스톤 헤드부의 접촉을 방지하기 위하여 피스톤 헤드에 그림 **4 · 14**와 같은 밸브 릴리프 부분을 가공한 것도 있다.

피스톤은 온도 변화에 따른 열팽창이 적은 것이 요구되기 때문에 피스톤 스커트부에 열의 전달을 적게 하기 위하여 오일링 바로 아랫부분에 그림 **4 · 15**와 같이 가로 및 세로 방향의 슬릿(slit)을 가공하여 열팽창 및 열전도를 방지한다. 이것은 열팽창에 의하여 그 치수가 증가된다고 하더라도 항상 일정한 간극을 유지할 수 있게 하기 위하여 마련된 것으로서, 이와 같은 피스톤을 **일정 간극 피스톤**(constant clearance piston)이라 한다.

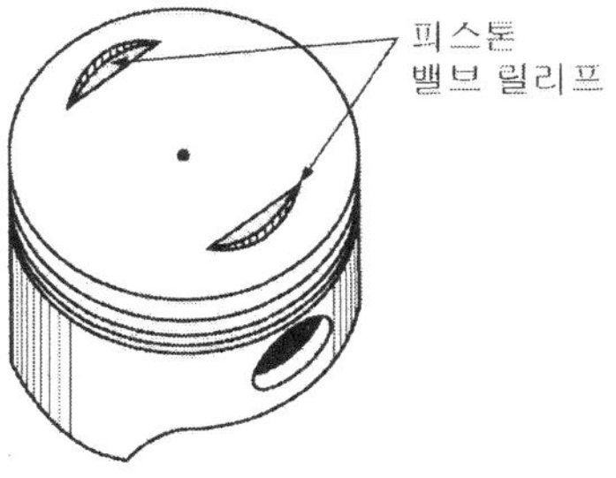

그림 4 · 14 밸브 릴리프

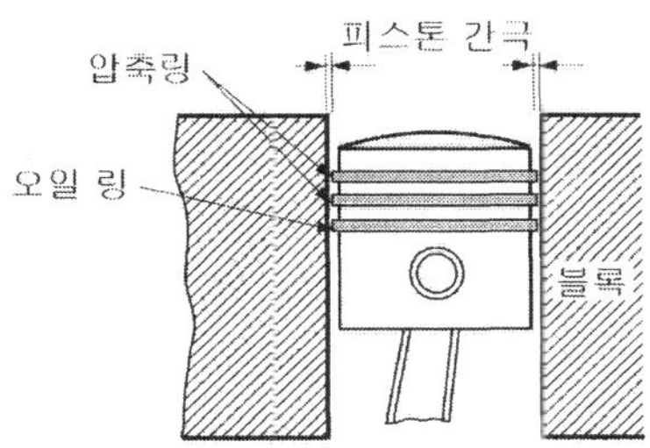

그림 4 · 15 피스톤 간극

4.5.3 피스톤 간극

피스톤 간극(piston clearance)은 피스톤과 실린더 사이의 간극을 말한다. 피스톤은 기관이 작동하는 동안 폭발열에 의하여 팽창하므로 실린더의 지름보다 작게 만들어야 한다. 그리고 실린더와 피스톤 사이의 기밀의 유지는 피스톤 링에 의하여 이루어진다.

피스톤 간극이 크면 피스톤이 운동의 방향을 바꿀 때 피스톤이 경사지게 됨에 따라 스커트부가 실린더 벽에 부딪쳐서 소음을 발생시키게 되는데 이것을 **피스톤 슬랩**(piston slap)이라 한다. 피스톤 간극이 너무 크면, 피스톤과 실린더 벽 사이의 열전도율이 저하되고, 또한 윤활유의 소비량이 많아지며 혼합기 및 배기가스가 누설되어 윤활유를 열화시키기 쉽다. 그리고 피스톤 간극이 크면 커넥팅 로드 큰 끝(big end)과 작은 끝(small end)의 편마멸이 심해진다. 반대로 이 간극이 너무 작으면 기관 작동중 피스톤이 실린더 벽과의 접촉에 의한 마찰열 때문에 소손되기 쉽다.

피스톤 간극의 측정은 피스톤 핀과의 직각 방향의 지름과 이 부분에 해당되는 실린더 안지름의 차이로서 표시되며 틈새 게이지(thickness gage)로 측정한다.

피스톤 간극은 피스톤의 크기, 재질, 작동온도, 기관의 형식 및 계절에 따라 다르나 대체로 0.04～0.06 mm 정도인 경우가 많다.

4.5.4 피스톤의 종류

피스톤은 기관의 구조, 형식에 따라 다르고, 또한 열팽창에 의한 변형을 최소로 하기 위하여 여러 가지 종류가 사용된다.

〔1〕 캠 그라운드 피스톤(cam ground piston)

피스톤 스커트부는 피스톤 핀 보스나 피스톤 두께 등에 영향을 받으므로 각부의 온도변화

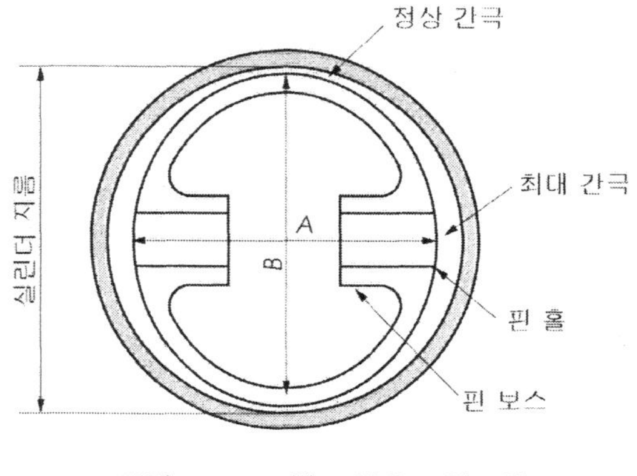

그림 4 · 16 캠 그라운드 피스톤

도 복잡하게 변화한다. 특히 보스쪽에는 하중에 의하여 변형이 일어나고 피스톤 핀의 마찰에 의하여 온도가 높아지고, 스러스트측은 열팽창이 증가하게 된다. 그러므로 상온에서는 보스 방향으로 단축을 갖는 타원형으로 가공하여 온도 상승에 따라 보스 방향의 지름이 증가하여 표준 치수로 되도록 하여 처음 상태의 진원에 가깝게 되게 한다. 현재 합금제 피스톤은 대부분 이 형식의 것이 대부분이다.

이것은 기관이 작동되지 않을 때에는 피스톤 보스 부분이 타원형의 단축(短軸)이 되고, 핀의 직각방향은 장축(長軸)이 되나, 기관이 작동되어 폭발열에 의하여 기관 온도가 상승함에 따라 진원(眞圓)이 되어 피스톤 간극을 일정하게 유지하여 준다.

그러므로 상온에서 처음부터 원형으로 제작된 피스톤은 피스톤 헤드부가 직접 폭발열을 받아 열팽창률이 커져서 피스톤 간극을 유지할 수 없게 된다. 다라서 이와 같은 열팽창을 고려하여 제작 당시부터 피스톤 헤드부를 스커트부 지름보다 작도록 타원형으로 만드는 것이 보통이다.

〔2〕 솔리드 피스톤(solid piston)

솔리드 피스톤은 그림 4·17과 같이 스커트부를 원통으로 만들어 슬릿(slit)이 없으므로 열팽창에 의한 팽창을 막을 수 없으므로 운동 조건에 적절한 피스톤 클리어런스를 유지하기 어려운 결점이 있다. 그러나 기계적 강도가 높으므로 정적인 기관보다도 가혹한 조건에서 사용되는 기관에 주로 사용된다.

〔3〕 슬리퍼 피스톤(slipper piston)

슬리퍼 피스톤은 그림 4·18과 같이 측압이 걸리지 않는 쪽의 스커트부를 제거한 형으로서 중량을 증가시키지 않고 스러스트의 접촉 면적을 크게 하여 피스톤 슬랩(piston slap)을 작게 한 것으로서 고속 기관에 널리 사용된다. 그러나 스커트부를 제거한 부분에 오일이 묻어 있다가 오일이 연소실로 올라가는 원인이 되기도 한다.

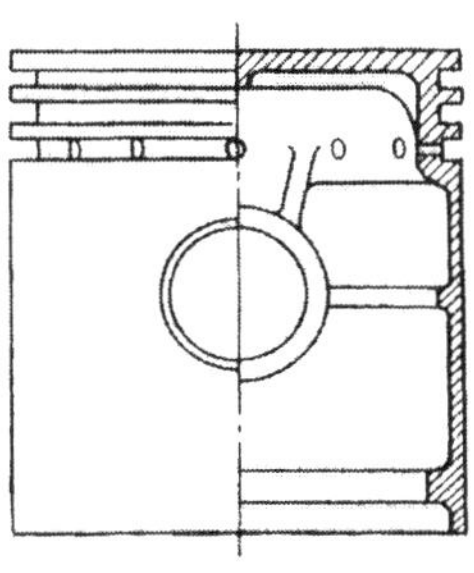

그림 4·17 솔리드 피스톤

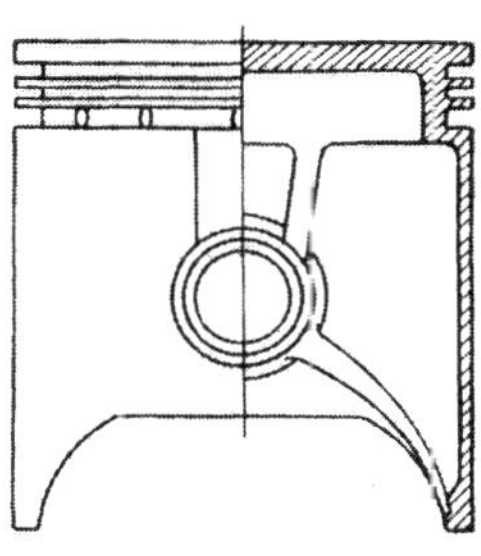

그림 4·18 슬리퍼 피스톤

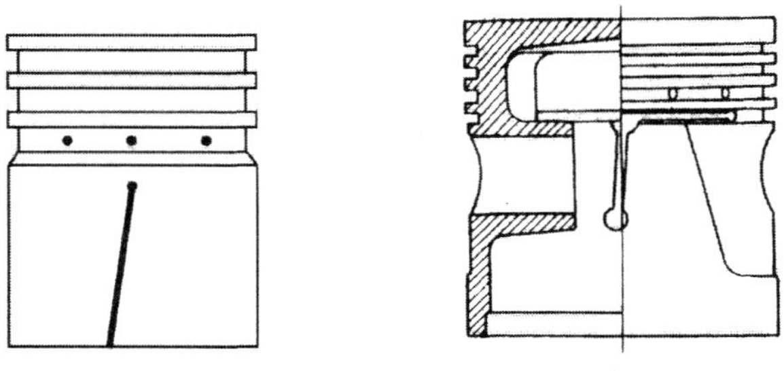

그림 4 · 19 스플릿 스커트형

〔4〕 스플릿 스커트형(split skirt type)

피스톤의 스커트부에 세로 방향으로 약간 경사지게 가는 홈을 가공하여 열에 의한 팽창에 따라 피스톤의 치수가 증가되더라도 피스톤은 더 이상 팽창되지 않고, 일정한 지름을 유지할 수 있다.

스플릿 스커트(split skirt)형은 피스톤 스커트부와 링부 사이에 그림 **4 · 19**와 같이 가늘게 가공된 홈인 슬롯(slot)을 만들어 스커트부로 열전도를 제한하고, 열팽창을 최소로 하기 위한 형식이다. 이 형식은 열팽창을 적게 하고 항상 일정한 치수의 피스톤을 유지하기 위하여 스커트부에 마련된 슬롯의 모양에 따라 T슬롯형(T-slot type), U슬롯형(U-slot type) 등이 있다.

〔5〕 인바 스트럿형(invar strut type)

피스톤은 온도 변화에 따라 변형을 적게 하기 위하여 알루미늄 합금제 피스톤의 경우 보통의 강보다 열팽창률이 극히 적은 인바강을 지주(支柱)로 주입(鑄入)하여 열팽창에 따른 변형을 적게 하도록 만들어진 형식이다. 인바강은 열팽창률이 보통강의 1/10이고, 니켈을 36% 정도 함유한 강이다.

인바 스트럿형의 일종인 오토 서믹 피스톤(auto thermic piston)도 열팽창이 적은 강철제로 작은 링(small ring)을 피스톤 스커트 상부에 주입시켜 피스톤의 열팽창에 따른 변형을

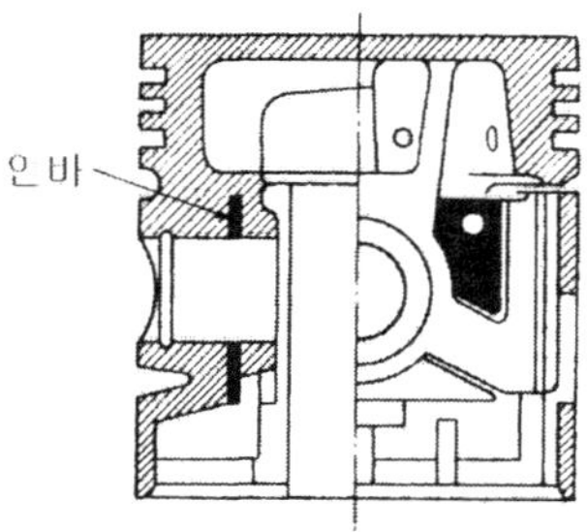

그림 4 · 20 인바 스트럿형

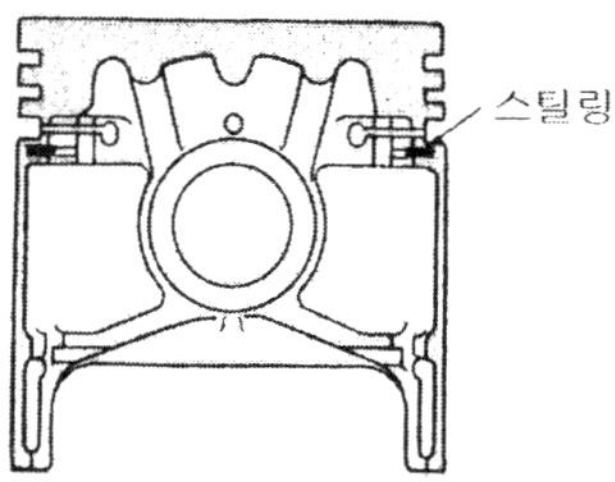

그림 4 · 21 스틸 링을 넣은 피스톤

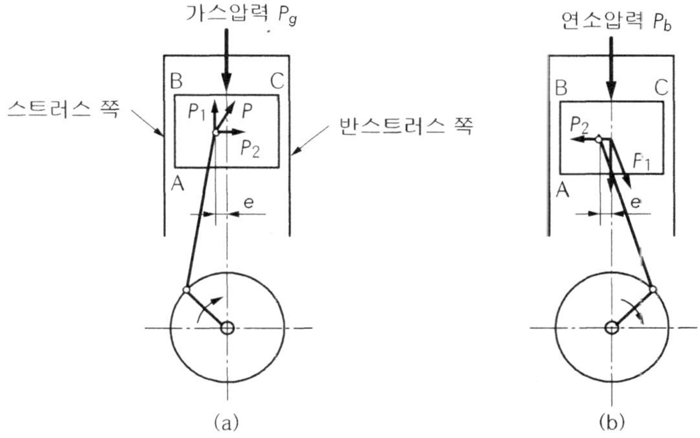

그림 4 · 22 오프셋 피스톤

적게 하기 위하여 제작된 피스톤이다.

〔6〕 오프셋 피스톤(offset piston)

그림 4 · 22에서 보는 바와 같이 피스톤 중심에 대하여 피스톤 핀의 중심을 스러스트측으로 1～2.5 mm 정도 편위시킨 피스톤을 말한다.

피스톤은 상사점에서 운동의 방향이 변하므로 스러스트면이 변하고 그 때 피스톤 클리어런스만큼 피스톤이 옆으로 이동하여 실린더를 두드리는 것과 같은 소음이 발생한다. 이것이 피스톤 슬랩(piston slap)이다.

오프셋 피스톤은 그림 4 · 22 (a)에서 보는 바와 같이 피스톤이 상승 중 피스톤 핀은 커넥팅 로드로부터 힘 P가 작용하며, 그 분력 P_2는 피스톤을 반스러스트 쪽으로 이동시키는 작용을 한다. 한편 피스톤이 상승할 때 생기는 가스 압력 P_g와 오프셋 e에 의하여 피스톤 핀의 둘레에는 시계 방향의 모멘트가 발생한다. 이 모멘트가 분력 P_2보다 커지면 피스톤은 시계 방향으로 돌아 피스톤의 점 A는 스러스트 쪽에, 점 C는 반스러스트 쪽에 접촉하면서 피스톤은 상사점에 달하게 된다.

피스톤이 TDC에서 연소 압력을 받으면 그림 4 · 22 (b)와 같이 연소 압력의 분력 P_1은 커넥팅 로드에 전해지고, 분력 P_2는 피스톤을 스러스트 면으로 이동시키게 된다. 그러나 연소 압력 P_b와 오프셋 e에 의한 모멘트는 분력 P_2보다 크므로 점 A는 스러스트 쪽으로 점 C는 반스러스트 쪽의 실린더에 접촉한 상태로 강하하기 시작하여 이 모멘트가 P_2보다 작게 되었을 때 분력 P_2에 의하여 점 B가 스러스트 쪽에 접하므로 피스톤 슬랩에 의한 충격을 완화시킬 수 있게 된다. 또 핀의 중심을 반스러스트 쪽에 오프셋시켜 피스톤과 실린더의 미끄럼 작용력을 감소시켜 마멸을 작게 할 수 있다.

4.5.5 피스톤의 온도 분포

피스톤은 기관이 작동 중 폭발열에 의하여 가열되므로 실린더 벽 및 피스톤의 온도가 상승한다. 따라서 피스톤의 온도 분포는 피스톤의 재질 및 형상에 따라 다르나, 그 실험값은 그림 4 · 23과 같다. 그림 4 · 23은 직분식 디젤 기관(3000 rpm, 전부하)의 온도 분포의 한 예를 나타낸 것이다.

(1) 알루미늄 합금제 피스톤

피스톤 중앙부 260℃

피스톤 스커트부 107～120℃

(2) 주철제 피스톤

피스톤 중앙부 430～455℃

피스톤 헤드 둘레 260～290℃

피스톤 링 하부 150～160℃

피스톤 스커트부 120～135℃

4.5.6 피스톤의 재질과 구비 조건

〔1〕 피스톤의 구비 조건

피스톤은 혼합기의 폭발력을 받아 실린더 내를 왕복 운동하므로 다음과 같은 조건을 갖추어야 한다.

(a) 실린더 내 폭발에 따른 고온 고압에 견딜 것

(b) 피스톤의 중량이 가벼울 것

(c) 폭발열에 의한 열팽창률이 적을 것

(d) 열전도성이 좋을 것

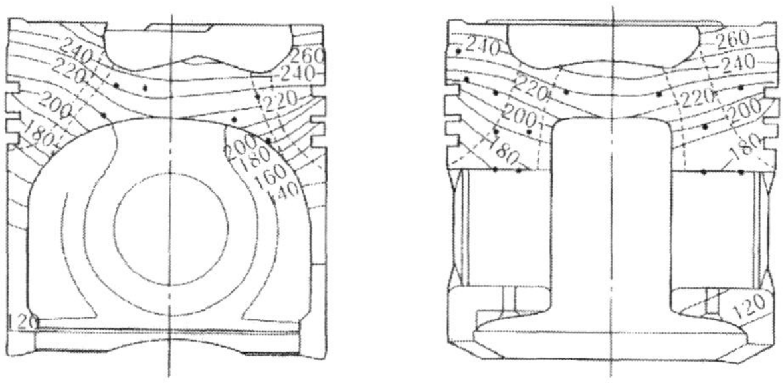

(a) 스러스트 방향 (b) 핀 방향

그림 4 · 23 피스톤의 온도 분포(단위 : ℃)

〔2〕 피스톤의 재질

피스톤의 재료는 알루미늄 합금과 주철이 사용되고 있으나, 현재 자동차용 기관용으로는 알루미늄 합금이 많이 쓰이고 있다. 피스톤의 구비 조건의 측면에서 보면 경합금이 주철보다 유리하다.

주철제 피스톤은 경합금제 피스톤보다 열팽창이 적고, 내마멸성이 크나 중량이 무겁고, 열전도 및 냉각성이 나쁘다. 그러나 경합금제 피스톤은 중량이 가볍고 열전도성이 주철제보다 양호하다. 특히, 알루미늄 합금의 열팽창은 주철의 약 3배로서 열팽창이 큰 결점을 가지고 있기 때문에 경합금제 피스톤은 스플릿 스커트형으로 만들어 이 결점을 최소로 하고 있다.

경합금제 피스톤은 중량이 가벼우므로 실린더 내에서 왕복 운동시 왕복 중량을 감소시킬 수 있으므로 기관의 진동을 저감시키고 크랭크축에 걸리는 하중을 적게 할 수 있다.

피스톤에 많이 쓰이는 경합금으로는 Y합금과 Lo-Ex합금이 있다.

Y합금(Y-alloy)은 알루미늄(Al)을 주성분으로 한 구리(Cu), 니켈(Ni), 마그네슘(Mg)의 합금으로서 고온에서의 강도, 경도가 크고 내부식성, 내마멸성이 큰 합금이다.

Lo-Ex합금은 규소(Si) 12.5%, 철(Fe) 0.8%, 니켈 1.0~2.5%를 함유한 합금으로 저팽창, 내열성, 내압성, 내마멸성 및 내부식성이 큰 합금이다.

4.5.7 피스톤 헤드 형상

피스톤 헤드는 실린더 헤드와 함께 연소실을 형성하므로, 연소실의 형상, 기관의 구조 및 특성에 따라 편평머리, 볼록머리, 오목머리로 나눌 수 있다.

〔1〕 볼록머리(dome head 또는 convex head)

피스톤 헤드가 볼록한 형태의 것으로서 피스톤 헤드부에 카본의 축적이 적고, 강도가 크다.

〔2〕 편평머리(flat head)

피스톤 헤드 부분이 평탄한 형으로서 가장 널리 사용되며 제작이 용이하다.

〔3〕 오목머리(concave head)

피스톤 헤드부가 오목하게 가공된 것으로서, 혼합기의 연소시 와류를 증가시키기에 알맞도록 되어 있는 피스톤이다.

4.5.8 피스톤의 호칭 치수

피스톤의 호칭 치수는 피스톤에서 지름이 가장 큰 바깥지름으로 표시되며, 이 치수는 피스톤 핀과의 직각 방향에서 측정된 피스톤 스커트부의 지름을 말한다. 그리고 기관이 제작될 때 정하여진 치수를 표준 치수(standard size)라 하며, 기관의 작동이 오랜 기간 동안 계속 되면 피스톤과 실린더 사이의 마찰에 의하여 실린더가 마멸된다. 그러므로 기관 실린더가 일정 한도 이상 마멸된 경우 기관을 계속 사용하려면 실린더를 보링(boring)하여야 한다. 보링에 의하여 확대된 실린더는 이것에 알맞는 피스톤을 사용하여야 한다. 따라서 보링된 실린더 보어에 알맞는 피스톤을 끼우되 표준 사이즈일 때와 동일한 피스톤 간극을 유지할 수 있도록 약간 큰 치수의 피스톤을 사용하게 되는데 이것을 오버사이즈 피스톤(oversize piston)이라 한다.

오버사이즈의 치수는 보통 0.25 mm 구간으로 4~5단계의 오버사이즈가 있다. 피스톤 링의 경우도 마찬가지이다. 그러므로 표준 치수보다 0.25 mm, 0.5 mm, 0.75 mm, 1.00 mm, 1.25 mm 큰 것이 오버사이즈 치수이다.

소형 4륜 자동차 기관의 보링 치수는 0.125 mm이다. 따라서 0.125 mm 오버사이즈도 있으나, 0.25 mm가 보통이다.

4.6 피스톤 링

4.6.1 피스톤 링의 작용

피스톤 링(piston ring)은 한 끝이 절개되어 있는 절개구를 가진 탄력성이 있는 금속제 링으로서, 피스톤에 끼워져 그 탄성으로 피스톤과 실린더 사이의 기밀을 유지하고, 연소에 의하여 받는 열을 실린더 벽으로 전도하는 매개체의 역할을 한다. 또한 실린더 벽으로부터 윤

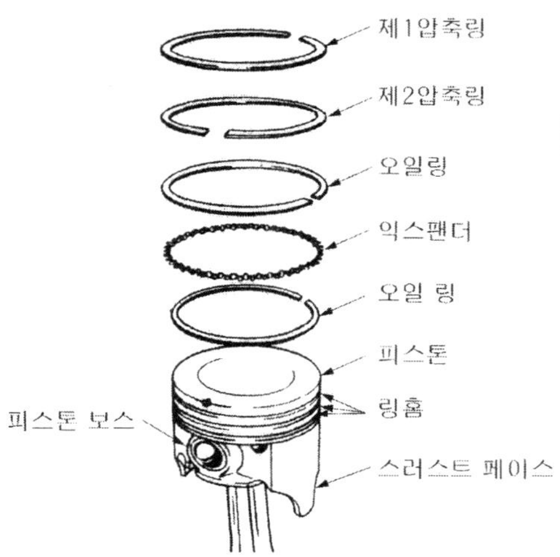

그림 4 · 24 피스톤과 피스톤 링

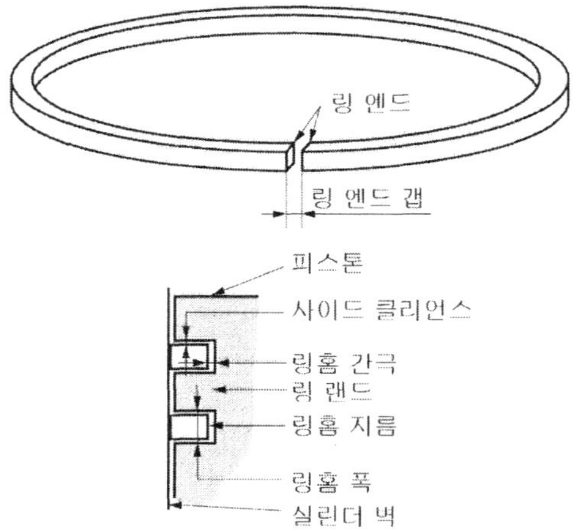

그림 4 · 25 피스톤 링과 링갭

활유를 긁어내려 연소실로 혼입되는 것을 방지한다.

주로 실린더 벽과 피스톤 사이의 기밀을 유지시키는 작용을 하는 링을 압축 링(compression ring)이라 하고, 윤활유를 제어하는 링을 오일 링(oil ring)이라 한다.

보통 압축 링은 피스톤 상부에 2개, 오일 링은 압축 링 바로 아래 1개를 사용하는 경우가 많고, 오일 링을 2개 사용할 때도 있다. 피스톤 링은 피스톤 헤드쪽으로부터 차례로 제1링, 제2링, 제3링이라 부르는 경우도 있다.

4.6.2 피스톤 링의 구조

앞에서 설명한 바와 같이 피스톤 링은 압축 링과 오일 링으로 구분되며, 압축 링은 2~3개, 오일 링은 1~2개인 것이 보통이다. 피스톤 링은 일단이 절단된 절개구를 가지며, 피스톤에 조립하기 전의 상태에서 피스톤의 바깥지름보다 약간 크나, 피스톤에 끼워 실린더에 조립하면 링은 압축되면서 탄성에 의하여 실린더 벽에 일정한 링의 장력(張力)으로 밀착된다. 피스톤의 장력이 너무 크면 실린더 벽과 링 사이의 마찰 저항이 증가하여 마멸이 촉진되며 실린더 내에서 가볍게 움직일 수 없다. 반대로 링의 장력이 너무 적으면 실린더 벽의 밀착이 정확하지 못하여 가스의 누설이 생기기 쉽다. 그러므로 피스톤 링의 장력은 항상 알맞는 세기를 가져야 한다. 피스톤 링의 장력은 보통 가솔린 기관에서 압축 링이 0.75~1.1 kg 정도이고, 오일 링은 0.7~1.1 kg 정도이다.

링의 장력을 강화하기 위하여 스프링 익스팬더(spring expander)를 사용하는 것도 있는데, 이것을 이너 링(inner ring)이라 한다. 그리고 또한 이너 링은 2~3개의 조각으로 이루어지는 경우도 있다. 특히, 이너 링은 기관이 고속화함에 따라 오일의 제어가 부정확할 경우 링의 장력을 증가시킬 때 쓰인다. 이너 링을 끼우면 링의 장력은 증가된다.

그림 4·26, 4·27은 각각 압축 링과 오일 링의 단면형상을 나타낸 것이고 그림 4·28은 링 엔드 갭의 형상을 나타낸 것이다.

압축 링은 한 끝이 절개된 엔드 갭을 가지는 간단한 링이며, 오일 링은 실린더 벽에 뿌려

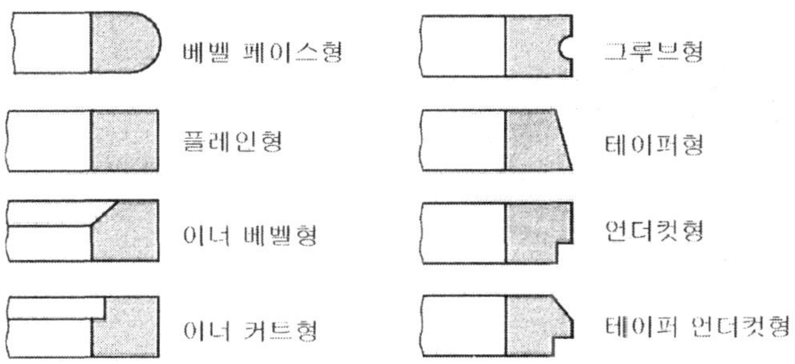

그림 4·26 압축 링의 단면 모양

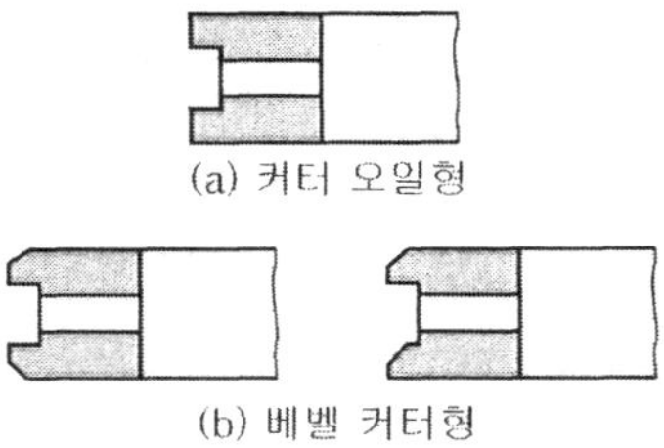

그림 4 · 27 오일 링의 단면 모양

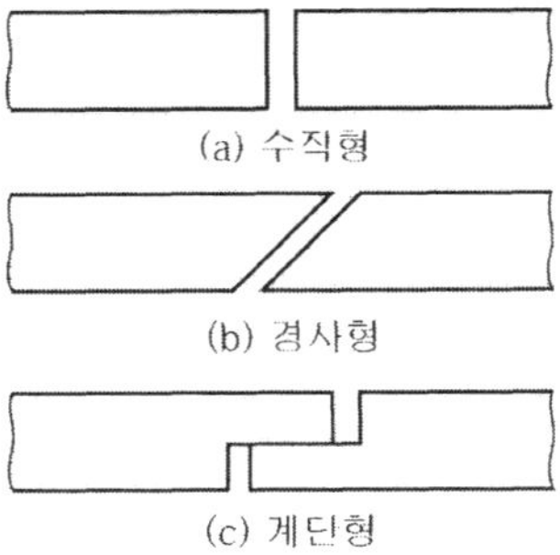

그림 4 · 28 링 엔드 갭 모양

진 윤활유를 제어하기에 알맞는 오일 구멍을 링에 마련하고, 이 구멍을 통하여 피스톤 링 홈 속에 뚫어 놓은 구멍을 통하여 피스톤 내부로 떨어뜨린다. 그러므로 윤활유는 링 중앙의 원둘레의 3~4 mm의 오일 구멍을 통하여 피스톤 안쪽으로 흐르게 되고, 연소실로 오일이 상승하는 것을 방지한다.

피스톤 링의 재질은 마멸이 적고, 고온에서 탄성을 유지하며, 열팽창이 적은 것이 요구된다. 피스톤 링의 재료로는 일반적으로 규소(Si) 2.4~2.5%, 망간(Mg) 0.3~0.5%, 탄소(C) 3.4~3.5%를 함유한 특수 주철이 사용되며 링의 경도는 실린더 벽보다 약간 낮아야 한다.

피스톤 링은 압축 링과 오일 링으로 나누어진다. 압축 링은 가스의 압축을 방지하는 링이고, 오일 링은 오일을 제어하는 일을 한다.

4.6.3 피스톤 링의 엔드 갭

〔1〕 엔드 갭의 형상

엔드 갭 간극은 그림 **4 · 28**과 같이 수직형, 경사형, 계단형의 세 가지로 분류할 수 있다.

① 수직형 엔드 갭(butt joint) 링의 엔드 갭이 수직형인 것으로 제작이 용이하여 가장

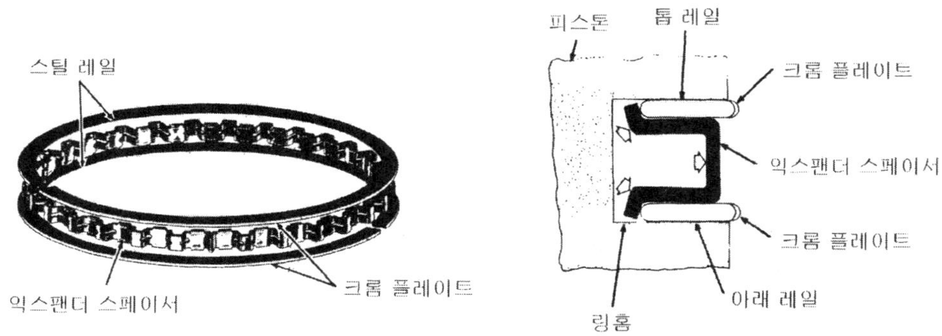

그림 4 · 29 익스팬더 링

널리 사용된다.

② 경사형 엔드 갭(miter joint) 링의 엔드 갭이 경사진 것으로서 수직형 다음으로 널리 쓰인다.

③ 계단형 엔드 갭(step joint) 링의 엔드 갭이 계단형인 것으로서 가스의 누설 방지에는 효과적이나 제작하기가 어렵다. 따라서 이 형식의 것은 별로 쓰이지 않는다.

엔드 갭 간극은 기관 작동 중 가스누설에 큰 영향을 미친다. 따라서 엔드 갭 간극이 너무 크면 압축의 누설이 생기고, 너무 작으면 엔드 갭이 직접 접촉하여 파손 또는 실린더 벽을 손상하기 쉽다.

피스톤 링 엔드 갭 간극은 기관의 형식, 크기, 링의 종류 등에 따라 다르나 대체로 실린더 안지름의 4.5/1000～7/1000 mm 정도이다. 엔드 갭 간극을 측정할 때에는 피스톤 링을 실린더 내에 삽입하고, 실린더 중심선에 직각 방향으로 디크니스 게이지를 사용하여 측정한다.

엔드 갭 간극은 보통 0.15～0.45 mm, 소형 4륜 자동차에서는 0.05～0.10 mm, 디젤 기관에서는 0.2～0.5 mm 정도이다.

또한 피스톤 링을 끼울 때 링 엔드 갭의 간극을 일직선 상에 위치하도록 조립하면 압축가스의 누설과 오일이 연소실로 혼입될 우려가 있으므로 120° 또는 180°의 각도로 끼운다.

〔2〕 엔드 갭 간극의 계산

피스톤 링의 엔드 갭 간극을 기관에 따라 알맞게 설계되어야 한다. 지금 실린더 지름을 D (mm), 링의 온도를 t_r(℃), 열팽창 계수를 α_e라고 할 때 늘어난 치수 l_r는 선팽창에 따르므로

$$l_r = \pi D \alpha_e t_r$$

로 계산된다. 그리고 실린더가 냉각수에 의하여 t_c(℃)를 유지한다면 열팽창에 의하여 늘어난 치수 l_c는

$$l_c = \pi D \alpha_e t_c$$

가 된다.

따라서 작동되는 피스톤 링과 실린더가 열팽창으로 늘어난 길이의 차는 곧 이론적인 링 엔드 갭 간극이 된다. 그러므로 엔드 갭 간극은 다음 식으로 계산한다.

$$\delta = l_r - l_c = \pi D \alpha_e t_r - \pi D \alpha_e t_c = \pi D \alpha_e (t_r - t_c) = \pi D \alpha_e \Delta t \qquad (4 \cdot 1)$$

이상의 계산에 따르면 $\alpha_e = 11 \times 10^{-6}$℃(주철), $\Delta t = t_r - t_c = 100 \sim 150$℃이면

$$\delta = (0.0035 \sim 0.0052) D$$

가 된다. 다시 말하면 피스톤 링 엔드 갭의 간극은 실린더 지름의 0.0052배이므로 지름 100 mm인 기관 실린더에 알맞는 엔드 갭 간극은 0.52 mm가 되지만 이것은 기관의 마찰에 따른

실린더 마멸을 고려하지 않은 이상적인 간극이므로 실제와는 일치하지 않는다. 따라서 실린더 및 링의 마멸을 고려하여 지름 100 mm인 실린더인 경우 약 0.3 mm 정도로 취하는 것이 적당하다.

4.6.4 피스톤 링과 링 홈 사이의 간극

피스톤 링은 피스톤 헤드부의 바깥 둘레에 가공된 링 홈(ring groove)에 끼워진다. 링과 링 홈 사이의 간극은 링 홈과 링 높이와의 차로 표시되며, 링 사이드 클리어런스(ring side clearance)라고도 한다. 이 간극은 기관이 작동하는 동안 피스톤 링의 탄성에 따른 장력에 의하여 실린더 벽에 밀착시키기 위하여 피스톤의 운동에 따른 확장 또는 수축 운동을 방해하지 않도록 하기 위하여 마련되어 있다. 이 간극이 너무 크면 지나친 가스의 압축 누설이 생기며 아울러 오일이 연소실로 올라가 윤활유 소비량이 많아진다. 이것은 피스톤이 상하 운동함에 따라 윤활유가 펌프 작용에 의하여 연소실로 올라가기 때문이다. 이와 반대로 링과 링 사이의 간극이 너무 작으면 열팽창에 의하여 링이 피스톤에 고착하여 장력을 잃고, 링의 기능을 다하지 못하여 링홈과 실린더 벽의 손상을 가져온다. 이 링홈 사이의 간극은 피스톤의 재질, 크기, 작동 온도 등에 따라 다르나, 대체로 가솔린 기관에서는 0.02～0.05 mm가 보통이고, 디젤 기관에서는 기관의 작동 온도가 높으므로 0.03～0.13 mm 정도이다. 또한, 상부 링의 링 클리어런스는 하부 링의 것보다 조금 큰 것이 보통이다.

4.6.5 피스톤 링의 마찰과 동력 손실

피스톤 링은 실린더 내에서 기밀을 유지하면서 피스톤에 의하여 왕복 운동하므로 실린더 벽에 항상 일정한 압력으로 밀착하여야 한다. 따라서 장력이 너무 크면 실린더 벽의 마멸 및 손상이 많아지며 마찰력이 증가하여 마찰로 인할 동력 손실이 커진다. 이 반면에 링의 장력이 너무 적으면 가스의 누설이 증가된다. 그러므로 피스톤 링은 항상 일정한 압력으로 균일하게 실린더 벽에 접촉할 것이 요구된다.

링이 실린더 벽에 가하는 압력은 보통 50～90 kPa 정도이고, 피스톤 링 1개당 마찰력은 0.0254 kg이다. 피스톤 1개당 링의 수를 n, 마찰력을 F(N), 실린더 수를 Z라 하면 기관의 총 마찰력 F_t(N)은 다음과 같이 계산한다.

$$F_t = FnZ \tag{4·2}$$

가 된다.

여기서 기관의 평균 피스톤 속도를 V(m/s)라 하면, 기관마찰에 의하여 빼앗기는 기관 마찰 손실 동력 P_f(kW)는 다음과 같이 계산된다.

$$P_f = \frac{F_f \times V}{1000} \quad (4 \cdot 3)$$

4.6.6 피스톤 링의 강도 및 면압

구형단면(矩形斷面)을 갖는 피스톤 링에 대한 계산식은 다음과 같다.

① 피스톤 링의 장력　그림 4 · 30에 표시한 것과 같은 링을 실린더 내에 설치된 상태에서 링 절개구 틈새에 작용하는 장력 W(kg)은 다음 식으로 구한다.

$$W = \frac{EBL_1}{14.14(D/T-1)^3} \text{ (kg)} \quad (4 \cdot 4)$$

② 피스톤 링의 면압(面壓)

$$P = \frac{200W}{BD} = \frac{100EL_1}{7.07D(D/T-1)^3} \text{ (kg/cm}^2\text{)} \quad (4 \cdot 5)$$

③ 장착시의 응력

$$\sigma_1 = \frac{ET(8T-L)}{2.35(D-T)^2} \text{ (kg/mm}^2\text{)} \quad (4 \cdot 6)$$

④ 사용시의 응력

$$\sigma_2 = \frac{EL_1 T}{2.35(D-T)^2} \text{ (kg/mm}^2\text{)} \quad (4 \cdot 7)$$

여기서 D : 호칭 지름 mm

B : 링의 높이 mm

T : 피스톤 링의 반경 방향의 두께 mm

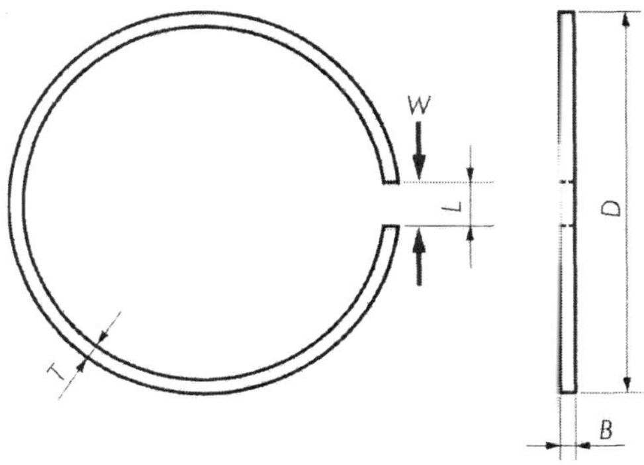

그림 4 · 30 피스톤 링의 주요부와 링 갭

C : 엔드 갭 간극 mm

L : 자유 개구 간극 mm

L_1 : 장착시의 엔드 갭 간극의 변화량($L_1 = L - C$)

E : 탄성 계수 kg/mm^2

압축링에 크롬도금을 한 경우의 장력은 도금하지 않았을 때보다 약 10% 감소된다.

4.7 피스톤 핀

4.7.1 피스톤 핀의 작용

피스톤 핀(piston pin)은 피스톤과 커넥팅 로드를 연결하는 핀으로서, 그림 **4 · 31**에 표시된 바와 같이 커넥팅 로드 작은 끝과 피스톤 보스부에 끼워지며 피스톤이 받는 압력을 커넥팅 로드에 전하는 동시에 피스톤과 일체로 실린더 내를 왕복 운동한다.

피스톤 핀은 대개 중량을 가볍게 하기 위하여 속이 빈 축(中空軸)으로 만든다.

4.7.2 피스톤 핀의 재질

피스톤 핀은 피스톤과 결합되어 혼합기의 폭발압력을 받아 커넥팅 로드에 전하며 고속 왕복운동을 하므로, 그 재질은 높은 강도를 가지고 있어야 하며 항상 변화하는 커넥팅 로드의 힘에 견딜 수 있어야 한다. 이것은 또한 피스톤 보스와 커넥팅 로드 작은 끝과의 접촉 마찰이 수반되므로 내마멸성이 큰 것이어야 한다.

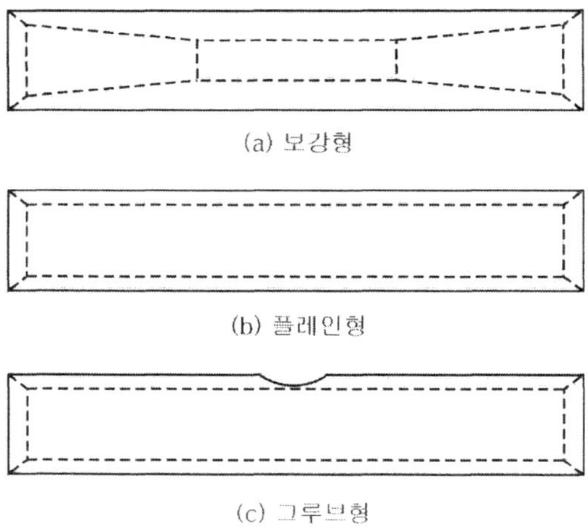

(a) 보강형

(b) 플레인형

(c) 그루브형

그림 4 · 31 피스톤 핀의 형상

피스톤 핀은 이러한 점을 감안하여 크롬강, 니켈-크롬강, 크롬-몰리브덴강 등이 쓰이며 저탄소강의 표면 경도를 증가시키기 위하여 깊이 1 mm 정도를 침탄(浸炭)하여 그 표면은 마멸에 견디게 하고, 내부는 경화에 따른 강인성을 유지하도록 한다.

4.7.3 피스톤 핀의 고정법

피스톤 핀은 커넥팅 로드의 작은 끝(small end)에 연결하는 방법에 따라 그림 4·32와 같이 고정식(固定式), 반부동식(半浮動式), 부동식(浮動式)의 세 가지가 있다.

〔1〕 고정식(set screw type)

피스톤 핀을 보스에 고정나사인 세트 스크루(set screw)로 고정하고 커넥팅 로드 작은 끝이 핀의 바깥 둘레에서 움직이도록 하는 방법이다.

〔2〕 반부동식(semi-floating type)

피스톤 핀을 커넥팅 로드 작은 끝과 클램프 볼트(clamp bolt)로 고정하여 피스톤 핀 보스 속에서 커넥팅 로드 작은 끝의 운동과 함께 움직이도록 하는 방법으로서 보스에는 부싱을 끼운다.

〔3〕 부동식(floating type)

피스톤 핀을 피스톤 보스나 커넥팅 로드 작은 끝에도 고정하지 않고, 피스톤 핀 양끝에 스냅링(snap ring)을 끼워 자유로이 움직이면서 실린더 벽쪽으로 밀려나오지 못하도록 한 방법이다. 이 경우 보스부에는 부싱을 사용하지 않고, 작은 끝에만 부싱을 끼우도록 만드는 일이 많다.

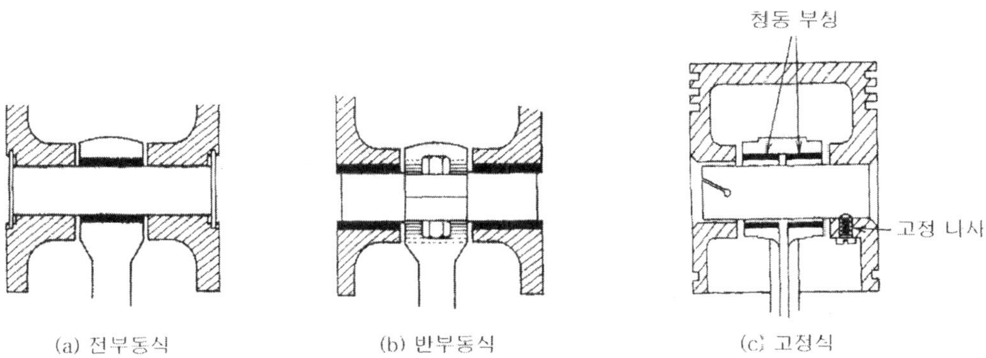

그림 4·32 피스톤 핀의 고정법

4.7.4 피스톤 핀의 끼워 맞춤

피스톤 핀을 피스톤 보스에 끼워 맞출 때 이들 사이의 간극이 너무 크면 기관이 작동중 마멸이 빠르고 소음이 발생되며, 간극이 너무 적으면 지나친 마찰열에 의하여 핀과 보스에 무리한 운전이 되기 쉽다. 그러므로 피스톤 핀은 보스에 끼워져 작동될 때 0.005～0.02 mm 정도의 간극이 필요하다.

피스톤 핀을 피스톤 또는 커넥팅 로드 작은 끝에 끼워 맞출 때 주의할 점은 다음과 같다. 피스톤 핀과 커넥팅 로드 및 피스톤과의 간극이 클 때에는 피스톤 핀을 오버사이즈의 것으로 교환한다. 이 경우 보스 또는 부싱에 리머(reamer)로 핀구멍을 수정하여야 하며 핀을 끼워 맞출 때는 다음 사항에 유의하여야 한다.

(a) 길이나 지름 등을 검사하여 핀의 각부 치수의 오차가 없는가 조사한다.

(b) 표면의 경도가 알맞는가 조사한다.

(c) 표면의 끝손질이 완전하여 손상 등이 없는가 조사하여야 한다.

4.7.5 피스톤 핀의 크기

피스톤 핀은 피스톤과 커넥팅 로드를 연결하는 핀이므로 실제 기관 작동시 핀과 보스, 커넥팅 로드 작은 끝과 핀과의 문지름 속도는 적으나 베어링이 받는 압력은 매우 크다.

피스톤 핀 부싱 부분이 받는 압력에 따른 강도는 실린더 내에서 피스톤 헤드부가 받는 폭발압력에 따른 강도와 같아야 하므로 피스톤 핀이 받는 힘 F_1 N은

$$F_1 = bd\sigma_w \tag{4·8}$$

여기서 b : 부싱 폭 m

d : 피스톤 핀의 평균 지름 m

σ_ω : 피스톤 핀의 허용 응력 kPa

피스톤 헤드부에 폭발 압력에 의하여 피스톤 핀에 가해지는 힘 F_2 N는

$$F_2 = \frac{\pi}{4} D^2 P \tag{4·9}$$

여기서 D : 실린더 지름 m

P : 가스의 폭발 압력 kPa

$F_1 = F_2$이어야 하므로

$$bd\sigma_w = \frac{\pi}{4} D^2 P$$

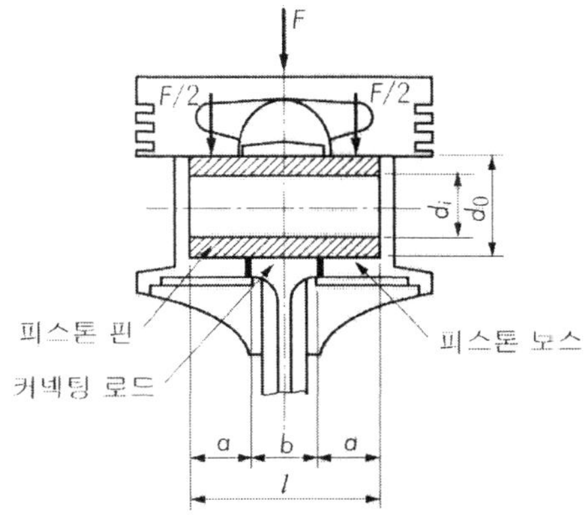

그림 4 · 33 피스톤 핀에 작용하는 힘

$$\therefore\ d = \frac{\frac{\pi}{4} D^2 P}{b\sigma_w} \qquad (4 \cdot 10)$$

가 되나 실제로는 중공축(中空軸)이 사용되므로 다음과 같은 식으로부터 피스톤 핀의 크기 및 강도를 계산할 수 있다.

그림 **4 · 33**은 피스톤이 작용하는 힘을 표시한 것이다.

(a) 피스톤 핀의 굽힘 응력 σ_b

$$\sigma_b = \frac{4}{\pi} \cdot \frac{Fld_o}{d_o{}^4 - d_i{}^4} \qquad (4 \cdot 11)$$

여기서 d_0 : 피스톤 핀의 바깥지름

d_i : 피스톤 핀의 안지름

F : 피스톤 핀에 작용하는 총하중

(b) 피스톤 핀의 압축 파괴 응력 σ_c

$$\sigma_c = \frac{Fd_o}{l(d_o - d_i)^2} \qquad (4 \cdot 12)$$

(c) 합성 응력(合成應力) σ_t

$$\sigma_t = \sqrt{\sigma_b^2 + \sigma_c^2} \qquad (4 \cdot 13)$$

(d) 굽힘 변형 δ_b

$$\delta_b = \frac{64F}{\pi E(d_o^4 - d_i^4)}\left(\frac{a^3}{48} + \frac{a^2 b}{16} + \frac{5ab^2}{96} + \frac{5b^3}{96}\right) \text{mm} \qquad (4 \cdot 14)$$

여기서 E : Young률(MPa)

(e) 압축 변형 δ_c

$$\delta_c = \frac{5Fd_o^3}{12lE(d_o - d_i)^3} \text{ mm} \tag{4·15}$$

σ_t는 노통, 탄소강에서 8～10 kg/mm^2, 니켈-크롬강에서는 14～16 kg/mm^2 정도이고, δ_b는 0.1 mm 이하, δ_c는 유막(油膜)이 끊어지지 않도록 0.025 mm 이내이어야 한다. 그리고 피스톤핀 부싱의 하중은 3～4 kg/mm^2 이하로 잡는다.

피스톤 핀의 바깥지름은 0.23～0.30 D, 피스톤의 안지름은 바깥지름의 60～70%이고, 길이는 0.7～0.9 D 정도이다.

4.8 커넥팅 로드

4.8.1 커넥팅 로드의 작용

커넥팅 로드(connecting rod)는 피스톤과 크랭크축을 연결하여 피스톤의 왕복 운동을 크랭크축의 회전 운동으로 바꾸어 주는 중간 연결 막대이다. 따라서 커넥팅 로드는 피스톤이 받는 폭발력을 크랭크축에 전달하고 흡입, 압축 및 배기에서의 크랭크축의 운동을 피스톤에 전달해 주는 역할을 한다.

4.8.2 커넥팅 로드의 구조

커넥팅 로드는 피스톤과 연결되는 작은 끝(소단부; small end)과 크랭크축을 연결하는 큰 끝(대단부; big end)으로 구성된다. 커넥팅 로드 큰 끝에는 크랭크핀에 상하로 분할된 슬라이딩 베어링(sliding bearing)이 있으며 이것에 베어링 캡(bearing cap)을 놓고, 그 위에 2개 이상의 캡 볼트로 체결한다. 작은 끝은 피스톤에 피스톤 핀에 의하여 끼워지며, 부동식일 때는 커넥팅 로드 작은 끝에 있는 부싱이 끼워지고, 반부동식일 경우에는 볼트에 의하여 커넥팅 로드 작은 끝이 고정된다. 피스톤 핀의 윤활을 위해서 커넥팅 로드의 작은 끝과 큰 끝을 연결하는 오일 구멍이 커넥팅 로드 내부에 마련되어 있다. 이 통로를 통하여 큰 끝에 있는 플레인 베어링의 압력유가 압송되어 윤활 작용을 한다.

또 다른 방법은 작은 끝 아래에 작은 접시 모양의 윤활유 구멍을 가공하여 큰 끝에서 비산되어 온 오일을 받아서 윤활이 이루어지도록 만든 것도 있다. 커넥팅 로드 작은 끝의 중심선에서 큰 끝의 중심까지의 길이를 커넥팅 로드 길이라 하며, 이 길이는 피스톤 행정의 1.6

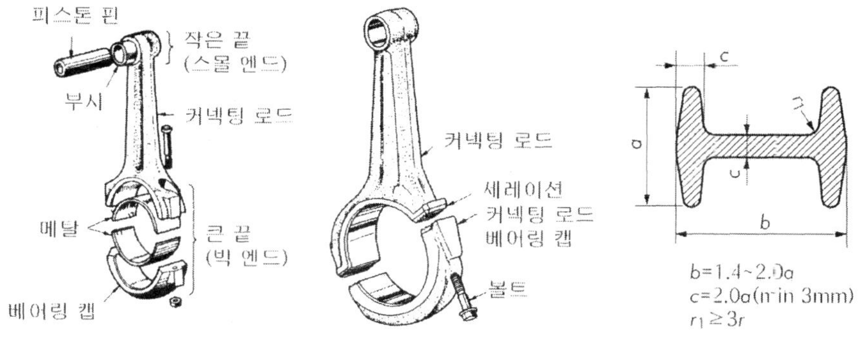

(a) 커넥팅 로드 (b) 경사 분할형 커넥팅 로드 (c) 치수

그림 4·34 커넥팅 로드의 구조

~2.0배 또는 크랭크축 회전반지름의 3.6~4.5배가 보통이다.

커넥팅 로드의 길이를 길게 하면 실린더 벽에 미치는 측압(側壓)이 적어지는 이점 있으나, 강도 및 기관의 중량면에서 좋지 못하고, 또한 기관의 높이가 높아지므로 위의 한계 내에서 설계하는 것이 좋다. 따라서 커넥팅 로드의 길이와 크랭크 반지름과의 비가 적어질수록 피스톤의 측압은 증가되나, 기관의 중량을 감소시킬 수 있고, 기관 전체의 높이를 낮게 할 수 있는 이점이 있다.

4.8.3 커넥팅 로드의 재료와 강도

커넥팅 로드는 혼합 가스의 폭발에 따른 압력을 받아 크랭크축에 전달하므로 각 행정 작용을 할 때마다 압축 또는 인장에 의한 하중의 교번이 크므로 이것에 견딜 만큼 충분한 강도를 가져야 한다. 또한 커넥팅 로드는 중량이 가볍고, 견고하여야 하며 가장 일반적인 재료는 0.35%C 내외의 중탄소강, Ni-Cr강, Cr-Mo강 등의 특수강 또는 반경강 등이 쓰이며 다이 캐스팅(die casting)에 의하여 제작되는 경우가 많다. 어떤 기관에서는 두랄루민(duralumin)을 사용하는 것도 있다.

커넥팅 로드는 중량을 가볍게 하고, 강도를 크게 하기 위하여 I형 단면으로 만드는 경우가 많고, 니켈-크롬강, 크롬 몰리브덴강 등의 특수강을 형단조하여 만든다.

커넥팅 로드 큰 끝과 작은 끝 사이의 거리 l은

$$l = 3.6 \sim 4.5r \tag{4·16}$$

로 한다. 여기서 r은 크랭크의 회전 반지름이다.

폭발시 최고 압력에 견디는 봉의 최소 단면적 $A\,\mathrm{m}^2$는

$$A = \frac{\frac{\pi}{4} d^2 P_{\max}}{\sigma_a} \tag{4·17}$$

가 된다. 여기서 d는 피스톤 바깥지름 m, $P_{\max}$는 최고 폭발 압력 MPa, σ_a는 허용 응력 MPa이다.

한편 커넥팅 로드의 좌굴(buckling)에 대한 허용 압축 응력 σ_c Pa은 다음 식으로 구한다.

$$\sigma_c = \frac{F_a}{A} + \frac{C F_a l^2}{I} \tag{4·18}$$

여기서 F_a : 최대 하중 $\left(= \frac{\pi}{4} D^2 P_{\max}\right)$(N)

C : 실험 계수($=1/5000$)

l : 커넥팅 로드의 길이(m)

I : 커넥팅 로드의 관성 모멘트(m^4)

보기 4.1 피스톤 바깥지름 80 mm, 최고 폭발 압력 $P_{\max}=4$ MPa, 허용 응력 40 MPa라고 하면 커넥팅 로드의 최소 단면적은 얼마인가?

풀이 $A = \frac{\pi \times 0.0064 \times 4}{4 \times 40} = 0.00502\,m^2$

단면을 그림 **4 · 29** (c)와 같이 H형으로 하면 $b/a = 1.5 \sim 2$로 한다.

4.8.4 커넥팅 로드의 베어링 캡 볼트

캡 볼트(cap bolt)는 보통 2개이며 대형의 것은 4개인 것도 있다. 캡 볼트를 죌 때에는 한 번에 1개의 볼트를 강하게 죄지 말고, 실린더 헤드 볼트를 잠글 때와 같이 수회 일단 죄고, 최종적으로 규정된 토크로 죈다. 토크의 크기는 대략 6.1～87.3 Nm 정도이다.

커넥팅 로드의 크랭크축 방향의 흔들림은 커넥팅 로드의 길이를 l, 베어링 폭을 b라 하면 다음과 같다.

커넥팅 로드 작은 끝의 크랭크축 방향의 흔들림은 $0.1\,l/b \sim 0.6\,l/b$의 범위이나, 보통 $0.1\,l/b$ 정도의 흔들림이 적당하다. 베어링과 크랭크핀의 축방향의 간극은 기관에 따라 다르나 0.1～0.3 mm 정도가 보통이다.

4.8.5 피스톤과 커넥팅 로드를 조립할 때의 중량차

커넥팅 로드를 피스톤에 조립할 때 이들 각 피스톤 간의 중량차가 크면 기관이 작동 중 진동이 심하고, 크랭크축의 굽힘 등이 생기며 기관 작동의 균형을 잃기 쉽다. 따라서 이들을 조립시의 중량차를 엄밀히 측정하여야 한다.

각 피스톤의 중량차는 7 g 이내가 적당하고, 커넥팅 로드와 피스톤을 조립하였을 때와 중량차는 30 g 이내이어야 한다. 이것은 자동차의 종류와 형식, 크기 등에 따라 모두 동일한 것은 아니다.

4.9 커넥팅 로드 베어링과 크랭크 저널 베어링

4.9.1 베어링의 종류

회전 또는 왕복 운동하는 축을 지지하여 축에 작용하는 하중을 받는 부분을 베어링(bearing)이라 한다. 베어링은 하중이 작용하는 방향에 따라 분류하면 축으로부터 베어링에 작용하는 하중의 방향이 축에 수직인 것이 레이디얼 베어링(radial bearing) 또는 저널 베어링(journal bearing)이라 하고, 축에 평행인 하중을 받는 베어링을 스러스트 베어링(thrust bearing)이라 한다.

그리고, 축의 표면과 베어링 내면과의 운동이 미끄럼 운동이며 면접촉으로 축을 지지하는 것을 슬라이딩 베어링(sliding bearing)이라 하며, 두 면 사이에 볼(ball) 또는 롤러(roller)와 같은 회전체를 가지는 것을 롤링 베어링(rolling bearing)이라 한다. 자동차용 기관에 쓰이는 크랭크 저널 베어링에는 슬라이딩 베어링이 사용된다.

4.9.2 자동차용 슬라이딩 베어링의 재료

슬라이딩 베어링에 쓰이는 베어링 메탈(bearing metal)에는 화이트 메탈(white metal)과 동합금(Cu-alloy)이 널리 사용된다.

〔1〕 화이트 메탈(white metal)

재질이 연하고 가공이 쉬우며 축과의 결합성과 윤활유의 흡착성이 양호하다. 이것은 연강 또는 청동제의 백 메탈(back metal)의 내면에 주석, 납, 아연 등을 주성분으로 한 합금 융착시킨 다음 베어링 내면을 정밀하게 다듬질하여 사용한다.

커넥팅 로드 베어링과 크랭크축 저널 베어링으로 쓰이는 화이트 메탈은 그 주성분에 따라 다음과 같이 분류할 수 있다.

① 주석계 화이트 메탈(tin base white metal) 주석(Sn)을 주성분으로 하여 안티몬(Sb) 3~15%, 구리(Cu) 3~10%를 함유한 합금이며, 경도는 연(鉛)계의 것보다 높고 큰 하중에 견디며 점성과 인성이 크고 열전도가 좋아서 고속 기관용에 적합하다. 이것은 발명자 Issac

Babbitt의 이름을 따서 배빗 메탈(Babbitt metal)이라고도 한다.

② **연계 화이트 메탈**(lead base white metal) 납(Pb)을 주성분으로 하고, 주석(Sn) 5~20%, 안티몬(Sb) 10~20%를 함유한 합금이다. 이것은 윤활유의 유막 형성이 좋으므로 마찰 저항은 적으나 비교적 연하므로 충격적인 하중에는 부적당하고, 높은 온도에서 축에 부착되기 쉽다.

③ **아연계 화이트 메탈**(zine base white metal) 아연(Zn)을 주성분으로 하고 구리, 주석, 안티몬, 알루미늄 등을 함유하는 합금으로서 다른 화이트 메탈보다 경도는 크나, 베어링 메탈로서의 성질은 주석계 및 연계보다 나쁘다. 이것은 부식에 견디는 힘이 크기 때문에 선박용 베어링에 많이 쓰인다.

〔2〕 동합금(銅合金)

베어링 메탈로서 가장 널리 사용되는 것으로서, 화이트 메탈보다 경도와 강도가 크다. 동합금에 속하는 것에는 다음과 같은 것들이 있으며, 켈밋 메탈과 인청동은 자동차용 베어링 메탈로 널리 쓰인다.

① **켈밋 메탈**(Kelmet metal) 구리(Cu)에 납을 20~40% 가한 것으로서 합금이 아니고 혼합물이다. 연강제의 백 메탈 내면에 융착시킨 다음 내면을 정밀 가공하여 사용한다.

고속, 고하중 베어링 메탈로서 적합하며 화이트 메탈보다 내구력과 열전도가 양호하다. 이것은 가솔린 기관, 고속 디젤 기관, 항공기용으로 널리 쓰인다.

② **청동**(青銅) 구리에 주석(Sn)을 5~10%를 가한 합금으로서 내마멸성이 있고, 경도와 강도도 상당히 크다. 강압과 충격을 받는 피스톤 핀 부싱으로 많이 쓰인다.

③ **연청동**(鉛青銅) 주석 5~10%, 납 5~10%를 함유하는 동합금이다. 이것은 청동에 납을 함유시킨 것으로 윤활유의 윤활 능력을 좋게 한다.

④ **인청동**(燐青銅) 청동 또는 연청동에 인을 0.5~1% 함유시킨 합금으로 내부식성, 내마멸성이 크고 피스톤 부싱으로 사용된다. 인장 강도가 크고 충격 또는 반복 응력에 저항하는 성질이 크다.

자동차에 사용되는 베어링을 그 종류별 용도를 살펴보면 다음과 같다.

플레인 베어링은 크랭크축 크랭크핀 등 큰 힘을 받는 부분에 사용된다. 그러므로 이것은 마찰을 감소시키고, 마멸을 적게 하기 위하여 축보다 연한 화이트 메탈 및 켈밋 메탈이 많이 사용된다.

부시 또는 부싱(bush 또는 bushing)은 피스톤 핀, 물 펌프의 축 등 고속 회전하지 않는 부분으로 비교적 하중이 적은 곳에 사용되며, 재질은 청동 계통의 것이 많이 쓰인다. 부싱은 베어링이 분할되지 않고 일체로 되어 있다.

한편 롤러 베어링은 베어링 내륜(inner race)과 외륜(outer race) 사이에 롤러를 넣은 것으로서 변속기, 클러치 등에 사용된다. 그리고 롤러를 가늘게 한 니들 베어링(needle bearing)은 추진축의 유니버설 조인트에 사용한다. 또한 롤러를 원추형으로 한 테이퍼 롤러 베어링(taper roller bearing)은 축방향의 힘을 받는 앞차축(front axle)에 사용된다.

4.9.3 슬라이딩 베어링의 구조

자동차용에 쓰이는 슬라이딩 베어링은 크랭크 저널 베어링, 커넥팅 로드 베어링을 비롯하여 피스톤 핀 부싱, 물 펌프축 부싱 등도 주요 회전 부분에는 대부분이 슬라이딩 베어링이 사용된다.

커넥팅 로드 및 크랭크 저널 베어링은 상하 분할형으로서, 축과 함께 베어링 캡에 의하여 2개 또는 4개의 캡 볼트로 조립된다.

크랭크핀 및 크랭크축을 지지하기 위하여 사용되는 이들의 슬라이딩 베어링은 베어링 내면과 축의 바깥 둘레에 윤활유가 공급되도록 하기 위해서 베어링 안쪽에 오일 홈과 오일 구멍이 그림 **4 · 35**와 같이 가공되어 있다. 베어링 내면을 흐르는 윤활유는 베어링과 크랭크축 또 크랭크핀 사이의 오일 간극을 통하여 윤활되고, 다시 크랭크케이스 오일 팬(oil pan)으로 되돌아온다. 윤활유는 오일구멍을 통하여 오일 홈으로 유입되어 축의 회전 운동에 따라 베어링 전체의 면으로 운반되어 윤활 작용이 이루어진다. 그리고 부싱은 피스톤 핀, 물 펌프축 등에 사용되며 원통형으로 만든다.

4.9.4 크랭크 저널 베어링의 수

기관에서 실린더 수가 증가할수록 크랭크 저널 베어링 수는 증가하며, 이 베어링의 수가 적을수록 기관의 구조는 간단하며 실린더 수는 적어진다.

크랭크 저널 베어링의 수는 대개 다음과 같이 두 가지로 나누어 생각할 수 있다. 지금 실

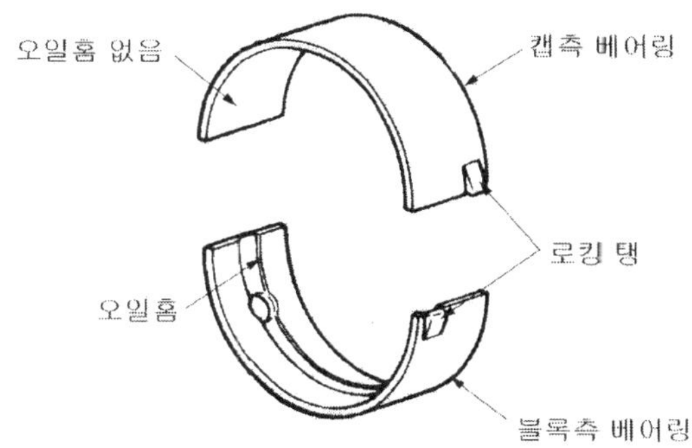

그림 4 · 35 슬라이딩 베어링

린더 수를 Z, 크랭크 저널 베어링의 수를 N이라 하면 크랭크핀 1개에 대하여 1개의 저널 베어링을 가질 경우에는 $N=Z+1$, 크랭크핀 2개에 대하여 1개의 저널 베어링을 가질 경우에는 $N=\frac{Z}{2}+1$개이다.

4.10 크랭크축

4.10.1 크랭크축의 작용

크랭크축(crankshaft)은 기관의 중추가 되는 축으로서 각 실린더의 폭발 행정에서 얻은 피스톤 왕복 직선 운동을 커넥팅 로드의 운동을 통하여 회전 운동으로 바꾸어 주는 중심축이다. 기관이 회전하는 것은 크랭크축의 회전에 의한 것이며, 이 때 발생하는 동력은 크랭크축 끝의 플라이휠에 설치된 클러치를 거쳐 동력 전달 장치로 전달된다.

4.10.2 크랭크축의 구조

크랭크축은 크랭크 저널(crank journal), 크랭크 암(crank arm) 및 크랭크핀(crankpin)의 세 부분으로 구성된다. 크랭크 저널은 크랭크케이스의 크랭크 저널 베어링에 의하여 지지되며 기관회전의 중심축을 이루는 부분이고, 크랭크 암과 크랭크핀을 연결하는 부분을 말하며, 크랭크핀은 커넥팅 로드 베어링에 의하여 지지되어지는 부분을 말한다.

크랭크 저널부와 크랭크핀은 그 중량을 감소시키기 위하여 일정한 크기인 지름의 구멍을 가공한 중공부를 가지는 경우가 많으며, 크랭크 암은 기관의 진동을 감소시키고, 회전의 평형을 유지하기 위하여 평형추(平衡錘; balance weight)를 일체로 또는 별도로 제작하여 볼트로 조립한다. 크랭크 저널부와 크랭크핀으로 윤활 작용을 위하여 오일이 순환할 수 있는 오일통로(oil path)를 그림 4·36과 같이 가공하여 기관 작동 중 언제나 오일이 정확하게 급유되도록 메인 저널(크랭크 저널)에서 크랭크핀으로 경사지게 뚫어져 있다.

크랭크축의 형상은 실린더 수, 메인 저널 베어링의 수, 점화 순서에 따라 다르나, 각 피스톤이 받는 동력을 균일하게 전달할 수 있도록 설계되어 있다.

크랭크축의 전단에는 캠축을 구동시키는 타이밍 기어(timing gear) 또는 스프로킷 휠(sprocket wheel) 또는 타이밍 풀리가 위치하며, 크랭크축의 진동을 완충시키는 완충 댐퍼(vibration damper)와 발전기 구동 풀리도 설치된다. 크랭크축 후단에는 플라이휠 고정 플랜지가 있어 플라이휠이 볼트로 고정되며, 이 둘레에는 시동 전동기와 맞물리는 링 기어(ring gear)가 있다.

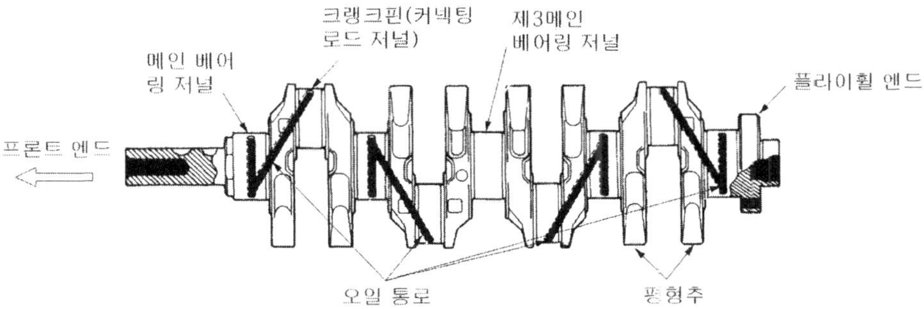

그림 4·36 크랭크축

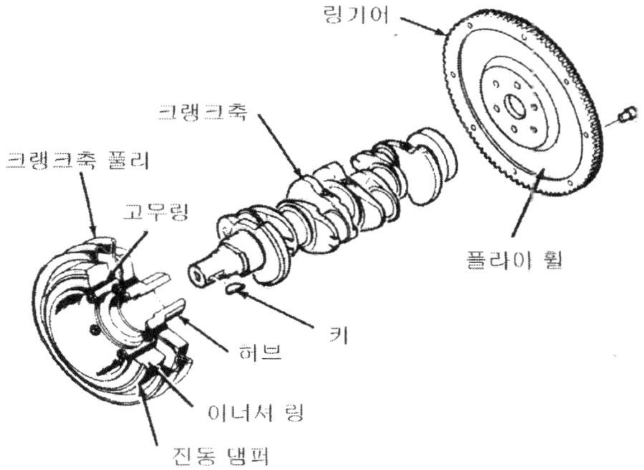

그림 4·37 크랭크축과 플라이휠

그리고 크랭크핀과 크랭크 저널과의 중심 거리는 피스톤 행정의 1/2이 되는데, 이것을 크랭크 반지름이라 한다. 직렬형 기관에서 크랭크핀의 수는 실린더 수와 같으나, V형 기관에서는 크랭크핀 1개에 대하여 2개의 커넥팅 로드가 있으므로 핀의 수가 반이 된다.

4.10.3 크랭크축의 재질

크랭크축은 기관 실린더의 폭발력을 받아 고속 회전하므로, 이것에 견딜 수 있는 충분한 강도를 가져야 한다. 재질은 탄소강 또는 니켈-크롬강, 크롬 몰리브덴강, 니켈강 등의 특수강이 쓰인다.

크랭크축은 이와 같은 재료를 형단조 또는 주조하여 크랭크축의 소재를 만들고, 이를 기계가공하여 축의 표면인 크랭크 저널부와 크랭크핀을 담금질한 다음 정밀하게 연마하여 완성시킨다.

크랭크축의 제작 방법에는 각 부분을 별도로 만들어 이들을 조립하여 1개의 크랭크축을 만드는 **조립식**(buildup type)과 1개의 재료를 소재로 하여 형단조하여 만드는 **단일식**(solid type)이 있다.

조립식은 소형 단 실린더 기관이나 특수한 항공용 기관, 방사형 기관 등에 사용되며, 자동차용 기관의 크랭크축에는 별로 사용되지 않는다.

단일식은 1개의 재료를 형단조 또는 주조하여 이들을 형단조하여 일체로 완성시키는 것으로서, 자동차용 크랭크축은 거의 다 이 형식에 속한다.

4.10.4 평형추

평형추(balance weight)는 크랭크 암과 크랭크핀의 중량의 불균형을 바로잡아 기관의 작동중 크랭크축의 진동을 방지하고, 회전력의 평형을 유지하기 위하여 사용된다. 평형추는 크랭크핀의 반대쪽에 위치하며 크랭크 암과 일체로 만들면 좋으나, 제작이 어려우므로 별도로 만들어 볼트로서 크랭크 암에 조립하는 경우가 많다.

기관의 실린더 수가 많을 때 점화 순서를 적당히 선택하면, 크랭크축의 회전이 원활해지므로 평형추의 무게를 가볍게 할 수 있으며 경우에 따라서는 전체적으로 붙이지 않는 것도 있다.

4.10.5 진동댐퍼

실린더 내에 압축된 혼합기의 폭발은 각 실린더마다 일정한 각도의 시간 간격으로 일어남에 따라 크랭크축에는 축을 회전시키려는 회전력이 불규칙하게 일어나게 된다. 따라서, 이 불규칙한 회전력에 의한 진동을 최소로 감소시키고, 크랭크축의 회전을 원활하게 하기 위하여 크랭크축 앞에 회전에 따른 진동 방지 댐퍼를 붙이는데, 이것을 **진동 댐퍼**(vibration damper, torsion damper)라고 한다. 이 진동 댐퍼는 **하모닉 밸런서**(harmonic balancer)라고도 부른다.

진동 댐퍼는 직렬 6실린더, 8실린더 기관과 같이 크랭크축의 길이가 길 때나, 특히 진동이 많은 디젤 기관에서 필요하다.

4.10.6 크랭크 저널의 지름

크랭크축은 크랭크 저널 베어링에 의하여 실린더 블록에 지지되어 있고, 크랭크핀에 커넥팅 로드 큰 끝에 조립되어 회전되므로, 크랭크 저널 및 핀의 크기의 결정은 대단히 중요한 일이다.

크랭크축은 기관이 운전되는 동안 휨(bending), 전단(shearing) 및 비틀림과 여러 가지 반복되는 힘을 받게 된다. 그리고 크랭크축의 크랭크 저널 중에서 기관 중앙부에 있는 저널은 크랭크 앞쪽 또는 뒤쪽의 저널보다 큰 압력을 받게 된다.

지금 크랭크핀 2개에 대하여 1개의 저널을 가진 경우에 저널의 지름을 구하여 보기로 한다. 실린더의 지름 D mm, 저널의 지름 d mm, 저널의 폭 $b=1.3d$ mm, 베어링의 허용 압력 P_w(Pa), 이 압력을 받는 면적이 bd m^2이므로 저널부의 베어링이 받는 힘 F N는 실린더 내 폭발 압력과 같아야 하므로 다음과 같이 계산할 수 있다

$$F=bdP_w \tag{4·19}$$

그리고 실린더 내 혼합기의 폭발 압력 P N/m^2에 따라 피스톤이 받는 힘은 다음과 같이 계산된다.

$$F=\frac{\pi}{4}D^2P \tag{4·20}$$

그러므로 이들 식 (4·19)과 (4·20)은 같아야 하므로

$$\therefore\ bdP_w=\frac{\pi}{4}D^2P \tag{4·21}$$

따라서 저널의 지름은 다음 식으로 계산된다.

$$bdP_w=\frac{\pi}{4}D^2P$$

$$1.3d\times d\times P_w=\frac{\pi}{4}\times D^2\times P \tag{4·22}$$

$$\therefore\ d=D\sqrt{0.604\frac{P}{P_w}}$$

크랭크핀 2개에 대하여 1개의 저널을 가진다면, 저널 베어링의 수는 4기통일 때 $\left(\frac{\text{실린더 수}}{2}+1\right)$개에 해당되므로 3개가 되고, 6 실린더일 때에는 $\left(\frac{6}{2}+1\right)$개이므로 4개의 메인 저널을 가진다.

3개의 크랭크 저널을 가지는 4 실린더 기관에서 저널의 지름은 보통 $0.5D$ 정도이다. 이때 기관 저널의 폭을 b라 하면 실린더 수 4개, 저널 수는 3개이므로 식 (4·21)로부터 다음과 같이 계산할 수 있다.

$$3\times bdP_w=4\times\frac{\pi}{4}D^2P$$

$$b=\frac{\pi D^2P}{3dP_w} \tag{4·23}$$

가 된다.

4.10.7 크랭크핀의 각도와 점화 순서

실린더 수가 증가됨에 따라 각 실린더의 폭발 순서에 알맞도록 크랭크축의 크랭크핀은 일정한 각도에 따라 정렬되어야 한다. 그러므로 다 실린더 기관에서는 1개의 크랭크축에 실린더 수와 같은 피스톤을 크랭크 원둘레 상에 폭발 순서에 알맞도록 일정한 크랭크핀의 각도를 가지도록 배열되어야 한다.

다음은 실린더 수에 따라 크랭크핀의 각도와 점화 순서를 살펴본 것이다. 4행정 사이클 기관에서는 크랭크축이 2회전하는 동안 흡입, 압축, 폭발, 배기의 4행정으로 한 사이클을 마치게 되므로, 기관의 모든 실린더는 1 사이클 중 1회의 동력 행정을 가져야 한다.

이와 같이 다 실린더 기관에서 각 실린더 내의 혼합기에 점화되는 순서를 점화 순서(firing order)라 한다. 기관의 실린더 번호는 보통 기관의 앞쪽에서부터 제1실린더, 제2실린더, …라 부른다.

〔1〕 4 실린더 기관

(1) 크랭크핀의 각도

4 실린더 기관은 총 배기량 600～2200 cc의 범위에 널리 쓰인다.

4 실린더 기관은 그 구조상 4개의 크랭크핀을 가지며 제1번 실린더와 제2번 실린더는 정반대의 위치로서 180°의 크랭크핀의 각도를 가지며, 이 경우 제1번 실린더와 제4번 실린더의 크랭크각이 동일하며 2번과 3번 실린더의 각도가 같다.

(2) 점화 순서

4 실린더 기관은 크랭크핀의 각도가 180° 간격으로 배열되어 있어서 크랭크축이 2회전하는 동안(4행정 사이클 기관)에 폭발이 4회 발생한다.

직렬 4 실린더 기관의 경우 점화 순서는 다음의 두 가지가 있다.

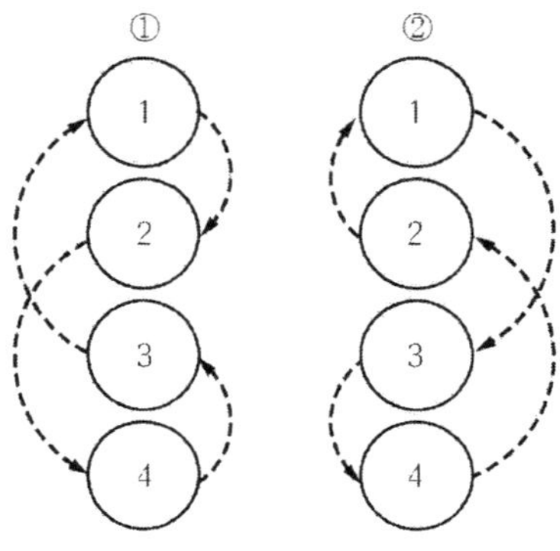

그림 4 · 38 점화 순서

a. 1-2-4-3

b. 1-3-4-2

이와 같이 하여 1-3-4-2의 점화 순서를 반복하여 동력을 얻는다.

〔2〕 6 실린더 기관

(1) 크랭크핀의 각도

6 실린더 기관은 6개의 크랭크핀을 가지며 제1번과 제6번 실린더, 제3번과 제4번 실린더, 제2번과 제5번 실린더에 해당되는 크랭크핀이 각각 동일 방향으로 120°의 크랭크핀의 각도를 가지도록 3방향으로 배열되어 있다. 4행정 사이클 기관일 경우 크랭크축이 2회전하는 동안 1사이클을 마치므로, 6회의 폭발이 일어난다.

6 실린더 기관은 총 배기량이 2000～4000 cc의 범위의 것에 널리 쓰인다.

(2) 점화 순서

기관이 한 사이클을 마치면 6회 폭발이 일어나고, 점화 순서는 6 실린더의 경우 그림 **4·39**와 같이 좌수식(그림 ①)과 우수식(그림 ②)으로써 여덟 가지로 나누어 생각할 수 있다.

① 좌수식 크랭크축인 경우 좌수식은 제1번 크랭크핀을 기준(위로)으로 하여 앞끝에서 볼 때 3번 크랭크핀이 좌측으로 오는 것이 좌수식이다. 따라서 3번과 4번을 좌측에 크랭크핀이 위치하도록 설계된 구조를 가진 것으로서 점화 순서도 다음의 네 가지가 있으나, c의 1-4-2-6-3-5가 가장 널리 쓰인다.

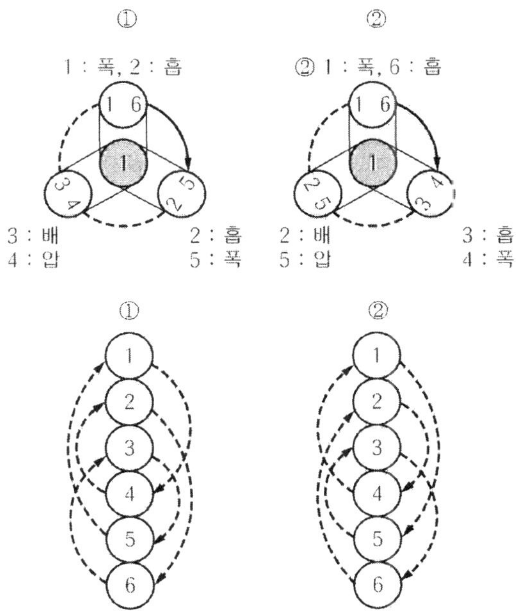

그림 4·39 6 실린더 기관의 크랭크핀의 배열과 점화 순서

〈좌수식 크랭크축의 점화 순서〉

a. 1-3-2-6-4-5

b. 1-3-5-6-4-2

c. **1-4-2-6-3-5**

d. 1-5-4-6-2-3

② **우수식 크랭크축의 경우** 우수식 크랭크축은 제1번 크랭크핀을 기준으로 하여 3번 크랭크핀이 우측에 위치하고, 2번 실린더가 좌측에 위치한 것으로서, 점화 순서는 이론적으로 다음과 같이 네 가지로 나누어 생각할 수 있으나, c의 1-5-3-6-2-4가 가장 널리 쓰인다.

〈우수식 크랭크축의 점화 순서〉

a. 1-2-4-6-5-3

b. 1-2-6-3-5-4

c. **1-5-3-6-2-4**

d. 1-5-4-6-2-3

〔3〕 V형 6실린더 기관

(1) 크랭크핀의 각도

60° V형 실린더의 크랭크축은 그림 **4·40**과 같이 No.1~No.6의 크랭크핀이 이루는 각도는 No.1과 No.2, No.3과 No.4 및 No.5와 No.6은 60°이고 No.2와 No.3 및 No.4와 No.5는 180°로 되도록 구성된다.

한편 유럽 등에서 많이 사용되는 90° V형 6실린더 기관의 경우는 그림 **4·41**과 같이 3개의 크랭크를 가지며, 1개의 핀에 좌우 2개의 실린더에 해당되는 커넥팅 로드가 연결되며, 크랭크핀의 각도는 직렬형 6실린더 기관과 같이 120°이다. 실린더 블록과 크랭크케이스는 경합금으로 일체로 주조되며, 좌우 양렬 실린더 사이의 중심각은 90°이다. 실린더 번호는 기관의 크랭크축 출력 끝으로부터 먼 것으로부터 앞쪽으로 보아 우측의 실린더가 1, 3, 5번 실린더이고, 왼쪽의 실린더가 2, 4, 6번 실린더가 된다. 그러나 기관 메이커에 따라서는 이와

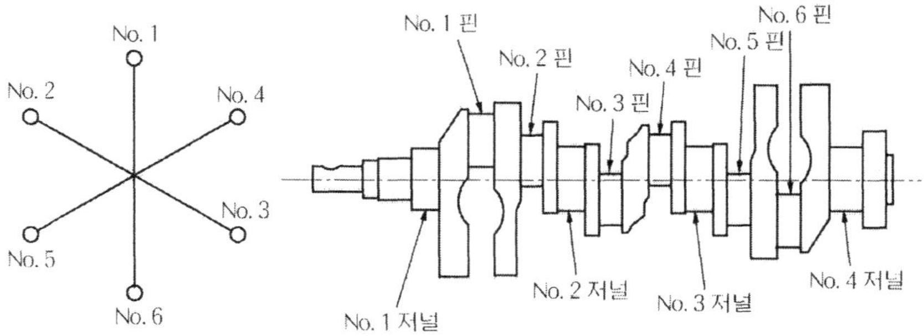

그림 4·40 60° V형 6실린더 기관의 크랭크축

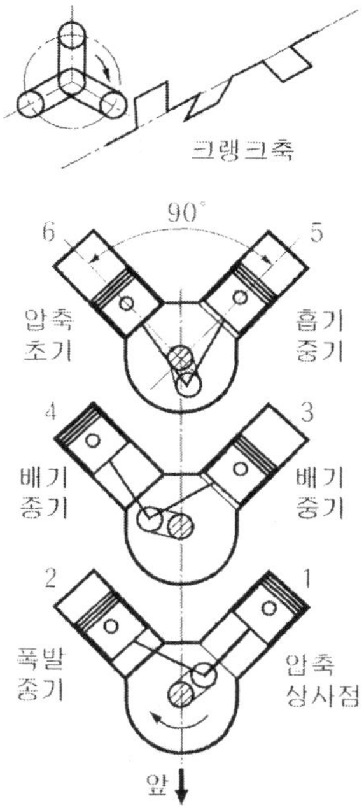

그림 4 · 41 90° V형 6실린더 기관

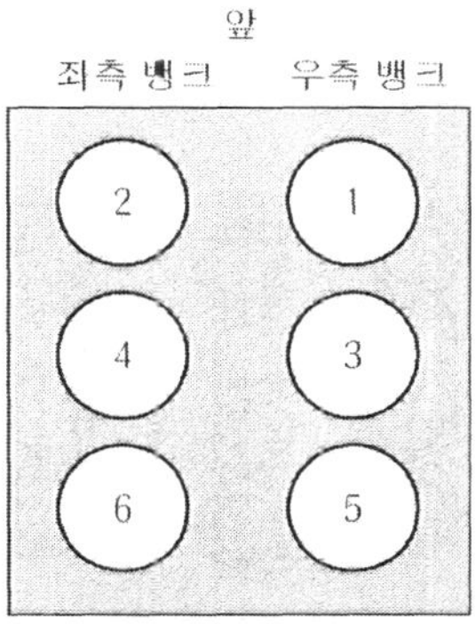

그림 4 · 42 V형 6실린더 기관의 실린더 번호

반대, 또는 우측부터 차례로 1, 2, 3, 왼쪽 것을 4, 5, 6으로 부르기도 한다.

(2) 점화 순서

60° V형 6실린더 기관의 점화 순서는 다른 기관과 달리 1-2-3-4-5-6으로 특이한 점은 1에서 점화하여 차례로 점화하게 되어 있는 점이다.

60° V형 6실린더 기관의 경우 크랭크 각도는 120°마다 폭발한다. 점화 순서의 결정은 좌우에 3실린더 엔진이 있는 것과 같이 하여 먼저 오른쪽 3실린더의 점화 순서는

1-3-5-1-3-5

1-5-3-1-5-3

의 두 가지를 생각할 수 있다. 여기서 1-3-5의 점화 순서를 택하기로 한다. 왼쪽 실린더의 경우는 120° 늦게 같은 방향으로 회전하여 점화 순서는

2-4-6-2-4-6

으로 된다. 따라서 이들 두 실린더 열의 엔진을 합하면

1-2-3-4-5-6

의 점화 순서를 가지게 된다.

일부 90° V형 6실린더 기관에서는 1-4-2-5-3-6 또는 1-4-2-3-5-6의 점화 순서를 갖는 것도 있다.

〔4〕 V형 8 실린더 기관

(1) 크랭크핀의 각도

V형 8 실린더 기관은 총 배기량 2500 cc 이상의 범위를 가지며, 대형차 기관에 쓰이는 것이 많다.

V형 기관은 실린더 2열을 1조로 하여 V자형으로 배열한 것으로서, 좌우 실린더의 중앙각이 60° 또는 90°로 배열된 것이 보통이다. 실린더 번호는 기관의 앞쪽 실린더로부터 그림

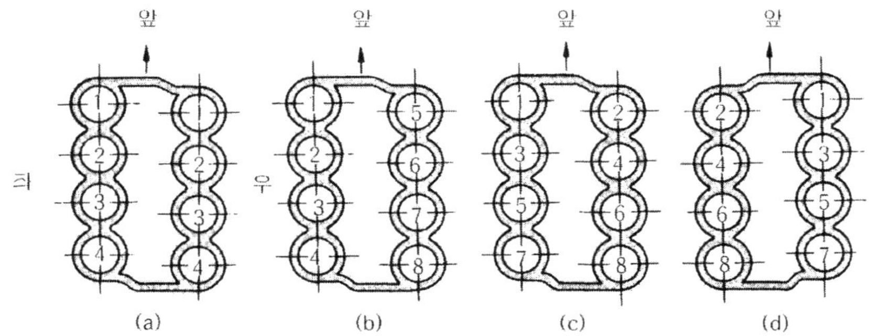

그림 4 · 43 V형 8 실린더 기관의 실린더 번호

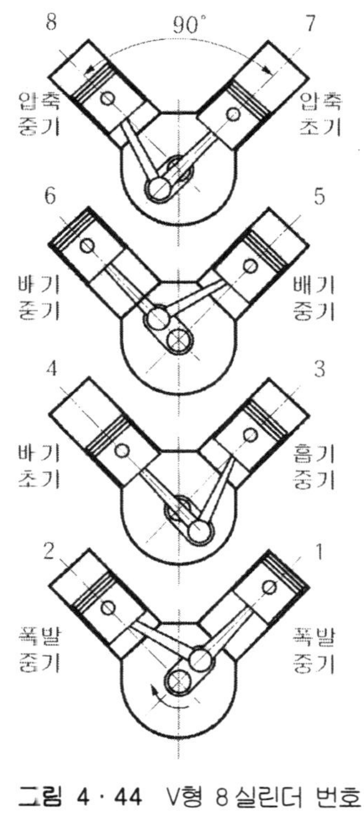

그림 4 · 44 V형 8 실린더 번호

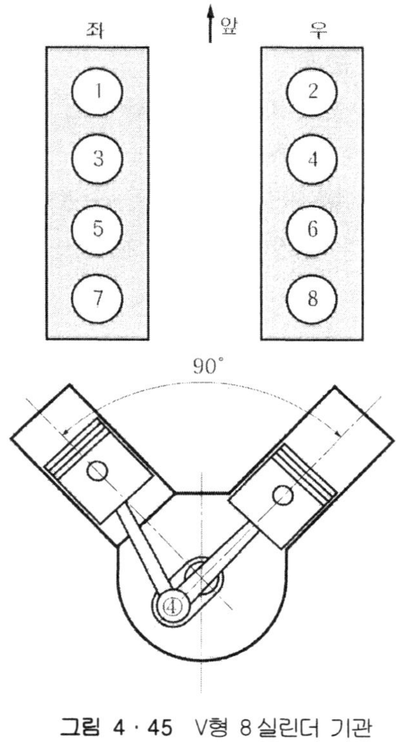

그림 4 · 45 V형 8 실린더 기관

4 · 43의 경우와 같이 여러 가지 호칭 방법이 있다. 대표적인 보기로 그림 **4 · 43** (c)의 경우는 우측 열의 실린더를 차례로 짝수 실린더인 2, 4, 6, 8번 실린더라 부르고, 좌측 열의 실린더를 차례로 1, 3, 5, 7번 실린더라고 부른다.

V형 8기관의 크랭크축은 4 실린더 기관과 같이 크랭크핀의 방향이 180°의 각을 가지는 2개 방향으로 된 것과 그림 **4 · 44**와 같이 90°로 배열된 것이 있다.

90°의 크랭크핀의 각도를 가지는 기관은 90° 간격으로 4방향으로 좌우 양 피스톤의 커넥팅 로드가 1개의 크랭크핀에 연결되어, 좌측의 피스톤이 각 사점에 달하였을 때 우측 피스톤은 각 행정의 중간에 오도록 실린더 내에서 피스톤 운동이 이루어진다.

일반적으로 V형 8 실린더 기관은 직렬형과 비교할 때 기관의 전체 길이가 짧고, 견고하며, 진동이 적고, 중량이 가벼운 이점이 있다.

점화순서는 V형 8 실린더 기관의 실린더 번호에 따라서 달라지는데 다음은 그림 **4 · 44**와 같은 실린더 배열을 갖는 경우의 점화 순서를 표시한 것이다.

V형 8 기관은 기관의 점화 순서 : 1-8-4-3-6-5-7-2

이외에도 기관에 따라서는 1-5-4-2-6-3-7-8과 1-3-7-2-6-5-4-8 등의 점화 순서를 가지는 경우도 있다.

〔5〕 협각 8 실린더 기관

(1) 크랭크핀의 각도

협각 8 실린더 기관은 일반적인 V형 기관과 달리 좌우 양 실린더의 중심각이 20°인 기관으로, 각 실린더의 배열도 다르고 실린더 번호도 다르다. 이 기관의 크랭크핀의 각도와 배열

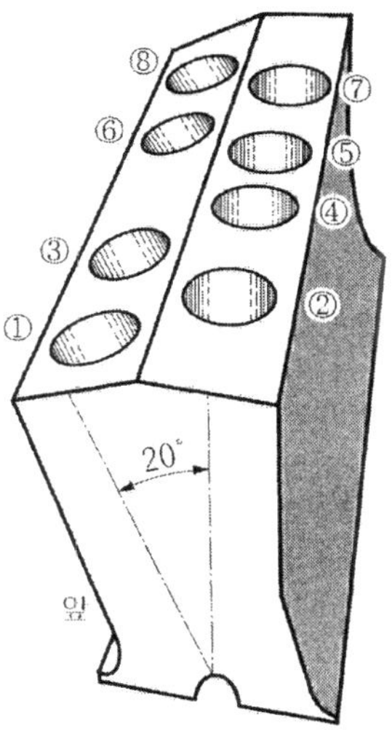

그림 4 · 46 협각 V-8 기관

상태는 그림 **4 · 46**과 같이 특이한 형태를 가진다.

기관에 쓰이는 크랭크축은 8개의 크랭크핀을 가지며 일반적인 V형 기관과 다르게 1과 8, 2와 7, 3과 6, 4와 5가 각각 동일한 크랭크핀의 각도를 가지고 배치되어 있다.

실린더 번호는 기관의 앞에서 볼 때 좌측에 배열된 것이 차례로 1, 3, 6, 8번 실린더이고, 우측에 배열된 것이 차례로 2, 4, 5, 7번 실린더이다. 이 기관은 중심각이 90°인 일반적인 V형 기관과 비교할 때 기관의 폭이 좁아지므로 구조가 견고한 장점이 있으나, 기관의 길이가 직렬 V형과 같이 길어지므로 진동의 영향을 받게 되고 밸브 기구도 복잡해진다.

(2) 점화 순서

이 기관 점화 순서의 보기는 1-3-2-4-8-6-7-5와 1-6-2-5-8-3-7-4의 두 가지가 있다.

〔6〕 12 실린더 기관

(1) 크랭크핀의 각도

12 실린더 기관은 6 실린더 기관을 2열로 하여 양 실린더 사이의 중심각이 60°로 V형을 이루고 있으며, 크랭크축은 6 실린더 기관과 동일하며 1개의 핀에 좌측 및 우측 실린더와 커넥팅 로드가 연결되어 있다. 좌우 열 실린더의 중심각이 72°인 예외의 것도 있다. 12 실린더 기관은 일반적으로 상품으로 양산되지 않는다.

(2) 점화 순서

12 실린더 기관은 양 실린더 간의 중심각이 60°이므로, 1개의 핀에 좌우 양측 실린더에 해당되는 커넥팅 로드가 연결되고, 점화 순서는 다음의 것이 쓰인다.

점화순서 : 1-4-9-8-5-2-11-10-3-6-7-12

〔7〕 수평 대향 2 실린더 기관

(1) 크랭크핀의 각도

수평 대향형 2 실린더 기관은 직렬형 2 실린더 기관에 비하여 동적 평형이 좋고, 냉각도 용이하나 기관의 부피가 커지는 결점이 있다. 또한 기관이 납작하여 차실 바닥밑 기관(underfloor engine)에도 알맞다. 이 기관은 크랭크축을 수평 대향으로 놓고, 크랭크핀은 180°를 이루도록 설계된 기관이다. 이것은 2개의 실린더를 180°로 배치하여 우측 및 좌측의

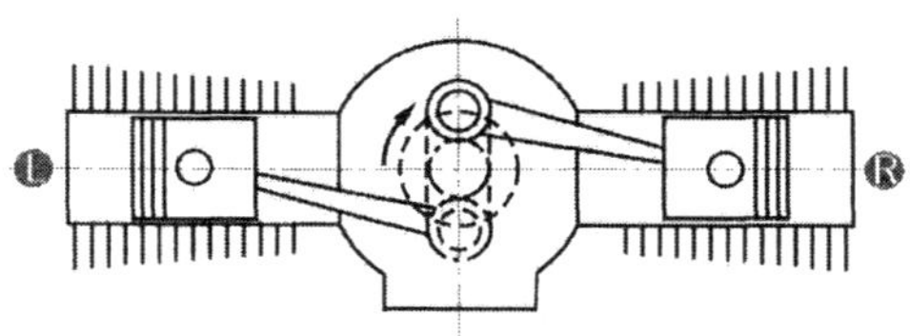

그림 4 · 47 수평 대향형 기관

실린더가 동시에 상사점으로 하향 운동하도록 되어 있다.

그림 **4 · 47**은 수평 대향 2 실린더 기관의 좌우 피스톤의 관계를 표시한 것이다.

〔8〕 수평 대향 4 실린더 기관

이 기관은 그림 **4·48**과 같이 수평 대향 2 실린더를 좌우에 배치한 것으로서 크랭크축은 4개의 크랭크핀을 갖는다.

(1) 크랭크핀의 각도

수평 대향 4 실린더 기관은 좌우 양 실린더를 대향시켜 놓은 것이므로, 크랭크핀의 각도는 180°이다. 크랭크축은 직렬 4 실린더 기관의 경우와 동일하다. 이 기관의 구조는 실린더 블록과 실린더 헤드를 각각 경합금으로 주조하며, 실린더 헤드는 1, 2 및 3, 4를 하나로 주조하여 조립한다.

(2) 점화 순서

점화 순서는 1-4-3-2를 가진다. 그림에서 4번 실린더가 폭발할 때 3번 실린더는 압축, 2번 실린더는 흡입, 1번 실린더는 배기 행정을 하게 된다.

〔9〕 수평 대향 6실린더 기관

(1) 크랭크핀의 각도

수평 대향 6 실린더 기관은 그림 **4 · 49**와 같이 6개의 크랭크핀을 가지며 크랭크핀의 각

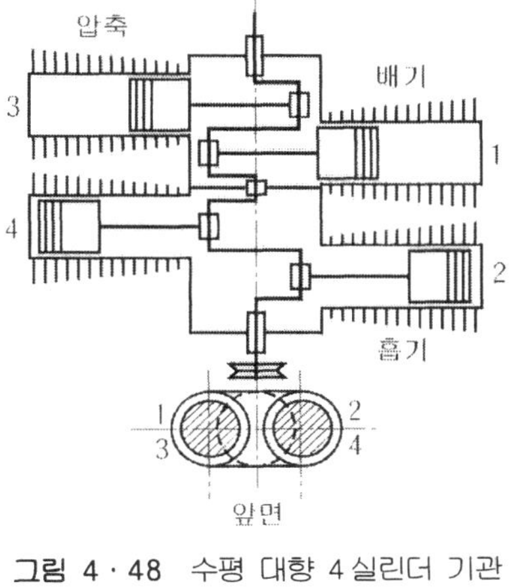

그림 4 · 48 수평 대향 4 실린더 기관

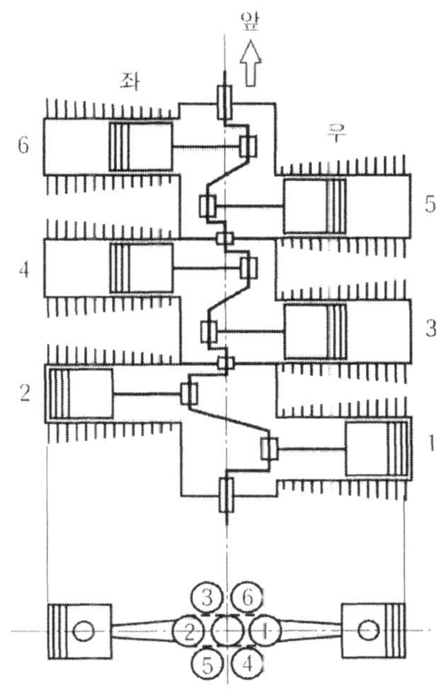

그림 4 · 49 수평 대향 6 실린더 기관

도는 60°이다. 그림에서 제1번 피스톤이 상사점에 달하였을 때 제2번 피스톤도 상사점에 위치하게 되고, 제3번과 제4번 피스톤이 상사점 후 60°가 될 때 제5번과 제6번 실린더의 피스톤은 하사점 전 60°가 된다.

(2) 점화 순서

수평 대향 6 실린더 기관은 1-4-5-2-3-6의 점화 순서를 가진다.

4.11 플라이휠

4.11.1 플라이휠의 작용

내연기관에서 동력을 얻는 것은 기관의 작동 중 폭발행정 때이고, 다른 행정에서는 이 동력을 소비한다. 플라이휠(flywheel)은 크랭크축의 뒤쪽에 설치하는 무거운 원판형 바퀴로서 볼트로 플랜지에 고정한다. 이 플라이휠은 폭발 행정에서 얻은 에너지를 흡수하여 일시 저장하였다가 다른 행정, 즉 흡입, 압축, 배기 행정시에 이를 서서히 사용하여 크랭크축의 주기적인 변동을 적게 하고, 원활한 회전을 하도록 하는 일을 한다.

4.11.2 플라이휠의 구조와 무게

플라이휠은 크랭크축 끝에 마련된 플랜지에 4~6개의 볼트로 조립된다. 플라이휠 뒷면에는 클러치가 위치하며, 그 바깥 둘레에는 기관이 시동할 때 시동전동기의 피니언과 맞물려지는 링 기어(ring gear)가 있으며, 이 링 기어는 마멸을 적게 하도록 경강(硬鋼)으로 만들며 250℃~300℃에서 가열하여 열박음을 하는 것이 보통이다.

플라이휠의 무게는 기관의 원활한 회전과 밀접한 관계가 있다. 플라이휠의 무게가 크면 기관이 회전시 생기는 운동량은 증가하나, 가속 회전시 기관에 나쁜 영향을 가져온다.

재질은 보통 주철 또는 주강을 사용하며 크기는 보통 300~550 mm 정도이다. 실린더 수 및 기관의 회전속도가 증가될수록 플라이휠의 무게는 감소한다.

4.12 밸브와 밸브 기구

4.12.1 밸브의 작용

기관의 밸브(valve)는 실린더 내로 혼합기를 흡입 또는 혼합기의 폭발 연소에 따른 연소가스를 배출하는 역할을 하며, 흡기구에는 흡입 밸브(inlet valve), 배기구에는 배기 밸브

(exhaust valve)가 있다.

4.12.2 밸브의 구조

밸브로는 주로 포핏 밸브가 사용되며 이것은 버섯꼴 모양을 한 가장 일반적인 밸브로서 흡기 밸브와 배기 밸브 모두 이 형식의 것이 사용된다. 이 밸브는 밸브 페이스의 형상이 원추형인 원추형 밸브(conical valve)가 많이 사용된다.

밸브 페이스의 각도는 45°가 보통이나 30°의 것도 사용된다. 또 어떤 경우에는 흡입 밸브 30°, 배기 밸브 45°의 것이 사용되기도 한다.

흡기 밸브를 통과하는 혼합기의 흡입 속도는 60~70 m/s 정도이고 배기 밸브에서 배기 속도는 80~90 m/s 정도에 달한다.

밸브의 구조는 그림 **4 · 50**과 같이 밸브 헤드(valve head), 밸브 페이스(valve face), 밸브 스템(valve stem), 밸브 스프링 리테이너 로크 그루브(retainer lock groove)로 구성된다.

실린더 블록 또는 실린더 헤드에는 밸브를 지지하는 밸브 가이드(valve guide)가 있고, 여기에 밸브 스템이 끼워져 실린더 블록 또는 실린더 헤드의 밸브 시트(valve seat)에 밸브 페이스가 접촉되어 실린더로 흡입되는 혼합기의 통로 및 연소 가스의 통로를 막아주거나 또는 열어 주게 된다.

밸브의 수는 각 실린더마다 흡입 밸브 및 배기 밸브를 각각 1개 또는 2개의 밸브를 가지는 것이 보통이다. 일반적으로 흡입 밸브를 배기 밸브보다 크게 만드는데, 이것은 흡입 효율을 크게 하기 위한 것이다.

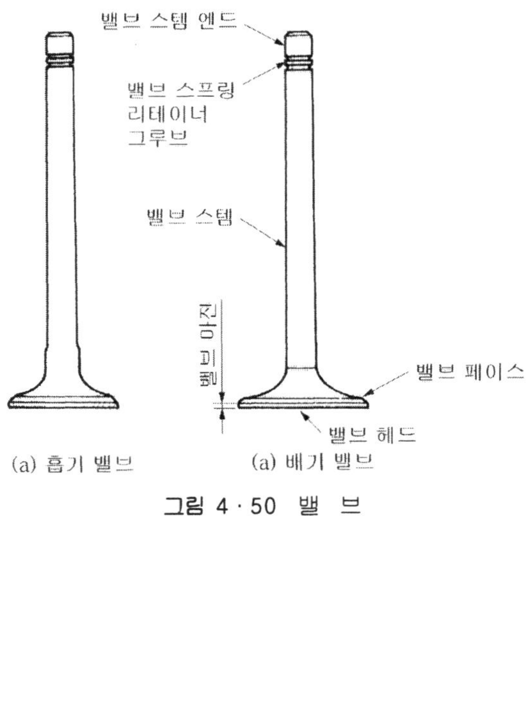

그림 4 · 50 밸 브

4.12.3 밸브의 재질

밸브는 기관이 작동시 실린더 내 혼합기의 폭발열에 견디고, 밸브 페이스와 밸브 시트의 접촉 및 충격에 따른 강도와 마멸에 견디는 특수강이 사용된다.

재질은 흡기 밸브에는 니켈-크롬강, 코발트-크롬강 등, 배기 밸브에는 특히 내열성이 높은 니켈-크롬강, 크롬-실리콘강 등이 사용되는 경우가 있으나, 흡기 및 배기 밸브를 같은 재질로 만드는 것이 보통이다. 널리 사용되는 밸브 재료는 크롬-실리콘강과 텅스텐강이다. 일반적으로 밸브 재료로 쓰이는 특수강을 살펴보면 다음과 같다.

① 크롬-실리콘강(chromium-silicon steel)
② 텅스텐강(tungsten steel)
③ 니켈-크롬강(nickel-chromium steel)
④ 코발트-크롬강(cobalt-chromium steel)

4.12.4 밸브 헤드의 종류

밸브 헤드의 형상은 그림 4·51과 같이 머시룸형, 튤립형, 플랫형, 개량 튤립형 등이 있다.

〔1〕 머시룸형(mushroom type)

머시룸형은 밸브 헤드의 머리 부분을 구면으로 하고 아래쪽 부분을 원추형으로 한 밸브로서 중심부의 강도를 증가시킬 수 있으나 중량이 무겁고 수열 면적이 큰 결점이 있다.

〔2〕 튤립형(tulip type)

튤립형은 튤립과 같이 나팔 모양으로 열린 형으로서 가볍고 견고하며 유동 저항이 작다. 밸브의 유연성이 있으므로 밸브 시트의 변형에 대한 대응성이 있으므로 고출력 기관이나 또는 레저용 기관 등에 사용되나 수열 면적이 큰 결점이 있다.

〔3〕 플랫형(flat type)

플랫형은 머시룸형과 튤립형의 중간 정도의 형상을 갖는 밸브로서 상부는 평면이고 하부

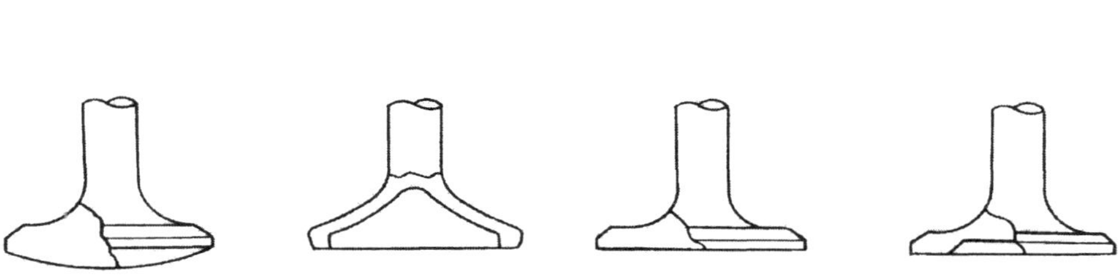

(a) 머시룸형 (b) 튤립형 (c) 플랫형 (d) 개량 튤립형

그림 4·51 밸브 헤드의 종류

는 밸브 헤드부와 밸브 스템부를 큰 원호로서 연결하여 가스흐름을 좋게 만든 형식으로서 가장 많이 사용된다.

(4) 개량 튤립형

개량 튤립형은 튤립형과 플랫형의 중간형의 것으로서 튤립형의 결점을 보완한 형태의 것으로 제작이 용이하여 많이 사용된다.

4.12.5 밸브의 온도

기관 실린더 내의 혼합기 폭발 온도는 기관의 압축비, 연료-공기의 혼합비, 점화 시기 등에 따라 달라진다. 흡기 밸브는 항상 새로운 공기 또는 혼합기가 흡입되고 있으므로 냉각되어 밸브의 온도는 배기 밸브보다 낮다. 그러나 배기 밸브는 실린더 내에서 새로운 혼합기가 계속 폭발되고 있으므로, 고온의 연소 가스와 항상 접촉하게 됨에 따라 흡기 밸브의 온도보다 매우 높다(그림 4 · 52 참조). 밸브 헤드의 냉각을 좋게 하기 위하여 밸브 스템을 중공으로 하여 그 속에 열전도성이 좋은 금속 나트륨을 내부에 40~60% 봉입한 내부 냉각 밸브(internal cooled valve)도 있다.

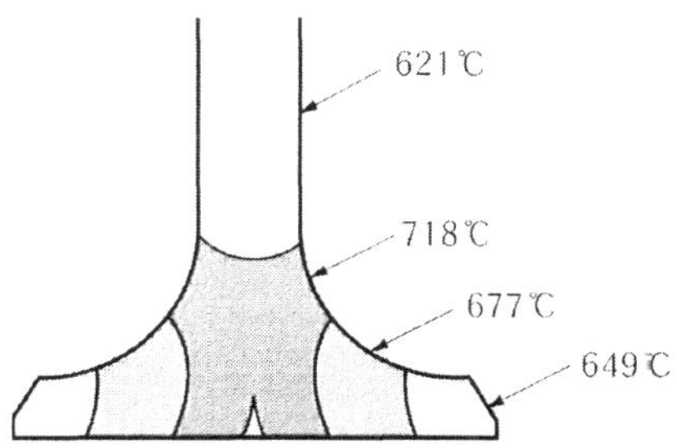

그림 4 · 52 배기 밸브의 온도

4.12.6 밸브의 설계

기관이 작동될 때 밸브 포트(valve port)를 통과하는 가스의 속도는 기관의 회전 속도, 연료의 혼합비 등에 따라 다르다.

지금 실린더의 지름을 D mm, 행정을 S mm, 피스톤의 평균 속도 V_p m/s, 밸브 페이스의 평균 지름 d_m, 밸브 포트를 통과하는 가스의 속도를 V m/s라 하고, 밸브의 양정(lift)을 h m라 할 때 실린더 내에서 피스톤에 의하여 유입되는 가스의 체적은 밸브 포트를 통과하는 가스의 유량과 같아야 하므로, 다음과 같은 식으로 나타낼 수 있다.

여기서 밸브 포트의 면적을 A_v m^2, 실린더의 면적을 A_c m^{2}라고 하면 매분 실린더 내를 통과하는 가스의 체적은 $A_c V_p(\mathrm{m}^3)$이고, 매분 밸브 포트를 통과하는 가스의 체적은 $A_v V$가 된다.

$$A_c V_p = A_v V$$

$$\frac{\pi}{4} D^2 V_p = \pi d_m (h \cos \alpha) V$$

여기서 α는 밸브 페이스의 원추각도(보통 45°)이다. 따라서

$$V = \frac{D^2 V_p}{4 d_m h \cos \alpha} \qquad (4 \cdot 24)$$

여기서 V는 흡입 밸브를 통과하는 가스 속도 또는 배기 밸브를 통하는 가스의 속도이다. 밸브 스템의 지름을 무시하면 밸브의 양정 h는 다음과 같이 구한다.

$$\frac{\pi}{4} d_m^2 = \pi d_m h \cos \alpha$$

$$h = \frac{d_m}{4 \cos \alpha}$$

이들 두 식으로부터 밸브의 크기는 밸브 양정을 $h = K d_m$이라 하면

$$\frac{\pi}{4} D^2 V_p = \pi d_m h \cos \alpha V$$

$$d_m = \sqrt{\frac{V_p}{4 \cos \alpha V K}} \cdot D \qquad (4 \cdot 25)$$

여기서 $K = 0.18 \sim 0.22$이다.

밸브 양정 주요 치수는 다음 식으로 구한다.

$$h = (0.18 \sim 0.22) d_m < \frac{1}{4} d_m$$

$$d = \left(\frac{1}{2.0} \sim \frac{1}{2.5} \right) D$$

$$h = (0.18 \sim 0.22) d_m$$

4.12.7 밸브 시트

밸브 시트(valve seat)는 밸브 페이스가 접촉하는 시트로서 보통 밸브 페이스와 같은 각도로 되어 있다. 밸브 시트는 기관의 구조에 따라 실린더 블록 또는 실린더 헤드에 위치한다. 밸브 시트의 각도는 밸브 페이스와 밀착되는 각도로서 원추형 밸브면의 각도와 같이 45°와 30°의 두 가지가 있다.

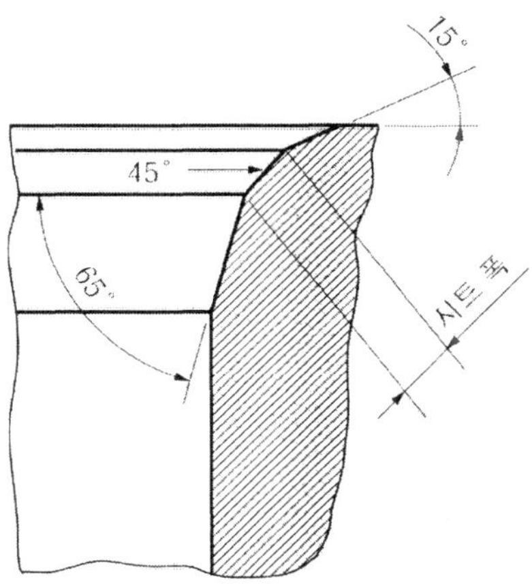

그림 4 · 53 밸브 시트

밸브 시트는 폭발열에 의한 고온의 연소가스와 항상 접촉하므로 열적 변형 및 부식성이 크기 때문에 시트 링(seat ring)을 만들어 링을 압입하여 끼우는 경우가 많다.

밸브의 시트 링이 갖추어야 할 재질은 다음과 같다.

① 열팽창 계수가 시트 링을 끼울 실린더 블록 또는 실린더 헤드와 같을 것

② 고온의 배기 가스에 침식되지 않고, 부식에 견딜 것

③ 고온 경도를 유지하고, 반복되는 충격과 마멸에 견딜 것

④ 열전도성이 좋을 것

⑤ 기계가공이 용이할 것

흡입 밸브 시트와 배기 밸브 시트를 비교하면 흡입 밸브 시트는 항상 새로운 혼합기가 흡입되는 동안 혼합기의 접촉에 의하여 냉각되므로, 열적 부식 및 변형 등이 배기 밸브보다 적으나, 배기 밸브 시트는 항상 폭발열에 따른 고온 고압의 연소 가스가 접촉하는 관계로 부식 및 열에 의한 변형이 크다.

밸브 시트에 쓰이는 재료는 이상과 같은 조건을 갖추어야 하므로 일반적으로 텅스텐강 또는 텅스텐-크롬강이 많이 사용된다. 밸브 시트의 폭은 지금까지 경험이 의하면 1.5~2.5 mm 정도가 적당하다.

4.12.8 밸브 구동 장치

기관이 작동되려면 혼합기를 실린더 내로 흡입하고 폭발 행정에 따른 연소 가스를 배기시켜야 한다. 이와 같이 실린더 내로 혼합기의 흡입 및 연소 가스의 배출을 위한 흡입 밸브와 배기 밸브를 기관 작동에 알맞도록 개폐시켜 주는 장치를 밸브 구동 장치 또는 밸브 장치라고 한다.

밸브 구동 장치는 기관의 구조에 따라 사이드 밸브식(side valve system)과 오버헤드 밸

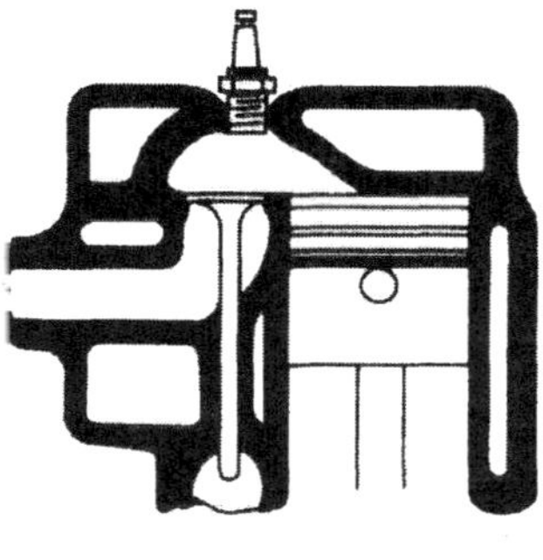

그림 4 · 54 L헤드식

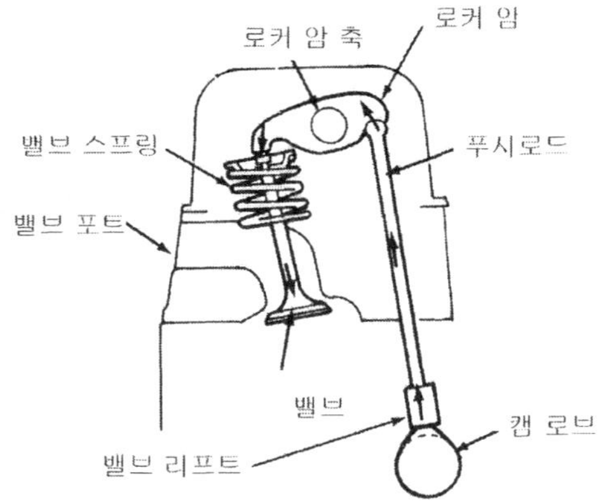

그림 4 · 55 오버헤드 밸브식

브식(over head valve system)으로 나누어 생각할 수 있다.

〔1〕 사이드 밸브식 기관

사이드 밸브식은 L헤드형 및 T헤드형 기관이 해당되며, 밸브 기구가 실린더 블록에 위치하며, 그림 4 · 54와 같이 밸브 기구가 크랭크케이스 측면에 설치된 캠축에 의하여 작동되는 밸브 태핏(tappet)에 의하여 밸브를 직접 밀어 올려 열게 되고, 캠이 작용하지 않을 때에는 밸브 스프링의 탄력에 의하여 밸브가 닫힌다.

오버헤드식 밸브 기구에 비하여 실린더 헤드의 구조가 간단하고, 부품수가 적어서 밸브 기구의 소음이 적고, 밸브 구동 성능도 양호하나, 연소실 형상이 불합리하여 고성능 기관을 얻기 어려운 점이 있다.

〔2〕 오버헤드 밸브식 기관

오버헤드 밸브식은 I헤드형 실린더가 해당되며, 그림 4 · 55에서와 같이 캠축의 캠에 의하여 밸브 태핏을 밀어 올리고, 이것이 로커 암(rocker arm)을 밀어 올려서, 로커 암의 밸브 앞쪽 끝이 밸브를 밀어내려 밸브를 열어 주게 된다. 캠축이 회전하지 않을 때에는 밸브 스프링에 의하여 밸브는 닫혀진다.

이 방식은 밸브 기구가 복잡하여 부품수가 많아지고, 밸브 기구의 소음이 커지는 결점이 있으나, 연소실의 모양이 비교적 이상적이어서 고성능 기관이 될 수 있다.

〔3〕 오버헤드 캠식

그림 4 · 56과 같이 캠축을 실린더 헤드부에 설치하여 캠이 직접 로커 암을 구동시켜 주는 방법을 이용하는 기관을 오버헤드 캠식 기관(overhead cam type, OHC)이라고 한다.

오버헤드 캠식은 기관의 고속화에 따른 밸브 개폐의 신속성과 추종성을 좋게 하여 밸브

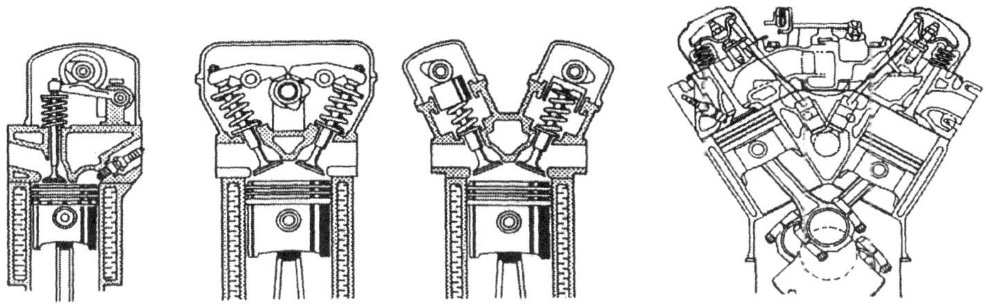

그림 4 · 56 오버헤드 캠축식의 여러 가지

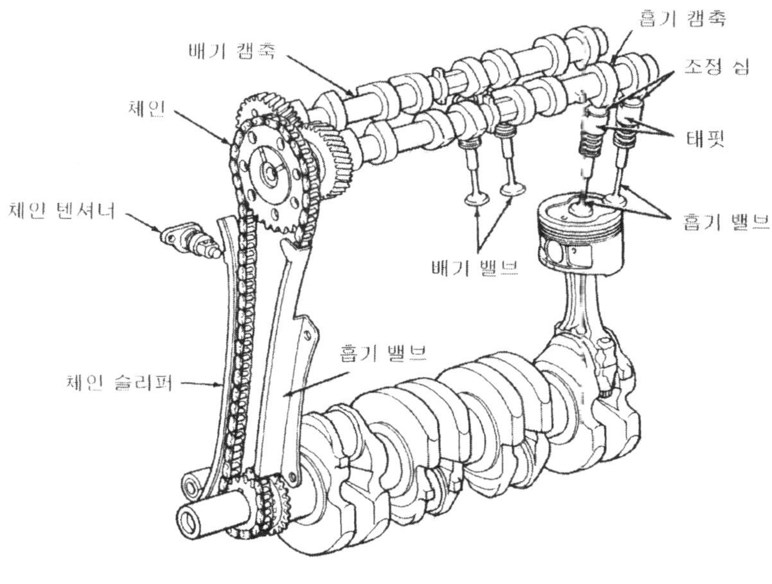

그림 4 · 57 오버헤드 캠식

장치의 중량을 감소시킬 수 있으므로 밸브 기구의 관성력이 적어진다. 따라서 고속시에도 밸브 작동을 원활하게 할 수 있는 특징이 있다. 이 방식은 오버헤드 밸브식 기구에서 밸브 시스템의 운동 부분에 생기는 관성 및 밸브 구동의 고속성에 대한 제약 등의 결점을 보충한 방식으로서 로커 암을 캠이 직접 구동시키도록 만든 것이다.

오버헤드 캠식은 1개의 캠축으로 구동되는 **싱글 오버헤드 캠식**(single overhead cam, SOHC)과 흡기 밸브와 배기 밸브가 각각 1개의 캠축을 가지는 **더블 오버헤드 캠식**(double overhead cam, DOHC)이 있다(그림 **4 · 57** 참조). 보통 오버헤드 캠식 기관은 영문 글자를 따서 OHC라고 흔히 쓰여지고 있다.

4.12.9 밸브 스프링

크랭크축의 회전에 따라 캠축이 회전하면 캠이 밸브 태핏을 밀어 올려 밸브를 열어 주거나 또는 태핏이 푸시로드와 로커 암을 작동시켜 밸브를 열어 주게 된다. 캠이 작용하지 않을 때에는 밸브 스프링의 탄성에 의하여 밸브는 밸브 시트에 밀착시켜 준다.

배기 밸브는 배기관 내의 압력, 즉 배압(back pressure)의 저항을 받으면 닫혀야 하고, 흡입 밸브는 대기압의 저항을 받으면서 밸브를 닫는 힘이 필요하며, 반대로 열릴 때에는 밸브의 관성을 가볍게 이겨서 열려야 한다.

밸브가 닫힐 때에는 푸시로드와 밸브 가이드 면에 발생되는 마찰을 극복하여야 하며, 다시 캠의 운동에 따라서 신속히 닫히는 힘이 필요하다. 따라서 밸브 스프링의 탄성이 지나치게 강할 때에는 밸브 시트의 손상이 크고, 태핏과 캠, 푸시로드의 마멸도 빨라진다. 이와 반대로 밸브 스프링의 탄성이 지나치게 약할 때에는 밸브의 추종이 늦어지고, 밸브 시트에 밀착이 불완전하여 밸브 개폐 작용이 신속히 이루어지지 못하므로 가스의 누설이 생기기 쉽다. 그림 **4·58**은 밸브 스프링을 나타낸 것이다.

밸브 스프링은 코일 스프링(coil spring)으로서 밸브마다 1개를 가지는 것이 보통이나, 대형 기관에서는 2개 또는 3개를 사용하는 것도 있다. 밸브 스프링의 재료는 실리콘-망간강, 크롬-바나듐강 등이 사용된다.

밸브와 밸브 스프링의 결합에는 밸브 스프링 리테이너 로크가 끼워진다. 그리고 밸브 스프링은 고속에서 공진 현상이 일어나므로 코일 스프링의 피치를 다르게 만든 스프링이 널리 쓰인다.

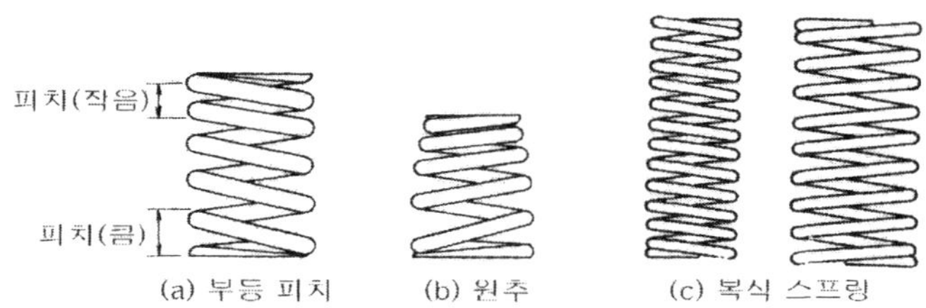

그림 4·58 밸브 스프링

4.12.10 밸브 클리어런스(밸브 간극)

기관이 작동되면 기관의 온도가 높아지므로 밸브 스템 및 밸브 기구 등이 열을 받아 열팽창이 생기므로, 그 길이가 길어져서 밸브의 완전 개폐가 이루어지기 어렵게 된다. 따라서, 이

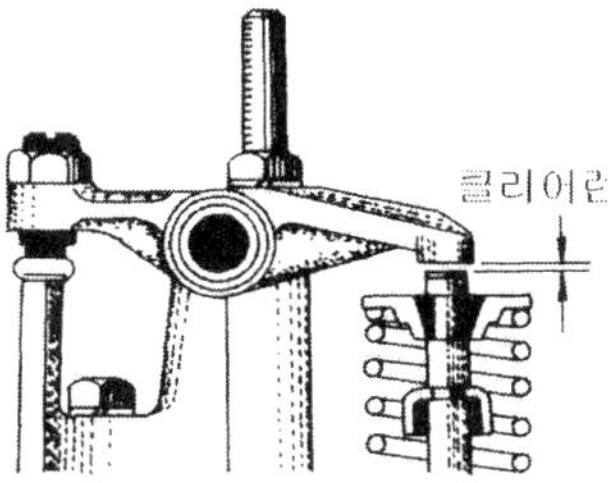

(a) OHV식

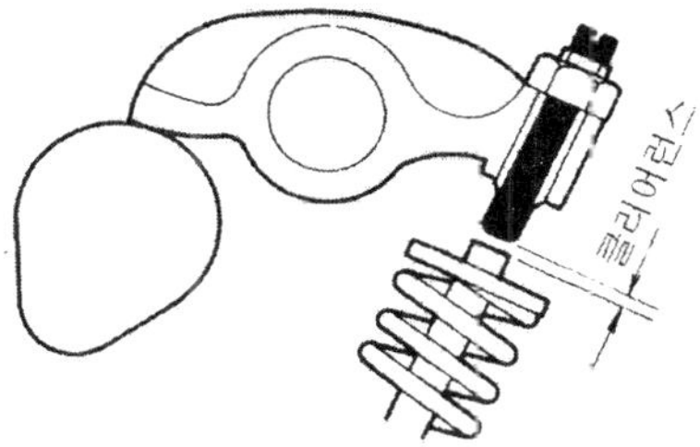

(b) OHC식

그림 4·59 밸브 클리어런스

열팽창을 고려하여 밸브 스템과 태핏 사이에 또는 푸시로드와 로커 암 사이에 일정한 간극을 부여하는데 이 간극을 밸브 클리어런스(valve clearance) 또는 벌브 틈새(밸브 간극)라고 한다.

밸브 클리어런스는 그림 4·59와 같이 오버헤드 밸브식(I헤드형, OHV)과 오버헤드 캠식의 경우에는 밸브 스템 엔드와 로커 암 사이에 둔다. 기관의 구조에 따라 사이드 밸브식인 L헤드형 실린더 등인 경우에는 태핏과 밸브 엔드 사이에 둔다.

밸브 클리어런스가 너무 클 때에는 밸브가 열릴 때 밸브 스템 끝에 강한 접촉에 따른 소음이 생기고, 밸브가 완전히 열리지 않는다. 특히 배기 밸브일 경우에는 밸브가 완전히 열리지 못하므로 배기가 불충분하게 되어 배기 행정 중 피스톤에 대하여 불필요한 배압이 커진다.

반대로 밸브 간극이 너무 작으면 기관 작동 온도가 증가하여 열팽창이 생기므로, 이 간극이 유지될 수 없기 때문에 밸브가 완전히 닫힐 수 없게 된다.

따라서 가스의 누설이 생기며 흡입 밸브에는 역화(back fire)가 나타나는 등 기관에 나쁜 영향을 미치게 되므로 밸브 클리어런스는 항상 일정한 간극을 유지해야 한다.

밸브 간극은 밸브의 재질, 캠의 형상, 기관의 설계 등에 따라 다르나, 기관의 규정된 간극이 유지되도록 조정함이 필요하다. 대체로 밸브 클리어런스는 흡입 밸브가 0.15~0.40 mm, 배기 밸브는 0.20~0.45 mm 정도이다.

일반적으로 배기 밸브는 흡기 밸브보다 배기 가스가 항상 접촉하므로 온도가 높아져서 열팽창이 크므로 밸브 간극이 큰 것이 요구된다. 밸브 간극의 조정은 사이드 밸브식은 태핏의 윗부분과 밸브 스템 끝과 접하는 밸브 간극 조정 나사를 조정하여 적정치수로 맞춘다.

오버헤드식에서는 로커 암 끝에 있는 고정 너트를 풀고, 간극 조정 나사를 조정하여 로커 암의 밸브 스템쪽 끝과 밸브 스템 면과의 간극을 조절한다.

4.12.11 밸브 스프링에 발생하는 여러 가지 현상

〔1〕 서징 현상(surging)

코일 스프링의 고유 진동수와 급격한 고속 회전에 의하여 생긴 강제 진동이 공진하여 압력파가 심하게 스프링의 위·아래로 오르내리는 현상을 말한다. 이 현상이 발생하면 밸브 개폐시기가 달라지고, 엔진 회전이 고르지 못하게 된다.

〔2〕 바운싱 현상(bouncing)

밸브가 밸브 시트에 밀착할 때 밸브면과 시트부의 반발력에 의하여 튀어 오르는 현상을 말한다.

〔3〕 점핑 현상(jumping)

밸브의 열림 정도는 캠의 양정에 의하여 결정되지만, 회전 속도가 지나치게 빠를 때에는 캠의 양정 곡선보다 태핏이 튀어 올라 밸브가 양정보다 더 열리게 되는 현상을 말한다.

4.12.12 밸브 리프터 또는 태핏

밸브 리프터 또는 태핏(valve lifter 또는 tappet)은 캠과 밸브 스템과의 사이에 위치하며, 캠의 운동을 밸브 스템에 전하여 밸브를 열도록 하는 작용을 한다. 밸브 태핏은 밸브 리프터(valve lifter)라고도 하며, 오버헤드 캠식은 그림 4·60과 같이 캠과 로커 암 사이에 있어서 캠의 운동을 로커 암에 전하는 일을 하게 된다. 오버헤드 밸브식인 경우에는 푸시로드를 밀어 올려 주는 짧은 막대이다. 어느 방식이나 리프터는 캠의 회전 운동을 직선 상하 운동으로 바꾸어 준다.

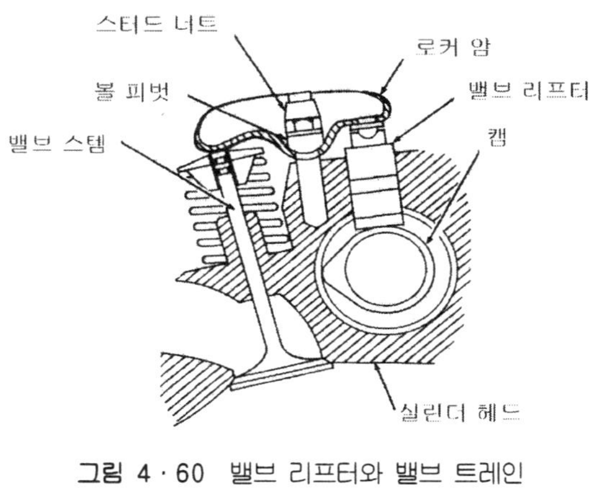

그림 4·60 밸브 리프터와 밸브 트레인

4.12.13 유압 리프터

유압 리프터(hydraulic lifter)는 밸브 클리어런스를 자동적으로 조정하여 항상 영(zero)으로 유지하는 것으로서 제로 래시 밸브 리프터(zero lash valve lifter) 또는 제로 래시 기구(zero lash mechanism)라고도 부른다.

일반적으로 보통의 리프터는 밸브의 닫힘을 정확하게 하기 위하여 일정한 간극의 밸브 클리어런스를 두어야 하므로 이것은 기관에 발생되는 소음 원인의 하나가 된다. 그러나 유압 리프터를 사용하면 밸브 기구의 작동이 정숙하여지고, 밸브 간극의 점검 및 조정이 필요 없게 되는 이점이 있으며, 밸브 기구에 발생되는 충격을 유압 장치가 흡수하므로 밸브 기구의 내구성이 증진된다.

그림 4·61은 오버헤드 밸브식 기관에 이용되는 유압 리프터의 구조를 표시한 것으로서 리프터 보디(lifter body), 플런저(plunger), 볼 체크밸브(ball check valve) 및 플런저 스프링(plunger spring)으로 구성된다.

그림 4·61 (b)에서 캠이 회전하여 A실과 B실에 오일이 충만하여 같은 압력이 되면 플런저는 플런저 스프링의 힘에 의하여 밸브 클리어런스만큼 밀어 올려진다. 캠이 회전하여 그림 4·61 (a)의 상태가 되면 A실이 압축되므로 체크 볼이 닫혀 플런저는 푸시로드를 밀어 밸브를 열어 준다. 다시 캠이 회전하여 그림 4·61 (b)의 상태로 되어 밸브 클리어런스가 생기면 플런저 스프링의 힘에 의하여 플런저를 밀어 올려 항상 밸브 클리어런스가 0이 되도록 작용한다.

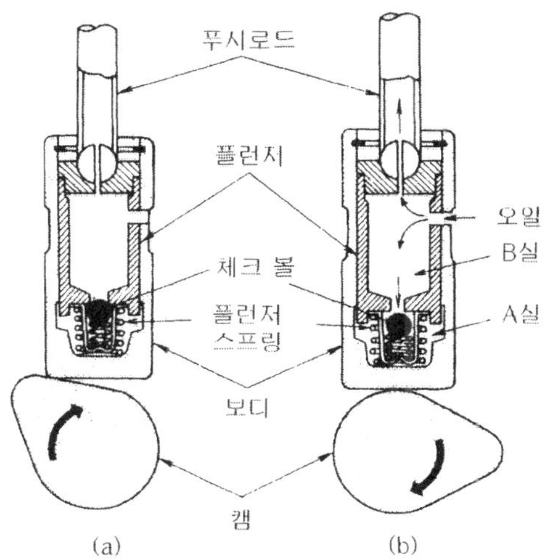

그림 4·61 유압 리프터(OHV식)

4.12.14 푸시로드와 로커 암

푸시로드(pushrod)와 로커 암(rocker arm)은 오버헤드 밸브식 기관에 필요한 밸브 기구로서 그림 4·55는 OHV 밸브 기구를 표시한 것이다. 오버헤드 캠식에서는 푸시로드가 불필요하므로 로커 암이 바로 밸브 스템에 운동을 전달한다.

사이드 밸브식 기관에서는 리프터와 밸브 스템에 의하여 직접 밸브가 작동되므로 푸시로드와 로커 암은 필요하지 않다. 그러나 오버헤드식은 밸브가 실린더 헤드쪽에 설치되어 있기 때문에 푸시로드와 로커 암이 있어야 한다.

푸시로드는 상부 크랭크케이스에 수용되는 캠축의 회전에 따라 작동되는 리프터의 상승 운동을 받아 실린더 헤드에 설치된 로커 암에 전하는 가는 막대이다.

로커 암은 실린더 헤드에 있으며, 푸시로드로부터 전해진 상승 운동을 받아 상하 운동하면서 밸브 스템을 내려 밀어 밸브를 열어 주는 일을 한다. 이 형식에서 밸브 클리어런스는 로커 암과 밸브 스템과의 간극을 말한다.

4.12.15 캠과 캠축

캠(cam)은 기관 작동에 알맞도록 흡기 밸브와 배기 밸브를 열어 주는 일을 하며, 캠축과 일체로 만들어진다. 캠은 캠축의 회전에 따라 캠과 접촉된 리프터와 접촉하여 리프터를 밀어 올려 벌브를 열어 주고, 밸브가 닫혀 있을 때에는 밸브 스프링에 의하여 밸브 시트에 밀착하게 된다. 즉, 밸브가 밸브 시트에서 떨어지게 하는 일은 캠의 구동에 의하고, 밸브를 밸브시트에 밀착시켜 닫아 주는 일은 밸브 스프링의 탄성에 따른 장력에 의한 것이다.

밸브 양정(lift)의 크기는 캠의 윤곽 곡선 및 리프터 엔드의 모양과 크기 등에 의하여 결정된다.

밸브의 열림높이는 캠의 양정에 따라서 결정된다. 캠의 양정이라 함은 캠의 높이와 기초원 지름(base circle diameter)과의 차로서 표시한다. 그림 4·62, 4·63은 캠의 종류와 각

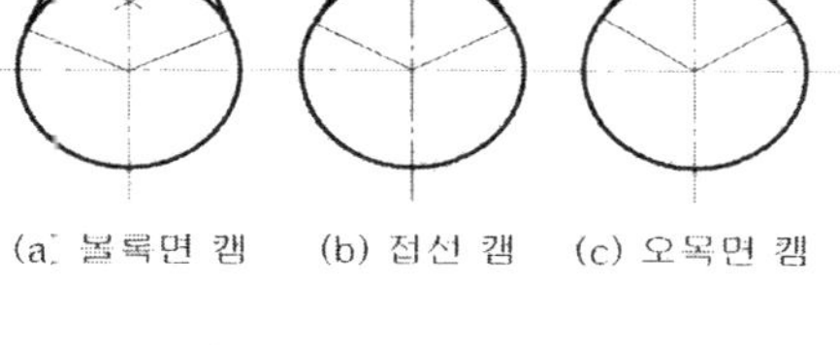

그림 4·62 캠의 종류

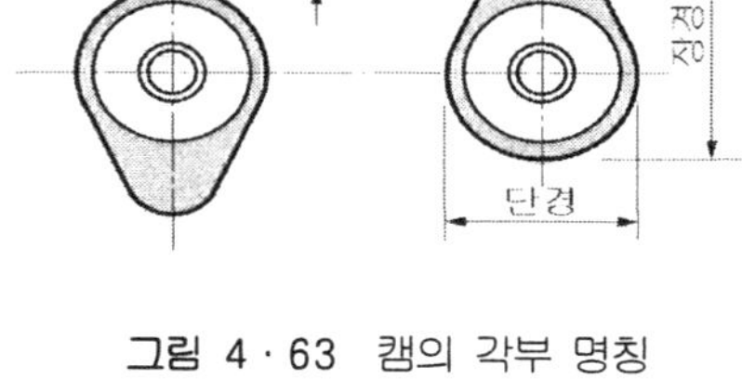

그림 4·63 캠의 각부 명칭

부 명칭을 나타낸 것이다.

캠은 캠축과 일체로 주조 또는 단조되며, 니켈-크롬강의 단조품이 많이 사용되고, 저널 부분과 캠 부분은 표면 경화하여 사용한다.

캠축은 일반적으로 크랭크축과 함께 타이밍 벨트 또는 체인으로 전동되거나 타이밍 기어(timing gear)에 의하여 맞물려 전동한다.

캠은 기관 성능에 중요한 영향을 미치므로 다음과 같은 조건을 갖추어야 한다.

① 밸브를 열기 시작할 때 밸브에 충격을 주지 않아야 한다.

② 밸브의 열림 속도가 빠르고, 열려 있는 기간을 길게 할 것

③ 밸브 닫힘 속도가 느릴 것

〔1〕 캠의 종류

자동차용 기관에 쓰이는 캠으로는 볼록면 캠, 오목면 캠, 접선 캠이 있다.

(1) 볼록면 캠(conical cam)

볼록면 캠은 리프터 엔드와 접촉하는 캠의 램프(ramp)와 노즈가 볼록한 캠으로서 평면형 리프터와 한 짝이 된다.

(2) 오목면 캠(convex cam)

오목면 캠은 리프터와의 접촉부인 램프부가 오목한 캠으로서 리프터 엔드와 접촉하여 한 짝이 된다.

(3) 접선 캠(tangential cam)

접선 캠은 캠의 기초원의 접선 방향으로 캠을 가공한 것으로서 볼록면 형 리프터와 접촉하여 한 짝이 된다.

〔2〕 캠축(camshaft)

4행정 사이클 기관의 캠축은 크랭크축의 회전 속도의 1/2로 회전하며 그 구동 장치는 크랭크케이스 앞에 설치되어 있는 타이밍 기어식, 타이밍 체인식, 타이밍 벨트식으로 분류된다.

타이밍 기어식은 축간 거리가 짧을 때 사용되는 것으로서 현재는 사용하지 않는다.

캠축은 기관의 흡기 및 배기 밸브의 수만큼의 캠과 배전기 및 오일 펌프 구동 기어가 가공되어 있다. 캠축의 회전비는 4행정 사이클 기관에서는 크랭크축의 2회전에 대하여 1회전하도록 설계되어 있고, 2행정 사이클 기관에서는 크랭크축과 같은 회전수로 회전하도록 되어 있다.

캠축에는 캠이 기관의 점화 순서에 알맞는 각도를 유지하도록 만들어졌고 축의 중앙부에는 오일펌프 구동 스크루 기어가 있고, 보통 캠축 앞쪽에는 연료 펌프 구동 캠이 있다.

그림 4·64는 기어 전동 방식의 캠축을 나타낸 것이다. 캠축을 지지하는 저널 베어링의 수는 크랭크 저널 베어링의 수와 동일한 경우가 많다.

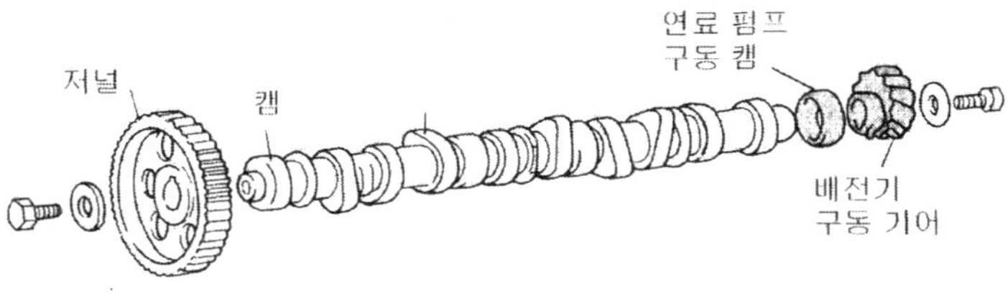

그림 4·64 캠 축

〔3〕 캠축의 구동 방식

(1) 체인 전동(chain drive)

캠축의 구동에 체인 또는 벨트 전동을 이용하여 전동하는 방법이다. 체인에는 사일런트 체인(silent chaim)과 롤러 체인(roller chain) 등이 사용되고 있으나 사용 중에 늘어남에 의한 이완 등이 발생하여 밸브의 개폐시기가 틀려지고, 고속 회전에서 소음 진동이 생기기 쉬운 결점이 있다. 이러한 결점을 방지하기 위하여 체인 텐셔너를 사용한다. 최근 승용차 기관에는 타이밍 벨트(timing belt)가 많이 사용된다. 사일런트 체인 전동은 U자형으로 만들어진 강판을 여러 매 겹쳐서 결합한 전동 체인을 사용한 것으로서, 이것은 회전 중 소음을 발생시키지 않기 때문에 사일런트 체인이라고 한다.

(2) 벨트 전동(belt drive)

벨트 전동은 체인 전동과 같이 크랭크축과 캠축과의 축간 거리가 큰 경우에 사용할 수 있으므로 오버헤드 캠식 등에 사용된다.

(3) 기어 전동(gear drive)

기어 전동은 크랭크축 기어와 캠축 기어를 직접 접촉시켜 전동하는 방법이다. 기어의 치형은 기어 물림에서 소음을 막고 이의 물림을 정확하게 하기 위하여 헬리컬 기어(helical

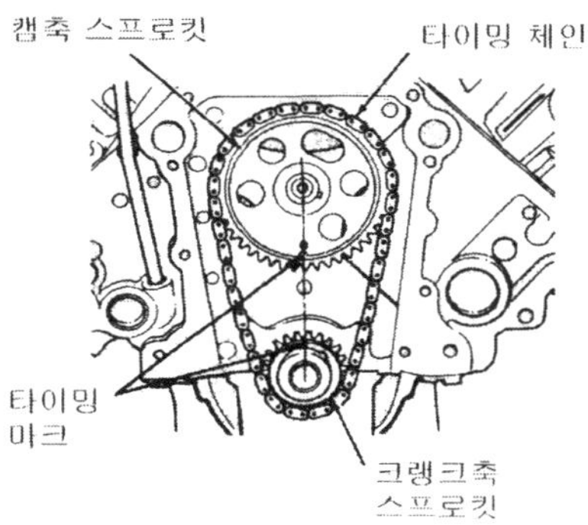

그림 4·65 OHV 기관의 체인 전동

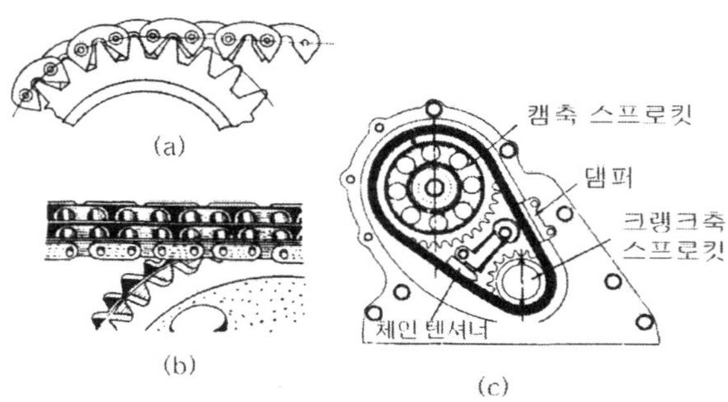

그림 4·66 체인 전동

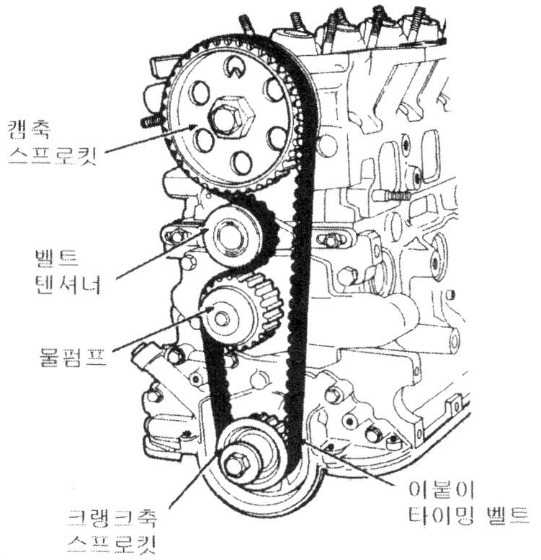

그림 4 · 67 타이밍 벨트 전동

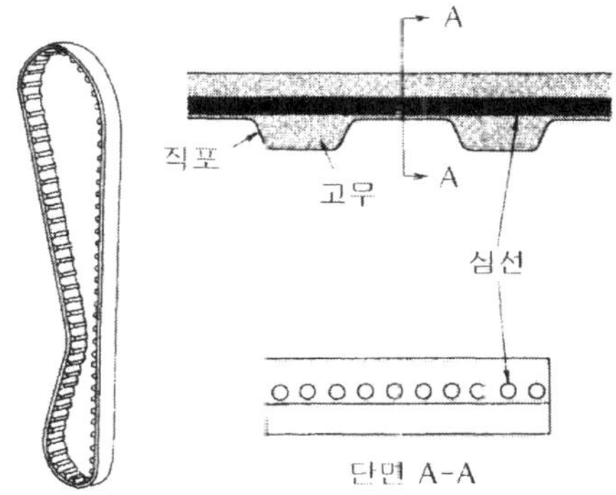

그림 4 · 68 타이밍 벨트

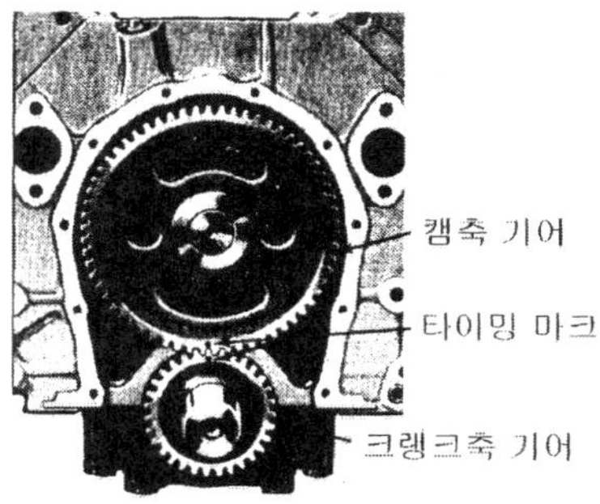

그림 4 · 69 기어 전동

gear) 또는 스파이럴 기어(spiral gear)를 사용한다. 최근에는 기관이 고속화하고 정숙한 운전이 요구됨에 따라 기어 전동은 현재는 거의 사용되지 않는다.

4.12.16 밸브의 배열

밸브의 배열은 기관의 형식, 종류 등에 따라 다르나, 대체로 다 실린더 기관에서 각 실린더마다 밸브의 배열은 인접한 2개의 실린더가 가지는 흡입 밸브는 1개의 흡입구를 통하여 양 실린더로 흡입되도록 설계되어 있고, 배기 밸브는 흡기 밸브의 양쪽에서 연소 가스가 배출하도록 되어 있다. 여기서 특히 서로 인접한 실린더의 배기구 사이에 1개의 흡입구를 마련한 것은 혼합기가 실린더로 흡입될 때 알맞는 흡기 온도를 가지도록 흡기관의 보온역할을 하게하고, 혼합기의 공급이 원활해지는 이점이 있기 때문이다.

4.12.17 밸브 개폐시기

밸브 개폐시기(valve timing)는 기관 성능에 매우 중요한 영향을 미치는 인자이다. 단순히 이상적인 기관을 생각한다면 각 행정은 상사점과 하사점에서 흡입 및 배기 밸브가 개폐되어야 한다. 그러나 실제 기관에서는 흡입 밸브를 통하여 흡입되는 공기 또는 혼합기는 그 관성을 가지고 있기 때문에 밸브가 열리자마자 곧 실린더 속으로 흡입되지 못하고 다소 흡입이 늦어진다. 그러므로 피스톤이 상승하고 있을 때, 즉 피스톤이 상사점에 달하기 전에 흡입 밸브를 열어 주어야 한다. 흡입 밸브를 닫는 시기도 그림 4·70에서 보는 바와 같이 피스톤이 하사점을 약간 지나서 상승 행정을 시작할 때인데 이것은 공기의 혼합기를 가급적 많이 흡입하기 위한 것이다.

이와 같이 흡입 밸브를 닫고 혼합기를 압축하여 점화하면 폭발 행정을 하면서 배기 밸브가 열리는데, 그 시기는 피스톤이 하사점에 달하기 전이다. 이렇게 하여 하사점에 달하기 전에 밸브가 열려서 배기 행정이 시작되는데, 배기 밸브를 닫는 시기도 피스톤이 상사점을 약간 지난 후가 되며, 이 때는 이미 흡입 밸브가 열려 흡입 행정이 시작된 다음이다. 따라서 피스톤은 상사점에서 하사점을 향하여 하향 행정을 할 때이다.

이상에서 살펴본 바와 같이 배기 밸브가 상사점 전에 열리는 것은 배기 가스 자체의 압력에 의하여 연소 가스의 배기를 촉진시켜 주는 것이고, 또한 배기 밸브를 상사점을 지나서 닫아 주는 것도 연소 가스의 완전한 배기를 위한 것이다. 이와 같이 흡입 밸브와 배기 밸브의 개폐를 정확히 상사점과 하사점에서 하지 않는 것은 혼합기 및 연소 가스의 관성을 고려하기 때문이다. 그러므로 피스톤이 상사점에 도달하기 전에 흡기 밸브가 열려 흡입이 이루어지고, 배기 밸브는 상사점을 지나서 닫아 주므로 배기 행정이 끝날 무렵과 흡기 행정이 시작

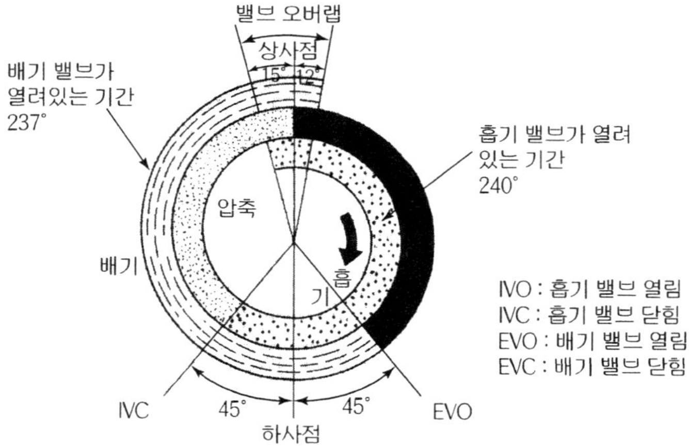

그림 4·70 밸브 개폐시기 선도

표 4·1 밸브 개폐시기의 보기

밸브의 개폐	크랭크 각도
흡입 밸브의 열림(INO)	상사점 전 15°
흡입 밸브의 닫힘(INC)	하사점 후 45°
배기 밸브의 열림(EXO)	하사점 전 45°
배기 밸브의 닫힘(EXC)	상사점 후 12°
밸브 오버랩	27°

될 때에는 흡입 및 배기 밸브가 동시에 열리어 있는 기간이 있게 되는데, 이 기간을 밸브 오버랩(valve overlap) 또는 밸브의 겹치기라 한다.

그림 4·70은 밸브 개폐시기 선도(valve timing diagram)의 한 예이다. 이 선도에서 흡입 밸브는 상사점 전 15°에서 열리어 흡입 행정을 시작하고, 하사점 후 45°에서 흡입 밸브를 닫는다. 혼합기의 압축 및 폭발 행정을 계속하다가 하사점 전 45°에서 배기 밸브가 열리고, 상사점 후 12°에서 배기 밸브를 닫는다. 이와 같이 피스톤이 각 사점(dead center)에 달하기 전에 밸브가 열리는 것을 밸브 개폐시기의 늦추기 또는 래그(lag)라 한다. 이 선도에서 흡입 밸브가 상사점 전 15°에서 열려서, 배기 밸브가 상사점 후 12°에서 닫힐 때까지는 흡입 및 배기의 양 밸브가 모두 동시에 열려 있게 되는데, 이를 밸브의 겹치기 또는 밸브 오버랩이라 한다. 이 기관에서는 크랭크각으로 27°의 밸브 오버랩을 갖는다. 그리고, 밸브의 겹치기가 없는 경우를 영의 겹치기(zero lap)라 한다.

표 4·1은 그림 4·70에 나타낸 밸브 개폐시기 선도의 밸브의 개폐시기를 표시한 것이다.

익힘문제

1. 자동차용 기관을 연료의 종류, 냉각 방식, 실린더 배열에 다라 분류하고 설명하라.
2. 자동차용 기관을 밸브의 설치 위치에 따라 분류하고 설명하라.
3. I 헤드형 기관의 특징을 설명하라.
4. 습식 라이너와 건식 라이너에 대하여 설명하라.
5. 피스톤의 종류를 들고 설명하라.
6. 피스톤 간극과 피스톤 슬랩에 대하여 설명하라.
7. 캠그라운드 피스톤이란 어떤 구조로 만들어진 피스톤인가?
8. 피스톤 링의 링갭의 형상에는 어떤 것들이 있는가?

9. 피스톤 링의 엔드 갭의 계산식을 쓰고 설명하라.

10. 피스톤 핀의 고정 방법에 대하여 설명하라.

11. 자동차용 6 실린더 기관의 점화 순서에 대하여 설명하라.

12. 오버헤드 캠식 기관의 구조를 알아보고 SOHC, DOHC기관에 대하여 설명하라.

13. 밸브 스프링에 발생하는 다음과 같은 현상에 대하여 상술하라.
   (1) 서징(surging) 현상
   (2) 바운싱(bouncing) 현상
   (3) 점핑(jumping) 현상

14. 밸브 간극은 어떻게 조정하는가?

15. 밸브 개폐시기 선도를 그리고 설명하라.

16. 밸브 기구에 관련된 다음 사항을 설명하라.
   (1) 밸브 오버랩
   (2) 캠의 양정
   (3) 유압 리프터의 구조와 작동
   (4) 밸브 헤드의 모양

17. 피스톤 링의 엔드 갭(end gap)의 계산식을 유도하라.

5 기관의 윤활 장치

5.1 기관 윤활의 개요

5.1.1 윤활의 목적

기관의 윤활 장치(lubricating system)는 기관 내부의 운동 부분에 윤활유를 공급하여 마찰을 감소시키고, 마찰에 의하여 생기는 마멸, 운동 장해, 발열에 따른 온도 상승을 방지하며, 피스톤과 실린더 사이 접촉면의 기밀을 유지시키는 일과 기관 각 운동부에 발생되는 열을 흡수하여 냉각 작용을 돕는다.

기관 윤활의 목적을 요약하면 다음과 같다.

(1) 마찰, 마멸의 방지〔감마(減摩) 작용〕

기관의 접촉 운동부에 있어서 금속면 상호간의 접촉을 피하여 마찰 운동 부분 및 베어링부를 윤활하여 마찰을 방지하고 마멸을 최소로 한다.

(2) 발열 부분의 냉각 작용

기관 각부의 관계 운동 및 마찰에 의하여 발생되는 열을 흡수 제거하는 냉각 작용을 한다.

(3) 피스톤과 실린더 사이의 기밀 유지(밀봉 작용)

피스톤과 실린더 사이의 접촉부에 유막(oil film)을 형성하여 실린더 내의 가스가 누설되지 않도록 밀봉하는 기밀 작용을 한다. 또한 피스톤 링에 윤활하여 링 홈에서 피스톤 링과 피스톤, 실린더 벽면과의 관계 운동이 원활하게 이루어지도록 한다.

(4) 청정 작용

윤활유는 기관 내를 윤활하며 순환할 때 기관 내부의 먼지, 카본(carbon)의 입자, 기타 불순물을 흡수하여 오일 팬(oil pan)으로 돌아온 윤활유 중 비교적 비중이 큰 입자는 오일 팬 하부에 침전되고, 작은 입자들은 오일 필터(oil filter)에서 제거되어 기관 내의 윤활부는 깨끗한 윤활유가 순환하게 된다. 이와 같이 윤활유는 기관 내 윤활 부분의 불순물을 제거하는 청정 작용을 한다.

(5) 작동 부분의 충격 완화 및 소음 방지

윤활유는 기관의 모든 운동부에서 발생되는 충격을 흡수하고, 발생되는 마찰음 등의 소음을 감소시키는 역할을 한다.

(6) 방청 작용

기관의 내부 및 운동부를 포함한 금속 부분의 산화 및 부식 등을 방지하여 금속부를 보존하는 방청 작용을 한다.

5.1.2 윤활 작용과 기관의 주요 윤활부

(1) 윤활 작용

금속면과 금속면이 접촉 운동하는 것의 대표적인 것으로서, 축과 베어링과의 관계를 생각할 수 있다.

지금 회전하는 축과 베어링 사이의 관계 운동과 윤활 작용에 대하여 알아보기로 한다. 베어링에 의하여 지지된 축이 한쪽 방향으로 회전한다고 하면 윤활유는 축의 회전 방향으로 흡입되어 최소 간극의 유막을 형성하면서 회전하게 된다.

이 경우 베어링과 축과의 최소 간극은 윤활유의 성질, 간극의 형상, 회전 속도 등에 따라 좌우되며, 축은 윤활유에 의하여 형성된 유막에 의하여 지지된다. 모든 회전축은 윤활유의 유막에 의하여 지지되어야 한다. 이와 같이 윤활유의 윤활 작용에 따라 형성된 유막에 의하여 축을 지지할 때의 윤활 상태를 완전 윤활(perfet lubrication) 또는 유체 윤활(fluid lubrication)이라 한다.

완전 윤활의 경우에 축은 윤활유에 의하여 지지되며, 금속면이 직접 접촉되는 고체 마찰이 없이 유막에 의해서 지지되며 회전한다. 그러나 하중이 매우 커지거나 회전 속도가 상당히 낮아질 때, 축과 베어링 사이의 마찰열 때문에 윤활유의 점도가 매우 낮아졌을 때, 또는 어떤 이유로 윤활유의 공급이 부족할 때에는 유막이 극히 얇아져서 마침내 축이 윤활유의 작은 분자층만에 의하여 지지되는데 이런 상태를 불완전 윤활 또는 경계 윤활(boundary lubrication)이라 한다.

이와 같이 경계 윤활이 계속되면 부분적인 윤활 작용이 끊어져서 고체 마찰이 이루어지게 되고, 고체 마찰이 증가하면 축과 베어링이 소결되어 융착이 일어나기 쉽다. 그러므로 기관의 모든 운동 부분의 윤활은 반드시 완전 윤활이 이루어져야 한다.

(2) 기관의 주요 윤활부

기관의 윤활 부분은 모든 운동 부분에 해당되나 주요한 윤활 요소를 살펴보면 다음과 같다.

(a) 크랭크 저널 베어링과 메인 저널
(b) 커넥팅 로드 베어링과 크랭크핀
(c) 실린더 벽과 피스톤
(d) 피스톤과 피스톤 링
(e) 피스톤과 피스톤 핀 및 피스톤 핀 베어링 보스부
(f) 캠축과 캠축 베어링
(g) 밸브 기구

5.2 윤활유의 성질

윤활유는 기관 접촉 부분의 마찰을 적게 하고, 기관 각 운동부의 원활한 회전 운동을 하려면 다음과 같은 성질을 갖추어야 한다.

① 비중이 적당할 것 윤활유의 비중은 0.86~0.91 정도이나 원유의 종류, 증류 온도 등에 따라 윤활유의 비중은 상이하다.

② 인화점 및 발화점이 높을 것 기관이 작동 중 열을 받고 또한 마찰열이 작용하므로 인화점, 발화점이 높아야 한다. 이들 온도가 낮으면 윤활유의 증발 손실이 커지고 윤활유 소비량이 증가하는 원인이 된다.

③ 점성이 적당하고 온도에 따른 변화가 적을 것 점성은 윤활유 성질 중 가장 중요한 것의 하나이다. 이것은 유체 내부에 상대 운동이 존재할 때 유체의 경계면에 흐름을 방해하는 저항이 생기는데 이 내부 마찰을 생기게 하는 성질을 점성이라고 한다.

점성이 클 때에는 마찰 손실이 증가하여 출력저하나, 기동 곤란의 원인이 되며, 점성이 적을 때에는 기관의 작동 부분 사이에 유막 형성이 곤란하여 마멸 및 마찰이 증가한다.

또한 윤활유는 온도 변화에서 알맞는 점성을 가져야만 유막 형성이 좋아져서 원활한 기관의 작동을 할 수 있다.

④ 카본 및 회분 생성이 적을 것 윤활유가 실린더 내에서 연소하여 카본(carbon)이나 회분(灰分)의 생성이 적어야 한다. 카본의 생성은 기관 실린더 내 또는 오일 계통에 슬러지를 만드는 주요 원인이 된다.

⑤ 응고점이 낮을 것 응고점은 윤활유가 응고하여 유동성을 잃기 시작할 때의 온도를 말하며, 이것보다 2.5℃ 높은 온도를 유동점이라고 한다. 점도가 큰 윤활유는 응고점이 높고, 같은 점도일 경우에도 원유의 종류에 따라 약간 다르다.

응고점이 낮아지면 유동점도 따라서 낮아지므로 저온에서 유동성이 좋아진다.

⑥ 열 및 산에 대하여 안전성이 클 것　　윤활유는 특히 고온에서 사용되므로 공기와 그 밖의 산성 물질에 의하여 산화하여 슬러지 등을 형성하는 일이 없어야 한다.

윤활유의 산화 및 연소에 의하여 생긴 산화 생성물은 베어링을 침식하여 부식시키고 또한 윤활유의 순환을 저해하므로 열 및 산에 대하여 충분히 안정된 특성이 요구된다.

⑦ 강인한 유막을 형성할 것　　기관이 작동되는 동안 윤활유 분자 또는 함유 성분의 금속에 대한 친화력이 좋아서 강인한 유막을 형성할 수 있어야 한다. 유막 형성이 좋아야만 금속 상호간의 직접 접촉을 피하고, 유막에 의하여 운동 부분을 지지하여 원활한 운전을 할 수 있다.

유막 형성이 파괴되면, 금속 상호간에 고체 마찰이 생기며 따라서 마멸이 증가하고, 금속간 접촉에 의하여 소결이 일어나기 쉽다.

⑧ 청정력이 클 것　　기관의 작동 중 발생되는 카본 입자, 기관으로 흡입되는 먼지, 마찰에 의하여 생기는 작은 금속 분말 등의 불순물을 씻어 청정시키는 힘이 큰 것이 요구된다.

5.3 윤활유의 종류

자동차용 윤활유에는 엔진 오일, 기어 오일, 그리스 등이 있다. 윤활에 사용되는 윤활유에는 광물성 윤활유와 식물성 윤활유가 있다. 광물성에는 석유 계통의 것이 주로 사용되는데 대부분의 자동차에는 석유 계통의 윤활유가 사용된다.

5.3.1 엔진 오일

엔진 오일(engine oil)은 기관의 윤활에 사용되는 윤활유로서 점도(粘度; viscosity)와 용도 및 성능에 따라 다음과 같이 분류할 수 있다.

〔1〕 점도에 의한 분류

점성이란 윤활유의 흐름의 저항을 의미한다. 윤활유는 뜨거워지면 차가울 때보다도 빨리 흐르게 된다.

온도가 내려가 차가운 기온하에서 윤활유의 유동을 쉽게 하기 위해서는 점도가 낮은 윤활유, 즉 묽은 윤활유를 사용해야 한다. 기온이 높은 무더운 날씨에는 위와 같은 윤활유를 사용하면 더욱 묽어지므로 점도가 큰 것을 사용하여야 한다. 따라서 대기 온도에 따라 점도가 높은 윤활유를 사용할 것인가 또는 낮은 것을 사용할 것인가가 결정된다.

하나의 보기로서 점도가 낮은 오일을 무더운 날씨에 사용한다면, 윤활유는 운동 부분 및 접촉 부분에 유막이 너무 얇아지므로, 알맞는 유막을 형성할 수 없으므로 축과 베어링은 소

표 5 · 1 엔진 오일의 SAE 점도 분류와 최저 대기 온도

최저 대기 온도	싱글 그레이드 오일	멀티 그레이드 오일
0℃(32°F)	20, 20W, 30	10W-30, 10W-40 15W-40, 20W-40, 20W-50
−18℃(0°F)	10W	5W-30, 10W-30 10W-40, 15W-40
−26℃(−15°F)	10W	10W-30, 10W-40, 5W-30
−26℃(−15°F) 이하	5W	5W-20, 5W-30

* SAE 5W와 SAE 5W-20 오일은 고속 운전하는 기관에는 적절하지 않다.

손되기 쉽다.

그리고 추운 날씨에 점도가 큰 윤활유를 사용한다면, 윤활유의 유동, 즉 흐름이 느리기 때문에 알맞는 윤활 작용을 할 수 없고, 기관 각부에 윤활유를 완전히 공급받기 어려워진다. 이와 같이 점도는 윤활유의 가장 중요한 성질의 하나인데, 이것은 미국 자동차 학회(Society of Automotive Engineers, SAE)에서 제정한 SAE 번호로 윤활유의 점도가 분류된다.

일정한 온도하에서는 SAE 번호가 큰 것일수록 점도가 높고 농후한 윤활유이며, SAE 번호가 작을수록 점도가 낮고, 점도가 낮은 윤활유를 표시한다.

표 **5 · 1**은 엔진 오일의 SAE 점도 분류와 최저 대기 온도와의 관계를 나타낸 것이다.

이 표에서 SAE 10 W-30과 같이 규격에 적용 범위의 폭이 표시된 것을 멀티 그레이드(multigrade) 오일이라 부르며, 이것은 사계절 사용 가능한 오일을 의미한다.

〔2〕 API 서비스 분류

엔진 오일의 성능과 용도에 대하여 API(미국 석유 협회, American Petroleum Institute)가 규정한 분류로서 가솔린 기관용 오일에는 SA, SB, SC, SD, SE, SF 등급의 오일이 있고, 디젤 기관용의 것에는 CA, CB, CC, CD, CE 등급의 오일이 있다.

엔진 오일의 선정에 있어서는 점도와 성능, 용도, 즉 SAE 점도 분류와 API 서비스 분류를 고려하여 선택할 필요가 있다.

5.3.2 기어 오일

변속기나 최종 구동 기어의 윤활에 사용되는 오일을 총칭하여 기어 오일(gear oil)이라고 한다. 기어 오일의 분류도 점도에 따른 분류인 SAE 점도 분류와 용도에 따른 분류인 API 서비스 분류로 나타내는 규격이 있다.

표 **5 · 2**는 기어 오일의 SAE 점도 분류를 나타낸 것이고, 표 **5 · 3**은 API 서비스 분류를 나타낸 것이다.

표 5·2 기어 오일의 SAE 점도 분류

SAE 점도 번호	점 도
75W	낮다
85W	↕
80W	
90	
140	
250	높다

표 5·3 기어 오일의 API 서비스 분류

API 서비스 분류	적 용 성 능
GL-1	저하중, 저속 운전 조건의 스퍼 기어, 웜 기어, 수동 변속기에 적당하다.
GL-2	GL-1보다 조금 큰 하중, 속도나 온도 조건으로 작동하는 스파이럴 베벨 기어, 스퍼 기어, 웜 기어에 적당하다.
GL-3	중간 정도의 하중이나 속도를 조건으로 하는 하이포이드 기어, 그 밖의 자동차용 기어에 적당하다.
GL-4	고속·저 토크, 저속·고 토크를 조건으로 하는 하이포이드 기어, 그 밖의 자동차용 기어에 적당하다.
GL-6	고속·고 토크로서 운전하는 자동차에서, 특히 오프 세트량이 큰 하이포이드 기어 등에 적당하다.

〔주〕 1. 자동 변속기, 유체 커플링 및 토크 컨버터용 오일은 별도의 기어 오일을 사용한다.
2. Limited Slip Differential(LSD)에 대하여는 별도의 기어 오일을 사용한다.
3. GL : gear lubricant

5.3.3 그리스

그리스(grease)는 윤활유에 지방산(脂肪酸) 등을 가하고, 성능을 향상시키기 위한 첨가제를 배합하여 반고형체로 만든 것이다. 그리스의 용도는 액상의 윤활유로는 누설하기 쉽고 밀봉이 곤란한 부분의 윤활제로 사용된다.

용도를 크게 나누면 차축을 지지하고 있는 휠 베어링 등에 사용되는 베어링 그리스, 물에 접하기 쉬운 섀시의 급유에 사용되는 섀시 그리스 등이 있다.

5.3.4 고체 윤활제

반고형의 그리스가 열에 의해 녹아 떨어지기 쉬운 부분이나 상시 급유할 수 없는 클러치축의 스플라인부 등에 사용된다. 고체 분말의 2유화몰리브덴이나 흑연을 고체 윤활제라 한다.

5.3.5 작동유

유압을 이용하는 유압 기기(油壓機器)를 작동시키기 위하여 사용되는 오일을 작동유라 하고, 자동 변속기 오일, 브레이크액, 쇼크 업소버 오일 등 용도에 따라 여러 종류의 오일이 있다.

〔1〕 자동 변속기 오일

광물계 윤활유(스핀들유 등)에 첨가제를 가한 작동유로서 토크 컨버터에서 동력의 전달, 유압 제어 기구의 작동 외에 기어류의 윤활용에 사용된다. 또 이 오일은 동력 조향 장치의 작동유로도 사용된다.

〔2〕 브레이크액

유압식 브레이크의 작동유로서 식물성의 브레이크액(brake fluid)이 사용된다. 브레이크액은 사용 빈도가 높고 과열을 받게 되므로 비등점이 높고, 베이퍼 록(vapor lock)을 일으키지 않는 극한 조건에 견디는 특성이 있어야 한다.

베이퍼 록이란 브레이크 파이프 내의 브레이크액이 과열로 인하여 일부 증기로 되어 기포를 형성하여 브레이크의 작동이 나빠져서 제동이 잘 걸리지 않게 되는 현상을 말한다.

5.4 윤활 방법

5.4.1 윤활 계통

기관 내에 윤활유를 공급하는 방법에는 오일 펌프에 의하여 윤활부에 윤활하는 압송식(force-feed lubrication system)이 주로 사용된다. 이 방식은 그림 5·1과 같이 오일 스트레이너, 오일 펌프, 오일 필터, 실린더 블록 등의 오일 유로(oil gallery) 및 오일 팬(oil pan)으로 구성된다.

오일의 흐름은 오일 펌프로부터 오일 팬 속의 오일을 퍼 올려서 가압한 다음 실린더 블록 내에 마련된 오일 통로를 통하여 크랭크축, 밸브 작동 기구, 실린더 벽 등에 윤활한다. 윤활을 마친 오일은 다시 오일 팬으로 돌아온다.

기관에서 윤활유를 여과하는 방식은 그림 5·2와 같이 전류식, 분류식, 병용식이 있다.

〔1〕 전류식

이 방식은 오일 펌프로부터 압송된 오일이 모두 오일 필터를 거쳐 각부로 공급되는 방식이

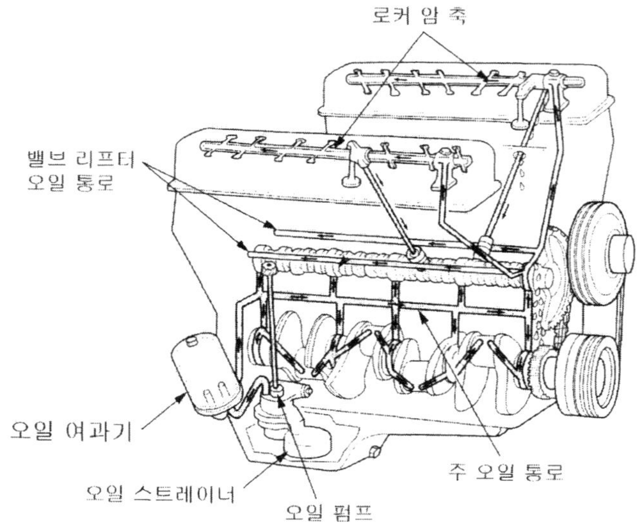

그림 5·1 윤활 장치의 구성

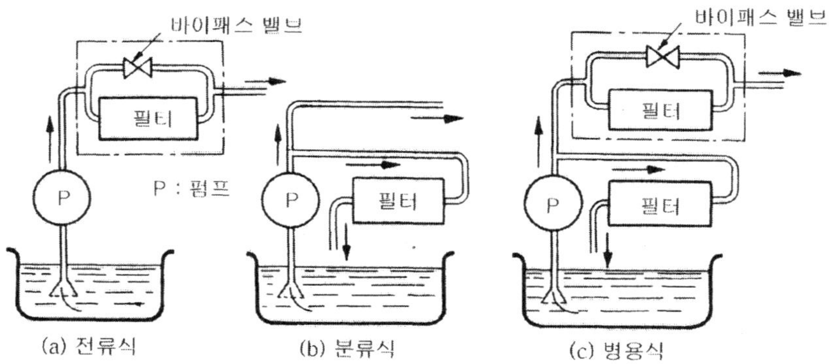

그림 5·2 윤활유의 여과 방식

다. 오일의 청정 작용은 양호하나 여과기가 막힐 우려가 있으므로 바이패스 밸브를 두어 여과기가 막혔을 때 여과기를 통하지 않고 각부로 오일을 통과하도록 한다.

〔2〕 분류식

이 방식은 오일 펌프로부터 보내온 오일의 일부는 여과기를 통하게 하고 일부는 직접 각 윤활부로 보내는 방식이다.

〔3〕 병용식

이 방식은 앞에서 설명한 전류식과 분류식의 두 방식을 병용한 방식이다.

5.4.2 급유 펌프

〔1〕 급유 펌프의 종류

급유 펌프는 윤활유를 기관 각 윤활부로 압송하는 펌프로서 기어 펌프, 베인 펌프, 로터 펌프 등이 사용되고 있다.

(1) 기어 펌프

기어 펌프(gear pump)는 그림 **5·3, 5·4**와 같이 2개의 기어가 펌프실(pump body) 속에서 맞물려 회전함에 따라 펌프의 흡입구로부터 흡입된 윤활유가 기어와 펌프실 사이의 공간을 통하여 양 기어의 둘레로 밀려 나가 오일 배출구로 배출시키는 펌프이다.

기어 펌프에서 펌프 구동 기어는 캠축에 붙어 있는 오일 펌프 구동 기어에 의하여 직접 구동되는 경우가 많다.

구동 기어의 회전에 따라 오일 흡입구로부터 오일이 흡입될 때 양 기어의 둘레로 분류를 형성하면서 펌프 내에 생기는 부분 진공에 의하여 오일이 화살표 방향으로 밀려 나간다.

기어 펌프는 구조가 간단하며 중량이 가볍고, 윤활유의 역류 등의 우려가 없으므로, 밸브가 필요 없는 이점이 있어 가장 널리 사용된다. 기어 펌프에서 압송되는 유압은 저속에서 3~4 bar이고, 고속 회전에서 6~8 bar 정도이다.

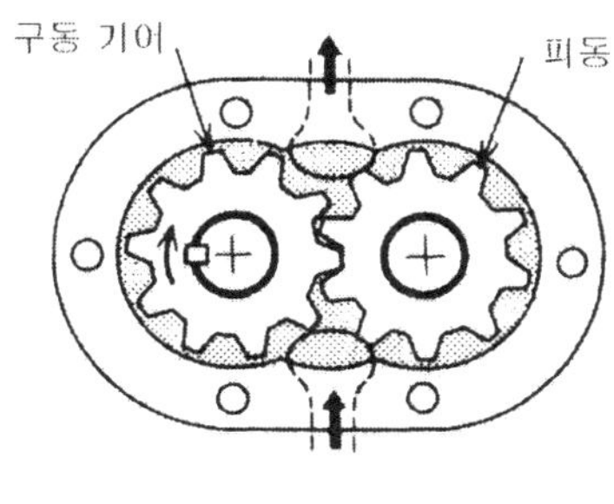

그림 5·3 기어 펌프

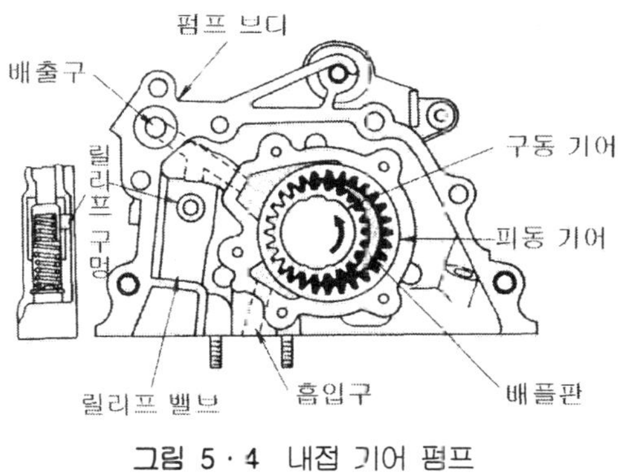

그림 5·4 내접 기어 펌프

(2) 로터 펌프

로터 펌프(rotor pump)는 그림 **5·5**와 같이 펌프실에 대하여 편심 회전하는 구동 로터(drive rotor)와 펌프실과 동시에 회전하는 피동 로터(driven rotor)로 구성되며, 구동 로터를 내측 로터(inner rotor), 피동 로터를 외측 로터(outer rotor)라고도 한다.

이것은 펌프실 내에서 편심 회전하는 구동 로터와 이것과 갖물려 회전하는 피동 로터 사이의 간극이 그림과 같이 한쪽 방향은 좁고, 다른 부분은 넓어져 이 사이의 공간의 변화에

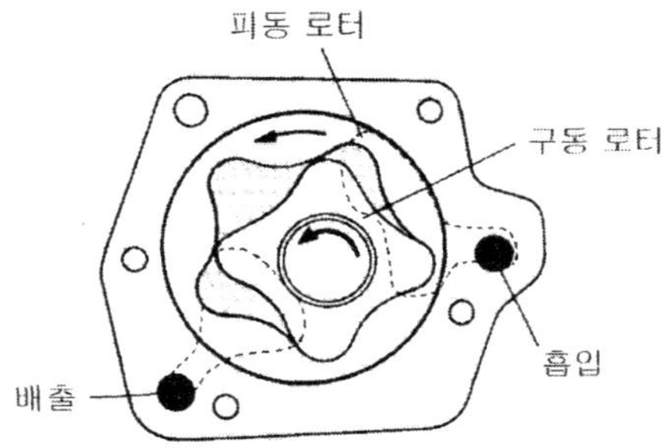

그림 5·5 로터 펌프 또는 트로코이드 펌프

따라 오일을 보내어 주는 역할을 하도록 되어 있다.

그림 5·5는 로터 펌프의 작용 상태를 표시한 것이다. 로터 펌프의 구동 및 피동 로터는 모두 같은 방향으로 회전하며, 흡입구 쪽에서부터 양 로터 사이의 간극이 넓어지기 시작하여 흡입구와 배출구의 중앙부에서 가장 넓은 간극을 가지며, 배출구 가까이에서 차차 좁아져서 우측에서 간극은 0이 된다. 따라서 이 공간의 변화에 알맞도록 흡입구와 배출구를 설치하여야 한다. 이상에서 설명한 각종 오일 펌프는 캠축이나 크랭크축의 기어 트레인(gear train)에 의하여 구동된다.

(3) 플런저 펌프

플런저 펌프(plunger pump)는 그림 5·6과 같이 플런저의 왕복 운동에 의하여 펌프 작용을 하는 펌프로서 펌프실은 크랭크케이스에 조립된다. 플런저는 캠축의 플런저 구동 편심캠에 의하여 왕복 운동을 하며, 이 왕복 운동에 따라 발생되는 압력을 이용하여 윤활유를 흡입 또는 배출하게 된다. 펌프실 플런저 앞에 설치된 플런저 스프링에 의하여 플런저를 좌측으로 밀어줄 때 진공이 생겨 오일을 흡입한다. 이 때 생기는 진공에 의하여 오일 흡입구의 흡입 볼 밸브를 열리면서 오일을 흡입하고, 다시 플런저가 우측으로 압축할 때 흡입된 오일이 압축되면서 흡입 밸브를 닫고, 배출 볼 밸브와 스프링을 올려 밀어서 오일을 배출한다.

따라서 오일을 배출한 다음 플런저가 다시 좌측으로 이동하면 배출구의 볼 밸브는 닫히고 흡입구의 볼 밸브가 열려 오일은 기관이 작동하는 동안 계속 압송된다. 이 플런저 펌프는 밸브 및 스프링의 고장이 많고 오일의 유출이 맥동적이어서 현재 기관에 별로 사용되지 않는다.

(4) 베인 펌프

베인 펌프(vane pump)는 그림 5·7과 같이 펌프실 속에 편심 회전하는 로터(rotor)와 베인 홈의 스프링으로 구성된다. 펌프실 안에서 로터가 회전할 때, 2개의 베인이 스프링의 작용에 의하여 펌프실 벽면을 눌러 주면서 회전하므로 펌프실 벽과 베인과 사이의 오일 통로인 간극이 변화함에 따라 오일을 흡입구로부터 흡입하여 배출구로 압송하게 된다.

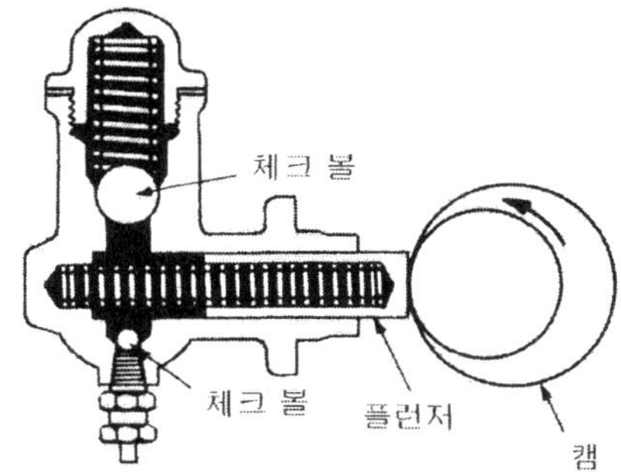

그림 5·6 플런저 펌프

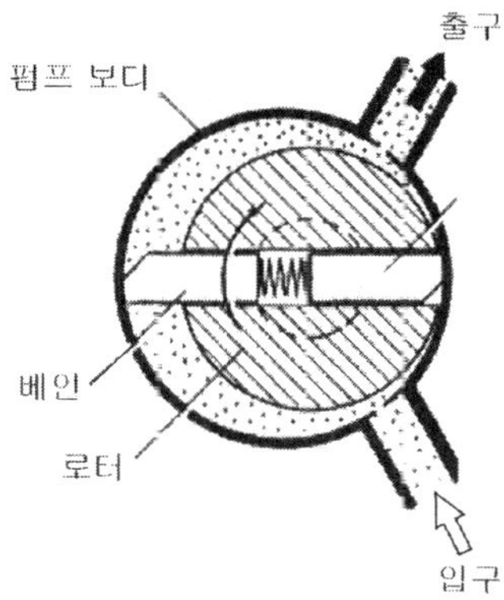

그림 5·7 베인 펌프

〔2〕 오일 펌프의 설계

기어 펌프에서 인벌류트 기어의 1회전당 배출량 V_{th}는 다음 식으로 구한다.

$$V_{th}=\pi b m\left\{2z+(1-i)(1-\frac{1}{12}\pi^2\cos^2\alpha_n)\right\} \text{ : 내접 기어} \quad (5\cdot 1)$$

$$V_{th}=\pi b m\left\{z+1-\frac{1}{12}\pi^2\cos^2\alpha_n)\right\} \text{ : 외접 기어} \quad (5\cdot 2)$$

여기서 V_{th} : 1회전당 이론 배출량(cc/rev)

b : 이폭(cm)

m : 모듈(cm)

z : 구동 잇수

i : 잇수비(구동 기어 잇수/피동 기어 잇수)

α_n : 공구 압력각(°)

한편 트로코이드 펌프의 경우에는 로터 송출량을 다음 식으로 구한다.

$$V_{th}=S\times b\times z \quad (5\cdot 3)$$

여기서 S는 대응하는 이 사이의 공간 면적의 최대와 최소의 차이다. 실제로는 펌프 각부 틈새로부터 누설이 있으므로 실제 송출량 V_e는

$$V_e=\eta_v\times V_{th} \quad (5\cdot 4)$$

로 구한다. 여기서 η_v는 펌프 회전수, 온도, 틈새 등에 의하여 영향을 받으며 보통 0.6~0.9 정도이다.

5.4.3 유압 조정 밸브

유압 조정 밸브(pressure relief valve)는 유압이 지나치게 높아지는 것을 방지하기 위하여 설치된 일종의 안전 밸브이다. 윤활 장치에서 오일 펌프로부터 압송되는 오일의 압력은 항상 일정하게 유지되어야 한다. 유압이 낮으면 윤활 부분에 알맞는 유막을 형성할 수 없게 되어 유막이 끊어지기 쉽고, 지나치게 높을 때는 급유 계통의 막힘을 가져오기 쉽다. 따라서 유압 조정 밸브는 압송되는 오일의 압력을 일정하게 유지하는 역할을 한다.

유압 조정 밸브는 그림 5·8과 같이 릴리프 밸브(relief valve)와 밸브를 닫아주는 역할을 하는 스프링으로 구성되며 펌프실에 바이패스(by-pass) 통로가 마련되어 있다.

유압 조정 밸브는 보통 오일 펌프와 일체로 조립되어 있다. 기관의 회전 속도가 빨라지면 오일 펌프의 배출량은 증가되며, 윤활 계통 내의 압력은 높아지고, 이 때 압력이 규정값 이상이 되면 조정 밸브(릴리프 밸브)의 스프링이 압축되어 밸브가 열리며, 오일은 바이패스하여 지나친 유압의 상승을 방지하게 된다.

또한 유압이 규정값 이하가 될 때에는 스프링의 장력이 오일의 압력보다 크므로 유압 조정 밸브는 오일의 바이패스 통로를 막도록 닫혀져서 배출되는 오일을 모두 윤활 부분으로 압송하게 된다.

유압 조정 밸브는 특히 기온이 한랭한 경우 기동시, 지나친 유압 상승이 생길 때 매우 효과적이다. 그리고 유압은 기관의 사용 기간에 따라 달라지는데, 장기간 사용한 기관을 새로운 기관과 비교할 때 유압이 떨어지는 경향이 있다. 이것은 오일 펌프의 능력이 제한되므로 크랭크축과 캠축 등의 오일 간극이 증가되어 오일의 유출이 많아졌기 때문이다.

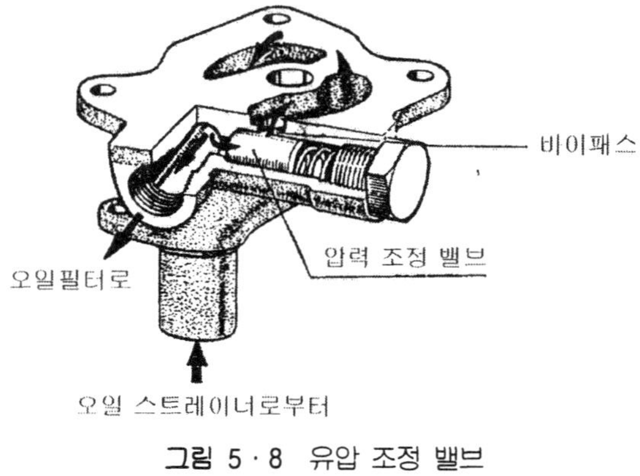

그림 5·8 유압 조정 밸브

5.5 마찰에 의한 손실 열량

물체를 거친 면 위에 놓고, 그 접촉면에서 누르는 힘이 작용하고 있을 때 그 면에 평행하게 물체를 잡아당겨도 이 당기는 힘이 어느 크기 이상으로 되지 않으면 움직이지 않는다. 이때 접촉면에 나란한 방향으로 일종의 저항력이 작용하게 되는데 이 저항력을 **마찰력**(friction force)이라 한다.

그림 5·9에서 운동에 저항하는 마찰력은 두 표면에 누르고 있는 힘 W와 잡아당기는 힘 F와의 관계는 마찰 계수 μ로부터 다음과 같이 표시한다.

$$\mu = \frac{F}{W}, \qquad F = \mu W \tag{5·5}$$

마찰 계수는 재질, 표면 상태 등에 따라 결정된다.

지금 힘 F를 받으면서 속도 V로 회전하는 베어링을 생각하면, 마찰에 의한 손실 열량은 다음과 같이 계산할 수 있다.

축의 지름을 d(m), 베어링의 작용 하중 P N, 축의 회전 속도 n rpm, 베어링의 미끄럼 속도 V m/s라 하면 손실 열량 Q W는 다음 식으로 표시된다.

$$Q = \frac{P\mu\pi dn}{60} = \mu PV \tag{5·6}$$

여기서 마찰에 의한 손실 마력을 N_F라고 하면

$$N_F = \frac{\mu PV}{75} \text{ (PS)} \tag{5·7}$$

$$= \frac{\mu PV}{1000} \text{ (kW)}$$

이 된다. 그리고 마찰 마력에 의하여 발생된 열량을 Q kW이라고 하면

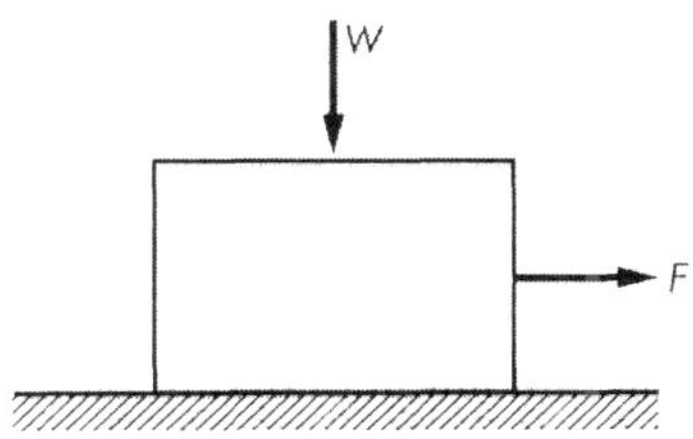

그림 5·9 마찰력

$$Q = \frac{\mu PV}{1000} \tag{5·8}$$

가 된다.

5.6 윤활유의 여과 장치

5.6.1 오일 필터

오일 필터(oil filter)는 기관이 작동 중 윤활유 속의 먼지, 카본 및 기관 마찰에 의하여 생기는 금속 분말의 작은 입자 등의 불순물을 여과 청정하는 장치로서 기관 외부에 점검이 용이한 위치에 설치된다.

윤활유 속의 불순물의 무거운 입자는 오일 팬 하부에 침전되나, 작은 입자는 오일 속에 혼입되어 기관 내부에 순환하게 되어 실린더 벽, 베어링 등의 윤활부의 마멸과 손상을 일으키기 쉬우므로, 오일 필터는 이들을 모두 여과 청정하지 않으면 안 된다.

오일 필터는 필터 엘리먼트(filter element)와 안전 밸브로 구성된다.

〔1〕 필터 엘리먼트

오일 필터 엘리먼트는 오일을 여과하는 여과재로 오일 속에 혼입되어 있는 금속 분말 입자, 카본 등의 불순물을 흡착 분리시키는 것으로서, 필터가 더럽혀졌을 때 엘리먼트를 교환하는 분해식과 케이스와 엘리먼트를 일체로 하는 카트리지식이 있다. 여지를 사용하는 여지식 엘리먼트는 흡착성을 증대시키기 위하여 특수 가공을 한 여지(濾紙)에 의하여 오일 속의 불순물을 흡착 분리시킨다. 엘리먼트는 일정한 기간 사용하면 여과 능력이 저하되므로, 일정한 주행거리를 주행할 때마다 새 것으로 교환하는 것이 필요하다.

여지의 여과 능력은 0.001 mm의 입자를 여과할 수 있다. 여지식은 생산 가격이 저렴하고, 취급이 간단한 이점이 있어 현재 승용차 기관에 많이 쓰인다.

〔2〕 안전 밸브

안전 밸브(safety valve)는 오일 필터 캡 또는 케이스와 일체로 만들어져 있으며, 엘리먼트가 막힘이 생겼을 때 오일을 각부의 윤활 계통으로 보내어 윤활유 부족에 따른 기관의 소결을 방지하는 일을 한다. 이것은 특히 날씨가 추운 겨울철에 기관이 극히 냉각된 상태에서는 오일의 점도가 커져서 필터의 막힘이 생기기 쉽다. 엘리먼트의 막힘이 일어나면 엘리먼트 입구와 출구와의 압력차가 생기는데, 이 압력차가 약 0.8~1.2 bar에 달하면 흡입측의 유압이 스프링의 장력을 이기고 밸브를 열기 시작하여 흡입측과 배출측을 연결하는 통로를 형성한다. 따라서 오일은 펌프로부터 필터를 거치지 않고, 직접 실린더 블록의 오일 홀을 거쳐 윤활 부분으로 보내어진다.

그림 5·10은 카트리지식(catridge type) 오일 필터를 나타낸 것이다. 이 방식은 필터의 교환을 용이하게 할 수 있도록 필터를 나사로 조립하도록 되어 있다. 필터 내부에는 그림과 같이 여과재(filter element)와 바이패스 밸브(by-pass valve)가 들어 있다.

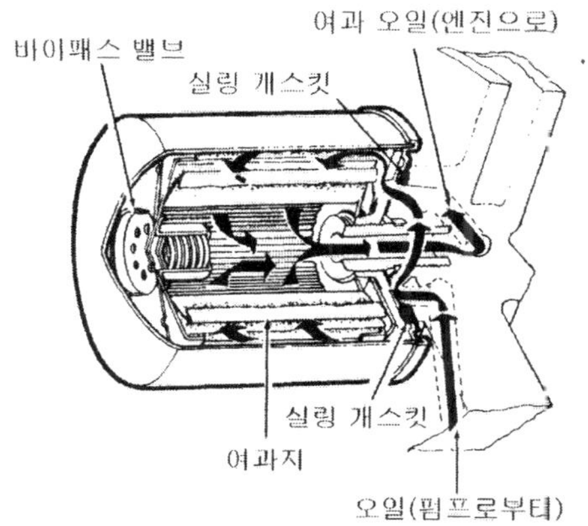

그림 5·10 오일 필터의 단면도

〔3〕 오일 스트레이너

오일 스트레이너(oil strainer)는 오일 펌프로 흡입되는 오일 중의 불순물을 걸러내는 역할을 하며, 펌프의 앞에 조립되어 오일 속에 잠기는 구조로 되어 있다.

5.6.2 오일의 변질

윤활유를 오래 사용하면 변질되어 더 이상 윤활 작용을 할 수 없게 된다. 윤활유의 이와 같은 한도를 오일의 사용 한도라 한다. 오일은 사용한도에 달하면 윤활 효과를 만족시킬 수 없으므로 새로운 오일로 교환하여야 한다.

오일이 기관 내에서 변질되는 원인에는 외적 원인과 내적 원인으로 나누어 생각할 수 있다.

〔1〕 외적 원인

(a) 연료 속의 비점이 높은 성분이 휘발하지 않고 연소 또는 연소 가스에 혼합되었다가 이것이 크랭크케이스로 유입되어 오일에 혼합되어 오일의 점도를 작게 하고, 오일을 희석(dilution)시켜서 변질되기 쉽게 한다.

(b) 연료의 연소에 의하여 생기는 수분, SO_2(일부 SO_3), 카본, 미연 탄화수소 및 산화 생

성믈 중에서 크랭크케이스 환기에 의하여 제거되지 않는 성분이 혼입되었을 때 변질이 일어난다.

(c) 흡입 공기와 함께 연소실로 흡입된 먼지, 모래, 흙, 연기 및 기관 내의 마멸 또는 부식되어 생기는 금속 분말이 오일에 혼입되어 일어난다.

〔2〕 내적 원인

내적 원인은 오일 자체의 산화에 의하여 생기는 변질로서 대개 다음과 같은 원인이 있다.

(a) 안정도가 낮은 오일이 산화되어 산을 만들거나, 타르(tar)상 물질이 되기 때문에 변질된다.

(b) 점도가 낮은 오일은 링 간극에 의하여 연소실로 올라가 오일 소비가 증가하거나 또는 산화하고 일부는 연소한다. 윤활 작용 중 발생된 오일의 증기가 응축하여 오일의 변질을 가져온다.

(c) 점도가 높은 오일은 피스톤 링의 열전도를 방해하여 피스톤이 파열되기 쉽고 링의 소결의 원인이 되기 쉽다. 그러므로 기관 파열에 따라 오일의 온도가 지나치게 높아지기 쉽고, 따라서 변질을 가져오기 쉽다.

5.7 윤활 부속 장치

5.7.1 오일 냉각기

오일 냉각기(oil cooler)는 오일을 냉각하는 장치로서 그 구조는 일종의 소형 라디에이터로서, 그 속에 오일과 물의 통로가 설치되어 있어 고온인 오일의 열을 냉각수가 흡수하여 냉각용 라디에이터에 의하여 공기 중에 발열하도록 되어 있다.

디젤 기관이나 터보 과급 기관 등과 같이 고부하 기관에서는 오일 냉각기가 설치되어 있다. 윤활유의 온도는 85℃를 초과하지 않는 것이 좋으며 온도가 약 125℃ 정도 이상이 되면

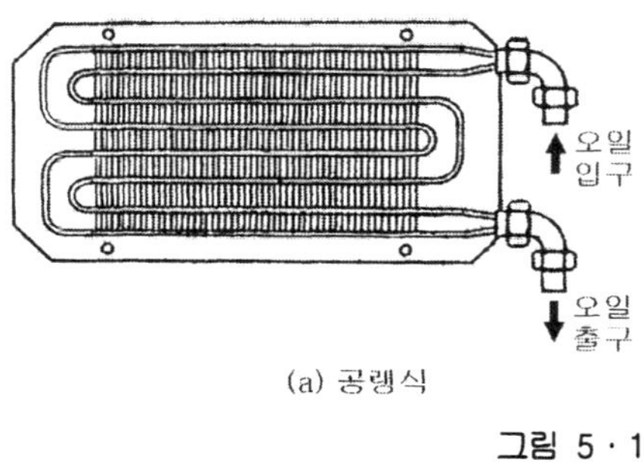

(a) 공랭식

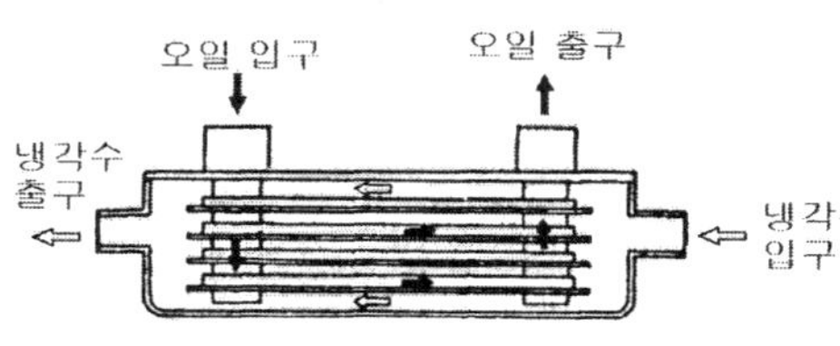

(b) 수냉식

그림 5·11 오일 냉각기

급격히 윤활성을 상실하여 윤활 작용을 다할 수 없게 된다.

그러므로 일부 고부하 기관에서는 오일 냉각기를 설치하여 오일의 온도를 적정 온도로 유지시키도록 하고 있다. 오일 냉각기에는 수냉식과 공랭식이 있다.

오일 냉각기의 냉각 열량 QW는 다음 식으로 구한다.

$$Q = \alpha F(t_o - t_w) \qquad (5 \cdot 9)$$

여기서 α : 오일로부터 냉각기 벽으로의 열전달 계수(W/m²℃)

F : 방열 면적(m²)

t_o, t_w : 오일 온도, 오일에 접하는 내벽 온도(℃)

5.7.2 유량계

유량계 또는 오일 레벨 게이지(oil level gage)는 오일 팬 속의 오일의 양을 측정하는 기구를 말한다.

유량계는 L과 F로 표시된 긴 막대 모양의 게이지로서, 크랭크케이스 측면에 설치된 구멍에 넣어서 게이지 막대에 묻어 나오는 오일의 위치에 따라 오일의 양을 판단하도록 되어 있다.

이 게이지에는 2개의 선이 있는데 위의 선 F는 최대량을, 아래의 선 L은 최소량을 표시한다.

기관의 오일은 항상 F와 L 사이에 위치하여야 하며, F쪽에 오일이 묻어 나온다면 오일의 양은 충만된 것이고, L쪽에 묻어 나온다면, 필요한 한도의 최저 눈금이 되는 것이다.

만일 유면이 L선 이하일 때에는 기관을 운전해서는 안 된다. 또한 오일 레벨이 F선 이상으로 들어 있다면 오일 속에 냉각수 또는 가솔린이 누설되는 경우가 있으므로 냉각수 및 연료 누설 등을 점검하여야 한다. 오일의 레벨은 기관을 시동하기 전 정지된 상태에서 측정하여야 한다.

오일 팬의 오일량은 기관의 크기에 따라 대략 다르나 대체로 다음과 같다.

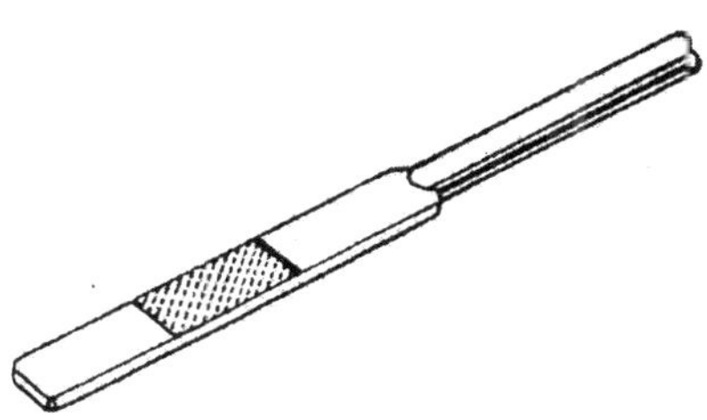

그림 5·12 유량계

표 5·6 윤활유 용량

실린더 체적(cc)	650~750	700~1000	3000~5000	5000 이상
윤활유 용적(L)	1~2	2	3~6	6~10

익힘문제

1. 기관 윤활의 목적을 설명하라.
2. 자동차용 윤활유의 종류를 들고 설명하라.
3. 윤활 방법을 분류하고 설명하라.
4. 윤활유를 압송하는 오일 펌프의 종류를 열거하고 그 특징에 대하여 조사하라.
5. 다음 부품에 대하여 설명하라.
   (1) 유압 조정 밸브
   (2) 오일 필터
   (3) 점도 표시 방법
   (4) 유량계의 종류와 원리
6. 윤활유의 SAE 분류와 API 분류에 대하여 설명하라.
7. 오일의 변질 원인에 대하여 설명하라.
8. 윤활유가 갖추어야 할 성질에 대하여 설명하라.
9. 오일 냉각 부하의 계산 방법에 대하여 설명하라.
10. 윤활유의 여과 방식에 대하여 설명하라.
11. 완전 윤활과 불완전 윤활에 대하여 설명하라.

6 냉각 장치

6.1 기관의 냉각

6.1.1 기관 냉각의 목적

기관이 작동됨에 따라 기관 실린더 내에서 혼합기의 폭발열에 의하여 기관이 과열되어 실린더와 피스톤의 소결, 기관 운동부에 소손 등이 생기게 되므로 기관을 알맞은 온도로 냉각시켜 주어야 한다.

냉각 장치는 실린더의 과열을 방지하고 기관의 온도가 항상 적당한 온도를 유지하도록 냉각하여 주는 일을 한다. 실린더 내의 연료가 연소하여 생기는 온도는 1400~2000℃에 달하는 고온이므로, 기관을 적당한 온도로 냉각시켜 주지 않는다면 기관이 과열되어 기관이 소결, 융착된다. 또한 기관이 지나치게 냉각되면 열효율이 나빠지므로 알맞는 기관의 온도를 유지하는 것이 필요하다.

6.1.2 기관의 냉각 방법

기관의 냉각 방법에는 공랭식과 수냉식이 있다. 수냉식(water cooling)은 실린더와 실린더 헤드에 물 재킷을 만들어 냉각수를 순환시켜 냉각하는 방법이고, 공랭식(air cooling)은 실린더 및 실린더 헤드 둘레에 마련된 방열핀(냉각핀)을 통하여 직접 냉각하는 방법을 말한다.

〔1〕 공랭식

공랭식은 실린더 및 실린더 바깥둘레에 많은 냉각 핀(cooling fin)을 마련하여 기관 내부

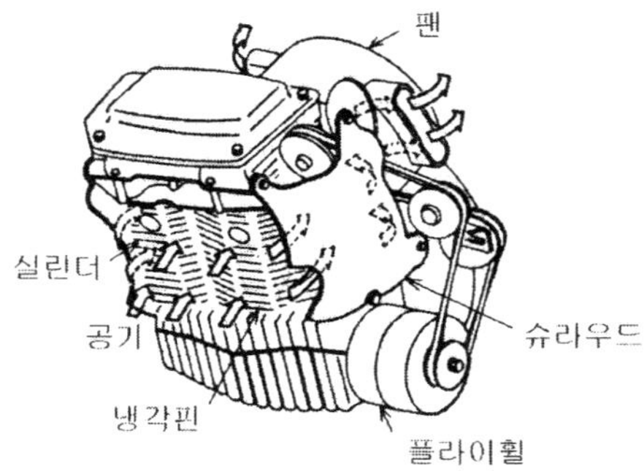

그림 6 · 1 공랭식

의 열이 방열 핀에 전해지고, 이것에 직접 접촉하는 공기에 의하여 냉각되는 방법이다.

그림 6 · 1은 공랭식 기관의 한 예이다. 공기가 접촉하는 방법에는 자연 접촉식(natural contact)과 강제 접촉식(forced contact)이 있으며, 자연 접촉식은 외부 공기에 의하여 어떤 다른 도움이 없이 접촉 냉각되는 방법이고, 강제 접촉식은 냉각 팬(cooling fan)에 의하여 강제 송풍시켜 냉각하는 방법이다.

공랭식은 구조가 간단하나 대형 기관에서 냉각이 불충분하고, 장시간 계속 운전 및 정차시의 계속 고속 회전 등에 의하여 기관이 과열되기 쉽다. 소형 기관에 쓰이는 냉각 핀의 크기는 핀 끝이 1.5 mm의 두께를 가지고 2.5°~5°의 경사를 가지며, 대체로 삼각형 모양으로 만든다.

〔2〕 수냉식

수냉식은 실린더와 실린더 헤드 내부의 둘레에 설치된 물 재킷(water jacket)을 통하여 냉각수가 순환하여 기관을 냉각하는 방법이다. 냉각수는 물 펌프에 의하여 강제 순환된다. 현재 자동차 기관에서는 소형 기관 이외에는 대체로 수냉식을 사용하고 있다.

냉각수의 순환경로를 살펴보면 라디에이터의 아래 물탱크로부터 펌프에 의하여 압송된 냉각수가 물 재킷을 통하여 냉각작용을 하고 라디에이터의 위 물탱크로 들어와 라디에이터 코어에 의하여 냉각되어 순환한다.

6.1.3 냉각수의 순환 방법

기관의 냉각수가 실린더와 라디에이터 사이를 순환하는 방법에는 강제 순환식(forced circulation)이 사용되고 있다. 이 방식의 기관 냉각은 물 펌프를 사용하여 펌프로부터 냉각수를 압송하여 냉각수를 순환시키는 방법으로서, 냉각수의 순환이 빠르고 기관 냉각이 완전하므로 냉각 효과가 크다.

냉각수는 기관의 물 재킷으로부터 라디에이터의 위 물탱크를 거쳐 아래 물탱크로 순환하

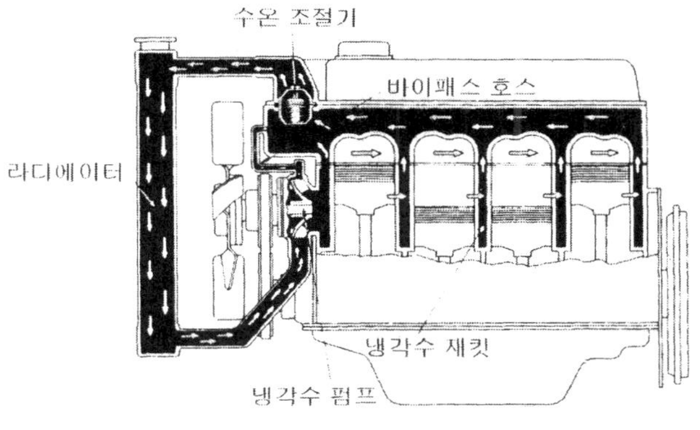

그림 6·2 냉각수의 순환 경로

는 동안 라디에이터 코어에 설치된 냉각 핀의 방열 작용으로 냉각시키고, 물 펌프로 압송하여 물 재킷으로 보낸다. 기관 냉각수의 온도는 온도 조절기에 의하여 적정 온도로 유지된다.

6.2 냉각수와 부동액

6.2.1 냉각수

냉각수(cooling water)로 사용되는 물은 광물성 칼슘염, 마그네슘염 등이 포함되지 않은 연수(軟水)를 사용해야 한다. 칼슘염, 마그네슘염 등을 포함한 물을 경수(硬水)라 하며, 이들은 기관내부에 순환 중 스케일(scale)을 생기게 하여 냉각수의 순환을 방해하게 되며, 열의 방산을 나쁘게 한다. 그러므로 냉각수는 연수를 사용해야 한다.

물은 보통 수돗물을 사용하며, 수돗물이 없을 때에는 빗물을 사용하여도 무방하다. 혹시 일시적으로 경수를 사용하였다면, 곧 수돗물이나 다른 연수로 바꾸어 넣는 것이 필요하다. 경수를 사용한 후 뽑아낼 때에는 탄산소다 50 g에 대하여 물 20 l의 비율로 만든 용액을 냉각수로 하여 보통 운전 온도에서 약 20~30분간 공회전시킨 다음 뽑아낸다. 이 때 세척액이 차체의 도장된 표면에 묻지 않도록 주의하여야 한다. 만일 도장부에 접촉된다면 도장 부분이 훼손되기 쉽다. 따라서 세척액을 뽑아내고 맑은 물을 넣고, 기관을 작동하여 불순물을 완전히 세척해 낸 다음 다시 새로운 물이나 부동액을 혼입한 냉각수를 넣는다.

6.2.2 부동액

냉각수는 겨울철 기온이 한랭하여 0℃ 이하로 내려가면 동결하여 라디에이터 및 냉각 계통의 파손을 초래한다. 그러므로 겨울철에는 부동액(anti-freeze solution)을 냉각수에 혼입하여 동결을 방지할 수 있다.

요즈음 대부분의 자동차는 부동액을 혼입한 냉각수를 넣어 사계절 사용할 수 있는 것이 많으므로 사용하는 자동차의 냉각액 사용 기간을 점검하여 주어진 주기마다 교환해 주면 된다. 만일 여름철에 물을 사용하던 차라면 필히 부동액을 혼합하여 사용해야 한다.

일반적으로 부동액이 갖추어야 할 성질과 종류 및 용도는 다음과 같다.

〔1〕 부동액이 갖추어야 할 성질

① 냉각수와 잘 혼합할 것

② 냉각장치 내에서 냉각 및 순환성이 좋을 것

③ 냉각수 재킷, 라디에이터 등의 냉각 계통의 구성요소를 부식시키지 않을 것

④ 온도 변화에 따라 쉽게 화학적 변화를 일으키지 않을 것

〔2〕 부동액의 종류

부동액으로 널리 쓰이는 것에는 알코올, 에틸렌 글리콜, 글리세린 등이 있다.

① 알코올(alcohol)　　알코올에는 메틸알코올(methyl alcohol)과 에틸알코올(ethyl alcohol)이 있으며, 메틸알코올(CH_3OH)은 목재를 건류하여 얻기 때문에 목정(木精)이라고 부르고, 에틸알코올(C_2H_5OH)은 술의 주성분이므로 주정(酒精) 또는 알코올이라고 한다. 알코올은 무색의 향기 있는 액체로서 물과 어떤 비율로도 잘 섞이며 비등점이 낮아 증발하기 쉬우므로 알도올을 부동액으로 혼입하였을 때는 때때로 비중을 조사하여 조절할 필요가 있다.

② 에틸렌글리콜(ethylene glycol)　　에틸렌글리콜($C_2H_4OH_2$)은 단맛이 있고 끈기가 매우 큰 액체로서 물에 잘 용해하는 성질이 있다.

③ 글리세린(glycerine)　　글리세린〔$C_3H_5(OH_3)$〕은 무색의 끈기 있는 액체로서 습기를 흡수하는 성질과 단맛을 가진다.

〔3〕 부동액과 냉각수의 혼입 비율표

부동액은 사용되는 알코올, 에틸렌글리콜, 글리세린 등을 물과 혼합하는 비율에 따라 빙점이 달라진다. 그러므로 자동차의 사용 기후와 조건에 따른 최저 온도를 기준으로 하여 혼합 비율을 다음 표에서 찾아 선택할 수 있다.

부동액의 혼합 비율은 빙점에 해당하는 온도에 따라 다르나, 대략 10%~50% 정도이다.

표 6·1 알코올과 물〔알코올 순도 : 95%, 비점 : 메틸알코올(64.4℃), 에틸알코올(77.75℃)〕

알코올 체적(%)	10%	20%	30%	40%	50%
비 중	0.987	0.975	0.982	0.948	0.935
동결 온도(℃)	−5.5℃	−12.2℃	−19.4℃	−24.4℃	−31.6℃

표 6·2 에틸렌글리콜(비점 : 166.5℃)과 물

에틸렌글리콜 체적(%)	10%	20%	30%	40%	50%	100%
비 중	1.018	1.028	1.045	1.059	1.072	1.118
동결 온도(℃)	−6.0℃	−10.5℃	−16.5℃	−27.0℃	−38.0℃	−50.0℃

표 6·3 글리세린(순도 : 95%, 비점 : 108.3℃)과 물

글리세린 체적(%)	10%	20%	30%	40%	50%	60%
비 중	1.029	1.057	1.085	1.112	1.140	1.168
동결 온도(℃)	−2℃	−6℃	−11℃	−18℃	−26℃	−36℃

표 6·4 글리세린, 알코올과 물

글리세린 체적(%)	20%	10%	25%	20%
알코올 체적(%)	20%	30%	25%	30%
동결 온도(℃)	−26℃	−26∼30℃	−32℃	−35℃

6.3 라디에이터

6.3.1 라디에이터의 작용

냉각수가 기관으로부터 흡수한 열을 대기 중에 방열하여 냉각시키는 것이 라디에이터(radiator)이다. 실린더 블록 또는 실린더 헤드의 물 재킷을 순환한 냉각수는 기관의 발생열에 의하여 온도가 상승하게 되므로, 이것을 기관 냉각에 알맞도록 급속히 방열 냉각시키는 일을 한다.

6.3.2 라디에이터의 구조

라디에이터는 기관의 앞쪽에 위치하며 그림 6·3과 같이 위 물탱크(upper water tank), 아래 물탱크(lower water tank), 서브 탱크, 방열관인 라디에이터 코어(radiator core) 등으로 구성된다. 위 물탱크는 라디에이터 흡입구가 설치되어 있고, 라디에이터 코어가 연결된다. 서브 탱크는 라디에이터 오버플로 파이프(overflow pipe)와 연결되어 있어서 냉각수 온도가 높을 때 팽창된 것만큼 이 보조 탱크로 들어가서 팽창한 냉각수를 수용하고, 냉각수 온도가 낮을 때에는 탱크 내의 냉각수가 라디에이터로 되돌려져서 냉각수의 감소를 방지하는 일을 한다. 위 물탱크는 실린더 블록과 실린더 헤드에서 유출되는 고온의 냉각수를 일단 모아서

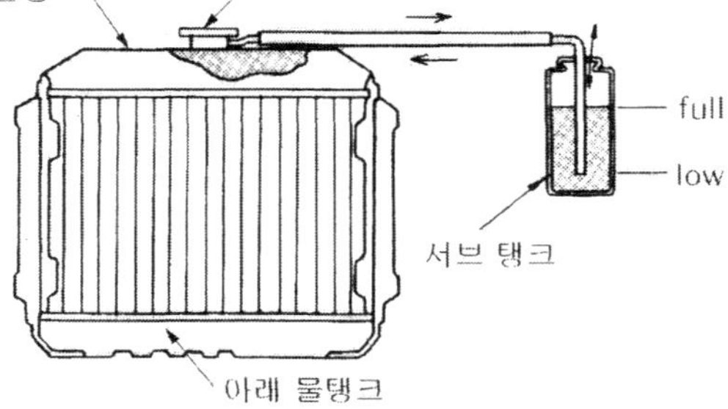

그림 6 · 3 라디에이터

라디에이터 코어로 분배시킨다.

아래 물탱크는 라디에이터 코어로부터 흘러온 냉각수를 모아서 라디에이터 배출구로 보내는 일을 한다. 위 물탱크와 아래 물탱크 사이에는 라디에이터 코어가 연결되고 공기와의 접촉 면적을 넓게 하기 위하여 냉각 핀이 설치된다.

그리고 아래 물탱크 하부에는 배출 콕(drain cock)이 있어서 라디에이터의 물을 배출시키는 일을 한다. 급수구에 설치된 오버플로 파이프는 냉각수를 너무 많이 부어 넣었을 때에도 이 파이프를 통하여 외부로 흘러내리게 된다.

위 물탱크와 아래 물탱크는 각각 실린더의 물 재킷과 물 펌프에 연결된 고무 호스가 사용되는데, 호스의 안지름은 기관 형식 및 출력에 따라 조금씩 다르다.

6.3.3 라디에이터 코어

라디에이터 코어(radiator core)는 물 재킷에서 기관 내의 발생열을 흡수하여 뜨거워진 냉각수를 방열 냉각시키는 가는 수관과 공기가 흐르는 냉각 핀으로 구성되어 있다.

라디에이터의 위 물탱크와 아래 물탱크 사이에 연결된 코어는 수관 내부에 흐르는 고온의 냉각수를 신속히 냉각시키기 위하여 냉각 핀(cooling fin)이 설치되어 있다.

라디에이터 코어는 물이 통하는 수관과 공기가 통하는 핀 부분으로 구성되며, 핀의 형식에는 플레이트 핀형(plate fin type)과 코러게이트 핀형(corrugated fin type)이 있다.

〔1〕 플레이트 핀형

플레이트 핀형은 그림 6 · 4 (a)와 같이 냉각 면적이 큰 평판 모양의 핀을 수관에 접하게 붙인 것으로 오래 전부터 사용하여 온 형식의 하나이다. 이것은 평면판의 핀을 일정한 간격으로 용접하여 붙인 것이다.

〔2〕 코러게이트 핀형

코러게이트 핀형은 그림 6 · 4 (b)와 같이 냉각 핀의 모양을 물결 모양으로 만든 것으로서

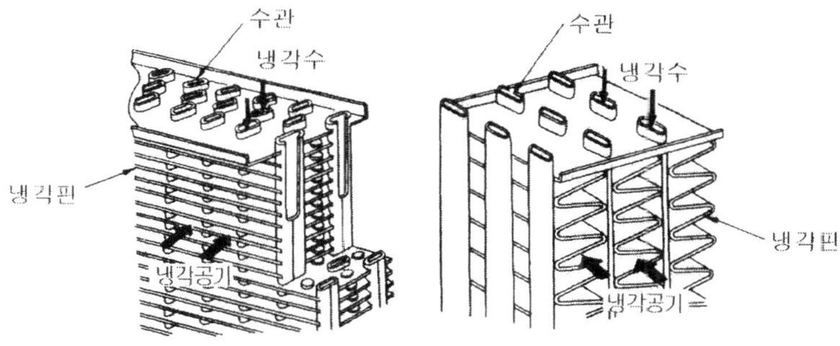

(a) 플레이트 핀형 (b) 코러게이트 핀형

그림 6·4 라디에이터 핀의 형식

레이트 핀에 비하여 방열량이 크고 방열기를 경량으로 만들 수 있어서 널리 사용된다.

라디에이터 재료는 황동과 알루미늄이 사용된다. 또한 최근에는 경량화를 위하여 위 물탱크와 아래 물탱크를 수지제로 만들어 사용하는 경우도 많다.

앞에서 다룬 바와 같이 서브 탱크는 라디에이터의 오버플로 파이프에 연결되어 있어서 냉각수의 팽창 용적을 크게 하기 위하여 사용된다.

그림 6·5는 서브 탱크의 기능을 그림으로 나타낸 것이다. 그림 6·5(a)는 냉각수의 온도 상승에 의하여 체적이 팽창한 만큼의 냉각수가 서브 탱크로 유입한 상태를 나타낸 것이고, 그림 6·5(b)는 냉각수의 온도가 낮아져서 서브 탱크 내의 냉각수가 타디에이터로 되돌아간 상태를 나타낸 것이다.

6.3.4 라디에이터 압력식 캡

〔1〕 압력식 캡의 목적과 원리

(1) 압력식 캡의 목적

압력식 캡(pressure type radiator cap)은 다음과 같은 목적으로 설치된다.

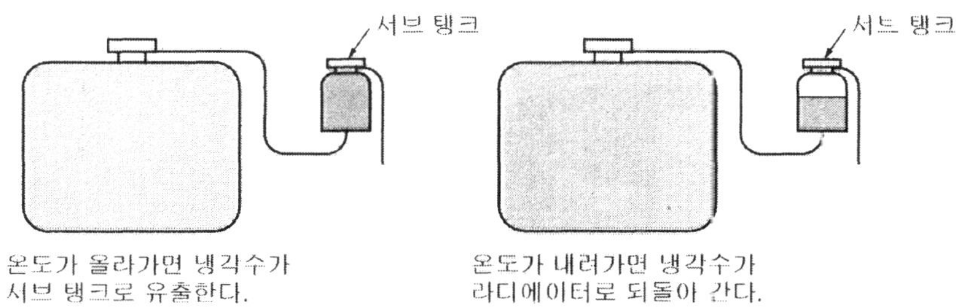

(a) (b)

그림 6·5 서브 탱크의 기능

(a) 냉각액과 공기의 접촉 억제에 의한 냉각액의 산화 방지

(b) 가압 밸브에 의한 과열 한계 향상(비등 억제)과 캐비테이션 억제에 의한 냉각성 향상

(c) 진공 밸브에 의한 냉각 회로의 부압 방지

(2) 압력식 캡의 원리

일반적으로 기관의 냉각 용량은 출력이 클수록 방열 면적, 냉각 풍량, 냉각수 펌프의 송수량이 큰 것이 요구된다. 따라서 냉각 장치의 냉각 효과를 더욱 증진시키기 위한 방법으로 압력식 캡이 사용된다.

이것은 냉각수의 비등을 억제하여 냉각수에 압력을 가할 수 있는 구조로 되어 있다. 즉, 냉각 계통을 밀폐하여 압력이 높아지면 비등점이 높아지는 성질을 이용한 것이다. 이러한 현상을 이용하면 라디에이터 내의 냉각수 압력이 상승할 경우 외기와의 온도차가 커져서 냉각효과가 커지므로 냉각 효율을 높일 수 있다.

대기압하에서 물은 100℃에 비등되나 압력이 대기압보다 높으면 비등점은 100℃ 이상이 된다. 하나의 보기를 들면 표준 대기압에서 물은 100℃에서 비등하지만 압력이 높아지면 끓는점 또한 높아진다. 이러한 원리를 이용한 것이 압력식 캡이다. 따라서 라디에이터의 압력식 캡을 사용하면 냉각수를 비등시킴이 없이 100℃ 이상의 고온(110~120℃)으로 유지시켜 기관 내부에서 비등을 방지하고, 외부에 접하고 있는 공기와의 밀도 차이를 크게 하여 방열 효과를 높일 수 있다.

〔2〕 압력식 캡의 구조와 기능

압력식 캡은 라디에이터의 위 물탱크 급수구에 위치하며, 압력 조정 밸브(pressure relief valve)와 진공 밸브(vacuum valve)로 구성되어 있다. 압력 조정(가압) 밸브와 진공 밸브는 캡과 일체로 만들어지고, 오버플로 파이프(over flow pipe)가 연결된다.

그림 6·6에 표시된 바와 같이 압력 조정 밸브는 스프링의 장력에 의하여 시트에 밀착되어 밀폐되어 있을 때에는 냉각 계통의 압력이 높아져서 냉각수의 비등점이 상승하여 기포의 발생을 억제한다. 그러므로 증발에 따른 냉각수의 감소와 방열 능력의 저하를 막아 냉각 효

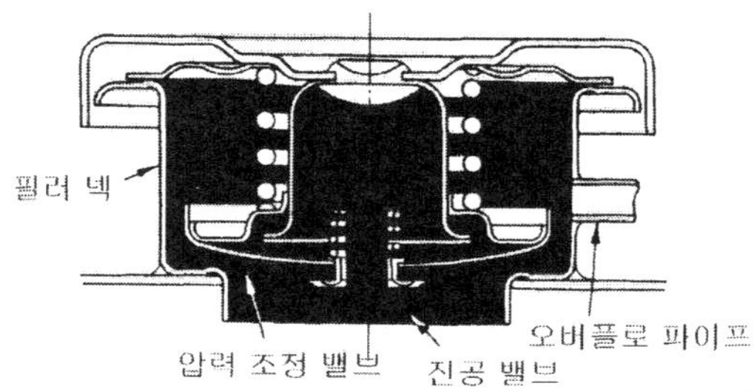

그림 6·6 압력식 캡

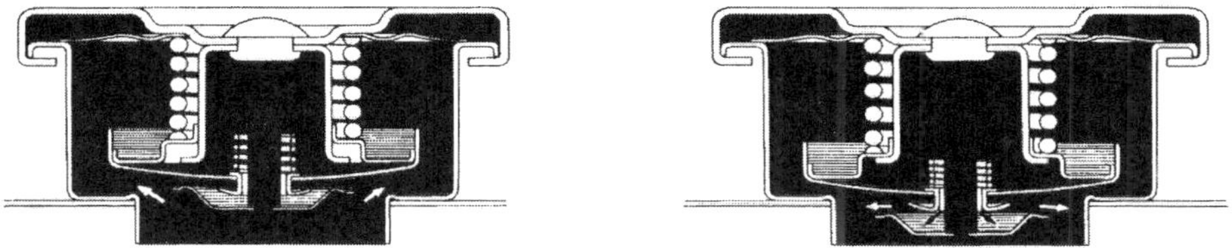

(a) 압력 조정 밸브의 작동　　　　(b) 진공 밸브의 작동

그림 6 · 7 압력식 라디에이터 캡의 작동

과를 높일 수 있다.

냉각 계통의 압력이 규정값 이상으로 높아지면 압력 조정 밸브가 열려 냉각 계통의 압력이 지나치게 높아지는 것을 방지한다. 이 냉각 계통의 압력이 규정 한계까지는 압력 조정 스프링의 힘에 의하여 밸브 시트에 밀착되어 기밀을 유지한다. 그러나 냉각 계통의 압력이 규정 압력 이상일 때에는 압력 조정 밸브가 열려서 압력이 지나치게 높아지는 것을 방지한다. 또 기관의 작동을 멈추면 냉각수의 온도가 저하되어 냉각 계통 내의 압력이 대기압보다 저하하고 이 때 진공이 생긴다. 진공이 생기면 대기 압력에 의하여 진공 밸브가 열려서 라디에이터 내로 공기가 들어와 라디에이터 내의 압력을 대기압으로 유지시켜, 진공의 증가로 대기압에 의하여 라디에이터의 변형이 생기거나 또는 파손되는 것을 방지한다.

6.3.5 라디에이터의 설계

라디에이터의 방열량 Q는 다음 식으로 구한다.

$$Q = K_a F_a \Delta T_m \qquad (6 \cdot 1)$$

$$\frac{1}{K_a F_a} = \frac{1}{\phi \alpha_a F_a} + \frac{T_s}{\lambda_t F_w} + \frac{1}{\alpha_w F_w} \qquad (6 \cdot 2)$$

여기서 K_a : 공기측 방열 면적 F_a를 기준으로 한 열통과율

F_a : 공기측 방열 면적

F_w : 냉각액측 방열 면적

ΔT_m : 냉각액과 공기의 평균 온도차(대수 평균 온도차로 정의)

α_a, α_w : 공기측 열전달 계수, 냉각액측 열전달 계수

T_s : 튜브의 판온도

λ_t : 튜브의 열전달 계수

ϕ : 총 핀효율

튜브는 황동 또는 Al로 만들고 두께가 얇으므로 식 (6 · 2)의 우변 제2항은 다른 항에 비

하여 1/100 정도이므로 무시하면

$$\frac{1}{K_aF_a} = \frac{1}{\phi\alpha_aF_a} + \frac{1}{\alpha_wF_w}$$

가 된다. 보통 공기측 열저항 $\frac{1}{\phi\alpha_aF_a}$은 냉각액측 열저항 $\frac{1}{\alpha_aF_w}$의 5~10배 정도이다. 따라서 라디에이터의 성능 개선은 공기측(핀)의 개량이 효과적이다.

6.4 냉각수 펌프

6.4.1 냉각수 펌프의 작용

냉각수 펌프(water pump)는 수냉식 기관에서 냉각수를 기관 내의 물 재킷으로 압송시켜 실린더 및 실린더 헤드의 물 재킷과 라디에이터 사이를 순환시키는 일을 한다.

6.4.2 냉각수 펌프의 구조

냉각수 펌프는 보통 기관 실린더 블록 앞 부분에 위치하며 냉각 팬 축과 함께 크랭크축으로부터 V벨트에 의해서 구동되는 경우와 전동기에 의하여 구동된다. 냉각수 펌프의 구조는 그림 6·8과 같이 2~6개의 베인(vane)을 가진 임펠러(impeller)와 펌프 케이스로 구성된 원심 펌프가 많이 쓰인다. 회전 속도는 크랭크축의 1.2~1.6배 정도이다.

이 펌프 케이스 속에 임펠러가 크랭크축의 회전에 의하여 고속 회전하므로 냉각수는 임펠

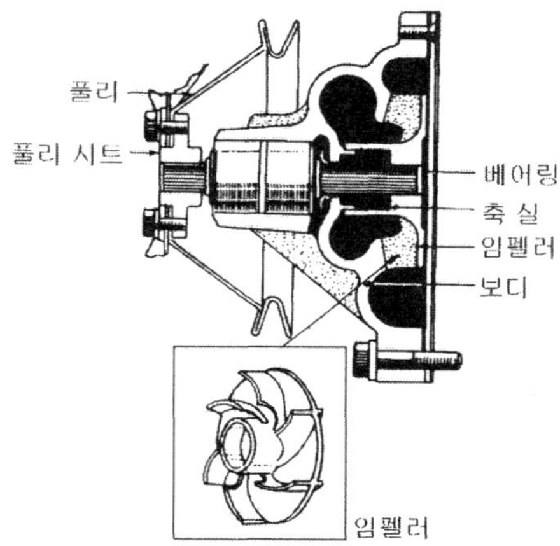

그림 6·8 냉각수 펌프

러 중심으로 흡입되어 반지름 방향 바깥쪽으로 유출하려는 원심력에 의하여 배출구 쪽으로 나가서 실린더 블록의 물 재킷으로 압송된다.

회전차인 임펠러의 축은 1개 또는 그 이상의 베어링에 의하여 지지되고, 냉각수가 베어링과 축의 둘레에서 누설되지 않도록 끼워진다. 물 펌프의 냉각유량은 1 PS당 1~2 l/min이고, 냉각액 출·입구의 온도차는 7~10℃ 정도이다.

6.5 냉각 팬

6.5.1 냉각 팬의 작용

냉각 팬(cooling fan)은 라디에이터 앞면으로부터 공기를 흡입하여 라디에이터 내의 냉각수의 방열 냉각 효과를 증진시키는 일을 한다. 그림 6·9 (a)는 냉각 팬의 작용을 표시한 것이고, 그림 6·9 (b)는 전동 팬을 나타낸 것이다.

냉각수는 라디에이터 위 물탱크에서 아래 물탱크에 연결된 코어를 흐를 때 열을 공기에 방산하는 냉각 열량을 크게 하기 위하여 냉각 팬을 설치한다. 또한, 자동차가 정지하였을 때 냉각 효과를 증진시킨다.

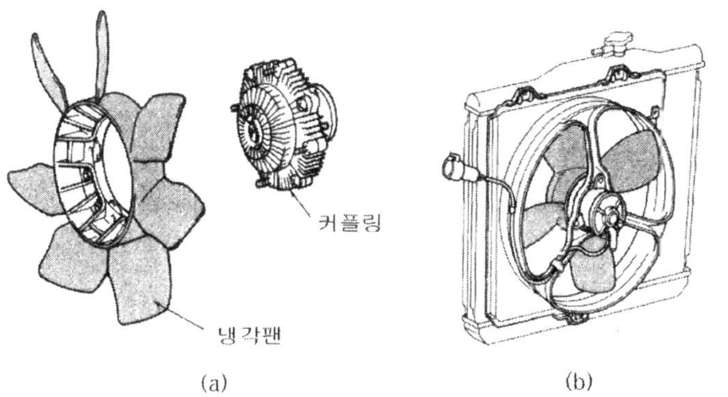

그림 6·8 냉각수 펌프

6.5.2 냉각 팬의 구조

냉각 팬은 실린더 블록 앞면 라디에이터 뒤에 위치하며 크랭크축의 회전에 따라 V벨트에 의하여 발전기와 함께 회전되는 경우가 많다. 냉각 팬은 강판으로 만들어지며 팬 날개의 수는 4~7개의 것이 많이 사용되며, 팬 날개의 수가 증가되면 흡입 공기량이 많아진다.

냉각 판의 바깥지름은 400~500 mm 정도로 만든다. 팬은 발전기와 함께 1 또는 2개의 V 벨트로 구동되는데, 이 벨트의 장력이 너무 크면 물 펌프축 및 발전기 축과의 베어링 사이의 마멸과 손상이 커진다. 장력이 너무 늦추어져 벨트의 헐거움이 클 때는 팬의 회전과 발전기의 회전 불충분으로 기관이 과열되거나 발전기의 충전 부족으로 발전기의 효율이 저하되기 쉽다. 따라서 팬 벨트의 장력은 항상 일정하게 유지하여야 한다.

팬 벨트의 헐거움은 팬 풀리와 발전기 풀리 사이를 강철자 또는 손으로 눌러 13~20 mm 정도의 눌림이 있으면 좋다. 장력의 조정은 발전기 설치 위치 조절 나사를 풀고, 조절 링크를 적당히 조절하면 된다.

6.6 수온 조절기

6.6.1 수온 조절기의 작동

수온 조절기(thermostat)는 냉각수의 온도를 자동적으로 조절하여 기관의 온도를 일정하게 유지하는 역할을 한다. 기관이 가장 효율 좋게 운전될 수 있는 냉각수 온도는 80~90℃이다. 그러므로 냉각수의 온도가 낮을 때에는 냉각수의 흐름을 막아서 불필요한 냉각수의 방열을 방지하기 위하여 일정한 온도를 유지하고, 다시 냉각수의 온도가 상승하면 수온 조절기가 열리어 라디에이터를 통하여 냉각시킨다.

6.6.2 수온 조절기의 구조

수온 조절기는 실린더 블록과 라디에이터 사이의 실린더 헤드쪽에 위치하며 벨로즈(bellows)와 밸브(valve)로 구성된다. 기관이 과냉되었을 때, 또는 기관을 처음 시동할 때에 기관의 온도는 낮으므로 수온 조절기의 벨로즈가 수축되어 밸브가 닫히어 냉각수 통로를 막아 준다. 따라서 냉각수는 기관 내를 순환하여 곧 따뜻해져서 기관의 알맞는 온도를 유지시켜 과냉을 방지한다. 또한 냉각수의 온도가 일정 온도 이상으로 상승하면 밸브가 열려서 냉각수가 라디에이터의 위 물탱크를 거쳐 물 펌프에 의하여 다시 물 재킷의 내부로 순환한다.

수온 조절기의 벨로즈 속에는 휘발성이 높고, 온도 변화에 민감하게 작용되는 왁스, 에테르(ether) 또는 알코올 등의 액체를 봉입하여, 냉각수 온도 변화에 따라서 신축하여 밸브를 개폐시킨다.

지금 냉각수의 온도가 낮다면 벨로즈가 수축하여 밸브를 닫는다. 따라서 냉각수가 라디에이터로 흐르는 것을 제한하여 물 재킷 내에서만 순환하게 된다. 그리고 냉각수의 온도가 상승하면 벨로즈가 팽창되어 밸브가 열려서 냉각수는 라디에이터로 흘러 들어가 냉각된다.

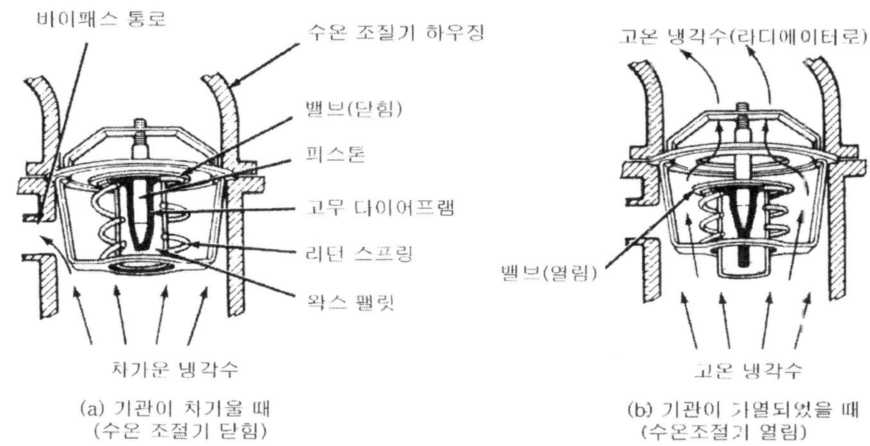

그림 6 · 10 왁스 펠릿형 수온 조절기의 구조와 작동

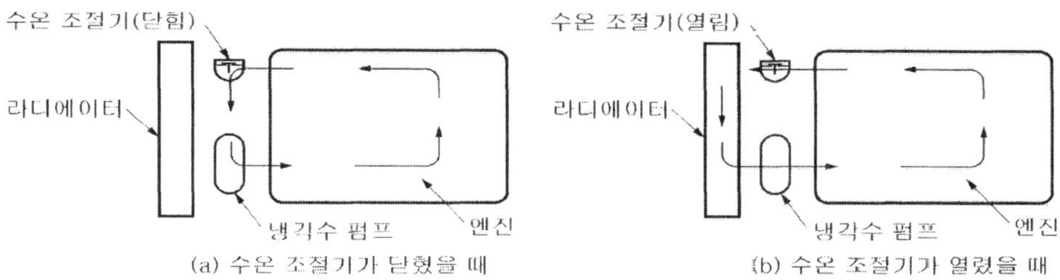

그림 6 · 11 냉각수의 흐름

수온 조절기는 실린더 헤드 냉각수 출구의 엘보(elbow)에 설치된다.

수온 조절기 밸브는 냉각수 온도가 저온일 때 완전히 닫히고 고온에서 완전히 열리는 것이 보통이다. 그림 6 · 11은 수온 조절기의 개폐에 따른 냉각수의 흐름을 나타낸 것이다. 이 외에도 바이메탈식(bimetal type)을 이용한 수온 조절기가 있다. 이것은 바이메탈을 밸브에 붙여 냉각수의 온도가 상승하면 밸브가 열리고, 냉각수의 온도가 저하하면 수축되므로 밸브는 닫힌다.

6.7 수온계

6.7.1 수온계의 작용

수온계는 운전실 계기판에 위치하며 물 재킷 속의 냉각수 온도를 지시하는 온도 계기에는 수온 지시등, 전기식 게이지, 전자식 게이지, 디지털식 게이지가 있다. 냉각수의 온도는 평균 80℃가 가장 알맞고, 그 이하일 때에는 연료의 증발이 이루어지지 못하게 되고, 일부가 응결하여 윤활유에 혼입되어 오일을 희석시키는 원인이 되기 쉽다.

6.7.2 수온계의 종류

〔1〕 수온 지시등

수온 지시등(indicator light)은 그림 6·12와 같이 서모스태틱 블레이드(thermostatic blade)의 작동에 의하여 점등된다. 냉각수와 스위치가 가열되면 블레이드가 휘어진다. 냉각수 온도가 비등점 가까이에 가게 되면 블레이드는 스위치의 안쪽에 있는 단자에 접촉하게 된다. 이렇게 되면 회로가 구성되어 계기 패널에 온도 램프가 점등된다.

〔2〕 전기식 수온 게이지

전기식 수온 게이지(electric gauge)는 밸런스 코일식이라고도 부르며, 게이지부와 유닛부로 구성된다. 게이지부는 수온 지시부로서 유압계와 같은 구조이며, 유닛부는 온도 변화에 따라 저항이 변화하는 저항체를 사용하고 있다. 이 저항체로는 일반적으로 서미스터(thermister)라고 하는 반도체를 사용하는 것이 많다. 이 저항체는 저온에서는 저항이 커지고 온도가 증가할수록 저항이 적어지는 성질을 갖는다. 그러므로 냉각수의 온도가 저하하면 이 저항체의 저항이 커져서 좌측 코일의 자력이 강하므로 왼쪽(저온)으로 지침이 움직이고, 냉각수의 온도가 상승하여 저항이 적어지면 우측 코일의 자력이 커지므로 지침은 고온부로 흡인되어 고온을 나타낸다.

그림 6·13은 전기식 수온계의 구조를 표시한 것이다.

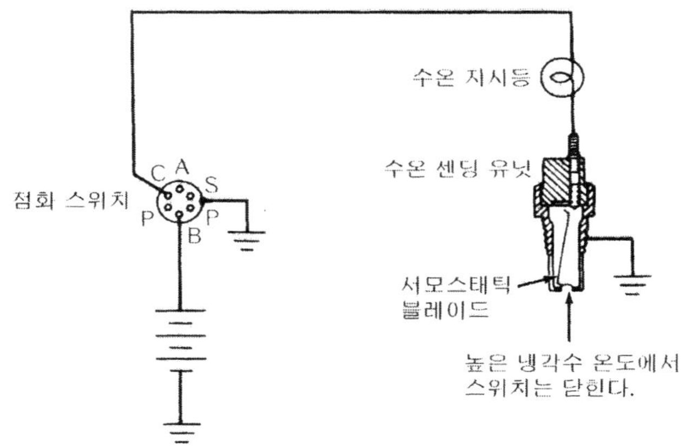

그림 6·12 냉각 수온 지시기 회로

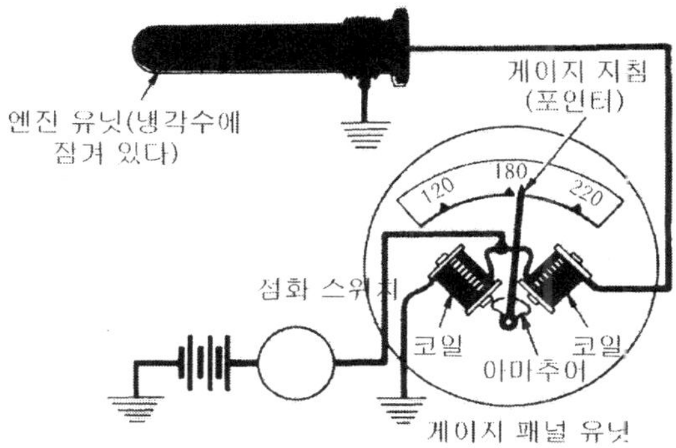

그림 6 · 13 전기식 수온계 회로

〔3〕 전자식 수온 게이지

전자식 수온 게이지(electronic gauge)는 수온을 전자 계기 클러스터(instrument cluster)에 나타내는 게이지이다. 예를 들면 수온을 막대 그래프로 나타내며 온도가 지나치게 높을 때는 운전자에게 경고음 또는 경고 신호를 보내는 구조로 되어 있다.

〔4〕 디지털 수온 게이지

디지털 수온 게이지(digital gauge)는 냉각수 온도를 디지털 수온계로 나타내는 방식이 냉각수 온도를 수치로 나타내어 항상 수온을 정확히 지시하도록 디스플레이한다.

익힘문제

1. 냉각의 목적에서 냉각 방식에 대하여 설명하라.
2. 부동액의 종류와 혼입 비율에 대하여 설명하라.
3. 라디에이터의 구조를 설명하고 압력식 캡의 기능에 대하여 상술하라.
4. 라디에이터의 용량 설계식을 쓰고 설명하라.
5. 수온 조절기의 구조와 기능에 대하여 설명하라.
6. 냉각 시스템에 고장이 발생하면 기관의 운전 상태는 어떻게 되겠는가?
7. 수온계의 종류를 들고 설명하라.
8. 냉각수의 순환 과정에 대하여 설명하라.
9. 부동액의 혼입 비율과 동결점에 대하여 조사하여 보라.

7 연료 장치

7.1 가솔린 기관의 연료

7.1.1 자동차용 연료의 구비 조건

자동차용 기관 연료로서 갖추어야 할 조건은 다음과 같다.

(a) 기화 및 연소 속도가 빠를 것.
(b) 발열량이 클 것.
(c) 연소에 의하여 기관 내부에 카본이 유리되지 않을 것.
(d) 연료와 공기의 혼합기가 높은 압력에서 자연 발화하지 않을 것.
(e) 연소한 가스가 해롭지 않을 것.

7.1.2 가솔린의 제조

가솔린은 천연산 원유를 분류 정제한 것이다. 가솔린은 산지에 따라 그 조성이 다르며 제조 방법에 의해서도 다르다. 가솔린은 그 화학 성분으로 탄소와 수소의 유기 화합물인 탄화수소의 화합물인데, 이것을 분류하면 다음과 같다.

〔1〕 파라핀계(parafin series)

분자식은 C_nH_{2n+2}로 표시되며, 예를 들면 메탄(CH_4), 에탄(C_2H_6), 프로판(C_3H_8), 부탄(C_4H_{10}), 펜탄(C_5H_{12}), 헥산(C_6H_{14}), 옥탄(C_8H_{18}), 세탄($C_{16}H_{34}$) 등이 있다. H_2 함량이 많고, 발열량이 높으며 연소시키기 쉽다.

〔2〕 나프틴계(naphthene serise)

분자식은 C_nH_{2n}으로 표시되며, 예를 들면 시클로펜탄(C_5H_{10}), 시클로헥산(C_6H_{12}), 에틸 시클로헥산(C_8H_{16}) 등이 있다. 연소성질은 파라핀계와 방향계의 중간 정도인데 파라핀계에 가깝다.

〔3〕 방향계(aromatic series)

분자식은 C_nH_{2n-6}으로 표시되며, 예를 들면 벤젠(C_6H_6), 톨루엔($C_6H_5CH_3$) 등이 있으며 가솔린의 함유율은 5~15% 정도이나 안티 노크성(anti-knock quality)이 크다.

원유는 여러 가지 탄화수소의 혼합물이므로 이들의 끓는점의 차이를 이용하여 몇 가지 성분으로 나눌 수 있는데, 이것을 분류(分溜)라고 한다. 분류하여 얻은 연료에는 유황, 산소, 회분 등의 여러 가지 불순물이 섞여 있으므로 이들을 정제(精製)하여야 한다.

원유를 증기 가마에 넣고 가열하면 먼저 끓는점이 낮은 가솔린이 증류되고, 차차로 끓는점에 따라 등유(燈油), 경유(輕油), 중유(重油) 등이 차례로 분류되며, 마지막 잔재로서 피치, 코크스 등이 남는다. 여기에서 분류되어 나온 것을 각각 증류하면 더 나눌 수 있다.

표 7·1에서 나타낸 바와 같이 원유를 증류하여 만들며 비중은 약 0.65~0.75이다. 이 휘발유를 영국에서는 페트롤(petrol), 미국에서는 가솔린(gasoline)이라고 부른다.

표 7·1 석유의 분류

이 름	비점 범위 (℃)	비 중	고발열량 (MJ/kg)	용 도
나프사 가솔린	<250 <200	0.65~0.75	46.1 46.1	자동차, 비행기 등의 연료
등유	180~300	0.79~0.85	41.9	가정용 연료, 제트/석유 기관 연료
경유(디젤유)	250~360	0.83~0.88	41.9	고속 디젤 기관 연료
중유	>350	0.83~0.97	37.7~41.9	디젤 기관 연료, 일반 연료, 발전
피치	남은 찌꺼기		35.6	보일러

7.1.3 가솔린의 특성

가솔린이 가지고 있는 특징은 다음과 같다.

(a) 무색 투명한 휘발성 있는 액체이다(안티 노크제를 혼입한 경우 착색한다).

(b) 기화가스는 공기와 혼입하기 쉽고, 특유한 냄새를 가진다.

(c) 저온에서 기화한다.

(d) 인화점(−10~15℃)이 낮아 인화하기 쉽고, 공기와의 혼합물은 폭발성이 있다.

(e) 비중이 0.65~0.75로 물보다 가볍다.

(f) 고무 및 유지류를 융해한다.
(g) 발열량이 크다.
(h) 연소 후 잔류 탄소분이 적다.

7.2 연 소

7.2.1 가솔린 기관의 연소 과정

가솔린 기관에서의 연소는 실린더 내의 연료와 공기의 혼합기를 흡입하여 압축 행정에서 점화하기 쉬운 상태가 되도록 그 온도와 압력을 높여준 다음 점화 플러그에 의하여 점화한다. 이와 같이 점화 플러그 불꽃의 화염에 의하여 화염 전파가 되면서 연소되는 것을 정상 연소라고 한다. 여기서 화염 전파란 혼합기가 점화에 의하여 화학 반응이 진행되는 현상이다.

실린더 내에서 혼합기의 연소 과정은 크랭크각이 상사점 전 5~30°일 때 점화 플러그 불꽃에 의하여 점화되어, 연소가 일어난다. 연소의 진행과 더불어 실린더 내의 가스 압력은 급격히 증가하여 상사점 후 5~10° 부근에서 최고 압력에 달한다.

그림 7·1과 같이 혼합기가 점화 플러그의 불꽃에 의하여 점화되면 연소가 시작된다. 이 때의 연소 상태는 화염면이 거의 균일한 속도로 실린더 내의 미연 혼합기 부분으로 전파된다. 이 경우 정상 연소 속도는 20~30 m/s 정도이고, 실린더 내의 가스 온도도 1500~2000℃ 정도로 매우 높아진다. 이와 같이 실린더 내에서 혼합기의 연소 상태는 점화 시기, 연소 속도, 연료 공기의 혼합비 등에 크게 영향을 받는다.

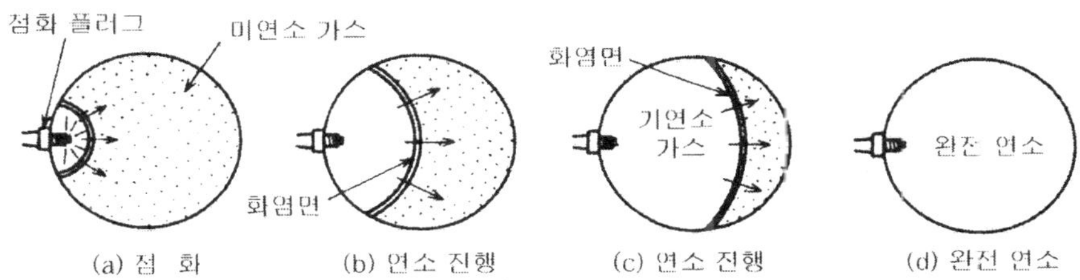

그림 7·1 정상 연소시의 화염 전파

7.2.2 가솔린 기관의 이상 연소

가솔린 기관 연소실 내에서 정상 연소가 이루어지면서 운전되는 동안에는 기관이 정상적인 작동을 하게 되나, 기관 내부의 여러 가지 원인에 의하여 다음과 같은 이상 연소(abnormal combustion)가 발생한다.

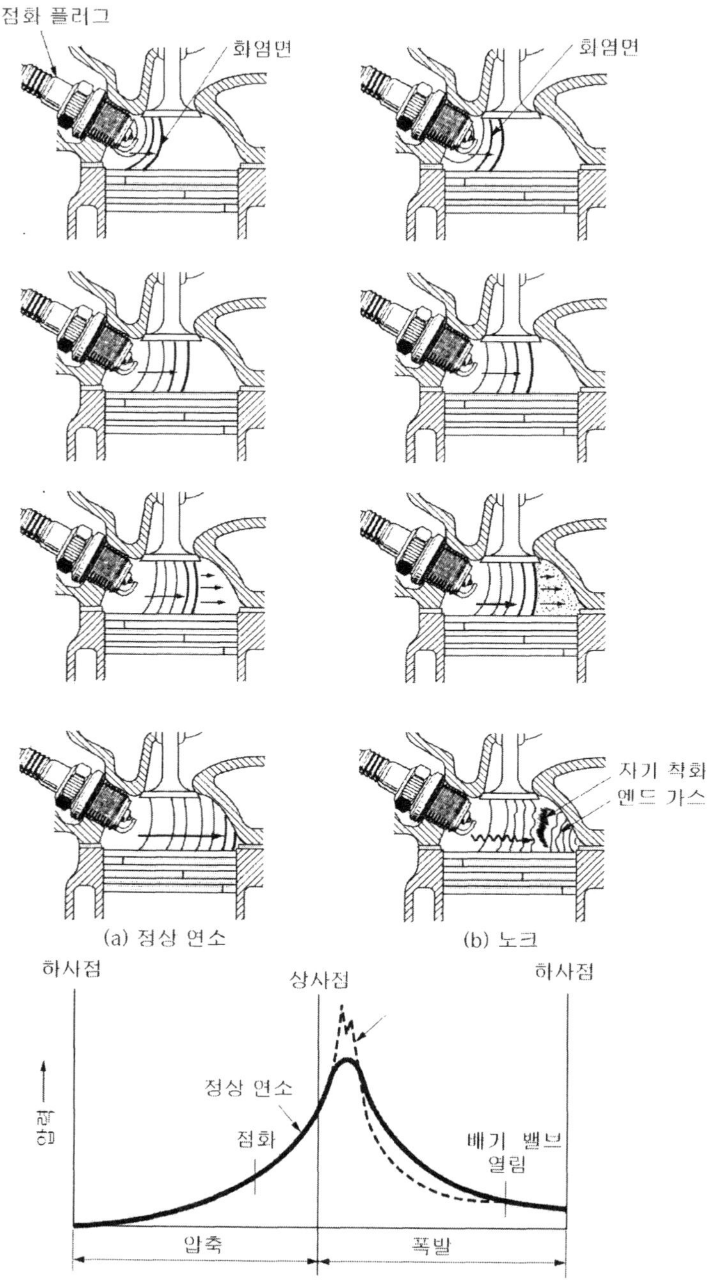

그림 7·2 정상 연소와 노크

〔1〕 조기 점화

실린더 내의 어떤 원인으로 기관이 과열 상태로 되었을 때 전화 플러그나 밸브 등의 고온 부분이 점화원이 되어 정규 점화 시기보다 먼저 혼합기가 발화하여 연소가 일어나게 된다. 이와 같은 현상을 **조기 점화**(preignition)라고 한다. 이러한 현상이 가벼울 때에는 운전 부조화가 되는 정도이나 심할 때는 피스톤, 실린더 등이 소손되는 경우도 있다.

〔2〕 가솔린 기관의 노크

기관 내에서의 연소는 정상 연소를 이루어야 하나, 가솔린 기관의 경우 **화염면**(火炎面)이 전파될 때 혼합기의 미연 부분(엔드 가스 부분)이 어떤 원인에 의하여 순간적으로 연소하는 자기 발화를 일으켜서 연소실 내에 큰 압력 불균형을 발생한다. 이 때 발생한 압력 파동은 연소실 벽에 충격적으로 가해져서 실린더 벽을 해머로 두드리는 것과 같은 예리한 금속음과 진동을 발생하며 운전 부조화, 출력 저하, 심할 경우에는 피스톤이나 밸브 등을 소손시키는 원인이 되기도 한다. 이와 같은 현상을 **노크**(knock) 또는 **노킹**(knocking)이라고 한다.

〔3〕 노크가 기관 성능에 미치는 영향

노크는 실린더 내 혼합기의 이상 연소에 의하여 가스의 강제 진동과 부분적 급격한 압력 파동이 생기므로 노크가 발생되면 다음과 같은 피해가 생긴다.

(a) 실린더 내의 가스 온도가 상승하여 과열된다.

(b) 연소 가스가 가지고 있는 에너지가 열로써 실린더에 다량으로 열전달되어 이동되므로 기계적 에너지로의 변화율이 적어져서 기관 열효율이 저하된다.

(c) 기관 출력이 저하되고 마력당 연료 소비율이 커진다.

(d) 최고 압력이 커지므로 기관 각부 응력이 증가된다.

이와 같이 노크가 발생하면 열효율이 저하되어 기관 출력이 저하된다.

노크가 계속되면 실린더의 심한 온도 상승이 되어 기관의 과열을 가져오그로 이 결과 윤활유를 변질하여 슬러지를 형성하며 또한 실린더와 피스톤의 가스 누설을 가져온다. 따라서 실린더 헤드 소손 및 피스톤과 링, 실린더 등이 소결되기 쉽다.

밸브 시트에도 이와 같은 과열에 따라 손상을 가져오며, 흡기 온도가 높아져서 더욱 노크가 일어나기 쉬운 상태가 된다.

〔4〕 노크의 방지법

노크는 연료 공기의 혼합기가 정상적인 연소, 즉 점화 플러그에 의하여 점화되어 연소가 진행중 미연소 가스의 압력과 온도가 상승하여 자연 발화되기 쉬운 상태가 되었을 경우에 미연소 가스가 자연 발화하여 급격한 진동과 노크음을 발생시키게 된다.

노크가 발생하면 기관 성능을 저하시키고 심하면 기관의 과열에 따른 파손을 초래하게 되므로 다음과 같이 방지하여야 한다.

노크를 방지하려면 먼저 고온 고압에서 화학적으로 안정한 연료, 즉 노크를 일으키기 어려운 연토를 사용하여야 하고, 기계적인 면에서 기관 구조에 따라 연소실의 형식, 압축비, 흡기 온도, 실린더의 온도 분포 상태, 점화 플러그의 위치, 점화 시기 등을 노크를 억제할 수 있도록 다음과 같은 대책이 필요하다.

〈노크의 방지 대책〉

(a) 노크를 일으키기 어려운 연료(안티 노크성이 큰 연료)를 사용한다.

(b) 미연소 가스의 온도와 압력을 저하시킨다.

(c) 혼합기의 점화 부분(점화 플러그)으로부터 말단 혼합기까지 거리를 짧게 한다.

(d) 기관 설계시 피스톤 헤드부에 과열 부분이 생기지 않도록 밸브, 점화 플러그를 배치하여 압축 행정 중 와류를 발생시키는 구조로 한다.

(e) 기관 연소실 실린더 벽 등 기관 내부에 카본이 퇴적되지 않도록 한다.

(f) 연료의 착화 지연 기간을 길게 하여 미연소 부분의 자연 발화가 생기지 않도록 한다.

(g) 안티-노크제를 사용하여 점화 지연 기간을 길게 한다.

〔5〕 옥탄가

노크가 발생하는 것은 기관의 구조, 운전 조건 등에 따라 상이하며, 연료의 종류, 성질에 따라서도 다르다.

연료가 노크를 일으키기 어려운 성질을 안티-노크성 또는 제폭성(制爆性)이라 하고, 이것을 양적으로 표시한 것이 옥탄가(octane value 또는 octane number)이다. 기관에 사용되는 연료는 옥탄가가 높은 것일수록 노크가 일어나기 어렵고 낮은 것일수록 노크가 일어나기 쉽다. 기관의 열효율을 높여서 출력과 성능을 향상시키기 위해서는 압축비를 높이고 노크를 발생시키지 않는 가솔린을 사용하여야 한다. 따라서 노크의 발생을 적게 하기 위해서는 옥탄가가 높은 연료인 것이 요구된다.

어떤 연료의 옥탄가를 측정하고자 할 때에는 먼저 기관의 압축비를 증가시킬 수 있는 연료 시험 기관인 가변 압축비 기관(CFR기관)이 사용된다. 연료 시험용으로 쓰이는 CFR 기관은 Cooperative Fuel Reserarch Committee의 약자이다. 이 기관은 4 행정 사이클식으로서 압축비를 변화시킬 수 있는 기관으로 직립형, 오버헤드 밸브식이다.

기관의 형식과 크기는 실린더 지름 82.6 mm, 행정 114.3 mm인 직립형 단 실린더 기관이고, 압축비를 변경시킬 수 있는 기관이다.

지금 어느 기관에 사용되는 연료의 옥탄가를 측정하려면, 먼저 시험하고자 하는 연료를 사용하여 CFR 기관을 운전하여 압축비를 변화시켜 가다가 어떤 압축비에서 노크가 발생되면 이 때의 노크의 세기를 기록한다.

다음 이 연료의 옥탄가를 양적으로 알아보려면 표준 연료인 안티-노크성이 가장 큰 이소

옥탄(iso-octane, C_8H_{18})의 안티-노크성을 100으로 잡고, 안티-노크성이 가장 작은 노르말 헵탄(normal heptane, C_7H_{16})의 안티-노크성을 0으로 하여 이것을 표준 연료로 사용한다. 이 표준 연료를 적당히 혼합하여 이 시험 기관을 사용하면서 압축비 및 체적 혼합비를 적당히 조절하여 운전하다가 먼저 시험한 연료와 같은 압축비에서 같은 세기의 노크가 발생되었을 때 이 표준 연료 중에 포함된 이소-옥탄의 함유량을 체적의 퍼센트로 표시한 것을 옥탄가라고 한다.

한 예로서 어떤 가솔린을 사용하여 시험 기관을 운전하였을 경우의 노크 정도가 이소-옥탄 70%, 노르말 헵탄 30%인 표준 연료를 사용했을 때와 같은 압축비에서 같은 세기의 노크를 일으켰다면 이 가솔린의 옥탄가는 70이다.

옥탄가는 다음 식으로 표시할 수 있다.

$$\text{옥탄가} = \frac{\text{이소옥탄(체적)}}{\text{이소옥탄(체적)} + \text{노르말 헵탄(체적)}} \times 100 \qquad (7 \cdot 1)$$

참고로 CFR 옥탄가 측정 조건은 표 7 · 2와 같다.

표 7 · 2 CFR 옥탄가 측정 조건

작동 조건	리서치법	모터법
회전 속도(rpm)	600±6	900±9
윤활유 점도 SAE	30	30
윤활유 온도(℃)	57±8	37±8
윤활유 압력(MPa)	0.18～0.21	0.18～0.21
냉각수 온도(℃)	100±2	100±2
흡기 온도(℃)	52±1	38±14
점화 진각 BTDC	13° 일정	$r=5 \rightarrow 26°$ $r=6 \rightarrow 22°$ $r=7 \rightarrow 19°$ } 변화
혼합기 온도(℃)	규정하지 않음	149±1
노크 판별	바운싱 핀	바운싱 핀

〔6〕 안티-노크제

가솔린은 원유의 종류 및 제법에 따라 그 화학적 조성이 상이하고 안티-노크성도 다르다. 가솔린은 기관의 고압축에 견딜 수 있도록 안티-노크성이 높은 연료, 즉 옥탄가가 높은 것을 사용하는 것이 좋다. 가솔린의 옥탄가를 높이기 위하여 첨가하는 약품을 안티-노크제 또는 제폭제라고 한다. 제폭제는 4에틸납, 벤졸, 알코올 등이 있다.

〔7〕 연소에 영향을 미치는 인자

(1) 혼합비의 영향

최대 출력을 내는 혼합비에서 화염 전파 속도가 가장 커진다. 이것은 이론 혼합비보다 약간 농후한 혼합비일 때이며, 이 때 실린더 내 폭발력은 최대가 되고 따라서 기관 출력도 최대가 된다. 그러나 반대로 혼합비가 희박하면 연소 속도가 저하되고, 후연(後燃, after burning)이 생겨서 기관 출력이나 효율을 저하시키기 쉽다.

(2) 점화 시기의 영향

혼합기의 점화 시기는 상사점 전 크랭크 각도로 표시한다. 기관 실린더로 흡입된 공기-연료의 혼합 가스는 압축 행정을 하는 피스톤의 상승 운동에 의해 연소하기 쉬운 상태로 압축되어 그 온도와 압력이 상승하게 되는데, 압축 행정 끝에서의 혼합기는 실린더 내 잔류 배기가스, 실린더의 온도, 압축에 의한 온도 상승으로 약 400~500℃의 온도가 된다. 압축 혼합기의 점화는 상사점 전 20℃ 전후하여 전기 스파크에 의해 점화되거나, 혼합 가스가 완전 연소하기까지는 약간의 지연이 생기게 된다.

그러므로 점화시기는 혼합기의 완전 연소에 요구되는 시간을 주기 위해 피스톤이 상승하여 압축 행정을 하는 동안 상사점 20℃ 전후하여 점화하는 것이다. 혼합기의 점화가 너무 늦으면 상사점에서 온도와 압력의 상승이 저하되고 배기 온도가 상승하므로 기관 출력과 효율이 저하된다. 반대로 점화 시기가 너무 빠르면 상사점에서 지나친 온도와 압력이 과도히 높아져서 해롭다.

(3) 회전 속도의 영향

실린더 내 혼합기의 연소 속도는 기관이 회전 속도가 증가함에 따라서 증가한다. 회전 속도가 증가하면 실린더 내로 흡입되는 혼합기의 유입 속도가 빨라지고 실린더 내 혼합기의 국부적인 유과 와류(渦流)가 증가되므로 연소 속도가 빨라지게 된다. 따라서 혼합기에 와류가 발생되어 화염 전파 속도가 증가되면 연소 속도는 빨라진다.

(4) 조기 점화에 의한 영향

실린더가 지나치게 과열되면 피스톤이 압축 행정 중 점화 시기에 달하기 전에 점화 플러그 또는 배기 밸브 등의 과열로 인하여 점화가 일어나게 되는데 이것을 조기 점화라고 한다. 조기 점화가 발생하면 가벼운 운전 상태에서는 기관 작동의 부조화를 일으키며, 압축 행정에 압력 상승이 증가하여 피스톤의 압축 방향과 반대 방향으로 힘이 작용하게 되므로 불필요한 일을 증가시켜 성능이 저하된다.

(5) 흡기 온도의 영향

흡기관 내의 압력이 증가하면 화염 속도는 증가되고, 일반적으로 흡기 온도가 증가하면 혼합기의 점도가 증가하여 연소 속도가 감소되는 경향이 있다.

(6) 공기 중 수분의 영향

공기 중의 수분이 증가함에 따라 화염 전파 속도가 감소한다. 따라서 연소 속도도 감소된다.

(7) 배기 압력의 영향

배기 압력이 증가하면, 실린더 내 연소 가스의 완전 배기를 저항하는 배압(背壓)이 생긴다. 그러므로 배기 압력이 증가되면 실린더 내 혼합 가스 속에 연소에 의한 잔류 가스의 함유율이 증가되어 연소 속도를 감소시킨다.

〔8〕 가솔린 연소의 화학 방정식

(1) 연소 기초식

석유, 천연 가스 등 공업적으로 많이 사용되는 연료의 주된 가연 성분은 탄소(C)와 수소(H_2)이고, 소량의 황(S)을 함유하고 있다. 따라서 이들 세 원소의 연소 반응식이 연소 기초식이 된다.

$$C + O_2 = CO_2 - 407\ \text{MJ/kmol C} \qquad (7 \cdot 2)$$

$$C + \frac{1}{2}O_2 = CO - 123\ \text{MJ/kmol C} \qquad (7 \cdot 3)$$

$$CO + \frac{1}{2}O_2 = CO_2 - 284\ \text{MJ/kmol C} \qquad (7 \cdot 4)$$

$$H_2 + \frac{1}{2}O_2 = H_2O(g) - 241\ \text{MJ/kmol } H_2 \qquad (7 \cdot 5)$$

$$H_2 + \frac{1}{2}O_2 = H_2O(l) - 287\ \text{MJ/kmol } H_2 \qquad (7 \cdot 6)$$

$$S + O_2 = SO_2 - 297\ \text{MJ/kmol S} \qquad (7 \cdot 7)$$

이들 식 중에서 식 (7·5)를 살펴보면 정압하에서 H_2 1 kmol(2 kg)이 O_2 $\frac{1}{2}$ kmol(16 kg)과 연소하여 H_2O 1 kmol(18 kg)이 됨과 동시에 241 MJ의 열량이 발생되고 있음을 알 수 있다. 이들 식에서 보는 바와 같이 H_2O가 액상인가 기상인가에 따라 연소열은 H_2O 1 kmol(18 kg)의 증발열에 상당하는 열량만큼의 차이가 생긴다. 그러므로 연료의 발열량에는 연소생성물 중 H_2O가 물의 형태인 것은 **고발열량**(high heating value)이라 하고, H_2O가 증기의 형태인 것을 **저발열량**(lower heating value)라 한다.

연소용 공기 중에는 체적 조성으로 산소가 약 21%, 질소가 약 78.1%이고, 아르곤이 0.9%이다. 따라서 건조 공기는 21%의 산소와 79%의 질소로 구성되어 있는 것으로 생각하여 산소 1 mol이 연소실로 공급되면

$$\frac{0.079}{0.21} = 3.76\ \text{mol}$$

의 질소가 수반되어야 한다.

일반적으로 탄화수소계 연료 C_mH_n이 이론 공기로서 연소 반응할 때의 반응식은

$$C_mH_n + xO_2 + 3.76x\,N_2 \rightarrow aCO_2 + bH_2O + 3.76x\,N_2 \quad (7 \cdot 8)$$

가 된다. 이 식에 각 원소에 대한 질량 평형식을 세우면

탄소 : $m = a$

수소 : $n = 2b,\ b = \frac{n}{2}$

산소 : $2x = 2a + b,\ x = m + \frac{n}{4}$

가 된다. 따라서 연소 반응식은 다음과 같이 표시된다.

$$C_mH_n + \left(m + \frac{n}{4}\right)O_2 + 3.76\left(m + \frac{n}{4}\right)N_2 \rightarrow mCO_2 + \frac{n}{2}H_2O + 3.76\left(m + \frac{n}{4}\right)N_2 \quad (7 \cdot 9)$$

기관으로 공급되는 가솔린의 조성을 옥탄(octane)으로 보고 연소에 필요한 공연비를 구해 보기로 한다.

옥탄(C_8H_{18})의 연소 반응식은 식 (7 · 9)를 이용하면

$$C_8H_{18} + 12.5\,O_2 + 3.76(12.5)\,N_2 \rightarrow 8\,CO_2 + 9\,H_2O + 3.76(12.5)\,N_2 \quad (a)$$

공기 중에 포함되어 있는 산소와 연료의 혼합 비율을 구하려면 먼저 이들의 원자량을 구함으로써 혼합비의 중량비를 간단히 계산할 수 있다.

위의 식에서 각 원소의 원자량을 구하면 다음과 같다.

표 7 · 3 각 원소의 원자량

원소	원자량	원소	원자량
수소(H)	1	질소(N)	12
탄소(C)	12	산소(O)	16

식 (a)에 표 7·3의 원자량을 대입하면

옥탄 C_8H_{18} ………… $C_8 \longrightarrow 8\times12 = 96$

$H_{18} \longrightarrow 18\times1 = 18$

114

연료의 질량 $m_f = 1\times114 = 114$ kg연료

공기의 질량은 공기의 분자량이 28.97 kg/kmol이므로

공기의 질량 $= 12.5\times(1+3.76)\times28.97 = 1723.72$ kg공기

공연비 $AF = \frac{m_a}{m_f} = \frac{1723.72}{114} = 15.12$ kg 공기/kg연료

따라서 옥탄 1 kg를 연소시키려면 질량비로 공기 약 15 kg이 요구됨을 알 수 있다. 그러나 실제 기관에서는 기관의 운전 상태, 기온의 변화, 연료의 조성 등에 따라 혼합비가 달라진다.

7.2.3 디젤 기관의 연료

〔1〕 디젤 연료가 갖추어야 할 조건

디젤 기관은 연료로 경유를 사용하며, 디젤 기관의 연료가 갖추어야 할 필요 조건은 다음과 같다.

(a) 기관에 필요한 착화성(着火性)을 가질 것
(b) 사용 온도에서 적당한 점도를 가질 것
(c) 유해한 고형물(固形物), 부식 성분을 포함하지 않을 것
(d) 연소 생성물 중 고형물이 적을 것
(e) 연료의 증기압이 낮을 것
(f) 유황 화합물이 적을 것
(g) 납의 석출 온도가 낮고 비점이 낮을 것
(h) 저온에서 분사 펌프 작동 성능이 좋을 것

이상의 요구를 만족시켜 주기 위해서는 다음과 같은 디젤 기관 연료로서의 성질을 갖추어야 한다.

〔2〕 디젤 기관의 연소

디젤 기관에서의 연료의 연소는 가솔린 기관의 연소와는 다르다.

가솔린 기관은 연소실 내에 흡입되어 압축된 혼합기를 점화 플러그에 의하여 점화하여 폭발력을 얻는다. 그러나 디젤 기관은 압축 행정에서 생기는 고온 고압하의 공기 중에 연료를 분사한다. 고온 고압하의 증기 중에 분사된 연료는 실린더 내에서 압축열에 의하여 자연착화된다.

〔3〕 디젤 노크

(1) 디젤 노크(diesel knock)의 발생 원인

디젤 기관은 흡입된 공기를 고온 고압으로 압축한 다음 연료를 분사하면, 연료가 분사되는 순간 곧 착화하여 연소가 시작되는 것이 이상적이나 실제는 분사된 연토의 작은 입자는 그 주위의 공기로부터 받은 열에 의하여 증발이 일어나 그 증기가 공기와 접촉하여 자연 발화 온도에 달하였을 때 착화한다. 이 때 착화 지연 기간이 길면 착화가 일어날 때까지 분사된 연료의 양이 많아져서 착화가 시작될 때 일시에 연소하여 급격한 압력 상승이 일어나서 피스톤이나 실린더 벽에 충격적인 압력 파동을 주어 높은 금속음을 발생한다. 이것은 가솔린 기관의 노크음과 유사한 것으로서 디젤 노크 또는 연소 노크(combustion knock)라고 한다.

여기서 디젤 노크는 가솔린 노크와는 정반대로 착화 지연이 긴 것이 원인이 되어 발생한다.

디젤 노크가 계속되면 기관은 과열, 진동이 생기어 원활한 운전이 불가능하게 되어 기관의 손상을 가져온다.

이상에서와 같이 디젤의 노크가 발생되면

(a) 급격한 압력차 때문에 기관은 높은 금속음을 발생시킨다.

(b) 베어링이나 피스톤 헤드부, 밸브 등의 가동 부분에 충격이 가해져서 재료의 피로 현상에 의하여 파손되기 쉽다.

(c) 기관이 과열되어 출력이 저하한다.

(2) 디젤 노크의 방지책

디젤 노크는 연료의 착화 지연 기간이 길면 분사량이 많아져 일어나기 쉬우므로 가솔린의 기관 노크 현상과 반대로 착화 지연 기간을 짧게 해주면 된다.

착화 지연 기간을 짧게 하려면 기관의 운전 조건, 연료의 성질 등에 따라 다르나 착화성이 좋은 세탄가(cetane number)가 높은 것이 요구되며, 기관의 구조 및 운전 조건을 다음과 같은 상태로 유지하는 것이 좋다.

(a) 세탄가가 높은 연료를 사용할 것.

(b) 흡기 온도가 높고, 연소실 및 압축 온도가 높을 것.

(c) 분사 압력을 높여서 와류 형성을 용이하게 하고 연료의 미립화가 잘 이루어지게 할 것.

(d) 와류를 증가시키거나 압축 압력을 높게 할 것.

〔4〕 세탄가

세탄가(cetane number)는 디젤 연료의 착화성을 표시하는 방법으로 사용된다. 디젤 기관은 공기를 압축하여 이 압축열에 의하여 연료에 착화하여 외부로부터 화염을 접근시켰을 때 최저 온도인 발화점이 낮은 것이 요망된다. 디젤 기관의 착화성을 정량적으로 표시한 것이 세탄가이다.

착화성이 가장 좋은 세탄($C_{16}H_{34}$)의 착화성을 100으로 하고 착화성이 가장 나쁜 α-메틸 나프탈린($C_{11}H_{10}$)의 착화성은 0으로 하여 이들을 표준 연료로 하고, 어떤 시험 연료와 같은 착화 지연을 가질 때 표준 연료 속의 세탄의 함유량을 체적 퍼센트로 표시한 것을 세탄가라고 한다.

어떤 연료의 세탄가를 알고자 하면 CFR 기관을 사용하여 동일한 압축비에서 동일한 착화 지연 각도를 가지는 세탄 및 α-메틸 나프탈린의 혼합물 중 세탄의 체적 퍼센트가 이 시험 연료의 세탄가가 된다.

예로서 세탄가 60이라고 하면 세탄 60%, α-메틸 나프탈린 40%의 표준 연료와 같은 착화성을 가지는 것을 말한다. 따라서 세탄가가 높은 것일수록 착화성이 좋다.

연료 시험 기관은 CFR 디젤 기관으로서 실린더 크기는 가솔린의 경우와 같으며, 압축비는 8~22까지 변화시킬 수 있는 직립 단기통 기관이다. 기관의 운전 조건은 기관의 회전수가 900±9 rpm 물 재킷의 온도 100℃, 혼합기의 온도 65.5℃, 연료 분사 시기는 크랭크 각도로 상사점 전 13°, 분사량(13.0 ml/min)의 기관이다.

세탄가와 옥탄가의 관계를 살펴보면 세탄가가 높을수록 옥탄가는 저하되고, 옥탄가가 큰 연료일수록 세탄가는 적어진다. 다시 말하면 가솔린의 옥탄가는 안티-노크성이 큰 것, 즉 노크가 일어나기 어려운 연료를 말하고, 세탄가는 연료의 착화성이 큰 것을 표시하여 주고 있다.

〔5〕 가솔린과 디젤 노크의 비교

가솔린 기관의 노크는 연료와 공기의 혼합기를 점화 플러그에 의하여 연소될 때, 즉 미연소 가스의 압력이 높아져 자연 발화할 때 발생되고, 디젤 노크는 고온 고압으로 압축된 공기에 연료를 분사하여 착화할 때의 착화 지연에 의하여 생긴다. 가솔린 노크는 연소 도중 미연소 부의 자연 발화에 의하여 생기고, 디젤 노크는 압축 착화할 때이므로 연소가 시작될 때 발생한다.

그러나 가솔린 노크와 디젤 노크는 모두 급격한 압력 상승을 초래하는 점에서 기관에 나쁜 영향을 미치는 것은 마찬가지이다. 디젤 기관의 노크는 착화 지연 기간을 짧게 하여 노크가 발생되지 않을 것이 요망된다.

다음 표는 가솔린 기관과 디젤 기관 노크의 방지 대책을 비교한 것이다.

표 7·4 노크의 방지 대책의 비교

방지책 \ 기관별		가솔린 기관	디젤 기관
1	연료 착화 지연 기간	길게 한다.	짧게 한다.
2	연료의 착화 온도	높게 한다.	낮게 한다.
3	기관의 압축비	낮게 한다.	높게 한다.
4	흡기 온도	낮게 한다.	높게 한다.
5	흡기 압력	낮게 한다.	높게 한다.
6	실린더 벽의 온도	낮게 한다.	높게 한다.
7	기관의 회전 속도	빠르게 한다.	느리게 한다.

7.3 연료 공급 장치

연료를 연료 탱크로부터 실린더에 보내주는 장치를 연료 공급 장치(fuel feed system)라고 한다. 연료 공급 장치는 연료 탱크, 연료 펌프, 연료 여과기, 연료 공급관, 연료 인젝터 등으로 구성된다.

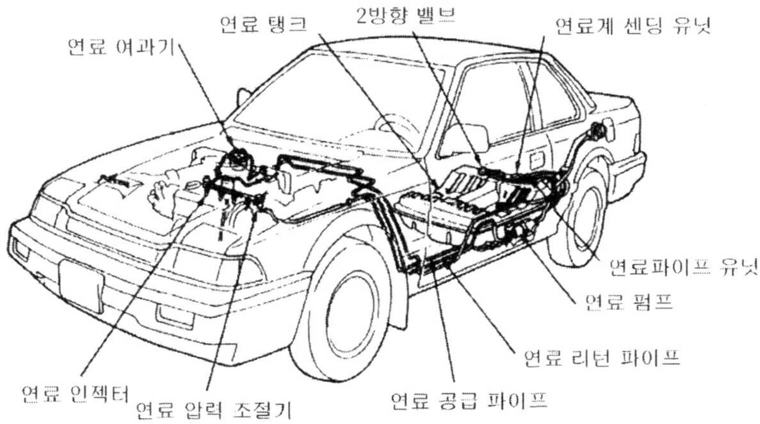

그림 7·3 연료 장치

7.3.1 연료 탱크와 연료계

〔1〕 연료 탱크

연료 탱크(fuel tank)는 그림 7·4와 같은 구조를 가지며 박강판의 내면에 아연, 주석 도금을 하여 산화를 방지할 수 있도록 만든다. 보통 연료 탱크 내부에 가솔린이 기관 작동 중 흔들림을 방지하기 위하여 배플판(baffle plate)을 설치한다. 연료 탱크의 설치 위치는 보통 자동차의 후단 및 트렁크 아래에 설치된다. 주유구 뚜껑에는 공기가 통할 수 있게 작은 구멍이 있다.

〔2〕 연료계

연료계는 연료 탱크 내의 연료의 양을 표시하는 게이지로서 현재 사용되는 연료계에는 전기식인 밸런스 코일식과 바이메탈식이 있다.

그림 7·5는 전기식 연료계를 표시한 것으로서 그 구조는 가변 저항기(탱크 유닛)와 게이지 유닛부로 구성된다. 가변 저항기는 탱크 속에 들어 있는 부자(float)에 의하여 저항을 변화시킨다. 탱크의 연료 양이 적을 때에는 탱크 유닛의 저항이 적어져서 이것과 직렬로 연결된 코일 1의 전류는 강해지고 병렬인 코일 2의 전류는 약해진다. 따라서 코일 1의 자력이 커지므로 철편을 흡입하여 지침은 E를 가리킨다. 연료를 넣으면 부자가 떠오르므로 가변 저항기의 저항이 증가하여 코일 2쪽에 흐르는 전류가 증가하므로 자력으로 철편을 흡입하여 지침은 F쪽을 가리킨다. 이외에도 탱크 유닛과 게이지 유닛의 양쪽에 열선을 감은 바이메탈을 직렬로 하여 전류를 통하도록 한 바이메탈식의 것도 있다.

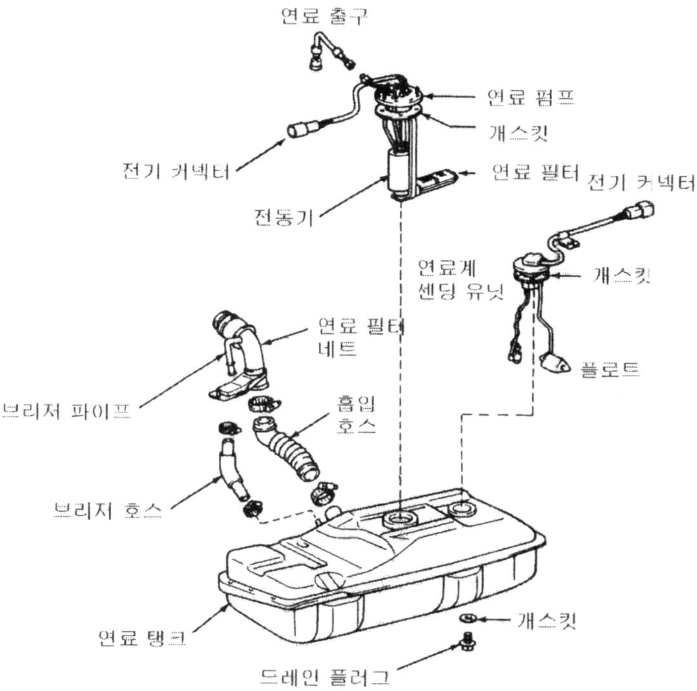

그림 7·4 연료 탱크

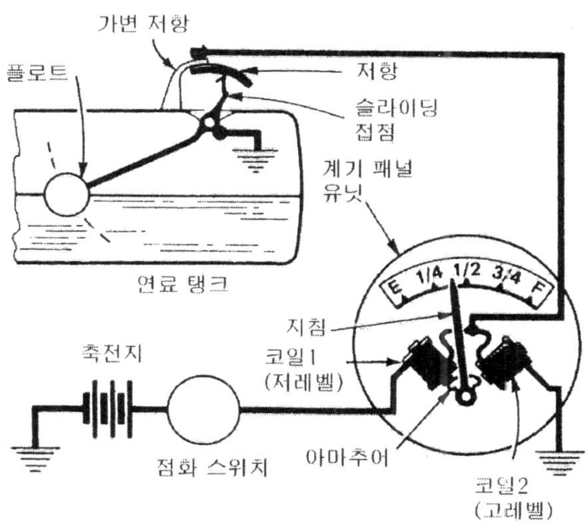

그림 7·5 연료 게이지

7.3.2 연료 펌프

연료 펌프는 기관의 작동시 그 운전 조건에 알맞도록 충분한 연료를 공급하여 주기 위하여 사용된다. 연료 펌프는 그 구조 및 작용에 따라 기계식과 전기식이 있으며 기화식 기관에는 기계식인 다이어프램 펌프가 사용되고, 연료를 전자 제어 분사하는 기관에서는 전기식 연료 펌프가 사용된다. 현재 사용되는 연료 펌프는 전기식이 사용된다.

〔1〕 기계식 연료 펌프(diaphragm pump)

가솔린용 기계식 연료 펌프에는 다이어프램 펌프가 가장 널리 사용되었다. 펌프에 의한 다이어프램(포막)의 상하 운동에 의하여 가솔린을 흡상하여 배출 작용을 하도록 되어 있는 펌프이다. 다이어프램 펌프의 구조는 그림 7·6에 표시된 바와 같이 캠축에 가공되어 있는 연료 펌프 구동 캠에 의하여 작동된다. 기관이 시동되어 캠축이 회전하면, 펌프 구동 캠에 의하여 로커 암이 작동되어 펌프실에 있는 다이어프램이 상하 운동을 하여 펌프 작용이 이루어진다.

이 때 다이어프램의 푸시로드가 로커 암에 의하여 아래로 잡아당겨지면 펌프실 내에는 진공이 생겨 흡입 체크 밸브가 열리어 대기압의 작용으로 가솔린은 펌프실 내로 흡입된다. 다음, 스프링에 의하여 다이어프램이 위로 밀어 올려지면 펌프실 내의 압력이 높아져서, 흡입 체크 밸브는 닫히고 배출 체크 밸브는 밸브가 열려 가솔린을 펌프실 밖으로 밀어내어 배출시킨다.

〔2〕 전동식 연료 펌프

전자 제어 연료 분사 장치의 연료 펌프는 그림 7·7과 같은 전동식 연료 펌프가 사용된다.

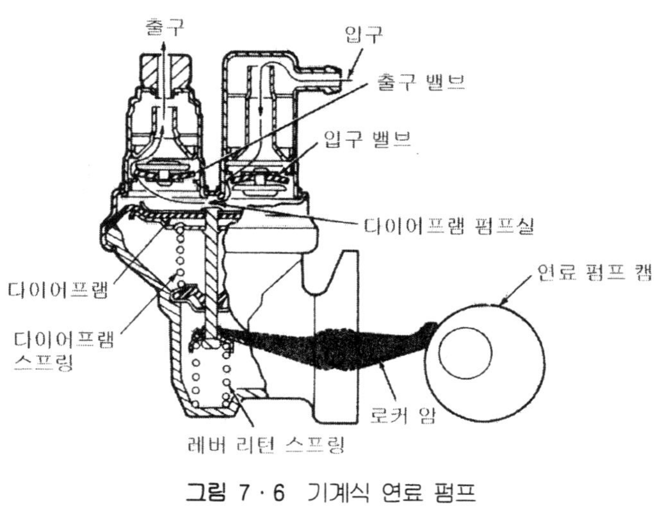

그림 7·6 기계식 연료 펌프

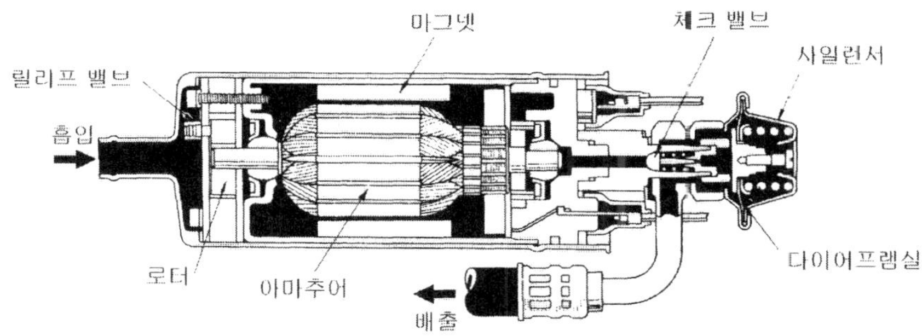

그림 7·7 전동식 연료 펌프(롤러식)

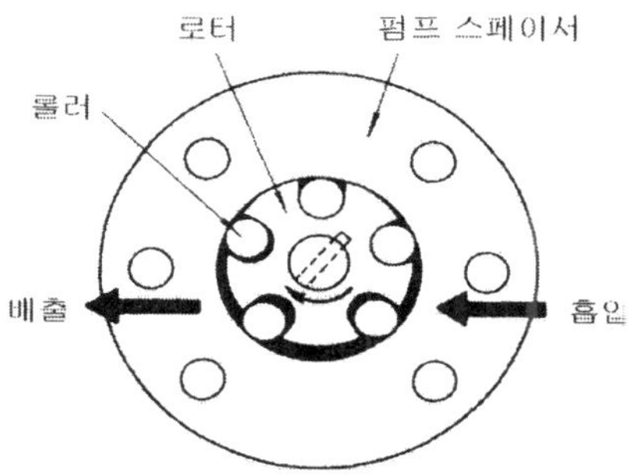

그림 7·8 펌프 단면

이 방식의 연료 펌프는 소형 전동기에 의하여 구동되며 보통 연료 탱크 내의 연료 속에 잠겨서 작동한다. 따라서 이와 같이 연료 속에 잠겨서 작동하는 펌프를 습식 연료 펌프(wet type fuel pump)라고도 한다.

연료 펌프는 전동기에 의하여 연속적으로 회전하는 롤러 펌프이다. 펌프를 나온 가솔린은 필터에서 여과된 다음 연료 라인을 따라서 압송되어 일부는 연료 분사 인젝터에 의하여 흡기 포트 또는 실린더 내에 분사되고, 일부는 압력 조정 밸브를 통하여 연료 탱크로 되돌아온다. 연료 라인의 압력은 흡기 매니폴드 압력보다 0.2~0.3 MPa 정도가 높게 유지된다. 한편 가솔린 직접 분사식(연료를 직접 실린더 내에 분사하는 방식)에서는 5 MPa 이상의 압력으로 분사된다.

7.3.3 연료 필터

연료 필터(fuel filter)는 연료 탱크로부터 기화기 또는 인젝터로 공급하는 도중에 연료 속에 포함되어 있는 불순물, 수분 등을 여과하는 장치이다. 연료 필터는 내부에 여과지나 금속망의 여과재를 넣어 연료 속의 먼지나 불순물 등을 여과한다. 연료 필터를 설치하는 위치는 연료 펌프 전 또는 후에 붙이는 방법(외부식)과 연료 탱크 내에 연료 펌프와 함께 붙이는 방법(내부식)이 있다.

필터 내부의 여과재는 엘리먼트를 교환하는 분해식과 카트리지형의 비분해식이 있다.

7.4 기화기

7.4.1 기화기의 작용

기화기(carburetor)는 가솔린과 공기를 적당히 혼합하여 연소하기 쉬운 상태의 혼합 가스를 만들어 주는 역할을 한다. 그러나 최근의 자동차에는 기화기 방식을 사용하지 않는다. 그러나 일부 농업용 및 특수 기관과 일부 자동차에는 기화기식이 사용되므로 그 원리에 대하여 간단히 다루기로 한다.

가솔린이 폭발 연소하기 위해서는 액체의 가솔린을 기화하여 미립화한 상태로 공기와 혼합하여 점화하여야 한다. 여기서 가스 상태로 무화된 가솔린과 공기와의 혼합물을 혼합기라 하고, 이와 같은 혼합기를 만들어 주는 장치가 기화기이다.

7.4.2 기화기의 원리

기화기(carburetor)는 공기 청정기와 흡기 매니폴드 사이에 설치되어 연료와 공기의 혼합기를 만드는 장치로서 기관의 회전 속도, 부하 등과 같은 운전 상태에 알맞은 혼합기를 만들어서 실린더 안으로 보낸다.

기화기의 기본 원리는 베르누이의 원리(Bernoulli's principle)를 이용한 것이다. 그림 7·9

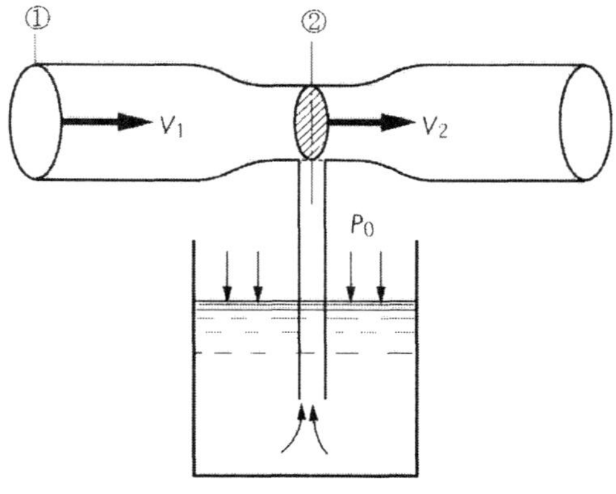

그림 7·9 기화기의 기본 원리

에 나타낸 것과 같은 유체 유동 관로에서 단면이 작아지는 벤투리부 ②에서의 속도 V_2는 연속의 법칙에 의하여 단면 ①에서의 속도 V_1보다 커지게 된다. 따라서, 벤투리부 ②의 압력 P_2는 대기압 이하가 되고, 플로트실 연료의 압력 P_0는 대기 압력이므로 대기압과 벤투리 목 부분의 압력차에 의하여 연료가 분출된다. 이 때 노즐로부터 분출된 연료는 고속의 공기류와 혼합되어 연소실로 들어가게 된다.

〔1〕 기화기의 구비 조건

기화기는 기관의 회전 속도 및 출력에 따라 알맞는 혼합기를 만들어 주어야 하기 때문에 운전 조건 상태에 따라 기관 성능에 큰 영향을 미친다.

기화기에서 만들어진 혼합기는 기관의 출력, 작용 상태, 속도의 변화 등에 따라 알맞는 혼합기를 보내주어야 하므로 다음과 같은 조건을 갖추어야 한다

(a) 연료와 혼합기의 혼합 상태가 균일하고, 기화가 용이할 것

(b) 기관 출력 및 운전 조건에 알맞고, 경제적인 혼합기를 공급할 수 있도록 적응할 것

(c) 기관 시동이 용이하며, 특히 겨울철에 동결이 없을 것

(d) 시동된 후 곧 전부하 운전이 가능할 것

(e) 기화기의 작동이 원활하고, 조절이 용이할 것

〔2〕 기화기의 구조

기화기의 구조는 그림 7·10과 같이 플로트실, 벤투리, 스로틀 밸브, 초크 밸브 등으로 구성된다.

연료 펌프로부터 보내진 연료를 기화기 내에 일시 저장하는 체임버로서, 플로트와 연동하는 니들 밸브에 의하여 연료량을 항상 일정한 레벨로 유지하는 역할을 한다.

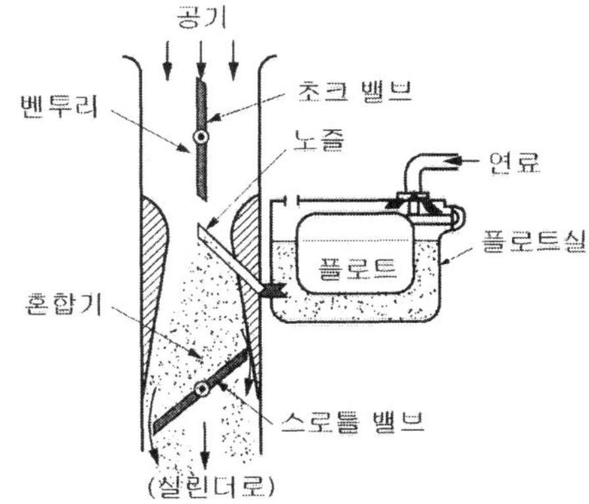

그림 7·10 기화기의 기본 구조

① **플로트실**(float chamber) 연료 펌프로부터 보내진 연료를 기화기 내에 일시 저장하는 체임버로서, 플로트와 연동하는 니들 밸브에 의하여 연료량을 항상 일정한 레벨로 유지하는 역할을 한다.

② **벤투리**(venturi) 기화기의 유로 단면이 작은 부분으로서, 실린더 안으로 흡입되는 공기가 이 부분을 통과하는 사이에 유속은 증가하고, 압력이 저하한다. 이 때, 플로트실의 액면에는 대기압이 작용하고 있으므로 노즐 목부와의 압력차에 의하여 벤투리부에서 연료가 분출된다. 분출되는 연료는 흡입되는 공기와 혼합되면서 분무 상태로 되어 실린더 안으로 공급된다.

③ **스로틀 밸브**(throttle valve) 스로틀 밸브는 기관으로 공급되는 혼합기의 흡입량을 조절하는 밸브로서 이 밸브를 열고 닫음에 따라 기관의 출력이나 회전 속도를 제어할 수 있다.

④ **초크밸브**(choke valve) 벤투리부 앞에 위치하여 실린더로 흡입되는 공기의 양을 조절하는 밸브로서, 기관의 온도 상태에 따라 열리고 닫힌다. 겨울철과 같이 한랭한 기후에서 기관 자체가 지나치게 차가워진 상태에서 시동을 걸 때에는 무화된 가솔린이 흡기 매니폴드와 실린더 벽면에서 응축되어 실린더 안의 혼합기가 희박해지게 된다. 이와 같은 경우에는 기화기에서 일시적으로 농후한 혼합기를 만들어 공급해야 하는데, 이 때 초크 밸브를 닫으면 농후한 혼합기를 얻을 수 있다.

〔3〕 기화기의 종류 및 작동

자동차 기관의 경우에는 부하와 회전 속도의 범위가 넓고 운전 상태가 다양하므로 그림 7·11과 같은 고정 벤투리 2연식 기화기(two barrel carburetor)가 많이 사용되었다.

그림에서 1단 쪽은 저속, 경부하일 때 작용하는 것으로, 일반적으로 단동(single barrel) 기화기의 경우와 같다. 2단 쪽은 1단 쪽과 달라서 저속 계통 및 초크 밸브가 없고, 중고속이나 고부하 때 1단 쪽의 스로틀 밸브가 어느 각도 이상으로 열리게 되면 2단 쪽의 스로틀 밸브가 열리면서 2단 쪽의 메인 노즐에서도 가솔린이 분출되어 농후한 혼합기를 만든다.

〔4〕 기화기의 주요 계통

기화기는 기관의 여러 가지 운전 상태에 따라 요구되는 적절한 혼합비를 공급하여야 한다. 따라서, 기화기는 이러한 운전 상태에 적응하기 위하여 다음과 같은 주요 계통으로 구성되어 있다.

① **플로트 계통** 그림 7·11과 같이 플로트와 니들 밸브로 구성되며, 플로트실에 있는 플로트의 상하 작용으로 플로트 밸브를 개폐하여 연료 액면을 일정한 높이로 유지시키는 계통이다.

② **저속 계통** 기관이 저속으로 회전할 때에는 1단 쪽의 스로틀 밸브가 작게 열리고, 바이패스 포트나 아이들 포트 근처의 부압은 커진다. 이 때 연료는 저속 제트에서 제어되고,

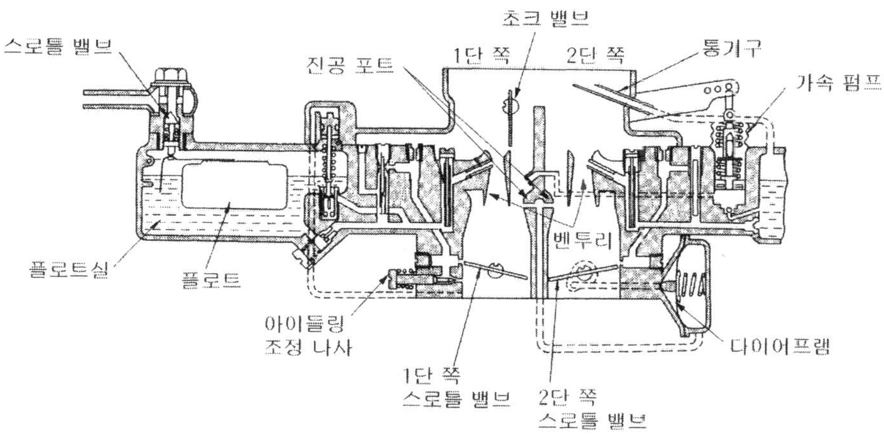

그림 7 · 11 2연식 기화기의 구조

저속 에어 블리더(air bleeder)를 통하여 공기와 혼합된 후 아이들 포트로부터 분출된다.

③ **주계통** 기관이 중속 또는 고속으로 회전하고 있을 때 작동하는 계통이다. 1단 쪽의 스로틀 밸브가 열리게 되면 아이들 포트 부근의 부압이 작아지고, 벤투리부의 부압은 커진다. 이 때 연료는 메인 제트에 의하여 제어되고, 메인 에어 블리더를 통하여 공기와 혼합되어 메인 노즐로부터 분출된다. 벤투리 부압이 더욱 증가하면 다이어프램이 작동하여 2단 쪽의 스로틀 밸브가 열리면서 중속과 고속에서 알맞은 양의 연료를 분출한다.

④ **고출력 계통** 기관이 고출력일 때에는 더 많은 연료의 공급이 필요하며, 이 때 부족한 연료를 추가로 공급하는 계통이다. 그림 **7 · 11**에서 스로틀 밸브의 개도가 커지면 진공 포트의 부압에 의하여 진공 피스톤이 내려가서 파워 밸브가 열리고 연료는 파워 제트로부터 메인 노즐로 추가 공급되어 출력을 증대시키게 된다.

〔5〕 연료 공기의 혼합비

기화기에 의하여 만들어진 연료-공기와의 혼합비는 출력 및 운전 상태에 따라 저속에서 고속까지 광범위 적응되어야 하며, 항상 기관에 필요하고 적당한 혼합비를 만들어야 한다.

분무화된 옥탄 가스와 공기가 완전 연소하기 위하여 필요한 혼합비는 옥탄 1 g에 대하여 공기 15 g인데, 이 혼합비를 표준 혼합비라고 하며, 이 때의 혼합기의 혼합비는 약 1 : 15가 된다.

특히 혼합기 중의 연료(옥탄)의 질량을 m_f, 공기의 질량을 m_a라 할 때 이들 사이에는 다음 관계가 있다.

$$\text{공연비(air-fuel ratio)}\ r_{af} = \frac{m_a}{m_f} = 15.1\ \frac{\text{kg 공기}}{\text{kg 연료}}$$

$$\text{연공비(fuel-air ratio) } r_{fa} = \frac{m_f}{m_a} = \frac{1}{15.1} = 0.0662 \frac{\text{kg 연료}}{\text{kg 공기}}$$

여기서 공연비 15를 기준으로 하여 이것보다 공기량이 적은 것, 예로서 공기량 13은 농후한 **혼합기**(rich mixture)라 하고, 공기량이 많은 것, 즉 16인 경우의 혼합기는 희박한 **혼합기**(pool mixture)라고 한다. 반응을 완료하기 위해서는 완전 연소를 위하여 필요한 이론적인 산소량보다 많은 산소를 필요로 하는 경우가 많다. 이 과잉의 공기를 **공기 과잉률**(excess air ratio) λ라 하고, λ의 역수를 **당량비**(equivalence ratio) ϕ라 하고 다음과 같이 정의한다.

$$\lambda = \frac{\text{실제 공기량}}{\text{이론 공기량}} = \frac{(m_f / m_a)_{\text{stoi}}}{(m_f / m_a)_{\text{act}}}$$

$$\phi = \frac{\text{이론 공기량}}{\text{실제 공기량}} = \frac{(m_f / m_a)_{\text{act}}}{(m_f / m_a)_{\text{stoi}}}$$

여기서 첨자 stoi 및 act는 각각 이론 연공비, 실제 연공비를 의미한다.

기화기에서 실제 분출되는 혼합기는 다음과 같이 운전 상태에 알맞은 혼합비가 요구된다.

(1) 기관의 시동

기관을 시동할 때는 기관의 온도는 낮고 특히 흡입 매니폴드의 온도가 낮기 때문에 혼합기 중의 가솔린이 응축 분리되어 흡기관의 안쪽 벽에 흡착되어 실린더 내의 혼합기는 희박해진다. 기관의 시동시는 흡입 매니폴드 벽이 건조하므로 잠시 동안 연료 입자가 흡착, 응축이 발생된다. 따라서, 기화기는 특히 농후한 혼합기를 필요로 한다. 이 때는 1 : 6~7의 혼합기가 필요하다.

(2) 공회전(idling)

기관이 공회전할 때는 피스톤의 운동 속도가 느리므로 실린더 내에 잔류하는 배기가스의 양이 많아지므로, 잔류 가스 중의 공기량을 고려하여 1 : 8~12의 농후한 혼합기를 만든다.

(3) 저속 운전

대체로 공회전의 경우와 같이 연소 가스의 잔류량이 비교적 많으므로, 다소 농후한 혼합비를 요구하는데 1 : 12~14의 혼합비를 갖는다.

(4) 경부하 중속 운전

이 때는 기관의 온도가 알맞으므로 혼합기가 거의 완전 연소에 가까운 상태를 가지므로 기화기에서 경제적으로 알맞은 혼합비는 이론 혼합비보다 약간 희박한 1 : 16~17 정도의 혼합비가 요망된다.

(5) 중부하 운전

기관의 최대 출력을 내야하고, 최고의 폭발 압력을 발생하므로 기관의 온도가 높아져서 연료 소비량이 약간 많은 조금 농후한 혼합기를 필요로 한다.

또한 가솔린의 기화열을 이용하여 실린더의 과열을 방지하기 위하여 약간 농후한 혼합비인 1 : 11~13의 혼합기를 보내 주어야 한다.

(6) 가속 운전

연료인 가솔린은 공기보다 무겁기 때문에 관성이 작용하여 벤투리부에서 연료의 분출은 공기보다 늦어지게 된다. 이 때문에 가속시에 기화기에서 만들어지는 혼합기는 일시에 많은 양의 공기가 유입되는 데 반하여 가솔린은 비중이 크므로 유입량이 공기보다 적어지고 희박한 혼합기가 되는 경향이 있다.

따라서 기화기에 가속용 보조 장치가 설계되어 있어 기관이 가속시에 알맞도록 농후한 혼합기를 만들어 준다.

익힘문제

1. 자동차용 기관 연료로서 갖추어야 할 조건은?
2. 가솔린과 디젤 연료의 특성을 비교하라.
3. 다음 용어를 설명하라.
   (1) 노크
   (2) 조기 점화
   (3) 옥탄가
   (4) CFR 기관
   (5) 안티-노크제
   (6) 공연비
4. 연료 옥탄이 완전 연소할 때의 이론 공연비를 화학 반응식으로부터 계산하라.
5. 가솔린 노크와 디젤 노크의 차이점과 대책에 대하여 설명하라.
6. 기화기의 원리에 대하여 설명하라.
7. 전동식 연료 펌프의 구조와 작동 원리를 설명하라.
8. 세탄가에 대하여 설명하라.
9. 가솔린 기관의 연소 과정에 대하여 설명하라.
10. 연료 게이지의 작동 원리를 설명하라.
11. 정상적인 연소와 노크의 차이점을 압력-크랭크각 선도로부터 설명하라.
12. 혼합비에 영향을 미치는 인자에 대하여 설명하라.

13. 프로판(C_3H_8)이 완전 연소하는 경우의 공연비를 구하라.

14. 다음 용어를 정의하고 설명하라.

(1) 고발열량과 저발열량

(2) 연공비, 당량비, 공기 과잉률

(3) 노크

(4) CFR 기관

8 가솔린 분사 장치

8.1 가솔린 분사의 기본 개념

기관으로 공급되는 공기량을 직접적 또는 간접적으로 검출하여 설정 공연비로 되게 가솔린량을 계량하는 것을 연료 조량(燃料調量)이라 한다. 가솔린 기관 연료 조량은 가솔린 분사에 의하여 이루어진다. 가솔린 분사 시스템은 공기 계통(air system), 연료 계통(fuel system), 제어 계통(control system)의 부품으로 구성된다.

8.1.1 가솔린 분사의 종류

〔1〕 공기량 검출 방식

기관으로 흡입되는 공기량은 ① 스로틀 개도 또는 흡입관 압력과 ② 회전 속도에 의하여 추정할 수 있다.

흡입 공기량 검출은 직접적 검출과 간접적 검출의 두 가지 방법이 있다. 직접적인 검출 방법을 질량 유량(mass flow) 방식이라 한다. 간접적인 검출 방법은 흡기관 압력과 기관 회전 속도로서 흡입 공기량을 추정하고 연료량을 연산하는 회전 속도-흡기관 압력(스피드 덴시티; speed density) 방식, 스로틀 개도와 기관 회전 속도로부터 흡입 공기량을 추정하는 스로틀 개도-흡기관 압력(throttle speed) 방식이 있다.

(1) 질량 유량 방식(mass flow type)

이 방식은 그림 8·1과 같이 공기 유량계로 직접 흡입 공기량을 계측하여 회전 속도에 알맞는 가솔린 분사량을 연산하는 방식이다.

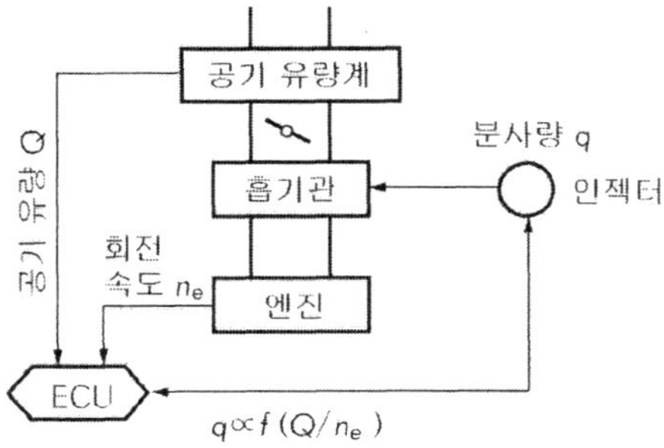

그림 8 · 1 질량 유량 방식

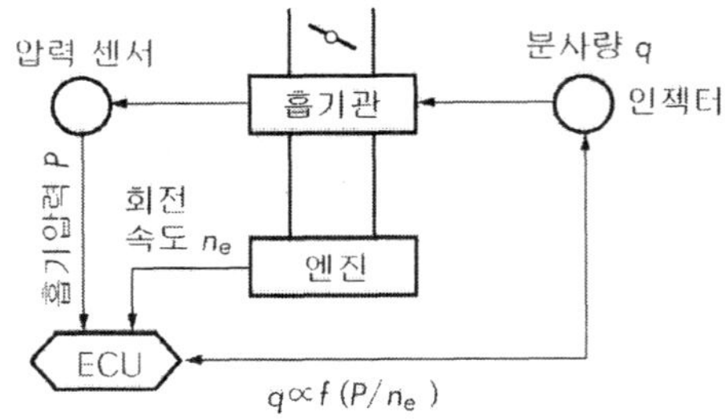

그림 8 · 2 회전 속도와 흡기관 압력 방식

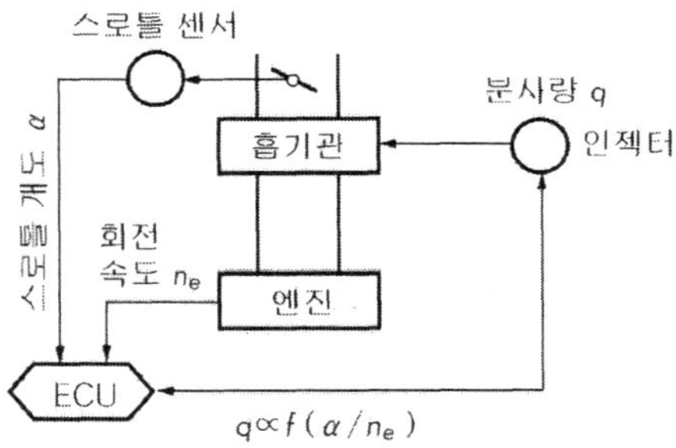

그림 8 · 3 스로틀 개도-회전 속도 방식

(2) 회전 속도-흡기관 압력 방식(speed density type)

이 방식은 그림 **8 · 2**와 같이 1사이클당 기관으로 흡입되는 공기량을 기관의 회전 속도와 흡기관 압력으로 추정하여 가솔린 분사량을 연산한다.

(3) 스로틀 개도-회전 속도 방식(throttle speed type)

이 방식은 그림 **8 · 3**과 같이 1사이클당 기관으로 흡입되는 공기량을 스로틀 개도와 회전 속도로서 추정한다. 스로틀 개도를 검출하므로 과도 응답이 좋으나 기관의 흡입 공기량이 기관 회전 속도나 스로틀 개도에 대하여 복잡한 상관 관계를 가지고 있으므로 공기량의 검출이 용이하지 않다.

〔2〕 연료 분사 방식

(1) 분사 위치에 따른 분류

분사 위치에 따라 실린더 내 분사와 흡기관 분사로 분류된다. 실린더 내 분사는 인젝터가 실린더 헤드에 설치되는 방식으로 가솔린 직접 분사식(gasoline direct injection, GDI)에 사용된다.

흡기관 분사(port fuel injection, PFI)는 흡기관에 연료를 분사하는 방식으로 각 실린더에 대응하는 흡기 매니폴드에 1개씩의 분사 인젝터를 설치하는 MPI 방식(multi-point injection)

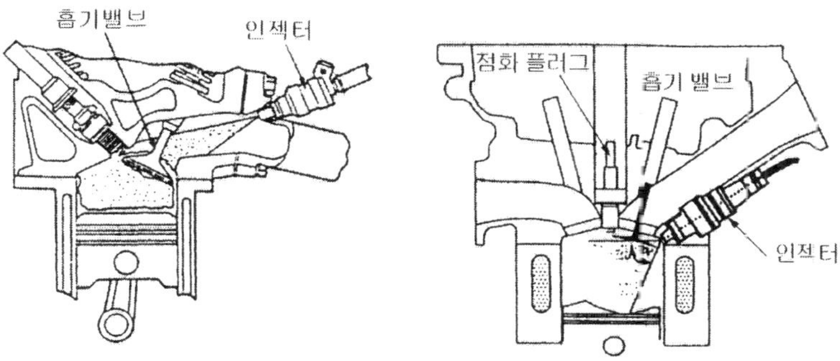

(a) PFI 엔진 (b) GDI 엔진

그림 8 · 4 PFI와 GDI의 비교

과 흡기 매니폴드 집합부에 1개의 분사 밸브를 갖는 SPI 방식(single point injection)이 있으나 MPI 방식이 주로 사용된다.

(2) 분사 시기에 따른 분류

가솔린을 연속적으로 분사하는 연속 분사와 간헐적으로 분사하는 간헐 분사가 있다.

① **연속 분사**(continuous-injection system, CIS) 원리적으로 흡기관 분사의 경우에 한하는 방법으로서 질량 유량 방식을 이용한다. 공기 유량을 기계적 변위로 변환하고 연료 계량 슬릿 전후의 차압을 일정하게 한 조건하에서 계량 슬릿의 면적을 변화시켜서 공연비를 제어하는 방식이다. 그림 8 · 6은 연속 분사 방식(continuous injection system, CIS) 시스템의 구성을 나타낸 것이다.

② **간헐 분사**(pulsed injection system) 기관 회전에 동기(同期)하는 것으로서 각 실린더의 분사 인젝터가 독립적으로 분사하는 독립 분사, 동시에 분사하는 동시 분사, 연소 순서에 따라서 그룹으로 분사하는 그룹 분사로 분류된다. 독립 분사는 실린더 내 분사, 흡기관 분사

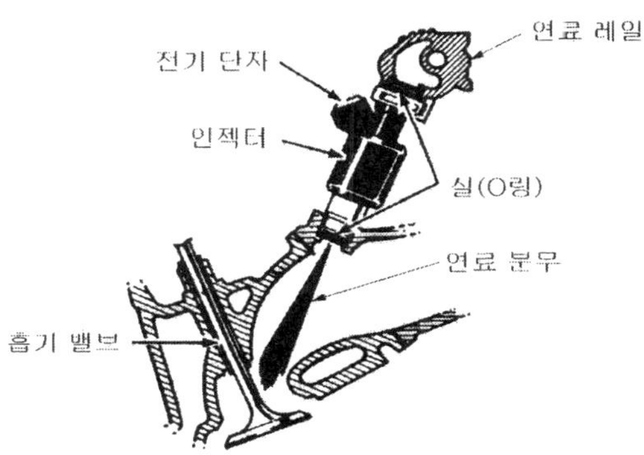

그림 8 · 5 포트 분사 방식

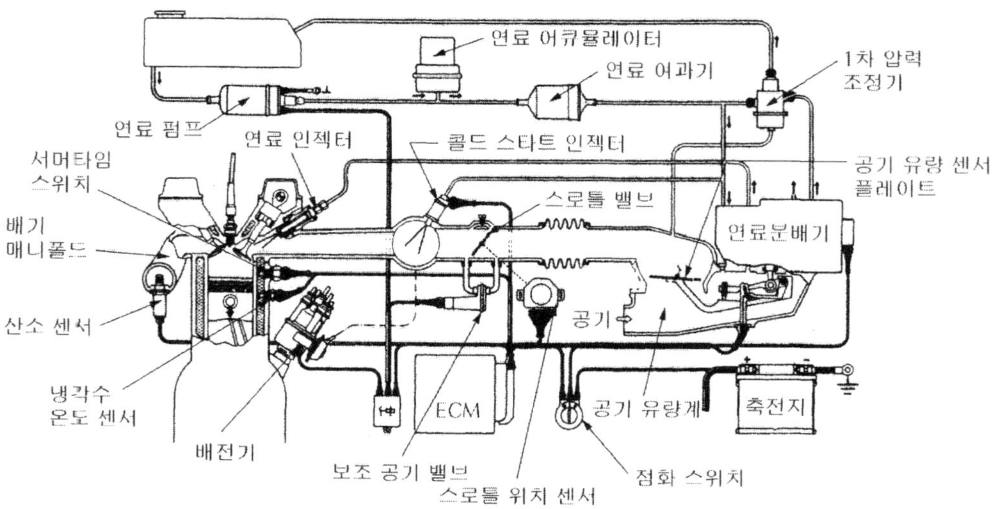

그림 8·6 Bosch의 CIS 시스템

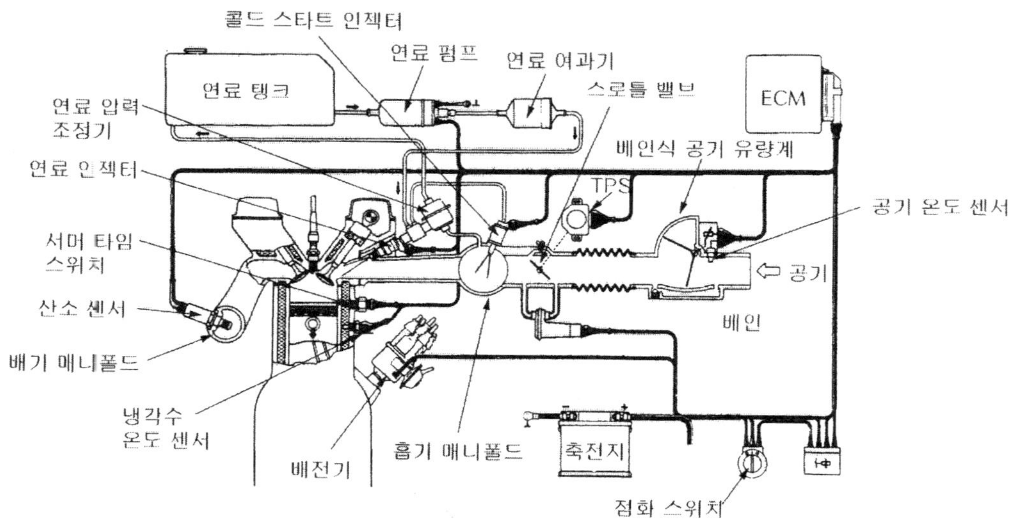

그림 8·7 Bosch의 간헐식 전자 연료 분사 시스템

의 어느 경우에도 사용된다. 그림 8·7은 간헐 분사(회전동기)의 예를 도시한 것이다.

〔3〕 연료 분사 압력

간헐 분사식 가솔린 분사의 경우에는 연료 조량을 인젝터의 밸브 열림 시간(開閉時間)에 따라서 제어되므로 연료 분사 압력은 분사관 내의 압력에 대하여 항상 일정한 압력차를 유지하여야 한다.

(1) 고압 연료 분사

간헐식 가솔린 분사는 연료 압력에 따라서 고압 연료 분사와 저압 연료 분사의 두 가지로 나눈다. 흡기관 분사식 가솔린 분사에서 명확한 기준은 없으나 일반적으로 흡기관 압력에 대하여 200 kPa 이상의 압력으로 분사하는 것을 고압 연료 분사라 한다.

고압 연료 분사는 연료의 증기 발생은 적으나 연료 배관, 연토계 부품에 높은 내압성이 요구된다. 또한 연료 펌프의 소비 동력도 저압식에 비하여 크다. 따라서 고압 분사는 인젝터가 흡기관 부근에 설치한다.

(2) 저압 연료 분사

저압 연료 분사란 연료 분사 압력이 흡기관 압력에 대하여 200 kPa 이하의 압력인 것을 말한다. 저압 연료 분사는 고압에 비하여 증기 발생이 일어나기 쉽고 내압성이 작은 재료를 사용할 수 있으므로 내압 강도가 작은 재료를 이용하여 소형화 · 경량화를 도모할 수 있다. 따라서 저압 연료 분사 방식에서는 인젝터를 기관으로부터 조금 떨어진 스로틀 보디에 설치할 수 있다.

〔4〕 전자 제어 가솔린 분사의 특징

전자 제어 가솔린 분사 방식은 다음과 같은 특징이 있다.

(1) 전자 제어 연료 분사의 장점

① 흡기계의 설계 자유도가 크다.

② 가솔린의 기통별 분배가 양호하다.

③ 공연비 제어 정도가 높다.

④ 아이싱(氷結)이 일어나기 어렵다.

⑤ 베이퍼 록(vapor lock)이 발생하기 곤란하다.

⑥ 가속 · 감속시 과도 응답성이 양호하다.

⑦ 시동 및 성능이 좋다.

⑧ 흡기 온도, 대기압 변화에 따른 공연비 보상이 가능하다.

(2) 전자 제어 연료 분사의 단점

① 연료 분사 시스템의 구조 및 설치가 복잡하다.

② 제작비가 고가이다.

8.2 질량 유량 방식

8.2.1 시스템의 개요

전자 제어 가솔린 분사(electronic fuel injection, EFI)의 구성 부품은 공기 계통, 연료 계통, 제어 계통의 3계통으로 분류된다.

〔1〕 공기 계통

공기 계통(air system)은 연소에 필요한 공기를 계량 및 제어한다. 공기 청정기에서 여과된 공기는 공기량 센서의 유량계에 의하여 계측되어 스로틀 보디를 통하여 각 실린더 흡기관으로 분배된다. 흡기관에서 연료 분사 인젝터로부터 분사되는 가솔린과 공기가 혼합되어 실린더 내로 흡입된다.

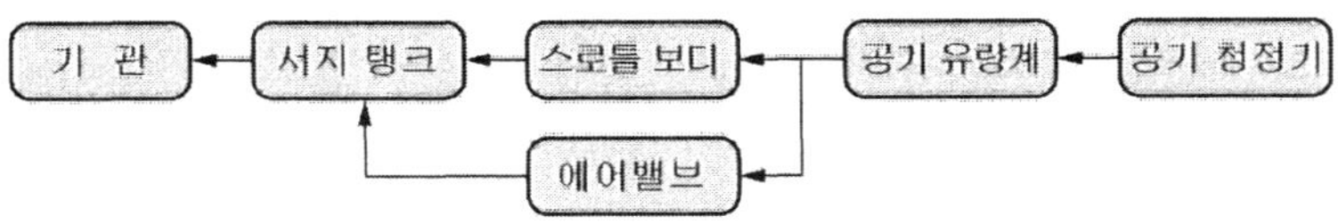

(a) 공기 계통도

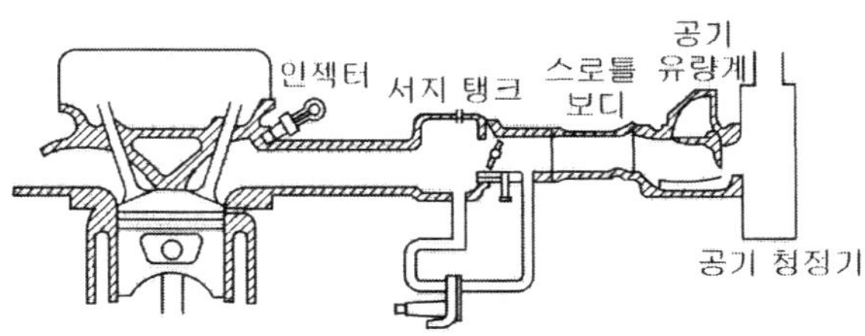

(b) 공기 계통의 구성

그림 8·8 공기 계통의 구성

〔2〕 연료 계통

실린더 내의 연소에 필요한 가솔린을 공급한다. 연료 탱크로부터 연료 펌프에 의하여 퍼올린 연료는 연료 필터를 거쳐서 압력 조정기로부터 흡기관의 압력에 따라 약 250 kPa 정도의 압력으로 조정된다. 가솔린은 딜리버리 파이프에서 각 인젝터와 저온 시동 전용의 연료 분사 밸브인 콜드 스타트 인젝터(cold start injector)로 분배된다. 인젝터는 ECU(electronic control unit)로부터 분사 신호에 따라서 가솔린을 흡기 매니폴드에 소량 분사한다.

〔3〕 제어 계통

제어 계통은 기관의 상태, 차량 상태에 따라서 최적인 가솔린량을 결정한다. 기관 상태 검출 센서는 수온 센서, 흡기온도 센서, 크랭크 위치 센서, 스로틀 포지션 센서, O_2 센서 등이

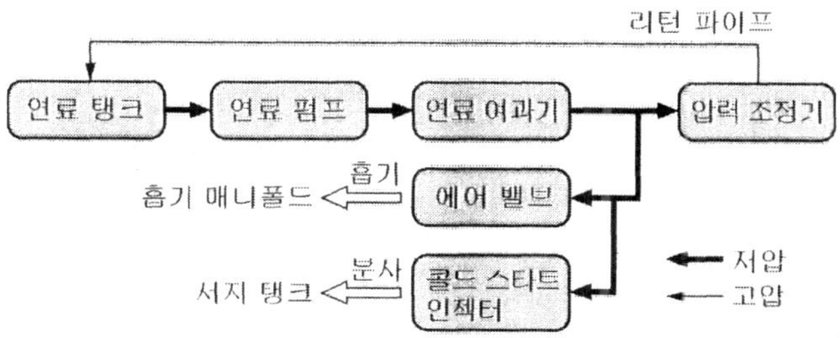

(a) 연료 계통도

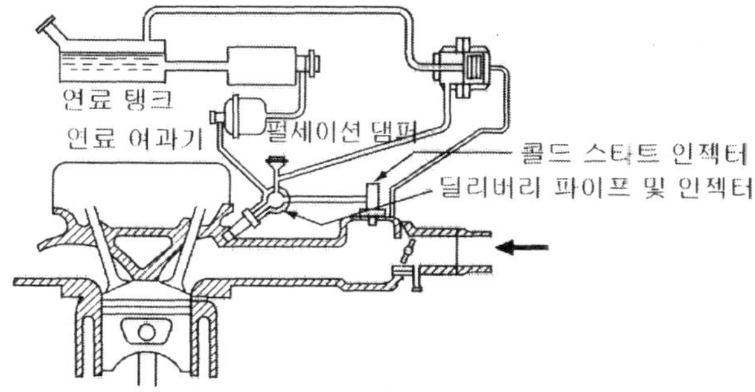

(b) 연료 계통의 구성

그림 8 · 9 MPI 연료 계통의 구성

있다. 또 차량 상태 검출 센서는 차속 센서, 에어 컨디셔너 스위치 등이 있다. 그 밖의 제어 부품으로는 전원을 ON/OFF하는 릴레이, 콜드 스타트 인젝터의 분사 시간을 결정하는 스타터 인젝터 타임 스위치, 인젝터에 걸리는 전류를 제어하는 솔레노이드 레지스터 등이 있다(그림 8 · 7 참조).

릴레이는 가솔린 분사 장치 전체의 전원을 ON/OFF하는 메인 릴레이와 연료 펌프용의 회로 오프닝 릴레이가 있다.

8.2.2 구성 부품

〔1〕 공기 유량계(air flow meter)

공기 유량계는 기관으로 흡입하는 공기량을 계측하는 유량계로서 베인식, 카르만 와류식, 열식 등이 있다.

(1) 베인식 유량계

그림 8 · 10과 같이 기관으로 흡입하는 공기가 유량계를 통과할 때에 생기는 압력차에 의하여 측정 플레이트(measuring plate, 이것을 베인이라고 함)가 유동 방향으로 이동하는 원리를 이용하는 방식이다. 베인 회전축 상에 스파이럴 모양(spiral type)의 리턴 스프링이 설치되어 있어서 흡입 공기가 베인을 열도록 하는 힘과 리턴 스프링의 반력과 평형되는 위치에

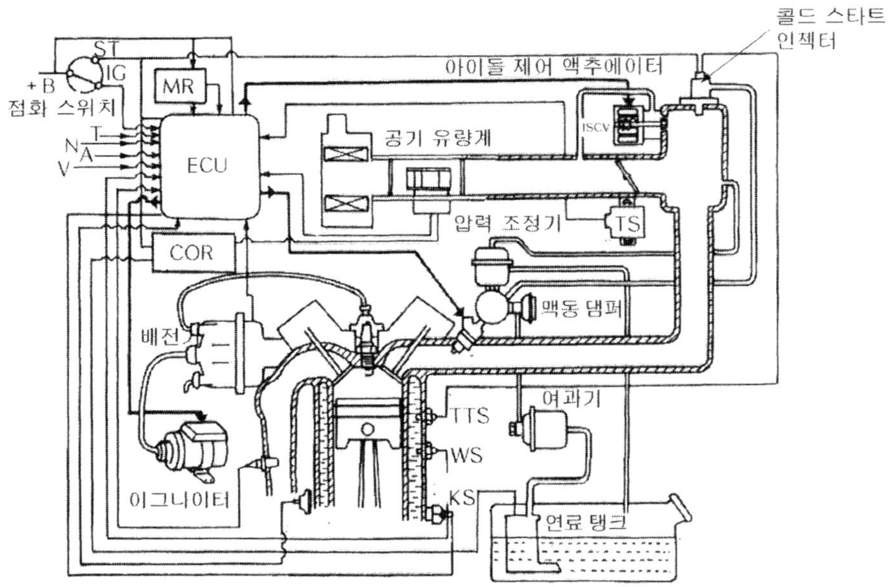

A : 공기 단자, COR : 회로 오프닝 릴레이, KS : 노크 센서, MR : 메인 릴레이
N : 뉴트럴 단자, T : 테스트 단자, TS : 스로틀 개도 센서, TTS : 서모 타임 스위치
V : 차속 단자, WS : 수온 센서

그림 8 · 10 가솔린 기관 전자 제어 시스템

서 베인이 정지한다. 이 위치를 포텐셔미터로 측정하여 공기 유량을 구한다.

그림 **8 · 11**에서 베인 유량계 입구 점 ⓐ와 베인 끝과 하우징 사이에 형성된 계량 통로부 점 ⓑ에 대하여 베르누이 정리를 적용하면

$$\frac{1}{2}\rho v_a^2 + P_a = \frac{1}{2}\rho v_b^2 + P_b \qquad (8 \cdot 1)$$

또한 연속의 원리를 적용하면

$$\rho v_a A_a = \rho v_b A_b \qquad (8 \cdot 2)$$

가 된다.

여기서 ρ : 공기의 밀도(kg/m^3)

v_a, v_b : 점 ⓐ, ⓑ에서의 속도(m/s)

P_a, P_b : 점 ⓐ, ⓑ에서의 압력(Pa)

A_a, A_b : 점 ⓐ, ⓑ에서의 통로 면적(m^2)

식 (8 · 1), (8 · 2)로부터 계측하는 유량 $\dot{m}$ kg/s은 다음 식으로 표시된다.

$$\dot{m} = \rho Q = \rho A v = C A_b \sqrt{2\rho(P_a - P_b)} \qquad (8 \cdot 3)$$

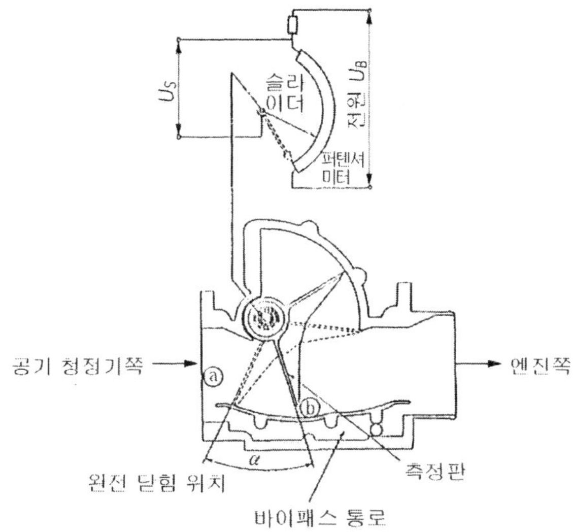

그림 8·11 베인식 유량계의 구조.

여기서 Q는 체적 유량 m^3/s이고, C는 유량 계수로서

$$C=\frac{1}{\sqrt{1-(A_b/A_a)^2}}$$

이다.

지금 베인 전후의 압력차(P_a-P_b)가 거의 일정하도록 설계되어 있으므로 식 (8·3)에서 질량 유량 $\dot{m}$은 스로틀부의 단면적 A_b(즉 베인 각도 α)와 공기 밀도 ρ에 따라서 결정된다.

기관의 흡입 공기량은 기관의 운전 상태에 따라 크게 변화하므로 베인의 개도 α에 대한 계량부 통로 면적은

$$A_b=K\cdot e^{\alpha}\ (K:\text{정수}) \tag{8·4}$$

계량부의 통로 면적 A_b와 개도 α에 대한 변화 정도는

$$\frac{dA_b}{d\alpha}=Ke^{\alpha}=A_b \tag{8·5}$$

$$\frac{dA_b}{A_b}=d\alpha \tag{8·6}$$

이 식을 다시 쓰면

$$\frac{\Delta A_b}{A_b}=\Delta\alpha \tag{8·7}$$

여기서 ΔA_b : A_b의 미소 변화량

$\Delta \alpha$: α의 미소 변화량

식 (8・3)에서 질량 유량은 통로 면적 A_b에 비례하므로

$$\dot{m} \propto A_b$$

로 표시된다. 식 (8・7)로부터

$$\frac{\Delta \dot{m}}{\dot{m}} \propto \frac{\Delta A_b}{A} = \Delta \alpha \tag{8・8}$$

여기서 $\Delta \dot{m}$은 계측 유량의 변화량이다.

또 공기량에 대응하는 전기 신호는 베인과 같은 축에 연결된 전위차계로부터 U_S/U_B의 변화를 출력한다. 이 때 출력 U_S/U_B와 공기량 Q 사이의 관계는 다음 식으로 표시된다.

$$\frac{U_S}{U_B} = \frac{C}{Q} \tag{8・9}$$

여기서 C는 정수, Q는 체적 유량(m^3/s)이다.

따라서 유량 변화에 따른 포텐셔미터의 전압 신호를 제어 유닛으로 보내면 흡입 공기량에 알맞은 연료 분사량을 계산하여 분사하도록 한다.

(2) Karman 와(渦)식 공기 유량계

일정한 흐름 중에 와 발생체를 놓으면 그림 8・12와 같이 Karman 와라 불리는 와가 생긴다. 이 Karman 와의 주파수(발생개수) f와 유속 v 사이에는 다음 관계가 있다.

$$f = S_t \frac{v}{d} \tag{8・10}$$

여기서 d는 와발생체의 대표 치수, S_t는 스트로훌 수(Strouhal number)이다.

이 S_t수는 실제 흐름에서 특정 레이놀즈수 R_e의 범위에서 일정한 값이 된다. S_t수가 거의 일정한 값이 되는 R_e수는 $10 \sim 10^4$ 정도이다. 이 원리를 이용하여 기관의 흡입 공기량의 범위가 위의 레이놀즈수 범위 내에 있도록 통로와 와발생체의 치수를 설정하면 S_t수는 계측범위 전역에서 거의 일정하므로 Karman 와발생 주파수를 감지하면 유속 v를 알 수 있다. 따라서 공기 유량계의 공기 통로의 유효 단면적을 곱하면 흡입 공기의 체적 유량을 알 수 있다. 이 공기 유량계의 출력은 Karman 와에 따른 전기 펄스 신호이고, 그 와발생 주파수는 ECU에서 출력 신호의 주기를 측정하여 구한다.

(3) 열식 공기 유량계

공기 중에 발열체를 놓으면 공기에 열을 빼앗겨 발열체는 냉각된다. 발열체 주위를 통과

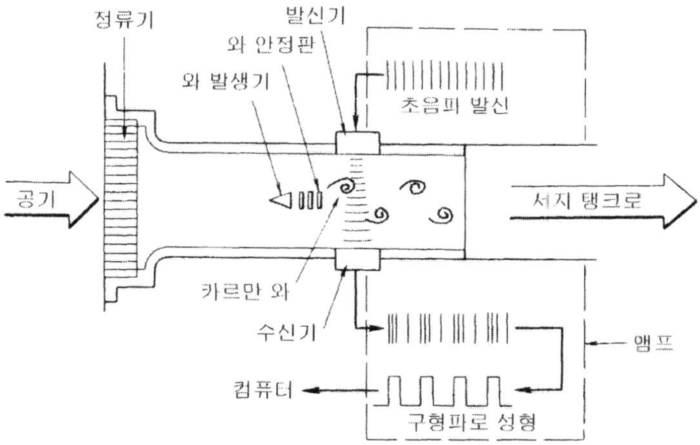

그림 8·12 Karman 와식 유량계

하는 공기 유량이 많아지면 빼앗긴 열량도 증가한다. 이와 같이 발열체와 공기 사이에 발생되는 열전달 현상을 이용한 것이 열식 공기 유량계이다.

일반적으로 흡입 공기 온도와 열선의 온도차가 일정하게 유지되도록 제어한다. 따라서 흡기 온도 측정부와 발열부를 갖는 2개의 요소로 되어 있다.

그림 **8·13**은 열식 유량계의 원리를 나타낸 것이다. 공기흐름 중에 놓인 발열체로부터 공기로의 열전달 계수는 다음 식으로 표시된다.

$$h = \alpha + \beta\sqrt{\dot{m}} \tag{8·11}$$

여기서 h : 열전달 계수

α, β : 정수

$\dot{m}$: 공기의 질량 유량

열선에 가해지는 전력(발열량)의 열평형을 고려하면

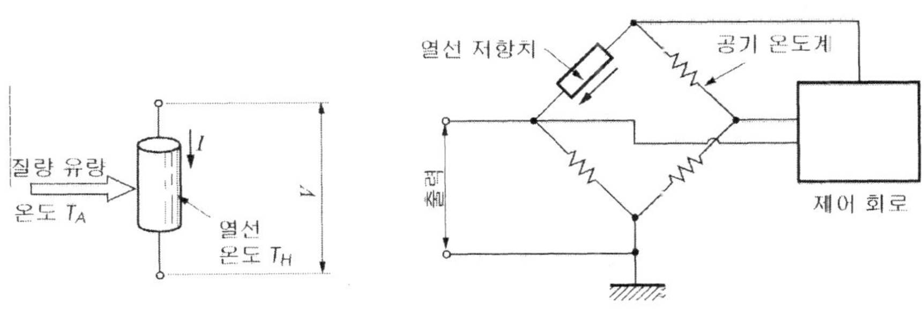

그림 8·13 열식 공기 유량계

$$V \cdot I = (\alpha + \beta\sqrt{\dot{m}})A \cdot (T_H - T_A) \tag{8・12}$$

여기서 V : 열선에 걸리는 전압(V)

I : 열선 전류(A)

A : 열선의 전열 면적(m^2)

T_H : 열선 온도(℃)

T_A : 흡기 온도(℃)

여기서 온도차 $(T_H - T_A)$는 열선과 흡기 온도계의 저항 변화로서 검출하여 온도차가 일정하도록 전류 I를 제어한다. 온도차 $(T_H - T_A)$가 일정하면 식 (8・12)로부터

$$V \cdot I \propto \alpha + \beta\sqrt{\dot{m}}$$

가 된다.

열선에 걸리는 전압 V는

$$V = IR_H \tag{8・13}$$

여기서 R_H는 열선의 저항(Ω)이다. 따라서 전류 I를 검출하는 출력은

$$I \propto \sqrt{\alpha + \beta\sqrt{\dot{m}}} \tag{8・14}$$

가 된다. 이 출력은 직접 질량 유량 $\dot{m}$의 함수이므로 공기 밀도의 보정은 불필요하다.

출력 신호는 열선의 전류에 비례하는 아날로그 신호이다. 출력의 정도 향상을 열선에 걸리는 전압이 외부로부터의 전원 변동의 영향을 받지 않도록 안정화 전원 회로를 내장하고 있다.

8.3 연료 펌프

연료 펌프는 연료를 연료 탱크로부터 퍼올려서 인젝터에서 분사하여 기관으로 공급되도록 하는 일을 한다. 연료 펌프에는 인라인식(in-line type)과 인탱크식(in-tank type)이 있다.

EFI용 연료 펌프
- 인라인식 ── 롤러식
- 인탱크식
  - 롤러식
  - 웨스코식

8.3.1 인라인식 연료 펌프

이 펌프는 직류 전동기와 롤러식 펌프로 구성된다. 이 방식은 펌프 본체 외에 연료 배관 보호용 안전 밸브, 잔압 유지 체크 밸브, 연료 맥동 방지 사일런서, 흡입구 및 배출구로 구성되어 있다.

인라인식은 연료 배관에 자유롭게 설치할 수 있는 장점이 있다. 펌프에 의하여 흡입된 연료는 모터부를 잔압용 체크 밸브를 밀어서 배출된다. 이 때 발생하는 연료의 맥동은 사일런서에 의하여 흡수된다. 또 오리피스를 연료가 통과함에 따라 외부로의 소음 발생을 억제한다. 어떤 원인에 의하여 연료 압력이 높아지면 릴리프 밸브(relief valve)를 열어서 고압측과 저압측이 도통하여 펌프와 전동기 내를 연료가 순환하여 규정압 이상이 되지 않도록 한다.

잔압용 체크 밸브는 펌프 정지 후 연료 라인에 잔압을 유지시켜서 고온시의 베이퍼 록의 방지와 재시동성을 좋게 한다. 이 방식의 펌프에 걸리는 전압은 12 V, 배출 압력 250 kPa에서 배출 유량은 약 100 *l*/h, 소비 전류는 5 A 이하이다.

8.3.2 인탱크식 연료 펌프

이 방식의 연료 펌프는 펌프를 연료 탱크 내에 잠기게 하고 펌프를 연료 탱크 내에 설치한 것으로서 인라인식에 비하여 베이퍼 록 및 연료 누설에 대하여 유리하다.

또한 인탱크식은 펌프의 흡입 용량 성능이 적어도 되므로 롤러식(roller type) 펌프 외에 웨스코식(Wesco type) 연료 펌프도 사용된다.

웨스코식 연료 펌프는 그림 **8 · 14**와 같이 모터로 구동되는 임펠러 및 펌프실을 형성하는

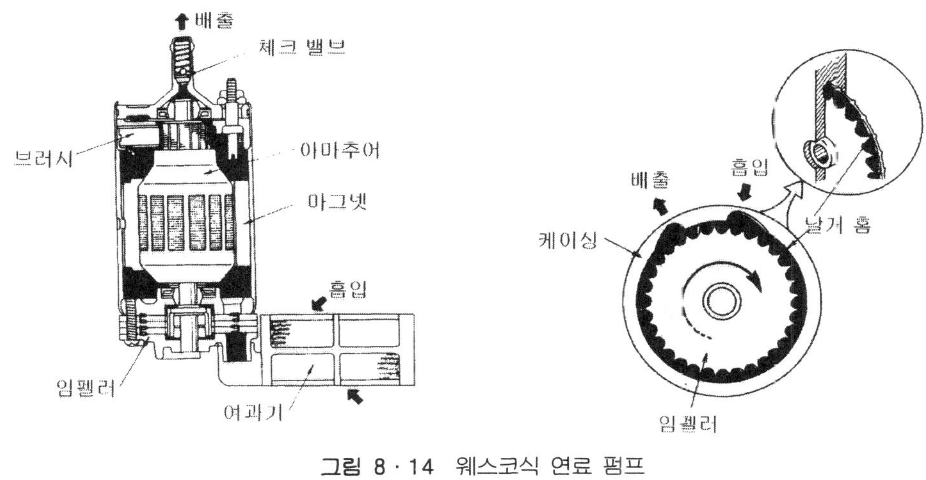

그림 8 · 14 웨스코식 연료 펌프

펌프 케이싱, 펌프 커버로 구성된다. 이 펌프는 배출시의 맥동이 적으므로 사일런서는 필요로 하지 않는다.

웨스코식 펌프의 특징을 열거하면 다음과 같다.

(a) 배출 맥동이 적으므로 사일런서가 불필요하며, 소형 경량이다.

(b) 임펠러식이므로 전동기 부분은 저토크이면서 회전형으로 만들 수 있으므로 전동기가 소형 경량화할 수 있는 장점이 있다.

(c) 탱크 속에 설치되므로 연료 배관이 간단하다.

8.4 인젝터

8.4.1 인젝터의 종류

인젝터는 연료를 분사하는 일종의 분사 밸브로서 용도와 구조에 따라 다음과 같이 분류된다.

인젝터는 용도에 따라서 MPI용 인젝터와 GDI용 인젝터로 분류할 수 있고, 이것을 구조에 따라 분류하면 연료를 상부에서 공급하는 **상부 공급식**(top feed type injection)과 연료를 하부로부터 공급하여 그 일부를 연료 배관으로 되돌리는 **하부 공급식**(bottom feed type injection)이 있다.

그림 8·15, 8·16에서 인젝터의 솔레노이드 코일(solenid coil)에 전류가 흐르면 전기자 또는 코어(core)가 흡인되어, 코어와 일체로 되어 있는 니들 밸브(needle valve)는 플랜지부가 스페이서에 닿을 때까지 흡인된다. 따라서 밸브가 전개(全開)된 상태로 되고, 연료는 밸브로부터 분사된다.

분사량은 니들 밸브의 스트로크(stroke), 분출구의 면적, 분사 장소의 압력과 연료압과의

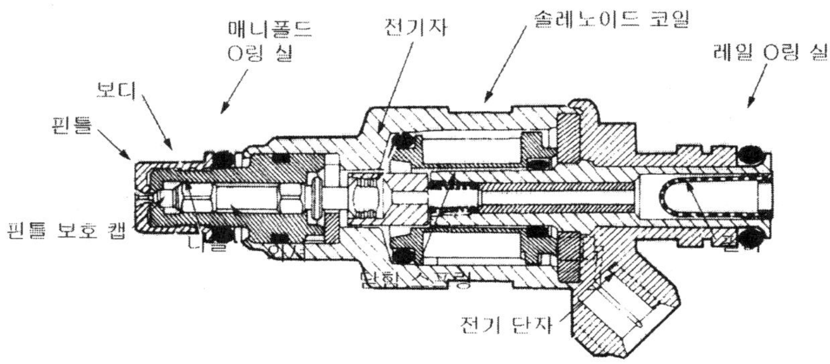

그림 8·15 상부 공급식 인젝터

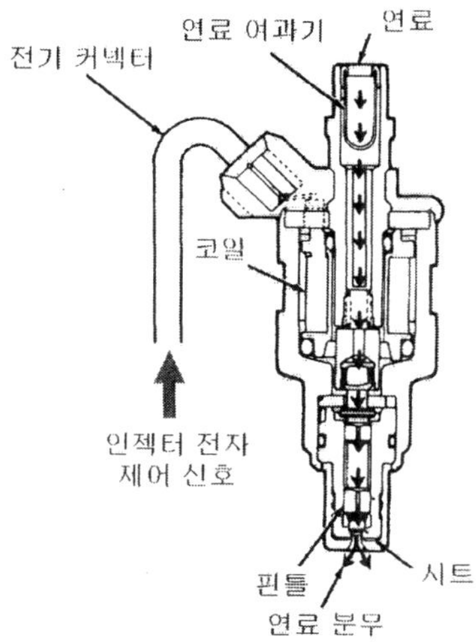

그림 8 · 16 인젝터의 작동

차압(差壓) 등에 따라 달라지나 이들 조건이 주어지면, 니들 밸브가 열려 있는 시간, 즉 솔레노이드의 통전 시간에 따라 결정된다.

8.4.2 인젝터의 분사량 특성

〔1〕 인젝터의 분사량

인젝터의 분사량 특성은 그림 8 · 17과 같이 인젝터의 솔레노이드 코일로의 통전 시간 T_i에 대한 동적 분사량 q_{dyn}(mm^3/stroke)로 표시한다.

기관으로 공급되는 연료량은 ECU에서 연산되어 인젝터의 솔레노이드 통전 시간을 결정하여 전기 신호가 입력된다. 이렇게 되면 통전 시간 T_i ms에 알맞는 연료를 기관으로 분

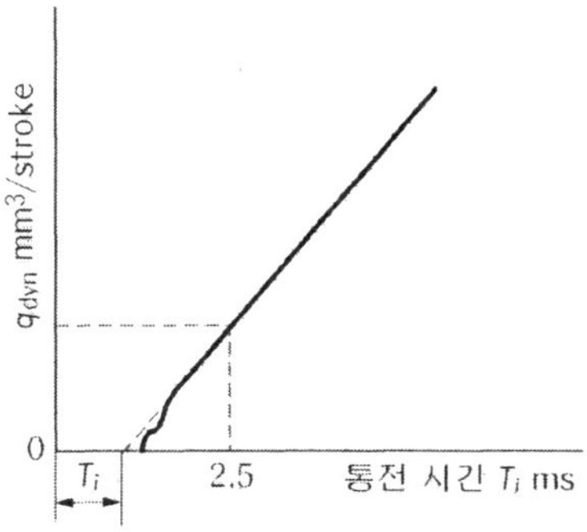

그림 8 · 17 인젝터 분사량 특성

사한다.

(1) 정적 분사량(靜的噴射量)

정적 분사량 Q는 규정압력하에서 니들 밸브를 최대 리프트 위치로 유지하였을 때 단위 시간당 분사되는 양(cm³/min)으로 표시한다.

(2) 동적 분사량(動的噴射量)

동적 분사량 q_{dyn}은 어느 통전 시간 T_i에서 분사량(mm³)을 말한다. 일반적으로 통전 시간 2.5 ms일 때 니들 밸브 1스트로크(1회의 작동)당 분사량으로 표시한다. 그 단위는 mm³/stroke 또는 cm³/stroke가 사용된다. 그림 **8·17**에서 동적 분사량 q_{dyn}은 다음 식으로 표시된다.

$$q_{dyn} = \frac{Q}{60}(T_i - T_v) \qquad (8 \cdot 15)$$

여기서 Q : 정적 분사량(cm³/min)

T_i : 통전 시간(ms)

T_v : 무효 분사 시간(ms)

밸브가 열릴 때의 동작 지연으로부터 밸브가 닫힐 때의 동작 지연 시간을 뺀 것을 **무효 분사 시간**이라고 한다.

〔2〕 니들 밸브의 작동

그림 **8·18**에 구동 펄스와 니들 밸브의 작동을 나타내었다.

통전시간 T_i의 구동 펄스가 솔레노이드에 가해지면 니들 밸브는

(a) T_0되는 시간에서 최대 리프트의 상태로 된다.

(b) 최대 리프트에 도달 직후는 니들 밸브의 플랜지부가 스페이서(스토퍼)에 충돌하여 잠시 니들 밸브는 최대 리프트 상태로서 안정되게 정지한다.

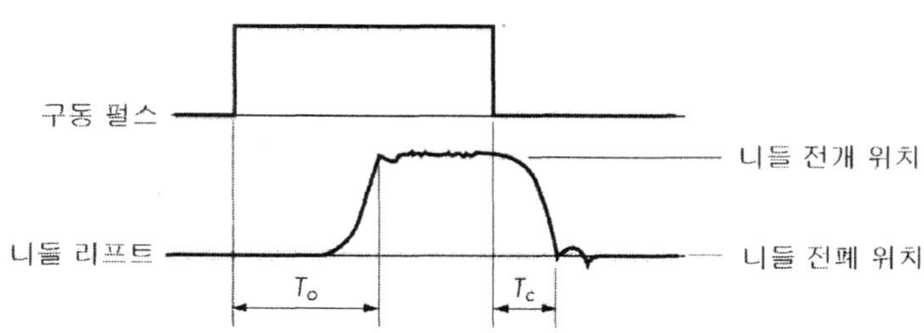

T_i : 통전 시간, T_o : 밸브 열림 시간, T_c : 밸브 닫힘 시간

그림 8·18 니들의 거동과 구동 펄스

(c) 구동 펄스가 차단되면 니들 밸브는 T_c 시간에 밸브를 닫는다.

(d) 밸브를 닫은 직후는 니들 밸브의 시트부가 밸브 보디에 충돌하여 곧 니들 밸브는 밸브가 닫힌 상태로 된다. 인젝터는 이상의 과정 (a)~(d)를 반복한다.

〔3〕 분사량 범위

인젝터 밸브의 열림 기간은 전자적(電磁的)으로 제어함에 따라 분사량을 제어하는 구조이므로 니들 밸브의 작동 지연 및 그 거동에 대한 최소 통전 및 최대 통전 시간에는 시간적인 제한이 있다.

(1) 최소 통전 시간 $T_{i\,\min}$

니들 밸브가 최대 리프트 상태에 달할 때까지에 어느 시간(T_0)이 걸리고, 니들 밸브가 최대 리프트에 도달 직후에 니들 밸브의 플랜지부가 스페이서에 접촉하여 안정될 때까지 약간의 시간(T_{Bo})이 걸린다. 즉 최소 통전 시간은 밸브 리프트가 최대로 달할 때까지의 시간과 니들 밸브의 거동이 안정 상태로 되는 시간의 합으로 표시된다.

최소 통전 시간은 대략 1.2~1.8 ms이다. $T_{i\,\min}$에 대응하는 시동 분사량 $q_{\min}$을 최소 분사량이라 한다.

(2) 최대 통전 시간 $T_{i\,\max}$

인젝터는 구조상 니들 밸브의 상승, 하강시에 필요한 스트로크가 규정되어 있다. 니들 밸브가 정지하기까지에는 어느 정도의 시간이 필요하다. 니들 밸브가 정확하게 작동을 되풀이하기 위해서는 니들 밸브의 작동이 정지하여 안정될 때까지 약간의 시간이 필요하다.

즉, 통전 펄스로부터 다음 펄스의 사이에는 정지 시간을 둘 필요가 있다. 이 시간은 0.6 ms 정도이다. 펄스의 주기를 T_z라 하면 $T_{i\,\max} = T_z - T_{rest}$가 된다.

따라서 $T_{i\,\max}$에 대응하는 동적 분사량은 $q_{\max}$을 최대 분사량이라 한다.

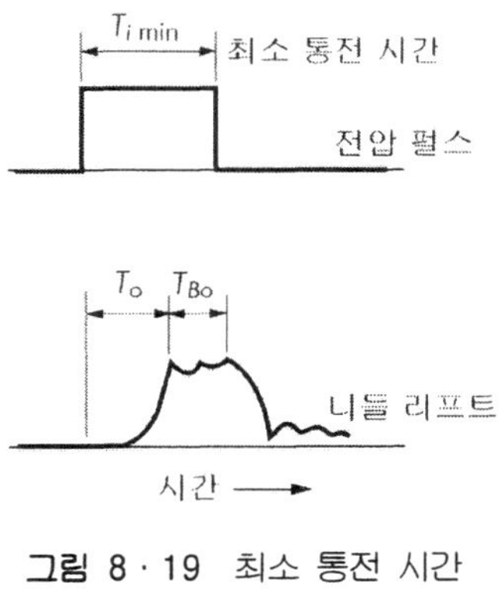

그림 8 · 19 최소 통전 시간

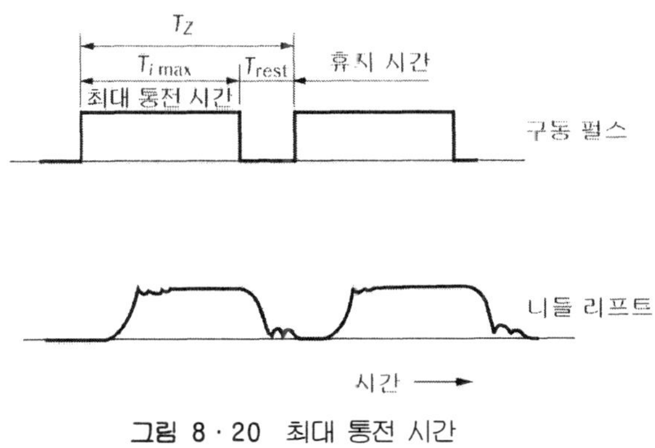

그림 8 · 20 최대 통전 시간

(3) **최대 분사량 q_{max}, 최소 분사량 q_{min}**

최대 통전 시간 $T_{i\,max}$, 최소 통전 시간을 $T_{i\,min}$이라 하면

$$\frac{q_{max}}{q_{min}} = \frac{Q(T_{i\,max} - T_v)}{Q(T_{i\,min} - T_v)} = \frac{(T_{i\,max} - T_v)}{(T_{i\,min} - T_v)} \qquad (8 \cdot 16)$$

가 된다. 여기서 T_v는 무효 분사 시간이다.

펄스 주기 $T_z = 10$ ms일 때의 q_{max}/q_{min}의 비를 **동적 범위**(dynamic range)라 하고, 이것을 인젝터의 성능을 나타내는 데 중요한 지표로 사용한다.

(4) **인젝터의 구동 회로**

인젝터의 구동 방식은 다음과 같이 분류된다.

- 인젝터
  - 저저항 인젝터
    - 외부 저항붙이 전압 구동식
    - 전류 구동식
  - 고저항 인젝터 — 전압 구동식

저저항 인젝터는 코일의 저항값이 0.6~3Ω 정도의 것을 말하고, 이것은 전압 구동 회로 또는 전류 구동 회로와 조합하여 사용된다.

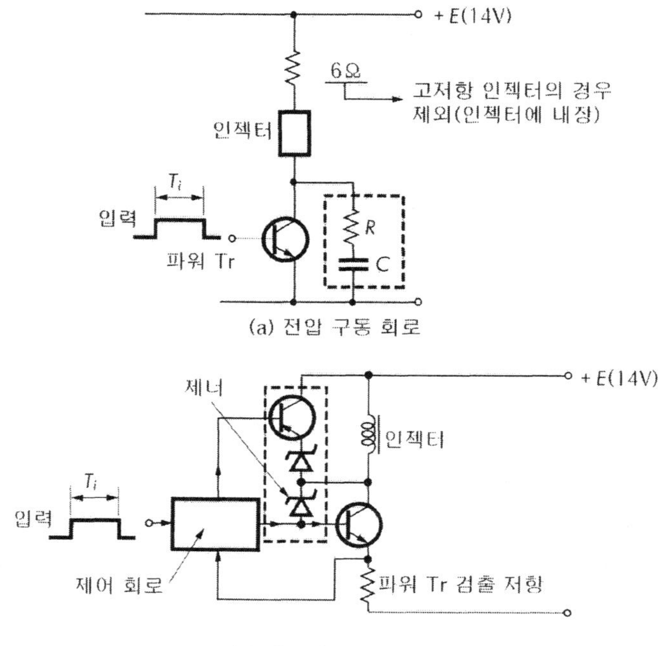

(b) 전류 구동 회로

그림 8 · 21 인젝터의 구동 회로

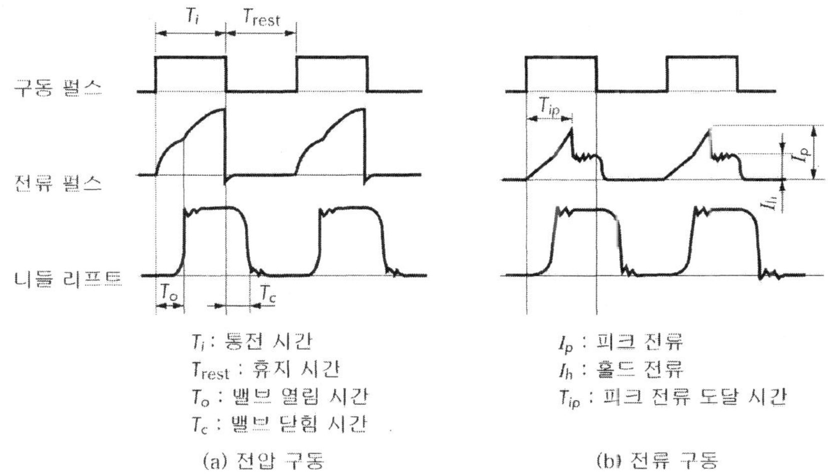

그림 8 · 22 구동 회로에 의한 전류 파형의 차이

저저항 인젝터를 전압 구동 회로로서 사용할 경우는 외부 붙이 저항이 필요하다. 이것은 인젝터가 자신의 응답성을 좋게 하기 위하여 솔레노이드 권수를 작게 하여 인덕턴스를 작게 하기 때문이다. 인젝터의 솔레노이드 감김수를 적게 함에 따라서 전류가 증가하여 솔레노이드가 발열되어 단락되는 것을 방지하기 위하여 전류 제한기(솔레노이드 레지스터)가 설치되어 있다.

전압 구동 회로는 회로 구성을 간편하게 할 수 있으나 외부 저항을 사용하기 때문에 회로 임피던스가 커지고 인젝터에 흐르는 전류가 감소하여 인젝터의 발생 전자 흡인력이 저하하는 만큼 동적 레인지 면에서 조금 불리하다.

한편 전류 구동 회로는 외부 저항을 사용하지 않기 때문에 임피던스가 적고 구동 펄스 ON 후의 전류 상승이 빠르므로 동적 레인지면에서 유리하다. 전류 회로에서는 펄스 ON 후 니들 밸브 전개 후에 전류 제어 회로를 작동시켜 니들 밸브 전개에 필요한 전류를 제한하여 인젝터솔레노이드 발열을 방지한다.

고저항 인젝터는 코일의 저항값이 12～17Ω 정도의 것을 말한다. 솔레노이드 레지스터는 내장되어 있으므로 기관에 설치하기 유리하다. 구동 회로에서는 펄스를 끊었을 때 솔레노이드 코일부에 발생하는 유도 기전력으로부터 파워 트랜지스터를 보호하고 인젝터 닫힘 시간을 짧게 하기 위하여 소호회로(消弧回路)가 마련되어 있다. 전압 구동 회로의 경우 CR 방식의 회로를 사용하나 전류 구동의 경우에는 회로 자체의 응답성을 개선하기 위하여 제너 다이오드를 사용한다.

(5) 분무 특성

인젝터는 흡기관 또는 실린더 헤드에 설치되므로 흡기 밸브를 향하여 연료를 분사시키며 분무각은 보통 10～40° 것이 일반적이다. 무화 기구로는 핀틀식이 많이 사용된다.

8.5 압력 조정기

압력 조정기(pressure regulator)는 연료 압력을 대기압 또는 흡기관 압력에 대하여 일정하게 유지하도록 작동하는 조압 밸브이다. ECU로부터 인젝터로 통전 시간에 따른 제어를 하지만 연료 압력 제어를 하지 않으면 인젝터 통전 시간이 동일하여도 연료 압력이 높을 때는 분사량이 많아지고 압력이 낮을 때는 적어진다. 그러므로 압력 조정기는 흡기관 압력에 대하여 항상 설정 압력으로 압력을 유지하도록 하는 밸브로 스프링, 다이어프램, 밸브, 하우징 등으로 구성된다. 연료 펌프로부터 보내진 연료가 유입되어 연료실에 가득차면 밸브를 밀어 올려 설정 압력으로 스프링이 평형 유지하면서 연료는 출구를 거쳐 연료 탱크로 되돌아간다. 스프링실은 흡기관과 연결되어 항상 흡기관 압력에 대하여 일정한 설정 압력이 유지되도록 작동한다.

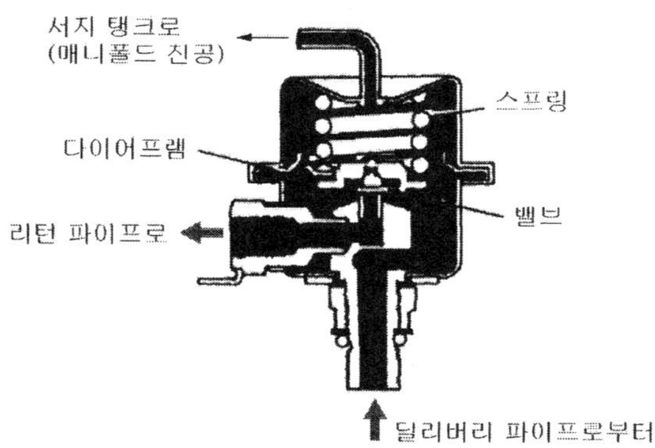

그림 8 · 23 압력 조정기

8.6 콜드 스타트 인젝터

콜드 스타트 인젝터(cold start injector)는 저온시 기관 시동성을 좋게 하기 위하여 보조적으로 서지 탱크 내에 연료를 분사하는 전자식(電磁式) 연료 분사 인젝터이다. 기관의 냉각수 온도에 따라서 스타트 인젝터 타임 스위치에 의하여 통전 시간이 제어되어 분사량이 결정된다

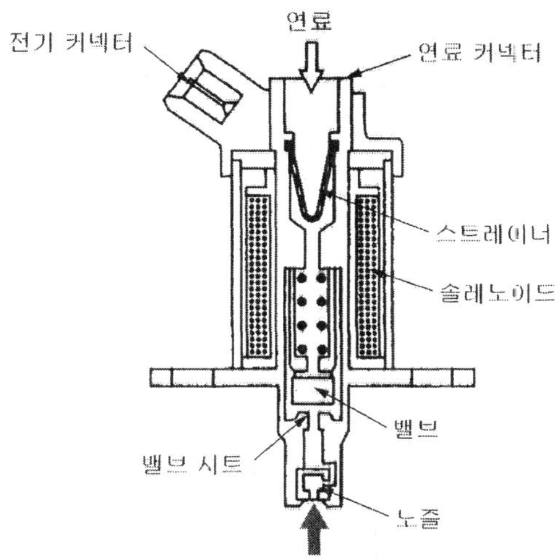

그림 8 · 24 콜드 스타트 인젝터의 구조

콜드 스타트 인젝터는 저온시의 크랭킹 중에 작동할 필요가 있으므로 작동 전압이 낮은 것이 요망된다. 또한 기관의 시동성을 좋게 하기 위하여 분무는 미립화 특성이 양호하고 분무각이 넓은 것이 좋다.

콜드 스타트 인젝터는 연료 입구 커넥터, 전기 커넥터, 솔레노이드 코일, 가동 코어 또는 밸브, 스월 노즐로 되어 있다. 솔레노이드 코일에 전류가 흐르면 플런저부가 여자되어 스프링의 장력을 이기고 밸브가 올라가 밸브가 열리면 연료는 분사 파이프 끝의 스월 노즐로 유도되어 선회류를 만들어 미립화하여 넓은 각도로 분사된다. 콜드 스타트 인젝터는 스로틀 하류의 서지 탱크(surge tank)에 분사된다.

8.7 연료 펄세이션 댐퍼

연료 펄세이션 댐퍼(pulsation damper)는 인젝터가 연료를 분사하였을 때 생기는 딜리버리 파이프 내의 연료 압력의 맥동을 감쇠시켜 소음을 저감하고 배관으로의 맥동 전달을 저감시키는 일을 한다.

압력 맥동을 감쇠시키기 위하여 그림 8 · 25와 같은 다이어프램과 스프링에 의한 댐핑 효과를 이용하여 압력 맥동을 낮은 레벨까지 저감시킨다. 예로서 0.25 MPa로 작동하는 인젝터는 0.3 MPa 정도까지를 상용 범위로 한다.

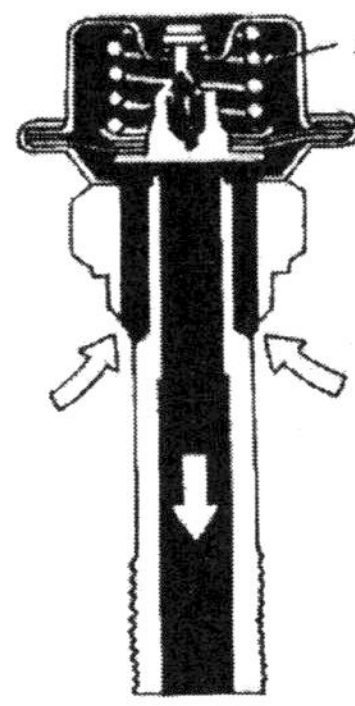

그림 8 · 25 펄세이션 댐퍼

8.8 제어계 부품

전자 제어 연료 분사 시스템의 구성과 주된 제어계 부품은 그림 8 · 26과 같다.

〔1〕 냉각수 온도 센서

냉각수 온도 센서는 냉각수 온도를 검출하는 센서로서 온도에 따라 저항이 크게 변화하는 서미스터(thermister)로 구성된다. 기관 냉각수 통로부에 설치되어 냉각수 온도의 변화를 저항값의 변화로 검출한다. 그림 8 · 26은 서미스터 온도 센서의 구조와 저항값과 온도 사이의 관계를 나타낸 것이다.

〔2〕 흡기 온도 센서

흡기 온도 센서는 기관 흡입 공기의 온도를 검출하는 센서로서 그 구성은 냉각수 온도 센서와 같다. 베인식 또는 Karman 와식 유량계를 사용한 경우 흡기 온도 센서는 공기 계량부에 가까운 곳에 설치한다.

〔3〕 기관 회전 · 크랭크 위치 센서

전자 제어 연료 분사(EFI)에서는 기관의 1 사이클마다 흡입 공기량에 알맞는 공연비가 되도록 ECU에서 연료 분사량을 제어한다.

공기 유량계는 단위 시간당 흡입 공기량을 검출할 수 있으나, 1 사이클마다의 흡입 공기량을 검출할 수는 없다. 그러므로 1 사이클마다의 흡입 공기량을 구하기 위하여 단위 시간당의 기관의 회전 속도를 검출해야 한다.

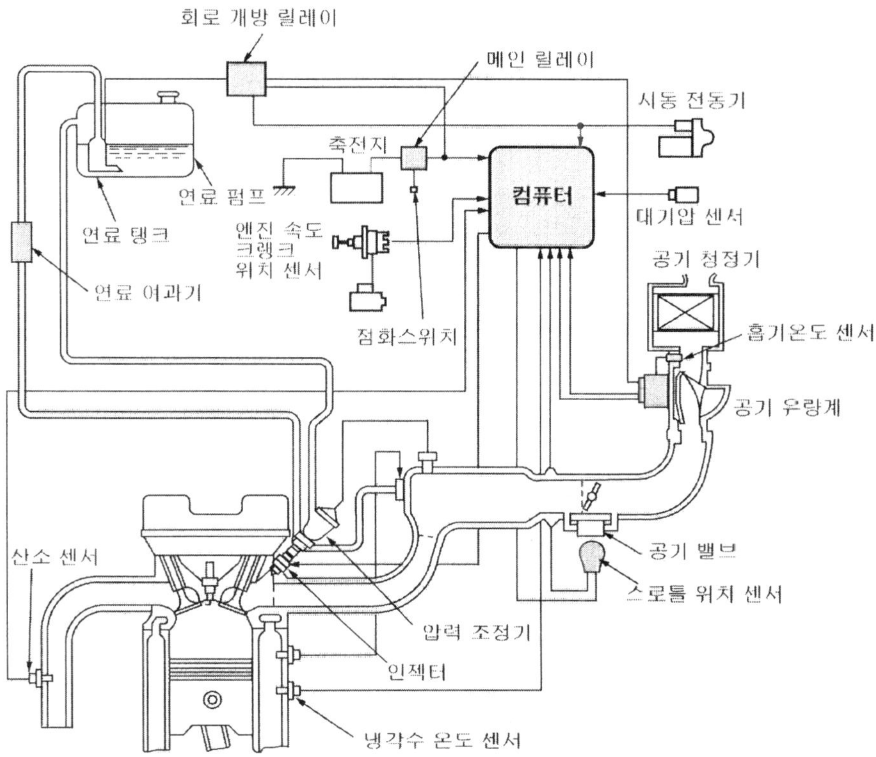

그림 8 · 27 서미스터 온도 센서와 출력 특성

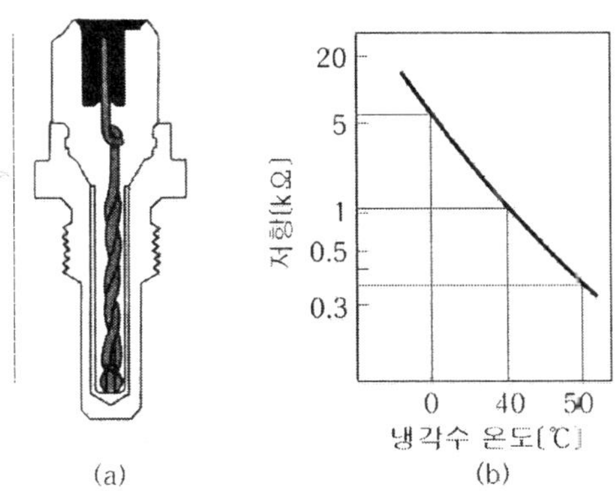

그림 8 · 27 서미스터 온도 센서와 출력 특성

표 8·1 온도 센서의 저항값(kΩ)과 냉각수 온도(℃)

온도 센서의 저항값(kΩ)	냉각수 온도(℃)
10~20	−20
4~7	0
2~3	20
0.9~1.3	40
0.4~0.7	60
0.2~0.4	80

기관의 회전 속도 및 크랭크 각도 위치를 검출하기 위한 센서는 회전 속도·크랭크 위치 센서이다. 이 방식에는 여러 가지 방식이 사용되고 있으나 가장 많이 사용되고 있는 것은 전자식(電磁式) 센서이다. 이 센서는 배전기축에 고정되어 있는 타이밍 로터(또는 시그널 로터)와 로터의 바깥쪽에 설치된 픽업 코일, 마그넷 등으로 구성된다.

그림 **8·28** (a)에서 자속은 시그널 로터 또는 타이밍 로터를 거쳐서 픽업 코일을 통과한다. 타이밍 로터가 회전하면 로터 돌기부의 에어 갭(air gap)이 변화하므로 픽업 코일을 통과하는 자속량이 변화한다. 그러므로 이 변화량에 대응하는 전압이 코일의 양끝에 발생한다. 이 발생 전압은 자속의 변화를 방해하는 방향으로 발생하므로 그림 **8·28** (b)와 같이 교류 출력이 나타난다. 그러므로 그림 **8·29**와 같이 크랭크각 기준 위치와 회전 속도 검출용 타이밍 로터와 픽업을 사용하면 압축 상사점과 회전 속도를 구할 수 있다.

여기서 크랭크 각도 기준 위치를 검출하는 G 타이밍 로터는 1개의 돌기를 가지고 있어서 축과 함께 회전하면 배전기 1회전에 1펄스의 기전력이 발생한다.

크랭크 각도를 검출하는 N_e 타이밍 로터는 배전기 1회전에 대하여 일정 각도마다 다수의

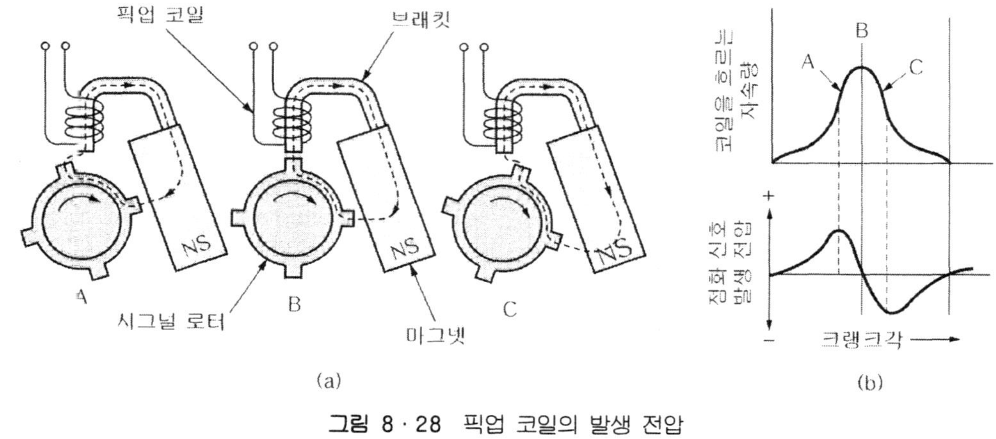

그림 8·28 픽업 코일의 발생 전압

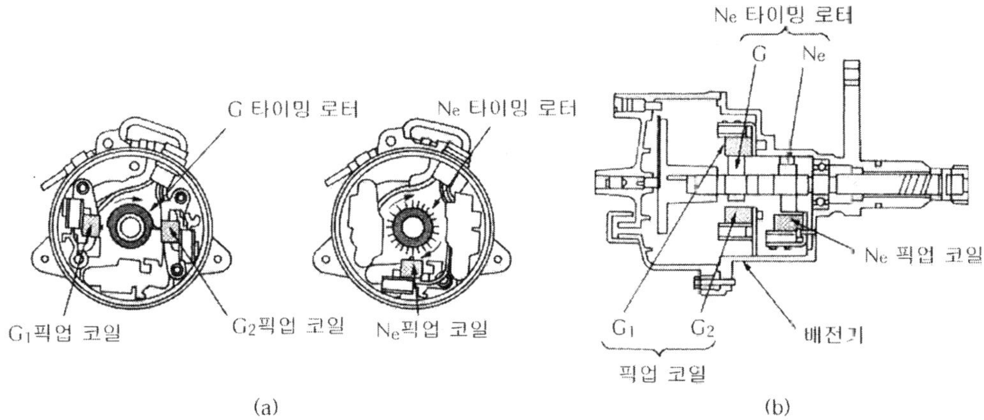

그림 8 · 29 크랭크각 기준 위치, 회전 속도 측정 픽업

돌기를 갖는 타이밍 로터에 의하여 돌기 수만큼의 펄스가 생긴다. 이 펄스를 ECU에 입력하여 펄스 간격을 계측하여 회전 속도를 검출한다.

그림 **8 · 30**은 크랭크각 기준 위치 검출 신호(G 신호)와 회전 속도 검출 신호(N_e 신호)의

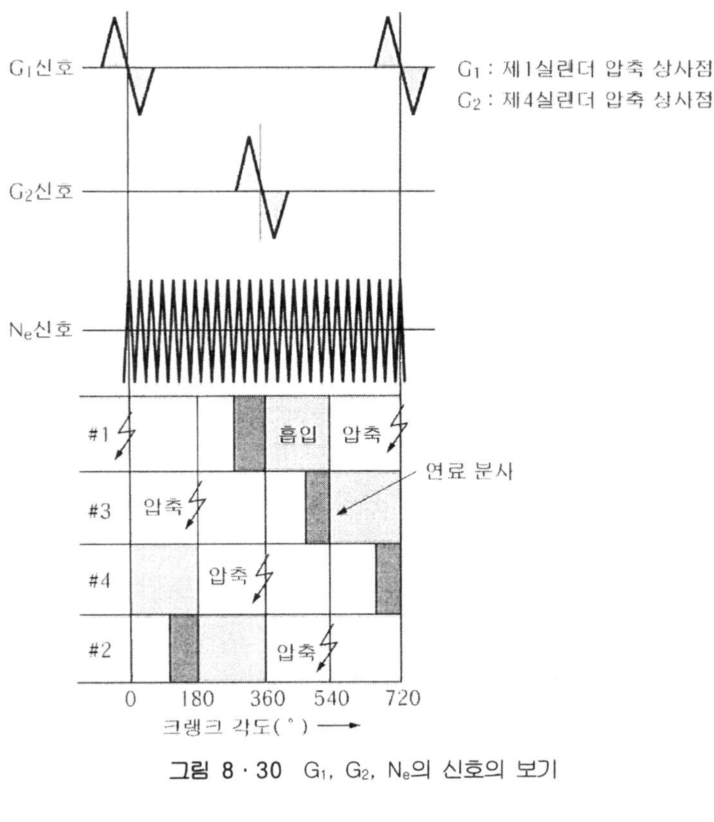

그림 8 · 30 G_1, G_2, N_e의 신호의 보기

보기를 나타낸 것이다. 이와 같이 G 신호와 N_e 신호를 ECU에 입력하여 기관의 각 운전 조건에 따른 분사량과 분사 시기가 결정된다.

〔4〕 스로틀 포지션 센서

스로틀 포지션 센서(throttle position sensor)는 그림 **8 · 31**과 같이 스로틀 보디에 조립되어 있어서 스로틀 밸브 개도를 검출하는 센서이고, 이 센서 신호를 ECU에 입력하여 스로틀 개도에 알맞는 분사량을 제어하는 일을 한다. 스로틀 포지션 센서는 리니어식(linear type)과 스위치식(switch type)이 있다.

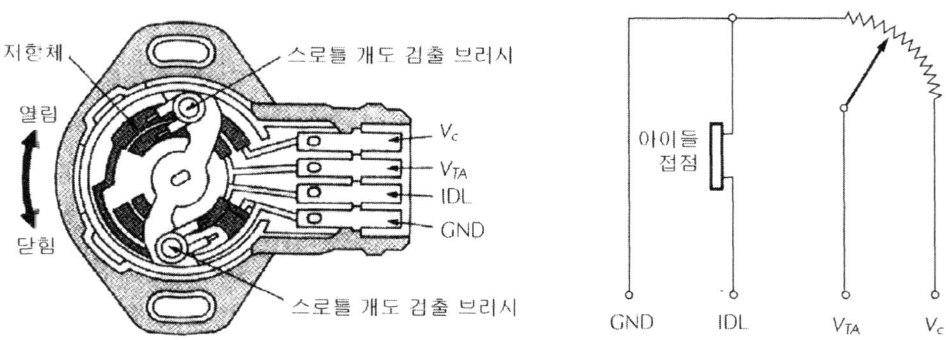

V_c : 전원, V_{TA} : 스로틀 개도 출력, IDL : 아이들 접점, GND : 접지

(a) (b)

그림 8 · 31 리니어식 스로틀 센서

(1) 리니어식 스로틀 포지션 센서

스로틀 밸브와 연동하여 움직이는 2개의 브러시가 있으며 하나의 접점은 기판상에 프린트한 위를 이동하여 밸브의 개도에 알맞는 출력 전압을 얻는 구조로 되어 있다. 이 전압을 모니터링하여 밸브 개도를 알 수 있다.

또 스로틀 밸브의 전폐 상태를 완전하게 검출하기 위하여 밸브 전폐 상태일 때만 아이들 접점이 ON하도록 접점이 마련되어 있다.

그림 **8 · 32**는 리니어식 스로틀 센서의 출력 특성을 나타낸 것이다.

(2) 스위치식 스로틀 포지션 센서

그림 **8 · 33**과 같이 가이드 캠의 홈에 따라서 움직이는 가동 접점 및 고정 파워 접점과 아이들 접점으로 구성되어 있다. 가이드 캠은 스로틀 밸브와 같은 축에 고정된 레버에 의하여 작동된다. 그림 **8 · 33**은 스로틀 포지션 센서의 전기 회로 구조와 출력 특성을 도시한 것이다.

그림에 나타낸 것과 같이 스로틀 밸브가 완전히 닫혀 있을 때에는 가동 접점과 아이들 접

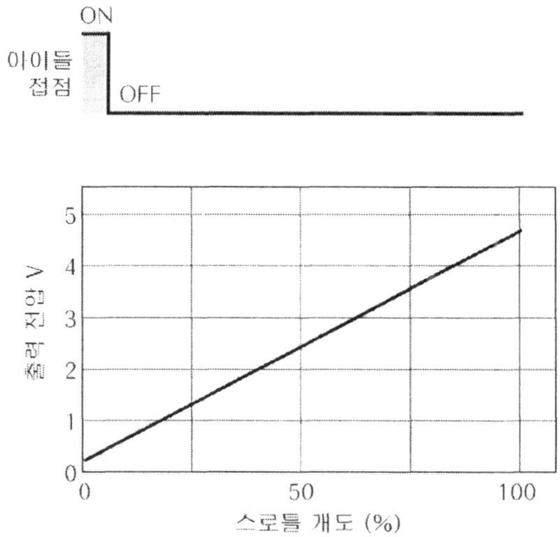

그림 8 · 32 리니어식 스로틀 센서의 출력 특성

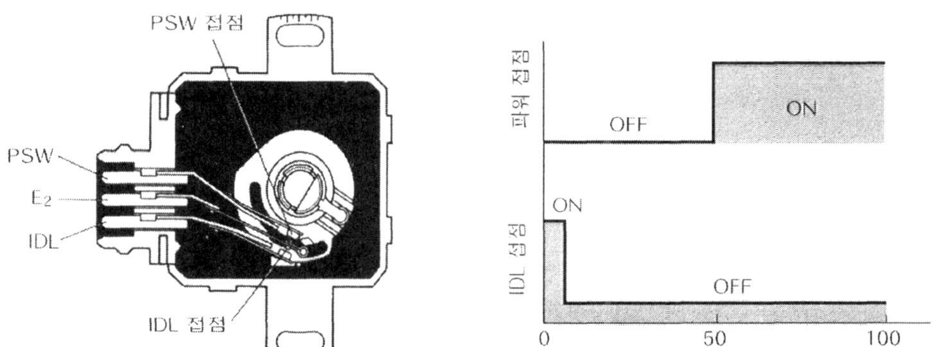

(a) (b)

그림 8 · 33 스위치식 스로틀 포지션 센서의 구조와 출력

점이 접촉하여 스로틀 밸브의 닫힘 상태(全開)를 검출한다. 또 스로틀 밸브가 50° 이상의 개도일 때(개도가 클 때)는 가동 접점이 파워 접점과 접촉하여 스로틀 밸브의 고개도 상태(高開度狀態)를 검출한다. 이들 중간 정도의 개도에서는 가동 접점이 어느 쪽의 접점과도 접촉하지 않는 구조로 되어 있다.

〔5〕 O_2 센서

(1) 지르코니아 O_2 센서

배출 가스의 배기 규제를 충족시키기 위하여 삼원촉매(三元觸媒)가 사용되고 있다. 삼원촉매가 가장 좋은 정화 성능을 발휘하기 위하여는 공연비를 어떠한 운전 조건하에서도 이론 공연비 부근에서 제어하는 것이 필요하다. 따라서 배출 가스가 삼원촉매 컨버터로 들어가기 전에 배기 가스 중의 산소 농도를 검출하여 이것을 ECU로 보내어 연료 분사량을 이론 공연비 부근이 되도록 제어한다. 그림 **8·34**는 O_2 센서의 구조를 나타낸 것이다.

O_2 센서는 외측에 배기 가스가 흐르고, 내측에 대기가 도입되도록 되어 있으며, 이들 사이에는 지트코니아(zirconia) 소자가 있어서 산소 농도차를 민감하게 검출한다.

지르코니아 소자는 고온 상태에서 소자의 두 면에 접촉하고 있는 산소 농도에 차이가 있으면 기전력이 발생하는 성질이 있다. O_2 센서는 이 성질을 이용하여 그림 **8·35**와 같이 산소 농도차가 크면 큰 기전력(약 1 V)이 발생하여 농후한 혼합기로 판단하고, 산소 농도차가 작으면 기전력이 작으므로 희박 혼합기로 판단하게 된다.

O_2 센서의 배기측 전극에 사용되는 백금은 배기 중의 산소와 CO를 결합시키는 촉매 작용이 있으드로 배기 가스측의 소자 부근에 있는 산소 농도를 저하시켜 대기측과의 산소 농도차를 크게 하여 센서 기전력의 발생을 촉진시켜 감도를 높여주고 있다.

배기 가스와 대기는 산소 농도, 즉 산소 분압이 다르므로 산소 분압이 높은 대기측으로부

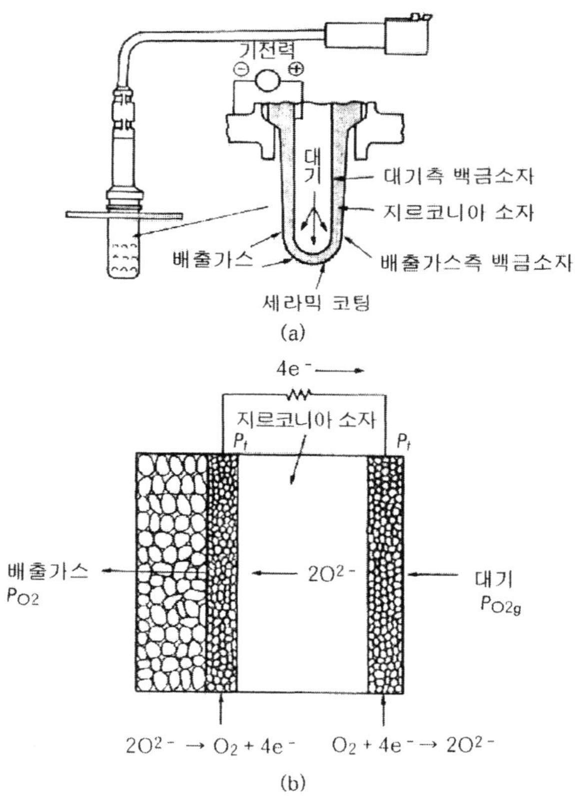

그림 8·34 O_2 센서의 구조와 원리

터 배출 가스측으로 산소 이온이 이동하게 된다. 그 결과 전극 사이에는 Nernst의 식 (8 · 17)에 의하여 기전력이 발생한다.

$$E = \frac{RT}{4F} \ln \frac{P_{O_2}}{P_{O_{2g}}} \qquad (8 \cdot 17)$$

여기서 E : 기전력(V)

R : 기체 상수(J/mol K)

T : 절대 온도(K)

F : 파라데 정수(C/mol)

$P_{O_{2g}}$: 배출 가스의 산소 분압(Pa)

P_{O_2} : 대기 중의 산소 분압(Pa)

식 (8 · 17)에서 알 수 있는 바와 같이 기전력 E는 산소 분압비의 대수(logarithm)에 비례하는 관계를 갖는다. 즉, O_2 센서 표면의 산소 농도차가 클수록 기전력은 증가한다. 그림 **8 · 35**는 O_2 센서의 출력 특성을 나타낸 것이다.

희박한 혼합기로 연소할 때에는 배출 가스는 고농도의 O_2와 저농도의 CO가 있으므로 CO와 O_2가 반응하여도 여분의 O_2가 존재하여 산소 농도차가 작아지므로 거의 기전력이 생기지 않는다(그림 **8 · 35** 참조). 그러나 농후한 혼합기로 연소할 대에는 배출 가스가 백금(촉매)에 접촉하여 O_2는 CO나 HC와 반응하여 백금 표면의 O_2는 거의 없어지고 O_2 센서 표면의 산소 농도차가 매우 커져 되어 약 1 V의 기전력이 유기된다.

(2) 티타니아 O_2 센서

이 센서의 작동 원리는 지르코니아 O_2 센서와 크게 다르다. 전자 전도체인 티타니아(titania, titanium dioxide : TiO_2)가 주위의 산소 분압에 대응하여 산화 또는 환원되어 전기 저

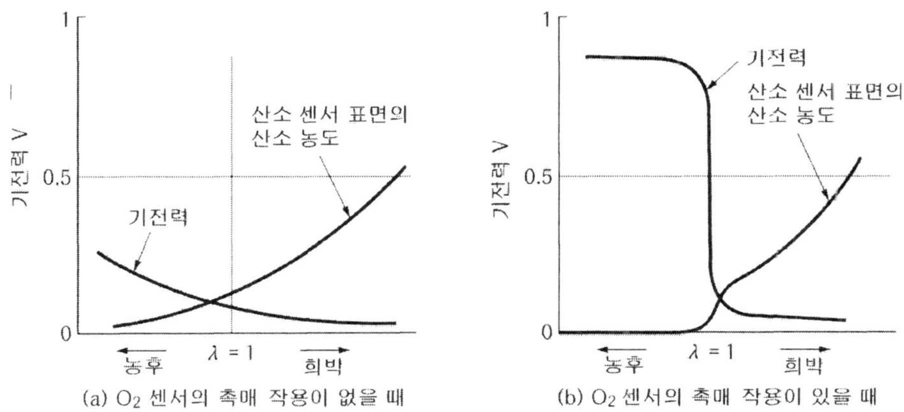

그림 8 · 35 O_2 센서의 출력 특성

항이 변화하는 성질을 이용하고 있다. 이 때 센서의 저항 R(J/K)은

$$R = A \exp\left(\frac{-E}{RT}\right) P_{O_2}^{1/m} \qquad (8 \cdot 18)$$

여기서 A : 정수

E : 활성화 에너지(J)

$1/m$: 격자 결합 성질에 의존하는 지수

P_{O_2} : 산소 분압(Pa)

R : 기체 상수(J/mol °K)

T : 절대 온도(K)

산소 분압 P_{O_2}는 이론 공연비에서 벗어나 스텝 모양으로 변화한다. 따라서 산소 분압, 즉 센서의 저항 변화를 측정함에 따라 이론 혼합비로부터 어느 정도 이탈되었는가를 알 수 있다. 이 센서는 세라믹(절연물)의 끝에 티타니아 소자가 붙어 있다. 공연비에 대한 센서 저항 변화 특성을 그림 8 · 36에 나타내었다.

이 센서는 지르코니아 센서에 비하여 구조가 간단하고 소형, 염가인 특징이 있으나, 온도에 따른 저항값의 변화가 큰 것이 결점이므로 온도 보정 회로를 추가하거나 비교적 특성이 안정된 고온하에서 검출될 수 있도록 히터를 내장하는 등의 조치가 필요하다.

〔6〕 대기압 센서

베인식이나 Karman 와식 공기 유량계를 사용할 경우 대기압의 변화에 따라서 흡입 공기의 밀도가 변화하여 공연비가 달라지게 된다. 그러므로 대기압을 검출하여 연료 분사량의

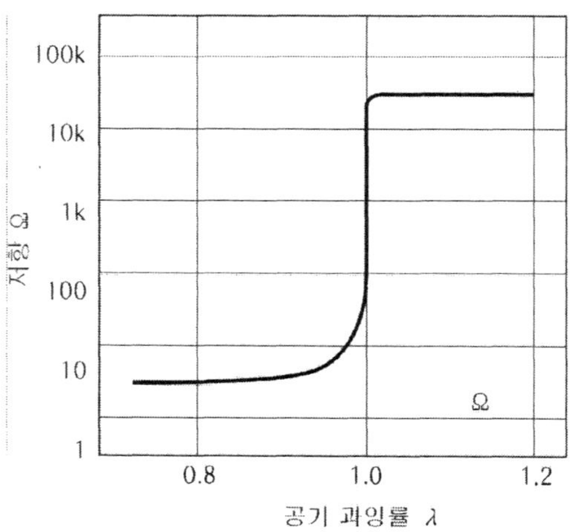

그림 8 · 36 티타니아 O_2 센서의 저항 특성

보정을 하도록 되어 있다. 대기압 센서는 피에조 저항 효과를 이용한 반도체식 유압 센서가 많이 사용된다.

8.9 전자 제어 유닛(ECU)

전자 제어 유닛(electronic control unit, ECU)은 앞에서 다룬 각종 센서의 신호를 받아서 기관 상태에 알맞도록 인젝터의 분사 시간을 제어한다. 먼저 흡입 공기량과 회전 속도로부터의 분사 시간을 계산하고, 이것을 각 센서로부터의 신호에 따라 보정을 한 다음 연료 분사 시간(분사량)을 결정한다.

ECU는 EFI의 제어 외에 점화 시기 제어, 공전 속도 제어 등 다기능의 기관 제어를 하도록 되어 있다. 현재 실용화하고 있는 대부분의 마이크로 컴퓨터를 포함하고 있다.

그림 8·37은 ECU의 구성을 도시한 것이다.

ECU에 입력되는 신호에는 아날로그 신호와 디지털 신호가 있다. 베인식 공기 유량계, 수

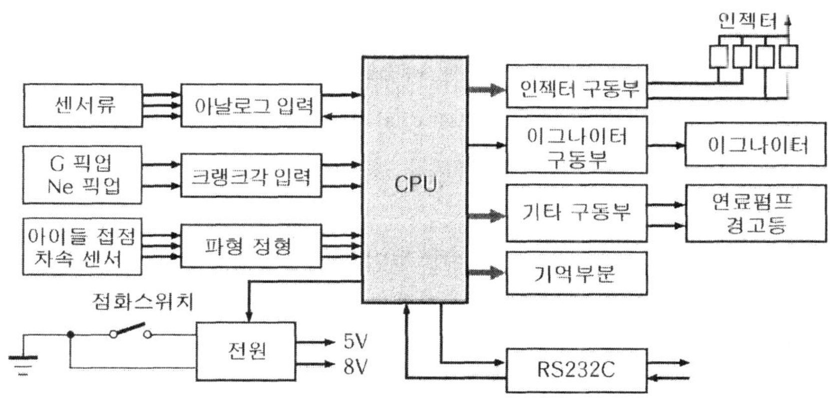

그림 8·37 ECU의 구성

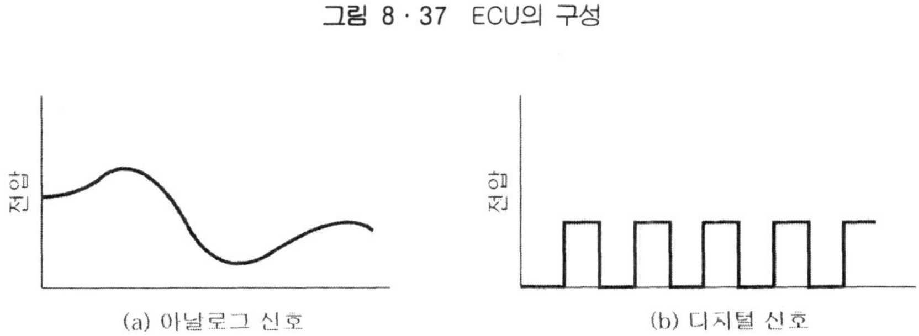

그림 8·38 센서 입력 신호

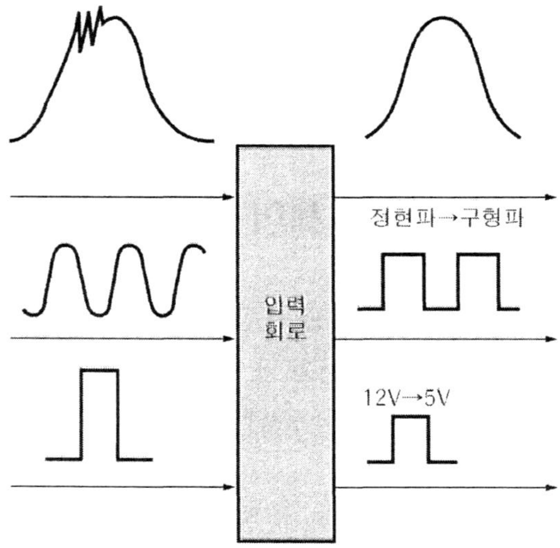

그림 8 · 39 입력 회로의 작동

온센서 신호 등은 아날로그 신호이고, 스로틀 포지션 센서의 접점 신호나 차속 센서 등은 디지털 신호이다.

ECU에 입력되는 신호 형태가 다르면 입력 처리 방법도 다르다. 센서로부터 입력 신호가 ECU에 입력되면 먼저 입력 회로를 통하여 디지털 신호는 직접적으로 마이크로 컴퓨터에 입력되고, 아날로그 신호는 A/D 컨버터에서 디지털로 변환된 후 입력된다. 다른 최적 연료 분사 시간을 결정하고, 그 결과를 출력 회로를 통하여 인젝터로 출력한다.

(1) 입력 회로

각 센서로부터의 신호는 먼저 입력 회로에 들어간다. 여기서 그림 8 · 39와 같이 노이즈 제거나 정현파 입력을 구형파(矩形波)로 변환하여 입력 전압 레벨을 변화시킨다.

(2) A/D 컨버터

아날로그 입력 신호는 마이크로 컴퓨터에서 처리할 수 없으므로 A/D 컨버터에서 디지털 신호로 변환하여 처리한다. 공기 유량계로부터 공기량 신호의 경우를 예를 들면 그림 8 · 40과 같은 회로로 처리된다.

공기량 신호 전압 V_s와 기준 전압 V_c는 A/D 컨버터에 접속된다. 공기량 신호는 연료 분사 제어의 기본이 되는 신호이고, 고분해능 · 고정도가 요구되므로 높은 정도의 A/D 컨버터 등이 사용된다.

(3) 마이크로 컴퓨터

마이크로 컴퓨터는 각 센서의 신호를 필요에 따라 받아들여 기억하고 있는 프로그램이나 데이터를 사용하여 연산 처리해서 그 결과(분사 신호 등)를 출력하는 회로로 보낸다.

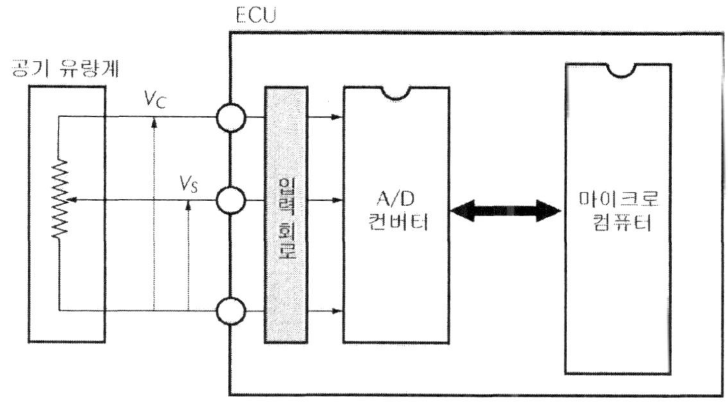

그림 8 · 40 아날로그 신호 입력 처리 회로

마이크로 컴퓨터의 내부 구조는 그림 8 · 41과 같이 명령을 해독하여 데이터 처리를 실행하는 중앙 처리 장치(central processing unit, CPU), 프로그램이나 데이터를 유지하는 기억 장치(memory), 외부 센서나 액추레이터와 데이터를 주고받는 입 · 출력 장치(input/output, I/O)로 구성되어 있다.

CPU를 중심으로 하여 메모리나 I/O는 버스라 불리는 신호 전달선(라인)으로 접속되어 있다. 버스에는 데이터 버스, 메모리 · 입출력의 어드레스를 지정하는 어드레스 버스와 시스템의 동작을 제어시키는 컨트롤 버스의 3종류가 있다. 또 제어 타이밍을 잡기 위하여 수정 발진자(水晶發振子)를 사용한 기준 신호 발생기를 가지고 있다.

① CPU　　CPU는 데이터의 산술 연산이나 논리 계산을 하는 연산부(arithmetic logical unit, ALU), CPU 내에 있는 메모리에서 데이터를 일시 저장하는 레지스터부, 프로그램을

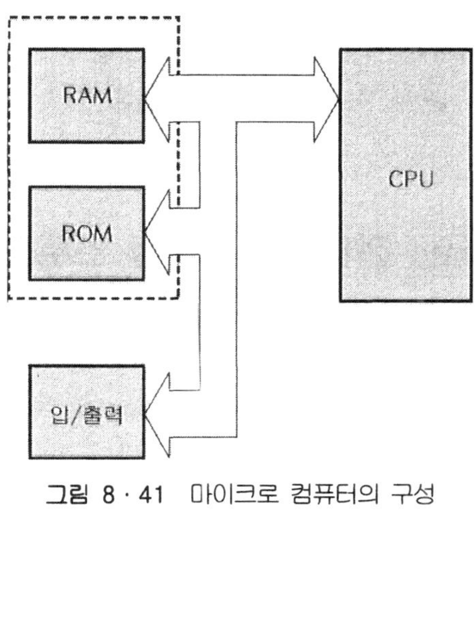

그림 8 · 41 마이크로 컴퓨터의 구성

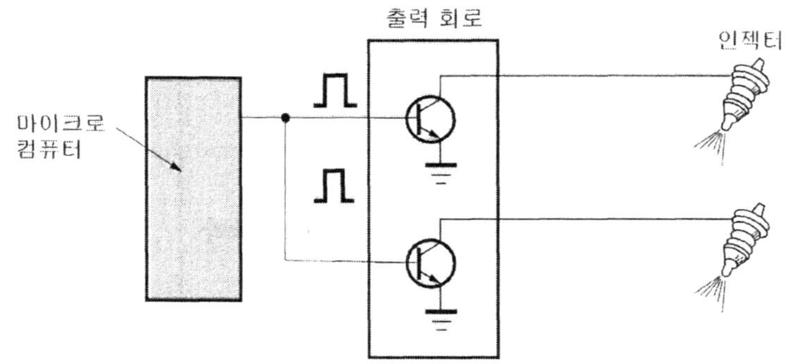

그림 8·42 출력 회로

기초로 하여 각 장치 사이의 신호 전송 등 전체를 제어하는 제어부로 구성되어 있다.

② 메모리　프로그램과 데이터를 기억하는 기능을 가지고 있으며, 일반으로 ROM(read only memory)와 RAM(random access memory)로 구성되어 있다.

ROM은 읽기 전용 메모리로서 전원을 끊어도 기억은 소멸되지 않으므로 프로그램이나 고정 데이터를 기억시키는 데 사용된다. 최근에는 내용을 바꾸어 넣는 것이 가능한 EPROM (erasable programble ROM)도 사용되고 있다.

RAM은 임의의 어드레스에 기억되고 있는 데이터를 읽거나 기억할 수 있다. 그러나 RAM은 전원이 끊기면 기억되어 있던 데이터는 지워지므로 처리 도중에 나타나는 일시적인 데이터의 기억에 사용된다.

③ I/O　CPU의 명령에 따라서 외부의 센서, 액추레이터 등과의 사이에서 데이터의 주고받음을 제어하는 부분으로서 I/O 포트라고도 한다.

(4) 출력 회로

마이크로 컴퓨터로부터 출력되는 신호는 디지털 신호이고, 출력 전압도 낮으므로 이 출력 신호로는 구동될 수 없는 액추레이터도 많다. 따라서 그림 8·42와 같이 출력 회로에서 액추레이터를 구동할 수 있는 출력 신호를 변환하고 있다.

8.10 전원 릴레이 및 스위치류

(1) 메인 릴레이

ECU를 비롯하여 EFI 부품에 노이즈나 전압 리플(ripple) 등의 영향을 받지 않도록 공급 전압을 안정화하는 릴레이가 메인 릴레이이다. 가장 많이 사용되는 메인 릴레이에는 그림 8·43과 같은 플런저형 릴레이이다.

점화 스위치를 ON으로 하면 메인 릴레이의 코일에 전류가 흘러서 플런저가 흡입되므로 접점이 닫히고, EFI 부품에 전원이 공급된다. 점화 스위치가 OFF로 되면 릴레이도 OFF로 되어 EFI 부품의 전원도 OFF가 된다.

〔2〕 회로 오프닝 릴레이

연료 펌프의 전원을 제어하는 릴레이로서 보통 기관 회전 중에만 ON으로 하도록 되어 있다.

그림 8·44는 펌프 접점을 내장한 공기 유량계를 사용한 경우의 회로 개방 릴레이와 연료 펌프 전원 공급 회로도를 나타낸 것이다. 먼저 기관이 시동시에는 점화 스위치의 스타터(ST) 단자가 ON으로 하기 위하여 릴레이 내의 코일 L_2에 전류가 흐르면 접점이 닫히고, 연료 펌프에 전원이 공급된다. 기관이 시동하면 흡입되는 공기에 의하여 공기 유량계의 측정 플레이트(measuring plate)가 움직여서 공기 유량계 내의 연료 펌프 스위치가 ON으로 되어 코일 L_1에 전류가 흘러서 스타터 단자가 OFF로 되어도 접점은 ON으로 된다.

기관이 어떤 원인으로 인하여 정지되었을 때는 공기 유량계 내의 연료 펌프 스위치가 OFF로 되어 L_1에는 전류가 흐르지 않으므로 접점은 OFF로 된다. 따라서 연료 펌프는 정지

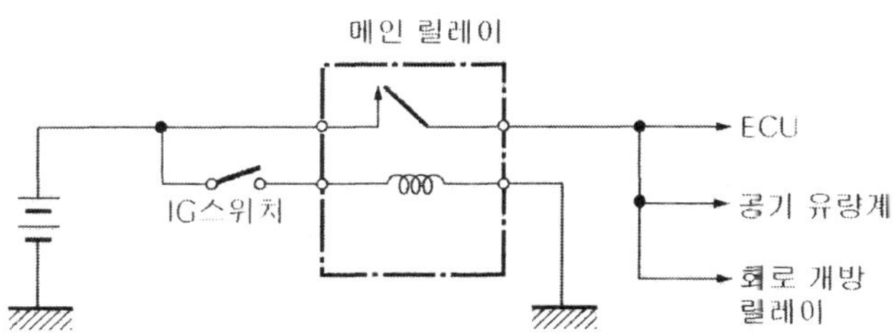

그림 8·43 메인 릴레이

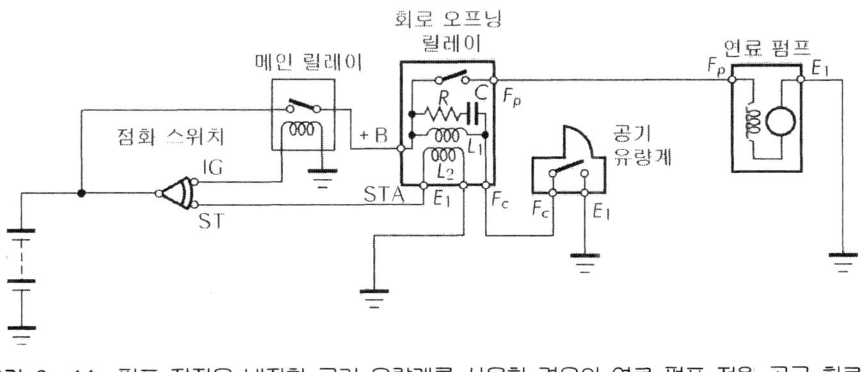

그림 8·44 펌프 접점을 내장한 공기 유량계를 사용한 경우의 연료 펌프 전원 공급 회로도

하여 연료는 압송되지 않는다.

이상은 연료 펌프의 접점을 내장한 베인식 유량계를 사용하는 경우이고, Karman 와식이나 열식의 공기 유량계의 경우 또는 스피드 덴시티 방식의 경우에는 연료 펌프 스위치 대신에 ECU의 트랜지스터로서 연료 펌프의 통전을 제어한다. ECU에 입력된 기관의 회전 신호를 바탕으로 기관의 정지 상태를 검출하여 트랜지스터가 OFF됨에 따라 연료 펌프의 통전 상태를 정지시킨다.

〔3〕 스타트 인젝터 타임 스위치

저온 시동용의 콜드 스타트 인젝터의 분사 시간을 가열선(heat wire) 및 바이메탈을 이용하여 냉각수 온도에 대응하도록 제어하는 것으로서 바이메탈이 냉각수 통로부에서 설치되어 있다.

스타트 인젝터의 통전 시간은 수온 및 가열선의 통전 시간에 따라서 결정된다. 통전 시간의 한 예를 그림 8·45에 나타내었다. 웜업 후에는 바이메탈에 의하여 접점은 OFF로 되어 콜드 스타트 인젝터는 작동하지 않는다. 그림 8·46에 스타트 인젝터 타임 스위치 구조를 나타내었다.

바이메탈 주위에 히트 와이어(니크롬선)를 감아서 이 와이어에 전류를 흐르게 하면, 바이

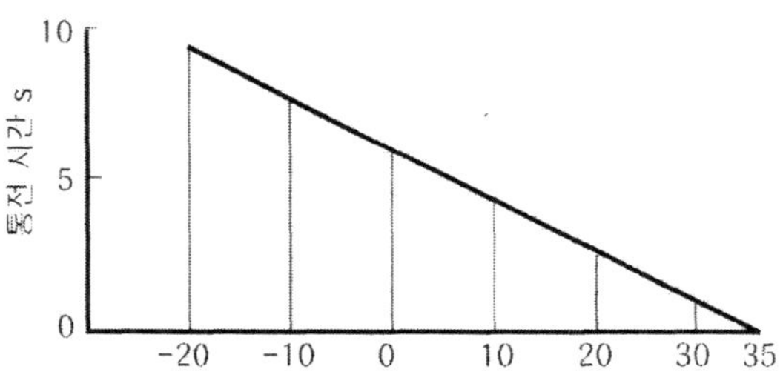

그림 8·45 콜드 스타트 인젝터 통전 시간

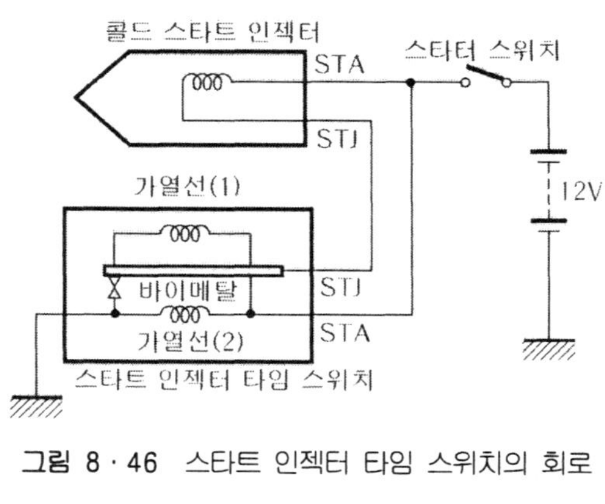

그림 8·46 스타트 인젝터 타임 스위치의 회로

메탈을 가열 만곡되게 하여 접점을 OFF로 하는 기능을 가지고 있다.

먼저 냉간 시동시 스타트 인젝터의 타임 스위치의 접점은 ON이고, 스타터가 회전하면 전류가 콜드 스타트 인젝터의 코일에 통전되어 가솔린이 분사된다. 동시에 스타트 인젝터 타임 스위치의 가열선(1)에 전류가 흘러서 바이메탈이 가열되기 시작한다. 열선으로의 통전이 계속되면 바이메탈이 휘어서 접점이 OFF로 되어 콜드 스타트 인젝터의 분사가 종료된다.

또 스타터가 회전하면 가열선 외에도 전류가 흘러서 시동 불량으로 스타터가 계속 회전한 경우 한 번 열린 접점이 다시 닫혀서 콜드 스타트 인젝터가 필요 이상으로 작동하지 않도록 계속하여 바이메탈을 가열하여 접점이 OFF를 계속하도록 되어 있다.

8.11 연료량의 산출

기관의 1회 연소에 필요한 연료량은 다음과 같이 구한다. 지금 공기와 연료량을 각각 m_a, m_f라 하면 목표 공연비 r_{af}는 다음과 같다.

$$r_{af} = \frac{m_a}{m_f} \tag{8·19}$$

시동시와 특수한 운전 조건을 제외하고는 가솔린 분사 시간 T_i ms는 흡입 공기량의 정보에 따라 기본 분사 시간 T_p ms와 그 보정항 및 인젝터의 무효 시간 T_v ms에 따라 결정된다.

$$T_i = T_p F_c + T_v \tag{8·20}$$

여기서 F_c는 기본 분사 시간의 보정 계수이다.

〔1〕 분사 시간의 분류

분사 시간은 흡입 공기량에 기초하여 연산하는 시동 후의 분사 시간과 흡입 공기량에 기초하지 않는 시동시의 분사 시간으로 나눈다. 시동 후의 분사 시간은 분사 시기에 따라 소정의 크랭크각에 분사하는 동기 분사와 급가속시 임시적으로 분사하는 비동기 분사가 있다.

- 분사 시간
  - 시동 후 분사 시간
    - 동기 분사 시간
    - 비동기 분사 시간
  - 시동시 분사 시간

〔2〕 시동 후의 동기 분사 시간

시동 후의 동기 분사 시간은 식 (8·20)에 따라 결정하고 기본 분사 시간의 보정 계수 F_c는 다음과 같이 기관 작동에 관여하는 여러 항의 함수 관계로부터 구한다.

$$F_c = f(F_{et},\ F_{ac},\ F_{fb},\ F_l,\ F_h) \tag{8・21}$$

여기서 F_{et} : 기관 온도에 따른 보정 계수

F_{ac} : 가감속 운전시의 보정 계수

F_{fb} : 이론 공연비의 피드백 보정 계수

F_l : 학습 제어에 대한 보정 계수

F_h : 고부하 고속 운전시의 보정 계수

〔3〕 기본 분사 시간

공기 유량계의 종류에 따라 다음과 같이 구한다.

(1) 베인식 공기 유량계

베인식 공기 유량계의 기본 분사 시간 T_{pv}(ms)는 다음 식으로 구한다.

$$T_{pv} = \frac{Q}{n k_1 r_t} \tag{8・22}$$

여기서 Q : 공기량(m^3/s)

n : 기관 회전 속도 1/s

(여기서 Q/n은 1회 흡기 행정의 실린더 내의 충전 공기량 m^3)

k_1 : 인젝터 크기, 분사 방식, 기통수에 따른 정수

r_t : 목표 공연비

유량계의 출력 신호 U_s/U_B와 흡입 공기량 Q는

$$Q = \frac{C}{U_s/U_B} \tag{8・23}$$

여기서 C는 정수이고, U_B, U_s는 각각 전위차계의 전원 전압, 유량계의 지시 전압이다. 따라서 식 (8・22)는

$$T_{pv} = \frac{C}{k_1 r_t} \cdot \frac{1}{(U_s/U_B) \cdot n} = \frac{k}{(U_s/U_B) \cdot n} \tag{8・24}$$

여기서 k=정수$(=C/k_1 r_t)$이다.

대기 조건이 변화할 때에는 온도, 압력을 보정하여 다음 식으로 구한다.

$$T_p = \frac{k}{(U_s/U_B) \cdot n} \cdot \sqrt{\frac{273+20}{T}} \cdot \sqrt{\frac{P}{101}} \tag{8・25}$$

여기서 T는 공기 유량계 입구의 공기 온도(K)이고, P는 대기압(kPa)이다.

다음에는 식 (8・25)의 보정 계수의 온도・압력 보정 방법에 대하여 설명하기로 한다. 측정 플레이트의 일정 개도일 때, 표준 상태에서 일정 유량을 $\dot{m}_s$, 온도 T(K), 대기압 P

(kPa)일 때의 질량 유량을 $\dot{m}$이라 하면

$$\frac{\dot{m}}{\dot{m}_s} = \frac{\rho Q}{\rho_s Q_s} \tag{8·26}$$

여기서 Q_s는 표준 공기의 체적 유량이고(m^3/s), Q는 임의 공기의 체적 유량(m^3/s), ρ는 임의 공기의 밀도이고(kg/m^3), ρ_s는 표준 공기의 밀도(kg/m^3)이다.

측정 플레이트의 일정 개도일 때 임의 공기의 체적 유량 Q는 유량 계수를 C, 측정 플레이트의 개도 면적과 유속을 각각 A(m^2), v(m/s)라 하면 다음 식으로 표시된다.

$$Q = CAv \tag{8·27}$$

그림 8·47에 베르누이의 정리를 적용하면

$$v = \sqrt{\frac{2(P_1 - P_2)}{\rho}} \tag{8·28}$$

여기서 P_1, P_2는 각각 유량계의 ①, ②에서의 압력(kPa)이다. 식 (8·27), (8·28)을 식 (8·26)에 대입하면

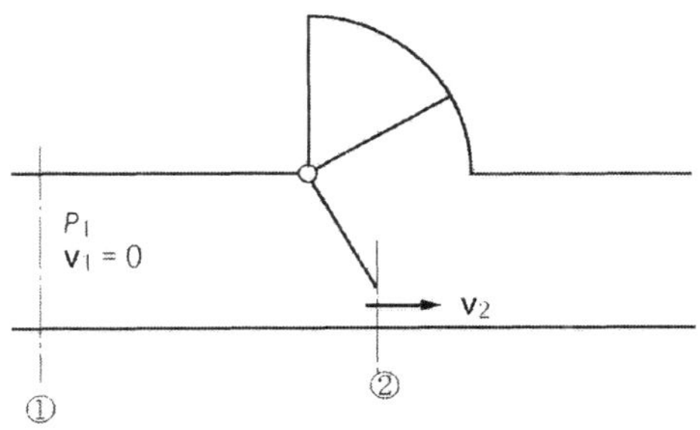

그림 8·47 베인식 유량계의 측정 원리

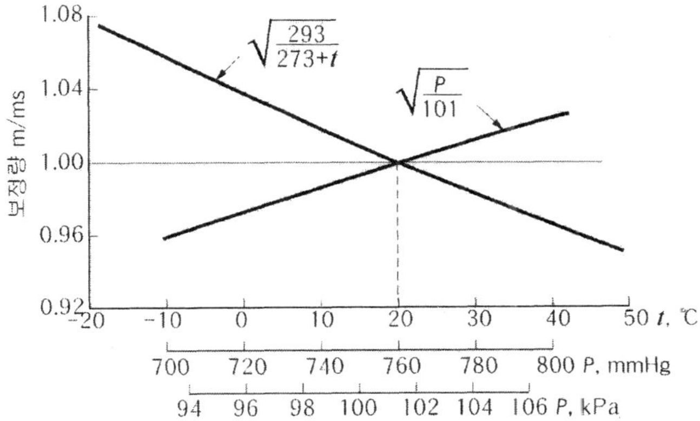

그림 8·48 베인식 유량계의 흡기 온도 및 흡기 압력의 보정

$$\frac{\dot{m}}{\dot{m}_s}=\frac{\rho CA\sqrt{2(P_1-P_2)/\rho}}{\rho_s CA\sqrt{2(P_1-P_2)/\rho_s}}=\sqrt{\frac{\rho}{\rho_s}} \tag{8·29}$$

여기서 ρ는 이상 기체의 상태식으로부터 구한다.

흡기 온도 보정량은

$$\sqrt{\frac{T_s}{T}}=\sqrt{\frac{273+20}{T}}=\sqrt{\frac{293}{273+t}} \tag{8·30}$$

대기압 보정량은

$$\sqrt{\frac{P}{P_s}}=\sqrt{\frac{P}{101}} \tag{8·31}$$

식 (8·30), (8·31)의 특성은 그림 **8·48**과 같다.

(2) 카르만 와식 공기 유량계

카르만 와식 유량계에서 와의 주파수 f는 유속 v에 비례한다. 따라서 Q와 f의 관계는

$$Q=C_1Af \tag{8·32}$$

여기서 C_1은 상수, A는 카르만 와의 감지부의 유로 면적(m^2)이다. 따라서 기본 분사 시간은

$$T_{pv}=\frac{C}{k_1r_t}\cdot\frac{f}{n} \tag{8·33}$$

여기서 $C=C_1A$이다. 식 (8·26)에 식 (8·32)를 대입하면

$$\frac{\dot{m}}{\dot{m}_s}=\frac{\rho}{\rho_s} \tag{8·34}$$

$$\frac{\dot{m}}{\dot{m}_s}=\frac{T_s}{T}\frac{P}{P_s} \tag{8·35}$$

따라서 흡기 온도 보정량은

$$\frac{T_s}{T}=\frac{273+20}{T} \tag{8·36}$$

대기압 보정량은

$$\frac{P}{P_s}=\frac{P}{101} \tag{8·37}$$

식 (8·36), (8·37)의 특성은 그림 **8·49**와 같다. 따라서 기본 분사 시간 T_p는

$$T_p=\frac{kf}{n}\frac{273+20}{T}\frac{P}{101} \tag{8·38}$$

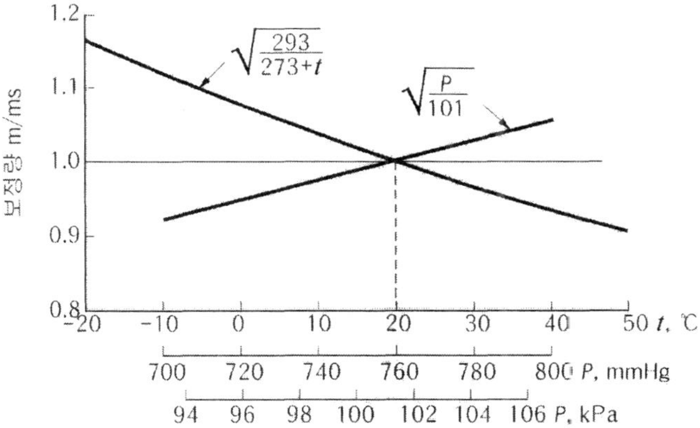

그림 8 · 49 카르만 와식 유량계의 흡기 온도 및 흡기 압력의 보정

$$T_p = \frac{kf}{n}\,\frac{273+20}{T}\,\frac{P}{101} \tag{8 · 38}$$

여기서 $k = \dfrac{C}{k_1 r_t}$, r_t=공연비, k_1은 인젝터의 크기, 분사 방식, 기통수에 따라 정해지는 정수이다.

(3) 열식 공기 유량계

열식 유량계는 질량 유량계이므로 베인식, 카르만 와식 유량계의 경우와 같은 온도, 압력 보정은 필요하지 않다. 열식 공기 유량계의 유량 특성은 그림 **8 · 50**과 같이 비선형이므로 출력을 선형 데이터로 수정하여 기본 분사량을 구한다.

선형화 방법은 하드 회로에 의한 것과 출력을 A/D 변환 후 소프트웨어 처리하는 방식이 있다. 선형화 후의 신호를 G_l이라면 기본 분사량 T_p는 다음 식으로 구한다.

$$T_p = \frac{kG_l}{n} \tag{8 · 39}$$

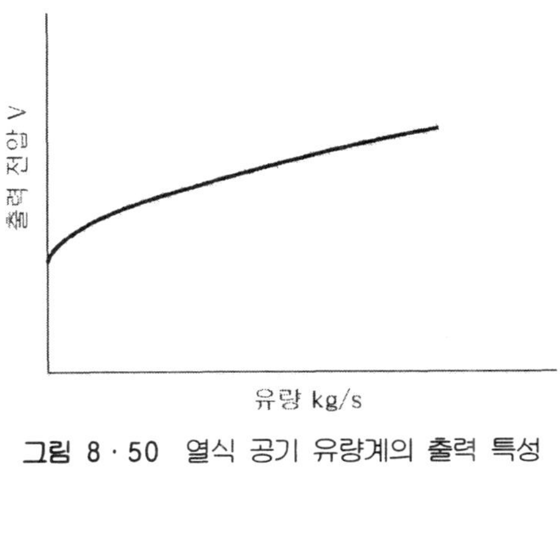

그림 8 · 50 열식 공기 유량계의 출력 특성

여기서 k는 공연비, 인젝터의 크기, 분사 방식, 기통수에 따라 정해지는 정수이다.

〔4〕 기관 온도에 관련된 보정 계수

겨울에 기관이 차가운 상태로부터 시동한 경우와 여름철의 고속 주행 후에 10～30분 기관을 정지시킨 경우와 같이, 기관이 고온 상태로부터 시동한 경우 연료 분사량을 증가시켜야 한다. 저온에서는 연료 증량에 의한 보정 요구는 저온에서 연료의 기화가 불량한 데 그 원인이 있고, 고온에서는 연료 내에 발생하는 베이퍼 록에 기인한다. 따라서 저·고온하에서는 기본 분사시간의 연료량은 공연비가 목표 공연비보다 희박하게 된다. 그러므로 증량 보정을 하지 않으면 아이들 회전의 불안정, 기관 정지, 서징(차량 전후의 진동 등)의 현상이 발생한다.

(1) 시동 후의 증량 보정 계수 k_s

기관이 차가운 상태에서 시동한 후 기관이 자력으로 회전을 유지할 수 있는 상태일 경우 수초간 시동 후 증량 보정을 한다. 기관이 차가울수록 증량 보정의 시간은 길어진다. 이 보정 계수는 주로 흡입 밸브, 실린더 내벽부 등에서 연료 기화 부족을 보충하기 위한 것이다. 다시 말하면 기관에 이론 공연비로 연료를 분사하여도 연료의 기화가 나빠지면 벽에 부착한 연료는 기화하지 않는다. 그러므로 실제로 공급되는 혼합기는 희박해진다. 시동시 냉각수 온도에 따라 증량 보정 계수의 초기값을 결정한 다음, 기관이 자력으로 회전한 후 분사 시간의 보정을 시작하여 일정 시간마다 증량 보정 계수를 감쇠한다.

(2) 웜업 증량 보정 계수 k_w

웜업 증량 보정 계수도 기관이 냉각되어 있을 때 연료를 증량시키는 보정 계수로서 시동 후 증량 보정과 동시에 보정을 한다. 시동 후 증량은 기관이 완전히 자력 회전 후에 수십 초간 증량을 하지만 웜업 증량은 냉각수 온도가 소정의 온도가 될 때까지 증량을 계속한다. 이것은 실린더 벽의 온도와 흡입 밸브의 온도의 상승 과정에서 가솔린이 기화하지 않는 부분을 보충하기 위한 보정이다. 그림 8·53과 같이 온도의 상승과 더불어 보정 계수는 감쇠한다.

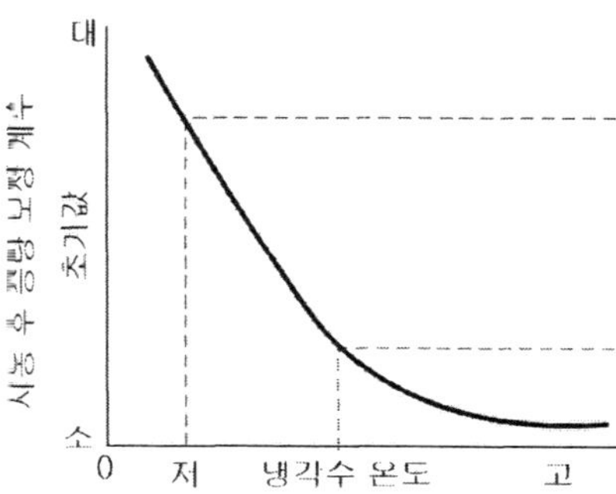

그림 8·51 시동 후 증량 보정 계수 초기값

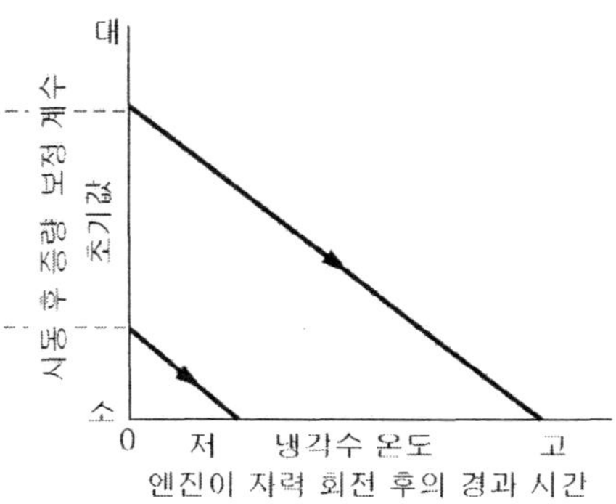

그림 8·52 시동 후의 증량 보정 계수의 감쇠

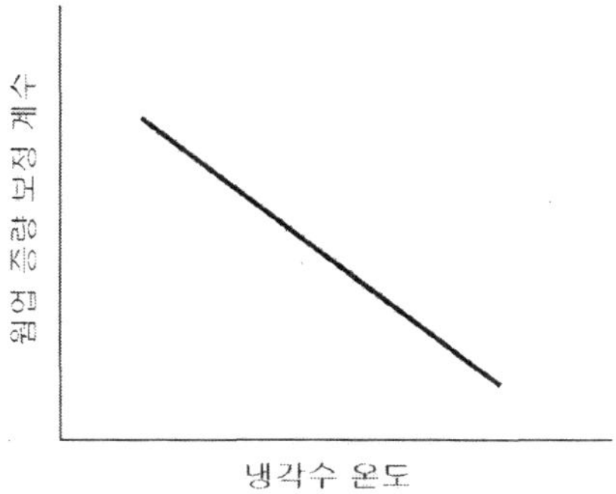

그림 8·53 웜업 증량 보정 계수

(3) 고온시 보정 계수 k_{ht}

고온 보정이 필요한 운전 모드는 고온하의 고속 주행 후에 기관을 정지하여 10~30분 경과 후, 재시동 후 2~3분이다. 고속 주행할 때에는 주행풍에 의하여 냉각되어 연료의 온도는 상승하여도 약 50℃ 정도이다. 그러나 기관을 정지시키면 기관의 열에 의하여 연료의 온도는 80~100℃로 상승한다. 이렇게 온도가 올라가면 인젝터 내의 가솔린은 비등하여 기포를 발생하게 된다. 기포가 발생하면 분사되는 연료에 기포가 포함되어 연료량이 감소되어 공연비는 희박해진다. 이와 같은 공연비 희박화를 방지하기 위하여 설정 냉각수 온도(보기 : 100℃) 이상이 되면 고온 보정 계수에 의한 분사 증량을 하는 시스템도 있다. 그리고 고온 상태에서 직접 연료 온도를 검출하여 분사량을 증량하는 방식도 있다.

〔5〕 가·감속시의 보정 계수

기본 분사량만으로는 가속, 감속 등의 과속시에 공연비가 목표값의 편차가 생긴다. 이 편차는 가속시는 희박해지고, 감속시는 농후해져서 각각 증량 또는 감량 보정을 해야 한다.

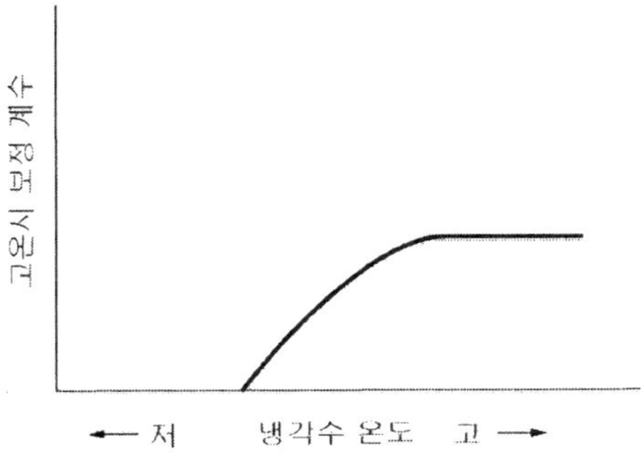

그림 8·54 고온시 보정 계수

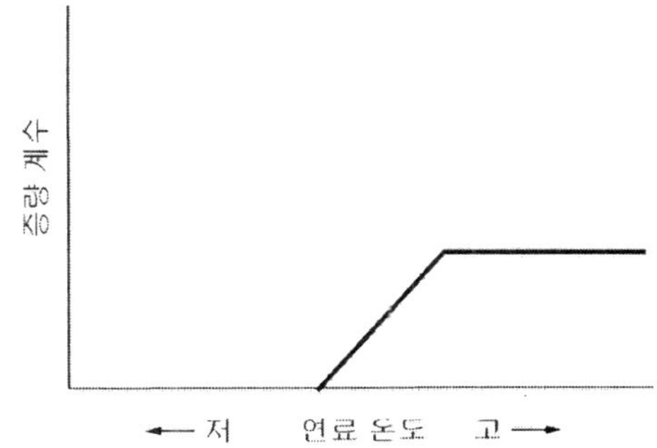

그림 8·55 연료 온도에 따른 보정 계수

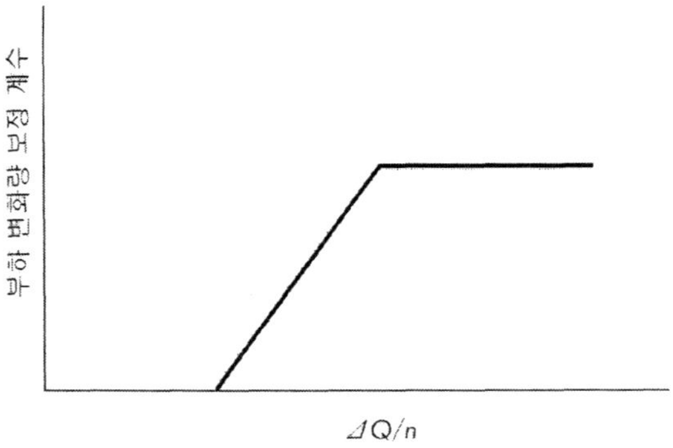

그림 8·56 부하 변화량 보정(가속시)

(1) 가속 보정

흡기관에 분사된 연료는 일단 대부분이 밸브 근방에 부착하여 기화하게 된다. 부착 연료의 기화 속도는 흡기관 압력과 부착부의 온도에 크게 영향을 받게 된다. 또 흡기관의 압력이 높을수록, 또 냉각수 온도가 낮을수록 기화 속도는 늦어진다. 흡기관의 압력이 높아지는 가속 상태에서는 부착 연료의 기화 속도가 떨어지고 부착 연료가 증가하여 실제 공연비는 희박하게 된다. 가감속 보정 계수 k_{ad}는 다음과 같이 구한다.

$$k_{ad} = k_l \cdot k_t$$

여기서 k_l은 부하 변화량에 따른 보정 계수, k_t는 냉각수 온도에 따른 보정 계수이다. 즉 k_l은 흡기관의 압력이 높을수록 기화 속도가 늦어지므로 이것을 보정해야 하고, k_t는 가솔린 부착부의 온도가 낮을수록 기화 속도가 느려지므로 이것을 보정해야 한다.

(2) 감속 보정

감속시는 스로틀 밸브가 닫혀 있으므로 흡기관의 압력은 낮다. 따라서 흡기관 주위에 부착되어 있는 연료의 기화가 촉진되어 가속과는 반대로 공연비가 농후해진다.

감속 보정 계수 k_{dc}는

$$k_{dc} = k_{dl2} \cdot k_{tw2}$$

여기서 k_{dl2}는 부하 변화량에 따른 보정 계수, k_{tw2}는 냉각수 온도에 따른 보정 계수이다.

〔6〕 출력(고회전, 고부하) 증량 보정 계수 k_p

스로틀이 크게 열려 고부하 주행시는 운전자는 큰 토크를 필요로 하므로 공연비가 12.5 정도가 되도록 출력 증량 보정을 해야 한다. 기본 분사 시간은 거의 이론 공연비를 실현하므로 스로틀 위치 센서의 신호가 일정 값 이상일 때 증량 계수(k_p=1.18)를 기본 분사 시간에 곱한다.

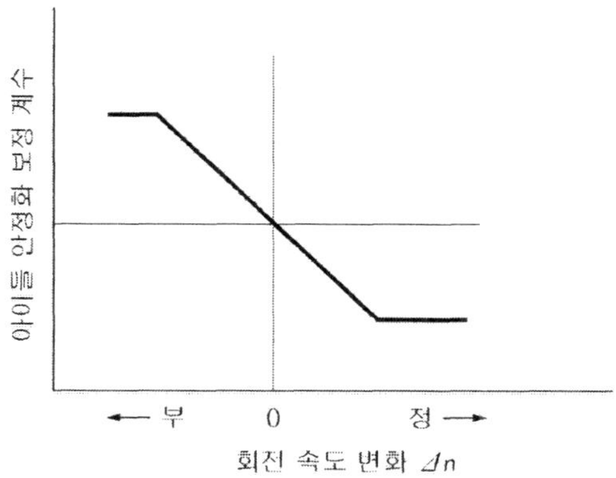

그림 8 · 57 아이들 안정화 보정 계수

〔7〕 아이들 안정화 보정 계수 k_{id}

아이들 안정화 보정은 회전 속도-흡기관 압력 방식에만 적용되는 보정 계수이다. 안정화 보정을 하지 않으면 회전 속도-흡기관 압력 방식에서는 기관 아이들링 회전 속도가 주기적인 변동(헌팅)이 생긴다. 이 현상은 질량 유량 방식에서는 생기지 않는다. 그 원인으로는 기본 분사 시간을 결정하는 흡기관 압력이 과도시에는 기관 회전 속도에 대하여 지연이 생기기 때문이다. 이 주기적인 변동을 해결하기 위해서는 일정 시간마다 회전 속도를 측정하여 회전 속도가 내려갔을 때는 분사량을 증량하고, 반대로 회전 속도가 올라갔을 때는 분사량을 감하도록 보정한다. 그 한 예를 그림 8 · 57에 나타내었다.

〔8〕 공연비 피드백 보정 계수 k_f

배출 가스 규제에 대응하기 위하여 사용되는 삼원촉매는 이론 공연비 부근에서 높은 정화 능력을 발휘한다. 삼원촉매의 정화 능력을 충분히 발휘하기 위해서는 공연비를 이론 공연비로 정밀 제어하는 것이 필요하다. 이와 같은 요구 이론 공연비로 만든 것이 O_2 센서의 신호에 따른 이론 공연비의 피드백 제어이다.

O_2 센서는 그림 8 · 58과 같이 이론 공연비에서는 출력 전압이 급변하는 특성이 있어서 그림 8 · 59와 같이 공연비의 피드백 제어를 한다. 컴퓨터는 산소 센서의 출력 전압과 기준 전압과의 비교에 따라 그림 8 · 58과 같이 희박 · 농후의 판정을 한다. 농후한 경우에는 일정 비율의 피드백 보정 계수를 감하고 희박일 때는 증가시킨다. 또 신호가 희박에서 농후로 또는 농후에서 희박으로 변한 경우에는 계단형으로 보정 계수를 변화시킨다. 이것은 피드백 응답성을 높여 보다 공연비를 이론 공연비 부근으로 제어하기 위한 것이다.

단, O_2 센서의 온도가 낮을 때에는 바른 공연비 검출이 어려우므로 시동시 및 시동 후 충분한 시간이 경과하지 않아 냉각수 온도가 낮을 때에는 피드백 제어를 하지 않는다. 또 출력 증량 보정이 작동하여 공연비가 농후하게 되었을 때에도 피드백 제어는 작동하지 않는다.

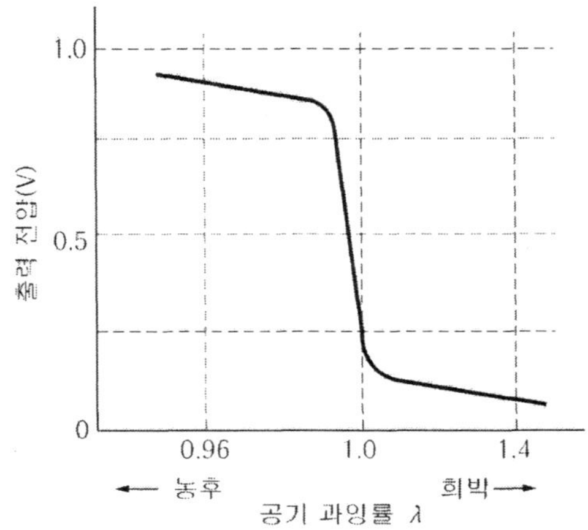

그림 8 · 58 O_2 센서의 출력 특성

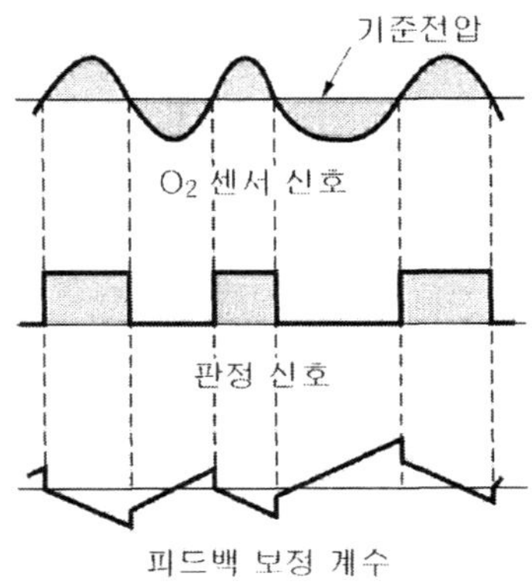

그림 8 · 59 피드백 제어

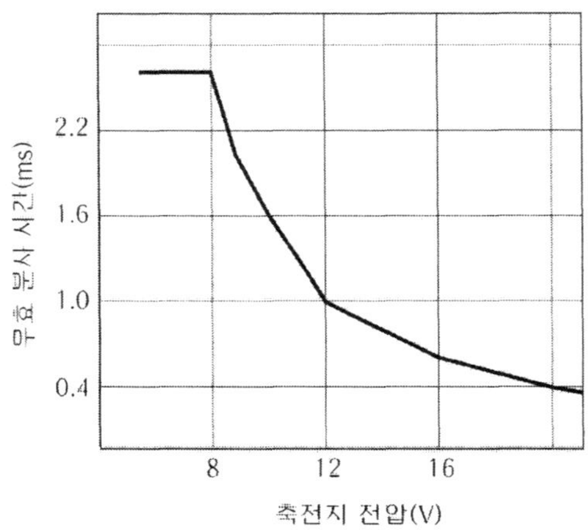

그림 8 · 60 무효 분사 시간

〔9〕 무효 분사 시간

연료를 분사하는 인젝터는 구동 전압을 걸어 연료가 분사되기까지는 동작 지연이 생긴다. 또 전압이 끊어져 밸브가 닫히기까지도 동작 지연이 생긴다. 이와 같이 밸브가 열릴 때의 동작 지연 시간으로부터 밸브가 닫힐 때의 동작 지연 시간을 뺀 것을 무효 분사 시간이라고 하고, 이것을 분사 시간에 가산하여 보정할 필요가 있다. 무효 분사 시간은 그림 **8 · 60**과 같이 축전지 전압이 낮을수록 길어진다.

8.12 시동시 분사

기관의 시동 판정은 시동 스위치 신호와 회전수(보기 : 400 rpm 이하)로 인식한다. 시동시는 흡입 공기량이 적어 정확히 검출할 수 없기 때문에 일반적으로 냉각수 온도에 따라 결정되는 시동시 분사 시간에 무효 분사 시간을 가한 분사 시간을 사용한다. 그림 8 · 61은 시동시 분사 시간을 나타낸 것이다.

시동시 분사 시간은 다음 식으로 구한다.

$$T_i = T_{tw} + T_v \tag{8 · 40}$$

여기서 T_{tw}는 냉각수 온도로 결정되는 시동시 분사 시간(ms)이고, T_v는 무효 분사 시간(ms)이다.

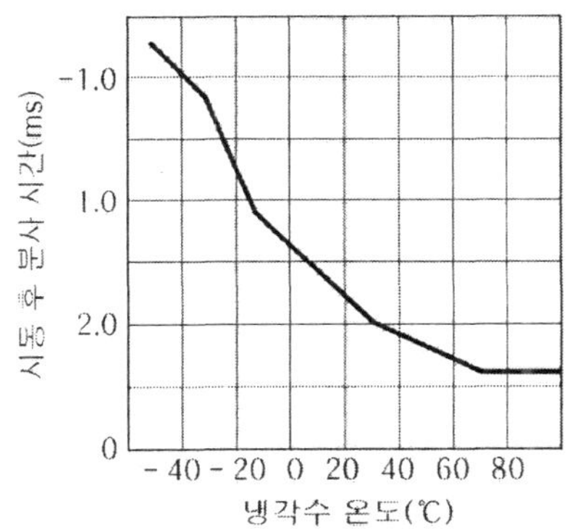

그림 8 · 61 시동 후 분사 시간

8.13 비동기 분사

비동기 분사는 크랭크각에 동기하지 않고 급가속시 임시적으로 분사한다. 가감속 보정은 크랭크각의 동기 분사의 증감량을 보정하나 비동기 분사는 동기 분사에 맞지 않는 급가속 모드에서 공연비의 희박을 보정한다. 이것을 효과적으로 하기 위해서는 가속 상태를 신속히 검출할 필요가 있다. 기관 상태를 나타내는 파라미터 중 스로틀 개도가 가장 빨리 가속 상태를 검출할 수 있다. 따라서 스로틀 위치 센서의 출력 신호를 일정 시간마다 그 변화량을 감시하여 일정량 이상일 때 비동기 분사를 한다(그림 8 · 62 참조).

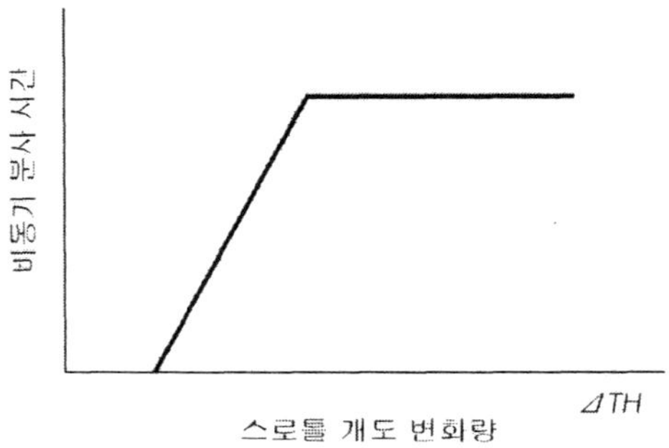

그림 8 · 62 비동기 분사 시간

8.14 연료 커트

연료 커트는 인젝터의 분사 신호의 정지이다. 여기에는 두 가지 경우가 있으며 그 하나는 연비 개선, 배출 가스 정화의 목적으로 하는 경우이고, 다른 하나는 파손 방지를 위한 고속 고회전시의 연료 커트이다.

① **감속시의 연료 커트**　스로틀 전폐 상태에서 기관 회전 속도가 설정 회전 속도 이상일 때는 연료를 공급할 필요가 없는 감속 상태(기관 브레이크 상태)로 판정하고 연료 분사를 정지한다. 연료 커트 회전수는 냉각수 온도가 낮을수록 높게 된다. 이것은 냉각수 온도가 낮을 때 아이들 회전수가 높기 때문에 아이들 상태에서 연료 커트에 들어가지 않도록 하기 위한 것이다. 또 연료 커트 중에 스로틀이 열린 경우에는 곧 분사를 재개하게 된다.

② **고회전시의 연료 커트**　기관의 과회전을 방지하기 위하여 설정 회전수(보기 : 8000 rpm 이상)에서는 연료를 커트하여 회전 상승을 억제하도록 하고 있다.

익힘문제

1. EFI 기관에서 공기량 검출 방식에 대하여 설명하라.
2. 전자 제어 연료 분사 방식의 장단점에 대하여 논하라.
3. 다음 사항에 대하여 설명하라.
   (1) 정적 분사량
   (2) 동적 분사량

(3) 무효 분사 시간

(4) 콜드 스타트 인젝터

4. 산소 센서의 구조와 원리에 대하여 설명하라.

5. 자동차로 유입되는 공기 유량 검출에 사용되는 유량계의 종류를 들고 설명하라.

6. EFI 시스템의 구조와 원리를 설명하라.

7. EFI용 연료 펌프의 종류를 들고 설명하라.

8. 인젝터의 연료 분사 방식에 대하여 설명하라.

9. 인젝터의 연료 분사 시간에 대하여 설명하라.

10. 연료 분사량의 산출 방법에 대하여 설명하라.

11. 연료 분사량 보정 계수에는 어떠한 것들이 있는지 알아보라.

9 흡기 및 배기 장치와 배출 가스 정화 장치

9.1 흡기 장치

기관을 효율 좋게 운전하기 위해서는 외기로부터 흡입되는 공기를 깨끗하게 여과하여 혼합기를 만들어 실린더로 보내거나 깨끗한 공기만을 실린더로 보내야 한다. 이와 같이 공기 및 혼합기를 실린더로 공급하는 장치를 **흡기 장치**(intake system)라고 한다. 흡기 장치는 공기 청정기, 공기 호스, 흡기 매니폴드 등으로 구성된다.

9.1.1 공기 청정기

〔1〕 공기 청정기의 작용

공기 청정기(air cleaner)는 기화기 또는 기관으로 흡입되는 공기 중에 포함된 먼지, 모래 등의 불순물을 제거하여 피스톤, 실리콘 등의 마멸을 최소한으로 방지하는 역할을 한다. 공기 중에는 먼지가 대단히 많이 포함되어 있다. 일반적으로 1 m^3의 공기 중의 먼지는 3 mg, 포장된 도로에서는 20 mg 정도, 포장되지 않은 도로에서 자동차가 주행시는 50 mg에 달한다.

이 먼지와 모래 등의 불순물이 연료와 함께 실린더로 흡입되면, 일부는 산화되어 연소하여 배기되고, 일부는 실린더 내에 남아서 이것이 윤활유 내에 혼입되어, 실린더 벽, 피스톤, 베어링 등의 마멸을 촉진시키고, 또한 윤활유를 변질시키는 원인이 된다. 그러므로 이러한 불순물을 여과하여 깨끗한 공기만을 흡입하여야 한다.

〔2〕 공기 청정기의 구조

현재 가장 널리 사용되는 공기 청정기에는 습식(濕式)과 건식(乾式)의 두 가지가 있다.

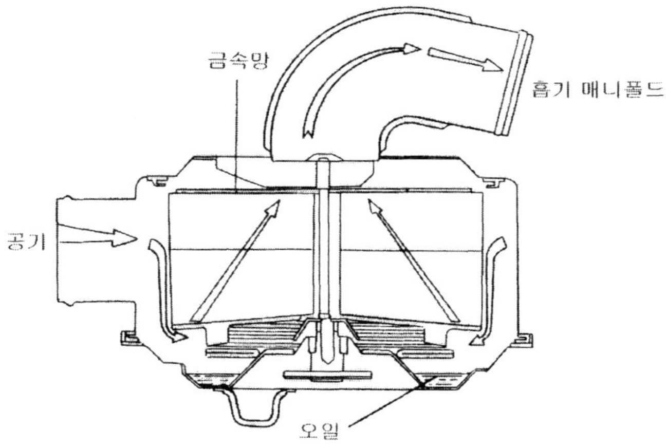

그림 9·1 습식 공기 청정기

(1) 습식(wet type)

가장 일반적인 습식 청정기는 오일 배스(oil bath)식으로서 공기 청정기 몸체(main body)와 금속 여과재인 필터 엘리먼트(filter elements)와 커버(cover)로 구성되어 있다.

공기가 몸체 상부 주위로부터 유입되어 하부에 마련된 오일 표면을 지나는 동안 공기 중의 먼지 불순물 속의 큰 입자 또는 비중이 큰 불순물들은 이들의 관성에 의하여 분리 침전되고, 여과된 공기는 여과재를 통하는 동안 극히 작은 미립의 먼지를 여과한다.

오일 용기의 오일은 자동차가 주행 중 유면이 자동차의 진동, 흔들림에 의하여 동요되므로, 오일이 여과재의 벽면에 부착되어 있는 먼지 등을 씻어 내린다. 따라서 장시간 사용하면 여과재의 공기 구멍이 막혀서 공기량이 적어지기 쉽다. 오일 탱크의 오일은 보통 윤활유를 사용한다.

습식 공기 청정기에서 흡입 공기의 여과 능력 정도는 오일이 깨끗한 것일 때에는 공기의 약 70%가 여과되고, 오일이 오염된 경우에는 약 35% 정도로 여과 능력이 저하된다.

따라서 오일은 항상 불순물이 오염되지 않은 것이 좋다.

(2) 건식(dry type)

① 여지식 공기 청정기　흡입되는 공기가 여지를 지나는 동안 원심력 및 관성을 이용하여 여과하는 방식이다. 이것은 그림 9·2와 같이 여과재를 통과하는 동안 먼지 또는 불순물이 제거되고 깨끗한 공기만 기화기로 흡입된다.

공기는 공기 청정기로 들어와 엘리먼트 바깥둘레는 선회하는 사이에 먼지, 불순물 등을 여과지에 흡착하고, 깨끗한 공기만을 케이스의 중앙을 통하여 기관으로 흡입된다. 엘리먼트의 여과재는 화학 처리된 특수한 여지가 사용되며, 여과 면적을 넓게 하기 위하여 여지를 방사형의 모양으로 접어서 만든다. 이 밖에 엘리먼트의 형상을 그림 9·3과 같이 사이클론형

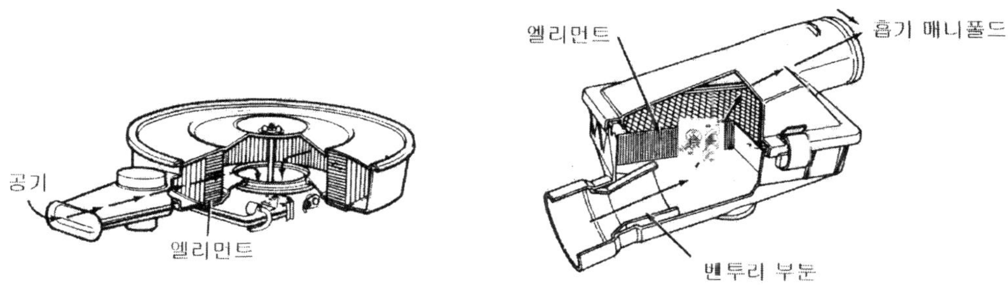

(a) 링식 엘리먼트　　(b) 패널식 엘리먼트

그림 9·2 건식 공기 청정기

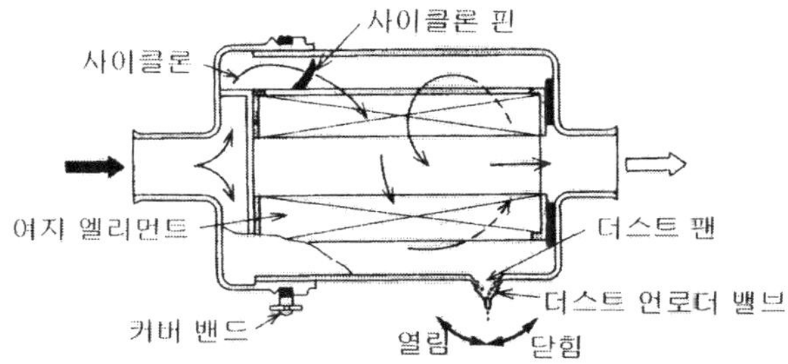

그림 9·3 사이클론식 공기 청정기

으로 만든 것도 있다.

② 사이클론식 공기 청정기 공기 청정기로 흡입된 공기는 엘리먼트 바깥둘레에 마련된 핀에서 선회류를 일으켜서 입자가 큰 먼지는 원심력으로 분리하여 더스트 팬에 모이게 하고, 미세한 먼지 등은 출구로 나가는 도중에 엘리먼트 주위에 흡착된다.

더스트 팬에 모여진 먼지나 수분 등은 흡기 맥동에 의하여 간헐적으로 개폐되는 더스트 언로더 밸브로부터 자동적으로 배출된다. 주로 중형·대형 디젤 기관에 사용된다.

9.2 흡기 매니폴드

9.2.1 흡기 매니폴드의 구조

흡기 매니폴드(intake manifold)는 혼합기 또는 공기를 실린더로 보내주는 장치로서 그 형상은 실린더 수, 배열 방법 등에 따라 다르다.

〔1〕 흡기 매니폴드의 종류

(1) 기본형

그림 9·4는 4실린더 기관에 사용되는 일반적인 기본형을 나타낸 것이다. 각 실린더로 혼합기의 공급이 균일하게 이루어지나, 실린더로 흐르는 혼합기와 유동이 정지된 혼합기가 서로 충돌하여 흡기의 간섭(干涉)이 일어나기 쉽다.

(2) 가변식 듀얼형

실린더로 가는 입구관을 도중의 배플 플레이트 또는 컨트롤 밸브로 분리한 것으로서 기본형보다 흡기의 간섭이 일어나기 어렵다.

그림 9·6은 고속 회전에 알맞도록 멀티 밸브 기관의 저·중속 회전시의 성능의 저하 방지와 고속 영역에서의 연비 향상을 도모한 가변식 듀얼형 흡기 매니폴드를 도시한 것이다.

흡기 매니폴드의 도중의 흡기 포트를 1차 포트(primany port)와 2차 포트(secondary port)

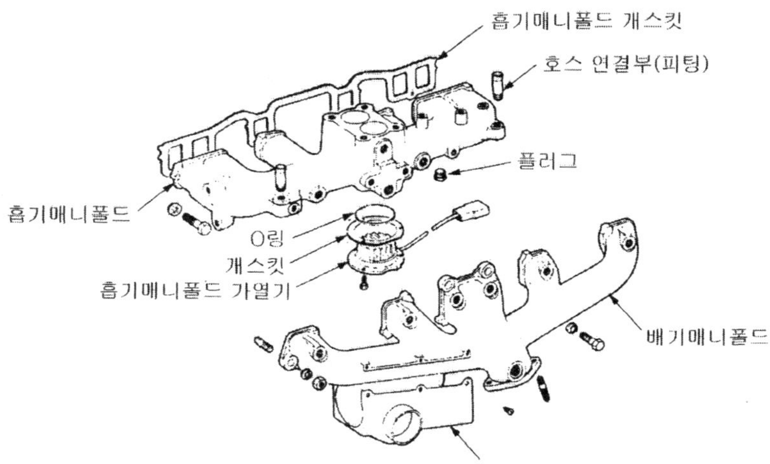

그림 9·4 흡기 매니폴드와 배기 매니폴드

그림 9·5 흡기 매니폴드의 보기

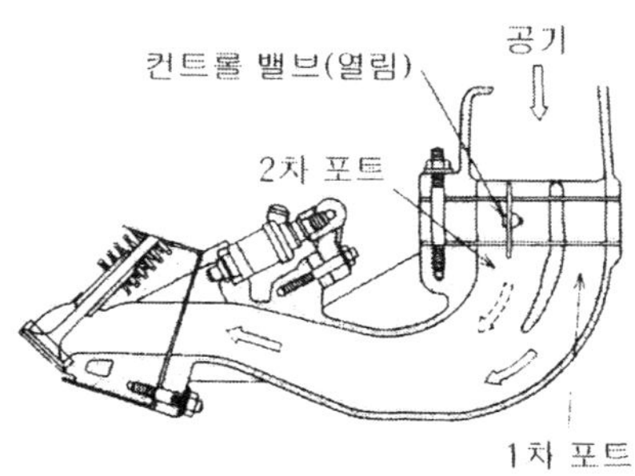

그림 9·6 가변식 듀얼형 흡기 매니폴드

로 나누고, 2차 포트측에는 회전수에 따라 개폐되는 컨트롤 밸크(control valve)를 설치한 것이다. 저 · 중속 영역에서는 컨트롤 밸브가 닫혀서 1차 포트만으로 흡기가 이루어지나 고속 회전이 되면, 컨트롤 밸브가 열려서 회전 속도에 알맞는 공기가 공급되도톡 되어 있다.

〔2〕 흡입 공기 온도 조절 장치

(1) 배기가스 가열식

흡기 매니폴드 형상은 각 실린더로 혼합기의 분배가 균일하게 이루어질 수 있는 형상이어야 하고, 특히 혼합기 중 가솔린은 흡기 매니폴드를 통과하는 동안 기관으로부터 전도된 열에 의하여 따뜻해져서 기화가 잘 되어야 한다. 따라서 기관이 시동될 때는 흡기 매니폴드의 온도가 낮아도 가솔린의 기화가 충분히 이루어지도록 하는 것이 필요하다.

더구나 겨울철의 시동시는 많은 양의 가솔린 분무 가스가 응축되어 흡기 매니폴드 속에 부착되어 시동이 곤란해지는 경우가 있다. 따라서 흡기 매니폴드는 기관의 시동 초기에 혼합기를 따뜻하게 하여 가솔린의 증발을 촉진시켜 주는 흡기 매니폴드 열조절 장치(heat control valve)가 있다.

흡기 매니폴드는 기화기와 실린더 사이에서 혼합기의 응축을 적게 하기 위하여 가능한 한 짧고, 저항이 적은 형상이어야 한다. 흡기 매니폴드 열조절 장치는 연료의 증발을 돕기 위하여 뜨거운 배기가스로 흡기관 표면을 가열하는 장치이다.

그림 9 · 7에 표시된 바와 같이 배기 매니폴드 속의 열조절 밸브는 기관 주위의 온도가 낮을 때 배기가스가 흡기 매니폴드를 가열하여 기화를 촉진시키도록 되어 있다.

(2) 온수 가열식

기관의 냉각수의 일부를 흡기 매니폴드 주위에 순환시켜서 흡기를 가열하는 방식이다. 그림 9 · 7 (b)에서 보는 바와 같이 혼합기는 매니폴드 주위의 온수 재킷에 의하여 증발이 촉진되어 연소 성능을 향상시키도록 하는 방식이다.

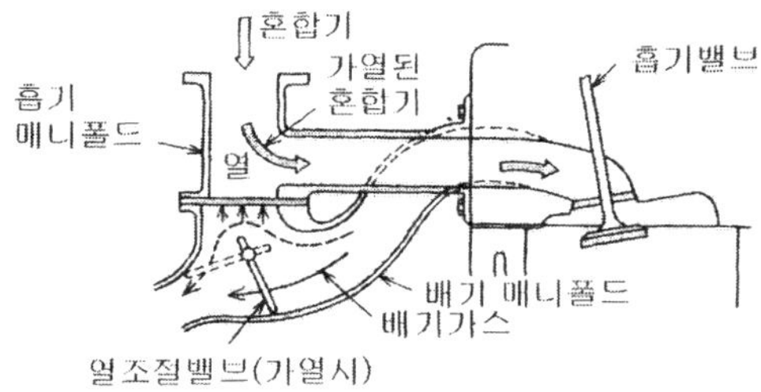

(a) 배기가스 가열식 매니폴드

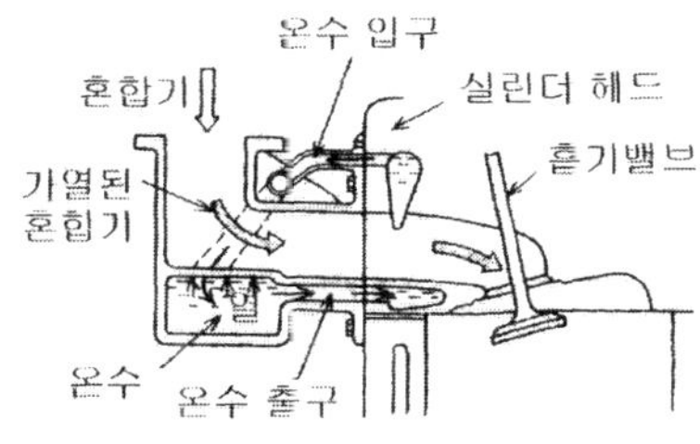

(b) 온수 가열식 매니폴드

그림 9 · 7 가열식 매니폴드

9.3 배기 장치

배기 장치(exhaust system)는 그림 9·8과 같이 배기 가스를 모아서 배기관으로 유도하는 배기 매니폴드(exhaust manifold), 배기 가스를 대기 중으로 배출하기 위하여 가스를 유도하는 배기관(exhaust pipe), 배출 가스의 미연 성분 및 유해 성분을 정화하는 촉매 컨버터, 배기 소음을 저하시키는 소음기(muffler, silencer) 등으로 구성된다.

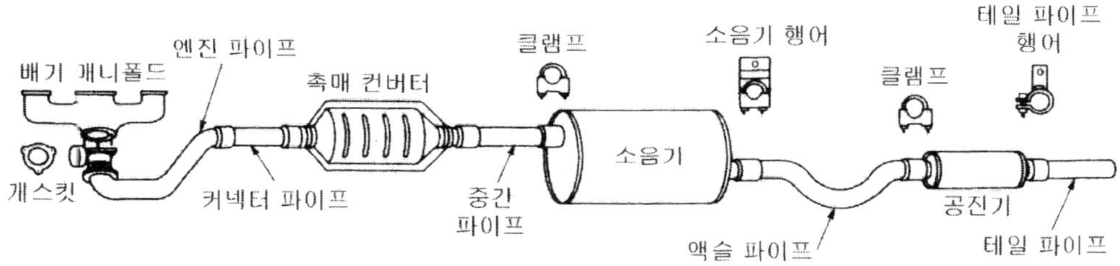

그림 9·8 배기 장치

9.3.1 배기 매니폴드

각 실린더로부터 배출되는 배기가스를 모아서 내보내는 관으로서 실린더 내에서 발생한 연소 가스를 배기 매니폴드로부터 배기 파이프를 거쳐 소음기 및 테일 파이프로 유도하는 역할을 한다. 이것은 실린더 블록 또는 실린더 헤드에 위치하며 기관과 소음기 사이를 연결하여 준다.

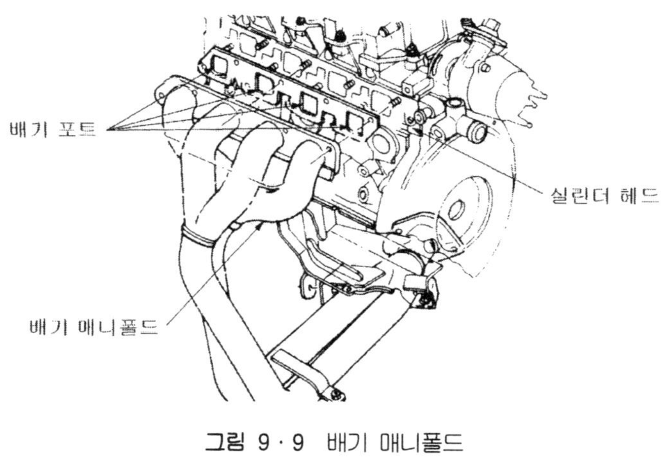

그림 9·9 배기 매니폴드

배기 매니폴드는 각 실린더로부터 배기 가스를 모으는 다기관으로서 기본형과 2 실린더씩 묶어서 2개의 통로를 갖는 듀얼형이 있다.

9.3.2 배기 파이프와 촉매 컨버터

배기 파이프는 앞쪽으로부터 커넥터 파이프, 중간 파이프, 테일 파이프로 구성된다. 배기 매니폴드와 소음기 사이에는 CO와 HC의 발생을 감소시키는 촉매 컨버터를 설치한다. 촉매 컨버터는 촉매의 산화 작용에 의하여 배기 중의 유해한 CO와 HC를 무해한 H_2O와 CO_2로 변화시키는 작용을 한다.

촉매 컨버터는 배기 매니폴드와 프론트 파이프 사이의 뒤에 설치하는 것이 있고, 프론트 파이프 뒤에 설치하는 것이 있다. 또 촉매 컨버터에는 입자형의 펠릿형과 촉매를 일체 구조로 한 모놀리스형(또는 하니컴형)이 있다.

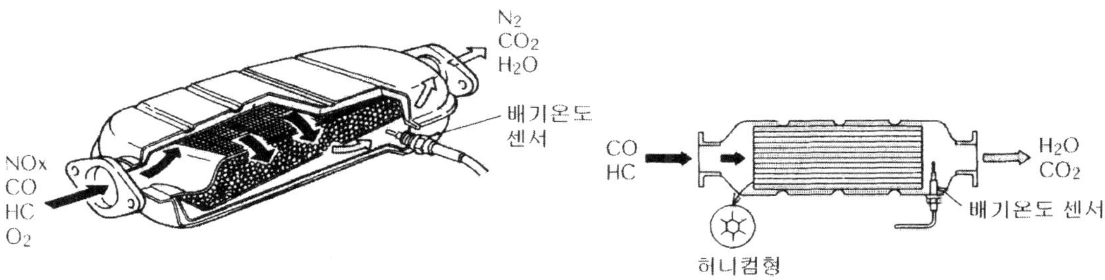

(a) 펠릿형 (b) 모놀리스형

그림 9·10 촉매 컨버터

9.3.3 소음기

〔1〕 소음기의 역할

배기 밸브가 열려서 연소 가스가 실린더 밖으로 배출될 때의 온도는 약 600~800℃이며, 압력은 3~500 kPa, 매초 30,000~100,000 사이클의 고주파 음향이 생기며 이에 따라 대단히 큰 소음과 진동을 발생한다. 따라서 승차자로 하여금 많은 불쾌감을 주게 된다. 이 진동과 소음을 제거하고 배기 가스의 배출을 원활하게 하는 동시에 배기 압력을 저하시키는 역할을 하는 것이 소음기(muffler)이다.

〔2〕 소음기의 구조

소음기는 그림 **9·11**과 같이 격벽에 의하여 구분된 몇 개의 작은 실로서 구성되며, 그 내부의 많고 작은 복잡한 통로를 흐르는 사이에 냉각·팽창되어 대기압에 가까운 상태의 온

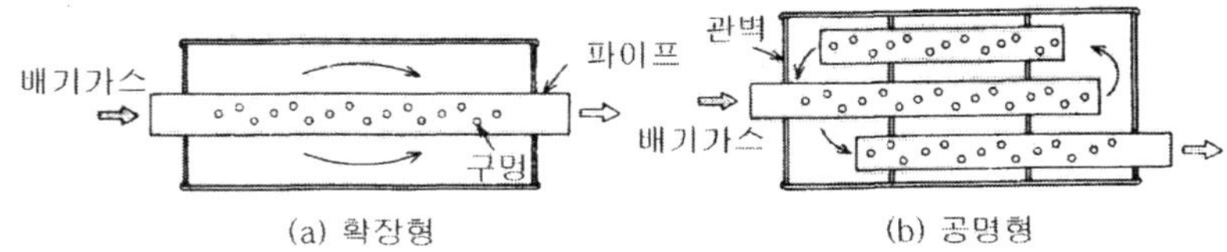

그림 9 · 11 소음기의 구조

도와 압력으로 저하시켜 대기 중에 방출한다.

기관의 배기 밸브로부터 나온 고온 고압의 배기 가스가 길고 가는 배기관을 거쳐 흐르는 동안 저항이 증가되어 흐름이 늦어지기 쉽게 된다. 따라서 배기 가스의 흐름을 방해하는 저항이 생기게 된다. 이와 같이 배기 가스의 흐름을 방해하는 저항을 지닌 압력을 배압(back pressure)이라고 한다. 배압은 배기 행정 중 피스톤의 상승 운동에 저항하여 기관의 동력 소비를 증가시키는 요인이 된다.

① **확장형 소음기(擴張形消音器)** 현재의 소음기의 기본형으로서 소음기 내부에 구멍이 뚫린 파이프를 통하여 배기 파이프를 통하여 배기 가스를 팽창시키면서 압력과 소음을 감쇠시키는 구조로 되어 있다. 이 형식은 배기 저항이 적고 소음 효과가 큰 특징이 있다.

② **공명형 소음기(共鳴形消音器)** 배기 가스가 소음기 속에서 관벽에 부딪히면서 공명에 의하여 감쇠, 소음되는 방식의 소음기로서 배기 저항은 적으나 소음 효과는 확장형보다 조금 나쁘다.

③ **흡음형 소음기(吸音形消音器)** 글라스 울(유리섬유)나 아스베스토스(석면), 암면 등의 불연 재료를 소음기 내부에 붙여서 흡음하는 구조로서 저항이 걸리고 소음 효과는 적다.

9.4 배출 가스 및 배출 가스 정화 장치

9.4.1 배출 가스

자동차로부터 배출되는 가스를 배출 가스(emission gas)라고 하며, 배출 가스에 의한 대기 오염은 매우 심각한 환경 오염이 되고 있다. 자동차로부터 나오는 가스에는 연료 증발 가스(vaporization gas), 블로바이 가스(blowby gas), 배기 가스(exhaust gas)의 3종류가 있다.

자동차로부터 나오는 배출 가스를 구분하면 표 9 · 1과 같다. 배출 가스의 대부분은 무해한 질소가스(N_2), 이산화탄소(CO_2), 수증기(H_2O)이나 일부는 유해한 일산화탄소(CO), 탄화수소(HC), 질소산화물(NO_x), 스모크, Soot 등의 입자상 물질 등이 있다. 이들 물질은 대기 중에 배출되면 인체나 자연에 유해한 작용을 하므로 유해한 오염 물질이라고 한다.

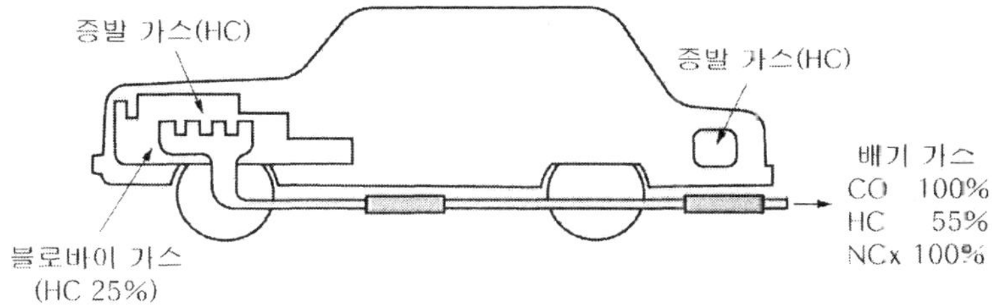

그림 9 · 12 자동차의 유해 배출 가스

표 9 · 1 자동차로부터 나오는 배출 가스

배출 가스	설 명	배출 비율
배기 가스	배기관을 통하여 나오는 가스	60%
블로바이 가스(blowby gas)	실린더로부터 크랭크케이스쪽으로 누출되는 가스	25%
연료 증발 가스	연료 탱크, 배관 등 연료 장치로부터 나오는 가스	15%

〔1〕 배기가스

배기가스란 자동차의 배기관으로부터 대기 중에 배출되는 연소 가스로서 대부분이 질소와 수증기, CO_2이고 유해 물질인 일산화탄소, 탄화수소, 질소산화물, 납화합물 등이 포함되어 있다.

① 일산화탄소(CO) 연료 중의 탄소가 불완전 연소하여 발생한다. 특히 자동차가 가속할 때나 아이들링할 때 농후한 혼합기로 연소하여 많이 발생한다. 따라서 CO를 감소시키기 위해서는 공기를 충분히 공급하여 완전 연소시키거나 희박한 혼합기로 연소시키면 감소시킬 수 있다.

② 탄화수소(HC) 연료의 일부가 미연소 상태로 배출되어 발생한다. CO와 같이 연료가 농후한 혼합기로 공급될 때 많이 발생한다. 그러므로 HC를 감소시키기 위해서는 CO를 경감시키는 경우와 같은 방법을 강구한다.

③ 질소산화물(NO_x) 질소산화물은 고온에서 연소할 때 발생하는 가스로서 산소와 결합하는 경우에 따라 일산화질소(NO)와 이산화질소(NO_2), N_2O, N_2O_3 등이 있으며 이들을 총칭하여 질소산화물이라고 한다. NO_x를 저감시키기 위해서는 연소 온도를 낮추어주는 것이 효과적이다. 자동차 배출 가스 중의 질소산화물의 95%는 NO_2이고 나머지 3~4% 정도가 NO이다. 이 질소산화물과 탄화수소가 자외선을 받아서 광화학 반응을 일으켜서 옥시던트(oxidant, O_x)를 발생하여 광화학 스모그로 된다.

④ 납화합물 연료에 알킬납을 첨가하여 발생하는 유해 물질이므로 무연화한 가솔린을 사용하면 막을 수 있다.

⑤ 스모크(흑연) 디젤 기관으로부터 배출되는 흑연(黑煙)으로서 디젤 스모크라고 하며 대부분이 탄소 미립자이다. 이것은 연료 중의 탄소가 연소열에 의하여 유리된 것이다. 탄소는 유해성은 적으나 시계를 나쁘게 하고 호흡에 의하여 탄소 입자가 폐, 호흡 기관에 축적되면 호흡기계의 질병을 유발한다.

⑥ 입자상물질(粒子狀物質, particulate matter, P.M.) 주로 디젤 자동차에서 배출되는 입자상물질(P.M.)은 대개 0.01～0.03 μm 정도의 탄소 입자이다. 일반적인 용어로 입자상물질은 대기 중 혹은 가스, 유체 등에 고체나 액체 상태로 존재하는 물질을 말하며, 일반적으로 그 크기는 0.001～500 μm(대부분의 경우에는 0.1～10 μm)이다. 특히 미세한 흡입 분진 형태의 미립자는 인체의 폐나 호흡기에 들어가 매우 유해한 피해를 입히는 물질로 되고 있다. 식물의 잎에 쌓이면 햇빛을 막아 탄소 동화 작용을 방해하는 등 식물 성장에도 피해를 준다.

〔2〕 블로바이 가스

블로바이 가스는 피스톤과 실린더 틈새로부터 크랭크케이스로 나가는 가스이며, 주로 70～95%가 미연소 연료(HC)이고 나머지가 연소가스 및 부분 산화한 혼합 가스로 되어 있다. 블로바이 가스는 크랭크케이스 내에서 기관내부의 부식, 오일의 열화를 일으킨다. 그러므로 이들 가스를 흡기계로 다시 보내어 연소시키는 시스템을 갖추고 있다.

〔3〕 연료 증발 가스

연료 증발 가스는 연료 탱크, 기화기와 같은 연료 계통에서 나와 증발한 가스로서 그 주성분은 HC이다. 연료 증발 가스는 자동차 배출 가스의 약 15%를 차지하고 있다.

9.4.2 유해한 오염 물질의 생성

자동차 기관으로부터 배출되는 CO, HC, NO_x의 생성 요인은 주로 기관의 공연비, 점화 시기 등의 운전 조건에 크게 영향을 받는다.

〔1〕 공연비의 영향

그림 9·13에 나타낸 바와 같이 기관으로 공급되는 공기의 공연비(이론 공연비 공기 : 옥탄(가솔린) = 15 : 1)에 따라서 유해 배출물의 생성은 달라진다. 이 선도에 표시된 공연비와 유해 가스 배출 비율 선도에서 CO는 공연비가 큰 경우, 즉 공기량이 많고 희박한 혼합비일 때 배출이 적고, 공연비가 작아지면 배출량은 급격히 증가한다. 한편 HC는 CO와 반대로 혼합기가 희박해지면 배출은 감소하나 공연비가 약 17.5 부근으로부터 급격히 배출량이 증가한다. NO_x의 경우는 이론 혼합비보다 조금 큰 부근에서 배출량이 최대로 되나 공연비가 증감하는 경우에는 NO_x 배출량이 감소한다. 이상의 관계를 종합하면 이론 공연비보다 조금 희박 공연비 부근에서 운전하면 CO, HC는 감소한다.

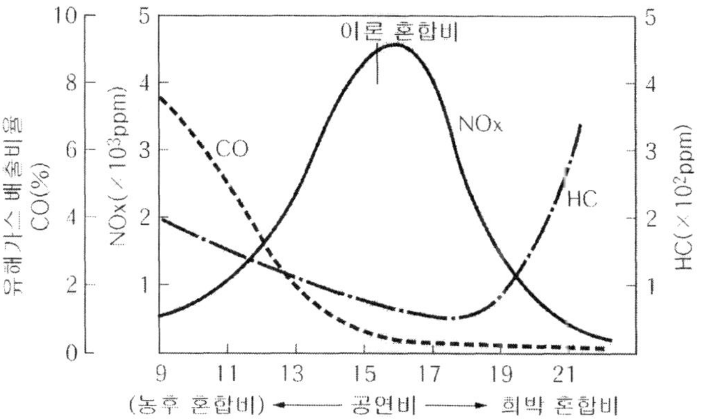

그림 9 · 13 공연비와 유해 가스 배출 비율

그러나 반대로 NO_x는 증가하여 최고값에 가까운 배출량을 나타낸다. 공연비가 더욱 희박하면 NO_x는 감소하나 실화가 일어나게 되고 HC는 증가한다. 한편 농후한 영역에서는 NO_x는 감소하나 CO, HC의 배출량은 증가한다. 따라서 공연비에 대하여 생각하면 CO, HC와 NO_x의 발생 조건은 서로 상반된 관계(trade-off)에 있어 그 대책이 매우 어려운 과제가 되고 있다.

〔2〕 점화 시기의 영향

그림 **9 · 14**에 표시한 바와 같이 점화 시기를 지연시키면 실린더 내의 최고 연소 온도가 저하하여 NO_x의 발생량은 감소한다. 이것은 NO_x는 연소 가스 온도가 상승하면 그 배출량이 증가하기 때문이다. 그러나 점화 시기를 늦추어 준 것만큼 배출 가스의 온도가 높아져서 HC의 발생도 저감된다. 배출 가스의 농도 표시는 HC와 NO_x는 ppm(100만분의 1 : parts per million)으로 표시하고, CO 배출 농도는 %로 나타낸다.

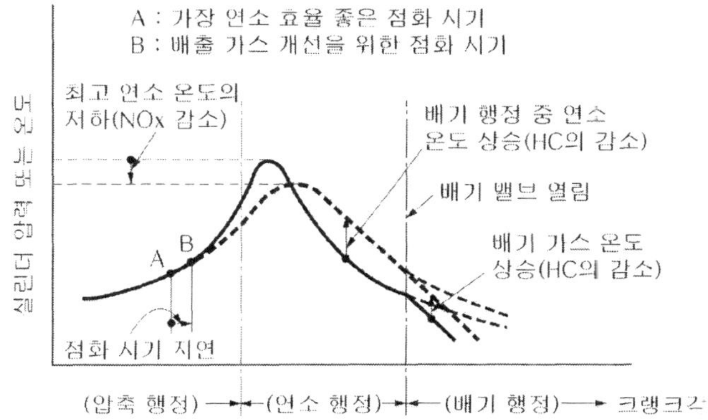

그림 9 · 14 점화 시기 변화와 연소 가스 온도와의 관계

9.4.3 유해 배출 가스 저감 장치

자동차로부터 배출되는 유해한 가스를 감소시키는 장치로는 연료 가스 증발 억제 장치, 블로바이 가스 환원 장치, 배기 가스 재순환 장치, 삼원촉매 컨버터 등이 사용되고 있다.

〔1〕 증발 가스 방지 장치(evaporative emission control system, EEC)

연료 분사 시스템에서는 연료 탱크로부터 나오는 HC의 증발 가스를 제어한다. 연료 탱크에서 기화한 연료를 차콜 캐니스터(charcoal canister)로 보내어 활성탄에 흡착시켜 저장하였다가 흡착된 연료는 엔진 운전 중 흡입 부압에 의하여 매니폴드를 거쳐 기관으로 흡입하여 연소시킨다.

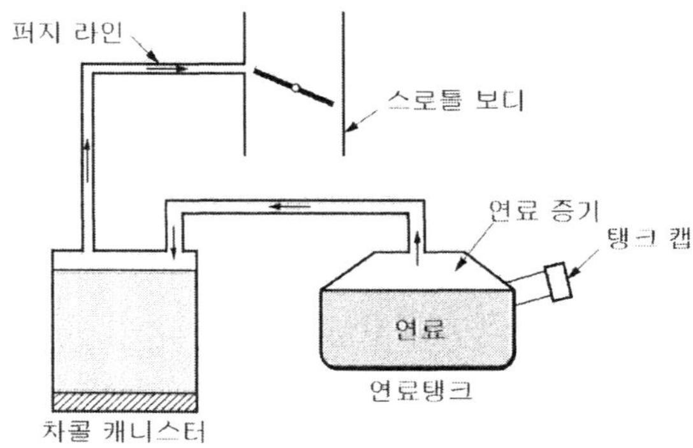

그림 9·15 증발 가스 방지 장치

〔2〕 배기 가스 재순환 장치(exhaust gas recirculation system, EGR)

배기 가스 재순환 장치는 연소 가스의 온도를 저하시켜 NO_x 배출량을 저감시킬 목적으로 흡기 중에 배출 가스를 유입시키는 방식이며, 그림 9·16은 EGR 장치의 한 예를 나타낸 것이다.

이 방법에는 부압 제어식, 배압 제어식, 부압 제어 비례 방식이 있다.

① 부압 제어식 엔진의 흡입 부압을 이용하여 EGR을 제어하는 방식이다. 이 방식은 NO_x 발생이 많은 고부하시에는 부압이 적게 걸리므로 EGR 제어 밸브의 개도가 작아져서 EGR량이 감소하고, 반대로 저부하시(NO_x 발생이 적을 때)에는 EGR 밸브 개도가 커져서 EGR량이 증가하는 결점이 있다(그림 9·16 참조)

② 배압(배기 압력) 제어식 가장 많이 사용되는 방식으로서 EGR 제어 밸브에 걸리는 부압을 엔진 배압(부하의 대소)으로 제어하는 방식이다. 따라서 부하가 클수록 EGR량을 증가시키고, 부하가 적을 때는 적게 하는 효과적인 EGR법이다.

③ 부압 비례 제어식 고부하에서는 배기 압력을 이용하여 EGR량을 증량하고, 저부하시에는 벤투리부의 발생 부압을 이용하여 EGR량을 감소시켜 EGR 효과를 높이는 방식이다.

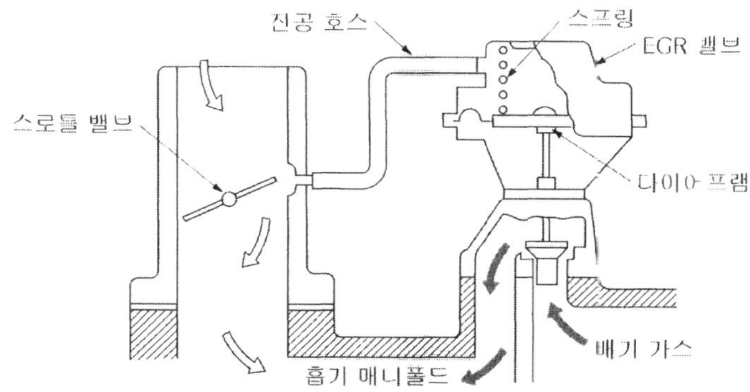

그림 9·16 배기 가스 재순환 장치

〔3〕 후처리에 의한 촉매 장치를 사용하는 방법

촉매를 사용하여 CO나 HC를 산화하여 CO_2나 H_2O로 만들고, NO_x를 N_2나 O_2로 환원시켜

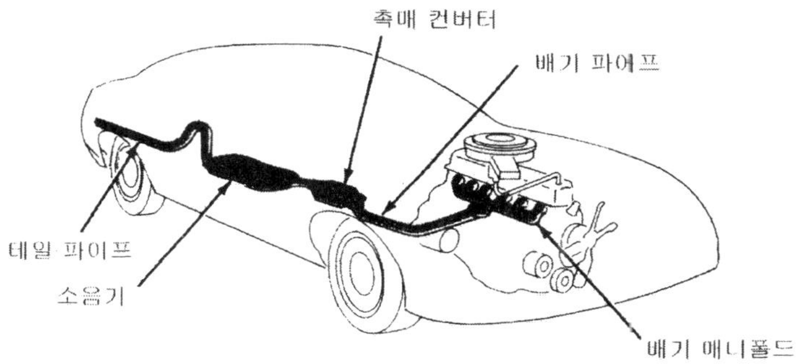

그림 9·17 촉매 컨버터 장치

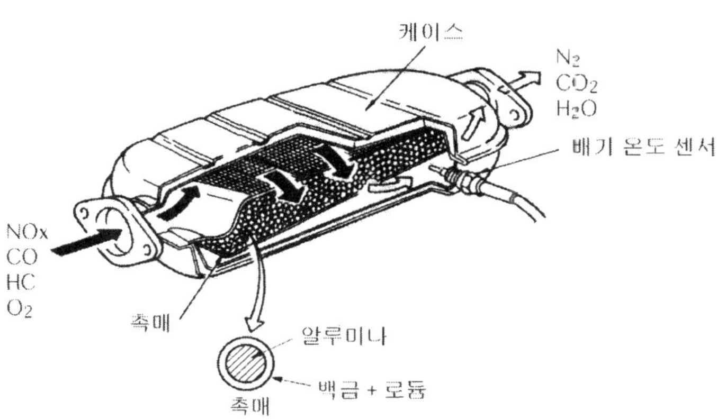

그림 9·18 삼원촉매 변환기

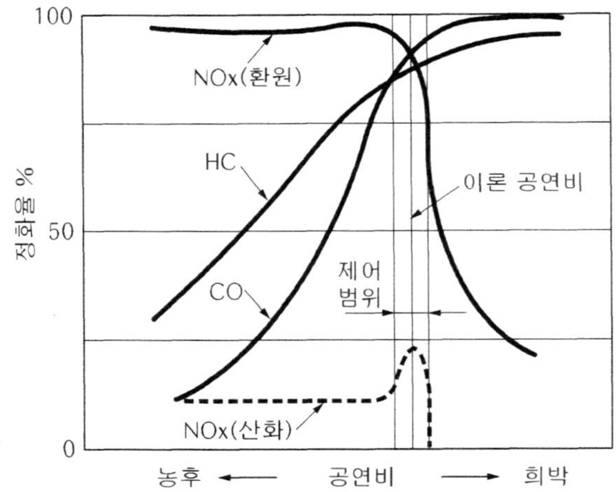

그림 9 · 19 삼원촉매의 정화율 특성

정화하는 방법으로 배기관의 도중에 촉매 컨버터(catalytic converter)를 장착한다. 그림 9 · 17은 촉매 컨버터의 한 예를 나타낸 것이다. 촉매로는 백금이나 로듐이 사용된다.

촉매 변환기에는 산화촉매 변환기(oxidation catalytic converter)와 삼원촉매 변환기(three way catalytic converter)가 있으며 삼원촉매 변환기가 많이 사용된다.

산화촉매는 담체 표면에 촉매 작용을 하는 백금(Pt) 또는 백금+팔라듐(Pt+Pd)을 매우 얇게 부착시켜서 사용하며 삼원촉매는 정화성이 양호한 백금(Pt)+로듐(Rh)을 사용한다.

삼원촉매 변환기는 CO, HC를 산화하고, NO_x를 환원하는 촉매 변환기이다. 삼원촉매 변환기는 그 형식에 따라 펠릿형(pellet type)과 모놀리스형(monolith type)이 있다.

그림 9 · 19는 공연비와 삼원촉매의 정화율과의 관계를 나타낸 것이다. 이 선도에서 3성분의 정화율이 높은 것은 이론 공연비 부근의 좁은 범위에 존재하고 있음을 알 수 있다.

〔4〕 층상 급기 방식

희박 혼합기를 공급하여 배기 중의 HC나 CO 등을 저감하는 방식으로 예연소실에만 소량의 농후한 혼합기를 공급하여 착화시켜 이것이 주연소실의 희박 혼합기의 연소를 도모하도록 만든 방식이다. 혼합기가 희박하면 점화와 연소가 어려우므로 점화플러그 부근에는 조금 농후한 가스를 공급하여 연소시키고 이것이 희박 혼합기를 안정적으로 연소시키도록 할 필요가 있다. 그림 9 · 20과 같이 점화 플러그를 부연소실(예연소실, precombustion chamber)에 두어 조금 농후한 혼합기를 공급하고, 주연소실에는 희박 혼합기를 공급하여 점화 연소를 원활하게 하는 방식이다. 이렇게 하여 전체적인 공연비는 희박해지게 되어 배출 가스 중의 유해 물질을 저감시킬 수 있다.

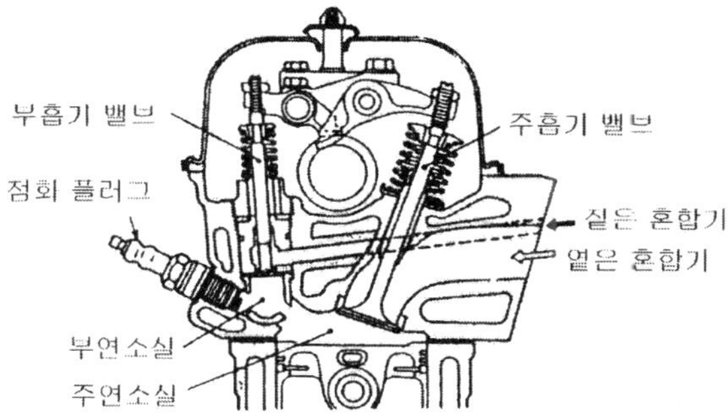

그림 9·20 층상 급기 방식의 보기

익힘문제

1. 흡기 및 배기 장치와 배출 가스 정화 장치의 구성에 대하여 설명하라.
2. 공기 청정기의 구조와 작용에 대하여 설명하라.
3. 흡기 매니폴드의 종류를 들고 설명하라.
4. 다음 사항에 대하여 설명하라.
   (1) 열조절 밸브(열조절 장치)
   (2) 소음기
   (3) 블로바이 가스
   (4) 증발 가스
5. 자동차 배출 가스에 대하여 설명하라.
6. 다음 유해 물질의 생성 원인과 대책에 대하여 설명하라.
   (1) NO_x
   (2) HC
   (3) CO
   (4) 스모크
   (5) 입자상 물질(P.M.)
7. EGR 시스템의 구조와 작용에 대하여 설명하라.
8. 촉매 변환기를 설치하는 이유와 작용에 대하여 설명하라.
9. 공연비와 유해 배출 가스의 배출량과의 관계를 그리고 설명하라.

10 디젤 기관

10.1 디젤 기관의 개요

10.1.1 디젤 기관의 발달

디젤 기관은 1892년 독일인 루돌프 디젤 박사(Dr. Rudolf Diesel)에 의하여 고안된 기관으로서, 발명자의 이름을 따서 디젤 기관(diesel engine)이라고 한다.

디젤은 연소실 내 흡입 공기를 높은 압축비로 압축하여 압축 공기의 온도를 연료의 자연 발화 온도 이상이 되게 하고, 여기에 연료를 분사하여 연소시켜서 동력을 얻는 압축 착화 기관을 발명하였다. 디젤 기관은 고압으로 압축된 고온 고압의 공기에 연료를 분사하여 동력을 얻으므로 압축 착화 기관(compression ignition engine)이라고도 한다. 디젤은 당시 석탄을 연료로 하는 외연 기관인 증기 기관이 열효율이 낮은 점에서 착안하여 고효율의 내연 기관 발명에 뜻을 두게 되었다.

1897년 디젤은 저급 연료를 사용하여 높은 압력으로 압축하여 압축 착화하는 디젤 기관을 완성하여 실용 기관으로 소개하여 그의 고안의 우수함과 열효율이 높음을 인정받게 되었다.

당시 디젤의 연구는 연료를 고압 공기에 의하여 실린더 내에 분사하는 공기 분사(air injection)식이었다. 따라서 대규모의 압축 공기를 보내는 장치가 필요하며, 기관의 부피와 중량이 커지고, 최고 회전수가 낮은 저속 기관이었다. 이것은 선박용이나 정치식 기관으로 사용되었다. 그후 디젤이 소속한 MAN사에서 자동차용 디젤 기관을 연구하여 1920년에 압축 행정 끝에 연료를 분사하는 무기 분사(airless injection) 방식의 디젤 기관을 완성하였다. 이것은 종래의 디젤 기관에 비하여 소형이며 경량으로서, 고속 회전이 가능하여 자동차용 기관으로 적합하였다.

1924년 이와 같은 새로운 방식의 디젤 기관을 사용하여 세계 최초의 디젤 자동차가 탄생하게 되었다. 1926년에는 독일의 보슈(Robert Bosch)사에 의하여 현재 사용되고 있는 것에 가까운 분사 펌프가 제작되었다.

10.1.2 디젤 기관의 개요

〔1〕 디젤 기관의 기본원리

디젤 기관은 주로 경유나 중유 등의 연료를 사용하여 기관의 압축열에 의하여 연료에 착화 연소되는 연소 기관이다. 디젤 기관의 작동 원리는 공기만을 실린더 내에 흡입하여 높은 압축비로 압축하면, 공기는 고온 고압으로 압축된다. 이와 같이 고온 고압으로 압축된 공기에 연료를 실린더로 분사시켜 자연 착화하여 연소된 공기의 열팽창으로 동력을 얻는다.

가솔린 기관은 연료 공기의 혼합기를 흡입하거나 연료를 실린더 내에 분사한 다음 압축하여 전기 점화에 의하여 동력을 얻는 데 반하여 디젤 기관은 공기만을 실린더 내로 흡입하고, 고온 고압으로 압축하였을 때 연료를 분사 노즐로부터 분사하여 자연 착화시키므로 전기적인 점화 장치가 필요 없다. 따라서 디젤 기관은 연료를 실린더 내로 분사하기 위한 분사 펌프와 분사 노즐을 필요로 한다.

디젤 기관을 고온으로 가열된 공기에 연료를 분사하므로 가솔린 기관보다 저질 연료를 사용할 수 있다. 압축된 고온 고압의 공기에 의하여 분사된 연료의 자연 착화하기 위해서는 가솔린 기관보다 높은 압축비가 필요로 한다.

〔2〕 디젤 기관의 사용 분야

디젤 기관의 사용 목적 및 기관 구조에 따라 여러 가지로 나누어 생각할 수 있으나, 사용 분야에 따라 육상용 디젤 기관과 선박용 디젤 기관으로 나눌 수 있다.

육상용 디젤 기관은 자동차용, 철도 차량용, 발전기용, 펌프용, 산업 및 농공용으로 사용된다. 여기서 특히 자동차용 디젤 기관은 화물 자동차, 대형 버스, 특수 자동차 등에 사용되며, 최근에는 승용차나 소형 트럭 등에도 사용되고 있다.

10.1.3 디젤 기관과 가솔린 기관의 비교

디젤 기관과 가솔린 기관의 차이는 기관의 구조, 연소 방법, 성능 등이 다르나, 가장 큰 차이점은 연료의 착화에 따른 연소 방식이 다른 점이다. 가솔린 기관과 디젤 기관을 비교하면 다음과 같은 차이점이 있다.

〔1〕 일반적인 기계 구조

디젤 기관은 가솔린 기관보다 압축비가 크므로 최고 폭발 압력이 높다. 그러므로 고압에 견디기 위하여 기관 전체의 구조가 견고하게 만들어야 하므로 기관의 출력당 중량이 커진다.

기관의 구조가 견고하고 중량이 무거운 점 외에 디젤 기관의 일반적인 기계 구조는 가솔린 기관과 거의 같다.

〔2〕 연료의 흡입 및 착화

기관의 작동 원리상 가장 중요한 차이점은 연료를 실린더 내로 흡입하는 방법과 연료 혼합기의 점화 방법이라고 말할 수 있다. 가솔린 기관은 연료와 공기를 실린더에 흡입되기 전에 혼합하여 흡입된다. 이 연료 공기 혼합기를 흡입하거나 연료를 실린더 내에 또는 흡기 포트에 분사한 다음 압축하고, 점화 플러그의 점화에 의하여 연소시키지만 디젤 기관은 공기만을 실린더 내로 흡입하여 피스톤의 압축 행정에서 압축하고, 연료는 압축 행정 끝에 분사 장치로 연소실에 분사된다. 여기서 공기는 압축 행정 중 매우 고온 고압으로 압축되므로 그 압축열에 의하여 공기 온도가 상승한다. 이 고온 고압의 공기 중에 디젤 연료를 분사하면 자연 착화하므로 점화 플러그는 필요로 하지 않는다.

압축 행정 끝에 연소실 내의 공기 온도는 매우 높아진다. 이 때 연료가 분사 노즐로부터 분사되면 압축열에 의하여 곧 자연 착화한다.

이와 같이 디젤 기관은 공기만을 압축하고, 연료를 분사하여 자연 착화시키는 자연 착화 기관이고, 가솔린 기관은 압축된 혼합기에 점화 플러그의 점화에 의하여 점화시키는 전기 점화 기관이다.

〔3〕 속도와 동력의 조절

디젤 기관의 속도와 기관 출력은 실린더 내에 분사된 연료의 양에 의하여 조절된다. 디젤 기관은 실린더 내에서 압축되는 공기의 양은 일정하나, 분사되는 연료의 양은 변화한다. 흡입 행정 중 각 실린더로 흡입되는 공기의 양은 일정하므로 기관의 출력과 속도의 변화에 분사되는 연료량이 조절된다.

〔4〕 연소 과정

디젤 기관은 분사된 연료가 압축 착화하여 연소하며 동력 행정을 하는 동안에도 일부가 계속적인 연소가 이루어진다. 고속 디젤 기관은 정적 및 정압하에 연료를 분사하는 것으로 생각한다.

10.1.4 디젤 기관의 특징

〔1〕 디젤 기관의 장점

① 열효율이 높고 연료 소비율이 적다.

디젤 기관이 가솔린 기관과 비교할 때 가장 큰 장점은 열효율이 높고, 연료 소비량이 적은 점이다. 이것은 디젤 기관의 특징으로서 작동 사이클의 압축비가 높기 때문이다.

압축비를 비교해 보면 가솔린 기관이 6~10 정도인데 비하여, 디젤 기관은 15~22 정도로 매우 높다. 그러므로 열효율이 높고, 연료 소비량도 적어진다.

가솔린의 비중은 0.72~0.76에 비하여 디젤의 경우는 0.87~0.88로서 경유는 약 20% 무겁고, 연료의 가격면에서도 유리하다. 그러므로 연료의 소비량이 적고 연료비가 적게 들어 경제적일 뿐만 아니라 취급상 안전하고 간단하므로 운전, 저장 등의 경비도 적게 든다.

② 연료의 적응성이 넓다.

디젤 기관은 경유 및 중유 기타 저질의 연료를 사용하여 운전할 수 있으므로 연료의 선택 범위가 넓다.

③ 연료의 인화점이 높으므로 인화의 위험성이 적다.

디젤 기관의 연료의 인화점이 대개 40~100℃ 정도로 연료의 취급 안정성이 크다.

④ 토크가 크고 부하 변동에 따른 토크 변동이 적다.

디젤 기관은 부하에 따라 분사량이 다르며 공기 연료 혼합비도 전 부하에서 공회전시까지 폭넓게 변화한다. 그리고 토크는 부하의 변동에 따라 비교적 변화하지 않는다.

⑤ 2행정 사이클 기관이 비교적 유리하다.

2행정 가솔린 기관은 기관 구조상 소기에 있어서 연소 가스뿐만 아니라 새로운 혼합기가 배기로 소기되므로 연료 손실이 크다. 그러나 디젤 기관은 공기만을 흡입하여 압축하므로 소기 과정에서 새로운 공기의 일부가 배기구로 나가지만 가솔린 기관보다 손실이 적다.

⑥ 고장이 적다.

가솔린 기관과 같이 전기 점화 장치 등이 없으므로 전기적 원인으로 인한 기관의 고장이 적다.

⑦ 대형 대출력 기관으로 제작이 용이하다.

디젤 기관의 경우는 압축비가 높아서 대출력 기관으로 만들 수 있다.

〔2〕 디젤 기관의 단점

① 기관 중량이 무겁고, 제작비가 고가이다.

디젤 기관은 압축비가 크므로 기관 작동시 폭발 압력이 높아지므로, 이러한 고압에 견디기 위해서는 구조를 견고하고 정밀하게 하기 위해서는 구조가 복잡하므로 제작비가 많이 든다.

② 기관의 부피가 크다.

평균 유효 압력이 가솔린 기관에 비하여 낮으므로 가솔린 기관과 동일 출력을 얻기 위해서는 실린더 체적 및 기관 치수가 커진다.

③ 저속 운전에서 진동이 많다.

기관의 각 부분을 구성하는 부품의 중량이 크므로 관성에 따른 불균형이 일어난다. 특히 기관이 시동할 때와 가속시 진동이 크다.

④ 기관 운전시의 소음이 크다.

디젤 기관은 작동 압력이 높으므로 노크 연소를 일으키는 경향이 있으므로 소음이 크다. 이것은 연료의 선정 및 운전 조건에 따라 감소시킬 수 있다.

⑤ 매연 및 NO_x의 발생이 많고, 노크를 일으키기 쉽다.

가솔린 기관에 비하여 가스의 매연 발생과 질소산화물의 발생이 많아 환경 오염의 원인이 되고 있다. 압축비가 높으므로 노크를 일으키기 쉽다.

⑥ 시동이 비교적 곤란하다.

연료를 압축된 고온 고압의 공기에 분사하여 자연 착화하므로 시동 성능이 가솔린 기관보다 나쁘다.

⑦ 윤활유의 변질이 심하다.

연료의 비점이 높고 휘발성이 나쁜 저질의 연료를 사용하므로, 불완전 연소에 따른 카본 및 불순물 등이 오일을 더럽히고, 변질시키기 쉽다.

⑧ 정비 및 보수비가 고가이다.

디젤 기관의 정비는 가솔린 기관에 비하여 복잡하다. 특히, 연료 계통은 높은 정밀도를 가

표 10·1 디젤 기관과 가솔린 기관의 비교

비교 사항	디젤 기관	가솔린 기관
1. 연료 및 연료 공급 방법	① 디젤 연료(경유, 중유) ② 공기만을 흡입, 압축 후 연료 분사	① 가솔린 ② 공기-연료를 혼합기 공급 또는 실린더 내로 연료 분사
2. 연료 소비량	240~320 g/kWh	250~350 g/kWh
3. 압축비	15~22	6~10
4. 예열 플러그	필요하다.	필요 없다
5. 착화법	자연 착화	전기 불꽃 점화
6. 기관의 크기	동일 출력일 때 기관이 커지므로 출력당 중량이 크다.	동일 출력에서 소형이므로 출력당 중량이 적다.
7. 연소실의 형상	종류가 많으며 구조가 복잡하다.	비교적 구조가 간단하다.
8. 회전 범위와 성능	① 비교적 저속 회전하므로 저속 성능이 좋고, 회전력이 크다. ② 최고 회전이 낮다.	① 비교적 저속 회전에서 회전력이 적다. ② 최고회전이 높다.
9. 기관의 진동	고온 고압에서 연소하므로 진동이 크다.	연소 압력이 비교적 낮으므로 진동이 적다.
10. 소음	비교적 기관 소음이 크다.	비교적 기관 소음이 적다.

지기 때문에 정비가 어렵고, 정비비가 많이 든다.

⑨ 압축 압력이 높기 때문에 시동 전동기 출력이 커야 한다.

가솔린 기관보다 압축 압력이 높기 때문에 시동 전동기의 출력이 큰 것이 요구된다.

이상에서 고찰한 바와 같이 디젤 기관과 가솔린 기관의 구조, 연소 방법, 성능 등의 차이점을 비교하면 표 10 · 1과 같다.

10.2 디젤 기관의 작동 원리

자동차용 디젤 기관은 보통 4 실린더 기관, 6 실린더 기관 및 8 실린더 기관이 사용되며, 4행정 사이클 기관은 크랭크축이 2회전하는 동안, 즉 피스톤이 2회 왕복 운동하는 동안에 1 사이클을 마치는 기관이다. 그리고 2행정 사이클 기관은 크랭크축이 1회전하는 동안 즉 피스톤이 1회 왕복 운동하는 동안 1 사이클을 마치는 기관을 말한다.

10.2.1 4행정 사이클 기관의 작동

(1) **흡입 행정**(suction stroke)

흡입 행정은 크랭크축이 1회전하여 피스톤이 상사점에서 하사점으로 하향 행정을 하는 동안 배기 밸브가 닫히고, 흡입 밸브가 열려서 실린더 내에 공기만을 흡입한다[그림 **10 · 1** (a)].

(2) **압축 행정**(compression stroke)

압축 행정은 피스톤이 하사점에서 상사점으로 압축 초기에는 흡입 밸브가 닫히고, 배기

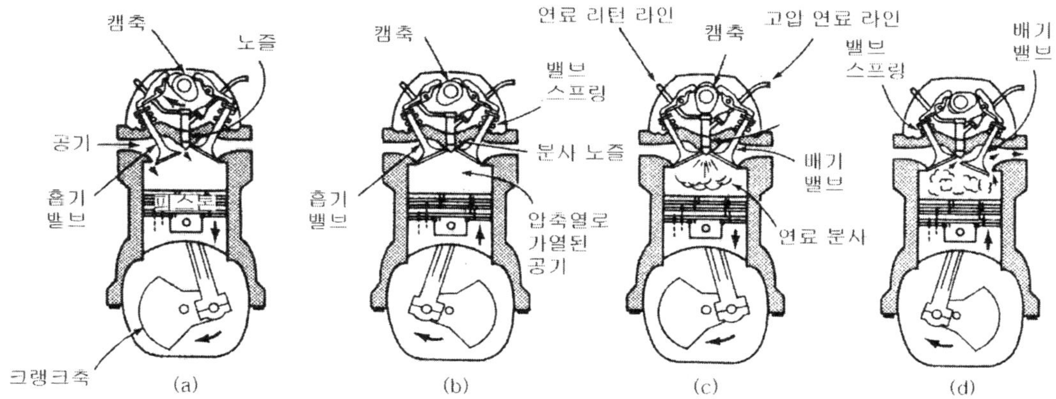

그림 10 · 1 4행정 사이클 디젤 기관의 작동

밸브도 닫힌 상태에 있으므로 흡입 행정에서 실린더 내로 흡입된 공기를 높은 압력으로 압축한다. 압축 행정 끝에는 연료 분사 노즐로부터 높은 압력으로 연료를 분무 상태로 분사한다. 이와 같은 행정을 **압축 행정**이라고 한다〔그림 10 · 1 (b)〕.

(3) **폭발(팽창) 행정**(expansion stroke)

압축 행정 끝에는 압축된 공기와 분사된 연료의 압력에 의하여 압축열이 생기므로 실린더 내의 온도는 약 500℃ 전후의 고온이 되며 연료가 자연 착화하여 연소하게 된다.

이 때 피스톤은 하사점으로 강하게 내려 밀게 되어 커넥팅 로드에 전해진 폭발력은 크랭크축을 회전시키기는 동력으로 바꾸어진다. 이 행정을 **동력 행정** 또는 **폭발 행정**이라고 한다〔그림 10 · 1 (c)〕.

(4) **배기 행정**(exhaust stroke)

폭발 행정에서 얻은 동력으로 크랭크축이 회전하여 피스톤이 하사점에서 상사점으로 상승 운동하면 흡입 밸브가 닫히고 배기 밸브가 열려서 연소된 가스를 배기 밸브로부터 실린더 밖으로 배출시킨다〔그림 10 · 1 (d)〕. 이 행정을 배기 행정이라고 한다.

이와 같이 흡입, 압축, 폭발, 배기 행정을 크랭크축이 2회전하는 동안에 1 사이클을 마치는 기관을 4행정 사이클 기관이라 한다.

10.2.2 2행정 사이클 기관의 작동

2행정 사이클 기관은 크랭크축이 1회전하는 동안 1 사이클을 마치는 기관으로서 기관의 구조가 4행정 사이클 기관과 다르다.

2행정 사이클 기관에서는 4행정 사이클 기관과 작동상의 큰 차이점은 연소 가스를 밖으로 배출시키는 방법과 새로운 공기를 실린더 내에 흡입하여 충전시키는 방법이다.

4행정 사이클 기관일 경우에 연소가스는 배기 행정과 새로운 공기는 흡입 행정에서 이루어지나 2행정 사이클 기관에서는 피스톤이 하사점 근처에서 달하였을 때에는 별도로 만들어

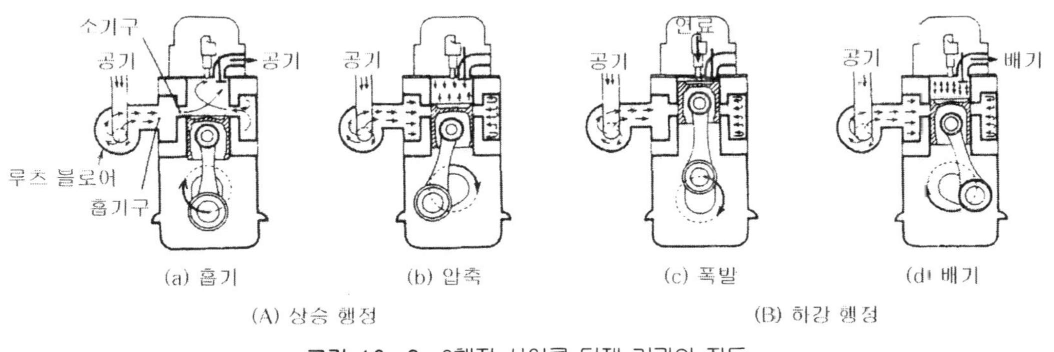

그림 10 · 2 2행정 사이클 디젤 기관의 작동

진 송풍기 또는 공기 펌프에 의하여 새로운 공기를 충전시키고 연소 가스를 배출시키게 된다. 특히, 2행정 사이클 기관에서 연소 가스를 배출시킨다. 그리고 새로운 공기를 충전하는 작용을 스기(掃氣; scavenging)라고 한다. 위에서 설명한 공기 압축기 및 송풍기는 새로 공급할 공기에 압력을 가할 목적으로 사용된다. 그림 10·2는 2행정 사이클 디젤 기관의 작동 상태를 표시한 것이다.

(1) 상승 행정

그림 10·2에서 피스톤이 상승함과 아울러 루츠 블로어(Roots blower)로부터 보내진 공기가 실린더 내로 압입되어 흡기 행정을 한다. 더욱 피스톤이 상승하면 배기 밸브 및 소기구가 닫히고 공기는 상사점까지 압축되는 압축 행정을 한다. 이들 두 행정을 상승 행정이라고 한다.

(2) 하강 행정

압축 행정이 끝날 무렵 연료분사 밸브로부터 연료가 압축 공기 중에 분사되어 압축 착화를 일으킨다. 이 연소 가스가 팽창하여 피스톤을 밀어내려 동력을 얻는 폭발 행정을 한다. 팽창 행정이 끝날 무렵 배기 밸브가 열리고 연소된 가스가 배기 밸브를 통하여 배기 행정을 하게 된다.

피스톤의 하강에 의하여 소기구가 열리면 블로어에 의하여 공기가 실린더 내에 강제적으로 소입되어 실린더 내에 남아 있는 배기 가스를 밖으로 추출한다. 이 작용을 소기(掃氣)라고 한다. 소기는 피스톤이 상승하여 소기구가 닫힐 때까지 계속된다. 이와 같이 2행정 사이클 디젤 기관은 블로어에 의하여 소기와 흡기가 이루어지므로 소기 펌프(scavenging pump)라고 한다.

10.3 디젤 기관의 연소

[1] 디젤 기관의 연소 과정

그림 10·3은 디젤 기관의 실린더 내에서 연소에 따른 압력과 크랭크 각도와의 관계를 나타낸 것으로서 압력-크랭크 각도 선도(pressure crank angle diagram)라고 부른다.

디젤 기관에서 압축 행정 말의 공기 압력은 연소실의 형식에 따라서 다르나 3~5.5 MPa 정도이고, 공기의 온도는 450~700℃ 정도에 달한다. 따라서, 이와 같은 고온과 고압의 공기 중에 연료를 작은 입자 상태로 노즐로부터 분사하면 곧 착화하여 연소하게 된다.

이 선도에서 점 A는 연료를 분사하는 점으로서 일반적으로 상사점 전 22°~23° 되는 점이다. 이 점 A에서 연료가 분사되어 연료가 완료될 때까지는 다음과 같이 4개의 연소 과정으로 나누어 생각할 수 있다.

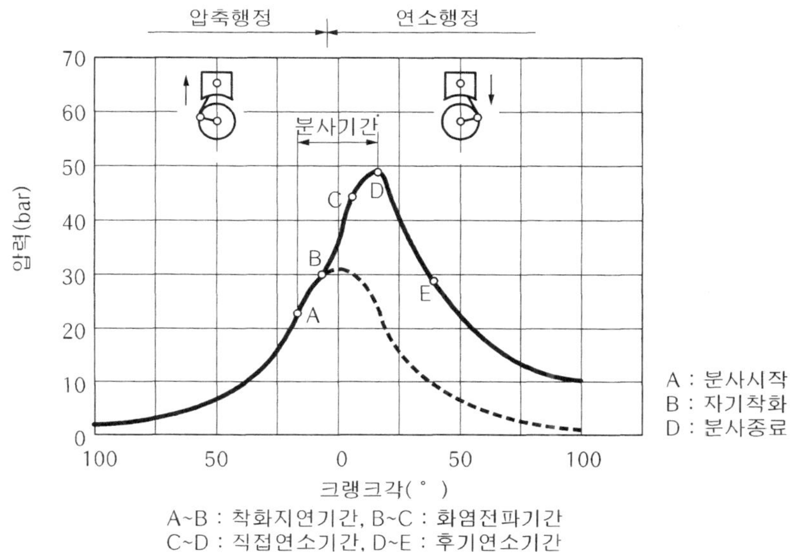

그림 10 · 3 디젤 기관의 연소 과정

(1) **착화 지연 기간**(A ~ B; period of ignition delay)

이 기간은 연료가 분사되어 착화할 때까지의 기간을 말한다. 압축 행정에서 공기는 압축되어 상사점에서 온도는 450 ~ 600℃ 정도에 달한다. 상사점 전인 점 A에서(크랭크각으로 20℃ 전후) 노즐로부터 연료 분사가 시작된다. 연료가 분사 노즐로부터 높은 압력으로 분사되면 분사된 분무 액은 고온 고압의 공기와 급격한 와류를 형성하면서 압축열에 의하여 가열되므로 연료는 증발된다. 이 때 연료 증기는 고온 고압의 공기와 혼합하여 그 온도가 자연 발화 온도에 도달하면서 자연 착화한다. 이와 같이 연료가 분사되어 연소가 시작될 때까지의 기간은 선도의 A ~ B까지의 기간이다.

상사점 전에 연료가 분사되어 무화되고 압축된 공기에 의하여 가열되면서 증발하여 연소가 시작할 때까지는 약간의 시간이 걸리는데 이 기간을 **착화 지연**(**着火遲延**; ignition delay)이라고 한다.

디젤 기관의 착화 지연 기간은 다음과 같은 기관의 운전 조건 및 연료의 성질에 따라 결정된다.

(a) 압축비가 낮고, 흡입 공기 온도가 낮거나 실린더 온도 저하, 압축 온도가 저하될 때 이 지연 기간은 길어진다.

(b) 부하가 적을 때 또는 회전 속도가 낮을 때에 착화 지연 기간은 길어진다.

(c) 연료의 온도가 낮고, 휘발성이 나쁘고, 세탄가가 낮은 것일수록 착화 지연은 길어진다.

(d) 연료의 분사 압력이 낮거나 와류 형성이 좋지 않을 때, 연료의 미립화가 나쁠 때에 착

화 지연 기간은 길어진다.

(e) 연료 분사 시기가 적당하지 않을 때에 착화 지연 기간은 길어진다.

(f) 기관 회전 속도가 증가되면 와류와 압축 압력이 증대되므로 착화 지연 기간은 단축된다.

(2) 급격 연소 기간(B∼C; period of rapid combustion)

이 기간은 착화 지연 기간 말에 자연 발화 온도에 달한 연료 입자가 착화하여 연소되는 기간이다. 이 기간에서 연료의 연소는 실린더 내 분사된 많은 연료의 작은 입자들이 한꺼번에 폭발적으로 연소한다. 이 기간을 **폭발 연소 기간**이라고 하며 선도에서 B∼C로 표시된다.

착화 지연 기간이 길면 많은 양의 연료가 축적되어 있다가 일시에 연소가 일어나게 되어 그 압력 상승은 더욱 커진다. 따라서 이 기간에서의 압력 상승은 착화 지연 기간에서 분사된 연료의 양에 관계된다. 또 압력상승은 공기 와류에도 큰 영향을 받는다.

디젤 기관은 가솔린 기관에 비하여 공기와의 접촉이 나쁘므로 최고 압력은 높으나 평균 유효 압력은 낮게 된다. 따라서 압력 상승률도 높아진다. 크랭크각 1°당 2∼2.4 bar 정도의 압력 증가가 알맞다. 이 값을 넘으면 압력의 급격한 상승이 일어나 이것이 디젤 노크의 원인이 된다. 디젤 노크는 연료의 착화성이 나쁘거나 분사시기가 빠른 것에 기인하는 경우가 많다.

(3) 직접 연소 기간(C∼D) **또는 제어 연소 기간**(period of controlled combustion)

이 기간은 이미 분사된 연료의 연소가 진행되고 있으므로 연소실 내에 계속 연료가 분사되면 연료는 분사와 동시에 이미 연소하고 있는 화염에 의하여 직접 연소하게 되는데 이 기간을 직접 연소 기간 또는 제한 연소 기간이라고 하며, 선도에서 C∼D로 표시된다. 이 기간에서 노즐로부터 분사되는 연료의 양에 의하여 연소를 제어할 수 있으므로 제어 연소 기간이라고도 한다.

급격 연소 기간에 연소가 시작되면 연소실 내의 온도와 압력이 높아지므로 여기에 분사된 연료는 착화 지연 없이 분사됨과 동시에 연소하게 된다. 따라서 연소는 연료의 분사량에 비례하여 이루어지므로 분사 노즐에서 자유로이 분사량을 조절할 수 있으므로 제어 연소 기간이라고 한다.

(4) 후기 연소 기간(D∼E; period of after burning)

연료 분사가 끝나는 점 D로부터 연소되지 않고 남아 있는 연료가 연소되는 현상을 후연(after burning) 또는 **후기 연소**라고 한다.

이 기간은 점 D에서 아직 연소되지 않은 연료가 하향 행정을 하여 점 E까지의 기간 동안 연소를 계속하는 것으로서, 이것은 연소에 의한 유효한 일로 사용되지 못하고 배기 온도를 높여주는 데 불과하다. 따라서 후연소 기간은 적은 것이 요망된다.

후연은 연료 입자의 분산 또는 관통도가 좋지 못한 데 기인되거나 노즐의 완전 닫힘의 불량에 따른 누설 또는 노즐의 마멸, 분사 시기가 늦을 때 일어나기 쉽다.

〔2〕 디젤 기관의 분사 순서

디젤 기관은 연료를 압축된 공기 중에 분사하여 착화하므로, 연료의 분사 순서는 착화 순서가 된다. 그러므로 디젤 기관의 연료 분사 순서는 곧 가솔린 기관의 점화 순서와 같으므로 크랭크핀의 각도는 가솔린 기관의 것과 동일하다.

10.4 디젤 기관의 연소실

디젤 기관에서 기관의 성능은 연소실의 형상과 크기에 따라 좌우된다. 분사된 연료는 압축된 공기의 압축열에 의하여 자연 착화하여야 하기 때문에 디젤 기관의 연소실은 특히 분사된 연료의 분산이 균일하게 이루어지고, 착화 지연 기간을 가급적 적게 할 수 있도록 만들어져야 한다. 디젤 기관의 연소실은 (a) 직접 분사식, (b) 예연소실식, (c) 와류실식, (d) 공기실식과 같이 네 가지로 분류된다. 그림 **10 · 4**는 디젤 기관 연소실의 구조를 나타낸 것이다.

10.4.1 직접 분사식

직접 분사식(direct injection type)은 가장 간단한 연소실로서 그림 **10 · 4** (a)와 같이 실린더 헤드와 피스톤 헤드 사이에 형성되는 연소실에 연료가 직접 분사하는 형식으로서, 직접 분사식 또는 단일 연소실식이라고 부른다. 이 형식은 연소실의 구조가 가장 간단하고, 기

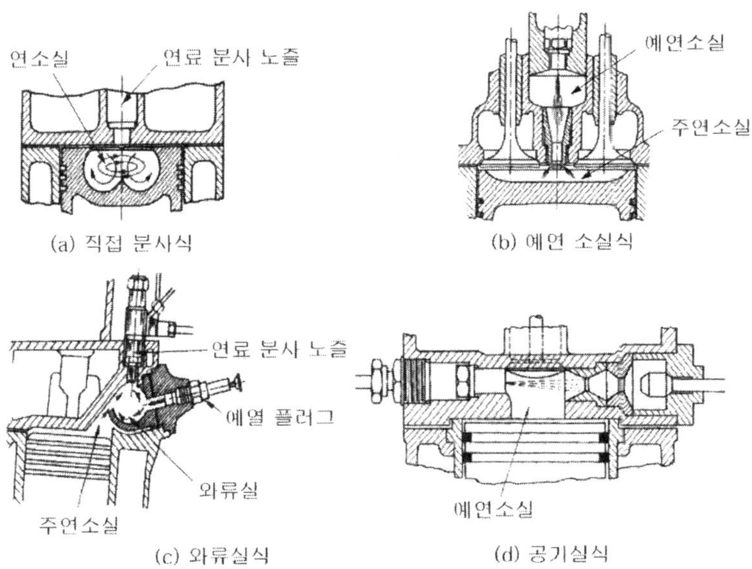

그림 10 · 4 연소실의 형식

관의 시동이 용이하나 연료와 공기의 혼합이나 연소가 다른 형식보다 나쁘기 때문에 연료 분사 압력이 높아야 한다.

이 형식은 피스톤 헤드 부분에 그림과 같이 평면이 아닌 곡면이 만들어져 있는 것은 연소실 내에서 공기의 와류 형성을 용이하게 하기 위한 수단이며, 연소실 중앙부 또는 측면에 연료분사 노즐이 있으며, 이것은 압축 행정 끝의 고온 고압의 공기 중에 연료를 분사한다. 이 경우 공기와의 혼합을 용이하게 하기 위하여 분출공의 크기를 작게 하고, 고압하에 작은 입자로 분출하기 위하여 분출공을 여러 개 가지는 경우가 많다. 특히, 고속 디젤 기관에서 구형 연소실의 벽면에 연료를 분사시켜 얇은 연료막을 형성하여 강한 와류를 일으키는 방식을 M-연소법이라 한다.

(1) 직접 분사식의 장점

① 연소실의 구조가 간단하고 연소실 표면적이 적으므로 열손실이 적고, 연료 소비량도 적다. 따라서 기관 열효율이 높다.

② 기관 열손실이 적기 때문에 기관의 시동 성능이 다른 형식보다 좋다.

③ 연료가 연소실에 직접 분사되므로 연료의 적응성이 넓고 기관의 회전이 원활하다.

④ 비교적 압축비가 낮으므로, 대형 시동 전동기를 필요로 하지 않는다.

(2) 직접 분사식의 단점

① 다른 연소실에 비하여 공기와 연료의 혼합이 불완전하여 기관의 회전수가 제한된다. 따라서 고속 기관보다 저속 대형 연소실 기관에 적당하다.

② 연료를 작은 입자로 확산시키고, 관통력을 부여하기 위하여 높은 분사 압력이 필요하다. 그러므로 연료 펌프의 구조가 복잡하고, 정밀하기 때문에 가격 및 유지비가 많이 든다.

③ 연료 분출공이 많으므로 노즐의 고장이 많다.

④ 압축비가 다른 형식보다 비교적 낮다.

10.4.2 예연소실식

예연소실식은 그림 10 · 4 (b)와 같이 주연소실 외에 예연소실이 있고, 연료는 예연소실에 분사된다. 이 형식은 예연소실이라 불리는 작은 연소실을 실린더 헤드에 마련하여 주연소실과의 작은 통로로 형성된다.

압축 행정을 할 때 실린더 내 압축 공기는 주연소실과 예연소실로 압축되어지므로 예연소실에 분사된 연료는 먼저 예연소실 내에서 그 일부가 착화되어 고열이 생기므로 화염은 예연소실의 통기구로부터 주연소실 내로 분출된다. 이 때 착화된 일부의 연료의 연소로 생기는 고온 고압의 반연소 가스는 예연소실과 주연소실 사이의 가는 통로를 통하여 급격히 분출되어 주연소실에서 완전 연소하는 형식이다. 여기서 자동차용 디젤 기관의 예연소실의 체적은 전 연소실 체적의 30~40% 정도이고, 예연소실과 주연소실 사이의 통기구 면적은 피스톤 헤드부 면적의 0.3~0.5% 정도이다. 주연소실의 연소의 분포를 일정하게 하기 위하여 1개 또는 여러 개의 분사 구멍을 가지는 것도 있다. 이 형식은 예연소실에서 착화하여 연소압력이 주연소실에 전해지므로 와류 형성이 용이하고, 연료와 공기와의 혼합이 좋아진다.

예연소실의 체적에 대하여 연소실 내 표면적이 크고, 예연소실 내로 압축되어 들어오는 공기는 작은 구멍에서 교축되어 냉각되므로 저온에서의 기동, 특히 겨울철의 시동에 예열 플러그가 필요하다. 이 예열 플러그는 니크롬선으로 만들어져 있으므로, 이것을 사용할 때에 전류가 흘러서 가열된다. 따라서 분사된 연료가 예열 플러그에 접촉하여 착화되면, 일단 시동 후에는 예열 플러그로 흐르는 전류는 차단하여 연료가 자연 착화하게 된다.

(1) 예연소실식의 장점

① 연료와 공기의 혼합이 잘 이루어지며, 분사 압력이 낮다.

② 연료의 사용 범위가 넓다.

③ 연소가 원활하게 이루어지고 매연이 적다.

④ 평균 유효 압력이 높고, 또한 공회전 운전이 양호하다.

(2) 예연소실식의 단점

① 예연소실 내의 잔류 가스 때문에 소기 효율 및 체적 효율이 나쁘고, 평균 유효 압력이 저하되기 쉽다.

② 냉각 면적이 넓어서 열손실이 크다. 또한 예연소실에서 일부 연소된 반연소 가스의 고속 유출로 인하여 마찰 손실이 크므로 기관의 열효율이 저하되기 쉽다. 따라서 연료 소비율도 커진다.

③ 기관의 시동이 곤란하고, 예열 플러그를 필요로 한다.

④ 예연소실 때문에 실린더 헤드의 구조가 복잡해진다.

10.4.3 와류실식

와류실식(swirl chamber type)은 그림 **10 · 4** (c)에 표시한 바와 같이 주연소실 외에 전체 연소실 체적의 약 70%에 해당하는 구형의 와류실을 가지는 형식이다. 이것은 압축 행정 말에 연소실로 압입된 압축공기는 와류실 내로 유입되어 와류를 발생시키므로 분사된 연료와 공기가 잘 혼합하여 연소가 빨리 이루어지도록 만들어진 형식의 연소실이다. 따라서 이 형식은 고속 회전에 적당하며 연소실의 형상이 복잡하여 제작이 곤란하다. 와류실식은 보기에는 예연소실식과 유사하나 그 기능은 상이하다.

(1) 와류실의 장점

① 직접 분사식보다 분사 압력이 낮고 회전 속도 범위가 넓다.

② 기관의 연료 소비율이 적고, 제동 평균 유효 압력이 높다.

③ 높은 압력하의 압축 와류를 이용하므로 회전수를 높일 수 있다.

④ 기관의 사용 회전 범위가 넓고, 연소가 원활하여 자동차용 기관으로 적당하다.

⑤ NO_x 및 흑연의 발생이 직접 분사식에 비하여 적다.

(2) 와류실식의 단점

① 저온에서 기관의 시동을 위하여 예열 플러그가 필요하다.

② 실린더 헤드에 예연소실을 설치한 관계로 실린더 헤드의 구조가 복잡하다.

③ 저속 운전시 디젤 노크를 일으키기 쉽다.

④ 열효율, 연료 소비율이 직접 연소실보다 나쁘다.

10.4.4 공기실식

공기실식 연소실은 그림 10 · 4 (d)에 표시한 바와 같이 주연소실 외에 전 연소실 체적의 70~89%에 달하는 공기실을 가진 형식을 말한다. 압축 행정에 있어서 압축 공기 대부분은 공기실에 저장되어 주연소실에 분사된 연료가 연소할 때에 공기가 주연소실로 유입되어 완전 연소가 이루어진다. 이 형식은 피스톤이 하강함에 따라 공기실로부터 새로운 공기가 공급되므로 완전 연소를 돕는 데 큰 역할을 한다. 이 연소실은 직접 연소실과 예연소실 중간이 되는 효과가 있고 고속 기관에 적당하다.

(1) 공기실식의 장점

① 연료가 직접 주연소실에 분사되므로 직접 분사식 다음으로 시동 성능이 양호하다.

② 연소가 비교적 느리게 진행되므로 작동이 정숙하다.

③ 압력 상승률이 낮고, 최고 폭발 압력이 낮으므로, 작동이 정숙하다.

④ 강한 와류를 형성하므로 완전 연소가 이루어진다.

(2) 공기실식의 단점

① 팽창 중 후연 기간이 길어져서 배기 온도가 상승하기 쉽다.

② 연료 소비율이 비교적 높다.

③ 연료의 분사 시기가 기관 작동에 미치는 영향이 크다.

10.5 연료 분사 장치

디젤 기관은 앞에서 설명한 바와 같이 흡입 행정에서 공기만 흡입하여 압축하고 고압의 연료를 분무 상태로 분사하여 공기의 압축열에 의하여 착화된다. 그러므로 연료 분사 장치의 성능의 양부는 직접 기관의 성능에 큰 영향을 미치는 중요한 요인이 된다.

10.5.1 디젤 기관의 연료 계통

디젤 기관의 연료 계통은 그림 10 · 5에 표시된 바와 같이 연료 탱크 내에 저장된 연료는 연료 공급 펌프, 연료 필터를 거쳐 연료 분사 펌프에 보내진다. 연료 분사 펌프는 연료를 고압으로 압축하여 분사관을 거쳐 연료 분사 노즐로부터 연소실에 분사된다.

디젤 기관의 연료 계통은 연료 탱크 속의 연료를 분사 펌프로 압축하여 고압으로 분사 노즐로부터 실린더 내에 분사하기까지의 연료 장치를 말한다. 연료 공급 펌프로부터 압송된 여분의 연료는 연료 필터, 연료 분사 펌프로부터 리턴 파이프를 거쳐 연료 탱크로 돌아온다. 또 분사 밸브에 보내진 고압 연료의 일부는 분사 밸브를 윤활하고, 리턴 파이프로 돌아온다.

디젤 기관의 연료 계통은 연료 탱크, 연료 공급 펌프, 연료 필터, 연료 분사 펌프, 송유관, 분사 노즐, 조속기 등으로 구성된다.

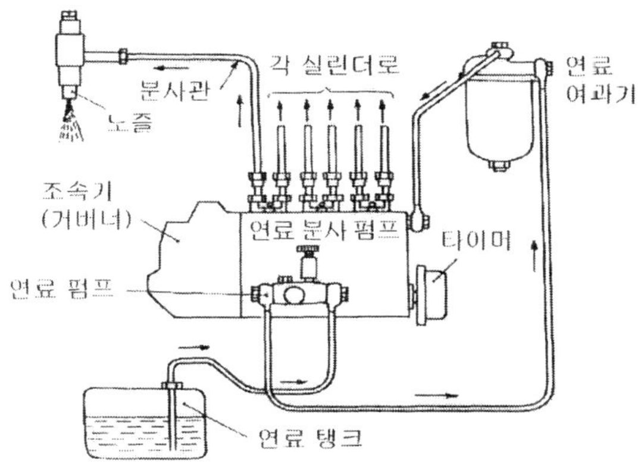

그림 10 · 5 연료 시스템(직렬형)

10.5.2 연료 공급 펌프

연료 공급 펌프는 연료 분사 펌프 측면에 부착되며, 분사 펌프의 캠축에 의하여 구동된다. 연료 공급 펌프는 연료를 탱크로부터 분사 펌프로 보내어 주는 역할을 하는 것으로서, 자동차용 디젤 기관에는 플런저형 연료 펌프가 많이 사용된다.

10.5.3 연료 필터 및 스트레이너

디젤 기관의 연료 계통을 구성하는 연료 펌프, 연료 분사 펌프 및 분사 노즐은 대단히 정밀한 부분의 조합이기 때문에 이들 각 작동 부분의 마멸이 생기거나 불순물이 들어가면 그 기능이 저하된다. 그리고 연료 중에 포함되어 있는 불순물은 연료 펌프 및 노즐 내부의 마멸을 빠르게 하고 그 기능을 저해하므로 이들 불순물을 제거하는 것이 필요하다. 연료 필터는 연료 속에 들어 있는 불순물을 여과하는 역할을 한다.

연료는 연료 펌프로부터 흡상되어 연료 필터로 보내진다. 필터에서 먼지와 불순물, 물 등을 여과하여 분사 펌프로 공급한다.

연료 공급 펌프, 분사 펌프 및 노즐 홀더 등의 연료 입구에는 스트레이너(strainer)를 설치하는데 이것은 금속망식 여과 장치로서 연료 필터에서 제거되지 않은 불순물을 여과하기 위하여 마련된다.

10.5.4 연료 분사 요건

디젤 기관의 연료 분사 장치는 연료 분사 펌프와 분사 노즐로 구성되는 정밀한 장치이다. 디젤 기관은 고압 연료 분사 펌프를 사용하여 연료를 분사 노즐로부터 실린더 내에 고압으로 압축된 공기 중에 분사한다.

따라서 연료를 실린더 내의 압축된 공기 속에 고압으로 분사할 때의 연료 분무 형성의 3대 요건은 다음과 같다.

〔1〕 무화(霧化; atomization)

이것은 연료가 분사 노즐로부터 실린더 내에 분사되어 작고 많은 입자로 깨어지는 것을 말한다. 이렇게 연료가 무화되면 분사된 연료의 표면적이 증가되어 실린더 내의 압축 공기로부터 단위 시간에 받는 열량이 증가되므로 착화 지연 기간을 단축시킬 수 있다. 분사된 연료의 무화에 가장 큰 영향을 주는 요소는 다음의 세 가지로 나누어 생각할 수 있다.

① 분사 압력　　분사 압력이 높거나 분출공의 지름이 작으면 연료의 입자는 작아진다. 실린더 내로 분사되는 연료의 분사 압력이 높으면 분사 속도가 증가되고 무화 형성이 좋아진다.

② 분사공의 지름　　분사공은 연료의 분사량, 분사 속도, 분사 각도, 비중 등에 의하여 결정된다.

단공식에서는 원추형 분무가 형성되고, 다공식에서는 연소실의 형상에 따라 여러 형태로 분사된다. 분사공의 지름이 너무 크면 분사 속도가 저하하고, 연료가 작은 알맹이로 분산이 충분히 이루어지지 않는다. 분사공이 작으면 입경이 작고, 연료의 무화가 잘 형성된다.

③ 연료의 성질(점도, 표면 장력 등)과 공기 밀도　　연료는 작은 입자로 깨어져서 증발이 용이하고 공기와 혼합이 좋아야 한다. 연료 입자의 크기는 연료 혼합기의 착화 지연, 매연 등에 영향을 미친다. 따라서 연료는 미립화된 연료의 표면 장력, 점도 등의 물성에 영향을 크게 받는다.

〔2〕 관통력(貫通力; penetration)

이것은 분사된 연료가 압축된 공기 속에 도달되는 거리를 말하며, 관통력이 클수록 분사된 연료의 작은 입자가 공기와 접촉이 좋아지고 연소실 내에 고르게 도달할 수 있다. 따라서 분사된 연료가 완전 연소하려면 연료 입자는 고온 고압의 공기층을 관통하여 전체 연소실 내에 고르게 분산되어야 한다.

연료의 관통도에 영향을 주는 요건은 다음과 같다.

(a) 분사 압력과 실린더 연소실의 압력과의 차이에 따라서 관통력은 증가한다.

(b) 분출공의 크기에 비례하여 관통력은 증가하고, 분산성은 감소한다.

(c) 압축 공기의 밀도가 증가하면 관통력은 감소한다.

(d) 기관 속도가 증가하면 분무의 도달거리가 짧아져서 분포 상태가 나빠진다.

(e) 홀 노즐이 핀틀 노즐보다 관통력이 크다.

〔3〕 분포(分布; distribution)

연료의 연소를 양호하게 하기 위해서는 연소실 내 분무의 분포가 균일하게 이루어져야 한다. 미립화된 연료가 균등하게 분포되면 공기와의 접촉 면적을 증가시킬 수 있다.

10.5.5 연료 분사 펌프

연료 분사 펌프는 연료를 100~1500 bar의 높은 압력으로 압축하여 분사 밸브로 보내는 것으로서 1회의 분사량은 0.1~0.5 g 정도이다. 또한 연료 분사 펌프는 짧은 시간에 고압을 형성하여 연료를 노즐로 분출하여야 한다. 연료 분사 펌프는 다음과 같은 조건을 갖추어야 한다.

(a) 분사량이 일정하고 분사를 끝마칠 때 누설이 없을 것

(b) 분사의 시작 및 종료 시기를 정확히 유지할 것

(c) 분사 속도와 분사 비율을 일정하게 유지할 것

〔1〕 연료 분사 펌프의 종류

연료 분사 펌프에는 독립식, 분배식, 공통식의 세 가지 방식이 있다.

(1) 독립식 분사 펌프

독립식(individual pump system)은 연료 분사 펌프가 각 실린더에 독립으로 1개씩 설치되어 있는 것으로서, 실린더와 같은 수의 펌프를 가진다. 이 방식은 각 펌프로부터 실린더에 독립적으로 연료를 압송하는 것으로서 직렬형이라고도 한다. 이것의 대표적인 것이 그림 10·6과 같은 보슈식 분사 펌프가 있다. 이 방식은 차량용 고속 디젤 기관, 중소형 기관, 대형 기관 등에 사용되는 대표적인 연료 분사 펌프로서 분사 펌프 본체, 거버너, 타이머의 세 부분으로 구성된다.

펌프 본체에는 각 실린더 수와 같은 수의 플런저를 가지고 있다.

배럴-플런저 어셈블리는 그림 10·6과 같은 구조로 되어 있으며 저압의 연료는 흡입 포

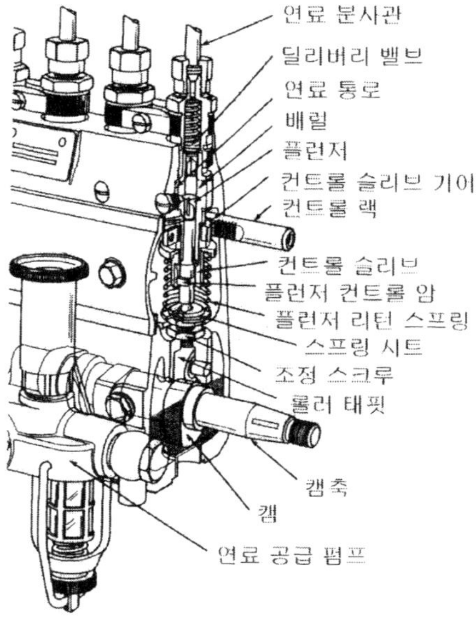

그림 10 · 6 독립식 연료 분사 펌프(Robert Bosch Corporation)

트를 통하여 플런저 위의 공간에 공급된다. 그림 10 · 7에서 배럴에는 피니언이 있어서 컨트롤 랙과 물려 랙이 움직이면 배럴이 회전하고, 이에 따라서 플런저가 회전한다. 플런저의 회전에 의해 연료의 분사량이 조절된다. 연료 분사 펌프는 캠축의 회전에 의하여 롤러 태핏이 상승하면 플런저는 흡입 구멍을 닫아 배럴 내의 연료를 가압하여 딜리버리 밸브를 밀어 올려 연료를 압송한다.

이렇게 압송되어 노즐로부터 분사된 연료는 압축열에 의하여 점화된다. 연료 분사량은 플런저의 유효 행정에 의하여 변한다. 컨트롤 로드는 링크에 의해 조속기에 연결되고, 운전자가 가속 페달을 밟으면 링크는 컨트롤 로드를 움직이도록 당겨준다. 이러한 컨트롤 로드의

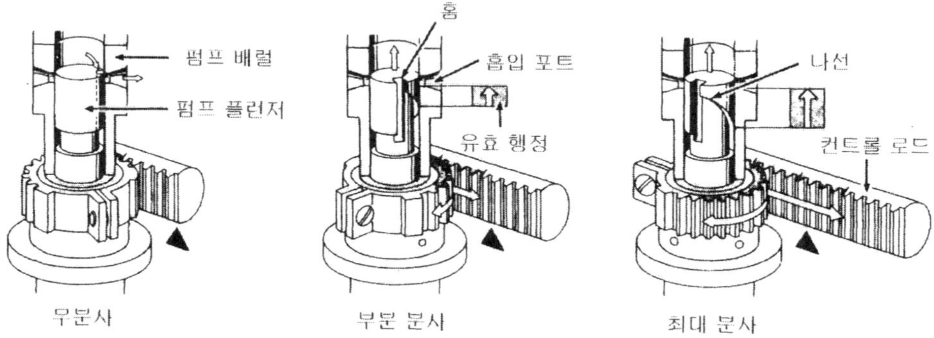

그림 10 · 7 직렬형 분사 펌프 플런저의 작동(Robert Bosch Corporation)

움직임은 배럴 속의 플런저를 회전시킨다. 플런저는 홈(groove)과 나선(helix)이 가공되어 있어서 플런저가 회전하면 유효 행정이 변화하여 연료량을 증감시킨다. 캠이 회전하여 플런저가 상승하여 그 상부가 배럴의 흡입구를 막을 때부터 연료의 압송이 시작된다. 더욱 상승하여 나선이 흡입 포트를 열을 때 연료의 압송은 정지한다

플런저가 조금 더 상승하여 플런저에 경사지게 파인 나선형 홈이 흡입구에 접하면 상부에 가압된 연료는 플런저의 내부 구멍을 통하여 경사홈으로부터 흡입구로 역류하여 연료의 압송을 끝마친다. 여기서 플런저의 상단이 흡입구와 일치될 때 경사지게 파인 나선이 흡입구와 일치하는 사이가 연료를 분사하는 기간이 된다. 따라서 이 사이의 플런저가 상승하는 길이를 유효 행정이라고 한다.

랙의 운동에 따라 피니언이 맞물려 회전하므로 배럴과 플런저가 회전하게 되어 흡입공과 플런저에 경사지게 파인 스파이럴 홈과의 관계 위치가 변화하여 유효 행정이 변하게 된다.

그림 10 · 7에서 보는 바와 같이 최대 부하일 때 유효 행정의 길이가 최대로 되고, 부분 부하일 때 연료 분사는 적으므로 유효 행정은 작아진다.

독립 분사 펌프의 하나로서 펌프와 노즐을 일체로 만든 것을 유닛 인젝터(unit injector)라고 한다. 이것은 캠에 의하여 직접 구동되며 펌프와 노즐 사이에 분사관이 없으므로 이 사이에서 발생하는 나쁜 폐해를 방지할 수 있다.

(2) 분배식 분사 펌프

분배식(distributor system)은 1개의 분사 펌프로서 연료를 가압하여 고압의 연료를 각 실린더로 연료를 압송하는 방식이다. 분배식은 구조가 간단하고 가격이 저렴한 점이 있으나, 실린더 수가 많을수록 연료의 분배가 독립식에 비하여 확실성이 나쁘므로 승용차 등 소형 기관에 사용된다.

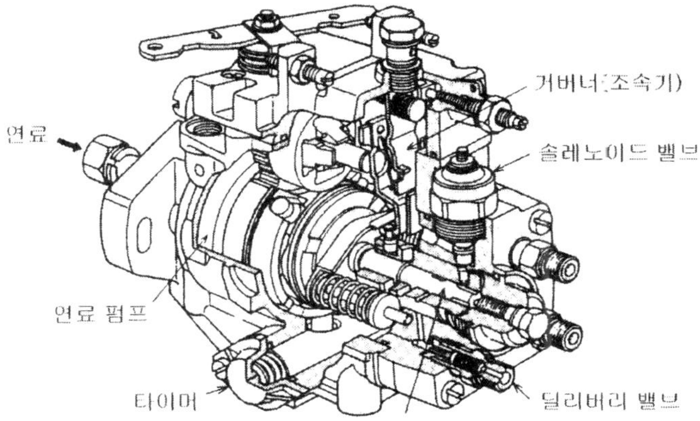

그림 10 · 8 분배식 분사 펌프

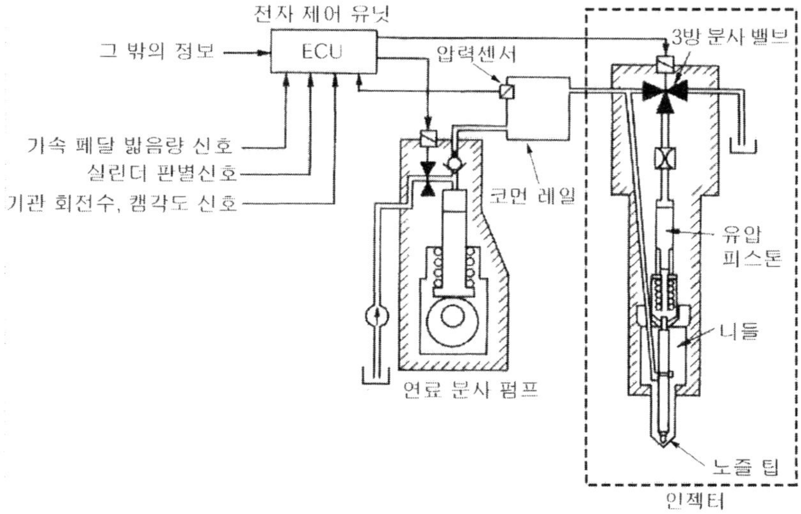

그림 10·9 공통식 분사 펌프

(3) 공통식(코먼 레일식) 분사 펌프

공통식은 **코먼 레일식**(common rail system)이라고도 하며 분사 펌프는 1개이나 축압실에서 분사 펌프로부터 보내온 고압유를 일정한 압력으로 유지시킨 후 분배 밸브에서 각 실린더의 분사 노즐에 분사하는 구조로 되어 있다.

10.6 조속기

조속기(governor)는 기관의 속도를 부하의 변동에 의하여 일정하게 유지하는 역할을 한다. 디젤 기관의 공회전을 원활하게 하여 기관의 정지가 일어나지 않게 하고, 또 기관의 부하의 변동에 대하여 가장 경제적인 연료를 분사시켜 기관의 최저 및 최고 회전수를 제어하기 위하여 분사 펌프의 연료의 분사량을 자동적으로 조절하는 장치를 말한다. 자동차가 작동 중 기관의 운전상태에 따라 그때그때 부하의 변동에 알맞는 출력이 요구된다.

조속기는 이와 같은 부하의 변동에 따라서 분사 펌프의 연료 분사량을 자동적으로 조절할 목적으로 사용된다. 조속기에는 원심식과 공기식이 있다.

(1) 원심식 조속기

원심식 조속기(centrifugal governor)는 일명 기계식 조속기라고도 한다. 원심식은 분사 펌프의 캠축에 연결된 원심추(flyweight), 즉 원심추(遠心錐)가 원심력에 의하여 열리는 작용을 이용한 것이다.

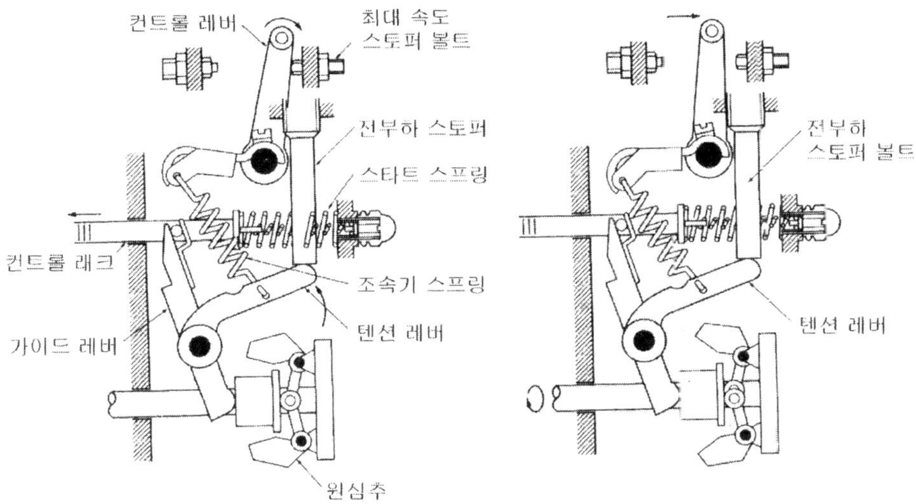

(a) 시동할 때　　　(b) 중속일 때

그림 10·10 원심식 조속 장치 계통도

이 방법은 그림 10·10에 표시한 바와 같이 가속 페달의 작용이 링크 기구에 전달되어 컨트롤 랙을 작동시켜 기관의 최고 및 최저 회전을 자동적으로 제어하게 된다. 기관의 회전이 상승하면 원심력이 증가하여 캠축은 원심추를 바깥쪽으로 이동시켜 이것이 링크 기구의 작동으로 컨트롤 랙을 당겨 분사량을 감소시킨다. 또 회전이 감소하면 원심추의 원심력이 작아져서 그림 10·10(b)와 같이 원심추는 스프링의 힘으로 컨트롤 랙을 밀어 분사량을 증가시켜 회전 속도를 증가시킨다.

〔2〕 공기식 조속기

공기식 조속기(phneumatic governor)는 그림 10·11과 같이 흡입관 중에 스로틀 밸브 및 벤투리부를 설치하여 가속 페달에 의하여 스로틀 밸브를 개폐하여 이것이 열림에 대하여 일정한 기관 회전수를 유지하도록 되어 있는 것으로서 컨트롤 랙의 작동은 진공의 변화에 따른 다이어프램의 움직임에 의하여 작동된다. 벤투리는 그림과 같이 공기 여과기와 흡입관 사이에 위치한다. 그림 10·11에서 다이어프램에 연결된 컨트롤 랙은 메인 스프링에 의하여 항상 분사량이 최대가 되는 방향으로 밀어진다.

기관이 기동하여 스로틀 밸브가 일정하게 열린 위치를 유지하면 기관의 회전 속도가 증가됨에 따라 스로틀 밸브를 통과하는 공기의 흐름속도는 증가한다. 공기의 속도가 증가되어 조속기 진공실의 진공이 커지게 되므로 다이어프램은 컨트롤 랙을 분사량을 감소시키는 방향으로 잡아당기게 된다.

공기 조속기는 스로틀 밸브가 설치되어 있는 흡입관 벤투리와 연료 분사 펌프에 붙어 있

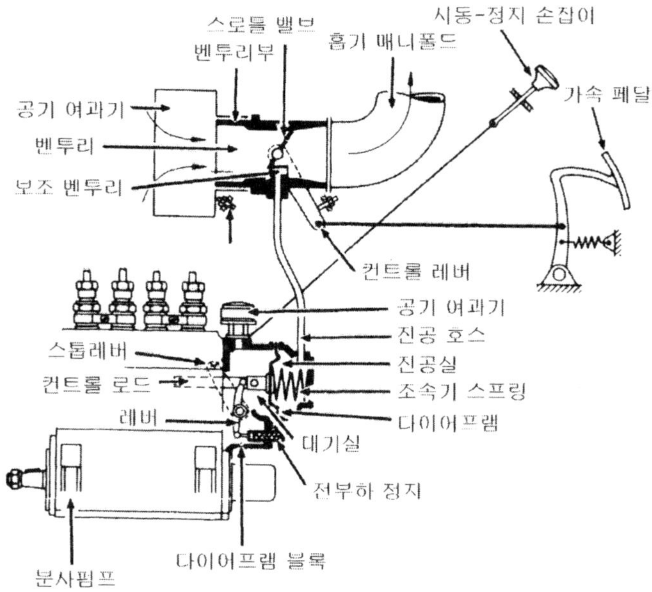

그림 10·11 공기식 조속기

는 다이어프램실로 구성된다.

스르틀 밸브가 있는 벤투리에는 진공실과 튜브로 연결되어 있다. 벤투리의 진공은 가속 페달과 스로틀 밸브의 위치에 따라 링크 장치로 연결된 스로틀 밸브의 열림 및 닫힘이 조절된다. 기관의 스로틀 밸브의 최대 및 최소(공회전)의 열림 한계를 정하여 이것이 조정 스토퍼에 의하여 규제된다.

다이어프램실은 다이어프램에 의하여 진공실과 대기실의 두 부분으로 나누어진다. 진공실에는 스프링이 있어서 다이어프램을 대기실의 스톱레버 L에 밀어주도록 붙어 있다. 기관이 공회전할 때에는 벤투리부에 생기는 진공은 매우 강하게 되어 다이어프램은 스프링의 장력을 이기고 진공에 의하여 흡인되어 랙을 잡아당겨 주므로 연료 분사량은 최대가 된다. 또한 다이어프램이 진공에 의하여 지나치게 후퇴하는 것을 방지하기 위하여 공회전 이하로 되는 일이 없도록 조절한다. 따라서 분사량은 알맞는 공회전 상태를 계속할 수 있게 된다.

가속 페달을 밟음에 따라 기관 속도가 증가하여 스로틀 밸브가 열려 진공이 저하되면 스프링은 컨트롤 랙을 분사량이 증가하는 방향으로 밀어주므로 기관 속도가 증가한다.

가속 페달을 밟아 벤투리부의 스로틀 밸브의 열람이 전개(全開)된 상태에서는 기관의 회전수가 증가되어 벤투리부에 생기는 진공이 높아지므로 다이어프램을 진공실로 잡아당겨 규정 회전수를 넘지 않게 조절한다.

10.7 연료 분사 시기 조정

연료 분사 시기가 적당하지 않으면 디젤노크가 증가하여 기관의 출력이 저하하고, 또한 분사 시기가 지나치게 빠르면 기관이 역회전하게 된다. 따라서 기관의 회전에 알맞도록 연료 분사 시기를 조절하지 않으면 안 된다. 그러므로 기관의 회전 속도에 알맞도록 분사 시기를 조절하기 위하여 연료 분사 시기 조정 장치가 필요하며 이것을 타이머(timer)라고 한다. 타이머에는 자동식(automatic) 타이머가 널리 사용되고 있다.

자동식 타이머는 기관의 회전이 빨라질 때 작용하는 원심력으로서 타이밍 기어와 분사 펌프 캠축과의 관계 위치가 변화하여 분사 시기를 자동적으로 빠르게 하는 것이다. 이것은 원심식 타이머로서 기관의 회전수가 증가함에 따라 분사 시기를 빠르게 하며, 그 구조 원리는 가솔린 기관의 원심식 점화 진각 장치와 동일하다. 그림 10 · 12는 원심식 자동 타이머를 표시한 것이다. 그림에서 보는 바와 같이 2개 원심추(fly weight)가 플랜지 핀에 의하여 분사펌프 캠축에 고정된 원심추 홀더(flyweight holder)에 붙어 있다.

원심추 홀더는 플랜지 핀 B가 고정하며, 이것이 타이머 스프링의 스프링 시트가 된다. 펌프 구동축에 고정된 플랜지 상에는 2개의 돌기부가 있어 이것이 원심추의 곡면 C에 접촉하도록 조립되어 있다. 또 이 돌기부분은 타이머 스프링이 끼워질 수 있도록 만들어졌다. 이와 같이 타이머 부품은 타이머 케이스 내에 조립되어 케이스는 원심추 홀더에 나사로 고정된다.

기관이 정지 상태에서는 그림 10 · 12 (a)에 나타낸 바와 같이 원심추는 스프링의 장력으로 플랜지의 돌기부에 의하여 안쪽으로 밀어주므로 스프링은 가장 많이 늘어난 상태가 된다.

기관의 회전이 높아지면 그림 10 · 12 (b)에 나타낸 것처럼 원심력의 작용으로 홀더 핀 A를 중심으로 하여 바깥쪽으로 벌어지면서 선회하므로 돌기부에 의하여 플랜지 핀 A가 E의 치수만큼 이동하게 된다. 이 A의 움직임에 의하여 캠축을 회전시켜 분사 시기를 빠르게 한다. 이 때의 최대 진각도는 분사펌프 캠의 각도에서 5°이다.

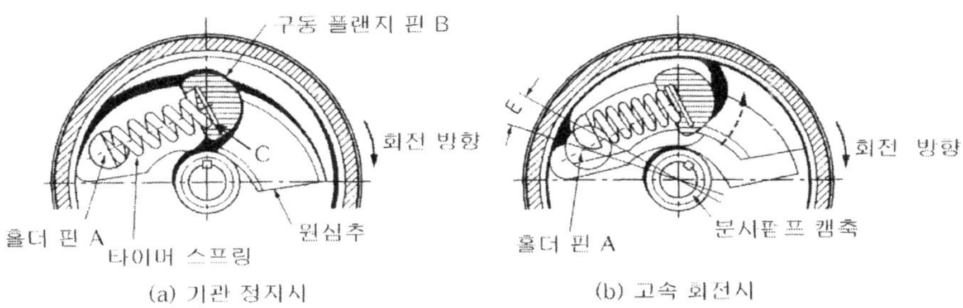

그림 10 · 12 타이머의 작동

10.8 연료 분사 노즐

연료 분사 펌프로부터 가압된 연료를 연소하기 쉬운 상태로 만들어 각 실린더의 연소실에 분사하는 장치를 연료 분사 노즐(fuel injection nozzle)이라 한다. 분사 노즐은 노즐보디와 니들 밸브로 구성되어 노즐 홀더에 조립된다.

노즐 홀더 내부는 보통 노즐 스프링의 장력에 의하여 푸시로드가 니들 밸브를 밀어서 노즐보디의 분출 구멍을 막고 있다. 연료의 분사는 분사 펌프로부터 압송된 연료가 노즐보디 내의 니들 밸브를 밀어서 열린 분출공으로부터 연소실로 분사된다. 그림 10·13은 연료 분사 노즐의 구조를 나타낸 것이다. 분사 노즐은 연소실의 형식이나 분사 압력에 따라서 다음과 같은 종류가 있다.

〔1〕 홀형 노즐

그림 10·14 (a)에 표시된 구조와 같은 여러 개의 분사구, 즉 분출공을 가지며 노즐의 주위에 방사형으로 구멍을 가공한 노즐이다. 홀형 노즐에는 분출 구멍이 1개인 단공 노즐(single hole nozzle)과 분출 구멍이 여러 개인 다공 노즐(multiple hole nozzle)이 있다.

다공형 노즐의 경우 특히 연료의 분사각이 크므로 직접 연소실식의 연소실에 적당하며, 노즐의 분출공의 크기는 0.2~0.3 mm 정도이다.

이 방식은 노즐의 니들 밸브가 분출공 밖으로 돌출되어 있지 않으므로 카본이 퇴적하여 분출공의 막힘이 일어나기 쉬운 결점이 있다.

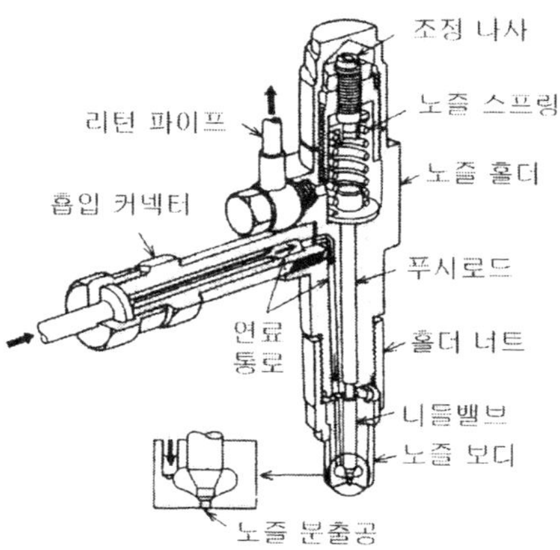

그림 10·13 연료 분사 노즐

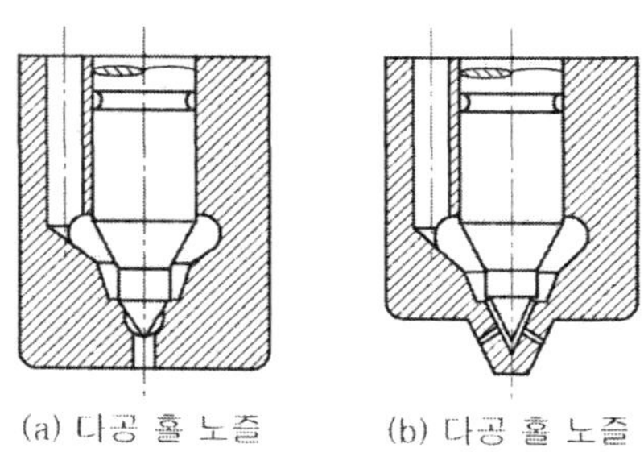

그림 10·14 홀 노즐

〔2〕 핀틀형 노즐(pintle nozzle)

그림 10·15 (a)에 표시한 것처럼 1개의 분출공을 가진다. 니들 밸브의 끝은 노즐이 닫힌 상태에서는 분출공 밖으로 돌출되므로 분사가 시작된 다음 노즐 끝이 분출공 내부로 밀어올려져 상승하므로 분출공에 부착된 카본 등을 제거하는 이점이 있다.

이것을 홀형 노즐에 비하여 연료의 분사각이 적으므로, 그다지 큰 분사각을 필요로 하지 않는 예연소실식이나 와류실식의 노즐로 사용된다. 표준 핀틀형 노즐은 그림 10·15 (a)와 같이 끝이 원통형의 가는 봉인 핀틀이 달린 노즐이다.

〔3〕 스로틀형 노즐

그림 10·15 (b)와 같이 스로틀 노즐은 노즐의 니들 밸브 끝을 원뿔형으로 넓혀서 분사되는 연료의 흐름을 교축하는 노즐이다. 그림 10·16에서 보는 바와 같이 표준 핀틀 노즐과 홀 노즐은 분사가 시작된 후 니들 밸브가 상승하면 분출공의 면적이 급격히 증가하여 분사량도 급격히 많아지게 되나, 스로틀 노즐은 분사가 시작된 후에 잠시 동안 니들 밸브의 끝이 원뿔 부분과 분출공과의 사이 간극이 작기 때문에 연료 분사량이 적게 되고, 최대 분사량 시기일 때 급격히 연료 사량이 증가된다. 그림 10·16은 이 관계를 선도로 나타낸 것이다.

이 선도에서 알 수 있는 바와 같이 스로틀 밸브를 사용하면 착화 지연 기간 동안 연료 분사량이 적어진다. 따라서 연료가 압축열에 의하여 착화되며 급격히 연료 분사가 이루어져 디젤 노크라고 불리는 이상 연소의 발생이 적어지므로 연료 소비량도 적어지는 특성이 있다. 이와 같은 이유 때문에 현재의 모든 자동차에는 대부분이 스로틀 노즐이 사용된다.

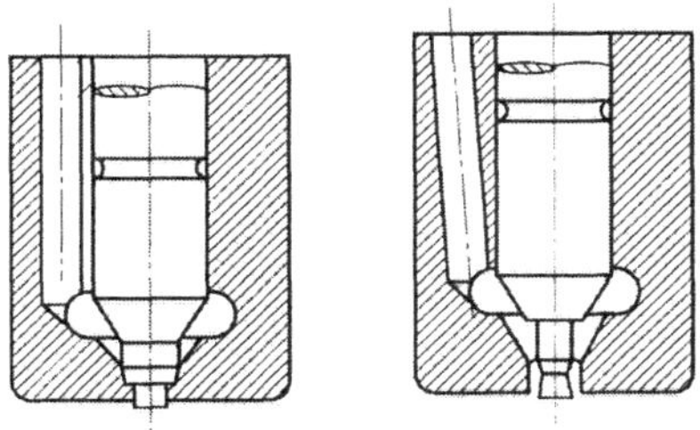

(a) 핀틀 노즐　　(b) 스로틀 노즐

그림 10·15 핀틀 노즐과 스로틀 노즐

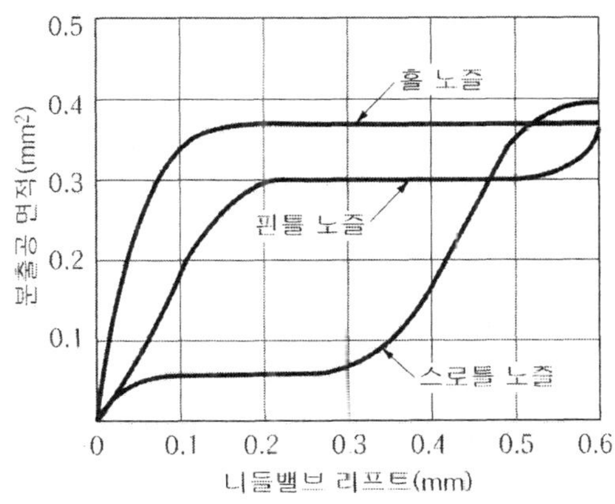

그림 10·16 각종 노즐의 니들 상승과 분출공 면적

10.9 과급기

기관 출력을 향상시키기 위해서는 실린더 내로 많은 혼합기를 공급하는 것이 필요하다. 따라서 흡기량은 흡기 과정의 흡입 부압에 영향을 받으며 특히 충전 효율은 65~85% 정도이므로 이를 강제적으로 100% 이상의 혼합기 또는 공기를 공급하는 방법을 과급(supercharging)이라 한다. 그리고 과급에 사용되는 압축기를 과급기(supercharger)라고 한다.

10.9.1 과급기의 종류

과급기는 구동 방식에 따라 기계 구동 방식인 수퍼차저(supercharger)와 배기 터빈 구동 방식인 터보차저(turbocharger)가 있다.

〔1〕 수퍼차저

기관 크랭크축에 의하여 기계적으로 구동하는 방식으로 루츠 블로어(Roots blower)와 스

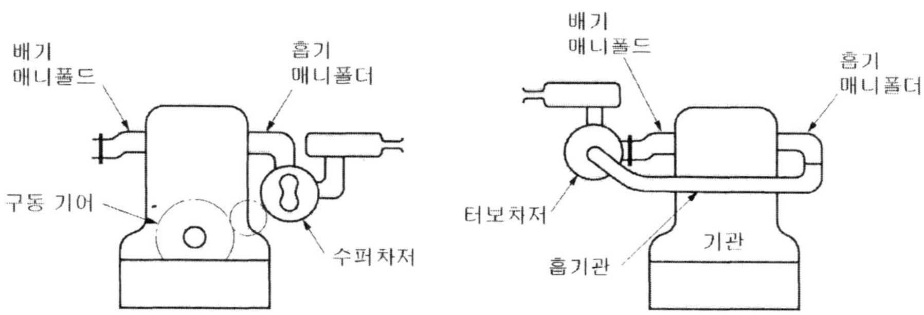

(a) 수퍼차저 (b) 터보차저

그림 10 · 17 과급기의 종류

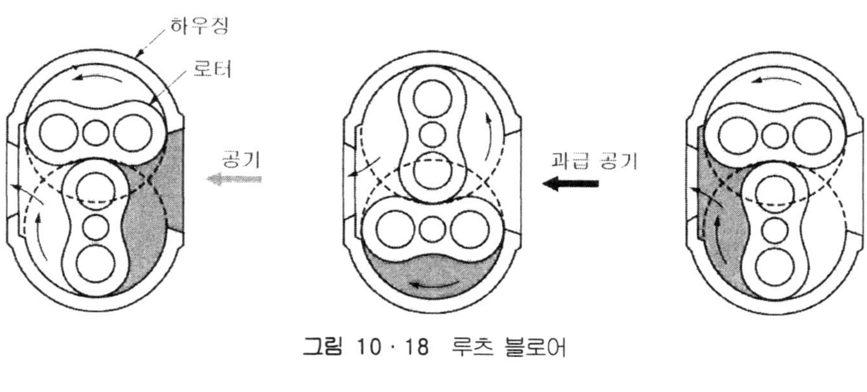

그림 10 · 18 루츠 블로어

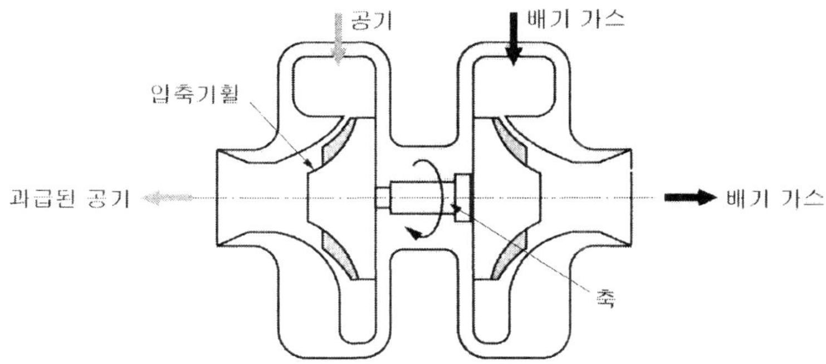

그림 10·19 터보차저 내의 유동

크루식 압축기가 사용된다. 루츠 블로어는 하우징 속에서 회전하는 2개의 로터가 회전함에 따라 혼합기 또는 공기를 과급하는 방식의 과급기이다. 이 방식은 기관의 동력을 이용하기 때문에 기계손실이 발생하는 것이 단점이다.

10.9.2 터보차저

배기 가스의 잔류 에너지를 이용하여 터빈을 회전시켜 흡기를 압축하는 배기 터빈 구동 방식이므로 터보차저(turbocharger)라고 한다. 터빈(구동)측의 터빈 휠과 압축기 휠이 동일 축으로 되어 있다. 터빈은 고온(약 1000℃, 배기 터빈 구동 방식) 배기와 직접 접촉하므로 내열, 내구성이 높은 초내열 합금으로 만들고, 압축기 휠은 알루미늄 합금이 사용된다.

〔1〕 웨이스트 게이트 밸브

웨이스트 게이트 밸브(wastegate valve)는 터빈 하우징의 앞에 붙어 있는 일종의 바이패스 밸브이다. 가솔린 기관의 경우 과급압을 높이면 노크가 일어나므로 과급 압력이 설정 압력을 넘으면 액추에이터를 작동시켜 게이트 밸브를 열고 배기 가스를 바이패스시켜 과급 압력을 제어한다.

〔2〕 인터쿨러

터보차저로부터 나오는 과급 공기는 압축열에 의하여 온도가 약 140~160℃ 정도로 된다. 인터쿨러는 과급 공기를 실린더로 들어가기 전에 냉각하여 흡기 밀도 및 충전 효율을 높여 노크 발생을 방지한다.

〔3〕 가변 윙 터보차저

터빈 휠 주위에 4개의 가동익을 두어 저속 회전역에서는 과급 효과를 좋게 하도록 고압축비를 얻어지게 만든 것이다. 이 방식은 기관 회전 속도에 따라 가변 윙을 작동시켜 고정 윙일 때의 틈새를 조정하도록 만든 방식이다. 따라서 이 방식은 배기 가스가 터빈 블레이드로

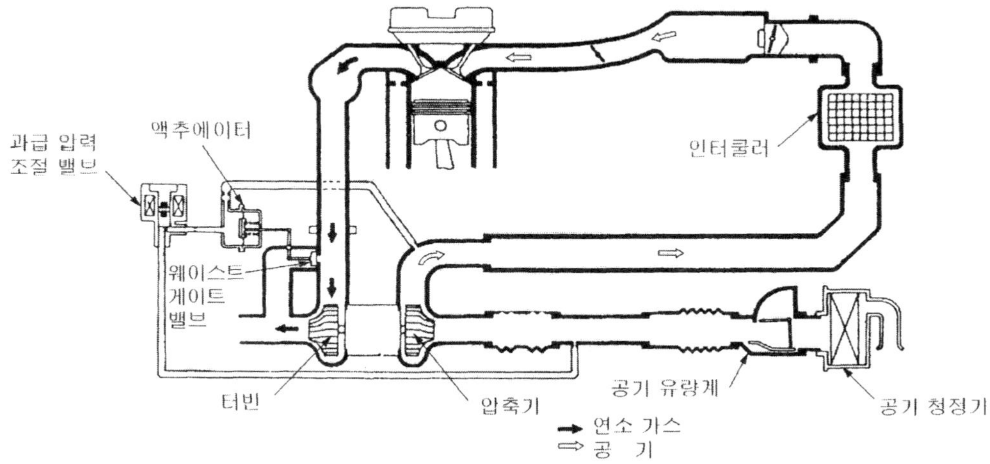

그림 10·20 터보차저 내의 연소 가스 및 공기 흐름

유입하는 각을 변화시키도록 만든 것으로서 저속에서 흡입 압력을 증가시키고, 터보 래그를 적게 할 수 있다. 이 방식에는 가변 노즐 터보차저(variable-nozzle turbocharger)와 가변 면적 터브차저(variable-area turbocharger)가 있다.

익힘문제

1. 디젤 기관과 가솔린 기관을 비교설명하라.
2. 디젤 기관의 연소 과정을 설명하라.
3. 디젤 기관의 연소실의 종류를 들고 설명하라.
4. 다음 사항을 간단히 설명하라.
   (1) 홀 노즐과 스로틀 노즐
   (2) 조속기의 구조와 작용
   (3) 연료 분사 펌프의 종류와 작용
5. 직접 분사식 연소실과 예연소실식에 대하여 설명하고 그 장단점을 비교설명하라.
6. 디젤 기관이 고압축비를 적용하는 이유와 가솔린 기관이 고압축비로 만들 수 없는 이유는 무엇인가?
7. 과급 방법을 설명하고 수퍼차저와 터보차저의 장단점을 비교하라.
8. 디젤 기관의 연료 분사 요건에 대하여 설명하라.

11 전기 장치

가솔린과 같은 연료가 인간의 혈액에 해당한다면 자동차 전기는 자동차의 신경을 대신하는 중요한 기능을 가진다. 인체에서 시신경이 있어야만 앞을 볼 수 있는 것과 같이 자동차에도 헤드램프가 있어야만 앞을 보며 나아갈 수 있고, 전기가 있어야만 기관이 작동하고, 차를 계속 운행할 수 있다.

이와 같이 자동차와 전기장치와는 밀접한 관계가 있다. 따라서 중요한 신경의 역할을 하는 전기장치를 정확하게 이해할 필요가 있다.

11.1 자동차용 전장품의 종류와 특징

11.1.1 전장품의 종류

자동차 전기 장치는 축전지를 전원으로 하여 기관 전기 장치와 섀시 전기 장치로 나눌 수 있다. 기관 전기 장치에는 점화 장치, 충전 장치, 시동장치 등이 있고, 섀시 전기 장치에는 조명용 램프, 계측 장치 및 경고, 부속 장치, 지시용 및 신호등용, 차체 부속 전기 장치 등이다. 여기서는 이들 전기 장치에 관하여 살펴보기로 한다.

〔1〕 축전지

자동차용 축전지는 기관의 시동, 점화, 조명 및 그 밖의 전기 장치의 전원으로 사용되고, 발전기에서 만들어진 전류는 축전지로 충전되어 언제나 필요한 전기를 사용할 수 있도록 되어 있다. 축전지의 용량은 30AH~200AH 정도이며, 이것은 기관의 시동성능에 의하여 결정된다.

〔2〕 점화 장치

가솔린 기관의 압축된 혼합 가스를 전기적인 불꽃에 의하여 점화시키기 위한 장치로 약 10,000 V 이상의 고전압을 만들어 혼합 가스가 압축된 실린더 안에서 점화시키는 장치로서 점화 코일, 배전기, 점화 플러그 등으로 구성되고, 디젤 기관에서는 예열 플러그 등이 있다.

〔3〕 충전 장치

시동, 점화, 조명 장치 등에 의하여 축전지의 전기를 사용하면 축전지의 용량은 점점 저하된다. 따라서 축전지는 사용할 때마다 전류를 보급해서 충전해 줄 필요가 있다. 이 장치를 충전 장치라 한다. 발전기는 기관의 회전으로 벨트 구동된다. 축전지를 항상 양호한 상태로 유지시키고, 또 야간에 다량의 전류 소모에 필요한 양을 항상 공급하기 위한 장치이다.

발전기는 직류 발전기와 교류 발전기가 있으며, 그 용량은 70 W~5 kW까지 여러 종류가 있으나, 승용차에서는 70~300 W, 버스 등에는 500~1000 W 정도의 것이 많다. 그리고 발생 전압 및 전류를 조절하는 조정기가 마련되어 있다.

〔4〕 시동 장치

기관을 시동시키기 위한 장치를 시동 장치라고 한다. 내연 기관은 연료와 공기가 있어도 자신의 힘으로 돌아가지 않으므로 시동시키기 위해서는 외력으로 크랭크축을 돌려주어야 한다. 그러므로 시동 전동기를 필요로 한다.

〔5〕 조명 장치

조명 장치로는 전조등, 보조 전조등, 번호등, 후퇴등 등이 있고, 신호 장치로서 방향 지시등, 미등, 차폭등, 제동등 등이 있다.

〔6〕 계기

자동차의 운전에 필요한 차량 각부의 상태를 운전자에게 알려주기 위한 장치로서 속도계, 회전계, 유압계, 수온계, 전류계, 연료계 등이 있다.

〔7〕 표시 및 경고 장치

운전자의 뜻 또는 차량의 주행상태를 외부에 전하는 신호장치의 일부로서 방향 지시기, 경음기, 정지등 등이 있다.

〔8〕 스위치

시동 스위치, 각종 등화기의 스위치 등 운전자가 직접 조작하는 것으로부터 계기용 및 경고 스위치, 기타 간접 목적에 사용하는 것 등 여러 가지의 종류가 있다.

〔9〕 배선

전선으로는 자동차용 저압 전선, 고압 전선, 그 밖의 자동차용 잡음 방지용 저항 전선 등이 있다. 배선 방식으로는 대개 단선식이며, 차량에 부착이 용이하게 하기 위하여 집합 커넥터를 이용한 와이어 하니스(wrie harness)식이 많다.

〔10〕 와이퍼 및 와셔

와이퍼 및 와셔(wiper and washer)는 구동기구, 암, 블레이드로 구성되며 구동하는 동력에 따라 공기식, 전기식 등이 있다. 또한 속도에 따라 일속도식, 다속도식, 무간 변속식 등이 있다.

〔11〕 백 미러

백 미러(back mirror)는 인사이드 미러(inside mirror)와 아웃사이드 미러(outside mirror)가 있고, 경면(鏡面)형상에 따라 평면경, 곡면경 등이 있다. 이것은 소정의 차량 후방 시야를 알기 위한 것으로서, 그 성능은 경면의 크기, 와이퍼에 의한 시야, 차폭의 제한, 차체의 형상 등을 고려하여 그 크기와 부착 위치를 결정하여야 한다.

〔12〕 라디오

자동차용 라디오(radio)에는 동조(同調) 조작에 의하여, 푸시 버튼(push button)식, 자동식이 있고, 수신파에 의하여 AM과 FM 등 여러 가지가 있다. 또 안테나(radio antenna)에는 일반적으로 포터블 안테나(portable antenna)가 많고, 키 로크식(key lock type), 자석식, 모터 드라이브(motor drive)식 등의 여러 형식이 있다.

〔13〕 냉・난방 장치

자동차용 냉・난방 장치는 인간의 쾌적 조건(快適條件)을 지배하는 요인으로서 온도, 습도, 풍속의 제어 등이 중요하다.

난방 장치는 사용하는 열원에 따라 온수식(溫水式)과 배기 난방식(排氣煖房式), 독립 연소식(獨立燃燒式) 등이 있으나 공기의 도입방법에 따라 외기 도입식(外氣導入式), 내기식(內氣式), 내외기 병용식(內外氣倂用式) 등이 있다.

현재 자동차용 냉방장치는 냉매(冷媒)를 사용하여 저온을 얻는 증기 압축식이 주로 사용되고, 기관, 기타에 의하여 구동되는 압축기와 라디에이터 앞면에 배치한 응축기 및 증발기로 구성된다.

냉방 장치의 능력을 결정하기 위해서는 차량의 환기 부하, 관류 부하(貫流負荷), 복사 부하(輻射負荷), 승객에 의한 부하 등을 고려할 필요가 있고, 특히 겨울 난방에는 25~28℃, 여름 냉방에는 21~24℃를 기준으로 잡는다.

〔14〕 안전벨트

승객을 좌석에 안전하게 하여 차량을 운행하기 위한 벨트(belt)로서 2점식(허리 벨트식), 3점식이 있다.

〔15〕 부속품

상기의 것 외에 승객의 편의를 도모하기 위한 자동 도어, 자동 도어 로크 등이 있다. 자동 도어는 그 동력에 따라 유압식(油壓式), 공기식(空氣式), 전기식(電氣式) 등이 있고, 도어 로크는 주행중의 진동, 충격 등에 의하여 열리는 일이 없도록 만들어야 한다.

11.1.2 자동차용 전장품의 특성

자동차용 전장품의 사용 조건에 폭은 설계상의 제약이 많고, 극히 가혹한 조건을 가지므로 다음과 같은 특이한 점을 가져야 한다.

(a) 가급적 소형 경량일 것

(b) 규격품으로서 대량 생산에 적합할 것

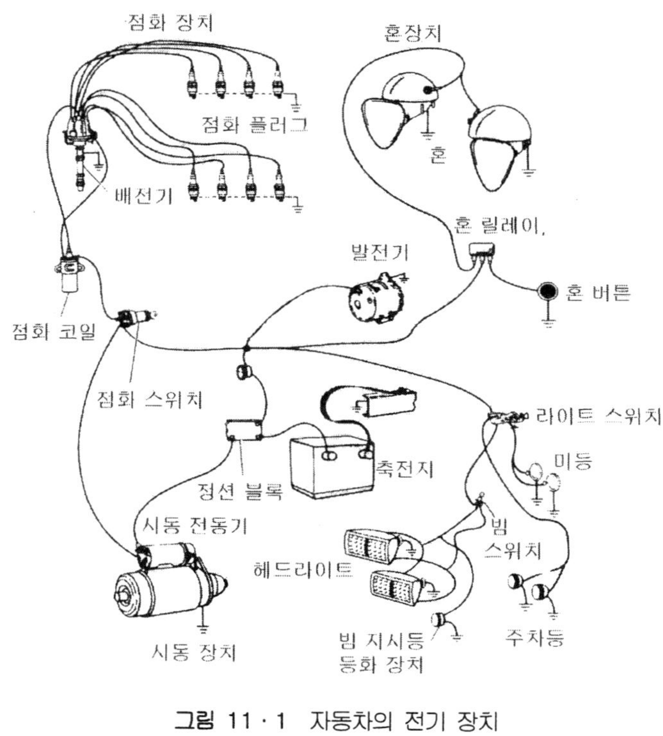

그림 11·1 자동차의 전기 장치

(c) 기관과 같이 80℃ 정도의 고온에서 사용할 수 있고, 또 -30℃의 저온에서도 견딜 수 있어야 한다.

(d) 노면상태가 불량한 곳의 주행이나, 화물 자동차의 하중, 적재시의 진동과 충격에 견딜 수 있을 것

(e) 각종 먼지와 습기, 세차시의 수압 등에 따라 이상이 생기지 않을 것

(f) 기관 공회전시부터 고속 주행까지 보통 10배 정도의 속도 변화에 견딜 것

(g) 릴레이, 기타 부품은 기관 시동시의 저전압으로부터 주행 중의 고전압까지 광범위한 전압 조건에 있어서 소손, 작동 불량 등이 없을 것

(h) 점화 플러그 등은 100℃ 이상의 고온과 고압에 견딜 것

그림 11 · 1은 자동자 전기 장치의 개요를 나타낸 것이다.

11.2 축전지

11.2.1 축전지의 구조

축전지는 그림 11 · 2와 같이 극판, 격리판, 전조 등으로 구성되어 있다.

〔1〕 극판 및 극판군

극판에는 양극판(positive plate)과 음극판(negative plate)이 있으며 극판의 두께는 약 1.5 ~2 mm 정도이다. 양극판에는 과산화납(PbO_2), 음극판에는 해면 모양의 순납(Pb)을 발라 이들 극판을 격리판을 사이에 두고 여러 매를 조합하여 극주에 용접한 극판군(element)을 이루고 있다.

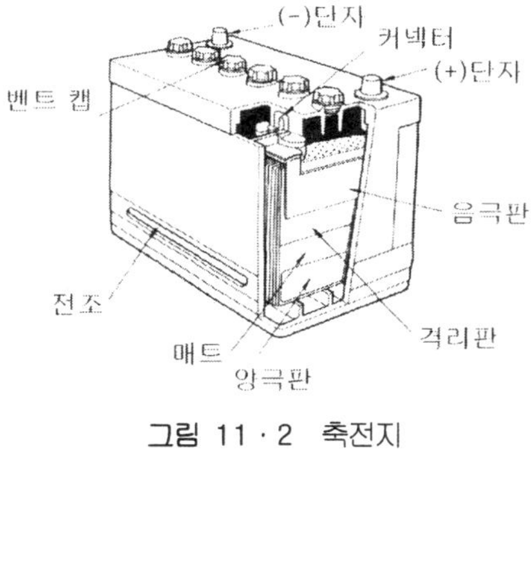

그림 11 · 2 축전지

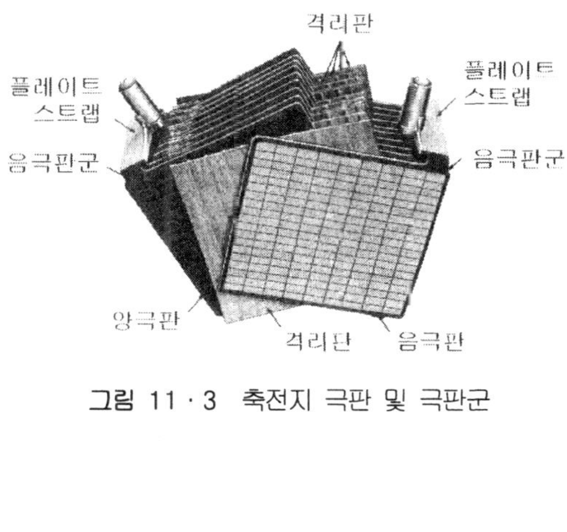

그림 11 · 3 축전지 극판 및 극판군

〔2〕 격리판

격리판(separator)의 두께는 약 2 mm이며, 양극판과 음극판의 단락을 방지하기 위하여 양극판 사이에 넣는 것으로서 강화 섬유나 고무가 사용된다. 격리판은 산에 강하고 전해액이 잘 통하는 성질이 있다.

〔3〕 글라스 매트

글라스 매트(glass mat)는 양 극판의 탈락을 막는 유리섬유로 만든 판이다.

〔4〕 전조

전조(electrolytic cell)는 극판군과 전해액을 넣는 용기로서 충격에 강하고 내산성이 있는 합성수지로 만든다. 전조의 내부에는 6개의 극판군이 격벽으로 격리되어 커넥터로 직렬 접속되어 있다. 또한, 전조의 상부에는 6개의 전해액 주입구 벤트 캡(vent cap)이 마련되어 있고, 양끝에는 +, − 단자가 나와 있다.

〔5〕 전해액

전해액(electrolyte)은 묽은 황산이 사용되며 그 농도는 완전 충전되었을 때의 비중이

표 11 · 1 축전지의 비중과 충 ·방전 상태

전해액 비중(20℃)	충전상태
1.280	100%
1.230	70%
1.180	50%
1.130	25%
1.080	완전 방전

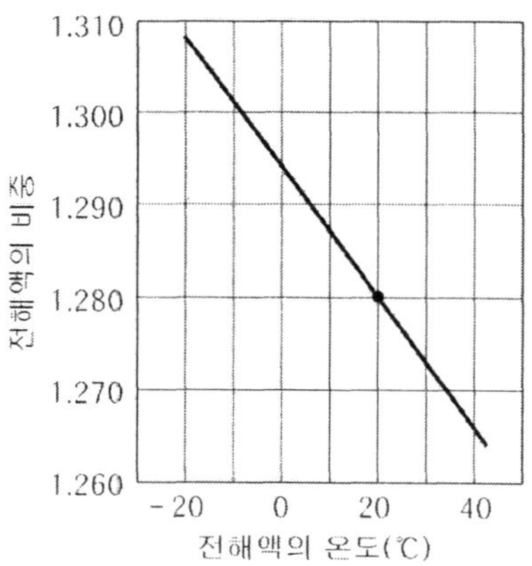

그림 11 · 4 전해액의 비중과 온도의 관계

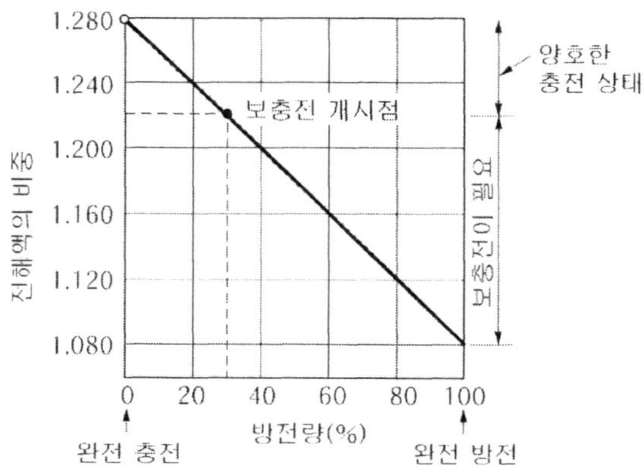

그림 11 · 5 전해액의 비중과 방전량의 관계

1.280이다. 전해액의 비중은 온도에 따라 변화하므로 측정시의 비중으로부터 20℃의 상태로 다음 식을 사용하여 환산하여야 한다.

$$S_{20℃} = S_t + 0.0007 \times (t - 20) \quad (11 \cdot 1)$$

여기서 $S_{20℃}$: 20℃ 상태에서 환산한 전해액의 비중

S_t : 측정시의 비중값

t : 측정시의 온도(℃)

0.0007 : 전해액이 1℃ 변화할 때의 비중의 변화

표 **11 · 1**은 축전지의 비중과 충방전 상태를 나타낸 것이다.

보기 11.1 전해액의 온도가 4℃에서 측정한 비중이 1.25이라면 표준 온도 20℃일 때의 비중은 얼마인가?

풀이 식 (11 · 1)로부터

$$S_{20℃} = S_t + 0.0007 \times (t - 20) = 1.250 + 0.0007 \times (4 - 20) = 1.2388$$

11.2.2 축전지의 용량

축전지의 방전이 계속되면 전압이 급격히 강하하여 방전능력이 없어진다. 이와 같이 방전능력이 없어지는 전압을 방전 종지 전압이라고 한다. 방전 종지 전압은 1셀당 1.75V이다. 축전지의 용량은 완전 충전 상태로부터 방전 종지 전압까지의 방전할 수 있는 전기량으로 표시하며 Ah의 단위를 사용한다.

$$\text{축전지 용량(Ah)} = \text{방전 전류(A)} \times \text{방전 시간(h)} \quad (11 \cdot 2)$$

방전 시간에는 5시간율이 사용되고 있다. 하나의 보기로서 100 Ah의 축전지는 방전 종지 전압에 이르기까지 20 A의 전류로 5시간 계속하여 방전할 수 있는 용량을 가진 축전지를 말한다.

11.2.3 축전지의 충전 시간

축전지의 비중이 그림 **11 · 5**와 같이 1.220 이하로 되었을 때는 충전기를 사용하여 보충전을 한다. 보충전 방법에는 일정 전류로 충전을 하는 정전압 충전법(보통 충전이라고 한다)과 큰 전류를 단시간에 충전하는 급속 충전법(quick charge)이 있다.

충전시간은 다음 식으로 구한다.

$$\text{충전 시간} = \frac{\text{방전 전류 (Ah)}}{\text{충전 전류 (A)}} \times (1.2 \sim 1.5) \quad (11 \cdot 3)$$

11.2.4 축전지의 화학 작용

축전지는 H_2SO_4(묽은 황산)를 전해액으로 하여 음극(－)에는 Pb(순납), 양극(＋)에는 PbO_2(과산화납)을 넣어서 화학 반응을 일으키면 약 2 V의 직류가 발생한다. 이 화학 작용을 식으로 나타내면 다음 식으로 표시된다.

$$\underset{(-)}{\overset{(\text{순납})}{Pb}} + \underset{(\text{전해액})}{\overset{(\text{묽은 황산})}{2H_2SO_4}} + \underset{(+)}{\overset{(\text{과산화납})}{PbO_2}} \underset{\text{충전}}{\overset{\text{방전}}{\rightleftharpoons}} \underset{(-)}{\overset{(\text{황산납})}{PbSO_4}} + \underset{(\text{전해액})}{\overset{(\text{물})}{2H_2O}} + \underset{(+)}{\overset{(\text{황산납})}{PbSO_4}} \qquad (11 \cdot 4)$$

〔1〕 방전 상태

전해액의 화학작용에 의하여 (－), (＋)의 양쪽의 전극이 $PbSO_4$로 되고, H_2SO_4가 H_2O로 변화한다. 더욱 방전이 진행되면 H_2O가 많아지고 전해액의 비중이 점차 저하한다.

〔2〕 충전 상태

방전 상태와 역방향으로 반응이 진행되어 (－)극에 Pb, (＋)에 PbO_2가 되고 H_2SO_4의 비중이 점차 상승하여 기전력은 증가한다. 즉, 서서히 완전 충전 상태에 접근한다.

11.3 점화 장치

11.3.1 점화 장치의 개요

점화 장치는 기관 내의 공기와 연료의 압축 혼합기에 점화하여 연소 폭발을 일으키는 장치이다. 현재 가솔린기관의 점화 장치에는 축전지식과 고압 자석 발전기식의 두 가지가 있다.

그 원리는 둘 다 전기 회로의 유도현상을 이용하여 약 10～25 kV의 고전압을 발생시켜 이것을 각 실린더의 연소실 내에 마련된 점화 플러그의 전극 사이에서 스파크를 일으켜 혼합기에 점화시키는 것이다.

- 점화 장치
  - 축전지 점화법
    - 접점식
    - 트랜지스터식
      - 세미 트랜지스터식
      - 풀 트랜지스터식
    - CDI식
  - 고압 자석 발전 점화법
    - 접점식
    - 무접점식
      - CDI식
      - 트랜지스터식

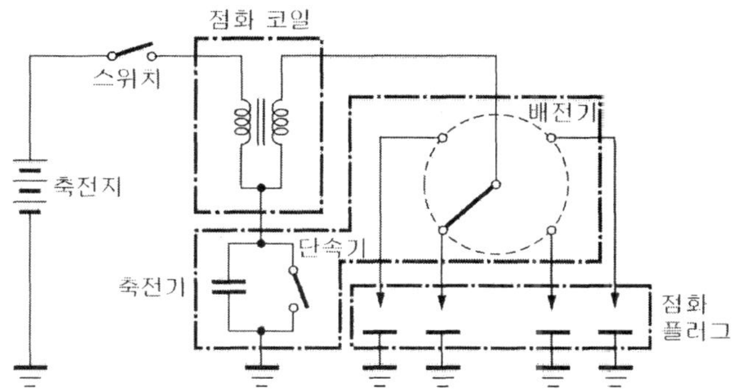

그림 11 · 6 축전지 점화 장치

11.3.2 축전지 점화 장치

축전지(battery)로부터의 전류를 전원으로 한 것으로서 축전지, 점화 코일, 단속기, 배전기, 축전기(condenser), 점화 플러그 등으로 구성된다. 일반적으로 단속기와 배전기, 진각기구를 포함시켜 배전기라고 부른다.

그림 11 · 6에서 단속기 캠이 회전하면 배전기의 배전자(rotor)가 동일 속도로 회전하여 단속기의 접점이 닫히면 점화 코일의 1차 코일에 축전지로부터 전류가 흐르고, 다시 캠에 의하여 단속기의 접점이 열리면 1차 전류가 차단되어 점화 코일의 자속이 급속히 감소하여 2차 코일에 고전압이 유기된다. 이 고전압이 배전기에서 각 실린더의 점화플러그에 차례로 배전하여 혼합 가스를 점화시켜 폭발을 일으킨다. 단속기의 축전기(condenser)는 단속기의 접점(breaker point)의 개폐시 발생하는 스파크를 흡수하여 접점의 소손을 방지한다. 점화 시기의 제어는 배전기에 마련된 자동 진각 기구에 의하여 이루어진다.

〔1〕 점화 코일

점화 코일(ignition coil)은 전기의 자기 감응(self-induction)과 상호 감응(manual induction)을 이용하여 연료-공기 혼합기에 점화하는 데 필요한 고압 전류를 발생시키는 것이다.

(1) 고전압의 발생 원리

그림 11 · 7(a)와 같이 1차 코일에 전류가 흐르면 자계가 발생한다. 1차 코일에 일정 전류가 흐르면 자계가 변하지 않으므로 2차 코일에는 전압이 발생하지 않는다. 그림의 (b)와 같이 스위치를 ON에서 OFF로 하여 1차 전류를 차단하면 지금까지 2차 전류에 의하여 발생하였던 자계가 갑자기 없어지게 되어 2차 코일에는 상호 유도 작용에 의하여 고전압이 발생한다. 스위치를 OFF로부터 ON으로 한 경우에도 자계는 변화하나 코일의 자기 유도 작용에 의하여 역기전력이 발생하여 전류는 갑자기 흐르지 않게 되어 자계의 변화가 완만하여 2차 코

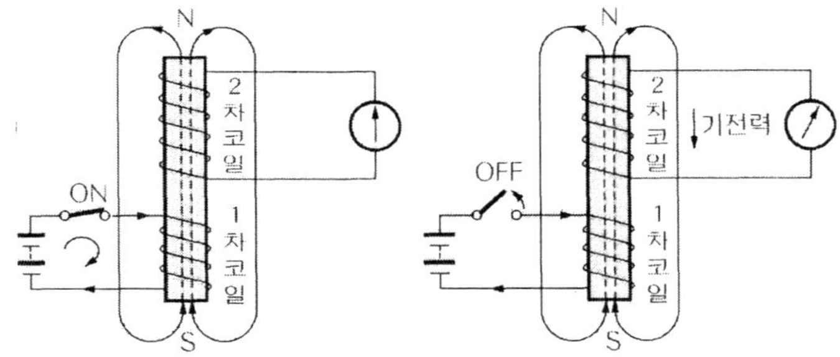

(a) 스위치 ON일 때 (b) 스위치 OFF일 때

그림 11 · 7 점화 코일의 상호 작용

일에 유기되는 기전력은 낮다.

그림 **11 · 7**과 같이 점화 코일은 1차 및 2차의 2개의 코일이 감겨져 있고, 실제 1차 전류의 단속은 배전기 내의 접점 또는 이그나이터 내의 트랜지스터에 의하여 이루어진다.

2차 코일에 발생하는 기전력(전압)의 크기는 자계의 변화 비율에 비례하며, 1차 코일에 흐르는 전류의 크기와 1차 전류의 변화 비율에 비례한다. 권수비가 일정할 경우 1차 전류의 크기(강한 자계), 1차 전류의 차단 속도가 빠를수록 높은 전압이 발생한다.

(2) 점화 코일의 종류

자동차용으로 사용되는 점화 코일에는 개자로 철심형 코일과 폐자로 철심형 코일이 있다. 그림 **11 · 8**은 개자로 점화 코일과 폐자로형 점화 코일의 원리를 나타낸 것이다. 개자로형 점화코일에서는 그림 **11 · 8**(a)와 같이 자속이 자기 저항이 큰 공기 중을 통과하므로 자속량이 작아진다.

한편 폐자로형 점화 코일에서는 그림 **11 · 8**(b)와 같이 자속 통로가 철심에 의하여 폐회로를 이루어 자기 저항이 작아져서 자속량을 많게 할 수 있다. 그러므로 코일의 권선수를 작게 하면서 소형으로 할 수 있고 또한 발생 전압 능력도 크다.

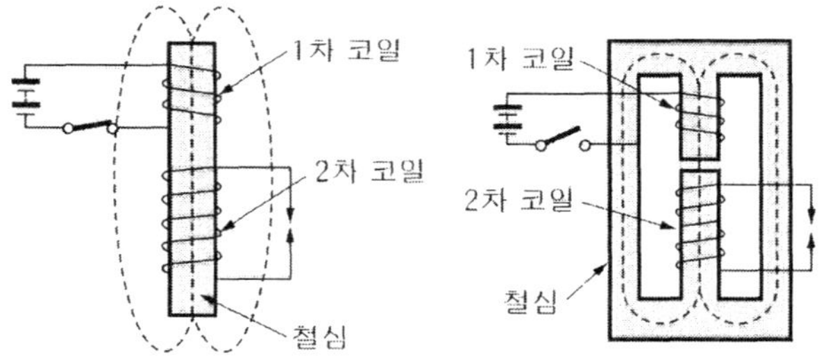

(a) 개자로형 점화 코일 (b) 폐자로형 점화 코일

그림 11 · 8 개자로형 점화 코일과 폐자로형 점화 코일의 원리

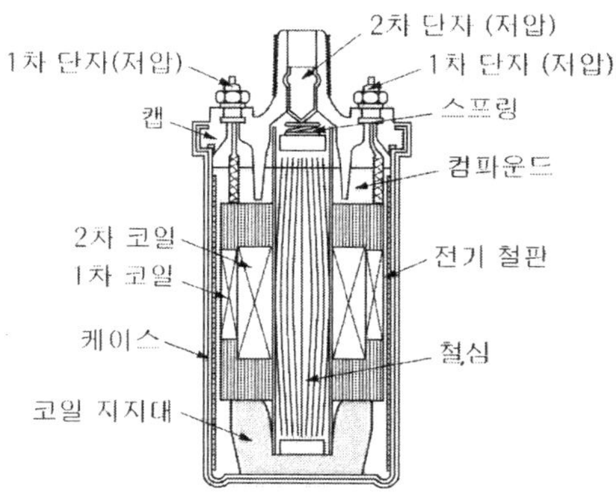

그림 11 · 9 개자로형 점화 코일의 단면

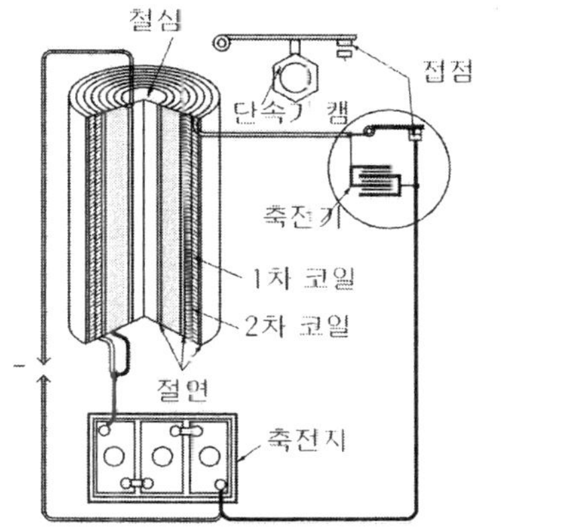

그림 11 · 10 개자로형 점화 코일의 원리

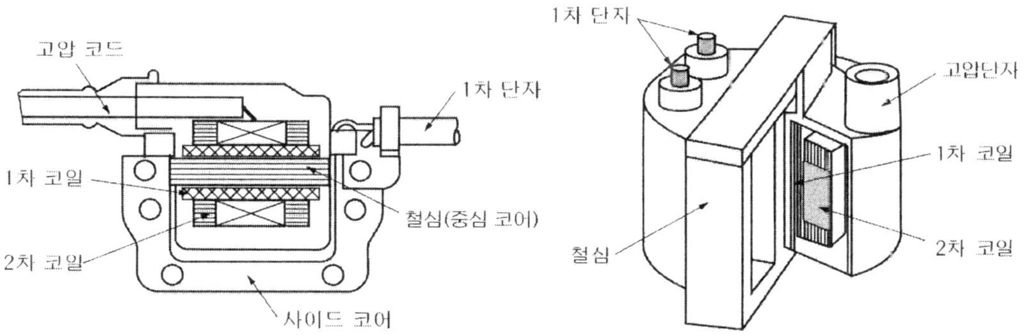

그림 11 · 11 폐자로형 코일의 단면과 구조

그림 11 · 9는 개자로 통형(開磁路 筒型) 점화 코일의 구조를 나타낸 것이고, 그림 11 · 10은 개자로 통형 점화 코일의 원리를 나타낸 것이다. 그림 11 · 11은 폐자로형 코일의 단면과 구조를 나타낸 것이다.

(3) 점화 코일의 결선

점화 코일은 전기의 자기 감응(self-induction)과 상호 감응(manual induction)을 이용하여 고압전류를 발생시키는 것이다. 여기서 자기 감응, 즉 자기 유도 작용은 코일 내에 흐르는 전류를 단속시키거나 또는 전류를 증감시키면 코일에 생기는 자속(磁束)수가 변화되기 때문에 코일 내에 기전력이 발생한다. 이것을 **자기 유도 작용**이라 한다. 이 때 기전력의 크기는 자속의 변화량에 비례한다.

상호감응, 즉 상호 유도 작용은 1차 코일에 흐르는 전류를 단속시키면 이 기전력의 크기는 2차 코일에는 전자 유도 작용에 의해 전압을 발생한다. 이 기전력의 크기는 1차 코일의 전류 변화가 클수록 강하고 1차와 2차와의 자기적 결합도가 강할수록 커진다. 이와 같이 한쪽 코

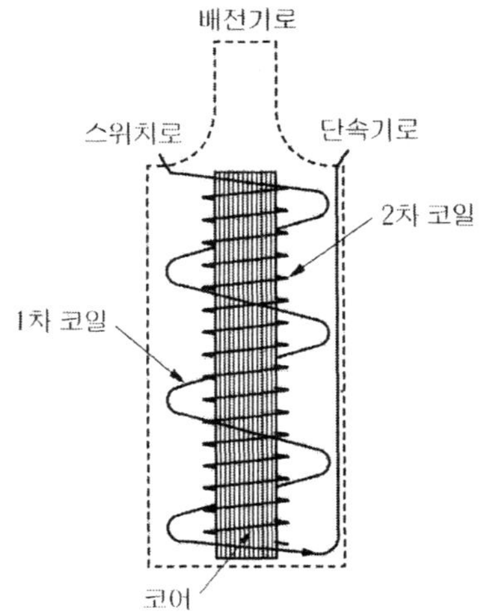

그림 11 · 12 개자로형 점화 코일의 결선 구조

일의 전류가 변화하면, 이에 따라 다른 쪽 코일에 유도 전압이 일어나게 되는데, 이것을 상호 유도 작용이라 한다. 점화 코일의 구조는 그림 **11 · 12**와 같이 철심 위에 절연용 에나멜을 도포한 지름 0.05～0.1 mm 정도의 가는 동선(銅線)을 15,000～30,000회 정도를 감은 2차 권선(secondary coil)과 그 바깥 둘레에 절연용 에나멜을 도포한 지름 0.5～1.0 mm 정도의 굵은 권선을 150～300회 감은 것을 1차 권선(primary coil)으로 하고, 이것을 철판 또는 절연체의 판의 케이스에 넣고 피치를 채운 것이다.

단속기에서 1차 전류를 단속하면, 자기 감응 전류가 유기되고, 동시에 상호 감응에 의하여 2차 권선에 고압 전류가 발생한다. 이 2차 전압은 6000～15,000 V, 차종에 따라서는 20,000 V 이상의 고압이 된다. 따라서 절연물이나 코일 본체의 온도가 상승하는데 그 온도는 80℃ 이하로 유지시켜야 하므로, 80℃ 이상에서 절연 저항이 저하하지 않는 절연재를 쓸 필요가 없다. 2차 권선은 최고 25 kV 정도의 발생 전압에 견딜 수 있도록 절연성이 양호한 것이어야 한다.

(4) 개자로 코일과 폐자로 코일의 비교

개자로 점화 코일과 폐자로형 점화 코일을 비교하면 다음 표와 같다.

표 11 · 2 개자로형 점화 코일과 폐자로형 점화 코일의 비교

항 목	개자로형	폐자로형
1. 내진 및 내열성	부품의 치수 편차를 적게 해야 하고, 고온에서 피치, 유체 등이 유출할 우려가 있다	코일 내부 부품이 단체로서 진동하지 않으며, 충전물이 유출하지 않는다.
2. 내부 공간	내부에 절연유, 유체를 사용한 경우 냉각되면 공간이 생긴다.	내부 공간이 없다.

표 11·2 (계속)

항 목	개자로형	폐자로형
3. 누설자속	누설자속이 크다.	누설자속이 작다.
4. 제작비	적게 든다.	재료비, 가공비 등이 많이 든다.

〔2〕 배전기(distributor)

(1) 단속기부(interrupter, contact breaker)

단속기(斷續器)는 점화 코일의 1차 회로를 단속하는 기계적 스위치로서, 중앙의 회전축에 캠이 부착되어 4행정 사이클 기관은 크랭크축의 1/2인 속도로 회전하고, 2행정 사이클 기관에서는 크랭크축과 동일한 속도로 회전한다.

그림 11·13은 4 실린더 기관에 사용되는 배전기의 한 예이다. 1차 전류가 화살표 방향으로 흐를 때 캠이 회전하면, 단속기 암(contact arm)에 의하여 접점의 접촉이 단속되어 이 순간 점화 코일에 고압 전류를 발생한다.

캠이 회전하면 단속기 암에 달린 힐(heel)에 의하여 접점의 개폐 운동을 하고, 단속기 암 스프링에 따른 접점의 압력은 500~700 g 정도가 알맞다. 단속기 접점의 간극은 기관 성능에 대단히 중요한 영향을 미친다. 간극이 너무 크면 접점의 접속이 불완전하여지고, 반대로 간극이 너무 작으면 접점이 열릴 때 자기 감응 전류에 의하여 스파크가 생긴다. 따라서 2차 전압이 낮아지고 또한 접점이 소손되기 쉽다.

접점의 간극은 축전지 점화법에서 대략 0.40~0.50 mm 정도이고, 자석 발전기 점화법에서는 0.30~0.45 mm 정도이다. 그리고 단속기의 단속 속도가 커지면 접점이 닫힐 경우 충돌에너지가 증가하여 접점이 닫힌 직후 단속기 암과 접점 도약 운동을 일으키는데 이것을 채터링

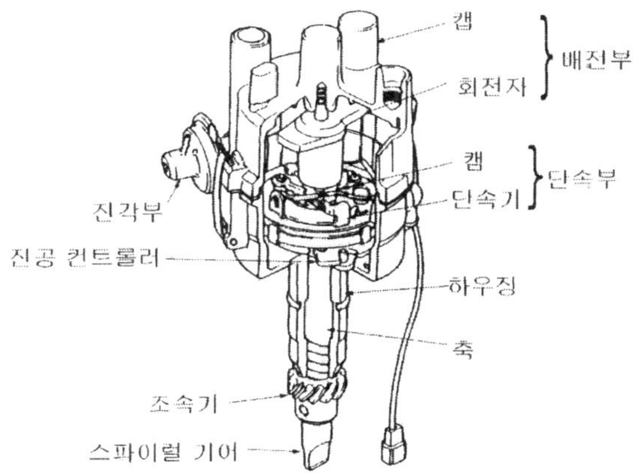

그림 11·13 배전기

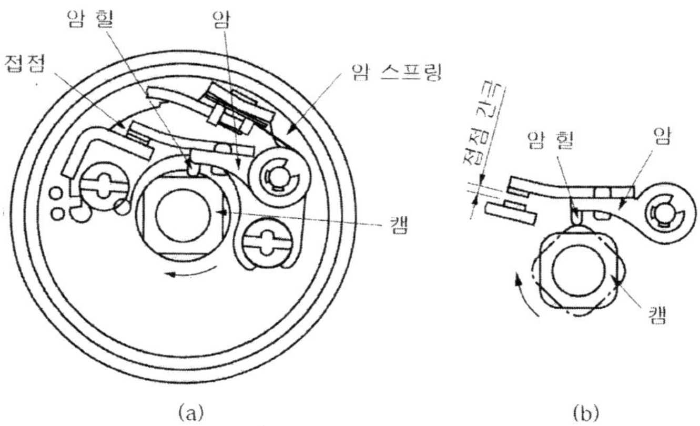

그림 11 · 14 단속기의 구조

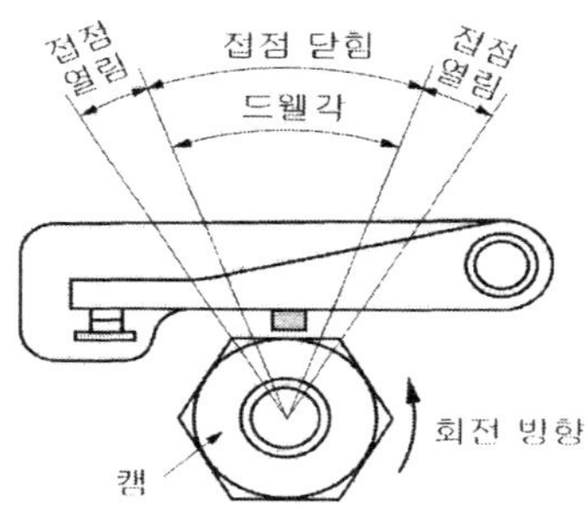

그림 11 · 15 드웰 앵글

(chattering) 현상이라 한다.

그림 **11 · 15**는 단속기용 캠의 형상과 접점 열림, 닫힘각을 나타낸 것으로서 접점이 닫혀 있는 각을 캠 닫힘각, **캠각**(cam angle) 또는 **드웰 앵글**(dwell angle)이라 한다.

(2) 축전기(condenser)

축전기는 1차 회로의 단속시 단속부인 접점에 생기는 불꽃(arc)을 방지하여 2차 코일에 생기는 전압을 높이기 위하여 사용된다. 축전기는 단속기 접점이 열린 상태에서 1차 코일에 강한 자기 유도 전류가 축전기로 충전되어 접점에 생기는 아크를 흡수하여 소손을 방지하고, 1차 전류의 차단을 완전하게 하여 자력의 소실을 급격하게 하여 2차 코일에 보다 높은 전압을 유지시킨다. 축전기의 용량은 일반적으로 0.20～0.25μF 정도이다.

(3) 배전기부

배전기부는 배전기 캠과 배전자(rotor)로 구성되며, 점화 코일에서 발생한 고전압을 규정된 실린더의 점화순서에 따라 점화 플러그에 따라 점화플러그에 정확히 분배시키는 부분이다. 배전자는 캠과 일체로 회전한다.

배전기 캡에는 점화 코일에 연결된 중앙 터미널과 각 실린더로 가는 터미널이 있으며 배전자가 회전하면 배전자는 고전압을 점화순서에 따라서 각 실린더의 점화 플러그로 배전한다.

(4) 배전기 구동 방법

배전기는 대개의 경우 기관 캠축에 의하여 구동되며, 그 속도는 크랭크축 속도의 1/2이다(4 행정사이클 기관). 배전기와 캠축의 결합부는 그림 11·13과 같고 캠축 기어와 배전기 구동기어에 의하여 구동된다.

11.3.3 점화 시기

피스톤이 상사점에 달하였을 때 최대 폭발 압력을 내기 위해서는 실린더에 흡입된 혼합가스는 상사점 전에 점화해야 한다. 따라서 피스톤 속도는 기관의 회전속도에 따라 빨라지거나 또는 느려지므로 기관의 속도에서 적은 연료 소비로 큰 출력을 얻기 위해서는 기관의 부하와 회전 속도에 따른 알맞는 시기에 점화하여야 한다.

혼합 가스에 점화되면, 화염은 점차 전파되어 전부 연소할 때까지는 약간의 시간이 소요된다. 또한 기관 출력을 얻으려면 팽창 행정에서 피스톤이 상사점을 약간 지나서 크랭크 각도로 TDC 후 약 15° 정도 내려갔을 때에 팽창 압력이 최대로 되는 것이 가장 좋다. 따라서 혼합 가스의 점화는 필히 피스톤이 상사점에 도달하기 조금 전인 압축 행정 중에 하는 것이 합리적이다. 만약 피스톤이 상사점에 달하였을 때 점화한다면 피스톤이 상당히 팽창 행정을 할 때까지 연소가 계속되므로 불완전 연소를 일으키고, 폭발력은 저하한다. 따라서 기관 출력도 저하하게 마련이다.

단속기 접점이 열려서 연소실 내의 혼합가스가 폭발할 때까지 약간의 지연이 생기는데 이것은 다음과 같이 세 가지로 나누어 생각할 수 있다.

(a) 기계적 지연 : 단속기 접점이 떨어지기 시작하여 1차 전류가 차단되기까지의 지연이 생기는데, 이것을 기계적 지연이라 한다.

(b) 전기적 지연 : 1차 코일의 전류를 차단하여 2차 코일에 고압 전류를 유도시켜 2차 회로로부터 점화플러그를 통하여 연소실 내의 고압 가스의 저항에 이겨서 점화가 일어날 때까지는 약간의 시간이 걸리는데, 이것을 전기적 지연이라 한다.

(c) 화염 전파에 의한 지연 : 혼합가스의 한 점에서 점화되어 화염이 전파되면서 혼합기 전체가 폭발할 때까지의 지연을 말한다. 이와 같이 지연은 대체로 연료의 옥탄가, 혼합비, 연소실의 양상, 압축 압력, 회전 속도 등에 따라 달라진다.

그림 11·16은 진각 장치의 진각 특성을 나타낸 그래프이다.

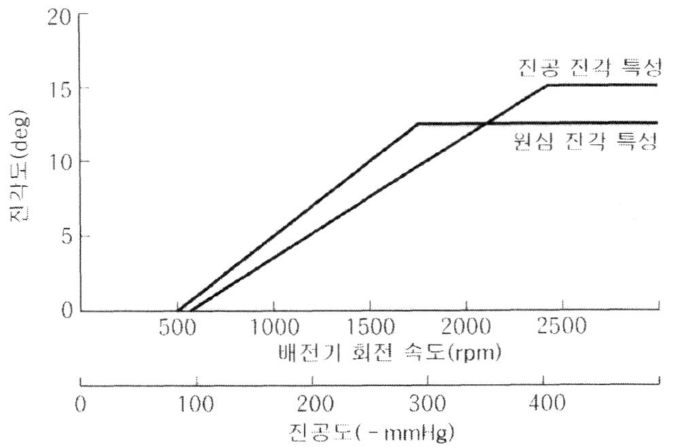

그림 11 · 16 진각 특성

11.3.4 점화 시기 조정 장치

점화 시기는 앞에서 설명한 바와 같이 기관의 속도가 빨라짐에 따라 앞당겨져야 한다. 이 목적을 위하여 점화 시기를 자동적으로 제어하는 자동 조정 장치, 즉 진각 장치를 필요로 한다. 이러한 진각 장치에는 원심식(遠心式)과 진공식(眞空式)의 두 가지가 있다.

(1) 원심식 진각 장치(centering advance mechanisn)

원심식은 원심력을 이용한 것으로서 그 구조는 그림 11 · 17과 같다. 그림 11 · 17에서 (a)는 진각 전의 상태이고, (b)는 진각된 상태를 나타낸 것이다. 이것은 진각용 캠(advance cam)이 배전기의 캠과 일체로 구동축과 직결되어 있고, 거버너 플레이트 또는 베이스 플레이트(base plate)에 지지된 원심추(governor weight)로 구성된다.

지금 구동축과 베이스 플레이트가 화살표 방향으로 회전할 경우, 회전이 낮을 때는 구동

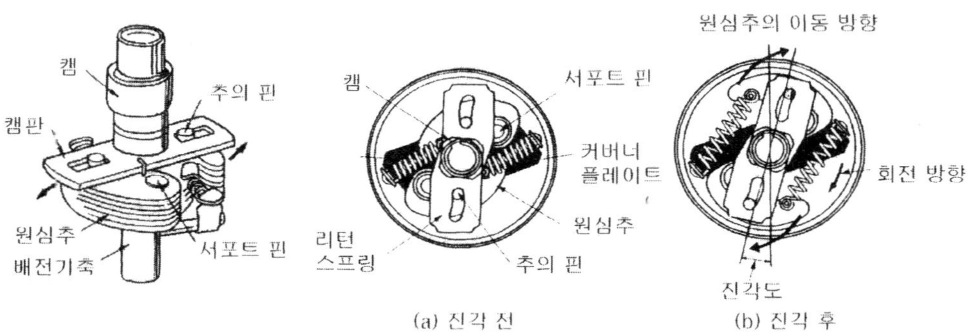

그림 11 · 17 원심식 진각 장치

축과 원심추, 진각용 캠은 일체로 회전하나, 회전수가 빨라져 고속으로 되면 원심력이 스프링의 탄성을 이기고 작용하여 원심추가 밖으로 벌어지므로 진각용 캠은 회전 방향으로 밀어져서 빨리 접점을 열어 주므로 점화시기는 빨라진다.

(2) **진공식 진각 장치**(vacuum advance mechanism)

진공식은 기화기 또는 흡기관의 진공을 이용하여 자동 조정하는 것으로서 그림 **11 · 18**과 같이 다이어프램(diaphragm)을 갖는 진공실을 만들어 가는 관을 통해서 기화기로 연결시킨 것이다.

기관이 작동되어 스로틀 밸브가 점선 위치까지 열려 중속 정도가 되면 흡입 공기 흐름에 의하여 진각 포트에 부압이 발생한다. 이 진공은 호스를 통하여 진공실로 작동하여 다이어프램은 스프링을 압축시키는 방향으로 움직인다. 따라서 단속기 판을 캠의 회전 방향과 반대 방향으로 회전시키므로 접점은 캠에 의하여 빨리 열리는 결과가 되어 점화시기는 빨라지게 된다. 그리고 스로틀 밸브의 열림이 클 때는 진공도는 적어지므로 단속기 판은 스프링의 탄성에 의하여 원위치로 되돌아간다.

대개의 자동차는 원심식과 진공식을 조합한 원심력 및 진공 조합식(combination of centrifugal and vacuum advance)이 많이 쓰인다. 원심식은 기관의 부하와 관계없이 기관의 회전속도에 의하여 진각되고, 진공식은 기관의 부하, 즉 스로틀 밸브의 진공도에 따라 점화시기를 진각시키므로 이들 두 형식을 조합하면 기관의 회전 속도와 부하 상태에 알맞는 진각을 얻을 수 있다.

그러나 기관의 스로틀 밸브의 열림이 증가되면 진공 진각은 더 이상 얻을 수 없다. 보통의 경우 진각은 원심 진각에 의해서 변화하고, 총진각은 스로틀 밸브가 닫힐 때와 열릴 때 및 기관속도가 변화할 때이다.

이상에서 설명한 회전 속도와 부하 외에 혼합 가스의 연소 속도에 따라서도 점화 시기를 변화시키지 않으면 원활한 운전을 할 수 없다. 이 연소 속도는 대체로 가솔린의 옥탄가에 따라

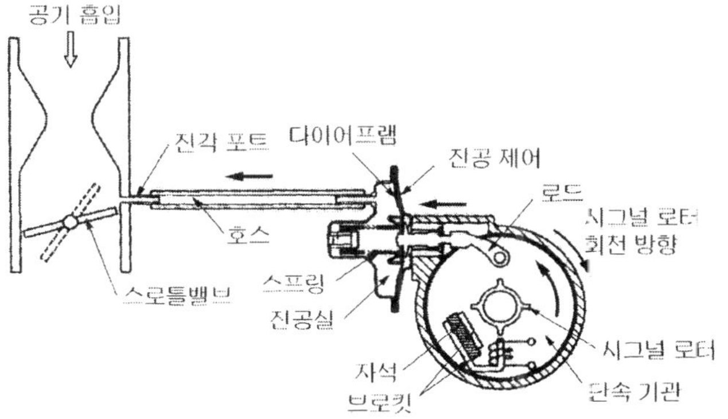

그림 11 · 18 진공식 진각 장치

서 달라진다.

(3) 옥탄 실렉터

자동차용 기관에 사용되는 가솔린은 제조 회사 및 원유 등에 따라 옥탄가가 서로 다른 경우가 많으므로 연소속도도 다르다. 따라서 옥탄가가 다른 가솔린을 사용하였을 경우가 많으므로 연소 속도도 다르다. 따라서 옥탄가가 다른 가솔린을 사용하였을 경우에도 적당한 점화시기를 조절하는 조정 장치가 필요하다. 이것을 옥탄 실렉터(octane selector)라 한다(그림 11 · 19 참조). 옥탄 실렉터는 배전기 전체를 회전시키는 간단한 장치로서 보통 진공 진각 장치와 함께 달려 있다.

옥탄가가 낮은 가솔린에 대해서는 RET(또는 R)쪽으로, 옥탄가가 높은 가솔린에 대해서는 ADV(또는 A)쪽으로 조정 나사를 조정한다.

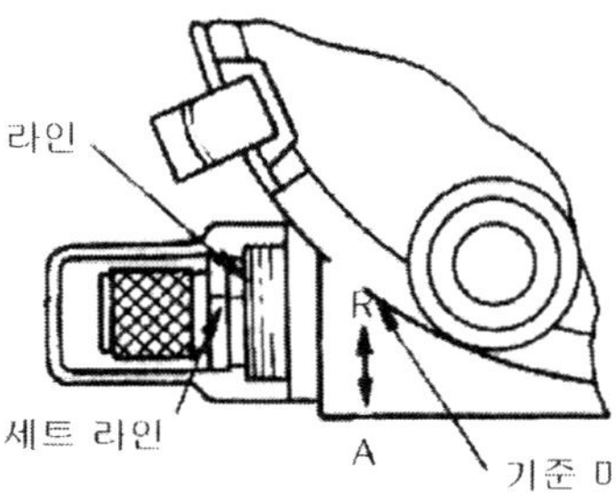

그림 11 · 19 옥탄 실렉터

11.3.5 트랜지스터 점화법

자동차용 기관의 고속화와 고압축 및 정비 기간의 연장과 무정비화에 따라 종래의 축전지 점화법은 다음과 같은 문제점이 수반되고 있다.

(a) 점화 코일에 흐르는 1차 전류를 단속기에 의하여 단속하기 때문에 접점의 단속시 생기는 아크에 의한 소손, 이전 현상이 일어나서 2차 전압을 저하시키거나 또는 실화를 가져오므로 단속기 접점의 수정이 필요하다.

(b) 단속기는 캠에 의한 접점의 기계적 단속 작용을 이용하므로, 고속이 되면 접점의 채터링(chattering) 현상에 의하여 2차 발생 전압이 급격히 저하한다.

(c) 고속이 되면 1차 회로의 1차 인덕턴스와 1차 저항의 비에 따라 전류의 차단 전류가 감소되어 2차 발생 전압이 저하된다.

트랜지스터 점화법은 이와 같은 문제점을 해결하기 위하여 적용되는 방식이다. 트랜지스터 점화법의 원리로는 점화시기에 맞추어 미소 신호를 보내는 트랜지스터의 스위치 작용과 증폭 작용에 따른 점화 코일의 1차 전류의 단속을 하는 것으로서, 종래의 단속기를 이용한 접점식(세미 트랜지스터식, semi-transistor ignition system)과 단속기를 사용하지 않는 무접점식(풀 트랜지스터 점화식, full transistor ignition system)이 있다. 풀 트랜지스터식은 단속기를 쓰지 않고, 다른 신호 발생 장치를 이용한 것이다.

〔1〕 세미 트랜지스터식 점화 장치

트랜지스터는 그림 **11 · 20**과 같이 베이스(base), 이미터(emitter), 컬렉터(collector)의 3개의 단자가 있고 베이스에서 이미터로 오는 입력신호로 베이스 전류를 흐르게 하면 출력전류(컬렉터 전류)가 컬렉터에서 이미터로 흐른다. 컬렉터 전류는 베이스 전류에 비하여 약 100배의 전류를 흐르게 하는 증폭 작용이 있기 때문에 작은 신호 전류로 베이스 전류를 단속시키면 출력이 큰 컬렉터 전류로 단속되어 스위칭 작용을 할 수 있다.

세미 트랜지스터식은 접점식 점화 장치의 접점을 트랜지스터의 입력신호 전류(베이스 전류)의 단속용으로 바꾸어 놓은 방식이다.

그림 **11 · 21**에서 접점을 닫으면 트랜지스터 Tr(Tr_1, Tr_2)가 동시에 통전되어 1차 코일에 전류가 흐른다. 접점이 열리면 트랜지스터가 모두 차단되어 1차 전류는 차단되고 2차 코일에는 고전압이 유기된다.

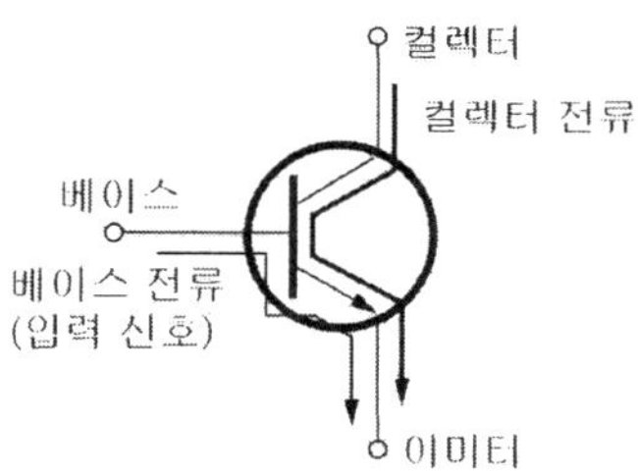

그림 11 · 20 트랜지스터(NPN형)

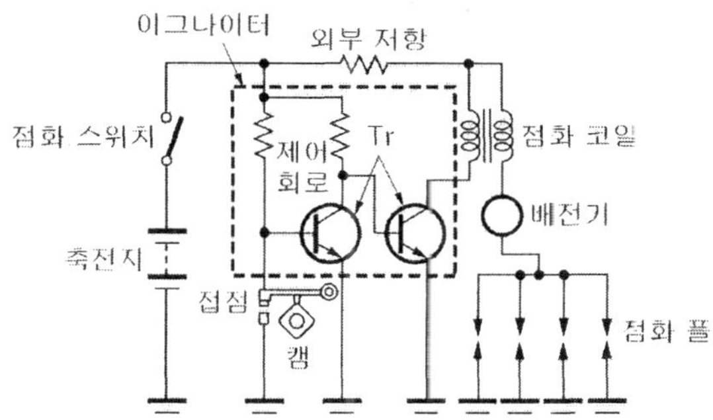

그림 11 · 21 세미 트랜지스터식 점화 장치

〔2〕 풀 트랜지스터식 점화 장치

지금까지 설명한 접점식 점화 장치는 점화 코일의 1차 전류를 배전기의 접점에 의하여 기계적으로 단속하기 때문에 접점의 접촉면에 소손이나 돌기 등이 발생하며, 고속 회전시에는 브레이크 암의 통전 시간이 짧아져서 기관의 실화나 점화 시기가 변화하는 결점을 가지고 있다.

그러므로 이러한 결점을 개선하기 위하여 1차 전류를 트랜지스터로 단속하는 세미 트랜지스터식(semi-transistor)에서는 트랜지스터를 작동시키는 베이스 전류는 배전기 접점에 의하여 이루어지므로 단속기 암에 의하여 생기는 기계적 결점을 완전히 제거할 수 없다. 이러한 결점을 제거하기 위하여 기계적 전류 단속 기구를 모두 전기적으로 하도록 무접점화한 점화 신호 발생기(시그널 제네레이터, signal generator)를 갖는 풀 트랜지스터식 점화 장치이

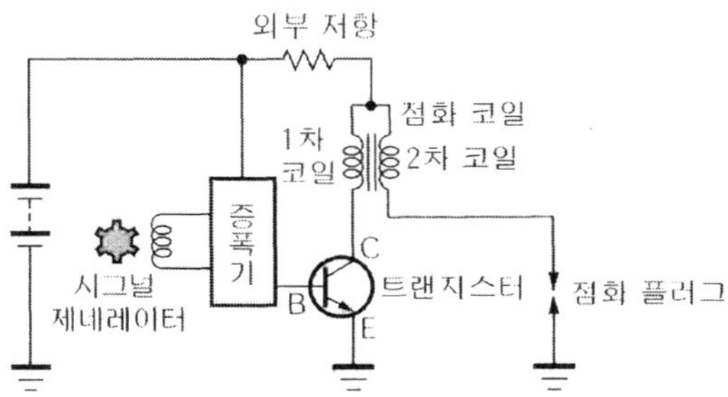

그림 11 · 22 풀 트랜지스터식 점화 장치의 기본 회로

다. 현재는 이 방식의 점화 장치가 주류를 이루고 있다.

풀 트런지스터식 점화 장치는 그림 11 · 22와 같이 배전기축에는 실린더 수와 같은 수의 돌기를 갖는 타이밍 로터와 마그네토 및 픽업 코일로 구성된 점화 신호 발생기(시그널 제네레이터)가 있고, 이것은 타이밍 로터의 회전에 의하여 전기적으로 점화 신호를 발생시킨다. 이 신호는 이그나이터로 보내어 트랜지스터에 의하여 1차 전류를 단속시킨다.

(1) 배전기식 풀 트랜지스터식 점화 장치

이 방식은 이그니션 코일 및 이그나이터가 배전기와 분리되어 있는 것(그림 11 · 23)과 점화코일 및 이그나이터가 배전기 속에 조립되어 있는 것(그림 11 · 24)이 있다.

① 점화 코일　풀 트랜지스터식 점화 코일에서는 그림 11 · 25와 같은 폐자로형(閉磁路形) 코일이 사용되고 있다. 폐자로형 코일에서는 자속의 통로가 철심에 의하여 폐회로를 구성하여 자속을 크게 한 것으로서 철심의 양은 많아지나 전선의 양은 작아져서 소형 · 고성능 코일로 할 수 있다.

② 시그널 제너레이터(신호 발생기)

(a) 시그널 제너레이터의 구조 : 시그널 제너레이터(signal generator)는 점화 시기 신호를 만드는 작은 발전기로서 보통 배전기에 내장되어 있다. 그림 11 · 26, 11 · 27은 시

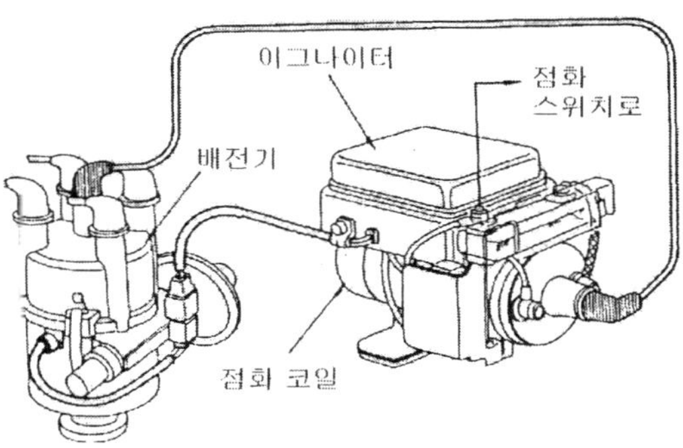

그림 11 · 23 외장형 이그나이터

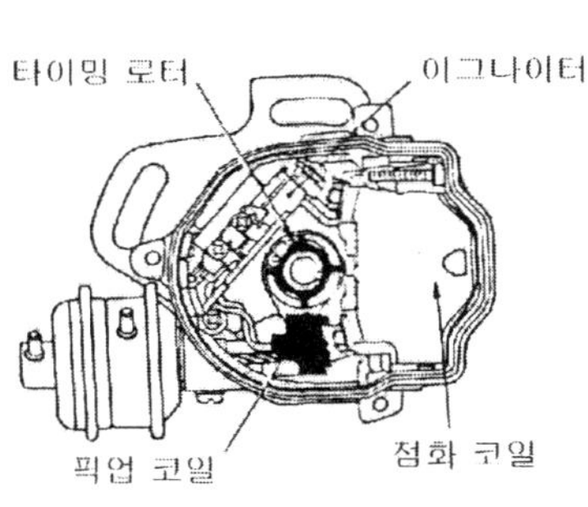

그림 11 · 24 내장형 이그나이터

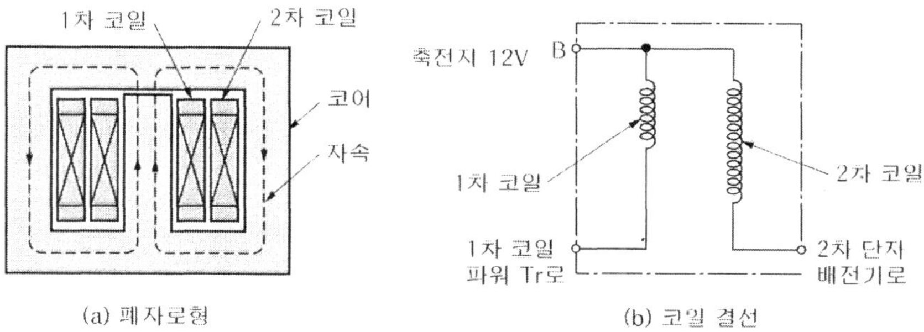

그림 11 · 25 폐자로형 코일

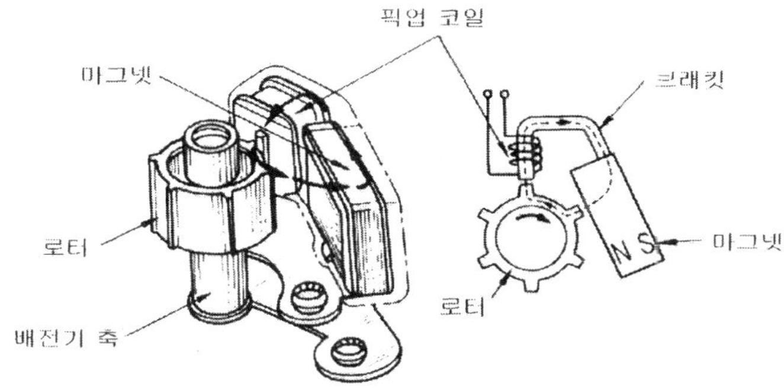

그림 11 · 26 시그널 제너레이터

그널 제너레이터의 구조와 작용을 나타낸 것이다.

(b) 시그널 제네레이터의 기전력 발생 원리 : 시그널 제너레이터(신호 발생기)는 배전기축에 고정된 타이밍 로터와 브레이크 플레이트 위에 조립된 마그넷 및 철심 위에 감겨진 픽업 코일로 구성되어 있다.

그림 11 · 27에서 마그넷(영구 자석)으로부터 발생한 자속은 마그넷→시그널 로터

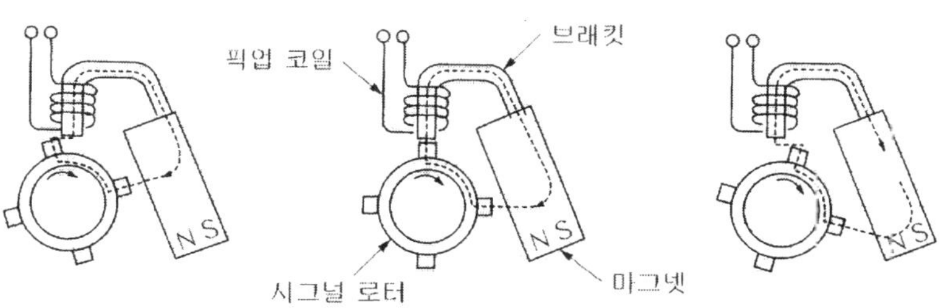

그림 11 · 27 시그널 제너레이터의 구조

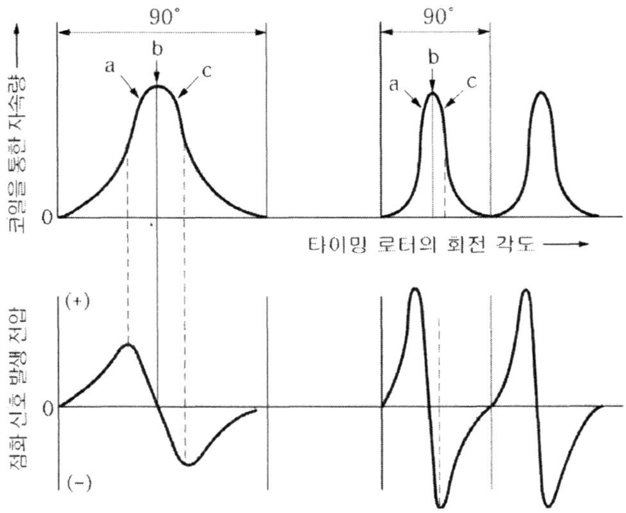

그림 11 · 28 픽업 코일의 자속 변화와 발생 전압

→픽업 코일→브래킷→마그넷의 경로로 픽업 코일을 통과하나, 타이밍 로터가 회전하지 않을 때는 자속의 변화가 없기 때문에 픽업 코일에는 전압은 발생되지 않는다.

그러나 타이밍 로터가 회전하면 그림 11 · 28과 같이 타이밍 로터의 돌기부가 픽업 코일을 지나는 사이에 픽업 코일을 통과하는 자속의 변화가 생긴다. 따라서 이 변화량에 따른 전압이 픽업 코일의 양단에 발생하게 된다.

이 때 발생 전압은 로터의 돌기부가 픽업 코일의 돌기부에 접근할 때와 멀어질 때는 그림 11 · 28과 같이 서로 역방향이 되기 때문에 교류로 나타나게 된다. 그리고 이 발생 전압은 자속량의 변화가 클수록 높은 전압이 되므로 그 최대값은 기관의 회전 속도의 상승과 더불어 증가한다. 또 타이밍 로터 돌기부가 픽업 코일의 중심과 마주보고 있을 때에는 자속량의 변화가 없으므로 발생하는 전압도 0이 된다. 이와 같은 픽업 코일의 교류출력은 이그나이터로 보내지고, 이것이 1차 전류를 단속하는 점화 신호로 된다.

③ 이그나이터

(a) 이그나이터의 구조 개요 : 이그나이터는 그림 11 · 29와 같이 픽업 코일의 점화 신호를 검출하는 부분과 이 신호를 증폭하는 부분, 이 증폭 신호로서 점화 코일의 1차 전류를 단속하는 부분으로 구성되어 있는 전자 회로이다.

(b) 이그나이터의 작동

ⓐ 점화 스위치 ON, 기관이 정지된 경우 : 기관이 회전하지 않으면 그림 11 · 29에서 픽업 코일의 출력은 0이 되고 점화 스위치를 넣어도 저항 R_1과 R_2에 의하여 분압되는 점

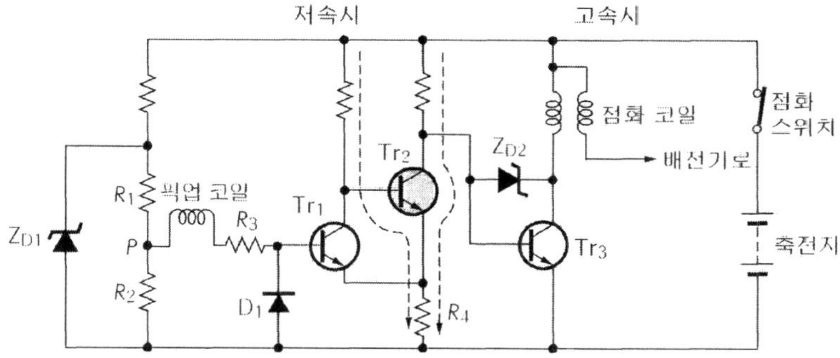

그림 11 · 29 이그나이터 회로와 작동 원리(1)

P의 전압은 트랜지스터 Tr의 동작 전압보다 낮게 설정되어 있으므로 Tr_1(OFF) → Tr_2(ON) → Tr_3(OFF)로 되어 점화 코일에는 1차 전류가 흐르지 않아 점화 코일의 발열, 소손을 방지한다. 또 제너 다이오드 Z_{D1}은 전원 전압의 변동에 대하여 점 P의 설정 전압이 변하지 않도록 정전압용으로 설계되어 있다.

ⓑ 기관 시동시 : 기관이 시동하면 배전기 내의 타이밍 로터가 회전하여 픽업코일에는 교류전압이 발생한다.

a. 픽업 코일에 (+) 전압이 발생할 경우(그림 11 · 30) : 이 경우는 Tr_1의 베이스에 점 P의 전압에 픽업 코일 출력 전압이 가해져서 전압이 트랜지스터 Tr_1의 작동 전압을 넘으면 Tr_1(ON) → Tr_2(OFF) → Tr_3(ON)이 되어 점화 코일에 1차 전류가 흐른다.

b. 픽업 코일에 (−) 전압이 발생할 경우(그림 11 · 31) : 픽업 코일의 출력 전압이 저하하기 시작하여 Tr_1의 베이스에 걸리는 작동 전압 이하로 되면 Tr_1(OFF) → Tr_2(ON) → Tr_3 (OFF)로 되어 점화 코일에 1차 전류가 차단되어 코일에 불꽃 전압을 튀긴다. 또 제너 다이오드 Z_{D2}는 Tr_3의 보호용으로 마련되어 있다.

이상과 같이 픽업 코일의 출력 전압이 다시 (+) 방향으로 되는 사이에 Tr_1, Tr_3는 OFF 상

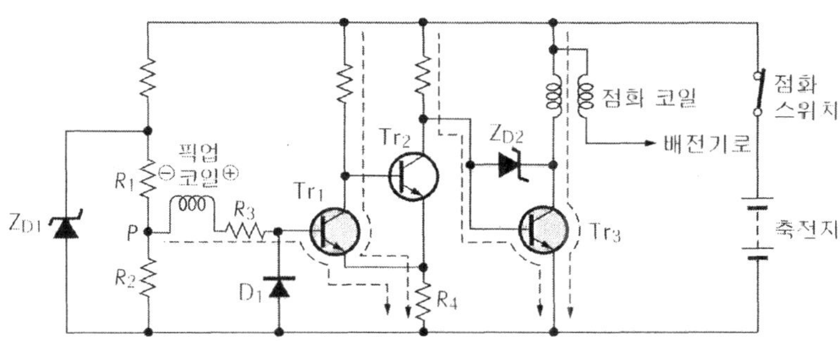

그림 11 · 30 이그나이터 회로와 작동 원리(2)

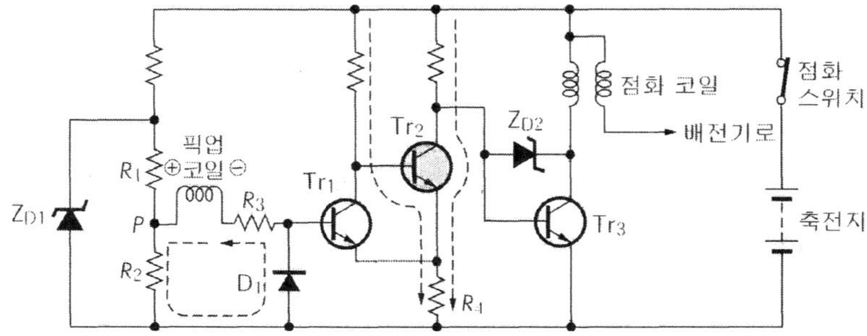

그림 11 · 31 이그나이터 회로와 작동 원리(3)

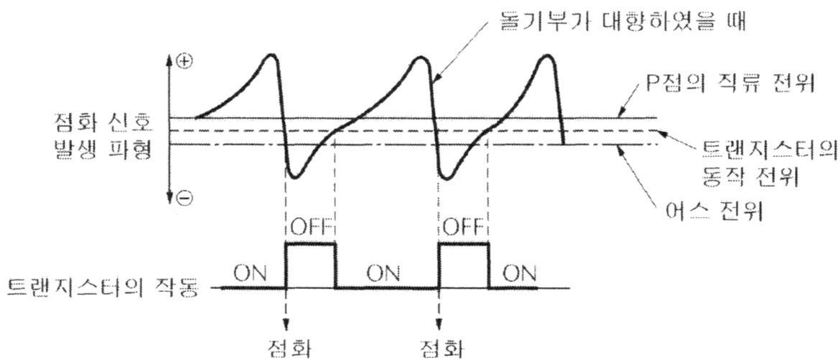

그림 11 · 32 이그나이터의 작동

태를 계속하고, Tr_3가 ON → OFF할 때 점화 플러그에 불꽃이 튀게 된다.

그림 11 · 32에 픽업 코일의 출력에 대응하는 트랜지스터 Tr의 작동 상태를 그림으로 나타낸 것이다.

(2) D_I식 풀트랜지스터 점화 장치 또는 직접 배전식 점화 장치

① 구조 DLI(distributorless ignition) 시스템은 그림 11 · 33과 같이 배전기식 풀 트랜지스터 점화 장치로부터 고압 배전부 및 진각 장치 부분을 없애고, 그 대신에 다른 점화 시기를 얻는 센서를 설계하여 이것으로부터 얻어지는 신호를 컴퓨터에 보내어 고전압을 발생시키는 방식으로 직접 배전식 점화 장치라고도 한다.

이 방식은 종래의 배전기식에 비하여 다음과 같은 특징이 있다.

(a) 고압 배전시 생기는 전파 장해를 방지할 수 있다.

(b) 진공식 및 원심식 진각 장치에 의한 기계적인 헐거움이나 피로에 의한 영향이 없다.

(c) 점화 코일을 점화 플러그 부분에 설치할 수 있으므로 고압 코드의 저항에 의한 실화가 일어나지 않는다.

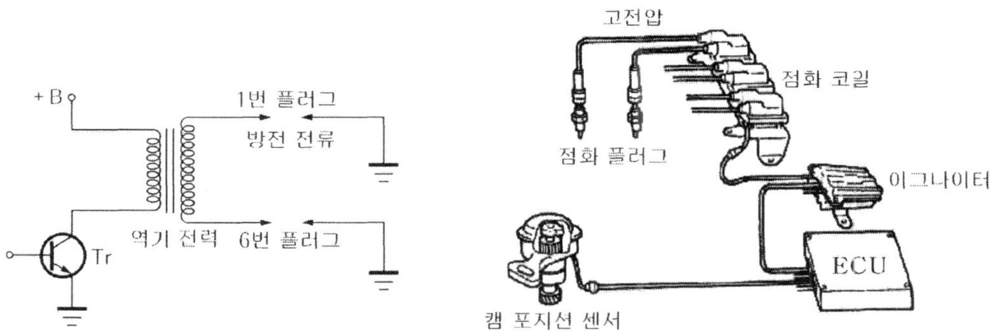

(a) 방전 회로 (b) 직접 배전식 점화 장치의 구조

그림 11 · 33 DLI식 풀 트랜지스터 점화 장치

DLI 시스템은 배전기 캠과 로터를 폐지하고 그림 **11 · 34**와 같이 2기통에 1개의 점화 코일로 배기 행정에 있는 실린더와 압축(점화)의 실린더를 동시에(직렬로) 점화시키는 것으로서 문자 그대로 배전기가 없는 점화 장치이다.

점화 코일은 폐자로형을 사용하기 때문에 부피가 작고 가벼우며 4기통 기관에는 2개, 6기통 기관에는 3개의 코일을 사용한다. 그림 **11 · 34**에서 보는 바와 같이 6기통의 경우 6번과 1번, 2번과 5번, 3번과 4번을 각각 1조로 하고, 4기통의 경우에는 1번과 4번, 2번과 3번이 1조로 되어 동시에 점화된다. 이 회로 중에서 Tr는 1차 전류를 제어하기 위한 파워 트랜지스터이고, 2차 회로 중에 있는 다이오드 D는 배전기가 없기 때문에 Tr가 ON 상태로 될 때 생기

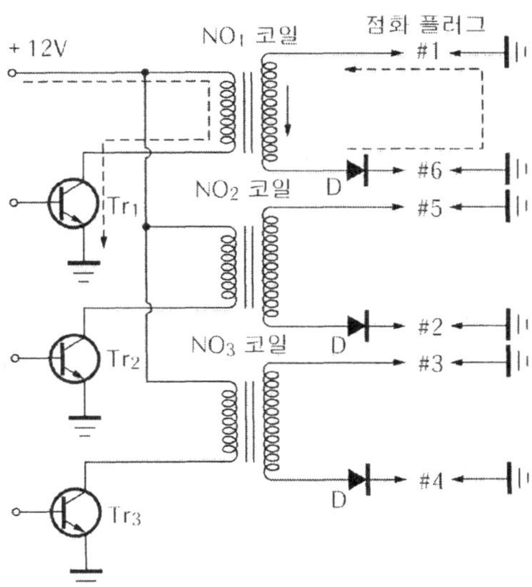

그림 11 · 34 직접 배전식 점화 장치 회로

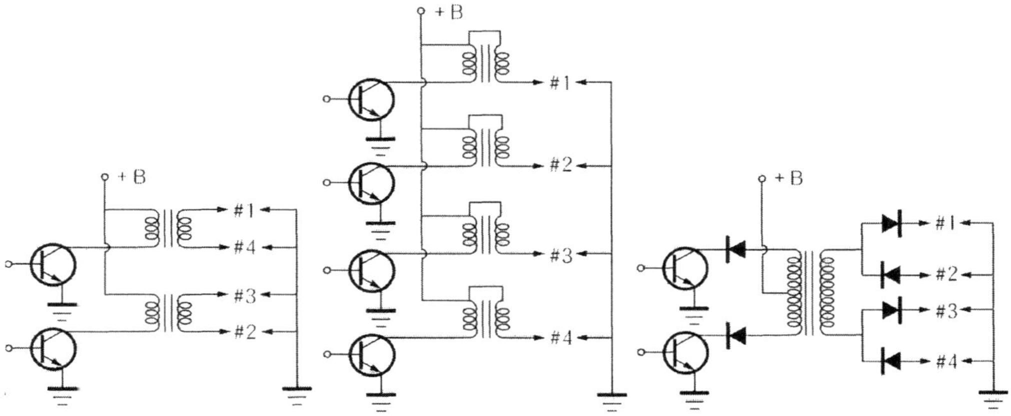

(a) 코일 분배 동시 점화식 (b) 코일 분해 독립 점화식 (c) 다이오드 분배 동시 점화식

그림 11 · 35 직접 배전식 점화 장치의 회로 방식

는 낮은 2차 전압(약 1000 V 정도)에 의하여 생길 수 있는 오점화를 방지하기 위한 것이다.

② **종류** 1개의 점화 코일로 2개의 실린더에 점화하는 **동시 점화 방식**과, 1개의 실린더마다 별개의 점화 코일을 두고 독립적으로 점화하는 **독립 점화 방식**이 있다. 동시 점화 방식에도 코일은 하나만 사용하고 다이오드를 사용하여 1개의 실린더에만 출력을 보내는 다이오드 분배 동시 점화 방식이 있다.

11.3.6 CDI 점화 방식

〔1〕 CDI 점화 방식의 구조

CDI는 capacitor discharge ignition-system의 약자로서 **용량 방전식 점화 장치(容量放電式點化裝置)**를 말한다. 이 방식은 그림 **11 · 36**과 같이 고전압을 발생하는 고압 발생회로와 출력을 정류하는 정류 회로, 점화 코일에 에너지를 공급하는 축전기(콘덴서) 및 사이리스터(SCR)를 포함하는 앰플리파이어, 점화 신호 검출 기구를 갖는 배전기, 점화 코일로 구성된다.

점화 스위치를 닫으면 고전압 발생 회로에서 축전지의 직류가 교류로 되어 변압기에서 승압되어 고전압이 발생된다. 이 전압은 정류 회로에서 정류되어 축전기에 점화 에너지로 축적된다. 이 때 사이리스터는 차단 상태로 되어 있다. 자석 발전식 또는 발진식의 점화 신호 검출부로부터 점화 신호가 사이리스터에 공급되면 사이리스터는 도통 상태로 된다. 이 순간 축전기에 축전되어 있는 점화 에너지는 점화 코일의 1차측을 통하여 방출되고 코일의 2차측에 고전압이 발생하여 실린더 내의 점화 플러그에 불꽃이 튀게 되어 혼합기에 연소된다. 축전기는 방전이 종료되면 다음의 점화 에너지를 축적된다. 이것은 극히 짧은 시간에 방전과 충전이

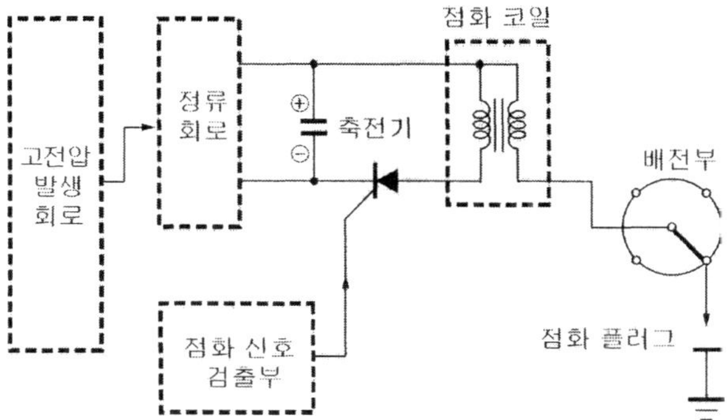

그림 11 · 36 CDI 점화 방식

이루어지므로 기관이 고속 회전하여도 우수한 불꽃 특성을 얻을 수 있다.

〔2〕 CDI 점화 방식의 특징

① 단속기 접점이 없으므로 점검 및 정비가 간단하다.

② 점화 플러그의 오염에 대한 불꽃의 아크 성능이 우수하다.

③ 마멸되는 부분이 없으므로 회전속도가 변동되어도 점화 시기와 전압이 안정된다.

④ 저속에서 신뢰성과 안정성이 높다.

⑤ 점화시의 아크 지속 시간이 짧다. 따라서 희박 혼합기에 대한 착화 성능이 저하된다.

11.4 점화 플러그

11.4.1 점화 플러그의 구조

점화 플러그(spark plug)는 점화 코일에서 발생한 고전압을 연소실로 유도하여 불꽃 방전을 일으켜 압축된 혼합 가스에 점화하는 일을 한다.

점화 플러그는 그림 11 · 37과 같이 고전압을 유기시키는 중심 전극(center electrode), 절연체(insulator), 중심 전극과 대향하여 플러그 간극을 이루는 접지 전극(side electrode) 및 셀(shell)로 구성된다.

점화 플러그는 고전압을 연소실로 유도하여 압축된 혼합기이 점화시켜야 하므로 전기적, 기계적 및 열적으로 안정되도록 다음과 같은 조건을 갖추어야 한다.

(a) 전기적 성능이 양호할 것

(b) 기밀을 유지할 것

(c) 기계적 충격에 대하여 잘 견딜 것

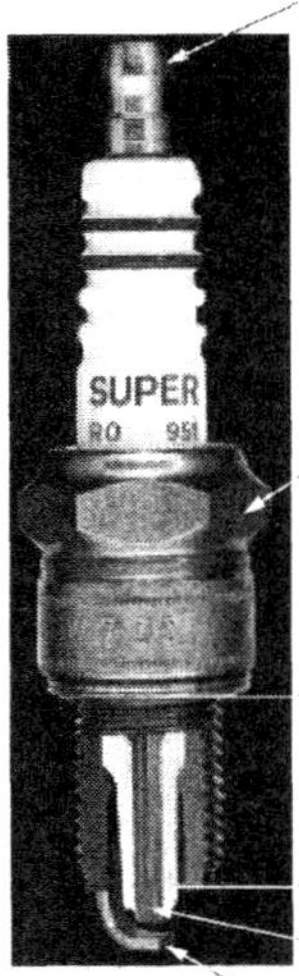

그림 11·37 점화 플러그

(d) 열의 방산이 빠를 것

(e) 열적 충격 및 고온에 견딜 것

(f) 경부하시의 오손 및 고부하에서 연소 가스에 의한 부식과 소손 등이 없을 것

이와 같은 조건을 만족시키기 위한 전극 재료로는 니켈에 소량의 망간, 실리콘, 크롬 등을 첨가한 내열 합금이 많이 사용되며, 특수한 것에는 백금 합금도 쓰인다. 절연체로는 자기제가 많이 사용되는데 그 주성분은 Al_2O_3를 90~95% 함유한 것이다. 이 고알루미늄이나질(質) 세라믹(ceramic)은 열전도, 전기 절연, 내식, 급랭 내력 등의 성질이 매우 우수하므로 현재 가장 널리 쓰인다.

중심 전극과 절연체 사이의 기밀(氣密) 유지는 특수한 시멘트를 충전시키거나, 글래스 실(glass seal) 또는 활석(滑石) 분말 등을 압축 충전하는 방법이 쓰인다. 점화 플러그 간극은 보통 0.8~1.2 mm 정도이다. 점화 플러그는 높은 폭발 가스 압력(30~60 bar)에 견디고, 약 2000℃의 고온에 견디어야 하므로 내열성, 절연성이 양호해야 한다.

점화 플러그의 크기는 고정 나사부의 바깥지름으로 표시되며 10, 12, 14, 18 mm가 있다.

11.4.2 점화 플러그의 열특성(열범위)

점화 플러그의 열특성(熱特性; heat range)은 기관의 종류나 사용 상태에 알맞는 점화 플러그를 선택하는 것이 매우 중요하다. 점화 플러그가 양호한 착화 기능을 유지하려면 플러그가 받는 열을 기관 냉각 계통에 알맞게 발산하는 것이 필요하다.

기관이 경부하일 때는 실화(失火)의 원인이 되는 카본의 퇴적을 막을 수 있을 정도로 발화부의 온도가 약 480~530℃ 이상이어야 하고, 고부하시에는 조기 점화(早期點火)를 일으킬 우려가 있는 온도 범위인 850~900℃ 이하이어야 한다.

점화 플러그의 열특성이란 점화플러그 발화부로부터의 열이 기관의 냉각 계통으로 방열하는 성능을 말하며 그 대소에 따라 저열용(低熱用)과 고열용(高熱用) 및 중열용(中熱用; 중형)으로 나누어진다.

그림 11 · 38은 점화 플러그에서서는 열의 흐름을 나타낸 것이다.

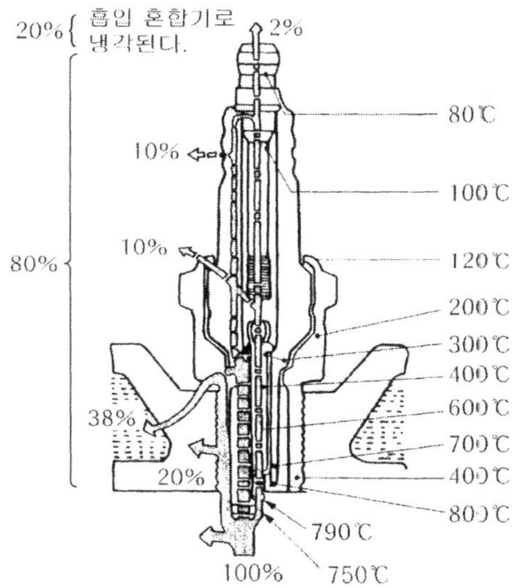

그림 11 · 38 점화 플러그의 방열

(1) 열형(hot type)

열형 점화 플러그는 발화부 절연체의 길이가 길어서 수열 면적이 길어서 수열량(受熱量)이 크고, 열방산이 느리다. 따라서 조기 점화를 일으키기 쉬우나 카본의 축적이 적은 특징이 있어, 연소실 온도가 비교적 낮은 기관에 적당하다. 열특성은 플러그의 형상과 중심 전극으로부터의 열의 이동거리에 따라 결정되므로 열형(저열용) 플러그는 그림 11 · 39 (a)와 같이 열의 통로가 길다. 따라서 중심 전극으로부터 열방산에 요하는 시간이 길므로 저열형 기관에 적당하다.

(2) 냉형(cold type)

냉형 플러그는 열형과 반대로 절연부의 길이가 짧아서 수열량이 적고, 열방산이 빠르므로 조기점화를 일으키기 어려우나 점화 플러그를 오손되기 쉬운 고속 기관에 적당하다. 이것은 그림 11 · 39 (c)와 같이 열의 방산 통로가 짧으므로 플러그의 냉각이 빨라진다.

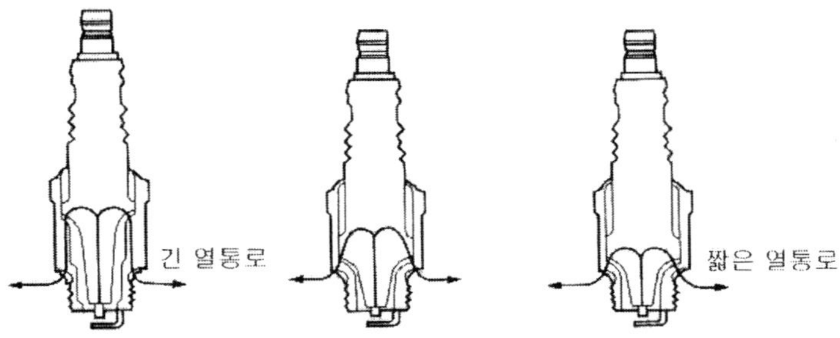

그림 11 · 39 점화 플러그의 열가

11.4.3 점화 회로의 기본 파형

점화 전압의 파형은 엔진 스코프를 사용하여 전압값을 측정하여 점화 계통의 작동 상태를 나타낼 수 있다. 그림 **11 · 40**은 점화 회로의 1차 및 2차 전압을 파형(wave form)으로 나타낸 하나의 보기이다.

그림에서 A-G 또는 a-g는 배전기축의 캠의 돌기 하나에 상당하는 것으로서 A-G는 (360도/기통수)에 상당한다. 그림에서 각 구간의 상태는 다음과 같다.

(1) 점화 부분(firing section)

A부에서 접점이 열리면 자기유도, 상호 유도 작용에 의하여 점화코일 출력은 최대치 30 kV 이상으로 상승한다. 도중 B부에서 점화플러그 방전 전압에 달하여 플러그 불꽃 간극에서 불꽃(spark)이 발생한다. 이하 C-D구간에서는 비교적 낮은 전압으로 불꽃은 계속된다. 불꽃 플러그 측에서 보면 A-B는 점화 전압(이온화 전압), A-C는 방전 전압(불꽃 전압), C-D는 방전 시간(spark time)이 된다. 이와 같이 A-B-C-D는 스파크에 관계된 부분으로서 이 부분을 점화 부분이라고 한다.

(2) 중간 부분(intermediate section)

불꽃 방전이 끝난 다음 점화 코일 내의 잔류 에너지가 방출되면서 감쇄 파형이 생기는 구간을 말한다. 정상적인 경우 공진 감쇄 파형은 5~6회의 진동을 수반한다.

(3) 드웰 부분(dwell section)

접점이 닫힌 후부터 열릴 때까지의 구간으로서 접점이 닫혀 있는 구간을 말한다.

1차 파형에서 점 a에서 접점이 열리면 시간의 경과와 더불어 2차측 출력은 높아진다. b점에서 점화 플러그 방전 전압에 달하면 전극 사이에 불꽃이 발생하고 불꽃은 b-c-d로 지속된다. 그러나 같은 불꽃이라도 b-c, c-d는 성질이 전혀 다르고 이것은 용량 불꽃과 유도 불꽃으로 구분된다. 용량 불꽃은 방전 초기에 2차 회로에 축적된 정전 에너지에 의하여 발생하며

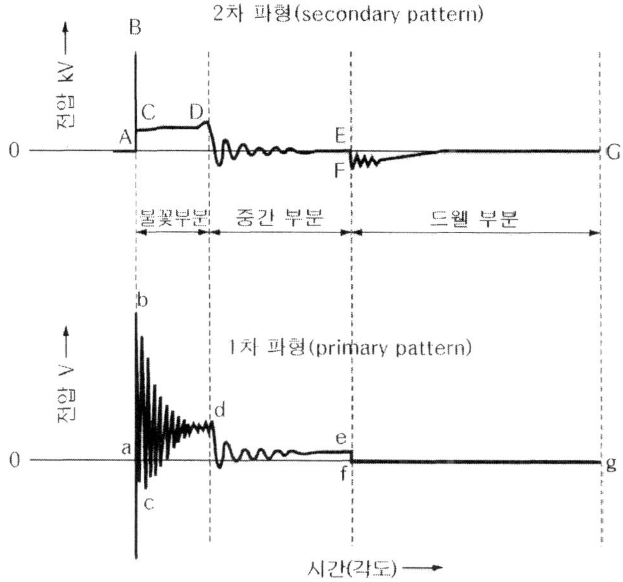

그림 11 · 40 점화회로의 1차 파형과 2차 파흫의 보기

백색의 휘도 있는 불꽃으로 b-c의 고주파 진동을 수반하는 방전 현상을 나타낸다.

이 용량 방전은 방전 전류가 크지만 계속 시간은 10^{-6}초 정도로 유도 방전에 비하여 매우 짧다. 용량 불꽃에 의하여 점화 플러그 전극 사이에 전류가 흐르고 점화 코일에 축적된 전자(電子)에너지가 방출되어 아크가 발생한다. 이 아크는 엷은 자색의 불꽃으로 이것이 c-d로 표시되는 유도 불꽃이다. 유도 불꽃은 비교적 낮은 전압으로서 용량 불꽃에 비하여 방전 전류가 적지만 불꽃의 지속 시간이 길다.

점화 장치의 목적은 압축 혼합기에 확실하게 착화하는 것이므로 용량 부분은 가능한 한 적고 유도 부분이 가능한 한 많이 배분하는 것이 유효하다. 실제 엔진에서 A-G주기는 4기통의 경우 1000 rpm에서 3×10^{-2}초, 5000 rpm에서는 6×10^{-3}초 정도이다.

11.4.4 점화 플러그의 오손(汚損)

일반적으로 카본은 저속도 경부하에서 농후한 혼합기의 경우 및 피스톤 링, 실린더 등이 마멸되어 오일이 연소실 내로 들어왔을 때 불완전 연소하여 다량 부착한다. 이것은 실화의 원인이 되며 플러그의 성능을 저하시킨다. 염화납은 연료의 첨가제 및 연료 중의 유황분에 의한 것으로서 이들 카본 이외에 불순물의 퇴적은 기관의 부하의 증대와 아울러 가열되어 전도 온도 이상에 달하면 급격히 저항값이 감소되어 실화를 일으키기 쉽다.

연료의 안티 노크성을 증가시키기 위한 첨가제로서 4에틸납 등을 사용한 가연연료(加鉛燃

料)를 사용할 경우 점화 플러그의 절연체 발화부 표면에 카본과 염화납의 퇴적은 더욱 증가한다.

11.4.5 점화 플러그 사용상의 주의

(1) 죔 토크

점화 플러그의 개스킷은 점화 플러그 발화부의 열을 기관의 냉각 계통으로 방산하는 중요한 통로의 일부를 형성한다. 따라서 점화 플러그를 부착할 때에는 다음과 같은 점에 유의하여야 한다.

(a) 실린더 헤드 플러그의 고정나사부 주위의 먼지 등 불순물을 깨끗이 제거한다.

(b) 개스킷을 끼우고 알맞는 토크로 죈다. 점화 플러그 부착에 필요한 토크는 표 11·3과 같다.

표 11·3 점화 플러그의 죔 토크(단위 m kg)

고정나사부의 바깥지름		재질		대략값
		주철제 실린더 헤드	알루미늄제 실린더 헤드	
자동차용	18 mm	4.4~5.2	3.8~4.7	4.5
	14 mm	3.6~4.2	2.5~3.1	3.5
2륜차 소형용	12 mm	2.1~2.8	2.1~2.8	2.3
	10 mm	1.7~2.1	1.2~1.5	1.5

(2) 플러그 간극의 조정

플러그 간극은 규정 간극이어야 하며 규정 간극보다 클 때는 교환 또는 수정하여야 한다. 또 장시간 사용하면 플러그가 오손되므로 불순물을 제거하거나 새 것으로 교환하여야 한다.

(3) 점화 플러그의 자기 청정 작용

점화 플러그의 전극부의 온도가 450℃~950℃의 범위일 때에는 전극부에 묻어 있는 카본이나 불순물 등이 연소하여 오손된 부분의 청정작용이 이루어지는데, 이 온도를 자기 청정 온도라 한다.

11.5 충전 장치

11.5.1 충전 장치의 개요

자동차용 전기 장치의 전원은 축전지를 사용하므로 충전하지 않고 사용하면 서서히 능력

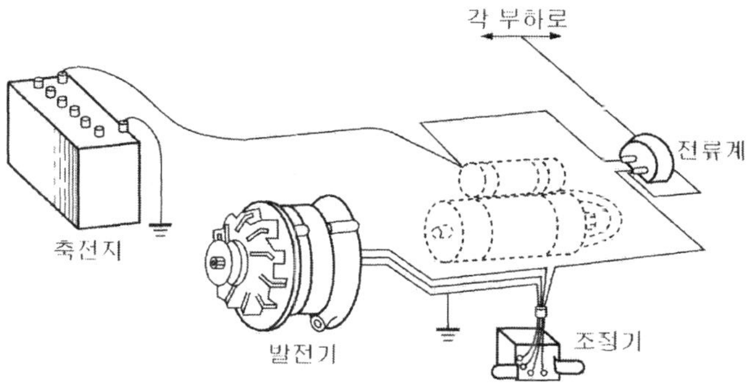

그림 11 · 41 충전 장치

이 저하하여 사용 불능의 상태로 된다. 따라서 축전지는 충전을 실시하여 축전지의 성능을 충분히 유지되도록 하여야 한다. 축전지로의 충전은 자동적으로 이루어지게 하고, 전장품 부하에는 축전지 대신에 전류를 공급하는 장치가 충전 장치이다.

충전 장치는 그림 11 · 41과 같이 발전기(alternator), 조정기, 축전지 등으로 구성된다.

11.5.2 발전기

발전기(發電機, generator)는 기계적 에너지로부터 전기적 에너지를 발생시키는 것으로서 기관의 회전에 따라 구동되고, 자동차의 점화 장치, 점등 장치, 기타에 필요한 전류를 공급하는 이외에 남은 전류를 축전지에 충전하는 일을 한다. 자동차에 사용되는 발전기에는 주로 교류 발전기가 사용된다.

(1) 교류 발전기의 구조

교류 발전기(交流發電機; alternator)는 그림 11 · 42, 43과 같이 고정부인 스테이터

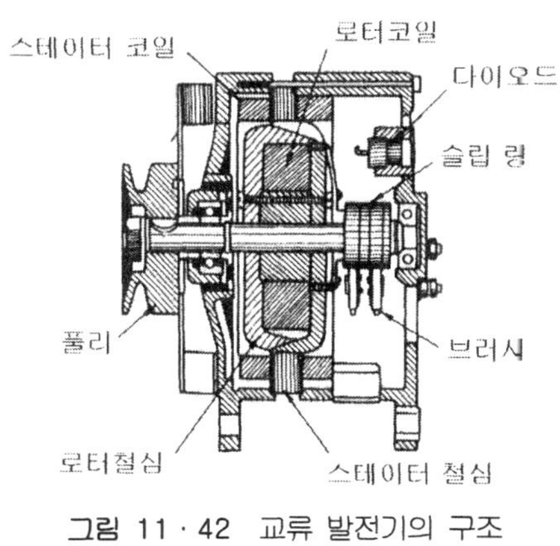

그림 11 · 42 교류 발전기의 구조

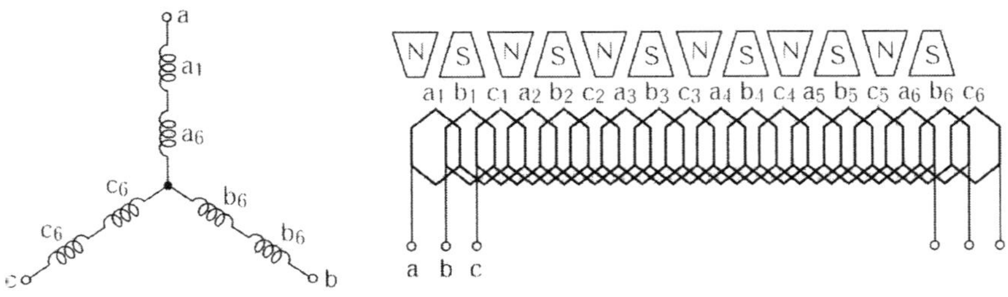

(a) 일반도 (b) 전개도

그림 11 · 43 교류 발전기 결선도

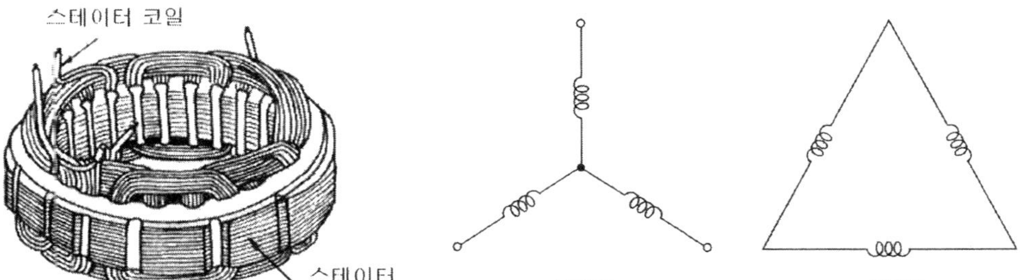

Y결선 Δ결선

그림 11 · 44 스테이터

(stator)와 회전부인 로터(rotor)로 구성된다. 스테이터는 발전기의 주체가 되는 부분으로서 성층철심(成層鐵心)에 감은 발전 코일로 엔드 하우징(end housing)에 끼운 것이다. 교류 발전기에서 스테이터의 스테이터 코일(stator coil)은 출력 전류를 발생하고, 로터와 로터 코일은 스테이터 내에서 회전하여 스테이터 코일에 기전력을 발생시킨다. 스테이터 코일에서 유기된 교류는 엔드 하우징(end housing)에 마련된 실리콘 다이오드(silicon diode)에 의하여 직류로 정류되어 외부 부하로 공급된다.

① 스테이터(stator) 그림 **11 · 44**와 같이 스테이터 코어 및 스테이터 코일로 구성되며 이들은 엔드 프레임에 고정되어 있다. 스테이터 코어는 성층 철심이며, 로터 코어와 더불어 자기회로를 형성한다. 스테이터 코일은 코어 둘레에 있는 홈 속에 3개의 독립한 코일을 Y결선으로 접속한다. 발전 중에는 이 스테이터 코일에 3상 교류가 유기된다.

② 로터(rotor) 로터는 그림 **11 · 45**와 같이 로터 코어, 로터 코일〔필드(계자)코일〕, 슬립링, 로터축 등으로 구성되며 크랭크축으로부터 풀리 전동으로 구동된다. 로터 코일은 축전지의 전류로 자속을 발생하는 부분으로서 코일의 양 끝은 슬립 링에 연결되어 있다. 로터 코어는 로터 코일에 발생한 자속에 의하여 자석이 되는 부분이며 자극수(磁極數)에 따라서 4극식, 6극식 등이 많이 사용된다. 슬립 링은 2개이며, 축전지의 전류를 로터 코일로 통전하는 부분으로서 브러시와 접촉하는 면은 금속제로 매끈하게 다듬질되어 있고, 로터축과는 절

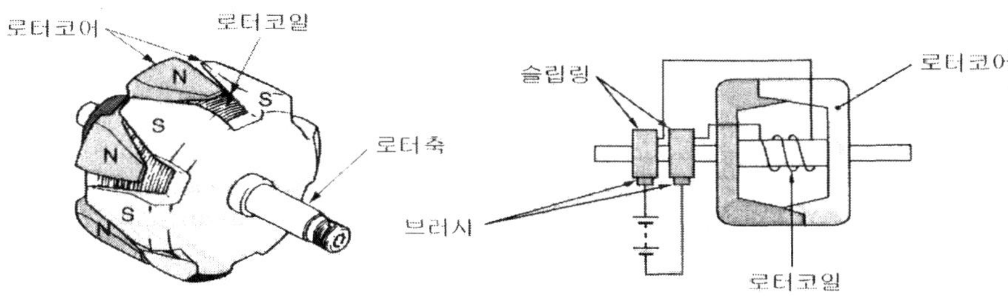

그림 11 · 45 로터 코일의 구조

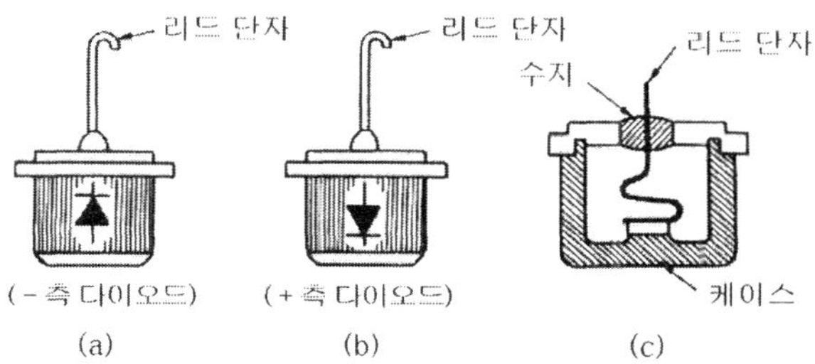

그림 11 · 46 다이오드

연되어 있다.

③ 다이오드(diode) 다이오드는 그림 **11 · 46**과 같이 (+)측 및 (−)측 홀더에 각각 3개씩이며, 특히 (+)측 홀더는 엔드 프레임과는 절연되어 있다.

④ 브러시(brush) 브러시는 슬립 링과 접촉하면 로터 코일로 통전하는 부분으로서 브러시 홀더 중에 삽입되어 스프링의 힘에 의하여 슬립 링에 접촉하고 있다.

(2) 교류 발전기의 기능

그림 **11 · 47**은 교류 발전기 충전 회로를 도시한 것이다. 이 회로에서 점화 스위치를 넣으면 축전지의 전류가 전압 조정기를 통하여 로터 코일에 2~3(A)의 여자 전류가 흐르게 된다. 기관이 시동하여 로터가 회전하면 스테이터 코일에는 교류 전압이 발생한다. 발생된 교류는 6개의 다이오드에 의하여 정류된 다음 단자 B에서 직류 전압으로 된다. 로터가 1000 rpm 정도로 회전하면 단자 B의 전압은 축전지 전압보다 높게 되어 발전기의 출력 전류는 단자 B에서 각종 전기 장치와 축전지로 전류가 흐르게 된다.

발전기의 회전 속도가 차차로 높아져서 B단자의 전압이 규정값에 달하면 전압 조정기가 작동하기 시작하여 로터 코일로 흐르는 전류를 감소시켜서 발전기의 발전 작용은 제어되고, B단자의 전압이 규정값으로 유지되게 한다. 또 기관의 회전이 정지되면 축전지로부터 발전기로 전류가 역류하게 되므로 다이오드가 역류하는 것을 방지하는 기능을 갖는다. 이와 같이

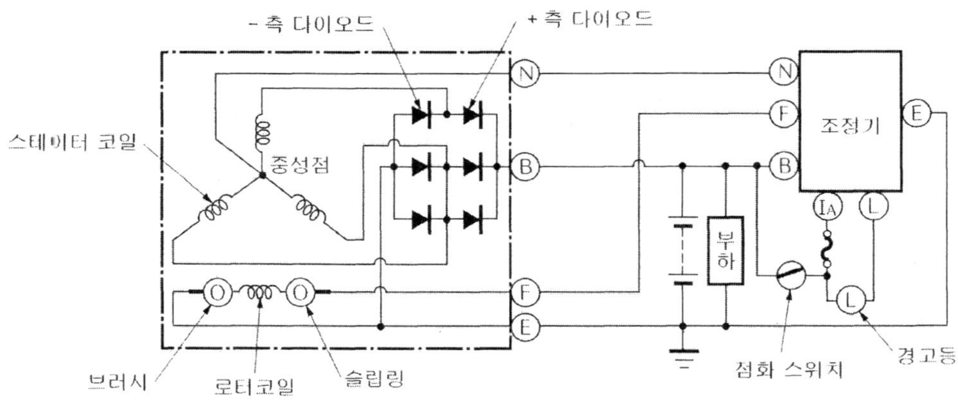

그림 11·47 교류 발전기 충전 회로

발생 전압은 항상 규정값을 유지하면서 축전지나 각부 전장품에 공급된다.

11.5.3 발전기 조정기

발전기 조정기는 전압 조정기와 전압 릴레이로 구성된다. 전압 조정기는 발전기의 발생 전압을 규정값으로 유지하는 조정기로서 발전기의 B단자 전압에 의하여 자력을 발생하는 전압 코일과 2개의 접점을 갖는 가동철편(可動鐵片)으로 구성되어 있다. 또 케이스 안쪽에는 로터 코일로 흐르는 전류를 제어하기 위한 저항체가 들어 있다. 전압 릴레이는 충전 경고등(charge warning lamp)의 점멸을 행함과 동시에 전압 조정기의 코일 전류를 단속하는 일을 한다. 조정기에는 접점식 조정기와 IC식 조정기가 있으며, IC식이 주류를 이룬다.

〔1〕 2접점식

현재 사용되고 있는 접점식 조정기는 2접점식으로 2개의 고정 접점과 1개의 가동 접점을 갖는 릴레이에 의하여 필드 전류를 제어하고 있다.

① 기관 정지시의 작동　점화스위치를 OFF한 경우 그림 11·48의 코일 C_r, C_f에는 전류가 흐르지 않으므로 접점 P_2는 P_1에, 접점 P_5는 P_4에 접촉되어 있다. 이 상태에서 점화 코일을 ON하면 전류는 IG단자로부터 접점 P_1, P_2로 흘러 로터 코일을 여자한다. 한편 전류는 충전 경고등, 조정기 L단자, 접점 P_5, P_4의 순으로 흘러서 충전 경고등에 점등한다.

② 기관 회전 중의 작동(발생 전압이 조정 전압보다 낮을 때)　기관이 시동하여 로터가 회전하면 스테이터 코일에는 3상 교류가 발생한다. 이 때 스테이터 코일의 중성점에는 발생 전압의 약 1/2의 전압이 발생한다. 따라서 그림 11·49의 발전기 N단자를 거쳐 전압 조정기의 코일 C_f에 전류가 흘러 이 자력으로 접점 P_5에 접촉하여 충전 경고등의 양단에는 교류 발전기 발생 전압이 가해져서 충전 경고등은 소등한다.

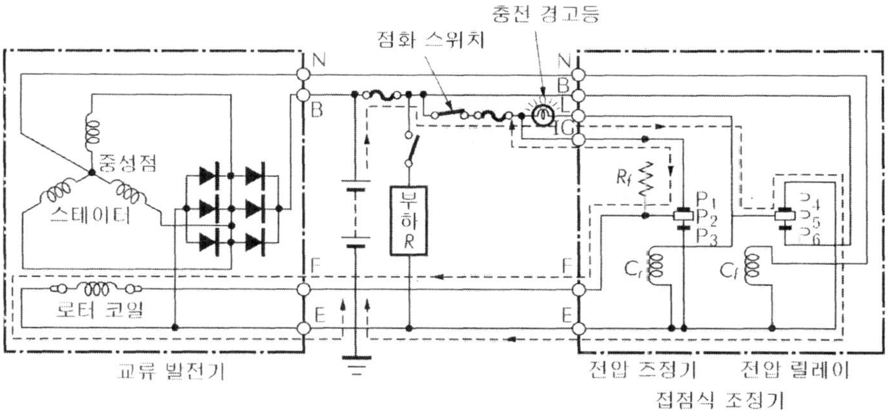

그림 11 · 48 기관 정지시의 작동

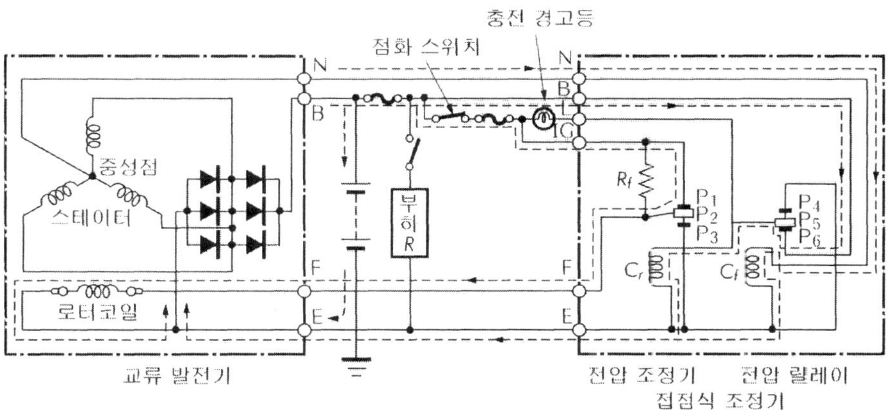

그림 11 · 49 기관 회전 중의 작동(발생 전압이 조정 전압 보다 낮을 때)

또 코일 C_r에도 발생 전압이 가해지지만 발생 전압이 낮아서 접점 P_2를 흡인할 자력이 아니므로 접점 P_2는 P_1에 접촉한 상태로 된다. 따라서 로터 코일의 발생 전압이 직접 가해진다. 그림에서 R_f는 제어 저항이다..

③ 기관 회전 중의 작동(저속, 고속 조정의 경우) 기관 회전 속도가 상승하면 발생 전압은 높아진다. 이 때는 코일 C_r의 자력도 강해져서 그림 11 · 50과 같이 접점 P_2는 접점 P_1으로부터 떨어진다. 이 때 P_2는 중립에 있으므로 로터 코일에는 B 단자로부터 조정기의 IG 단자, 제어저항 R_f를 거쳐 전류가 흐른다. 따라서 로터 코일에 흐르는 전류가 감소하므로 로터의 자력은 약해지고 발생 전압은 낮아진다. 발생 전압이 저하하면 코일 C_r의 자력도 약해져서 접점 P_2 스프링의 힘으로 처음의 위치로 되돌아와 다시 접점 P_1에 접촉한다. 따라서 로터 코일

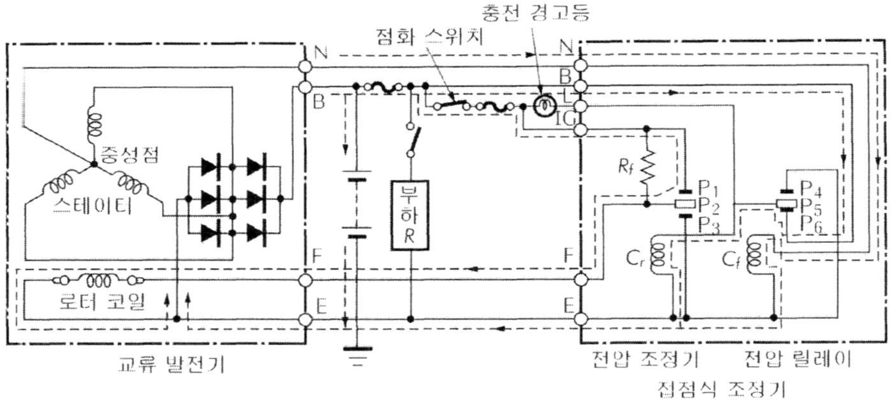

그림 11 · 50 기관 회전 중의 작동(저속 조정 중)

에 흐르는 전류가 증가하므로 발생 전압이 상승한다. 이 동작을 단시간에 반복하여 저속시의 발생 전압을 일정하게 제어한다.

회전 속도가 상승하면 코일 C_r의 자력이 더욱 강해져서 접점 P_2는 P_3에 접촉한다. 이 때 제어 저항 R_f를 통하는 전류는 직접 어스되므로 로터 코일에는 전류가 흐르지 않게 되어 발생 전압은 급격히 저하한다. 발생 전압이 저하하면 P_2는 P_3로부터 떨어져서 중립 상태로 되고 발생 전압은 다시 상승한다. 이렇게 하여 고속시의 전압 조정이 이루어진다.

〔2〕 IC 조정기

(1) IC 조정기의 구조와 기능

지금까지 설명한 접점식 조정기는 발전기의 로터 코일 전류를 접점에 의하여 기계적으로 단속하여 발전기의 발생 전압을 조정하여 일정하게 하는 구조로 되어 있다.

IC 조정기는 IC를 사용하여 발전기에 조립하는 것이다. 여기서 IC란 integrated circuit(집적회로; 集積回路)의 약자로서 수 개 내지 수천 개의 트랜지스터 회로를 수밀리미터의 반도체(칩)에 집적하여 1개의 케이스에 넣은 것을 말한다.

IC 조정기는 반도체 회로에 의하여 로터 코일의 전류를 단속하여 발생전압을 일정하게 하는 것으로서 접점이 없으므로 접점식 조정기에 비하여 다음과 같은 이점이 있다.

(a) 로터 코일 전류의 증가에 의하여 출력이 향상된다.

(b) 접점이 없으므로 조정 전압의 변동이 적다.

(c) 내구성 및 내진성이 크다.

(d) 접점 불꽃에 의한 무선 장애가 없다.

(2) IC 조정기의 작동

① 점화 스위치가 ON이 되고 기관이 정지한 경우　그림 11 · 51에서 점화 스위치를 넣

으면 축전지로부터 전류가 발전기로 흐르며, 이 때에는 다음과 같은 경로로 전류가 흐르게 된다.

축전지 ─┬→ 발전기 IG단자 → 역류 방지 다이오드 → 초기 여자저항 ─┬→ IC 조정기 Tr_2 베이스
　　　　└→ 충전 경고등 릴레이 → 발전기 L단자 ─────────────┘

이렇게 되어 Tr_2는 ON으로 되고 로터 코일에 전류가 흘러서 충전 경고등이 점등된다.

② 기관 회전 중의 작동(조정 전압 이하일 때)　　기관이 회전하면 발전기의 회전이 상승하여 발생 전압도 상승한다. 그림 11·52와 같이 출력용 다이오드와 여자용 다이오드로부터의 출력 전압은 같은 값으로서 여자 다이오드의 출력 전압이 엔진 정지시의 L단자 전압보다 높아지면 여자 다이오드로부터의 계자 전류가 흘러 다시 출력 전압은 상승한다. 이와 동시에 L단자 전압도 상승하여 충전 경고등 램프 릴레이의 IG단자와 A단자 사이의 전위차가

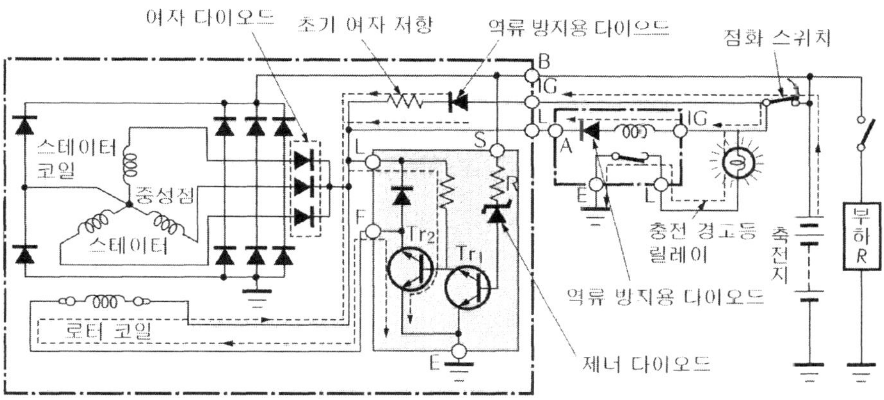

그림 11·51 기관 정지시의 작동(IG스위치 ON)

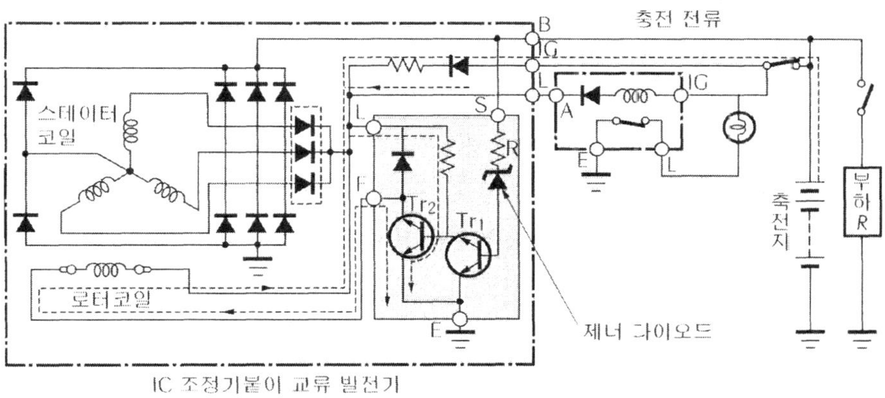

그림 11·52 기관 회전 중(조정 전압 이하일 때)

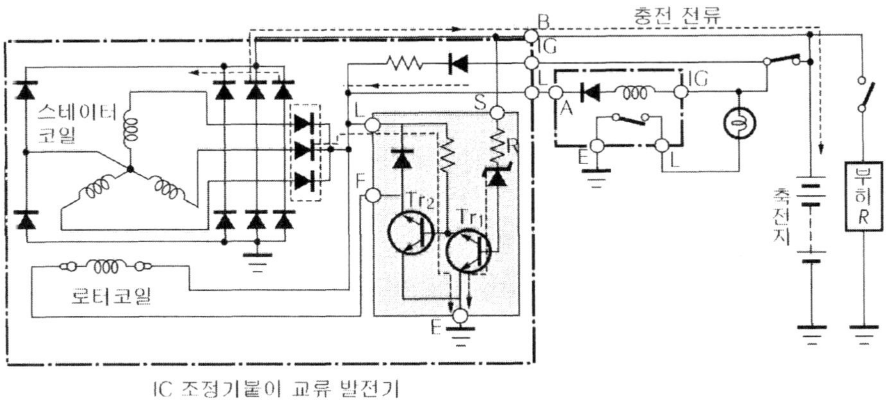

그림 11 · 53 기관 회전 중(조정 전압 이상일 때)

없어져서 접점이 열리고 충전 램프는 소등된다.

③ **기관이 회전 중의 작동(조정 전압 이상일 때)** 그림 11 · 53과 같이 출력 전압이 조정 전압(제너 전압)을 넘으면 제너 다이오드가 도통하여 Tr_1이 ON, Tr_2가 OFF로 된다. 따라서 계자 전류가 차단되어 발생 전압이 저하한다. 이와 같이 Tr_2가 ON, OFF를 반복하여 계자 전류를 제어하여 출력 전압을 일정하게 유지한다.

11.6 시동 장치

11.6.1 시동 장치의 개요

자동차용 기관은 스스로 시동할 수 없으므로 외력을 이용하여 크랭크축을 회전시켜 주어야 한다. 기관의 시동을 위해서는 크랭크축을 어느 일정한 속도 이상으로 돌려주어야 하는데, 이 때 시동용으로 사용되는 전동기와 부속 장치를 총칭하여 시동 장치 또는 스타터라고 한다. 그림 11 · 54는 시동 장치의 구조를 나타낸 것이다. 자동차용 시동 전동기로는 직류 직권 전동기가 사용되며, 전동기는 기관의 압축 압력, 마찰력에 의한 저항에 이겨야 하므로 시동할 때 시동 토크가 큰 것이 요구된다.

시동 전동기의 동력을 전달하기 위하여는 동력 전달 기구가 필요하며, 이 기구에는 플라이휠 주위에 있는 링 기어(ring gear)와 전동기축에 설치된 피니언(pinion)이 사용되고 있다.

자동차용 기관이 시동할 때에는 전동기축에 붙어 있는 피니언이 플라이휠의 링 기어와 물려서 시동 토크를 전달하여 기관이 시동된다.

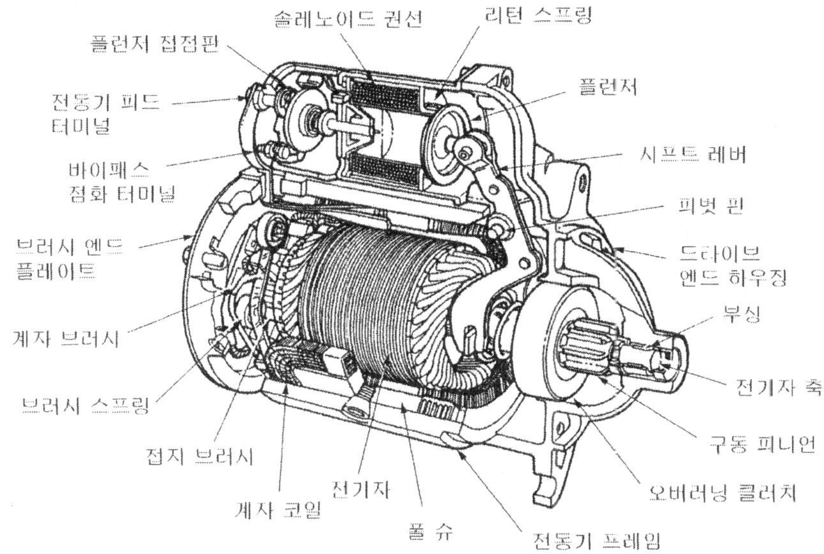

그림 11 · 54 시동 전동기의 구조

11.6.2 시동 전동기

시동 전동기가 기관을 시동시킬 경우 플라이휠 링기어에 피니언이 물려 크랭크축을 회전시켜 시동하고 시동이 완료되면 피니언은 링 기어로부터 분리되어 시동 전의 원위치로 되돌아가는 구조로 되어 있다. 시동 전동기의 종류는 계자 코일과 전기자 코일의 접속 방법에 따라 직권, 분권, 복권식이 있으나 이들 중에서 시동 토크가 가장 큰 직권식이 주로 사용되고 있다.

그림 **11 · 55**는 시동 전동기(직류 직권 전동기)의 회전 속도, 토크, 출력, 전압 특성을 나타낸 것이고, 그림 **11 · 56**은 직권 전동기와 분권 전동기의 구조를 나타낸 것이다. 이 선도에서 회전 속도가 0 rpm일 때 전류는 약 330 A이고, 이 때의 전압을 구하면 약 5.5 V가 된다. 따라서 계자 코일과 전기자 코일의 총저항 R를 구하면 옴의 법칙(Ohm's law)에 의하여

$$R = \frac{E}{I} = \frac{5.5}{330} = 0.017(\Omega)$$

이다. 시동 전동기가 5000 rpm으로 회전하면 전동기에는 약 70 A의 전류가 흐르고, 이 때의 전압은 약 11 V이다.

전동기에서 발생한 회전력을 자동차 기관의 플라이휠 둘레에 있는 링 기어에 전달하여 기관을 회전시키는 장치가 동력 전달 기구이다. 시동할 때에 피니언을 플라이휠의 링 기어에 물리도록 하는 방법으로는 마그네틱 시프트식 또는 마그네틱 스위치식(magnetic switch type)과 전기자 이동식(전기자 시프트식) 등이 있다. 동력 전달 기구로 가장 많이 사용되는 방식은

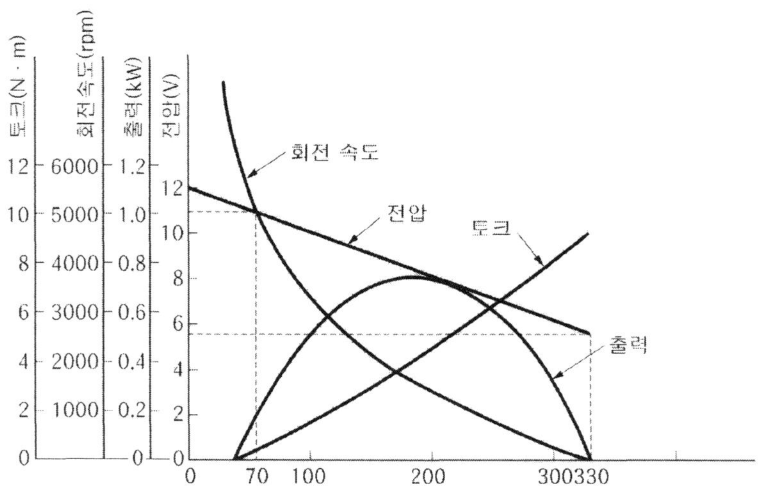

그림 11 · 55 시동 전동기의 출력 특성

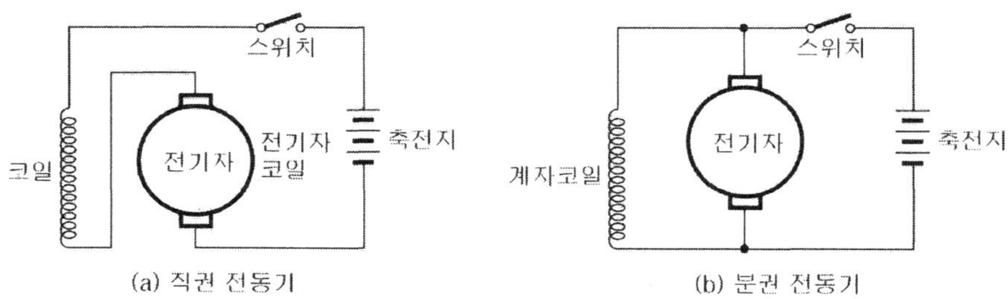

그림 11 · 56 직권 전동기와 분권 전동기

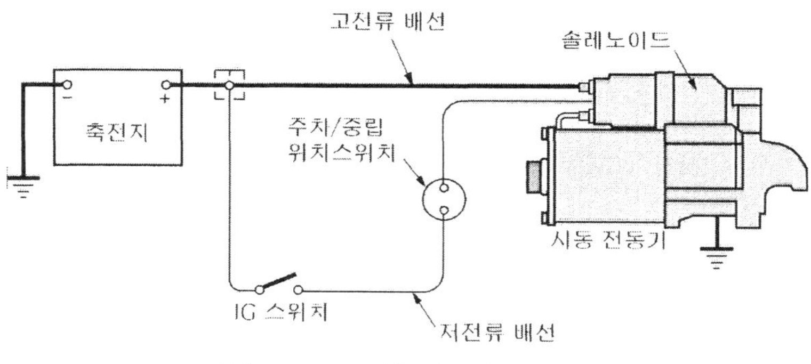

그림 11 · 57 시동 장치의 외부 결선

마그넷 스위치식이다. 그림 11·57은 마그네틱 스위치식 전동기의 회로 계통을 표시한 것이다.

〔1〕 시동 전동기의 구조

마그네틱 시프트식(마그넷 스위치식) 전동기는 다음과 같은 세 부분으로 구성된다.

(1) 전동기 부분

전동기부(회전력을 발생하는 부분)는 전기자, 계자 코일, 브러시 등의 전동기를 구성하는 주요부분을 말한다.

① **전기자** 전기자(armature)는 전기자축, 코어, 전기자 코일, 정류자로 구성되며 축의 양끝에는 베어링으로 지지되어 폴코어 사이를 회전하는 주요부이다.

② **요크 및 폴코어, 계자 코일** 요크(yoke)는 철제 원통으로 자력선의 통로가 되는 동시에 전동기 프레임이 된다. 그 안쪽면에는 계자 코일(field doil)과 폴코어(pole core)가 고정된다. 계자 코일에 흐르는 전류는 폴 코어를 강하게 자화(磁化)하여 강력한 자력선을 발생하여 시동 전동기의 회전력을 크게 하는 일을 한다.

③ **브러시와 베어링** 브러시(brush)는 4개이며 이들 가운데 2개는 절연된 홀더에 지지되어 정류자에 접촉하며, 나머지 2개는 접지된 홀더에 지지됨과 동시에 정류자에 접촉된다. 전기자 코일로 흐르는 전류는 브러시로부터 정류자를 거쳐서 흐르므로 브러시는 알맞는 스프링 장력에 의하여 정류자에 압착되면서 홀더 너를 상하 미끄럼 할 수 있어야 한다. 시동 전동기는 사용시간이 짧고 시동시 걸리는 하중이 크므로 베어링으로는 주로 부시(bush)가 사용된다.

(2) 동력 전달 기구

시동 전동기의 회전력을 기관에 전달하는 기구로서 오버러닝 클러치(overrunning clutch), 피니언 기어 등으로 구성된다.

① **오버러닝 클러치** 시동 전동기의 회전력은 피니언에 전달되어 크랭크축을 회전시키게 되는데, 피니언이 이동하여 기관을 구동할 때에 회전력을 전달하는 기구로는 오버러닝

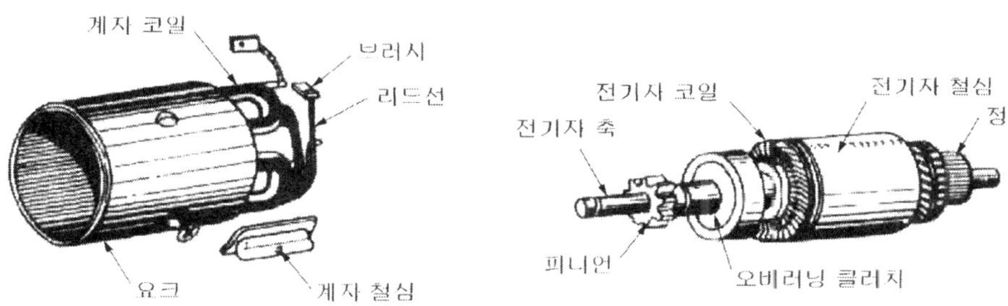

그림 11·58 전기자, 계자 철심과 계자 코일

클러치가 사용된다. 오버러닝 클러치는 기관이 시동된 다음 기관으로부터 전동기가 반대로 회전하는 것을 방지하기 위한 장치로서 전동기의 회전력은 기관으로 전달되지만, 기관으로부터 전동기로는 힘이 전달되지 않는 구조로 되어 있다. 또한 기관시동이 되지 못하여 다시 시동전동기 스위치를 넣은 경우 피니언이 정지하지 않은 상태로 다시 시동하게 되어 피니언과 링기어가 원활하게 물리지 않게 된다. 이러한 현상을 방지하기 위하여 전기자축에 제동 기구(브레이크 장치)가 붙어 있다.

오버러닝 클러치에는 롤러 클러치식과 다판 클러치식이 있다.

(a) 롤러식 오버러닝 클러치 : 롤러식 오버러닝 클러치는 보통 승용차에 많이 사용되는 방식으로 그림 11·59와 같이 피니언과 일체로 되어 있는 이너 슬리브(inner sleeve)와 아우터 슬리브(outer sleeve), 이들 두 슬리브 사이의 테이퍼형 홈에 들어 있는 4~5개의 롤러로 구성된다. 롤러는 스프링의 장력에 의하여 항상 쐐기형 홈의 좁은 쪽으로 압착되어 있어서 전기자의 회전력은 롤러를 통하여 피니언에 전달되어 기관을 구동하게 된다. 기관이 시동된 다음에는 기관의 회전 속도가 시동 전동기의 회전 속도보다 크므로 이 때는 기관이 시동 전동기를 구동하는 효과가 생긴다. 이러한 경우에는 이너 슬리브와 아우터 슬리브 사이의 쐐기형 홈에 있는 롤러는 쐐기형 홈의 넓은 공간으로 이동하게 되어 피니언만이 공전하게 된다. 따라서 기관이 시동 전동기를 구동하는 것을 방지하는 작용을 하게 된다.

(b) 다판식 오버러닝 클러치 : 다판식 오버러닝 클러치는 그림 11·60과 같이 구동 슬리브와 일체로 된 바깥쪽 원통과 피니언과 일체로 되어 있는 원통 사이에 금속으로 만든 구동 클러치판과 수동 클러치판이 서로 교대로 겹치게 들어 있는 구조를 갖는다. 기관이 시동될 때에는 구동 슬리브가 나사 스플라인에 의하여 좌측으로 추력을 발생

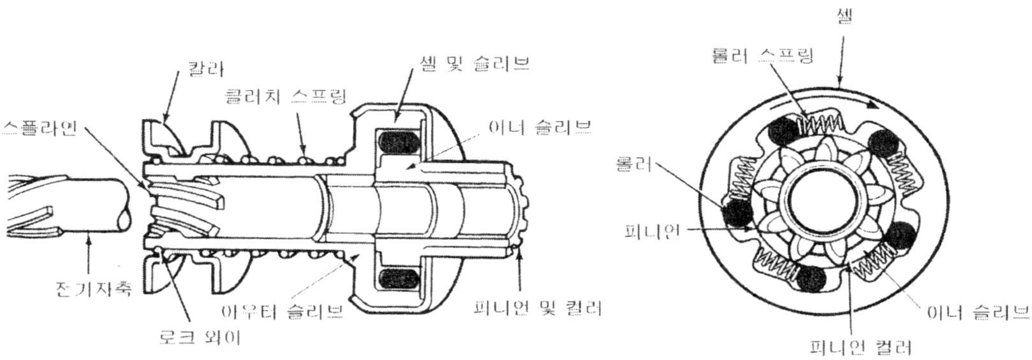

그림 11·59 롤러식 오버러닝 클러치의 구조

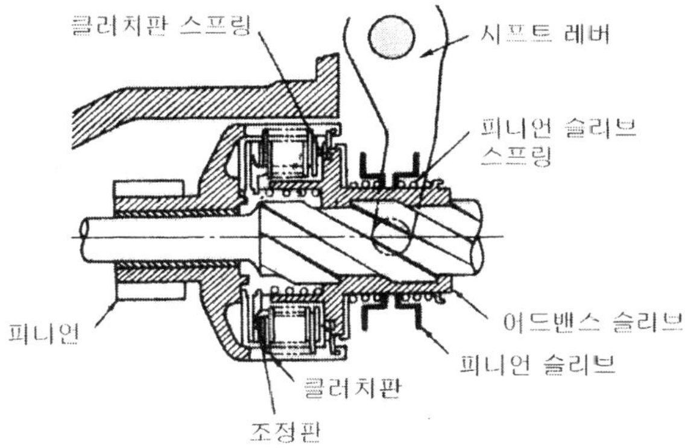

그림 11 · 60 다판식 오버러닝 클러치

하므로 구동판과 수동판이 강하게 압착되면서 시동 전동기 전기자의 회전력이 피니언으로부터 플라이휠 링기어에 전달되어 기관을 구동한다.

일단 기관이 시동된 후에는 앞에서 설명한 롤러식 오버러닝 클러치와 같이 기관이 전동기를 구동하는 결과가 되므로 나사 스플라인의 작용에 의하여 슬리브가 오른쪽으로 이동하여 구동판과 수동판의 결합이 풀리게 되어 피니언만이 공전하게 된다. 따라서 기관에 의하여 시동 전동기가 구동되는 현상이 생기지 않도록 해야 한다.

② 동력 전달 기구용 감속 장치　시동 전동기의 전기자와 피니언 사이에 감속 기어를 넣어서 전동기의 회전력을 약 3배 정도로 크게 하는 장치를 말한다.

③ 피니언을 미끄럼 이동시켜 링 기어에 물리게 하는 부분　피니언을 이동시켜 링기어에 물리게 하는 주요부는 마그네틱 스위치로 구성된다.

(3) 제동 기구

시동 스위치를 넣어 한 번에 시동되지 않아서 다시 시동 전동기 스위치를 넣은 경우 피니언이 정지하지 않은 상태로 다시 시동하게 되어 피니언과 플라이휠의 링 기어가 원활하게 물리지 않게 된다. 이러한 현상을 방지하기 위하여 전기자축에 제동 기구(브레이크 장치)가 설치되어 있다.

전기자축의 회전을 제동시키는 방식에는 기계식 브레이크가 많이 사용된다. 기계식 브레이크에는 원심식과 스프링식, 클러치식이 있다.

① 원심식 제동 기구　그림 11 · 61(a)와 같이 정류자쪽 전기자축에 핀으로 결합된 브레이크 슈(brake shoe)가 있고 이것이 전기자축과 함께 회전하게 되어 있다. 브레이크 슈는 항상 드럼에 접하여 있으므로(스프링의 힘으로 드럼 역할을 하는 엔드 커버 안쪽에 접하여 마찰 제동) 회전이 빨라지면 슈가 원심력에 의하여 확장되어 마찰 제동력이 강해

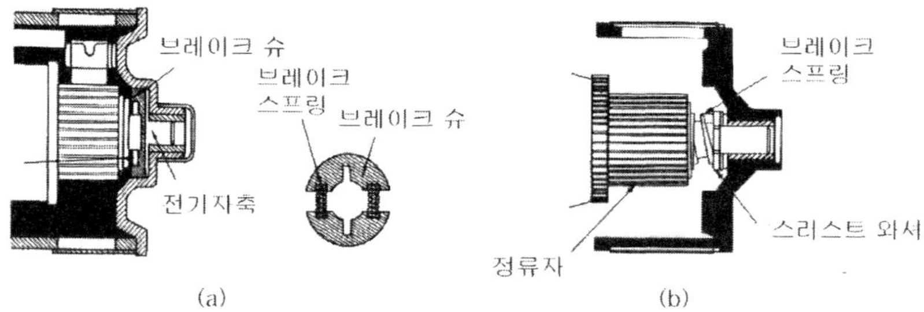

그림 11 · 61 원심식 제동 기구와 스프링식 제동 기구

진다. 이 제동 효과는 속도가 느릴수록 작게 걸린다. 스프링의 힘으로 가볍게 엔드 커버 안쪽과 마찰하여 제동 효과를 갖는다.

② **스프링식 제동 기구** 그림 11 · 61(b)와 같이 전기자축 끝에 결합되어 있는 스러스트 와셔가 스프링의 장력에 의하여 엔드 커버에 가볍게 접촉하면서 제동 효과를 갖는다.

③ **클러치식 제동 기구** 이 방식은 오버러닝 클러치 뒤쪽 끝에 있는 스플라인 튜브와 베어링 홀더 사이에 브레이크 플레이트가 설치되어 있는 구조를 갖는다. 시프트 레버가 피니언을 밀고 있을 때는 제동력이 걸리지 않으나, 시프트 레버가 원위치로 복귀하면 리턴 스프링의 장력에 의하여 베어링 홀더와 제동판이 접촉하여 제동 작용을 하게 된다.

(4) 마그넷 스위치부

마그넷 스위치는 피닌언이 링 기어에 물렸을 때 시동회로에 전류를 흐르게 하기 위하여 사용된다. 그림 11 · 62와 같이 마그넷 스위치는 플런저를 흡인하는 풀인 코일(pull in coil)과 플런저의 흡인 성능을 유지하는 홀딩 코일(holding coil), 플런저와 리턴 스프링으로 구성된다.

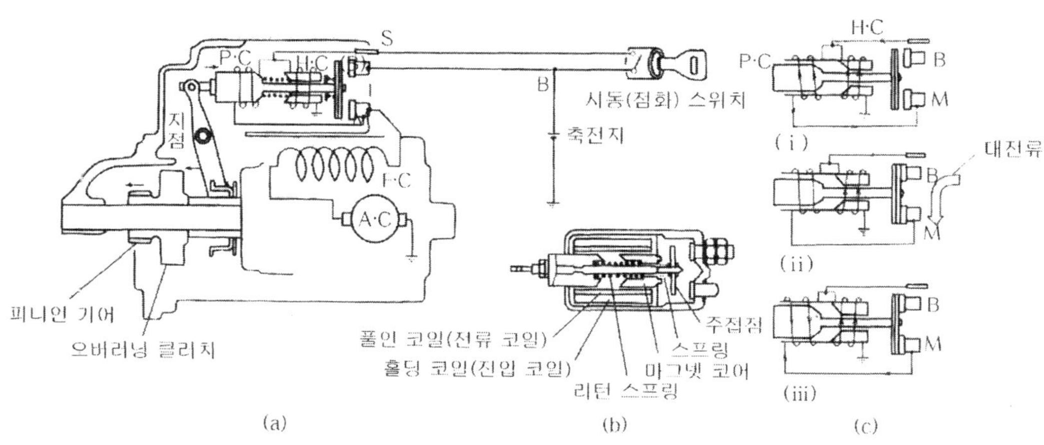

그림 11 · 62 시동 장치 기본 회로와 마그넷 스위치의 구조

플런저의 우측 끝은 시동 회로의 주전류를 개폐하는 메인 스위치가 붙어 있고, 좌측 끝은 구동레버가 연결된다.

〔2〕 시동 전동기의 작동

마그넷 스위치(슬라이딩 피니언식)식 전동기의 작동은 시동 스위치를 닫으면 그림 11·62와 같이 축전지로부터의 전류가 풀인 코일 및 홀딩 코일로 흘러서 플런저를 흡인한다. 이 때 플런저는 구동 레버를 당겨서 피니언을 링기어에 물리게 한다. 풀인 코일을 흐르는 전류는 전동기 계자코일을 거쳐서 전동기로 흐르므로 전동기는 서서히 회전하여 피니언과 링기어의 물림이 원활하게 이루어진다. 링 기어와 피니언의 물림이 완결되면 메인 스위치가 닫혀서 강력한 회전력으로 기관을 구동시킨다. 이렇게 하여 기관이 시동된 후에도 시동 스위치가 닫혀져 있는 경우에는 오버러닝 클러치가 작동하여 기관이 전동기를 구동하는 것을 방지한다. 시동 전동기 스위치가 열려 있으면 플런저는 원래의 위치로 돌아와 브레이크 장치가 작동하여 전동기는 정지하여 시동 전동기는 재시동이 가능한 상태로 된다.

〔3〕 시동 전동기의 취급상의 주의할 점

시동 전동기는 안전 사용시간이 보통 수십 초 이내이다. 따라서 시동 전동기의 연속 사용시간은 10초 이내로 하고, 시동되지 않을 때에는 시동 전동기 이외의 다른 원인(압축 압력 부족, 연료 계통, 점화 계통 등)이 있을 수 있으므로 이들을 점검한 다음 다시 시동한다.

11.7 등화 장치

등화 장치(燈火裝置; lighting system)는 조명용, 지시용, 신호용, 경고용, 장식용 등 여러 가지가 있으며, 각기 목적에 따라서 램프, 배선, 퓨즈, 스위치 등이 조금씩 다르다.

11.7.1 자동차에 사용되는 등화의 종류

〔1〕 조명용 등화

① 전조등(헤드램프, headlamp, headlight) 야간 안전 주행을 위한 조명등이다.

② 안개등(fog lamp) 안개 속에서 안전주행을 위한 조명등이다.

③ 실내등(room lamp) 차실 내의 조명을 위한 등화이다.

④ 후퇴등(back-up lamp) 변속 레버를 후퇴 위치에 놓으면 점등하여 후퇴할 방향을 밝혀주는 등화이다.

⑤ 계기등(dashboard lamp) 계기 패널의 조명용 등화이다.

〔2〕 지시용 등화

① 차폭등(clearance lamp) 차폭을 지시하는 등화이다.

② 주차등(parking lamp) 주차를 지시하는 등화이다.

③ 미등(tail lamp) 차의 후부를 지시하는 등화이다.

④ 번호등(license lamp) 번호판을 조명하는 등화이다.

〔3〕 신호용 등화

① 방향지시등(turn signal lamp) 차의 좌회전, 우회전을 지시하는 등화이다.

② 제동등(stop lamp) 풋 브레이크를 걸었음을 나타내는 등화이다.

〔4〕 경고용 등화

① 유압등(oil warning lamp) 유압 장치 내의 압력이 규정 이하이면 점등되어 경고한다.

② 연료등(fuel level warning lamp) 연료량이 규정 이하로 되면 점등되어 경고한다.

③ 충전등(charge warning lamp) 축전지에 충전하고 있지 않을 때 점등되어 경고한다.

〔5〕 장식용 등화

① 장식등 트럭이나 버스의 상부를 장식하기 위한 등화이다.

11.7.2 조명 용어

조명 용어(照明用語)에는 빛의 양, 빛의 세기, 빛의 분포 등을 나타내는 용어로 다음과 같은 것들이 있다.

〔1〕 광도

같은 전구를 사용하여도 반사경을 이용하면 어느 방향의 밝기는 더 밝아지는데 이것은 그 방향으로 향하는 광속(광속)의 수가 많아지기 때문이다. 이와 같이 어느 방향으로 조사되는 빛의 세기를 광도(光度)라 한다. 광도의 단위는 칸델라(candela, cd)로 나타낸다.

〔2〕 조도

같은 전구를 사용하여도 장소에 따라 빛의 밝기는 달라진다. 예로서 전구에 가깝게 있는 곳은 밝고, 먼 곳은 어둡게 된다. 조도(照度)란 피조면(被照面)의 밝기를 나타내는 말로서 럭스(lux, lx)로 나타낸다. 피조면의 조도는 광원의 광도에 비례하고 광원으로부터 거리의 2승에 반비례한다.

광원으로부터 r(m) 떨어진 광의 방향으로 수직한 피조면의 조도 E(lx)는 그 방향 광원의 광도를 I(cd)라 하면

$$E = \frac{I}{r^2} \text{ (lx)}$$

가 된다.

11.7.3 전조등

〔1〕 전조등의 종류

전조등(前照燈, head lamp)의 종류는 실드 빔형(sealed beam type)과 세미실드 빔형(semi-sealed beam type)이 있다.

① 실드 빔형　그림 11·63 (a)와 같이 반사경에 필라멘트를 붙여서 이것에 렌즈를 용착시킨 구조를 가지며 내부를 진공으로 만든 다음 불활성 가스를 봉입한 것으로서 전체가 하나의 전구로 된다.

② 세미실드 빔형　그림 11·63 (b)와 같이 렌즈와 반사경은 일체로 되어 있으나 램프의 전구만은 독립되어 있어서 뒤에서 교환할 수 있도록 만들어져 있다.

〔2〕 전조등의 기능

전조등은 법령에 규정된 밝기를 가져야 하며 차가 서로 마주보고 교행하는 경우에는 광도를 조절하여 교행하는 상대방 차의 진행을 방해하지 않는 밝기와 조사 방향을 낮출 수 있는 구조라야 한다.

이러한 이유 때문에 전조등에는 주주행용(하이 빔용) 필라멘트와 교행용(로 빔용) 필라멘트가 있으며, 각각 반사경으로 반사되어 주주행용 빔 또는 교행용 빔으로 바뀌게 된다.

필라멘트의 배치는 주주행 빔 필라멘트는 초점(焦點)의 위치에 있고, 교행빔용 필라멘트는 초점보다 약간 위의 위치에 놓여 있다. 그러므로 주주행 빔 필라멘트에 전류가 흐르면 주주행 빔은 거의 평행한 광선으로 되며 렌즈에 의하여 좌우르는 넓게 조사되고 상하로는

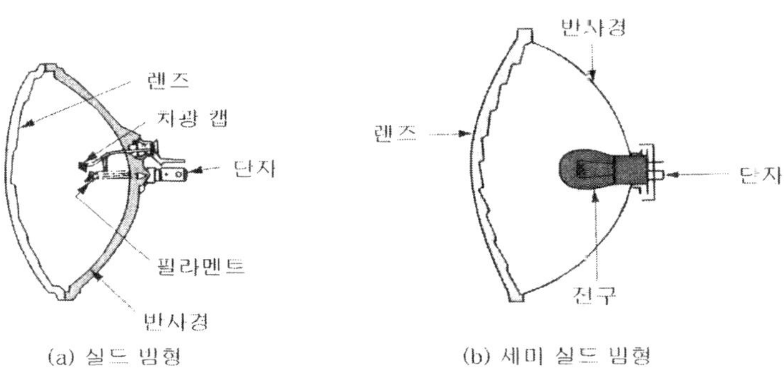

그림 11·63 전조등

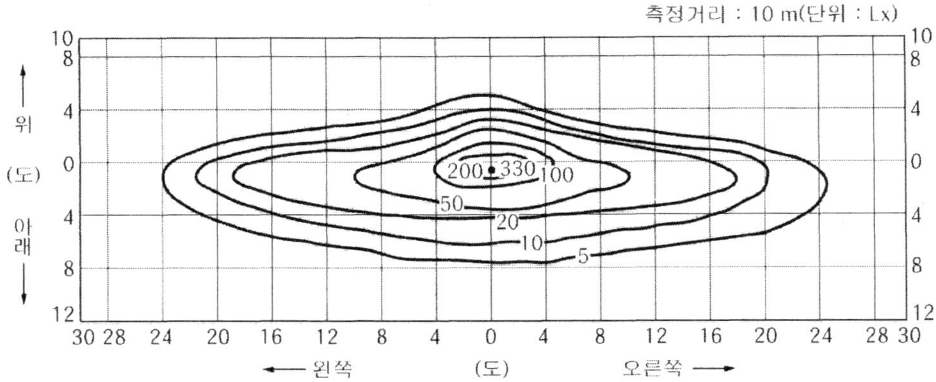

(a) 주행용 빔

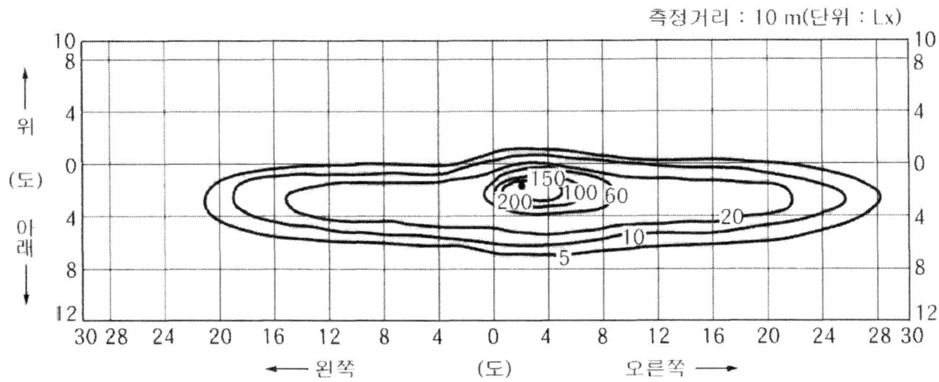

(b) 교행용 빔

그림 11 · 64 배광 특성

좁게 배광되어 방사된다.

교행 빔 필라멘트에 전류가 흐르면 대향하는 차에 눈이 부시지 않도록 배광은 전체적으로 오른쪽으로 기울며 빛은 아래쪽으로 많이 방사된다. 전조등에는 등의 배치에 따라 2등식 전조등과 4등식 전조등이 있다.

그림 **11 · 64**는 전조등의 배광 특성을 나타낸 것이다.

〔3〕 할로겐 전조등

(1) 할로겐 전조등의 구조

할로겐 전조등은 그림 **11 · 65**와 같이 전구관 속에 할로겐 원소를 봉입하여 할로겐 사이클 작용이 일어나도록 고안된 전구로 고온에서 텅스텐의 흑화현상(黑化現象)을 방지하여 전구 수명이 다할 때까지 소정의 밝기를 유지할 수 있는 전조등이다.

필라멘트 표면에서 증발한 텅스텐이 전구관 속에 떠다니다가 온도가 낮은 관 벽 부근에서

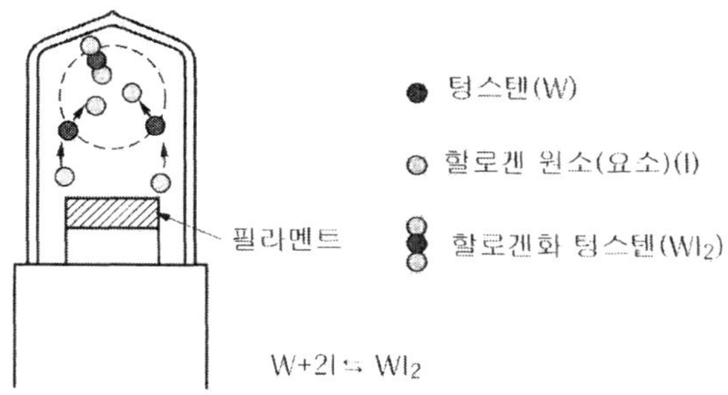

그림 11·65 할로겐 전조등

할로겐 원소와 결합하여 할로겐화 텅스텐이 된다. 이것이 높은 온도의 필라멘트 부근에서 할로겐 원소와 텅스텐으로 분해하여 텅스텐은 필라멘트에 붙게 되어 부유 텅스텐에 의한 흑화현상을 방지할 수 있다. 이와 같이 고온에서 증발한 텅스텐이 할로겐화 텅스텐이 되었다가 필라멘트 부근(고온부)에서 텅스텐이 분리되어 필라멘트에 부착되는 현상을 할로겐 사이클이라 한다.

할로겐 사이클 과정의 반응식은 다음과 같다.

$$W + 2I \leftrightarrow WI_2 \qquad (11 \cdot 1)$$

할로겐 전조등을 일반적인 백열전구에 비교하면 다음과 같은 특징이 있다.

(2) 할로겐 전조등의 특징

① 증발 텅스텐에 의한 흑화현상이 없으므로 밝기가 변화하지 않는다.

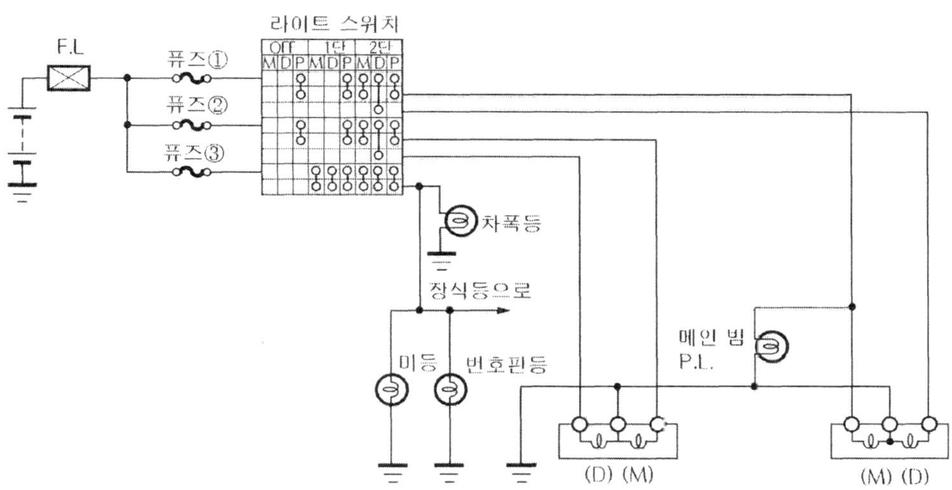

그림 11·66 전조등의 전기 회로의 보기

② 전조등의 색온도가 높으므로 광도가 높은 백색광을 갖는다.

③ 로 빔(low beam)용 필라멘트 아래에 차광판을 두어 위로 향하는 반사광이 없으므로 대향차에 대한 현혹을 방지할 수 있다.

④ 빛의 확산각이 크므로 도로표지나 노견(路肩) 위의 장애물 확인이 용이하다.

⑤ 노면조도가 균일한 배광특성을 갖는다.

(4) 전조등의 전기 회로

전조등의 전기 회로는 그림 11 · 66과 같이 전조등에 점등하는 라이트 스위치, 디머 스위치, 퓨즈 등으로 구성되며, 왼쪽과 오른쪽의 전조등은 각각 병렬로 접속되어 있다. 라이트 스위치는 보통 2단계로 작동하게 되어 있으며 스위치를 바꾸면 2단계로 바뀌어진다. 디머 스위치는 주행 빔과 교행 빔으로 바꾸는 스위치로서 방향 지시기 스위치 레버 내부에 조립되어 있다.

11.7.4 미등, 제동등, 번호등, 후퇴등

(1) 미등

미등(尾燈; tail lamp)은 미등으로만 사용되는 단독식의 미등과 제동등과 겸용하는 겸용식 미등이 있다. 겸용식의 전구(lamp bulb)는 그림 11 · 67과 같이 1개의 전구관(벌브) 내에 2개의 필라멘트가 설치된 것으로서 와트수가 작은 쪽이 미등이고, 와트수가 큰 것이 제동등이다. 또한 미등은 전구 외에 적색 렌즈와 반사경으로 구성되며 빗물이나 세차시에 물이 들어가지 않도록 방수구조로 되어 있다.

한편 미등의 전기회로는 라이트 스위치의 작동으로 점멸하며 왼쪽과 오른쪽의 미등은 각각 병렬로 접속되어 안전성이 확보되도록 하고 있다.

(2) 제동등

제동등(stop lamp)은 미등과 같이 단독식과 겸용식이 있으며 각각 법규에 정해진 밝기를 갖는 구조이어야 한다. 제동등은 주제동 장치와 연동하여 켜지거나 꺼지므로 스위치는 그림

그림 11 · 67 겸용식 미등의 구조

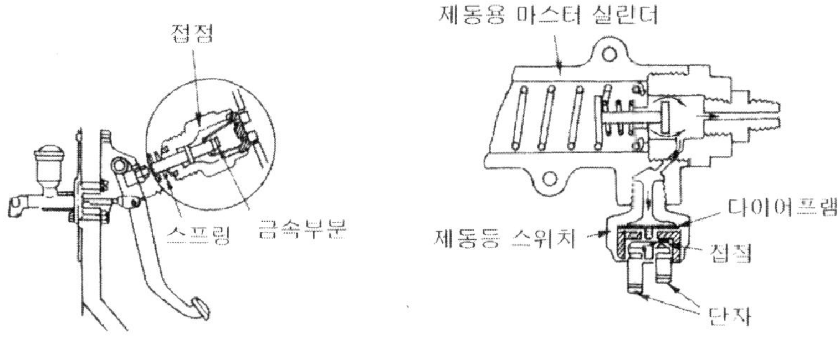

(a) 기계식 (b) 전기식

그림 11 · 68 제동등 스위치

11 · 68과 같이 기계식과 유압식이 있다.

① 기계식 제동등 스위치　기계식 스위치는 브레이크 페달을 밟으면 기계적인 접점이 작동하여 점등되는 구조로 되어 있다.

② 유압식 제동등 스위치　유압식 스위치는 마스터 실린더의 유압으로 다이어프램을 밀어올려서 접점이 닫히게 하여 점등하는 구조로 되어 있다. 제동등의 스위치는 그림 11 · 68과 같은 구조로 되어 있다.

〔3〕 번호판등

번호판등(license plate lamp)은 번호판의 설치 위치나 자동차의 모양에 따라서 번호판의 위 · 아래 또는 번호판의 왼쪽 · 오른쪽으로부터 번호판을 밝혀주는 램프로서 법규에 정해진 밝기를 가져야 한다.

〔4〕 후퇴등

후퇴등(back-up lamp)은 변속기의 기어를 후진으로 넣으면 작동하는 램프로서 리어범퍼 또는 프레임에 설치하는 방식이 있다.

〔5〕 방향 지시등

(1) 방향 지시등의 구조

방향 지시등(turn signal lamp)은 자동차의 진행 방향을 나타내는 안전상 매우 중요한 램프이다. 방향 지시등은 자동차의 주행 안전성의 확보를 위하여 다음과 같은 요건을 갖추어야 한다.

(a) 운전석에서 방향 지시등의 신호를 확인할 수 있을 것

(b) 점멸식 방향 지시등의 경우에는 점멸하는 주기가 일정할 것

(c) 운전석에서 방향 지시등 회로의 이상을 용이하게 확인할 수 있을 것

방향 지시등의 종류는 점멸 작동 원리에 따라서 다음과 같이 분류된다. 방향 지시등은 하나의 유닛으로서 비상 경고등과 방향 지시등을 겸용한 방식이 많고 지금까지는 주로 축전기 릴레이식, 세미 트랜지스터식, 수은식 등이 사용되었으나 현재는 IC를 사용한 IC식이 일반적이다.

(2) 방향 지시등의 작동

① 스위치 OFF일 때 그림 11 · 69에서 점화 스위치를 ON으로 하면 트랜지스터 Tr_3는 ON으로 되나 트랜지스터 Tr_1, Tr_2는 OFF인 상태로 릴레이는 작동하지 않으므로 램프는 점등하지 않는다.

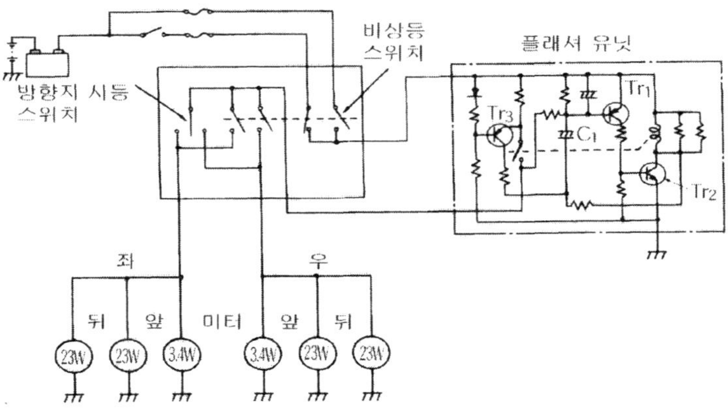

그림 11 · 69 방향 지시등의 회로

② 스위치 ON일 때 방향 지시등 스위치를 우측 또는 좌측으로 ON하면 그림 11 · 70 (a)의 경로 ①에서 Tr_1이 ON으로 되고, Tr_2도 ON으로 되어 릴레이 코일이 여자되어 접점이 닫히고 방향 지시등이 점등된다. 또 Tr_2가 ON으로 됨에 따라 축전기 C_1이 ②의 경로로 충전

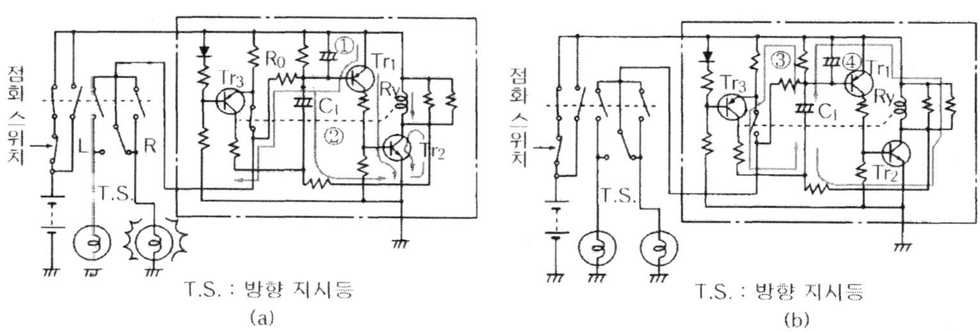

그림 11 · 70 방향 지시등의 작동

을 시작한다.

한편 이 때 R_0에는 부하 전류가 흐르므로 Tr_3는 ON으로 되지 않는다. C_1의 충전이 진행되면 Tr_1의 베이스 전위가 올라가고 Tr_1이 OFF로 된다. 따라서 Tr_2가 OFF로 되고 Ry접점이 열려 램프는 소등된다. Tr_2가 OFF로 되면 C_1은 그림의 (b) ③, ④의 경로로 방전이 시작된다. 이 방전이 완료할 때까지 램프는 소등을 계속하며, 축전기의 방전이 완료되면 Tr_1을 통하여 ①의 경로로 전류가 흘러 다시 Tr_2 및 Ry가 ON으로 되어 램프는 점등한다. 이상의 동작을 반복하여 점멸한다.

이들 중에서 전자 열선식, 수은식, 바이메탈식, 전동기식, 시계식 등은 내구 및 내진성, 가격 등에 문제가 있어서 거의 사용되지 않는다. 여기서는 축전식의 원리에 대하여 설명하기로 한다.

〔6〕 비상 점멸 표시등

비상 점멸 표시등은 앞에서 설명한 방향 지시등용 램프를 비상시의 신호로 사용하는 것으로서 등화의 색, 점멸횟수 등은 관련 기준으로 정해져 있다.

11.8 경음기 · 미러

11.8.1 경음기

〔1〕 경음기의 종류

경음기는 교통상의 안전을 위하여 경고음을 발생하는 장치이다. 승용차에서는 전기식 경음기(magneic horn)가 사용되고 대형차에서는 공기식 경음기(air horn)가 같이 사용된다.

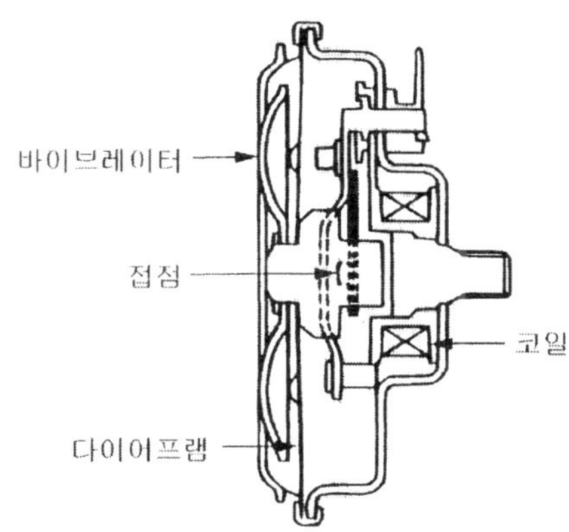

그림 11 · 71 전기식 경음기

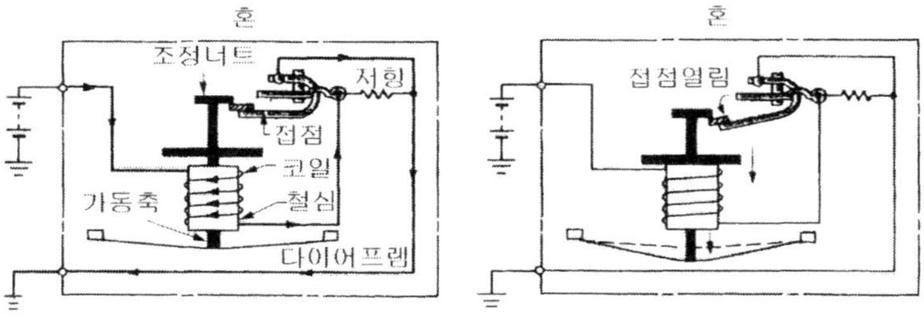

그림 11 · 72 전기식 경음기의 회로

전기식 경음기는 그림 11 · 71과 같이 바이브레이터, 다이어프램, 코일, 접점으로 구성되어 있다. 이 방식의 경음기는 전자석 코일에 흐르는 전류를 단속함에 따른 다이어프램과 바이브레이터의 진동으로 바꾸어 주기 위하여 전류 단속용 접점이 마련되어 있다. 접점에는 병렬로 저항 또는 축전기가 연결되어 있어서 접점이 단속하는 사이에 생기는 전기 불꽃을 막아주는 일을 한다.

〔2〕 경음기의 작동원리

혼의 작동을 설명하면 다음과 같다. 조정 너트 및 가동판은 가동축을 통하여 다이어프램에 고정되어 있어서 일체로 작동한다. 전류가 코일, 접점, 어스로 흘러 철심이 전자석이 되면 가동판을 아래로 흡인한다. 따라서 다이어프램을 아래로 민다. 이 때 접점은 조정 너트에 의해 개방되므로 전류가 흐르지 않게 되고 전자석의 자력이 소멸되어 다이어프램의 복원력에 의하여 원위치로 돌아간다. 다이어프램이 원위치로 돌아가면 접점이 닫히고 다시 전류가 흐른다. 이 반복 작용에 의하여 다이어프램과 바이브레이터를 진동시켜 적절한 음량, 음질로 경고음을 발생한다.

일반적으로 경음기의 전기 회로는 전자석과 가동 접점으로 구성된 경음기 릴레이를 가지고 있다. 전자석 코일에 흐르는 전류를 경음기 버튼으로 단속하면 가동 접점이 흡인되어 경음기와 축전지가 직결되어 경음기는 소리를 내게 된다.

11.8.2 미러

미러(mirror)는 아우터 미러(outer mirror)로서 도어에 붙이는 도어 미러(door mirror)와 펜더(fender)에 붙이는 펜더 미러(fender mirror)가 있다. 한편 실내용 미러(inside mirror)로는 룸 미러(room mirror)가 있다. 아우터 미러에는 미러의 각도 조정을 차실 안에서 원격 조정할 수 있는 수동 및 전동 미러가 있다.

11.9 윈드실드 와이퍼 및 윈드실드 와셔

11.9.1 윈드실드 와이퍼

윈드실드 와이퍼(windshield wiper)는 비나 눈이 올 때 운전자의 시야를 확보하기 위하여 유리면의 빗물이나 눈 등을 닦아주는 장치이고, 윈드실드 와셔는 유리면에 세정액을 분사하는 것으로서 안전 운전에 필수적인 장치이다. 윈드실드 와이퍼는 전기에너지를 이용하는 전기식이 사용된다.

〔1〕 와이퍼 블레이드

와이퍼 블레이드(wiper blade)는 그림 11 · 73과 같은 모양을 갖는 고무로 되어 있으며 와이퍼 암과 플로팅 블레이드로 구성되어 있다.

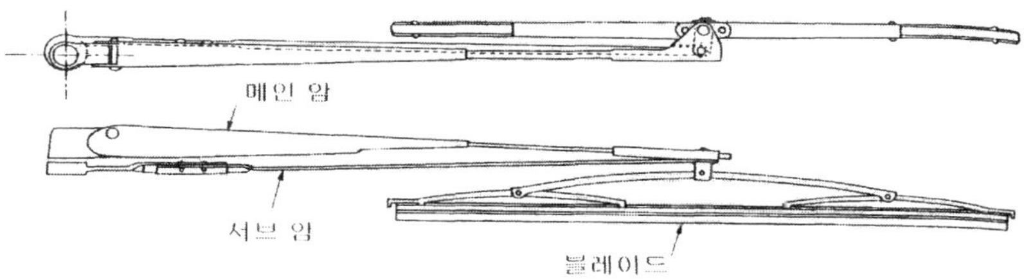

그림 11 · 73 윈드실드 와이퍼

〔2〕 링크 기구

와이퍼 전동기가 크랭크 암에 연결된 링크 로드가 왕복 운동하여 세그먼트 암이 피벗 축을 중심으로 부채꼴 모양으로 작동한다. 와이퍼는 전동기의 고속, 저속 변환 외에 와이퍼 스위치를 OFF하였을 때 와이퍼 블레이드가 원위치로 돌아오는 자동 정위치 장치를 가지고 있다.

〔3〕 전동기

전동기의 회전 속도는 4000～5000 rpm이고 이 회전을 웜과 웜 기어에 의하여 1/90～1/100로 감속한다.

와이퍼는 전동기 본체와 전동기의 회전을 감속하는 기어 장치로 구성되어 있다. 기어 케이스 내부에는 그림 11 · 74와 같이 자동 정위치 정지 장치가 조립되어 있다. 이 장치는 와이퍼의 스위치를 끊은 경우 블레이드가 언제나 유리 하단에서 정지되도록 하는 장치이다.

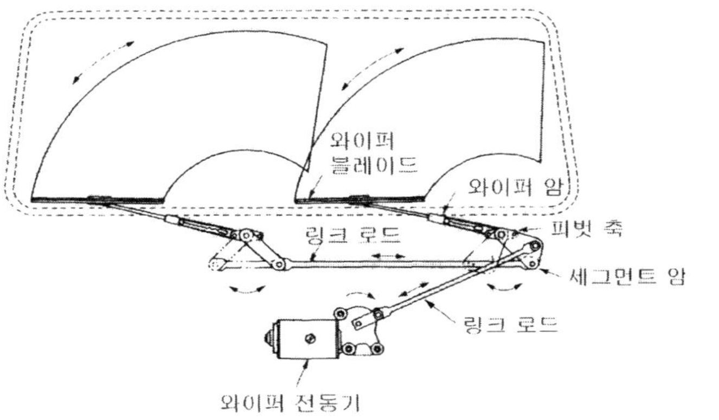

그림 11 · 74 와이퍼의 구성

11.9.2 윈드실드 와셔

윈드실드 와셔(windshield washer)는 창을 닦는 데 사용하는 세정액을 펌핑하여 앞 창유리에 분출시키는 장치로서 세정액 저수 탱크, 펌프, 펌프 구동 전동기, 노즐 및 호스 등으로 구성되어 있다. 노즐에는 구멍이 1개인 단공식과 구멍이 2개인 복공식이 있다.

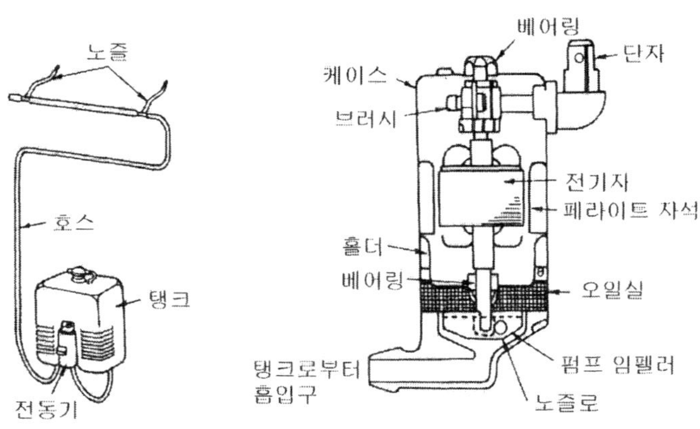

(a) 윈드실드 와셔의 구조 (b) 모터 및 펌프

그림 11 · 75 윈드실드 와셔

11.10 파워 윈도 레귤레이터

파워 윈도 레귤레이터(power window regulator)는 전동기에 의하여 창유리를 위로 올리거나 아래로 내리는 기구로서 전동기의 힘을 전달하는 방식에는 기어식이 사용된다. 기어식은 전기 스위치를 넣으면 전동기가 회전하고, 이 회전은 웜 및 웜 기어에 전달되어 창유리 상하 기구를 작동시켜서 유리를 올리거나 내리는 기능을 하게 된다

11.11 계기류

자동차의 주행을 원활하게 하고 또 교통의 안전을 도모하기 위한 각종 계기에는 속도계, 전류계, 유압계, 연료계, 수온계 등이 있다. 자동차용 계기는 일반적인 측정기와 달리 일종의 표시기이며, 다음과 같은 조건을 갖추어야 한다.

(a) 구조가 간단하고 내구성과 내진성이 있어서 가혹한 운전 조건에서도 견고해야 한다.
(b) 소형이면서도 가벼워야 한다.
(c) 계기의 지시가 확실하고 안정되어야 한다.
(d) 계기눈금이 읽기 쉬어야 한다.
(e) 계기의 형태나 그 모양이 장식적인 면도 고려되어야 한다.
(f) 가격이 저렴해야 한다.

11.11.1 스피도미터

스피도미터(speedometer)는 자동차의 1시간당 빠르기를 나타내는 계기로서 일반적으로 속도 지시계와 총 주행 거리를 적산하여 나타내는 적산계(積算計; total counter), 적산 거리를 수시 0으로 되돌릴 수 있는 구간 거리계(區間距離計; trip counter), 속도 경보 장치 등이 조합된 구조로 되어 있다. 스피도미터의 속도를 나타내는 방법에는 아날로그식과 디지털식이 있다.

〔1〕 아날로그식 스피도미터

아날로그식은 그림 11 · 76과 같이 자석(磁石)의 흡인력을 이용하여 속도를 지시하는 자석식과 차속 센서를 사용하여 그 신호(펄스)를 이용하여 지침을 움직이는 전기식이 있다.

〔2〕 디지털식 스피도미터

디지털 스피도미터는 그림 11 · 77과 같이 속도를 형광표시관이나 발광다이오드, 액정

그림 11 · 76 스피도미터와 연료계 및 수온계

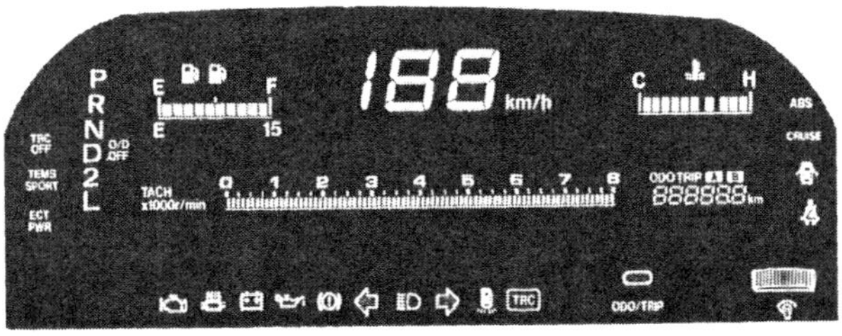

그림 11 · 77 디지털식 미터의 보기

(液晶) 등을 사용하여 수치로 나타내는 방식으로 속도를 직접 아라비아 숫자로 표시하므로 속도 인지가 용이한 특징이 있다.

이 방식의 장점을 열거하면 다음과 같다.

(a) 속도를 읽는 데 요하는 시간이 아날로그식보다 짧다.

(b) 속도를 읽을 때 오차가 적다.

(c) 전자표시이므로 가동부분을 사용하는 경우에 비하여 신뢰성이 높다.

디지털 스피도미터는 차속 센서와 스피도미터 유닛으로 구성된다. 차속 센서는 자기 저항 소자(磁氣抵抗素子)를 사용한 형식이나 포토 트랜지스터를 사용한 형식이 사용된다. 스피도미터 유닛은 마이크로 컴퓨터, IC 및 표시부로 되어 있으며 차속 센서로부터 감지한 펄스신호에 대응하는 속도를 표시한다.

〔3〕 속도계의 속도 검출

속도의 검출은 변속기의 출력축의 회전을 스피도미터 케이블을 통하여 차속 센서에 전하는 것과 직접 변속기에 붙어 있는 것이 있다.

(1) 광전식

광전식은 그림 11 · 78과 같이 광전 다이오드와 포토 트랜지스터를 대향하여 조립한 포토 커플러와 스피도미터 케이블에 의하여 구동되는 차광판(날개차)에 의하여 펄스 신호를 발생시킨다. 펄스신호는 차속에 비례하여 증감하므로 시간당 펄스 수로부터 속도를 검출한다.

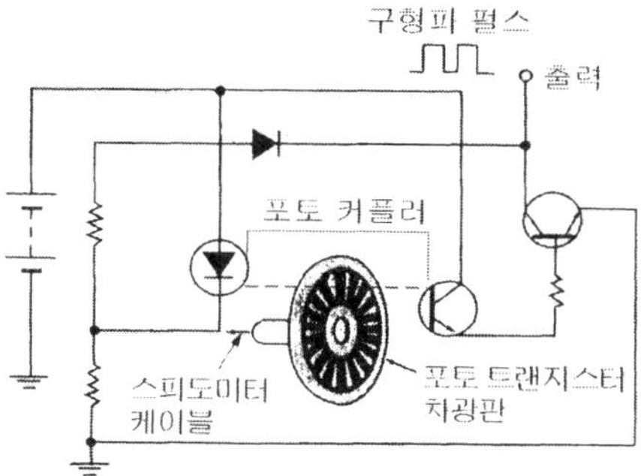

그림 11 · 78 광전식 속도 센서

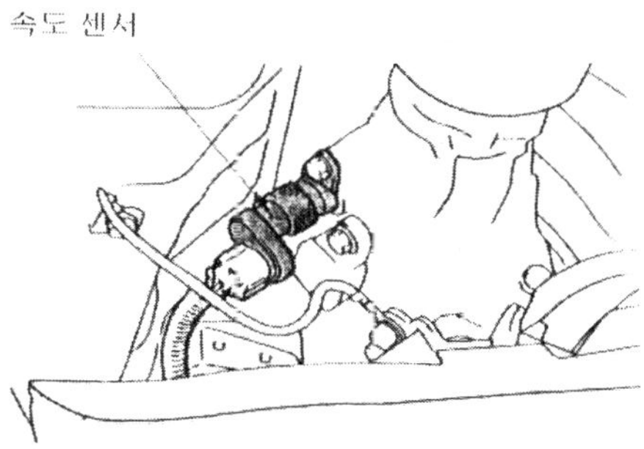

그림 11 · 79 MRE식 속도 센서

(2) MRE식

자기 저항 소자(magneto resistance effect, MRE)는 그림 11 · 79와 같이 자기 저항 효과(반도체에 자계를 가하면 전기 저항이 변하는 현상)을 이용하는 소자이다. 자기 저항 소자식 센서는 변속기 출력축에 설치하여 피동기어를 통하여 구동된다. 속도 센서 내부는 MRE를 내장한 IC와 마그넷 링으로 구성된다. 마그넷 링은 속도에 대응한 회전수토 회전한다. 자력선의 방향은 마그넷 링에 자화된 4극의 자석의 회전에 따라서 변화하고 소자의 출력은 마그넷 링 1회전에 4주기의 교류 파형이 된다. 이것을 신호 구형파로 하여 컴비네이션 미터에 출력한다.

(3) 자석식

그림 11 · 80과 같이 자석의 흡인력을 이용하는 방식으로서 회전축붙이 마그넷, 지침붙이 로터, 토크를 조정하는 헤어 스프링, 눈금판, 카운터, 카운터를 구동하는 특수 기어 등으로 구성된다. 마그넷의 구동은 변속기 출력축에 조립된 웜 기어 및 스피드 기어 케이블에 의하여 이루어지며, 속도계 지시는 마그넷이 회전하면서 발생하는 로터의 토크와 헤어 스프링의 제동력과의 평형에 의하여 주행 속도가 눈금판에 표시된다.

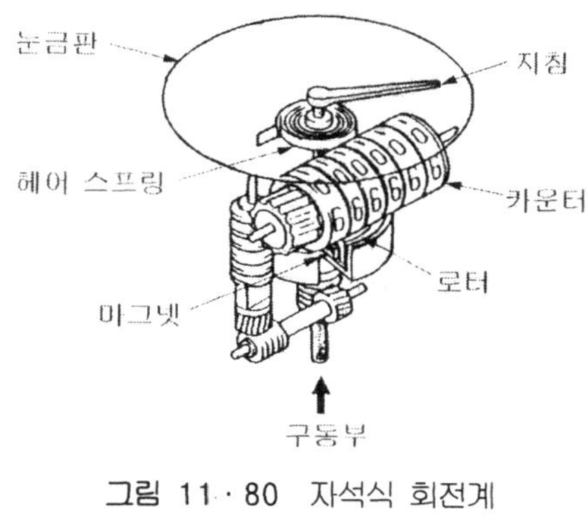

그림 11 · 80 자석식 회전계

〔4〕 적산계(또는 적산 거리계) 및 트립 카운터(트립미터)

스피도미터의 회전축은 속도계를 검출하는 외에 주행 거리를 기록하는 적산계를 구동시킨다. 적산계는 전 주행 거리를 표시하는 것과 하루의 거리 또는 임의의 주행 거리를 나타내고 0으로 되돌릴 수 있는 트립미터(trip meter)가 있다.

〔5〕 속도 경보 장치

자동차의 속도가 일정 속도 이상이 되었을 때 운전자에게 경보하는 장치로서 경보는 부저 등으로 소리를 내어 경보하도록 되어 있다.

11.11.2 기관 회전계

기관 회전계(tachometer)는 1분간의 회전 속도를 아날로그 또는 디지털로 나타내는 계기이다. 작동원리에 따라 분류하면 속도계와 같이 자석의 흡인력을 이용하는 자석 회전식, 기관 회전의 일부로 발전기를 돌려 발생한 전류로 회전을 나타내는 발전기식, 전기 신호를 회전수로 변환하는 펄스식이 있다.

〔1〕 발전기식 회전계

이 방식은 그림 11 · 81과 같이 회전계부와 발전기부로 구성되며, 발전기는 교류 발전기와 동일한 구조를 갖는다. 기관이 회전하여 로터가 회전하면 회전 속도에 비례하는 전압이 스테이터 코일에 발생하는 구조로 되어 있다.

기관이 회전하여 로터가 회전하면 스테이터 코일에 교류가 발생하고, 이것을 다이오드에서 정류하여 미터부로 보내어 바늘을 움직이게 한다. 발전기에서 발생하는 전압의 세기는 기관 회전 속도에 비례하므로 눈금을 회전수로 나타내면 회전수를 측정할 수 있다.

〔2〕 자석 회전식 회전계

기본 원리는 자석 회전식 스피도미터의 원리와 같으며 미터 케이블이 기관 쪽에 접속되어

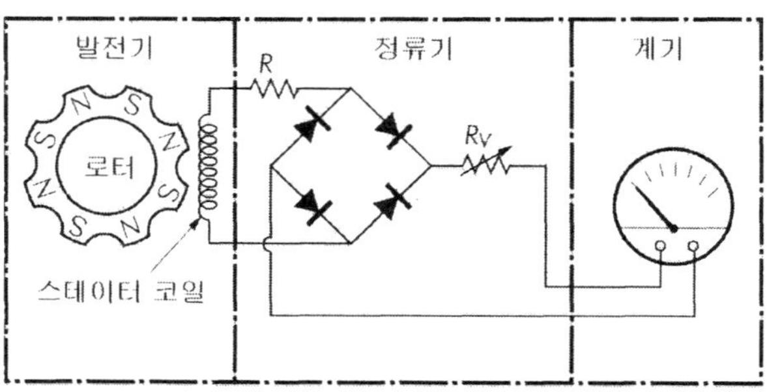

그림 11 · 81 발전기식

기관의 회전수를 지시한다. 따라서 순간 가속 또는 회전수 변동에 대한 추종성이 나쁘지만, 구조가 간단하여 2륜차에 널리 쓰인다.

〔3〕 펄스식 회전계

가동 코일형 전류계와 펄스 회로로 구성되며, 기관의 회전 신호는 점화 코일 (−) 단자로부터 얻고, 점화 코일 (−) 단자의 발생 전압을 IC회로에 펄스 신호로 입력하여 입력 펄스당 일정 전류의 펄스를 만든 다음 이것을 가동 코일식 전류계로 공급한다. 전류계에서는 펄스를 평균화하여 평균 전류치를 지시하여 회전수로 나타낸다.

11.11.3 전류계

전류계(電流計; ammeter)는 자동차의 축전지로부터 방전되는 전류의 크기 또는 발전기로부터 충전되는 전류의 크기를 나타내는 계기이다. 그러므로 계기의 눈금은 0을 중심으로 하여 우측 눈금이 충전 상태를 나타내고, 왼쪽의 눈금은 방전 상태를 나타낸다. 따라서 충전과 방전은 바늘의 움직이는 방향을 보아서 판단하고, 전류의 크기는 바늘이 움직인 양을 보아서 알 수 있다.

전류계의 구조는 그림 11 · 82와 같이 자석과 지침이 붙어있는 가동 철편으로 구성된다. 코일에 전류가 흐르지 않을 때는 가동 철편은 자석의 자속에 의하여 평형되어 있으므로 지침을 눈금판의 중앙(0위치)에 정지하도록 하는 작용을 한다. 또한 전자석은 충전 전류가 흐르면 자석의 자속과 직각 방향으로 자속이 생긴다. 그림의 11 · 82 (b)와 같이 가동 철편을 0위치 머물게 하려는 자속과 90° 회전시키려는 힘이 합성된 방향으로 움직여서 충전 또는 방전 전류를 나타내게 된다.

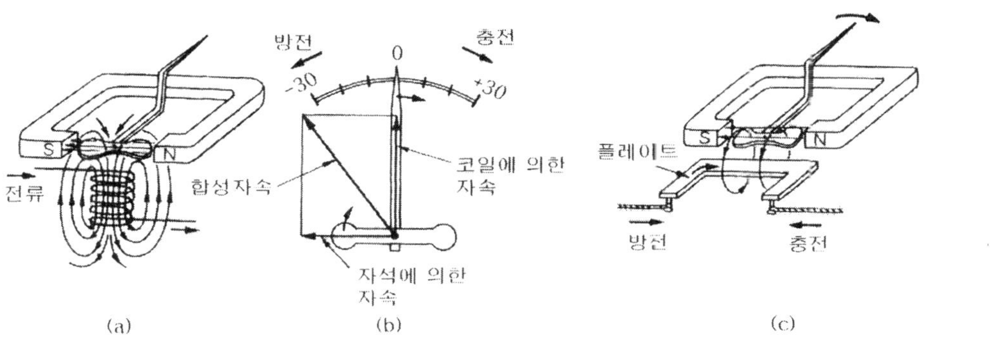

그림 11 · 82 전류계의 구조와 작용

11.11.4 연료계, 유압계, 수온계

연료계(燃料計; fuel gauge)는 연료 탱크 속에 들어 있는 연료의 양을 지시하는 계기이고, 유압계는 윤활유의 압력을 지시하며, 수온계는 냉각수 온도를 지시하는 게이지이다.

이들 계기는 각각 연료 장치, 윤활 장치, 냉각 장치에서 다루었으므로 여기서는 생략하기로 한다.

익힘문제

1. 자동차용 전장품의 종류와 특징에 대하여 설명하라.
2. 축전지 충전 및 방전 작용에 대한 화학 반응식을 쓰고 설명하라.
3. 전해액(electrolyte) 비중은 온도에 따라 변화하므로 측정시의 비중으로부터 20℃의 상태로 환산식을 쓰고 설명하라.
4. 전해액의 온도가 4℃에서 측정한 비중이 1.230이라면 표준 온도 20℃일 때의 비중은 얼마인가?
5. 축전지 점화 장치의 구조와 작용에 대하여 설명하라.
6. 다음 용어를 설명하라.
   (1) 자기 유도
   (2) 드웰각(dwell angle)
   (3) 축전지의 용량표시
   (4) 원심식 진각
   (5) 옥탄 셀렉터
7. 트랜지스터 점화법의 원리와 작동에 대하여 설명하라.
8. DLI시스템, CDI 점화 방식에 대하여 설명하라.
9. 점화 플러그의 구조와 작용을 상술하라. 충전 장치의 구조와 기능에 대하여 설명하라.
10. 시동 장치의 구성과 작동 원리를 설명하라.
11. 시동 시스템의 동력 전달 과정에 대하여 설명하라.
12. 다음 등화에 대하여 설명하라.
   (1) 헤드램프의 구조와 회로

(2) 미등 및 제동등의 구조
(3) 방향 지시등 회로
(4) 경음기의 원리와 회로
(5) 윈드실드 와이퍼의 구조와 작동

13. 회전계의 구조와 원리를 설명하라.

14. 스피도미터의 작동 원리에 대하여 설명하라.

15. 점화 플러그의 열특성에 대하여 설명하라.

12 동력 전달 장치

12.1 동력 전달 과정

원동기에서 발생한 동력을 구동륜에 전달하는 장치를 총칭하여 동력 전달 장치(power transmission system)라 한다. 뒷바퀴 구동 기관 자동차의 경우 보통 기관에서 회전력을 바퀴에 전달하는 순서는 다음과 같다.

① 기관(engine)

② 클러치(clutch)

③ 변속 장치(변속기) (transmission)

④ 유니버설 조인트(universal joint)

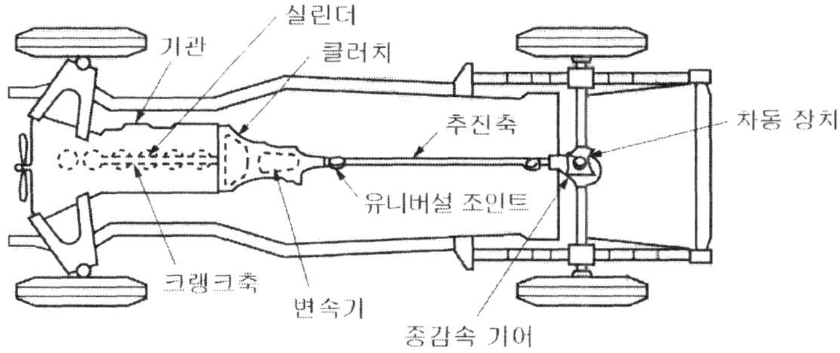

그림 12·1 동력 전달 장치의 구성

⑤ 추진축(propeller shaft)

⑥ 유니버설 조인트

⑦ 차동 장치(differential gear)

⑧ 후차축(rear axle)

⑨ 후차륜 또는 구동륜

그림 12·1은 뒷바퀴 구동차의 동력 전달 장치를 나타낸 것이다.

한편 앞바퀴 구동(front wheel drive) 자동차의 동력 전달 경로는 다음과 같다.

(a) 기관

(b) 클러치

(c) 트랜스액슬(transaxle)

(d) 차동장치

(e) 등속 조인트

(f) 앞바퀴

그림 12·2는 앞바퀴 구동 장치의 클러치 및 수동 변속기의 동력 전달 경로를 나타낸 것이다.

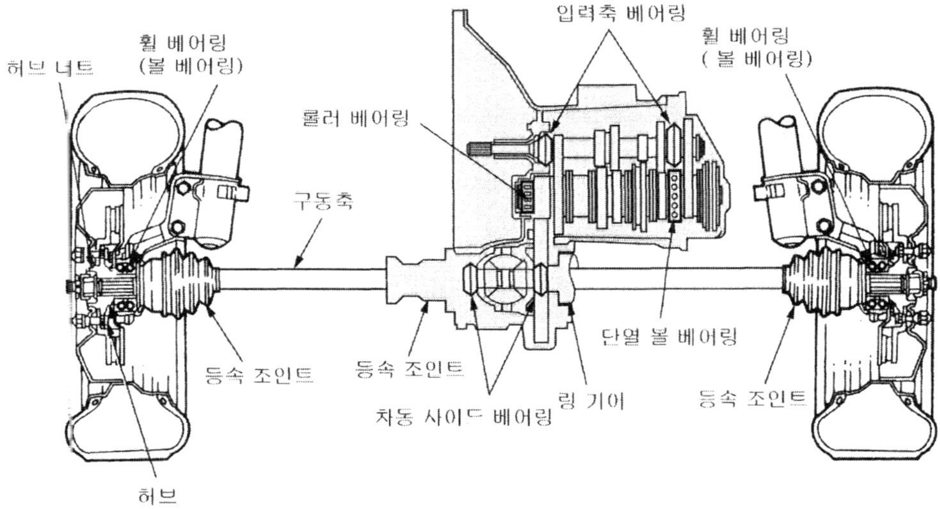

그림 12·2 앞바퀴 구동차의 변속 시스템과 차축

12.2 클러치

12.2.1 클러치의 작용

〔1〕 클러치의 필요성

클러치는 기관과 동력 전달 장치 사이의 회전력 전달을 단속하는 기구로서 기관을 시동할 때 또는 크랭크축의 회전 동력을 변속기에 전하고 변속할 때 일시 동력을 끊음으로써 변속을 원활하게 해주는 역할을 한다.

내연기관을 자동차의 원동기로 사용한 경우 기관은 스스로 시동할 수 없으며 시동과 동시에 동력을 낼 수도 없다. 따라서 자동차가 운행하기 전에 기관만을 시동시켜야 하며 또한 기관을 정지시키거나 변속기에서 속도를 변화시킬 때에도 동력을 단속시키지 않으면 안 된다. 그러므로 변속기의 조작, 자동차의 정치 등의 경우에 기관과 구동륜 사이의 연결을 끊어 주어야 한다. 이런 이유 때문에 클러치는 기관과 변속기 사이에 설치되어 있어 운전자에 의하여 클러치 페달(clutch pedal)을 밟아서 단속시키거나 또는 자동 클러치(automatic clutch)를 사용하는 경우가 많다.

클러치는 정차 중 기관의 공회전을 가능하게 하고, 변속할 때 기관의 회전력 전달을 일시 차단하여 변속기의 기어 바꿈(변속)을 용이하게 하며, 발진할 때 출발을 원활하게 하는 일을 한다.

〔2〕 클러치의 구비 조건

클러치로서 갖추어야 할 조건은 다음과 같다.

(a) 기관과 변속 장치와의 단속이 용이하고, 그 작동이 정숙하고 조작이 확실할 것

(b) 관성 모멘트가 작고, 전달 토크가 커야 한다.

(c) 클러치의 재료는 방열성이 풍부하여 여러 차례 접속과 끊음이 반복되어도 과열되지 않을 것

(d) 구조가 간단하고 점검과 보수가 용이할 것

12.2.2 클러치의 종류

현재 사용되는 클러치는 마찰 클러치(기계식)와 유체 클러치(유체식)의 두 종류로 크게 나누어 생각할 수 있다.

마찰 클러치(friction clutch)는 클러치의 기계적 마찰을 이용하여 기관 회전력의 전달을 단속하는 것이고, 유체 클러치(fluid clutch 또는 hydraulic clutch)는 기관의 회전력 전달의 매개물로서 유체가 사용되는 것이다. 일반적으로 클러치 종류를 대별하면 다음과 같다.

〔1〕 마찰 클러치

(a) 단판 클러치(single disc clutch)

(b) 다판 클러치(multiple dlisc clutch)

(c) 원츠 클러치(cone clutch)

(d) 다이어프램 클러치(diaphragm clutch)

〔2〕 유체 클러치(fluid clutch)

그림 12·3은 기계마찰을 이용한 마찰 클러치의 원리를 표시한 것으로서, (a)는 기관으로부터 동력을 전달하는 것을 나타낸 것이고, (b)는 동력을 끊었을 때를 나타낸 것이다. 수동축(driven member)은 클러치축 상에서 미끄럼 운동하는 클러치 판으로서 이 원판 주동축의 플라이휠과 클러치 압력판 사이에 위치한다.

(1) 마찰 클러치

마찰 클러치는 마찰면의 형식에 따라 단판식, 다판식, 원추 클러치로 나눌 수 있다.

원판 클러치는 작동 상태에 따라 마찰판, 즉 클러치 디스크가 건조 상태에서 접촉하여 회전력을 전달하는 건식(乾式; dry type)과 마찰면을 오일 중에서 작동하도록 한 습식(濕式; wet type)으로 나누어 생각할 수 있다.

① 단판 클러치 단판 클러치는 현재 자동차용으로 가장 널리 사용되고 있는 것으로서 구동측(driving member)은 플라이휠과 압력판(pressure plate or driving plate)으로 구성된다. 압력판은 플라이휠과 일체로 회전하며, 운전석에서 운전자에 의하여 클러치 페달을 밟으면, 압력판은 축방향으로 이동하여 클러치판은 차단되어 회전력은 전달되지 않는다. 여기서 압력판은 항상 플라이휠 뒷면에 끼워져 회전하는 원판이다.

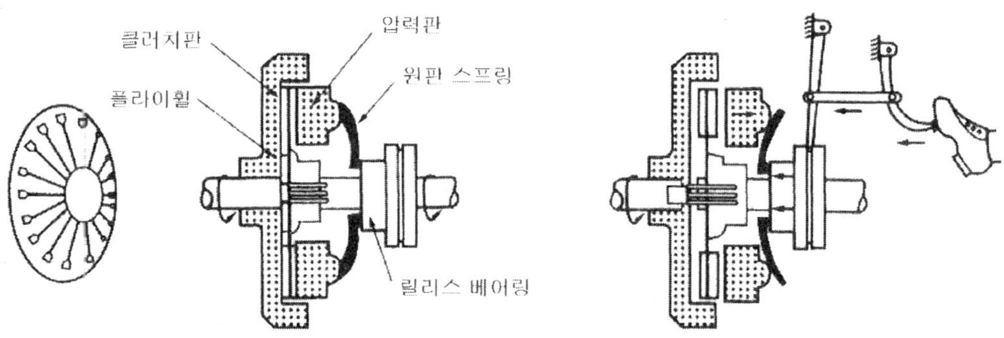

(a) 동력을 전달할 때　　(b) 동력을 차단할 때

그림 12·3 클러치의 기본 원리

클러치판은 강철제 원판으로서 그 겉면에는 마찰 계수가 큰 클러치 페이싱(clutch facing)이 리벳으로 결합되어 있다. 이 클러치판의 클러치판 허브(hub)는 클러치축 상에 가공된 스플라인(spline)에 끼워져 있기 때문에 클러치축 방향으로 자유르이 미끄럼 이동할 수 있다.

압력판은 항상 클러치 압축 스프링(compression spring) 장력에 의하여 플라이휠에 클러치판을 밀어 붙여 압력판이 휠에 가압되어 마찰에 의하여 기관으로부터 동력을 클러치축에 전달하고, 클러치 페달을 밟으면 스프링은 압축되어 클러치는 차단되어 기관의 회전력은 변속장치에 전달되지 않는다.

(a) 압력판(pressure plate) : 압력판은 클러치 스프링의 힘에 의하여 기관 플라이휠에 클러치판을 압축시키는 주철제의 원판으로서, 접촉면은 정확한 수평면으로 되어 있다.

특히 압력판은 클러치가 기관의 회전력을 전달할 때 클러치판과 압력판과의 미끄럼이 생기게 되므로, 내열성 및 내마멸성이 양호하고, 열의 전도율이 좋은 특수 주철로 제작된다.

(b) 클러치 스프링(clutch spring) : 클러치 스프링은 압력판 뒤에 동일한 원둘레상에 배치되며, 클러치 작동시 압력판을 플라이휠쪽으로 가압하여 밀어주게 되드로 플라이휠과 클러치판이 접촉하여 동력을 전달한다.

다시 말하면, 클러치 스프링은 클러치판을 플라이휠에 밀착시켜 주는 일을 하며 보통 코일 스프링으로서 4~5개를 설치한다.

(c) 클러치판(clutch disc) : 클러치판은 플라이휠과 압력판 사이에 있는 마찰 원판으로서, 마찰을 크게 하기 위하여 마찰판의 양면에 페이싱(facing)을 리베팅한다. 클러치판은 클러치 기능의 중심이 되는 강제 원판(鋼製圓板; disc plate)으로서 마찰력을 강화하기 위한 페이싱은 내마멸성 및 내열성이 큰 것이 요구된다.

페이싱에는 분말 또는 섬유상의 석면을 고무나 합성수지 등을 수지 가공해 가압 성형한 몰드 페이싱(moulded facing)이 많다. 또 강도를 증가시키고 열전도를 좋게 하기 위하여 구리계 금속 분말을 혼입한 소결 재료, 세라믹 재료 등도 사용된다. 마찰면의 마찰계수는 보통 0.4~0.5 정도이다.

클러치판은 클러치 접촉시 회전력의 전달을 원활하게 하기 위하여 보통 원판의 둘레에 적당한 간격으로 얇은 스프링 강제의 부채 모양의 원추판을 배치하여 이것과 접하도록 클러치판 양측에 페이싱을 리베팅하여 1.0~1.5 mm의 완충대를 형성한다.

그림 **12·4**는 클러치의 구조와 작동을 나타낸 것이고 그림 **12·5**는 클러치판의 구조이다.

클러치를 접촉할 때 회전력 변화의 충격이 클러치에 전해지는 것을 완화시키기 위하여 페이싱을 부착시키는 부분과 클러치판 허브 부분 사이의 동일 원둘레 상에 작은 코일 스프링을 넣는데 이것을 **댐퍼 스프링**(damper spring) 또는 토션 스프링(torsion

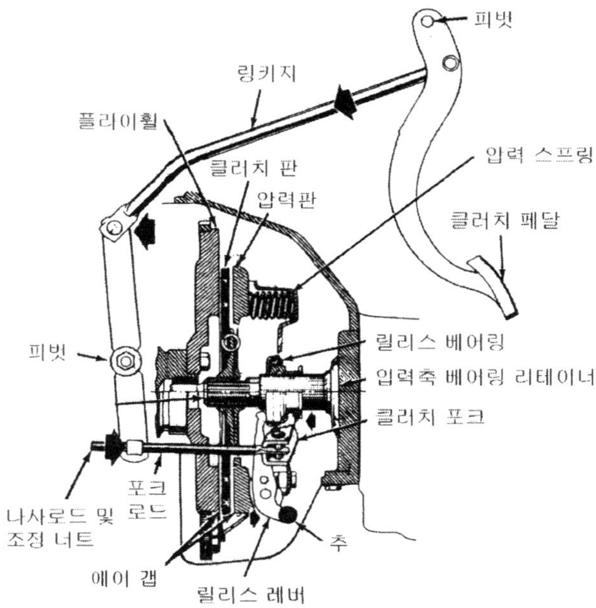

그림 12·4 클러치의 구조와 작동

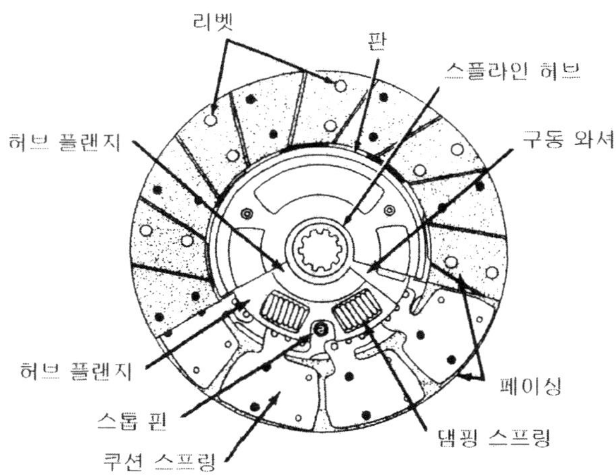

그림 12·5 클러치판의 구조

spring)이라 한다.

따라서 클러치 허브 바깥둘레의 토션 스프링은 충격적인 회전력 변화에 따른 비틀림 진동을 흡수한다.

클러치 허브에는 스플라인이 가공되어 있어 변속기의 압력축과 물려서 클러치판은 축상을 전후로 자유로이 움직이도록 되어 있다. 그리고, 기관의 진동을 감소시켜 진동이 변속기에 전해지는 것을 막아주는 토션 스프링은 보통 6~8개가 사용된다.

(d) 릴리스 레버(release lever) : 클러치 릴리스 레버는 릴리스 베어링을 이동시켜 클러치를 밀어주고 압력판을 잡아당겨 클러치를 끊어 기관의 회전력 전달을 차단하여 주는 일을 한다.

릴리스 레버는 보통 3개의 레버가 같은 간격으로 클러치 커버에 의하여 지지되며, 그들의 한쪽 끝은 압력판에 볼트로 결합되며 다른 한쪽 끝은 릴리스 베어링과 접촉하고 있다.

운전자가 클러치 페달을 밟으면, 클러치 링크기구에 의하여 릴리스 베어링, 릴리스 레버의 안쪽 끝도 앞으로 밀어 준다. 이 때문에 릴리스 레버는 클러치 커버를 지점으로 하여 클러치 압력판을 잡아당겨 클러치판을 자유롭게 한다.

(e) 클러치 커버(clutch cover) : 클러치 커버는 그 둘레에 클러치를 플라이휠에 조립한 볼트구멍이 가공되어 있고, 중앙부에는 클러치 스프링을 수용하는 클러치 스프링 시트가 마련되어 있다.

② **복판 클러치** 복판 클러치는 클러치판에 2매의 마찰판을 가지는 클러치를 복판(復板) 클러치(double clutch)라 한다. 그림 12·6은 복판 클러치의 구조를 표시한 것이다.

③ **다이어프램 클러치**(diaphragm type clutch) 압력판을 밀어 주어 가압하는 클러치 스프링은 대개 코일 스프링이 사용되고 있는데, 이 코일 스프링 대신에 얇은 판으로 만들어진 다이어프램 스프링(diaphragm spring)을 사용한 클러치를 다이어프램 클러치라고 한다.

다이어프램 클러치로는 테이퍼링 핑거형(tapering finger type)이 사용된다. 다이어프램

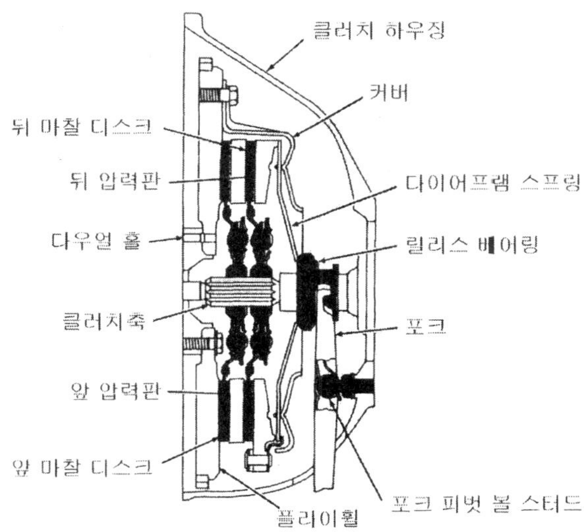

그림 12·6 복판 클러치

스프링의 구조는 그 바깥둘레의 원환(ring)부를 이루고 클러치의 중앙부를 향해서는 삼각형의 모양을 이루는 테이퍼링 핑거(tapering finger)를 가진다.

그림 12 · 7은 다이어프램 스프링과 다이어프램 클러치의 작동 상태를 표시한 것이다.

운전자가 클러치 페달에서 발을 떼면 다이어프램 스프링은 그 자신의 탄성에 의하여 원위치를 유지하고, 압력판을 플라이휠쪽으로 밀어붙여 클러치는 기관의 회전력을 전달하게 된다. 그림 12 · 7 (b)회전력을 전달할 때이고, 그림 12 · 7 (c)는 클러치 차단시의 다이어프램의 작용을 표시한 것이다.

클러치가 기관의 동력을 끊을 때 릴리스 베어링이 테이퍼링 핑거의 선단을 누르면 다이어프램 전치는 피벗 링(pivot ring)을 지점으로 하여 접시 모양으로 눌러져 압력판을 잡아당겨서 클러치판을 압력판에서 분리한다.

다이어프램 스프링은 코일 스프링의 역할과 릴리스 레버의 작용을 하므로 릴리스 레버는 필요로 하지 않는다.

그림 12 · 8에 나타낸 것과 같이 원뿔형의 다이어프램 스프링은 코일 스프링과 같이 항상 일정한 비율의 장력을 가지지 못하고, 다이어프램이 편평한 위치(flat position)에 올 때까지 스프링의 압력은 증가하며, 이 위치를 지나서는 압력은 감소한다. 따라서 클러치가 끊어진 상태를 유지하기 위하여 코일 스프링을 사용하였을 때처럼 큰 압력을 가하지 않아도 된다. 그러나 코일 스프링은 클러치를 차단하기 위하여 클러치 페달을 밟으면 밟을수록 스프링 압력은 증가하므로 조작하는 데 힘이 훨씬 많이 들게 된다. 이와는 대조적으로 다이어프램 스프링 클러치는 코일 스프링을 사용한 경우보다 클러치를 작동하는 동안 페달은 누르는 힘이

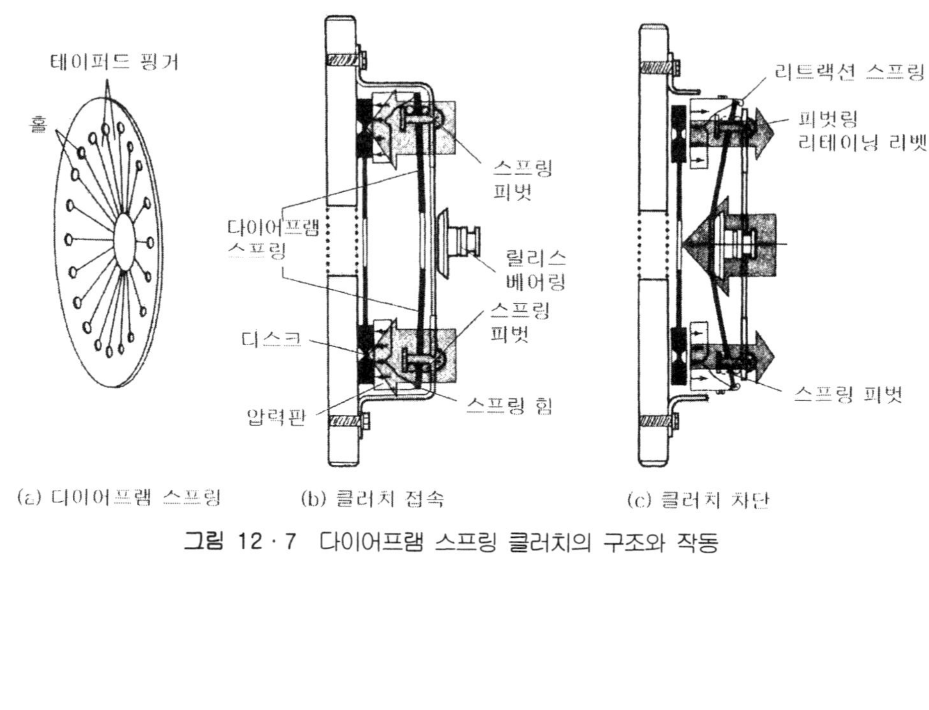

그림 12 · 7 다이어프램 스프링 클러치의 구조와 작동

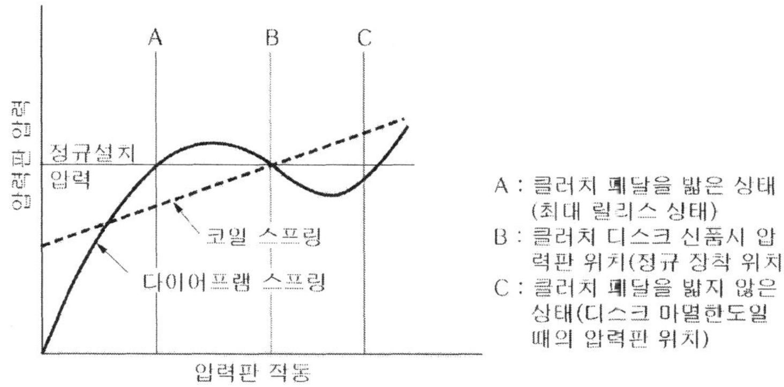

그림 12 · 8 다이어프램 스프링의 특성

적게 든다.

12.2.3 클러치 조작 기구

클러치 조작 기구란 클러치 본체를 작동시키는 장치로서 페달과 로드, 케이블 와이어(cable wire) 또는 유압 장치(油壓裝置), 릴리스(시프트) 포크, 릴리스 베어링 등으로 구성된다.

클러치 조작은 클러치 페달을 밟아서 회전력을 차단시키는 조작으로 클러치 페달의 움직임을 시프트 포크에 전하는 방식에 의하여 기계식과 유압식이 있다.

기계식은 페달의 움직임을 로드(rod) 또는 케이블 와이어를 사용하여 릴리스(시프트) 포크에 전하는 방식이다.

유압식은 그림 12 · 9와 같이 클러치 페달의 움직임을 유압으로 바꾸어 릴리스 레버를 움

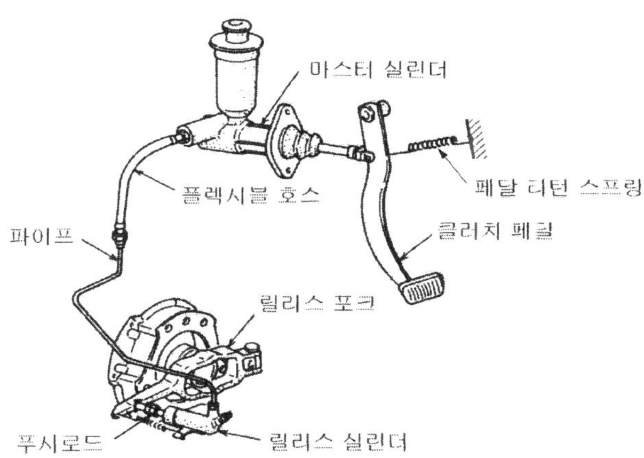

그림 12 · 9 유압식 조작 기구

직이는 방식이다.

또 대형차의 일부에서는 이 유압 조작을 다시 압축 공기에 의한 배력 장치(倍力裝置)를 붙여서 클러치의 밟는 힘을 가볍게 만든 것도 있다.

〔1〕 릴리스 베어링과 릴리스 포크

① 릴리스 베어링과 베어링 칼라 릴리스 베어링(release bearing)은 그림 12·10과 같은 구조를 가지며 스러스트 볼 베어링은 케이스에 넣어 베어링 칼라를 압입하여 사용한다. 이 베어팅에는 여러 가지가 있으나 최근에는 내부에 그리스를 채워 밀봉한 무급유식(無給油式; sealed bearing)이 많이 사용되고 있다.

카본식 베어링은 칼라에 직접 흑연이나 구리분말을 혼합하여 넣고 소결 가공한 것이다. 이 형식은 마멸하여도 소음은 발생시키지 않고 급유할 필요가 없으나 릴리스 레버의 끝에 스러스트 플레이트(thrust plate)를 붙여 주어야 한다.

② 릴리스(또는 시프트) 포크(release fork, shift fork 또는 release york) 소형차에서는 릴리스 포크를 일체로 만드나 대형차에서 릴리스 포크, 릴리스축, 레버 등을 조립식으로 만드는 것이 많다. 어느 것이나 페달의 조작력을 가볍게 하기 위하여 지렛대의 원리를 응용하여서 릴리스 베어링을 전후로 움직인다.

〔2〕 클러치 페달의 유압 장치

① 클러치 페달 클러치 페달은 어느 형식에서나 페달의 움직임에 따라 다음과 같은 페달간극이 유지되어야 한다.

(a) 유극 : 클러치 페달을 밟아서 릴리스 레버에 힘이 걸리기(클러치가 걸리기) 시작할 때까지의 페달 움직임의 범위를 말한다.

(b) 작동간극 : (a)의 상태로부터 클러치가 완전히 끊어질 때까지의 페달의 작동범위를 말한다.

(c) 여유간극 : (b)의 상태로부터 차실 바닥까지의 간극을 말한다.

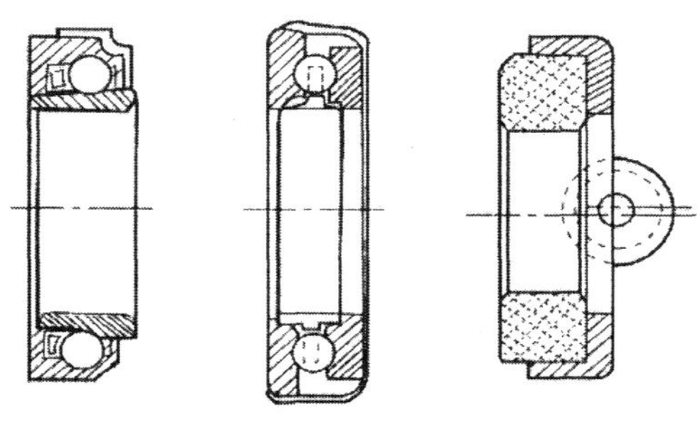

그림 12·10 릴리스 베어링

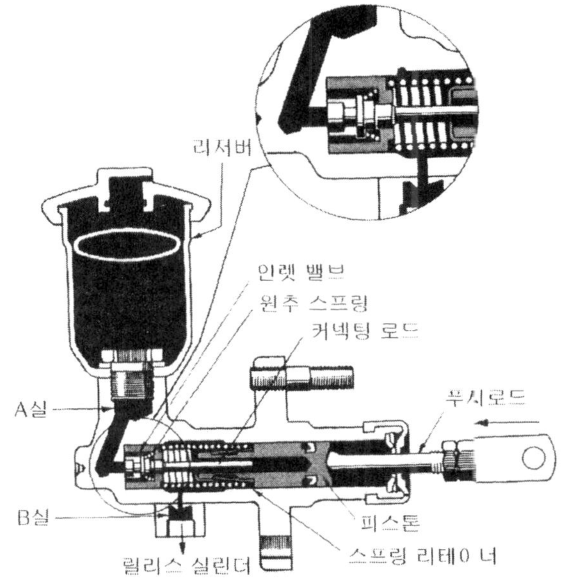

그림 12·11 마스터 실린더의 작동(클러치 페달을 밟았을 때)

② 유압 장치의 작동

(a) 클러치 페달을 밟은 경우　클러치 페달을 밟으면 피스톤이 왼쪽으로 이동하고 이 때 유체는 인렛 밸브로부터 리저버와 릴리스 실린더로 흐른다. 피스톤이 더 왼쪽으로 이동하면 커넥팅 로드는 원추 스프링에 의하여 왼쪽으로 이동하여 인렛 밸브는 리저버의 통로를 막아 A, B실의 연결을 차단한다. 따라서 유압이 상승하고 유압은 릴리스 실린

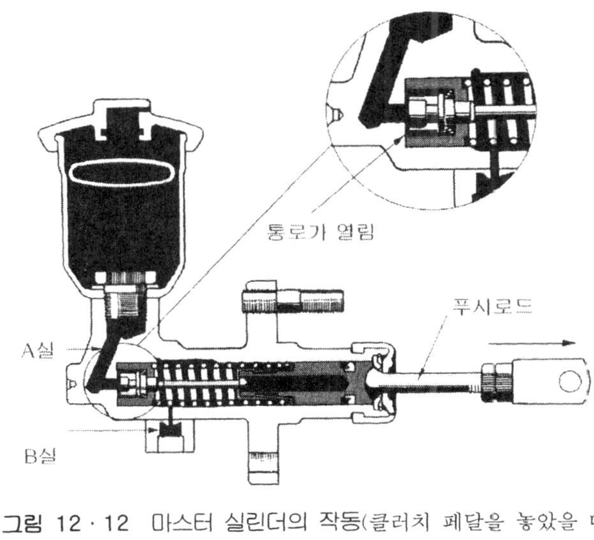

그림 12·12 마스터 실린더의 작동(클러치 페달을 놓았을 때)

더로 전달된다.

(b) 클러치 페달을 놓은 경우　페달에서 발을 떼면 압축 스프링에 의하여 오른쪽으로 피스톤이 이동하여 유압은 감소한다. 이 때 스프링 리테이너는 커넥팅 로드를 우측으로 당기는 상태로 되어 원추 스프링의 장력을 이기고 인렛 밸브가 리저버 통로를 열어 A, B실을 연결하게 된다.

② 유압 장치　유압 장치는 유압을 형성시키는 마스터 실린더(master cylinder)와 그 유압을 받아서 릴리스 포크를 작동시키는 릴리스 실린더(release cylinder)가 있다.

마스터 실린더는 형식에 따라 다소 다르나 어느 것에서도 실린더부와 그 상부에 오일 탱크가 마련되어 있다. 실린더부는 그림 12·13에 표시한 바와 같이 피스톤, 피스톤 컵(piston cup), 리턴 스프링(또는 압축 스프링, return spring 또는 compression spring), 푸시 로드(push rod)로 구성된다. 클러치 페달을 밟으면 그 작동력은 푸시 로드를 거쳐서 피스톤, 피스톤 컵을 밀어서 오일 탱크와의 연결 구멍을 막아서 유압을 형성한다. 이 유압은 오일 파이프를 거쳐서 릴리스 실린더(또는 오퍼레이팅 실린더라고도 함)로 보내진다.

릴리스 실린더는 그림 12·13에 표시한 바와 같이 실린더 속의 피스톤에 컵이 조립되어 있어서 마스터 실린더의 유압에 의하여 피스톤을 작동시키고 이것이 릴리스 포크에 전달되어 클러치를 작동시킨다.

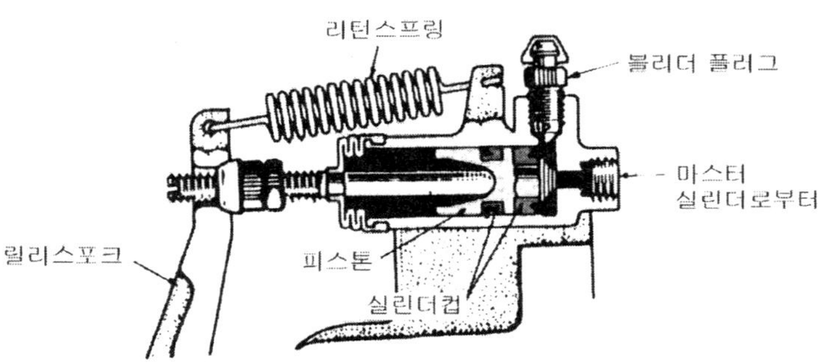

그림 12·13 릴리스 실린더

[3] 클러치의 용량

클러치는 마찰에 의하여 기관의 동력을 변속 기어, 추진축, 구동 차축의 순으로 전달되므로, 클러치의 용량은 이러한 전달 동력에 적응하는 크기의 것으로 설계되어야 한다.

지금, T=기관의 최대 회전력(m·kg)

P=마찰면을 누르는 힘(kg)

R_m=마찰면의 평균 유효 반지름(m)

μ=마찰계수

라고 하면, 마찰에 의한 회전력은 다음과 같이 표시된다.

$$T = \mu P R_m \tag{12・1}$$

여기서 μ의 값은 클러치 마찰면의 사용 재료에 따라 다르며, 마찰면의 누르는 힘은 클러치의 구조에 따라 다르다.

클러치가 전달하는 토크의 최대값을 **토크 용량**이라 하며 다음 식으로 구한다.

$$T = 2n\mu \int_{r_1}^{r_2} 2\pi r p r \, \mathrm{d}r = \frac{4}{3} n\mu P \cdot \frac{r_0^3 - r_i^3}{r_0^2 - r_i^2} \tag{12・2}$$

여기서 r_0 : 페이싱의 바깥지름

r_i : 페이싱의 안지름

p : 페이싱의 면압력(kg/cm^2)

n : 클러치 디스크의 매 수

μ : 마찰계수(0.25～0.45)

P : 클러치 커버 하중, 클러치 마찰면을 누르는 힘$[P = \pi p(r_0^2 - r_i^2)]$

(1) **클러치 스프링**

마찰면의 전압력에 알맞은 장력의 스프링은 스프링의 수를 Z개(6 또는 9개), 스프링의 장력을 P_s라 하면 마찰면을 누르는 힘은

$$P = \pi(r_2^2 - r_1^2)p \tag{12・3}$$

여기서 r_2 : 마찰판의 바깥지름 m

r_1 : 마찰면의 안지름 m

p : 면압 kg/cm^2

$$P = \frac{T}{n\mu(r_1 + r_2)} \text{ kg}$$
$$P_s = \frac{1}{Z} \frac{T}{n\mu(r_1 + r_2)} \text{ kg/개} \tag{12・4}$$

여기서 n은 클러치 디스크 매수, T는 전달 토크이다.

코일 스프링의 지름 D_m은

$$D_m = \frac{\pi D^3 \tau}{8P_s} \tag{12・5}$$

$$n_w = \frac{\delta d^4 G}{8D_m^3 P_s} \tag{12・6}$$

여기서 D_m : 코일 스프링의 평균 지름(mm)

d : 선 지름(mm)

n_w : 유효 감김수(=6~10)

τ : 전단 응력(kg/mm^2)

δ : 처짐량(mm)

G : 전단 탄성 계수

일반적으로 $\tau=30\sim50$ kg/mm^2, $G=8000$ kg/mm^2 정도의 재료를 사용한다.

〔4〕 마찰면의 마찰 재료

클러치 페이싱(clutch facing)은 접속시 동력 전달이 원활하고 마멸이 적어야 하며 마찰계수가 커야 한다. 또한 단위 중량당의 인장 강도가 크고, 값이 싼 것이 요구된다.

페이싱은 마찰 특성이 우수한 재료이어야 한다. 특히 대형 자동차나 건설 차량 등에는 동(銅)을 포함한 소결금속 마찰재료(燒結金屬摩擦材料) 또는 동을 함유한 세라믹(ceramic) 마찰재료가 사용된다.

라이닝의 마찰 계수는 0.3~0.4 정도이고 작동에 따라서 마찰계수의 변화가 적은 내열성의 재료라야 한다.

12.3 변속 장치

12.3.1 변속기의 필요성

변속기는(transmission) 구동륜에 전해지는 토크를 바꾸어 주는 일을 한다. 차가 발진할 때나 경사로를 오를 때, 화물을 다량 적재하였을 경우에 바퀴를 회전시켜 주행하기 위해서는 큰 토크가 요구되며, 빈 차로 주행할 때는 적은 회전력으로도 충분하다. 따라서 출력을 크게 하려면 출력에 알맞은 토크로 운전되도록 하여야 하며, 경사로를 오를 때도 속도를 증가시키는 것은 불합리한 일이다.

기관이 고속 회전하면서 큰 힘을 얻기 위해서는 구동륜을 서서히 회전시켜 큰 회전력을 얻는 장치가 필요하다. 또한, 기관은 역회전을 하지 않으므로 자동차를 후진하기 위하여 필요한 동력전달장치를 가져야 한다. 이와 같은 이유와 목적 때문에 변속기를 필요로 한다.

변속기는 기어를 바꾸어 물리게 하여 회전 속도와 회전력을 변화시켜 주는 것으로서 후진할 때는 추진축과 반대의 회전을 하도록 하는 장치이다.

12.3.2 변속기의 분류

현재 사용되고 있는 변속기에는 다음의 두 가지가 있다.

① 기계식(기어식) 변속기

② 유체식 변속기

기계식 변속기는 기계적으로 기어를 바꾸어 물리게 하는 변속기로서 수동 변속기(manual transmission)가 여기에 속한다.

특히, 자동차용 변속기로서 갖추어야 할 조건은 다음과 같다.

(a) 연속적인 변속이 가능할 것

(b) 변속과 조작이 간단하고 확실하며 신속, 정숙히 이루어질 것

(c) 구조가 견고하고, 무게가 가벼우며, 그 부피가 적을 것

기계적 변속기는 변속이 불연속적이고, 어느 일정한 범위 내에서 단계적으로 변속한다. 그러므로, 이 기어식은 변속 조작도 숙련을 요하고 변속시 소음을 수반하나 그 구조가 비교적 간단하고, 견고한 장점이 있다.

유체식 변속기는 연속적인 변속에 가까운 변속을 할 수 있으나, 제작비가 많이 들고, 그 구조가 복잡하다.

12.4 기어식 변속기

기어식 변속기에는 다음과 같은 것이 있다.

(a) 선택 슬라이딩 기어 변속기(sliding-mesh selective gear transmision)

(b) 상시 물림식 변속기(constant-mesh transmission)

(c) 동기 물림식 변속기(synchro-mesh transmission)

기어식 변속기는 평행한 두 축 사이에 몇 조의 기어를 마련하여 이들을 적당히 맞물리게 하여 필요한 변속비를 얻는다. 앞기관 뒷바퀴 구동(前機關後輪驅動)방식인 경우에는 압력축(input shaft), 부축(副軸; counter shaft), 출력축(output shaft, main shaft)으로 구성된 3축식이 사용된다. 앞기관 앞바퀴 구동일 때는 2축식이 사용된다.

12.4.1 선택 슬라이딩 기어 변속기

〔1〕 구조

잇수가 다른 기어의 물림을 바꾸어 변속하는 변속기로서 주축(主軸; main shaft)상을 슬

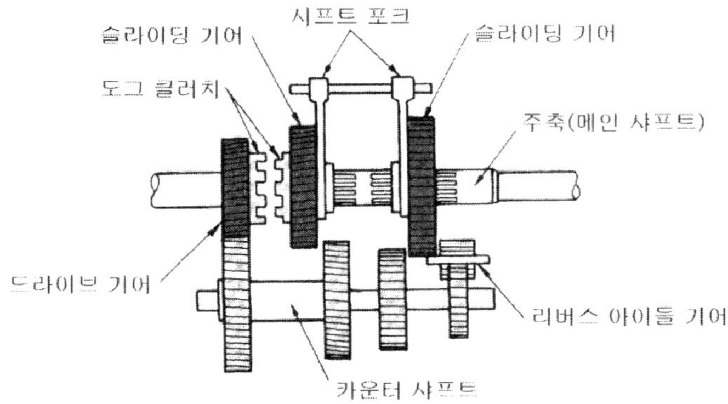

그림 12·14 선택 슬라이딩식 변속기

라이딩하는 주기어(변속 기어)와 주축과 평행한 부축(副軸; counter shaft)에 고정한 부축 기어(counter shaft gear) 및 주축과 부축과의 상시물림기어(constant mesh gear)로 구성된다. 주축의 한 끝은 축 선단의 파일럿 베어링으로 지지되며 다른 한 끝은 볼 베어링으로 지지된다. 부축은 주축과 나란한 위치로서 주축의 아래쪽의 케이스에 지지된다.

변속 레버(change lever)를 움직이면, 요크 레버(yoke lever)가 주축상의 기어를 미끄럼 이동시켜 부축상의 기어에 맞물리게 한다. 클러치축(clutch shaft)의 회전은 상시 물림 기어를 거쳐 부축의 기어를 회전시킴에 따라 이것과 물려진 주축 위의 기어에 그 회전을 전달하여 추진축에 전한다.

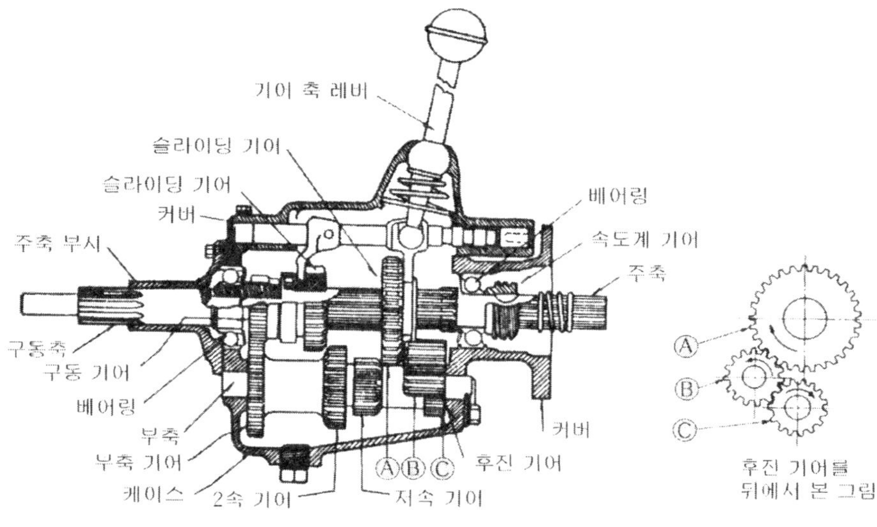

그림 12·15 선택 슬라이딩 변속기의 기본 구조

변속의 속도단 수는 전진 4속, 5속 후진 1속의 것이 많이 사용된다. 그림 **12 · 15**는 선택 슬라이딩 변속기의 기본 구조와 변속 상태를 나타낸 것이다.

〔2〕 변속 작용

그림 **12 · 16**은 전진 3속 후진 1속의 선택 슬라이딩 기어 변속기의 변속 과정을 도시한 것이다.

제1속 : 변속기의 변속 레버를 1속 위치로 하면 주축의 저속기어 ②는 전방으로 움직여 부축상의 저속 기어 ⑨와 물려 클러치축 ⑤의 회전은 ⑥, ⑦, ⑨, ②의 순서로 전달되어 주축 ①을 회전시킨다.

제2속 : 제2속에서는 중속 기어 ③이 후방으로 이동하여 부축의 기어 ⑩과 클러치축의 회전은 ⑥, ⑦, ⑩, ③의 순으로 전달되어 주축 ①을 회전시킨다.

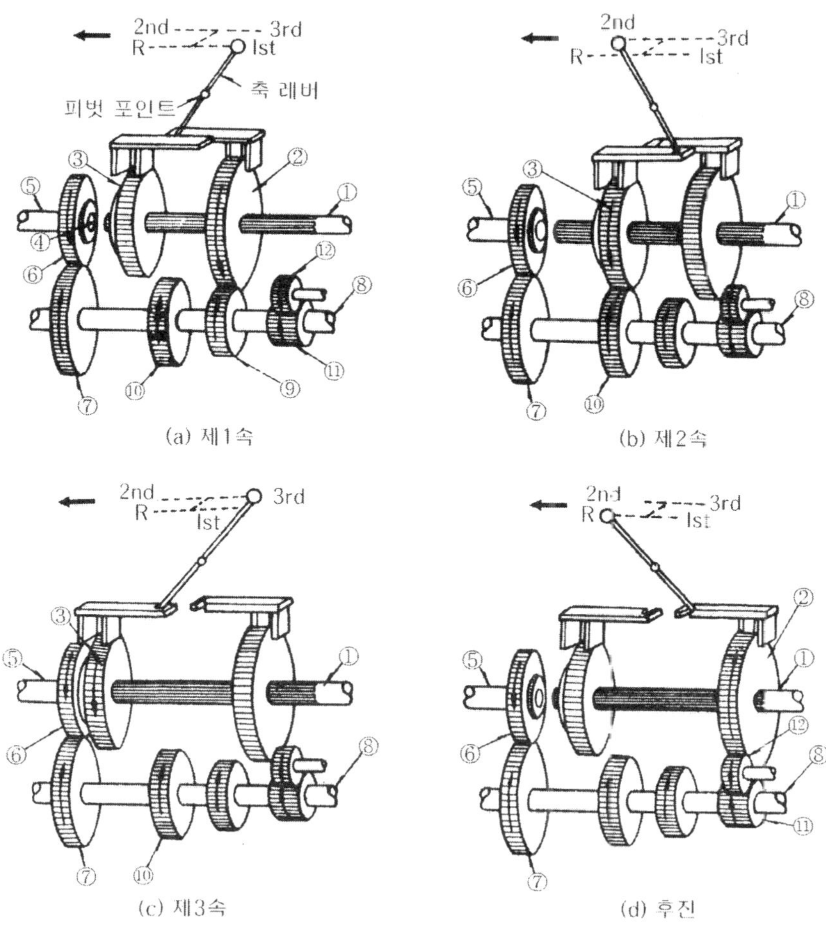

그림 12 · 16 변속 작용의 보기

제3속 : 도그 클러치 ④가 작동하여 클러치축 ⑤와 주축 ①이 직결되어 일체로 회전한다. 이것이 고속 또는 톱 기어가 된다.

후진 : 변속 레버를 R의 위치에 놓으면 주축의 기어 ②가 뒤로 이동하여 후진 아이들 기어 ⑫와 물려서 클러치축의 회전은 ⑤, ⑥, ⑦, ⑪, ⑫, ②로 전달되어 주축 ①을 역회전시켜 후진하게 된다.

중립 : 변속 레버를 N에 놓으면 클러치축 또는 부축이 주축과의 연결이 끊어져서 추진축에 동력 전달을 차단하게 된다. 이것이 중립이다.

전진 4속, 또는 5속 변속기도 이와 같은 기어물림 원리에 의하여 회전력을 전달한다.

12.4.2 상시 물림식 변속기

선택 슬라이딩식 변속기에서는 기어를 축방향으로 이동시켜서 기어의 물림 상태를 바꾸기 때문에 물리고자 하는 기어의 잇면이 일치하지 않으면, 물림시 소음이 생기며 전동에 중요한 이를 손상할 우려가 있다. 특히 기어 이의 폭이 넓을 때는 기어를 슬라이딩시키는 각도가 커지는 결점이 있다.

상시 물림식은 주축과 부축상의 기어를 항상 물리게 하여 주축상의 기어를 주축에서 자유롭게 회전할 수 있도록 하고, 기어의 바꿈은 주축에 스플라인으로 끼워진 기어 클러치(gear clutch)에 의하는 것이다.

상시 물림 기구는 그림 12 · 17, 12 · 18과 같이 도그 클러치(dog clutch)와 내면 기어를 사용하는 것도 있다.

이 형식은 선택 슬라이딩식보다 물리는 기어의 지름이 작고, 잇수도 적기 때문에 물림이 용이하고, 기어 물림시 일어나는 소음 및 기어의 손상도 적으며 변속작동도 용이하다.

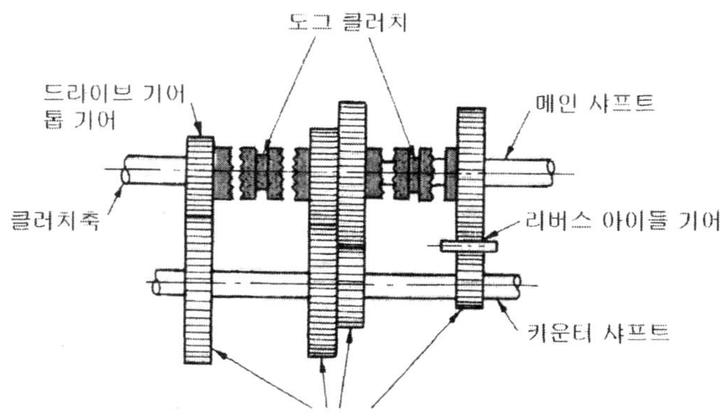

그림 12 · 16 변속 작용의 보기

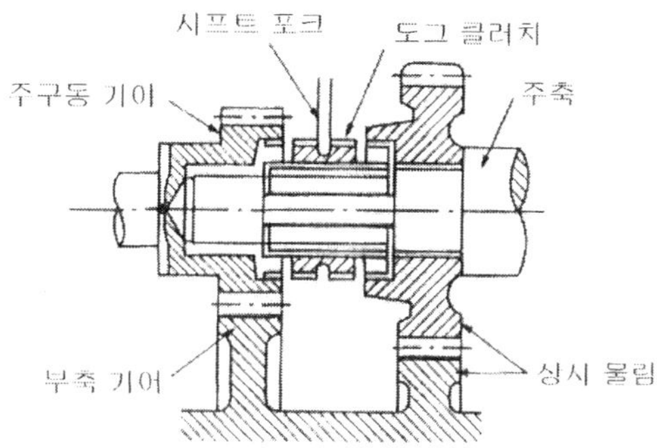

그림 12 · 18 상시 물림 기구

12.4.3 동기 물림식 변속기(sychro-mesh transmision)

선택 슬라이딩식 및 상시 물림식에서는 변속할 기어 또는 기어 클러치를 물릴 때 두 기어의 원주 속도가 일치하는 것이 필요하며, 일치하지 않으면 소음이 생기며 잘 물리지 않는다. 따라서 기어의 이를 파손할 우려가 있으므로 그 조작에서 상당한 숙련을 요한다.

동기 물림식은 변속할 기어의 원주 속도를 신속하게 일치시켜 물림시키는 장치를 사용한 것이다. 동기 물림식 싱크로메시 기구에는 일정 부하형(콘스탄트 로드형, costant load type)과 관성 고정형(이너셔 로크형, inertia lock type)이 있다.

일정 부하형은 그림 12 · 19와 같이 싱크로나이저 허브, 슬리브, 볼 및 스프링으로 구성되어 있다. 이 방식은 원추(콘) 클러치의 작용력이 일정한 방식으로 중립의 위치에서는 볼은 슬리브의 홈에 끼워져 있고, 슬리브를 이동시키면 슬리브와 싱크로나이저 허브가 함께 움직여서 싱크로나이저의 원추부가 기어의 원추부에 접촉하게 된다. 슬리브를 움직이는 힘을 더

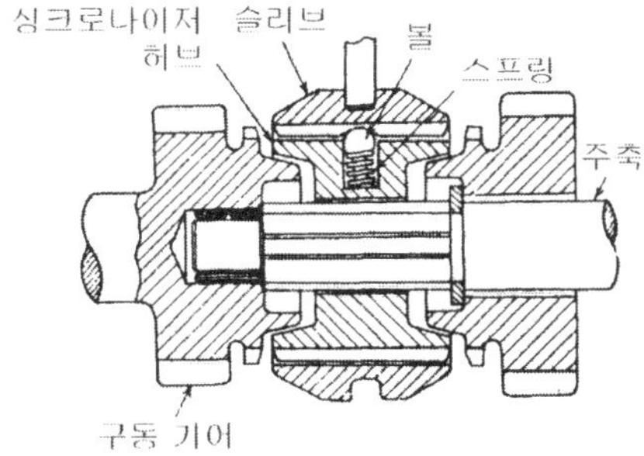

(a) 일정 부하형 동기 물림 장치

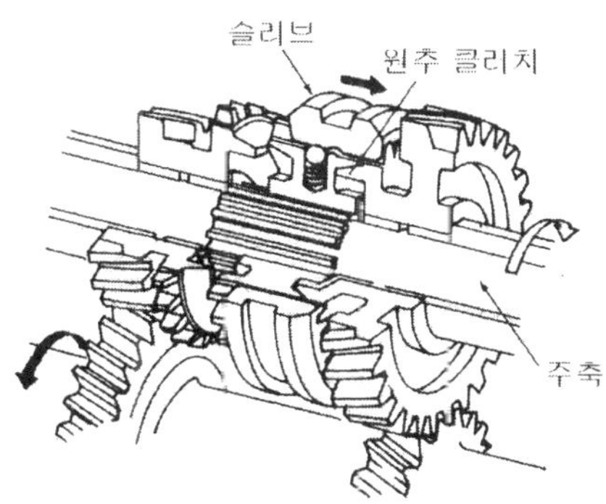

(b) 변속시의 작동

그림 12 · 19 일정 부하형 동기 물림 장치

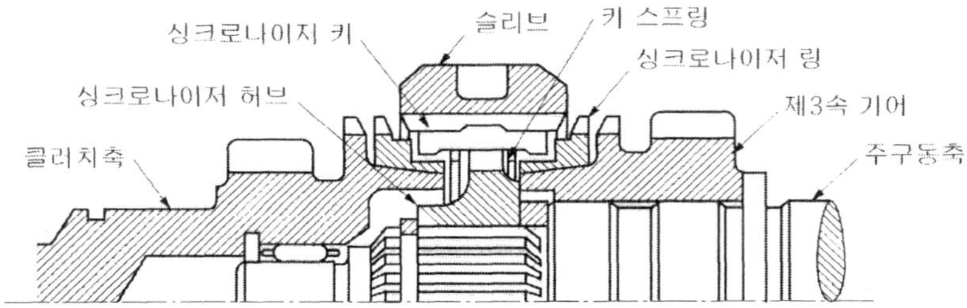

그림 12 · 20 키식 동기 물림 장치

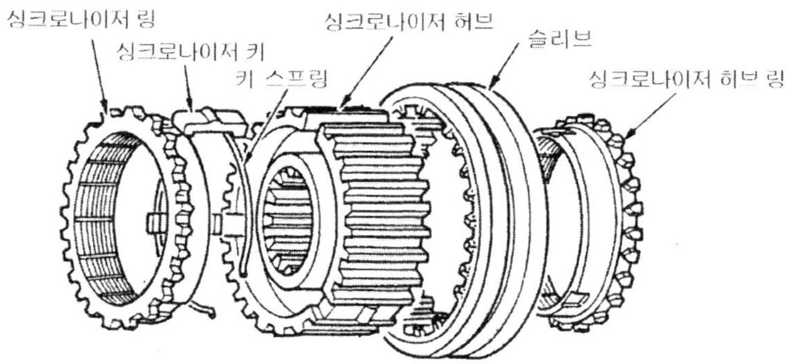

그림 12 · 21 이너셔 로크형 키식 변속기구

욱 강하게 하면 슬리브만이 움직이게 되고, 슬리브의 안쪽의 스플라인은 클러치 기어와 물리게 된다. 이 방식은 일반 차에는 사용되지 않으나 일부 경주용차에 적용된다.

관성 고정형은 싱크로나이저 키, 싱크로나이저 링, 스프링 등으로 구성되어 있고, 대부분이 방식을 사용한다. 관성 고정형 키식은 그림 12 · 20에 표시한 것과 같이 주구동축에 스플라인 결합하고 있는 싱크로나이저 허브, 허브 바깥둘레에 스플라인과 결합하는 슬리브, 콘(cone)부와 접촉하여 동기 작용을 하는 싱크로나이저 링, 싱크로나이저 키 등으로 구성되어 있다.

싱크로나이저 허브는 스플라인에 의하여 주축에 물려 있으며, 추진축에 동력을 전달하는 일을 한다. 한편 슬리브는 스플라인에 의하여 싱크로나이저 허브 바깥둘레에 물려 있고 슬리브 바깥둘레에는 시프트 포크가 끼워지는 홈이 가공되어 있다. 따라서 시프트 레버의 작동에 의하여 앞뒤로 이동하게 된다.

싱크로나이저 허브와 슬리브 사이에는 3개의 싱크로나이저 키가 허브의 노치부에 끼워져 있다. 이 키는 표면에 있는 돌기가 있으며, 2개의 키 스프링에 의하여 슬리브에 압착되어 있다.

싱크로나이저 링은 주축(주구동축) 위를 공전하는 기어의 원추(콘)부에 접촉하여 변속할

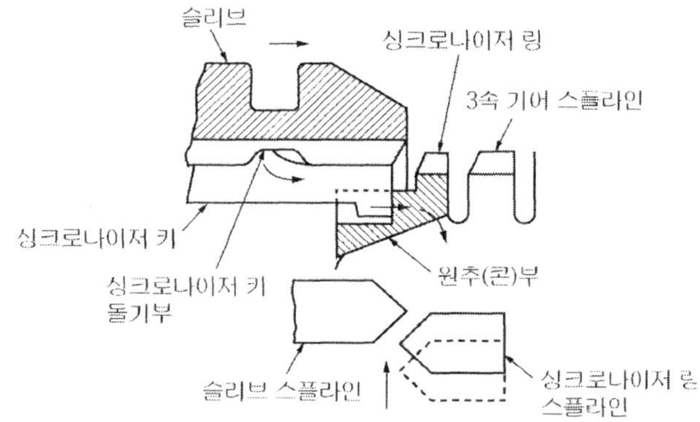

그림 12 · 22 시프트 초기

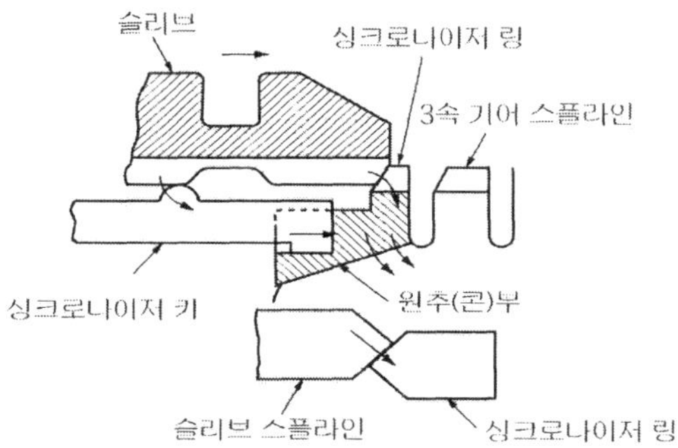

그림 12 · 23 시프트 조작 중

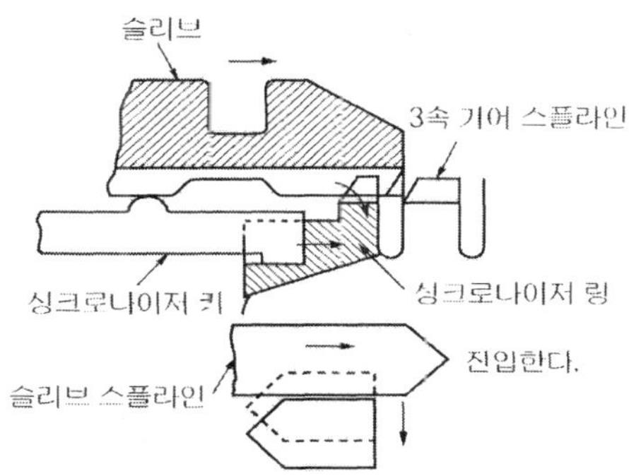

그림 12 · 24 시프트 종료

기어에 압착하면서 원추면에 마찰력이 작용하여 회전의 동기 작용이 이루어지게 한다.

싱크로메시 기구의 작동을 설명하기 위하여 4속에서 3속으로 변속할 때의 동기 물림 변속 과정에 대하여 알아보기로 한다.

(a) 운전자가 클러치를 끊으면 동력이 차단된다. 이어서 시프트 포크를 작동시켜 슬리브를 이동시키면 슬리브 돌기부에 물려 있는 싱크로나이저 키가 그림 **12 · 22**와 같이 슬리브와 함께 움직여서 키의 끝부가 싱크로나이저 링을 3속 기어의 원추부에 압착시켜 그 마찰력으로 3속 기어는 동기 작용이 시작하게 된다.

(b) 그림 **12 · 23**과 같이 슬리브가 더 우측으로 이동하면 싱크로나이저 키의 돌기부와 슬리브의 물림이 벗어나 슬리브가 진행하고, 슬리브와 싱크로나이저 링의 면따기 부분이 접촉한다. 따라서 슬리브의 움직임을 방해하는 힘이 작용하면서 슬리브는 싱크로나이저 링을 원추부에 강하게 밀어서 동기 작용이 강해진다.

(c) 그림 **12 · 24**와 같이 동기 작용이 완료되면 슬리브의 움직임을 방해하는 힘은 없어지

고 슬리브는 더욱 우측으로 이동하여 3속 기어의 스플라인에 물리면서 변속이 끝나게 된다.

변속기어는 원추형 동기 마찰부와 기어가 클러치를 끊으면 주축은 회전하나 입력축 구동 기어는 회전속도가 저하되어 이들 사이에 회전차가 생긴다.

그림 12 · 25는 동기물림식 변속기의 각 변속단의 동력흐름을 나타낸 것이다.

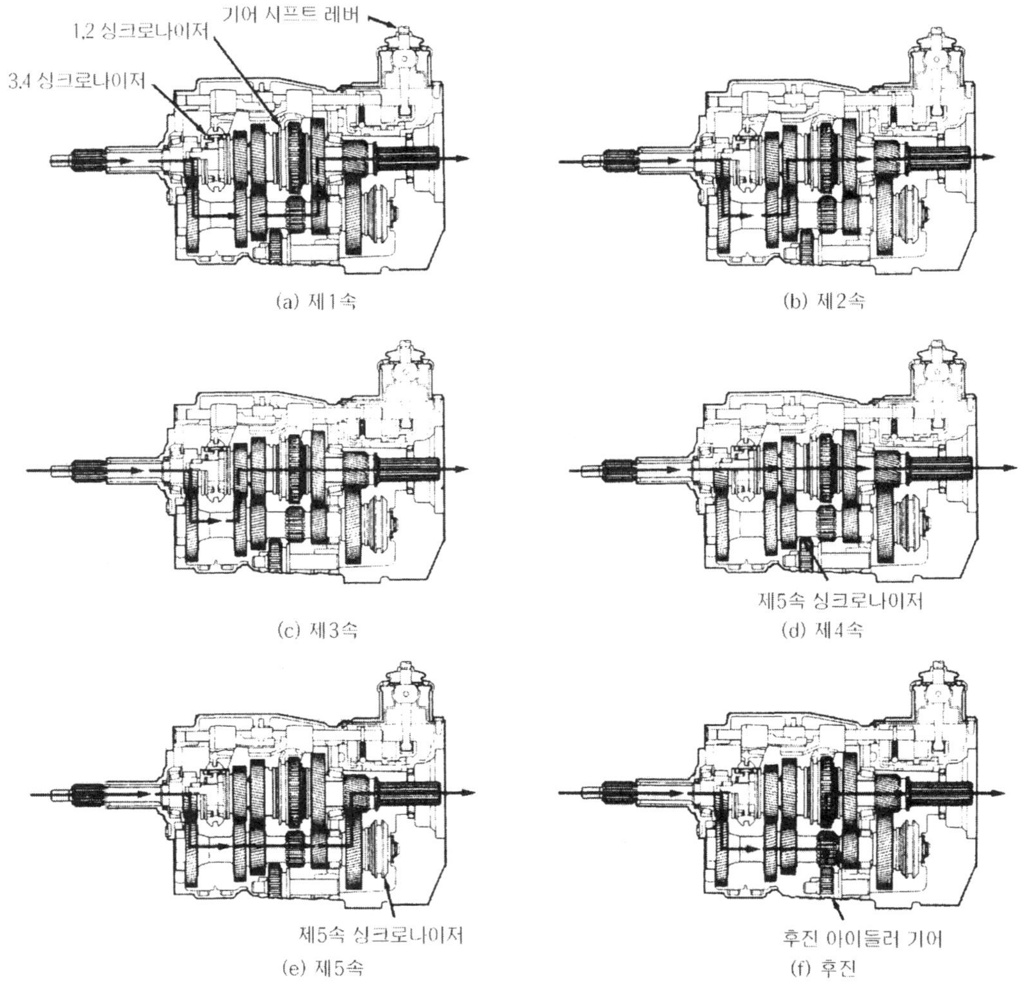

그림 12 · 25 변속기의 동력 흐름

12.4.4 앞바퀴 구동 자동차의 트랜스액슬

트랜스액슬(transaxle)은 변속기(transmission)와 구동축(drive axle)의 조합으로 이루어진다. 그림 12·26은 트랜스액슬의 구조를 도시한 것이다. 종구동 피니언 기어는 링 기어(ring gear)를 구동한다. 링 기어는 차동 장치를 통하여 2개의 앞차축의 하프 샤프트(half shaft)로 동력을 전달한다. 이 때 하프 샤프트는 자동차의 휠과 타이어를 회전시켜 자동차를 주행시킨다.

그림 12·27은 5단 트랜스액슬 변속기의 축과 기어를 나타낸 것이다. 그리고 그림 12·28은 5단 트랜스액슬의 동력 흐름을 나타낸 것이다.

운전자가 기어 변속 레버(gear shift lever)를 1단에 넣으면 제1~제2속 싱크로나이저 슬리브는 그림 12·28 (a)와 같이 기어가 물려서 1속이 된다. 이것은 제1단 기어(first-speed gear)를 주축(main shaft)에 고정시킨다.

기어를 제2속 기어(second-speed gear)에 변속하면 제1~제2속 싱크로나이저 슬리브는 그림 12·28 (b)와 같이 뒤쪽으로 이동하여 제1속 기어의 고정을 풀고 제2속기어를 주축에 고정시킨다.

한편 트랜스액슬의 시프트 레버(변속 레버)를 3속 기어로 넣으면 제1~제2속 싱크로나이저 슬리브는 중립이 되고, 제3~제4속 싱크로나이저 슬리브는 그림 12·28 (c)와 같이 오른쪽으로 이동한다. 이렇게 되면 제3속 기어가 주축에 고정되어 동력 흐름은 제3속으로 된다.

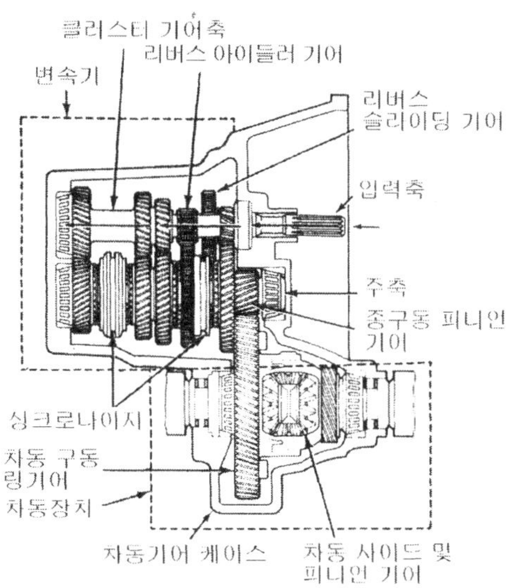

그림 12·26 트랜스액슬

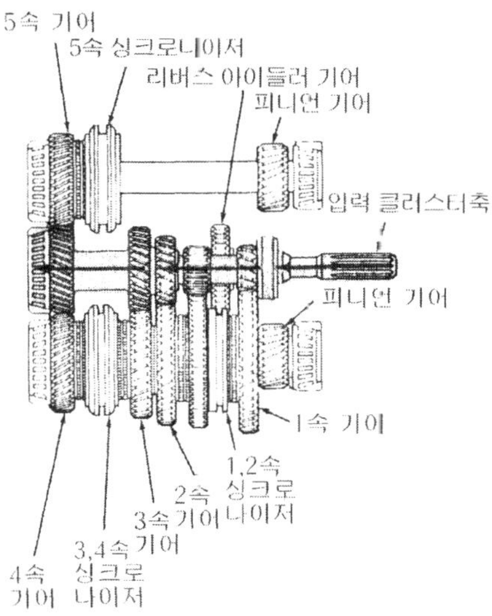

그림 12·27 5속 트랜스액슬

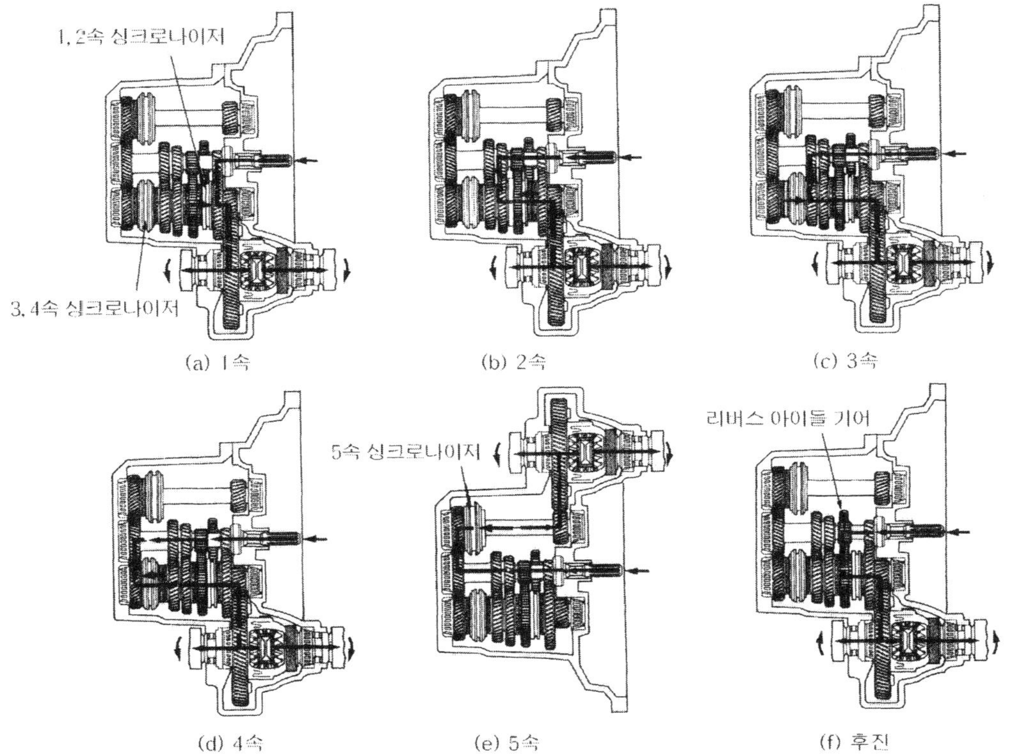

그림 12 · 28 5속 트랜스액슬의 각 속도단의 동력흐름

제4속으로 변속하면 제3속 기어는 풀리고, 싱크로나이저 슬리브는 제4속 기어에 연결하기 위하여 그림 **12 · 28** (d)와 같이 뒤쪽으로 이동한다. 따라서 제4단 기어는 주축에 고정되어 동력 흐름은 제4속이 된다.

만일 압력축(입력 클러스터축, input cluster shaft) 기어와 제4단 기어가 같은 잇수를 갖는다면 기어비는 1 : 1이 되어 압력축과 같은 속도(직결 구동)상태로 된다.

제5속 기어는 제1~제2속 싱크로나이저 슬리브 및 제3~제4속 싱크로나이저 슬리브가 중립에 있을 때 얻어진다〔그림 **12 · 28** (e) 참조〕.

제5속 싱크로나이저 슬리브를 뒤쪽(왼쪽)으로 이동시키면〔그림 **12 · 28** (d)〕, 제5속 기어가 그 축상에 고정되어 동력은 제5속 기어상태로 흐르게 된다.

한편 후진할 때에는 제1속~제2속 및 제3속~제4속 싱크로나이저 슬리브는 중립으로 되고, 제5속 싱크로나이저가 풀린 상태에서 후진 아이들러 기어(reverse-idler gear)가 그림 **12 · 28** (f)와 같이 뒤쪽으로 이동한다.

따라서 후진 아이들러 기어는 클러스터 기어와 제1~제2속 싱크로나이저 슬리브 또는 리버스 슬라이딩 기어(주축의)와 맞물려서 후진상태로 된다. 그러므로 주축의 회전을 반대로 돌려주어 차는 후진하게 된다.

12.4.5 변속 기구

변속 기구(shift linkage)는 변속기 또는 트랜스액슬의 속도단을 변속하기 위하여 사용되는 기구를 말한다. 변속 조작을 하기 위해서는 변속에 알맞는 시프트 포크(shift fork)와 싱크로 나이저 슬리브를 선택하여야 한다.

그림 12 · 29는 4단 변속기에서 변속 레버가 바닥에 설치되어 있는 경우의 보기이고, 그림 12 · 30은 트랜스액슬 변속 시프트 패턴의 한 예를 나타낸 것이다.

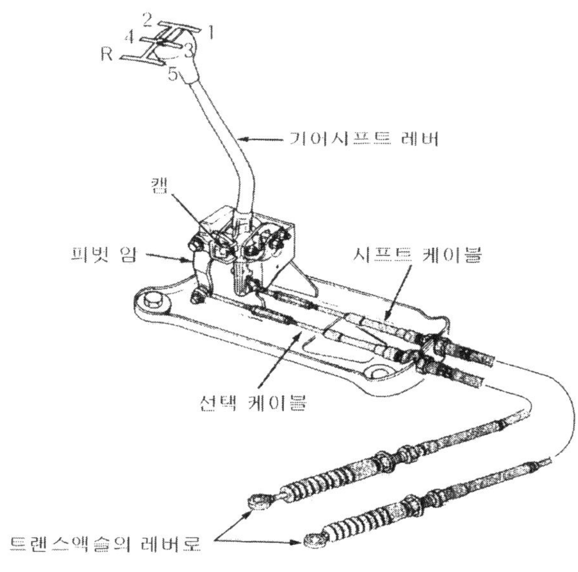

그림 12 · 29 5속 트랜스액슬(바닥 설치형)

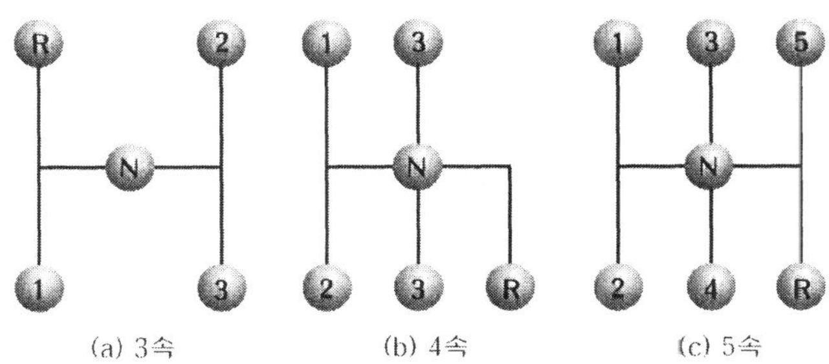

그림 12 · 30 시프트 패턴

12.4.6 4륜 구동

4륜 구동(four-wheel drive)은 그림 **12 · 31**과 같이 앞바퀴 및 뒷바퀴의 구동축을 구동시켜 주는 방식으로 필요에 따라 2륜 또는 4륜 구동하도록 되어 있다.

4륜 구동은 특수한 주행 조건에서 큰 견인력(extra traction)이 필요할 경우에 사용하며, 일반적인 주행일 때는 2륜 구동으로 경제적인 주행을 할 수 있다.

4륜 구동 자동차는 일반적인 2륜 구동차에 비하여 다음과 같은 장치가 더 필요하다.

(a) 트랜스퍼 케이스(transfer case)

(b) 앞바퀴 구동 자동 장치 및 액슬(뒷바퀴 자동차와 비교할 때)

(c) 앞바퀴 구동휠 고정 허브

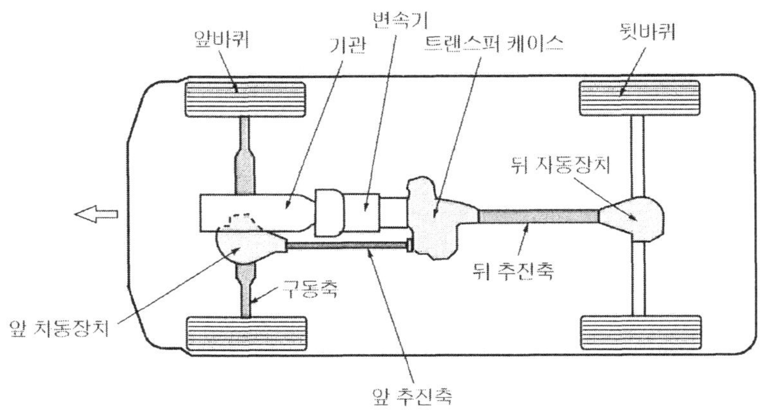

그림 12 · 31 4륜 구동 자동차

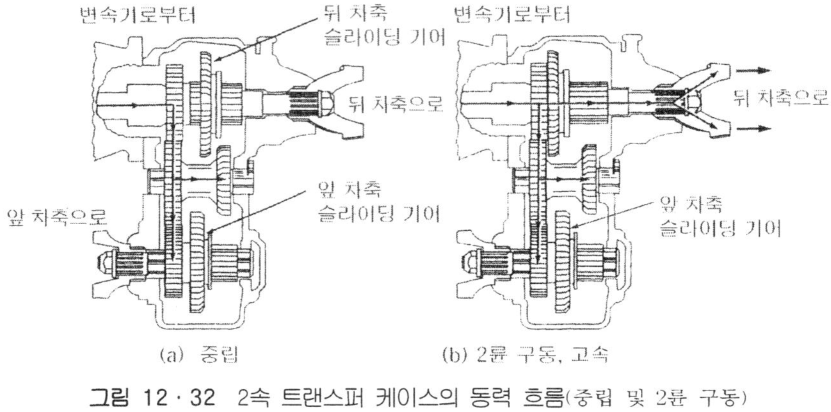

(a) 중립 (b) 2륜 구동, 고속

그림 12 · 32 2속 트랜스퍼 케이스의 동력 흐름(중립 및 2륜 구동)

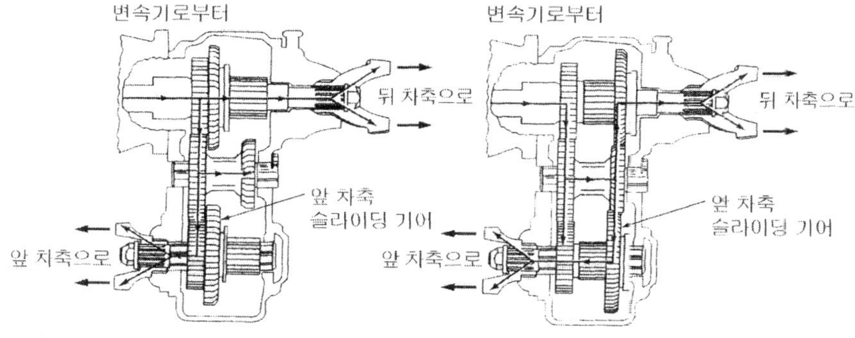

(a) 4륜 구동, 고속 (b) 4륜 구동, 저속

그림 12 · 33 2속 트랜스퍼 케이스의 동력 흐름(4륜 구동)

그림 **12 · 32, 33**은 2속 트랜스퍼 케이스(two-speed transfer case)의 동력 흐름을 나타낸 것이다. 이것은 상시 물림 헬리컬 기어열에 의한 2속 트랜스퍼 케이스의 동력 흐름을 나타낸 것이다. 이 때 두 슬라이딩 기어의 작동에 의하여 트랜스퍼 케이스의 네 가지 모드가 얻어진다. 작동은 앞뒤 차축(액슬) 슬라이딩 기어(sliding gear)를 사용하여 바꾸며, 시프트 레버는 시프트 링키지 시스템에 의하여 작동된다. 트랜스퍼 케이스의 고속 구동은 기어비 1 : 1의 경우이고, 저속 구동은 2.5 : 1의 감속비를 갖는다.

12.4.7 변속비

변속비(變速比; transmission gear ratio)는 변속기에서 감속되는 비율로서 기관의 회전 속도와 추진축의 회전 속도와의 비를 말한다.

$$\text{변속비} = \frac{\text{기관의 회전 속도}}{\text{추진축의 회전 속도}} = \frac{\text{피동 기어의 잇수}}{\text{구동 기어의 잇수}} \qquad (12 \cdot 7)$$

변속기에서 변속비가 최대의 단(段)을 제1속(저속)이라 하고, 차례로 제2속, 제3속, 제4속, 제5속이라 부른다. 기어를 통하지 않고 클러치축과 추진축을 직결하는 경우를 고속(top)이라 한다.

추진축의 회전은 감속 기어를 거쳐 후차축으로부터 뒷바퀴 또는 앞바퀴로 전달되며, 뒷바퀴 구동의 경우 후차축의 회전 속도는 추진축의 회전 속도보다 감속된다. 이와 같이 감속하는 장치를 감속 장치라 하며, 이 감속하는 비를 **감속비** 또는 **최종 감속비**(reduction gear ratio)라 한다.

$$\text{감속비} = \frac{\text{추진축의 회전 속도}}{\text{후차축(구동축)의 회전 속도}} \qquad (12 \cdot 8)$$

기관의 회전 속도는 변속기에서 감속된 것을 다시 최종 감속 장치로 감속하여 후차축에 전한다. 이 기관의 회전 속도와 후차축의 회전 속도와의 비를 **전감속비**(全減速比; total reduction gear ratio)라 한다. 따라서 전감속비는

$$\text{전감속비} = \text{변속비} \times \text{감속비} = \frac{\text{기관의 회전 속도}}{\text{후차축의 회전 속도}} \qquad (12 \cdot 9)$$

변속비를 결정하기 위해서는 차량의 중량, 기관의 출력, 타이어의 유효지름 등으로부터 희망하는 최고 속도, 가속 능력, 등판 능력을 가정하여 후차축의 감속비를 정하고, 이로부터 최저 감속비를 정한다. 그러므로 이는 차에 따라 다르나 각 단의 변속비는 등비급수(等比級數)로 되며 이 비는 경험으로부터 대략 일정하다.

$$\frac{\text{제1속}}{\text{제2속}} = \frac{\text{제2속}}{\text{제3속}} = \frac{\text{제3속}}{\text{제4속}} = \text{일정} \qquad (12 \cdot 10)$$

각 단의 감속비는 1.6～1.8의 범위가 대부분이다. 현재 자동차의 변속비는 대략 다음과 같다.

표 12・1 변속비

변속기	제1속	제2속	제3속	제4속	제5속	후진
전진 3단 후진 1단	3.1～3.8	1.7～2.1	1.00			3.5～5.3
전진 4단 후진 1단	6.1～7.2	3.0～3.5	1.7～1.8	1.00		7.1～7.6
전진 5단 후진 1단	7.0～7.5	4.0～4.5	2.0～2.5	1.5～1.7	1.00	7.2～7.8

최저 변속비 i_e는 다음 식으로 계산한다.

$$i_e = \frac{WR(\mu + \sin \alpha_{max})}{T\eta i_f} \qquad (12 \cdot 11)$$

여기서 i_f : 최종 감속비

T : 기관의 최대 토크(m・kg)

η : 동력 전달 효율(0.35～0.90)

W : 차량의 총중량(kg)

R : 타이어의 유효 반지름(m)

μ : 도로면의 전동 저항 계수(포장 도로에서는 약 0.01～0.02)

α_{max} : 최대 등판 경사각, 보통 자동차에 대한 값 $\sin\alpha_{max} = 0.2 \sim 0.4$

최종 감속비 i_f와 최저 변속비 i_e가 정해지면, 중간의 변속비는 기관의 회전 속도의 변화가 균등하게 되도록 정한다. 실제로는 도로 상황, 차의 성능에 따라 다소 수정을 가하며, 보통

후진의 변속비는 최저 변속비 i_e보다 크게 잡는다.

자동차의 주행 속도는 타이어의 슬립이 없다고 생각하면 기관의 회전 속도, 변속비, 최종 감속비 및 타이어 치수 등에 따라서 결정된다.

지금 전진 4속, 후진 1속의 변속기를 가지고 있는 자동차에서

n : 기관의 회전 속도(rpm)

D : 타이어의 지름(m)

i_1 : 제1변속비, V_1 : 제1속에서의 주행 속도

i_2 : 제2변속비, V_2 : 제2속에서의 주행 속도

i_3 : 제3변속비, V_3 : 제3속에서의 주행 속도

i_4 : 직결 물림비, V_4 : 직결 물림에서 주행 속도

i_r : 후진 물림비, V_r : 후진에서의 주행 속도

i_f : 최종 물림비

라고 하면, 각 변속비에 대한 주행속도는 다음 식으로 구할 수 있다.

제1속의 주행 속도 $V_1 = \pi D \times \dfrac{n}{i_1 i_f}$ m/min $= \pi D \times \dfrac{n}{i_1 i_f} \times \dfrac{60}{1000}$ km/h

제2속의 주행 속도 $V_2 = \pi D \times \dfrac{n}{i_2 i_f}$ m/min $= \pi D \times \dfrac{n}{i_2 i_f} \times \dfrac{60}{1000}$ km/h

제3속의 주행 속도 $V_3 = \pi D \times \dfrac{n}{i_3 i_f}$ m/min $= \pi D \times \dfrac{n}{i_3 i_f} \times \dfrac{60}{1000}$ km/h

직결 물림의 주행 속도 $V_4 = \pi D \times \dfrac{n}{i_4 i_f}$ m/min $= \pi D \times \dfrac{n}{i_4 i_f} \times \dfrac{60}{1000}$ km/h

후진시의 속도 $V_r = \pi D \times \dfrac{n}{i_r i_f}$ m/min $= \pi D \times \dfrac{n}{i_r i_f} \times \dfrac{60}{1000}$ km/h

보기 12.1 그림 12 · 34와 같은 전진 4단, 후진 1단 변속기에서 크랭크축이 1500 rpm으로 회전할 때 추진축의 회전 속도를 구하라.

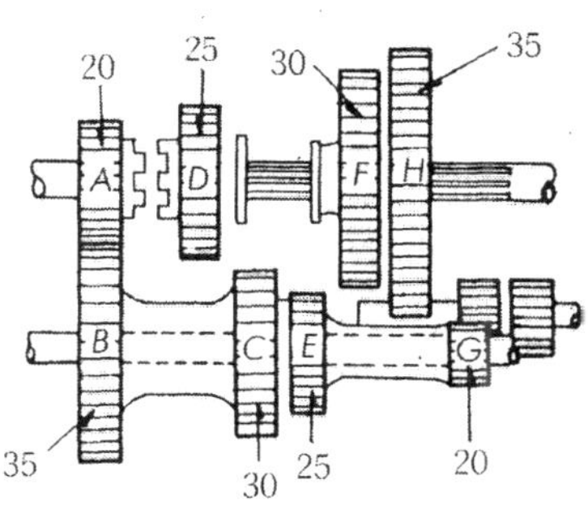

그림 12 · 34 전진 4단 후진, 1단 변속기

풀이 제1속의 변속비 $\frac{B}{A} \times \frac{H}{G} = \frac{35}{20} \times \frac{35}{20} = 3.06$

제2속의 변속비 $\frac{B}{A} \times \frac{F}{E} = \frac{35}{20} \times \frac{30}{25} = 2.10$

제3속의 감속비 $\frac{B}{A} \times \frac{D}{C} = \frac{35}{20} \times \frac{25}{30} = 1.46$

제4속의 변속비 직결 $= 1.00$

따라서 각 변속단에서의 추진축의 회전 속도는

제1속 : $\frac{1500}{3.06} \fallingdotseq 490\,\text{rpm}$

제2속 : $\frac{1500}{2.10} \fallingdotseq 714\,\text{rpm}$

제3속 : $\frac{1500}{1.46} \fallingdotseq 1030\,\text{rpm}$

직 결 : $\frac{1500}{1} \fallingdotseq 1500\,\text{rpm}$

12.4.8 변속기의 윤활

변속기의 윤활은 보통 비말식 윤활법을 사용한다. 이것은 회전하는 기어에 의하여 오일을 뿌려서 기어와 베어링 등에 윤활하는 방법이다. 따라서 변속기에 들어 있는 오일의 유면의 높이가 항상 규정 높이에 있어야 한다. 오일이 규정 레벨 아래에 있으면 오일의 윤활이 나빠지고 지나치게 높으면 오일이 새어 나오기 쉽다. 윤활유는 점도, 응고점, 부식성 등을 고려하여 보통 SAE 75W로부터 SAE 140번을 용도에 맞게 사용한다. 변속기는 작은 기어로 큰 힘을 전달하기 때문에 압력에 견디는 윤활유가 요망된다.

12.5 자동 변속기

12.5.1 유체 클러치

유체 클러치의 원리는 다음과 같이 설명할 수 있다. 지금 선풍기(旋風機) 2대를 그림 12 · 35와 같이 25~50 mm 사이를 두고 서로 정면으로 향하도록 놓아둔 다음, 그림 12 · 35의 왼쪽 선풍기는 전원 스위치를 넣어 전동기에 의하여 회전하도록 하고, 다른 하나는 스위치를 넣지 않고 자유로이 그대로 놓아두면, 원동측의 선풍기가 회전하기 시작하면 종동측의의 선풍기도 같은 방향으로 서서히 회전하기 시작하여 마침내 같은 속도로 회전하게 된다. 이 때 동력을 전달하는 매개체는 공기가 된다. 그림 12 · 35 (b)와 같이 풍동을 설치한 경우에는 그림 12 · 35 (a)의 경우보다 더 강력한 동력 전달을 할 수 있다. 이와 같이 유체 클러

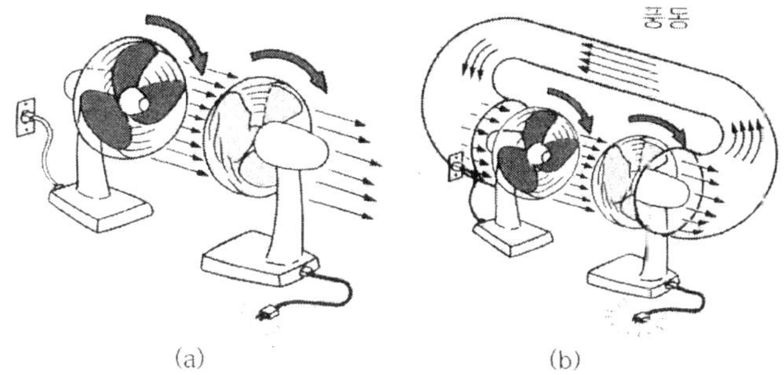

(a) (b)

그림 12 · 35 유체 클러치 원리

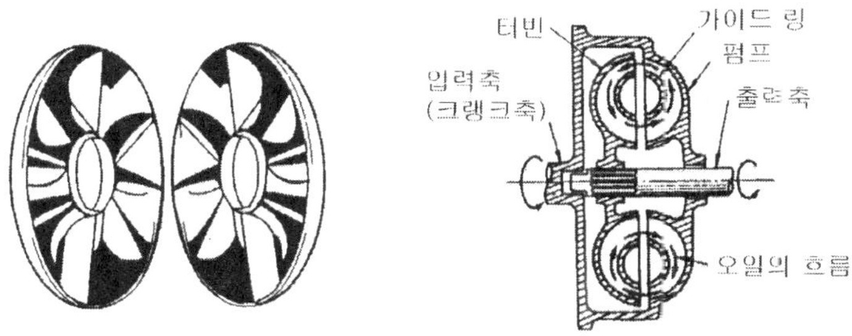

(a) (b)

그림 12 · 36 유체 클러치 구성

치는 구동부(driving member)와 피동부(driven member) 사이에 어떤 기계적 연결없이 유체의 운동 에너지에 의해서 동력을 전달하는 것이다.

유체 클러치는 그림 12 · 36 (a)와 같은 날개차 사이에 유처를 가득 채운 상태에서 그림 12 · 36 (b)와 같이 설치하여 기관에 의해 펌프 임펠러(pump impeller)가 회전하면 오일은 원심력에 의하여 바깥쪽을 향하여 유출하게 된다. 이 때 펌프 임펠러와 터빈 러너(turbine runner)는 마주보고 있으므로 펌프 임펠러에서 나온 유체는 그 운동 에너지를 터빈 러너에 주고 다시 펌프 임펠러로 돌아오게 된다. 이에 따라서 기계적인 연결없이 터빈 러너가 회전하여 클러치로 작용하게 된다.

유체 클러치의 펌프 임펠러는 플라이휠에 의하여 구동되는 구동차에 해당하고, 터빈 러너는 종동 부분으로 피동차(수동차)에 해당된다.

구동차 및 수동차에는 날개(vane 또는 blade)가 붙어 있고, 날개 전체는 그림 12 · 36과 같이 케이싱 내에 잠겨져 있다. 기관이 회전하면 구동차가 플라이휠과 같이 회전하여 원심력에 의하여 오일이 바깥으로 유출되면서 기계적인 연결없이 수동차를 회전시킨다.

구동륜인 펌프 임펠러와 피동륜의 터빈 러너는 그림 12 · 37과 같이 극히 작은 간격을

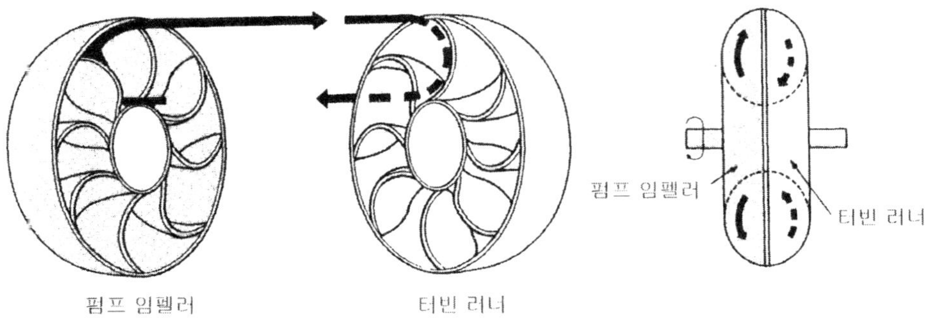

그림 12·37 유체 클러치의 유체 흐름

두고 서로 대향하고 있으며, 이에 따라 어떤 접촉 없이 서로 유체를 매개체로 하여 동력을 전달하게 된다. 유체 클러치의 구성 요소인 펌프와 터빈은 그 둘레를 하우징으로 완전히 밀폐하고, 그 속에 약 80%의 오일을 채웠다.

기관이 회전하면 플라이휠에 직결된 펌프 임펠러가 회전하여 베인 사이의 유체는 원심력에 의하여 회전축으로부터 바깥쪽 화살표 방향으로 밀려나간다. 이 유체는 터빈의 러너 외측으로부터 중심측으로 향하여 흐르게 된다.

펌프 임펠러로부터 터빈 러너로 흐르는 유체는 그림 12·38의 벡터 a와 같이 운동하여 회전 방향은 벡터 b의 운동성을 갖고 터빈 러너를 구동하는 에너지가 된다. 그러나 터빈 러너가 정지 또는 임펠러보다 회전이 느릴 때에는 터빈 러너로부터 펌프 임펠러로 되돌아오는 유체의 방향은 터빈 러너 내의 날개차 때문에 방향이 바뀌어 그림 12·39와 같이 펌프 임펠러의 회전을 방해하는 방향으로 작용하게 된다. 즉 유체 커플링에서는 토크의 증대는 이루어지지 않는다. 이 결점을 보충하는 것이 토크 컨버터이다.

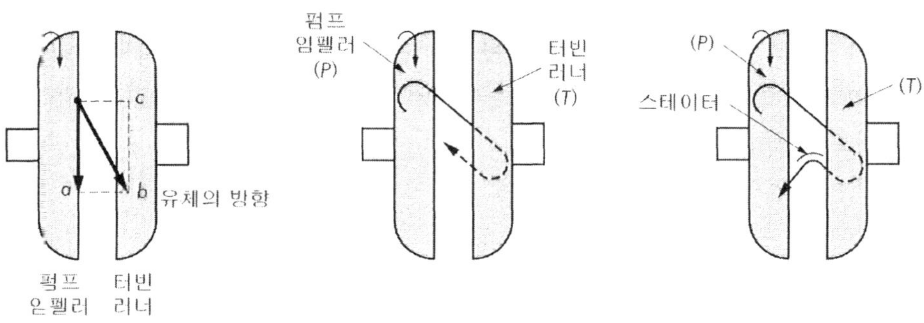

그림 12·38 유체의 유동 그림 12·39 터빈 러너가 정지 또는 회전이 느릴 때의 유동 그림 12·40 토크 컨버터의 회전이 빠를 때

토크 컨버터는 그림 12 · 40과 같이 유체 커플링의 펌프 임펠러 P와 터빈 러너 T의 중간에 스테이터(stator)를 두어 유체 커플링의 결점을 보완하고 토크 증대를 도모하고 있다. 이 토크의 증대는 터빈 러너로부터 돌아온 유체가 스테이터의 날개에 의하여 흐름의 방향을 바꾸고 펌프 임펠러의 회전을 돕는 방향으로 작용하기 때문이다. 또 스테이터에 방향이 변환된 유체가 갖는 에너지를 잔류 에너지라고 한다. 즉 터빈 구동력＝펌프 회전력＋잔류 에너지로 된다.

터빈이 정지하고 있을 때는 터빈 내의 유체의 원심력이 작용하지 않으므로 펌프에서 터빈으로, 터빈에서 펌프로 순환하게 된다. 다시 말하면 기관이 회전하면 그림 12 · 40과 같이 펌프가 회전하여 유체는 원심력에 의하여 펌프의 곡면에 따라 바깥쪽으로 튀어 나간다. 여기서 운동 에너지를 가지는 유체는 날개(blade)에 부딪혀 회전력을 일으킨다. 이 토크는 터빈이 펌프와 같은 속도로 회전시키는 힘으로 일체 되어 마침내 회전하게 된다. 따라서 이들은 유체 커플링(fluid clutch, fluid coupling)이 된다.

터빈에 가해지는 전달 회전력이 터빈에 걸리는 부하보다 크면, 회전이 시작되고 터빈이 회전할 경우에도 터빈의 회전 속도는 펌프보다 항상 적다. 그러므로 터빈 속의 유체에 작용하는 원심력은 펌프에 작용하는 원심력보다 작으므로 유체 클러치는 보통 정상의 회전 상태에서 터빈의 속도는 펌프의 속도보다 약 2% 정도 적은데, 이 경우 이것은 동력 전달의 에너지 손실을 의미하는 것으로서 이것을 2% 슬립이라고 한다. 터빈이 정지하고 있을 때에는 슬립은 100%이고 클러치 효율은 0이 된다.

유체 클러치에서 기관의 속도가 저하하여 펌프와 터빈의 회전 속도가 같아질 때를 클러치점(clutch point)이라 한다. 이 때는 터빈에도 펌프와 똑같은 원심력이 작용하여 유체 유동 방향이 서로 상쇄(相殺)되어 그 결과 유체의 순환 운동은 일시 중단되고, 유체 클러치는 동력을 전달하지 않게 된다. 여기서 기관 속도가 더욱 저하하게 되면, 터빈은 일시적으로 구동측이 되고, 구동측인 펌프는 일시적으로 피동륜이 되어 기관이 동력 전달 장치로부터 구동을 당하게 되는 결과가 생긴다. 이 때는 마찰 클러치에서 갖는 것처럼 자동차에 대한 브레이크 작용을 하게 된다.

유체 클러치에 사용되는 유체는 밀도(密度)가 크고, 점도(粘度)가 적은 것, 즉 오일이 유동할 때 저항이 적은 것이 좋다.

12.5.2 유체 토크 컨버터

〔1〕 유체 토크 컨버터의 작동 원리

유체 토크 컨버터는 유체의 작동에 의한 것으로서 유체 클러치는 그림 12 · 41 (a)와 같이 펌프 임펠러 날개차로부터 유출된 유체를 평면판에 충돌시켜서 그 충동력 F를 이용하는

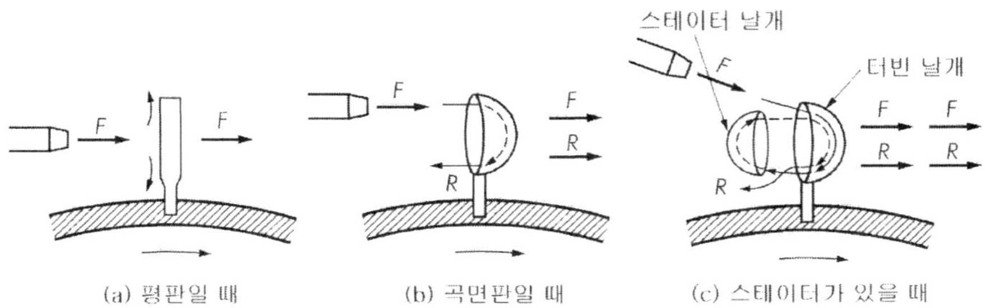

그림 12 · 41 토크 컨버터의 원리

것이다. 이번에는 그림 12 · 41 (b)와 같이 평판을 곡면판으로 하여 유동 방향을 180°바꾸면 충동력 F 외에 같은 크기의 반동력 R가 생겨서 전체의 힘은 $F+R=2F$의 힘이 작용하게 된다. 그림 12 · 41 (c)와 같이 곡면판에 대향하여 스테이터를 설치하면 유체의 흐름은 터빈 날개로 되돌려져서 스테이터가 받는 힘과 같은 크기의 힘을 터빈날개가 받게 되어 토크는 증대된다. 그러나 오일의 마찰, 날개의 기계적인 저항 및 마찰 등으로 인하여 토크비는 1~3 정도로 된다.

자동차를 운전할 때 그 취급에 있어서 특히 많은 숙련을 요하는 것은 클러치와 변속 기이다. 그러므로 이들 변속 장치를 자동화한 것이 유체 토크 컨버터(hydraulic torque converter)이다. 그림 12 · 42는 토크 컨버터의 단면을 표시한 것이고, 그림 12 · 43은 오일 흐름을 나타낸 것이다.

유체 토크 컨버터는 그 구조상 펌프 임펠러, 터빈 러너, 스테이터로 되어 있으며 비분해식의 구조로 되어 있다. 그림 12 · 42에서 펌프 임펠러는 구동판과 함께 크랭크축에 연결되어 있다. 터빈 러너는 변속기 입력축과 스플라인으로 물려 있다. 스테이터는 펌프 임펠러와 터빈 러너 중간에 위치하며 일방향으로만 회전하는 일방 클러치(one way clutch)가 설치되어 있다.

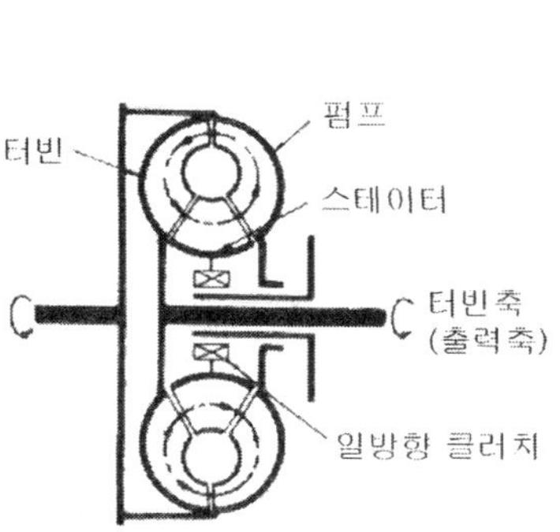

그림 12 · 42 토크 컨버터의 구조

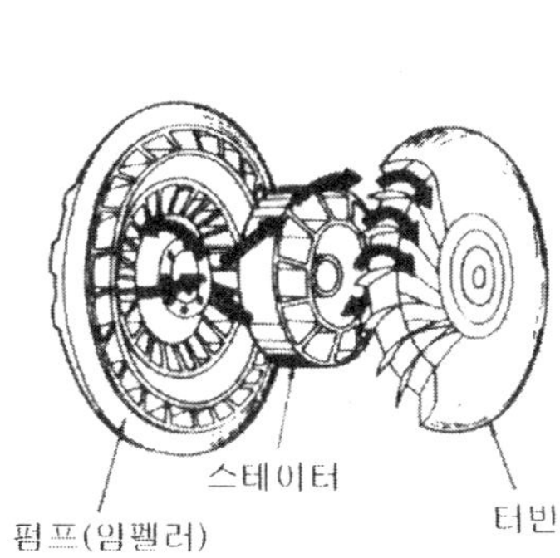

그림 12 · 43 토크 컨버터 내의 유체 유동

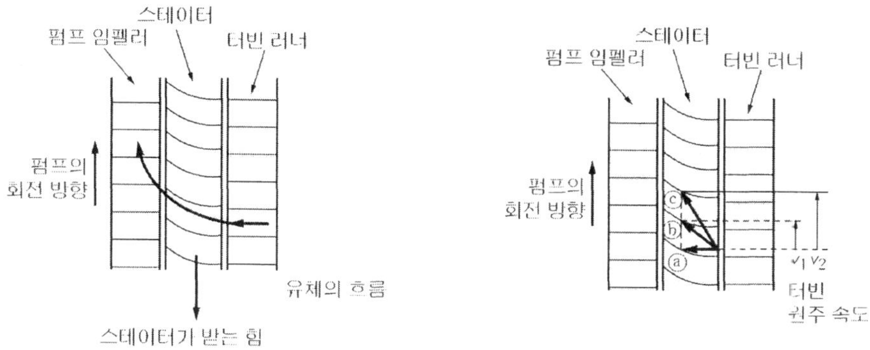

(a) 스테이터의 작용　　(b) 토크 컨버터의 원주 속도

그림 12 · 44 토크 컨버터의 작용

(1) 스테이터의 작용과 토크 증대

토크 컨버터의 특징은 기관 회전과 함께 펌프 임펠러로부터 유출한 유체는 터빈 러너를 구동하고 스테이터를 통하여 다시 펌프 임펠러로 되돌아올 때의 토크비는 1.0으로부터 2.0~2.5 정도로 증대된다. 이 토크비는 펌프 임펠러와 터빈 러너의 회전 속도차가 클수록 증가하고 그 차가 작을수록 토크비는 작아진다. 그러나 어느 위치를 지나면 효율은 점차 저하한다.

스테이터는 터빈 러너로부터 나오는 유체의 흐름 방향을 변환하여 그림 **12 · 44** (a)와 같이 펌프 임펠러로 되돌아가게 하며, 이 때 스테이터 곡면은 유체가 방향을 바꾸어 펌프 임펠러의 회전을 돕는 작용을 한다. 터빈 러너가 회전을 시작하면 터빈 러너를 유출하는 오일의 순환류 방향은 ⓐ가 되고 러너의 원주 속도는 각각 v_1, v_2가 되면 오일은 이들의 합성 방향의 속도 ⓑ와 ⓒ로 되어 그림 **12 · 44** (b)와 같이 유동하게 된다.

그림 **12 · 45** (a)와 같이 터빈 러너의 회전수가 0일 때에는 유체가 갖는 잔류 에너지가 최대이고, 스테이터로 유입하는 유체의 방향도 이상적인 모양으로 되어 토크는 최대로 된다.

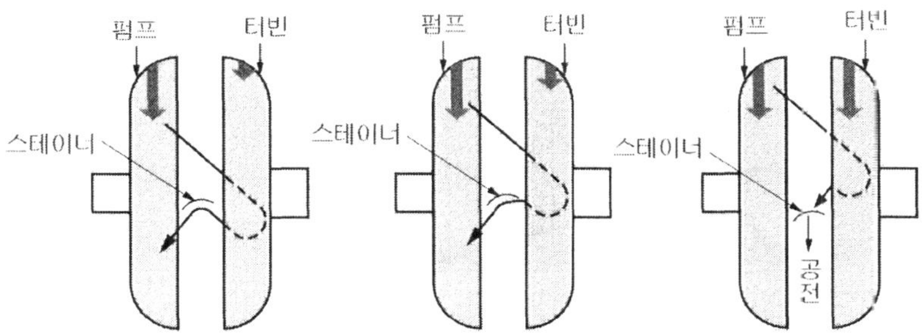

(a) 터빈 정지 (스테이터 고정)　　(b) 터빈 중속 (스테이터 고정)　　(c) 터빈 고속 회전 (스테이터 회전)

그림 12 · 45 일방 클러치의 작동

터빈이 회전을 시작하면 터빈 러너를 유출하는 오일의 방향이 순환류와 러너의 원주 속도의 합성 방향을 취하게 되어 그림 12 · 44 (b)의 ⓒ와 같이 된다. 터빈의 회전 속도가 빨라지면 스테이터로 유입하는 방향이 변화하여 토크 증가율은 감소하게 된다. 터빈 러너의 회전이 더욱 빨라지면 그림 12 · 45의 (c)와 같이 되어 스테이터 뒷면에 유체가 접하게 된다. 그러므로 스티이터는 펌프 임펠러의 회전을 방해하는 방향으로 유체를 작용시키게 된다. 따라서 이 때는 일방 클러치를 작동시켜 스테이터를 공전시켜 효율의 저하를 막아준다. 이와 같이 스테이터가 공전을 시작하는 점을 **클러치 점**(clutch point)이라고 한다. 이렇게 되면 토크 컨버터는 유체 커플링의 역할을 하므로 클러치 점 이하의 범위를 **커플링 범위**(coupling range)라고 한다.

이와 같이 스테이터는 토크의 증대와 터빈의 고속 회전하여 펌프의 회전 속도에 가까워지면 일방 클러치가 작용하여 터빈과 같은 방향으로 작동시킨다. 그림 12 · 45는 일방 클러치의 작용을 나타낸 것이다.

(2) 토크 컨버터의 성능 곡선

$$속도비(i) = \frac{터빈축\ 회전\ 속도}{펌프축\ 회전\ 속도} \tag{12 · 12}$$

$$토크비(t) = \frac{터빈축\ 토크}{펌프축\ 토크} \tag{12 · 13}$$

$$전달효율(\eta) = \frac{출력}{입력} \times 100\% \tag{12 · 14}$$

그림 12 · 46은 토크 컨버터의 성능 곡선을 나타낸 것이다. 토크비는 컨버터의 입력 토크와 출력 토크의 비를 나타낸 것이고, 전달 효율은 컨버터의 입력과 출력의 비를 의미한다.

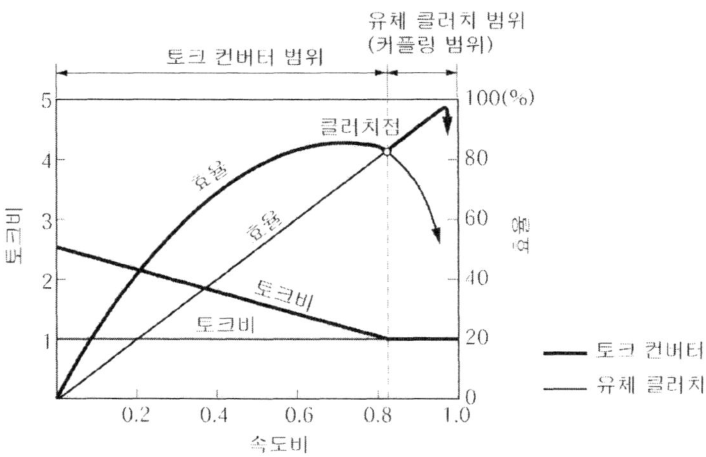

그림 12 · 46 토크 컨버터의 성능 곡선

속도비(i)가 0일 때 터빈은 정지하며, 이 점을 실속점(stall point)이라 하고 이 때 토크비는 최대로 된다. 터빈 속도가 증가하면 토크비는 저하하며 어느 속도비에서는 거의 1이 된다. 이 점이 클러치 점이 된다. 이 이상의 속도비에서는 스테이터 뒷면에 유체가 작용하여 일방 클러치에 의하여 스테이터는 펌프와 동일 방향으로 공전하여 유체 클러치(유체 커플링)의 작용을 하게 된다.

(3) 스테이터 및 일방 클러치(프리휠링) 장치

펌프 임펠러는 그림 12·47과 같이 플라이휠의 일부에 붙어 있고, 날개의 형상은 펌프의 성능을 높일 수 있는 단면 형상으로 만든다. 터빈 러너는 터빈축에 붙어 펌프 임펠러와 대향하는 곡면의 날개로 되어 있다. 스테이터는 유체의 순환 작용을 원활히 하는 것으로서 일방 클러치(프리휠링) 장치를 사이에 두고 고정축에 부착된다. 따라서 펌프 날개차의 회전 속도가 터빈 날개차의 회전 속도보다 빠를 때에는 스테이터는 축에 고정되고, 또 이들 양자가 동일한 회전 속도를 가질 때 이들 3요소는 자동적으로 일체로 되어 회전하여 안내 날개의 작용을 멈춘다.

스테이터가 일방 클러치 장치에 의하여 축에 고정될 때에는 토크는 변환하고, 이들 3개가 일체로 회전하면 토크의 변환 없이 유체 클러치로서의 작용을 하게 된다.

(4) 3요소 1단 2상형 토크 컨버터

토크 컨버터는 날개의 수나 특성에 따라 구분되며 일반적으로 사용되는 3요소 1단 2상형의 구성은 다음과 같이 구성된 것을 말한다.

① 요소(member) 유로를 형성하는 날개차의 수를 말하며 펌프 임펠러, 터빈 러너, 스테이터로 구성된 것을 3요소라 한다.

② 단(stage) 터빈 러너의 수를 나타낸다.

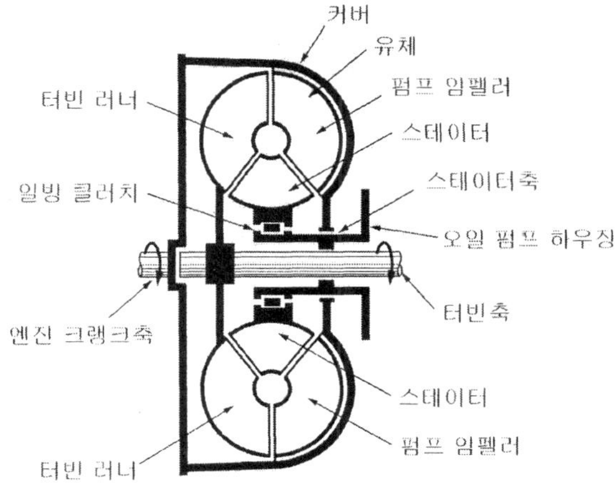

그림 12·47 유체 토크 컨버터(3요소 1단 2상형)

③ 상(phase) 스테이터가 1개인 경우 컨버터 레인지와 커플링 레인지의 특성을 나타내므로 2상(相)으로 분류한다.

토크 컨버터는 용도, 사용 목적 등에 따라 스테이터를 2개 설치한 4요소 1단형, 터빈 러너를 3개, 스테이터를 2개로 한 것 등이 있으나 자동차용으로 널리 사용되는 것은 3요소 1단형이다.

(5) 로크업 기구붙이 토크 컨버터

로크업(lockup)기구는 토크 컨버터에 생기는 펌프 날개차와 터빈 날개차의 슬립에 의한 회전 차이를 없애기 위하여 일정 속도 이상이 되면 펌프 임펠러와 터빈 러너를 기계적으로 직결하는 장치로서 유압을 이용하여 클러치 작용에 의하여 이루어지는 구조로 되어 있다.

토크 컨버터는 펌프 임펠러와 터빈 러너의 회전수 차이에 의한 유체의 흐름이 동력을 전달한다. 이 현상은 토크를 전달하지 않는 유체 클러치의 경우에도 같다. 펌프 임펠러와 터빈 러너 사이에 기계식 클러치를 두어 커플링 레인지로 된 경우 클러치를 작동시켜 회전 차이를 없게 하여 전달 효율을 높게 하는 것이 로크업 기구이다. 그림 12 · 48은 로크업 기구를 사용하고 있는 토크 컨버터의 한 예이다. 그림으로부터 알 수 있는 바와 같이 로크업 클러치가 작동하면 동력은 직접 입력축으로 전달된다.

① **로크업 클러치 작동시** 제어 밸브에 의하여 유체의 흐름이 그림 12 · 49와 같을 경우 로크업 클러치는 전후의 유압차에 의하여 프론트 커버쪽에 압착되어 프론트 커버와 일체로 되어 회전한다. 따라서 기관으로부터의 회전력은 OD입력축(오버드라이브 장치가 있는 경우)에 직접 전달되어 펌프 임펠러와 터빈 러너의 회전차이가 없게 된다.

② **로크업 클러치 해제시** 로크업 클러치 제어밸브의 변환에 의하여 토크 컨버터를 통

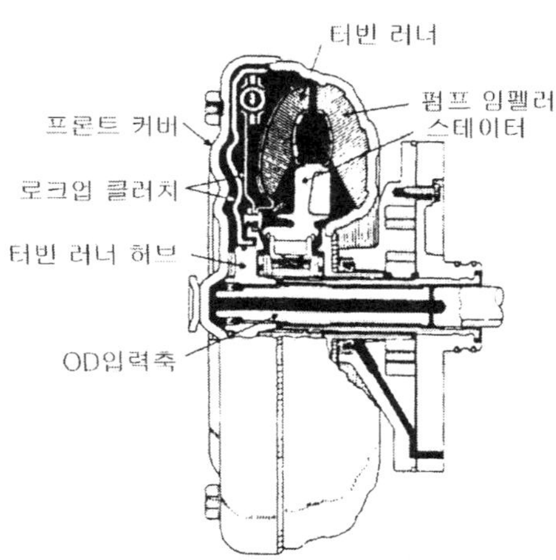

그림 12 · 48 로크업 기구를 갖는 토크 컨버터

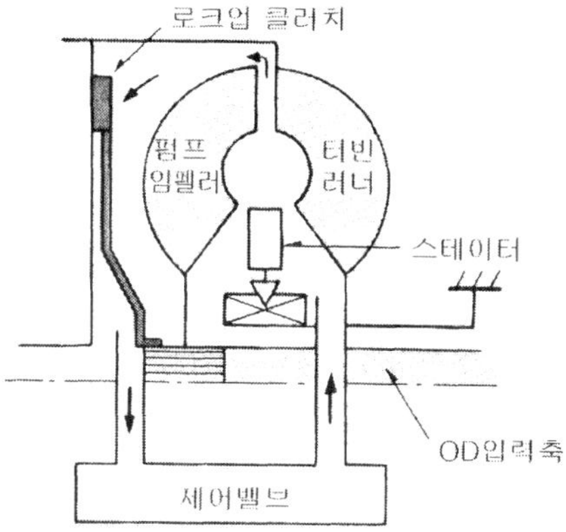

그림 12 · 49 로크업 클러치 작동시

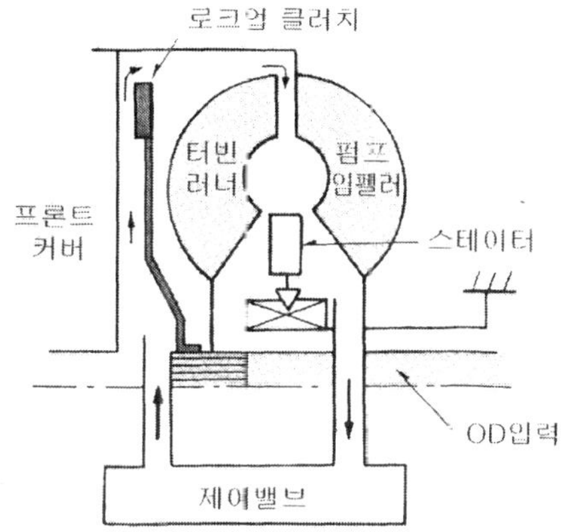

그림 12 · 50 로크업 클러치 해제시

하는 유체는 작동시와 반대로 되어 그림 12 · 50과 같이 된다. 따라서 로크업 클러치의 앞쪽 압력이 높아져서 로크업 클러치는 프론트 커버로부터 떨어지는 쪽으로 작용하여 프론트 커버와 터빈 러너의 동력 전달이 차단되어 동력은 통상적인 토크 컨버터로 작동된다.

주행 중 어느 일정 조건(D레인지 3속, 오버드라이브 주행시)에서 속도가 일정값 이상일 경우 제어 밸브가 작동되어 로크업 클러치가 작동하도록 되어 있다. 또한 이와 달리 전자 제어 방식의 자동 변속기의 경우에는 유압 제어식과 달리 시프트하는 기어의 위치, 차속 등의 주행 조건에 적응하여 극히 정밀하게 로크업 기능을 발휘하도록 되어 있다.

〔2〕 스테이터의 작용

(1) 토크 증대 작용

스테이터의 앞면에 유체가 부딪혀서 흐름을 변환하고 있을 때와 펌프 임펠러가 터빈 러너보다 빨리 회전하고 있을 때는 회전 속도의 차이가 큰 경우이다. 펌프와 터빈 사이의 회전 속도차가 클 때에는 펌프로부터 유체가 터빈을 거쳐 스테이터에 부딪히면서 펌프에 되돌아 올 때 토크의 증대 작용을 한다. 이와 같은 상태를 컨버터 레인지(converter range) 또는 토크 증대 작용(torgue multiplication)이라 한다.

(2) 일방 클러치 작용

스테이터는 펌프와 터빈의 회전 속도차가 클 때에는 유효하게 토크 증대를 일으키나 회전 속도차가 적어지면 컨버터 내의 유체 흐름의 변화가 생긴다. 지금까지 펌프로부터 터빈으로 흐르는 유체는 스테이터 앞면에 부딪혀서 흐름의 방향을 바꾸었으나 회전 속도차가 없어지면 유체는 와류 상태로 되어 펌프와 터빈 러너는 동일한 속도로 회전하게 된다. 이 때 스테이터가 스테이터축에 고정되어 있으면 스테이터 뒷면으로부터 유체가 유입하여 스테이터도 펌프 · 터빈과 일체로 되어 회전하게 된다. 이 경우 스테이터가 회전하지 않으면 전달 효율이 나빠지고 토크비는 1 이하로 된다. 이러한 결점을 방지하기 위하여 스테이터는 펌프의 회전

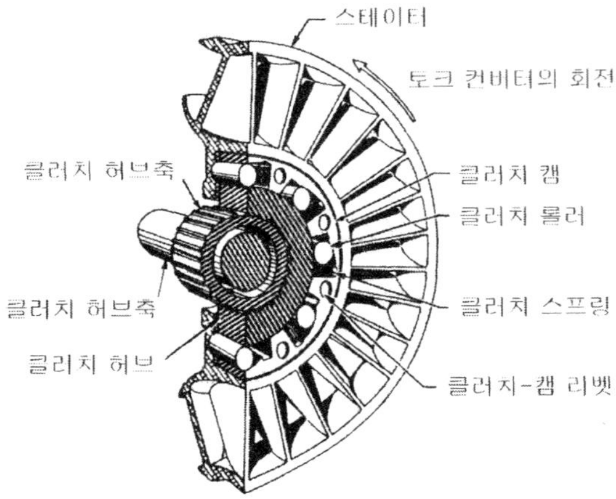

그림 12·51 토크 컨버터 스테이터의 롤러 클러치

방향과 같은 방향으로 회전하는 힘이 작용하고 있을 때에는 회전하고, 반대 방향의 힘이 작용하고 있을 때에는 고정되는, 즉 일방 **클러치**(one-way clutch, 프리휠링 장치)가 설치되어 있다.

스테이터가 회전하기 시작할 때를 **클러치 점**(clutch point)이라 하고, 이 점을 경계로 하여 커플링 레인지에 들어가면 토크는 증대하지 않고 토크비는 1이 된다. 즉, 스테이터가 회전하지 않을 때, 컨버터 레인지에서는 토크 증대 작용이 있다. 또 터빈 러너가 회전하지 않고, 펌프 임펠러만이 회전하고 있는 상태를 **스톨**(stall)이라 한다. 만일 스테이터의 일방 클러치가 고착되는 등의 원인으로 회전 방향으로 회전하지 않을 경우 스톨 테스트의 결과가 양호하여도 어느 속도(70~80 km/h) 이상이 되면 속도가 올라가지 않고 과열하기 쉽게 된다. 그림 12·51은 스테이터와 일방 클러치(롤러 클러치를 사용한 것)의 구조를 나타낸 것이다.

일방 클러치는 그림 12·51과 같은 롤러를 사용한 롤러 클러치(roller clutch)와 그림 12·52와 같은 스프래그를 사용한 스프래그 클러치(sprag clutch)가 있다.

① **롤러 클러치** 이것은 허브, 아우터 링 또는 클러치 캠(clutch cam)과 캠 속 노치에 들어 있는 롤러로 구성된다. 펌프가 터빈보다 빨리 회전할 때에는 스테이터는 정지한다. 유체가 베인에 부딪혀서 스테이터에 미는 힘이 걸리면 스테이터는 뒤쪽으로 회전하게 된다. 이렇게 도면 롤러는 노치의 작은 쪽 끝으로 들어가서 스테이터와 허브를 일체로 만든다. 터빈 속도가 펌프 속도에 접근하면 롤러는 노치의 작은 홈쪽에서 이탈되어 넓은 쪽 노치로 들어가서 스테이터의 고정은 풀리고 프리휠의 기능을 하게 된다.

② **스프래그 클러치** 스프래그(sprag)는 그림 12·52에 표시된 이너 레이스(inner race)와 아우터 레이스(outer race) 사이에 들어 있는 캠 모양의 고정요소(cam-shaped locking element)이다. 스테이터 작용이 요구되지 않을 때에는 아우터 레이스의 고정은 풀려

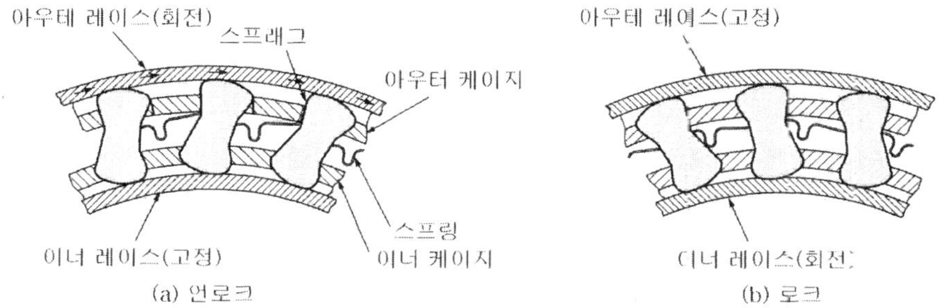

그림 12·52 스프래그 클러치의 작동

서 스테이터는 자유로이 회전하게 된다. 유체가 스테이터 베인에 충격력을 증가하면 스테이터는 뒤쪽으로 작용하여 스프래그는 아우터 레이스와 이너 레이스 사이에 밀착되면서 고정된다.

〔3〕 기어 유닛(gear unit)

토크 컨버터는 토크비를 어느 범위(2~3)로 조절하여도 구동 바퀴가 필요로 하는 토크 변환 범위를 얻을 수 없고, 또 토크 증가, 후퇴 등의 작동이 필요하므로 브조 변속기가 필요하다. 보조 변속기로는 전진 3~4단, 후진 1단의 유성 기어(plantary gear)를 사용하며, 자동적으로 변속하는 유압 제어 기구를 가지고 있다.

(1) 유성 기어(planetary gear system)

유성기어장치는 태양계와 같이 유성(遊星, planet)이 태양을 중심으로 일정한 궤도를 자전하면서 공전을 하는 것과 같은 기어열이다. 그림 12·53과 같은 유성기어 장치는 중심에 선 기어(sun gear) A가 있고 장치의 바깥둘레에 링 기어(ring gear) D가 있으며 선 기어와 링 기어의 사이에 유성 피니언(planetary pinion) B가 등 간격으로 지지하고 있는 유성 기어 케이지 또는 유성 캐리어(planet pinion cage or planet carrier) C로 구성되어 있다. 유성기어의 특징은 선 기어, 링 기어, 피니온 캐리어의 3부분을 동시어 두 가지 조건 (고정 또는 구동)을 부여하여 6가지의 변속비를 얻을 수 있는 점이다.

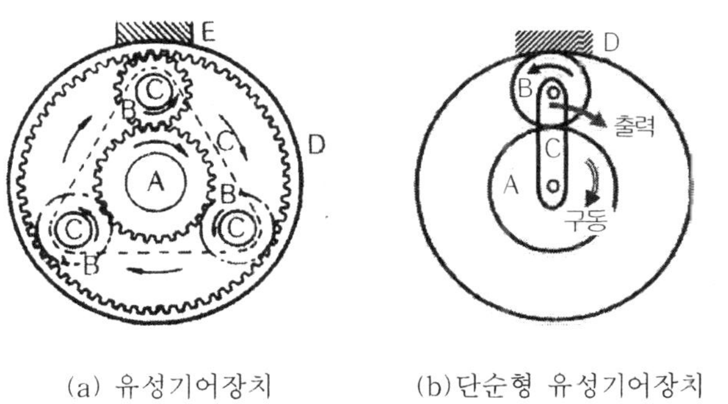

그림 12·53 유성기어 장치의 작동(1)

(2) 유성기어의 작동

① 링 기어 D를 고정하고 선기어 A를 구동하는 경우

그림 12 · 53 (b)와 같이 링 기어 D를 고정하고 선기어 A를 구동하는 경우의 변속에 대하여 알아보기로 한다. 선 기어 A가 회전하고 링 기어(인터널 기어) D는 고정되어 있으므로 유성 피니언은 링 기어 내측을 자전하면서 공전하므로 출력측인 피니언 케이지는 같은 방향으로 회전하면서 감속한다. 피니언 케이지 C가 출력측이고 A는 구동측이므로 출력측이 1회전하는 동안에 선 기어 A는 피니언 B의 자전에 의하여 $\frac{Z_B}{Z_A} \times \frac{Z_D}{Z_B} = \frac{Z_D}{Z_A}$ 만큼 회전한다. 여기서 Z_A, Z_B, Z_C, Z_D는 각각 기어 A, B, C, D의 잇수이다. 따라서 선 기어 A와 피니언 케이지 C의 속도비는 A와 C의 회전 속도를 각각 n_A, n_C rpm, $Z_A = 20$, $Z_D = 40$이라고 하면

$$\text{변속비 } (i) = \frac{\text{구동기어의 회전속도}}{\text{피동(출력)기어의 회전속도}} = \frac{\text{피동(출력)기어의 잇수}}{\text{구동기어의 잇수}}$$

$$i = \frac{n_A}{n_C} = \frac{Z_D}{Z_A} + 1 = \frac{Z_A + Z_D}{Z_A} = \frac{20 + 40}{20} = 3$$

따라서 선 기어 A의 1회전에 대하여 유성 피니언 케이지 C는 1/3회전하여 감속한다.
따라서 출력측인 유성케이지의 속도는

$$n_C = \frac{Z_A}{Z_A + Z_D} \times n_A \text{ rpm}$$

되어 감속된다.
이 경우 선 기어의 회전 속도와 잇수가 각각 3000 rpm, 20, 링 기어의 이수가 40, 유성 피니언의 잇수가 10일 때 피니언 케이지의 회전속도를 구하면

$$n_C = \frac{Z_A}{Z_A + Z_D} \times n_A$$

$$= \frac{20}{20 + 40} \times 3000 = 1000 \text{ rpm}$$

이 된다.

② 선 기어 A를 고정하고 링 기어 D를 구동하는 경우

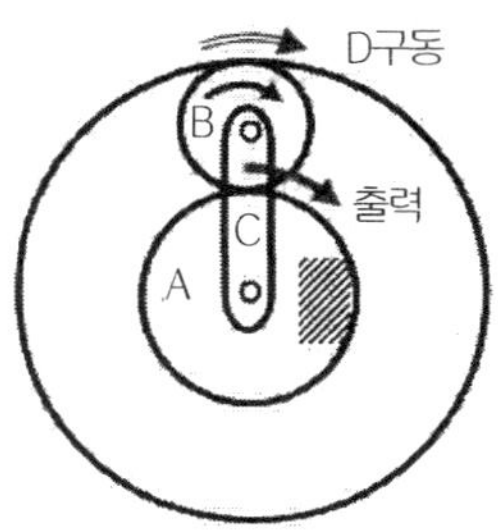

그림 12 · 54a 유성기어장치의 작동(2)

선 기어 A를 고정하고 링 기어 D를 우측으로 회전시키면 B는 A와 물려서 A에 대하여 Z_A/Z_B의 기어비로 회전(자전)한다. 이와 동시에 A의 둘레를 공전하게 된다. 따라서 유성 피니언 케이지 C가 1회전 하는 사이에 링 기어 D는 자전에 의하여 $\frac{Z_A}{Z_B} \times \frac{Z_B}{Z_D} = \frac{Z_A}{Z_D}$ 만큼 회전하는 외에 공전에 의하여 1회전이 가해지므로 C에 대한 D회전은 다음과 같은 회전비를 갖는다.

$$
\begin{aligned}
i &= \frac{n_D}{n_C} = \frac{Z_A}{Z_D} + 1 = \frac{Z_A + Z_D}{Z_D} \\
&= \frac{20 + 40}{40} = 1.5
\end{aligned}
$$

따라서 링 기어 D의 1회전에 대하여 피니언 케이지 C는 1/1.5회전하는 감속 작용을 한다.

③ 선 기어 A를 고정하고 유성 피니언 케이지 C를 구동하는 경우

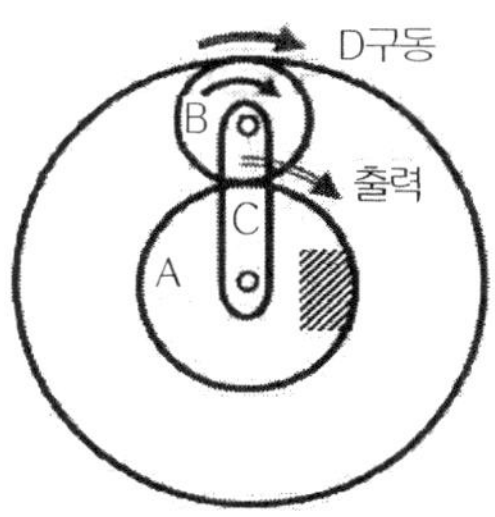

그림 12 · 54b 유성기어장치의 작동(3)

그림 **12 · 54a**와 같이 선 기어 A를 고정하고 유성 피니언 케이지 C를 우측으로 회전 구동하는 경우에는 피니언 B는 A와 물려서 C에 대하여 우측으로 Z_{A/Z_B}의 기어비로 회전한다. 링 기어 D는 자전에 의하여 A에 대하여 $\frac{Z_A}{Z_B} \times \frac{Z_B}{Z_D} = \frac{Z_A}{Z_D}$ 회전한다.

링 기어 D는 C가 1회전하는 동안에 자전에 의하여 Z_A/Z_D회전하므로 C에 대한 D의 회전비는 $\frac{Z_A}{Z_D} + 1 = \frac{Z_A + Z_D}{Z_D}$ 가 된다. 따라서

$$
i = \frac{n_C}{n_D} = \frac{Z_D}{Z_A + Z_D} = \frac{40}{20 + 40} = \frac{1}{1.5}
$$

이것은 오버러닝 기구에 이용되고 유성 피니언 케이지 C가 1회전하면 출력축인 링 기어 D는 1.5회전하게 된다.

④ 유성피니언 케이지 C를 고정하고 선 기어 A를 구동하는 경우

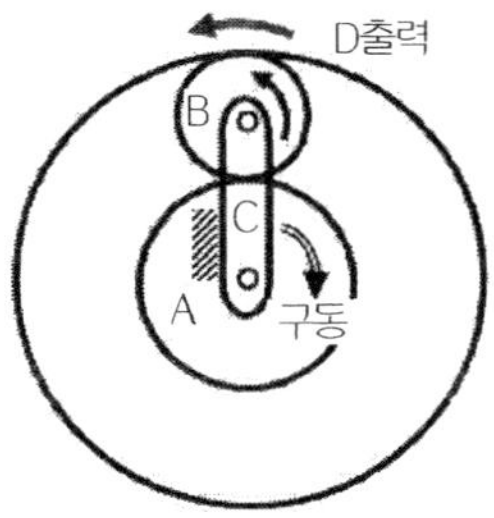

그림 12 · 54c 유성기어장치의 작동(4)

유성 피니언 케이지 C를 고정하고 A를 우측으로 1회전시키면 피니언 B는 아이들 기어로 되어 D는 다음과 같이 역전 회전비를 갖게 된다.

$$\frac{Z_D}{Z_A} = -\frac{Z_B}{Z_A} \times \frac{Z_D}{Z_B} = -\frac{Z_D}{Z_A}$$

$$i = \frac{n_A}{n_D} = -\frac{Z_D}{Z_A} = -\frac{40}{20} = -2$$

이것은 선 기어 A가 1회전하면 링 기어 D는 1/2의 감속 역전하게 된다.

⑤ 유성피니언 케이지 C를 고정하고 링 기어 D를 구동하는 경우

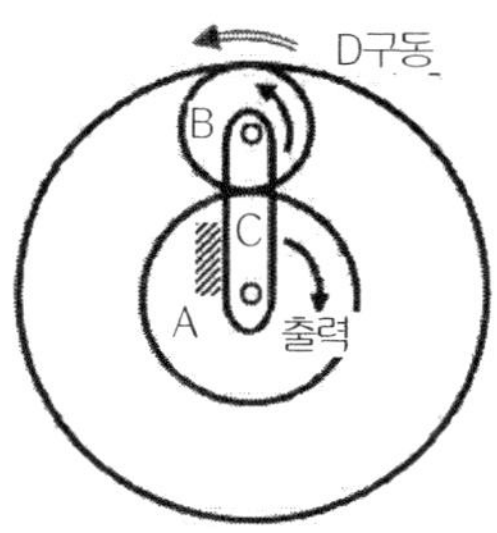

그림 12 · 54d 유성기어장치의 작동(5)

유성피니언 케이지 C를 고정하고 링 기어 D를 구동하는 경우에는 피니언 B는 아이들 기어가 되어 A는 D에 대하여 역방향으로 회전하고 회전비는 $-\frac{Z_D}{Z_B} \times \frac{Z_B}{Z_A} = -\frac{Z_D}{Z_A}$이다. 따라서

$$i = \frac{n_D}{n_A} = -\frac{Z_A}{Z_D} = -\frac{1}{2}$$

가 된다. 즉, 링 기어 D를 1회전시키면 선 기어 A는 역전으로 2배의 증속작용이 이루어진다.

⑥ 링 기어 D를 고정하고 유성 피니언 케이지 C를 구동하는 경우

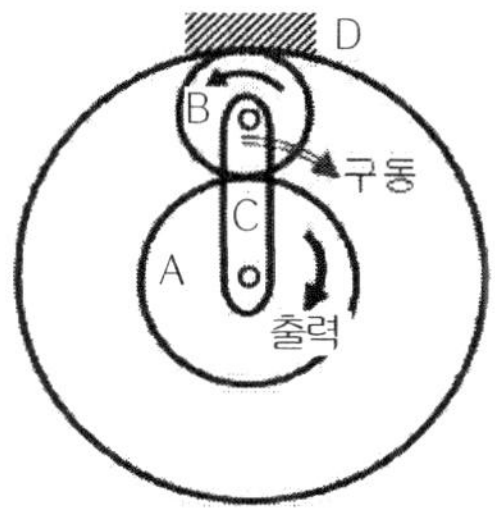

그림 12 · 54e 유성기어장치의 작동(6)

링 기어 D를 고정하고 피니언 케이지 C를 구동하는 경우에는 A를 우측으로 1회전하면 B는 D와 물려서 A에 대하여 Z_D/Z_B의 자전과 동시에 A의 둘레를 1회전(공전)한다. 따라서 D에 대해서는 $\frac{Z_D}{Z_B} \times \frac{Z_B}{Z_A} = \frac{Z_D}{Z_A}$의 우회전한다. 결국 B의 회전은 $\frac{Z_D}{Z_A} + 1 = \frac{Z_A + Z_D}{Z_A}$가 된다.

그러므로 회전비는

$$\begin{aligned} i &= \frac{n_C}{n_A} = \frac{Z_A}{Z_A + Z_D} \\ &= \frac{20}{20+40} = \frac{1}{3} \end{aligned}$$

피니언 케이지 C가 1회전하면 선 기어 A는 3회전하는 증속작용을 한다.

표 12 · 2 유성 기어 장치의 작용

경우	3요소의 조합	피동축의 회전 상태		
		피동축	회전 속도(rpm)	
1	링 기어 D를 고정하고, 선 기어 A를 구동할 경우	유성 피니언 케이지 C	감속	$n_C = \frac{Z_A}{Z_A + Z_D} \times n_A$
2	선 기어 A를 고정하고, 링 기어 D를 구동할 경우	유성 피니언 케이지 C	감속	$n_C = \frac{Z_D}{Z_A + Z_D} \times n_D$
3	선 기어 A를 고정하고, 유성 피니언 케이지 C를 구동할 경우	링 기어 D	증속	$n_D = \frac{Z_A + Z_D}{Z_A} \times n_C$
4	유성 피니언 케이지 C를 고정하고, 선 기어 A를 구동할 경우	링 기어 D	역전 감속	$n_D = \frac{-Z_A}{Z_D} \times n_A$
5	유성 피니언 케이지 C를 고정하고, 링 기어 D를 구동할 경우	선 기어 A	역전 증속	$n_A = \frac{-Z_D}{Z_A} \times n_D$
6	링 기어 D를 고정하고, 유성 피니언 케이지 C를 구동할 경우	선 기어 A	증속	$n_A = \frac{Z_A + Z_B}{Z_A} \times n_C$

보기 12.2 그림 12 · 54와 같은 유성 기어 장치에서 선 기어의 잇수 20, 유성 기어의 잇수 10, 링 기어의 잇수 40, 구동축의 회전수가 100회전일 때 구동축과 피동축 사이에 일어나는 여섯 가지 작동상태를 구하라.

1. 선 기어 A를 고정하고 유성 케이지 C를 100회전할 때 링기어 D의 회전수는 얼마인가?
2. 선 기어 A를 고정하고, 링 기어 D를 100회전할 경우 유성 피니언 B의 회전수는 얼마인가?
3. 유성 피니언 케이지 C를 고정하고, 선 기어 A를 100회전할 때 링 기어 D의 회전수는 얼마인가?
4. 유성 피니언 케이지 C를 고정하고, 링 기어 D를 100회전할 때 선 기어 A의 회전수는 얼마인가?
5. 링 기어 D를 고정하고, 선 기어 A를 100회전할 때 유성 피니언 케이지 C의 회전수는 얼마인가?
6. 링 기어 D를 고정하고, 유성 피니언 케이지 C를 100회전할 경우 선 기어 A의 회전수는 얼마인가?

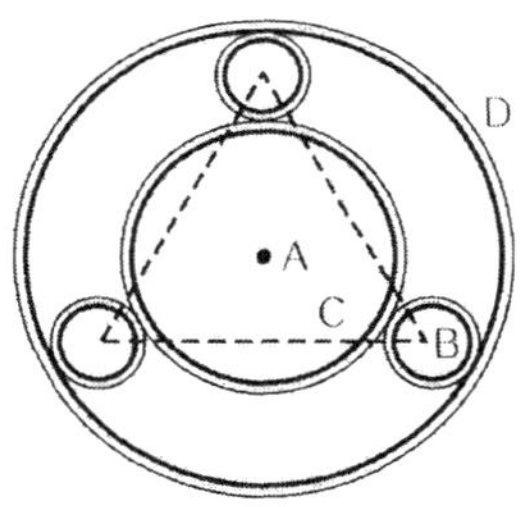

그림 12 · 54

풀이 1. 링 기어 D의 회전수

$$n_D = \frac{Z_A + Z_D}{Z_A} \times n_C = \frac{40 + 20}{40} \times 100 = 150\text{회전(증속)}$$

2. 유성 피니언 케이지 C의 회전수

$$n_C = \frac{Z_D}{Z_A + Z_D} \times n_D = \frac{40}{20 + 40} \times 100 = 66.6\text{회전(감속)}$$

3. 링 기어 D의 회전수

$$n_D = \frac{-Z_A}{Z_D} \times n_A = \frac{-20}{40} \times 100 = -50\text{회전(역전 감속)}$$

4. 선 기어 A의 회전수

$$n_A = \frac{-Z_D}{Z_A} \times n_D = \frac{-40}{20} \times 100 = -200\text{회전(역전 증속)}$$

5. 유성 피니언 케이지 C의 회전수

$$n_C = \frac{Z_A}{Z_A + Z_D} \times n_A = \frac{20}{20+40} \times 100 = 33.3\text{회전(감속)}$$

6. 선 기어 A의 회전수

$$n_A = \frac{Z_A + Z_B}{Z_A} \times n_C = \frac{20+40}{20} = 300\text{회전(증속)}$$

12.5.3 자동 변속기의 구조와 작용

〔1〕 자동 변속기의 제어 요소

그림 12 · 55는 자동 변속기의 작동을 나타낸 것이다. 자동 변속기(AT라 함)의 구성과 제어요소를 살펴보면 다음과 같다.

① 다판 클러치 : 동력의 단속 작용을 하는 클러치 장치가 있어서 동력 간속한다.

② 다판 브레이크 : 로 및 리버스 브레이크를 가지고 있으며 리어 유성 캐리어(rear planetary carrier)를 고정하는 작용을 한다.

③ 밴드 브레이크 : 브레이크 밴드가 OD 유성 기어의 선기어, 프론트 및 리어 유성 기어의 선 기어를 고정한다.

④ 일방 클러치(one-way clutch, 1조) : 리어 유성 캐리어를 한 방향으로만 고정한다.

이상의 제어요소를 가지고 변속작용을 한다.

〔2〕 각 레인지의 작동

① N 레인지(중립)　　클러치나 브레이크가 모두 개방 상태이고, 입력축은 공전하여 출력축에는 회전 동력이 전달되지 않는다.

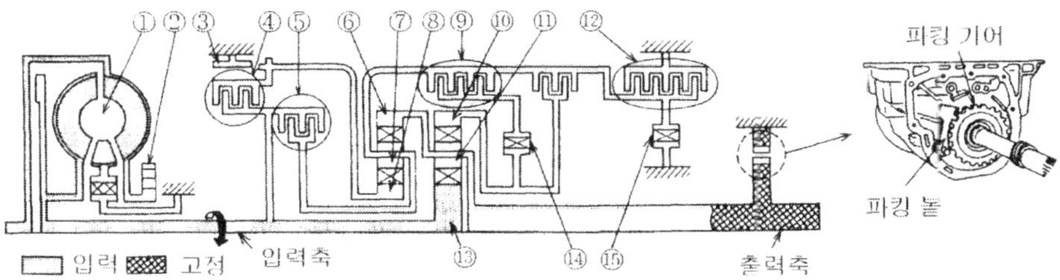

① 토크 컨버터, ② 오일 펌프, ③ 브레이크 밴드, ④ 리버스 클러치, ⑤ 고속 클러치, ⑥ 프론트 인터널 기어
⑦ 프론트 피니언 기어, ⑧ 프론트 선 기어, ⑨ 전방 클러치, ⑩ 리어 인터널 기어, ⑪ 리어 피니언 기어
⑫ 저속 및 리버스 브레이크, ⑬ 리어 선 기어, ⑭ 전방 일방 클러치, ⑮ 저속 일방 클러치

입력축 → 리어 선 기어 → 리어 피니언 기어 → 리어 플래니터리 캐리어 → 출력축

그림 12 · 55 N, P 레인지의 작동

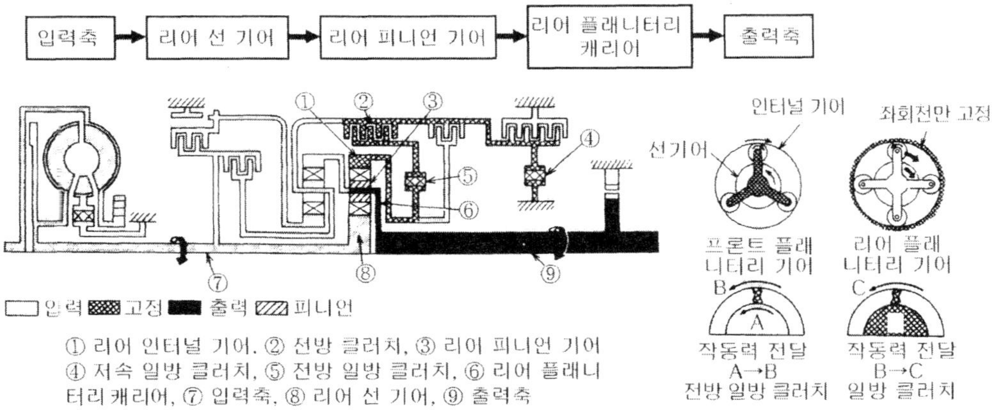

그림 12 · 56 D_1 레인지

② P 레인지(주차 레인지) 시프트 레버와 연동하는 파킹볼이 파킹 기어와 물려 출력축이 고정되므로 회전은 전달되지 않는다.

③ D_1(1속) 레인지 일반 도로 주행에 사용되는 레인지는 주행 조건에 따라 $D_1 \sim D_3$ 또는 D_4까지 변속된다. D_1 레인지에서는 전방 클러치(forward clutch), 전방 일방 클러치(forward one-way clutch), 저속 일방 클러치(low one-way clutch)가 작동하여 동력은 입력축, 리어 선기어, 리어 피니언 기어, 리어 플래니터리 기어로부터 감속되어 그림 12 · 56과 같이 출력축에 전달된다.

④ D_2(2속) 레인지 전방 클러치가 체결되고 전방 일방 클러치를 통하여 프론트 플래니터리 기어 캐리어와 리어 인터널 기어를 접속한다. 따라서 동력은 D_1 레인지보다 증속되어 입력축, 리어 선 기어, 리어 피니언 기어, 리어 플래니터리 캐리어로부터 출력축으로 전

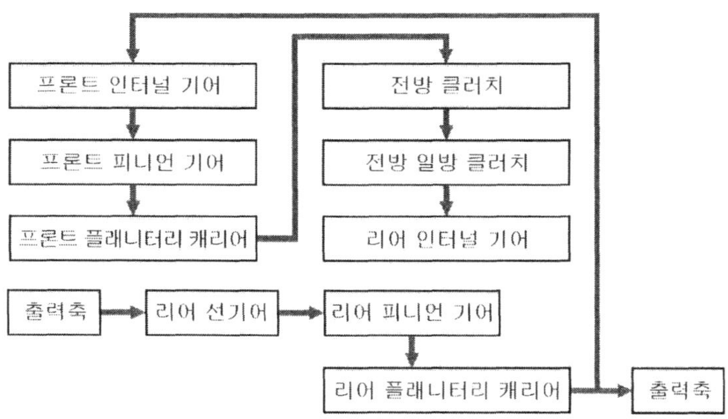

그림 12 · 57 D_2(2속) 레인지

달된다.

⑤ D_3(3속) 레인지 가속 페달을 밟아 D_3 레인지로 변속하면 회전 동력은 더욱 증속되어 입력축, 고속 클러치, 프론트 플래니터리 캐리어, 전방 클러치, 전방 일방 클러치, 리어 인터널 기어, 리어 피니언 기어, 리어 플래니터리 캐리어를 통하여 입력축과 같은 회전, 즉 변속비 $i=1.000$으로 출력축에 전달된다.

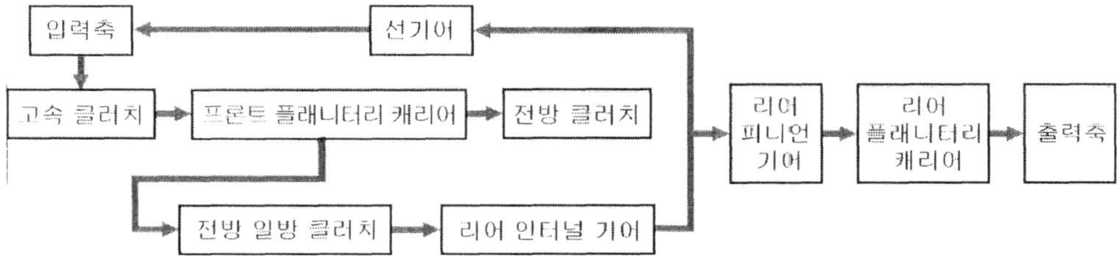

그림 12·58 D_3(3속) 레인지

⑥ D_4(4속) 레인지 수동 변속기의 OD 기어의 변속에 상당하며 회전 동력은 입력축으로부터 고속 클러치, 프론트 플래니터리 캐리어, 프론트 피니언 기어, 프론트 인터널 기어, 리어 플래니터리 캐리어를 통하여 입력축보다 빠른 회전속도로 전달된다.

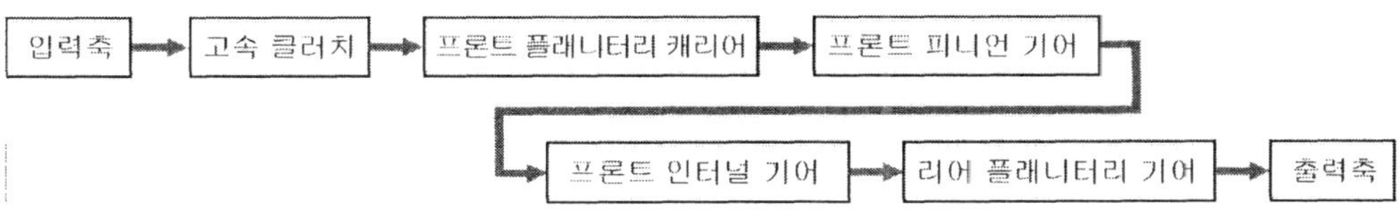

그림 12·59 D_4(4속) 레인지

⑦ R 레인지(후진) 그림 12·60과 같이 입력축, 리버스 클러치, 프론트 선 기어, 프론트 피니언 기어, 프론트 인터널 기어가 조합되어 회전을 전달한다. 저속 및 리버스 브레이크가 작동하여 프론트 플래니터리 캐리어를 고정하므로 프론트 선 기어가 정회전하면 프론트 인터널 기어는 감속되면서 역전한다.

〔3〕 자동 변속기 오일 펌프의 구조와 작동

자동 변속기 차의 토크 컨버터로의 오일 공급, 파워 트레인의 윤활, 유압 제어의 작동압을 형성하는 근원은 오일 펌프(oil pump)이다. AT차에서 작동 유체(오일)를 혈액이라고 하면 오일 펌프는 심장(心臟)에 상당하는 주요부이다.

① 인터널 기어 펌프 인터널 기어(internal gear)식 오일 펌프는 인터널 기어식 인벌류트형(involute type) 기어 펌프가 사용된다. 구동 기어(inner gear)와 피동 기어(outer gear) 사이에 마련된 공간이 있고, 이너 기어가 회전(구동)하면 아우터 기어도 함께 회전한다. 이 때 A

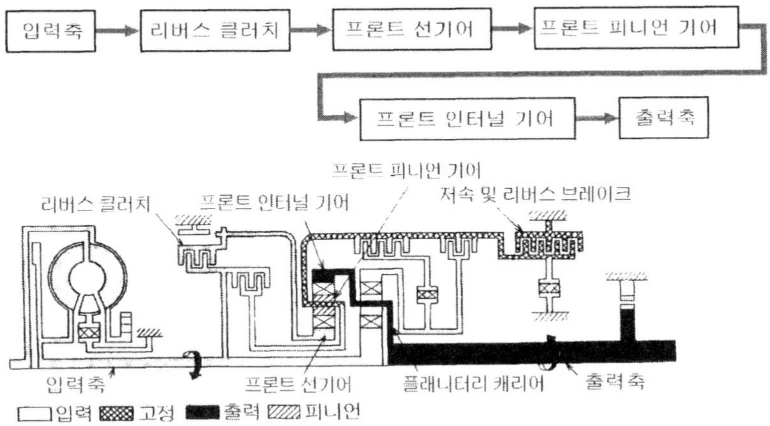

그림 12·60 R 레인지의 작동

부분은 양 기어의 틈새가 작으나 B부분으로 이동하면 두 기어의 간극 공간은 넓어져서 부압이 생기면서 흡입 구멍으로부터 변속기유를 흡입한다. B점의 최대 공간을 지나면 서서히 틈새 공간이 좁아져서 유체는 가압되면서 배출 구멍을 통하여 배출된다.

② 베인 펌프 베인 펌프(vane pump)는 진원(眞圓)의 펌프 보디 속에 편심된 로터가 들어 있고 그 둘레에 팰릿이라 불리우는 날개판을 홈 속에 넣은 것이다. 그 내부에는 스프링이 있어서 필릿을 바깥둘레에 밀어 붙이는 형식과 유압을 이용하여 바깥쪽으로 압착시키는 방식이 있다. 로터가 회전하면 팰릿과 팰릿 사이의 용적이 변화하면서 유체를 흡입·압축하여 유압을 얻는 방식이다.

〔4〕 자동 변속기 액

자동 변속기 액(automatic transmission fluid)은 토그 컨버터의 작동 유체로서 동력을 전달하거나 기어, 베어링 등의 윤활, 클러치나 밴드 브레이크 작동유, 컨트롤 밸브 보디의 작동유가 되는 유체이다.

자동변속기 액의 구비 조건을 열거하면 다음과 같다.

① 클러치 접속시 충격이 적고, 윤활성이 있으며 적절한 마찰계수를 가질 것
② 기도가 생기지 않을 것
③ 저온시의 유동성이 양호할 것
④ 점도지수의 변화가 적을 것
⑤ 내열 및 내산성이 우수하여 슬러지(sludge)의 생성이 없을 것
⑥ 오일 실 재료에 나쁜 영향을 주지 않을 것

12.6 추진축

12.6.1 추진축의 구조, 기능

추진축(推進軸; propeller shaft)은 변속기로부터 최종 감속 기어로 동력을 전달하는 축이다. 기관의 동력은 변속 장치를 거쳐서 구동되며 구동축은 현가 스프링에 의하여 프레임에 지지되어 있으므로 적재 화물의 양 및 도로의 상태에 따라 주행중 후차축은 진동하게 된다. 따라서 변속 장치와 최종 구동 장치와의 관계 위치가 변화하므로 추진축의 길이와 신축을 자유로이 할 수 있도록 길이방향에 스플라인으로 끼워진 **슬립 조인트**(slip joint)와 **유니버설 조인트**(universal joint)를 두어 추진축의 각도 및 길이의 변화에 대응하도록 되어 있다. 추진축의 슬립 조인트가 신축하는 길이는 약 10~20 mm 정도이다. 추진축의 재료는 보통 탄소강, 니켈강 및 니켈-크롬강 등이 사용되며 모두 0.4~0.5%C 정도의 것이 널리 사용된다.

추진축은 일반적으로 중공강관이 사용되며 소형 자동차에서는 중실축(中實軸)을 사용하는 경우도 있다. 축간 거리(wheel base)가 큰 자동차에서는 변속기와 후차축과의 거리, 즉 추진축의 길이가 길어지며 이에 따라 추진축을 2개로 나누어 이를 프레임에 중간 베어링을 두어 추진축의 중간을 지지하여 비틀림 진동이나 굽힘 진동을 방지하도록 한다. 이와 같은 목적으로 사용하는 베어링을 센터 베어링(center bearing)이라 한다.

추진축에 중간 베어링을 설치하는 경우에는 토션 댐퍼(torsicn damper)를 센터 베어링 직후에 붙여 추진축의 비틀림과 진동을 방지하도록 한다. 추진축의 뒤끝이 앞끝을 중심으로 하여 진동하는 각도는 보통 12°~18°가 최대이다.

12.6.2 추진축의 설계

〔1〕 위험 회전 속도

추진축은 끊임없이 변동하는 기관의 토크를 받으면서 고속 회전하므로 비틀림 진동을 일으키기 쉽다. 또 축이 굽힘 작용을 받으면서 축의 기하학적 중심과 질량 중심이 일치하지 않

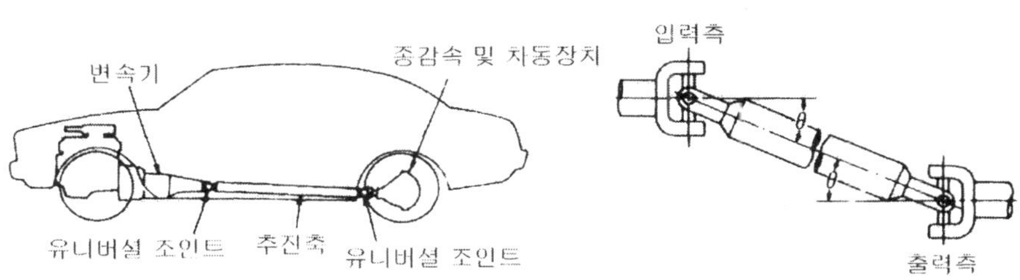

그림 12·61 추진축의 역할

으면 훨링(whirling)이란 굽힘 진동을 일으킬 위험이 있다. 이 진동과 추진축의 고유 진동수의 공명이 일어나면 추진축이 파괴되기 쉬우므로 상용 고속 회전에서는 공명 진동(공진)이 일어나지 않도록 하여야 한다. 이와 같은 공진이 일어나는 회전 속도를 위험 회전 속도라 한다. 이 회전속도는 상용 회전 속도보다 높게 설정해 두어야 한다.

일반으로 중공 강관을 사용한 경우 위험 회전 속도는 다음 식으로 산출한다.

$$n=0.12\times10^{9}\frac{\sqrt{d_1^2+d_2^2}}{l^2} \tag{12 · 18}$$

여기서 n : 위험 회전 속도(rpm)

l : 축의 길이(mm)

d_1 : 축의 안지름(mm)

d_2 : 축의 바깥지름(mm)

〔2〕 추진축의 최대 회전 토크

추진축의 최대 회전 토크 $T_{\max}$는

$$T_{\max}=\eta i_m T \tag{12 · 19}$$

여기서 η : 전달 효율(≒0.95)

i_m : 최대 변속비

T : 기관 최대 토크

추진축의 비틀림 응력 τ_t는

$$\tau_t=\frac{T_{\max}}{I_p}\times\frac{d_1}{2} \tag{12 · 20}$$

여기서 I_p는 원형 단면의 극관성 모멘트 $I_p=\frac{\pi}{32}(d_2^4-d_1^4)$이고, d_1은 추진축 안지름, d_2는 추진축 바깥지름이다.

12.6.3 유니버설 조인트

〔1〕 유니버설 조인트의 구조

자동차의 클러치 및 변속 장치의 두 부분은 보통 기관과 일체의 구조, 즉 결합식 동력 발생장치(unit power plant)로 되어 있다. 따라서 기관의 회전력은 불규칙한 요철 노면 및 그 밖의 원인에 의하여 상하 또는 좌우로 동요하므로 후차축에 전달하기 위해서는 추진축의 일단 또는 그 양단에 유니버설 조인트를 설치하여야 한다.

〔2〕 유니버설 조인트의 종류

유니버설 조인트의 종류는 훅식 조인트, 플렉시블 조인트와 앞바퀴 구동에 쓰이는 등속성(等屬性) 유니버설 조인트로 나눌 수 있다.

(a) 훅 조인트(hook joint)

(b) 플렉시블 조인트(flexible joint)

(c) 등속 조인트(CV joint 또는 constant velocity joint)

(1) 훅 조인트

① 훅 조인트의 구조　훅식 유니버설 조인트(hook joint 또는 cross universal joint)는 십자축 조인트로서 이 형식은 구조가 비교적 간단하고 큰 동력을 전달할 수 있어서 현재 가장 많이 사용된다. 그림 12·62는 가장 간단한 훅식 유니버설 조인트의 구조를 표시한 것으로서 2개의 Y자형의 요크(yoke), 즉 입력축 요크 및 출력축 요크와 이들 요크를 결합하는 1개의 십자축인 스파이더(spider)로 구성된다. 스파이더의 4개의 암(arm)은 트러니언(trunnion)이라고 하며, 이들은 두 축 요크의 끝 베어링부에 끼워 조립된다. 구동축이 회전하면 2개의 트러니언은 피동축을 회전시킨다. 두 축이 서로 어떤 각을 이룰 때, 요크 속에 베

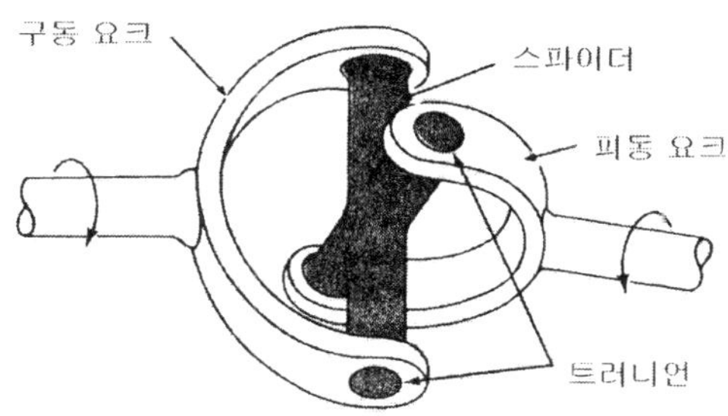

그림 12·62 간단한 훅 조인트(Cardan universal joint)

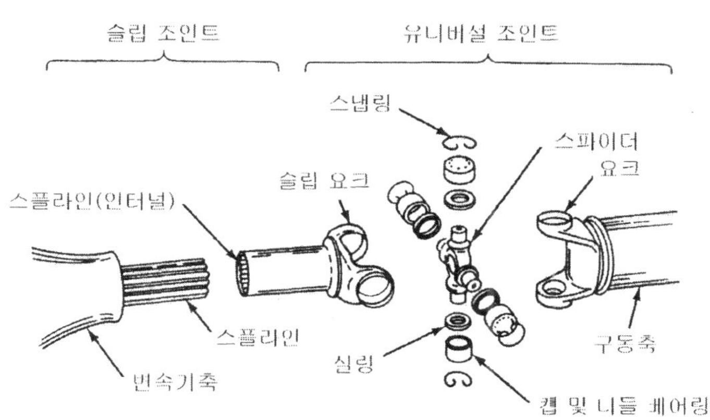

그림 12·63 슬립 조인트와 유니버설 조인트

어링에 의해서 요크가 트러니언의 주위로 회전하면서 회전력을 전달한다.

그림 12·63은 훅식 조인트의 분해도를 나타낸 것으로서 자재작용을 원활하게 하기 위하여 베어링 캡 속에 니들 베어링(needle bearing)을 사용하고, 베어링 캡의 이탈을 방지하기 위하여 탄력있는 스냅링을 링부에 끼운다.

② **유니버설 조인트의 작동** 유니버설 조인트의 작동은 그림 12·64와 같이 구동축(변속기 주축)이 1회전하면 피동축(추진축)도 1회전하나 요크의 각속도(단위 시간에 회전하는 회전 각도로서 회전의 빠르기를 표시함)는 구동축이 항상 등속으로 회전하여도 피동축은 90°마다 변동한다. 이 변동은 각도 θ가 크면 클수록 증가한다.

추진축이 1회전하는데 2회의 속도 증가와 2회의 속도 감소가 일어난다. 속도 변동의 범위는 2개의 축이 형성하는 각도에 따라서 결정된다. 두 축이 형성하는 각도가 15°일 때는 7%, 30°일 때는 약 30%의 속도 변동을 일으킨다. 이 선도는 구동축이 1회전하는 동안에 일어나는 각속도의 변동을 나타낸 것이다.

여기서 구동축은 1000 rpm, 두 축 사이의 교각은 30°이다. 피동축의 속도는 1회전하는 동안에 45°, 135°, 225°, 315°의 4지점에서 구동축의 속도와 동일하게 된다. 이러한 각속도의 변

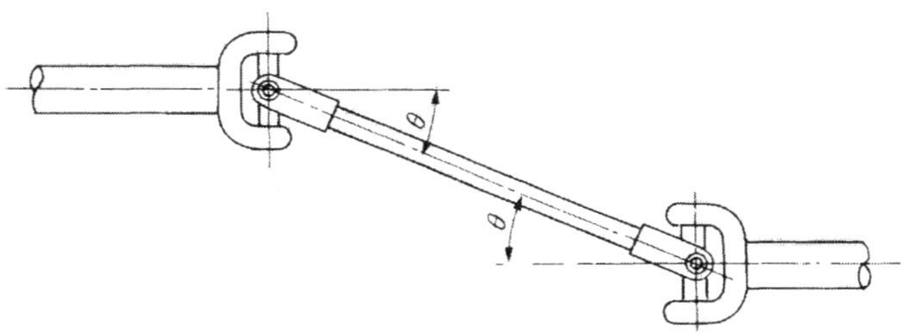

그림 12·64 훅 조인트의 설치 상태

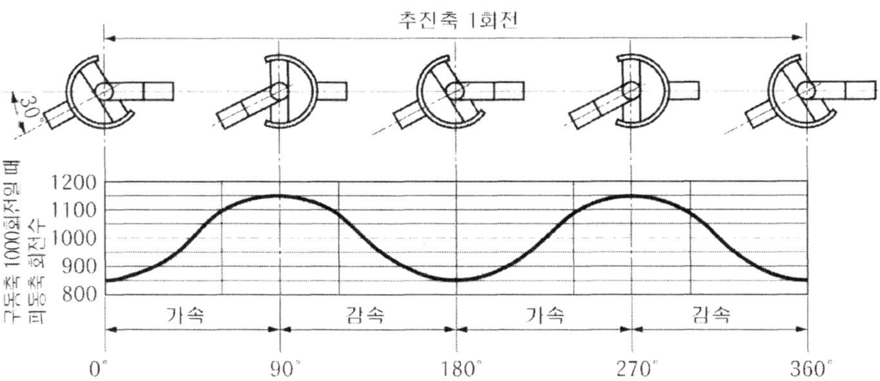

그림 12·65 훅 조인트 1회전당 회전수 변동

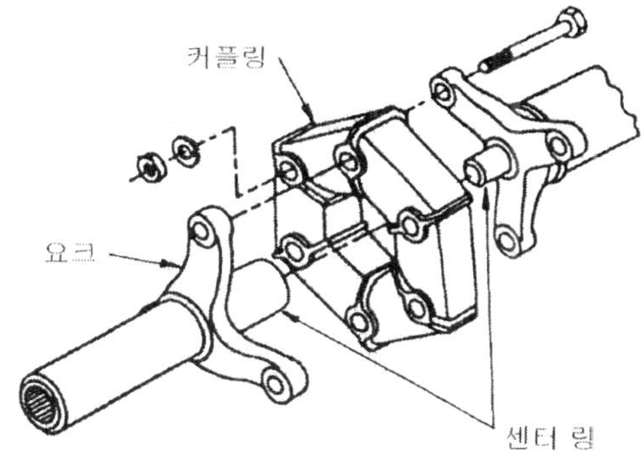

그림 12 · 66 플렉시블 조인트

동은 앞에서 설명한 바와 같이 두 축이 이루는 교각이 클수록 커진다. 이와 같은 회전 속도의 변동은 1개의 유니버설 조인트로 제거되지 않으나 2개의 유니버설 조인트를 사용함으로써 그 효과를 최소화할 수 있다. 따라서 2개의 유니버설 조인트를 사용하면 제2조인트는 제1조인트에서 발생된 속도의 변동을 상쇄할 수 있다.

이러한 작용을 하기 위해서는 변속기축과 추진축 사이의 각이 추진축과 후차축의 최종 감속기어 피니언축이 이루는 각이 같아야 하며, 또한 추진축 양끝에 있는 요크는 동일 평면상에 있어야 한다. 따라서 속도 변동을 일으키는 것은 추진축만이고, 후차축에서는 속도의 변화를 일으키지 않는다.

이러한 구조를 가지므로 제1조인트에서 최대 속도변화를 가져 왔더라도 제2조인트에서 최소 변화를 가져오도록 속도 변동을 상쇄하게 된다.

추진축의 한쪽 끝은 변속기, 클러치, 기관이 차례로 연결되며, 다른 한 끝은 후차축, 후차륜에 연결되어 자동차 중량을 지지하고 있으므로 이들은 하나의 진동계를 형성하며 추진축 요크의 주기적 변화가 크면 비틀림 진동을 유발시키게 되므로 θ가 너무 커지는 것을 피하여야 한다. 일반적으로 혹식 이음에서 $\theta_{max}=12°\sim18°$이다.

(2) **플렉시블 조인트**(flexible joint)

이것은 양단에 고정된 2개 또는 3개의 요크 사이에 그림 **12 · 66**과 같이 경질 고무로 만든 커플링을 대고 볼트로 죈 것이다. 이 조인트는 마찰부분이 없기 때문에 급유할 필요가 없고 회전이 정숙하다. 그러나 양 축의 경사각도는 7~10° 정도까지로서 이 이상이 되면 양 센터가 틀려져서 진동이 생기고 전달 효율이 저하하므로 최근의 것은 양 센터를 일치시키기 위하여 링크 모양의 안내를 붙인다. 이 방식은 주로 각도 변화가 작은 소형차에 사용되고 있다.

(3) **등속 유니버설 조인트**(CV joint, constant velocity joint)

CV 조인트란 등속 조인트를 말하는 것으로서 어느 것이나 큰 각도 변화에도 효율 좋게 동력을 전달할 수 있다. 그러나 그 구조가 복잡하기 때문에 추진축에는 사용하지 않고 앞바퀴(前輪)를 구동하는 구동축에 사용된다.

훅식 조인트와 같이 속도의 변동이 일어나는 구조를 갖는 이음을 **변속 유니버설 조인트**(conventional universal joint)라 한다. 이 형식은 수동축의 속도가 구동축의 각 회전 위치에 대하여 속도비가 변화하도록 되어 있다. 훅식 조인트에서 속도 변동이 일어나는 원인은 2개의 요크가 연결되는 스파이더의 접촉점이, 2개의 축이 교각을 2등분한 평면상에 위치하지 못하고, 전후방향으로 기울어지기 때문이다. 스파이더가 구동축으로 기울어지면 수동축의 속도가 증가하고, 수동축으로 기울어지면 속도가 감소한다.

앞바퀴 구동차에서는 앞바퀴 구동에 알맞는 등속 이음이 사용되는데 이것은 뒷바퀴 구동차에서의 유니버설 조인트와 달리 등속성이 요구된다. 앞바퀴 구동차에서는 앞바퀴는 주행하고자 하는 방향으로 선회함과 아울러 구동력을 확실하게 전달해야 하므로 너클(스핀들)에는 특수한 조향 유니버설 조인트를 설계되어 있다. 이 조향 유니버설 조인트에는 **등속형 조인트**(constant velocity joint)가 쓰인다. 이것은 회전의 모든 부분에 있어서 축의 어떤 각도로도 기울어질 수 있으며, 피동축은 항상 구동축과 모두 같은 속도로 회전하는 이음이다. 앞바퀴 구동차에서 차가 선회할 경우 한쪽의 축은 다른 쪽 축보다도 빨리 선회한다.

따라서 추진축에 부착된 것과 같은 일반적인 유니버설 조인트를 차축의 양 끝에 붙이면 좌우 차륜의 회전이 다를 때 서로 다른 비율로 가속 또는 감속하게 된다. 그러므로 구동기구에 무리한 응력이 가해지게 되므로 조향 유니버설 조인트에는 등속형 유니버설 조인트를 사용한다.

① 앞바퀴 구동차의 구동 라인 앞바퀴 구동차는 뒷바퀴 구동 자동차와 같은 긴 구동축(drive shaft)을 필요로 하지 않는다. 그림 12·67은 앞바퀴 구동차의 트랜스액슬(transaxle) 어셈블리와 구동축, 등속 조인트의 조립 상태를 나타낸 것이다.

앞바퀴 구동의 경우 트랜스액슬의 차동 장치로부터 전달된 동력은 하프샤프트를 거쳐서 바퀴로 전달된다. 하프샤프트(halfshaft)는 중실축(中實軸) 또는 중공축(中空軸)으로 만들며 그 길이는 좌우가 같거나 또는 다르게 만든다.

그림 12·68과 같이 같은 길이의 하프샤프트를 사용할 경우에는 중간축(intermediate shaft)를 사용한다. 이것은 두 앞바퀴에서 토크를 균일하게 하는 역할을 한다. 하프샤프트의 끝에는 등속 조인트(constant velocity joint, CV)가 사용된다. 바깥쪽 CV 조인트는 고정 조인트로서 구동각(drive angle)의 변화만이 허용된다. 안쪽 CV조인트는 슬라이딩 또는 플런징 조인트(plunging joint)이며, 이것은 조향하거나 회전할 때 축의 길이를 효과적인 길이로 조절해 주는 기능을 가지는 이음이다. CV 조인트는 벨로즈 모양의 고무 부츠(rubber boot)로 덮여져 있으며 그 속에는 특수한 그리스(special grease)로 가득 채워져 있다.

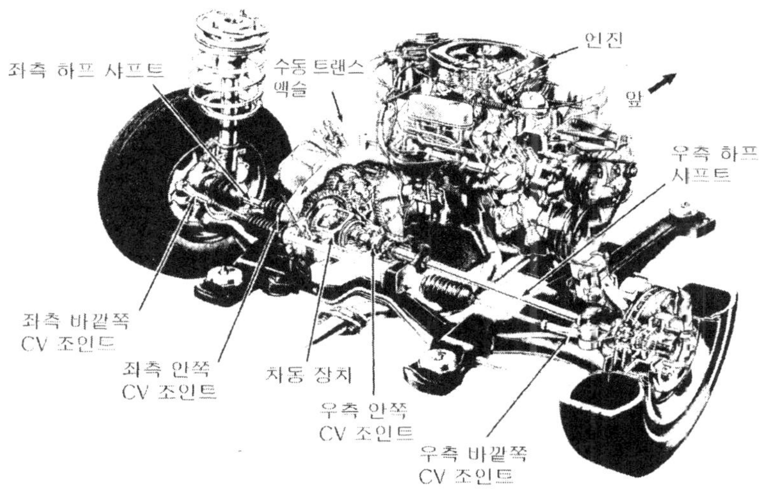

그림 12 · 67 앞바퀴 구동차의 구동 라인

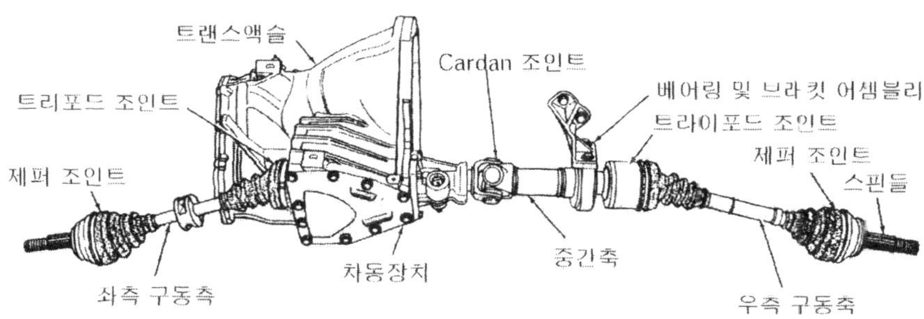

그림 12 · 68 앞바퀴 구동 방식의 구동 라인

② **아우터 CV 조인트**(outer CV joints) 가장 널리 사용되는 아우터 CV 조인트는 제퍼 CV 조인트(Rzeppa CV joint)이다. 이것은 구동축을 주행 중 등속으로 40°까지 돌릴 수 있는 조인트이며, 그림 **12 · 69~12 · 71**은 제퍼 CV 조인트의 구조와 작용을 나타낸 것이다.

제퍼 CV조인트는 이너 레이스와 아우터 레이스 사이의 홈 속에서 작동하는 6개의 강구(鋼球; steel ball)로 되어 있다. 케이지(cage)는 이들 6개의 강철로 된 볼을 일정 위치로 유지시키는 일을 한다. 토크는 이너 레이스로부터 전달되어 볼을 통하여 아우터 레이스로 전달된다. 제퍼 CV 조인트는 구동각(angle of drive)에 관계없이 등속으로 피동축을 회전시킨다.

③ **이너 CV 조인트**(inner CV joints) 하프샤프트의 안쪽 끝에 있는 CV 조인트로서 이것은 아우터 조인트보다 더 적은 운동을 한다. 이것은 조향에 필요한 각도만큼 움직이는 것

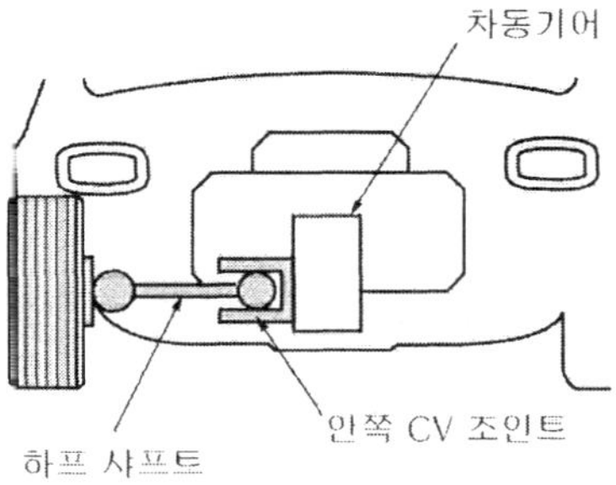

그림 12·69 정상 서스펜션 높이

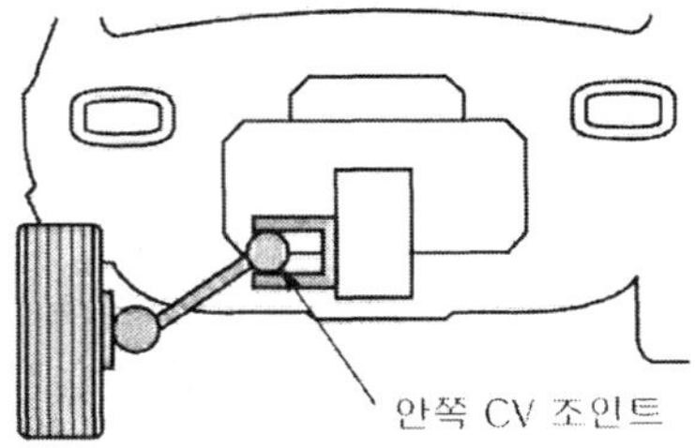

그림 12·70 서스펜션 및 하프샤프트 신장

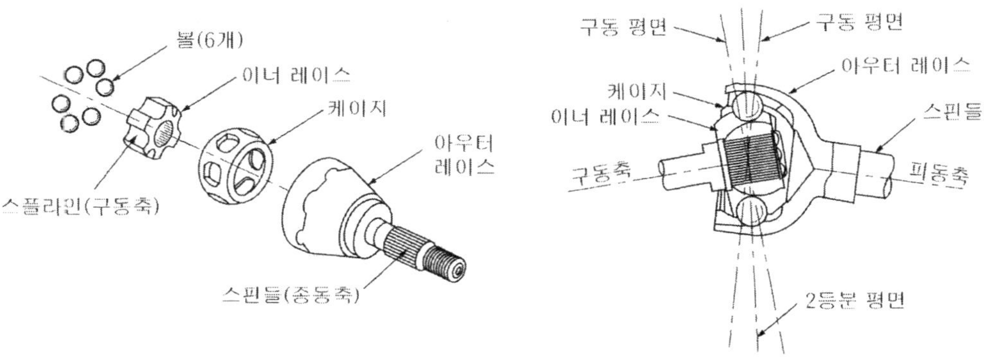

(a) 구 조 (b) 작 동

그림 12·71 제퍼 CV 조인트의 구조와 작용

이 아니타 바퀴가 위 또는 아래로 움직일 때 축의 길이를 알맞게 조절할 수 있도록 슬라이딩 또는 플런징(plunging)하는 역할을 한다.

이너 CV 조인트로 많이 사용되는 것은 더블 오프셋 CV 조인트(double-offset CV joint)와 트라이포드 CV 조인트(tripod CV joint)이다.

(a) 더블 오프셋 CV 조인트 : 구동축(drive shaft, stub shaft)은 차동 장치의 사이드 기어에 연결되어 있고, 구동축 또는 피동축의 안쪽 끝에 스플라인으로 결합되어 있다. 작동은 제퍼 조인트의 경우와 같으며, 아우터 레이스가 길어서 그 속의 홈도 길다.

차의 바퀴가 위 또는 아래로 움직이면 볼과 이너 레이스는 홈에 따라 전·후로 이동하는 구조를 갖는다. 이러한 작용이 하프샤프트의 유효 길이를 변화시키도록 작용한다.

(b) 플런징-트라이포드 CV 조인트(plunging-tripod CV joint) : 조인트의 안쪽에는 니들 베어링이 들어가는 3개의 볼이 있으며, 이것은 스파이더의 트러니언(trunnion)에 의하여 지지된다. 스파이더는 하프샤프트의 안쪽 끝(inner end)에 스플라인에 의하여 결합

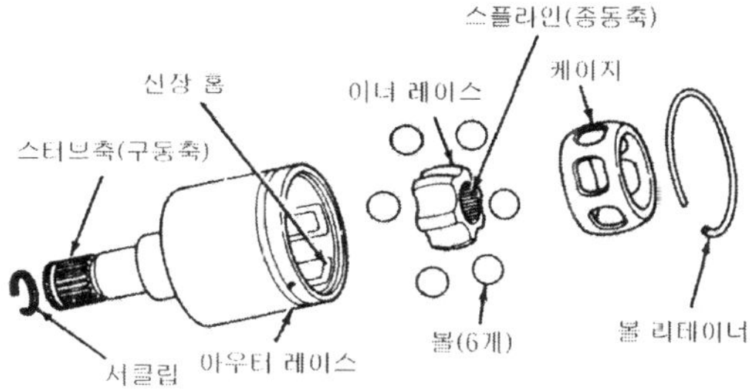

그림 12 · 72 더블 오프셋 CV 조인트

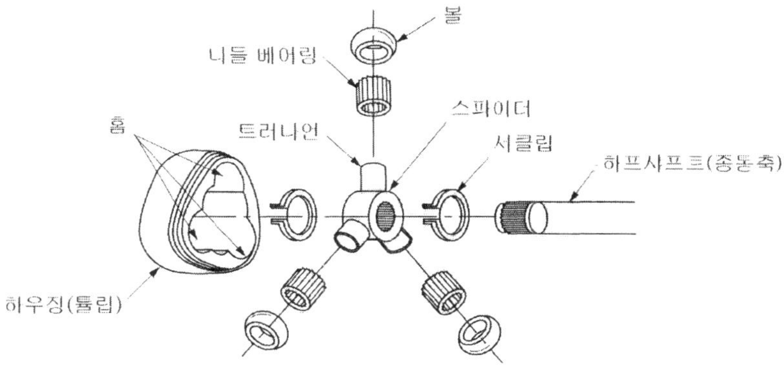

그림 12 · 73 트라이포드 CV 조인트

된다. 3개의 홈이 있는 하우징은 볼 앞 · 뒤로 움직이는 가이드 역할을 한다. 토크는 하우징으로부터 볼과 스파이더를 거쳐 하프샤프트로 전달된다. 바퀴가 위 또는 아래로 움직이면 볼은 홈 속에서 앞쪽 또는 뒤쪽으로 움직여서 하프샤프트의 유효 길이(effective length)를 변화시키는 일을 한다.

12.7 뒤액슬

12.7.1 뒤액슬의 개요

뒤액슬(rear axle)은 자동차 뒷부분의 차량하중을 지지함과 아울러 기관 동력을 구동륜에 전하는 최종 전달 장치이다.

〔1〕 뒤액슬의 기능

그림 12 · 74는 일반적으로 사용되는 뒤액슬의 구조를 나타낸 것으로서 그 중앙부에 차

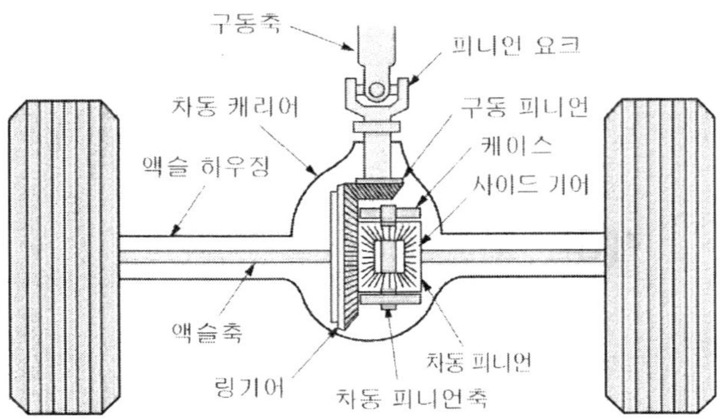

그림 12 · 74 뒤액슬(rea drive axle)의 구조

동장치가 조립되어 있다. 차동 장치(differential system)는 최종 감속 기어와 차동 기어로 구성되며 뒤액슬은 뒤액슬 하우징과 뒤액슬축으로 구성된다.

① 최종 감속 기어 최종 감속 기어(구동 피니언과 링 기어)는 지금까지의 동력의 방향을 그 직각 방향, 즉 주행 방향으로 바꾸어주는 일과 최종적으로 감속하여 구동 바퀴의 회전력을 증대하는 일을 한다.

② 차동 기어 자동차가 주행하는 경우에는 커브도 있고 요철이 심한 도로도 있다. 또 차가 선회하여야 할 경우도 대단히 많다. 따라서 이와 같은 경우에는 그림 12 · 75에서 보는 바와 같이 좌우 두 바퀴의 주행하는 거리가 다르므로 원활히 주행하기 위해서는 두 바퀴의 회전수를 자동적으로 바꾸어 주어야 한다. 이러한 목적을 위한 것이 차동 기어 장치이다.

③ 뒤억슬 하우징과 뒤액슬축 자동차는 그 구조상 모든 중량을 앞뒤에 있는 차축과 바퀴에 의하여 지지하고 구동륜의 구동에 의하여 주행하게 된다. 자동차의 뒷부분에 있는 차축을 뒤억슬이라 한다. 그림 12 · 76은 후륜구동의 경우를 나타낸 것으로서 뒤액슬은 구동

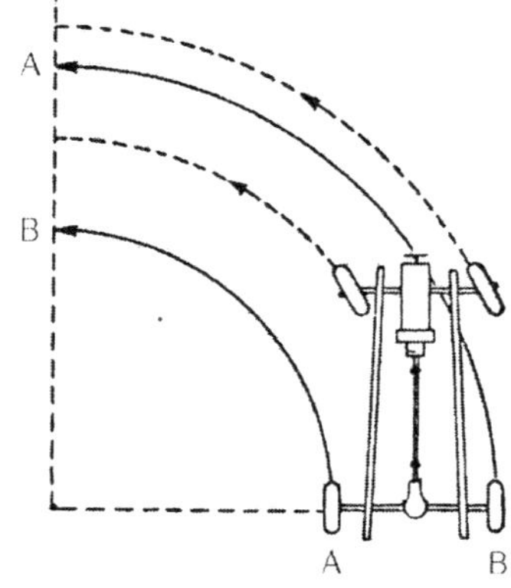

그림 12 · 75 주행중 좌우 바퀴의 전동 거리

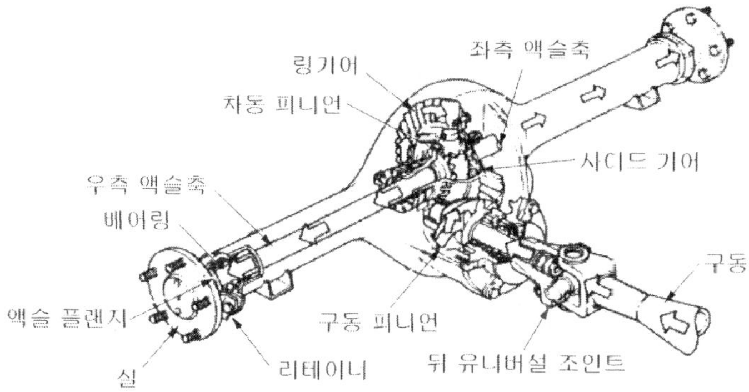

그림 12 · 76 뒤액슬의 동력 흐름

바퀴(뒷바퀴, rear wheel)에 동력을 전달함과 동시에 자동차 뒷부분의 하중을 지지한다. 이들 가운데서 주로 동력을 전달하는 작용을 하는 것이 뒤차축이고, 대부분의 중량을 지지하는 것은 뒤차축 하우징(rear axle housing)이다.

〔2〕 뒤액슬

뒤액슬의 형식은 차축 현가식과 독립 현가식으로 크게 나눌 수 있다.

(1) 차축 현가식

보통의 뒤액슬의 일반적인 방식으로서 액슬 하우징 속에 차동 장치나 뒤차축을 내장하여 이것을 일체로 조립한 것을 말한다.

① 액슬 하우징의 형식　고정 차축에는 차동장치를 조립하는 액슬 하우징의 형식에 따라 다음과 같은 방식이 있다.

(a) 밴조형(banjo type) : 차동 장치는 먼저 캐리어에 조립하여 액슬 하우징에 조립하는 형식이다. 이 형식은 액슬 하우징을 차체에 붙인 상태로 차동 장치를 떼어낼 수 있으므로 점검과 정비가 용이하다. 현재 가장 널리 사용되고 있으나 구조상 강도가 약한 결점이 있다(그림 12 · 77 참조).

(b) 분할형(split type) : 후차축의 하우징을 그 중앙부의 수직면을 기준으로 하여 좌우로 분할할 수 있는 방식으로 그 속에 차동 장치를 조립하고 볼트로 결합하는 구조를 갖는다(그림 12 · 78 참조).

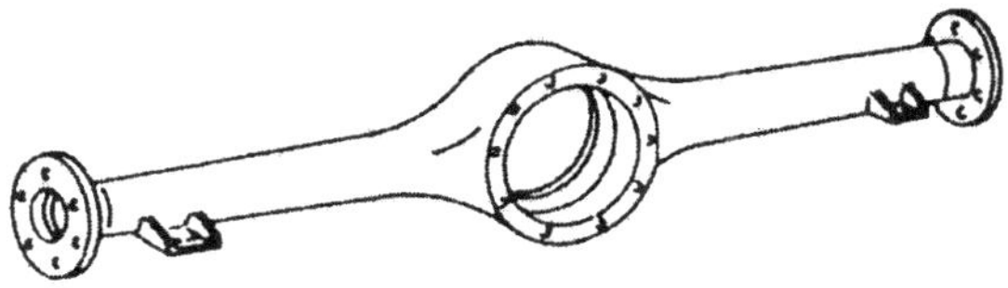

그림 12 · 77 액슬 하우징의 형식(밴조형)

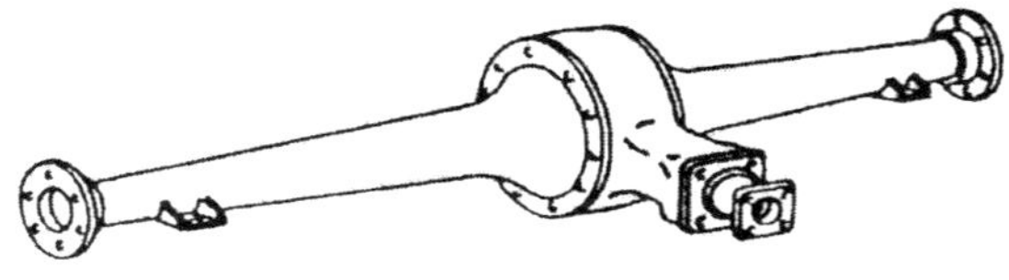

그림 12 · 78 액슬 하우징의 형식(스플릿형)

(c) 빌드업형(buildup type) : 차동장치를 조립하는 중앙 하우징부가 일체로 제작되어 각 기어를 직접 조립하는 형식이다. 이 형식은 강도가 큰 이점이 있으나 분할할 수 없으며 기계가공이 대단히 어렵다(그림 12 · 79 참조).

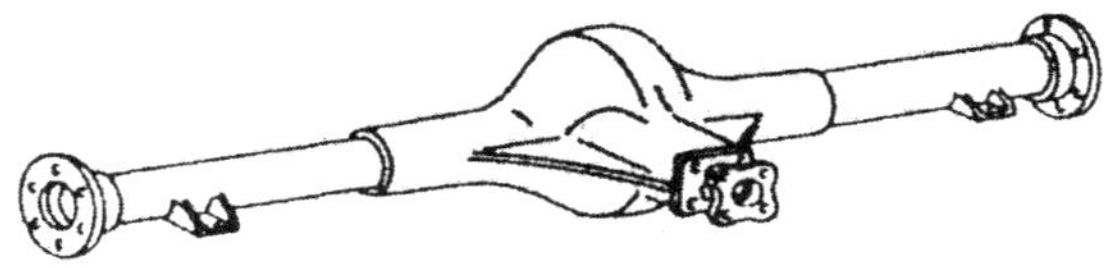

그림 12 · 79 액슬 하우징의 형식(빌드업형)

(2) 뒤차축의 지지 방식

액슬 하우징이 구동축(rear shaft)을 지지하는 방식에 따라 전부동식, 반부동식 및 $\frac{3}{4}$부동식으로 나누어진다.

① 전부동식(全浮動式; full-floating axle) 뒤차축 하중의 전체를 뒤차축 하우징에 의하여 지지하는 형식으로서 그림 12 · 80과 같이 하우징과 휠 허브(wheel hub) 사이에 2개의 베어링이 사용되며 구동축은 그 끝에 위치한 구동판(driving plate)에 의하여 회전력을 전달한다. 구동축은 구동력에 따른 비틀림 모멘트를 받으며 바퀴에 가해지는 위 · 아래 방향, 가로방향, 앞뒤 방향 하중에 의한 굽힘 모멘트는 액슬 하우징이 받는다. 이 형식은 특히 큰 중량의 화물을 운반하는 대형 화물 자동차나 버스 등에 널리 사용된다. 구동축의 분해 조립은 다른 형식보다 용이하다.

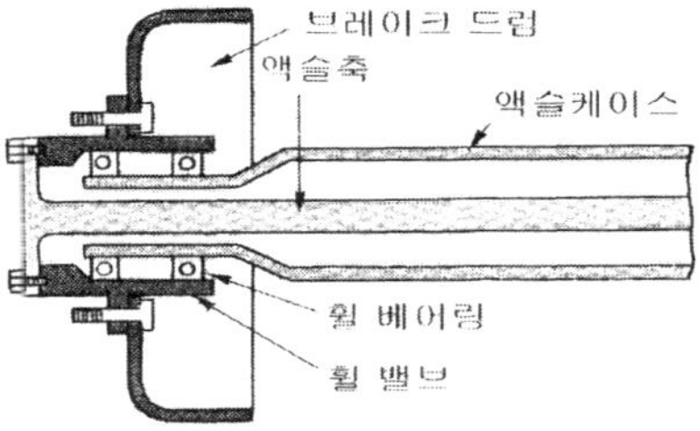

그림 12 · 80 전부동식

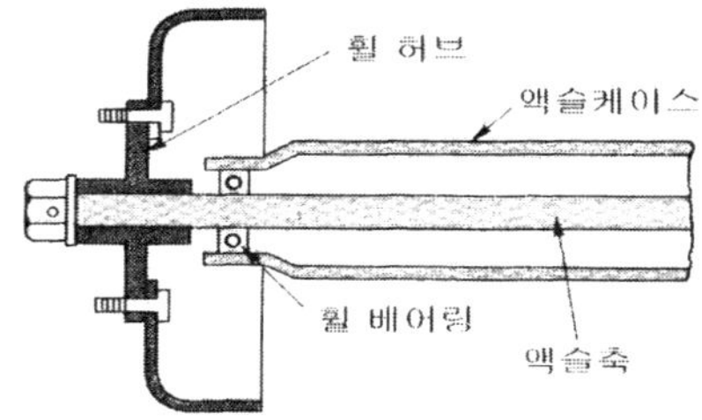

그림 12 · 81 반부동식

② 반부동식(半浮動式; semi-floating axle) 그림 12·81과 같이 뒤차축은 동력을 전달함과 동시에 차량 중량도 1/2을 지지하도록 되어 있는 형식이다. 반부동식은 차륜이 직접 구동축에 붙어 있어 차축 베어링은 뒤차축 하우징을 지지한다. 따라서 뒤차축 하우징과 뒤차축 사이에 테이퍼 롤러 또는 볼 베어링이 설치되며 뒤차축은 뒷바퀴에 가해지는 자동차 중량의 대부분과 전달 회전력을 받는다. 승용차, 경소형 트럭, 경량차 등에 사용된다.

③ 3/4 부동식 그림 12·82와 같이 3/4 부동식은 뒤차축이 동력을 전달함과 아울러 차량중량도 1/4을 지지하는 방식으로서 앞의 두 가지 형식의 중간 방식에 속한다. 그러므로 구동차축은 차량 중량에 따른 수직인 구동력에 의한 수평력 및 제동력을 받는다. 뒤차축은 굽힘에 의한 비틀림 모멘트, 바퀴의 상하 방향, 가로방향, 앞뒤 방향 하중으로 인한 굽힘 모멘트가 작용하게 된다. 이 형식은 구조가 간단하고 무게가 가볍기 때문에 주로 승용차 및 소형 화물차 등의 경량의 차축에 사용된다.

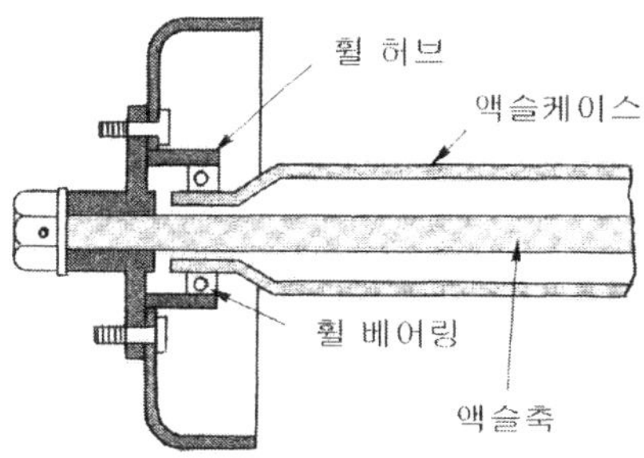

그림 12·82 3/4 부동식

〔3〕 독립 현가식

독립 현가식 뒤액슬은 최종 감속 기어를 차체 하부에 고정하고 구동축을 사용하여 회전 동력을 전달함과 동시에 좌우 휠이나 구동축이 독립하여 상하로 움직이는 스윙 액슬식 방식이다.

① 트레일링 암식(trailing arm type) 그림 12·83(a)와 같이 차체 프레임에 상하 운동하는 트레일링 암을 붙여 상하 진동 및 충격을 코일 스프링 또는 토션바 스프링이 받는 구조이다. 주로 FF차의 리어 서스펜션에 사용된다.

② 세미 트레일링 암식(semi-trailing arm type) 차체의 프레임에 서스펜션 암을 그림 12·83(b)와 같이 2개로 나뉘어진 암을 일정 각도로 붙인 형식으로 노면으로부터의 충격 등의 완화 능력이 좋다.

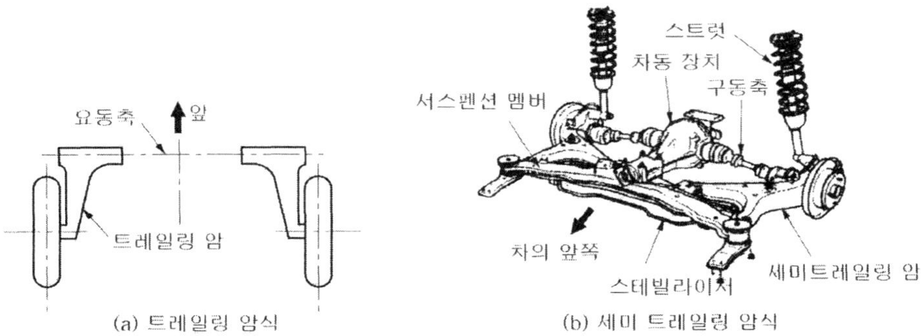

그림 12·83 독립 현가식

12.7.2 종감속 장치와 차동 장치

〔1〕 종감속 기어의 종류

현재 사용되고 있는 종감속 기어(final reduction gear)에는 스파이럴 베벨 기어(spiral bevel gear)와 하이포이드 기어(hypiod gear)가 널리 사용된다.

① 스파이럴 베벨 기어 그림 12·85 (a)와 같이 구동 피니언(drive pinion)의 중심과 링 기어(ring gear)의 중심이 일치하는 기어로서 치형은 스파이럴형을 갖는다. 이 기어는 회전이 원활하여서 진동이나 소음이 적고 전달 효율도 좋아서 많이 사용된다.

② 하이포이드 기어 스파이럴 베벨 기어의 일종이나 그림 12·85 (b)와 같이 구동 피니언의 중심을 링 기어의 중심보다 아래로 낮출 수 있는 특징을 갖기 때문에 차량의 중심을 낮출 수 있는 이점이 있다. 또한 추진축의 위치도 낮아지고 차량 전체의 중심도 낮아지므로 주행 안전성이 큰 구동을 할 수 있다. 이 기어는 현재 승용차를 비롯하여 트럭, 버스 등의 많은 자동차에 사용되고 있다.

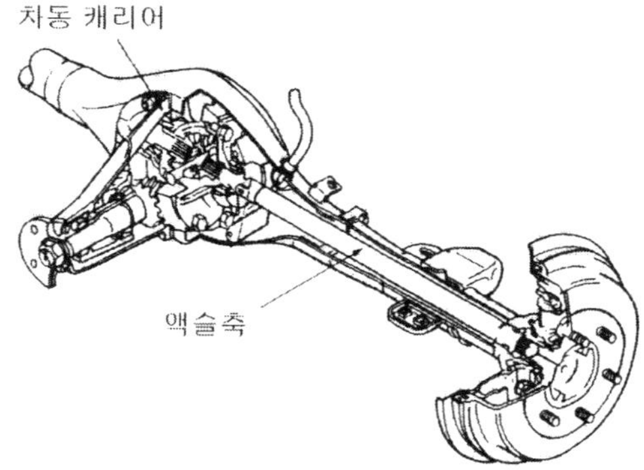

그림 12·84 종감속 기어

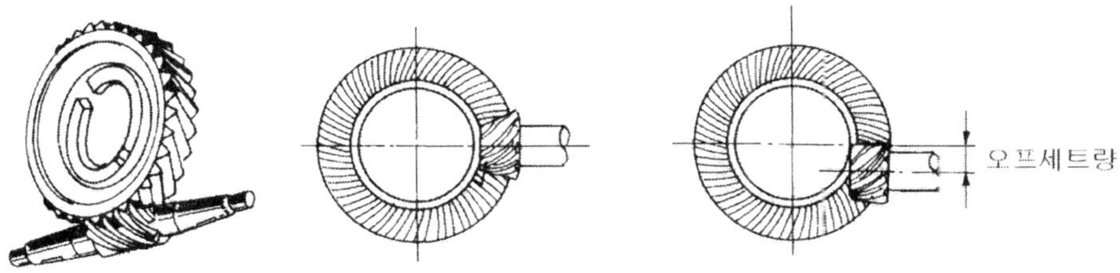

(a) 웜 기어 (b) 스파이럴 베벨 기어 (c) 하이프이드 기어

그림 12 · 85 최종 감속기어

〔2〕 종감속비

① 감속비와 총감속비 구동 피니언과 링 기어에 의하여 감속되는 비를 **종감속비**(final reduction ratio)라 하고 다음 식으로 구한다.

종감속비 i_r는

$$i_r = \frac{Z_R}{Z_D} = \frac{n_D}{n_R} \qquad (12 \cdot 21)$$

여기서 Z_D : 구동 피니언의 잇수

Z_R : 링 기어의 잇수

n_D : 구동 피니언의 회전수

n_R : 링 기어의 회전수

일반 승용차에서는 $i_r=3\sim6$, 버스와 트럭은 $i_r=4\sim8$ 정도이다. 따라서 기관의 회전은 변속기에서 감속되고, 다시 종감속 기어 장치에서 감속되므로 **총감속비**(total reduction ratio)는 다음 식으로 표시된다.

$$i = i_t \cdot i_r \qquad (12 \cdot 22)$$

이 된다. 여기서 i_t는 변속기의 변속비, i_r는 종감속비이다.

지금 어느 승용차에서 $i_r=4$, $i_t=3.33$이고, 기관 1000 rpm의 회 전속도로 주행한다면 구동축의 회전 속도는

$$n_D = n_R \times \frac{1}{i_t} \times \frac{1}{i_r} = 1000 \times \frac{1}{3.3} \times \frac{1}{4} = 75 \text{ rpm}$$

이 된다.

보기 12.3 다음과 같은 변속비와 감속비를 갖는 변속기와 종감속 기어를 가지고 있는 자동차가 있다. 이 자동차의 총감속비를 구하라.

(1) 변속기의 변속비 : 제1속 4.6, 제2속 3.2, 제3속 1.8, 제4속 1.0,
오버드라이브 0.7

(2) 종감속 기어의 감속비 : 4.3

풀이

속도단	변속비	감속비	총감속비
제1속	4.6	4.3	19.78
제2속	3.2	4.3	13.76
제3속	1.8	4.3	7.74
제4속	1.0	4.3	4.30
오버드라이브	0.7	4.3	3.01

보기 12.4 기관의 회전 속도가 2600 rpm, 변속비 1.5, 종감속비가 4.0일 때 링 기어의 회전수는 얼마인가?

풀이 총감속비 $= 1.5 \times 4.0 = 6.0$

링 기어의 회전수 $= \dfrac{2600}{6} = 433.333$ rpm

〔3〕 차동 기어의 작동 방식

차동 기어는 커브길의 주행이나 요철이 심한 도로 등을 주행할 때 작동한다. 보통의 차동 기어는 좌우 구동 바퀴의 노면(路面) 저항에 의하여 자유롭게 그 회전수를 변화시킬 수 있는 차동 자유 방식이 사용되고 있다. 그러나 이러한 차동 기어만으로도 진창인 도로, 모래가 많은 도르 및 빙설로 등을 주행할 경우에는 미끄럼이 생겨서 주행이 불안정하거나 주행할 수 없게 된다. 이것을 방지하기 위하여 차동 기어의 차동을 제한할 필요가 있다.

이와 같이 차동 제한을 위한 장치를 갖춘 차동장치를 차동 제한 장치(差動制限裝置; nonslip differential)라 한다. 이 장치에 대하여는 다음에 설명하기로 한다.

〔4〕 차동 장치의 원리

그림 12·86과 같이 좌우에 같은 크기를 갖는 랙 A, B가 있고 그 중심에 피니언 C가 물려져 있는 경우에 대하여 살펴보기로 한다.

(1) 지금 그림 12·86의 (a)와 같이 랙 A, B에 같은 무게의 추를 올려 놓고서 손잡이를 H(cm)만큼 들어올리면 피니언에 걸리는 저항은 좌우가 같으므로 피니언은 회전하지 않고 A, B의 랙은 피니언 C가 올라간 H만큼 들어올려진다.

(2) 다음에는 그림 12·86의 (b)와 같이 랙 B의 추의 무게를 가볍게 한 상태에서 손잡이를 H만큼 들어올리면, A, B랙의 무게가 다르므로 랙에 저항의 차이가 생겨서 피니언은 가벼운 쪽의 랙 B를 당겨 올리는 방향으로 자전하여 좌우 랙의 올라간 거리의 합은 피니언이 올라간 거리의 2배가 된다.

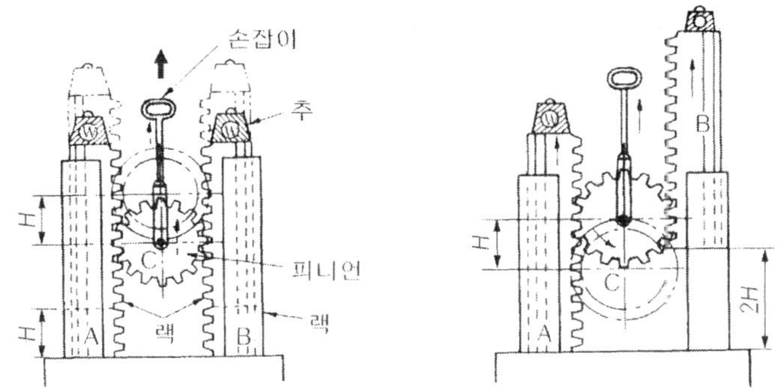

그림 12 · 86 차동 기어의 작동 원리

이와 같이 좌우의 랙과 피니언과의 관계는 랙에 가해지는 저항이 크고 작음에 따라서 좌우 랙의 올림높이는 변화하게 된다. 그러나 들어올려진 높이의 합은 항상 같다. 이것이 차동 기어의 작동 원리이다.

지금까지의 관계를 그림 12 · 87과 비교하여 보면 랙 A, B에 해당하는 것은 사이드 기어(side gear), 피니언 C는 차동 피니언(differential pinion)에 해당한다. 또 추의 역할은 좌우 사이드 기어에 연결되어 있는 바퀴에 걸리는 노면의 저항이다. 따라서 피니언을 들어올리는 힘은 기관의 구동력이다. 또 이들의 상태를 실제의 주행시에 대하여 살펴보면 그림 12 · 86 (a)의 상태는 평탄한 도로를 직진할 경우이고, 그림 12 · 86 (b)는 차량이 선회하거나 울퉁불퉁한 도로를 주행하는 경우로서 좌우 바퀴의 회전수가 그 바퀴에 걸리면 노면 저항에 따라서 차가 생긴다.

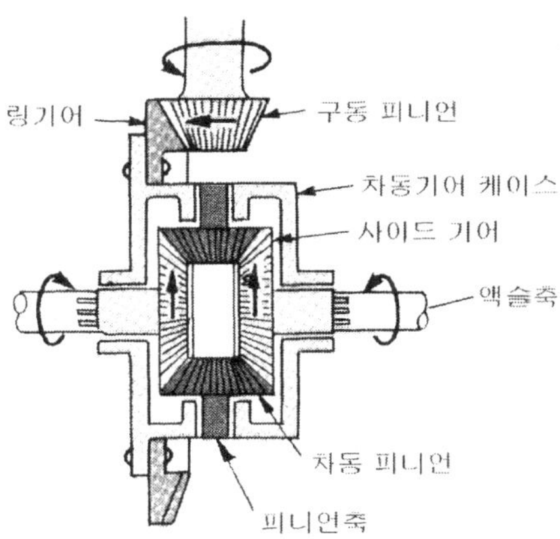

그림 12 · 87 차동 기어 장치

차동 기어 장치의 동력 전달 순서는 다음과 같다.

(a) 구동 피니언축
(b) 구동 피니언
(c) 피동 링기어
(d) 차동기어 케이스
(e) 차동 피니언축
(f) 차동 피니언
(g) 차동 사이드기어
(h) 후차축

차동 기어 시스템에서 링기어의 회전 속도를 n_{DR} rpm, 좌측 구동륜의 회전 속도 n_L rpm, 우측 구동륜의 회전 속도를 n_R rpm이라 하면 다음 관계가 있다.

$$2n_{DR} = n_L + n_R \qquad (12 \cdot 23)$$

링 기어가 100회전하는 경우 자동차가 직진한다면 좌우 구동 바퀴는 모두 100회전하게 된다. 이 차가 우회전하여서 우측의 구동 바퀴가 90회전으로 저하하면 좌측의 구동륜은 우측의 저하된 것을 더하여진 110회전을 하게 된다. 또 우측 바퀴가 60회전으로 떨어지면 좌측은 140회전한다. 그러나 양 바퀴의 회전의 차이는 있어도 두 바퀴의 회전수의 합은 항상 200회전하게 된다. 이것은 좌회전할 때나 요철이 많은 도로를 주행할 때에도 동일하다.

보기 12.5 링 기어가 100 rpm할 경우 우측 바퀴가 100, 90, 80, 40, 0 rpm으로 회전할 경우 좌측 바퀴의 회전수를 구하여라.

풀이 식 (12·23)으로부터 좌측 바퀴의 회전 속도와 주행 상태를 구하면 다음 표와 같다. 표에서 좌우의 회전차(回轉差)가 클수록 자동차는 급선회함을 의미한다.

링 기어의 회전수	우측의 회전수	좌측의 회전수	양 바퀴의 회전수의 합	주행상태
100	100	100	200	직진
100	90	100+10=110	200	차동
100	80	100+20=120	200	차동
100	40	100+60=160	200	차동
100	0	100+100=200	200	좌측 바퀴 공전

보기 12.6 구동 피니언의 잇수가 6매, 링 기어의 잇수가 32매, 추진축의 회전수가 1200회전할 경우 좌측 바퀴가 200회전하였다면 우측 바퀴의 회전수는 얼마인가?

풀이 종감속비 i_r은

$$i_r = \frac{Z_R}{Z_D} = \frac{n_D}{n_R}$$

여기서 Z_D : 구동 피니언의 잇수 =6

Z_R : 링 기어의 잇수 =32

n_D : 구동 피니언의 회전수 = 1200 rpm

n_R : 링 기어의 회전수 = ?

링 기어의 회전수 $n_R = n_D \times \frac{Z_D}{Z_R} = 1200 \times \frac{6}{32} = 225$ rpm

우측 바퀴의 회전수 $n_R = 2\,n_{DR} - n_R = 225 \times 2 - 200 = 250$ rpm

12.8 앞액슬

12.8.1 앞액슬 및 현가 장치

자동차의 차체를 지지하는 액슬(axle, 차축)과 노면으로부터 전달되는 진동이나 충격을 흡수하는 현가 장치(懸架裝置; suspension system)는 표 12·3과 같이 분류된다.

앞액슬(front axle)과 앞 현가 장치(front suspension)는 자동차의 앞쪽에 걸리는 중량을 지지하면서 휠로부터의 진동 및 충격을 흡수·완화시킨다. 그리고 진형 방향으로 조향하는 조향 장치(操向裝置; steering system)가 설치되어 있다.

표 12·3 현가 장치의 종류

	액슬의 형식	형 식
앞액슬 앞 현가장치 (프론트 서스펜션)	독립 현가식	스트럿형 위시본형 　코일 스프링식 　토션바 스프링식 　리프 스프링식
	차축 현가식	평행 리프 스프링식 에어 서스펜션식 코일 스프링식
뒤액슬 뒤 현가장치 (리어 서스펜션)	독립 현가식	트레일링 암형 세미 트레일링 암형 다이어고널 링크형
	차축 현가식	평행 리프 스프링형 에어 서스펜션형 코일 스프링형

〔1〕 독립 현가식(스윙 액슬식)

도로면으로부터 받는 진동이나 충격을 좌우의 액슬이 독립적으로 완충하는 형식을 **독립 현가식**(獨立懸架式; independent suspension)이라 한다. 독립 현가식은 차축 현가식에 비하여 중심(重心)(차고)을 낮게 할 수 있고, 요철부를 통과할 때에 차체의 경사가 적으며 승차감이 좋은 특징이 있다. 그러나 구조가 복잡한 단점이 있어서 주로 승용차에 사용된다.

대표적인 형식으로는 스트럿형(strut type), 위시본형(wishbone type) 서스펜션이 있다.

① 스트럿형 서스펜션 스트럿형 서스펜션은 그림 **12 · 88**과 같이 차체와 하부 암 사이에 쇼크 업소버를 내장한 코일 스프링을 설치한 스트럿(支柱)을 가지고 있는 방식이다. 구조가 간단하고 구성 부품수가 적으므로 앞바퀴 부근의 공간이 넓은 이점이 있다. 가장 일반적인 형식은 맥퍼슨형(Macpherson type)이다.

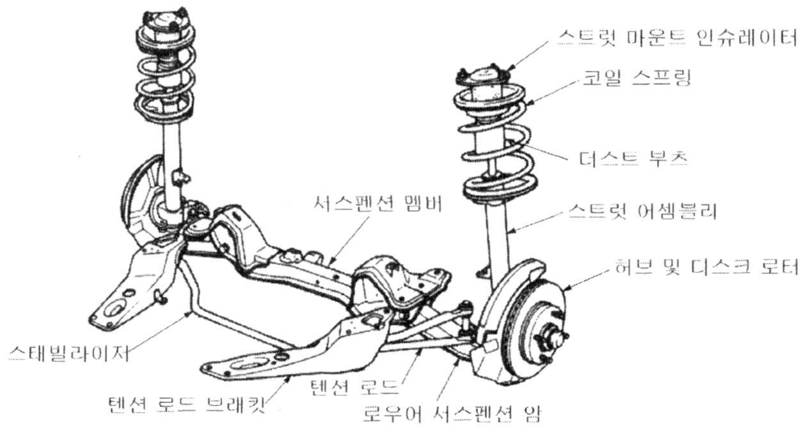

그림 12 · 88 스트럿형 서스펜션

② 위시본형 서스펜션 차체에 붙인 상부 컨트롤 암과 프레임에 조립한 하부 컨트롤 암 사이에 쇼크 업소버와 코일 스프링을 조합하여 두 암 끝에 상하 2개의 볼 조인트로서 조향 너클을 연결한 형식이다. 이 방식은 그림 **12 · 89**와 같이 상하 서스펜션 암이 각각의 암축으로 보디에 붙이고 다른 쪽을 볼 조인트에 의하여 조향 너클에 결합되어 있다. 따라서 상하방향의 힘은 코일 스프링이, 앞뒤 좌우 방향의 힘은 상하 서스펜션 암이 각각의 힘을 받고 있다.

코일 스프링식은 아래쪽에 있는 코일 스프링과 볼 조인트를 넣어 완충 작용을 하는 방식이다. 토션바식은 로우어 서스펜션 암과 프레임 사이에 토션바를 넣어 로우어 서스펜션 암이 받는 전후 방향의 힘은 텐션 로드로 지지하는 구조로 되어 있다.

리프 스프링식은 그림 **12 · 90**과 같이 리프 스프링을 가로로 설치하여 상하 서스펜션 암의 작용을 스프링에 의하여 겸하도록 한 형식이다.

③ 독립 현가식 앞구동 액슬과 서스펜션 기본적인 구조는 스트럿형과 거의 같으나 앞바

퀴를 구동하는 구동축이 있으므로 그 구조가 다소 복잡하다.

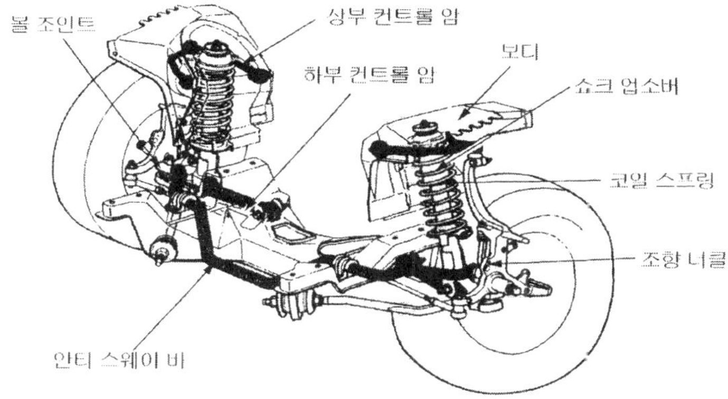

그림 12 · 89 볼 조인트에 의한 위시본형 프론트 서스펜션

〔2〕 차축 현가식

좌우의 바퀴를 하나의 차축으로 연결한 방식으로서 액슬과 차체 사이에 리프 스프링(leaf spring, 판 스프링)이나 에어 서스펜션을 설치한 형식이다.

이 형식은 주행 중 한쪽 바퀴가 볼록한 지면에 올라가 있으면 차량 전체가 기울어지는 단점이 있으나 액슬이 I형 단면의 단조강으로 만들 수 있으므로 강도가 커서 큰 중량을 지지하는 트럭 등에 사용된다.

① 평행 리프 스프링식 그림 12 · 90과 같이 길이가 다른 평판 스프링을 여러 장을 조합하여 액슬의 양끝 가까이에 차체와 나란하게 붙인 형식이다. 프레임과 스프링 사이에 충격의 감쇠작용을 하는 쇼크 업소버가 조립된다.

② 에어 서스펜션식 그림 12 · 91과 같이 차체와 액슬 사이에 에어 스프링용의 다이어프램을 설치하여 노면으로부터의 진동이나 충격을 흡수하는 형식이다. 주로 대형 버스 등에 사용된다.

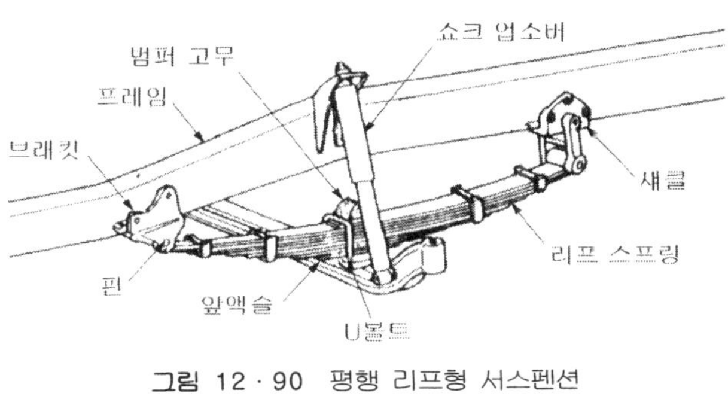

그림 12 · 90 평행 리프형 서스펜션

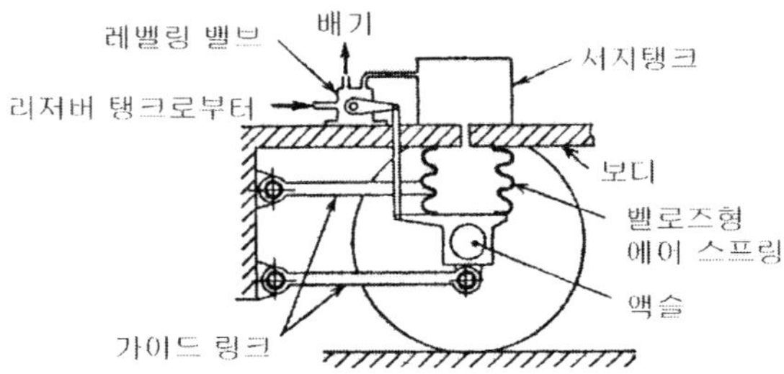

그림 12·91 에어 서스펜션

익힘문제

1. 앞바퀴 구동 자동차와 뒷바퀴 구동 자동차의 동력 전달 경로를 설명하라.
2. 클러치에 대한 다음 사항에 대하여 설명하라.
   (1) 클러치의 구비 조건
   (2) 클러치의 종류
   (3) 클러치의 용량 계산식
3. 수동 변속기의 구조를 그리고 작용에 대하여 설명하라.
4. 동기물림식 변속기와 상시 물림식 변속기의 구조와 작용에 대하여 설명하라.
5. 자동 변속기의 구조와 작용에 대하여 상술하라.
6. 실차에 사용되는 자동 변속기의 변속 레버 기구와 그 작동에 대하여 설명하라.
7. 추진축의 구조와 작용에 대하여 설명하라.
8. 다음 동력 전달 장치 부품에 대하여 설명하라.
   (1) 유니버설 조인트
   (2) CV 조인트
   (3) 뒤차축의 지지 방식
   (4) 종감속 기어
9. 차동장치의 구조와 작용에 대하여 설명하라.
10. 아래와 같은 변속비와 감속비를 갖는 변속기와 종감속 기어 장치가 있다. 이 자동차의 총 감속비를 계산하라.
   (1) 변속기의 변속비; 제1속 4.0, 제2속 3.0, 제3속 1.6, 제4속 1.0, 오버드라이브 0.7
   (2) 종감속 기어의 감속비; 3.9

13 현가 장치

13.1 현가 장치의 작용

현가 장치(懸架裝置; suspension system)는 휠 액슬과 차체 또는 프레임 사이에 설치되어 있으며 다음과 같은 역할을 한다.

(a) 자동차 중량을 지지한다.

(b) 노면으로부터 오는 충격이나 진동을 완화시키는 일을 한다.

(c) 타이어와 도로 사이의 견인력 및 운동성을 유지하게 한다.

(d) 바퀴의 정렬을 유지하게 한다.

13.2 현가 장치의 구성 요소

현가 장치의 주요 부품은 차체와 바퀴에 걸리는 하중을 지지하는 부품들과 스프링 등으로 구성된다. 그림 13 · 1에 표시한 바와 같이 현가 장치의 주된 두 부품은 스프링과 쇼크 업소버(shock absorber)이다.

스프링은 노면의 충격을 흡수하고, 차체에 걸리는 하중을 지지하는 역할을 하며, 쇼크 업소버는 스프링 작용과 아울러 노면으로부터 오는 충격과 진동을 빠른 시간 내에 흡수 · 완충하는 작용을 한다. 이들의 완충 제어 작용은 기계적 또는 전자 제어에 의하여 제어된다. 그림 13 · 2는 구동 방식에 따른 현가 장치 구성 개요를 나타낸 것이다

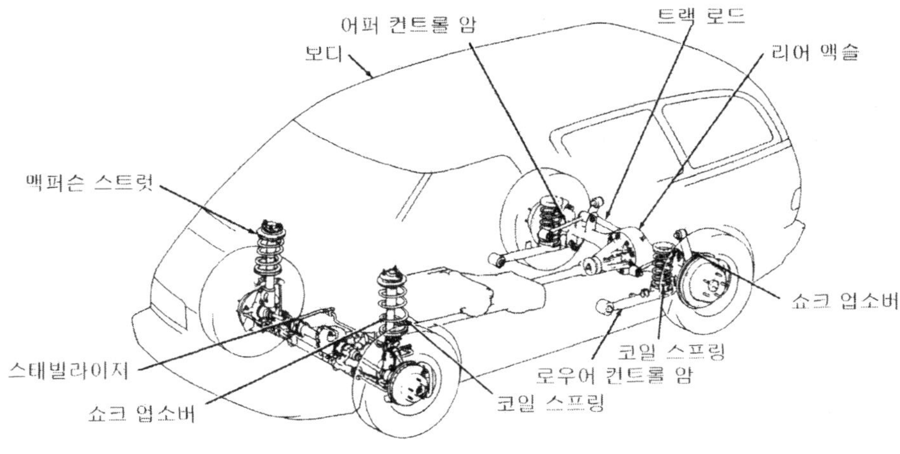

그림 13 · 1 현가 장치 구성 부품

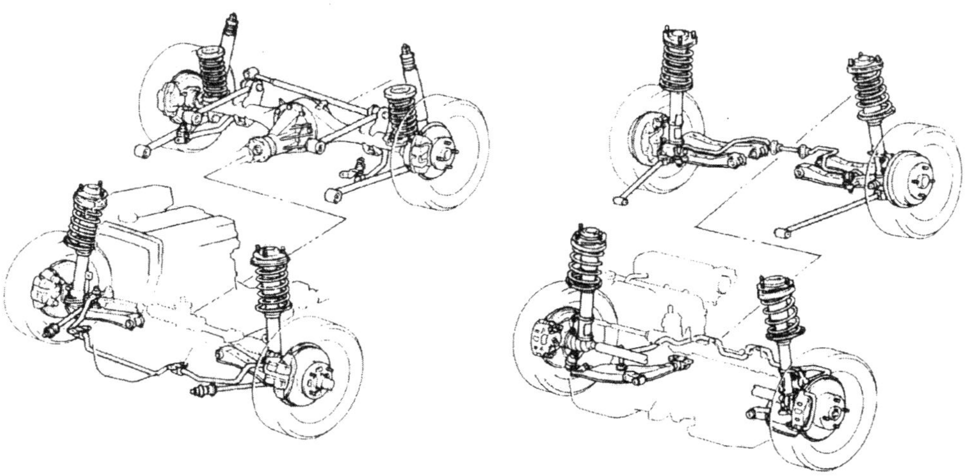

(a) FR차 (b) FF차

그림 13 · 2 구동 방식에 따른 현가 장치

그림 **13 · 3**은 앞, 뒤 서스펜션의 한 예를 나타낸 것이다. 선회시에는 원심력에 의하여 차의 외측 서스펜션에 큰 하중이 걸려 차체가 크게 기울어지게 되어 승차감이 나빠지므로 좌우의 서스펜션을 연결하는 스태빌라이저(stabilizer)를 붙여 차체의 기울어짐을 작게 하고 있다.

서스펜션 암 및 링크는 휠을 바른 위치로 유지하게 하고 바퀴가 상하로 움직여도 최적 위치가 되도록 하는 일을 한다.

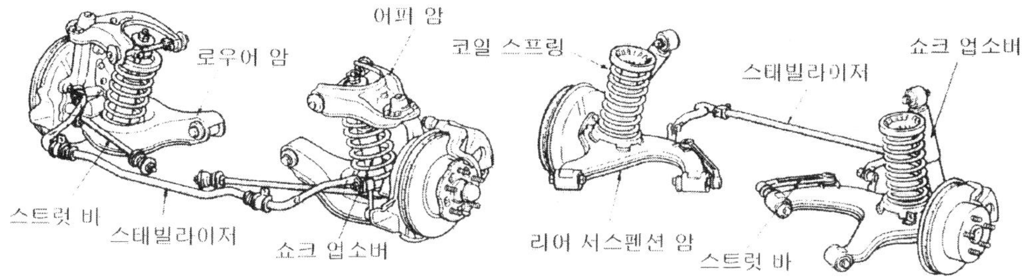

(a) 프론트 서스펜션 (b) 리어 서스펜션

그림 13·3 프론트 및 리어 서스펜션

13.2.1 현가 스프링

〔1〕 스프링의 종류

① **코일 스프링**(coil spring) 코일 스프링은 스프링강을 코일 모양으로 감아서 만든 스프링으로서 그림 13·3은 앞 및 뒤 서스펜션 장치에 사용된 실 예를 나타난 것이다. 그림 13·4는 자동차 현가 장치에 사용되는 각종 스프링 장치를 나타낸 것이다. 그리고 코일 스프링은 그림 13·5와 같이 테이퍼진 강선으로 만든 것도 있다.

② **판 스프링 또는 리프 스프링**(leaf spring) 리프 스프링은 그림 13·6에 표시한 것과 같이 판 모양의 스프링을 겹쳐 사용하며, 판을 단판(싱글 리프)으로 한 것과 다판(멀티 리프) 스프링으로 만든 것이 있다. 이들은 스프링 작용을 할 수 있도록 여러 장의 리프를 겹쳐 놓고 클립으로 묶어서 만든 겹판 스프링을 사용한다.

단판 스프링은 리어 스프링으로 1장의 판 스프링을 사용하는 경우가 있다.

③ **토션바 스프링**(torsion bar spring) 토션바는 스프링 강으로 만든 직선 봉재로서 한쪽 끝을 차체 또는 프레임에 고정한 것으로서 바퀴가 움직일 때 컨트롤 암이 위·아래로 스윙작용을 할 때, 토션바의 비틀림으로 스프링 작용을 한다(그림 13·7 참조).

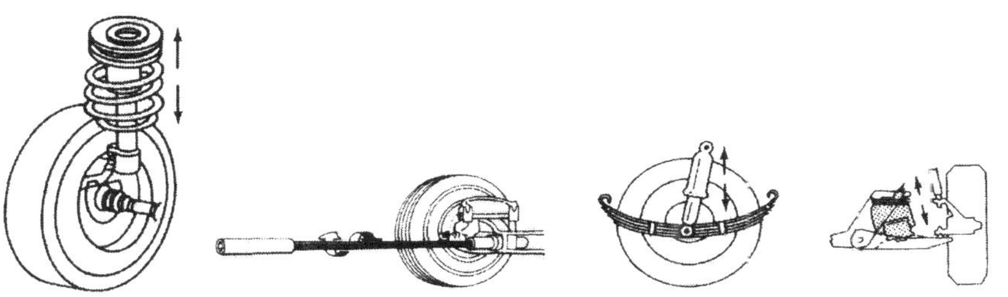
(a) 코일 스프링 (b) 토션바 스프링 (c) 판 스프링 (d) 공기 스프링

그림 13·4 현가장치에 사용되는 스프링

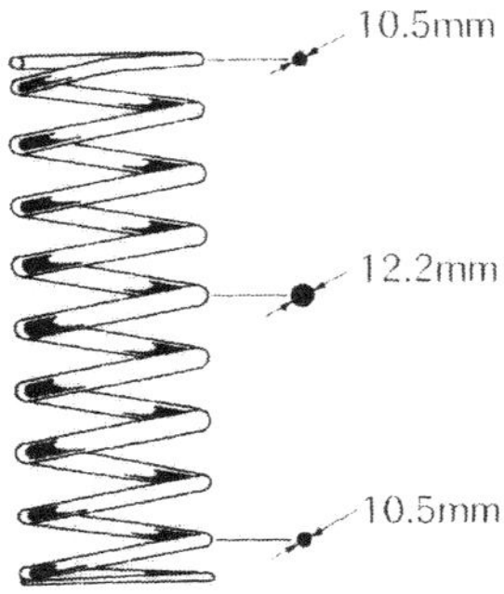

그림 13 · 5 코일 스프링

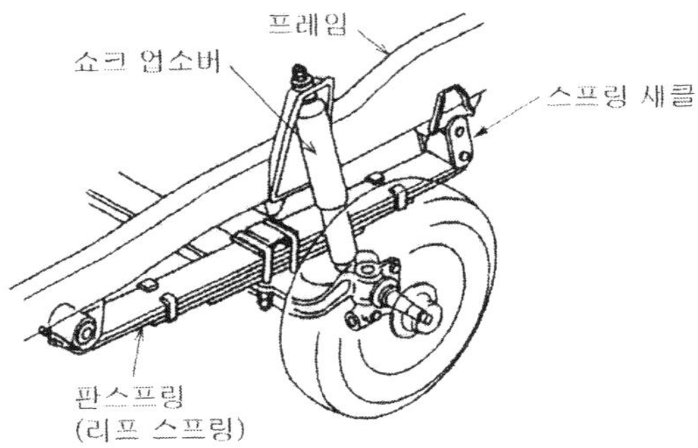

그림 13 · 6 판 스프링

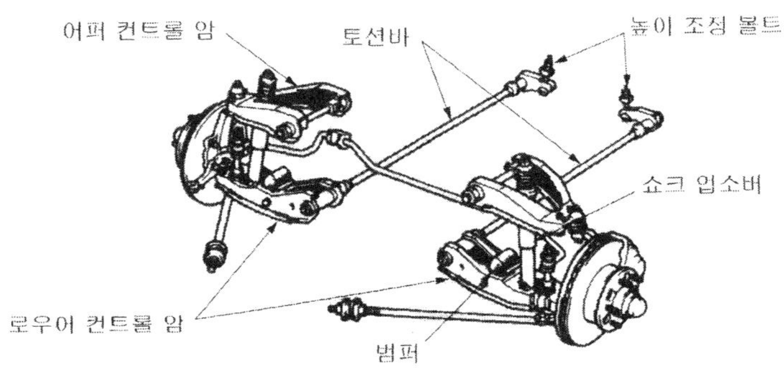

그림 13 · 7 토션 바를 사용한 프론트 서스펜션

④ 에어 스프링(air spring) 에어 스프링은 고무 실린더 또는 에어 백에 압축 공기를 넣은 것이다(그림 13 · 8 참조). 피스톤은 로우어 암의 상하 작용과 함께 움직일 때 압축 공기는 스프링 작용을 하게 된다.

〔2〕 스프링률

스프링의 연하고 강함을 스프링률(spring rate)로 나타낸다. 이것은 스프링이 주어진 길이

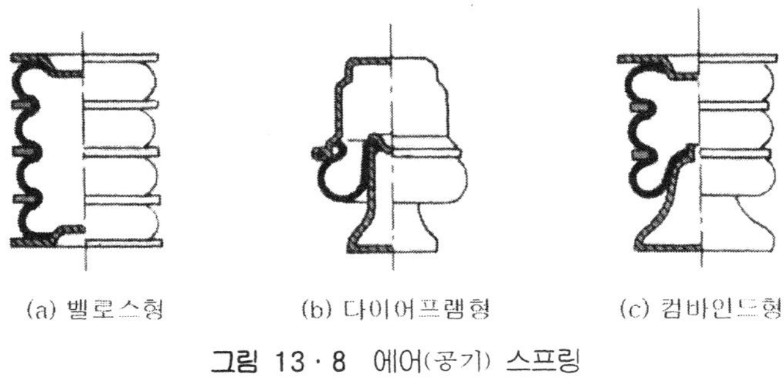

그림 13 · 8 에어(공기) 스프링

를 움직이는 데 요하는 하중으로 나타내며, 일반적으로 단위길이를 압축하는 데 요하는 중량(kg/mm)으로 표시한다.

13.2.2 쇼크 업소버

〔1〕 쇼크 업소버의 작용

쇼크 업소버는 자동차의 진동 시간을 짧게 하는 일종의 진동 흡수 장치로서 완충기의 기능을 갖는다. 이것은 섀시 스프링의 진동과 노면으로부터 충격을 완화시키는 일을 한다. 그림 13·9는 쇼크 업소버가 있을 때와 없을 때의 진동의 진폭과 시간과의 관계를 나타낸 것이다.

자동차가 주행할 때의 충격은 섀시 스프링에 의하여 완화되나 이 충격에 의한 진동은 상하의 피칭(흔들림), 롤링(가로 방향의 흔들림) 및 요잉(yawing) 등이 되므로 이들을 제거하지 않으면 안 된다. 따라서 쇼크 업소버는 상하의 흔들림, 가로방향의 흔들림을 제거하는 것이며, 가로방향의 흔들림은 스태빌라이저의 기능으로 대부분 저거된다. 그림 13·9는 쇼크 업소버의 유무에 따른 진동의 감쇠 작용을 비교한 것이다.

〔2〕 종류

진동을 흡수하는 방법에는 고체간의 마찰을 이용한 것과 유체를 이용한 유압식이 있으며 유압식이 많이 사용된다.

(1) 형상과 작동면에 따른 분류

① 통형 쇼크 업소버　통형(筒型; 텔리스코픽형) 구조를 가지며 현재 가장 많이 사용된다. 통형 쇼크 업소버는 작동 방식에 따라서 다음과 같이 분류된다.

(a) 작동방식에 따른 분류

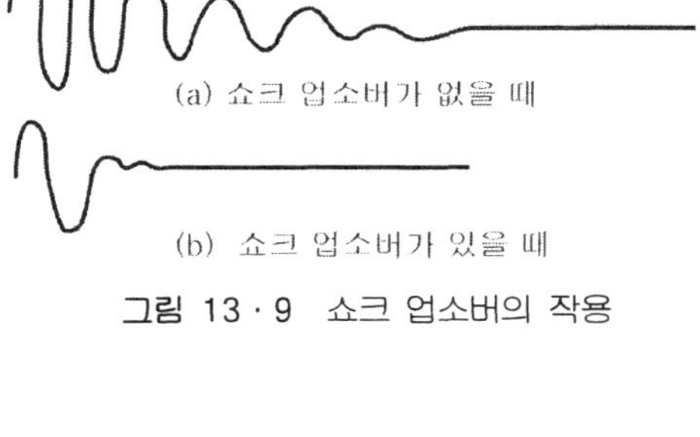

그림 13·9 쇼크 업소버의 작용

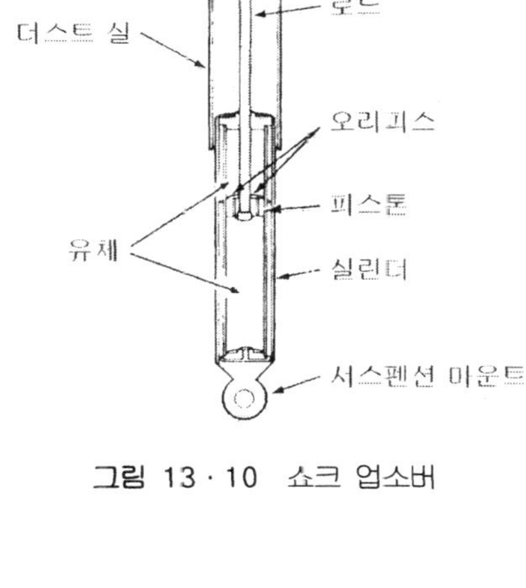

그림 13·10 쇼크 업소버

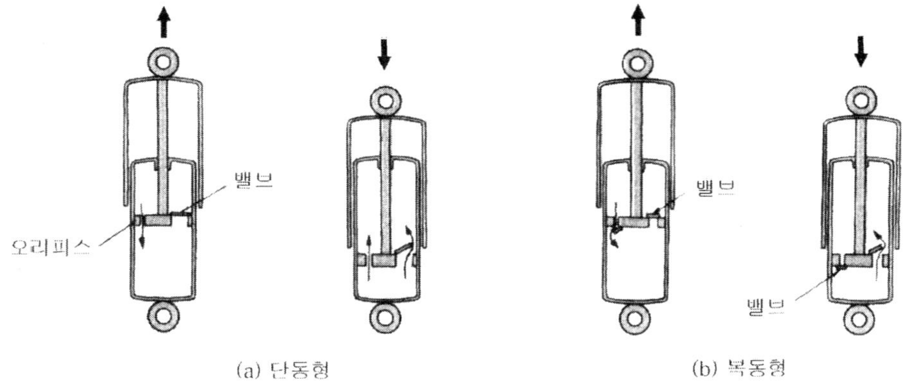

그림 13 · 11 작동 원리(통형)

a. 단동형 : 쇼크 업소버가 늘어날 때와 압축할 때에 그 중 어느 한쪽에서만 감쇠력이 생기는 방식

b. 복동형 : 이것은 압축 또는 늘어날 때 모두 감쇠력이 작용하는 방식

(b) 구조면에 따른 분류

a. 정립형 : 피스톤 로드를 위로, 실린더를 아래로 작용하도록 한 것

b. 독립형 : 피스톤 로드를 아래로, 실린더를 위로 작동하게 만든 것

c. 수평형 : 이상의 것을 수평으로 하여 사용한 것

② 레버형 쇼크 업소버 본체로부터 레버를 통하여 진동을 흡수하는 형식이나 중량이 무겁고 고가이므로 그다지 많이 사용되지 않는다.

〔3〕 작동 원리

쇼크 업소버는 한 쪽을 프레임에 고정하고, 다른 한 쪽은 액슬에 고정하여 설치된다.

자동차의 바퀴가 볼록한 도로면에 올가가면 스프링은 위로 변형하여 충격은 스프링에 흡수된다. 바퀴가 이 볼록면에서 벗어나면 차량중량은 스프링 저항과 합쳐져 스프링을 밀어내리게 작용한다.

다음 순간 스프링은 차체를 밀어 올리면 차의 중량은 스프링을 밀어 내린다. 이러한 반복운동은 차의 중량이 스프링의 반력을 이길 때까지 계속되며 이에 따라 진동이 되풀이된다. 쇼크 업소버는 충격을 받은 후 계속 상하 운동을 하려는 스프링의 진동을 흡수하는 일을 한다.

〔4〕 구조

① 통형 쇼크 업소버 통형 쇼크 업소버는 그림 **13 · 10**과 같은 구조를 가지며, 피스톤과 실린더는 프레임과 스프링 사이에 설치된다. 지금 스프링이 충격을 받아서 피스톤이 실

린더 내를 내려오면 오일은 밸브를 밀고 열어서 큰 구멍을 통하여 이동하여 거의 저항없이 작동한다. 스프링이 원위치로 되돌려질 때는 피스톤은 상승하므로 밸브는 닫히고 오일은 작은 구멍을 통하여 이동하므로 피스톤의 움직임에 저항이 생겨 스프링의 되돌림 과정에서 생기는 진동을 막을 수 있다.

그림 13·12는 통형 쇼크 업소버의 작동 상태를 나타낸 것이다. 그림 13·12 (a)와 같이 정상 구동의 경우에는 스트럿 튜브의 피스톤 홈을 통하여 유체가 흐르게 한다. 그러나 차가 갑자기 그림 13·12 (b)와 같이 도로의 움푹 파인 곳을 주행하게 되면 정상 구동의 경우보다 튜브의 피스톤은 홈부분(피스톤과 튜브 사이의 틈새가 있는 부분) 위로 올라오게 된다. 따라서 유체는 단지 구멍만을 통하여 흐르게 된다. 이것은 피스톤의 운동에 대한 저항을 크게 하고 서스펜션의 충격을 감소시킨다.

② 레버형 쇼크 업소버　레버형(그림 13·13)은 스프링이 압축되었다가 다시 원위치로 늘어날 때 링크에 연결된 레버를 아래쪽으로 당겨서 앵커축, 앵커 레버(캠)를 거쳐 피스톤을 왼쪽으로 밀어서 실린더 내의 오일을 압축한다. 압축된 오일은 흡입 밸브에 마련된 작은 구멍을 통하여 배출되고 유압이 어느 크기에 달하면 릴리프 밸브가 열려서 대부분의 오일이 배출되어 필요한 감쇠작용을 한다. 또 스프링이 압축되면 피스톤은 역방향으로 움직여서 흡입밸브를 열고 오일을 실린더 내로 흡입하여 저항 없이 복원된다.

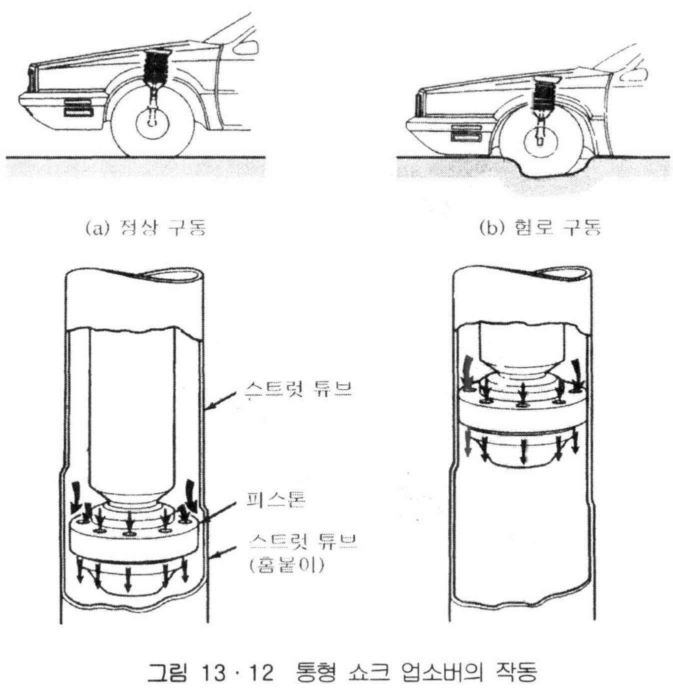

그림 13·12 통형 쇼크 업소버의 작동

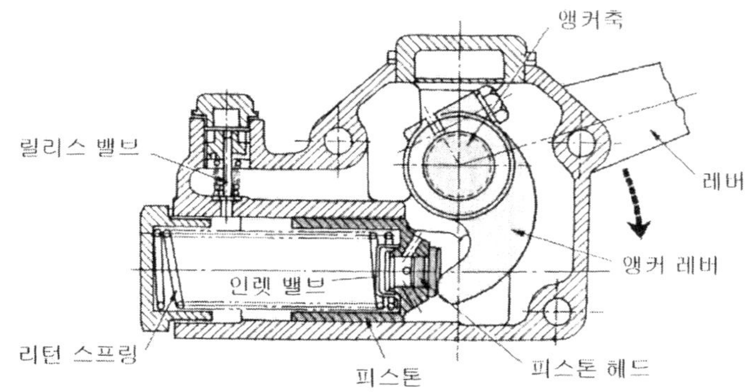

그림 13 · 13 레버형 쇼크 업소버

따라서 오일이 부족하면 실린더 내로 공기가 침입하여 쇼크 업소버의 기능을 할 수 없게 된다.

③ **스트럿형 쇼크 업소버**(strut type shock absorber)　스트럿형 현가 장치에 사용되는 것으로서, 이 현가 장치는 중공(中空)인 스트럿(지주)과 코일 스프링이 조합되어 서스펜션 암에연결된다. 이와 같이 쇼크 업소버와 코일 스프링을 결합한 형태의 서스펜션을 **스트럿** 또는 **맥퍼슨 스트럿**(MacPherson strut)이라고도 한다. 이 쇼크 업소버는 그림 **13 · 14**와 같이 스트럿 내의 피스톤 로드가 쇼크 업소버와 연결되어 있다. 압축의 경우는 피스톤 로드 끝의 메

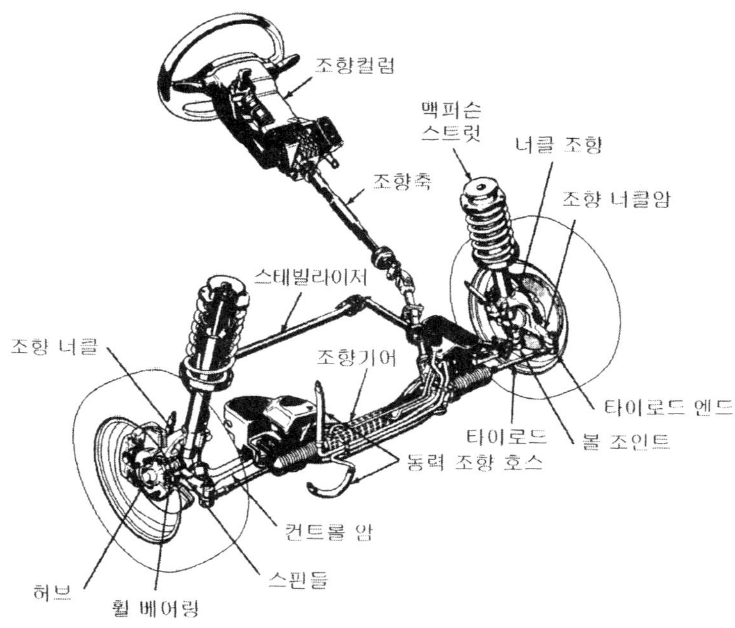

그림 13 · 14 스트럿형 쇼크 업소버

인 밸브는 닫히고 논 리턴 밸브가 열려서 피스톤 하부의 작동유는 실린더 상부에 유입한다. 신장의 경우는 피스톤 상부의 작동유가 메인 밸브 스프링의 힘을 이기므로 밸브를 열어서 감쇠력을 발생시킨다.

스트럿형의 특징은 다음과 같다.

(a) 위시본형에 비하여 구조가 간단하고 구성부품이 적고 보수가 용이하다.

(b) 스프링 아래 질량이 작으므로 승차감이 좋다.

(c) 기관 룸의 공간이 넓어진다.

13.3 전자 제어식 서스펜션

전자 제어식 서스펜션이란 자동차의 주행 상태를 각부에 배치한 센서로부터 컴퓨터(ECU)로 모아서 차체의 자세, 차고(車高) 등을 제어하여 항상 안정된 주행 자세를 유지하는 현가장치를 말한다.

전자 제어식 서스펜션은 조향 장치와 조합한 방식 등 여러 가지의 제어 방식이 있으나 그림 **13·15**는 스트럿과 에어 스프링을 사용하여 차체의 자세와 차고 제어를 하는 경우의 보기를 나타낸 것이다. 이 방식은 속도 센서, 조향 각도 센서, 차고(차 높이) 센서 등의 정보를 ECU로 연산하여 솔레노이드 밸브를 구동하고, 스트럿의 공기 스프링실 압력을 조절하여 차체 높이를 제어하는 방식이다.

또 에어 스프링의 상부에 설치된 액추에이터(actuator)로서 피스톤의 로터리 밸브를 회전시켜 오리피스의 개폐와 유로 면적을 증감하여 쇼크 업소버의 감쇠력을 변환하고 차체 자세를 적절히 제어하여 알맞는 서스펜션 효과를 얻는다.

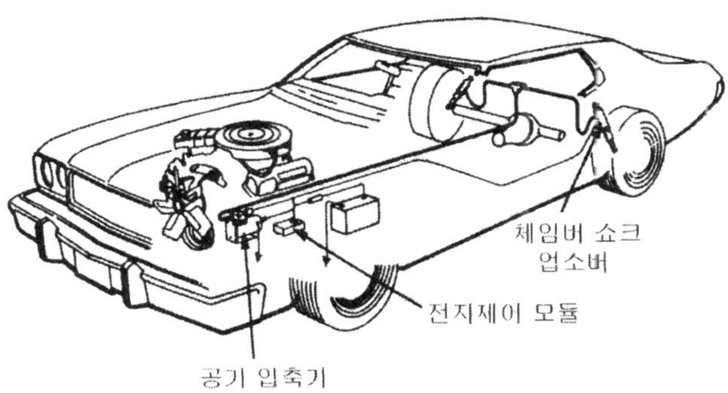

그림 13·15 전자 제어식 서스펜션 시스템

익힘문제

1. 현가 장치의 구조와 작용에 대하여 설명하라.
2. 현가 스프링의 종류에는 어떤 것들이 있는가?
3. 쇼크 업소버의 구조와 작용에 대하여 조사하라.
4. 판스프링의 구조와 작용을 설명하라.
5. 다음 사항에 대하여 설명하라.
   (1) 스트럿형 쇼크 업소버
   (2) 통형 쇼크 업소버
   (3) 스테빌라이저
   (4) 맥퍼슨 스트럿
6. 전자 제어식 서스펜션의 구조와 작동 원리를 설명하라.
7. 쇼크 업소버의 종류를 들고 그 특징에 대하여 설명하라.
8. 위시본형 현가 시스템의 구조와 그 특징에 대하여 설명하라.
9. 앞액슬 현가 장치와 뒤액슬 현가 장치의 구조를 설명하라.
10. 다음 현가 시스템에 대하여 설명하라
    (1) 독립 현가 장치
    (2) 차축 현가 장치

14 조향 장치 및 휠 얼라인먼트

14.1 조향 원리

조향 장치(操向裝置; steering system)란 자동차의 방향을 바꾸는 장치를 말한다. 자동차의 주행 안정성은 조향 장치와 현가장치의 설계의 양부에 크게 좌우된다. 조향 장치는 자동차를 안전하고 자유로운 조정을 하기 위하여 실험이나 이론적으로 많은 연구가 계속되고 있다. 자동차에 사용되는 조향 장치는 1817년 독일의 마차 제조업자 랑켄스페르거(Lankensperger)에 의하여 발명되었으나, 그후 영국의 인쇄업자인 루돌프 애커먼(Rudoph Ackerman)이 개량

그림 14·1 조향 장치

해서 애커먼식 조향 장치를 만들었고 그후 1878년 프랑스사람 샤를 장토(Charles Jeantaud)가 다시 개량하여 이상적인 조향 장치 기틀을 만들었다.

자동차에 쓰이는 조향 장치가 갖추어야 할 요건은 다음과 같다.

(a) 조향 조작이 쉬울 것
(b) 회전 반경이 작고, 차의 방향 변환이 용이할 것
(c) 주행중 노면으로부터 받는 충격으로 인하여 조향휠(핸들)이 동요되지 않을 것
(d) 고속 주행에서도 조향 휠이 안정될 것
(e) 환향시 새시 각부나 보디에 무리한 힘이 걸리지 않을 것

14.1.1 애커먼-장토의 이론

앞에서 설명한 바와 같이 애커먼은 앞차축의 양 끝에 조향 너클이 붙어 있고, 여기에 끼운 앞바퀴가 좌우로 나란하게 움직이도록 하여 그림 14 · 2와 같이 앞바퀴가 등각변향(等角變向)하도록 고안하였다. 그러므로 조향을 할 때 전후 양 차축의 연장선 CD 및 BD′는 각각 뒤차축의 연장선 위의 D와 D′에서 만나게 된다. 따라서 차륜은 동심원(同心圓)을 그리지 못하므로 조향 조작이 곤란해지고, 타이어의 마멸이 심해질 뿐만 아니라 동력의 손실도 크다. 그러므로 이 방식은 우마차에 사용되던 턴테이블식(turn table system)보다는 상당히 발전한 것이나 자동차의 조향 장치로는 적당하지 않다. 이와 같은 불합리한 점을 제거하기 위한 것이 애커먼-장토의 선회 이론(旋回理論)이다.

그림 14 · 2 (b)는 애커먼-장토식 조향 기구를 표시한 것이다. 이것은 앞바퀴가 나란하게 움직이지 않고, 또한 두 바퀴의 축의 연장선은 반드시 후차축의 연장선 상의 한 점에서 만나게 되어 있다. 따라서 조향을 할 때 모든 바퀴는 반드시 동일 회전 중심을 가지며 각각의 차

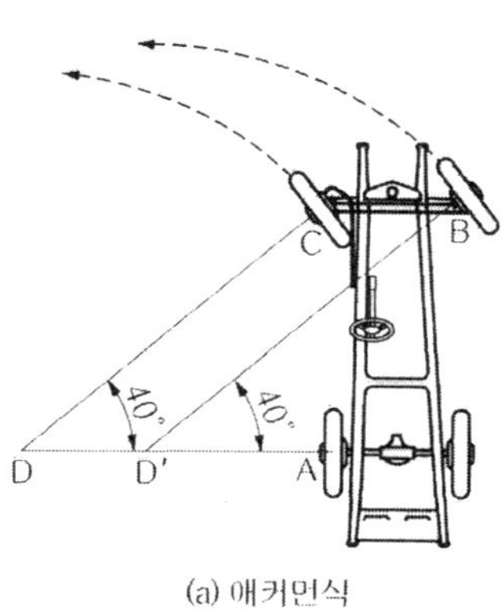

(a) 애커먼식

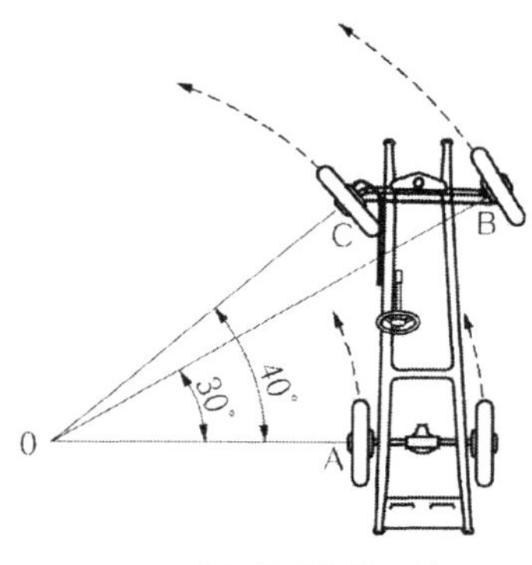

(b) 애커먼-장토식

그림 14 · 2 조향 기구

륜을 동심원 위를 전동하므로 조향 조작이 간편하고 바퀴에 무리가 생기지 않는다.

14.1.2 회전 반경

회전 반경(回轉半徑; turning radius)이란 자동차를 오른쪽 또는 왼쪽으로 선회할 때 앞바퀴의 외측이 그리는 최소 반지름을 말한다. 최소 회전 반지름이 작으면 작을수록 작은 원으로도 회전할 수 있으며 그 값은 일반 승용차에서는 4.5~6 m, 대형 화물 자동차에서는 7~10 m 정도이다.

14.2 조향 장치의 구조

14.2.1 조향 장치의 구성

일반적인 조향 장치는 그림 **14 · 3**과 같이 조향 휠(steering wheel)의 회전을 조향 축(steering shaft, steering column)을 거쳐 조향 기어(steering gear)에서 힘의 방향을 직각 방향으로 바꾸어지고 이것이 다시 피트먼 암(pitman arm 또는 drop arm)에 전달되어 좌우 방향의 운동으로 변환한다. 피트먼 암은 릴레이 로드(relay rod)를 움직이고 이것이 다시 타이로드를 좌우로 움직여서 조향 암(너클 암)과 스핀들을 움직여 바퀴를 선회시킨다.

〔1〕 조향 휠

조향 휠(steering wheel)은 그림 **14 · 4**와 같이 조향 조작을 할 때 잡는 손잡이로서 림(rim),

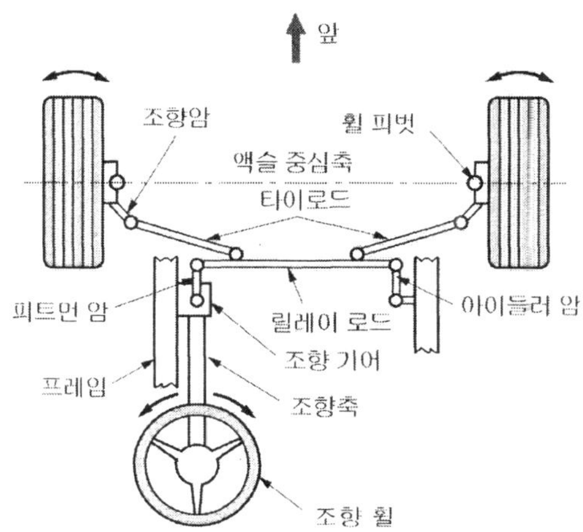

그림 14 · 3 조향 기구

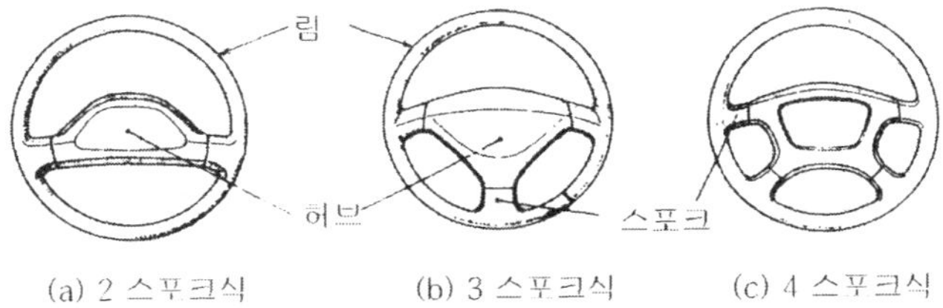

그림 14 · 4 조향 휠

스포크(spoke) 및 허브(hub)의 세 부분으로 구성된다. 보통 림의 지름은 440～550 mm 정도이며 베이클라이트 또는 경질 고무 등으로 만든다. 스포크는 차종에 따라 그 모양이 다르며, 형상에 다라서는 3개 또는 4개의 알루미늄이나 가단주철(可鍛鑄鐵)로 만든 대이며 조향 휠의 중앙브에 있는 허브와 림을 연결한다. 허브는 조향축에 키로 끼워져 있어 조향 휠의 움직임을 조향 축에 전달하여 조향 기어 장치를 작동시키는 데 쓰인다. 대개 조향 휠의 중앙부나 조향 휠의 가까이에는 경음기가 붙어 있다.

〔2〕 조향축

조향축(steering shaft)은 조향축관 속에 들어 있고, 그 구조는 자동차의 종류에 따라 상이하나 보통 계기판(instruement panel)과 45～60°의 범위로 차체에 붙어 있다. 조향축은 조향 휠의 움직임을 기어 장치에 전달하는 역할을 하는 축이다.

〔3〕 조향 기어 장치

조향 기어 장치(steering gear)는 조향 기어와 기어 케이스로 구성되며, 조향축 아래 끝에 위치하고 볼트로써 프레임에 고정된다. 조향 휠의 회전 운동을 피트먼 암에 10～20 : 1의 감속비로서 감속하여 전달한다. 보통 조향 휠의 2～2.5회전(대형차에서는 4회전)할 때 앞바퀴의 한 쪽의 극한 위치로부터 다른 쪽의 극한 위치까지 이동시킬 수 있다. 이와 같이 앞바퀴를 완전히 극한의 위치로 이동시킬 때까지의 조향휠의 회전수를 조향 휠 레버비라 한다. 또한 조향 휠의 조작량에 대한 감속은 조향 기어 장치에 의하여 이루어지는데 이 기구는 다음의 세 형식으로 나눌 수 있다.

① 비가역식 기구(非可逆式 機構; irreversible steering)　조향휠로부터 피트먼 암을 움직일 수 있으나 피트먼 암쪽에서는 조향 휠을 움직일 수 없도록 만들어진 기구로서 주행중 노면의 충격에 의하여 조향 휠이 움직이지 않도록 하여 주행이 불안정하게 되는 것을 방지한다. 즉, 비가역식이란 조향 휠이 바퀴로부터 오는 힘에 의해서 자동적으로 돌아가지 않는 것을 말한다. 이 형식의 조향 기어는 웜-섹터형, 웜-너트형 등이 있다.

② 반가역식 기구(半可逆式 機構; semireversible system)　직진 상태의 조향 휠 위치로부터 작은 범위의 피트먼 암의 회전각에서는 피트먼 암쪽으로부터 조향 휠의 회전을 얻을 수 있도록 직진 주행에 대한 방향 복원성(方向復元性)을 어느 정도 허용하고 있는 형식이다. 이 형의 대표적인 기구는 웜-롤러형, 캠-레버형이 있다.

③ 가역식 기구(可逆式 機構; reversible system)　가역식의 조향 기어는 방향 복원성이 양호한 것으로서 최근 소형 고속차, 일반 승용차에 사용된다. 조향 휠이나 바퀴쪽에서 움직임이 가능한 방식으로써 각부 마멸이 작고 복원력을 유효하게 이용할 수 있다.

〔4〕 조향 링크 기구

조향 링크 기구(steering linkage)는 조향 휠의 움직임을 앞바퀴에 정확하게 전달하여야 한다. 조향 링크의 구성은 그림 14·5와 같이 피트먼 암(pitman arm), 타이로드(tie-rod), 너클 암(knuckle arm) 등으로 구성된다.

피트먼 암은 조향 휠의 움직임을 조향 기어를 통하여 타이로드에 전달하는 암이고, 타이로드는 강관(鋼管)으로 만들어지며 피트먼 암의 움직임을 좌우 바퀴에 전달하는 로드이다.

한편 조향 너클(steering knuckle) 암은 타이로드와 너클 스핀들(휠 스핀들)을 연결하며, 조향 너클은 앞바퀴를 설치하는 축이 된다. 그림 14·6은 링크 기구의 또 다른 하나의 예를 나타낸 것이다.

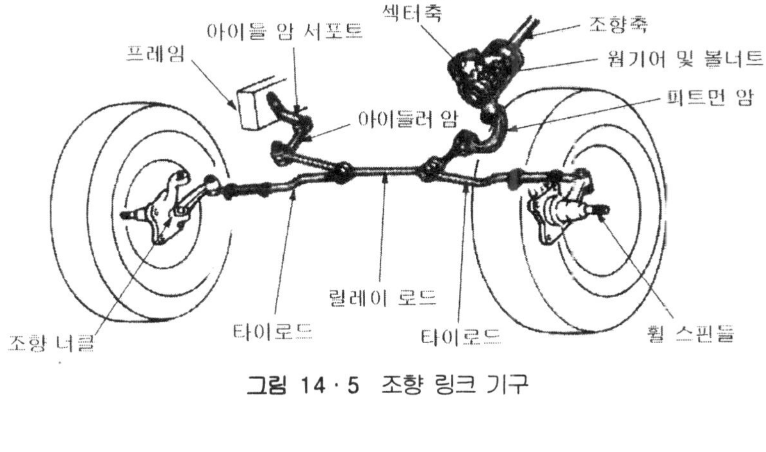

그림 14·5 조향 링크 기구

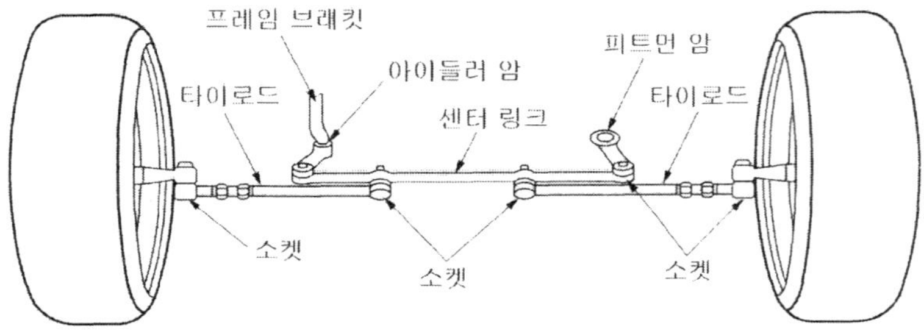

그림 14 · 6 타이로드

〔5〕 조향 너클

조향 너클(steering knuckle)은 앞액슬축의 액슬 요크(axle yoke)의 양 끝에 킹 핀을 연결하여 앞바퀴를 회전시키는 부분으로서 여기에 앞바퀴가 부착된다.

〔6〕 타이로드

타이로드(tie-rod)는 강관(鋼管)으로 만들어지며 그림 **14 · 6**과 같이 타이로드 엔드(tie-rod end)를 붙여서 좌우 조향 암에 연결된다. 좌우 타이로드 엔드의 타이로드에 조립되는 부분은 한쪽은 왼나사 다른 한쪽은 오른나사로 되어 있어서 토인(toe-in)을 조정할 때 양끝의 클램프 볼트를 풀고 타이로드를 돌려 그 길이를 조정할 수 있다.

〔7〕 너클 암

너클 암(knuckle arm)은 크롬강 등의 재질로 만든 단조품으로서 드래그 링크의 운동을 너클에 전하는 조향 기구의 주요 부품이다.

14.2.2 조향 기어의 종류

〔1〕 웜과 섹터 롤러형

웜과 섹터 롤러형(worm and sector roller type)은 그림 **14 · 7**과 같이 섹터축에 붙어 있는 치형(齒形)을 가진 롤러가 웜과 물려서 한 쌍의 조향 기어를 이루는 것이다. 조향 휠을 돌리면 웜이 회전하고, 섹터 롤러는 웜의 1회전에 대하여 1홈 이동한다. 따라서 섹터축이 회전하게 되어 섹터축에 붙어 있는 피트먼 암을 움직이게 한다.

〔2〕 웜과 볼너트형

웜과 볼너트형(worm and ball nut type)은 그림 **14 · 8**과 같이 웜과 너트 사이에 다수의 강구(steel ball)를 일렬로 원둘레 방향으로 넣어 너트의 회전 운동을 가볍게 하도록 한 방식이다. 조향축과 연결된 웜이 회전하면 강철볼이 홈 속을 구르면서 이동하여 볼 너트를 축방

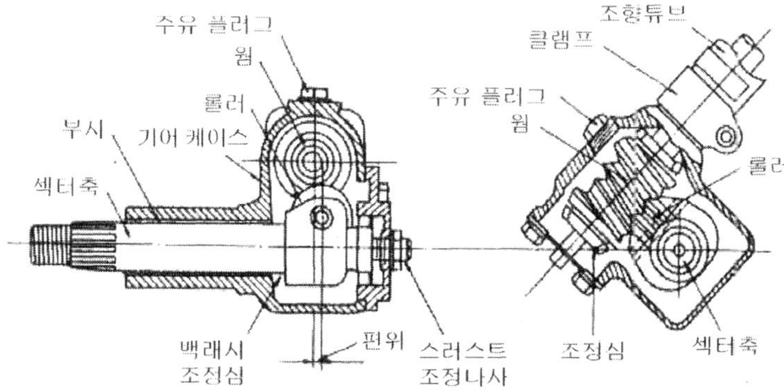

그림 14·7 웜과 섹터 롤러형

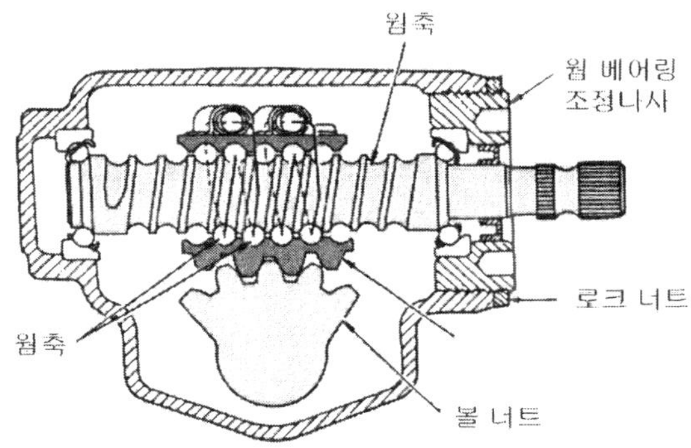

그림 14·8 웜과 볼너트형

향으로 이동시킨다. 볼 너트에 물린 섹터 기어는 섹터축에 연결된 피트먼 암을 움직여서 링크 기구를 작동시켜 조향한다.

〔3〕 랙과 피니언형

랙과 피니언형(rack and pinion type)은 조향 휠의 축 끝에 고정된 피니언을 랙과 맞물리게 하여 피니언의 회전 운동을 좌우의 직선 운동으로 바꾸어 조향하는 것으로서 경량차에 사용된다. 그림 **14·9**는 랙과 피니언형을 표시한 것이다.

자동차의 조향 기구의 감속비를 **조향 기어비**(steering gear ratio)라고 하며 다음 식으로 표시된다.

$$\text{조향 기어비} = \frac{\text{조향 휠의 회전 각도}}{\text{피트먼 암의 회전 각도}}$$

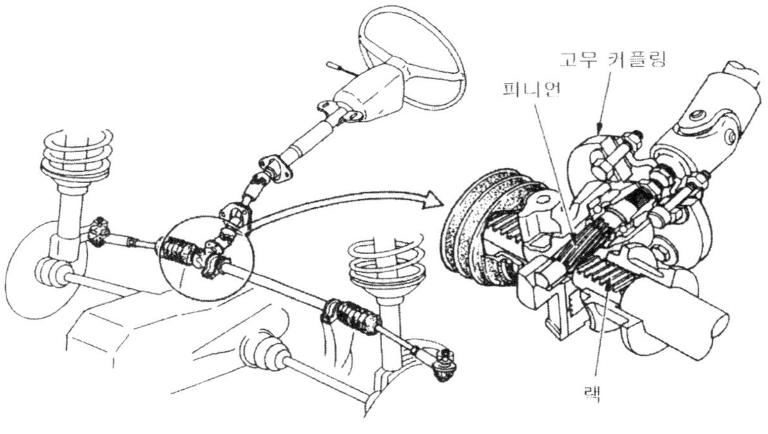

그림 14 · 9 랙과 피니언형

14.3 자동차의 선회 성능

자동차가 선회할 때 선회 중심으로부터 바깥쪽으로 향하여 원심력이 작용한다. 이 때 원심력에 대하여 자동차는 그림 14 · 10 (a)와 같이 타이어에 사이드 슬립(가로 미끄럼; side slip)이 일어난다. 또한 선회할 때는 노면으로부터 타이어의 형상을 처음의 상태로 되돌리려고 하며 바퀴 안쪽으로 향하는 반력이 생긴다. 이 반력을 선회 구심력(旋回求心力) 또는 코너링 포스(cornering force)라 한다.

이 선회 구심력은 타이어의 접지 중심으로부터 조금 뒤쪽으로, 그림 14 · 10 (a)에서 해칭친 변형 부분에 발생한다. 코너링 포스의 작용선은 차축의 방향을 향하므로 타이어를 진행방

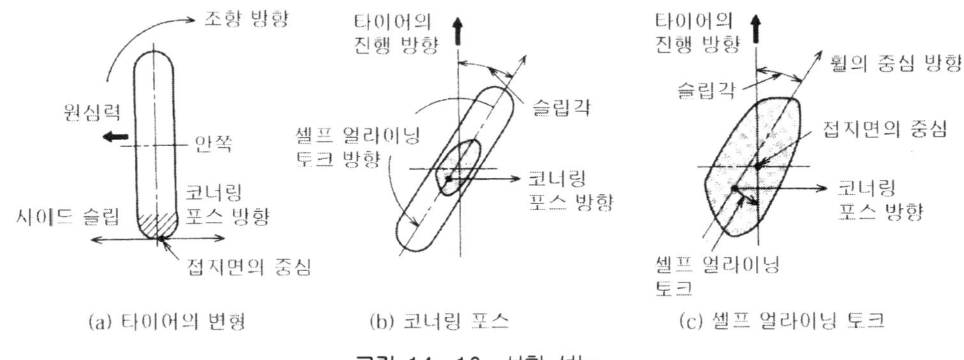

그림 14 · 10 선회 성능

향으로 되돌리려는 힘이 작용한다. 이와 같은 힘을 **셀프 얼라이닝 토크** 또는 **자기 복원 토크**라고 한다.

자동차의 선회 중에 사이드 슬립이 생기면 휠의 중심면의 방향과 타이어의 진행 방향이 일치하지 않게 된다. 이 휠의 중심 방향과 타이어의 진행 방향과의 각도를 **슬립각**(slip angle)이라 한다.

자동차의 선회 속도를 증가시키면 원심력도 증가하여 슬립각도 증가하고 앞·뒤 바퀴의 슬립각의 차가 생겨서 선회 반지름의 변화가 나타난다. 그림 14·11의 a에서 보는 바와 같이 리어 휠의 슬립각이 프론트 휠보다 클 때에는 선회 반지름이 작아진다. 이러한 현상을 **오버 스티어**라 하고, 반대로 그림 14·11의 c와 같이 조향 선회 반지름이 크게 되는 성능을 **언더 스티어**라 한다. 또 그림 14·11의 b와 같이 선회 반지름이 같아지는 성능을 **뉴트럴 스티어**라고 한다. 이러한 선회 성능을 모두 **스티어링 효과**(steering effect)라고 한다.

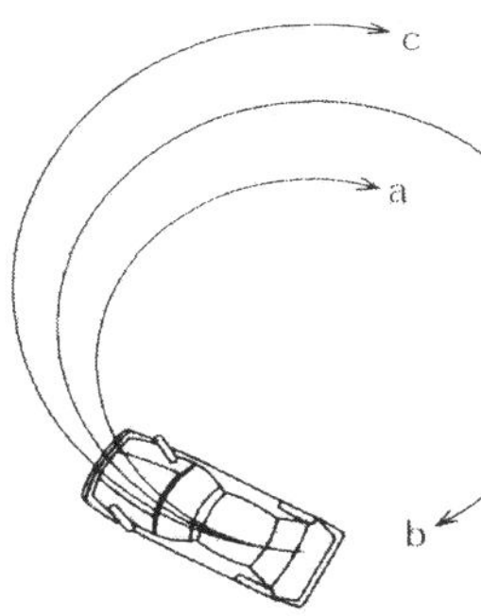

그림 14·11 스티어링 효과

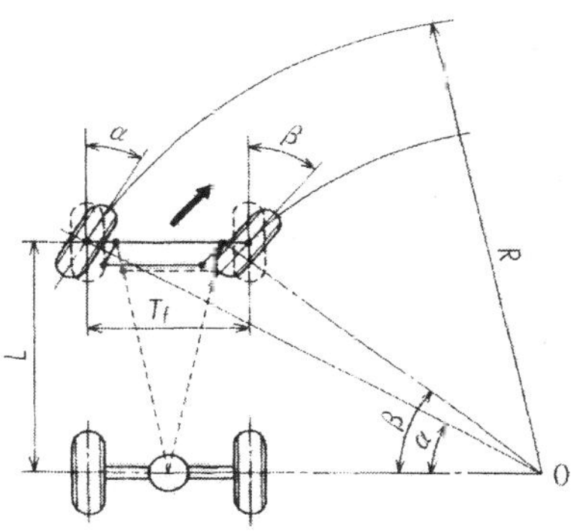

그림 14·12 최소 회전 반경

14.4 최소 회전 반경

조향 휠을 오른쪽 또는 왼쪽으로 최대로 돌려서 서서히 선회할 때 생기는 최외측 타이어 중심선의 선회 반지름을 최소 회전 반경(minimum turning radius)이라 한다.

그림 14·12에서 최소 회전 반경 R는 다음 식으로 구한다.

$$R = \frac{L}{\sin \alpha} \tag{14·1}$$

여기서 L은 휠 베이스(wheel base)(m), α는 외측 바퀴의 조향 각도(°), R는 최소 회전 반경(m)이다. 단, 식 (14·1)을 사용할 수 있는 것은 다음 식을 만족하는 경우이다.

$$L \times \left(\frac{1}{\tan \alpha} - \frac{1}{\tan \beta} \right) \fallingdotseq T_f \qquad (14 \cdot 2)$$

여기서 α는 외측 바퀴의 조향 각도(°), β는 내측 바퀴의 조향 각도(°), T_f는 트레드(m)이다. 이들 조건을 만족하는 조향 장치를 애커먼-장토식 조향 방식이라고 한다.

14.5 동력 조향 장치

조향 조작력을 경감시키기 위하여 링크기구의 도중에 설치한 보조 배력 장치를 동력 조향 장치(power steering system)라고 한다.

14.5.1 동력 조향 장치의 구성과 종류

동력 조향 장치는 그림 14 · 13과 같이 오일 펌프를 구동하여 유압을 발생하는 동력부, 유압을 써서 조향력을 배력하는 작동부, 조향 휠의 조작 정도에 맞추어 작동부로 흐르는 오일 유로와 오일량을 컨트롤하는 제어부로 구성되어 있다.

동력 조향 장치의 종류는 다음과 같이 분류된다.

〔1〕 링키지형

파워 실린더를 조향 링크 기구 도중에 설치하여 배력 작용을 하는 방식이다. 특히 동력 실린더와 컨트롤 밸브가 일체로 된 것을 컴바인드형(combined type)이라 하고, 주로 큰 배력 작용이 필요한 트럭 등에 사용되고, 동력 실린더와 컨트롤 밸브가 분리되어 있는 것을 분리형

그림 14 · 13 동력 조향 장치의 구성

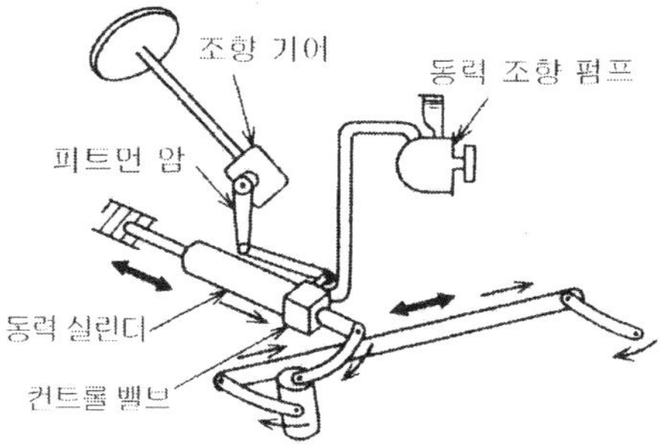

그림 14 · 14 컴바인드형 동력 조향 장치

(separate type)이라고 하며 이것은 승용차에 사용된다.

〔2〕 인테그럴형

동력 실린더를 기어상자 내부에 설치한 형식으로 비교적 공간을 차지하지 않으므로 승용차로부터 트럭, 버스 등에 널리 사용된다.

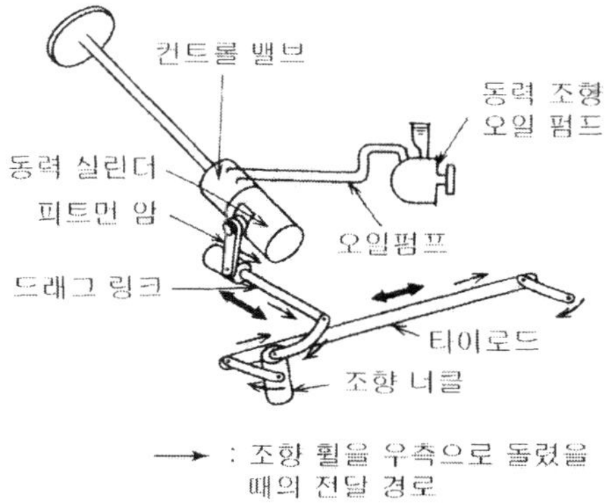

그림 14 · 15 인테그럴형 동력 조향 장치

〔3〕 랙 피니언형

독립 현가식의 랙 피니언형 기어장치 내에 컨트롤 밸브를 조합한 형식으로 승용차나 소형 트럭 등에 많이 사용된다.

14.5.2 동력 조향 장치의 작동

그림 14 · 16에 인테그럴형 동력 조향 장치의 작동의 한 예를 나타낸 것이다. 오일 펌프로

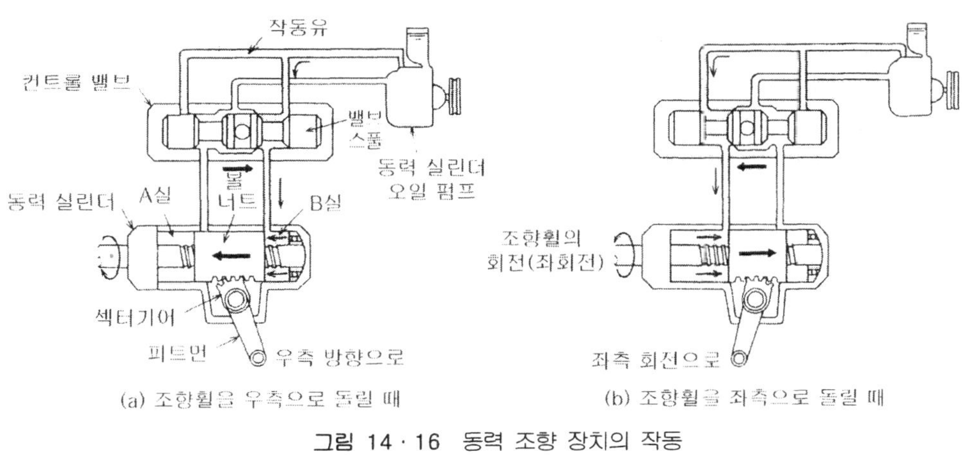

(a) 조향휠을 우측으로 돌릴 때 (b) 조향휠을 좌측으로 돌릴 때

그림 14 · 16 동력 조향 장치의 작동

부터 고압의 작동유가 컨트롤 밸브나 동력 실린더에 있는 기어 장치 내로 유도된다. 동력 실린더는 피스톤을 경계로 하여 A실과 B실로 나누어져 있으며, 섹터 기어는 피트먼 암에 연결된다. 조향 휠을 우측으로 돌리면 작동유는 B실로 들어가 볼 너트를 배력시켜 좌측으로 이동시킨다. 왼쪽으로 조향 휠을 돌리면 반대로 작동하여 피트먼 암은 섹터 기어를 통하여 좌측으로 이동하도록 배력 작용을 한다. 중립의 경우는 좌우의 실로 동일한 오일 압력이 걸리므로 동력 실린더는 작동하지 않는다.

14.6 휠 얼라인먼트의 정의

자동차의 휠 얼라인먼트(wheel alignment)란 자동차의 각 바퀴가 차체 또는 노면에 대하여 어느 일정한 위치, 각도 및 방향 등이 설정되어 있는 것을 말한다. 최근의 자동차는 높은 차원의 운동 성능이 요구되고, 고도의 서스펜션 기능을 갖추고 있으며 또한 4륜 조향 등이 도입되어 운동 성능도 더욱 향상되고 있다. 이와 같은 자동차의 운동성능을 만족하기 위해서는 휠 얼라인먼트는 앞바퀴뿐만 아니라 뒷바퀴를 포함하는 차체에 대한 4륜 종합 정렬, 즉 4륜 얼라인먼트가 중요시되고 있다.

14.6.1 앞바퀴 얼라인먼트

앞바퀴(front wheel)는 조향축을 중심으로 하여 방향을 바꾸는 바퀴이므로 바퀴의 정렬은 매우 중요하다. 자동차가 주행할 경우 항상 바른 방향을 유지함과 아울러 조향 휠 조작이나 외력 등에 따라서 진로가 교란되어도 곧 직진 상태로 복원되는 성질이 필요하다. 또한 주행 중의 조향 휠의 조작이 경쾌하고 확실하게 이루어져야 한다. 이러한 조건을 만족하기 위하여 앞바퀴는 차체 또는 노면에 대하여 일정한 관계 위치를 유지하도록 설치되어 있는데 이와 같은 관계를 **앞바퀴 정렬** 또는 **앞바퀴 얼라인먼트**(front wheel alignment)라고 한다.

앞바퀴 얼라인먼트에는 다음과 같은 요소로 구성된다.

① 캠버(camber)

② 토인(toe-in)

③ 캐스터(caster)

④ 킹핀 경사 각도(kingpin angle) 또는 조향축 각도(steering axle inclination)

이들 각 요소가 잘 조정되어 규정값을 가질 때에는 다음과 같은 효과를 가져올 수 있다.

(a) 조향 휠 조작을 작은 힘으로도 경쾌하게 조작할 수 있다.

(b) 조향 휠 조작이 확실하며 안정성을 부여한다.

(c) 조향 휠의 복원성(復元性)이 좋아진다.

(d) 타이어의 마멸을 작게 한다.

〔1〕 캠버

(1) 캠버의 정의

그림 14·17과 같이 앞바퀴를 앞에서 볼 때 그 위쪽이 약간 바깥쪽으로 기울어져 있는데 이 경사를 캠버(camber)라 하고, 이 각도를 캠버각(camber angle)이라 한다. 일반적으로 캠버각은 0.5~2° 정도이다. 그림 14·17과 같이 휠이 바깥쪽으로 경사진 것을 플러스 캠버(positive camber), 안쪽으로 경사진 것을 마이너스 캠버(negative camber)라고 한다.

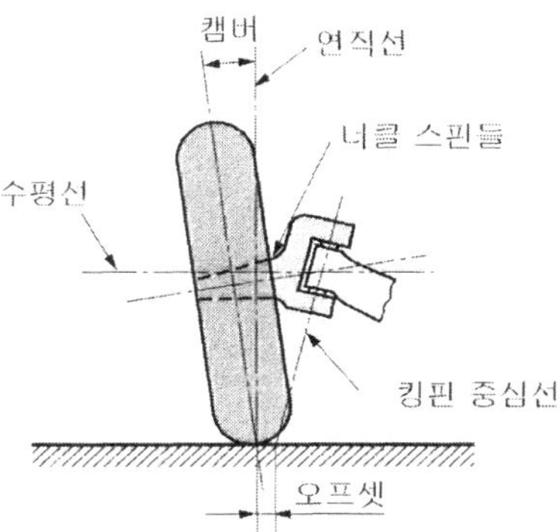

그림 14·17 캠 버

(2) 캠버의 작용

① 조향 휠의 조작력을 가볍게 한다. 타이어의 접지 중심을 조향축 중심선의 노면 교점에 근접시켜 킹핀 경사각과 아울러 오프셋량을 작게 하여 조향 휠의 조작력을 경감시킨다.

② 수직 하중을 경감한다. 캠버가 0인 경우 스핀들에 걸리는 하중은 그림 14·18과 같

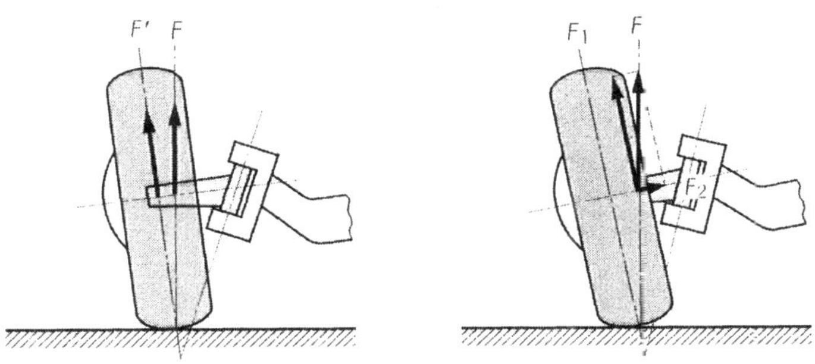

(a) 수직 하중의 경감 (b) 휠의 바깥쪽으로의 작용력 방지

그림 14·18 캠버의 작용

이 타이어 중심과 스핀들의 교점 F'에 가해진다. 플러스 캠버를 주면 하중은 F'의 안쪽 F에 걸려 스핀들이나 조향 너클을 구부리려는 힘을 경감시킨다.

③ **휠이 빠지려는 작용을 방지한다.** 휠이 받는 하중, 즉 노면으로부터의 수직하중 F는 스핀들에 대하여 수직한 힘 F_1과 축방향의 힘 F_2로 나누어진다. 이 힘 F_2가 휠을 안쪽으로 밀어 휠이 바깥쪽으로 나가려는 작용을 방지한다.

④ **휠의 아랫방향 열림을 방지한다.** 하중의 상태에 따라 휠은 아래쪽 방향으로 열리려하는 경향이 있으므로 미리 플러스 캠버를 두어 아래 열림이 되는 것을 방지한다.

캠버를 부여한 또 다른 이유는 화물을 적재하였을 경우 앞액슬의 굽힘을 방지하는 일을 한다. 자동차에 짐을 실으면 차축은 휘어서 바퀴는 안쪽으로 기울어지기 쉽다. 따라서 바퀴에 캠버를 부여하면 하중이 수직으로 걸려서 안정된 전동을 얻을 수 있다.

〔2〕 토인

(1) 토인의 정의

토인(toe-in)은 앞바퀴를 위에서 볼 때 바퀴 앞쪽의 폭 A가 그 뒤쪽 B보다 약간 좁게 되어 있는데 이것을 토인이라 한다.

$$\text{토인} = B - A \ (\text{mm}) \tag{14·3}$$

토인은 보통 승용차에서는 2~3 mm 정도이고, 대형차에서는 4~8 mm 정도이다. 또한 후부 B가 A보다 넓을 경우를 토아웃(toe-out)이라 한다.

(2) 토인의 작용

① **캠버에 의한 토아웃을 방지한다.** 캠버를 주면 휠은 그림 14·20과 같이 원추의 일부로 생각되므로 바퀴가 전동하면 기울어진 방향으로 향하려는 경향을 가진다. 이와 같은 캠버효과의 작용으로 휠은 그림 14·21과 같이 b방향으로 전동하도록 토아웃 현상이 생긴다. 그러그로 휠에 적절한 토인을 주어 c방향으로 전동하도록 하면 자동차의 진행 방향은 직진 방향인 a방향으로 된다. 또, (−)캠버를 준 경우에는 토아웃으로 할 필요가 있다.

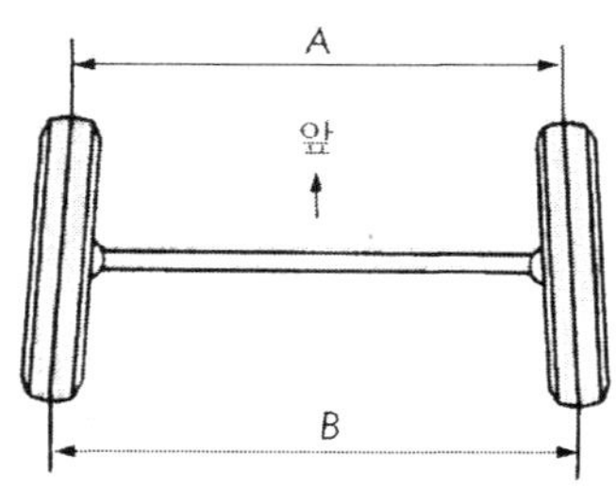

그림 14·19 토인

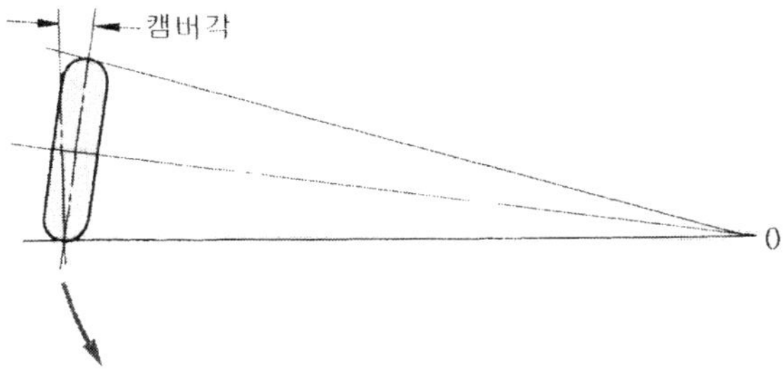

그림 14 · 20 캠버의 작용

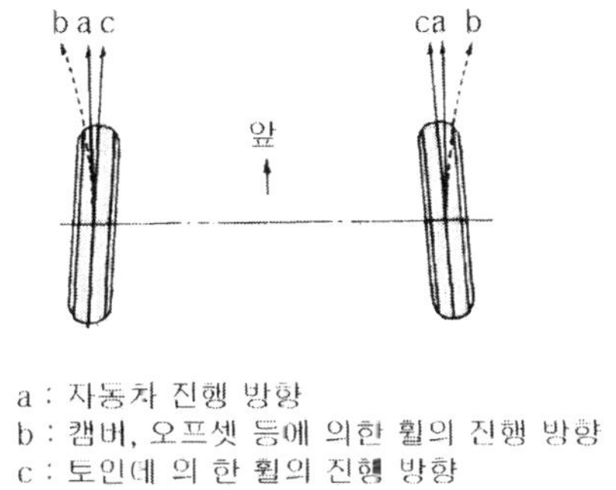

그림 14 · 21 토인의 작용

그러나 캠버만으로는 타이어가 노면에 접지하는 부분에서 가로 방향의 미끄럼이 생기게 되어 타이어의 마멸을 촉진하기 때문에 토인을 부여하여 바퀴의 슬립을 막고, 심한 마멸을 방지할 수 있다. 뒷바퀴의 구동력은 킹핀에 전해져서 타이어의 접지면 중심에는 주행 저항이 작용한다. 따라서 주행중에는 앞쪽이 벌어지려는 모멘트가 발생한다. 이 모멘트는 좌우의 크기가 같고 방향이 반대이므로 서로 상쇄되어 타이로드에는 압축력이 걸리지 않는다. 토인은 이와 같이 토아웃의 경향을 방지하는 일을 한다.

그림 **14 · 21**에서 보는 바와 같이 자동차의 앞바퀴의 진행 방향쪽으로 캠버와 토인의 작용을 살펴보기로 한다. 그림에서 b는 캠버 효과에 의한 진행 방향이고, c는 토인에 의한 바퀴의 진행 방향이며, a는 이들 두 가지 효과에 의하여 합성되는 자동차의 주행(진행) 방향이 된다.

② 주행 저항, 구동력의 반력 등에 의한 토아웃을 방지한다. 구동력은 킹핀이나 조향축에 전해져 타이어 접지면 중심에 주행 저항이 작용한다. 따라서 주행중 그림 **14 · 22**와 같이 휠을 토아웃하려는 모멘트가 작용한다. 토인은 이러한 작용을 방지하는 역할을 한다.

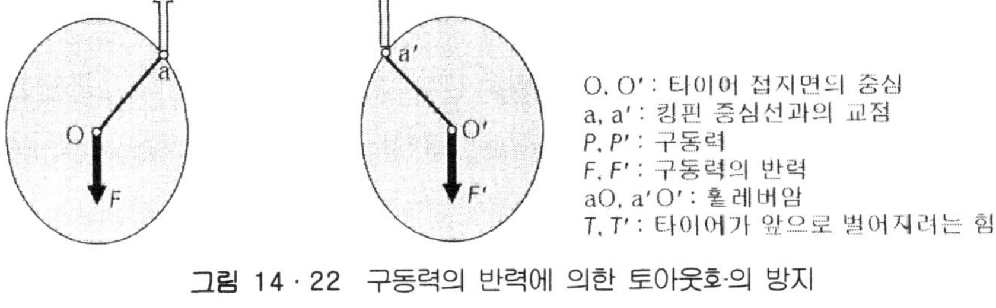

그림 14 · 22 구동력의 반력에 의한 토아웃화의 방지

〔3〕 킹핀 경사각 또는 조향축 각도

(1) 킹 핀 경사각의 정의

자동차를 앞에서 본 경우 킹핀(볼 조인트에서는 양끝의 중심선)은 노면에 대하여 수직이 아니라 그림 **14 · 23**과 같이 안쪽으로 경사지게 설치되어 있다. 이와 같이 킹핀의 중심선이 노면과 수직한 선을 이루는 각도를 **킹핀 경사각**(king pin inclination)이라 한다. 킹핀의 경사각은 차종에 따라 다르나 일반적으로 6∼9° 정도이다.

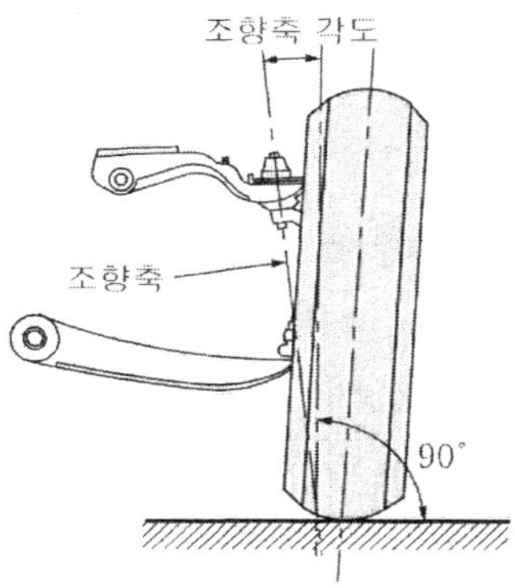

그림 14 · 23 킹핀 경사각

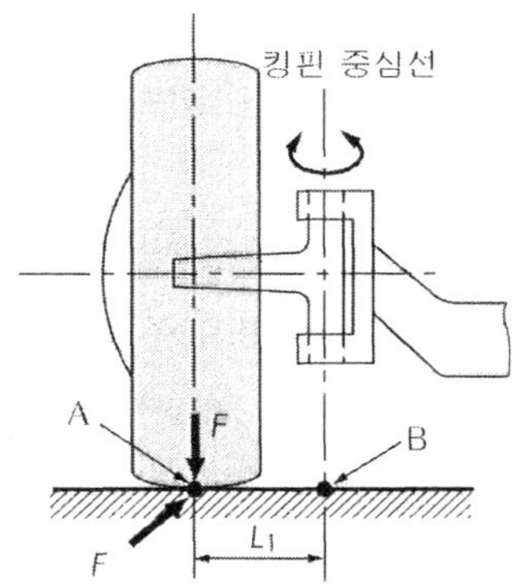

그림 14 · 24 조향 휠의 조작 토크

(2) 킹핀 경사각의 작용

① **킹핀 경사각은 조향 휠의 조작을 가볍게 한다.** 그림 **14 · 24**에서 조향 조작 토크는 타이어 접지 중심점 A에 작용하는 하중 F×거리에 비례하므로 킹핀 경사각이나 캠버에 의한 오프셋량 L_1양을 작게 하여 조향 휠의 조작력을 경감시킨다.

② **주행 및 제동시 충격을 경감시킨다.** 주행 중 타이어 노면의 요철에 의하여 충격을 받는 경우 제동시에는 오프셋량을 반지름으로 한 킹핀 둘레의 모멘트가 생긴다. 이 모멘트의 좌우 차이가 있으면 조향 휠에 회전충격이 전해지므로 오프셋을 적게 하면 이 충격을 경감시킬 수 있다.

③ **조향 휠의 복원력(직진성)을 크게 한다.** 킹핀 경사각이 있으면 조향 휠을 회전시킬 때 그림 **14 · 25**와 같이 타이어의 접지점 M이 킹핀 중심선에 대하여 직각인 평면인 M-N 상에 원을 그리게 된다. 따라서 조향 휠을 꺾으면 타이어 접지점 M은 아래방향으로 작용하므로 노면에 대하여 차체를 들어올리려는 작용을 한다. 이것이 조향 휠을 꺾을 때 자동차 질량에 의하여 타이어를 직진 상태로 되돌리려는 복원력으로 작용하게 된다.

〔4〕 캐스터

(1) 캐스터의 정의

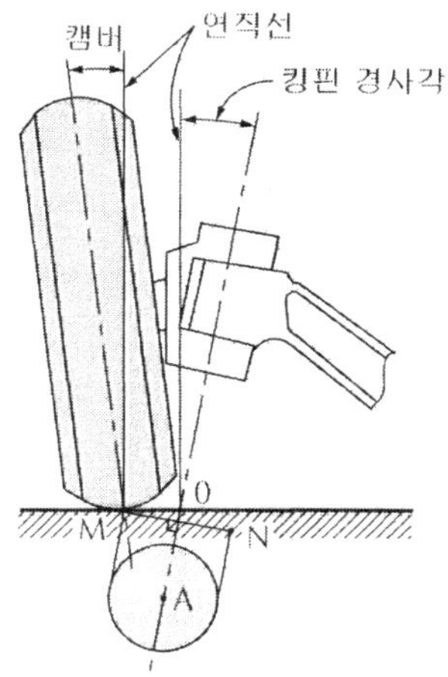

그림 14 · 25 킹핀 경사각에 의한 복원력

앞바퀴를 옆에서 본 경우 킹핀 축방향(볼 조인트의 중심선)은 일반적으로 뒤쪽으로 기울어져 있는데 이것을 캐스터(caster)라 한다. 캐스터 중 킹핀의 상부가 뒤쪽으로 경사진 것을 정〔플러스(+)〕캐스터라 하고 그 반대인 것을 부〔마이너스(−)〕캐스터라 한다. 전자는 킹핀의 축방향의 연장선과 노면과의 교점이 타이어의 접지점보다 앞쪽에 있는 경우이고, 후자는 킹핀 중심선과 앞바퀴의 중심선이 겹쳐진 상태를 제로 캐스터(zero caster), 즉 0의 캐스터라 한다.

캐스터각은 보통 0.5~1° 정도가 많으나 차종에 따라서 7° 전후의 것도 있다. 또 킹핀 축방향의 연장선이 노면과 만나는 접점과 타이어 접지점과의 거리를 리드(lead) 또는 트레일(trail)이라 한다.

(2) 캐스터의 작용

① 차의 직진성(복원성)을 부여한다. 캐스터는 그림 **14 · 26**과 같이 킹핀 중심선과의 교점이 타이어 접지점(하중의 중심점)보다 앞에 있으므로 앞바퀴 킹핀에 의하여 연장되어 앞바퀴의 방향이 안정된다. 이와 같이 리드를 부여한 예로는 피아노의 다리, 자전거의 포크 등을 들을 수 있다. 이와 같이 캐스터는 조향 바퀴의 방향성을 부여한다. 우리가 자전거를 타고 달릴 때 자전거 손잡이로부터 손을 놓고 달려도 앞바퀴가 일정한 방향으로 전동하는 것은 자전거에 타고 있는 사람의 균형의 안배라고만 생각하는 이가 많을 것이다. 그러나 이것은 핸들의 복원성을 주는 캐스터 효과(caster effect) 때문이다.

그림 **14 · 27**은 자동차가 직진 중의 타이어의 접지면을 나타낸 것이고, 캐스터 점 a는 타이어 접지면 중심 O보다 트레일량만큼 앞쪽이고, 또 오프셋량만큼 안쪽에 있다.

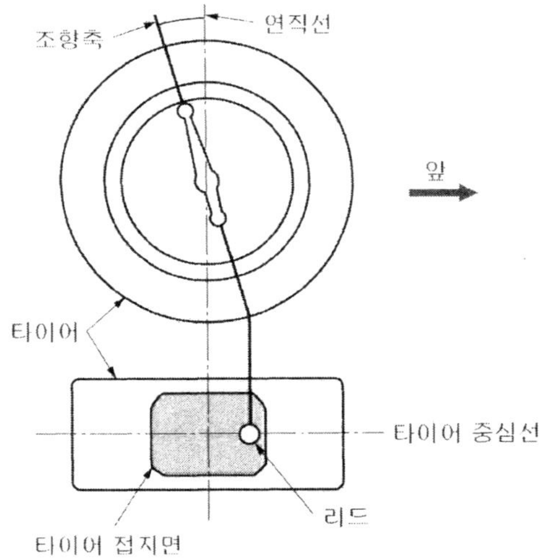

그림 14 · 26 캐스터

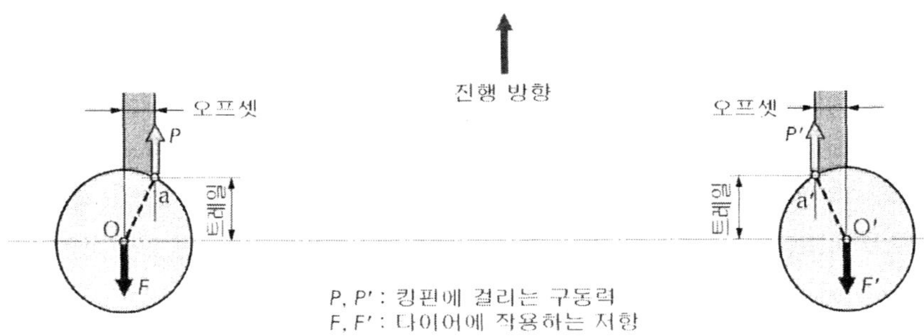

그림 14 · 27 직진 중의 타이어가 접지면에 작용하는 힘

구동력 P는 점 a에 작용하여 전동 저항은 점 O에 구동력과 반대 방향으로 작용하므로 왼쪽 바퀴는 점 a를 중심으로 왼쪽 회전 모멘트가 작용하고, 오른쪽 바퀴는 점 a′을 중심으로 오른쪽 회전 모멘트가 작용한다. 이 모멘트는 크기가 같고 방향이 반대여서 서로 상쇄되는 직진상태를 유지한다. 여기서 a-O, a′-O′를 휠 레버 암이라고 한다.

② 선회 상태(왼쪽으로)　　왼쪽 방향으로 방향을 꺾은 경우 캐스터점을 중심으로 타이어 접지면 중심은 휠 레버 암을 반지름으로 이동하여 그림 14 · 28과 같이 되어 오프셋량이 변화한다. 그 결과 좌측 바퀴에 작용하는 모멘트 T는 감소하고, 우측 바퀴에 작용하는 모멘트는 증대한다. 따라서 전체적으로 좌우 바퀴는 오른쪽 둘레의 모멘트를 받게 되어 복원력이 발생한다. 또 제로 캐스터의 경우에는 복원력이 발생하지 않기 때문에 방향 안정성이 없고, 마이너스 캐스터에서는 조향 휠각이 나빠진다.

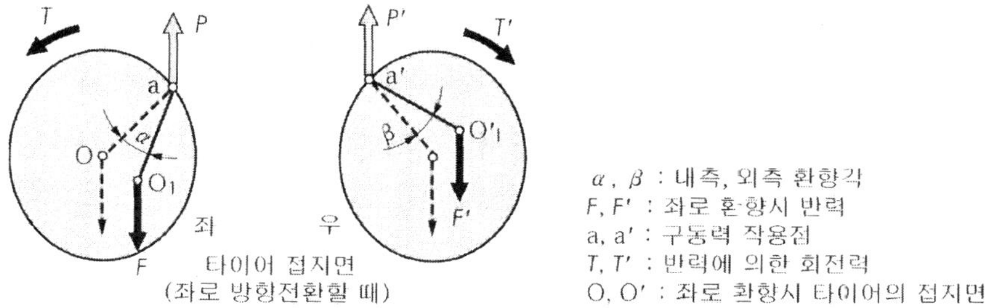

그림 14 · 28 선회 중 타이어 접지면에 작용하는 힘

14.7 4륜 얼라인먼트

지금까지는 조향 바퀴, 즉 앞바퀴 얼라인먼트에 대하여 설명하였으나 여기서는 4륜 얼라인먼트에 대하여 알아보기로 한다.

〔1〕 뒷바퀴 얼라인먼트

뒷바퀴 얼라인먼트(rear wheel alignment)는 주로 캠버와 토각으로 구성되어 있다. 캠버는 앞바퀴와 같은 개념이나 토각은 4륜 조향차의 경우에만 존재하게 된다.

〔2〕 세트 백

세트 백(set back)은 전 · 후 액슬의 평행도를 나타내는 것으로서 앞액슬과 뒤액슬이 완전히 평행인 경우를 세트 백 제로라 한다. 일반적으로 세트 백은 그림 14 · 29와 같이 뒤액슬을

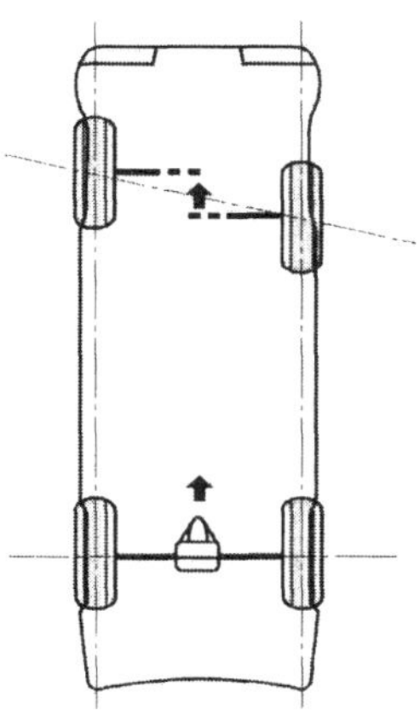

그림 14 · 29 프론트 세트 백

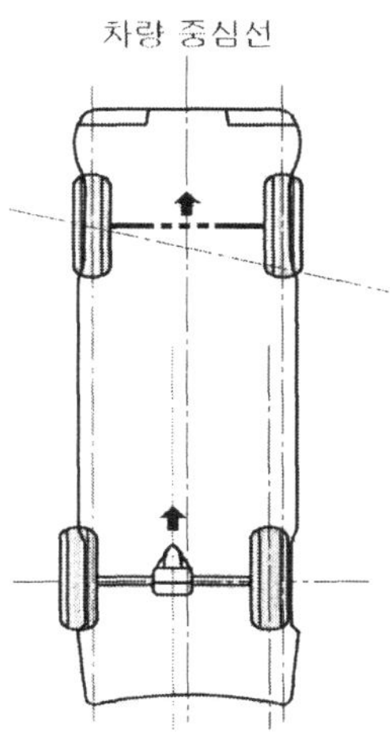

그림 14 · 30 액슬 오프셋

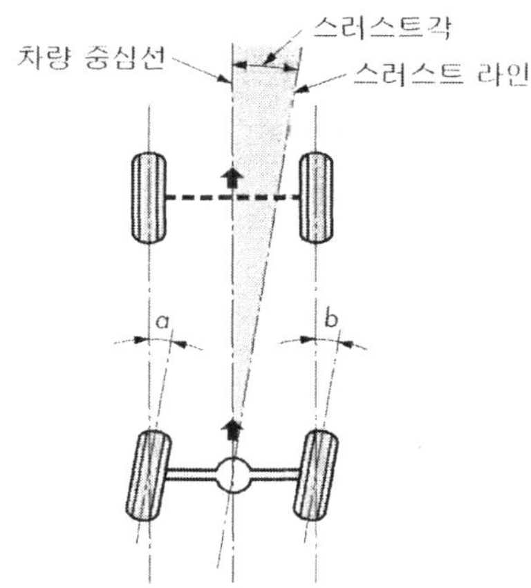

그림 14 · 31 스러스트각

기준으로 하여 앞액슬의 평행도를 각도로 나타내는데 보통 30분 이내로 한다.

〔3〕 액슬 오프셋

자동차의 앞 · 뒤 액슬이 평행하여도 그림 **14 · 30**과 같이 차량중심에 대하여 액슬중심(트레드 중심)이 좌우 어느 쪽으로 치우쳐 있는 것을 액슬 오프셋(axle offset)이라 한다.

〔4〕 스러스트각

스러스트각(thrust angle)은 그림 **14 · 31**과 같이 자동차의 중심선과 바퀴의 진행선(스러스트 라인이라 함)과 이루는 각도를 말한다. 스러스트각은 0인 것이 좋으나 일반적으로 10분 이하로 한다.

익힘문제

1. 자동차에 쓰이는 조향 장치가 갖추어야 할 요건에 대하여 설명하라.
2. 조향 장치의 구성과 각부 작용에 대하여 설명하라.
3. 조향 링크 기구(steering linkage)의 구조와 작용을 설명하라.
4. 조향 휠로부터 앞바퀴까지의 조향 작동 과정을 설명하라.
5. 조향 기어의 종류와 특징에 대하여 조사하라.
6. 동력 조향 장치의 구성과 작용을 설명하라.
7. 다음 용어를 설명하라.
   (1) 최소 회전 반지름
   (2) 애커먼-장토 기구
   (3) 조향 기어비
   (4) 너클 암
   (5) 조향 너클
   (6) 최소 회전 반경
   (7) 조향 기어비
   (8) 셀프 얼라이닝 토크
8. 자동차의 휠 얼라인먼트(wheel alignment)의 필요성에 대하여 설명하라.
9. 다음에 열거한 휠 얼라인먼트에 관한 사항에 대하여 설명하라.
   (1) 토인
   (2) 캠버

(3) 캐스터

(4) 킹핀 경사

10. 뒷바퀴 얼라인먼트와 세트 백에 대하여 설명하라.

11. 다음 사항에 대하여 설명하라.
    (1) 액슬 오프셋
    (2) 토아웃
    (3) 앞바퀴 얼라인먼트와 타이어 마멸
    (4) 스러스트각

12. 캐스터의 작용과 복원력에 대해 설명하라.

13. 현재 시판되고 있는 자동차종을 2개 이상 선정하여 앞바퀴 얼라인먼트 값을 조사하여 보자.

14. 동력 조향 장치가 고장이 나면 자동차의 조향은 어떻게 되는지 조사하여 보자.

15. 조향 휠의 형상은 어떤 모양이 있는가?

15 제동 장치

15.1 제동 장치의 목적

제동 장치(制動裝置; brake system)는 자동차의 주행 상태에 따라서 속도를 저하시키거나, 정지시키기 위하여 운전자가 조작하는 장치로서 주로 풋 브레이크(foot brake)가 주브레이크로 사용된다. 이외에 주차 중에 사용하는 주차 브레이크(parking brake)와 보조 브레이크로 사용되는 배기 브레이크와 와전류 브레이크 등의 제3브레이크가 있다.

브레이크 장치가 갖추어야 할 조건은 다음과 같다.

(a) 자동차의 최고 속도 및 차량 중량에 대한 충분한 제동 능력을 갖출 것

(b) 작동이 확실하고, 각 바퀴의 제동력이 규정 이상일 것

(c) 장치의 내구성이 크고, 조정 및 정비가 용이할 것

15.2 브레이크의 원리와 작동

15.2.1 브레이크의 원리

브레이크 장치는 그림 15·1과 같이 자동차의 운동 에너지를 열에너지로 바꾸고 열을 공기 중에 방산시켜서 제동하는 것이다. 이와 같이 브레이크는 기관과 반대의 기계적인 작용을 갖는다. 일을 열에너지로 바꾸기 위해서 가장 널리 사용되는 것으로는 마찰을 이용하는 방법이다. 이 마찰부는 제동 장치에서 가장 중요한 부분이 된다.

그림 15 · 1

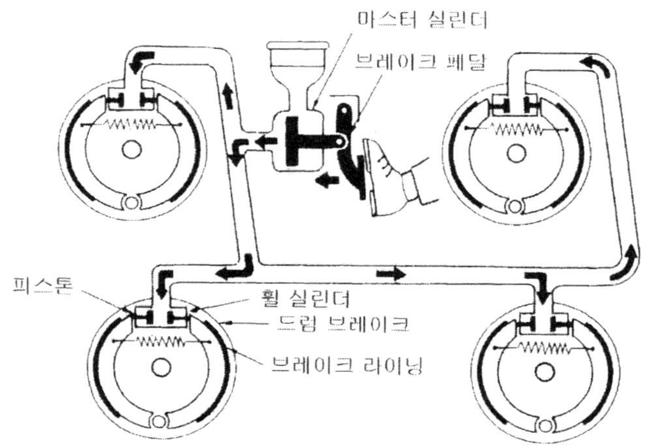

그림 15 · 2 유압식 브레이크 개념도

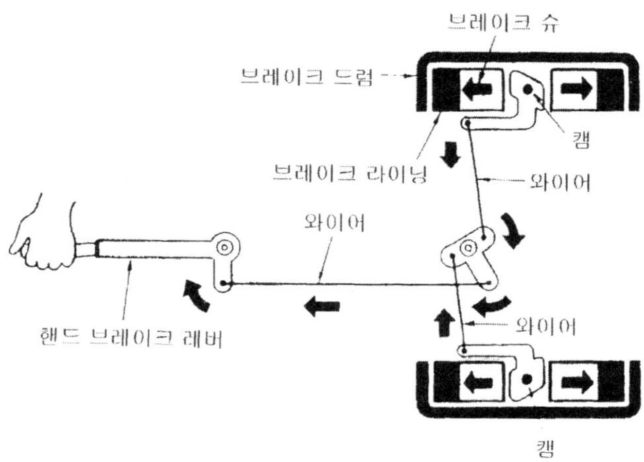

그림 15 · 3 뒷바퀴 브레이크 개념도

브레이크 장치에서 브레이크를 작동시키기 위하여 마찰열을 발생하는 부분으로는 브레이크 드럼(brake drum)과 브레이크 슈(brake shoe)가 사용된다. 디스크를 사용하는 디스크 브레이크는 디스크(disc)와 브레이크 패드(brake pad)의 마찰력에 의하여 제동한다.

그림 15·2, 15·3에서 보는 바와 같이 브레이크를 걸어서 브레이크 드럼이 브레이크 슈에 의하여 고정되면 바퀴가 고정되어 차는 정지하게 된다. 브레이크를 걸 때 마찰열은 다음 두 가지의 경우에 따라서 생각할 수 있다.

(1) 브레이크 드럼과 슈

제동시 드럼과 슈의 마찰에 의하여 수반되는 마찰열은 대부분이 브레이크를 걸 때 발생한다.

(2) 바퀴와 노면

노면과 바퀴 사이에 있는 마찰은 자동차의 제동 작용에 영향을 미치는 중요한 인자가 된다. 건조한 콘크리트 노면에서는 마찰력이 크므로 제동 작용도 양호하나 눈이 내린 도로에서는 브레이크 효과가 없는 것을 보아도 노면과 바퀴 사이의 마찰이 얼마나 중요한 것인가를 알 수 있다. 브레이크 장치는 이와 같이 마찰을 이용하는 외에 기관 브레이크, 배기 브레이크 등도 있다.

15.3 브레이크 장치의 분류

브레이크는 자동차의 대소, 사용목적에 따라서 각각 그 특성에 알맞는 구조로 설계 제작된다.

브레이크 장치는 일반적으로 다음과 같이 분류된다.

〔1〕 풋 브레이크

① 기계식 브레이크
② 유압식 브레이크 : 드럼 브레이크, 디스크 브레이크
③ 유압식 배력 장치 브레이크 : 진공식, 압축 공기식
④ 공기 브레이크

〔2〕 핸드 브레이크

① 내부 확장식(內部擴張式)
② 외부 수축식(外部收縮式)

〔3〕 제3브레이크

① 배기(排氣) 브레이크

② 와전류식(渦電流式) 브레이크

15.3.1 풋 브레이크

풋 브레이크(foot brake)는 브레이크 페달을 발로 밟아서 브레이크를 작동시키는 브레이크를 말한다. 풋 브레이크는 제동력을 전달하는 계통에 따라서 다음과 같이 분류할 수 있다.

(1) 기계식 브레이크(mechanical brake)

브레이크를 작동시키는 손 또는 발의 힘을 레버와 로드 또는 케이블을 조합한 기계적 장치에 의해서 전달하는 방식이다(그림 15 · 4 참조).

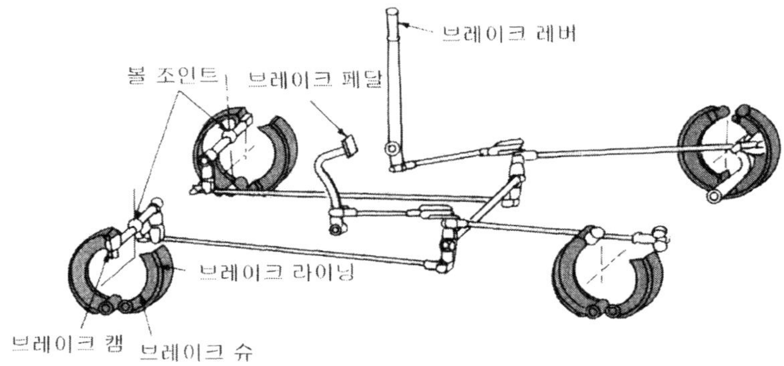

그림 15 · 4 기계식 브레이크

(2) 유압식 브레이크(hydraulic brake)

브레이크 페달을 밟는 힘을 유압으로 바꾸어서 각 제동부에 전달하는 방식으로서 파스칼의 원리를 응용한 것이다. 또한 유압 브레이크에서 발의 밟는 힘만으로는 제동력이 약하므로 도중에 배력 장치(倍力裝置)를 마련하여 제동력을 증가시켜 제동하는 경우가 있는데 이 방식은 대형차와 화물차 등 일부 승용차에 사용된다.

그림 15 · 5와 같은 액압 장치에서 밀폐된 액체의 일부에 가해진 압력은 어느 방향으로도 같은 세기로 액체의 각부에 전달된다. 이것이 파스칼의 원리이다. 그림에서 용기 A의 피스톤에 F_1(kg)의 힘을 가하면 모든 액체에 이 압력이 가해지고 용기 B의 피스톤을 밀어 올리게 된다.

액체에 가해지는 압력 P는

$$P=\frac{F_1}{a} \qquad (15 \cdot 1)$$

여기서 P : 압력(kPa)

F_1 : 힘(N)

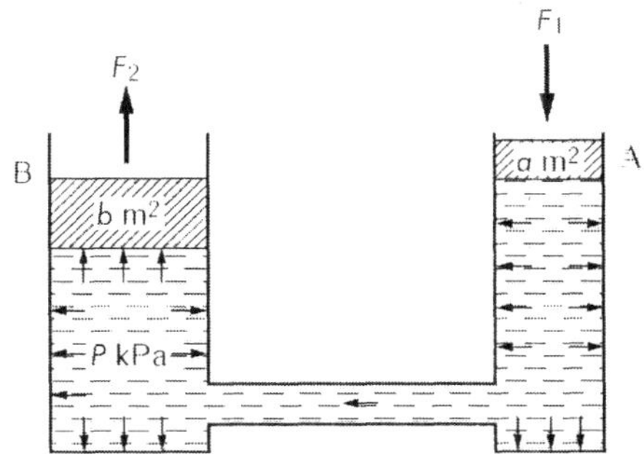

그림 15 · 5 유압 브레이크의 원리

a : 단면적(m^2)

피스톤 B를 밀어 올리는 힘 F_2는

$$F_2 = Pb \qquad (15 \cdot 2)$$

여기서 b : 단면적(m^2)

F_2 : 피스톤 B에 걸리는 하중(힘)(N)

식 (15 · 1)과 (15 · 2)로부터

$$F_2 = F_1 \frac{b}{a} \qquad (15 \cdot 3)$$

가 된다. 따라서 피스톤 B를 미는 힘은 F_1의 $\frac{b}{a}$배가 된다. 이것이 유압 브레이크의 원리이다.

(3) 공기 브레이크(air brake)

압축 공기의 압력을 이용한 것으로서 페달을 밟는 힘은 전연 작용하지 않고, 브레이크 페

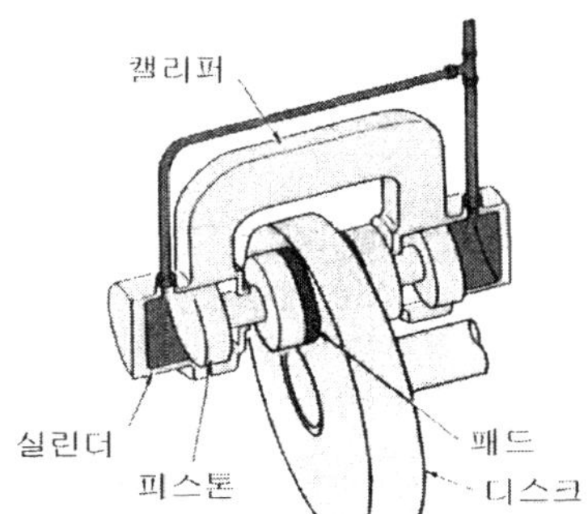

그림 15 · 6 디스크 브레이크의 구성

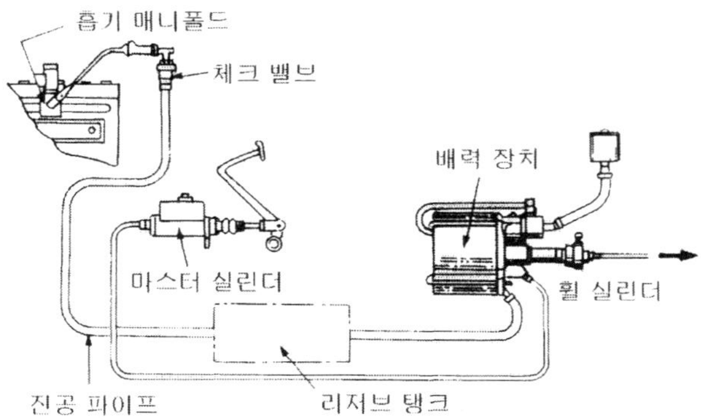

그림 15 · 7 진공 제동 배력 장치

달은 공기 밸브의 개폐만을 위한 것이 된다. 대형 버스나 대형 화물 자동차에 사용한다.

(4) 배력식 브레이크

제동력을 크게 하기 위하여 그림 15 · 7과 같이 기관의 흡기관 부압이나 압축 공기를 이용하여 조작력을 크게 한 브레이크이다.

〔2〕 핸드 브레이크

주차(駐車)용으로 사용되는 것으로서 주차 브레이크 또는 사이드 브레이크 또는 핸드 브레이크라 한다. 레버에 의하여 작동되며 추진축을 회전하지 않도록 밖으로부터 밴드로서 수축되는 센터 브레이크식과 후륜의 드럼을 슈로서 고정시키는 방식이 있다.

〔3〕 제3 브레이크

대형 화물차나 고속 버스에 사용되는 것으로서 풋 브레이크를 보호함과 아울러 브레이크 효과를 한층 증가시키기 위하여 고안된 브레이크 장치로서 제3 브레이크라고 한다. 그림 15 · 9는 트럭에 적용한 리타더를 나타낸 것이다.

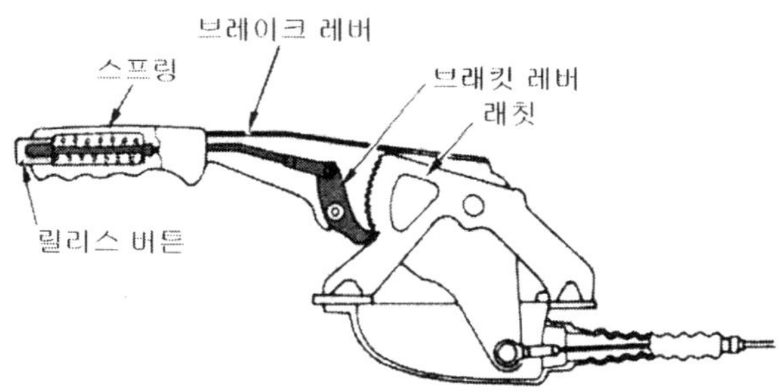

그림 15 · 8 주차 브레이크

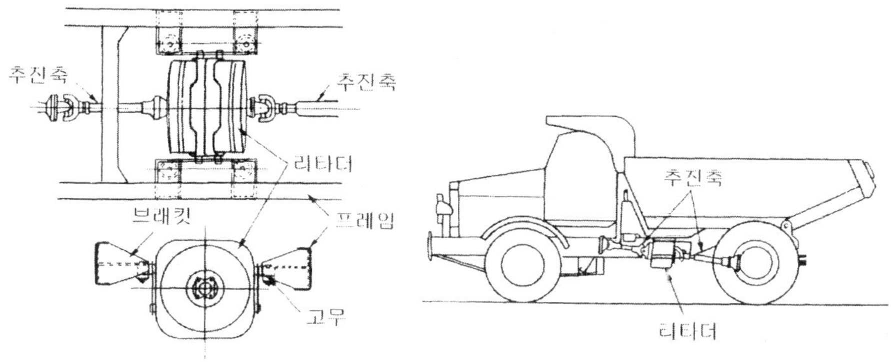

그림 15 · 9 와전류식 리타더

15.3.2 브레이크 유압 배관

〔1〕 전후 스플릿 방식

배관 방법은 탠덤 마스터 실린더를 사용하여 브레이크 계통을 2계통으로 나누어서 한 계통에 문제가 생겨도 다른 한 계통에 의하여 제동력을 확보하는 방식을 사용한다. 이것은 그림 15 · 10 (a)와 같이 브레이크 배관을 앞바퀴와 뒷바퀴를 분할하는 방식이다.

〔2〕 다이애거널 스플릿 방식(diagonal split type)

FF차 등과 같이 앞바퀴측의 질량 배분, 제동력 배분이 많은 차량에는 그림 15 · 10 (b)와

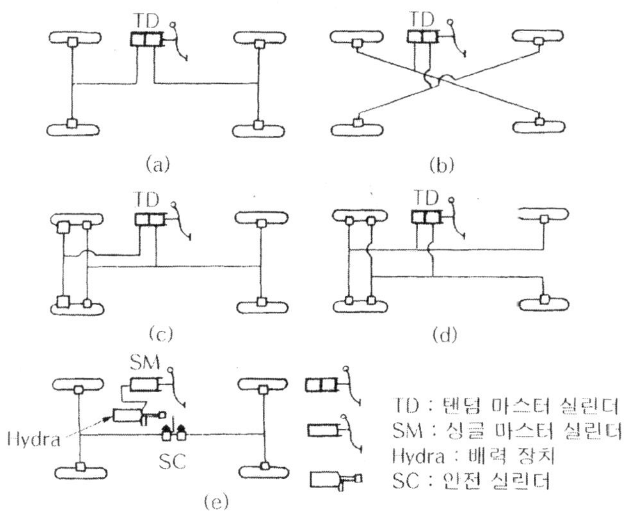

그림 15 · 10 2계통 브레이크 시스템

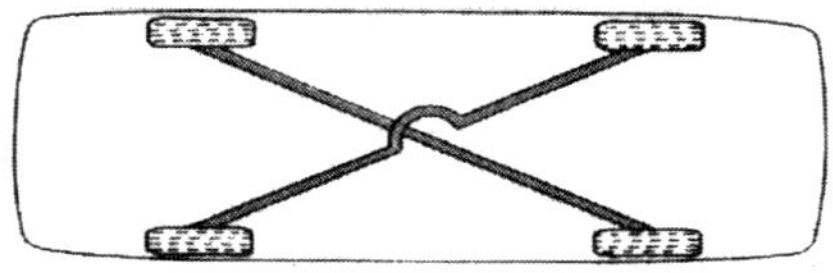

그림 15 · 11 X자형 배관

같이 X자형이 사용되고 있다.

〔3〕 2중 회로형(double circuit type)

그림 15 · 10 (c), (d)는 일부 고급차에 적용되고 있는 것으로서 보다 안전성을 중시하여 앞바퀴를 2중 회로형으로 한 배관이다.

브레이크 배관을 그림 15 · 11과 같이 앞바퀴 좌측, 뒷바퀴 우측, 또 앞바퀴 우측과 뒷바퀴의 휠 실린더 사이를 X자형으로 만든 배관으로 액압 회로를 2중으로 분리한 독립적인 방식이다. FF차의 경우 앞쪽의 축하중이 크고 뒤쪽의 축하중이 작다. 따라서 앞바퀴 브레이크의 기능이 상실되면 뒷바퀴의 제동력만으로 뒷바퀴를 고정하기 어려운 결점이 있다. X자 배관을 사용하면 1계통에 고장이 생겨도 정상시의 1/2 이상의 제동력이 확보되도록 하고 있다.

〔4〕 안전 실린더형

싱글 마스터 실린더에서 유압 계통에 어느 1개소에 브레이크액의 누설이 생기면 브레이크 페달을 밟으면 전체 바퀴의 브레이크가 듣지 않게 될 우려가 있으므로 안전 실린더(safety cylinder)를 앞바퀴, 뒷바퀴 브레이크 파이프 사이에 각각 1개씩 붙인다. 따라서 어느 쪽에 누설이 생겨도 나머지 한쪽의 계통에 제동이 이루어지도록 하고 있다.

15.4 유압식 브레이크

15.4.1 개 요

유압식 브레이크는 브레이크 페달을 밟으면 마스터 실린더(master cylinder)에서 유압이 발생하고 이 압력은 브레이크 파이프를 거쳐서 휠에 붙어 있는 휠 실린더(wheel cylinder)에 전달된다. 휠 실린더의 유압은 피스톤을 이동시켜서 브레이크 슈를 확장시켜 드럼에 압착시켜 브레이크 작용을 하게 된다. 그림 15 · 12는 유압식 브레이크의 계통도를 표시한 것이다. 유압식 브레이크 중 브레이크 슈의 확장력을 드럼에 작용시키는 방식을 **드럼 브레이크**(drum brake)라 하고, 드럼 대신에 회전하고 있는 원판인 디스크의 양쪽을 패드로서 압착

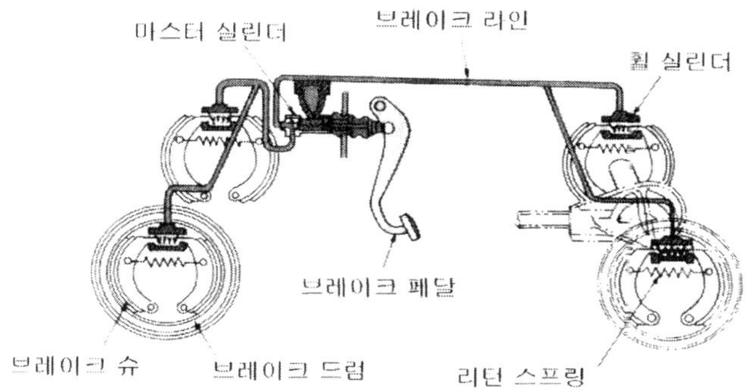

그림 15 · 12 유압식 브레이크

제동하는 방식을 디스크 브레이크(disc brake)라 한다(그림 **15 · 6** 참조).

15.4.2 드럼 브레이크

〔1〕 구조와 기능

드럼 브레이크는 그림 **15 · 12**와 같이 브레이크 페달과 유압을 발생하는 마스터 실린더, 오일을 저장하는 오일 탱크, 유압을 받아서 브레이크 슈를 드럼에 밀착시키는 휠 실린더, 휠과 함께 회전하는 브레이크 드럼 및 브레이크 파이프 등으로 구성된다.

드럼식 브레이크는 슈의 부착 방식에 따라 리딩 트레일링 슈식, 2리딩 슈식, 듀오 서보식이 있다.

(1) 리딩 트레일링 슈식

대향 피스톤형의 휠 실린더를 1개 사용하고 리딩 슈(leading shoe)와 트레일링 슈(trailing shoe)를 조합한 브레이크로서 리딩 슈의 확장력은 셀프 에너징 작용에 의하여 증가된다. 그러나 회전하는 드럼은 트레일링 슈를 드럼으로부터 떨어지게 작용한다. 따라서 리딩 슈는 제동 작용이 잘 걸리고, 트레일링 슈는 잘 듣지 않아 슈의 마멸이 달라진다. 구조가 간단하고

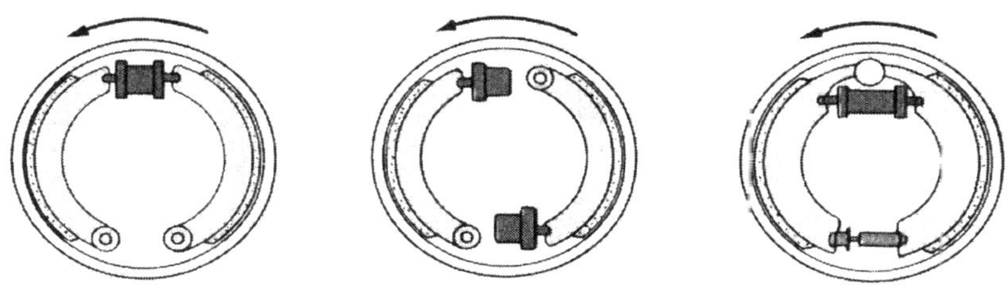

(a) 리딩 트레일링 슈식 (b) 2리딩 슈식 (c) 듀오 서보식

그림 15 · 13 드럼식 브레이크

안정되며 전진 후진 모두 제동력이 같아서 승용차, 경자동차 등의 뒷바퀴에 많이 사용된다. 슈의 고정 방식에 따라 그림 15 · 13과 같이 여러 가지로 나눌 수 있다. 그림 15 · 14에서 드럼이 화살표 방향으로 회전하고 있을 때 왼쪽의 슈는 드럼의 마찰력에 의하여 회전 방향에 대하여 파들어 가는 작용력을 가지게 되고 오른쪽의 슈는 그 반대로 반발을 받아서 확장력이 감소한다. 결국 왼쪽의 슈는 그 마찰력에 의하여 발생하는 앵커핀의 둘레에 걸리는 모멘트의 작용이 유압에 의하여 미는 힘을 가세하여 더 큰 힘이 되어 슈를 압착한다. 이와 같이 모멘트의 작용에 의하여 미는 힘이 증가하는 슈를 리딩 슈라 하고, 이 작용을 **셀프 에너징 작용**(자기 배력 작용; self-energing action) 또는 **서보 효과**라고 한다. 한편 오른쪽 슈는 왼쪽 슈와 정반대가 된다. 따라서 드럼의 회전 방향에 걸리는 작용력에 의하여 드럼으로부터 항상 당겨 떨어지려는 작용을 하여 압착력은 감소한다. 이와 같은 작용을 하는 슈를 트레일링 슈라 한다.

리딩 슈는 셀프 에너징 작용에 의하여 제동력은 1.5~2.5배 증가하고, 트레일링 슈는 반대로 0.6~0.8배 감소한다.

① 앵커 플로팅형 좌우 각각의 슈의 한 끝을 앵커로 지지한 것으로서 승용차의 뒷바퀴에 사용되고 있다.

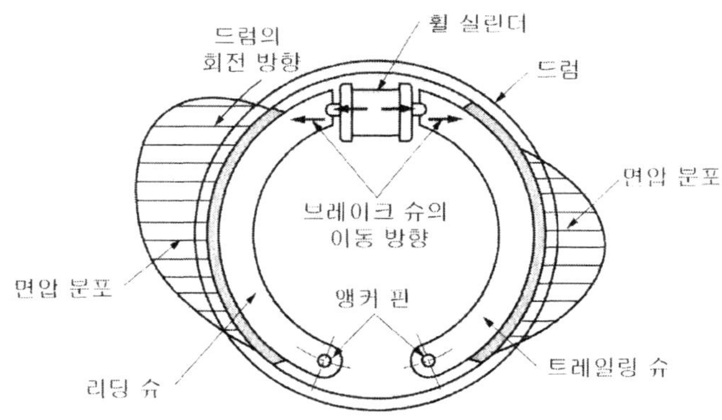

그림 15 · 14 브레이크의 압착력

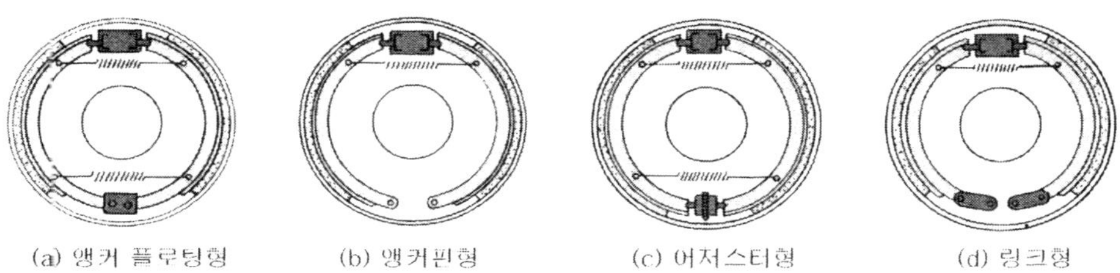

그림 15 · 15 리딩 트레일링형 브레이크의 종류

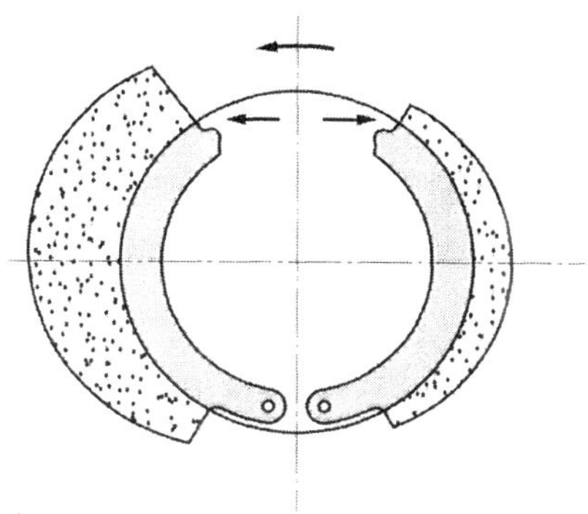

그림 15 · 16 리딩 트레일링 슈 방식의 슈의 면압 분포

② 앵커핀형 백 플레이트에 각각의 슈를 앵커핀에 고정한 형식이다. 슈의 확장 방향이 안정되고 주로 트럭, 버스 등에 사용된다.

③ 어저스터형 슈의 고정부에 어저스터를 설치한 것으로 어저스터의 회전에 의하여 슈와 드럼 사이의 틈새를 조정할 수 있다. 주로 승용차 뒷바퀴에 쓰인다.

④ 링크형 링크를 넣은 백 플레이트에 슈를 붙인 형식이다. 리딩 트레일링 슈의 슈의 면압분포를 보면 그림 15 · 16과 같다.

(2) 2리딩 슈식

2개의 휠 실린더를 사용하여 두 슈를 모두 리딩 슈로 작동하게 한 것으로서 셀프 에너징 효과를 이용하여 제동력을 얻는 방식이다.

① 단동 2리딩 슈식 리딩 트레일링 슈식의 리딩 슈와 트레일링 슈의 마멸을 평균화하여 셀프 에너징 효과를 이용하여 큰 제동력을 얻는 방식이다.

그림 15 · 17과 같이 2개의 휠 실린더를 사용하여 슈의 양쪽 모두 리딩 수로 작용하도록 한 형식이다. 드럼의 회전 방향이 화살표와 같을 경우 강력한 제동력이 생기며, 회전 방향이

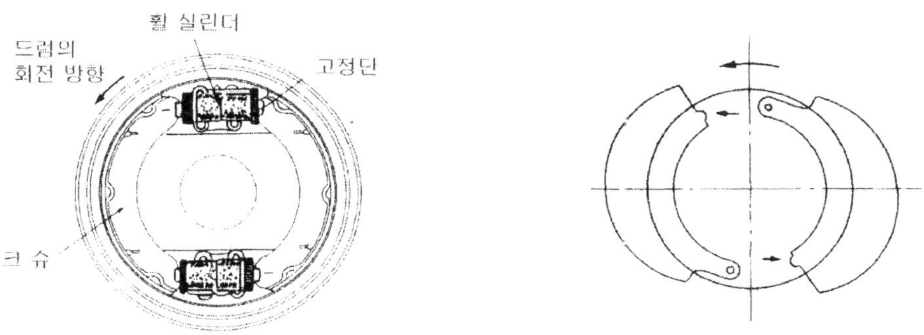

(a) 슈 배치 (b) 슈의 면압 분포

그림 15 · 17 2리딩 슈식

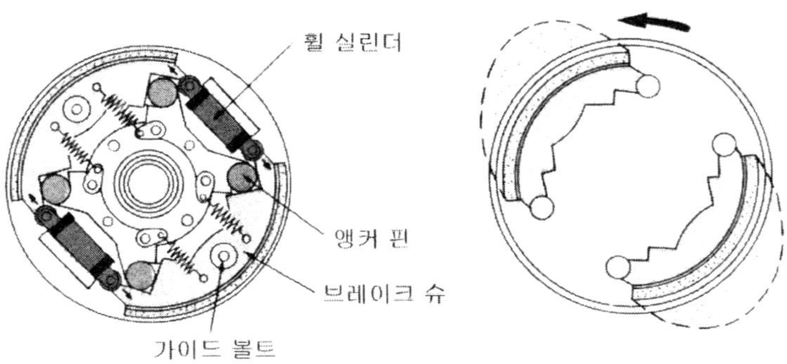

그림 15·18 플로팅 2리딩 슈식

반대가 되면 두 슈 모두 트레일링 슈가 되어 제동력은 약 1/3로 되는 결점이 있다. 승용차의 앞바퀴에 사용된다.

② 복동 2리딩 슈식 단동 2리딩 슈식에서 1방향만이 셀프 에너징 작용이 있는 결점을 개량한 것으로서 플로팅 2리딩형이라고도 한다.

이것은 슈가 2개의 앵커핀에 의하여 떠 있는 상태로 지지하여 드럼의 회전 방향에 의하여 고정측이 변하고 전진과 후진시에도 두 슈가 모두 리딩 슈로 작동하도록 만든 것이다.

이 형식은 주로 중형 트럭, 대형 트럭의 뒷바퀴 브레이크에 사용된다.

(3) 유니 서보식

2리딩 슈식의 휠 실린더를 생략하여 복잡한 구조를 사용하지 않으며, 그림 **15·19**와 같이 플로팅 앵커로 접속하여 자유롭게 슬라이딩하도록 한 것이다. 지지단은 휠 실린더의 작동 방향의 반대측에 1개소만이다. 전진시(화살표 방향) 피스톤이 작용하여 리딩 슈가 드럼에 압착됨과 동시에 슈와 드럼의 마찰력 때문에 드럼과 함께 회전하려는 힘이 작용하여 플로팅 앵커를 거쳐 2차 슈의 하단을 민다. 2차 슈의 미는 힘은 (피스톤의 미는 힘+셀프 서보의 힘) 매우 큰 제동력이 얻어진다. 그러나 제동이 불안정하여 최근에는 거의 사용되지 않는다.

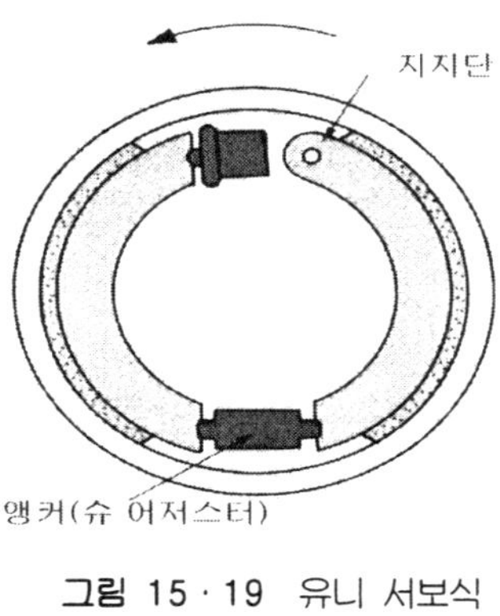

그림 15·19 유니 서보식

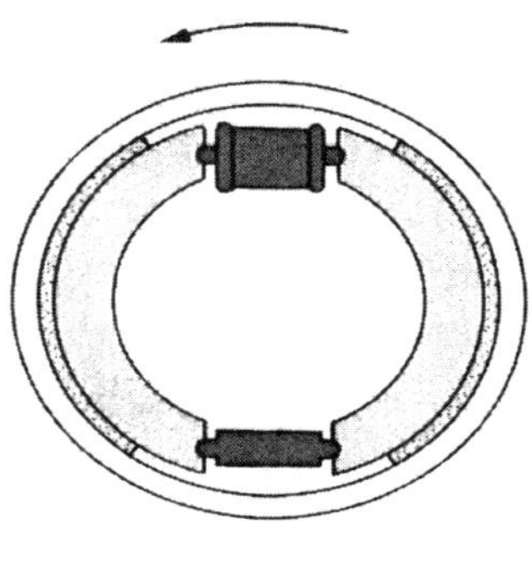

그림 15·20 듀오 서보식

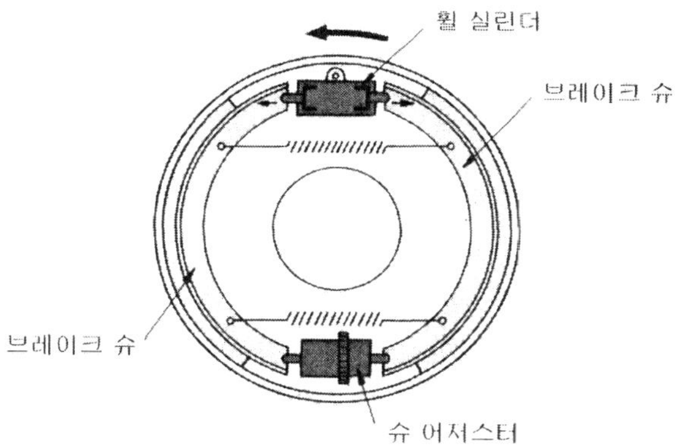

그림 15 · 21 듀오 서보식의 작동

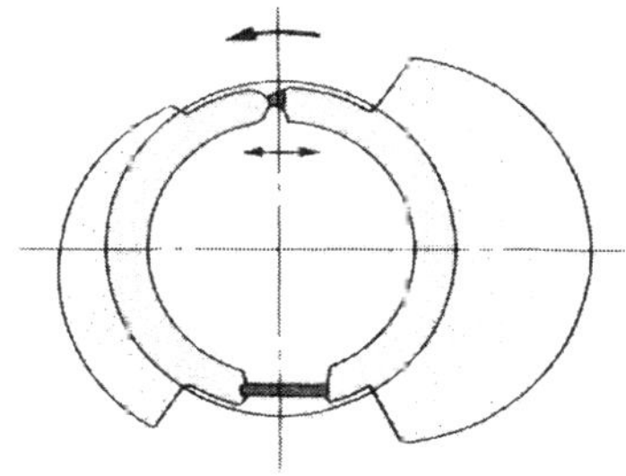

그림 15 · 22 듀오 서보식 슈의 면압 분포

(4) 듀오 서보식

그림 15 · 20과 같이 2개의 피스톤을 갖는 휠 실린더를 1개 사용하여 전 · 후진 모두 강력한 제동력을 얻는 방식이다. 두 슈는 피스톤에 의하여 양쪽으로 밀어져 두 슈 모두 앵커핀 등으로 고정하지 않고 슈 어저스터로 연결된다. 따라서 드럼의 회전 방향에 의하여 슈의 고정측이 변하도록 되어 있다. 이 방식에는 고정단이 앵커핀에 의한 것과 휠 실린더가 겸하도록 된 것이 있다.

그림 15 · 21, 22는 각각 듀오 서보식의 작동 상태와 면압 분포를 나타낸 것이다.

〔2〕 드럼 브레이크의 구조

(1) 브레이크 페달

브레이크 페달은 프레임이나 차체에 조립되며 페달을 밟음에 따라 다스터 실린더의 푸시로드를 밀어 브레이크 액에 압력을 가하는 일을 한다. 페달과 푸시로드의 연결은 푸시로드

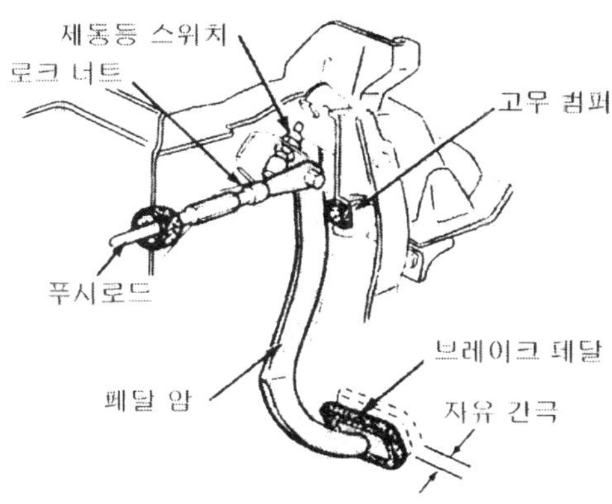

그림 15 · 23 브레이크 페달

에 너트가 있어서 로드의 길이를 가감할 수 있다.

① **페달 높이** 페달이 자유 상태일 때 바닥과 페달 사이의 거리

② **페달 자유 간극**(페달 유격) 페달을 밟기 시작해서부터 유압이 걸리기 시작할 때까지의 거리

(2) 마스터 실린더(master cylinder)

유압을 발생시키는 마스터 실린더는 하나의 피스톤으로 전체의 휠 실린더에 유압을 가하는 싱글 마스터 실린더와 2개의 피스톤으로 앞바퀴용과 뒷바퀴용 또는 오른쪽 앞바퀴, 왼쪽 뒷바퀴용과 왼쪽 앞바퀴, 오른쪽 뒷바퀴용의 휠 실린더에 각각 나누어서 유압이 걸리게 하는 탠덤 마스터 실린더(tandem master cylinder)가 있다.

① **싱글 마스터 실린더**

(a) 구조 : 마스터 실린더의 상부에는 서플라이 탱크가 붙어 있어서 브레이크를 작동시켰을 때 각부의 브레이크액을 흡수하거나 액을 보충하는 일을 한다. 마스터 실린더의 보디에는 피스톤, 실린더 컵, 피스톤 컵, 스페이서 등이 조립되며, 피스톤 스프링에 의하여 항상 뒤쪽으로 밀어진다. 또 마스터 실린더의 앞쪽에는 체크 밸브가 조립되고 그 앞쪽에는 브레이크 파이프가 연결된다.

(b) 작동

(가) 브레이크 페달을 밟았을 때(그림 15 · 25)

브레이크 페달을 밟으면 푸시로드를 화살표 방향으로 밀어서 피스톤이 왼쪽으로 이동한다. 이동 초기에는 리턴 포트로부터 일부의 오일이 탱크로 되돌아오나, 피스톤이 리턴 포트를 막으면 피스톤 컵의 앞쪽(그림의 왼쪽)의 브레이크액이 압축되어 유압을

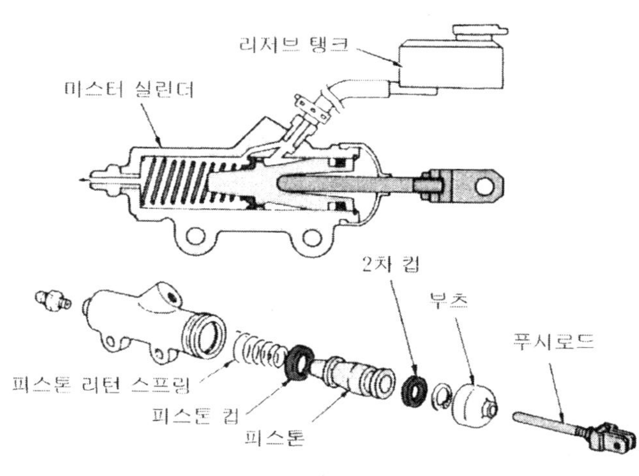

그림 15 · 24 싱글 마스터 실린더

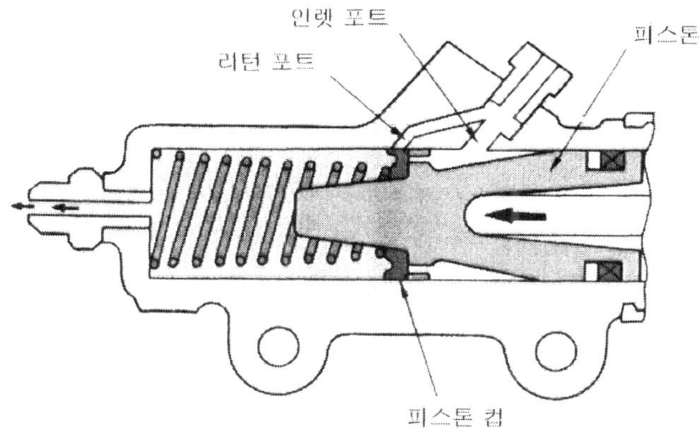

그림 15 · 25 페달을 밟았을 때

발생하면서 브레이크 파이프를 통하여 각 휠 실린더에 유압이 전달된다.

(나) 브레이크 페달을 놓았을 때(그림 15 · 26)

a. 피스톤은 리턴 스프링의 장력에 의하여 화살표와 같이 급속히 되돌아와서 마스터 실린더로부터 송출된 오일은 오일의 관성 때문에 동시에 되돌아오지 못하여 피스톤 컵 앞쪽(리턴 스피링쪽)의 압력이 우측보다 낮아진다. 따라서 서플라이 탱크의 오일이 인렛(흡입) 포트로부터 들어와서 피스톤 플랜지부의 작은 구멍을 통하여 피스톤 컵 앞쪽으로 브레이크액이 흡입된다.

b. 피스톤이 오른쪽으로 되돌아와서 피스톤 컵 앞쪽의 유압이 낮아지면 파이프 내의 오일은 마스터 실린더를 통하여 리턴 포트를 지나 리저브 탱크 내로 돌아온다. 싱글 마스터 실린더는 유압 계통의 어느 1개소에 브레이크액의 누설이 생기면 전체

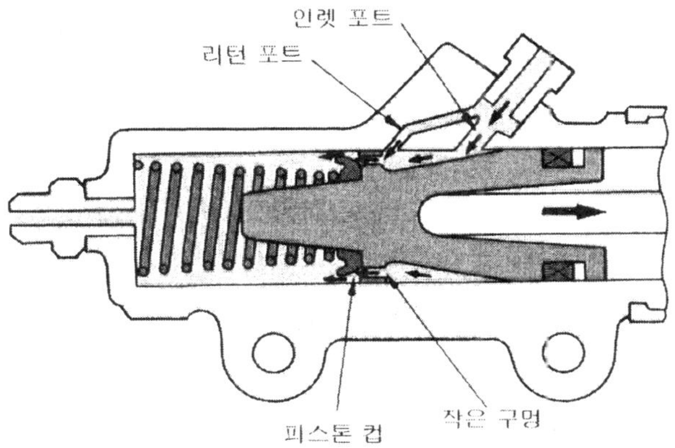

그림 15 · 26 브레이크 페달을 놓았을 재

바퀴의 브레이크가 듣지 않게 될 우려가 있으므로 안전 실린더(safety cylinder)를 앞바퀴, 뒷바퀴 브레이크 파이프 사이에 각각 1개씩 붙인다. 따라서 어느 쪽에 누설이 생겨도 나머지 한쪽의 계통에 제동이 이루어지도록 하고 있다.

② 탠덤 마스터 실린더

(a) 구조 : 앞에서 설명한 싱글 마스터 실린더는 1계통으로 전 · 후 4륜에 작용하도록 되어 있으나 이 경우 만일 1개소만이라도 브레이크액의 누설이나 고장이 생기면 전체 바퀴의 제동효과를 얻을 수 없는 중대한 사고의 원인을 가져온다. 그러므로 이와 같은 위험을 방지하기 위하여 앞바퀴와 뒷바퀴 브레이크 중 어느 한쪽에 고장이 생겨도 다른 한쪽의 계통이 제동 작용을 할 수 있도록 독립된 2개의 유압 계통을 갖는 마스터 실린더를 탠덤 마스터 실린더(tandem master cylinder)라고 한다.

이와 같은 분리 시스템은 어느 한쪽 브레이크 시스템의 고장이 발생하여도 나머지 하나의 브레이크 시스템이 제동 작용을 하도록 하고 있다.

그림 15 · 27은 더블 컴펜세이션형(피스톤형) 탠덤 마스터 실린더의 구조를 나타낸 것이다. 이것은 싱글 마스터 실린더(single master cylinder)를 2개 직렬로 배치한 형식의 것으로서, 동일한 실린더 내에 제1 피스톤(primary piston)과 제2 피스톤(secondary piston)이 들어 있고 제2 피스톤의 앞 · 뒤에는 리턴 스프링으로 지지되어 있다. 또한 스프링을 포함하고 있는 부분은 압력실을 형성하고, 각 압력실에는 브레이크액의 송출구와 보급구(리턴 포트)가 설치되어 있다.

(b) 작동 : 작동 원리는 싱글 마스터 실린더와 같으므로 여기서는 탠덤 마스터 실린더의

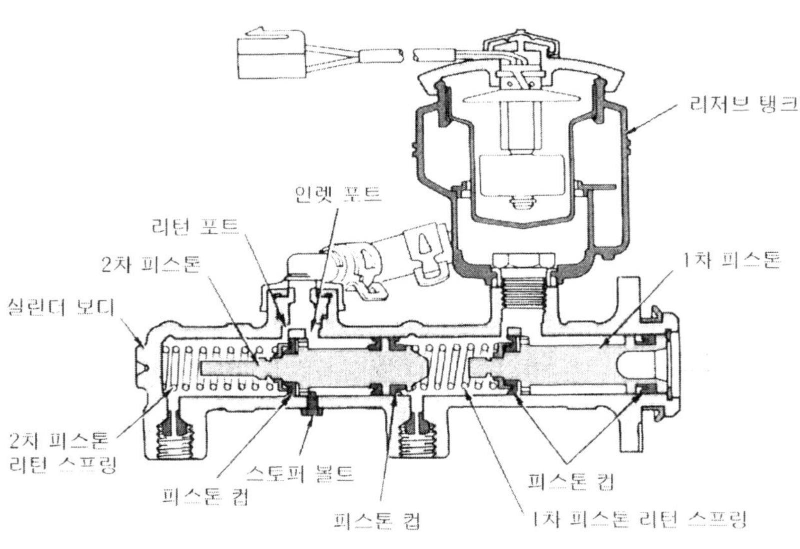

그림 15 · 27 탠덤 마스터 실린더의 구조

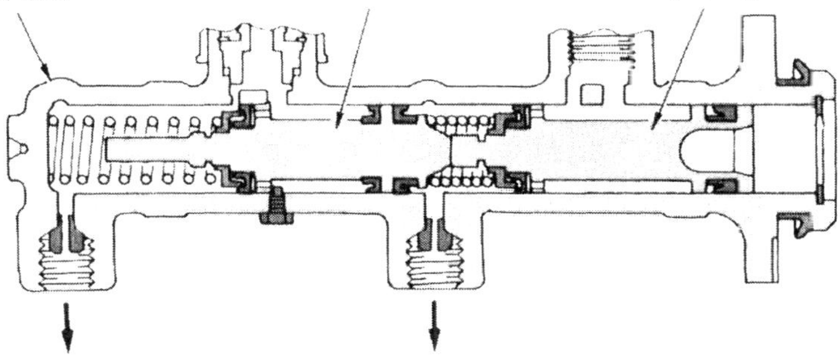

그림 15 · 28 뒤브레이크 계통에 오일 누설이 있을 때

특징인 브레이크액 누설이 있을 경우의 작동을 중심으르 다루기로 한다.

브레이크가 정상 작동할 때에는 브레이크 페달을 밟으면 1차 피스톤이 전진하여 리턴 포트를 막는다. 더욱 1차 피스톤이 전진하면 2차 피스톤과의 사이의 브레이크액을 압축하여 유압을 발생한다. 한편 유압에 의하여 가압된 2차 피스톤은 피스톤 앞부분의 브레이크액을 압축하여 유압을 발생시켜 앞바퀴 계틍의 브레이크를 작동시킨다.

브레이크 페달을 놓으면 각각의 리턴 스프링 및 유압에 의하여 피스톤이 되돌려져서 피스톤 앞부분의 유압은 내려간다.

만일 뒷바퀴 브레이크 계통에 브레이크 오일의 누설이 있을 때는 브레이크 페달을 밟아도 1차 피스톤과 2차 피스톤 사이에 유압이 발생하지 않으므로 그림 **15 · 28**과 같이 1차 피스톤이 직접 2차 피스톤을 밀어서 앞쪽 브레이크만이 작용한다.

한편, 앞브레이크 계통에 브레이크 오일에 누설이 있을 때는 2차 피스톤의 앞쪽 공간에 유압이 발생하지 않으므로 그림 **15 · 29**와 같이 2차 피스톤의 끝이 실린더 보디에 닿아서

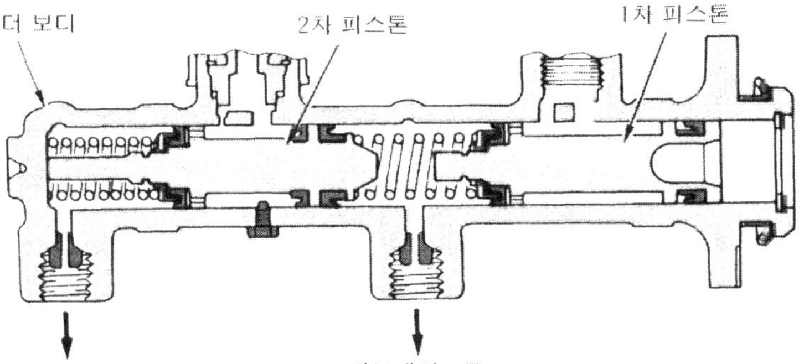

그림 15 · 29 앞브레이크 계통에 오일 누설이 있을 때

정지하고 1차 피스톤과 2차 피스톤 사이에 유압이 발생하게 되어 뒷바퀴 브레이크 계통만이 제동 작용을 하게 된다.

(3) **브레이크 라인**(brake line)

브레이크 라인은 마스터 실린더로부터의 오일을 휠 실린더로 보내기 위하여 사용되는 브레이크 파이프와 호스로 구성된다. 브레이크 파이프를 강(鋼)으로 만들고 그 양 끝은 그림 **15·30**과 같이 플레어링 공구 세트(flaring tool set)를 사용하여 오일의 누설이 없도록 플레어 너트(flare nut)로 브레이크 호스나 휠 실린더 등에 결합한다. 브레이크 호스는 자유롭게 휘어질 수 있는 플렉시블 호스(flexible hose)가 사용된다. 이들 호스와 파이프는 브레이크 작용시 높은 압력이 걸리므로 보통 300 bar 이상의 압력에 견딜 수 있도록 만들어진다.

이들 브레이크 라인은 보안상 대단히 중요한 부분이므로 점검할 때 작은 상처만 있더라도 곧 수리하여야 한다.

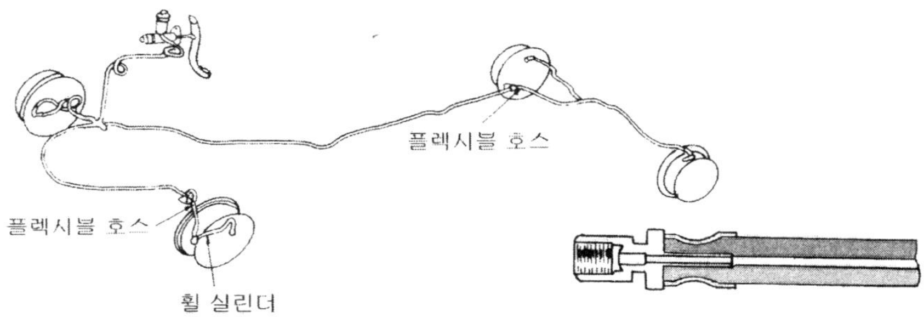

그림 15·30 브레이크 파이프 라인

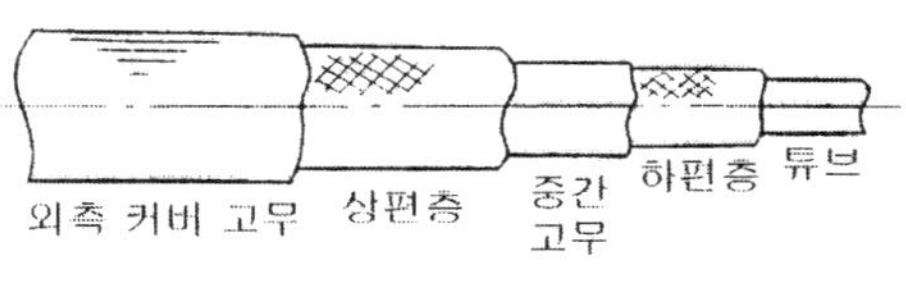

그림 15·31 튜브와 호스

(4) **휠 실린더**(wheel cylinder)

그림 **15·32**와 같이 브레이크의 백 플레이트에 조립되며 브레이크 슈를 유압으로 밀어서 확장시키는 일을 한다. 휠 실린더는 브레이크 슈를 확장하는 방법에 따라 다음과 같이 나누어진다.

① **양쪽 확장식 또는 대향 피스톤형** 그림 **15·33**과 같이 가장 일반적인 것으로서 휠 실린더 내에 알루미늄으로 만든 피스톤과 고무로 만든 피스톤 컵이 스프링을 가운데 두고 양쪽으로 끼워지고, 그 양 끝에는 부츠가 끼워진다. 유압이 실린더의 중앙부 구멍으로부터 전달되면 피스톤을 양쪽으로 밀어서 브레이크 슈를 확장하여 슈를 드럼에 압착한다.

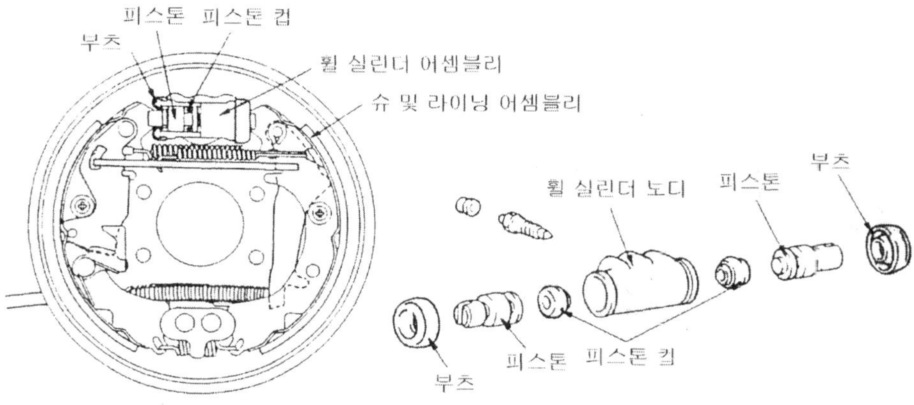

그림 15 · 32 휠 실린더의 구조

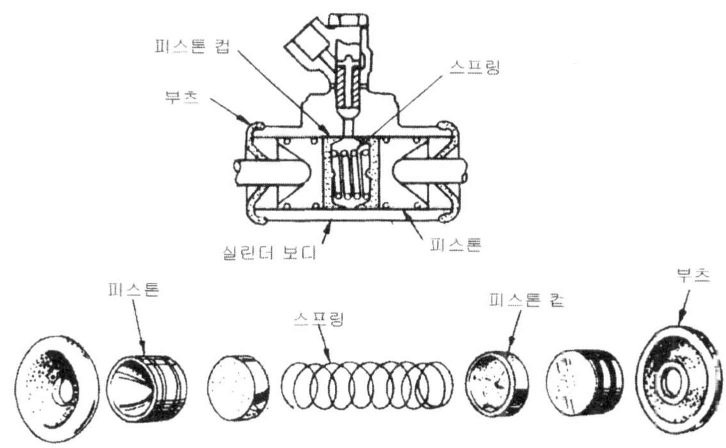

그림 15 · 33 양쪽 확장식

② 한쪽 확장식 또는 1방향 피스톤형　　한쪽만을 밀어주도록 되어 있는 방식에는 피스톤을 하나만 사용한 단동형과 2개를 사용한 복동형이 있다. 피스톤이 1개인 것은 그림 **15 · 34**와 같이 스프링, 스프링 시트, 피스톤 컵 및 피스톤으로 구성된다. 유압이 걸리면 피스톤은 좌측으로 이동하여 좌측의 브레이크 슈 끝을 밀어서 브레이크 드럼에 압착하여 제동효과를 얻는다.

우측에는 슈의 고정단과 어저스터가 연결된다. 이 어저스터에 의하여 우측 슈와 드럼 사이의 틈새가 조정된다. 이 형식의 휠 실린더는 2리딩 슈형의 브레이크에 사용된다.

(5) 브레이크 드럼과 브레이크 슈

① 브레이크 드럼(brake drum)　　보통 주철제로서 그림 **15 · 36**과 같이 바퀴와 함께 회전하고 너클 스핀들에 베어링과 함께 끼워진다. 드럼의 바깥둘레에는 그 형식에 따라 브레

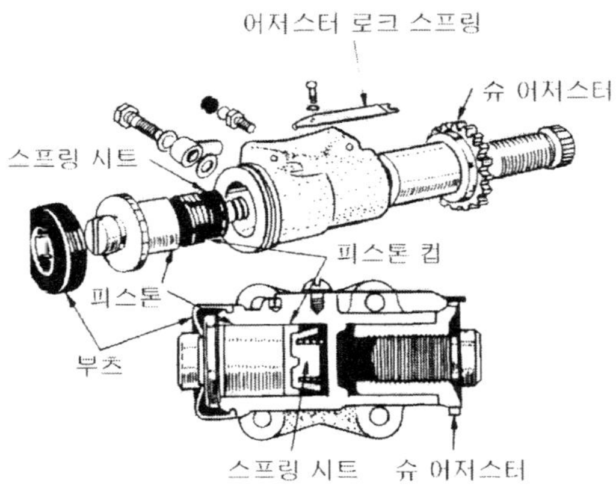

그림 15 · 34 한쪽 확장식

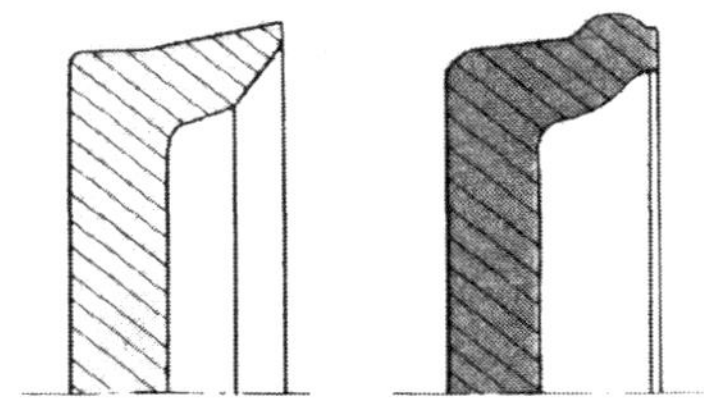
그림 15 · 35 피스톤 컵

이크에 의한 열을 빨리 방산시키기 위하여 그림과 같이 핀 또는 요철을 붙이거나 스프링을 감은 것이 있다.

② **브레이크 슈**(brake shoe) 휠 실린더로부터의 유압에 의하여 브레이크 드럼의 내면에 압착되는 주요부로서 강판(鋼板)의 단면을 T형으로 용접한 것이 많다. 브레이크 슈의 바깥쪽에는 브레이크 라이닝(brake lining)이 붙어 있어서 드럼에 압착된다.

③ **브레이크 라이닝**(brake lining) 브레이크 라이닝은 직접 브레이크 드럼에 접하는 부분이므로 다음과 같은 조건이 요구된다.

(a) 적당한 마찰계수를 가질 것
(b) 마멸되지 않을 것
(c) 브레이크 페이드(brake fade) 현상에 견딜 것
(d) 불쾌한 소리를 내지 않을 것

(6) 브레이크 페이드 현상

제동 장치는 주행중 자동차가 가지고 있는 운동 에너지를 마찰에 의한 열에너지로 바꾸어 주므로 제동부에 열이 생기는 것은 이미 알고 있는 사실이다. 특히 자동차가 고속화함에 따

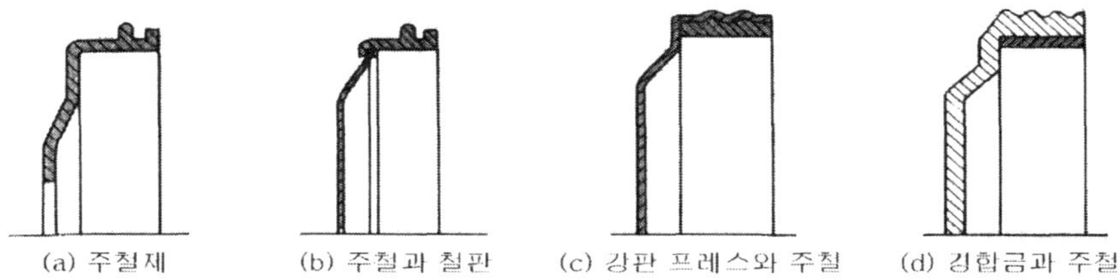

그림 15 · 36 브레이크 드럼

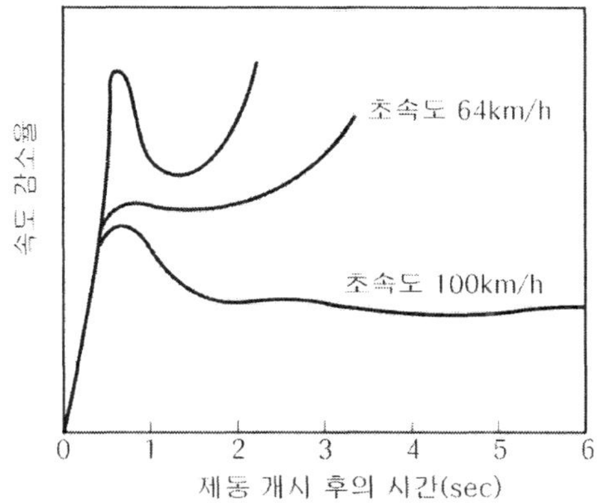

그림 15 · 37 브레이크 제동 효과 선도

라 이 발생 열량은 증가한다.

브레이크의 작동을 계속 반복하면 드럼과 슈의 마찰열이 축적되어 라이닝 표면의 마찰계수가 감소하여 제동력이 감소되는데 이것을 **브레이크 페이드**(brake fade) **현상**이라 한다.

페이드 현상의 주된 원인은 브레이크 라이닝의 온도 상승과 브레이크 드럼의 열변형에 의한 라이닝과 드럼 내면과의 압착력이 감소하는 것을 들 수 있다. 하나의 예로 라이닝 온도는 초속도 110 km/h에서 브레이크를 몇 차례 걸면 마찰면의 온도는 약 300℃ 정도로 상승한다.

최근에는 이러한 페이드 현상을 제거하기 위하여 특수한 라이닝 재료를 사용하며, 이것은 열용량이 커서 약 1000℃의 온도 아래에서는 별로 큰 페이드 현상이 생기지 않는다. 그림 **15 · 37**은 제동 효과의 변화 선도이며, 제동개시 후의 시간경과가 길수록, 또 제동 초속도(制動初速度)가 클수록 제동 효과가 나빠짐을 알 수 있다.

(7) 브레이크 라이닝의 종류

브레이크 라이닝의 재료는 여러 가지가 있으나 현재 자동차용으로 사용되는 몰드 라이닝(mould lining)에 대하여 알아보기로 한다.

몰드 라이닝은 석면을 고무 또는 합성수지 등의 결합제를 가하여 가열, 가압 성형한 것으로, 고무 몰드와 레진 몰드로 나뉜다. 고무 몰드는 천연 고무를 결합제로 하여 석면을 혼합한 것이고, 레진 몰드는 석면을 결합제로 써서 가열, 가압 성형한 것이다.

(8) 브레이크 슈와 드럼의 관계

① 1차 슈와 2차 슈 그림 **15 · 14**에서 화살표 방향이 차의 앞쪽이라고 할 때 앞쪽(왼쪽)의 슈를 1차 슈(primary shoe)라 하고 뒤쪽에 있는 슈를 2차 슈(secondary shoe)라 한다. 여기서 1차 슈를 리딩 슈(leadig shoe), 2차 슈를 트레일링 슈(trailing shoe)라 한다. 그리고 브레이크 슈의 벌려지는 쪽을 앞쪽(toe), 앵커핀 쪽을 힐(heel)이라 한다.

② 자기 작동 또는 자기 배력 작용(自己倍力作用: self-energing action) 브레이크 슈의 배

치를 좌우대칭으로 하면 한쪽의 슈는 드럼으로부터의 마찰력에 의하여 앵커핀을 중심으로 바깥쪽으로 벌어지게 선회하며, 드럼을 강하게 압박하여 제동력을 크게 하는 현상을 자기 배력 작용 또는 자기 작동이라 한다. 그러나 반대쪽의 슈는 안쪽으로 향하려는 선회력이 작용하여 제동효과가 약해진다. 이 때 리딩 슈는 트레일링 슈의 2~3배의 압력이 걸려서 라이닝도 리딩 슈쪽이 훨씬 빨리 마멸된다.

후진의 경우는 앞쪽 슈가 트레일링 슈가 되고 뒤의 슈가 리딩 슈가 된다. 이와 같이 브레이크의 불합리한 점을 제거하기 위한 것이 2리딩 슈 브레이크(two leading shoe brake)이다.

15.4.3 디스크 브레이크

〔1〕 디스크 브레이크의 종류

디스크 브레이크(disc type brake)는 회전하는 디스크와 마찰력을 작용시키는 피스톤과 마찰 패드(pad), 이들을 스핀들이나 플레이트에 고정시키는 캘리퍼(caliper)로 구성된다.

디스크 브레이크를 드럼 브레이크와 비교하면 다음 표 15·1과 같은 특징이 있다.

그림 15·38은 디스크 브레이크의 원리를 나타낸 것이고, 그림 15·39는 드럼과 디스크의 열팽창을 비교한 것이다.

디스크 브레이크는 캘리퍼 일체형과 캘리퍼 부동형이 있다. 그림 15·40은 디스크 브레이크의 종류를 나타낸 것이다.

① 캘리퍼 일체형　이 방식은 휠과 함께 회전하는 디스크와 고정된 캘리퍼로 구성된다.

표 15·1 디스크 브레이크의 특징

장　점	단　점
1. 디스크가 노출되어 방열 작용이 좋고 페이드 현상이 생기기 어렵다. 고속 반복 사용하여도 안정된 제동력을 얻을 수 있다. 2. 디스크 열팽창이 일어나도 디스크와 패드 사이의 간극은 거의 변하지 않는다(그림 15·39 참조). 따라서 브레이크 페달 간격을 일정하게 유지할 수 있다. 3. 구조가 간단하고 디스크 패드의 교환이 용이하다. 4. 좌우 제동 차이가 없고 브레이크가 양쪽 같은 세기로 제동한다. 따라서 고속에서 브레이크를 걸어도 좌우 제동력의 차이가 작아서 브레이크의 편마멸이 생기지 않는다. 5. 디스크가 물에 젖어도 원심력에 의한 비산이 양호하고, 제동효과의 회복이 빠르다.	1. 디스크 패드의 면적이 작으므로 디스크에 작용하는 면압(압착하는 힘)이 커야 한다. 2. 패드 재질의 내마멸성 및 내열성이 좋아야 한다. 3. 자기배력작용이 거의 없으므로 충분한 제동 효과를 얻기 위해서는 높은 유압을 필요로 한다. 4. 높은 유압을 필요로 하므로 브레이크의 배력장치를 필요로 한다. 5. 모래, 자갈, 진흙 등에 의한 디스크 손상 방지 대책이 필요하다.

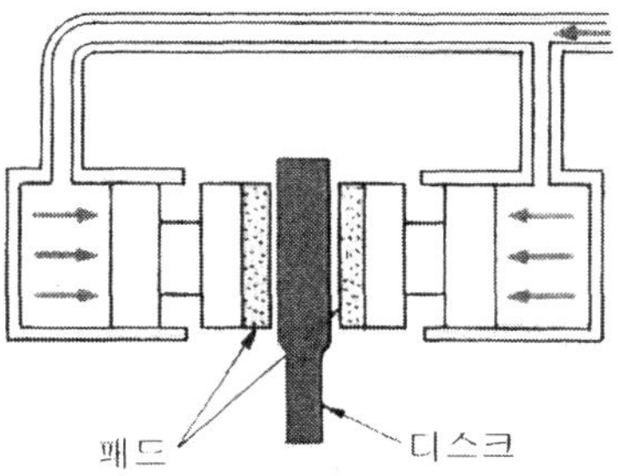

그림 15 · 38 디스크 브레이크의 원리

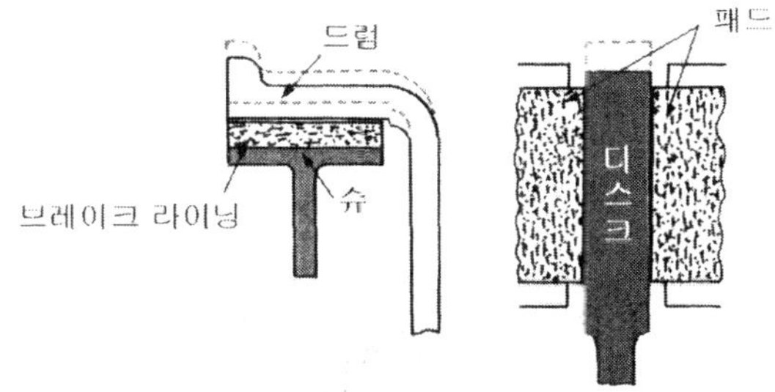

그림 15 · 39 드럼과 디스크의 열팽창

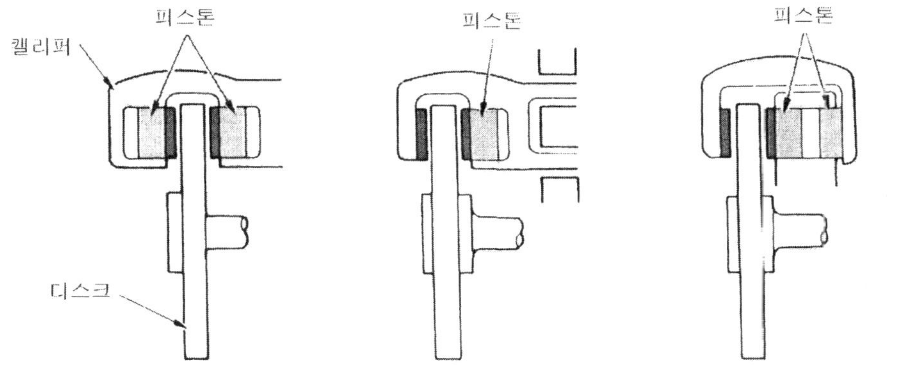

(a) 캘리퍼 고정형 (b) 캘리퍼 부동형(1피스톤형) (c) 캘리퍼 부동형(2피스톤형)

그림 15 · 40 디스크 브레이크

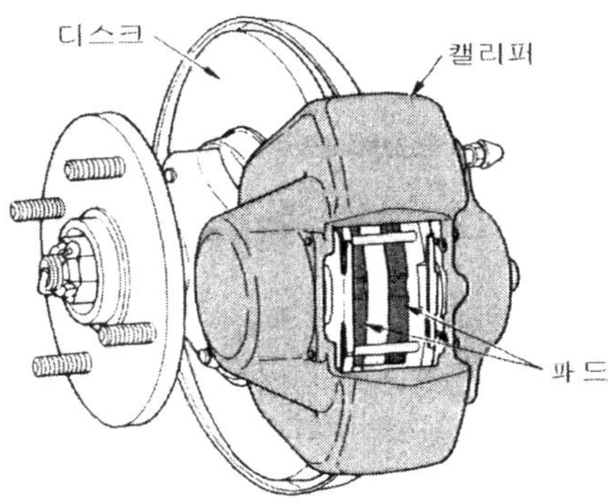

그림 15 · 41 캘리퍼 고정형

마스터 실린더로부터 유압이 전달되면 피스톤 끝의 패드를 디스크 양면에 압착하여 제동한다. 피스톤 이외의 미끄럼 부분이 없기 때문에 신뢰성이 높다. 그러나 디스크를 양쪽에서 밀어 압착하므로 차량 바깥쪽 실린더의 통기성이 나빠진다.

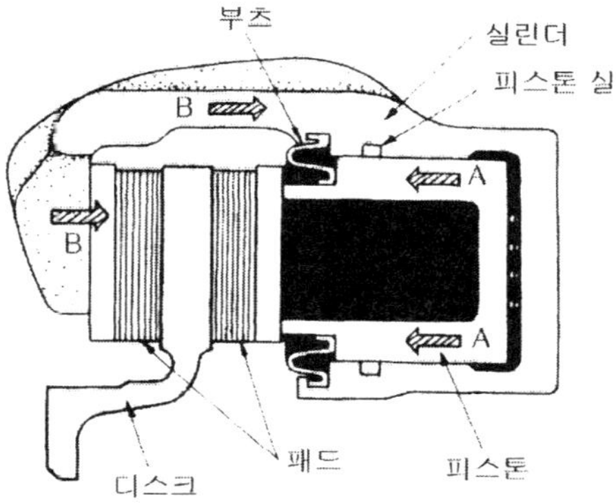

그림 15 · 42 캘리퍼 부동형

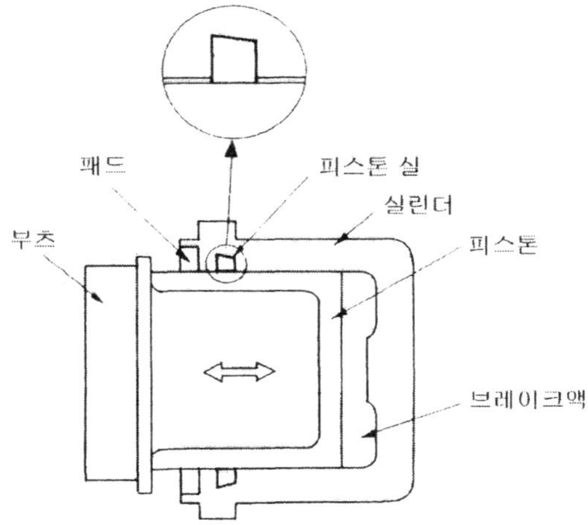

그림 15 · 43 실린더와 피스톤의 조립 상태

② **캘리터 부동형** 캘리퍼를 부동 상태(floating state)로 하여 캘리퍼의 한쪽에 피스톤과 실린더를 두고 다른 한쪽에는 패드의 반작용이 생기게 하여 디스크를 압착하는 방식이다. 그림 **15 · 42**와 같이 캘리퍼 실린더 내에 유압이 걸리면 피스톤이 A방향으로 작동하여 디스크를 압착한다. 이 때 캘리퍼는 B방향으로 밀어 피스톤 반대쪽의 패드를 압착한다.

그림 **15 · 43**은 실린더와 피스톤의 조립 및 작동 상태를 나타낸 것이다.

15.4.4 드럼 브레이크의 설계

〔1〕 브레이크의 설계

그림 **15 · 44**와 같이 2개의 브레이크 슈가 브레이크 드럼 내면에 압착하여 브레이크 작용을 하는 경우 F_1, F_2를 브레이크 슈를 드럼 내면으로 확장하면서 압착하는 힘, P_1, P_2를 마찰면에 작용하는 수직력, l_1, l_2, l_3를 각각 브레이크 슈의 작용점까지의 거리라고 하면 브레이크의 제동력은 다음과 같이 구한다.

$$Q = Q_1 + Q_2 = \mu P_1 + \mu P_2 \qquad (15 \cdot 4)$$

바퀴가 좌회전의 경우에는

$$F_1 l_1 = P_1 l_2 - Q_1 l_3 = P_1 l_2 - \mu P_1 l_3$$

$$F_1 = \frac{P_1}{l_1}(l_2 - \mu l_3) \qquad (15 \cdot 5a)$$

$$F_2 = \frac{P_2}{l_1}(l_2 + \mu l_3) \qquad (15 \cdot 5b)$$

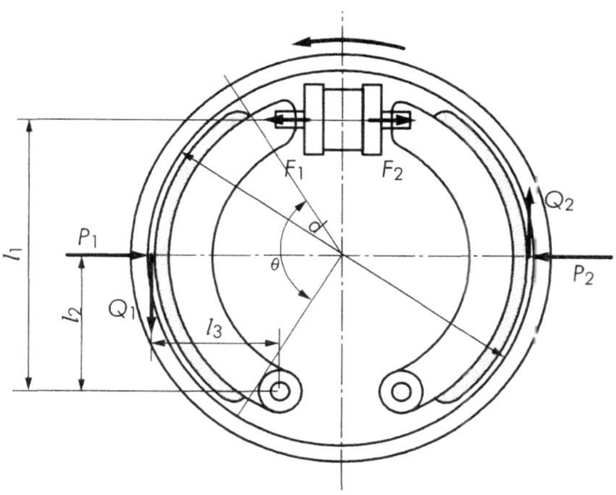

그림 15 · 44 드럼 브레이크의 작용력

바퀴가 우회전일 때는

$$F_1 = \frac{P_1}{l_1}(l_2 + \mu l_3)$$

$$F_2 = \frac{P_2}{l_1}(l_2 - \mu l_3)$$

가 된다. 그림에서 $Q_1 = \mu P_1$은 왼쪽 브레이크 슈를 한층 더 바깥쪽으르 벌어지도록 작용하고, $Q_2 = \mu P_2$는 오른쪽 브레이크 슈를 안쪽으로 작용하도록 하여 왼쪽 브레이크 슈가 큰 제동력이 걸리게 된다.

그림 **15 · 44**의 브레이크 제동 토크는

$$T = Q\frac{d}{2} = (Q_1 + Q_2)r = (\mu P_1 + \mu P_2)r$$

$$T = \mu F l_1\left(\frac{1}{l_2 - \mu l_3} + \frac{1}{l_2 + \mu l_3}\right)r$$

여기서 r은 드럼의 반지름이다. 따라서 휠 실린더가 슈를 미는 데 필요한 유압 p는 브레이크 슈를 확장하는 힘을 $F_1 = F_2 = F$ 라고 하면

$$\frac{P_1}{l_1}(l_2 - \mu l_3) = \frac{P_2}{l_1}(l_2 + \mu l_3)$$

$$F = \frac{P_1}{l_1}(l_2 - \mu l_3) \qquad (15 \cdot 6)$$

$$p = \frac{F}{A} = \frac{F}{\pi d_w^2/4}$$

로 구한다.

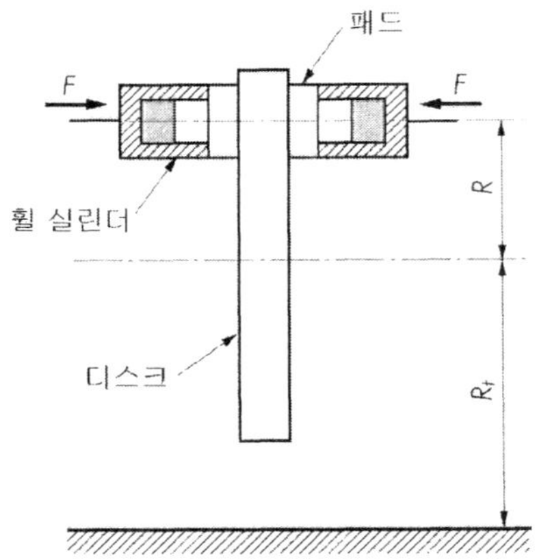

그림 15 · 45 디스크 브레이크의 작용력

〔2〕 디스크 브레이크의 설계

디스크 브레이크 양측 패드의 미는 힘은 같으므로 제동 토크 T는

$$T = 2\mu FR \qquad (15 \cdot 7)$$

가 된다. 여기서 μ는 마찰계수, F는 패드에 걸리는 유압에 의한 힘, R은 디스크의 유효 반경이다.

〔3〕 브레이크 제동력

그림 15 · 46과 같은 디스크 브레이크 장치 모형도에서 1륜의 제동력 B를 구해보기로 한다. 그림에서 브레이크를 밟는 힘을 F, 디스크(로터)의 반지름을 R, 타이어의 반지름을 R_t라 하면 제동력 B는

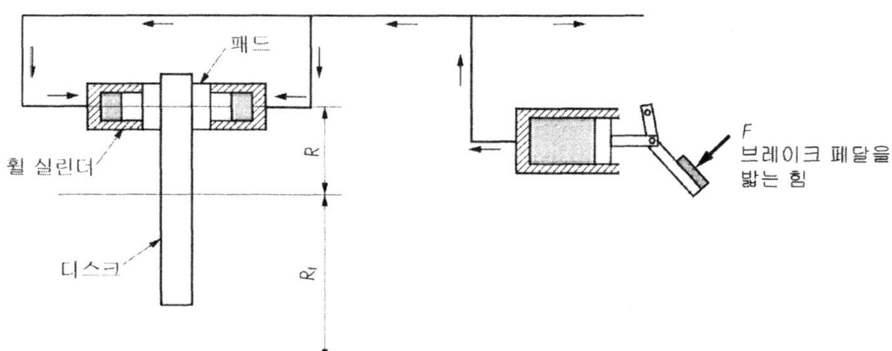

그림 15 · 46 디스크 브레이크 장치 제동력 전달 모형

$$B = \frac{2\mu A_w F r_p R}{R_t A_m} \qquad (15 \cdot 8)$$

여기서 A_m : 마스터 실린더 단면적

A_w : 휠실린더의 단면적

F : 브레이크 밟는 힘

B : 제동력

R : 디스크 반경

R_t : 타이어 반경

r_p : 페달비

μ : 디스크와 패드 사이의 마찰계수

브레이크의 효력을 좋게 하기 위해서는 위의 식에서 B/F를 크게 해야 한다.

브레이크의 효력을 좋게 하기 위한 방법으로는

① 브레이크 페달비를 크게 한다.

② 마스터 실린더 지름을 작게 한다.

③ 휠실린더 지름을 크게 한다.

④ 마찰재의 마찰 계수를 크게 한다.

⑤ 디스크의 지름을 크게 한다.

⑥ 브레이크 밟는 힘을 서보 장치 등을 사용하여 크게 한다.

〔4〕 제동력 배분

제동 중에는 감속도에 비례하는 관성력이 진행 방향으로 작용하여 앞바퀴 하중은 증가하고 뒷바퀴 하중은 감소한다. 그림 15 · 47에서

$$W_f = W_{fo} + \frac{H}{L} \alpha W \qquad (15 \cdot 9)$$

$$W_r = W_{ro} - \frac{H}{L} \alpha W \qquad (15 \cdot 10)$$

여기서 W : 차량중량

W_{fo}, W_{ro} : 앞 · 뒷바퀴의 정하중

W_f, W_r : 앞 · 뒤축의 동하중

L : 휠 베이스

H : 중심(重心) 높이

α : 감속도(g)

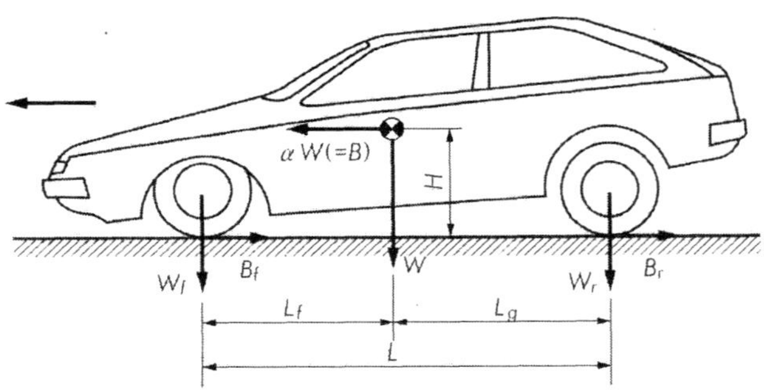

그림 15 · 47 제동시의 동하중

노면으로부터 얻어지는 최대 브레이크 힘은 타이어에 걸리는 하중과 노면의 마찰계수 μ의 곱이므로

$$B_f = \mu W_f \doteq \mu \left(W_{fo} + \frac{H}{L} \alpha W \right) \quad (15 \cdot 11)$$

$$B_r = \mu W_r = \mu \left(W_{ro} - \frac{H}{L} \alpha W \right) \quad (15 \cdot 12)$$

여기서 B_f, B_r은 앞 · 뒤차축의 제동력이다. 따라서 최대 제동력은

$$B_{\max} = \mu W_f + \mu W_r = \mu W \quad (15 \cdot 13)$$

가 된다. 실제로 얻어지는 제동력의 이상치는 $B_{\max}$보다 낮고

$$B = \eta B_{\max} \, (\eta \leq 1)$$

가 된다. 여기서 η를 제동력 이용도라 한다.

15.5 브레이크 배력 장치

15.5.1 브레이크 배력 장치의 개요 및 원리

자동차는 대형이 될수록 차량 중량이 증가하고 고속화에 따라 큰 제동력이 필요하므로 보통의 유압 브레이크에 의한 브레이크 작용 외에 배력 장치를 필요로 한다. 여기서 배력 장치(倍力裝置)란 앞장에서 설명한 드럼과 라이닝 사이의 관계에서 생기는 자기 배력 이용 장치가 아니라 외부로부터의 에너지를 이용하여 페달을 밟는 힘으로부터 큰 제동력을 얻도록 만든 장치를 말한다.

〔1〕 브레이크 배력 장치의 원리

마스터 실린더의 유압을 높이는 장치를 크게 나누면 진공식과 압축 공기식이 있다. 어느 형식에서나 대기압과의 압력차를 이용하고 있으며, 작동원(作動源)으로 진공식(眞空式)은 주로 기관의 흡입 매니폴드에 발생하는 진공과 대기압과 압력차를 이용하고, 압축 공기식(壓縮空氣式)에서는 기관에 의하여 구동되는 압축기로부터의 압축 공기와의 압력차를 각각 이용하고 있다. 원리 구조는 동일하나 여기서는 진공식 배력 장치의 작동 원리에 대하여 살펴보기로 한다.

진공 배력을 이용한 브레이크 배력 장치는 실린더와 피스톤 또는 다이어프램으로 구성되어 있다. 진공은 기관 흡기관 또는 진공 펌프에 의하여 얻어진다. 브레이크 페달을 밟으면 피스톤의 푸시로드 쪽에는 흡기 진공이 작용하고 다른 한쪽에는 대기압이 작용하므로 피스톤은 왼쪽으로 움직이면서 푸시로드를 미는 힘을 증가시키게 된다. 그러므로 운전자는 작은 힘으로 푸시로드를 밟아도 진공 배력의 작용으로 큰 힘으로 마스터 실린더의 푸시로드를 밟는 것과 같은 결과를 가져온다.

〔2〕 유압 배력 장치의 작동

브레이크 페달을 밟으면 릴레이 밸브는 그림 15 · 48 (a)에서 보는 바와 같이 공기 밸브와 진공 밸브가 일체로 되어 있어서, 먼저 진공 밸브가 닫히고 다음에 공기 밸브가 열려서 대기 중의 공기가 파워 실린더를 작동시킨다.

브레이크 페달을 놓으면 파워 피스톤 양쪽에는 진공 상태가 그대로 유지되고, 다이어프램과 진공밸브는 그림 15 · 48 (b)와 같이 분리된다.

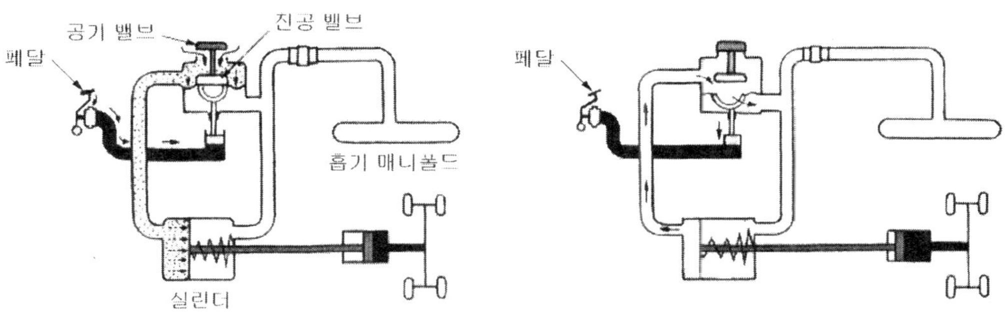

(a) 페달을 밟았을 때 (b) 페달을 놓았을 때

그림 15 · 48 배력 장치의 작동

15.5.2 배력 장치의 분류

브레이크 배력 장치를 분류하면 유압을 높이기 위한 에너지, 즉 작동원 및 작동 방법에 따라 다음과 같이 분류된다.

〔1〕 작동원에 따른 분류

① **진공식** 기관의 흡기 매니폴드 등의 부압과 대기압과의 압력차를 이용한 것으로서 주로 승용차, 2~3톤 정도의 화물 자동차, 소형 버스 등에 사용되고 있다.

② **압축 공기식** 공기 압축기에 의하여 발생하는 압축 공기와 대기압의 압력차를 이용하는 방식으로 주로 대형 버스, 화물 자동차에 사용되고 있다.

〔2〕 유압을 높여주는 작동 방법과 구조에 따른 분류

① **마스터 실린더로부터 나온 유압을 높이는 방식** 마스터 실린더와 휠 실린더의 중간에 설치되는 것이 많고 분할형(split type)이라고도 부른다.

② **마스터 실린더의 푸시로드를 미는 힘을 증가시키는 방식** 이 방식은 마스터 실린더와 일체형(combined type)으로 만든 브레이크 배력장치이다.

15.5.3 진공식 제동 배력 장치(진공-유압 브레이크)

유압 브레이크의 배력 장치로 가장 많이 사용되는 것으로서 흡기관 진공을 이용하는 제동 배력방식이다. 그림 **15 · 49**는 진공식 분리형 제동 배력 장치의 계통을 나타낸 것이다.

〔1〕 진공식 분리형 제동 배력 장치

진공식 제동 배력 장치(진공-유압 브레이크)는 유압 계통과 진공 계통으로 크게 나누어진다. 유압 계통은 릴레이 밸브를 작동시키는 릴레이 밸브 피스톤, 파워 피스톤과 연동하는 하이드롤릭 피스톤으로 구성된다. 진공 계통으로는 공기 청정기, 릴레이 밸브(진공 밸브, 공기 밸브), 파워 실린더, 피스톤 등으로 구성된다.

(1) 진공 계통

① **진공 파이프** 구리 또는 알루미늄 파이프가 사용되며 파이프가 가늘면 저항이 커져서 작동이 불확실하게 되므로 규정의 굵기로 하여야 한다. 접속은 고무 호스를 사용하여 충분히 기밀(氣密)을 유지하도록 한다. 공기의 누설은 브레이크 고장의 원인이 된다.

② **파워 실린더(power cylinder)와 파워 피스톤(power piston)** 진공 배력 장치의 주요 부분으로서 파워 피스톤은 그 양쪽 실내의 압력차에 의하여 하이드롤릭 피스톤을 미는 강력한 유압을 발생시키는 부분이다. 파워 실린더는 강판으로 프레스 작업하여 만든다. 그림 **15 · 49, 50**과 같이 파워 실린더 우측에는 하이드롤릭 실린더가 있고, 파워 실린더 내부에는 파워 피스톤, 푸시로드 및 리턴 스프링 등이 조립된다.

파워 피스톤은 2매의 철판을 겹쳐서 실린더 내벽에 밀착하도록 가죽 패킹을 끼워 피스톤의 좌우 이동시 기밀을 유지하는 구조를 갖는다.

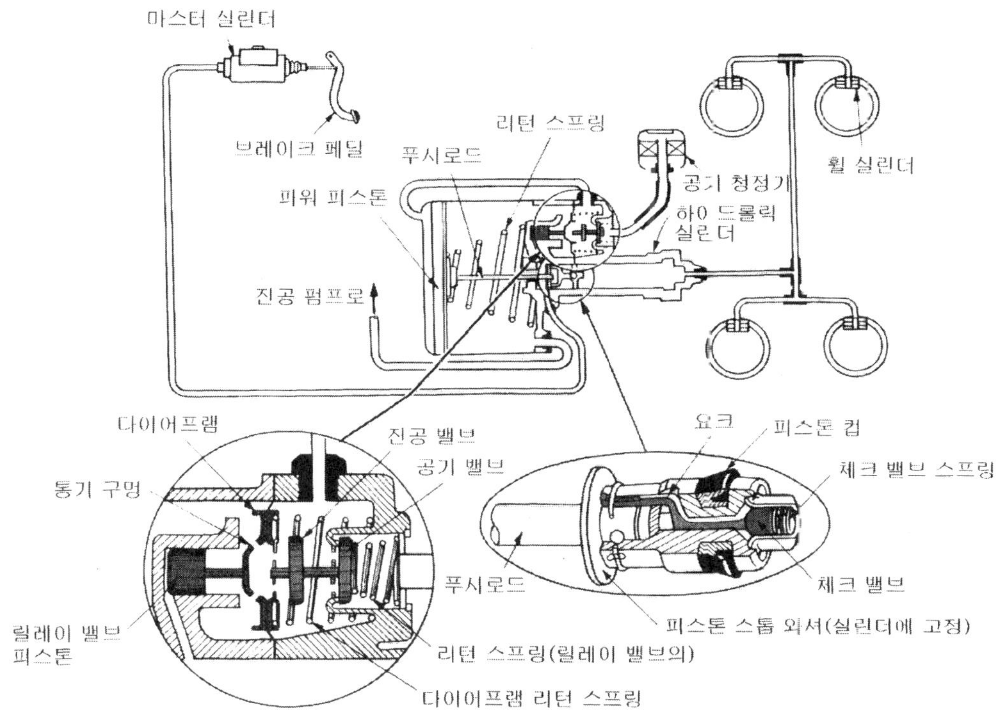

그림 15 · 49 진공식 분리형 제동 배력 장치

③ **릴레이 밸브**(relay valve)　　릴레이 밸브는 공기 밸브와 진공 밸브로 구성된다. 릴레이 밸브 피스톤에 의하여 파워 피스톤의 좌우실에 부압을 도입하거나 왼쪽 실에 대기압을 도입하는 역할을 한다. 공기 밸브와 진공 밸브는 하나의 축에 연결되어 작동 전의 상태에서는 리턴 스프링의 장력에 의하여 공기 밸브는 닫히고 진공 밸브는 열린다. 한편 작동 상태에서는 릴레이 밸브 피스톤에 의하여 진공 밸브는 닫히고 공기 밸브는 열리도록 작용한다.

(2) 유압계통

① **하이드롤릭 실린더**(hydraulic cylinder)**와 하이드롤릭 피스톤**

하이드롤릭 실린더에는 파워 피스톤에 연결하고 있는 푸시로드에 따라서 작동하는 하이드롤릭 피스톤이 들어 있다. 이 피스톤은 그림 **15 · 49**의 오른쪽 아래와 같이 체크 밸브가 마련되어 있어서 마스터 실린더로는 보내지나, 역류가 되지 않도록 하여 휠 실린더로의 유압을 높이도록 되어 있다.

② **오일 파이프**　　오일 파이프는 유압 100 bar 이상에 견딜 수 있는 충분한 강도를 가져야 하며, 접속부는 오일이 누설되지 않도록 하여야 한다.

(3) 진공식 제동 배력 장치의 작동

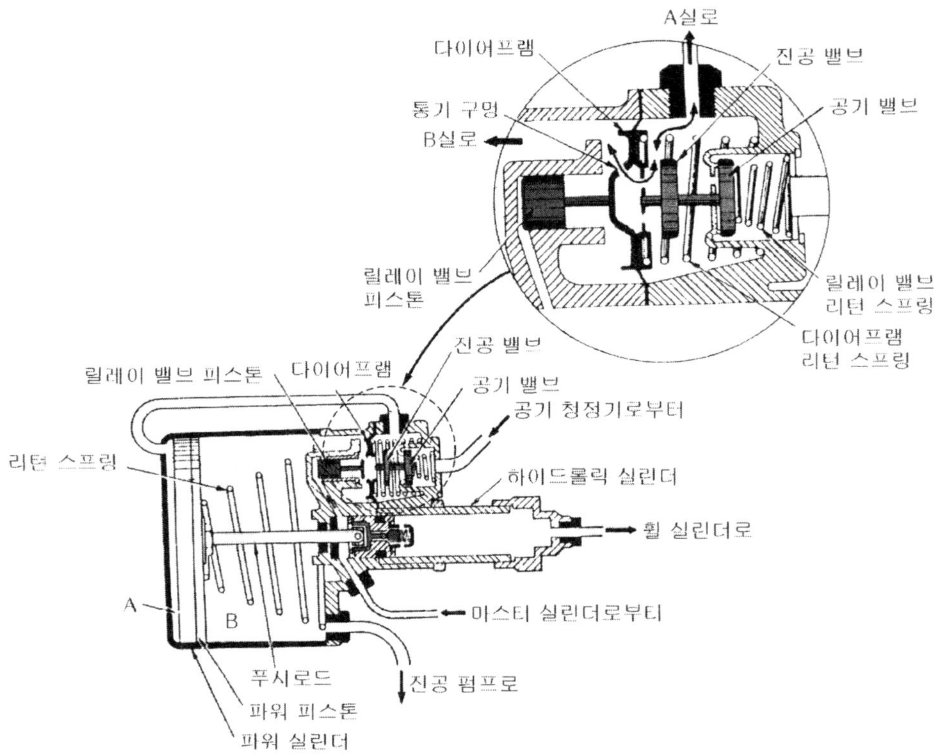

그림 15 · 50 브레이크를 작동하지 않을 때의 상태

① 브레이크를 걸지 않을 때 그림 15 · 50은 브레이크를 작동하지 않을 때의 상태를 나타낸 것이다. 이 경우 릴레이 밸브 피스톤에는 유압이 작용하지 않으므로 릴레이 밸브는 진공 밸브를 열고 공기 밸브는 닫혀져 있으므로 파워 실린더의 A, B 양측실 모두 부압이 되어 압력차가 없으므로 파워 피스톤은 리턴 스프링의 장력에 의하여 왼쪽으로 밀어져 있다. 이 때 하이드롤릭 요크는 그림 15 · 50과 같이 피스톤 스톱 와셔에 접하여 오른쪽으로 밀며, 체크 밸브를 열린 상태로 되어 브레이크액은 마스터 실린더로부터 하이드롤릭 피스톤 내의 체크 밸브를 통하여 휠 실린더로 통한다. 따라서 배력 장치가 작동하지 않는 경우에도 보통의 유압 브레이크로 작동된다.

② 브레이크 페달을 밟았을 때 그림 15 · 51은 브레이크가 작용하고 있을 때의 상태를 나타낸 것으로서 브레이크 페달을 밟으면 마스터 실린더의 유압은 하이드롤릭 피스톤의 체크 밸브를 통하여 휠 실린더로 전달하여 브레이크를 작동시킴과 동시에 릴레이 밸브 피스톤에 전한다

릴레이 밸브 피스톤은 마스터 실린더로부터 유압에 의하여 우측으로 이동함과 동시에 다

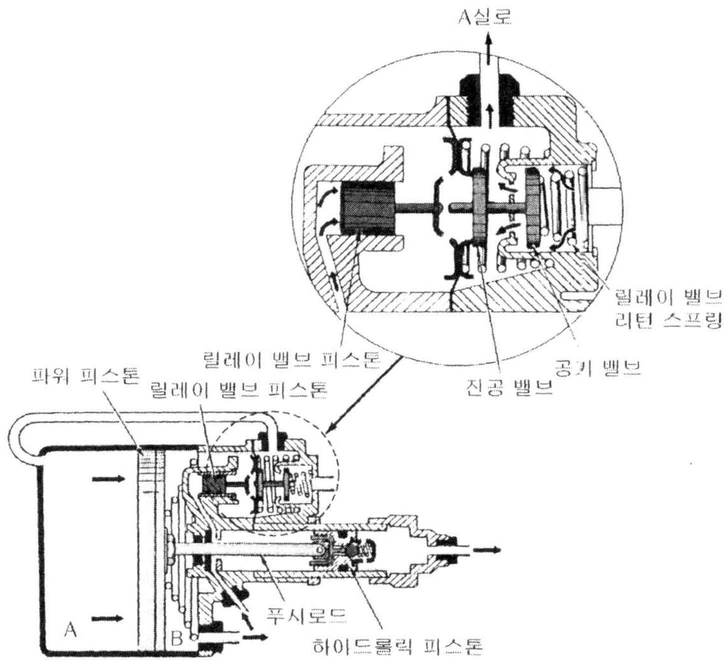

그림 15 · 51 브레이크 페달을 밟았을 때

이어프램을 밀어 진공 밸브에 밀착한다. 따라서 다이어프램의 통기 구멍이 닫혀져 부압이 A실에 작용하지 않게 된다. 릴레이 피스톤에 걸리는 마스터 실린더로부터의 유압이 더욱 증가하면 다이어프램이 우측으로 이동하여 공기 밸브가 열려 외기가 파워 실린더의 A실로만 유입한다. 이 결과 파워 피스톤에는 A실(대기압)과 B실(부압)의 압력차가 작용하여 푸시로드를 통하여 하이드롤릭 피스톤을 움직인다.

하이드롤릭 피스톤이 움직이기 시작하면 그림 15 · 52와 같이 체크 밸브 스프링에 의하여 체크 밸브가 닫히고, 하이드롤릭 피스톤이 우측으로 이동함에 따라 휠 실린더측 브레이크액

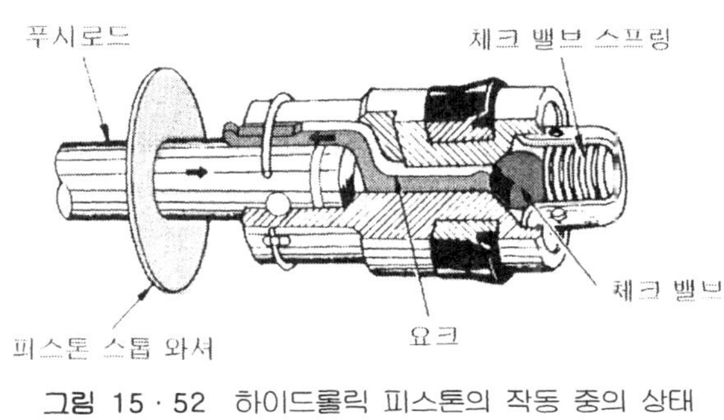

그림 15 · 52 하이드롤릭 피스톤의 작동 중의 상태

의 역류를 방지한다.

이 경우 하이드롤릭 피스톤은 마스터 실린더로부터 유압의 작용과 동시에 파워 피스톤에 의하여 길어져서 휠 실린더의 유압은 마스터 실린더의 유압보다 높아진다.

공기 청정기로부터 유입하는 대기는 릴레이 밸브 피스톤에 걸리는 유압과 릴레이 밸브에 걸리는 대기압과 평형될 때까지 유입한다. 또 하이드롤릭 피스톤이 이동하면 릴레이 밸브 피스톤에 걸리는 유압이 저하하므로 다이어프램은 리턴 스프링의 장력에 의하여 좌측으로 이동하여 공기 밸브는 닫히게 된다. 이 상태로부터 마스터 실린더의 유압이 상승하면 릴레이 밸브 피스톤은 다시 우측으로 이동하여 공기 밸브가 열려 파워 실린더의 A실에 대기가 유입하여 파워 피스톤이 좌측으로 작동하여 휠 실린더의 유압이 높아진다. 이와 같이 휠 실린더에 가해지는 압력은 마스터 실린더가 발생하는 유압과 공기 밸브의 열림에 의하여 변화하며, 공기 밸브가 전개됨에 따라 휠 실린더에 가해지는 압력은 최대로 된다.

③ 브레이크 페달을 놓았을 경우 브레이크 페달을 놓으면 릴레이 밸브 피스톤의 유압이 저하하여 피스톤이 다이어프램 스프링에 의하여 원위치로 돌아온다. 이 때 공기 밸브가 시트에 밀착하여 공기의 유입을 방지하고, 다음에 진공 밸브가 다이어프램으로부터 떨어지면서 열린다. A실의 공기는 파워 실린더 외측의 튜브(컨트롤 튜브)에 의하여 B실로 들어가 흡입 매니폴드로 흡인되어 진공 배력 장치 내는 다시 진공이 된다. 또 파워 피스톤 A, B 두 실의 공기압이 평형되면 리턴 스프링에 의하여 좌측으로 되돌려짐과 동시에 하이드롤릭 피스톤도 본래의 위치로 되돌아온다. 여기서 요크는 피스톤 스톱 와셔에 접촉하여 그 끝에서 체크 밸브(볼)를 밀어 열게 된다. 체크 밸브가 다시 열리면 브레이크 오일이 마스터 실린더로 되돌아가서 브레이크가 개방 상태로 된다.

〔2〕 진공식 일체형 제동 배력 장치

(1) 일체형 제동 배력 장치의 구조

일체형 배력 장치는 그림 15·53과 같이 브레이크 페달과 마스터 실린더 사이에 배력 장치를 설치한 것으로서 공기 밸브 및 진공 밸브의 개폐를 브레이크 페달에 의하여 기계적으로 이루어지도록 한 것이다.

브레이크 페달을 밟는 힘은 밸브 로드, 리액션 디스크, 푸시로드, 마스터 실린더 피스톤의 순으로 전달된다. 마스터 실린더의 작동력은 파워 실린더의 다이어프램 앞·뒤의 체임버 공간 A, B실에 생기는 압력차에 의하여 작동하는 피스톤에 가해지는 힘에 의하여 제동력이 배력된다.

① 에어필터 파워 피스톤의 우측실에 들어온 대기는 에어 필터부로부터 포핏의 공기 밸브부를 통하여 도입된다.

② 포핏 포핏은 고무로 만든 것으로서 포핏 리턴 스프링에 의하여 항상 좌측으로 밀어

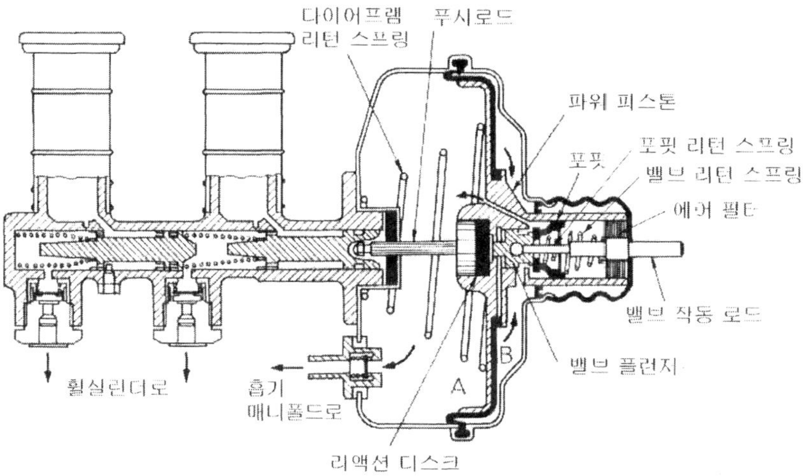

그림 15·53 일체형 진공 배력 장치의 단면도

져 있다. 브레이크 페달을 밟지 않았을 때는 포핏의 왼쪽은 그림 15·54와 같이 진공 밸브가 열리고 공기 밸브가 닫히도록 작동한다. 그러므로 파워 피스톤의 A, B실은 모두 통하여 흡기 매니폴드 또는 진공 펌프에 의하여 모두 부압으로 된다.

브레이크 페달을 밟았을 때는 밸브 플런저가 왼쪽으로 이동하여 포핏은 그림 15·55와 같이 진공밸브가 닫히고 공기 밸브가 열리도록 작동한다. 따라서 공기가 파워 피스톤의 다이어프램 우측의 B실 내에만 유입하여 다이어프램 좌·우의 압력차(A, B실의 압력차)에 상당하는 힘으로 마스터 실린더에 강한 유압을 전달하게 된다.

③ 리액션 디스크(reaction disc) 리액션 디스크는 밸브 플런저와 프시로드 사이에 들어가는 고무로 만든 원판으로서 완만한 제동을 걸 때는 마스터 실린더로부터 반력을 파워 피스톤 및 밸브 플런저에 분산시켜서 반력에 의한 진공 및 공기 밸브의 개폐 반복 작용을 방지하고 개폐 상태의 안정을 유지시키는 일을 한다.

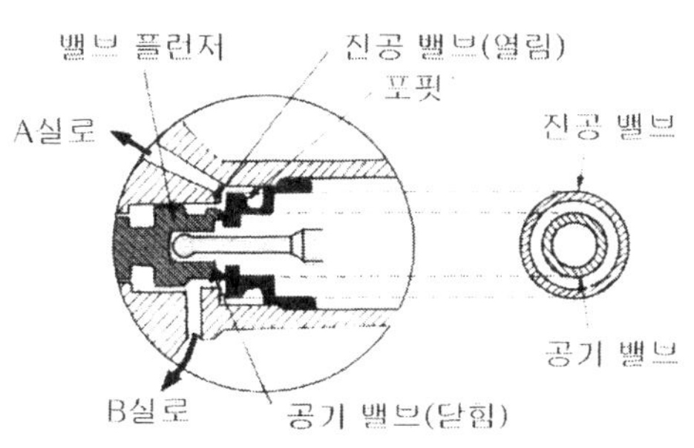

그림 15·54 포핏의 작동
(페달을 밟지 않았을 경우)

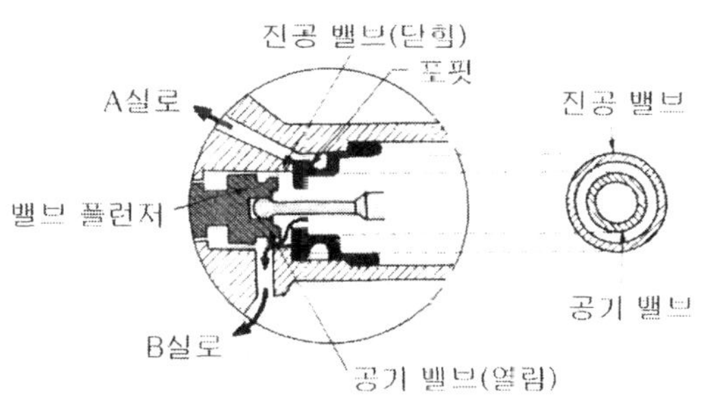

그림 15·55 포핏의 작동
(페달을 밟았을 경우)

(2) 일체형 배력 장치의 작동

브레이크 페달에서 발을 떼었을 때는 대기(공기) 밸브가 닫히고, 진공(밸브) 포트가 열려서 진공이 다이어프램 전·후 양측에 걸리므로 브레이크 장치는 풀린 상태로 된다. 한편 브레이크 페달을 밟으면 대기(공기) 밸브(포트)가 열리고, 진공 밸브(포트)가 닫혀서 다이어프램 좌측은 진공이 걸리고 우측은 대기압이 작용하여 그 압력차에 배력 작용을 하여 마스터 실린더의 푸시로드를 강한 유압으로 밀게 된다.

페달 움직임을 정지하면 제동 배력 장치는 제동 상태 유지(hold)로 된다. 이 위치에서는 진공 포트 및 대기 포트가 막혀서 페달과 푸시로드의 움직임을 고정하여 제동 유지 상태를 지속한다.

15.6 공기 브레이크

15.6.1 공기 브레이크의 원리

자동차가 대형화함에 따라 승차 정원이 증가하고 또 화물 자동차에서는 그 적재 중량이 많아지므로 총중량이 대단히 커진다. 일반적인 유압식 브레이크나 배력 장치를 갖는 브레이크에서는 제동력이 부족하게 되므로 대형차에서는 공기식 브레이크가 사용된다.

기관으로 구동되는 공기 압축기로부터 발생한 압축 공기를 탱크에 저장하였다가 이것을 작동원으로 사용하는 것이 공기 브레이크이다. 풋 브레이크에 비하여 작은 페달의 힘은 큰 제동력을 얻을 수 있다.

공기 브레이크를 유압식 브레이크나 배력 장치를 갖는 제동 장치와 비교하면 표 15·2와

표 15·2 공기 브레이크와 유압·배력식 브레이크의 비교

비교 사항	유압·배력식 브레이크	공기 브레이크
1. 차량 중량	무게의 제한을 받는다.	제한을 받지 아니한다.
2. 오일 및 공기의 누설	오일이 누설하면 유압이 저하하여 위험하다.	다소 공기 누설이 생겨도 제동력의 저하가 적어서 안전하다.
3. 드럼의 발열	베이퍼록이 생긴다.	베이퍼록이 생기지 않는다.
4. 페달의 행정	페달을 밟는 힘에 따라 제동력이 변화한다.	페달을 밟는 양에 따라 강한 제동력이 걸리므로 조작이 손쉽다.
5. 부속. 기기의 이용도	와이퍼, 경음기 등 공기를 이용하려면 별도의 장치를 필요로 한다.	경음기, 와이퍼, 공기 스프링 등의 공기 이용을 겸할 수 있다.
6. 제동력의 증가	최대 제동력의 제한을 받는다.	압축공기의 압력을 높이면 큰 제동력을 얻을 수 있다.

같은 장점이 있다.

공기 브레이크는 제동력 전달 매체가 공기이므로 유압 브레이크와 같이 베이퍼 록이 생기지 않으며 제동력이 크고, 경음기, 와이퍼, 공기 스프링 등의 공기 이용 장치의 공기 이용을 겸할 수 있는 특징이 있다.

15.6.2 공기 브레이크의 구조와 작동

공기 브레이크는 공기 탱크, 에어 밸브, 릴레이 밸브, 브레이크 체임버 및 배관으로 구성되며 풀 에어식과 에어 오버식(air over type)이 있다.

〔1〕 공기 브레이크의 구조

공기 브레이크는 압축 공기 계통, 제동 계통, 안전 계통, 조정 계통의 네 가지로 나누어 생각할 수 있다.

(1) 압축공기계통

(a) 공기압축기(air compressor) : 기관에 의하여 구동되며 브레이크의 작동원(作動源)이 되는 압축공기를 만드는 주요부이다.

(b) 공기 탱크(air tank) : 브레이크를 작동시키는 압축 공기를 저장하는 탱크이다.

(c) 압력 조정기(pressure regulator), 언로더 밸브(unloader valve) : 공기의 압력을 제어하는 장치이다.

(2) 제동 계통

(a) 브레이크 밸브(brake valve) : 운전실에 있는 브레이크 페달로 조작되는 밸브로서 브레이크 페달의 밟는 양에 따라 압축 공기의 도입량을 변화시켜 제동력을 제어한다.

(b) 릴레이 밸브(valve), 퀵 릴리스 밸브(quick release valve) : 브레이크를 신속하게 풀어주는 장치이다.

(c) 그 밖에 공기 압력을 제동력으로 바꾸기 위하여 브레이크 체임버(brake chamber), 푸시로드, 슬랙 어저스터(slack adjuster), 캠축(cam shaft) 캠, 휠 브레이크 등이 있다.

(3) 안전 계통

(a) 저압 지시기(low pressure indicator) : 제동 공기 압력이 낮아지는 것을 경고하는 장치이다.

(b) 이 밖에도 체크 밸브, 안전 밸브(safety valve), 압력계 등이 있다.

(4) 조정 계통

슬랙 어저스터(slack adjuster)를 비롯하여 브레이크 밸브, 압력 조정기 등의 조정 장치가 있다.

〔2〕 공기 브레이크의 작동

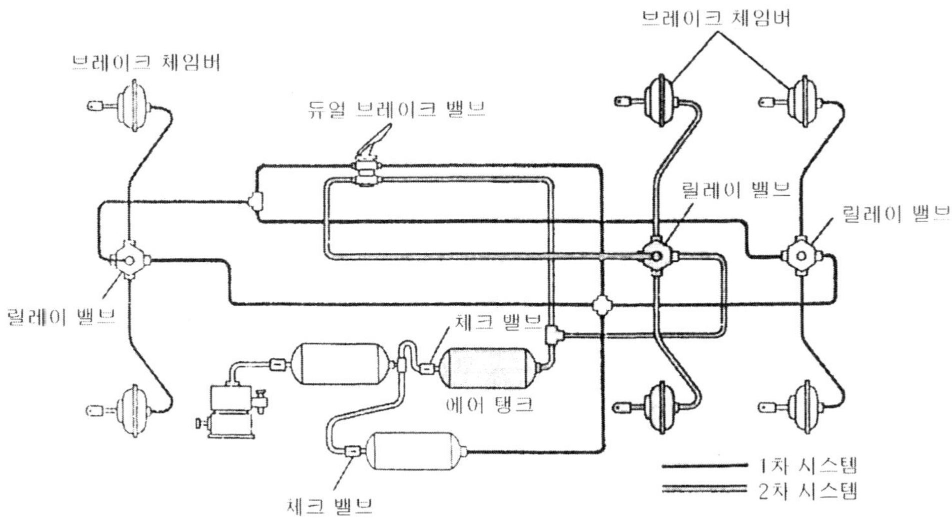

그림 15 · 56 공기 브레이크의 배관 계통

그림 15 · 56과 같이 공기 압축기로부터 보내진 압축 공기는 체크 밸브 및 안전 밸브를 거쳐서 공기 탱크로 보내진다. 탱크에 저장된 압축 공기는 브레이크 밸브를 거쳐서 앞브레이크와 릴레이 밸브, 마그네틱 밸브를 거쳐서 경음기와 차량 앞끝부의 연결 조인트와 저압 지시기, 압력계, 압력 조정기로 보내진다. 또 공기탱크 후측 조인트로부터는 릴레이 밸브를 거쳐서 뒷 브레이크(rear brake)로 보내진다.

공기 탱크 내에는 압력 조정기의 조정 작용에 따라서 항상 규정 압력(5～7 bar 정도)으로 유지되어 제동시에 브레이크 페달을 밟으면 압축 공기는 브레이크 밸브로부터 페달을 밟는 양에 따라서 0～7 bar의 압력이 퀵 릴리스 밸브를 통하여 앞브레이크 체임버로, 또 한쪽으로는 릴레이 밸브로 보내진다. 이 때문에 릴레이 밸브의 움직임에 따라 브레이크 밸브로부터 보내진 것과 같은 압력의 공기가 용기탱크로부터 직접 뒤의 브레이크 체임버로 들어가서 각각 브레이크 작용을 하게 된다.

브레이크 체임버의 다이어프램을 압축 공기에 의하여 그림 15 · 57과 같이 푸시로드를 거쳐서 휠 브레이크 캠을 돌려서 브레이크 슈를 양쪽으로 확장하면 브레이크 드럼이 압박되어 제동력을 얻게 된다.

페달을 놓으면 브레이크 밸브와 릴레이 밸브 사이의 파이프 중의 압축 공기는 브레이크 밸브의 배기 포트(배기공)로부터 대기 중에 방출한다. 이렇게 되면 앞브레이크 체임버 내의 압축 공기는 퀵 릴리스 밸브로부터 배출되고, 뒤의 브레이크 체임버 내의 압축 공기는 릴레이 밸브로부터 배출되어 브레이크는 빨리 풀리게 된다.

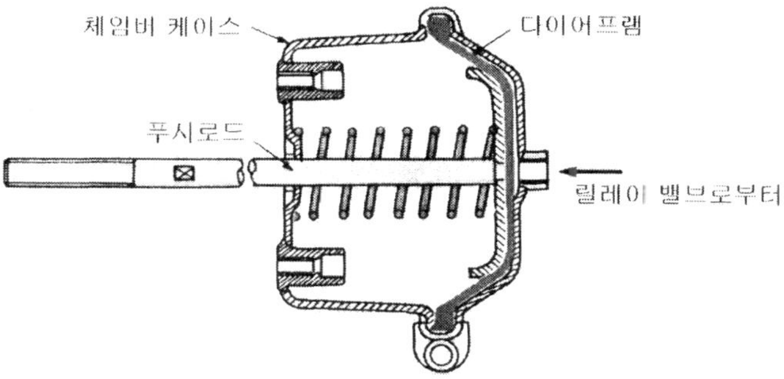

그림 15 · 57 브레이크 체임버

〔3〕 각부의 구조와 기능

(1) 공기 압축기(air compressor)

일반적으로 기관과 같이 왕복형(reciprocating piston type)으로서 압축 공기를 만드는 일을 한다. 실린더 헤드(흡입 밸브)에는 언로더 밸브(unloader valve)가 갖추어져 있어 압력 조정기와 더불어 공기 탱크 내의 압력에 따라 자동적으로 압력이 일정하도록 조절된다.

(2) 압력 조정기와 언로더 밸브(unloader valve)

압력 조정기는 공기 압축기의 언로더를 작동시켜 공기 탱크 내의 압력이 규정 압력(7 bar)이 되게 조정하는 것으로서 작동은 공기 탱크 내의 압력에 의하여 이루어진다.

(3) 공기 탱크(air tank)

프레임의 가로 부재에 설치되며 압축기로부터의 공기를 압축하여 저장한다.

공기 탱크에는 안전 밸브가 마련되어 있어 탱크 내의 압력이 규정 압력 이상으로 되면 자동적으로 작용하여 탱크 내의 공기를 방출하고, 탱크와 각 작동부의 안전을 유지하는 구조로 되어 있다.

(4) 브레이크 밸브(brake valve)

브레이크 밸브는 그림 **15 · 58**과 같은 구조를 가지며 브레이크 페달과 밸브가 직결된 2계통으로 되어 있다. 브레이크 페달의 가감에 따라 공기 압력을 앞 · 뒤의 릴레이 밸브로 보내는 일을 한다. 이 밸브는 앞 · 뒤의 2계통의 공기 통로를 동시에 조작하도록 2조의 밸브가 조립되어 있다.

(a) 브레이크 페달을 밟지 않았을 때 : 브레이크 페달을 밟지 않았을 때는 1차측 및 2차측의 인렛 밸브는 공기 탱크로부터 공기압과 리턴 스프링의 힘에 의하여 시트부에 밀착하여 공기를 차단하여 기밀을 유지한다. 1차측의 피스톤은 스프링의 힘에 의하여 윗방향으로 밀어 올려져 밸브 시트가 열려서 대기 개방 상태로 된다.

(b) 브레이크 페달을 밟았을 때 : 브레이크 페달을 밟았을 때는 페달을 밟는 힘은 플런저

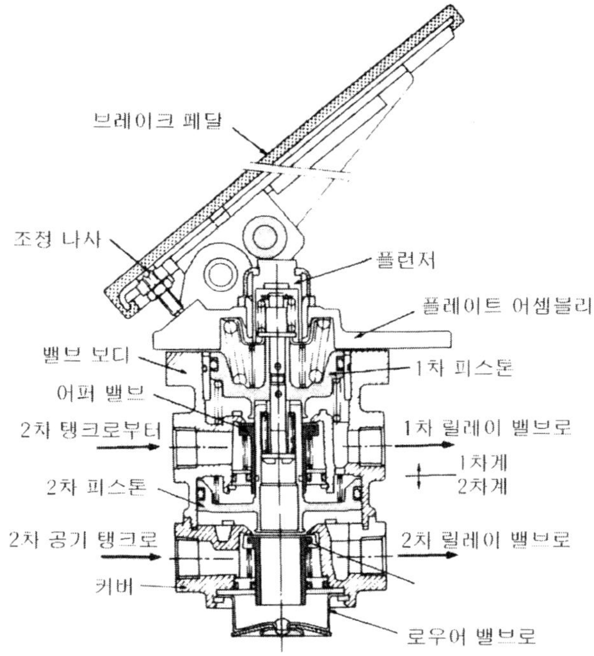

그림 15 · 58 브레이크 밸브

를 통하여 1차 피스톤에 전해지고 피스톤을 내려 밀게 된다. 피스톤이 내려가면 배기 밸브 시트는 2차측 인렛 밸브에 밀착하여 배기 통로를 막는다. 이 상태는 2차측 배기 통로를 막고 1차측 배기 밸브측은 열어준다.

페달을 놓으면 피스톤은 완전히 밀어 올려져 배출 밸브가 전개되어 공기는 신속히 배출되어 브레이크는 풀린다.

(5) **릴레이 밸브**(relay valve)

브레이크 체임버와 브레이크 밸브 사이에 설치되며, 브레이크 밸브로부터 공기 압력에 의하여 작동한다. 이 밸브는 브레이크 체임버로 공기 통로를 개폐하여 브레이크 작동 지연이 적게 함과 동시에 브레이크 개방 작용을 빠르게 한다.

(6) **브레이크 체임버**(brake chamber)

브레이크 체임버는 접시 모양의 케이스와 보디의 사이에 다이어프램이 조립되어 있는 것으로서 각 휠마다 설치되어 있다. 다이어프램 앞에는 푸시로드가 있고 브레이크가 작용하지 않을 때에는 스프링에 의하여 케이스쪽에 밀어붙여져 있다.

브레이크 페달을 밟으면 브레이크 밸브에 의하여 제어된 공기압이 앞쪽에는 직접, 뒤쪽에는 릴레이 밸브를 거쳐서 브레이크 체임버로 보내어진다. 이 공기는 스프링의 힘을 이겨서 다이어프램을 밀어 푸시로드는 좌측으로 이동하며 브레이크 캠을 작동시킨다.

페달을 놓으면 다이어프램은 스프링의 힘에 의하여 본래 위치로 돌아와서 브레이크는 풀리고 공기는 배출된다.

(7) 체크 밸브(check valve)

이 밸브는 공기 탱크 입구부근에 설치되며 공기의 역류를 방지한다. 체크 밸브는 공기 압축기로부터 압축 공기가 보내질 때에는 열리어 공기 탱크로 흐르나 탱크 내의 압력이 7 bar에 달하여 공기 압축기가 작동하지 않을 때에는 밸브를 닫아서 공기 탱크에 저장된 압축 공기가 누설을 방지하는 일을 한다.

15.7 복합식 브레이크

복합식 브레이크는 휠 실린더 등과 같은 작동부는 유압식 브레이크 장치를 사용하고, 조작부에는 압축 공기를 사용하는 방식이다. 이 방식은 복합 브레이크 밸브(dual brake valve)와 2개의 배력 장치인 유압식과 공기식을 조합한 방식이다.

이 방식은 에어 오버 하이드롤릭 브레이크(air over hydraulic brake)라고도 하며 조작력이 가볍고 브레이크 작동이 빠른 특징을 가지고 있어 대형차 등에 많이 사용된다.

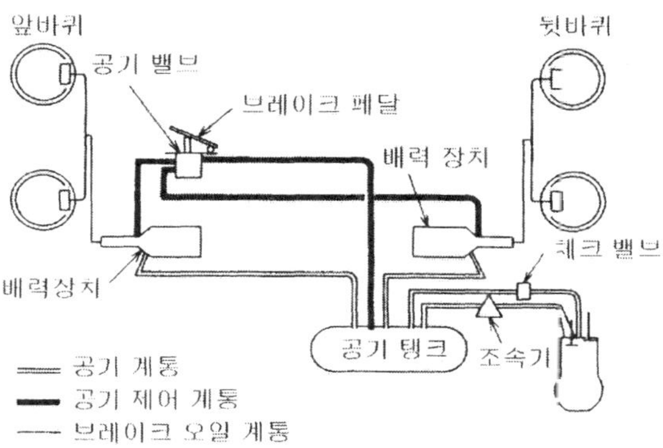

작동 공기 밸브 : 공기 탱크로부터 배력 장치에 공급되는 압축 공기량의 제어
배력 장치 : 압축 공기의 압력을 이용하여 브레이크 유압을 배력한다.

그림 15·59 복합식 브레이크

15.8 주차 브레이크

15.8.1 주차 브레이크의 개요

주차 브레이크는 주차용(駐車用)으로 사용되는 것으로서 파킹 브레이크 또는 사이드 브레이크라고도 불린다. 자동차는 독립된 2계통의 브레이크를 갖추어야 하므로 유압 브레이크나 공기 브레이크 등의 풋 브레이크(foot brake)와 함께 모든 자동차에 마련되어 있다. 주차 브레이크는 그 제동 방식에 따라 다음과 같이 분류된다.

〔1〕 뒷바퀴식(rear wheel type)

승용차나 소형 트럭에 많이 사용되는 것으로서 로드나 와이어를 운전실의 레버로 작동시키고 뒷바퀴의 드럼에 슈를 밀어 붙여서 제동하는 내부 확장식의 하나이다.

〔2〕 센터 브레이크식(center brake type)

주로 대형차에 쓰이며 추진축에 조립된 브레이크 드럼을 레버와 로드에 의하여 작동된다. 이것은 밴드(band)의 작용에 의한 외부 수축식이다.

15.8.2 뒷바퀴식 주차 브레이크

〔1〕 구조와 기능

운전실에 있는 주차 브레이크 레버를 당기면 와이어를 거쳐서 뒷바퀴의 슈를 확장시키는 방식으로 가장 많이 사용된다. 리어 브레이크 슈는 그림 15·60과 같이 브레이크 레버가 있어서 풀로드(pull road) 레버에 의하여 브레이크 스트럿을 작동시켜 2개의 슈는 유압에 의하지 않고 드럼을 바깥쪽으로 밀어주어 압착된다. 뒷바퀴식 주차 브레이크는 어느 형식에서나

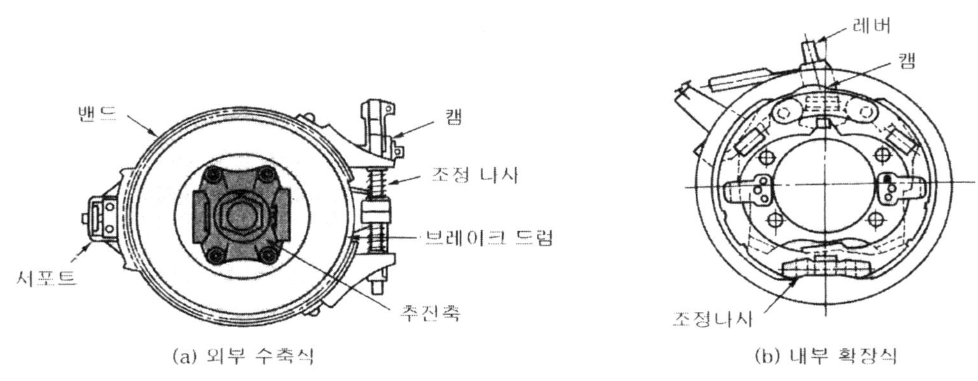

(a) 외부 수축식 (b) 내부 확장식

그림 15·60 주차 브레이크

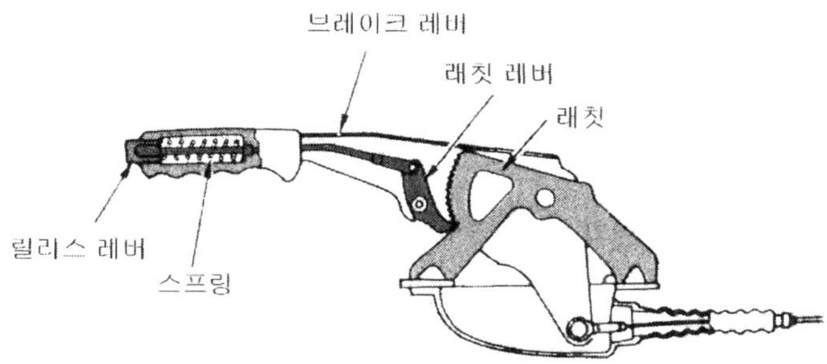

그림 15 · 61 주차 브레이크의 구조

와이어를 스트럿(또는 로드)에 의하여 슈를 확장하여 주차 브레이크로 작용하도록 되어 있다.

〔2〕 주차 브레이크의 작동 범위

주차 브레이크 레버의 작동 범위는 조립 조정이 끝난 다음 레버를 당기기 시작할 때 약간의 유극이 있고 주차 브레이크가 완전히 작동하도록 당겼을 경우 당겨짐이 전 작동범위의 50~70%에 있어야 한다.

15.8.3 센터 브레이크식 주차 브레이크

센터 브레이크(center brake)식에서는 일반적으로 변속기 후단에 센터 브레이크 드럼이 있는 밴드 모양의 라이닝에 의한 외부 수축식 브레이크의 작용을 갖는다. 이렇게 하여 제동하면 드럼은 추진축에 붙어 있으므로 뒷바퀴는 회전하지 못하게 된다.

15.9 제3 브레이크

지금까지 설명한 브레이크는 자동차에 반드시 필요한 풋 브레이크나 주차 브레이크이었다. 제3 브레이크(third brake)란 이들 상용 브레이크를 보호하는 것으로서 최근과 같이 자동차가 대형화하고 차량 중량의 증가와 고속화에 따라 상용 브레이크만으로는 안전하게 운전하는 것은 운전 상태에 따라 상당한 위험이 수반되기 쉽다.

이와 같이 풋 브레이크의 사용횟수를 감소시키고 비상시에 제동하는 제3 브레이크는 다음과 같은 것들이 있다.

15.9.1 제3 브레이크의 종류와 특징

〔1〕 제3 브레이크의 종류

① 배기 브레이크(exhaust brake) 배기 가스를 이용하는 브레이크로서 주로 대형 트럭이나 버스에 사용된다.

② 와전류(渦電流) 브레이크 운동 에너지를 제동용 디스크 내의 와전류로 바꾸어 열을 발생시켜 대기 중에 방산하여 브레이크 효과를 얻는 브레이크이다. 여기서는 실제로 많이 쓰이고 있는 배기 브레이크와 와전류식 브레이크에 대하여 설명하고자 한다.

〔2〕 제3 브레이크의 특징과 사용법

(1) 제3 브레이크의 특징

제3 브레이크를 갖춘 경우 풋 브레이크만의 경우에 비하여 다음과 같은 특징이 있다.

① 풋 브레이크를 사용하는 횟수가 감소되고 주행시 안전도가 향상되어 운전에 따른 피로가 작아진다.

② 풋 브레이크의 브레이크 슈, 드럼 또는 타이어의 마멸을 작게 할 수 있다.

③ 비가 내릴 때나 겨울철 얼어붙은 도로나 적설(積雪)시에 타이어의 미끄럼을 막을 수 있다.

④ 클러치의 사용횟수를 감소시켜서 클러치 부품의 마멸이 작아진다.

⑤ 브레이크 작용시 이상 소음을 발생시키지 않으므로 승객에게 불쾌감을 주지 않는다.

(2) 제3 브레이크의 사용법

① 고속 도로의 고속 주행에서 제3 브레이크를 걸어서 감속시킨 다음 풋 브레이크로 정지시킨다.

② 긴 하향 경사로에서 자동차가 필요 이상으로 증속될 경우에는 제3 브레이크를 적당히 작용시켜 속도를 가감하여 안전 주행을 할 때 사용한다.

15.9.2 배기 브레이크

배기 브레이크는 배기 파이프 도중에 밸브를 마련하여 배기 매니폴드 내의 배압(背壓, back pressure)을 증가시켜 회전 저항을 크게 하는 장치이다. 배기 밸브는 가속 페달 및 클러치 페달과 연동하여 개폐되며 브레이크 스위치를 넣으면 가속 페달, 클러치 페달을 놓은 상태에서 마그네틱 밸브가 작동하여 배기 브레이크 밸브(exhaust brake valve)를 닫아주게 된다. 작동 중에 가속 페달이나 클러치 페달의 어느 하나를 밟으면 각 스위치가 끊어져서 마그네틱 밸브는 공기실 내의 공기를 방출하여 배기 브레이크 밸브를 자동적으로 열어준다.

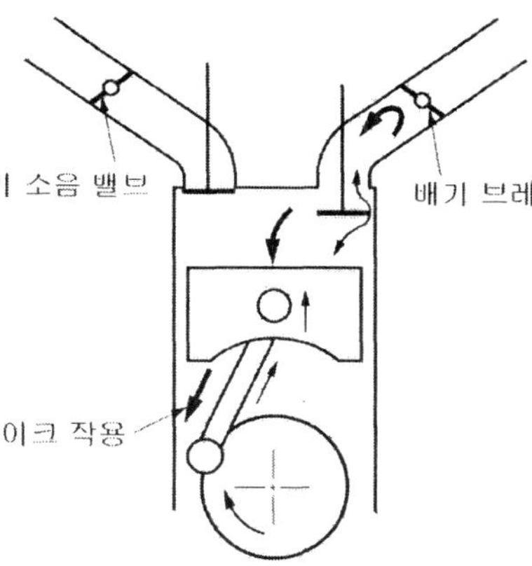

그림 15 · 62 배기 브레이크

배기 브레이크 밸브의 개폐는 공기를 사용하는 공기식과 전기를 사용하는 전기식이 있으며 어느 방식에서나 연료의 분사를 정지시키는 구조를 갖는다.

전기식은 배기 브레이크 밸브를 작동시키는 전자석 코일(솔레노이드라 함), 흡기 사일런서, 솔레노이드 릴레이, 가속 스위치로 구성된다. 이 방식은 가속 페달을 놓으면 링크에 의하여 분사 펌프에 설치된 가속 스위치를 작동시켜 무분사의 상태로 됨과 동시에 전류를 솔레노이드로 통하도록 한다.

배기 브레이크를 걸 경우에는 운전석에 있는 배기 브레이크 스위치를 당기고 가속 페달을 놓으면 된다. 이 경우 가속 스위치는 자동적으로 닫히고 전류에 의한 솔레노이드는 그림 15 · 62와 같이 화살표 방향으로 로드를 당겨서 배기 플레이크 밸브가 닫힌 위치로 된다. 또 파이럿 램프측에도 전류가 흘러서 작동 등을 점등한다.

배기 브레이크를 사용할 경우에는 기관 밸브의 오버랩(overlap)(흡기 및 배기 밸브가 함께 열려 있는 각도) 때문에 배기 파이프 내의 압축공기가 실린더 내로부터 흡기측으로 배출된다.

이 때 흡기 매니폴드 내에서 공기 난류에 의한 특이한 소음을 발생한다. 이것을 방지하기 위하여 그림 15 · 62와 같이 흡입 사일런서(intake silencer) 내의 버터플라이 밸브(butterfly valve)를 닫아서 실린더 내에 새로운 공기가 흡입되지 않도록 하는 장치이다. 이 장치를 사용하면 배기 브레이크 효과를 저하시킴 없이 소음을 방지할 수 있다.

15.9.3 와전류 브레이크

와전류식(渦電流式) 브레이크는 기관의 상태와 관계없이 사용할 수 있는 것으로서 운동에너지를 제동용 원판 내의 와전류(eddy current)로 바꾸어 열을 발생시켜 열에너지를 대기 중에 방산하여 브레이크 작용을 하는 것이다. 와전류식 브레이크는 와전류식 리타더(eddy current retarder)라고도 불린다.

〔1〕 작동 원리

전자 유도 작용을 이용하여 자계(磁界) 내에서 도전체(導電體)가 운동하면 그 도체에 와전류가 발생한다. 지금 그림 15·63은 플레밍의 오른손 법칙을 나타낸 것으로서 오른손을 그림과 같이 엄지 손가락, 집게 손가락, 가운뎃 손가락이 직각이 되게 펼쳤을 때, 즉 집게손가락을 직각이 되게 펼쳤을 때 집게 손가락을 자속(磁束) 방향으로, 엄지 손가락을 도체의 운동방향으로 취하면 가운뎃 손가락이 나타내는 방향이 기전력(발생 전류)의 방향이 된다. 즉, 발생 와전류의 방향을 알 수 있다. 리타더(retarder)에서는 그림과 같이 전자석이 옆부분에 디스크(원판)를 마련하고 디스크는 추진축과 연동하여 동시에 회전한다.

전자석에 전류를 통하게 하면 자계가 생기고 디스크는 이 자계 내를 회전 운동한다. 원판에 생기는 와전류는 원판이 도전체이므로 원판의 표면을 흐르는 열을 발생한다. 즉, 자동차의 운동 에너지가 열에너지로 되어서 대기 중에 방산되어 그 열이 발생한 만큼 회전력(제동력)이 브레이크 작용을 하게 된다. 이 경우 전자석의 코일에 흐르는 전류를 가감하면 강한 전류일 때는 자계도 강력해지므로 강한 제동 토크를 발생하고 약하면 약한 제동력을 발생한다.

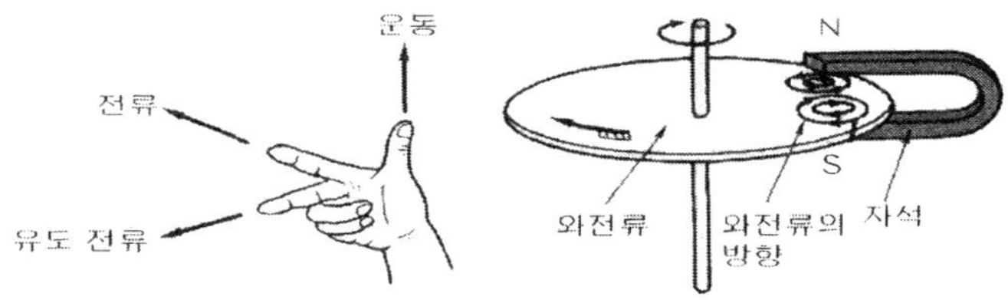

그림 15·63 플레밍의 오른손 법칙

〔2〕 구조와 작용

리타더는 그림 15·64와 같이 추진축의 중간에 설치되며 차량이 주행할 때 추진축과 동일 속도로 회전된다. 리타더는 그림과 같이 스테이터(stator)와 로터(rotor)로 구성된다.

로터는 추진축과 함께 회전하며 스테이터는 축전지의 직류 전원에 의하여 여자(勵磁)되는 전자석을 가지고 있다. 제동력의 조정은 스테이터에 흐르는 전자석의 전류를 변화시켜 이루어지며 일반적으로 3단으로 변화시킬 수 있다.

스테이터는 섀시 프레임에 고정된 부분으로서 스테이터의 계철과 철심에 조립된 코일, 자극편, 베어링 박스 등으로 구성된다. 로터는 추진축에 연결되어 있어서 추진과 같이 상시 회

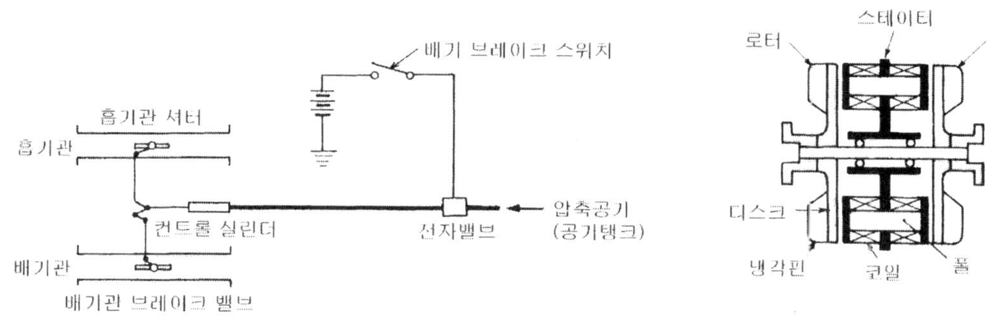

그림 15 · 64 배기 브레이크와 리타더

전하는 부분이다.

그림 **15 · 64**에서 좌우 2매의 저탄소강(또는 주강)의 디스크(원판) 및 축 커플링 등으로 구성된다. 디스크는 폴 피스(자극편)와 0.7 mm 정도의 간극을 유지하고 전자석(코일)에 발생한 자속을 끊어줌에 따라 디스크에 와전류가 흐른다. 이 와전류와 자극편이 서로 작용하여 디스크의 회전을 멈추게 한다. 디스크는 추진축에 함께 고정되어 회전하므로 제동력이 걸리게 된다.

15.10 안티로크 브레이크 시스템

15.10.1 안티로크 브레이크 장치

급제동할 때나 미끄러지기 쉬운 노면에서 제동할 때 제동력이 지나치게 크면 바퀴가 고정되어 제동거리가 길어지고, 차체가 스키드 작용(skidding, 가로 미끄러짐) 또는 선회하여 조향조작 불능의 상태로 된다. 이와 같은 상태를 방지하여 급제동시에도 바퀴가 로크되지 않고 회전하면서 안정된 제동을 하는 장치를 **안티로크 장치**(antilock brake system, ABS)라고 한다.

그림 **15 · 65**는 전자 제어 방식을 이용한 안티로크 브레이크 시스템을 나타낸 것이다. 전자 제어식 브레이크는 통상적인 브레이크 장치 외에 바퀴에 속도 센서, 이들 센서로부터 전기신호를 받아서 연산하는 전자 제어 유닛(ECU)과 ECU의 신호를 받아서 펌프 모터를 회전시켜 바퀴의 브레이크 액압을 조절하는 액추에이터 등을 가지고 있다. 급제동시에는 이들 시스템의 작동에 의하여 각 바퀴에 흐르는 브레이크액의 압력을 조절하여 바퀴가 브레이크 로크되는 것을 방지하는 작용을 한다.

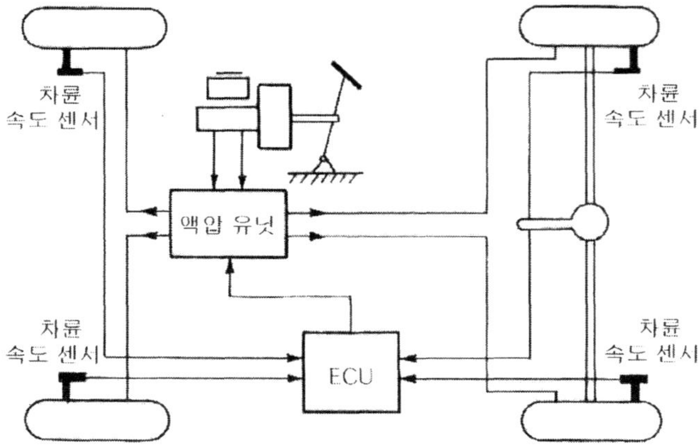

그림 15 · 65 안티로크 브레이크 시스템

15.10.2 제동 특성

자동차가 주행 중에 브레이크를 걸면 바퀴의 속도는 차의 속도보다 느려져서 타이어와 노면상에 슬립(slip)이 발생한다. 이 결과 타이어와 노면 사이에 생기는 마찰력이 제동력이 된다. 자동차가 브레이크를 걸면서 주행하는 경우 타이어의 슬립률(λ)은 다음 식으로 계산한다.

그림 15 · 66은 제동 마찰계수 μ_B 및 가로미끄럼 마찰계수 μ_S와 슬립률 λ와의 관계를 나타낸 것이다.

$$\text{슬립률} = \frac{\text{차의 속도} - \text{실제 속도(타이어의 속도)}}{\text{차의 속도}} \times 100(\%)$$

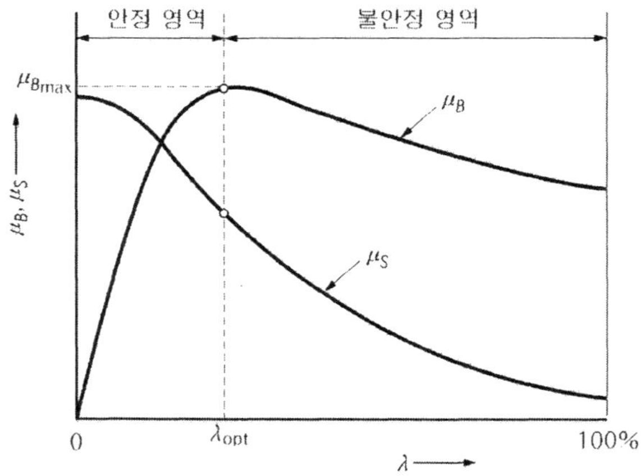

그림 15 · 66 안정 영역과 불안정 영역

바퀴의 동하중 반지름을 r 이라고 하면, 바퀴 1회전은 $2\pi r$ 만큼 진행하나 급브레이크를 걸면 노면에 대하여 미끄러지면서 구르므로 실제로는 $2\pi r$보다 더 나아가게 된다. 이 여분의 거리가 타이어가 미끄러진 거리이다.

타이어의 마찰계수(μ_B)는 노면이 일정하면 슬립률에 따라서 크게 변화한다. 마찰계수는 슬립률이 20% 정도까지는 급격히 증가하여 15~30% 사이에서 최고값에 달하고 그 후에는 다시 조금씩 감소한다.

한편 가로미끄럼 계수 μ_S는 $\lambda=0$에서 최대로 되고 λ가 증가함에 따라 감소한다. 바퀴가 로크되어 $\lambda=100\%$이면 $\mu_S=0$이 된다.

또한 코너링 포스(cornering force)는 슬립률이 증가할수록 감소하여 바퀴가 로크한 상태의 경우에는 거의 0이 된다. 코너링 포스가 현저하게 감소하면 조종 안정성이 상실되며 직진성의 확보가 곤란하게 된다. 따라서 브레이크를 이상적인 상태로 제동하기 위해서는 바퀴가 로크되지 않도록 하여야 한다.

브레이크를 걸 때 제동 거리를 가장 짧게 하고 또 코너링 포스의 감소를 최소로 하기 위하여는 슬립률을 16~30% 부근에 오도록 제어하는 것이 바람직하다.

15.10.3 ABS에 의한 이상적 브레이크 제어

제동을 걸어서 바퀴의 회전이 안정 한계를 초과한 경우 신속하고 적당히 브레이크 압력을 풀어 브레이크 토크를 타이어 토크보다 약간 작게 하여 그 회전을 안정한계에 가까운 안정 영역까지 회복시킨다.

다음에는 다시 안정 한계를 넘을 때까지 조금씩 브레이크 압력을 높여 안정 한계에 가까운

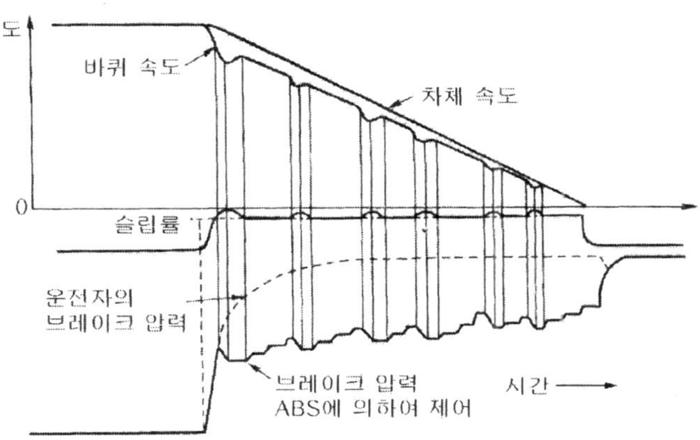

그림 15 · 67 ABS에 의한 이상적인 브레이크 제어

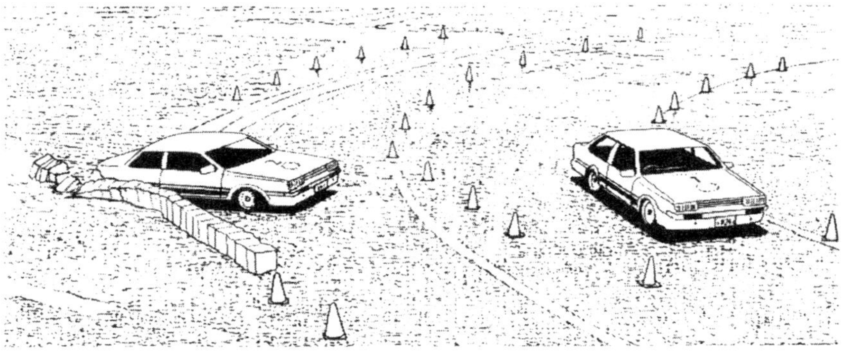

그림 15 · 68 코너링시의 ABS효과

최적 회전 상태로 유지시킨다. 이와 같이 제어되는 바퀴는 λ_{opt}에 가까운 슬립 범위로 회전하게 된다. 따라서 지향성과 차체의 방향 안정성이 충분히 확보되어 가장 최적 제동 거리를 실현할 수 있다.

그림 15 · 68은 ABS효과의 실례로서 코너링시의 차의 거동을 나타낸 것이다. 왼쪽은 ABS를 장착하지 않은 차, 오른쪽은 ABS를 장착한 경우이다.

15.10.4 ABS의 구성

〔1〕 바퀴 속도 센서(wheel-speed sensor)

그림 15 · 69는 앞 · 뒷바퀴의 속도 센서를 나타낸 것이다. 기어 모양의 센서링은 바퀴와 함께 회전하며, 센서는 그 끝부분에 자속(磁束)이 발생하고 있다. 그러므로 기어 모양의 돌기부를 갖는 센서링이 회전하면 자속 중을 회전하므로 자속 밀도가 변화하여 기전력이 발생한다. 이것을 정현파(正弦波) 전압신호로 바꾸어서 컨트롤 유닛으로 보낸다. 이 때 자속밀도의 변화는 속도에 비례하므로 정현파 주파수는 차의 바퀴 속에 비례하는 속도를 검출할 수 있다.

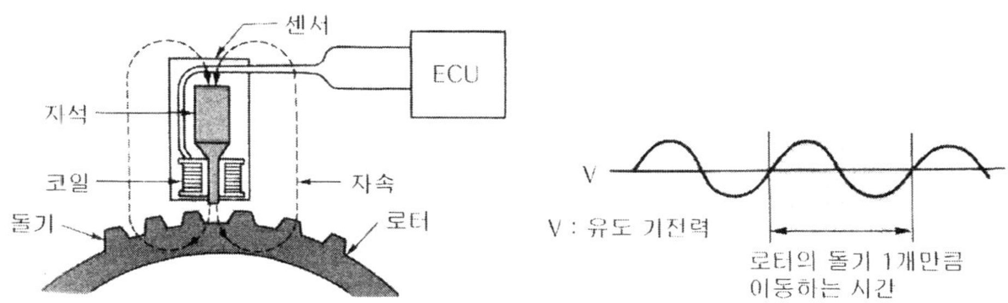

그림 15 · 69 앞 · 뒷바퀴 속도 센서

〔2〕 컨트롤 유닛(control unit)

각 바퀴의 속도 센서의 신호를 받아서 바퀴의 회전 속도를 연산하여 바퀴가 로크하지 않도록 휠 실린더의 압력을 증압, 유지, 감압하는 신호를 액추에이터에 보내는 일을 하는 전자 회로이다.

〔3〕 액추에이터(actuator)

액추에이터는 솔레노이드 밸브, 모터, 유압 밸브 등으로 구성되는 하이드롤릭 유닛과 모터 릴레이, 액추에이터 릴레이 등으로 구성된다. 컨트롤 유닛으로부터 신호에 따라서 하이드롤릭 유닛에 들어 있는 솔레노이드 밸브를 작동시켜 휠 실린더의 오일 압력을 증압, 유지, 감압제어를 하게 된다.

〔4〕 딜레이 밸브(delay valve)

앞·뒷바퀴 동시에 슬립이 생기는 것을 방지하기 위하여 뒷바퀴 쪽에 있는 휠 실린더의 압력을 높이는 것을 일시 지연시키는 작용을 하는 밸브이다.

15.11 브레이크의 시험

15.11.1 브레이크의 검사

브레이크의 조립, 조정이 끝나면 최후로 브레이크의 성능 검사를 하여야 한다. 브레이크에는 지금까지 설명한 바와 같이 여러 가지 종류가 있고 그 형식도 다양하여 구조도 다소 다르나 제3브레이크를 제외하고는 거의 같은 방법으로 검사할 수 있다. 특히 브레이크 기능의 양부는 교통 사고를 유발하는 중요한 인자가 되므로 이것에 유의하여 철저히 점검하여야 한다.

〔1〕 브레이크의 성질

비가 내린 도로에서 브레이크를 걸면 타이어와 노면 사이에 슬립(slip)이 생겨서 자동차는 정지할 수 없게 된다. 이것은 자동차의 제동 장치가 완전하여도 타이어와 도로의 마찰계수가 비에 의하여 작아져 있기 때문이다. 따라서 브레이크의 검사는 다음의 두 가지 면에 대하여 생각할 수 있다.

그 하나는 브레이크 슈와 드럼과의 관계이고, 다른 하나는 타이어와 노면과의 관계이다. 전자는 브레이크의 정비의 완결성에 따라 영향을 받게 되고, 실제의 브레이크의 검사는 후자의 관계로부터 타이어를 완전히 고정한 후의 제동 거리로 판단한다. 자동차를 정지시키는 제동력은 타이어와 노면 사이의 마찰계수(摩擦係數)의 크기에 따라 상당히 변화한다.

〔2〕 브레이크의 검사 방법

브레이크의 성능을 검사하는 방법은 노상에서의 검사, 브레이크 테스터에 의한 검사가 있다.

노상시험은 건조한 평탄로를 선택하여 시험한다. 자동차를 소정의 속도로 주행하다가 급 브레이크를 걸어서 제동 초속도(初速度)와 정지거리를 측정하여 이것이 보안 기준의 범위에 있으면 브레이크는 양호한 것이다. 여기서 제동 초속도는 브레이크를 걸기 시작할 때의 속도를 말한다.

또 주행 시험의 경우는 제동 능력 외에 브레이크의 끌림, 브레이크 드럼의 발열, 브레이크가 한쪽만 걸리는 결함 등도 조사할 수 있다.

자동차는 관성 때문에 제동하기 위하여 필요한 제동 거리는 그 차의 속도의 비의 약 제곱에 비례하고 속도가 일정할 때는 차의 총 중량에 비례하여 길어진다.

브레이크 테스터에 의한 검사는 자동차의 각 차륜의 제동력을 측정하는 시험이다.

15.11.2 정지 거리

브레이크 테스터에 의한 검사일 때에는 제동력을 이용하여 정지 거리(停止距離)를 구할 수 있다. 여기서는 제동력과 정지 거리와의 관계에 대하여 설명하기로 한다.

〔1〕 정지 거리의 계산

① 정지 거리　　자동차는 운전자가 위험을 인식하고 곧 브레이크를 걸어도 약간의 시간적 지연이 생긴다. 이 시간을 반응 시간이라 하고 이 사이에 자동차는 그대로의 속도로 진행하게 된다. 이 거리를 공주 거리(空走距離)라 한다.

브레이크가 걸리기 시작해서 완전히 정지할 때까지의 시간을 제동 시간이라고 하고 이 때의 주행 거리를 제동 거리라고 한다. 이와 같이 주행 중 자동차를 정지시키는 데는 우선 장애물의 발견→행동 개시(조작)→정지의 경로를 밟으며 정지 거리는 공주 거리와 제동 거리의 합으로 표시된다. 그림 15・70은 제동 경과를 알기 쉽게 표시한 것이다.

$$\text{정지 거리} = \text{제동 거리} + \text{공주 거리} \qquad (15 \cdot 14)$$

그림 15・70에서

(a) 반응(반사) 시간 : 브레이크 조작할 것을 판단한다.

(b) 발바꿈시간 : 가속 페달로부터 브레이크 페달로 발을 올려놓는다.

(c) 브레이크를 밟는 시간 : 브레이크 페달을 밟는다.

(d) 과도 시간 : 브레이크 효과가 시작된다.

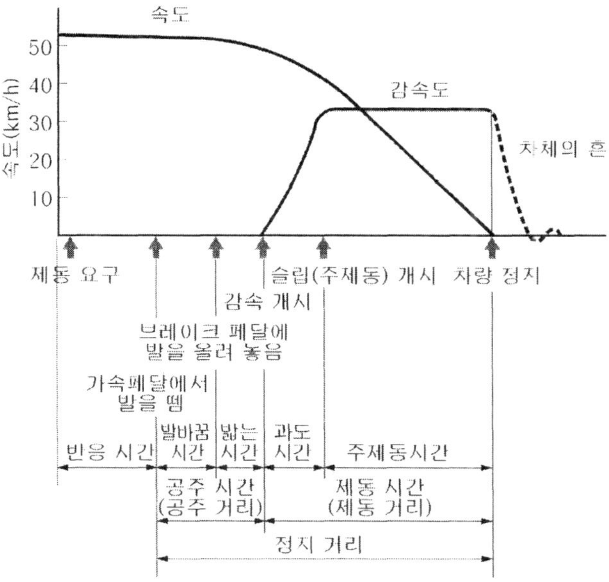

그림 15 · 70 정지 거리

(e) 주제동 시간 : 브레이크에 힘이 발생하여 자동차가 정지하는 시간이다.

② 제동 거리의 계산식　　지금 V(km/h)의 속도로 달리던 자동차가 공주 시간 t초 사이에 주행한 공주 거리 S_1(m)은

$$S_1 = \frac{V}{3.6} \cdot t$$

로 표시된다. 여기서 V는 제동 초속도(km/h), t는 공주 시간(sec)이다. 일반적으로 공주 시간은 0.7~1.0초 정도이다.

한편 평탄한 도로를 달릴 때의 제동 거리 S_2(m)는 다음 식으로 구한다.

$$\text{제동 거리 } S_2 = \frac{1}{2} \cdot \frac{W+W'}{g}\left(\frac{V}{3.6}\right)^2 \cdot \frac{1}{F} = \frac{(W+W')\times V^2}{2\times 9.8\times 3.6^2} \times \frac{1}{F}$$

$$\text{제동 거리 } S_2 = \frac{V^2}{254} \cdot \frac{W+W'}{F} \qquad (15 \cdot 15)$$

여기서 V : 제동 초속도(km/h)

W : 자동차의 중량(kg)

W' : 자동차의 회전 부분 상당 중량(kg)(회전 부분 상당 중량은 트럭은 차량 중량의 7%, 승용차, 소형 트럭 등에서는 차량 중량의 5%로 계산한다.

F : 제동력(kg)

따라서 정지 거리 S(m)는 $S = S_1 + S_2$이므로

$$\text{정지 거리 } S = \frac{Vt}{3.6} + \frac{V^2}{254} \times \frac{(W + W')}{F} \qquad (15 \cdot 16)$$

가 된다.

〔2〕 브레이크 테스터에 의한 정지 거리의 계산

자동차의 제동력을 브레이크 테스터를 사용하여 측정하여 정지 거리를 구할 수 있다. 이 경우 차의 차량 중량과 최고 속도를 알아야 된다.

보기 15.1 차량 중량이 1400 kg이고 최고 속도가 120 km/h의 자동차를 브레이크 테스터에서 시험한 결과 다음과 같은 제동력을 얻었다. 정지 거리는 얼마인가? 단, 회전부 상당 중량은 차량 중량의 5%, 제동 초속도는 50 km/h이고, 공주 시간은 0.8초이다.

표 15 · 3

	왼쪽	오른쪽
앞바퀴	240	250
뒷바퀴	230	220

풀이 제동 초속도 50 km/h, 차량 중량 1400 kg이고, 회전 상당 중량 $= 1400 \times \frac{5}{100} = 70$ kg이다. 따라서 제동력 $= 240 + 250 + 230 + 220 = 940$ kg이고 정지 거리 S는

$$S = \frac{50 \times 0.8}{3.6} + \frac{50^2}{254} \cdot \frac{(1400 + 70)}{940} = 26.503\,\text{m}$$

이다.

익힘문제

1. 브레이크의 종류를 들고 설명하라.
2. 유압식 브레이크에 대한 다음 물음에 답하라.
   (1) 파스칼의 원리
   (2) 브레이크 슈와 브레이크 드럼
   (3) 제3브레이크
   (4) 디스크 브레이크

(5) 드럼 브레이크

3. 브레이크 유압 배관 방식에 대하여 설명하라.
4. 브레이크의 자기 배력 작용에 대하여 설명하라.
5. 마스터 실린더와 탠덤 마스터 실린더의 구조와 작용을 제동 작용과 관련하여 알아보라.
6. 브레이크 페이드와 라이닝 재질과는 어떤 관계가 있는가?
7. 디스크 브레이크의 특징을 알아보라.
8. 브레이크 배력 장치의 종류를 들고 작동 원리를 설명하라.
9. 공기 브레이크의 구조와 작동을 설명하라.
10. 주차 브레이크의 원리와 구조를 설명하라.
11. 차량 중량이 1700 kg이고 최고 속도가 110 km/h의 자동차를 브레이크 테스터에서 시험한 결과 다음과 같은 제동력(단위 : kg)을 얻었다. 정지 거리는 얼마인가? 단, 회전부 상당 중량은 차량 중량의 5%, 제동 초속도는 60 km/h이고, 공주 시간은 0.8초이다.
    앞바퀴 : 왼쪽 230 kg, 오른쪽 240 kg
    뒷바퀴 : 왼쪽 242 kg, 오른쪽 215 kg
12. 제3 브레이크의 종류와 작용에 대하여 알아보라.
13. ABS의 원리와 작동에 대하여 설명하라.
14. 자동차의 정지 거리와 속도와의 관계를 설명하고 각 속도별 정지 거리를 계산하여 표로 만들어 보라.
15. ABS의 브레이크 제어에 대하여 논하고 ABS를 적용하지 않은 자동차와 제동 성능을 비교하여 설명하라.
16. 진공식 제동 배력 장치(진공-유압 브레이크)의 구조와 작동 원리에 대하여 상술하라.
17. 공기 브레이크와 유압식 브레이크의 구조와 작동을 비교하여 설명하라.

16 주행 장치

16.1 주행 장치의 개요

주행 장치는 휠(wheel)과 타이어(tire)로 구성되어 있다. 주행 장치는 정지 중에는 자동차의 중량을 받고, 주행 중에는 노면의 요철로부터 오는 진동에 의한 하중, 구동력 및 브레이크가 걸릴 때의 작용력이나 충격력 등을 받으며 선회할 때에는 가로 방향의 작용력 등을 받는다. 그러므로 바퀴는 차의 전 중량을 지지하며 회전하는 주행 장치의 주요부이다.

16.1.1 휠의 종류

휠은 그 모양에 따라 다음과 같이 분류된다.

〔1〕 강판제 디스크 휠(disk wheel)

강철제 원판에 림(rim)을 붙인 것으로서 구조가 간단하고 내구력이 커서 현재 가장 많이 사용되는 형식이다. 강판제로 만들어진 원판 바퀴는 그 중량을 경감시키고 브레이크 드럼의 냉각을 촉진할 수 있도록 구멍을 뚫어서 만든 것도 있다.

〔2〕 경합금제 휠

휠의 경량화와 상품성을 높이기 위하여 알루미늄이나 마그네슘 등의 경금속을 베이스로 하여 림부 및 디스크부를 일체로 주조한 휠과 단조에 의한 단조 알루미늄 휠 및 림부와 디스크부를 조합한 3부품으로 구성된 휠이 있다.

그림 16·1 휠

그림 16·2 경합금제 휠

〔3〕 스포크 휠(spoke wheel)

림과 디스크부를 와이어 스포크(wire spoke)로 결합한 휠로서 주로 2륜차에 사용되고 있으며 경쾌하기 때문에 일부 스포츠카에도 사용하나 구조가 복잡하고 제작이 힘들고 변형된 후에 정비가 곤란하다.

16.1.2 림의 종류

〔1〕 분할형 림(divided type rim)

림과 디스크를 일체로 한 것으로서 좌우 동일 형상으로 만든다. 이것은 프레스 가공하여 제작하고 타이어의 착탈도 간단하여 경자동차에 많이 사용된다(그림 16·3).

〔2〕 드롭 센터형 림(drop center type rim)

승용차에 가장 많이 사용되는 것으로서 림의 중앙부가 들어가 있어서 타이어의 비드가 끼워지도록 되어 있다. 림과 디스크는 용접 또는 리베팅한다(그림 16·4).

〔3〕 와이드 베이스 드롭 센터형 림(wide base drop center type rim)

그림 16·5와 같이 구조는 분할형림과 같으나 타이어의 공기량을 많게 림폭을 넓게 만든 것으로 저압 타이어에 주로 사용한다.

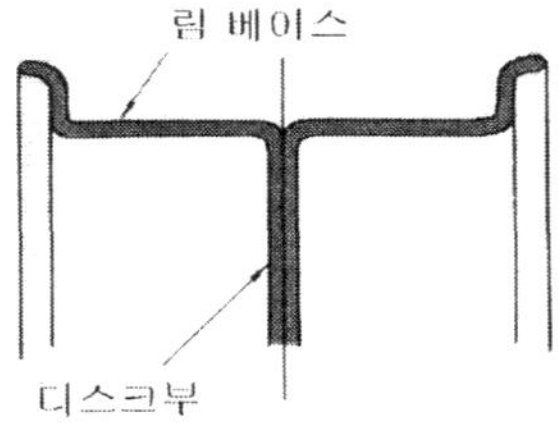

그림 16·3 분할형 림

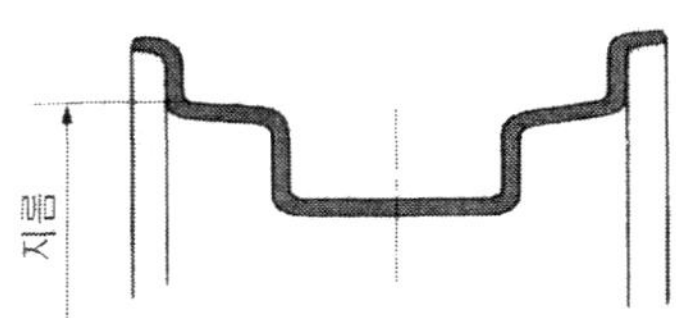

그림 16·4 드롭 센터형 림

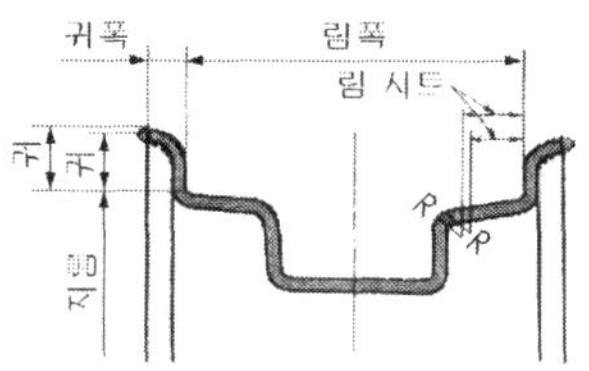

그림 16·5 와이드 베이스 드롭 센터형 림

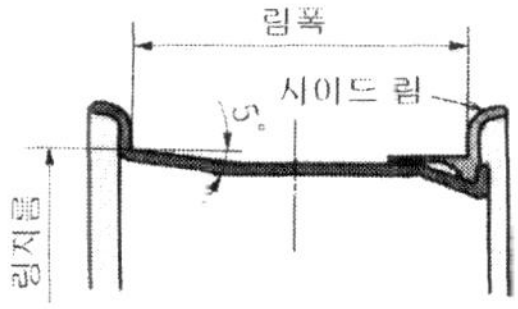

그림 16·6 세미 드롭 센터형 림

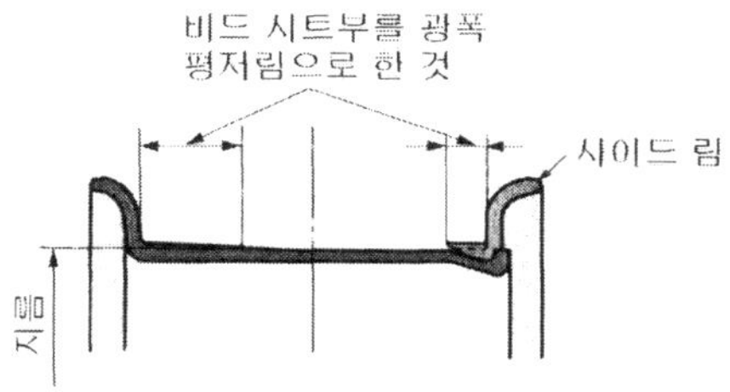

그림 16·7 인터림

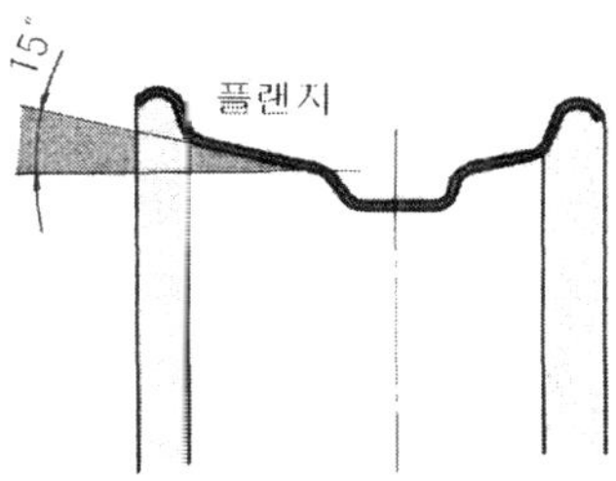

그림 16·8 15° 드롭 센터형 림

〔4〕 세미 드롭 센터형 림(semi-drop center type rim)

이것은 3륜차나 경자동차와 같이 안지름이 작은 타이어에 사용된다. 주로 지름이 400 mm 이하의 소형 트럭용 타이어로 사용된다(그림 16·6).

〔5〕 인터 림(inter rim)

트럭, 버스 등에 사용되는 것으로서 비드 시트부를 넓게 하고 사이드링의 형상을 바꾸어 링과 사이드링이 확실히 물리도록 한 형식이다(그림 16·7).

〔6〕 15° 드롭 센터형 림(15° drop center type rim)

트럭, 버스, 튜브리스 타이어에 사용하는 것으로서 비드 시트부에 15°의 테이퍼를 두어 공기를 완전히 실링하는 방식이다(그림 16·8).

이 밖에도 차의 형식에 따라 여러 가지 림의 형식이 사용된다.

16.2 타이어

16.2.1 타이어의 구조

타이어의 구조는 종류에 따라 조금씩 다르나 그 기본적 구조는 그림 16·9와 같다.

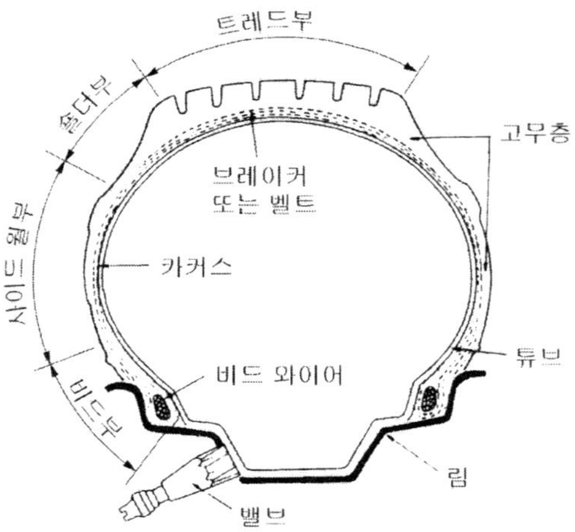

그림 16·9 타이어의 구조

〔1〕 트레드부(tread)

직접 노면에 접촉하는 부분으로서 고무가 가장 두껍고 마멸이나 도로로부터의 충격이나 손상에 견딜 수 있도록 강하게 만들어진다. 사용하는 목적에 따라 그 모양(트레드 디자인)을 여러 가지로 만들어 미끄럼 방지나 열의 방산을 촉진시키도록 되어 있다. 또 도로의 밀착이 양호하고 동력이나 브레이커의 제동력을 확실하게 전달할 수 있도록 만들어야 한다. 재료는 주로 천연 고무와 합성 고무에 탄소를 가한 것을 사용한다.

〔2〕 숄더부(shoulder)

트레드와 사이드 월 사이의 부분으로서 트레드와 같은 두꺼운 고무층으로 되어 있으며 카커스를 보호한다.

〔3〕 사이드월부(sidewall)

트레드 부분으로부터 계속된 측면으로서 고무의 두께는 얇고, 주행 중의 신축 운동에 견디고, 진동을 흡수하는 부분이다. 그러므로 트레드보다 양질의 고무를 사용하여 연하게 만든다.

〔4〕 카커스부(carcass)

타이어의 골격 부분으로서 고압 공기와 하중 및 충격에 견디고 하중이나 충격에 의하여 변형하여 완충 작용을 한다. 타이어를 표시하는 방법으로 플라이 레이팅(ply rating)이란 용어를 사용한다. 이것은 실과 고무층을 말하며 하나의 보기로서 4플라이(4PR)라 하면 실과 고무층이 각각 4매로 되어 있는 것을 의미한다. 따라서 플라이는 타이어의 강도를 표시하는 숫자로서 6플라이는 4플라이보다 강하다.

〔5〕 브레이커부(breaker)

트레드와 카커스 사이에 위치하는 부분으로서 밀착을 좋게 하고 트레드부에 받는 충격을 완화시키는 일을 하기 위하여 굵은 실로 만든다. 또한 트레드가 손상하였을 경우 카커스까지 트레드 손상에 대한 영향이 미치지 않도록 하는 일을 한다.

〔6〕 비드부(bead)

타이어가 림과 접촉하는 부분으로서 중심에 20~30개 정도의 피아노선(강선; 鋼線)을 넣고 특수고무로 피복하였다.

〔7〕 튜브(tube)

타이어에 공기를 넣기 위하여 탄력성이 좋고 내열성이 큰 고무로 만든 것으로서 높은 압력에 견디어야 한다. 튜브는 타이어는 내열성, 내굴곡성, 탄력성이 우수하고, 진동과 충격에 견딜 수 있도록 양질의 고무를 특수가공하여 사용한다.

튜브는 그림 16·9와 같이 공기 밸브가 마련되어 있다. 공기 밸브는 튜브에 공기를 넣기 위한 구멍과 밸브로서 구성된다. 공기 밸브에는 밸브 코어(valve core)가 있으며 그 구조는 외부로부터 공기가 새어나가지 못하도록 되어 있다.

16.2.2 타이어 치수의 호칭

타이어의 호칭은 타이어의 치수, 구조 특성 등을 기호화하여 다음과 같이 배열하도록 KS에 규정되어 있다. 또 다른 방법으로 타이어의 호칭은 타이어의 폭, 타이어 안지름과 플라이 레이팅(플라이수)으로도 표시한다.

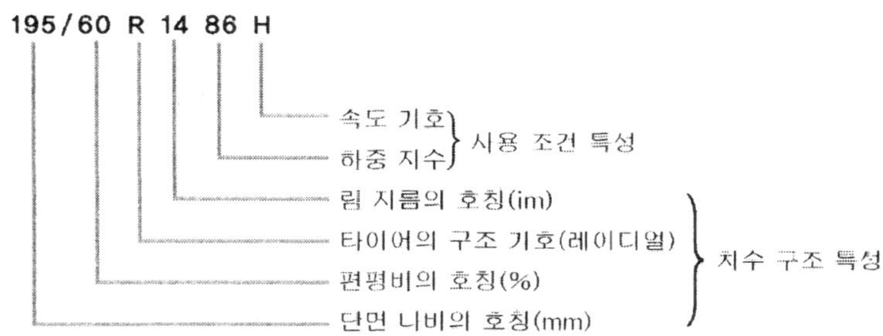

그림 16·10 승용차용 타이어의 호칭법

하나의 보기로서 승용차의 경우 6.70-15-6PR이라면

폭=6.70 in(약 170 mm)

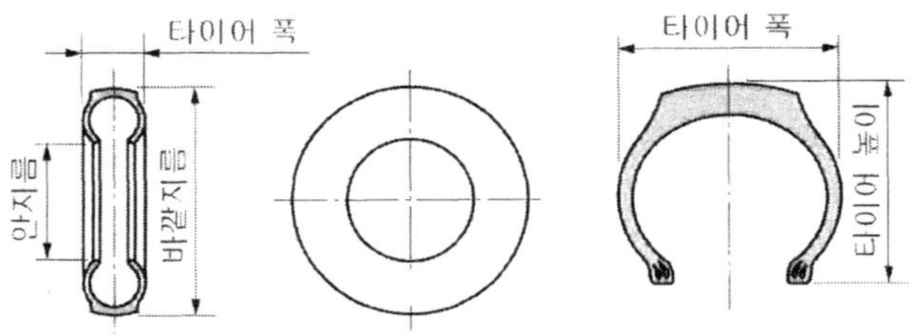

그림 16 · 11 타이어의 치수

안지름 = 15 in(약 380 mm)

코드층수 = 6

인 타이어를 의미한다. 그림 **16 · 11**은 타이어의 치수를 나타낸 것이다.

보통의 타이어에 비하여 편평 타이어는 타이어 단면의 편평비(扁平比; aspect ratio)가 작은 것으로서 트레드 아래에 넣은 브레이커 코드가 강하여 발열을 방지할 수 있는 것으로서 고속 차용에 쓰인다.

편평비는 다음 식으로 표시된다.

$$편평비 = \frac{타이어\ 높이}{타이어\ 폭}$$

$$편평률 = \frac{타이어\ 높이}{타이어\ 폭} \times 100\ (\%)$$

① **타이어 폭**(mm) 타이어 측면의 프로텍트 라인 및 문자 등이 포함되지 않은 폭을 말한다.

② **편평비**(%) 타이어 편평비란 타이어 단면에 대한 높이의 비율로써 고성능 타이어일수록 편평비가 낮아진다.

③ **타이어 구조**(레이디얼) 카커스와 트레드 사이에 강철 와이어가 망 형태로 들어가 있는 구조를 갖는다.

④ **타이어 안지름**(inch) in 단위로 나타내며 일반적으로 말하는 휠 크기(wheel size) 또는 림의 지름과 같다.

⑤ **타이어 하중 지수** 타이어가 하중을 견디는 능력을 수치로 표시한 것을 말하며, 타이어의 사이드월 부분에 표시되어 있다. 하중 지수는 1개가 타이어가 주행 가능한 최대 하중을 코드화하여 표시한 것으로, 예를 들어 하중 지수가 100인 타이어는 최대 부하 하중이 800 kg이라는 것을 의미한다.

표 16·1 하중 지수 환산표

최대 부하 용량(maximum load-carrying capacity / tire)					
하중 지수 (load index)	하 중 (load, kg)	하중 지수 (load index)	하 중 (load, kg)	하중 지수 (load index)	하 중 (load, kg)
71	345	90	600	108	1000
72	355	91	615	109	1030
73	365	92	630	110	1060
74	375	93	650	111	1095
75	387	94	670	112	1129
76	400	95	690	113	1164
77	412	96	710	114	1200
78	425	97	730	115	1237
79	437	98	750	116	1275
80	450	99	775	117	1315
81	462	100	800	118	1355
82	475	101	825	119	1397
83	487	102	850	120	1440
84	500	103	875	121	1485
85	515	104	900	122	1531
86	530	105	925	123	1578
87	545	106	950	124	1627
88	560	107	975	125	1677
89	580				

⑥ 타이어 한계 속도 표시　　타이어 호칭에 표시된 최고 속도는 순간 속도로써 타이어 제작사에서 제시한 적정 공기압 상태에서의 최고 속도를 말한다. 실제 사용 공기압(2.2∼2.3 bar)에서의 적정 속도는 이보다 조금 낮다고 보면 된다.

표 16·2 타이어의 속도 표시 기호

속도 기호 (speed symbol)	속 도 (speed km/h)	속 도 (speed mph)	속도 기호 (speed symbol)	속 도 (speed km/h)	속 도 (speed mph)
Q	160	100	H	210	130
R	170	106	V	240	149
S	180	112	W	270	168
T	190	118	Y	300	186
U	200	124	ZR	Above 300	Above 186

표 16·3은 자동차의 종별에 따른 타이어의 공기 압력을 표시한 것이다.

표 16·3 차종별 타이어 공기압

차 종		공기압 kg/cm²
2륜 자동차용		1.30～2.40
승용차용	저 압	2.10～2.53
	초저압	1.00～2.10
소형 트럭용		3.20～6.30
버스, 트럭용		4.20～6.30

16.3 타이어의 트레드 패턴

16.3.1 트레드 패턴

타이어 트레드 패턴(tread pattern)은 직접 노면과 접하는 두꺼운 고무 부분으로서, 내마멸성이 크고, 점도가 큰 것이 요구된다. 이 부분은 미끄럼이 생기지 않도록 그 면에 여러 가지 패턴의 융기를 만든다. 이와 같이 각종 트레드의 모양은 그 용도에 따라 여러 가지로 만들어진다.

16.3.2 트레드 패턴의 종류

타이어 트레드의 기본 패턴은 그림 16·12와 같이 5개의 형식으로 나눌 수 있다.

〔1〕 리브형

리브형(rib type)은 주로 포장 도로에 사용되는 형으로 트럭, 버스, 승용차의 기본형이고, 타이어 트레드 둘레를 연속적으로 이은 모양을 가진다. 모양은 대개 지그재그형으로 만들며 이렇게 함으로써 원둘레 방향(圓周方向) 및 가로 방향의 슬립을 방지하는 데 효과가 있다. 이 기본형을 응용하여 여러 가지 복잡한 형이 사용되고 있다〔그림 16·12(a)〕.

(a) 리브형 (b) 러그형 (c) 리브-러그형 (d) 블록형 (e) 비대칭형

그림 16·12 타이어의 트레드 패턴

이 형은 조정 안정성이 뛰어나고, 전동 저항이 적으며, 저소음과 배수성 및 가로 미끄럼이 적은 특징이 있다.

〔2〕 러그형

러그형(lug type)은 주로 트럭, 버스 등에 사용되는 형으로서 그 모양이 가로 방향의 패턴을 형성하기 때문에 전후 방향에 대한 강력한 견인력 · 구동력 · 제동력을 가진다〔그림 16 · 12 (b)〕. 이것도 중심부에는 연속된 모양을 가지고 있으므로 미끄럼 없이 주행할 수 있다. 일반 도로와 비포장용에 알맞다.

〔3〕 리브-러그형

리브-러그형(rib-lug type)은 리브형과 러그형을 병용한 것으로서 중앙부는 리브형으로 조종성, 안정성, 미끄럼 방지기능을 갖게 하고 양쪽에는 러그형으로 하여 구동력, 제동력을 얻을 수 있도록 한 형식의 패턴이다〔그림 16 · 12 (c)〕. 이 형은 포장 · 비포장 도로에 모두 적합한 것이다. 주로 트럭, 버스, 소형 트럭 등에 사용되고 있다.

〔4〕 블록형

블록형(block type)은 독립된 블록으로 구성된 타이어로서 구동력 · 제동력이 우수하여 눈이 덮인 도로나 모래 위와 같이 연한 노면을 주행하기에 적당한 패턴이다〔그림 16 · 12 (d)〕. 패턴이 불연속적이기 때문에 포장 도로를 달릴 때는 진동 혹은 소음이 발생하므로 리브형을 개량하여 사용하는 수가 많다. 스노타이어, 레이디얼 타이어, 건설 차량, 레저용 자동차 등에 사용된다.

〔5〕 비대칭형

비대칭형은 좌우의 패턴이 다른 비대칭 모양의 것으로서 코너링시 좌우 타이어 각각 코너링 포스를 높일 수 있고, 안정된 코너링 특성을 얻을 수 있다. 주로 승용차에 사용된다〔그림 16 · 12 (e)〕.

16.4 타이어의 종류

타이어는 직접 노면과 접촉하면서 전동하고 노면과의 접지력을 크게 하여 노면으로부터 받는 충격을 흡수하여 승차 안정감을 좋게 하는 일을 한다.

16.4.1 사용 공기압에 의한 분류

① 고압용 타이어(high pressure balloon tire)　공기압이 4.15~6.20 bar 정도로서 외피(外

皮)는 두껍고 고하중에 견딘다.

② 저답용 타이어(low pressure balloon tire) 공기압이 2.10～2.50 bar 정도인 타이어로 그 단면적은 고압 타이어의 약 2배이고 도로면과의 접지 면적도 크다. 따라서 이것은 압입 공기량이 많고 압력이 낮아 완충 효과가 양호하다.

③ 초저압용 타이어(extra low pressure balloon tire) 주로 승용차용이며 공기압은 1.00～2.00 bar 정도이다.

16.4.2 튜브의 유무에 따른 분류

① 튜브 타이어(tube tire) 타이어 속에 튜브를 넣어서 공기를 압입하는 타이어이다. 일부 트럭과 모터 사이클 타이어에 사용된다.

② 튜브리스 타이어(tubeless tire) 튜브 없이 타이어가 튜브를 겸하도록 만든 타이어를 말한다. 튜브리스 타이어는 타이어 내면에 점도가 큰 고무를 밀착하였기 때문에 못과 같은 예리한 장애물에 찔리더라도 이것을 빼면 즉시 고무가 그 구멍을 메워 공기의 누출을 방지한다. 대부분의 차량에는 튜브리스 타이어가 사용된다.

16.4.3 구조상의 분류

〔1〕 바이어스 타이어

바이어스 타이어(bias tire)는 카커스 코드를 경사지게(바이어스) 상호 조합한 형식의 구조로 된 것으로서 일반적으로 그림 16 · 13 (a)와 같이 타이어 원둘레 방향에 대하여 45°의 코드 각도로 교차하도록 되어 있다. 승용차, 트럭, 버스 등에 널리 사용되며 승차감이 좋으나 레이디얼 타이어에 비하여 조종 안정성 및 내마멸성이 나쁘다.

〔2〕 레이디얼 타이어

레이디얼 타이어(radial tire)는 그림 16 · 13 (b)와 같이 카커스 코드가 타이어의 원주방

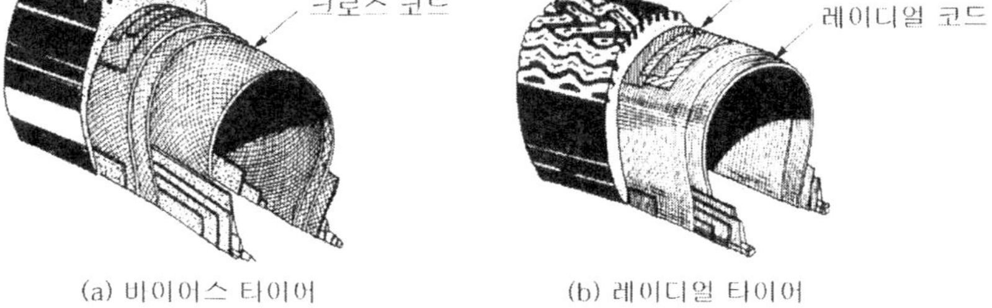

(a) 바이어스 타이어 (b) 레이디얼 타이어

그림 16 · 13 바이어스 타이어와 레이디얼 타이어

향에 직각(방사상)으로 배열되어 있어서 레이디얼 타이어라고 한다. 내마멸성, 조종 안정성이 우수하나 탄성이 작기 때문에 요철이 많은 험로나 저속에서 승차감이 나쁜 결점이 있다.

〔3〕 스노 타이어, 스파이크 타이어, 스터드리스 타이어

스노 타이어(snow tire)는 트레드에 미끄럼 방지를 위하여 금속과 같은 특수 물질을 혼합하여 얼음이나 눈이 덮인 노면을 주행할 때 사용할 수 있도록 설계 제작된 타이어이다.

스파이크 타이어(spike tire)는 빙상이나 동결용 도로용으로 트레드에 특수 초경질 합금제 스파이크를 박은 타이어이다.

스터드리스 타이어(studless tire)는 스파이크 타이어가 노면을 손상시키고 분진을 발생하는 등 사회적으로 문제가 생기는 결점을 제거하기 위하여 개발되었다. 빙상, 동결용 도로용으로 저온시에도 경화하기 어려운 점착성이 큰 고무를 사용하여 배수를 양호하게 트레드 홈을 깊게 가공한 타이어이다.

16.5 타이어의 취급

타이어는 주행에 따라 마멸하나 운전 기술이나 취급에 따라서 마멸이나 손상이 증대한다. 따라서 타이어의 바른 취급은 타이어의 수명을 증진시킬 수 있다.

16.5.1 타이어의 공기압

타이어는 새시 스프링과 같이 쿠션 작용을 하는 것으로서 타이어의 크기에 따라 규정 공기압으로 조정하여야 한다. 고속 주행할 때에는 규정 공기압보다 10~15% 높여주는 것이 좋다. 그림 16 · 14는 타이어의 공기압에 따른 노면 접촉부(tread contact with road)와 타이어의 변형 상태를 나타낸 것이다.

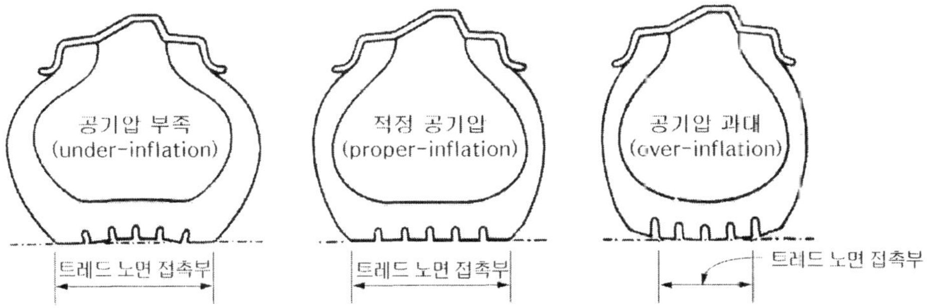

그림 16 · 14 타이어의 공기압과 변형

16.5.2 타이어의 교환

타이어는 장기간 같은 위치에서 사용하면 그 위치 특유의 마멸이 생기게 되므로 승용차는 6000~7000 km 주행마다 그림 16·15와 같이 정기적으로 교환(tire rotation)하여야 한다.

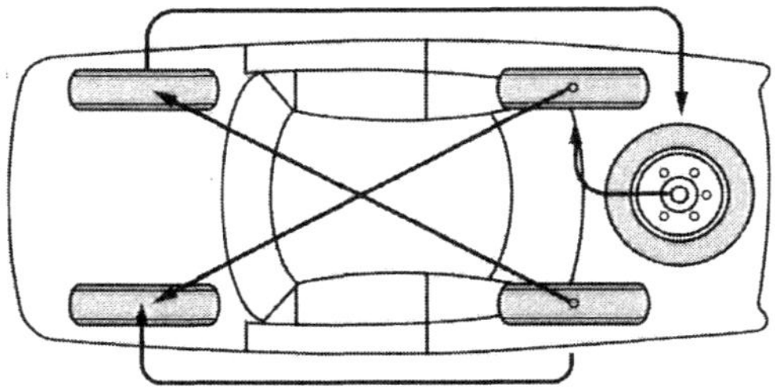

그림 16·15 타이어의 교환

16.6 바퀴 평형

바퀴와 같이 회전하는 것은 밸런스, 즉 평형이 되어 있지 않으면 바퀴가 회전 중에 진동을 일으켜서 타이어나 서스펜션 관계부품의 마멸을 촉진하므로 안전한 운전을 할 수 없게 된다. 그러므로 바퀴를 분해하여 수리할 때나 서스펜션 부품을 분해하였을 경우에는 바퀴의 평형을 점검하여야 한다.

16.6.1 바퀴의 평형

〔1〕 바퀴 평형의 필요

바퀴 평형(wheel balance)이 필요한 이유는 다음과 같다.

① 안전하고 쾌적한 운전을 위하여　　바퀴 평형이 맞지 않으면 바퀴가 회전할 때 발생하는 원심력 및 회전 불균형 때문에 진동하게 되어 조향 휠의 흔들림, 앞 서스펜션 각부의 마멸이 빨라진다.

② 타이어의 수명을 길게 하기 위하여　　바퀴의 불평형(unbalance)이 생기면 타이어가 이상 마멸하게 되고 타이어의 교환시기가 빨라진다. 이 밖에 서스펜션 관계 부품의 마멸도 빨라지게 된다. 바퀴의 마멸은 앞바퀴 얼라인먼트가 불량한 경우에도 그 원인이 있으므로 얼라인먼트와 함께 바퀴의 평형을 점검, 수정해야 한다.

16.6.2 바퀴 평형의 상태

자동차의 바퀴 평형에는 다음 두 가지가 있다.

(1) 정적 평형(靜的平衡)

그림 16 · 16과 같이 휠의 원주 상의 일부분에 메운 부분 M이 있을 때 휠을 서서히 회전시키면 휠은 항상 무거운 부분이 아래로 온 상태에서 정지하게 된다. 이와 같은 경우의 평형을 정적 평형(static balance)이라 한다. 이러한 상태에서 휠을 회전시키면 질량의 중심이 그림 16 · 16과 같이 점 B로 이동하게 되어 힘 F가 무거운 부분 M방향으로 작용하여 진동을 일으킨다. 수정은 M과 대칭인 M′에 M과 같은 크기의 추를 붙이면 된다.

(2) 동적 평형(動的平衡)

그림 16 · 17과 같이 휠의 2개소에 무거운 부분이 있으면 회전에 의하여 무거운 부분에 원심력이 발생하여 휠에 가로 흔들림이 발생한다. 이와 같은 것을 등적 불평형(dynamic unbalance)이라고 한다. 그림에서 타이어의 좌우 양면에 M 및 m의 무거운 부분이 있으면 정적 불평형에서 설명한 것과 같이 좌우 양면에 각각 힘 F_1, F_2가 작용하여 불평형 운동을 일으킨다. 이것을 수정하려면 M′, m′에 각각 M, m과 같은 추를 붙이면 된다.

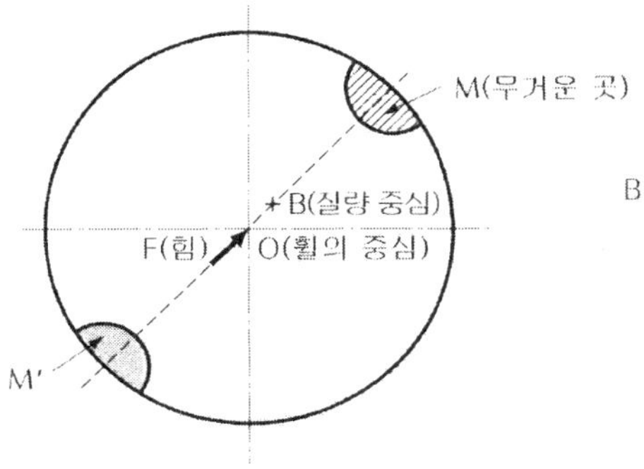

그림 16 · 16 정적 평형

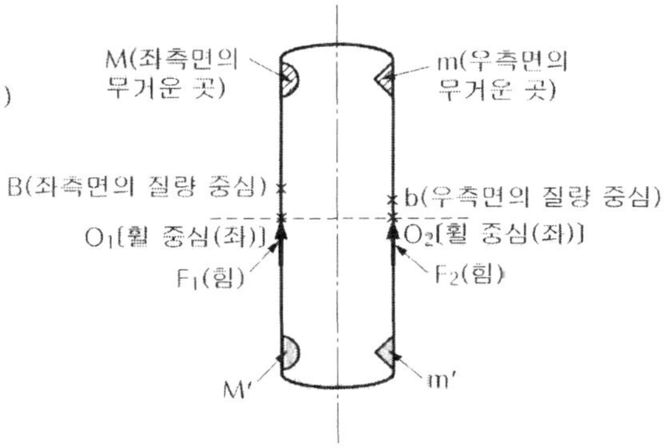

그림 16 · 17 동적 평형

16.6.3 주행 중 타이어에 생기는 이상 현상

〔1〕 스탠딩 웨이브 현상

타이어가 회전하고 있을 때 접지 부분은 변형하여 지면으로부터 떨어지면 처음의 상태로 돌아온다. 그러나 회전 속도가 빨라지면 처음 상태로 되돌아오는 부분이 지면에 접하여 변형해 그림 16 · 18과 같이 물결 모양이 된다. 이와 같은 현상을 스탠딩 웨이브(standing wave)라고 한다. 스탠딩 웨이브는 타이어의 공기압이 낮은 상태에서 고속 주행할 때 일어나기 쉽다. 그러므로 고속 주행할 때는 공기압을 10~30% 정도 높게 한다. 이 현상이 생기면 타이어의 카카스와 고무층의 밀착이 저하하여 타이어의 파손을 초래한다.

〔2〕 하이드로플래닝

물이 고여 있는 노면을 고속으로 주행하면 노면과 타이어 사이에 물이 층상으로 유입하여 자동차는 수상 스키와 같이 수면을 미끄러지는 것과 같은 상태로 된다. 이 상태를 하이드로플래닝(hydro-planing)이라고 한다.

이 상태에서는 조향 불능이 되고 제동이 걸리지 않게 되어 매우 위험한 상태로 된다. 이 상태를 막기 위해서는 마멸이 적은 타이어와 배수 효과(排水效果)가 우수한 타이어를 사용하는 것이 좋으나 가장 좋은 방지책은 물이 고인 곳을 주행할 때는 속도를 저하시키는 방법이다.

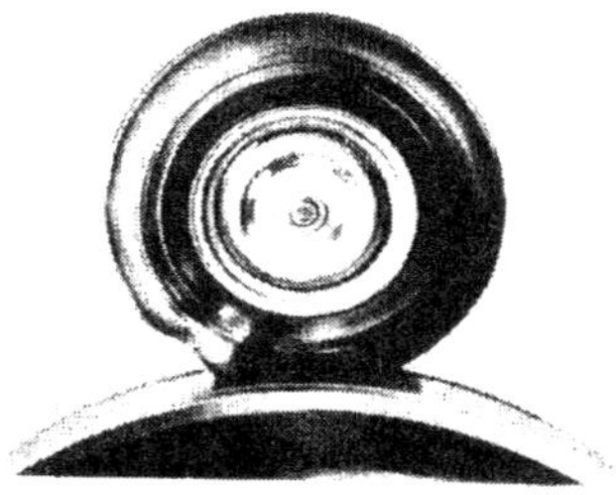

그림 16・18 스탠딩 웨이브

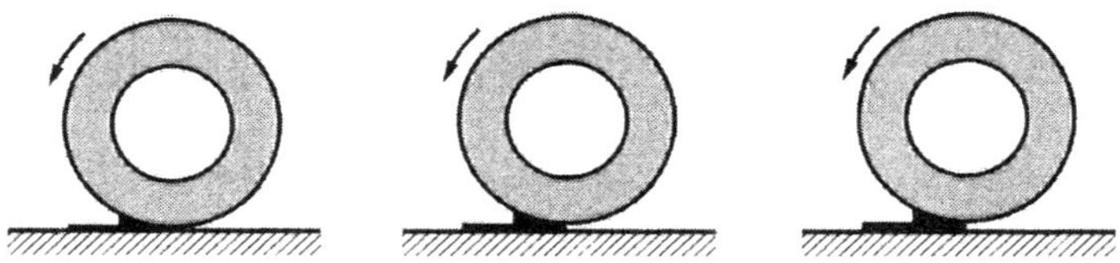

그림 16・19 하이드로플래닝

16.6.4 플랫 스폿

자동차를 장시간 정차시켜 두면 타이어가 자동차 중량을 지지한 상태로 노면에 접지하고 있으므로 트레드 면이 평탄하게 된다. 이와 같은 현상을 플랫 스폿(flat spot)이라고 한다.

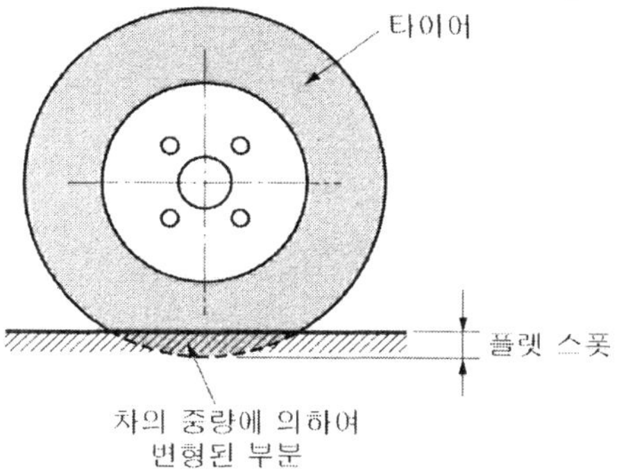

그림 16·20 플랫 스폿

익힘문제

1. 휠과 림의 종류를 들고 설명하라.
2. 타이어의 각부 명칭을 열거하고 설명하라.
3. 타이어의 호칭 치수의 표시 방법에 대하여 설명하라.
4. 타이어 트레드 패턴과 견인 특성에 대하여 조사해 보아라.
5. 타이어의 종류를 들고 설명하라.
6. 다음 사항에 대하여 설명하라.
   (1) 바퀴 평형
   (2) 타이어의 공기압
   (3) 스탠딩 웨이브
   (4) 플랫 스폿
   (5) 하이드로플래닝
7. 바퀴의 정적 평형과 동적 평형에 대하여 설명하라.
8. 타이어 공기압이 부적절하면 어떤 현상이 생기는가?
9. 타이어의 교환 주기와 필요성에 대하여 설명하라.
10. 어느 승용차의 타이어의 호칭이 6.70-15-6PR이라면 각 수치는 무엇을 의미하는가?
11. 타이어 단면의 편평비(aspect ratio)와 편평률에 대하여 설명하라.
12. 자동차가 주행 중에 타이어에 나타나는 현상을 열거하고 설명하라.

17 프레임과 차체

17.1 프레임

17.1.1 프레임의 구조

자동차의 기관, 동력 전달 장치, 주행 장치, 조향 장치 및 현가 장치 등을 붙여서 차체(body)를 지지하는 뼈대를 프레임(frame)이라 한다. 그러나 보디 자체를 강도 부재로 하여 프레임이 없는 단체 구조(單體構造; unit construcion)도 있다. 프레임의 재료로는 압연 구형강이 대형 트럭에 사용되고, 프레스 강판은 그 외의 자동차에 사용된다.

17.1.2 프레임의 형식

현재 사용되고 있는 프레임은 보통 프레임(H형, X형, K-Y형 등)과 특수 프레임(백본형; backbone type), 프레임리스형(단체구조; frameless type)으로 나눌 수 있다.

〔1〕 보통 프레임

① H형　주로 화물차에 많이 사용되며, 그림 17·1과 같이 2개의 사이드 멤버(세로 부재; side member)와 여러 개의 크로스 멤버(가로 부재; cross member)로 구성된다. 각 부재의 단면은 ㄷ자형 강판이나 ㅁ자형의 단면을 갖는 경우가 많다. 특히 승용차 프레임과 같이 차실 바닥을 낮출 목적으로 프레임에 킥업(kickup)부를 마련하여 차축이 들어가도록 만든다.

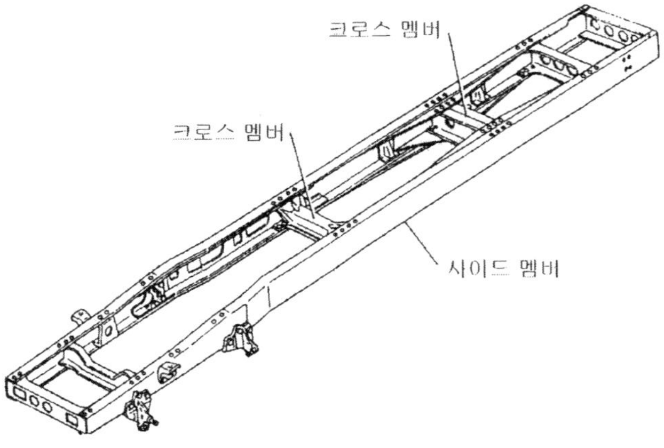

그림 17 · 1 H형 프레임

② X형 그림 17 · 2 (a)와 같이 양쪽의 세로 부재를 연결하는 가로 부재를 X자형으로 조합한 것으로서 전체의 비틀림 강성(剛性)이 H형 프레임보다 강하다. X형은 중앙부인 결합부의 공작에 면밀한 강도 계산이 필요하다.

이것은 좌석 바닥에 X부가 위치하므로 바닥면이 전체적으로 낮고 차실 출입구가 낮으므로 승강이 용이하고 전체의 중심(重心)을 낮출 수 있다.

〔2〕 특수형 프레임

① **백본형**(backbone type) 그림 17 · 2 (b)와 같이 등뼈 모양으로 만들어진 프레임으로서 비틀림에 대하여 대단히 강하다. 그림 17 · 2 (b)와 같이 단면은 상자형 또는 I형 및 원형이다. 이것은 바닥면을 낮출 수 있으나 주행 장치 계통의 정비가 어렵다.

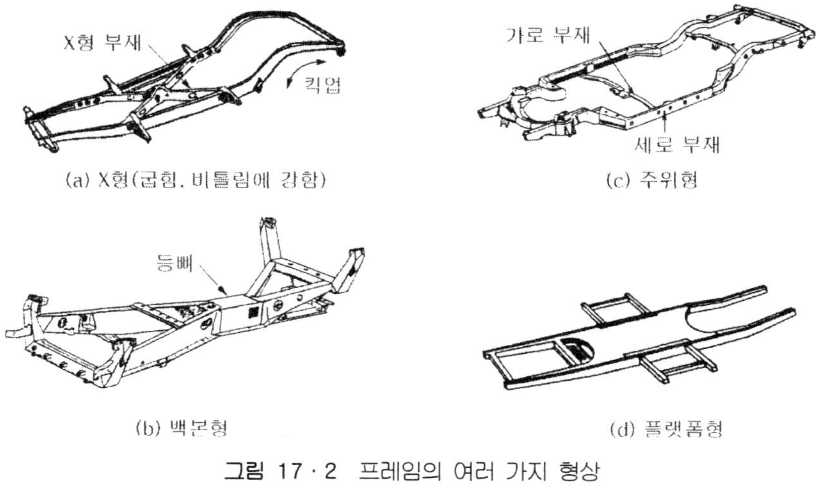

그림 17 · 2 프레임의 여러 가지 형상

② 주위형 또는 페리미터형(perimeter frame) 이 형식의 것은 그림 17·2(c)와 같이 보디의 바깥둘레에 따라서 부재를 두어 만든 프레임으로 주위형 프레임이라 한다. 이것은 차실의 높이를 낮출 수 있고, 다른 프레임에 비하여 유연성(柔軟性)이 있다. 프레임의 앞뒤 부분은 휠이 위치해야 하므로 좁게 되어 있고, 사이드 레일 앞쪽 및 뒤쪽의 만곡부(彎曲部)는 도로로부터의 충력을 흡수하여 차실 내의 소음(騷音)레벨을 감소시킨다. 진동의 차단뿐만 아니라 실내 중앙부에 장애물이 없고, 대체로 차실 바닥을 낮게 할 수 있으며 일체 구조에 못지 않게 실내 공간을 넓힐 수 있다. 또 차체를 결합하는 브래킷이 필요없고, 차체 마운팅이 프레임 바로 위에 있으므로 프레임의 제조 공정수가 적어지고 다른 프레임보다 그 무게가 가볍다.

③ 플랫폼형(platform frame) 차실 바닥판을 보디로부터 분리하여 프레임과 일체로 만든 것을 플랫폼 프레임이라 한다. 그림 17·2(d)는 그 한 보기를 나타낸 것이다.

〔3〕 프레임리스형(모노코크 보디)

프레임과 차체를 일체 구조로 한 것으로서 사이드 멤버와 크로스 멤버가 없고 보디 전체가 하중을 분담하는 것으로서 차실 넓이를 넓게 할 수 있으나 프레스 공작 및 각부의 결합법이 보통 프레임보다 어렵다. 프레임 없이 여러 개의 보(beam)를 써서 한 덩어리로 만들기 때문에 단체 구조라고도 한다. 특히 이것을 모노코크 보디(monocoque body)라고도 부르는데 이것은 항공기(航空機)의 설계로부터 나온 것이며 마치 달걀 껍질을 생각하면 좋다. 달걀 껍질의 한 곳에 힘을 가하면 약하지만 껍질 전체로서는 강한 강성을 갖는다.

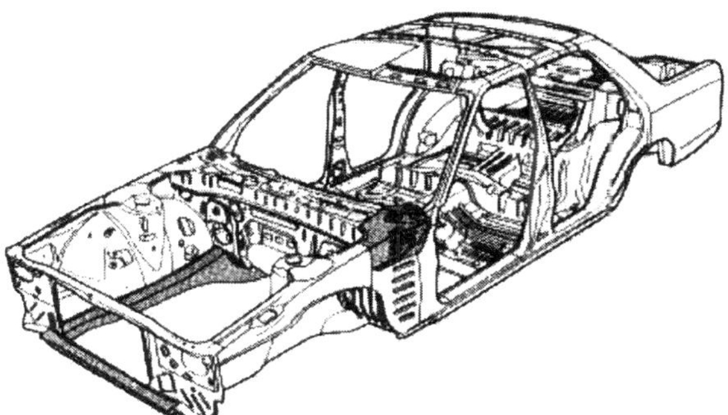

그림 17·3 프레임리스형(모노코크 보디)

17.2 차 체

17.2.1 차체의 개요

차체(body)는 섀시 위에 설치되어 사람을 태우는 객실 및 짐칸 등의 외형을 이루는 부분을 말하나 프레임에서 설명한 것처럼 차체와 프레임을 일체 구조로 만든 것도 있다. 차체는 그 목적에 따라 승용차용, 화물차용, 버스용, 특수 자동차용 등 차종에 따라 여러 가지가 있다.

표 17·1은 프레임 차체와 프레임리스 차체의 특징을 비교한 것이다. 차체는 주행 중 공기저항(air resistance)을 방지하기 위하여 유선형(streamlining)으로 만든다. 승용차의 차체는 여러 가지가 있으나 차체의 형식에 따라 상자형과 포장형으로 나누어진다.

표 17·1 프레임 차체와 프레임리스 차체의 비교

	프레임 차체	프레임리스 차체
장점	1. 튼튼한 구조로 된다. 2. 방진성, 승차성이 좋다. 3. 정비가 용이하고, 차체 제작이 용이하다.	1. 차량 중량이 가볍고, 견고하다. 2. 바닥을 낮게 할 수 있다. 3. 생산비가 적게 든다.
단점	1. 차량중량이 무겁다. 2. 마운트 고무를 사이에 넣으므로 바닥면이 높아진다. 3. 생산비가 많이 든다.	1. 국부적 충격에 약하다. 2. 진동, 소음이 생기기 쉽고 승차감이 다소 나쁘다. 3. 충돌에 의한 파손과 수리가 어렵다. 4. 차체 형상을 바꿀 때 비용이 많이 든다.

17.2.2 차체의 구성 부품

차체는 박강판으로 만들어지며 승용차의 경우에는 프런트 보디(front body), 리어 보디(rear body), 메인 보디(main body)의 세 부분으로 대별된다.

프런트 보디는 앞펜더(front fender), 앞범퍼, 후드 등으로 구성되고, 메인 보디는 앞펜더 에이프런을 중심으로 하여 볼트에 의하여 결합된다.

〔1〕 차체 외장품

차체 외장품으로는 보디의 골격 부위(보디 셸)에 볼트 또는 너트로 조립되는 프론트 펜더 및 후드 등의 보디 외판류, 범퍼, 장식품 등을 말한다.

① 범퍼(bumper)　범퍼는 자동차의 앞·뒤에 붙이는 완충기로서 충돌시 보디를 보호하는 장치이다. 범퍼의 종류는 우레탄제, PP 범퍼(폴리프로필렌 범퍼), 강판제 범퍼 등이 있다.

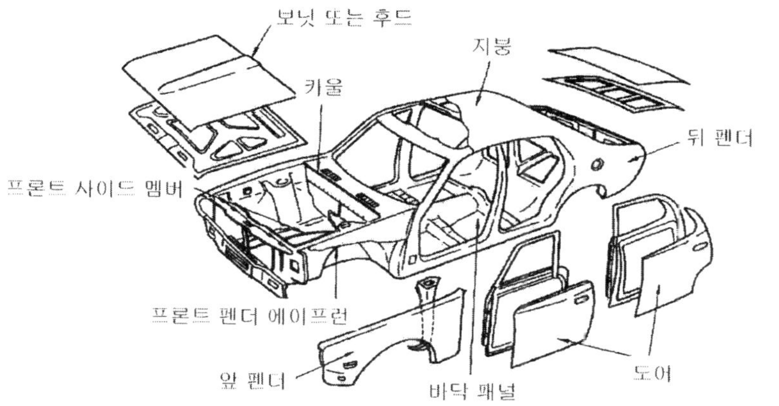

그림 17 · 4 보디의 각부 명칭

② **후드, 보닛**(hood, bonnet) 기관 후드는 기관 룸의 커버이다. 기관 후드는 후드 뒤쪽에 힌지가 있어서 앞쪽으로 열도록 만든다.

③ **도어**(door) 승객이나 운전자가 타고 내리는 데 사용하는 도어로서 윈도 레귤레이터, 파워 윈도, 도어 로크 등의 장치가 부착된다. 도어에는 전자식 도어 로크(electro-magnetic type door)기구, 어린이 보호용 도어 로크 기구(child proof), 자동 도어 로크 기구(automatic door lock), 와이어리스 도어로크(wireless door lock)기구 등이 있다.

④ **창유리**(window glass) 자동차의 시계 확보, 채광, 창의 개폐에 의한 통풍을 위하여 매우 중요한 창유리이며 안전을 위하여 파손되기 어려운 안전유리를 사용한다.

(a) 겹침 유리(laminated glass) : 2매의 판유리 사이에 플라스틱을 넣어 접착한 유리로서 파손되어도 유리 파편이 비산되지 않도록 되어 있다. 차의 앞면 유리(front window-shield glass)로 사용된다.

(b) 강화 유리(tempered glass) : 판유리를 열처리하여 외력이나 온도 변화에 대한 강도를 증가시킨 것으로서 파손되었을 때 파편이 작게 형성된다. 앞면창 이외에 사용된다.

(c) 열선식 유리 분말 상태로 만든 금속을 선상으로 바르고 구어낸 유리로서 서리, 이슬 등이 맺히지 않도록 하는 일을 할 수 있다. 뒷면 창유리에 많이 사용되고 있다.

⑤ **라디에이터 그릴**(radiator grille) 그림 **17 · 5**와 같이 라디에이터를 보호하기 위하여 프론트 보디에 붙이는 것으로서 장식품의 역할도 한다.

⑥ **펜더**(fender) 보디 좌우 휠 위쪽을 덮는 부분으로 차의 스타일링 관점에서 매우 중요한 부분이다.

⑦ **트렁크 후드**(trunk hood) 자동차 후부의 화물을 넣고 덮는 것으로서 키 또는 운전석에서 원격조작으로 열 수 있다.

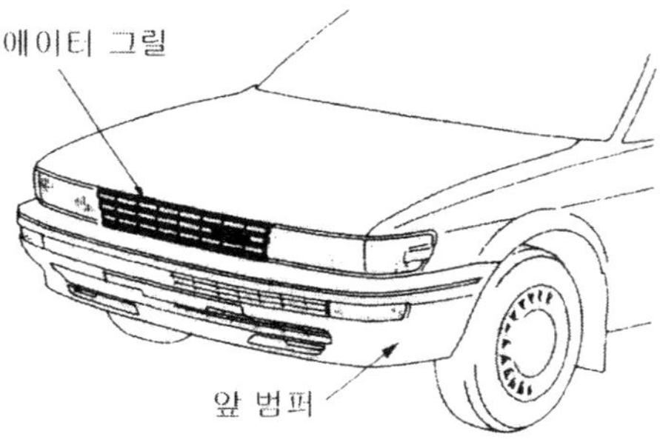

그림 17 · 5 라디에이터 그릴

〔2〕 차체 내장품

① 시트 시트(seat)는 운전자 및 승객을 지지하고 편안하고 안전한 주행을 하기 위하여 필요한 자리이다. 시트에는 위치, 높이, 등받이 기울기를 조절하는 시트 조정 기구 등이 있다(그림 **17 · 6** 참조).

② 헤드 레스트 헤드 레스트(head rest)는 추돌, 충격시 승객 및 운전자의 머리 부분을 보호하기 위하여 마련된 머리 받침대로서 관련 법규로 규정하고 있다.

③ 시트 벨트 시트 벨트(seat belt)는 주행중의 승차한 사람을 시트에 고정하여 충돌 등의 충격력으로부터 발생하는 2차적인 상해를 저감시키는 벨트이다(그림 **17 · 7** 참조).

(a) 웨빙

웨빙(webbing)은 나일론이나 폴리에스테르 등의 합성 섬유를 너비 약 50 mm, 두께 약 1.2 mm의 띠 모양으로 짠 것으로서 어깨 벨트, 허리 벨트 등의 용도에 따라 짜는

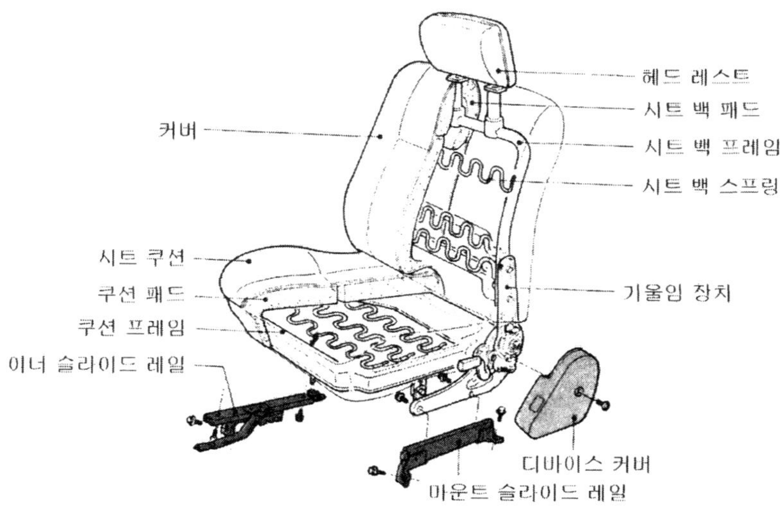

그림 17 · 6 시트의 구조

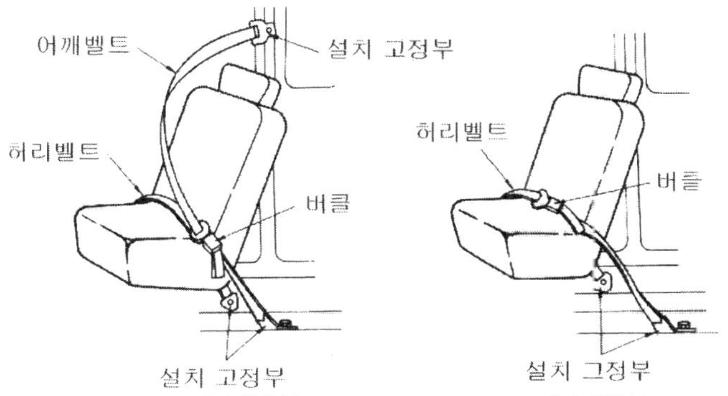

(a) 3점식 (b) 2점식

그림 17·7 시트 벨트

방법, 강도, 신장 등의 특성이 정해져 있다.

(b) 감아들이기 장치(retractor)

감아들이기 장치(retractor) 또는 리트랙터는 벨트 길이를 탑승자가 앉는 자세나 체격에 따라 조절하거나 사용하지 않을 때의 벨트의 감아 넣어두는 장치로, 그 잠금 기능에 의해 자동 로크 방식(automatic locking retractor, ALR)과 긴급 로크 방식(emergency locking retractor, ELR), 웨빙 로크 방식(webbing locking retractor, WLR) 등이 있다.

자동 로크 방식은 웨빙을 끌어내어 장착한 길이까지 감아들인 위치에서 로크되어 그 이상 끌어낼 수 없는 리트랙터로 착용시 몸의 움직임이 제한되는 한편, 완전히 몸을 고정할 수 있으므로 주로 허리 벨트용으로 사용된다.

긴급 로크 방식은 충돌이나 급제동시에 로크시키기 위한 충돌 감지 장치가 갖추어져 있고, 통상은 자유롭게 벨트를 끌어낼 수 있다. 감지 방식은 차체의 감속도를 펜듀럼(pendulum) 등에 의해 감지하는 형식이 주로 사용된다. 그림 17·8은 관성에 의하여 작동하는 관성 로크 방식(inertia sensitive retractor)의 리트랙터 장치의 작동 상태

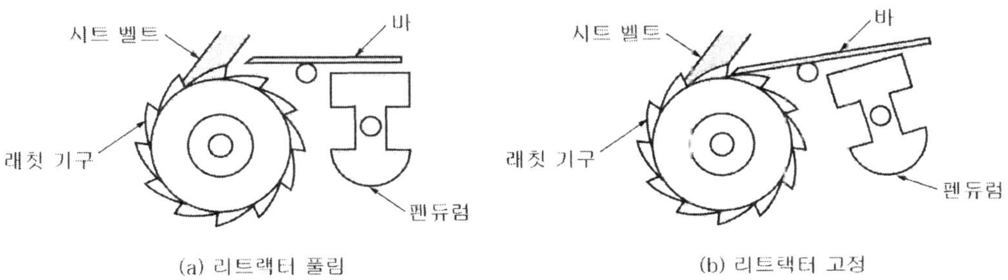

(a) 리트랙터 풀림 (b) 리트랙터 고정

그림 17·8 관성 로크 방식의 리트랙터 장치의 작동

를 나타낸 것이다.

(c) 버클(buckle) 및 차체 고정 장치

버클(buckle)은 벨트를 장착 또는 풀기 위한 장치이다. 차체 고정 장치는 웨빙의 한쪽 끝을 차체에 고정하기 위한 장치로 체격에 맞추어서 어깨 벨트의 위치를 상하로 조절하여 장착시의 쾌적성을 향상시키는 조절이 가능한 앵커 구조의 것도 있다.

또한 수동으로 조작하는 형식 이외에 전동식(motorized seat belts) 등이 있다.

④ 에어 백 에어 백(air bag)은 충돌시에 작동하여 운전자의 안전을 도모하고 충격을 완화하는 보호 보조 장치이다. 앞면 충돌에 의한 충격을 센서가 감지하여 충격이 설정치를 넘으면 조향휠 패드 속에 내장된 가스 발생 장치에 점화하여 질소 가스가 발생하여 백을 팽창시켜 충격을 완화시켜 주는 보호 장치이다.

에어 백은 그림 17·9와 같은 구조로 되어 있으며, 운전자석만이 아니라 조수석에도 설치된다.

가스 발생제에 점화하는 방식에는 기계식과 전기식이 있다. 그림 17·9는 에어 백의 구조를 나타낸 것이고, 그림 17·10은 에어 백의 작동 상태를 나타낸 것이다.

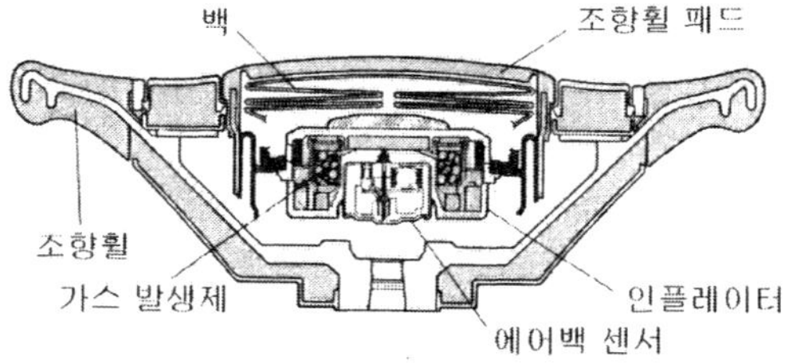

그림 17·9 에어 백 장치

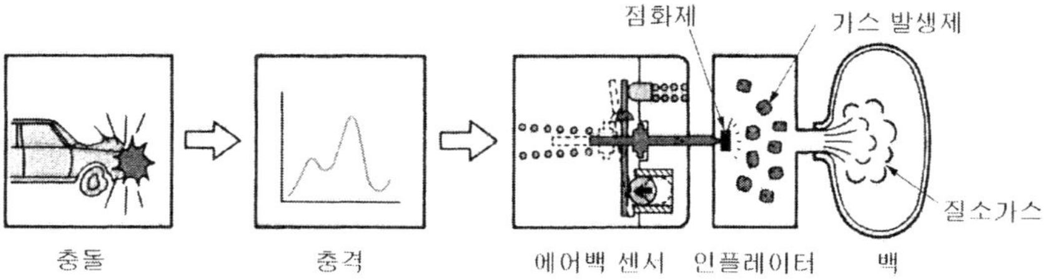

그림 17·10 에어 백의 작동 과정

익힘문제

1. 프레임의 형식과 기능을 설명하라.
2. 다음 프레임의 구조와 특징에 대하여 설명하라.
   (1) X형
   (2) 백본형
   (3) H형
   (4) 모노코크형
3. 차체 구성부품을 열거하고 그 기능에 대하여 설명하라.
4. 에어 백(air bag)의 구조와 작동에 대하여 설명하라.
5. 프레임리스 차체와 프레임 차체의 장단점을 비교하여 설명하라.
6. 승용차 차체의 다음 구성부품에 대하여 설명하라.
   (1) 프런트 보디(front body)
   (2) 리어 보디(rear body)
   (3) 메인 보디(main body)
7. 차체 내장품의 종류를 들고 설명하라.
8. 시트 벨트의 구조와 작동에 대하여 설명하라.

18 냉·난방 장치

18.1 자동차의 공기 조화 장치

자동차의 공기 조화 장치(air-conditioning system)는 냉방 장치, 난방 장치, 공기 청정 장치로 구성되어 있다.

〔1〕 냉방 장치

차실 내를 냉방하기 위하여 저온의 공기를 공급하여 차실 내를 적정온도로 만드는 장치로서 압축기, 응축기, 팽창 밸브, 증발기와 송풍 장치로 구성된다.

〔2〕 난방 장치

기관에서 가열된 냉각수의 일부를 히터로 유입시켜 공기를 가열하여 차실 내를 난방하는 장치로서 히터, 송풍기 등으로 구성된다. 이들 장치(냉방, 난방 장치)로부터 만들어진 냉풍과 온풍을 제어부에서 적절히 혼합 조정되어 실내로 취출된다.

〔3〕 공기 정화 장치

차실 내의 공기의 오염을 막고 쾌적한 환경을 만들기 위하여 사용되는 정화 장치를 말한다. 그림 18·1에서 보는 바와 같이 자동차의 공기 조화 장치의 시스템은 내기 및 외기를 도입 송풍하는 송풍기, 냉각기, 가열기, 조화 공기 분출구 및 풍량 조절 장치 등으로 구성된다.

승용차의 경우 뒷좌석에도 고르게 조화 공기가 공급되도록 뒤쪽의 냉각기를 그림 18·2와 같이 부가하는 듀얼 에어 컨디셔너 장치의 경우도 있다.

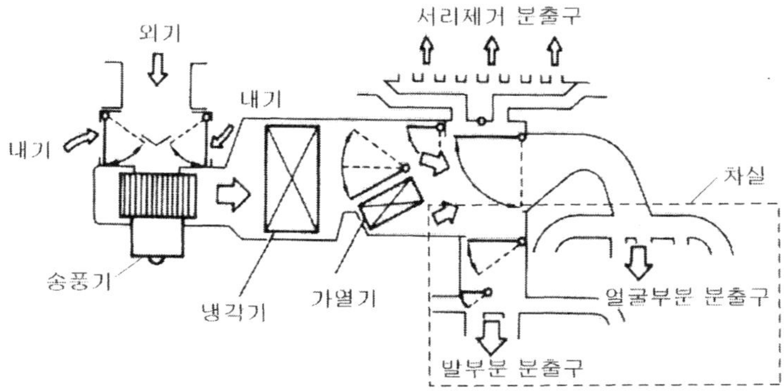

그림 18·1 공기 조화 장치의 구성

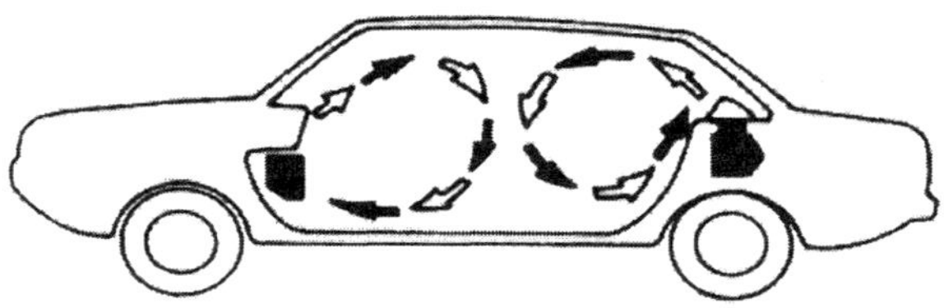

그림 18·2 듀얼 에어컨디셔너 시스템

18.2 공기 조화 장치의 구성

18.2.1 냉방 장치의 구조

자동차에 사용되는 공기 조화 장치는 냉동 사이클로부터 얻어지는 냉각 공기를 송풍기로 차실 내르 공급하여 냉방한다. 냉동 사이클 내에서 사이클 작용하는 동작 유체를 냉매(refrigerant)라고 한다.

〔1〕 증기 압축 냉동 사이클

자동차용 냉방에 사용되는 시스템은 증기 압축 압동(蒸氣壓縮冷凍) 사이클(vapor-compression refrigeration cycle)로서 그 기본 구성은 그림 18·3과 같이 증발기(蒸發器,(expansion evaporator), 압축기(壓縮機, compressor), 응축기(凝縮機, condenser), 팽창(膨脹) 밸브 valve)의 네 가지 주요부로 되어 있다.

증발기 내에서 증발한 냉매의 흡열 작용에 의하여 증발한 냉매 증기는 압축기로 들어가서 압축되어 고온·고압의 증기로 된다. 이 고온·고압의 냉매 증기를 응축기로 보내어 물 또는 공기 등으로 냉각하면 냉매는 모두 액체로 된다. 이렇게 하여 액체로 된 냉매를 팽창 밸브를 통하여 스로틀링(throttling)시키면 압력 강하가 생기고, 이 냉매를 다시 증발기로 보내어 흡열 작용을 하여 냉동 효과(冷凍效果, refrigeration effect)를 얻는다. 이와 같은 과정을 순환하여 냉동 사이클을 이루게 된다.

증기 압축 냉동 사이클의 주요한 네 가지 작용에 대하여 설명하면 다음과 같다.

① 증발 과정(蒸發過程, evaporation process)

그림 **18 · 3**에서 보는 바와 같이 냉매는 액체로부터 기체로 상태 변화한다. 증발기(냉각 코일) 속에 있는 냉매는 주위로부터 증발에 필요한 잠열을 흡수하여 연속적으로 증발한다. 따라서 증발기 내는 냉매액과 냉매 증기가 공존한다.

냉매를 충분히 낮은 온도에서 증발시키기 위하여는 증발기 내의 압력을 적당히 낮게 유지시킬 필요가 있다. 증발기 내에서 증발한 냉매 증기는 압축기에 의하여 증발기로부터 배출된다. 이 때 냉매 증기는 건증기(乾蒸氣, dry vapor)이거나 다소 과열된 상태로 된다.

② 압축 과정(壓縮過程, compression process)

냉매 증기를 액화(液化)하기 쉬운 고온 · 고압의 응축기 압력 상태로 되게 압축하는 과정이다. 압축기는 증발기 내를 일정 저온을 유지함과 아울러 증기를 소정의 고온 · 고압의 상태로 만들어 송출하는 두 가지 일을 한다.

압축기에 의하여 흡입된 냉매 증기는 실린더 내에서 압축되어 응축기 압력으로 송출되게 한다.

③ 응축 과정(凝縮過程, condensation process)

압축기를 나온 냉매 증기를 액체 냉매로 만드는 과정이다. 응축기에서 냉매의 방열 냉각은 소형 냉동기는 공기로 냉각하고, 중형 · 대형 냉동기에서는 물로 냉각한다. 그림 **18 · 3**에서 보는 바와 같이 3→4 과정 사이에 냉각된 냉매는 과열 증기로부터 건증기, 습증기, 포화액의

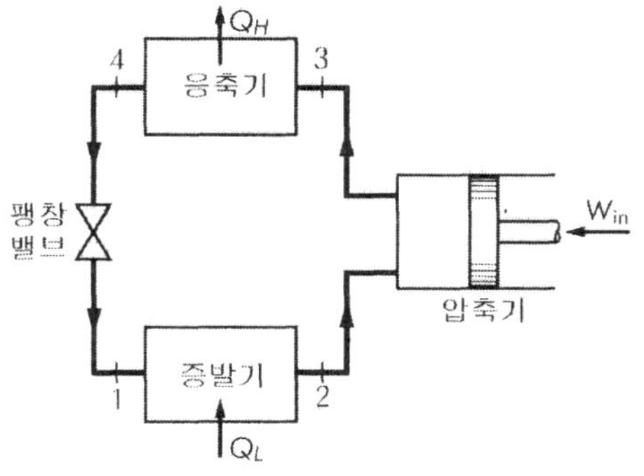

(a) 계통도

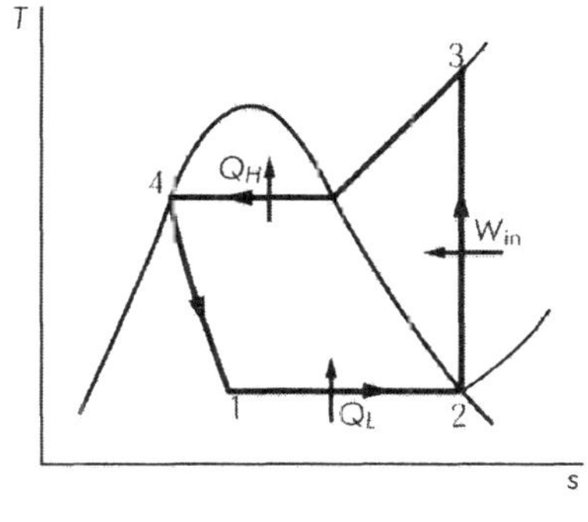

(b) 온도(T)-엔트로피(s) 선도

그림 18 · 3 증기 압축 냉동 사이클

상태로 되어 상태 4에서는 모두 액체로 된다. 이 때 방열되는 열량이 응축기의 방열량이다.

④ 팽창 과정(膨脹過程, throttling process)

냉매액을 증발하기 쉬운 상태로 만드는 과정으로서 응축기를 나온 냉매를 팽창 밸브에서 스로틀링 과정을 거치게 하여 증발하기 쉬운 상태까지 감압(減壓)시킨다. 따라서 팽창 밸브는 스로틀 밸브의 일종이며 감압 작용과 냉매의 유량 제어 작용의 두 가지 기능을 가지고 있다. 냉대는 팽창 밸브(expansion valve)를 통과하면서 등엔탈피 팽창하여 포화 습증기(飽和濕蒸氣)인 상태 1로 된다.

이상의 증기 압축 냉동 사이클의 각 과정을 요약하면 다음과 같다.

과정 1 → 2 : 증발기 내의 정압 증발 과정(Q_L 흡수)

과정 2 → 3 : 압축기의 등엔트로피 압축 과정(압축일 W)

과정 3 → 4 : 응축기에 의한 정압 방열 과정(Q_H 방열)

과정 4 → 1 : 팽창 밸브의 등엔탈피 팽창($h_4=h_1$)

이상의 과정을 P-h 선도로 표시하면 그림 18·4와 같다. 이 선도에서 보는 바와 같이 냉동 사이클의 상태 변화를 P-h 선도 위에 나타내면 각 과정의 방열량, 냉동 효과, 압축일 등을 수평선으로 표시할 수 있어서 매우 편리하다. 이와 같이 세로축을 압력, 가로축을 엔탈피로 잡아 냉매의 열역학적 성질을 나타낸 선도를 냉매의 Mollier선도(Mollier diagram, Mollier; 1863~1935)라 한다. 그림 18·4(b)는 Mollier선도와 냉동 사이클을 나타낸 것이다.

그림 18·4와 같은 냉동 사이클에서 운동 및 위치 에너지 변화는 압축기 일 및 열전달량에 비하여 매우 적으므로 무시할 수 있다.

증기 압축 냉동 사이클에 정상류 에너지식을 적용하면

$$q - w = h_e - h_i \qquad (18 \cdot 1)$$

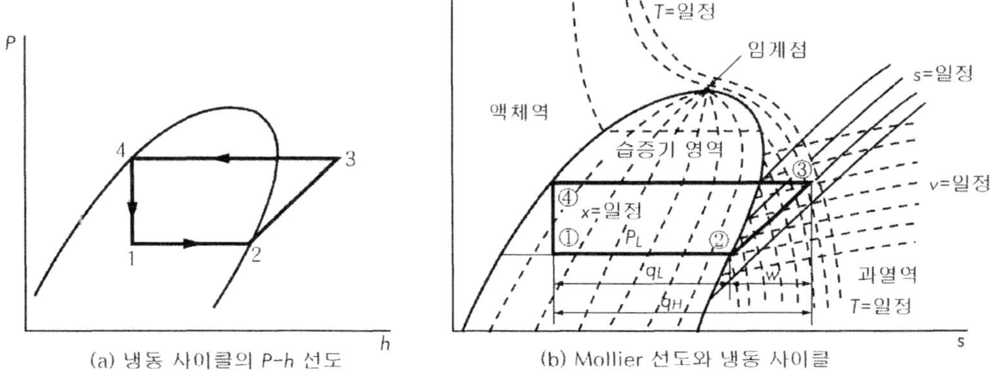

(a) 냉동 사이클의 P-h 선도 (b) Mollier 선도와 냉동 사이클

그림 18·4 냉동 사이클의 P-h 선도

가 된다.

응축기나 증발기는 일을 포함하지 않으며 또한 압축기는 단열 압축일을 하므로 냉동기 또는 열펌프의 성적 계수는 다음과 같이 표시된다.

증발기의 흡수 열량 $q_L = h_2 - h_1$ kJ/kg (18 · 2)

압축기의 압축일 $w = h_3 - h_2$ kJ/kg (18 · 3)

응축기의 방열량 $q_H = h_3 - h_4$ kJ/kg (18 · 4)

냉동기의 성적 계수 $COP_R = \dfrac{q_L}{w} = \dfrac{h_2 - h_1}{h_3 - h_2}$ (18 · 5)

열펌프의 성적 계수 $COP_{HP} = \dfrac{q_H}{w} = \dfrac{h_3 - h_4}{h_3 - h_2}$ (18 · 6)

증발기 내에서 단위 질량의 냉매가 흡수하는 열량을 냉동 효과(冷凍效果, refrigeration effect)라 한다.

보기 18.1 R-134a를 냉매로 하는 냉동기에서 증발 압력이 0.14 MPa, 응축기 압력이 0.9 MPa이고, 냉매 순환량이 0.05 kg/s일 경우 (a) 냉동실에서의 흡수 열량 q_L, (b) 응축기의 방열량 q_H, (c) 성적 계수 COP를 구하여라.

풀이 부록의 냉매 증기표로부터

$P_2 = 0.14$ MPa, $h_2 = 236.04$ kJ/kg, $s_2 = 0.9322$ kJ/kg K

$P_3 = 0.9$ MPa, $s_2 = s_3 = 0.9322$ kJ/kg K $\rightarrow$ $h_3 = 274.587$ kJ/kg

$h_4 = 99.56$ kJ/kg

$h_4 \cong h_1 = 99.56$ kJ/kg

(a) 증발기의 흡수 열량

$$\dot{Q}_L = \dot{m}(h_2 - h_1) = 0.05 \times (236.04 - 99.56) = 6.824 \text{ kW}$$

압축기의 공급 일량

$$\dot{W} = \dot{m}(h_3 - h_2) = 0.05 \times (274.587 - 236.04) = 1.9274 \text{ kW}$$

(b) 응축기의 방열량

$$\dot{Q}_H = \dot{m}(h_3 - h_4) = 0.05 \times (274.587 - 99.54) = 8.7524 \text{ kW}$$

(c) 성적 계수

$$COP = \frac{\dot{Q}_L}{\dot{W}} = \frac{6.824}{1.9274} = 3.5405$$

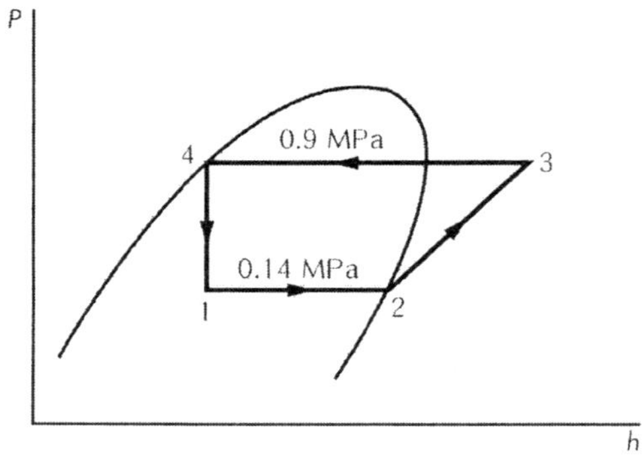

그림 18 · 5 「보기 18·1」의 P–h 선도

〔2〕 자동차 냉방 장치의 구성

그림 18 · 6, 7은 자동차의 공조 냉동 시스템의 구성을 도시한 것이다.

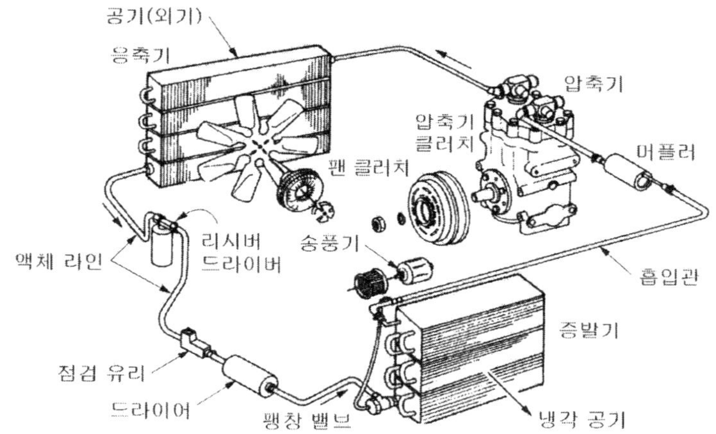

그림 18 · 6 자동차의 공조 냉동 시스템

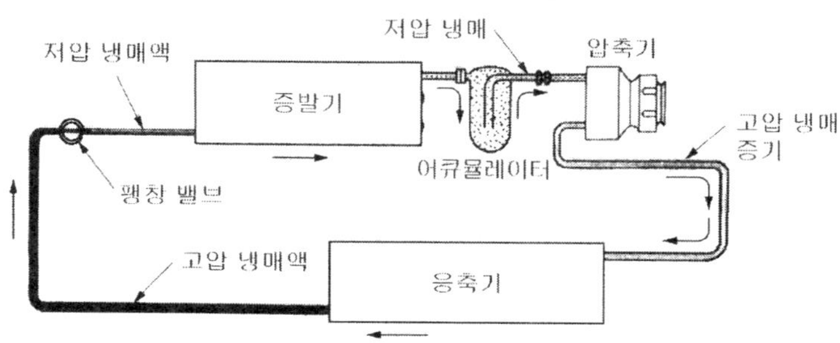

그림 18 · 7 자동차 공조용 냉동 시스템 계통도

냉동 사이클은 다음과 같이 네 가지 구성 요소로 이루어진다.

(1) 압축기

압축기(compressor)는 증발기로부터 보내온 냉매 가스를 압축하여 응축기로 보내는 일을 하며, 이 때 냉매는 압축되어 과열 고압의 냉매로 된다.

(2) 응축기

응축기(condenser)는 압축기로부터 보내온 고온 고압 냉매를 냉각시켜 모두 액체 상태인 냉매액으로 만드는 일을 한다.

응축기의 구조는 그림 18·8과 같이 코일 튜브와 냉각 핀으로 구성된 열교환기이다.

리시버/드라이어 및 어큐뮬레이터는 응축기로부터 나온 냉매액의 저장 탱크로서 그 상부에 건조제인 수분 흡수 물질(실리카겔; silica gel, 실리카 알루미나; silica alumina)이 들어 있어서 수분을 흡수한다(그림 18·9 참조).

(3) 팽창 밸브

팽창 밸브(expansion valve)는 고압의 냉매액을 팽창시켜 저온 저압 냉매로 만드는 일을 한다.

(4) 증발기

증발기(evaporator)는 팽창 밸브를 통과한 냉매가 증발기로 유입되어 증발하면서 주위로부터 증발열을 흡열하여 냉매 가스로 만들며 냉동 효과를 얻는 주요부이다. 냉방용 공기는 증발기로부터 얻게 된다. 냉방용 공기는 차실 내 또는 차실 외의 공기를 송풍기로 증발기를 통과시켜 기화열을 빼앗겨 냉각 공기를 얻게 된다.

그림 18·6에서 어큐뮬레이터(accumulator)는 압축기로 냉매액이 유입되는 것을 막고

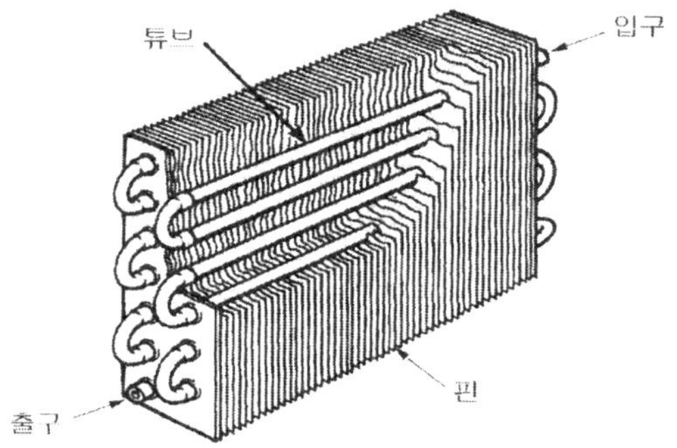

그림 18·8 응축기

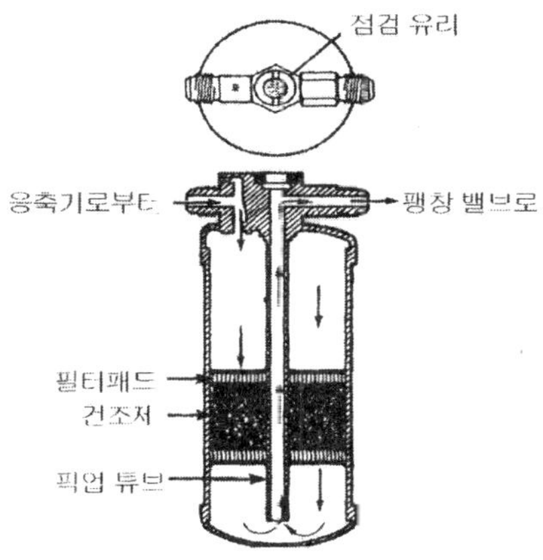

그림 18·9 드라이어

증기만이 유입되도록 한다.

증발기의 흡열 능력의 계산은 다음 식으로 구한다.

$$Q = \eta\ \dot{m}_E (h_a - h_r) \qquad (18 \cdot 1)$$

여기서 Q : 증발기 흡수 열량(kJ/h)

η : 증발기 효율(엔탈피 기준)

m_E : 증발기 공기량(kg/h)

h_a : 입구공기의 엔탈피(kJ/kg)

h_r : 냉매 온도에 상당하는 포화 공기의 엔탈피(kJ/kg)

공기 조화 장치의 냉방 능력 Q_{ac} (kJ/h)는

$$Q_{ac} = \frac{\varphi V_1 n \eta_v \times 60}{10^6 \times v_s} \times (h_2 - h_1) \qquad (18 \cdot 2)$$

여기서 φ : 가동률

V_1 : 압축기 실린더 체적(cc)

n : 압축기 회전 속도(rpm)

η_v : 체적 효율

v_s : 압축기 흡입 가스의 비체적(m^3/kg)

h_2 : 증발기 출구 냉매의 엔탈피(kJ/kg)

h_1 : 증발기 입구 냉매의 엔탈피(kJ/kg)

18.2.2 냉 매

냉동 사이클의 작동 유체로 사용되는 냉매로는 HFC134a(R-134a)를 사용한다. 이 냉매는 CH_2FCF_3의 화학식을 가지며 비점은 -26.3℃이고 지구 온난화나 오존층의 파괴가 적은 물질로서 차량용 냉매로 사용된다.

과거에 사용된 CFC12(R-12)는 대기 중에 방출되면 성층권에 도달하여 강한 자외선과 작용하여 광분해하면서 염소(Cl)를 방출한다. 이 염소가 촉매로 되어 오존층의 오존을 산소로 분해하여 오존층을 파괴한다.

18.3 난방 장치

일반적으로 자동차는 수냉식이 주로 사용되므로 기관 냉각수를 열원으로 히터 코어로 유도하여 차실 내의 공기 또는 차실 외의 공기를 송풍기로 히터 코어를 통하게 하여 가열한 다음 차실에 보내어 난방한다.

〔1〕 히터 유닛

히터 코어, 공기 혼합 댐퍼로 구성된다. 기관의 냉각수를 히터 코어에 보내어 가열한 다음 차실 내로 보내어 난방한다.

〔2〕 배관 및 덕트

냉각수를 흐르게 하는 배관과 난방 공기를 차실 내로 공급하는 덕트 장치가 있다. 난방 공간에 보내는 도중에 풍량을 조절하기 위하여 조절 댐퍼를 사용한다.

〔3〕 송풍기

팬과 송풍기(blower) 전동기로 구성되며 차실 내의 풍량은 제어 패널의 송풍 스위치를 몇 단계로 나누어 제어한다. 그림 18 · 10은 난방 장치와 덕트 배치를 나타낸 것이다.

그림 18 · 11은 자동차 공기 조화 시스템의 배치를 도시한 것이다.

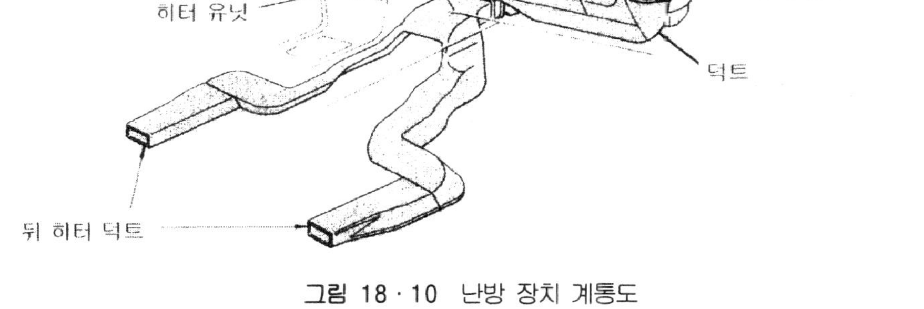

그림 18 · 10 난방 장치 계통도

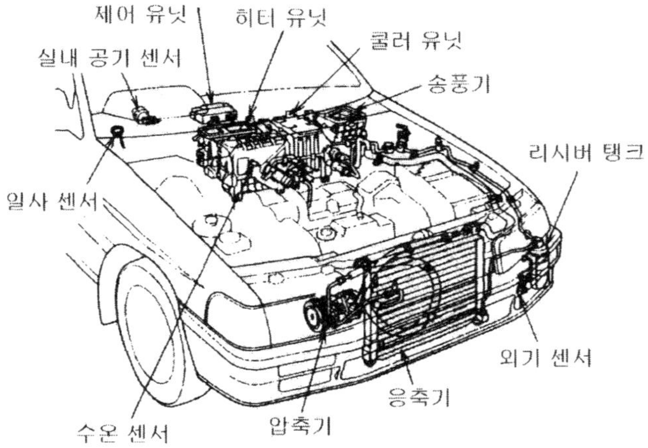

그림 18·11 자동차 공기 조화 시스템

18.4 차량 공기 조화 제어 장치

18.4.1 냉방 제어 장치

〔1〕 압력 스위치 제어

냉방 제어 장치에는 냉매 압력에 의하여 압축기 작동을 제어하는 것으로서 냉매 압력이 어느 압력 이하로 되면 압력 스위치를 OFF하여 압축기의 작동을 정지시키는 제어이다.

〔2〕 증발기 온도 제어

증발기 표면 온도를 검출하여 일정 온도 이하일 때 압축기의 작동을 제어하는 것을 말한다.

〔3〕 기관 회전 속도에 의한 제어

기관 회전 속도가 규정 회전속도 이하일 때 압축기의 작동을 정지시키는 것이다.

18.4.2 공기 조화 장치 제어

공기 조화를 위한 제어 장치에는 사이클링 클러치 시스템, 증발기 압력 제어, 압축기 제어 및 차실 내기온도 센서, 외기 온도 센서, 일사 센서, 냉각수 온도 센서의 검출 신호를 검출하여 풍량, 취출 온도 등을 자동적으로 조절하는 제어 장치가 있다.

〔1〕 사이클링 클러치 시스템

압축기는 서모스태틱 스위치(thermostatic switch)의 작동에 의하여 그 작동이 제어된다.

서모스태틱 스위치는 증발기 출구 온도를 감지하여 온도가 높으면 스위치가 닫혀서 압축기 클러치를 작동하여 시스템을 작동시킨다. 온도가 설정 온도에 달하면 압축기의 작동을 멈추게 한다. 이와 같은 ON-OFF 작동에 의하여 시스템이 운전되어 냉방 부하를 제어하게 된다.

〔2〕 증발기 압력 제어 시스템

증발기 압력 제어 시스템(evaporator pressure control system)은 증발기 출구 온도를 증발기 압력 조절 밸브에 의하여 자동적으로 제어한다. 이 밸브는 증발기 코어 내의 응축을 방지할 수 있도록 증발기 유량을 제한하여 증발 압력을 제어하는 구조로 되어 있다.

〔3〕 압축기 제어

① 주위 온도 스위치(ambient temperature switch) 이 스위치는 공기 조화가 불필요할 때 압축기 클러치의 접속을 방지하도록 외기 온도를 감지하는 스위치이다.

② 서모스태틱 스위치(thermostatic switch) 이 스위치는 압축기의 클러치 회로에 연결되어 클러치를 ON-OFF한다. 만일 증발기 온도가 저온 설정점에 달하면 스위치가 개방되고 증발 온도가 고온 설정점에 달하면 스위치가 닫혀서 압축기는 다시 작동한다.

③ 압력 사이클링 장치(pressure cycling system) 이 스위치는 전자 마그넷 클러치(electromagnetic clutch)에 연결되어 있어서 서모스태틱 스위치와 같이 압축기의 작동을 ON-OFF 제어한다.

④ 고압 차단 스위치 및 저압 차단 스위치, 고압 안전 밸브 고압 차단 스위치(high pressure cutout switch)는 압력이 설정압보다 높아지면 차단, 낮아지면 접속하는 스위치이다. 또한 저압 차단 스위치(low pressure cutout switch)는 압력이 너무 낮을 때 압축기 클러치가 끊어지도록 하는 스위치이다.

고압 안전 밸브(high pressure relief valve)는 고압측의 압력이 지나치게 높을 때 작동하는 안전 밸브이다.

익힘문제

1. 자동차 냉방에 사용되는 냉동 사이클을 그리고 각 과정을 설명하라.
2. 증발기의 열흡수 능력(냉동부하)에 대하여 설명하라.
3. 냉방 시스템에서 드라이어는 어떠한 역할을 하는 사이클 부품인가?
4. 증발기와 응축기의 차이점을 설명하라.
5. 다음 용어를 설명하라.

(1) 냉개

(2) 팽창 밸브

(3) 어큐물레이터

(4) 압축기 제어

6. 냉동 사이클을 그리고 각 부품의 작용을 설명하라.

7. 냉동 효과와 성적 계수에 대하여 설명하라.

19 대체 연료 자동차

19.1 전기 자동차

19.1.1 전기 자동차의 구조

전기 자동차는 전기를 에너지원으로 하는 전동기(電動機)를 구동하여 주행하는 자동차이다. 따라서 전기 자동차는 축전지, 제어 장치, 전동기의 세 가지 주요부로 구성되므로 왕복식 내연기관 엔진을 이용하는 자동차에 비교하면 그 구조가 매우 간단하다.

전기 자동차는 내연 기관 자동차의 연료 대신에 전지의 전기 에너지를 사용하고, 기관 대신에 전동기와 제어 장치를 사용하므로 축전지의 성능은 전기 자동차의 성능에 영향을 미치는 주된 인자가 된다.

전기 자동차의 구조를 가솔린 자동차와 비교하면 그림 19・1과 같다.

19.1.2 전기 자동차의 특징

전기 자동차는 에너지원이 전기이고 반복되는 충전・방전 작용이 가능한 축전지를 이용하여 전동기를 회전시켜 주행하므로 내연 기관 자동차(가솔린 자동차)와 비교하여 다음과 같은 특징을 갖는다.

① 대기 및 환경 공해를 방지할 수 있다.

② 구조가 간단하다.

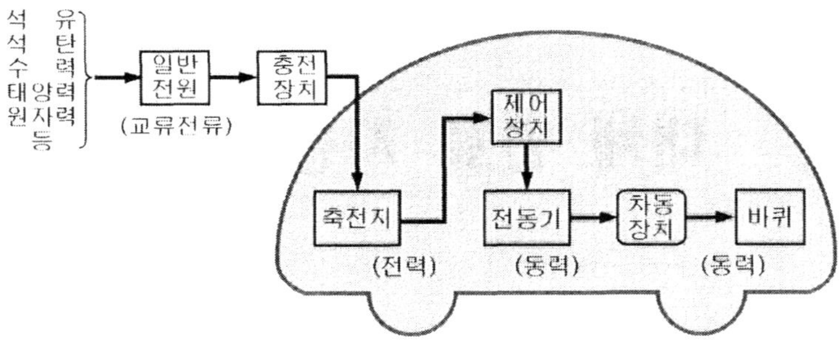

(a) 전기 자동차

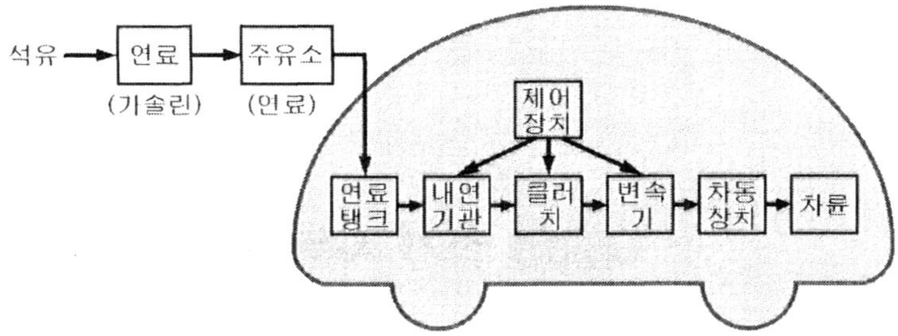

(b) 가솔린 자동차

그림 19·1 전기 자동차와 가솔린 자동차의 비교

③ 2차 전지에 저장된 전기 에너지를 이용하여 회전 동력을 얻는다.
④ 배출 가스가 없으므로 배기 장치가 불필요하다.
⑤ 에너지원의 다변화가 가능하다.
⑥ 에너지 종합 효율이 가솔린보다 높다.
⑦ 소음이 가솔린 자동차의 1/4 정도이다.
⑧ 조작이 간단하다.
⑨ 1회 충전으로 주행할 수 있는 거리가 제한된다.
⑩ 중량이 무거워서 가속성이 나쁘다.

19.1.3 자동차엔진 특성과 구동력

(1) 자동차엔진의 이상적인 특성

자동차용기관의 이상적인 특성(ideal performance characteristics of the engine)은 다음과 같은 두 가지의 특성이 있다.

① 기관의 중량당 출력 또는 체적당 출력이 클 것.
② 어떤 주행속도에서도 필요에 따라 최대출력을 낼 수 있을 것.

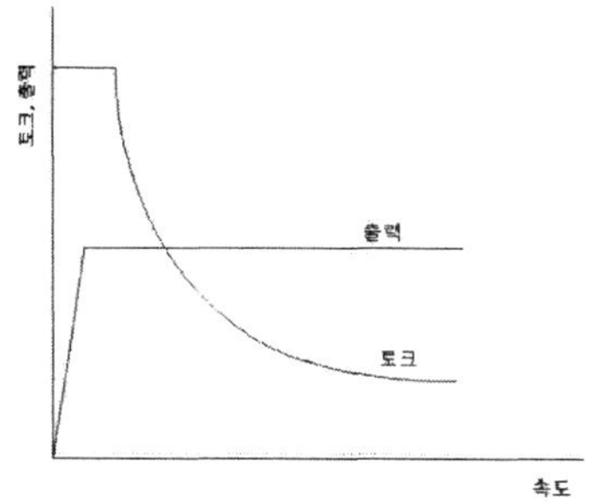

그림 19 · 2 엔진의 이상적인 출력, 토크특성

앞의 ① 에 대하여는 오늘날 실존하는 엔진 중에서 가솔린 기관이 가장 우수하다고 볼 수 있다. ②의 항목에 대하여는 다소 논의가 필요하다. 대출력 엔진을 갖는 자동차의 경우에도 그 엔진이 최대출력을 발휘하는 것은 최고속도일 때이다. 따라서 이 자동차는 좀처럼 내지 않는 최고속도만을 위하여 대출력 엔진을 탑재한 결과가 된다.

지금 엔진의 출력을 N, 엔진 토크를 T, 자동차의 속도를 V라고 하면

$$N \propto TV$$

의 관계가 있다. 따라서 출력 N이 차의 속도 V와 무관하게 일정하면 TV=일정으로 된다. 이것은 그림 19.2에 표시한 것과 같이 $T-V$ 관계가 쌍곡선으로 됨을 의미한다. 만약 토크가 회전속도에 대하여 쌍곡선을 그리면서 변화하는 엔진이 있다면 그 엔진의 출력축의 회전을 어느 일정 감속비로 구동 바퀴에 전달하면 이상적일 것이다. 그러나 이러한 토크특성을 갖는 엔진은 실존하지 않는다. 단지 직류직권 전동기의 토크 특성이 이것에 좀 근접하는 특성이 있으나 앞의 ①항을 만족하지 않는다.

(2) 내연기관의 출력 특성

내연기관의 측정토크를 T kgm, 회전속도를 n rpm, 출력을 NPS라고 하면

$$N = \frac{2\pi n T}{75 \times 60} \tag{19·1}$$

$$\therefore T \propto \frac{N}{n}$$

가 된다. 즉, 출력곡선 상의 한 점과 원점과를 맺는 직선의 경사 N/n은 그 회전속도 n에서의 토크 T에 비례한다.

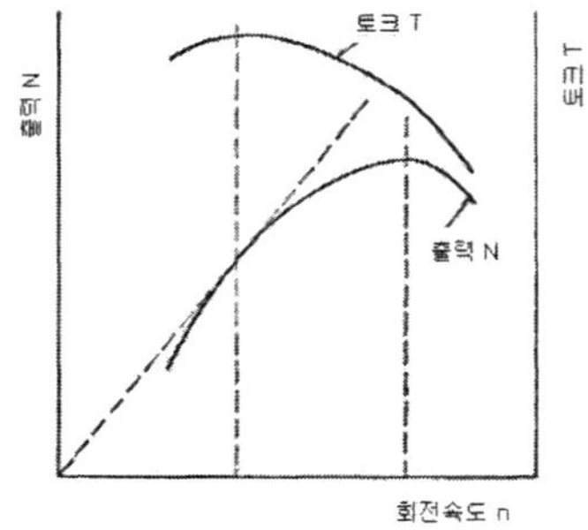

그림 19 · 3 내연기관의 출력, 토크 특성

따라서 원점으로부터 N곡선에 접선을 그으면 그 접점의 위치의 회전수에서 최대토크가 나타난다. 그러므로 토크 곡선은 그림과 같이 상향 볼록곡선이므로 이것은 앞에서 설명한 이상적인 토크곡선인 쌍곡선과는 현저하게 상이하다. 따라서 내연기관을 자동차의 엔진으로 사용하기 위해서는 엔진의 회전을 그대로 구동륜에 전달할 수 없으므로 이에 대한 대책이 강구되어야 한다.
기관의 회전을 감속시켜 구동륜에 전달할 경우 어느 속도(자동차 속도)에서의 구동륜 바깥 둘레의 구동력은 다음과 같이 표시된다.

$$P = i\eta_t T / D \tag{19·2}$$

여기서 P : 차속도에서의 구동력 N
i : 총감속비
η_t : 동력전달효율
T : 엔진토크 Nm
D : 타이어 지름 m

주행속도와 엔진회전속도와의 사이에는 차의 속도를 V km/h, 기관의 회전속도를 n rpm이라 하면 다음 관계가 있다.

$$V = \frac{60\pi D n}{i \times 10^3}\ km/h \tag{19·3}$$

지금 기과의 성능이 그림 19 · 3과 같이 표시된다고 생각한다. 이 기관을 어느 자동차에 탑재하여 차의 총감속비, 동력전달효율, 타이어 유효지름을 알면 식 (19·2)에 의하여 기관 회전속도와 구동력과의 관계를 구할 수 있다.차의 총감속비 i를 여러 가지로 바꾸어서 회전속도와 구동력 사이의 관계를 그린 것이 그림 19 · 4이다. i의 값이 클 때에는 기관의 회전속도가 넓은 범위에 걸쳐서 변화하여도 차의 속도의 변화는 좁으므로 구동력곡선은 엔진의 토크곡선을 가로방향으로 압축하고 세로방향으로 늘린 것과 같은 형상으로 되고, i의 값이 적으면 구동력곡선은 가로방향으로 당겨늘리고 세로방향으로 압축한 것과 같은 형상이 된다. 이들 구동력곡선은 모두 이상적인 구동토크곡선(쌍곡선)과는 다르므로 이들 곡선군의 바깥쪽을 취하여 그려보면 그 곡선은 이상적인 구동력곡선인 쌍곡선에 매우 근접해 있음을 알 수 있다. 이와 같이 이상적인 구동력 곡선에 근접하나 쌍곡선에 일치하지 않는 것은 총감속비가 단계적으로 변화하고, 동력변환효율이 1이 아니기 때문이다.

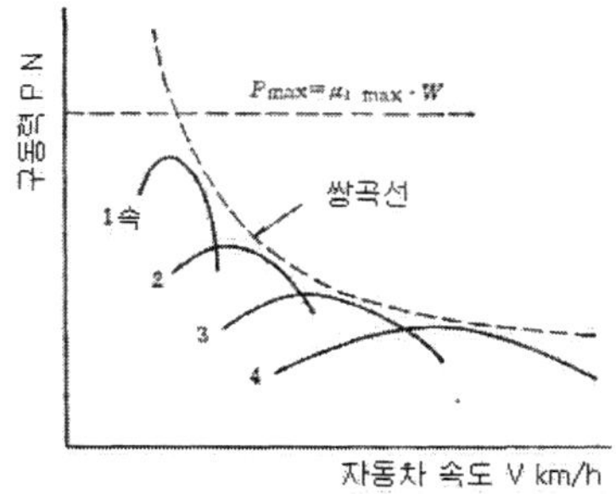

그림 19.4 구동력 곡선

이상의 설명이 내연기관을 탑재한 자동차의 기어식 다단 변속기를 사용하는 이유이다. 그러므로 변소기 단수를 증가시키면 구동력곡선의 수가 만하지고 이 때의 각 곡선군의 외측을 잇는 곡선은 더욱 쌍곡선근접함을 알 수 있다. 만일 동력전달효율이 높은 무단 변속기를 사용한다면 구동력곡선의 수눈 무한으로 되어 구동력곡선을 더욱 쌍곡선으로 가깝게 근접시킬수 있다.

구동륜에 전달되는 토크에 의한 구동력은 타이어와 노면 사이의 부착력에 의존한다. 구동륜에 걸리는 수직하중을 W, 구동력계수의 한계치를 $\mu_{t\max}$, 구동력의 한계치를 $P_{\max}$는 다음 식으로 표시된다.

$$P_{\max} = \mu_{t\max} W \qquad (19\cdot4)$$

19.1.4 전기 자동차용 전동기

전기 자동차는 직류 전원인 전지를 에너지원으로 하여 직류(DC)를 그대로 사용하는 DC전동기와 직류를 일단 교류(AC)로 변환하여 사용하는 AC전동기의 두 가지의 종류가 있다.

전기 자동차에 사용되는 전동기는 그 작동 원리 및 구조에 따라 다음과 같이 분류된다.

- 전기 자동차용 전동기
  - DC 전동기
    - 직권 전동기
    - 분권 전동기
    - 복권 전동기
  - AC 전동기
    - 유도 전동기
    - 동기 전동기

전기 자동차의 에너지원인 전지가 직류만을 발생하므로 과거에는 직류를 그대로 사용하는 DC 전동기가 사용되어 왔다. DC 전동기는 제어가 쉬운 반면 효율, 크기, 브러시의 정비 등의 많은 문제점을 가지고 있다. 그러나 AC 전동기는 직류를 일단 교류로 변환하므로 제어계가 복잡하지만 전기 자동차용으로 다음과 같은 장점이 있다.

① 효율이 높다.

② 소형화가 가능하고 보수가 요구되지 않는다.

③ 로터 관성이 작고, 응답성이 양호하다.

④ 고회전이 가능하고, 소형화가 가능하다.

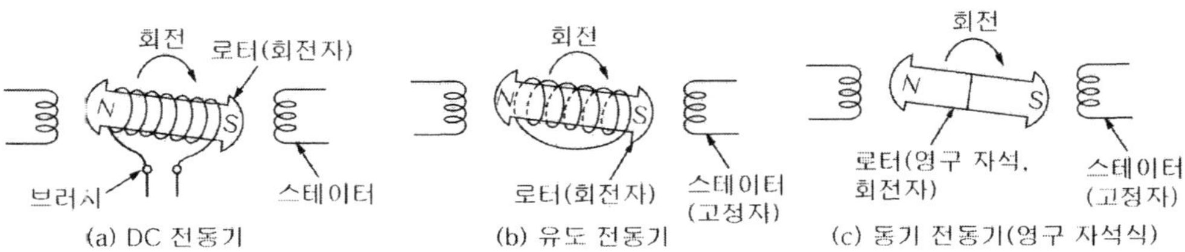

그림 19·5 전기 자동차의 전동기

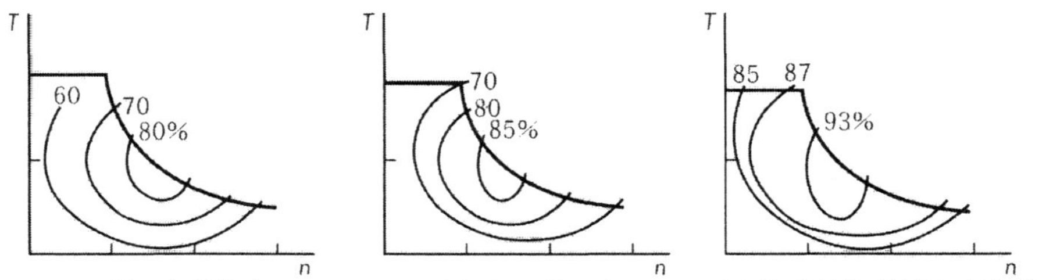

그림 19·6 전동기의 효율 비교

〔1〕 직류 전동기

직류 전동기는 회전하는 전기자 코일, 이것에 자계를 형성하는 계자 코일(field coil), 브래킷 등으로 구성된다. 직류 직권 전동기는 기동 토크가 크고, 회전 속도가 증가하면 토크는 감소하는 특징을 가지고 있다. 그림 19·7과 같은 영구 자석과 브러시를 갖는 간단한 구조

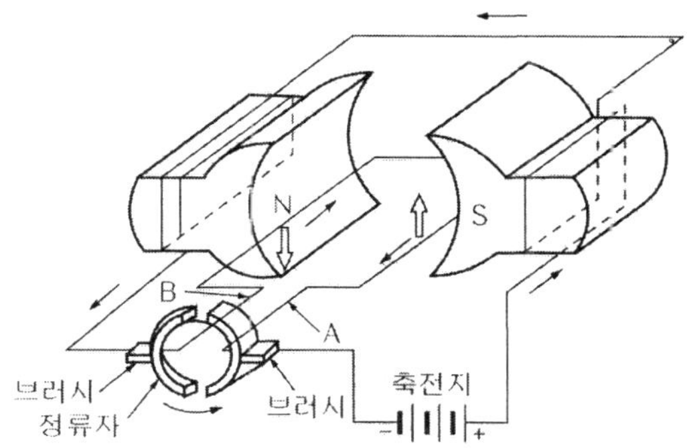

그림 19・7 DC 전동기의 원리

의 예를 들면 자석에 위치한 와이어에 전류를 흐르게 하면 도선 A, B의 주위에는 자력선이 생겨서 A는 위로, B는 아래로 움직이게 되어 이것을 회전축에 연결하면 도선은 반시계 방향으로 회전하게 된다. 이와 같이 하여 도체의 회전은 정류자와 브러시를 통하여 회전을 지속하게 된다. 여기서 회전 도선 코일(rotating wire coil)을 전기자(armature), 자석 주위의 코일을 계자 코일(field coil)이라 한다.

(1) **토크 속도 특성**

전동기에서 도체의 길이를 l m, 흐르는 전류를 I A, 자기장의 세기를 B Wb/m^{2}라 하면 도체에 작용하는 전자력 F는

$$F = BIl \qquad (19 \cdot 1)$$

가 된다. 만일 코일의 반지름을 r, 전기자 코일의 권선수를 n회라고 하면 전동기 토크 T는 다음 식으로 표시된다.

$$T = 2nrBIl = n\Phi I$$

여기서 $2nBrl = \Phi$이다. 이 값은 최대 토크이므로 전동기 상수 K_m이라 하면

$$T = K_m \Phi I \qquad (19 \cdot 2)$$

여기서 K_m은 권선수, 자극편 쌍의 수, 설계 변수에 의존된다.

모터 토크는 로터(전기자) 전류 I에 비례한다. 따라서 전류의 제어는 전기자의 저항 R_a에 의존된다.

그림 19・7에서 코일의 한쪽 면에 걸리는 기전력은

$$E_b = Blv$$

이다. 여기서 도체의 회전 속도 v는 $v = r\omega$이고, 전기자는 두 면을 가지므로 권선수가 많을

때는 다음 식으로 표시된다.

$$E_b = 2nrBl\omega$$

$$E_b = K_m \Phi \omega \qquad (19 \cdot 3)$$

이 전압은 공급 전압 E_s와 반대이며 모터 전류를 감소시키도록 작용한다. 따라서 전기자의 유효 전압(net voltage)은 공급 전압 E_s와 역기전력 E_b의 차로 표시된다. 따라서

$$I = \frac{V}{R_a} = \frac{E_s - E_b}{R_a} = \frac{E_s}{R_a} - \frac{K_m \Phi \omega}{R_a} \qquad (19 \cdot 4)$$

이 식은 전류가 각속도(angular speed)의 증가와 더불어 저하함을 나타내는 식이다. 이 식을 식 (19 · 2)에 대입하면 토크와 회전 속도와의 관계는 다음 식으로 표시된다.

$$T = \frac{K_m \Phi E_s}{R_a} - \frac{(K_m \Phi)^2 \omega}{R_a} \qquad (19 \cdot 5)$$

이 식은 매우 중요한 식으로서 전동기 토크는 속도 0에서 최대가 된다.

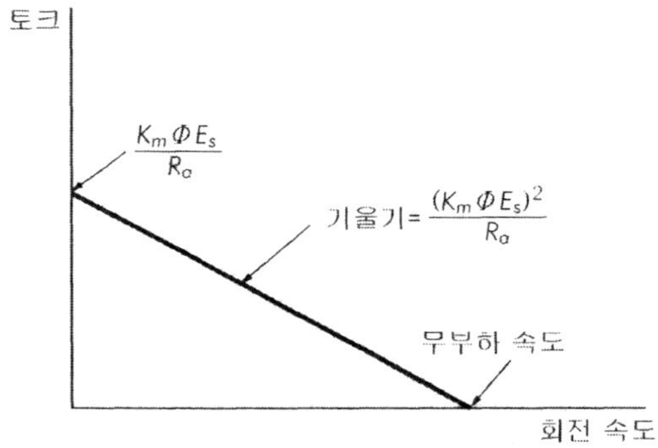

그림 19 · 8 DC 전동기의 토크–회전 속도

보기 19.1 DC 전동기가 다음과 같은 조건에서 작동하는 경우 전동기의 토크를 구하라.

속도 : 75 rpm/V, 전기자 저항 : 0.016 Ω

풀이

$$\omega = \frac{E}{K_m \Phi} \text{ rad/s} = \frac{60E}{2\pi K_m \Phi} \text{ rpm}$$

$$\frac{60E}{2\pi K_m \Phi} = 75 \rightarrow K_m \Phi = \frac{60}{2\pi \times 75} = 0.127$$

만일 이 전동기가 24 V 공급 시스템이면

$$T = \frac{K_m \Phi E_s}{R_a} - \frac{(K_m \Phi)^2 \omega}{R_a}$$

$$= 191.08 - 1.008\,\omega \qquad \text{(a)}$$

이 값은 속도가 0인 초기 상태에서 토크가 191.08 Nm임을 의미한다. 속도 0, 역기전력이 없을 경우 아마추어 저항이 R_a이라면 전류는

$$I = \frac{V}{R} = \frac{E_s}{R_a} = \frac{24}{0.016} = 1500\ \text{A}$$

이 값은 너무 큰 전류이다. 전류 한계는 5초 동안에 약 250 A 또는 350 A이므로 식 (19・2)에서 T를 구하면

$$T = K_m \Phi I = 0.127 \times 250 = 31.75\ \text{Nm} \qquad \text{(b)}$$

이다. 따라서 식 (a)는 식 (b)로 수정하여 T를 구한다.

(2) DC 전동기의 효율

모든 전기 기계에는 에너지 변환 과정에서 주어진 에너지 모두가 유효한 에너지로 변환되는 것이 아니고 그 중의 일부 에너지는 열로 되어 손실로 된다. 브러시를 갖는 DC 전동기는 다음과 같은 네 가지 형태의 손실을 수반한다.

① 동손(copper loss)

전기자 권선, 계자 권선 등의 저항 손실이며 어느 것이나 전류의 2승에 비례하지만 분권 계자 권선의 저항 손실은 부하 전류에 무관하게 일정하다.

이 손실은 열로 변화되는 손실로서

$$P = I^2 R$$

로 표시된다. 앞의 식 (19・1), (19・2)에서 보는 바와 같이 전류는 전동기 토크에 비례하므로

$$\text{동손} = k_c T^2$$

으로 표시된다. 여기서 k_c는 브러시 및 코일, 자속 Φ에 따른 상수이다.

② 철손(iron loss)

자기 회로 중에서 자속이 시간적으로 변하기 때문에 발생하는 철심의 히스테리시스 손실(hysteresis loss)과 와전류 손실(eddy current loss)이며 속도와 자속 밀도에 따라 변화한다. 자속의 변화율은 로터의 속도에 따라 변화한다. 철손은 다음 식으로 표시된다.

$$\text{철손} = k_i \omega$$

여기서 k_i는 상수이다.

③ 기계 손(mechanical loss)

베어링 및 브러시의 마찰 손실, 회전부의 풍력 손실 등이 있으며 속도에 따라 변화하지만 부하와는 무관하다.

자속의 변화율은 로터의 속도에 비례하므로

$$\text{동력} = \text{토크} \times \text{회전 각속도}$$

따라서 손실 동력(friction power)은

$$\text{마찰 동력} = T_f \omega$$

가 된다. 풍손(windage loss)은

$$\text{풍손} = k_w \omega^3$$

이다. 여기서 k_w, T_f는 각각 마찰 토크, 주로 로터의 크기 및 형상에 따른 상수이다.

④ **표류 부하손**(stray load loss)

부하 상태에서 ①,②,③ 이외의 손실이며 전기자 도체, 와전류 손실, 전기자 반작용에 의한 자속 변형으로 생기는 것으로 생각되는 손실 C이다. 그러나 이 손실은 매우 적으므로 소형기에서는 무시한다.

따라서 이들 손실을 모두 합하면

$$\text{총 손실(total losses)} = k_c T^2 + k_i \omega + k_i \omega^3 + C$$

가 된다.

따라서 **전동기의 효율**(motor efficiency) η_m은 다음 식으로 구한다.

$$\text{효율 } \eta_m = \frac{\text{입력} - \text{손실}}{\text{입력}} = \frac{\text{출력}}{\text{입력}}$$

$$\eta_m = \frac{T\omega}{T\omega + k_c T^2 + k_i \omega + k_i \omega^3 + C} \qquad (19 \cdot 6)$$

효율은 보통 전부하 부근에서 최대가 되도록 설계한다.

(3) 브러시리스 DC 전동기

브러시리스 DC 전동기(brushless DC motor, BLDC motor)는 그림 **19 · 9**와 같이 스테이터와 영구 자석 계자 회전자와 전자 스위칭으로 여자되는 고정자 전기 권선으로 구성된다. 전기자 자계의 회전은 전력 트랜지스터를 이용하여 전기자 권선의 방향을 바꾸어서 얻는다. 회전자의 영구 자석 자계와 고정자의 전기자에 의한 회전 자계 사이의 동기성을 부여하기 위하여 알맞은 시간에 스위칭할 수 있도록 회전자축에 위치 센서를 붙여서 사용한다. 그림 **19 · 9**는 브러시 없는 직류 전동기의 원리를 나타낸 것이다.

그림의 (a)와 같이 전류가 흐르면 로터는 시계 방향으로 회전한다. 만일 로터가 그림 (b)와 같이 스테이터의 두 극 사이를 지나면 스테이터 전류는 차단된다. 이 때 로터는 관성력으로 회전하면서 스테이터는 다시 에너지 작용을 받아 전류와 자장은 반대로 된다. 이렇게 하

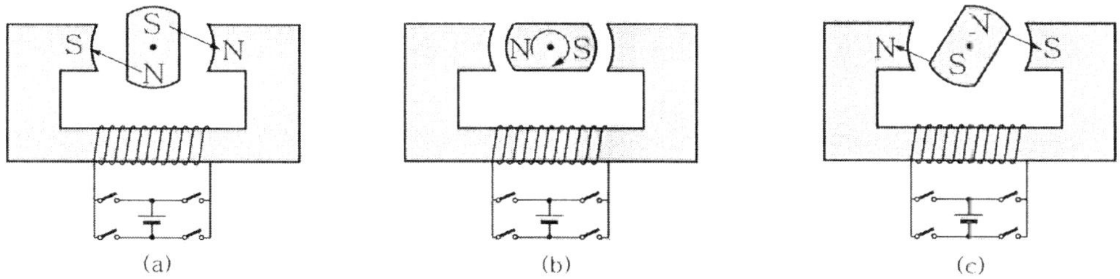

그림 19 · 9 BLDC 모터의 작동 원리

여 전동기 로터는 시계 방향으로 당겨져서 회전한다. 이러한 과정이 계속되어 스테이터 코일 내의 전류는 교대로 된다. 이와 같이 전류는 센서에 의하여 로터의 위치와 동기하여 스위칭 작동된다. 이러한 작용을 홀 효과(Hall effect)라고 한다. 이와 같은 구조의 전동기를 브러시리스 DC 전동기 또는 무정류자 전동기(DC non-commutator motor)라고 한다. 이러한 경우는 기계적 접촉부가 없으므로 잡음 없이 양호한 정류 효과를 얻을 수 있다.

그림 **19 · 9**는 단일 코일이므로 토크가 매우 비정상적이 된다. 따라서 이러한 문제점을 개선하기 위하여 그림 **19 · 10**과 같이 3개 또는 그 이상의 코일을 사용한다면 매우 안정되고 효율적인 성능을 얻을 수 있다.

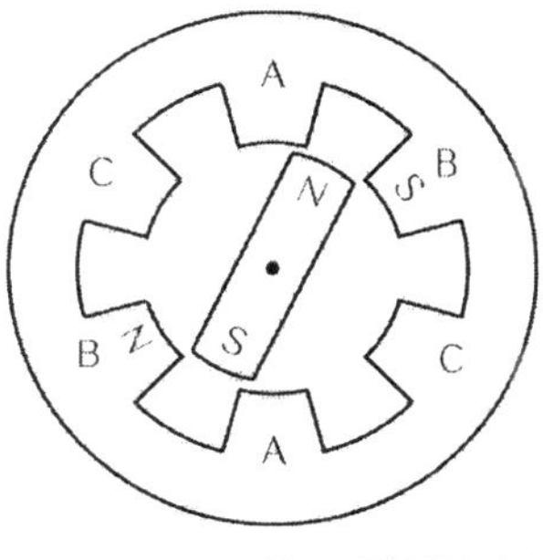

그림 19 · 10 BLDC 모터 스테이터의 3코일 배치

〔2〕 교류 전동기

교류 전동기는 유도 전동기와 동기 전동기로 크게 나누어진다.

AC 유도 전동기의 원리는 그림 **19 · 11**과 같이 영구 자석을 도체 원판에 접촉시키지 않고 회전시키면 도체 원판도 그 방향으로 회전하는 성질을 이용한다. 영구 자석을 움직이는 대신에 삼상교류에 의하여 발생하는 회전 자계로 로터(회전자)를 회전시키는 것이 유도 전동기이다. 회전 자계의 회전속도 n_s, 회전자의 속도를 n, 이들의 차를 미끄럼 s라 하면 회전자계의 속도와 회전자 속도는 다음 식으로 구한다.

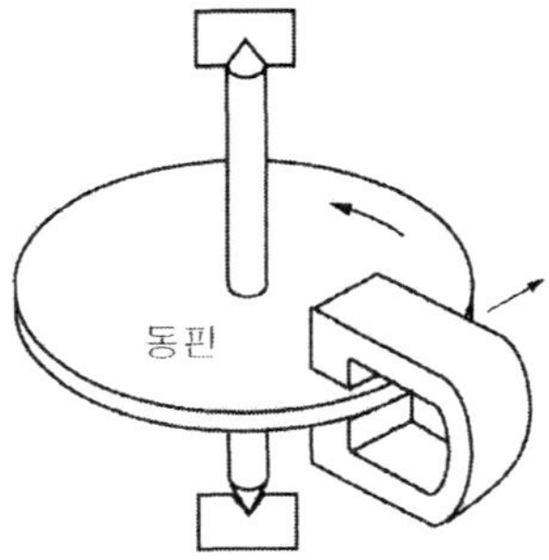

그림 19·11 유도 전동기

$$n_s = \frac{120f}{p}\,(\text{rpm})$$

$$n = (1-s)n_s\,(\text{rpm})$$

그림 19·12에서 성층 철심의 고정자 권선에 3상 교류를 공급하면 각 상의 코일에 전류 I_a, I_b, I_c가 흘러 각상의 합성 기자력에 의하여 화살표 방향으로 자계가 발생한다. 각상의 전류 I_a, I_b, I_c는 시간과 더불어 크기 방향이 120°의 위상차를 가지고 변화하므로 합성 기자력에 의한 자계의 방향은 점차 이동하여 회전 자계를 발생한다. 회전 자계가 발생하면 회전자의 도체에 유도 기전력이 생긴다. 이렇게 하여 회전자는 자계의 회전 방향으로 회전하게 된다.

유도 전동기는 그림 19·13과 같이 1차 권선을 감은 고정자와 회전자, 출력축, 브래킷, 냉각 장치 등으로 구성된다.

한편 AC 동기 전동기는 그림 19·14와 같이 회전 자계를 만들기 위한 고정자와 회전 철심과 영구 자석으로 구성된 회전자로 구성된다. 동기 전동기의 일종인 SR(Switched reluctance) 전동기는 그림 19·15와 같이 로터(rotor)는 적층철심(積層鐵心)만으로 구성되어 영구 자석이나 2차 전류를 흐르는 도체를 필요로 하지 않는다.

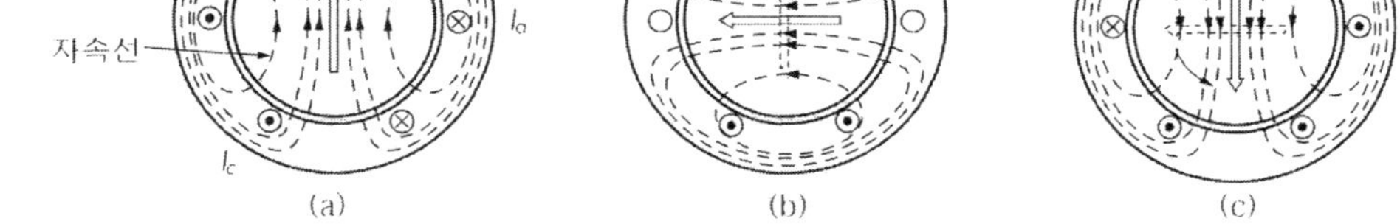

그림 19·12 회전 자계의 발생

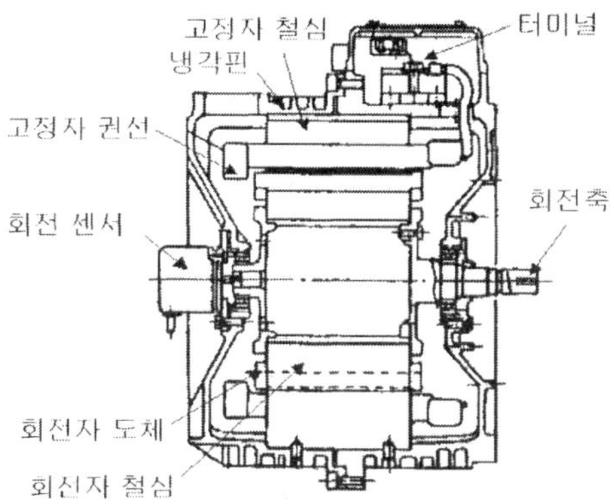

그림 19 · 13 유도 전동기의 구조

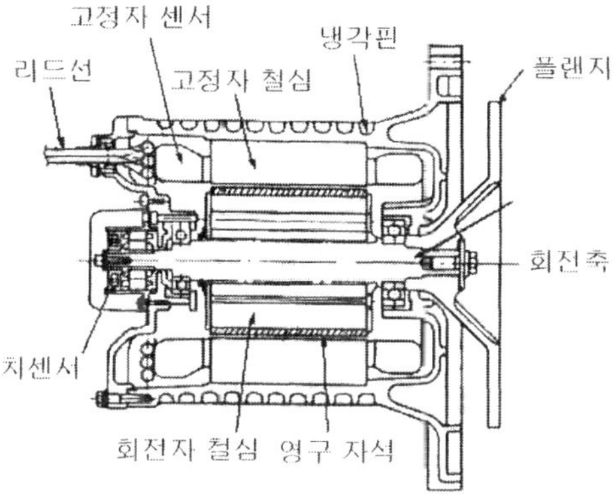

그림 19 · 14 동기 전동기의 구조

그림 19 · 15에서 전극 a-a'에 전류를 통하게 하면 자속이 생기게 되고, 이 자속의 자력에 의하여 로터가 화살표 방향으로 회전하게 된다.

a-a'의 통전이 멈추어지면 인접한 대항 전극 b-b'에 통전하게 된다. 이와 같이 통전하는 전극의 위치를 스위칭함에 따라 점차적으로 회전 자계를 만들고, 이에 따라 로터는 회전 자계에 동기하여 회전하게 된다. 최근의 전기 자동차(electric vehicle, EV), 하이브리드 전기 자동차(hybrid electric vehicle, HEV)용 전동기로는 AC전동기와 브러시리스 전동기가 사용된다.

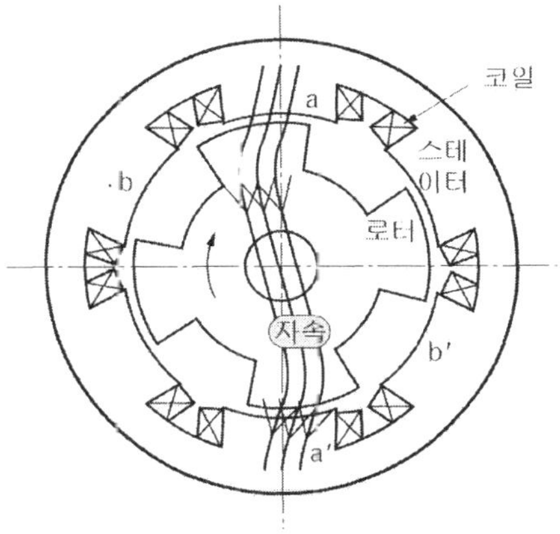

그림 19 · 15 SR 전동기의 원리

19.1.5 전 지

〔1〕 전기 자동차용 전지

전기 자동차의 성능은 전지의 능력에 따라서 결정된다. 그러므로 주행 거리는 전지의 에너지 밀도로서 결정되고, 가속성은 파워 밀도로서 결정된다. 또 전지의 중량과 가격은 전기 자동차의 총중량, 가격에 가장 큰 영향을 미친다. 이러한 관점에서 전기 자동차의 정비는 전지의 유지 · 관리라고 하여도 과언이 아니다. 그러므로 전기 자동차용 전지의 요구 성능은 한번 충전하여 주행할 수 있는 거리를 지배하는 에너지 밀도, 가속 성능을 좌우하는 출력 밀도, 전지의 사이클 수명, 신뢰성, 안전성, 정비 관리의 용이성, 가격 등에 의하여 결정된다. 전기 자동차와 가솔린 자동차를 비교하여 성능적인 관점에서 가장 현저한 차이가 나는 것은 주행 거리이다. 만일 전기 자동차가 가솔린 자동차의 연료와 동일한 양(50 kg)의 납 축전지를 설치하여 이용할 경우 일회 충전으로 주행할 수 있는 거리는 약 15 km 정도이다(표 19·1 참조).

실용적으로 1회 충전으로 주행 거리가 도시 주행으로 100 km를 가려면 납산전지는 500 kg 이상이 필요하여 차량 중량이 현저하게 증가하여 동력 성능 등 여러 가지 면에서 자동차로서의 기능을 다할 수 없다. 따라서 에너지 밀도가 높은 새로운 전지를 개발하면 목표 성능은 현저하게 개선시킬 수 있다.

표 19·1 가솔린 자동차와 전기 자동차의 주행 거리 비교

연료 또는 전지의 무게	자동차 종별	주행 거리	주행 거리 비교	비 교
50kg	가솔린 자동차	1000 km		가솔린 50kg
〃	전기 자동차	15km		납산 전지 40 Wh/kg
300kg	전기 자동차	220km		전지 100 Wh/kg
〃	전기 자동차	330km		전지 150 Wh/kg

〔2〕 2차 전지

(1) 니켈계 전지

니켈계 전지(nickel-based batteries) 또는 니켈 전지(nickel batteries)는 양극에 산화니켈, 음극에 카드뮴, 아연, 철 또는 수소를 사용하여 수산화칼륨 용액을 전해질로 하는 전지로서 에너지 밀도가 납 축전지보다 높다.

① 니켈-카드뮴 전지(nickel-cadmium battery)

$$2NiOOH + Cd + 2H_2O \rightleftharpoons 2Ni(OH)_2 + Cd(OH)_2$$

에너지 밀도, 출력 밀도, 수명 등이 우수하고, 유지 관리도 간편하다. 그러나 니켈, 카드뮴이 고가이므로 전기 자동차의 가격이 비싸진다.

② 니켈-아연 전지(nickel-zinc battery)

$$2NiOOH + Zn + 2H_2O \rightleftharpoons 2Ni(OH)_2 + Zn(OH)_2$$

아연 전극을 사용하면 카드뮴이나 철 전극보다도 에너지 밀도가 향상된다. 또 전지 전압이 높으므로 이론 에너지 밀도가 높고 가격면에서도 아연은 매우 유리하다. 그러나 충전시 아연의 수지상결정(樹枝狀結晶)이 석출되어 수명이 짧아진다.

③ 니켈-철 전지(nickel-iron battery)

$$2NiOOH + Fe + 2H_2O \rightleftharpoons 2Ni(OH)_2 + Fe(OH)_2$$

에너지 밀도가 높고 수명이 길다. 가격도 비싸고, 보충수의 빈도가 높아 보수가 어렵다.

④ 니켈-금속 수소화물 전지(nickel-metal hydride battery)

음극 활성 물질인 수소 담체로 수소흡장금속(水素吸藏金屬)을 사용하는 것이 특징이다.

$$xNiOOH + MHx \rightleftharpoons xNi(OH)_2 + M \qquad M : 금속$$

니켈-카드뮴의 대용 전지로서 소형 전지로도 많이 사용되고 있다.

(2) 나트륨 전지

나트륨 전지(sodium batteries)는 음극에 나트륨, 전해질에 고체의 β-알르미나를 사용하는 고온형 전지로서 양극에 유황을 사용하는 나트륨-유황전지와 금속 염화물을 사용하는 나트륨-금속 염화물 전지가 있다.

① 나트륨-유황 전지(sodium-sulphur battery)

$$2Na + xS \rightleftharpoons Na_2S_x$$

이론 에너지 밀도가 760 Wh/kg로 높고 전기 자동차용으로 기대되는 전지의 하나이다.

② 나트륨-금속 염화물 전지(sodium-metal hydride battery)

$$2Na + MCl_2 \rightleftharpoons M + 2NaCl \qquad M : 금속$$

전해질로 β-알루미나, $NaAlCl_4$이 사용되며, 전해질의 내부 저항이 큰 것과 출력 밀도를 크게 하는 것이 과제이다.

(3) 리튬 전지

리튬 전지(lithium batteries)는 현재 고려되는 전지 중 이론 에너지 밀도가 가장 큰 전지이다. 리튬은 원자 번호 3으로서 단위 전기량을 얻는 데 필요한 질량인 전기 화학 당량(g/Ah)이 금속 중에서 가장 적고 또 발생 전압이 3~4 V로서 에너지 밀도가 매우 높다.

① 고온형 리튬 전지

$$FeS_x + 2LiAl \rightleftharpoons Fe + Li_2S_x + 2Al$$

에너지 밀도가 높고 용융 전해질을 사용하므로 이온 전도도가 크고 출력 밀도가 크다. 음극에 리튬 금속, 전해질로 용융염을 사용하므로 약 450℃ 이상의 고온에서 작동한다.

② 상온형 리튬 전지(Li 이온 전지)

$$LiMO_2 \rightleftharpoons Li_1 - xMO_2 + CnLi_x \qquad M : 금속$$

양극 재료에 코발트, 니켈, 망간 등의 금속 산화물을 사용하며 음극에는 리튬이온을 사용하며 상온에서 작동하는 전지이다. 음극의 탄소 분자 내에 Li 이온이 출입하는 반응으로 보통 상태에서는 금속 Li 석출되는 것은 없다.

전지 전압은 완전 충전 상태에서 4.2 V로부터 종지 전압 2.5 V까지 반전하므로 직선적으로 방전된다.

19.1.6 충전 방식

〔1〕 보통 충전

보통 충전은 5~8시간에 걸쳐서 충전하는 일반적인 방식을 말하며, 최초는 일정 전류로 충전하고(정전류 충전), 충전 전압이 일정치 이상이 되면 충전 종료까지 일정 전압으로 충전한다(그림 19 · 14 참조).

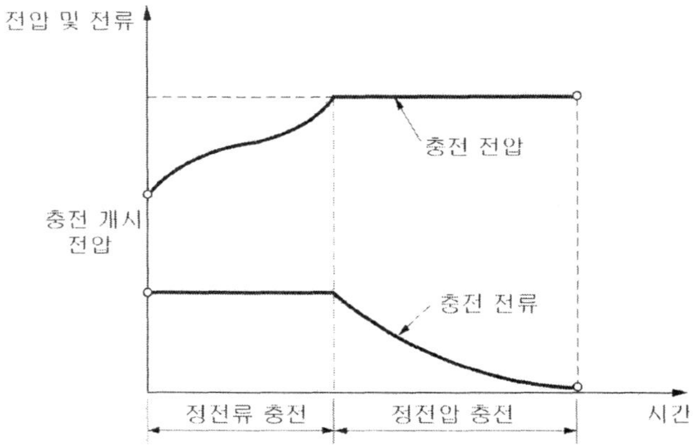

그림 19 · 14 충전 패턴의 보기

〔2〕 급속 충전

탑재된 전지의 용량 부족을 보충하고 1일의 실질적 주행 거리를 증가시키기 위하여 실시하는 충전 방식을 말한다.

보통 충전에서는 그림 19 · 17 (a)와 같이 1일의 주행 거리에 한한다. 급속 충전에서는 주행 후 단시간에 급속 충전하므로 충전 작용은 그림 19 · 17 (b)와 같이 실시한다.

〔3〕 초급속 충전

급속 충전은 30분~1시간 정도 충전하나, 이것을 더욱 진전시켜 보다 짧은 시간에 충전하는 방식을 초급속 충전이라고 한다.

〔4〕 전지 교환 방식

남은 양이 적은 전지를 충전된 전지로 교환하는 방식으로 야간에 충전한 전지를 저장하였

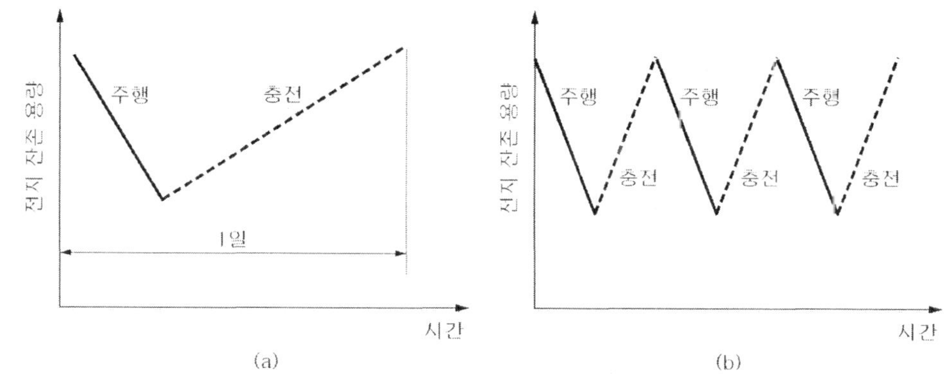

그림 19 · 17 충전 패턴

다가 교환한다. 따라서 야간 전력을 유효하게 활용할 수 있다

19.1.7 차량 시스템

전기 자동차용 시스템은 차량 계획, 차량 성능, 연료 전지 차량용 전용 유닛의 개발에 대한 차량 기술이 개발되어야 한다.

- 전기 자동차의 시스템 기술
  - 차량 계획-적절한 레이아웃
  - 성능 향상
    - 저속 성능-전동 저항 저감 기술
    - 고속 성능-공기 저항 개선
    - 가속 성능-경량화
  - 전용 유닛 개발
    - 제동 장치
    - 에어컨디셔너
    - 동력 조향 장치

전기 자동차의 레이아웃은 전지의 배치, 전동기의 위치 등에 주안을 두어 다음 그림 19 · 18과 같이 레이아웃 한다.

그림 19 · 19는 ICE(내연 기관) 자동차, 하이브리드 자동차, EV(Electric Vehicle) 자동차의 구동 시스템의 배치를 비교한 것이다.

전기 자동차에서 전지의 중량은 자동차 중량의 25~35%를 차지하므로 중량 배분, 공간 배분, 교환, 정비, 전지의 냉각, 보온 등 여러 가지 조건과 충돌 또는 침수시의 안전성까지 고려하여 레이아웃하여야 한다. 이 밖에도 전기 자동차에 알맞은 브레이크 시스템, 공기 조화용 에어컨디셔너 등의 개선이 필수적이다.

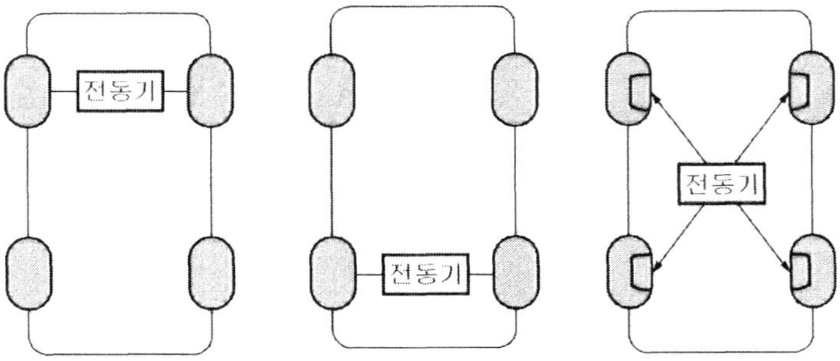

(a) 앞 전동기식 (b) 뒤 전동기식 (c) 바퀴 내장식

그림 19 · 18 전동기의 레이아웃

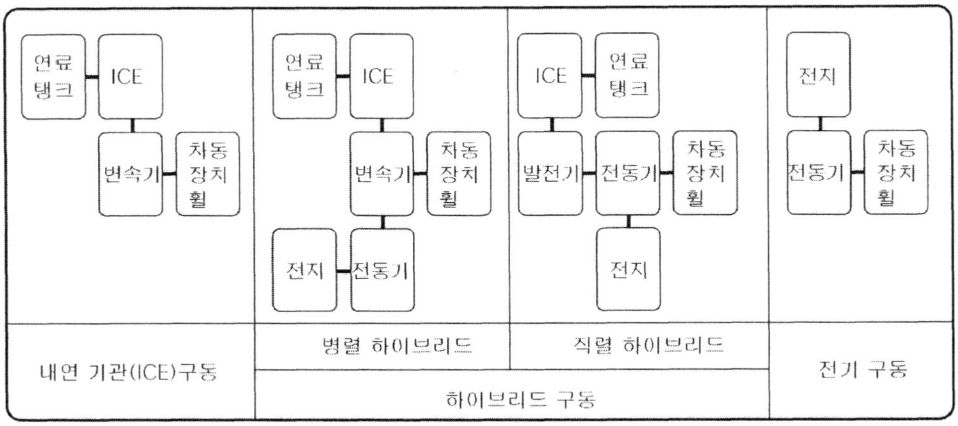

그림 19 · 19 ICE(내연 기관) 자동차, 하이브리드 자동차, EV(Electric Vehicle) 자동차의 구동 시스템의 배치

19.2 연료 전지

19.2.1 연료전지의 원리

2차 전지는 전지 내부에 축적된 활성 물질의 반응에 의하여 기전력을 발생하지만 연료 전지는 활성물질이 전지 내부에 있지 않고 외부로부터 공급되어 화학 반응에 의하여 발전하는 전지이다.

연료 전지는 외부로부터 활성 물질의 공급이 계속되면 발전은 계속되므로 앞에서 설명한 2차 전지에 비하여 에너지 밀도가 매우 높다.

연료 전지의 화학 반응은

$$양극:\quad 2H^{+}+2e+\frac{1}{2}O_2 \rightarrow H_2O$$

$$음극:\quad H_2 \rightarrow 2H^{+}+2e$$

의 반응이 진행되어 전체로서의 반응은

$$H_2+\frac{1}{2}O_2 \rightarrow H_2O$$

로 되어 외부 회로에 전기 에너지가 얻어진다. 연료전지는 전기화학적 반응에 의하여 화학 에너지를 직접 전기에너지로 변환한다. 물을 전기 분해하면 +극이[는 산소가 발생하고 -극에는 수소가 발생한다. 연료전지는 이것과 반대로 수소와 산소(공기)로부터 전기를 발생시킨다. 그런데 수소는 이 지구상에 단독으로는 존재하지 않으므로 통상적으로는 화석연료를 고온이나 촉매를 사용하여 화학 반응시켜 반응에 필요한 수소를 만든다. 이 과정을 연료전지에서는 개질과정(改質過程)이라고 한다. 연료로는 수소가 사용되며 보통 그림 19·20과 같은 탄화 수소계 연료의 개질 장치를 사용하여 수소로 변환하는 방식을 사용한다.

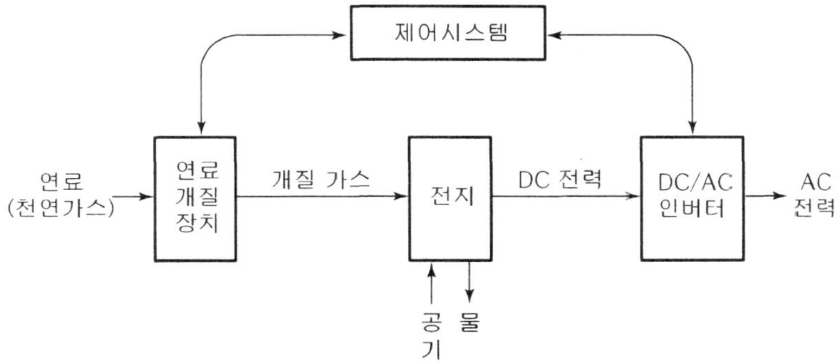

그림 19·20 연료 개질형 연료 전지 시스템

그림 19·21은 연료전지를 사용하는 자동차의 동력 및 시스템의 계통도를 나타낸 것이다

연료전지의 동작이 가능하게 하는 기본적인 단위는 셀이며 이것은 애노드(anode; 연료극) 및 캐소드(cathode; 공기극)이라 불리는 한 쌍의 전극, 이 사이에 있는 전해질, 그리고 양 전극 끝을 연결하는 외부회로로 구성된다. 전해질은 이온의 통로이며 전자는 통과하지 못한다. 만일 전해질이 전자를 통과시키면 이것은 누설 전류로 되어 이것만큼 출력이 저하하게 된다. 전해질의 종류에 따라 연료 전지의 종류도 상이하며 또한 전극에서도 연료 전지 종류에 따른 다른 전기화학 반응이 진행된다.

연료전지의 셀은 기본적으로 저전압의 직류전원(이론적 기전력 1.23V, 출력으로 인출하였을 때는 셀 전압 1V 이하)이고, 실용적인 전압을 얻기 위해서는 많은 셀을 직렬로 연결해서 사용한다. 이와 같이 여러 개의 셀을 연결하여 모아 둔 집합체를 스택(stack)이라고 한다.

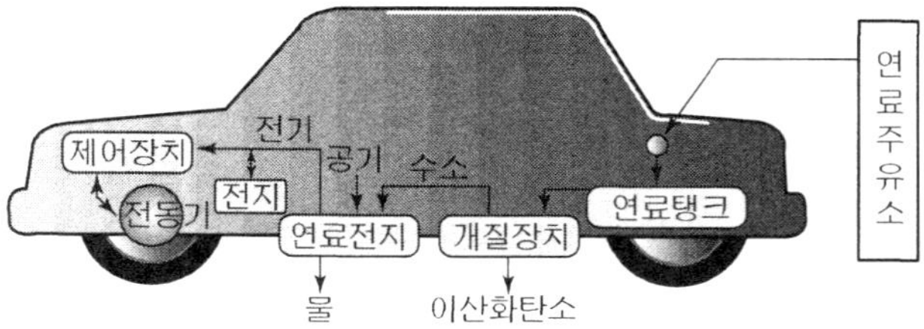

그림 19·21 연료 전지 자동차의 계통도

가장 일반적인 방법은 각 공기극과 연료극을 끝을 연결하여 회로를 구성한다.

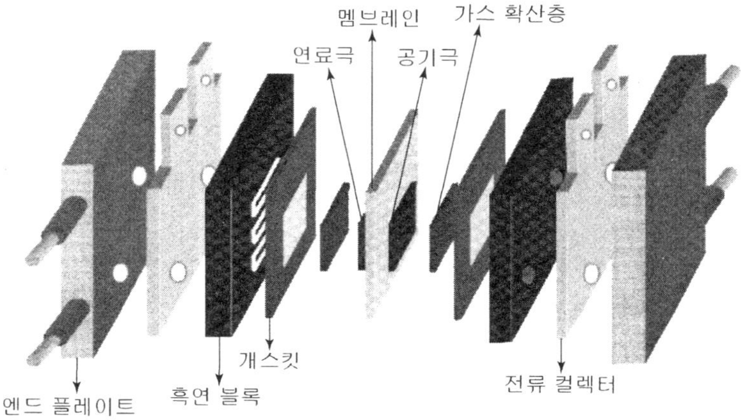

그림 19·22 연료전지 구성도

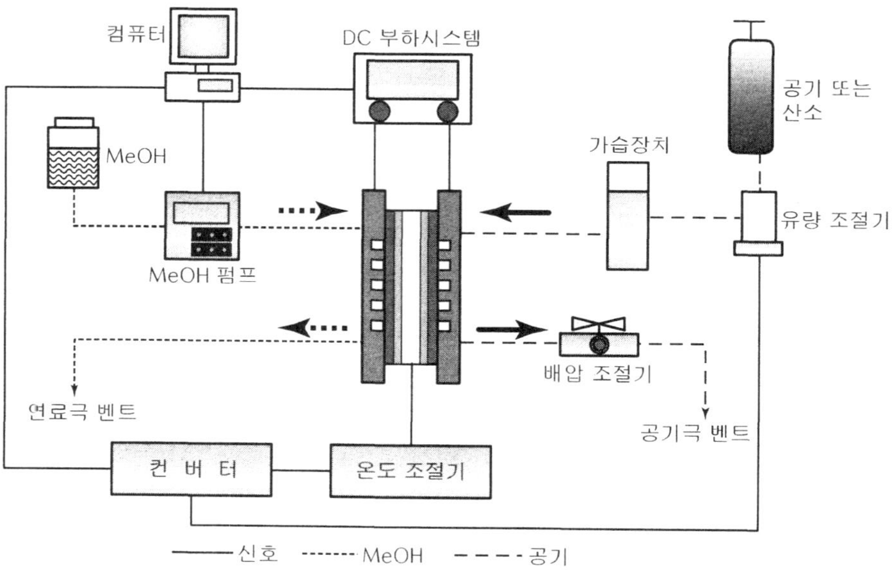

그림 19·23 직접 메탄올 연료전지의 장치 구성도

그림 19 · 22는 연료전지 구성도를 나타낸 것이고, 그림 19 · 23은 직접 메탄올 연료전지의 실험 장치 구성도의 한 보기를 나타낸 것이다. 그림에서 고분자 전해질 연료전지(Polymer electrolyte membrane fuel cell)는 수소를 화학반응에 의하여 전기 에너지와 열에너지로 변환하는 장치로서, 얇은 침투성 막의 형태인 고분자 전해질을 이용하여 작동된다. 이 전해질은 얇고 가벼우며 낮은 100℃이하인 저온에서 작동하며, 반응을 가속화하기 위하여 백금 촉매를 연료극면과 공기극면에 사용한다. 수소원자는 연료극에서 전자가 방출하는 산화반응을 통해서 양성자가 되어 다공성 막인 전해질을 통하여 확산하여 공기극으로 이동한다.

전자는 연료극에서 공기극으로 외부회로를 통하여 이동하며 전기적인 에너지를 공급한다. 공기극에서는 전자, 수소이온, 공기로부터 제공된 산소가 결합하여 물이 생성되는 반응이 발생한다. 수소를 이용하는 고분자 전해질 연료전지는 에너지 밀도와 변환효율이 높은 반면에, 연료의 안정성의 문제와 화석연료를 개질시 개질장치가 필요하지만, 직접 메탄올 연료전지는 메탄올이 액상이기 때문에 연료 저장과 공급이 용이하고 개질기가 불필요하여 소형화가 가능하다. 그러나 메탄올에 의한 촉매의 피독현상과 메탄올이 수소원자로 분리되지 않고 전해질을 통과하여 공기극으로 이동하는 메탄올 크로스오버 현상으로 인하여 수소를 이용한 고분자 전해질 연료전지에 비해 출력밀도가 낮은 단점이 있다.

그림 19 · 24는 직접 메탄올 연료전지의 여러 작동 온도 조건에 대한 전지의 출력 성능 특성을 나타낸 것이다.

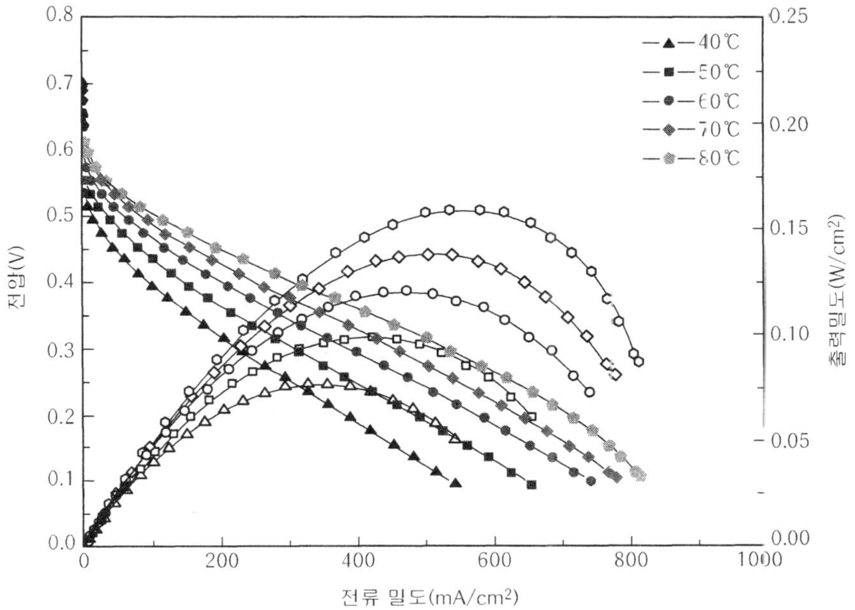

그림 19 · 24 작동온도에 따른 직접 메탄올 연료전지의 성능 곡선

19.2.2 연료전지의 각부 구성요소

연료 전지의 구조를 고체고분자막형 연료전지를 하나의 예로서 설명하기로 한다

(1) 이온교환막

전해질로서 사용되는 고분자 이온막으로서 이 막은 현재 주로 Nafion(듀퐁사) 또는 DEM(다우케미컬사) 등의 perflluorosulphonic acid이다. 이것은 가정용 플라이팬 등에 사용되는 테플론과 같은 설폰산기(SO_3^-)이 붙은 구조로서 이 SO_3^- 을 사이에 두고 물과 수소 이온이 막 속을 이동한다.

운전 온도를 높임에 따라서 수소분자의 수소 이온과 전자로의 이동이 용이해져서 출력효율이 높아진다. 다만 수소이온의 이동에 물이 필요하므로 압력을 가하여 물의 비점을 높일 필요가 있다. 또 고분자막의 내열 온도의 문제가 있어서 보통 80℃ 전후의 운전이 요망된다.

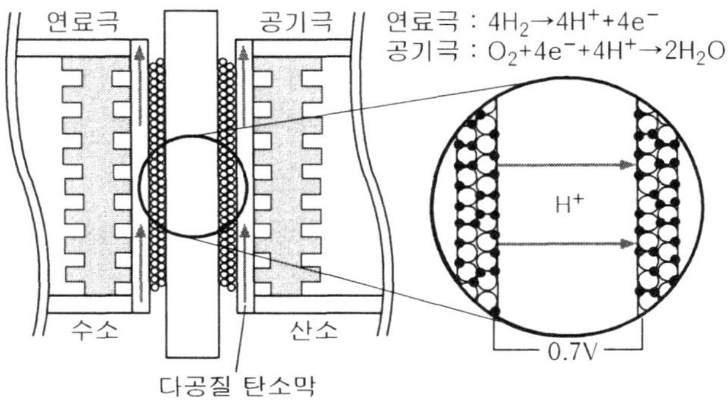

그림 19 · 25 이온 교환막

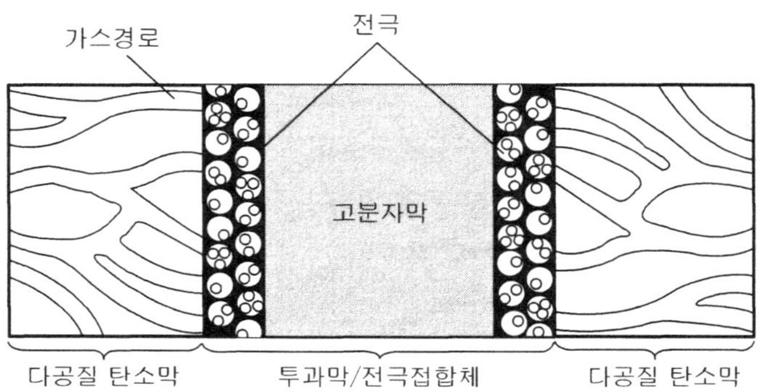

그림 19 · 26 전극

(2) 전극

고체고분자형 연료전지에 사용되는 전극은 그림 19 · 26과 같이 고분자 전해질막과 일체

로 접합되어 있으므로 "투과막/전극접합체"(MEA=membrane/electrode assembly)라고 한다. 이것은 백금계 촉매를 바른 카본의 분말을 투과막 소재에 분산시킨 얇은 막이다. 이 얇은 막을 투과막의 표면과 안쪽에 붙인 것을 MEA라고 한다. MEA의 두께는 약 0.2 mmwjd 도이고, 전극의 두께는 10 μm이다. 전극에 포함된 백금계 촉매는 0.1-0.5 g/cm^2 정도이다.

보통 MEA의 양쪽에 100-300 μm정도의 다공질 탄소막을 붙인 연료극, 공기극으로의 기체 확산을 최적화 하여 촉매층의 접촉을 용이하게 한다. 이 다공질 탄소막이 연료극에서는 수소이온의 이동에 필요한 수분의 보급을 공기극에서는 생성된 물의 제거를 제어하는 역할을 한다.

(3) 분리기(separator)

연료 및 공기의 통로가 되는 홈 파인 판으로서 MEA의 바깥쪽에 붙어 있는 다공성 탄소막에 접하여 붙여 있다. 이 판은 연료 공기를 공급할 뿐만 아니라 연료극쪽에서는 수분의 통로로 공기극쪽에서는 생성된 물의 제거 통로로서의 기능을 갖는다. 또 외부회로에 전류를 흐르게 한다. 그러므로 홈의 크기 깊이 등의 구조적인 인자가 연료 전지의 출력 효율에 크게 영향을 미치는 중요한 기술 요소이다.

19.2.3 연료 전지의 종류

연료전지는 수소(개질가스)와 산소(공기)로부터 전기회학반응에 의하여 직접 전력과 열을 취출하는 공통 원리를 가지고 있으나 이온 통로인 전해질의 종류에 따라 몇 가지로 분류된다. 그 중에서 현재 개발이 적극적으로 진행되고 있는 것이 인산형(PAFC: Phosporic acif fuel cell), 고체고분자형(PEFC 또는 PEMFC), 알칼리형(AFC:Alaline fuel cell), 직접메탄올변환형(DMFC: Direct methanol fuel cell), 용융탄산염형(MCFC: Molten carbonate fuel cell), 고체산화물형(SOFC: Solid oxide fuel cell) 이다.

표 19·2 연료전지의 종류와 특징

	인산형 (PAFC)	용융탄산염형 (MCFC)	고체산화물형 (SOFC)	고체고분자형 (PEFC)	알칼리형 (AFC)	메탄올직접형 (DMFC)
전해질	H_3PO_4	용융탄산염	세라믹스	고분자막	KOH/H_2O	슬폰산막
작동온도 ℃	200	650	800-1000	80	60-80	80
연료	H_2/개질가스	H_2/CO	$H_2/CO/CH_4$	H_2	H_2	메탄올수용액
개질방식	외부	외부/내부	외부/내부	외부		
산화제	O_2/공기	CO/O_2/공기	O_2/공기	O_2/공기	O_2/공기	O_2/공기
발전효율 (%LHV)	36-45	45-55	45-50	32-40	50-60	

표 19·2 연료전지의 종류와 특징(계속)

	인산형 (PAFC)	용융탄산염형 (MCFC)	고체산화물형 (SOFC)	고체고분자형 (PEFC)	알칼리형 (AFC)	메탄올직접형 (DMFC)
용도	CHP전원, 보조전원, 자원 리사이클	중규모 CHP, 전력사업, 도시 EC, 석탄이용발전	전력사업, 가정용, 석탄이용 자동차용	자동차, 가정용 CHP, 휴대용 전원	우주선, 아폴로 셔틀, 잠수함용	모바일기기, 휴대용전원, 자동차
개발단계	상용운전 시장개척	연구개발 실증운전	연구개발 실증운전	연구개발 실증운전	연구개발	연구개발

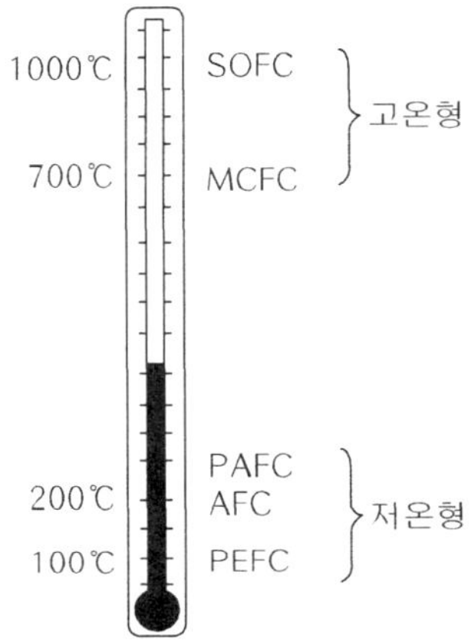

그림 19·27 연료전지의 운전온도

연료전지를 작동온도로 분류하면 고체 고분자형(PEFC: 약 80℃), 인산형(PAFC: 약 200℃), 알칼리형(AFC: 약 100℃이하)비교적 저온 그룹의 것으로 저온형 연료전지라고 한다. 이것과 달리 운전 온도가 약 650℃의 용융탄산형(MCFC)과 약 1000℃의 고체산화물형(SOFC)은 고온 연료 전지로 구분된다.

19.3 하이브리드 자동차

19.3.1 하이브리드 자동차의 원리 및 형식

하이브리드 시스템(hybrid system)은 전기와 다른 동력원을 조합한 시스템을 말한다. 전기 자동차는 주행 중에 전지의 용량이 저하하면 발전 장치를 작동시켜 충전하여야 하는 것이 결점이다. 일반적으로 하이브리드 자동차는 내연 기관과 전동기를 조합하여 연료 소비를 절감하고 배출 가스도 줄일 수 있으며, 전동기를 사용하여 주행하는 경우에도 전기 자동차와 같이 외부 에너지원으로부터 축전지에 충전하지 않는 장점이 있다. 이뿐만 아니라 제동 시의 에너지 손실을 축전지로 보내어 충전하는 회생 제동(regenerative braking)기능을 가지는 특징이 있다.

발전 장치는 기관(가솔린 기관, 디젤 기관, 가스 터빈 등)의 구동에 의하여 발전기가 구동된다.

19.3.2 하이브리드 전기 자동차의 형식

〔1〕 직렬형 하이브리드 시스템(series hybrid electric vehicle, Series HEVs)

이 방식은 내연 기관과 전동기를 사용하는 시스템으로서 엔진(내연 기관, Internal combus-tion engines; ICE)은 단지 발전기를 구동하여 전기 에너지를 만들어 축전지에 충전하거나 전동기를 구동하기 위하여 작동하는 방식이다. 따라서 엔진은 발전기 구동의 역할만 수행하고, 내연 기관으로 인해 생성된 전기 에너지로 전동기를 구동하여 자동차를 구동시키는 방식으로서 전기 자동차의 가장 큰 단점인 주행 거리를 늘리는 데 도움이 된다. 주요 시스템 구성은 그림 19 · 28과 같다.

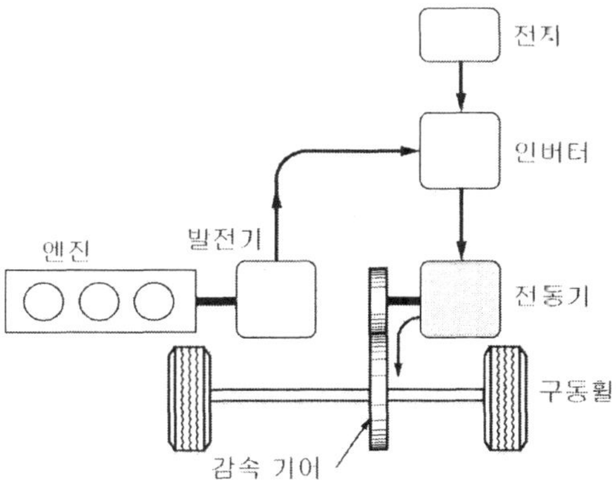

그림 19 · 28 직렬형 하이브리드 자동차

(1) 직렬형 하이브리드 시스템의 장점

① 엔진-발전기 시스템의 설치 위치의 자유도가 크다.

② 구동 시스템이 단순하다.

③ 단거리 주행(short trip)에 적합하다.

(2) 직렬형 하이브리드 시스템의 단점

① 엔진, 발전기, 전동기의 세 가지 추진 요소가 필요하다.

② 전동기는 차의 주행 최대 구동력을 얻을 수 있도록 설계해야 한다. 그러나 자동차는

대부분의 경우 최대 동력(maximum power) 이하에서 작동된다.

③ 3구동 요소가 고속, 장거리를 운행할 수 있도록 최대 구동력을 갖추어야 하므로 축전지가 빨리 소진된다.

〔2〕 병렬형 하이브리드 시스템(Parallel hybrid electric vehicle, Parallel HEVs)

그림 19·29와 같이 복수의 동력원(엔진, 전동기)을 설치하고, 주행 상태에 따라 한쪽의 동력을 이용하여 구동하는 방식으로 시동으로부터 일정 속도에 도달하기 전까지는 축전지의 출력을 이용해 전동기로 주행하고, 정속 주행할 때는 엔진 출력을 이용하며, 최고 속도로 가속시에는 엔진과 전지의 출력을 함께 이용하는 방식이다.

엔진 작동시 축전지에 충전이 이루어지기 때문에 전기 자동차와 같이 외부로부터의 충전은 별도로 필요로 하지 않는다. 충전 방식은 현재 자동차의 납축전지(lead-acid battery) 충전방식과 유사하다고 생각하면 된다.

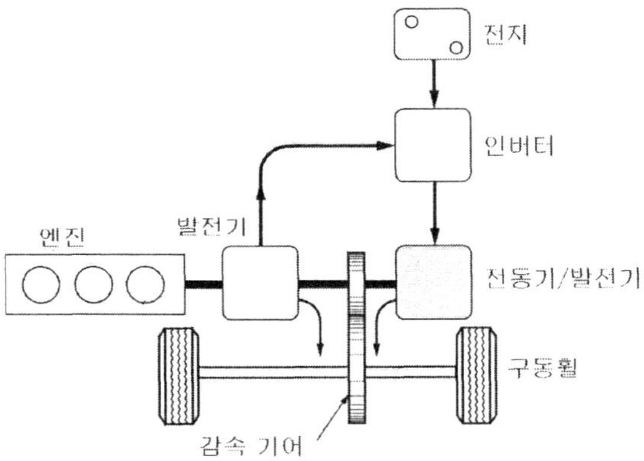

그림 19·29 병렬형 하이브리드 자동차

(1) 병렬형 하이브리드 시스템의 장점

① 내연기관 엔진과 전동기/발전기 요소가 필요하다. 전동기는 발전기와 그 역도 가능하다.

② 동일한 출력 성능을 내기 위해서 소용량의 엔진 동력과 소용량 전동기 출력으로 운전이 가능하다. 다시 말하면 총동력을 발생하기 위해서 엔진과 전동기는 최대 동력의 1/2씩만 발생하면 된다.

(2) 병렬형 하이브리드 시스템의 단점

① 동력의 제어 및 혼성이 이루어지므로 제어 기술이 복잡해진다.

② 엔진과 전동기의 동력 혼성이 이루어지므로 기계장치가 복잡해진다.

〔3〕 직렬-병렬형 하이브리드 시스템(Series-parallel hybrid electric vehicle, Series-parallel HEVs)

이 방식은 그림 19·30과 같이 시스템의 성능을 최대화하기 위하여 직렬형과 병렬형의 장점을 복합한 형식이다. 기본 구조는 병렬형을 기초로 하고 있으며, 동력 분리 장치(power split device)를 두어 운전 조건에 따라 엔진(ICE)으로부터의 동력을 구동축을 통하여 앞바퀴로 전달하는 것과 전동기로 나가는 것을 분리하는 역할을 한다. 발전기를 통하여 전달되는 동력은 축전지를 충전하는 데 사용된다. 전동기는 엔진과 병렬로 앞바퀴로 동력을 전달한다. 인버터는 발전기로부터 보내진 에너지를 축전지에 충전하는 작용과 전동기로 동력을 보내는 일을 한다. 자동차가 급가속할 때 동력은 엔진과 전동기로부터 구동축으로 전달되어 바퀴를 구동하게 된다. 중앙 제어 유닛은 각종 센서로부터 보내오는 피드백 신호로부터 시스템의 동력 흐름을 제어한다.

(1) 직렬-병렬형 하이브리드 시스템의 장점

① 동력 분리 장치에 의하여 구동륜과 발전기에 동력을 연속적으로 분배할 수 있다.

② 전동기가 전기 동력을 발생하면서 발전할 수 있으므로 병렬형보다 전동기의 사용 범위가 더 넓다.

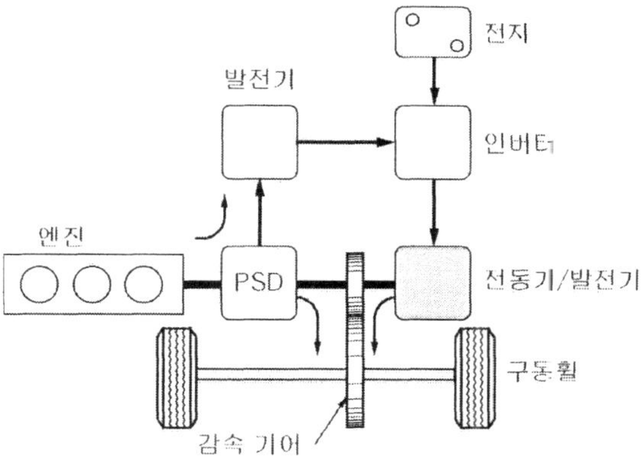

그림 19·30 직렬-병렬형 하이브리드 자동차

(2) 직렬형-병렬형 하이브리드 시스템의 단점

① 엔진, 동력 분배 장치, 발전기, 전동기의 네 가지 추진 요소가 필요하다.

② 시스템 구조 및 제어 시스템이 복잡하고 비용이 많이 든다.

19.3.3 하이브리드 전기 자동차의 특징

하이브리드 전기 자동차의 그 주요 특징을 열거하면 다음과 같다.

① **에너지 손실 감소** 하이브리드 시스템은 공회전할 때 자동적으로 엔진이 정지(공회전 정지)하므로 손실 동력을 경감시킬 수 있다.

② **에너지 회수 및 재활용** 차량이 감속 또는 제동할 때 버려지는 에너지를 회수하여 시동 전동기 또는 전동기의 동력으로 사용한다.

③ **전동기에 의한 동력의 보조** 가속시의 엔진의 동력을 보조할 수 있다.

④ **고효율 작동** 엔진 효율이 낮은 영역에서 전동기를 사용하고, 전동기 효율이 낮은 영역에서 인진이 작동되므로 차량의 효율을 최대화할 수 있다.

표 **19 · 3**은 하이브리드 자동차 형식을 구동 성능, 연비 및 엔진과 전동기의 작동 비율에 대하여 비교한 것이다. 이 표의 오른쪽에 세 가지 하이브리드 시스템의 엔진과 전동기의 동력 사용비율이 어떻게 다른가를 도식적으로 나타내었다. 직렬형에서 엔진은 전동기를 구동하는 데 필요한 전기를 생성하기 위하여 발전기를 구동하는 데 사용되므로 이들 두 요소는 동일한 일을 한다.

병렬형에서는 엔진은 주된 동력원이 되고 전동기는 단지 가속 중에 동력을 보조하므로 엔진은 전동기보다 더욱 많이 사용하게 된다.

직렬-병렬형은 동력 분리 장치를 통하여 동력을 분리하므로 바퀴와 발전기로 나가는 동력이 연속적이므로 전동기의 역할이 병렬형보다 크다.

표 19 · 3 하이브리드 시스템의 비교

형 식	구동 성능		연비 성능				엔진과 전동기의 작동 비율 전동기 : M 발전기 : E
	가 속	연 속 고출력	공회전 정 지	에너지 회 수	고효율 작동 제어	전효율	
직 렬	양 호	양 호	우 수	매우우수	우 수	우 수	E / M
병 렬	우 수	양 호	우 수	우 수	양 호	우 수	E / M
직렬 · 병렬	우 수	우 수	매우우수	매우우수	매우우수	매우우수	E / M

19.3.4 하이브리드 전기 자동차의 작동

하이브리드 자동차의 작동을 직렬-병렬 하이브리드 시스템을 중심으로 그 작동에 대하여 살펴보기로 한다.

〔1〕 시동 및 저속-중속 범위

출발할 때나 저속에서 중속의 범위일 때와 같이 비효율적인 범위에서는 내연 기관 엔진은 정지하고, HEV는 전동기에 의하여 주행하게 된다. 따라서 동력은 그림 **19 · 31**과 같이 전지, 인버터, 전동기를 통하여 구동 바퀴로 전달된다.

이 경우에는 두 가지 동력원으로 고팽창 사이클을 하는 Atkinson 사이클과 같은 고성능 가솔린 엔진과 고출력 AC동기 전동기와 고성능 Ni-MH(nickel-metal hydride battery) 전지로 구성된 전기 동력원으로 구성된다. 이 때 동력 제어 유닛은 동력 공급 시스템에 고전압 (500 V)을 공급하는 고전압 회로와 AC-DC 인버터 등으로 구성되어 있다. 이 밖에도 이 시스템의 주요 요소로는 엔진으로부터 발생된 동력을 전동기와 발전기로 분리하는 동력 분리 장치가 있다.

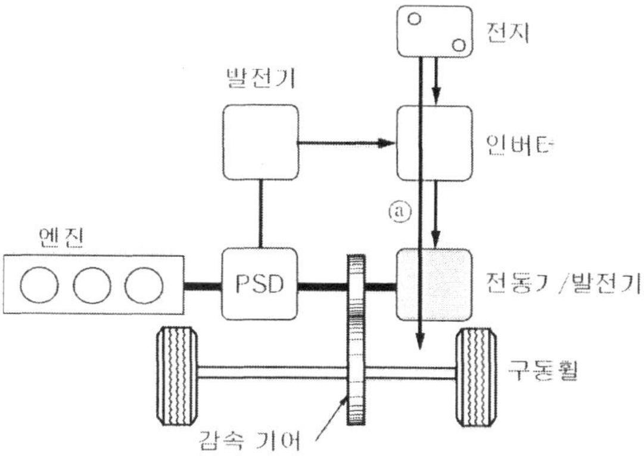

그림 19 · 31 시동 및 저속-중속 범우

〔2〕 정상 주행 조건

그림 19 · 32에서 엔진의 동력은 동력 분리 장치에 의하여 일부는 발전기를 돌리고 일부는 전동기를 회전시킨다. 나머지 동력은 직접 구동 바퀴를 돌려 주행하며 이 때 동력은 최대 효율을 갖도록 제어된다.

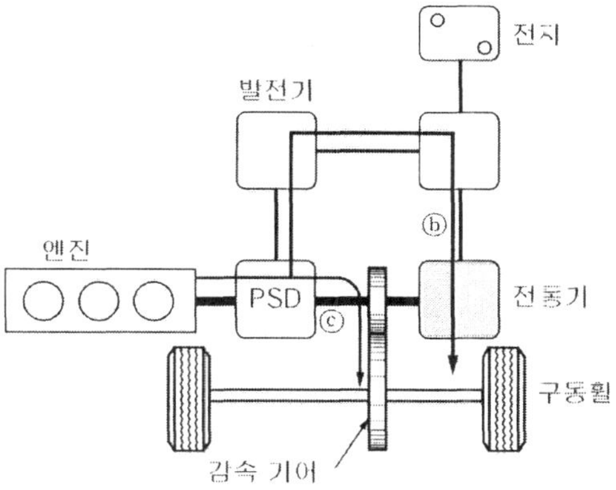

PSD : 동력 분배 장치

그림 19 · 32 정상 주행 조건

〔3〕 급가속 구동

그림 19 · 33에서 엔진과 전동기가 동력을 경로 (ⓑ+ⓒ)로 전달되어 운행 중 가속 특성을 좋게 하기 위하여 축전지로부터 동력 ⓐ가 공급되어 급가속과 주행조건에 알맞은 동력이 전달된다.

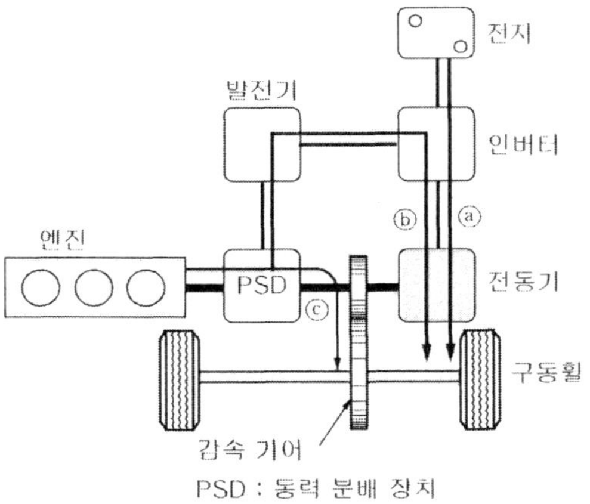

그림 19 · 33 급가속

〔4〕 감속 및 제동

그림 19 · 34와 같이 감속 및 제동시에는 전동기는 바퀴의 구동에 의하여 고출력 발전기로서 작동하게 된다. 이 때 운동 에너지는 전기 에너지로 회수되어 고성능 전지에 저장된다. 이러한 기능이 회생 제동 작용이 된다.

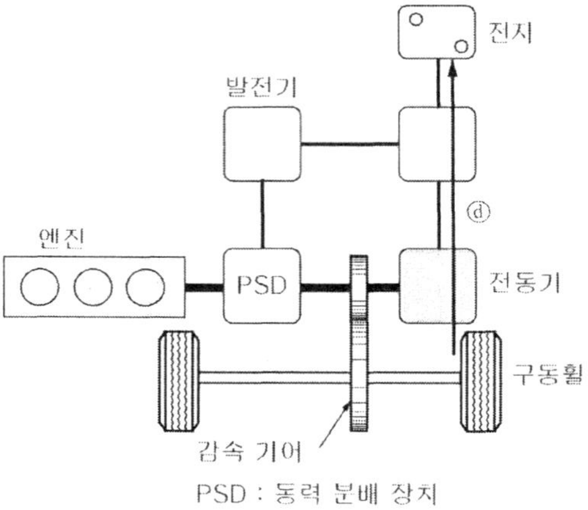

그림 19 · 34 감속 및 제동

〔5〕 축전지 재충전

축전지는 충분히 충전된 상태를 유지해야 한다. 그림 19 · 35의 ⓔ와 같이 재충전할 때 엔진은 발전기를 구동한다.

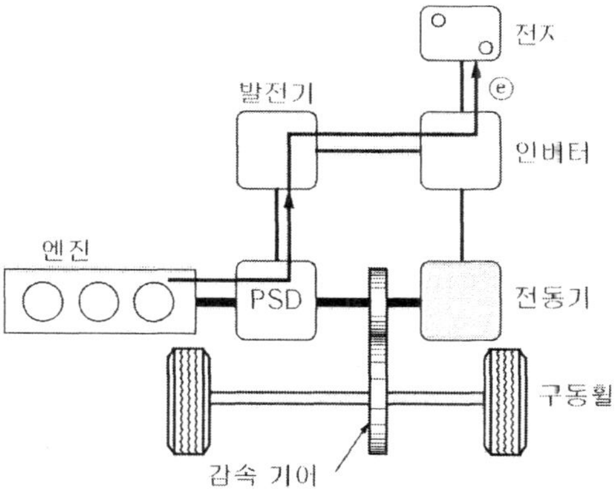

PSD : 동력 분배 장치

그림 19 · 35 재충전

〔6〕 정 지

자동차가 정지시에는 자동적으로 엔진을 정지시키도록 작동한다.

19.3.5 회생 제동 시스템

엔진 브레이크 또는 풋 브레이크를 작동시키는 경우 전동기는 발전기로서 작동하여 차량의 운동 에너지를 전기 에너지로 바꾸어 축전지에 충전한다. 이러한 작용을 회생 제동 작용(回生制動作用; regenerative braking)이라고 한다. 이러한 작용은 가속과 감속을 되풀이하는 시내 주행(city driving)에서 에너지 회수에 효과적이다.

19.3.6 하이브리드 변속기 시스템

〔1〕 하이브리드 변속기

하이브리드 변속기 시스템은 그림 19 · 36과 같이 동력 분리 장치, 발전기, 전동기, 감속 기어 등으로 구성된다. 출력축의 하나는 전동기와 바퀴에 연결되고, 다른 하나는 발전기에 연결된다. 따라서 엔진으로부터의 동력은 이들 두 통로를 통하여 기계적 연결 및 전기적 연결로 전달된다. 전자 제어 연속 가변 변속기는 엔진의 속도, 발전기 및 전동기의 속도의 연속 가변이 이루어지게 한다.

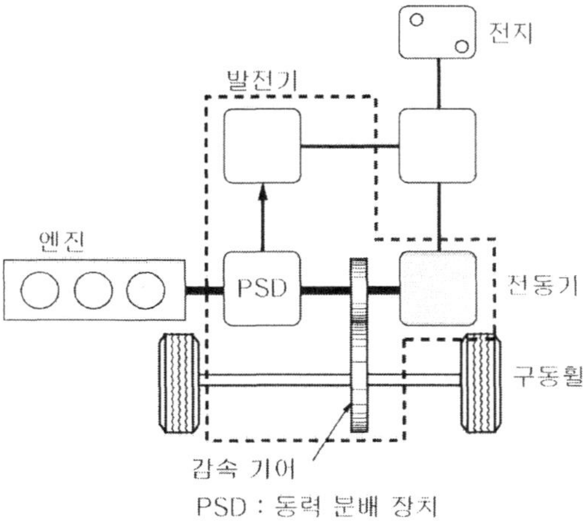

그림 19 · 36 하이브리드 자동차의 변속기

〔2〕 동력 분리 장치

동력 분리 장치(그림 **19 · 37**)는 유성 기어 장치(planetary gear system)를 이용한다. 유성 캐리어 안쪽 기어 기구의 회전축은 직접 엔진과 연결되어 있고 이것이 구동력을 아우터 링 기어와 이너 선 기어, 피니언 기어에 동력을 전달한다. 링 기어의 회전축은 직접 전동기와 연결되어 있어서 선 기어의 회전축이 직접 발전기에 링크되어 있는 동안 동력은 구동 휠에 전달된다.

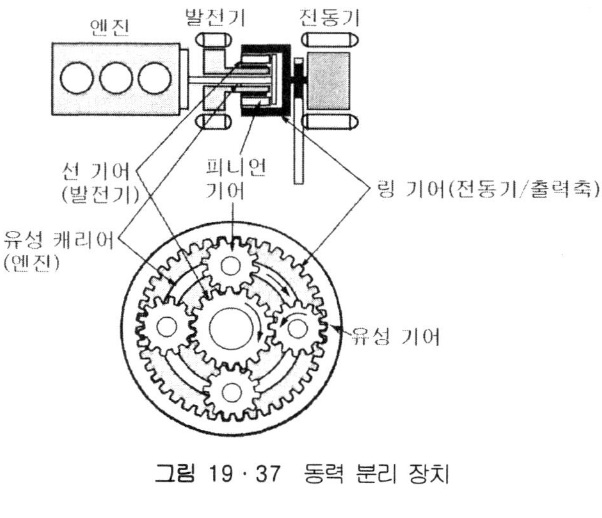

그림 19 · 37 동력 분리 장치

19.3.7 태양 에너지 자동차

〔1〕 태양 에너지 자동차의 태양 전지 설치 방식

태양 에너지 자동차(solar car 또는 solar energy car)는 태양 전지로부터 얻어지는 전기 에너지로 전동기를 회전시켜 주행하는 자동차로서 그 기본적으로는 전기 자동차와 동일한 구조를 갖는다.

태양 에너지 자동차에는 다음과 같은 두 가지 방식이 있다.

(1) 차체 표면에 태양 전지를 붙이는 방식

그림 19 · 38 (a)와 같이 태양 전지를 차체 주위 표면에 붙이고 이것으로부터 얻어지는 전기에너지를 사용하여 주행하는 방식이다.

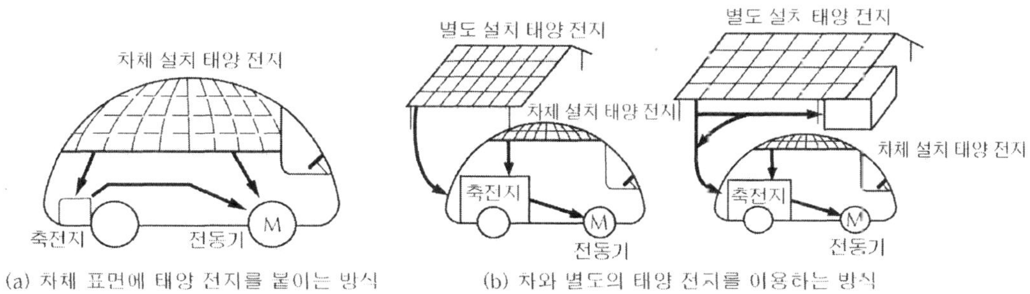

그림 19 · 38 태양 에너지 자동차의 태양 전지 설치 방식

(2) 차와 별도의 태양 전지를 이용하는 방식

그림 19 · 38과 같이 태양 전지를 차와 별도의 곳에 설치하고 이것으로부터 얻어지는 전기 에너지를 차에 설치한 대형 축전지에 충전하여 그 전기 에너지만으로 주행하는 방식이다. 이 방식은 대형 축전지를 차에 탑재하므로 야간, 우천 등에서도 주행할 수 있다.

〔2〕 태양 에너지 자동차의 구조

태양 에너지 자동차의 구성은 ① 전지, ② 전동기, ③ 제어 장치의 세 가지 주요부로 구성되어 있으며, 그 주요 기능은 앞에서 다룬 전기 자동차의 경우와 같다.

(1) 태양 전지의 구조와 작용

태양 전지(solar battery)는 태양으로부터 나오는 태양광 에너지를 전기 에너지로 변환하는 전지로서, 에너지 저장 기능은 가지고 있지 않다. 태양 전지의 구조는 그림 19 · 39와 같이 N형 반도체와 P형 반도체의 두 층으로 구성되며, 그 접합면 P-N 접합면을 빛이 닿는 표면 가까이에 두고 있다. 이 P-N 접합면은 1/1000 mm 이하의 극히 얇은 부분으로 0.5 V 정도의 전위가 존재하여 이것이 태양 전지의 역할을 하게 된다. 이 부분에 빛이 들어오면 (−)

의 전하체는 N쪽에, (+)의 전하체는 P쪽으로 이동된다. 그 결과 태양 전지의 P쪽 표면에 (+)극, N쪽 표면에 (−)극이 되어 외부와 결선되어 있는 전기 회로에 직류 전력이 공급된다.

① 태양 전지의 반도체판의 배열 방식　태양 전지의 P-N 접합을 형성하는 반도체판의 배열은 그림 **19 · 40**과 같이 원자의 배열 방법에 따라 원자가 규칙적으로 배열된 ① **결정형**과 작은 결정립이 집합된 ② **다결정형**, 원자가 불규칙하게 배열된 ③ **비결정형**이 있다.

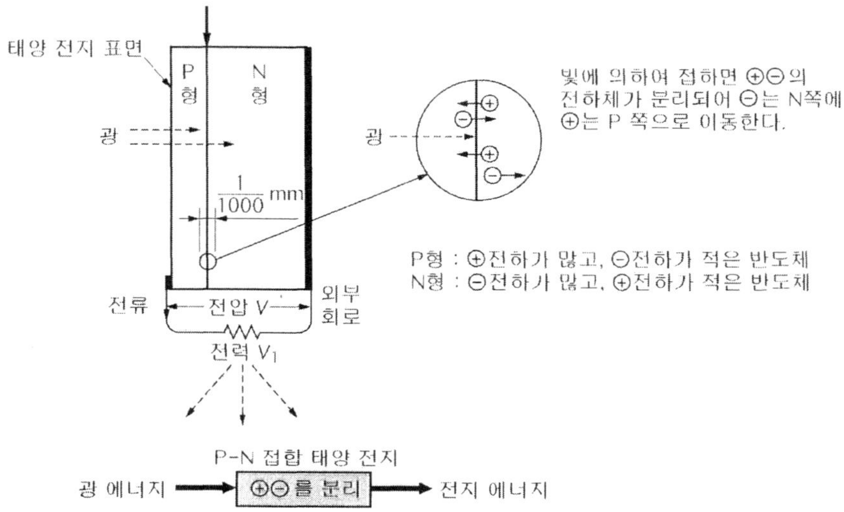

그림 19 · 39 태양 전지의 구조와 작동 원리

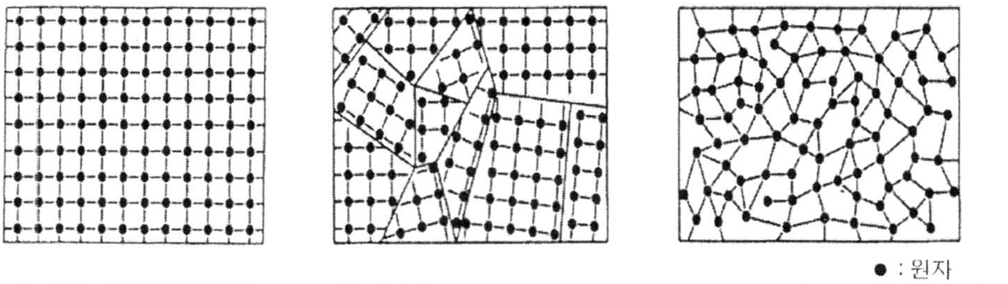

(a) 원자가 정렬된 결정형　(b) 결정형이 집합한 다결정형　(c) 원자가 결정되어 있지않은 비결정형

그림 19 · 40 반도체 판의 원자 배열

이와 같은 원자를 배열한 반도체판은 실리콘(Si)이 가장 많이 사용되며 GaAs도 고성능 태양 전지용으로 사용된다. 부존하는 자원면으로 보면 실리콘이 풍부하여 GaAs보다 유리하다.

태양전지는 그 형상에 따라 평판형, 곡면형, 플렉시블형, 반투명형 등으로 분류된다.

(a) 평판형 : 전지를 평면 유리판 등에 장착한 것으로 전지 모양이 평면인 구조를 갖는다.

(b) 곡면형 : 전지 모양이 지붕의 기와 모양의 곡면 형상을 갖도록 설계된 전지이다.

(c) 플렉시블형 : 얇은 금속판 또는 고분자 시트를 바탕으로 간든 플렉시블 형태의 모양을 갖는 전지이다.

(d) 반투명형 : 전지가 반투명형의 구조로 만들어진 전지이다.

② 태양광의 조사 방법

(a) 고정형 : 태양 전지를 지면에 대하여 30~40°로 기울여 고정한 것으로서, 가장 단순하게 조사하는 방법이다.

(b) 추종형 : 이동하는 태양을 항상 추적하는 형식으로서, 고정형에 비하여 에너지 취득량이 많다.

(c) 집광형 : 태양을 추적하면서 태양광을 유리나 렌즈로 10~100배 집광하여 고성능 태양 전지에 조사하는 방법이다. 태양 전지를 소형·고성능화할 수 있다.

③ 태양 전지의 특성 태양 전지는 빛을 전기 에너지로 변환하는 광전 변환기이므로 발생하는 전기량은 일사량의 세기, 파장, 전지의 온도 등에 따라서 달라진다. 따라서, 해가 떠서 질 때까지의 시간에 따라 얻는 전기 에너지 양도 달라진다. 또한 태양 전지의 온도가 상승하면 개방 전압이 감소하므로 태양 전지가 50℃ 이상이 되지 않도록 유지하는 것이 좋다. 여기에서 개방 전압이란, 태양 전지의 (+), (−) 전극 사이에 전기 부품을 접속하지 않았을 때의 전압을 말한다.

태양광 에너지는 지역 및 일사량에 따라서 다르나, 쾌청한 날씨에는 80~100 mW/cm^2 정도이다.

(2) 태양 전지용 축전지

태양전지의 출력은 변동이 큰 직류 전원이므로, 이 전원을 사용하기 위해서는 일정한 전력을 공급받을 수 있는 축전지(2차 전지)에 축전하고 이 축전지로부터 전력을 공급하여야 한다.

태양 에너지 자동차는 태양 전지로부터 얻어지는 전기 에너지를 축전하는 축전지가 필요하다. 이 축전지는 소형, 경량이면서 축전량이 많고, 충·방전 사이클 특성이 우수한 전지이어야 한다. 그러므로 납산 축전지 대신에 축전지 효율, 수명, 경제성 등이 우수한 새로운 전지의 개발이 요구되고 있다.

(3) 전동기

태양 에너지 자동차의 전동기는 전원으로부터의 전기 에너지를 받아 주행에 필요한 동력으로 바꾸어 주는 전동기로서, 기본적인 구조는 앞에서 다룬 전기 자동차의 경우와 같다.

(4) 제어 장치

자동차는 발진, 가속, 감속, 정지 등의 여러 가지 속도 제어 조작이 되풀이되므로, 이러한 운전 조건에 알맞도록 주행하여야 한다. 따라서, 주행 상태에 알맞도록 속도를 제어하는 장치가 필요하며, 이와 같은 제어 장치의 기본 구조·원리는 앞에서 다룬 전기 자동차의 경우와 같다.

(5) 차체 구조

태양 에너지 자동차는 일반 연료 자동차와 달리 차체 표면에 태양 전지판을 붙여서 전기 에너지를 축전지에 충전하도록 하고 있다. 그러므로 태양 에너지 자동차의 차체는 태양 전지를 설치하고 있으므로, 그 모양도 일반적인 내연 기관 자동차의 차체와 달리 태양광의 수광면적이 넓어지도록 설계 제작하여야 한다.

〔3〕 태양 전지 및 축전지의 특성

(1) 태양 전지의 특성

태양 전지의 능력 및 특성은 입사하는 일사량, 부하의 크기, 전지 소자의 온도에 따라서 변화한다. 태양 전지의 특성은 그림 19·41과 같이 전류-전압 곡선(I- V 곡선)으로 나타낸다. 이 선도에서 최대 출력(P_m)을 얻는 전류를 최대 출력 동작 전류 I_{P_m}, 그 때의 전압을 최대 출력 동작 전압 V_{P_m}이라 한다. 또 부하를 0으로 하여 단락 상태로 하였을 때의 전류를 단락 전류 I_{sc}, 부하를 무한대로 하였을 때의 단락 전압을 V_{oc}라고 한다.

그림 19·42는 태양 전지 특성의 측정 회로를 나타낸 것이다.

태양 전지의 전류-전압 곡선(I-V 곡선)은 소자 온도가 높아지면 개방 전압은 감소하고, 단락전류는 증가한다. 결정계 실리콘 태양 전지의 출력은 온도 약 1℃ 상승에 대하여 약 0.5% 감소한다. 실제로 태양 전지를 옥외에서 사용하므로 태양 전지 자신의 온도는 주위 온도보다 20～30℃ 정도 높으므로 이에 따른 출력 저하를 고려하여 시스템을 설계하여야 한다.

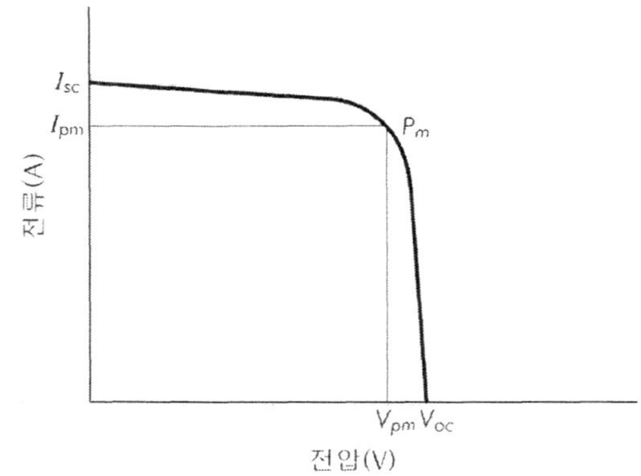

그림 19·41 태양 전지의 특성 곡선

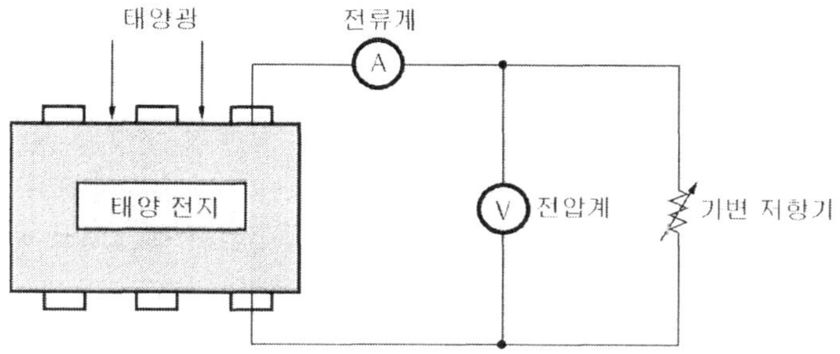

그림 19 · 42 태양 전지 특성의 측정 회로

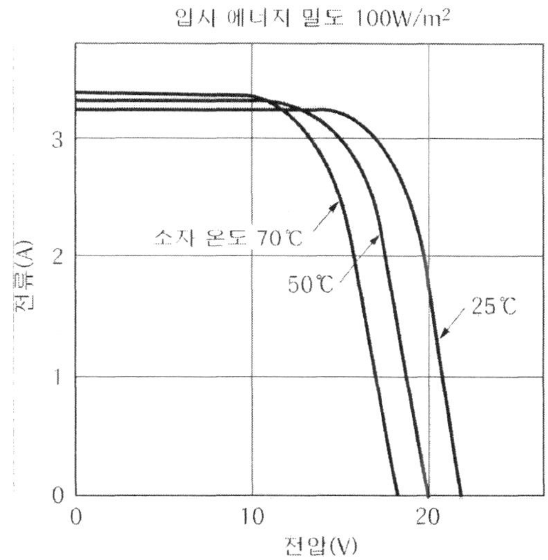

그림 19 · 43 태양 전지의 온도 의존성

보기 19.2 부하가 2.35 kW인 경우 다결정형 태양 전지 모듈을 사용하여 전원을 구성할 때 모듈의 수와 배치를 계산하라. 단, 사용할 전지 모듈의 특성은 단락 전류 3.25 A, 개방 전압 21.2 V, 최대 출력 동작 전류 · 전압이 각각 3.02 A, 16.9 V, 최대 출력이 52.0 W이고, 일사 에너지는 1000 W/m^2, 소자 온도는 25℃로 한다.

풀이 모듈 매수 $N = 2.35 \times \dfrac{1000}{52} = 45.5 \fallingdotseq 46$매

최대 출력 동작 전압은 16.9 V이나 사용시의 소자 온도를 55℃로 할 때 최대 동작 전압은 V_{Pm}은 14.4 V(그림 **19 · 43** 참조)로 저하되고, 부하 회로에 100 V가 필요하다면

직렬 매수 $N_s = \dfrac{100}{14.4} = 6.94 \fallingdotseq 7$매

병렬 매수 $N_p = \dfrac{46}{7} = 6.6 \fallingdotseq 7$매

따라서 태양 전지의 필요 매수(N)는 7×7＝49매가 된다.

(2) 축전지

태양 전지는 축전지 능력이 없으므로 일사 에너지가 변동하거나 등판로 주행이나, 노면의 상태에 따라서 에너지 공급과 소비의 과부족이 생기면 안정한 주행을 할 수 없게 된다. 이뿐만 아니라 밤에는 일사가 없으므로 발전량은 0이 된다. 그러므로 에너지 공급원인 태양 전지와 소비측인 부하, 즉 전동기 사이에 전기 저장고를 설치하여 에너지의 잉여분은 충전하고, 부족분은 축전지에서 방전하여 보완하여야 한다. 이와 같은 역할을 하는 것이 축전지이다.

태양 에너지 자동차의 전지로는 납축전지, Ni-Zn 축전지, Ni-Cd 축전지 또는 Ag-Zn 축전지 등이 사용되고 있다.

태양 전지를 사용하는 비교적 소형의 독립 전원의 경우 축전지 용량 B_C(Ah)는 다음 식으로 구한다.

$$B_C = \frac{P_L D}{S_f V} \qquad (19 \cdot 1)$$

여기서 P_L : 1일 부하 전력량(kW·h/day)

D : 연속 흐린 날(=3~7일)

S_f : 안전 계수(=0.5~0.7)

V : 축전지 전압(V)

(4) 태양 에너지 자동차의 형상과 구조

일반적으로 태양 에너지 자동차는 공기 저항을 최소화하고, 최대 출력을 얻을 수 있도록 설계하여야 한다. 따라서 차체 설계는 공기저항을 최소로 하도록 차체 형상을 설계하여야 하고, 바퀴를 장착하는 휠의 설계에서는 바퀴수(4륜, 3륜 등), 바퀴의 배치, 구동륜의 설계 등이 중요하다.

차체 설계는 그림 19·44와 같이 캡 패널 일체형, 캡 패널 분리형, 쌍동형, 트레일러 형 등이 있다.

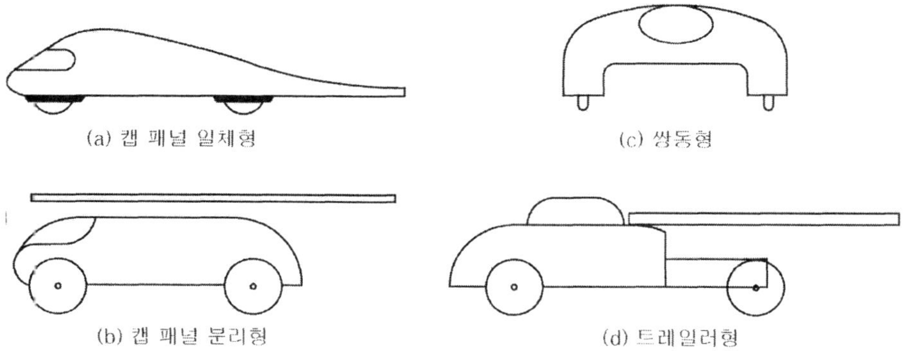

그림 19·44 태양 에너지 자동차의 설계

그림 19 · 45 태양 에너지 자동차

19.4 천연 가스 자동차

19.4.1 천연 가스의 성질

천연 가스는 메탄(CH_4)을 주성분으로 하는 탄소량이 가장 작고, 상온에서는 기체(비점 −162℃)인 탄화수소 연료이다. 세계의 매장량은 약 120조 m^3르 추정되고 매년 2조 m^3 생산되어 사용하고 있으며, 석유 에너지의 대체에 가장 유력한 대체연료이다.

천연 가스의 성질은 표 **19 · 4**와 같고, 기관의 적용 측면에서 살펴본 연료로서의 특징을 정리하면 다음과 같다.

① 메탄(CH_4)을 주성분(83~99%)으로 하는 탄소량이 적은 탄화수소 연료이다. 메탄 이외에 소량의 에탄(C_2H_4), 프로판(C_3H_8), 부탄(C_4H_{10}) 등이 함유되어 있다.

② 메탄의 비점은 −162℃이고, 상온에서는 기체이다. 단위 에너지당 연료 용적은 그림 **19 · 46**과 같이 디젤 연료를 1로 하였을 때 CNG는 3.7배, LNG는 1.65배이다.

③ 옥탄가가 비교적 높고(RON : 120~136), 세탄가는 낮다(대체로 0). 따라서 불꽃 점화(오토 사이클) 기관 지향 연료이다.

④ 가스 상태로 기관 내부로 흡입되어 혼합기 형성이 용이하고 희박 연소가 가능하다.

⑤ 가스 상태로 흡입되므로 가스 체적 유량이 액상 분무 상태로 공기와 혼합되는 가솔린에 비하여 흡입 공기량(체적 효율)이 저하하여 출력이 저하한다.

⑥ −20℃ ~ −30℃의 극저온 대기에서도 가스 상태이므로 가스 혼합기 형성이 용이하여 시동성이 양호하다.

⑦ 산소 결핍에 의한 매연, 입자상 물질의 생성이 적다.

⑧ 탄소량이 적으므로 발열량당 CO_2 배출량이 적다.

⑨ 유황분을 포함하지 않으므로 SO_2 가스를 배출하지 않는다.

⑩ 탄화수소 연료 중의 탄소수가 작고 독성도 낮다.

⑪ 부품 재료의 내식성 등의 재료 특성은 가솔린, 경유와 유사한 특성을 갖는다.

표 19·4 천연 가스와 가솔린의 성질

성 질	천연 가스(CH_4)	가솔린(평균치)
밀도(가스, kg/Nm^3)	0.718	5.093
밀도(액체, kg/L)	0.425	0.74
비점(0℃ 1기압)	−262	100
자연 발화 온도(대기 중, ℃)	650	500
저발열량(MJ/kg) {kcal/kg}	49.8 {11,900}	44.4 {10,600}
H_l (천연가스)/H_l (가솔린)	1.12	1.00
저발열량(MJ/L) {kcal/L}	21.2 {5060}	32.7 {7800}
H_l (천연가스)/H_l (가솔린)	0.65	1.00
이론 공연비(중량)	17.2	14.9
이론 공연비(가스체적)	9.55	59
이론 혼합기 발열량(MJ/Nm^3) {kcal/Nm^3}	3.39 {810}	3.77 {900}
혼합기 발열량(가솔린)/혼합기 발열량(가솔린)	0.90	1.00
이론 공기량당 발열량 (MJ/Nm^3) {kcal/Nm^3}	3.74 {894}	3.38 {916}
이론 공기량당 발열량(천연가스)/이론 공기량당 발열량(가솔린)	0.98	1.00
기화열(비점, (MJ/kg) {kcal/kg})	0.51 {122}	0.28 {68}
기화열(MJ/kg{kcal/발열량 10^{-3})	0.04 {10.3}	0.03 {6.4}
점화 한계 연료 체적비(%)	5.3∼15	1.2∼6
점화 한계 당량비(ø)	0.65∼1.6	0.7∼3.5
옥탄가(RON)	12.∼136	90∼100
세탄가	대체로 0 수준	대체로 0 수준

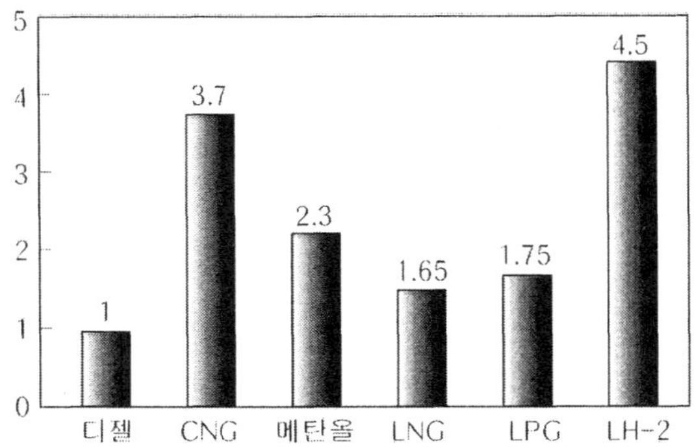

그림 19·46 연료의 단위 에너지당 용적의 비교

19.4.2 천연 가스 이용 기술

천연 가스 자동차의 이용 기술은 CNG법과 LNG법으로 나눌 수 있다. CNG법은 기체 상태로 봄(bomb)에 고압 충전하여 사용하는 방식이고, LNG법은 가반성을 개선하기 위하여 −162℃의 액체상태로 진공 단열 용기에 저장하여 이용하는 방식이다.

〔1〕 CNG 자동차

연료의 저장・운반성을 확보하기 위하여 고압으로 압축한 천연 가스를 고압 봄에 충전하여 사용하는 방식이다. 이 방식의 장점은 왕복식 기관기술의 전용 가능한 기술이 많고, 새로운 개발 요소가 적은 점이다.

따라서 가솔린 기관과 같은 오토 사이클 기관의 CNG기관으로 전환이 비교적 용이하다. 기관의 연소 기술은 혼합기가 탄화수소이므로 종래의 가솔린기관 연소 기술의 전용이 가능하며, 동일계 탄화수소 연료이므로 기존의 연료 펌프, 배관, 여과기, 혼합기, 분사 밸브 등 연료 계통, 실린더 피스톤 등의 연소계, 배기 계통에 관계되는 재료 부품의 신뢰・내구성은 기존 기술의 응용이 가능하다. 그러므로 기관 시스템의 내구성 및 신뢰성은 메탄올 기관보다 높다.

CNG 자동차의 단점은 CNG 저장 용적이 크고 무거운 고압 용기를 이용하는 점이다. 따라서 차체 중량이 무겁고, 트렁크 등의 이용 공간이 좁아지며, 1회 충전으로 계속하여 주행할 수 있는 거리가 가솔린의 1/2 이하로 저하하는 단점이 있다.

(1) 가솔린 기관 베이스(오토 사이클식) CNG 차

① CNG/가솔린 2연료 자동차　　가솔린 자동차를 베이스로 하여 CNG 기관용 키트를 사용하여 CNG차로 개조하여, CNG 또는 가솔린의 어느 연료로도 사용할 수 있도록 한 방식이다. 가솔린 연료 공급계 외에 CNG 봄, 감압 밸브, 혼합기(믹서), 공연비 제어 장치 등의 CNG 공급 시스템을 설치한다.

배출 가스 측정치를 비교해 보면 CO의 값의 일부를 제외하고는 가솔린 사용시의 경우보다 30～100% 저감된다. NO_x를 제외하고는 대부분이 0～73% 감소한 결과를 나타내었으며, NMHC는 3～96% 저감된다.

② CNG 전용 방식　　이 방식은 천연 가스 성질을 활성화할 수 있도록 연소 및 배기 시스템을 최적화한 기관을 사용하는 방식이다. CNG는 옥탄가가 높으므로 기관의 압축비를 높여서 기관 출력 성능을 개선할 수 있다.

CNG 자동차의 연료 시스템은 그림 19・47과 그림 19・43에 표시한 것과 같이 연료 장치 주요 부품과 안전장치로 구성된다.

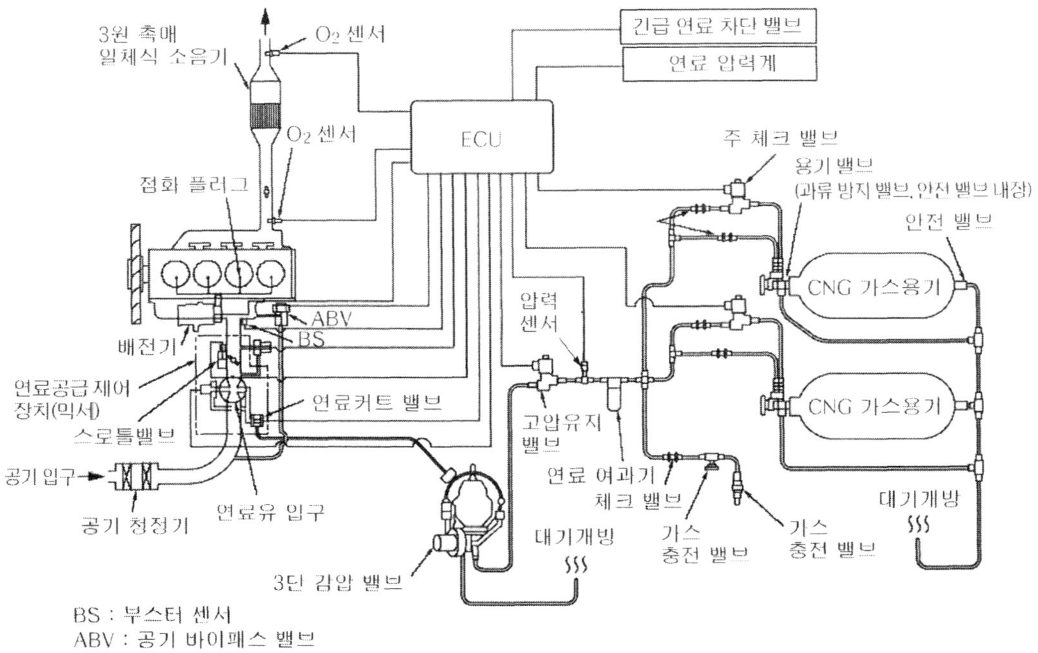

그림 19 · 47 CNG 자동차의 연료 시스템(T. Seine, MAE Tech Report, 2002)

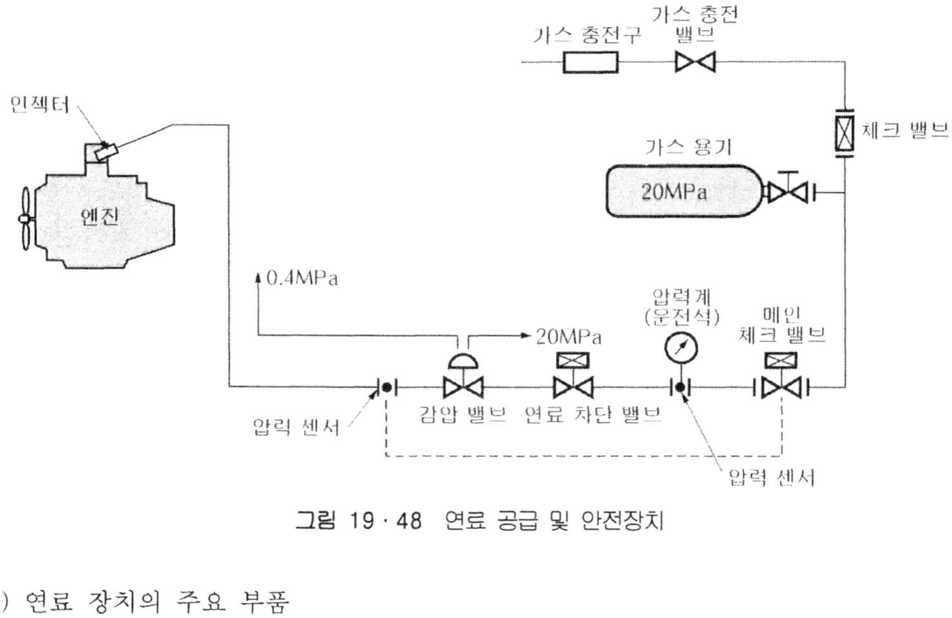

그림 19 · 48 연료 공급 및 안전장치

(a) 연료 장치의 주요 부품

a. 가스 용기 : 천연 가스를 고압(20 MPa)으로 저장하는 용기이다. 강철제 이음매 없는 용기, 알루미늄 라이너 복합 용기 및 플라스틱 라이너 복합 용기 등이 사용된다.

b. 감압 밸브 : 고압으로 압축된 가스를 단계적으로 감압하는 밸브이다.

c. 연료 공급 장치 : 공기와 천연 가스를 혼합하는 장치로서 믹서 방식과 인젝터 방식이 있다.

d. 연료 배관 : 가스 용기로부터 기관에 이르는 지름 4~8 mm의 스테인리스강으로 만들거나 구리(저압부 일부)로 만든 배관을 말한다.

(b) 안전장치

a. 과류 방지 밸브 : 가스 용기에 붙어 있는 밸브로서 연료 배관 등이 절손시 가스 용기로부터 다량의 가스가 누출되는 것을 방지하는 장치이다.

b. 안전 밸브 : 가스 용기에 붙어 있는 밸브로서 화재 등에 의하여 가스 용기의 온도와 압력이 상승한 경우 가용성 마개를 녹게 하여 가스 용기로부터 가스를 안전하게 배출하는 장치이다.

c. 메인 체크 밸브 : 고압 배관의 용기 밸브 가까이에 설치되며 긴급시 기관으로 가는 연료를 자동적으로 차단하는 밸브이다.

d. 연료 차단 밸브 : 고압 배관 감압 밸브 부근에 설치되며 기관 정지시 공급되는 연료를 차단하는 장치이다.

e. 체크 밸브 : 충전구 근처의 연료 배관 손상시에 가스 용기로부터 가스의 방출을 방지하는 장치이다.

천연 가스는 가솔린 조성과 다르므로 촉매 변환기도 천연 가스에 알맞은 점화 특성을 갖는 촉매 장치가 요망된다.

(2) 디젤 기관 베이스 CNG 자동차

디젤 기관 베이스 CNG 이용 기술은 예혼합 · 불꽃 점화 · 3원촉매 방식과 희박 연소(lean burn) 방식이 있다. 이외에도 듀얼 방식과 직접 분사 방식도 있다.

① 예혼합 · 불꽃 점화 · 3원촉매 방식 가장 높은 배출 가스 청정성을 갖는 것으로 특히 NO_x의 정화가 기대되는 방식이다. 가격, 열효율(연비) 및 내구성이 희박 연소 방식에 비하여 나쁘다.

이 방식에는 아날로그 방식과 디지털 방식이 있으며, 아날로그 방식은 혼합기(믹서) 방식과 기계적(스로틀 밸브) 방식으로 나눌 수 있다. 혼합기(믹서) 방식은 기화기 방식으로 벤튜리를 흐르는 공기량의 증감을 부압에 따라 가스 유량을 조절하는 방식이다. 기계적 방식은 공기와 가스 유량을 스로틀 밸브식의 유량 조절 밸브로서 일정 유량비, 공연비가 되도록 제어하는 방식이다.

디지털 방식은 인젝터를 전자 제어 구동하여 가스 유량을 조절하고 이를 혼합비 $\lambda=1.0$ 부근에서 제어하는 방식이다.

가스 기관의 정격 최대 출력 P kW는 다음 식으로 구한다.

$$P = \dot{m} H_l \eta \tag{19·2}$$

단, $\dot{m}$: 혼합기의 질량 유량(kg/s)

H_l : 혼합기 단위 질량당의 발열량(kJ/kg)

η : 효율(열효율×기계 효율)

② 예혼합 · 불꽃 점화 · 희박 연소 방식 CNG는 혼합기 형성이 용이하고 극히 희박 영역까지 연소가 가능하다. 따라서 희박 연소에 의하여 열효율 향상, NO_x 저감, 열부하 경감에 따른 내구성 향상이 기대된다. 또한 앞의 ①의 방식에 비하여 시스템이 간단한 특징이 있다. NO_x 등의 배출 가스 청정성은 3원촉매 방식보다 나쁘다.

연료 공급 장치는 3원촉매 방식과 기본적으로 동일한 시스템이다. 희박 연소 방식에서 3원촉매 방식과 같이 믹서가 많이 사용되며, 열효율 향상, NO_x 등 배출물 저감, 연료 사이클 변동억제, 열부하 저감, 기관의 내구성 향상을 도모하기 위한 방식이다.

가솔린 기관은 보통 희박 연소의 한계가 $\lambda=1.2$ 근방이나 천연 가스 기관에서는 1.5~1.6 범위에 있다.

그림 **19 · 49**는 희박 연소 방식의 기관 시스템을 나타낸 것이고, 그림 **19 · 50**은 천연 가스 기관의 희박 연소 개념을 나타낸 것이다.

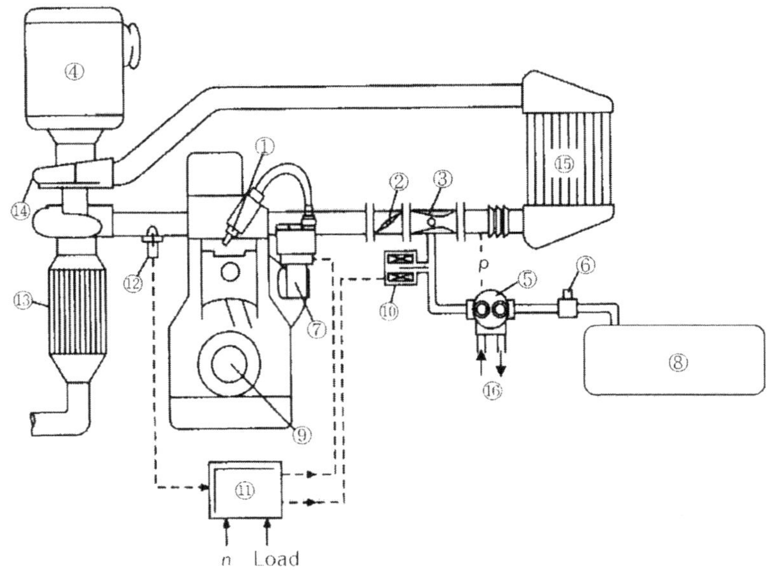

① 점화 플러그, ② 스로틀 밸브, ③ 가스 믹서, ④ 에어 필터, ⑤ 가스 컨버터
⑥ 가스 스위치-오프밸브, ⑦ 점화 시스템, ⑧ 가스 봄, ⑨ 가스 엔진
⑩ Lambda 밸브, ⑪ ECU, ⑫ Lambda 프로브, ⑬ 산화 촉매, ⑭과급기
⑮공기 냉각기, ⑯냉각수, n : 회전속도

그림 19 · 49 희박 연소 방식의 구성

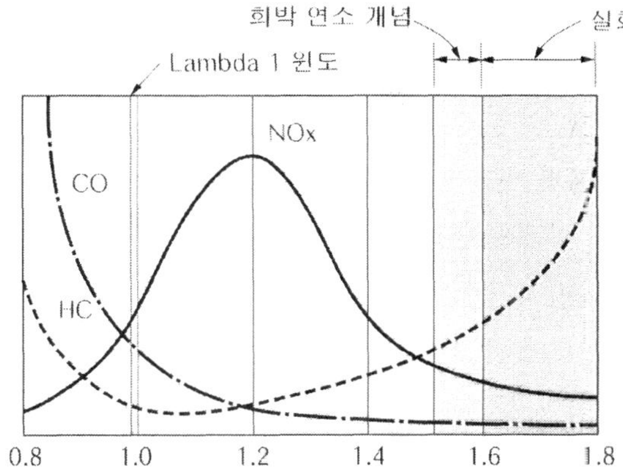

그림 19 · 50 천연 가스 기관의 희박 연소 개념

③ 듀얼 방식(dual system)　현재 사용되는 디젤 자동차를 대상으로 하는 이용 기술로서 매연, P.M.의 저감, 경유 절약을 도모할 수 있는 장점이 있다. 기관의 개조 및 제작 단가는 비교적 적고, NO_x, CO, HC의 배출 정화성은 3원촉매 방식, 희박 연소 방식보다 떨어진다.

듀얼 방식(2중 연료 방식)은 혼합 운전 방식과 파일럿 분사 방식이 있다. 혼합 운전 방식은 1/4부하로부터 CNG를 30～40% 흡입시켜 매연 저감과 연료의 절약을 도모하는 방식이다. 이 때 경유는 착화원과 동력원으로 사용된다. 연료 가스는 각각의 오리피스 지름을 통하여 흡기관으로 흡입된다.

경유는 분사 펌프와 인젝터를 거쳐 분사되며, 경유는 압축 착화하여 화염핵이 형성된다. 이 때 사용되는 연료 비율은 20～30%이고, 나머지 70～80%가 CNG이다.

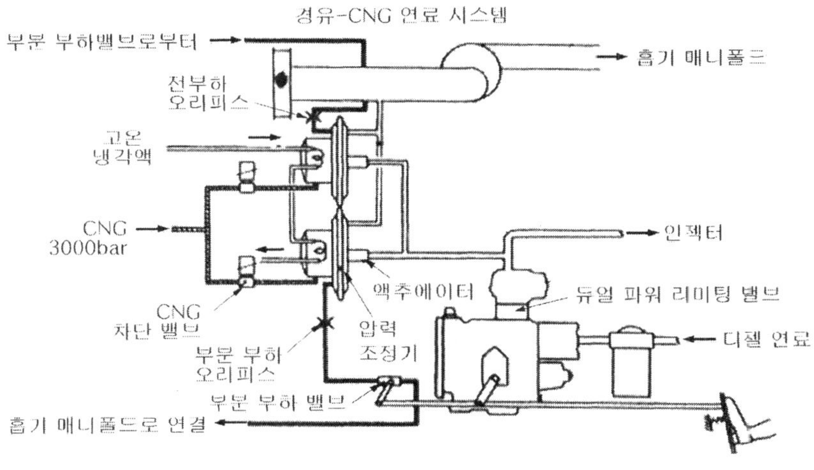

그림 19 · 51 2중 연료 방법(혼합 운전)의 보기

④ 직접 분사 방식 CNG 자동차 고압 봄에 충전된 압축 천연 가스를 약 20 MPa의 상태로 실린더 내로 직접 공급하면 가스의 용적 과대로 인한 체적효율, 공기 흡입량의 저하가 적고 출력 개선의 효과를 가져올 수 있다. 또 직접 분사에 의하여 양호한 층상 혼합기가 형성되면 층상 급기의 비율만큼 혼합기를 보다 희박화할 수 있다. 따라서 혼합기 전체를 희박화한 경우에 비하여 화염핵 초기 단계의 화염 발달, 즉 연소 속도의 저하에 따른 등용도 저하를 억제할 수 있으므로 열효율의 개선이 가능하다.

〔2〕 LNG 자동차

LNG 자동차는 LNG 공급 펌프를 갖추지 않은 자연 흡입 방식과 공급 펌프를 갖추고 강제로 공급을 제어하는 강제 공급 방식이 있다.

자연 흡입 방식은 LNG 단열 용기에 외부로부터 유입하는 열에 따라서 LNG의 일부가 기화하여 압력 증가가 생기고 이 때 발생한 압력차에 의하여 가스를 기관에 공급하는 방식이다.

강제 공급 방식은 LNG 탱크에 LNG 공급 펌프를 설치하고 부하에 따라서 LNG를 기관에 공급하는 방식이다.

천연 가스를 액상에서 −162℃의 극저온을 유지하므로 LNG 탱크는 진공 단열 용기가 사용된다.

(1) 가솔린 기관 베이스(오토 사이클식) LNG 자동차

예혼합 · 불꽃 점화 방식으로 연료 공급계는 진공 단열 방식, 저압 인젝터(0.4 MPa)에 의한 매니폴드 분사를 하면 혼합기는 예혼합기가 형성되고 이것을 불꽃 점화한다.

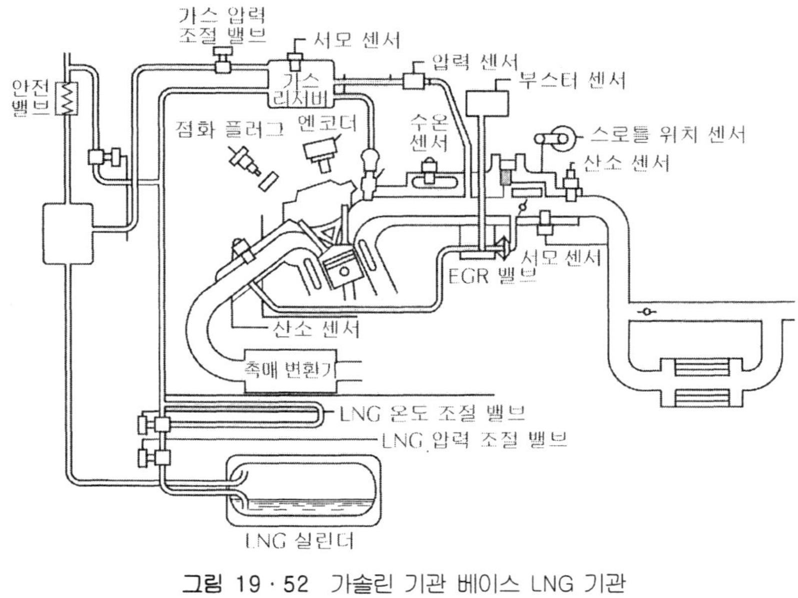

그림 19 · 52 가솔린 기관 베이스 LNG 기관

연비 특성은 가솔린 차에 비하여 30% 이상 개선된다. 그림 19·52는 가솔린 기관 베이스 LNG 기관의 한 예를 나타낸 것이다.

(2) 디젤 기관 베이스 LNG 자동차

디젤 기관을 베이스로 하여 LNG를 공급 펌프에 의하여 액상인 상태로 증발기로 보낸 다음 기화시켜 가스를 기관 포트에 장착된 인젝터로부터 흡입 과정에 분사시킨다. 공기와 혼합한 가연 혼합기는 상사점 전·후에서 분사된 경유 화염으로 착화하여 화염 전파에 의하여 연소한다.

19.5 메탄올 자동차

19.5.1 메탄올의 성질과 특성

메탄올이 자동차의 연료로서 기대되는 특성을 요약하면 다음과 같다.

① 연료 탱크에 주입하여 이동하기에 알맞는 가반성(可搬性)이 있다.

② 상온에서 액체이므로 종래의 왕복식 기관의 기술을 상당 부분 활용할 수 있다.

③ 석유 대체 연료로서 충분한 자원성이 있다.

④ 매연 발생이 없는 청정 연료이다.

메탄올 연료 특징을 요약하면 다음과 같다.

① C_1의 단일 성분계의 함산소(含酸素) 연료이다.

(a) 저비점 성분을 함유하지 않고 있으므로 예혼합·불꽃 점화 기관에서는 저온 시동이 곤란하다.

(b) 산소 함유 비율이 50 wt%이고, 단위 중량당 발열량이 적다.

(c) 혼합기 발열량이 가솔린이 혼합기 중량당 2754 kJ/kg mix인 데 대하여 메탄올은 2696 kJ/kg mix로 작다. 따라서 연소 온도에 의존하여 발생하는 NO_x 배출량은 저감된다.

(d) 함산소 영향으로 Soot 발생이 적다.

② 옥탄가가 높고(리서치 옥탄가 106), 세탄가(약 3 정도)가 낮다.

(a) 예혼합 불꽃 점화 방식의 가솔린(Otto type) 베이스의 경우 압축비를 높일 수 있으므로 열효율 향상이 기대된다.

(b) 압축 착화 방식의 경우(디젤 기관 적용)에는 압축 착화가 곤란하므로 새로운 연소 기술의 개발이 필요하다.

표 19·5 메탄올 연료의 성질

성 상	메탄올	에탄올	옥탄(가솔린)
분자식	CH_3OH	C_2H_5OH	C_8H_{18}
몰질량(g/mol)	32	46	114
밀도(20℃)(kg/L)	0.795	0.790	0.692
탄소(wt%)	37.5	52.0	84.0
수소(wt%)	12.5	13.0	16.0
산소(wt%)	50.5	35.0	0
이론 공연비(kg air/kg fuel)	6.45	9.0	15.1
저발열량(kJ/kg)	20,092	26,791	44,372
발열량(stoich)(kJ/kg air)	3114	2976	2939
발열량(stoich)(kJ/kg mix)	2696	2679	2754
기화 잠열(kJ/kg fuel)	1101	862	297
기화 잠열(stoich)(kJ/kg mix)	149	86.2	18.4
비점(℃)	64.7	78.3	125.7
응고점(℃)	−97.8	−114	−57
증기압(Reid, 37.8℃)(bar)	0.37	0.20	0.115(0.6~0.9)
리서치 옥탄가	106	106	100(84~94)
모터 옥탄가	92	89	100(76~83)
세탄가	3	8	12
발화 온도(℃)	470	420	240(456)
연소 하한계(vol%)	6.7	4.3	(1.4)
연소 상한계(vol%)	36	19	(7.4)
층류 연소 속도(cm/s)(대기압, 상온)	52		(38)

③ 기화 잠열이 비교적 크다.

메탄올은 기화가 어렵고 혼합기 형성이 어려우므로 기화 대책이 필요하다.

④ 연소성이 양호하다.

희박 혼합기 적용에 따라 열효율이 개선되고 NO_x의 저감이 기대된다.

⑤ 메탄올은 금속, 수지, 고무에 대하여 강한 침식, 변형, 열화성이 있다. 그러므로 재료를 메탄올에 견디는 것으로 바꾸어야 한다.

19.5.2 메탄올 이용 기술

〔1〕 가솔린 기관 베이스 메탄올 자동차

이 방식은 오토 방식(Otto type)으로 기존 가솔린 자동차를 대상으로 개조, 조정 없이 사용하는 혼합 이용법과 메탄올 성질에 알맞도록 연소법, 연료 공급법, 배기 처리법 등을 개발하여 최적화를 도모한 니트/고농도 이용법이 있다.

(1) 혼합 이용법

5～15% 메탄올을 혼합한 가솔린을 이용하는 중농도 이용법(中濃度利用法)과 5% 미만의 저농도 혼합 이용법(低濃度利用法)이 있다. 5～15%의 메탄올을 혼입하여 사용하는 중농도 혼합 이용법에서는 연료 계통의 부품 재료, 혼합비 특성 조정 등이 필요하다.

(2) 고농도 이용법

메탄올은 옥탄가가 높고, 세탄가가 낮으므로 연소기술로는 예혼합 불꽃 점화 방식이 가장 합리적인 선택이라고 볼 수 있다. 이것은 메탄올이 공기와 혼합하여 균질 혼합기를 형성하여 불꽃점화로서 화염핵을 형성시키고 이것에 따른 화염 전파를 이용하여 연료 에너지를 열에너지로 변환시킬 수 있기 때문이다.

① 예혼합·불꽃 점화 기관 자동차 　고농도 메탄올법으로 가솔린 15%, 메탄올 85%를 함유하여 15%의 가솔린으로서 대기온도 10℃ 이하에서 저온 시동성을 확보하는 방식이다. 압축비를 11～16 정도로 높이고, 열가가 높은 점화 플러그를 사용한다.

② 메탄올 개질 가스 기관 자동차 　그림 19·53에서 보는 바와 같이 메탄올은 열교환기를 거쳐서 배기열 개질기에 공급된다. 이 때 배기열로서 가열된 증발부에서 메탄올이 기화하여 개질 촉매 속을 통과하는 사이에 CO와 H_2로 변환된다. CO와 H_2의 고온 개질 가스는 열교환기에서 냉각되어 흡기 매니폴드로 공급된다. 일부의 메탄올은 인젝터로부터 직접 기관으로 공급된다.

고부하시 개질기로 메탄올 유량을 증가시키면 CO와 H_2로 변환하면 H_2의 양이 증가하므로 역화 등의 이상 연소가 발생한다. 또한 가스량을 증가시키면 흡입 공기량이 감소하여 출력이 저하한다. 이러한 이유로 전량 개질하는 것이 곤란하므로 그림 19·53과 같이 2계통의 공급 방법을 사용한다.

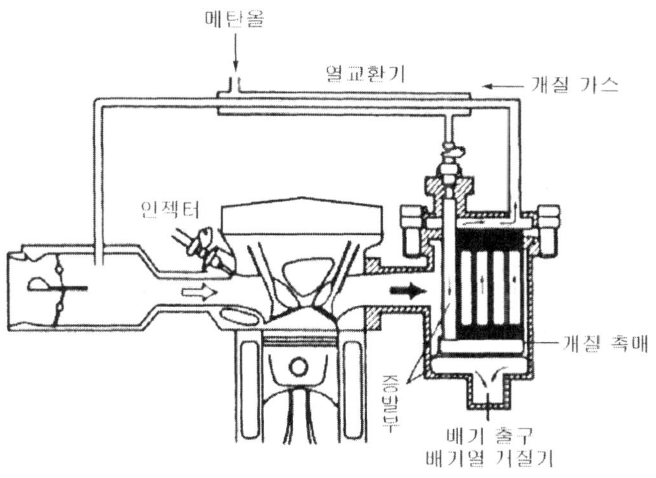

그림 19·53 가스 개질식 메탄올 기관

③ 메탄올 직분식 예열 플러그 장착 기관 자동차 메탄올을 실린더 내로 직접 분사하고 예열 플러그의 열면으로 착화하는 방식으로서 예혼합·불꽃 점화 기관의 약점인 저온 시동성의 불량, 저온 시동시의 포름알데히드 발생, 열효율의 불량을 개선하기 위하여 개발된 방식이다.

〔2〕 디젤 기관 베이스 메탄올 자동차

(1) 혼합 이용법

메탄올은 경유와의 용해성이 나쁘므로 경유와 혼합하여 이용하기 위해서는 상용제(相溶劑)나 계면 활성제 등을 사용해야 한다. 그러나 상용제의 경우에는 메탄올 혼합 비율이 5%가 한계이고, 현재로는 유효한 상용재가 없기 때문에 상용제의 개발이 전제로 될 때 이용이 가능한 방법이다.

(2) 2연료 분사 방식

메탄올은 실린더 내의 고온 공기 중에 분사하여도 착화성이 나쁘므로(세탄가가 낮으므로) 자기 착화하지 않는다. 이와 같은 압축 착화성을 개선하기 위하여 실린더에 메탄올 인젝터 외에 경유 인젝터를 두어서 경유로서 착화하여 이것이 점화원이 되어 메탄올 분무를 연소시키도록 하는 방식이 2연료 분사 방식이다.

이 방식에는 2펌프, 2인젝터를 두는 방식(착화용 경유 인젝터와 출력용 메탄올 인젝터를 설치하고, 두 연료를 각각의 인젝터로 구동)과 2펌프, 1인젝터 방식이 있다.

(3) 예혼합·불꽃 점화 방식

예혼합·불꽃 점화 방식의 기본 개념으로는 메탄올을 기화시켜 희박 혼합기를 만들고 불꽃 점화로 연소시켜 열효율 향상과 배기 청정성의 개선을 도모하는 방식이다.

(4) 직접 분사 불꽃 점화 방식(스파크 어시스트 방식)

압축되어 고온이 된 공기 중에 메탄올을 직접 분사하는 방식으로서 연소실에 분사 노즐과 점화 플러그를 두어 점화하는 방식이다.

(5) 직접 분사 글로 열면 착화 방식

메탄올을 분사하고 글로 플러그(glow plug)의 열면으로 착화시키는 방식으로서 열면 착화를 위해서는 글로 플러그 온도가 950℃ 정도 부근이어야 한다.

(6) 직접 분사·압축 착화 방식

일반적으로 메탄올은 압축 착화성이 극히 나쁘기 때문에 스파크 또는 글로 플러그가 필요하다. 그러나 2 사이클 기관에서는 잔류 가스가 많고 잔류 가스 중 활성기가 존재하므로 이것이 압축 착화의 기능을 가지도록 하면 압축 착화 기관의 작동이 가능하다.

(7) 디젤 기관식 개질 가스 방식

① 개질 가스 점화 불꽃 방식 이 방식은 그림 **19·54**와 같이 개질 가스를 공급하고 불

꽃점화에 의하여 작동되는 기관이다.

② 개질 가스 압축 착화 방식 　그림 **19 · 55**와 같이 메탄올을 촉매에 의하여 DME (dimethyl ether)로 변환하여 이것의 양호한 압축 착화성을 이용하는 방식이다.

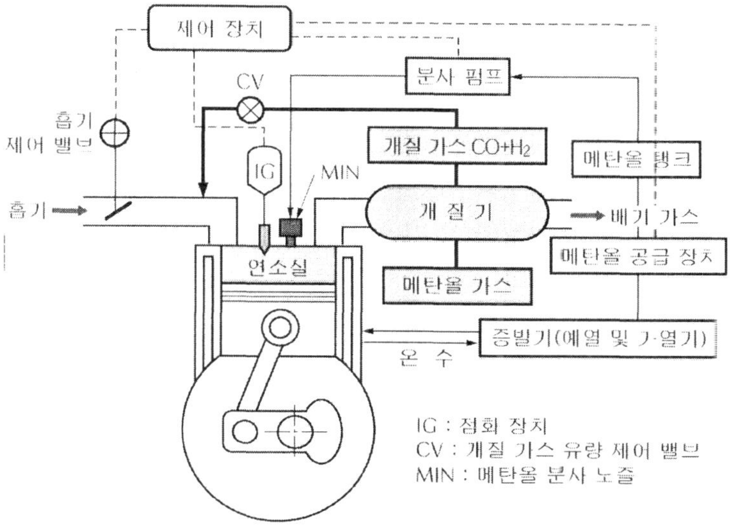

그림 19 · 54 개질 가스 불꽃 점화 기관의 구성

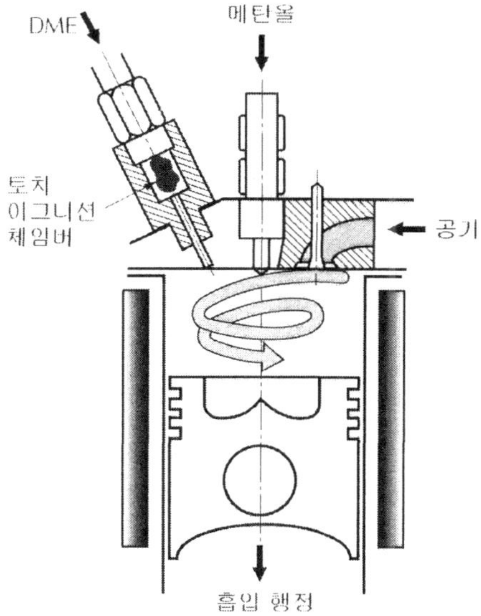

그림 19 · 55 메탄올 개질 방식 압축 착화 기관

19.6 DME 자동차

19.6.1 DME 연료

〔1〕 DME 연료의 성질

디메틸에테르(DME: dimethyl ether)는 화학식이 CH_3OCH_3인 가장 간단한 에테르로서 비점이 −25.1℃이고 무색의 기체이다. 또한 화학적으로 안정하고 포화 증기압이 25℃에서 6.1기압으로 낮고 압력을 가하면 쉽게 액화하는 물질이다. 그 성질은 LPG가 주성분인 프로판, 부탄과 유사하며 저장과 취급이 LPG기술을 응용할 수 있다. 용도는 현재 대부분의 스프레이용 분사제(도료, 농약, 화장품)로 많이 사용되며 메탄올보다 독성이 낮고 LPG 정도의 저독성이다. 또 대기 중의 분해 시간은 수십 시간 정도로서 온실 효과나 오존 파괴는 없는 물질이다.

〔2〕 DME 연료의 특징

(1) 발열량(kJ/kg)이 프로판, 메탄보다 낮으나 메탄올보다는 높다.

(2) 기체 상태의 발열량(kJ/m^3)이 메탄올보다 높다.

(3) 폭발 하한계가 프로판보다 높고 누설에 대하여도 안전하다.

(4) 화염은 천연 가스와 같이 가시 청염이고 천연 가스 버너를 그대로 사용할 수 있다.

(5) 세탄가가 55~60 정도로서 경유보다 높고 디젤 연료로 사용이 가능하며 배출 가스가 매우 깨끗하다.

그림 19·56은 DME의 화학 구조와 연료 특성을 나타낸 것이다. 그림에서 세탄가는 디젤연료로서의 착화성, 청정성은 매연 발생이 적은 정도를 나타낸 것이다.

표 19·6 DME 및 주요 연료의 물성

물 질	DME	메 탄	프로판	메탄올	경 유
화학식	CH_3OCH_3	CH_4	C_3H_8	CH_3OH	
비점(℃)	−25.1	−161.5	−42	64.8	180~360
액밀도(g/cm^3)	0.67	-	0.49	0.79	0.84
가스 비중(대 공기비)	1.59	0.55	1.52	-	-
포화 증기압(atm, 25℃)	6.1	246	9.3	-	-
착화 온도(℃)	350	632	504	470	250
폭발 한계(%)	3.4~17	5~15	2.1~9.4	5.5~36	0.6~7.5
저발열량(kcal/kg)	6900	12,000	1110	5040	10,200
세탄가	55~60	0	5	5	40~55

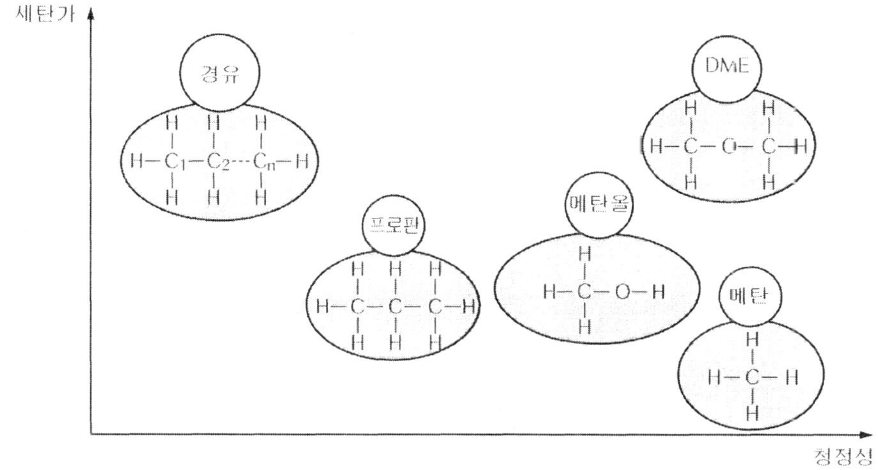

그림 19 · 56 DME의 화학 구조와 연료 특성

19.6.2 DME 엔진의 디젤 연료의 대체성

엔진 전체를 개조하지 않고 연료 분사계의 일부만을 개조하여 적용할 수 있으며 다음과 같은 특징이 있다.

(1) 배기 흑연이 전혀 발생하지 않는다.

(2) 착화성이 양호하여 정숙한 운전이 가능하다.

(3) NO_x 저감 효과(20~30%)를 얻을 수 있다.

(4) 확산 연소가 빠르므로 연소 기간이 짧고 열효율이 개선될 수 있다.

(5) 실 주행에서 경유와 같은 주행성을 갖는다.

19.6.3 DME 엔진 시스템

DME는 LPG와 물성이 유사하여 기존의 LPG 저장 인프라를 활용할 수 있는 장점이 있으며, 엔진 시스템도 그림 19 · 57과 같이 기존의 디젤 시스템을 연료 공급 방식만을 수정하여 사용할 수 있다. 연료의 특성상 세탄가가 높아서 연소성이 양호하고 연료가 탄소간의 결합이 없어서 배출물 중의 PM은 거의 100% 저감이 가능하며 NO_x도 1/4 이하로 저감시킬 수 있다.

연료계의 수정에 필요한 부품은

(1) 연료 분사 펌프 내의 실(seal) 재료의 변경

(2) 연료 순환계의 고압화

(3) 연료 순환량의 증가에 따른 연료 분사 펌프의 냉각

(4) DME 연료로에 200 ppm 정도의 윤활 향상제의 첨가

(5) 분사 시기 제어 ECU 변경

(6) 엔진 정지시의 연료계의 퍼지 기능

DME는 차종에 불문하고 사용이 가능하며 대형 버스, 대형 트럭에 특히 유용한 연료이다.

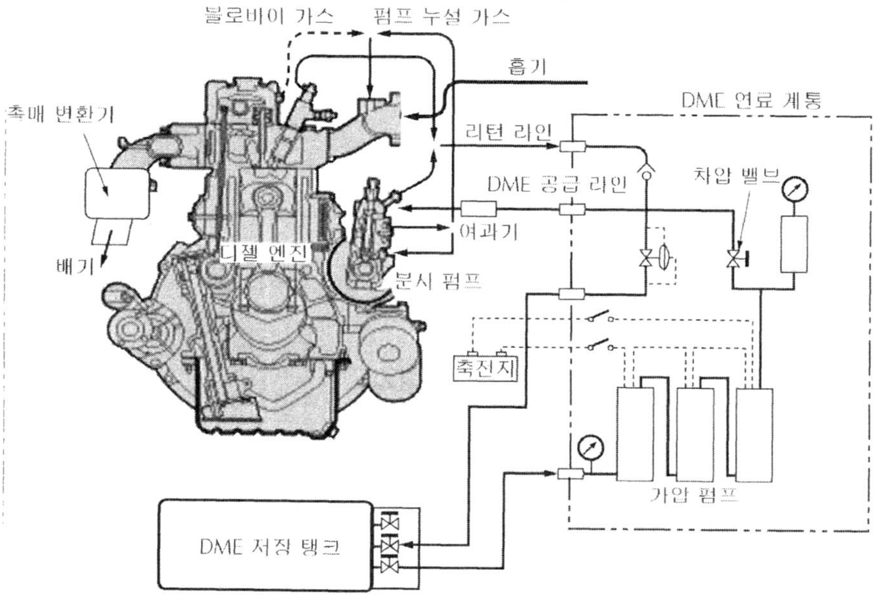

그림 19 · 57 DME 엔진의 연료 시스템

그림 19 · 58 DME 버스의 보기

19.7 수소 자동차

19.7.1 수소 연료의 성질

수소 가스 기관(hydrogen engine)은 수소를 연료로 사용하는 기관으로, 수소(H)는 물(H_2O)로부터 분해하여 얻을 수 있으며, 연소는 산소(O)와 화합하여 완전 연소할 수 있는 무공해 연료로 주목받고 있다.

그러나 수소는 제조법, 운반법, 이용 등의 여러 가지 문제점이 제기되어 많은 연구가 계속되고 있다.

수소는 기체 상태로 보존하려면 탱크 용량이 매우 커지게 되어 액화하여 저장한다. 그러나 액화 온도가 −253℃ 이하인 초저온이므로 액화 수소를 그대로 기관으로 유입시키면 기관은 동결되므로 열교환기를 두어 −30℃～−50℃ 정도로 높여 주어야 한다.

표 19·7에 가솔린 30 L 분량의 에너지에 상당하는 연료와 용기중량을 몇 가지 연료에 대하여 비교하였다.

가솔린 30 L분에 해당하는 수소는 가솔린의 약 1/3 중량이지만 상온 대기압에서는 가솔린의 약 3000배의 체적을 갖는다. 그러므로 이것을 150기압으로 압축하였을 때 용기가 755 kg이 된다. 따라서 총질량이 300 kg 정도라면 가솔린 약 12 L에 불과하다. 수소흡장합금(metar hydride, MH)를 사용하여도 그 중량은 거의 비슷하다. 차의 주행 에너지는 노면의 마찰력, 가속력, 등판로 등의 주행 조건에 따라 다르지만 어느 차에서나 주행 동력은 차의 총중량에 비례한다.

표 19·7 가솔린 30 L에 상당하는 연료 저장 중량 비교

연 료	연료체적(L)	연료 30 L의 중량(kg)	탱크 중량(kg)	전중량(kg)
가솔린	30	22	5	27
메탄올	62	49	8	57
수소 MH(수소흡장금속)		8.2	764	772
수소 HP(15 MPa 봄)	670	8.2	755	763
수소 LH_2(액체 수소)	115	8.2	62	70

특히 차의 중량이 300 kg 정도 증가하면 연비는 1톤 차에서는 약 30% 정도 악화된다. 이러한 문제점은 수소 연료를 차에 적용할 때 개선해야 할 중요한 과제 중의 하나이다.

석유계 연료는 유해 가스로 CO, HC, NO_x, 매연 등이 발생하고, 이것이 환경을 오염시키는 주된 유해 물질이 되고 있다. 그러나 수소의 배기는 수증기이고, 물로써 수소를 만들므로 깨끗한 연료가 된다. 따라서 공기 중에는 N_2와 O_2가 연료에서 NO_x를 만드는 것을 제외하면

다른 유해 물질을 만들지 않는다. 한편 이산화탄소 배출량을 비교하면 표 19 · 8과 같다.

표 19 · 8 각종 연료 연소시 발생하는 이산화탄소(CO_2)

연 료	대표분자	발열량(MJ)	CO_2	가솔린과의 비교
석 탄	C	33.9	3.53	1.56
가 솔 린	C_8H_{18}	44.4	2.27	1.00
경 유	$C_{16}H_{34}$	43.5	2.33	1.03
메 탄 올	CH_3OH	20.0	2.25	0.99
천연가스	CH_4	49.8	1.80	0.79
수 소	H_2	120.1	0	0

이 표에서 보는 바와 같이 CO_2 생성량은 가솔린을 1로 하였을 때 석탄이 1.5배, 천연가스가 0.8배, 수소는 CO_2를 발생하지 않는다.

〔1〕 수소의 안전성

① 옥외에서는 곧 점화 한계 이하의 농도가 된다.

이것은 수소의 비중이 공기의 1/14.4로 매우 가볍고, 또한 확산성이 높으므로 수소가 옥외로 유출하여도 화재, 점화 등의 위험은 적다. 가솔린, 프로판의 경우에는 공기보다 비중이 크므로 지면에 퍼지고 확산 속도가 낮으므로 위험성이 높다.

② 복사열이 없다.

수소는 다른 연료에 비하여 복사열이 없으므로 연소하고 있는 부분의 옆면, 아래쪽으로는 가열되지 않는다.

③ 자발화 온도가 높다.

자연 발화 온도가 경유보다 230 K 정도 높으므로 의외로 연소하기 어려운 연료이다.

〔2〕 수소의 위험성

① 점화 희박 한계 농도가 매우 희박하고, 최소 점화 에너지가 매우 낮으므로 작은 에너지에서도 점화된다.

② 수소는 액체(LH_2)나 기체(GH_2) 또는 화염에서도 무색, 무취, 투명하여 검출이 어렵다.

19.7.2 수소 기관의 연소

〔1〕 혼합기 생성법

수소의 혼합기 생성법은 그림 19 · 59와 같이 기본적인 형식은 외부 혼합법, 전기(저압) 분사법, 후기(고압) 분사법이 있다.

(1) 외부 혼합법

흡입계의 일부에 수소를 공급하는 방식으로서 구조가 매우 간단한 방식이다. 수소는 점화 플러그와 같은 고온 점화원에 의한 점화는 혼합비가 넓은 범위에서 안정되므로 기화기와 같은 정교한 혼합 조절 장치가 불필요하다. 그러나 혼합기 발열량이 가솔린의 85% 정도이고, 이상연소이기 때문에 출력은 가솔린의 1/2 정도이다.

(2) 실린더 내 분사법

① 전기(또는 저압) 분사법 흡기 밸브를 닫은 후 수소를 실린더 안에 분사하면 외부 혼합법에 비하여 많은 양의 혼합기를 공급할 수 있으며, 역화(backfire)가 일어나지 않는다. 이 방식은 압축 작용 초기에 분사하므로 분사 압력도 0.6~1 MPa 정도로 낮아도 된다.

② 후기(또는 고압) 분사법 디젤 기관과 같이 상사점 직전에 분사하면 이상 연소를 일으키지 않고 연소시킬 수 있으며, 이 때 분사 압력은 높아야 된다. 이 때의 분사 압력은 적어도 연소 최대 압력 이상을 요하고, 분사기간도 단시간에 분사하여야 한다.

수소는 자연 발화 온도가 높으므로(850 K, 경유는 620 K) 점화 장치가 있어야 한다.

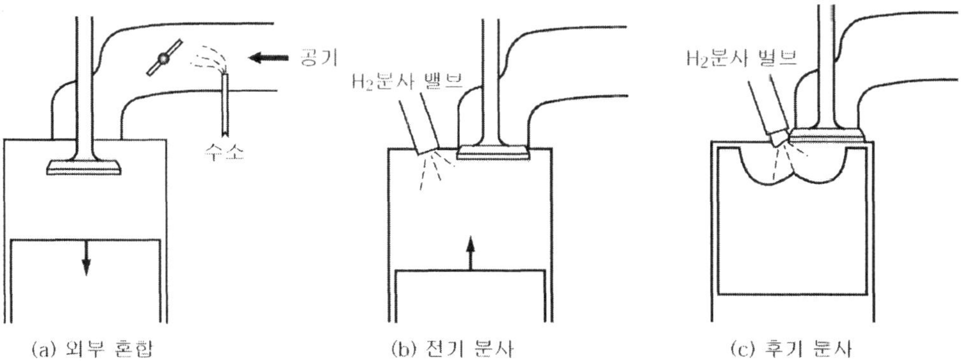

그림 19 · 59 수소 기관의 혼합기 생성 방식

19.7.3 수소 자동차의 연료 탱크

그림 19 · 60과 같이 가솔린에 대하여 동일한 에너지일 때의 질량이 수소는 약 1/3 정도이나, 액체 가솔린 체적과 동일한 경우 수소가스의 체적은 가솔린의 약 3000배에 달한다.

그러므로 연료 탱크를 어떤 방식으로 제작하여 필요 질량 또는 필요 체적을 탱크에 넣어서 이용하는가가 매우 중요한 관건이 되고 있다.

수소 자동차의 수소 운반성을 높이기 위하여 고압 탱크를 이용하는 방식, 수소흡장금속을 이용하는 방식, 액화 수소(LH_2)를 이용하는 방식 등이 이용되고 있다

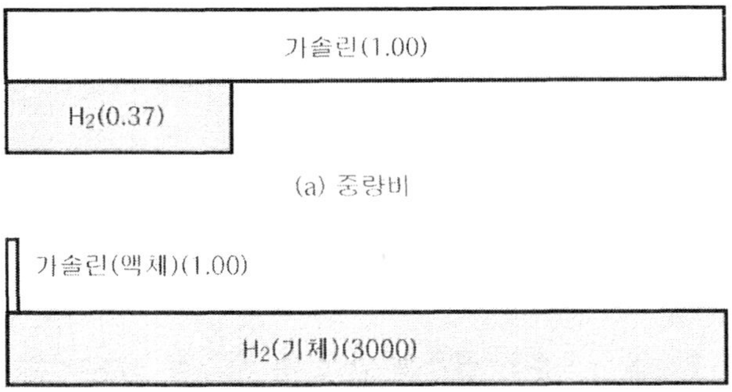

(a) 중량비

(b) 체적비

그림 19 · 60 수소의 운반성

(1) 고압 탱크

고압 용기를 사용하여 수소를 저장하여 이용하는 방법이다. 앞에서 언급한 바와 같이 가솔린 30 L에 상당하는 연료로 수소를 사용할 경우 고압 수소의 경우 150기압으로 넣어도 600 L(약 20태)이고, 용기의 중량 또한 약 150배에 달한다. 따라서 용기의 부피를 적게 하는 고압 기술이 중요한 과제가 되고 있다.

(2) 수소흡장금속(水素吸藏金屬, metal hydride: MH)

이 방법은 금속을 수 mm～1 cm의 금속 덩어리 표면을 활성화하여 수십 기압의 수소 가스를 접촉시키면 화학적 결합에 의하여 수소는 금속 중에 흡수되어 대기압하에서 가열하면 다시 수소가 방출되는 원리를 이용한 것이다.

이 방식에 사용되는 금속은 FeTi, Mg_2Ni 등이 사용된다.

(3) 액체 수소(LH_2)

액체 수소의 비중은 0.071로 가솔린의 약 1/10이고 1 L당 발열량은 가솔린의 약 0.26(약 1/4), 가솔린 30 L에 상당하는 LH_2는 115 L의 탱크를 필요로 한다. 액화 온도가 －253℃(20 K)의 저온이어서 He 이외에는 모두 고체이고 공기가 액체 수소 용기 내에 들어가면 모래와 같이 된다. 저온이므로 열이 들어가면 증발하기 쉬우므로 단열 구조로 한다. 특히 단열을 위해 스테인리스제 2중 벽구조로 만들고 그 사이를 진공으로 하여 단열시킨다. 중량은 가솔린의 2.7태 정도이나 고압 용기(HP)나 수소흡장금속(MH)의 약 1/10 이하로 할 수 있어서 가장 실용적이다.

그러나 수소를 액화하는 데 비용이 많이 들고, 완전 단열이 어려우며 점성이 낮으므로 밸브 등의 부품을 정말 가공하지 않으면 누설이 생기기 쉬운 결점이 있다.

19.7.4 수소 기관의 이상 연소와 역화 현상

가솔린의 안정 점화 희박 한계가 $\lambda=1.3$이나 수소는 $\lambda=10$으로 매우 넓고 외부 혼합 부분 부하시 극히 안정한 희박 연소로 높은 열효율을 얻을 수 있다. 그러나 브하가 증가하여 수소량이 많아져서 $\lambda=1.0$ 부근이 되며 보통 $\lambda=1.5$ 정도이면 흡기관 내 폭발이 발생하면서 운전이 멈추는 현상이 생긴다. 이것을 역화(backfire)라 한다. 이러한 역화는 점화 플러그의 점화 전에 생긴 조기 점화(preignition)가 원인이 되어 이것이 흡기 밸브가 닫히기 전에 혼합기에 전파되어 발생한다.

역화 및 조기 점화의 대책으로는 흡기관의 물분사, 흡기계의 개선, 분사 압력 0.6~1.0 MPa로 흡기 밸브 닫힌 후 실린더 내 분사법(전기 실린더 내 분사) 등이 있다.

19.7.5 점화법

외부 혼합, 전기 저압 분사의 점화법은 점화 플러그 불꽃 방전을 이용한다. 후기 고압 분사에서는 디젤과 같이 압축열로 착화시킨다. 그러나 수소의 물성상 자발화 온도가 높으므로 (대기압에서 850 K) 압축비를 높여 자발화 운전하는 것은 불가능하다. 발화를 위한 보조 연료를 사용하거나 아니면 열면 점화(900℃ 이상이면 안정 점화)가 가장 간단한 방법이다. 열면으로는 고융점을 갖는 백금선 또는 예열 플러그를 사용한다.

불꽃 점화의 경우에는 점화 플러그와 전극의 관계 위치가 매우 중요하다. 이 때 전극 선단과 연료 분출구 사이의 거리는 3~5 mm 정도, 불꽃 틈새는 0.7 mm 정도이다.

익힘문제

1. 대체 연료 자동차의 종류를 들고 설명하라.
2. 전기 자동차와 내연 기관 자동차의 장단점과 그 특징을 설명하라.
3. 전기 자동차의 구조와 문제점에 대하여 기술하라.
4. 전기 자동차용 전지의 종류에 대하여 기술하라.
5. 하이브리드 자동차의 구조와 작동 원리에 대하여 설명하라.
6. 천연 가스 자동차의 구조와 작동 원리를 설명하고 배출 가스를 가솔린차의 경우와 비교하라.

7. 천연 가스의 물리적 성질에 대하여 설명하라.

8. 메탄올 자동차의 구조와 연료 시스템, 배출 가스에 대하여 설명하라.

9. 수소 자동차의 구조와 작동 원리에 대하여 설명하라.

10. 수소 기관의 연소와 배출 가스에 대하여 설명하라.

11. 수소 자동차의 연료 저장 기술에 대하여 설명하라.

12. 메탄올 자동차의 좋은 점과 문제점에 대하여 기술하라.

13. 태양 에너지 자동차의 원리와 문제점을 설명하라.

20 자동차 기관의 동력 사이클

20.1 이상 사이클

자동차 주행에 필요한 동력을 발생하는 기계 또는 시스템을 기관(機關; engine)이라 하고, 동력 발생 장치의 열역학적 사이클을 동력 **사이클**(power cycle)이라 한다.

내연 기관은 기관 실린더 내에서 연료를 연소시켜 동력을 얻는 기관으로서 자동차용 가솔린 기관, 디젤 기관, 선박용 디젤 기관 등은 모두 내연 기관의 실제 예의 하나이다. 여기서는 주로 내연 기관 사이클을 다루고, 이론적으로 열기관 사이클을 취급할 때 동작 물질은 이상기체로 가정하여 사이클 과정을 하는 것으로 생각한다. 이와 같이 동작 물질을 이상 기체로 생각하여 가역 과정을 하는 사이클을 **가스 사이클**(gas cycle)이라 한다.

내연 기관, 가스 터빈, 공기 압축기 등의 사이클은 근사적으로 가스 사이클이라 생각할 수 있다.

가스 사이클을 다룰 때에는 해석을 간단히 하기 위해서 다음과 같은 가정을 한다.

① 동작 유체는 이상 기체이다.
② 비열은 일정하다.
③ 외부 열원으로부터 열량을 공급받는다.
④ 사이클 중의 방열은 주위에 방출된다.
⑤ 사이클 과정을 하는 동작 물질의 양은 일정하다.
⑥ 사이클을 이루는 과정들은 모두 내적 가역 과정이다.

이와 같은 가정 아래에 공기를 작업물질로 하는 이상기체 사이클을 공기 표준 사이클(air standard cycle or cold-air standard cycle)이라 한다.

열기관의 실제 사이클에서 사용하는 연료나 동작 물질의 상태 변화에 따른 비가역성, 가동 부분의 마찰 손실, 동작 유체의 유동에 의한 와류의 발생, 기관 각부로부터의 전열 손실 등과 같은 손실이 수반된다.

실제 자동차용 가솔린 기관의 예를 들면 처음의 동작 유체는 연료-공기 혼합기(fuel-air mixture)이다. 이것이 과정 중에 연소하여 연소 가스로 된다. 따라서 이 연소 가스는 초기의 혼합기와 다르며 또는 이상 기체의 성질과도 다르다. 또한 팽창 후에 연소 가스는 배출되고 새로운 혼합기가 유입되므로 이와 같은 일련의 상태 변화는 처음의 상태로 되돌아오지 않는다. 그러므로 엄밀한 의미에서는 이론적인 과정을 하는 사이클과는 다르나 연소실 내에서는 과정의 변화가 같은 상태를 되풀이하므로 하나의 사이클로 취급할 수 있다.

공기 표준 사이클과 실제 사이클(actual cycle)의 다른 점을 비교하면 표 20·1과 같다.

표 20·1의 ④에서 열해리 현상(熱解離現象; thermal dissociation)이란 온도 상승에 따른 가역적 열분해(可逆的熱分解)를 말한다. 예를 들면 연소가스 중의 H_2O나 CO_2는 1800℃ 이상의 고온에서 다음 식으로 표시되는 흡열 반응(吸熱反應)을 한다.

$$H_2O \rightleftarrows H_2 + \frac{1}{2}O_2\,(241,741.5\ \text{kcal})$$

$$CO_2 \rightleftarrows CO + \frac{1}{2}O_2\,(282,887.9\ \text{kcal})$$

표 20·1 공기 표준 사이클과 실제 사이클의 비교

비교 사항	공기 표준 사이클	실제 사이클
① 동작 유체	이상 기체	압축 과정은 공기 또는 혼합기이고, 팽창 과정은 연소 가스이다.
② 비열의 변화	비열 일정	일반적으로 온도의 상승과 더불어 비열은 증가한다.
③ 압축 과정과 팽창 과정의 상태 변화	단열 변화	단열이 아니며 여러 가지 열손실이 수반된다.
④ 수열(受熱)과 방열(放熱)	정압 또는 정적하에 이루어짐	엄밀하게 정압 정적이 아니며, 열손실 및 고온(1800℃ 이상)에서 열해리 현상이 일어나서 열을 빼앗긴다.
⑤ 밸브 개폐 시기	상·하사점에서 개폐	흡기 효과, 소기 작용을 양호하게 하고, 출력 증대, 연료 소비율을 적게 하기 위하여 상·하사점 전후에서 밸브를 개폐한다.
⑥ 흡기, 배기 압력	대기압	흡기압은 대기압보다 조금 낮고, 배기압은 대기압보다 높다.

따라서 연소가스의 발생열은 열해리에 의해서도 열을 빼앗기는 결과가 된다.

20.2 오토 사이클

오토 사이클(Otto cycle)은 불꽃 점화 기관의 공기 표준 사이클로서 정적하에서 연소가 이루어지므로 정적(定積) 사이클(constant volume cycle)이라고도 한다. 오토 사이클은 독일의 기술자 오토(Nikolaus August Otto)가 1876년 가솔린 기관의 원리를 적용하여 4행정 사이클 기관(four stroke cycle engine)을 제작한 것으로부터 유래된 말이다. 그림 20 · 1은 오토 사이클의 $P-v$ 및 $T-s$ 선도를 그린 것이다.

오토 사이클은 다음과 같은 4개의 가역 과정으로 구성된다.

과정 1→2 : 단열 압축(斷熱壓縮; isentropic or adiabatic compression)
흡입된 가스를 상태 1→2까지 등엔트로피 압축하는 과정이다.

과정 2→3 : 정적 가열(定積加熱; constant volume heat addition)
정적하에서 열량 q_{in}을 공급받는다.

과정 3→4 : 단열 팽창(斷熱膨脹; isentropic or adiabatic expansion)
정적가열되어 상태 3인 가스를 4까지 단열(등엔트로피) 팽창하는 과정이다.

과정 4→1 : 정적 방열(定積放熱; constant volume heat rejection)
정적하에서 열량 q_{out}를 방열하는 과정이다.

오토 사이클에 대하여 열역학 제1법칙을 적용하면, 단위 질량에 대하여

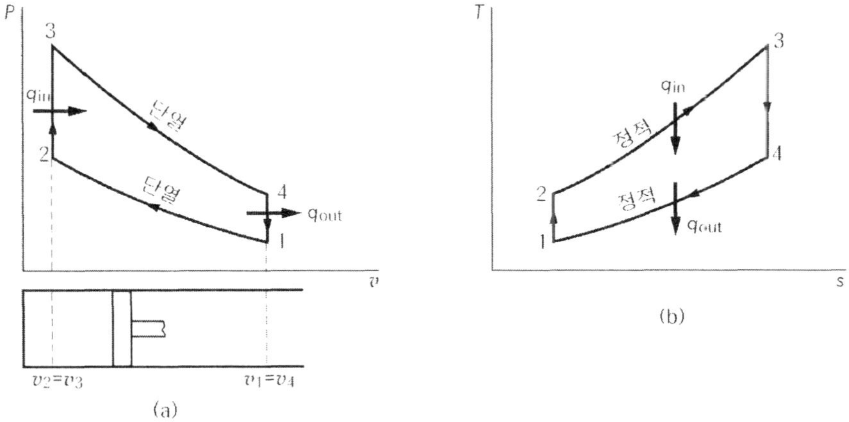

그림 20 · 1 오토 사이클의 $P-v$ 및 $T-s$ 선도

$$q = u_2 - u_1 + w \text{ kJ/kg} \tag{20·1}$$

가 된다. 오토 사이클에서 과정 2→3과 3→4에서는 외부에 대하여 일하지 않으므로 제1법칙은 다음과 같이 표시된다.

$$q_{\text{in}} = q_{23} = u_3 - u_2 = c_v(T_3 - T_2) \tag{20·2}$$

$$q_{\text{out}} = -q_{41} = -(u_1 - u_4) = u_4 - u_1 = c_v(T_4 - T_1) \tag{20·3}$$

따라서 이상 공기의 표준 오토 사이클의 열효율(熱效率; thermal efficiency) $\eta_{th,O}$는

$$\eta_{th,O} = \frac{w_{\text{net}}}{q_{\text{in}}} = 1 - \frac{q_{\text{out}}}{q_{\text{in}}} = 1 - \frac{T_4 - T_1}{T_3 - T_2} = 1 - \frac{T_1\left[\frac{T_4}{T_1} - 1\right]}{T_2\left[\frac{T_3}{T_2} - 1\right]} \tag{20·4}$$

가 된다. 여기서 과정 1→2, 3→4는 단열 과정이고, $v_2 = v_3$, $v_4 = v_1$이므로

$$\frac{T_2}{T_1} = \left(\frac{v_1}{v_2}\right)^{x-1} = \left(\frac{v_4}{v_3}\right)^{x-1} = \frac{T_3}{T_4}$$

가 성립되어

$$\frac{T_4}{T_1} = \frac{T_3}{T_2}$$

이므로 열효율은

$$\eta_{th,O} = 1 - \frac{T_1}{T_2} = 1 - \frac{1}{r^{x-1}} \tag{20·5}$$

여기서 r은 압축비로서 $r = \frac{v_1}{v_2} = \frac{v_4}{v_3}$이고 x는 비열비이다.

식 (20·5)에서 보는 바와 같이 오토 사이클의 열효율은 압축비 r과 비열비 x만의 함수이다. 그림 **20·2**는 오토 사이클의 압축비와 열효율과의 관계를 나타낸 것이다.

$$W = m(q_{\text{in}} - q_{\text{out}}) = mc_v[(T_3 - T_2) - (T_4 - T_1)] \tag{20·6}$$

과정 2→3 : 정적 과정이므로 $\frac{P_2}{T_2} = \frac{P_3}{T_3}$

$$T_3 = \frac{P_3}{P_2} T_2 = r_p T_1 r^{x-1} \tag{20·7}$$

여기서 r_p는 압력 상승비로서 $r_p = \frac{P_3}{P_2}$이다.

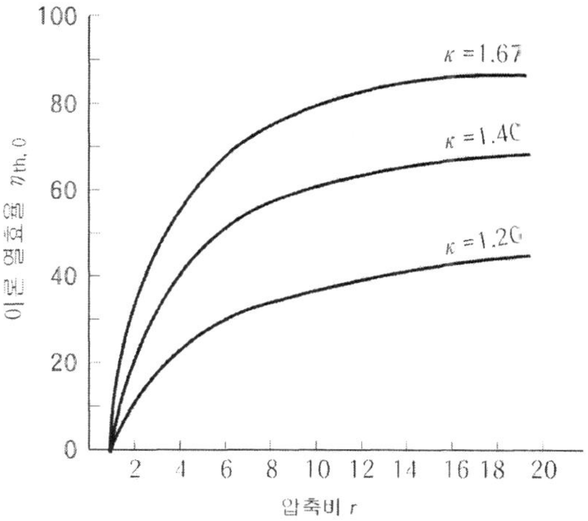

그림 20 · 2 오토 사이클의 효율

과정 3→4 : 단열 변화이므로

$$T_3 v_3^{\varkappa-1} = T_4 v_4^{\varkappa-1}$$

$$T_4 = T_3\left(\frac{v_3}{v_4}\right)^{\varkappa-1} = \left(\frac{1}{r}\right)^{\varkappa-1} T_1 r_p r^{\varkappa-1} = T_1 r_p \tag{20・8}$$

식 (20・7), (20・8)을 식 (20・6)에 대입하여 정리하면

$$\begin{aligned} w &= c_v[\,T_1 r^{\varkappa-1}(r_p-1) - T_1(r_p-1)] \\ &= c_v[\,T_1(r^{\varkappa-1}-1)(r_p-1)] \\ &= \frac{RT_1}{\varkappa-1}(r^{\varkappa-1}-1)(r_p-1) \end{aligned} \tag{20・9}$$

그리고 평균 유효 압력은

$$\begin{aligned} P_m &= \frac{w}{v_1-v_2} \\ &= \frac{RT_1}{(\varkappa-1)}\frac{(r^{\varkappa-1}-r)(r_p-1)}{v_1\left(1-\frac{v_2}{v_1}\right)} = \frac{P_1(r^{\varkappa}-r)(r_p-1)}{(\varkappa-1)(r-1)} \end{aligned} \tag{20・10 a}$$

또는

$$P_m = \frac{w}{v_1-v_2} = \frac{q_{\text{in}}\eta_{th,O}}{v_1\left(1-\frac{v_2}{v_1}\right)} = \frac{P_1 q_{\text{in}}}{RT_1}\left(\frac{r}{r-1}\right)\left(1-\frac{1}{r^{\varkappa-1}}\right) \tag{20・10 b}$$

가 된다.

보기 20.1 오토 사이클로 작동하는 행정 체적 200 cm^3, 압축비 7.5인 기관이 있다. 압축 초의 온도와 압력이 각각 20℃, 0.1 MPa이고, 최고 온도가 2080℃일 경우의 일과 이론 열효율을 구하라. 단, 비열은 1.170 kJ/kgK, $R=0.287$ kJ/kgK이다.

풀이

$$r=\frac{v_1}{v_2},\ V_1-V_2=V_s,\ rV_2-V_2=V_1-V_2$$

$$V_2(r-1)=V_1-V_2$$

$$V_2=\frac{V_1-V_2}{r-1}=\frac{2000}{7.5-1}=307.6923\ \text{cm}^3$$

$$V_1=rV_2=7.5\times307.6923=2307.6923\ \text{cm}^3$$

따라서 사이클의 일은

$$W=mc_vT_1(r^{x-1}-1)(r_p-1)$$

이므로, 여기서 c_v, m, r_p, r을 구하면

$$c_v=c_p-R=1.170-0.287=0.883\ \text{kJ/kgK}$$

$$m=\frac{P_1V_1}{RT_1}=\frac{100\times2.3077\times10^{-3}}{0.287\times293.15}=0.002743\ \text{kg}$$

$$x=\frac{c_p}{c_v}=\frac{1.17}{0.883}=1.3250$$

$$r_p=\frac{P_3}{P_2}=\frac{T_3}{T_2}=\frac{T_3}{T_1r^{x-1}}$$

$$=\frac{273.15+2080}{293.15\times7.5}=4.1703$$

$$W=0.002743\times0.883\times293.15\times(4.1703-1)(7.5^{0.325}-1)$$

$$=14.6315\ \text{kJ}$$

이론 열효율은

$$\eta_{th,O}=1-\frac{1}{r^{x-1}}=1-\frac{1}{7.5^{1.325-1}}=0.4805$$

20.3 디젤 사이클

디젤 사이클은 오토 사이클의 정적 가열 과정을 정압 가열로 바꾸어 놓은 사이클로 1892년 디젤(Rudol Diesel, 독일의 기술자)에 의하여 제안되어 **디젤 사이클** 또는 **정압 사이클**이라 한다. 이 사이클은 저속 디젤 사이클의 기본 사이클이다.

가솔린 기관에서는 공기-연료 혼합기를 자연 착화 이하의 온도로 압축한 다음 점화 플러그로 점화하여 연소시킨다. 그러나 디젤 기관은 공기만을 흡입하고 연료를 고압으로 분사하

여 공기의 압축열로 자연 착화시키는 기관이다. 그러므로 가솔린 기관의 점화 플러그와 기화기는 디젤 기관의 분사 장치와 노즐로 대치된다.

디젤 사이클 과정을 살펴보면 다음과 같다.

과정 1→2 : 단열 압축(adiabatic compression)
흡입한 공기를 단열 압축한다.

과정 2→3 : 정압 가열 과정(constant pressure heat addition)
압축된 공기 중에 외부로부터 열량 q_{in}을 공급받는 과정이다. 실제 엔진에서는 연료를 분사하여 압축 착화하는 과정이다

과정 3→4 : 단열 팽창 과정(isentropic expansion)
실린더 내 가스가 단열 팽창하여 동력을 얻는 과정이다.

과정 4→1 : 정적 방열 과정(constant volume heat rejection)
정적하에 열량 q_{out}을 방열하는 과정이다.

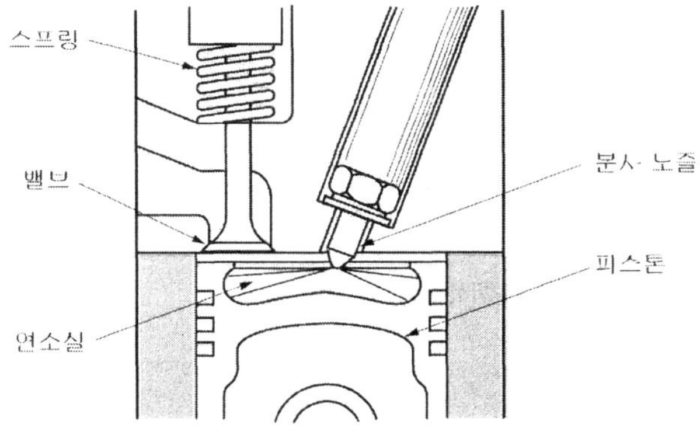

(a) 디젤 기관의 연소실

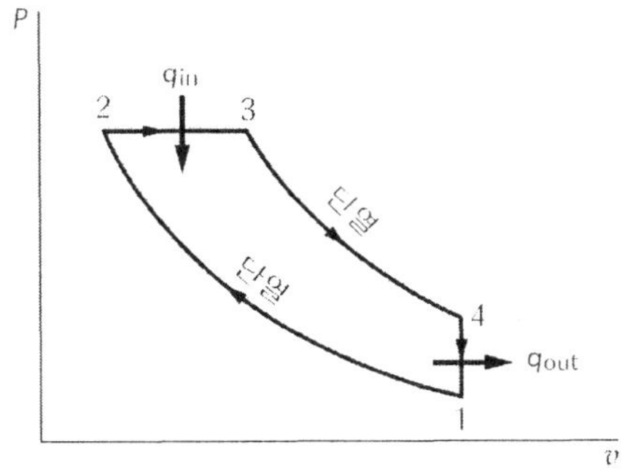

(b) $P-v$ 선도

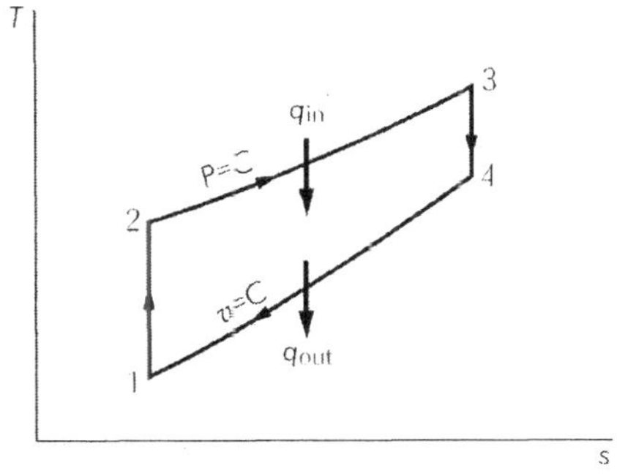

(c) $T-s$ 선도

그림 20·3 디젤 기관의 $P-v$ 및 $T-s$ 선도

과정 2→3, 4→1에 대하여 열역학 제1법칙의 식을 세우면

$$q_{\text{in}} = q_{23} = u_3 - u_2 + w_{23} = u_3 - u_2 + P_2(v_3 - v_2)$$
$$= h_3 - h_2 = c_p(T_3 - T_2) \tag{20・11}$$
$$q_{\text{out}} = -(u_1 - u_4) + w_{41} = c_v(T_4 - T_1) \tag{20・12}$$

가 된다. 따라서 열효율 $\eta_{th,D}$는

$$\eta_{th,D} = \frac{w_{\text{net}}}{q_{\text{in}}} = 1 - \frac{q_{\text{out}}}{q_{\text{in}}}$$
$$= 1 - \frac{c_v(T_4 - T_1)}{c_p(T_3 - T_2)}$$
$$= 1 - \frac{1}{\kappa}\frac{T_1\left(\dfrac{T_4}{T_1} - 1\right)}{T_2\left(\dfrac{T_3}{T_2} - 1\right)}$$

과정 2→3 : $P=$일정, $\dfrac{v_2}{T_2} = \dfrac{v_3}{T_3}$

$$T_3 = \frac{v_3}{v_2}T_2 = r_c T_1 r^{\kappa-1}$$

가열(분사)초의 체적 v_2와 가열(분사) 끝의 체적 v_3의 비 $\left(r_c = \dfrac{v_3}{v_2}\right)$를 체절비(締切比; cut-off ratio) 또는 분사 단절비(噴射斷切比)라고 한다.

과정 3→4 : $Tv^{\kappa-1}=$일정

$$T_3 v_3^{\kappa-1} = T_4 v_4^{\kappa-1}$$
$$T_4 = \left(\frac{v_3}{v_4}\right)^{\kappa-1} T_3 = \left(\frac{v_2}{v_4}\frac{v_3}{v_2}\right)^{\kappa-1} T_3$$
$$= \left(\frac{r_c}{r}\right) r_c T_1 r^{\kappa-1} = T_1 r_c^{\kappa}$$

따라서

$$\frac{T_4}{T_1} = r_c^{\kappa}, \qquad \frac{T_3}{T_2} = r_c$$
$$\eta_{th,D} = 1 = \frac{1}{r^{\kappa-1}}\left[\frac{r_c^{\kappa} - 1}{\kappa(r_c - 1)}\right] \tag{20・13}$$

식 (20・13)에서 보는 바와 같이 디젤 사이클의 열효율은 오토 사이클의 열효율에 [ ] 내의 값을 곱한 것과 같다.

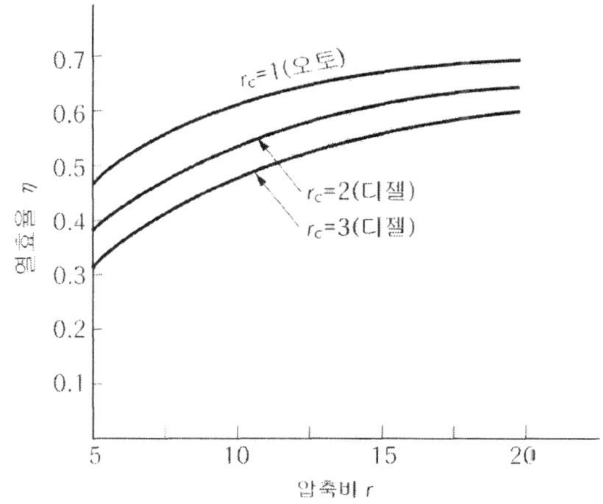

그림 20 · 4 디젤 기관의 열효율

그림 **20 · 4**는 디젤 사이클의 열효율을 체절비 변화에 대하여 도시한 것이다. 식 (20 · 13)에서 r_c는 항상 $r_c>1$의 값을 가지므로 압축비가 동일하다면 디젤 사이클의 열효율은 오토 사이클의 열효율보다 항상 작다.

$$\eta_{th,O} > \eta_{th,D} \text{ (압축비가 동일한 경우)}$$

한편 r_c값이 1에 근접할 경우, 오토 사이클의 효율에 접근하며 이론 열효율의 값은 커지게 된다.

한편 사이클 일은

$$W = m(q_{\text{in}} - q_{\text{out}}) = mc_v[\varkappa(T_3 - T_2) - (T_4 - T_1)]$$

여기서

$$T_2 = T_1 r^{\varkappa-1}, \qquad T_3 = T_1 r_c r^{\varkappa-1}, \qquad T_4 = T_1 r_c^{\varkappa}$$

$$W = mc_v T_1[\varkappa r^{\varkappa-1}(r_c - 1) - (r_c^{\varkappa} - 1)]$$

$$= \frac{mRT_1}{\varkappa - 1}[\varkappa r^{\varkappa-1}(r_c - 1) - (r_c^{\varkappa} - 1)] \tag{20 · 14}$$

가 된다.

평균 유효 압력을 구하면

$$P_m = \frac{w}{v_1 - v_2} = \frac{\dfrac{RT_1}{\varkappa - 1}[\varkappa r^{\varkappa-1}(r_c - 1) - (r_c^{\varkappa} - 1)]}{v_1\left(1 - \dfrac{v_2}{v_1}\right)}$$

$$= \frac{P_1[\varkappa r^{\varkappa-1}(r_c-1)-(r_c^{\varkappa}-1)]}{(\varkappa-1)(r-1)} \tag{20・15 a}$$

또는

$$P_m = \frac{w}{v_1 - v_2} = \frac{q_{\text{in}}\eta_{th,D}}{v_1\left(1-\dfrac{v_2}{v_1}\right)}$$

$$= \frac{P_1 q_{\text{in}}}{RT_1}\left(\frac{r}{r-1}\right)\left[1-\frac{1}{r^{\varkappa-1}}\left(\frac{r_c^{\varkappa}-1}{\varkappa(r_c-1)}\right)\right] \tag{20・15 b}$$

가 된다.

보기 20.2 공기 표준 사이클로 작동하는 디젤 사이클의 작동 조건이 다음과 같을 때, (a) 열효율, (b) 사이클당 일을 구하라.

사이클 조건; 압축비 15, 체절비 2.0

압축 초의 온도 290 K

정압비열 1.005 kJ/kgK

가스 정수 0.287 kJ/kgK

풀이 (a) 열효율 $\eta_{th,D}$

$$\eta_{th,D} = 1 - \frac{1}{r^{\varkappa-1}}\frac{r_c^{\varkappa}-1}{\varkappa(r_c-1)}$$

여기서

$$r_c = 2, \qquad r = 15$$

$$\varkappa = \frac{c_p}{c_v} = \frac{1.005}{1.005-0.2}87 = 1.3997$$

$$\eta_{th,D} = 1 - \frac{1}{15^{0.3997}}\frac{2^{1.3997}-1}{1.3997(2-1)} = 0.6034,\ 60.34\%$$

(b) 사이클당 일 w kJ/kg

$$w = \frac{RT_1}{\varkappa-1}[\varkappa r^{\varkappa-1}(r_c-1)-(r_c^{\varkappa}-1)]$$

$$= \frac{0.287\times290}{1.3997-1}[1.3997\times15^{0.3997}(2-1)-(2^{1.3997}-1)]$$

$$= 519.1487 \text{ kJ/kg}$$

20.4 복합 사이클 또는 사바테 사이클

지금까지 연소 과정이 정적 또는 정압하에 이루어지는 가스 동력 사이클에 대하여 살펴보았으나 이 과정은 극히 단순한 사이클로서 실제 과정과 상당한 차이가 있다. 그러므로 실제 디젤기관 사이클 과정에 가깝도록 연료가 정적과정과 정압 과정에서 가열 과정이 이루어진다고 생각한 사이클이 복합 사이클(combined cycle) 또는 사바테 사이클(Sabathé cycle)이다.

이 사이클은 2중(二重燃燒) 연소 사이클 또는 2중 사이클(dual combustion cycle 또는 dual cycle)이라고도 한다. 실제의 가솔린 기관이나 디젤 기관에서는 연소가 정적 또는 정압의 단일한 과정에서 이루어지는 것이 아니고 이들 두 과정이 복합한 형태로 이루어진다고 생각하는 것이 실제에 가깝다. 이 사이클은 중·고속 디젤 기관의 기준 사이클로서 $P-v$ 및 $T-s$ 선도를 그리면 그림 20·5와 같다.

사이클의 각 과정은

과정 1→2 : 단열 압축

과정 2→3 : 정적 가열($q_{in,v}$ 공급)

과정 3→3′ : 정압 가열($q_{in,p}$ 공급)

과정 3′→4 : 단열 팽창

과정 4→1 : 정적 방열(방열)

되는 과정으로 구성된다.

실제의 기관에서는 상사점 부근에서 분사된 연료는 그 일부가 정적 연소(定積燃燒)하고, 나머지는 3→3′ 과정 동안 정압 연소(定壓燃燒)한다. 따라서 정적 과정 2→3에서 $q_{in,v}$가, 정압 과정 3→3′에서 $q_{in,p}$가 공급되어 총 공급 열량은 $q_{in} = q_{in,v} + q_{in,p}$가 된다. 동작 유체 1 kg

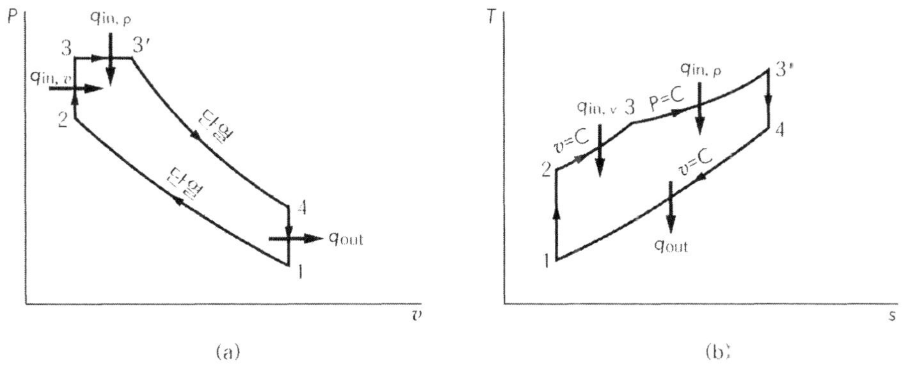

그림 20·5 복합 사이클(사바테 사이클)의 $P-v$ 및 $T-s$ 선도

당의 가열량, 방열량 및 유효일을 구하면

가열량 : $q_{in} = q_{in,v} + q_{in,p} = c_v(T_3 - T_2) + c_p(T_{3'} - T_3)$

방열량 : $q_{out} = c_v(T_4 - T_1)$

유효일 : $w = q_{in} - q_{out}$

이므로 이론 열효율 $\eta_{th,S}$는

$$\eta_{th,S} = 1 - \frac{q_{out}}{q_{in}} = \frac{c_v(T_4 - T_1)}{c_v(T_3 - T_2) + c_v(T_{3'} - T_3)}$$

여기서

$$T_2 = T_1 r^{x-1}, \qquad T_3 = \frac{P_3}{P_2} T_2 = r_p T_1 r^{x-1}$$

$$T_{3'} = \frac{v_3'}{v_3} T_3 = T_1 r_c r_p r^{x-1}$$

$$T_4 = \left(\frac{v_3'}{v_4}\right)^{x-1} T_3' = \left(\frac{v_3}{v_4}\frac{v_3'}{v_3}\right)^{x-1} T_1 r_p r_c r^{x-1} = T_1 r_p r_c^x$$

$r_p = \dfrac{P_3}{P_2} = \dfrac{T_3}{T_2}$ 를 최고 압력비 또는 압력 상승비(壓力上昇比; pressure rise ratio)라 한다.

따라서 열효율 $\eta_{th,S}$는

$$\begin{aligned}\eta_{th,S} &= 1 - \frac{T_4 - T_1}{(T_3 - T_2) + x(T_3' - T_3)} \\ &= 1 - \frac{1}{r^{x-1}}\left[\frac{r_p r_c^x - 1}{r_p - 1 + x r_p (r_c - 1)}\right]\end{aligned} \tag{20·16}$$

식 (20・16)에서 이면 오토 사이클이면, 디젤 사이클의 열효율식에 대응한다. 따라서 복합 사이클은 오토 사이클과 디젤 사이클의 중간적 성격을 갖는다.

사이클당 일은

$$w = q_{in} - q_{out} = c_v(T_3 - T_2) + c_p(T_{3'} - T_3) \tag{20·17}$$

가 되고, 평균 유효 압력은

$$P_m = \frac{P_1 r^x[(r-1) + x r_p (r_c - 1)] - r(r_c^x r_p - 1)}{(x-1)(r-1)} \tag{20·18 a}$$

또는

$$P_m = \frac{W}{v_1 - v_2} = \frac{q_{\text{in}}\eta_{th,S}}{v_1\left(1 - \frac{v_2}{v_1}\right)}$$

$$= \frac{P_1 q_{\text{in}}}{RT_1}\left(\frac{r}{r-1}\right)\left[1 - \frac{1}{r^{\varkappa-1}} \cdot \frac{r_p r_c^{\varkappa} - 1}{(r_p - 1) + \varkappa r_p (r_c - 1)}\right] \qquad (20 \cdot 18\,\text{b})$$

이 된다.

보기 20.3 이상적인 복합 사이클에서 압축비가 18, 압력 상승비가 2, 체절비가 1.7인 경우의 열효율과 공급 열량 및 방열량을 구하라. 단, 공기의 정압 비열은 1.005 kJ/kgK, 비열비 $\varkappa = 1.4$, 압축 초의 상태는 100 kPa, 20℃이다.

풀이 열효율 $\eta_{th,S}$는 문제에서 $r = 18$, $r_p = 2$, $r_c = 1.7$, $\varkappa = 1.4$이므로

$$\eta_{th,S} = 1 - \frac{T_4 - T_1}{(T_3 - T_2) + \varkappa(T_{3'} - T_3)\varkappa}$$

$$= 1 - \frac{1}{r^{\varkappa-1}}\left[\frac{r_p r_c^{\varkappa} - 1}{r_p - 1 + \varkappa r_p (r_c - 1)}\right]$$

$$\eta_{th,S} = 1 - \frac{T_4 - T_1}{(T_3 - T_2) + \varkappa(T_{3'} - T_3)}$$

$$= 1 - \frac{1}{18^{1.4-1}}\left[\frac{2 \times 1.7^{1.4} - 1}{(2-1) + 1.4 \times 2(1.7-1)}\right]$$

$$= 0.65593,\ 65.93\%$$

공급 열량

$$q_{\text{in}} = q_{\text{in},v} + q_{\text{in},p} = c_v(T_3 - T_2) + c_p(T_3{}' - T_3)$$

여기서

$$T_2 = T_1 r^{\varkappa-1} = 293.15 \times 18^{0.4} = 931.5344\ \text{K}$$

$$T_3 = T_1 r_p r^{\varkappa-1} = 293.15 \times 2 \times 18^{0.4} = 1863.0688\ \text{K}$$

$$T_3{}' = T_1 r_c r_p r^{\varkappa-1} = 293.15 \times 1.7 \times 2 \times 18^{0.4} = 3167.2170\ \text{K}$$

$$T_4 = T_1 r_p r_c^{\varkappa} = 293.15 \times 2 \times 1.7^{1.4} = 1232.391\ \text{K}$$

$$c_v = \frac{1}{\varkappa} = \frac{c_p}{1.4} = 0.7179\ \text{kJ/kgK}$$

$$q_{\text{in}} = 0.7197 \times (1863.0688 - 931.5344) + 1.005 \times (3167.2170 - 1863.0388)$$

$$= 1979.417\ \text{kJ/kg}$$

$$q_{\text{out}} = c_v(T_4 - T_1) = 0.7179 \times (1232.391 - 293.15)$$

$$= 674.28\ \text{kJ/kg}$$

20.5 오토, 디젤, 복합 사이클의 비교

오토 사이클, 디젤 사이클 및 복합 사이클의 열효율을 다음과 같이 두 가지 관점에서 비교하여 보기로 한다.

〔1〕 처음 온도, 압축비 및 공급 열량 q_{in}이 같을 경우

그림 **20 · 6** (a)에 표시된 것과 같이 공급 열량이 동일하고, 압축비 및 처음 온도(T_1)이 같으므로 각 사이클의 2-3선, 2-3″선, 2-3′선 아래의 면적은 모두 같아야 한다. 즉,

$$\text{면적 } (52365) = \text{면적 } (523''6''5) = \text{면적 } (523'6'5)$$

또한 $T-s$ 선도의 정압선은 정적선의 기울기보다 완만하므로 팽창말의 상태점 4′, 4″, 4는 그림과 같은 순서로 된다. 따라서 방열량 q_{out}는

$$q_{out.O}(\text{면적 } 1465) < q_{out.S}(\text{면적 } 14''6''5) < q_{out.D}(\text{면적 } 14'6'5)$$

의 순서로 크고, 열효율은 이와 반대로

$$\eta_{th,O} < \eta_{th,S} < \eta_{th,D} \qquad (20 \cdot 19)$$

의 순서가 된다.

〔2〕 처음 온도, 공급 열량 및 최고 온도가 같을 경우

그림 **20 · 6** (b)에서 보는 바와 같이 처음 온도 T_1, 공급 열량 q_{in}, 최고 온도 T_{max} ($T_3' = T_3'' = T_3$)이 일정한 경우에는 방열량 q_{out}이

$$q_{out.O} > q_{out.S} > q_{out.D} \qquad (20 \cdot 20)$$

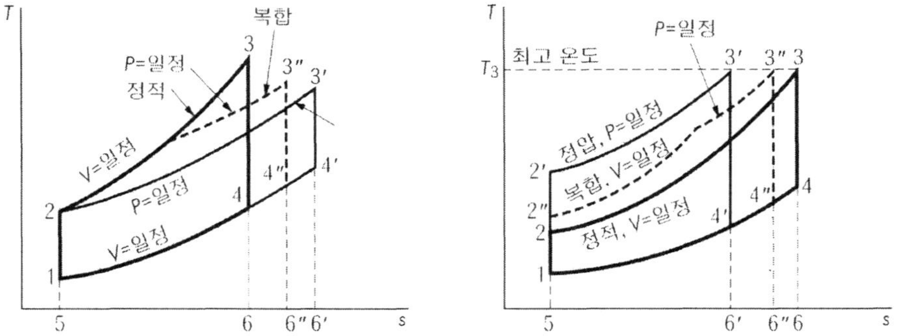

(a) 압축비 일정의 경우 (b) 최고 온도 일정의 경우

그림 20 · 6 $T-s$ 선도에 의한 각 사이클의 비교

의 순이므로 열효율은 다음과 같은 순이 된다.

$$\eta_{th,D} > \eta_{th,S} > \eta_{th,O} \qquad (20 \cdot 21)$$

20.6 브레이턴 사이클

브레이턴 사이클(Brayton cycle)은 미국의 브레이턴(George Brayton)에 의하여 1870년경에 제안된 가스 터빈의 기본 사이클이다. 가스 터빈(gas turbine)은 압축기(壓縮機; compressor), 연소기 또는 연소실(燃燒器 또는 燃燒室; combustor or combustion chamber), 터빈(turbine) 등의 주요부로 구성된다.

가스 터빈 사이클은 개방(開放) 사이클(open cycle)과 밀폐(密閉) 사이클(closed cycle)의 두 가지가 있다.

개방 사이클은 그림 20·7 (a)와 같이 대기로부터 흡입된 공기를 압축기로 압축하여 연소

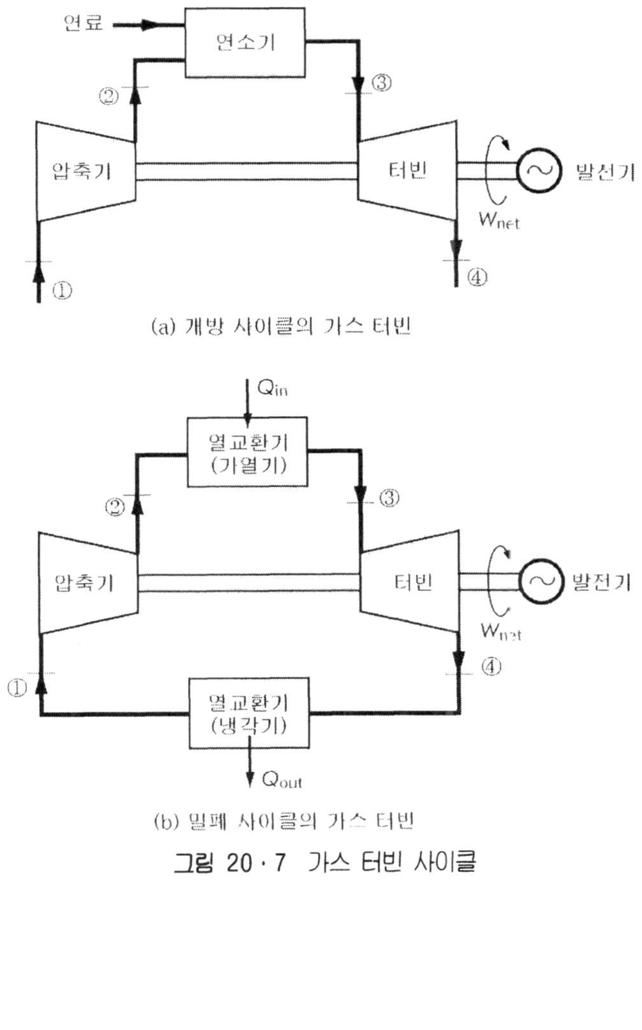

그림 20·7 가스 터빈 사이클

기로 보내고 여기서 연료가 분사되어 정압하에 연속 연소시킨다. 연소실에서 연소된 고온, 고압의 연소 가스는 터빈에서 팽창하여 일을 하고, 이 발생일의 일부는 압축기를 구동하기 위하여 사용되고 나머지는 유효일로 사용된다. 개방 사이클은 터빈을 나온 연소 가스를 그대로 대기 중에 버리는 방식이며, 열효율을 개선시키기 위하여 배출 가스의 열을 회수하는 방식도 있다. 이와 같이 터빈에서 팽창일을 한 배기 가스를 외부로 배출하고 새로운 연료, 공기를 이용하여 열에너지를 얻는 사이클이 개방 사이클이다.

밀폐 사이클은 그림 20 · 7 (b)와 같이 동작 가스를 가열 또는 냉각시키기 위하여 가열기 및 냉각기를 사용하는 방식으로서 동작 가스는 순환하여 사용한다.

브레이턴 사이클(가스터빈 사이클)은 그림 20 · 8에 표시한 것과 같이 4개의 사이클 과정으로 구성된다.

과정 1→2 : 단열 압축(isentropic compression)
압축기에서 공기를 흡입하여 압력 P_2로 가압하는 과정

과정 2→3 : 정압 가열(constant pressure heat addition)
연소기 내에서 일정 압력하에 연소시키는 과정

과정 3→4 : 단열 팽창(isentropic expansion)
터빈 내에서 연소 가스가 단열 팽창하여 일을 하는 과정

과정 4→1 : 정압 방열(constant pressure heat rejection)
정압하에 방열하는 과정

브레이턴 사이클의 각 과정을 정상 유동 과정으로 보고 가스터빈 각 과정에 열역학 제1법칙을 세우면

$$q = h_e - h_i + w \tag{20 · 22}$$

여기서 첨자 i, e는 각각 입구, 출구이고, 운동 에너지 및 위치 에너지 효과는 무시하였다.

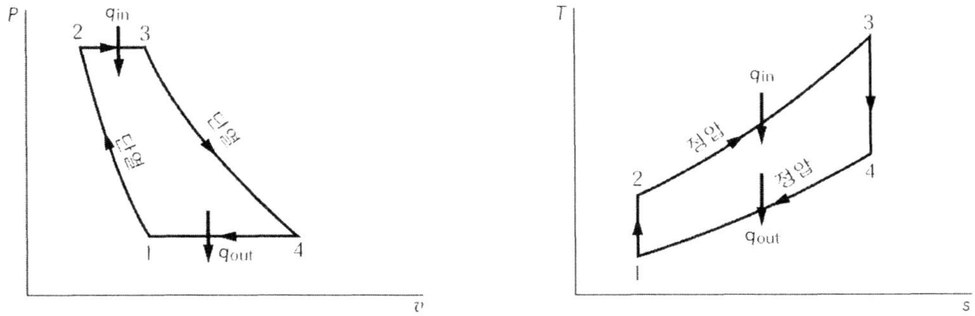

(b) P-v 선도 (c) T-s 선도

그림 20 · 8 브레이턴 사이클의 $P-v$ 및 $T-s$ 선도

한편 터빈 사이클의 공급 열량 q_{in}과 방출 열량 q_{out}는 다음과 같이 표시된다.

$$q_{\text{in}} = q_{23} = h_3 - h_2 = c_p(T_3 - T_2) \qquad (20 \cdot 23)$$

$$q_{\text{out}} = q_{41} = h_4 - h_1 = c_p(T_4 - T_1) \qquad (20 \cdot 24)$$

따라서 이상 브레이턴 사이클(ideal Brayton cycle)의 열효율은

$$\eta_{th,B} = \frac{w_{\text{net}}}{q_{\text{in}}} = 1 - \frac{q_{\text{out}}}{q_{\text{in}}}$$

$$= 1 - \frac{c_p(T_4 - T_1)}{c_p(T_3 - T_2)} = 1 - \frac{T_1\left(\dfrac{T_4}{T_1} - 1\right)}{T_2\left(\dfrac{T_3}{T_2} - 1\right)}$$

과정 1→2와 3→4는 단열 과정이고 $P_2 = P_3$, $P_4 = P_1$이므로

$$\frac{T_2}{T_1} = \left(\frac{P_2}{P_1}\right)^{\frac{\chi-1}{\chi}} = \left(\frac{P_3}{P_4}\right)^{\frac{\chi-1}{\chi}} = \frac{T_3}{T_4}$$

따라서

$$\frac{T_4}{T_1} = \frac{T_3}{T_2}$$

가 된다. 따라서 구하고자 하는 이론 열효율은

$$\eta_{th,B} = 1 - \frac{1}{r_p^{\frac{\chi-1}{\chi}}} \qquad (20 \cdot 25)$$

여기서 $r_p = \dfrac{P_2}{P_1} = \dfrac{P_3}{P_4}$를 압력비(壓力比, pressure ratio)라 한다. 압력비의 범위는 $r_p =$ 5~20 정도이다. 한편 공연비(air-fuel ratio)는 대체로 60 : 1 정도이다.

식 (20 · 25)에서 알 수 있는 바와 같이 브레이턴 사이클의 열효율 $\eta_{th,B}$는 가스 터빈의 압력비 r_p와 동작 유체의 비열비 χ에 의존함을 알 수 있다. 따라서 실지 가스 터빈에서의 열효율은 이들 두 값에 의하여 크게 변하게 된다.

그림 **20 · 9**는 브레이턴 사이클의 열효율과 압력비와의 관계를 나타낸 것이다. 한편 브레이턴 사이클의 발생하는 일은 다음 식으로 주어진다.

$$W = mc_p(T_3 - T_2) - c_p(T_4 - T_1) = m(h_3 - h_2) - (h_4 - h_1)$$

$$= mc_p\left[T_3\left[1 - \left(\frac{1}{r_p}\right)^{\frac{\chi-1}{\chi}}\right] - T_1\left(r_p^{\frac{\chi-1}{\chi}} - 1\right)\right] \qquad (20 \cdot 26)$$

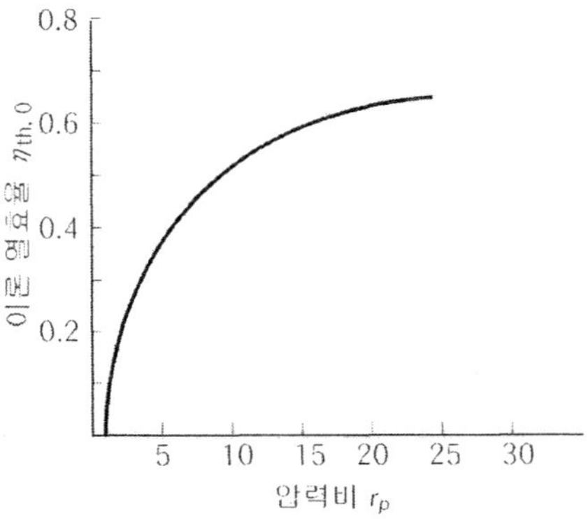

그림 20 · 9 브레이턴 사이클의 열효율과 압력비와의 관계

가스터빈 원동소에서 터빈일에 대한 압축기의 비를 압축기-터빈일의 비(back work ratio)라 하고 bwr로 표시하며

$$bwr=\frac{w_c}{w_t}=\frac{h_2-h_1}{h_3-h_4}=\frac{c_p(T_2-T_1)}{c_p(T_3-T_4)} \tag{20 · 27}$$

가 된다. 여기서 첨자 c, t는 각각 압축기와 터빈을 나타낸다. 가스 터빈에서 발생한 일은 유효일에 사용된 부분과 압축기를 구동하는 데 사용되는 일이 되돌림일(back work)에 상당하며, 이 비는 매우 커서 터빈일의 약 40~80% 이상이 압축기의 구동에 소요된다. 사이클 성능을 증가시키기 위하여 가스 터빈 입구 온도는 약 1130~1260℃ 정도로 한다.

보기 20.4 압력비 $r_p=9$인 공기 표준 브레이턴 사이클의 이론 열효율을 구하라. 단, 공기의 비열비는 1.4이다.

풀이

$$\eta_{th,B}=1-\frac{1}{9^{\frac{1.4-1}{1.4}}}=0.4662,\ 46.62\%$$

$$\eta_{th,O}=1-\frac{1}{\left(\frac{v_1}{v_2}\right)^{\kappa-1}}=1-\frac{1}{r^{\kappa-1}}$$

$$=1-\frac{1}{9^{0.4}}=0.5848,\ 58.48\%$$

따라서 브레이턴 사이클이 58.48－46.62＝11.86% 효율이 낮다. 브레이턴 사이클에서

$$r_p=\frac{P_2}{P_1}=\left(\frac{v_1}{v_2}\right)^{\kappa}$$

이므로 식 (21 · 24)를 다시 쓰면

$$\eta_{th,B}=1-\frac{1}{r_p^{\frac{\kappa-1}{\kappa}}}$$

이 되어, 이 식은 오토 사이클의 열효율의 식과 같다.

가스터빈의 열효율 $\eta_{th,B}=1-\dfrac{T_1}{T_2}$ 이 되므로 이것은 식 (21 · 24)에 표시된 바와 같이 압축기 압력비 $\dfrac{P_2}{P_1}$ 의 함수 관계가 있다. 이것은 또한 체적비로 표시하면

$$\eta_{th,B}=1-\frac{1}{\left(\dfrac{v_1}{v_2}\right)^{\kappa-1}}$$

로 되어 오토 사이클의 열효율과 같은 식으로 표시된다. 그러나 가스 터빈은 원리적으로 속도형 기계(회전형)이고, 오토 사이클은 용적용(왕복형) 기계이므로 이 식을 가스 터빈에 적용하는 것은 의미가 없다. 따라서 가스 터빈의 열효율은 압력비의 함수 관계로 표시하여야 한다.

익힘문제

1. 가스 동력 사이클의 종류를 들고 설명하라.
2. 공기 표준 사이클이란 무엇인가?
3. 다음 용어를 정의하라.
   (1) 이론 열효율
   (2) 제동 열효율
   (3) 체적 효율
   (4) 가스 사이클
   (5) 평균 유효 압력
4. 오토 사이클의 $P-v$, $T-s$ 선도를 그리고 열효율을 구하라
5. 오토 사이클의 평균 유효 압력 P_m을 구하는 식을 유도하라.
6. 디젤 사이클의 $P-v$, $T-s$ 선도를 그리고 사이클의 열효율을 구하라.
7. Sabathé 사이클의 $P-v$, $T-s$ 선도를 그리고 사이클의 열효율을 구하라.
8. 압축비가 피스톤형 내연 기관의 성능에 미치는 영향을 구하라.
9. 오토 사이클, 디젤 사이클 및 복합 사이클의 이론 열효율과 평균 유효 압력을 하는 컴퓨터 프로그램을 작성하라.
10. 압축 착화 기관과 전기 점화 기관(불꽃 점화 기관)의 구조와 그 차이점에 대하여 기술하라.
11. 공기 1.6 kg을 작업 물질로 하는 카르노 기관의 고 · 저 열원의 온도가 1100 K, 340 K이고, 사이클 과정 중의 최저 · 최고 압력이 각각 20, 1750 kPa일 경우 사이클당 출력을 구

하라. 단, 비열은 일정한 것으로 생각한다.

12. 오토 사이클의 네 가지 과정을 설명하라.

13. 오토 사이클에서 압축비가 9이고, 초기 상태가 100 kPa, 17℃, 압축 초의 체적이 650 cm^3 일 경우 사이클의 최고 온도와 최고 압력, 공급 열량, 열효율, 평균 유효 압력을 구하라. 단, 등엔트로피 팽창 말의 온도는 800 K이다.

찾아보기

ㄱ

ㄴ

ㄷ

ㅅ

ㅈ